최신판

CONQUEST 조경기능사 필기정복

최신판

CONQUEST 조경기능사 필기정복

초　　판 1쇄 발행 | 2019년 6월 20일

지 은 이 : 성운환경조경·김진호 편저
펴 낸 곳 : 도서출판 조경
펴 낸 이 : 박명권
주　　소 : 서울특별시 서초구 방배로 143 그룹한빌딩 2층
전　　화 : (02)521-4626
팩　　스 : (02)521-4627
출판등록 : 1987년 11월 27일
등록번호 : 제2014-000231호

※ 본서의 정오표는 성운환경조경 홈페이지(www.aul.co.kr)에 게시되어 있습니다. 불편을 드려 죄송합니다.
※ 파본은 교환하여 드립니다.
※ 이 도서의 국립중앙도서관 출판예정도서목록(CIP)은 서지정보유통지원시스템 홈페이지(http://seoji.nl.go.kr)와 국가자료 공동목록시스템(http://www.nl.go.kr/kolisnet)에서 이용하실 수 있습니다. (CIP제어번호: CIP2019022999)

ISBN 979-11-6028-012-8 (13520)

최신판

CONQUEST 조경기능사 필기정복

한 방에 끝내는 1차 시험

성운환경조경·김진호 편저

도서출판

머리말

자연과 함께하는 생활을 꿈꾸는 우리는 무엇을 준비해야 하는가? 조경기능사는 조경시공업을 전제로 한 자격증 취득뿐만 아니라 자기의 공간을 아름답게 꾸미고자 하는 사람들의 자아만족을 위하여 다방면의 여러 사람들이 도전하는 자격증이다. 조경기능사 공부는 조경을 알기 위한 아주 좋은 경험이 된다. 조경의 전반적인 부분을 공부하게 되고 또한 그에 따른 실습도 병행하게 된다. '조경이란 무엇인가'에 대한 전체적인 질문과 답을 얻을 수 있는 광범위한 공부를 접하며 조경의 길로 접어들 수 있는 첫 걸음이 될 수 있다.

이 책은 여러분이 조경을 시작하는 첫 단계에서 만나는 조경기능사 시험의 1차 필기시험을 위한 대비서로 발간되었다. 1차 필기시험 공부는 많은 시간을 투자하여 공부를 하는 것이 좋으나 현실적으로는 그렇지 못하다. 시간의 제약에서 벗어나 공부를 할 수 있는 사람이 그렇게 많지 않기 때문이며, 공부를 위한 계획을 세울 때에도 많은 시간을 할애하기는 쉽지 않기 때문이다. 이에 짧은 시간에 효과적인 공부가 될 수 있도록 교재를 발간하게 되었다.

이 책의 특징

1. 짧은 시간에 공부가 가능하도록 핵심요약을 정리한 부분인 '생으로 외우기' 단원을 마련하여 시간 단축과 시험에 대한 자신감을 갖게 하였다.
2. 조경기능사의 출제기준에 맞추었으나 기존의 수험서와는 다르게 공부하기 쉽도록 내용을 재구성하여 체계적 흐름을 가지고 공부할 수 있도록 하였다.
3. 해설을 위한 부분을 마련하고 사진과 그림을 넣어 이해의 폭을 넓히며 간접적인 경험이 될 수 있도록 하였다.
4. 10년간의 기출문제 중 핵심적 문제를 단원순서별로 정리하여 자기점검과 동시에 반복적 학습이 되도록 하여 학습효율을 극대화하였다.

조경기능사를 준비하는 여러분의 공부에 도움이 될 수 있도록 만들었으나 준비가 모자라 오류나 오타 등의 부족함이 있을 것이라 생각됩니다만 앞으로 계속 보완해 나갈 것을 약속드리오니 많은 관심과 성원을 부탁드립니다. 아울러 이 책을 준비하는 데 참고한 저서 등의 저자께 심심한 감사를 드리며, 또한 이 책의 출간을 위해 힘써주신 (주)환경과조경 임직원 및 여러 선생님들께 감사를 드립니다.

성운환경조경 김 진 호

조경기능사 출제기준(필기)

필기검정방법: 객관식　　문제수: 60　시험시간 : 1시간　　적용기간 : 2017. 1. 1 ~ 2020. 12. 31

필기과목명	문제수	주요항목	세부항목	세세항목
조경일반	60	1. 조경계획 및 설계	1. 조경일반	1. 조경의 목적 및 필요성 2. 조경과 환경요소 3. 조경의 범위 및 조경의 분류
			2. 조경양식 일반	1. 조경양식과 발생요인 2. 서양조경 3. 중국조경 4. 일본조경 5. 한국조경
			3. 조경계획과 설계일반	1. 조경계획 및 설계의 기초 2. 기초조사 및 분석 3. 기본계획 및 설계 4. 실시설계 5. 조경미 6. 주택정원, 공동주택조경, 공원 계획 및 설계 7. 공장조경, 골프장조경, 학교조경, 사적지조경 계획 및 설계 8. 생태복원, 옥상조경, 실내조경 계획 및 설계
조경재료		2. 조경재료	1. 식물재료	1. 조경식물의 종류 2. 조경식물의 분류 3. 조경수목, 지피식물, 초화류의 특성
			2. 목질재료	1. 목재 및 목재부산물
			3. 석질 및 점토질 재료	1. 석재, 점토질재, 벽돌 및 타일 재료의 특징
			4. 시멘트와 콘크리트 재료	1. 시멘트, 모르타르, 콘크리트, 미장재료
			5. 금속재료	1. 철·비철금속
			6. 기타재료	1. 플라스틱, 도장재 2. 섬유질, 유리 및 기타 조경재료

조경시공 및 관리		3. 조경시공 및 관리	1. 조경시공의 기초	1. 조경시공의 특성 2. 조경 시공계획 3. 조경 시공관리 4. 공사의 일반적 순서
			2. 식재공사	1. 분뜨기 2. 옮겨심기(이식) 3. 조경수의 운반 4. 조경수의 가식 5. 조경수의 식재방법 6. 잔디 및 초화류 파종 및 식재 7. 실내식물식재
			3. 조경시설물시공	1. 토공시공 2. 급·배수 3. 콘크리트공사 4. 돌쌓기와 놓기 5. 포장공사 6. 유희 및 운동시설물 공사 7. 휴게 및 편익시설물 공사 8. 관리시설 및 조명시설물 공사 9. 기타 시설물 공사
			4. 적산	1. 조경 적산 2. 조경 표준품셈
			5. 조경식물 관리	1. 정지 및 전정 2. 비배관리 3. 잔디관리 4. 지피 및 초화류관리 5. 수목보호관리 6. 전염성병관리 7. 비전염성병관리 8. 해충관리 9. 작물보호제 및 방제법 10.기타 조경관리(관수, 지주목, 멀칭, 월동 청결유지 등)
			6. 조경시설물 관리	1. 유희시설물 2. 휴게 및 편의시설물 3. 운동시설물 4. 조명시설물 5. 안내시설물 6. 기타시설물

Contents

CONQUEST 조경기능사 필기정복

머리말 004

출제기준 005

SPECIAL PART 생으로 외우기 012

PART 1 조경일반 및 양식

Chapter 1 조경일반

1 조경의 개념 044

2 조경의 범위 및 조경의 분류 046

◈ 핵심문제 해설 047

Chapter 2 조경양식

1 조경양식과 발생요인 049

◈ 핵심문제 해설 050

2 서양조경 051

◈ 핵심문제 해설 066

3 중국조경 075

◈ 핵심문제 해설 078

4 일본조경 081

◈ 핵심문제 해설 085

5 한국조경 087

◈ 핵심문제 해설 099

PART 2 조경계획 및 설계

chapter 1 조경계획 및 설계

1 조경계획 및 설계의 개념 108
2 조경계획 및 설계의 과정 109
◈ 핵심문제 해설 112

chapter 2 기초조사 및 분석

1 자연환경조사분석 115
2 인문·사회환경조사 120
3 계획의 접근방법 121
◈ 핵심문제 해설 124

chapter 3 설계

1 설계의 기초 130
2 조경설계 방법 137
3 조경미–경관 구성 140
◈ 핵심문제 해설 146

chapter 4 부분별 조경계획 및 설계

1 주거지 정원 156
2 공원 계획 및 설계 158
3 시설 조경 162
4 조경시설물의 계획 및 설계 174
◈ 핵심문제 해설 180

PART 3 식물 재료 및 식재 공사

chapter 1 식물 재료

1 조경 수목 196
2 지피 식물 및 초화류 210
3 조경 수목의 특징 [수목특성분류표] 215
◈ 핵심문제 해설 227

chapter 2 식재 공사

1 수목의 이식 시기 245
2 수목의 이식 공사 246
3 잔디 255

4 초화류 257
◈ 핵심문제 해설 260

PART 4

조경 재료 및 시공

chapter 1 조경 재료의 분류와 특성
1 조경 재료의 분류 272
2 조경 재료의 특성 272
◈ 핵심문제 해설 273

chapter 2 조경 시공의 기초
1 조경 시공의 특성 274
2 조경 시공 계획 277
3 지형 280
4 시공 측량 281
◈ 핵심문제 해설 286

chapter 3 조경 공종별 시설 공사
1 토공사 292
2 시멘트 및 콘크리트 공사 295
3 목공사 304
4 석공사 309
5 벽돌 공사 316
6 기타 공사 318
◈ 핵심문제 해설 325

chapter 4 조경 시설 공사
1 관수 및 배수 공사 358
2 수경 공사 360
3 기초 및 포장 · 옹벽 공사 362
◈ 핵심문제 해설 365

chapter 5 시방 및 적산
1 시방서 371
2 조경 적산 371
3 표준품셈 376
◈ 핵심문제 해설 380

PART 5

조경 관리

chapter 1 조경 관리 계획

1 조경관리의 의의와 기능 388
2 운영관리 388
3 이용관리 390
◈ 핵심문제 해설 392

chapter 2 조경 식물 관리

1 조경수목의 정지 및 전정관리 394
2 조경수목의 시비 401
3 조경수목의 병해충 방제 406
4 조경수목의 보호와 관리 415
5 조경수목의 상해 419
6 잔디 및 화단 관리 420
◈ 핵심문제 해설 426

chapter 3 조경 시설물 관리

1 조경 관리계획의 작성 450
2 조경 시설물의 유지관리 450
◈ 핵심문제 해설 456

PART 6

조경기능사 최근기출문제

◈ 2011년 조경기능사 기출문제 458
◈ 2012년 조경기능사 기출문제 486
◈ 2013년 조경기능사 기출문제 515
◈ 2014년 조경기능사 기출문제 543
◈ 2015년 조경기능사 기출문제 571
◈ 2016년 조경기능사 기출문제 599
◈ 미리보는 CBT 문제 620

생으로 외우기 활용법

생으로 외우기

이 단원은 수험자 여러분께서 어떻게 활용하는가에 따라 아주 유용한 단원이 될 것입니다. 처음부터 볼 수도 있고 나중에 정리를 위해 볼 수도 있습니다. 어떠한 경우든 이 단원은 무조건 외워야 합니다. 조경기능사에 대한 최소한의 내용이므로 여기에 있는 정도는 외워야 시험에 합격 하실 수 있습니다. 어떻게 활용을 할까요?

첫째! 조경을 알든 모르든 없는 시간 가운데 무조건 시험을 보셔야 할 분은 내용의 이해는 뒤로하고 제목처럼 생으로 외워야 합니다. 그런 후에 시간이 있으면 본문의 내용을 보면서 이해를 할 수 있습니다.

둘째! 전공 또는 조경을 어느 정도 아시는 분이나 책 전체를 한번 공부한 후 보면 어느 정도 정리가 될 것입니다. 또한 자기 점검이 가능하며 새로운 자신감이 생길 것입니다.

셋째! 시험을 보기 바로 전에 전체적인 체크가 가능합니다.

위의 어떤 경우라도 이것은 꼭 알아두셔야 합니다. 이것은 최소한으로 내용을 정리한 것이지 이것만으로 모든 공부가 끝나는 것이 아님을 알아두시기 바랍니다.

조경기능사 합격!! 이것만이라도,

생으로 외우기

PART 1 조경일반 및 양식

[1] 조경일반

1. 조경의 개념

- 조경의 목적 : 자연보호 및 경관보존, 실용적·기능적 생활환경 조성, 레크리에이션을 위한 오픈스페이스 제공, 새로운 옥외공간 창조
- 조경의 효과 : 공기 정화, 대기오염 감소, 소음차단, 수질오염 완화
- 미국조경가협회 ASLA 정의 : 인간의 이용과 즐거움을 위하여 토지를 다루는 기술(1909), 실용성과 즐거움을 줄 수 있는 쾌적한 환경의 조성, 자원의 보전과 효율적 관리 도모, 문화적·과학적 지식을 응용하여 설계·계획, 토지의 관리와 자연 및 인공 요소를 구성하는 기술(1975)
- 용어 : 한국(조경), 중국(원림), 일본(조원)
- 조경의 필요성 : 급속한 경제개발로 인한 국토훼손의 방지가 가장 큰 이유
- 조경가의 역할 : 라우리(조경계획 및 평가, 단지계획, 조경설계)
- 1858년 미국의 옴스테드가 '조경가'라는 말을 처음 사용
- 근대적 조경의 교육 : 미국(1900년대), 한국(1970년대 초, '조경' 용어 사용)
- 조경의 대상 : 주거지(주택 정원, 공동주거단지 정원), 문화재(전통민가, 궁궐, 왕릉, 사찰), 위락·관광시설(휴양지, 유원지), 학교
- 조경의 수행단계 : 계획→설계→시공→관리
- 조경설계 기술자 : 기본계획 및 설계, 도면 제도(CAD), 물량산출 및 시방서 작성, 시공 감리
- 조경시공 기술자 : 재료의 시공, 설계변경, 공사업무, 식재 공사, 시설물 공사, 적산 및 견적, 조경 시설물 및 자재 생산
- 조경관리 기술자 : 조경수목 생산·관리, 병충해방제, 전정 및 시비, 공원녹지 관리행정

2. 조경양식

- 정형식 : 강력한 축과 인공적 질서–서부아시아, 유럽
- 자연식 : 자연적 형태와 자연풍경 이용–주로 동아시아(한·중·일)
- 절충식 : 정형식과 자연식의 절충형태
- 조경양식의 발생요인 : 자연적 요인(자연환경과 생태적 여건), 사회·문화적 요인(정치·경제·사상·종교·민족성·풍습, 시대사조)
- 서양의 정원양식 발달 순서 : 노단건축식(이탈리아)→르노트르식(프랑스)→자연풍경식(영국)→근대건축식(독일)

[2] 서양조경

1. 고대 서부아시아(메소포타미아)

- 지구라트(인공산), 수렵원(오늘날 공원의 시초), 공중정원(네브카드네자르 2세 왕, 아미티스 왕비, 붉은 벽돌 사용)

2. 고대 이집트 : 물, 종교는 이집트 조경의 중요 요소

- 주택조경 : 무덤의 벽화로 추정, 수목 열식, 신하 분묘벽화, 메리레 정원도
- 신전정원 : 핫셉수트 여왕의 장제신전, 구덩이를 파고 수목 열식, 세계 최고의 정원유적
- 사자의 정원 : 정원장의 관습, 테베의 레크미라 무덤벽화

3. 고대 그리스(BC 500~BC 300)

- 주택조경 : 코트(중정) 중심의 내부지향적인 폐

쇄적 구조, 돌포장, 장미, 백합 등 장식
- 성림 : 숲을 신성시 하고 신에 대한 숭배와 제사, 주로 녹음수 식재
- 짐나지움 : 청년들의 체육훈련장소
- 아고라 : 광장의 개념이 최초로 등장(서양 도시 광장의 효시)
- 히포다무스 : 최초의 도시계획가(밀레토스에 격자모양의 도시 계획)

4. 고대 로마(BC 330) : 토피어리의 최초 사용
- 주택 : 아트리움(제1중정, 공적 공간), 페리스틸리움(제2중정, 주정, 사적 공간), 지스터스(후원, 5점식재)
- 포룸 : 그리스의 아고라와 같은 개념의 대화 장소

5. 중세 서구 조경 : 내부지향적이고 폐쇄적
- 수도원 정원(이탈리아) : 실용적(약초원 · 과수원), 장식적(클로이스터 가든)
- 성관 정원(프랑스 · 잉글랜드)

6. 스페인 사라센양식(7C~15C)
- 내향적 공간 추구(파티오 발달), 기독교와 이슬람 복합적 양식, 화려한 색채 · 기하학적
- 알함브라 궁전(홍궁) : 알베르카 중정(주정, 공적 장소), 사자의 중정(주랑식 중정), 린다라하 중정(여성적 분위기), 레하 중정(4그루의 사이프러스)
- 헤네랄리페 이궁 : 정원이 중심, 노단식 건축의 시초, 수로의 중정(분수·수반), 사이프러스 중정

7. 인도 사라센양식
- 물이 가장 중요한 요소(종교적·실용적), 타지마할

8. 이탈리아 르네상스(15C~17C) 조경
- 구릉에 노단식 정원, 강한 축을 중심으로 정형적 대칭, 원로의 교차점이나 종점에 조각 · 분수 배치, 흰 대리석과 암록색 상록수의 강한 대비, 르네상스 이탈리아 3대 별장(파르네제장 · 에스테장 · 랑테장)

9. 프랑스의 르네상스
- 앙드레 르노트르가 프랑스 조경양식(평면기하학식) 확립
- 앙드레 르노트르 설계 : 보르비콩트(최초의 평면기하학식 정원, 출세작), 베르사유궁

10. 18C 영국의 자연풍경식 정원
- 사실주의적 자연풍경식 정원
- 낭만주의와 자연주의에 입각한 표현, 자연 그대로의 터가르기 및 자유로운 곡선 이용
- 브리지맨(스토우가든에 하하 수법 최초 도입), 켄트(자연은 직선을 싫어한다.), 렙턴(레드북, '정원사' 용어 최초 도입)

11. 독일의 풍경식 정원
- 과학적 기반위에 구성, 식물 생태학과 식물 지리학에 기초, 무스카우 성

12. 19C 조경
- 버큰헤드 파크(1843) : 영국, 최초로 시민의 힘과 재정으로 조성
- 센트럴 파크 (1858) : 미국, 도시공원의 효시, 옴스테드와 보우 설계, 입체적 동선체계, 자연식 공원
- 옐로스톤 국립공원(최초의 국립공원 1872), 요세미티 국립공원(최초의 자연공원 1865)
- 분구원 : 독일, 200㎡ 정도 규모, 실용적인 측면 강조

13. 20C 유럽의 조경 : 하워드(내일의 전원도시, 레치워스와 웰윈 건설)

[3] 중국조경

- 수려한 경관에 누각과 정자 설치(원시적 공원의 성격), 자연미와 인공미 겸비, 조화보다는 대비, 하나의 정원 속에 여러 비율 혼재
- 주시대 : 영대·영소, 포·유
- 진시대 : 아방궁, 난지궁과 난지
- 한시대 : 상림원, 태액지
- 당시대 : 온천궁(화청궁) 여산에 지은 청유를 위한 이궁(현종과 양귀비)
- 송대의 조경 : 만세산(간산), 소순흠의 창랑정
- 금시대 : 금원 창시(태액지에 경화도 축조)
- 원시대 : 만수산 궁원(북해공원), 만유당(수백 그루의 버드나무), 사자림(석가산)
- 명시대 : 미만종 작원, 왕헌신 졸정원, 유여 유원, 계성 원야(작정서)
- 청시대 : 이화원(만수산 이궁), 원명원(동양 최초의 서양식 정원), 피서산장(황제의 여름별장)

[4] 일본조경

- 정신세계의 상징화, 인공적 기교, 관상적 가치에 치중, 세부적 수법 발달, 실용적 기능면 무시, 자연경관을 줄여 상징적이고 추상적인 조원
- 회유임천식 : 침전건물을 중심으로 한 연못과 섬을 거니는 정원
- 축산고산수식(14C) : 수목 사용, 나무(산봉우리)·바위(폭포)·왕모래(냇물)로 경관 표현, 대덕사 대선원
- 평정고산수식(15C 후반) : 왕모래와 바위만 사용, 극도의 상징화·추상적 표현, 용안사 석정
- 다정양식(16C) : 모모야마시대, 소박한 멋, 수수분·석등 사용, 대덕사 고봉암
- 회유식(17C) : 임천식과 다정양식의 결합, 실용적인 면과 미적인 면 겸비
- 축경식 : 자연경관을 축소시켜 좁은 공간 내에서 표현
- 백제의 유민 노자공이 수미산과 오교 축조
- 작정기 : 귤준강이 지은 일본 최초의 작정서
- 히비야 공원 : 일본 최초의 서양식 도시공원

[5] 한국조경

1. 한국정원의 특징

신선사상	불로장생 기원, 섬·석가산·십장생의 문양
음양오행사상	건물의 배치, 연못 및 섬의 형태
풍수지리사상	후원·연못 등의 조성, 수목의 식재
유교사상	궁궐 및 민가의 공간배치 및 분할
불교사상	불교의 전래와 숭불정책, 사원정원
은일사상	노장사상의 영향, 별서정원

- 자연주의에 의한 자연풍경식 정원, 자연을 존중하여 인간을 자연에 동화시키는 조성원리, 직선적 공간처리, 터잡기는 지세를 허물지 않고 조영, 사절우(매·송·국·죽), 사군자(매·난·국·죽), 세한삼우(송·죽·매)

2. 고조선 : 노을왕(유), 정원에 관한 최초의 기록(대동사강)

3. 고구려 : 유리왕 때 궁원을 맡아 보는 관직 있었음, 안학궁지(장수왕 15년 427)

4. 백제 : 노자공이 일본정원의 효시를 이룸(612), 궁남지(무왕 35년 635년, 방상연못, 가운데 섬, 현재 존재), 석연지(연꽃식재, 점경물)

5. 신라 : 안압지와 임해전, 포석정, 사절유택

- 월지(안압지) : 문무왕 14년(674), 임해전(군신과의 연회 및 외국 사신의 영접), 동쪽에 무산 12봉, 남안·서안은 직선(궁전), 북안·동안은

복잡한 곡선처리(궁원), 연못 안에 대·중·소 3개의 섬 배치(신선사상), 입수구와 출수구 구분
- 포석정 : 곡수거만 존재(유상곡수연)

6. 고려시대 : 중국으로부터 조경식물도입(화원장식), 내원서(궁궐의 정원을 맡아보는 관청), 궁원(만월대·동지·화원·수창궁), 객관(순천관), 정자·석가산·화오·격구장 설치, 이규보(사륜정)

7. 조선시대 : 한국적인 색채가 농후해진 시기, 풍수설 영향, 후원 발생(화계), 방지 대거 출현(음양오행설), 상림원(후에 장원서)의 궁원 관리, 동산바치(정원사)
- 경복궁(景福宮)
  - 경회루원지 : 장방형 연못·네모난 3개 섬(방지방도)
  - 아미산(교태전 후원) : 화계로 만든 정원, 괴석, 세심석, 굴뚝(십장생·서수 조각)
- 창덕궁 어원(비원, 금원, 북원, 후원) : 우리나라 고유의 공원을 대표할만한 문화재적 가치를 지닌 정원, 부용정, 애련정, 연경당(민가), 관람정(부채꼴), 존덕정(이중처마), 청의정(모정), 청심정
- 낙선재 후원 : 5단의 화계 설치, 화목과 괴석·세심석·석상·굴뚝 등의 장식
- 덕수궁(德壽宮) : 한국 최초의 서양식 석조전과 정원(브라운 지도), 정형식 정원(프랑스식)
- 민간 정원 : 주택정원(배산임수의 원리에 따라 화계와 연못 조성), 별서(은둔생활), 별업(효도), 별장

8. 현대조경(20C) : 지리산(국립공원 최초 지정 1967), 탑골공원(1897 파고다 공원, 우리나라 최초의 공원, 하딩 감독·브라운 설계)

PART 2 조경계획 및 설계

[1] 조경계획

- 계획 : 지역적으로 광범위한 범위, 문제의 도출(발견)–분석적 접근, 합리적 사고
- 설계 : 대상지만의 이용계획, 문제의 해결–종합적 접근, 창조적 구상

1. 레크리에이션 계획의 접근방법–골드(S. Gold)
- 자원접근법 : 물리적 자원이 레크리에이션 유형의 양을 결정
- 활동접근법 : 과거의 경험이 레크리에이션 기회를 결정
- 행태접근법 : 이용자의 행동패턴에 맞추어 계획하는 방법

2. 조경계획 및 설계의 과정
- 조경계획의 수행과정 : 목표설정→자료분석 및 종합→기본계획→기본설계→실시설계
- 조경계획과정 : 기초조사→터가르기→동선계획→식재계획
- 좁은 의미의 조경계획 : 목표설정·자료분석·기본계획
- 동선계획 : 단순·명쾌, 성격이 다른 동선 분리, 동선 교차 회피, 이용도가 높은 동선은 짧게
- 목표설정 : 기본 자료를 토대로 계획의 목적과 방침, 설계방법 등 설정
- 조사분석 인자 : 자연(토양·지질·수문·기후 등), 인문·사회(토지이용·교통·역사·법규), 미학(자연적 형태, 시각적 특징, 경관의 이미지)
- 기본 구상 : 토지이용 및 동선을 중심으로 계획·설계의 기본 골격 형성(개념도 표현)
- 대안 작성 : 기본개념을 가지고 바람직한 몇 개의 안을 작성하여 선정

▸ 기본 계획(master plan 계획 설계)

토지이용계획	토지이용분류→적지분석→종합배분 순서로 계획
교통·동선계획	통행량 발생, 통행량 배분, 통행로 선정, 교통·동선체계 계획
시설물 배치 계획	시설물 평면계획, 형태 및 색채계획, 재료계획
식재계획	수종선택, 배식, 녹지체계의 계획
하부구조계획	전기, 전화, 상수도, 가스, 쓰레기 등 공급처리시설 계획
집행계획	투자계획, 법규검토, 유지관리계획

▸ 기본 설계 : 대상물과 공간의 형태·시각적 특징, 기능·효율성, 재료 등의 구체화
▸ 실시 설계 : 시공이 가능한 상세한 도면작성, 모든 종류의 설계도·상세도·수량산출·일위대가표·공사비 내역서·시방서·공정표 등 작성
▸ 시방서 : 도면에 표시하기 어려운 것 등에 대해 글로 작성하여 설계 보충

3. 토양조사

▸ $\text{경사도} = \frac{\text{수직거리}}{\text{수평거리}} \times 100(\%)$
▸ 토양 3상 : 흙입자(고체 50%, 광물질 45%·유기물 5%), 물(액체 25%), 공기(기체 25%)
▸ 토성 : 모래·미사·점토의 비율로 결정(식양토·양토·사양토가 식물 생육에 적합)
▸ 영구위조 시의 토양별 수분 : 모래(2~4%), 진흙(35~37%)

4. 기후조사

▸ 미기후 : 국부적인 장소에 나타나는 기후가 주변기후와 현저히 달리 나타나는 것
▸ 미기후 조사 항목 : 지형, 태양의 복사열, 공기 유통 정도, 안개 및 서리의 피해 유무
▸ 미기후 자료 : 지역적 기후자료보다 얻기가 어려움, 현지 측정이나 거주민 의견 청취
▸ 미기후 특성 : 호수의 바람(겨울 따뜻, 여름 서늘), 야간의 언덕(온도 저, 습도 고), 야간 풍향(산위→계곡), 주택지(맨 아래 부적합)
▸ 수문조사 : 유역(한 하계를 형성시키는 지역), 집수구역(계획부지에 집중되는 유수의 범위)
▸ 식생조사 : 전수조사, 표본조사, 쿼드라트법, 띠대상법

5. 경관조사

▸ 랜드마크 : 식별성이 높은 지형이나 지물 등–산봉우리·절벽·탑
▸ 통경선(vista) : 좌우로 시선이 제한되고 일정지점으로 시선이 모아지는 경관
▸ 케빈 린치 : 경관유형의 이미지(통로, 경계, 결절점, 지역, 랜드마크)
▸ 기본적(거시적) 경관 : 전(panoramic)경관, 지형경관, 위요경관, 초점경관
▸ 보조적(미시적) 경관 : 관개경관, 세부경관, 일시경관
▸ 경관 형성의 우세요소 : 경관을 구성하는 지배적 요소(선·형태·색채·질감)
▸ 경관우세원칙 : 대조, 연속성, 축, 집중, 쌍대성(균형), 조형
▸ 경관의 변화요인 : 운동, 빛, 기후조건, 계절, 거리, 관찰위치, 규모, 시간
▸ 도시기본구상도 표시기준 : 주거지역(노란색), 상업지역(분홍색), 공업지역(보라색), 녹지지역(연두색)
▸ 맥하그의 생태적 결정론 : 자연계는 생태계의 원리에 의해 구성, 생태적 질서가 인간환경의 물리적 형태를 지배
▸ 홀(Hall)의 대인거리 분류

구분	거리	내용
친밀한 거리	0 ~ 0.45m	이성간 혹은 씨름 등의 스포츠를 할 때 유지되는 거리

개인적 거리	0.5 ~ 1.2m	친한 친구나 잘 아는 사람들의 일상적 대화 시의 거리
사회적 거리	1.2 ~ 3.6m	주로 업무상의 대화에서 유지되는 거리
공적 거리	3.6m 이상	배우·연사 등 개인과 청중 사이에 유지되는 거리

[2] 조경 설계

- 제도 : 설계자의 의사를 선·기호·문장 등으로 용지에 표시하여 전달
- 제도의 순서 : 축척 정하기→도면윤곽 정하기→도면위치 정하기→제도

1. 선의 종류와 용도

- 실선 : 굵은선(단면선·중요 시설물·식생표현), 중간선(입면선·외형선), 가는선(마감선·인출선·해칭선·치수선)
- 허선(가상선) : 파선(보이지 않는 부분), 일점쇄선(중심선·절단선·기준선·부지경계선), 이점쇄선(일점쇄선과 구분하거나 대신 사용)

2. 치수선

- 치수선 : 치수를 기입하기 위하여 길이, 각도를 측정하는 방향에 평행으로 그은 선
- 치수보조선 : 치수선을 기입하기 위해 도형에서 그어낸 선
- 지시선(인출선) : 도면 내용을 대상자체에 기입하기 곤란할 때 그어낸 선
- 치수선의 표기방법 : 가는 실선, 단위는 ㎜, 단위 표시하지 않음, 치수선은 도면에 평행, 치수보조선은 수직, 치수는 중앙 윗부분에 평행하게 기입, 치수기입은 왼쪽에서 오른쪽(아래에서 위), 한 도면에서 인출선의 방향과 기울기는 가능하면 통일
- 수목의 표현 : 간단한 원이나 수목의 성상을 이미지화 하여 표현, 윤곽선의 크기는 수목의 성숙 시 퍼지는 수관의 크기를 표시
- 문자 : 글자체는 수직 또는 15° 경사의 고딕체, 문자의 크기는 문자의 높이가 기준

3. 척도·제도용구·도면방향

- 척도 : 실척(실물 크기와 동일 1/1), 축척(실물 크기보다 작게 1/2, 1/30), 배척(실물의 크기보다 크게 2/1, 5/1)
- 상대적 척도 : 도면에서 물체의 상대적인 크기를 느끼기 위하여 수목·자동차·사람 등 삽입
- 제도용구 : 템플릿(수목 표현), 삼각자(15°~90°까지 15° 간격의 사선 제도), 연필(H 굳음, B 무름, 가늘고 흐린선은 4H가 적당)
- 도면의 방향 : 길이 방향을 좌우 방향으로, 평면도·배치도 등은 북을 위로하여 배치
- 표제란 : 설계자·도면명·축척·작성일자·방위·도면 번호 등 기입

4. 도면의 종류

- 평면도 : 공중에서 수직적으로 내려다본 것을 작도한 도면
- 입면도 : 어느 한 방향으로부터 직각으로 투사(수평 투영)한 도면
- 단면도 : 수직적 차원의 보완으로 필요시 수직 절단하여 작도
- 상세도 : 다른 도면들에 비해 확대된 축척 사용(자세히 작도)
- 조감도 : 완성 후의 모습을 공중에서 내려다본 모습을 그린 것(3점 투시)
- 투시도 : 실제 완성된 모습을 가상하여 그린 것(1점 투시, 2점 투시)
- 스케치 : 투시도법에 의하지 않고 간략·신속하게 그린 그림

5. 식재 형식

- 정형식 식재 : 단식(단독식재), 대식(한 쌍의 식

재), 열식(일정한 간격의 열로 식재), 교호식재(같은 간격으로 서로 어긋나게 식재), 집단식재(덮는 군식재)

- 자연풍경식 식재 : 부등변 삼각형 식재(세 그루의 수목을 간격이 다르게 식재), 임의식재(부등변 삼각형 식재의 확대), 모아심기(나무를 모아 심어 단위수목경관 만들기-기식), 무리심기(모아심기보다 다수의 식재), 기식(세 그루 이상의 홀수 자연형 식재)
- 자유식재 : 기하학적 디자인이나 축선을 의식적으로 부정, 기본적 패턴 없음

6. 미적효과와 관련한 식재형식

- 표본식재(독립수), 강조식재(표본식재와 유사한 1주 이상의 수목 식재), 산울타리식재(선형으로 반복하여 식재), 경재식재(경계부위나 원로를 따라 식재)

7. 조경미-경관 구성

- 디자인의 조건 : 심미성, 독창성, 합목적성
- 조경미(정원수 미)의 3요소 : 재료미(색채미), 형식미(형태미), 내용미
- 점 : 하나의 점(주의력 집중), 크기가 같은 두 개의 점(긴장감)
- 선 : 수평선(중력의 지지, 대지, 고요), 수직선(중력에 중심, 고상함, 극적임, 장중함), 사선(불안정, 순간적, 위험성, 주의력 집중, 운동감)

8. 색채·질감

- 색의 온도감 : 빨강→주황→노랑→연두→녹색→파랑→하양 순으로 차가워짐
- 색의 흥분·침정 : 난색의 경우 흥분감 유발, 한색의 경우 안정 도모
- 색의 중량감 : 명도가 높은 것이 가볍고, 낮은 것이 무겁게 느껴짐
- 삼원색 : 색광(빨강·녹색·파랑), 색료(마젠타·노랑·시안)
- 가법혼합(색광의 혼합) : 혼합하는 성분이 증가할수록 기본색보다 밝아짐(삼색혼합은 백색)
- 감법혼합(색료의 혼합) : 혼합하는 성분이 증가할수록 기본색보다 어두워짐(삼색혼합은 검정)
- 먼셀의 색체계 : 색상(H 무채색·유채색), 명도(V 색의 명암), 채도(C 색의 순수성, 강약)
- 그레이스케일 : 하양과 검정의 결합으로 만들어진 무채색의 명도단계(0~10)
- 오방색 : 황(중앙), 청(동), 백(서), 적(남), 흑(북)
- 질감 : 형태, 색채와 더불어 질감은 디자인의 필수 요소로서 물체의 조성 성질, 우리의 감각을 통해 형태에 대한 지식 제공(물체의 표면을 보거나 만지므로 느껴지는 감각)

9. 경관구성 원리

- 통일미 : 동일성·유사성을 지닌 개체들이 잘 짜여져 나타내는 미(균형과 대칭, 조화, 강조)
- 다양성 : 적절한 다양성에 의한 조화(대비, 율동, 변화)
- 운율미 : 연속적으로 변화되는 색채, 형태, 선, 소리 등에서 찾아볼 수 있는 미
- 균형미 : 가정한 중심선을 기준으로 양쪽의 크기나 무게가 안정감이 있을 때의 미
- 단순미 : 단일 혹은 동질적 요소로 나타나는 시각적인 힘의 미(잔디밭, 일제림, 독립수)
- 조화 : 모양이나 색깔 등이 비슷하면서도 실은 똑같지 않은 것끼리 모여 균형을 유지하는 것
- 대칭 : 균형의 가장 간단한 형태, 정형식 디자인, 장엄함 및 명료성
- 비대칭 : 시각적 힘의 균형, 비정형적·인간적·동적 안정감, 변화와 대비의 자연스러움, 무한한 양상
- 강조 : 동질의 요소에 상반된 요소를 도입하여 통일감 조성(대비·분리·배치)-외관 단순화, 구조물이 강조요소
- 비례 : 물리적 변화에 대한 수량적 관계가 규칙

적 비율을 가지는 것-황금비율
- 점증 : 디자인 요소의 점차적인 변화로서 감정의 급격한 변화를 막아 주는 것(단계적 변화)
- 대비 : 서로 상이한 요소를 대조시킴으로서 시각적인 힘의 강약에 의한 효과 발현
- 변화 : 무질서가 아닌 통일속의 변화를 의미하며 다양성을 줄 수 있는 원리
- 눈가림 수법 : 변화와 거리감 강조, 중국에서 사용, 한층 더 깊이가 있어 보이게 하고 더 크고 변화 있게 하려는 수법

[3] 부분별 조경계획 및 설계

1. 주택 정원
- 주택정원의 역할 : 자연의 공급, 프라이버시, 외부생활공간, 심미적 쾌감
- 설계시 고려 사항 : 안전 위주, 구하기 쉬운 재료, 시공과 유지관리 쉽도록 설계
- 주택정원 공사 순서 : 터닦기→콘크리트 치기→돌쌓기→나무심기
- 일조시간 : 겨울철 생활환경과 나무의 생육을 위해 최소 6시간 정도의 광선이 필요
- 앞뜰 : 대문과 현관 사이의 전이공간, 첫인상의 진입공간, 명쾌하고 밝은 공간이 되도록 조성
- 안뜰 : 응접실·거실 전면, 주택정원의 중심, 넓고 양지바른 곳, 가족의 구성·취향에 따라 계획
- 뒤뜰 : 우리나라 후원과 유사한 공간, 최대한의 프라이버시 확보
- 작업뜰 : 단독 주택정원에서 일반적으로 장독대, 쓰레기통, 창고 등이 설치되는 공간

2. 도시공원
- 도시공원 : 공원과 녹지는 오픈스페이스로 시민들이 여가를 즐길 수 있는 곳
- 오픈스페이스 : 개방지, 비건폐지, 위요공지, 공원·녹지, 유원지, 운동장
- 오픈스페이스 효용성 : 도시의 개발형태의 조절, 자연 도입, 레크리에이션을 위한 장소 제공, 도시 기능 간 완충효과의 증대
- 도시공원의 기능 : 자연의 공급, 레크리에이션의 장소 제공, 지역 중심성
- 공원 시설의 종류

구분	내용
조경시설	화단·분수·조각·관상용식수대·잔디밭·산울타리·그늘시렁·못 및 폭포 등
휴양시설	휴게소, 긴 의자, 야유회장 및 야영장, 경로당, 노인복지회관
유희시설	그네·미끄럼틀·순환회전차·모험놀이장, 발물놀이터·뱃놀이터 및 낚시터 등
운동시설	테니스장·수영장·궁도장·실내사격장·골프장(6홀 이하), 자연체험장
교양시설	식물원·동물원·수족관·박물관·야외음악당, 도서관, 야외극장, 문화회관 등
편익시설	주차장·매점·화장실·우체통·공중전화실·음식점·약국·전망대·음수장
공원관리 시설	관리사무소·출입문·울타리·게시판·쓰레기통·수도, 조명시설·태양광발전시설
그 밖의 시설	납골시설·장례식장·화장장 및 묘지

- 어린이공원 : 유치거리(250m 이하), 면적(1,500 ㎡ 이상), 놀이시설 면적(60% 이하), 음나무 식재금지
- 근린생활권 근린공원공원 : 유치거리(500m 이하), 면적(10000㎡ 이상), 시설 면적(40% 이하)
- 도보권 근린공원공원 : 유치거리(1000m 이하), 면적(30000㎡ 이상), 시설 면적(40% 이하)
- 도시지역권 근린공원공원 : 유치거리(500m 이하), 면적(100000㎡ 이상), 시설 면적(40% 이하)

3. 자연공원 : 국립공원, 도립공원, 군립공원, 지질공원
- 세계 최초 옐로스톤(1872), 우리나라 최초 지리산(1967)

4. 골프장조경

- 입지 : 교통이 편리한 곳, 골프코스를 흥미롭게 설계 할 수 있는 곳, 기후의 영향이 적은 곳, 부지매입이나 공사비가 절약 될 수 있는 곳
- 표준코스 18홀 : 쇼트홀(파3) 4개, 미들홀(파4) 10개, 롱홀(파5) 4개
- 코스 : 골프장 내 플레이가 허용되는 모든 구역, 남북으로 길게 배치
- 티(tee) : 티잉그라운드를 줄인 말, 출발지점
- 페어웨이 : 티와 그린 사이에 볼을 치기 쉽게 잔디를 깎아 놓은 곳, 들잔디 식재
- 퍼팅그린 : 홀의 종점, 홀과 깃대 설치, 초장을 4~7㎜로 짧게 깎음, 벤트그래스 식재
- 러프 : 잡초·저목·수림 등으로 되어 있어 샷을 어렵게 하는 곳
- 벙커 : 모래 웅덩이, 티잉그라운드에서 210~230m 지점에 설치, 그린 주변에 설치
- 해저드 : 모래나 연못 등과 같은 장애물
- 에이프론 칼라 : 잔디를 조금 길게 깎아 그린 주위를 둘러싼 것
- 티샷 : 티그라운드에서 제 1타를 치는 것

5. 학교조경

- 앞뜰 : 잔디밭이나 화단, 분수, 조각물, 휴게 시설 등 설치
- 가운데 뜰 : 면적이 좁은 경우가 많으므로 소교목이나 화목 식재
- 뒤뜰 : 좁은 경우에는 음지식물 학습원 설치
- 운동장과 교실 건물 사이는 5~10m의 녹지대 설치(소음과 먼지 등 차단)
- 학교 조경의 수목 선정 기준 : 생태적 특성, 경관적 특성, 교육적 특성

6. 사적지조경

- 민가의 안마당·사찰 회랑 경내는 식재하지 않음, 성곽 가까이에는 교목을 심지 않고 궁이나 절의 건물터는 잔디 식재
- 민가 뒤뜰에 식재하는 수종 : 감, 앵두, 대추
- 계단은 화강암·넓적한 자연석, 휴게소나 벤치·안내판은 사적지와 조화롭게 설치

7. 묘지공원

- 장래 시가화가 예상되지 않는 자연녹지에 10만㎡ 규모 이상 설치, 장제장 주변은 기능상 키가 큰 교목 식재, 산책로는 수림사이로 자연스럽게 조성, 놀이시설·휴게시설 설치, 전망대 주변에는 적당한 크기의 화목류 배치

8. 생태복원

- 복원(교란 이전의 원생태계로 회복), 복구(원래의 자연생태계와 유사한 수준으로 회복)
- 생태복원 재료 : 식생매트, 잔디블록, 식생자루
- 천이 : 어떤 장소에 존재하는 생물공동체가 시간의 경과에 따라 다른 생물공동체로 변화하는 시간적 변이과정(최종적 상태 극성상 climax)
- 천이 과정 : 나지→초지→관목림→양수림→혼합림→음수림

9. 도로 조경

- 시선유도식재 : 주행 중의 운전자가 도로의 선형변화를 미리 판단할 수 있도록 시선 유도
- 명암순응식재 : 눈이 빛의 밝기에 순응해서 물체를 본다는 것, 터널 진입 전 암순응 식재, 암순응에 긴 적응시간 필요
- 완충식재 : 도로의 외측에 심어 차선 밖으로 이탈한 차의 충격 완화
- 중앙분리대식재 : 자동차 배기가스에 잘 견디며, 지엽이 밀생하고 천천히 자라며, 맹아력이 강하고 하지가 밑까지 발달한 수종(향나무 차광률 높음)

10. 가로수

- 가로수 식재 : 미기후 조절, 대기정화, 교통소음

감소, 자연성 부여 및 경관 개선, 시선유도

- 가로수 조건 : 이식·전정에 강하며 병충해·공해에도 강할 것, 지하고가 높고 답압에 강할 것, 줄기가 곧고 가지가 고루 발달되어 어느 방향으로 든지 나무별 특유의 수형을 갖출 것, 보통 수고 4m 이상, 흉고직경 15㎝ 이상, 지하고 2~2.5m 이상
- 식재 기준 : 좌우 1m 정도의 차단되지 않은 입지, 2m 이상의 토심에 자연토양층과 연결, 차도로부터 0.65m 이상, 건물로부터 5~7m 이격, 수간거리는 성목 시 수관이 서로 접촉하지 않을 정도의 8~10m(은행, 메타세쿼이아, 느티, 양버즘, 가죽, 칠엽수, 회화, 벚, 이팝)

11. 옥상조경

- 옥상조경 경량토 : 펄라이트 · 버미큘라이트 · 피트모스 · 화산재
- 수목선정 : 열악한 생육환경에 견딜 수 있고 경관구조와 기능적인 면에 만족할 수 있는 수종
- 하중에 대한 구조 안전 : 하중문제를 우선 고려, 바람 · 한발 · 강우 등 자연재해로부터의 안전성 고려
- 시스템 : 방수층→방근층→배수층→토목섬유→육성층→식생층
- 토양 환경 : 잉여수의 배수가 촉진되어 양분의 유실속도 빠름
- 토목섬유 : 토양층과 배수층 사이의 토양 여과층의 재료
- 인공지반의 토심

성상	토심	인공토양 사용 시 토심
초화류 및 지피식물	15cm 이상	10cm 이상
소관목	30cm 이상	20cm 이상
대관목	45cm 이상	30cm 이상
교목	70cm 이상	60cm 이상

12. 실내조경 식물의 선정 기준 : 낮은 광도 · 가스 · 온도 변화에 잘 견디는 식물, 내건성 · 내습성이 강한 식물

[4] 조경시설물의 계획 및 설계

1. 운동 · 놀이 · 휴게시설

- 운동장 배치 : 운동시설의 대부분은 장축을 남–북으로 하여 배치
- 야구장의 배치 : 홈플레이트를 동쪽과 북서쪽사이에 배치(내 · 외야수가 오후의 태양을 등지고 경기)
- 모래밭 : 깊이 30㎝ 이상, 모래막이 설치, 하루에 4~5시간의 햇볕이 쬐고 통풍이 잘되는 곳으로 휴게시설과 가까이 있는 것이 좋음
- 미끄럼대 : 높이 1.2~2.2m, 판 기울기는 30~35°
- 파고라 : 높이에 비해 길이가 길도록 하고 높이 220~260㎝(최대 300㎝)
- 의자 : 등의자는 긴 휴식, 평의자는 짧은 휴식에 설치, 길이 1인 45~47㎝, 2인 120㎝, 앉음판의 높이 34~46㎝, 등받이 각도는 95~105°
- 아치 : 중문의 역할, 눈가림 구실, 장미 등 덩굴식물을 올려 장식
- 트렐리스 : 좁고 얄팍한 목재를 엮은 1.5m 정도의 격자형 시설물, 덩굴식물 지탱

2. 조명시설

- 연색성 : 동일한 물체의 색이라도 광선(조명)에 따라 색이 달라 보이는 현상
- 수명 : 수은등〉형광등〉나트륨등〉할로겐등〉백열등
- 등주의 종류 : 철재(내구성 · 부식 · 무거움), 알루미늄(내부식성 · 비용저렴), 콘크리트(내구성 · 내부식성, 유지관리 용이, 무거움), 목재(초기 유지관리 용이, 방부제)

3. 관리 및 편익시설

- 주변 환경과 조화되는 외관과 재료, 종류별 규격·형태·재료의 체계화 도모
- 쓰레기통 : 단위공간마다 1개소 이상 배치, 통풍·건조가 쉽고, 내화성인 구조
- 울타리 : 단순한 경계(0.5m 이하), 소극적 출입통제 (0.8~1.2m), 적극적 침입방지(1.5~2.1m)
- 음수대 : 청결성·내구성·보수성 고려, 양지바른 곳, 이용자의 신체특성을 고려한 적정높이

4. 도로

- 보행자 도로 : 폭 1.5m 이상의 도로로서 보행자를 위하여 설치하는 도로
- 몰(mall) : 도시 상업지구에 설치, 쾌적한 보행을 위한 나무 그늘이 진 산책로
- 원로 폭 : 1인 통행(0.8~1m), 2인 나란히 통행 가능(1.5~2m)

5. 계단

- 보행로 경사가 18% 초과하는 경우 설치
- 기울기는 35°를 기준, 폭 최소 50㎝ 이상
- 연결도로의 폭 이상의 폭으로 설치
- 단높이는 15㎝, 단너비는 30~35㎝ 표준(부득이 한 경우 단높이 12~18㎝, 단너비 26㎝ 이상)
- 높이 2m 초과 시 2m 이내마다 참 설치
- 높이 1m를 넘는 경우 벽·난간 설치
- 계단 폭 3m 초과 시 3m 이내마다 난간 설치
- 옥외에 설치 시 2단 이상 설치

6. 경사로

- 경사로 유효폭 1.2m 이상(불가피한 경우 0.9m)
- 경사로 기울기 1/12 이하(1/8까지 가능)
- 높이 0.75m 이내마다 수평면 참 설치
- 시작과 끝, 굴절부분 및 참에는 1.5m×1.5m 이상 공간 확보
- 길이 1.8m 이상 또는 높이 0.15m 이상인 경우 손잡이 설치
- 양측면에는 5cm 이상의 추락방지턱 또는 측벽 설치

7. 주차계획

- 노상주차장의 경우 종단경사도가 4%를 초과하는 도로에는 설치금지
- 노외주차장인 경우도 배수를 위한 표면경사는 3~4% 정도가 적당
- 주차를 위한 경사로의 기울기는 직선부분 17%, 곡선부분 14%
- 주차단위구획 : 일반형(2.5×5.0m), 장애인 전용(3.3×5.0m), 평행주차(2.0×6.0m)
- 동일면적일 때 직각주차 형식이 가장 많은 주차 가능

PART 3 식물 재료 및 식재 공사

[1] 식물 재료

1. 조경 수목의 형태

- 조경 수목의 구비조건 : 관상 가치, 실용적 가치, 내환경성·병충해 저항성 클 것, 이식·번식, 다량 구입, 유지관리 쉬울 것
- 수형 : 수관과 줄기로 이루어짐, 구형(회화, 박태기) ,배상형(느티나무)
- 줄기에 의한 수형 : 직간(곧은 줄기), 곡간(구부러진 줄기), 사간(기울어진 줄기), 다간(여러 갈래 줄기)
- 형상수(토피어리) : 수목을 기하학적인 모양으로 다듬어 만든 수형
- 형상수에 적합한 나무 : 전정·병충해에 강한 나무, 잎이 작고 양이 많은 나무(꽝꽝·아왜·주목)
- 토피어리 만드는 방법 : 따뜻한 계절에 실시, 불

필요한 가지를 친 후 남은 가지를 유인, 강전정이 아닌 연차적으로 원하는 수형 형성
- 조경 수목의 하자 : 수관부의 가지가 2/3 이상 고사 시

2. 관상적 분류
- 단풍 관상 : 적색계(단풍류 · 붉 · 화살 · 감 · 신 · 홍단풍 · 벚 · 담쟁이덩굴), 황색계(은행 · 백합 · 고로쇠 · 붉은고로쇠 · 벽오동 · 자작)
- 향기 수목 : 봄(서향·함박꽃), 가을(금목서·목서)
- 줄기 관상 : 백색계(백송 · 분비 · 자작 · 버즘 · 서어 · 동백), 갈색계(편백 · 배롱 · 철쭉류), 흑갈색계(곰솔 · 독일가문비 · 개잎갈 · 굴참), 청록색계(식 · 벽오동 · 황매화), 적갈색계(소나무 · 주목 · 모과 · 삼 · 노각 · 섬잣, 흰말채 · 편백), 얼룩무늬(모과 · 배롱 · 노각 · 버즘)
- 질감 : 거친 질감(큰 건물 · 양식건물에 이용, 칠엽수 · 벽오동 · 양버즘 · 팔손이 · 태산목), 고운 질감(한옥 · 좁은 정원에 적합, 철쭉류 · 향 · 소나무 · 편백 · 화백 · 회양목)
- 덩굴식물 : 송악·멀꿀·능소화·오미자··등·인동

3. 식재의 기능
- 기능 분류 : 공간조절(경계 · 유도식재), 경관조절(지표 · 경관 · 차폐식재), 환경조절(녹음 · 방음 · 방풍 · 방화 · 방설 · 지피식재)
- 녹음식재용 수종 : 생장이 빠르고 유지관리가 용이하며, 지하고가 높고 병충해가 적은 교목(은행 · 느티 · 버즘 · 메타 · 가중)
- 상록수 기능 : 시각적 차폐, 겨울철 방풍, 일정한 생김새 유지
- 생울타리(차폐) : 측백 · 쥐똥 · 개나리 · 꽝꽝 · 사철 · 무궁화, 가시울타리(탱자 · 호랑가시 · 찔레), 침입방지(150㎝ 이상)
- 가로수 : 은행 · 느티 · 가중 · 버즘 · 메타 · 이팝 · 벚 · 무궁화(2m 이상 지하고)
- 도로 사고방지식재 : 명암순응, 시선유도(도로형태 인지), 침입방지
- 환경조절식재 : 방풍(구실잣 · 녹 · 삼 · 편백 · 후박), 방화(아왜 · 광 · 식), 방음(아왜 · 녹 · 구실잣)

4. 수목의 환경 특성
- 광선 : 겨울철 좋은 생활환경과 나무의 생육을 위해 최소 6시간 정도 광선 필요
- 음수 : 주목, 독일가문비, 전, 사철, 회양목, 눈주목, 가시, 아왜, 후박, 비자, 식, 동백, 팔손이, 굴거리, 녹나무
- 양수 : 은행, 느티, 가중, 소나무, 메타세쿼이아, 버즘, 곰솔, 향, 자작, 산수유, 모과, 무궁화
- 건습정도 : 저습지(메타 · 낙우송 · 버드 · 수국 · 주엽 · 오리 · 능수), 건조지(소 · 가중 · 자귀 · 졸참 · 자작), 건습지(꽝꽝 · 오리)
- 대기가스 저항성 : 공해(메타 · 쥐똥 · 느티 · 은행 · 광 · 향), 자동차 아황산가스(은행 · 편백 · 층층 · 백합 · 가이즈카향 · 녹 · 아왜)
- 내염성 및 방풍성 : 내염성 강(곰솔 · 아왜 · 모감주 · 가시 · 단풍), 내풍성 강(느티 · 갈참 · 가시)
- 맹아력 : 강(쥐똥 · 가시 · 히말라야 · 리기다소 · 능수), 약(소 · 벚 · 목련 · 비자)
- 이식 정도 : 용이(사철 · 쥐똥 · 가시), 곤란(목련 · 오동)
- 뿌리의 깊이 : 천근성(독일가문비 · 자작 · 버드 · 사시 · 수양 · 미루 · 현사시), 심근성(은행 · 느티 · 소 · 전 · 백합 · 섬잣 · 후박 · 태산)
- 식물생육에 필요한 토양의 깊이

종류	생존최소심도	생육최소심도
잔디 · 초화	15㎝	30㎝
소관목	30㎝	45㎝
대관목	45㎝	60㎝
천근성 교목	60㎝	90㎝
심근성 교목	90㎝	150㎝

▸ 조경기준상의 식재토심

종류	토심	인공지반토심
초화 · 지피	15cm	10cm
소관목	30cm	25cm
대관목	45cm	30cm
교목	70cm	60cm

5. 조경 수목의 규격

▸ 조경수목의 측정 : 규격의 증감한도는 설계상의 규격에 ±10% 이내
▸ 윤척 : 수목의 흉고직경 측정에 사용하는 기구
▸ 수고(H : Height, 단위 : m) : 지표면에서 수관 정상까지의 수직거리
▸ 수관폭(W : Width, 단위 : m) : 수관 투영면 양단의 직선거리
▸ 흉고직경(B : Breast, 단위 : cm) : 지표면에서 1.2m 부위의 수간직경
▸ 근원직경(R : Root, 단위 : cm) : 지표면에 접하는 줄기의 직경
▸ 지하고(BH : Brace Height, 단위 : m) : 지표면에서 수관의 맨 아래 가지까지의 수직 높이

6. 교목의 규격 표시

▸ H×B : 은행, 메타세쿼이아, 버즘, 가중, 왕벚, 산벚, 자작, 벽오동
▸ H×R : 느티, 단풍, 감 등 대부분의 활엽수
▸ H×W : 잣, 주목, 독일가문비, 편백, 굴거리, 아왜, 태산목 등
▸ 교목의 식재 품 적용 : H×B(흉고직경에 의한 식재), H×R(근원직경에 의한 식재), H×W(수고에 의한 식재)

7. 지피식물

▸ 지피 식물 및 초화류의 조건 : 키가 낮을 것(30cm 이하), 가급적 상록으로 다년생 목·초본, 속성 생장, 번식력 왕성할 것, 내병충해·내환경성 강할 것, 유지관리·재배가 쉬울 것, 품종의 균일성·통일성 가질 것
▸ 지피식물의 침식 방지 효과 : 빗물의 충격력, 빗물의 흐름 감소(토양입자 유실 억제), 표층토의 침투능력을 개선
▸ 잔디의 내병충성 : 난지형은 병해에 강, 충해에 약, 한지형은 병해에 약, 충해는 별로 없음
▸ 잔디 우량종자의 조건 : 본질적으로 우량한 인자를 가진 것, 완숙종자일 것, 신선한 햇 종자일 것

[2] 식재 공사

1. 수목 식재

▸ 건설기계의 발달 : 현대조경에서 큰 나무 이식이 가능하게 된 요인
▸ 수목의 이식순서 : 굴취→운반→식재→식재 후 조치

2. 수목의 이식 시기

▸ 침엽수 : 3월 중순~4월 중순이 적기, 9월 하순~11월 상순까지 이식 가능
▸ 상록활엽수 : 3월 상순~4월 중순까지, 6월 상순~7월 상순
▸ 낙엽수 : 대체적으로 10월 중순~11월 중순, 3월 중·하순~4월 상순까지(휴면기 적당)
▸ 부적기 식재의 양생 및 보호조치
▸ 하절기 식재(5~9월) : 낙엽활엽수(잎의 2/3 이상, 가지 반 정도 전정 후 충분한 관수·멀칭), 상록활엽수(증산억제제 5~6배 희석액 살포)
▸ 동절기 식재(12월~2월) : 수간 및 수관(새끼감기·짚싸기), 근부주위 표토(보토·멀칭), 방풍네트
▸ 봄철의 이식 적기보다 늦어질 경우 이른 봄에 미리 굴취하여 가식

3. 뿌리돌림
- 목적 : 잔뿌리 발생 촉진, 이식 후의 활착 도모, 부적기 이식 시 또는 건전한 수목의 육성 및 개화결실 촉진, 노목, 쇠약한 수목의 수세 회복
- 필요성 : 부적기 이식, 크고 중요한 나무 이식, 개화결실 촉진, 건전목 육성 등에 시행
- 시기 : 이식하기 6개월~1년 전, 3월 중순~4월 상순
- 분의 크기 : 이식할 때의 뿌리분 크기보다 약간 작게, 보통 근원직경 4배
- 뿌리돌림의 방법 : 수목의 이식력을 고려하여 일시 또는 연차적 실시, 굵은 뿌리 3~4개 정도 남겨 도복방지, 15~20㎝의 폭으로 환상 박피, 깨끗하게 절단, 수종의 특성에 따라 가지치기·잎 따주기, 필요시 임시 지주 설치, 절단·박피 후 분감기(녹화마대·새끼)

4. 굴취
- 크기 : 너비는 근원직경의 4~6배(보통 4배), 깊이는 2~4배, 활엽수〈침엽수〈상록수
- 형태 : 조개분(심근성 수종), 접시분(천근성 수종), 보통분(일반 수종)
- 분을 크게 뜨는 경우 : 이식 곤란, 희귀종·고가, 부적기 이식, 세근의 발달이 느린 수목
- 기계 : 체인블록, 크레인, 백호우
- 굴취법 : 뿌리감기굴취법(흙을 붙여 분 형성), 나근굴취법(뿌리분 없음), 추적굴취법, 동토법

5. 수목의 운반
- 상하차 및 운반기계 : 체인블록·크레인·크레인차·트럭
- 운반 시 주의사항 : 뿌리의 절단면이 클 경우 콜타르 도포, 뿌리분을 앞쪽으로 적재, 충격과 수피손상 방지(새끼·가마니·짚), 가지는 간단하게 가지치기나 결박, 뿌리분을 젖은 거적·시트로 덮기

6. 수목의 식재
- 식재 순서 : 구덩이 파기→수목 넣기(수목방향 정하기)→2/3 정도 흙 채우기(묻기)→물 부어 막대기 다지기(죽쑤기)→나머지 흙 채우기→지주세우기→물집 만들기
- 가식 : 점토질 성분의 바람이 없고 약간 습한 곳, 배수양호한 곳, 증산억제 및 동해방지 조치
- 식재구덩이(식혈) : 뿌리분 크기의 1.5배 이상, 표토와 심토를 구분하여 적치
- 수목 앉히기(세우기) : 원생육지에서의 방향과 맞추어 앉히기, 작업 전 전정·방제 효과적
- 심기 : 수식(흙을 진흙처럼 만들어 뿌리 사이에 밀착), 토식(물 사용 안함), 표토사용, 객토
- 물집 : 근원직경 5~6배의 원형 물받이 설치(높이 10~20㎝ 턱)

7. 식재 후 작업
- 지주세우기(2m 이상 교목), 전정(지상부와 지하부의 균형), 줄기감기(일사·동해 방지, 증산억제, 병충해 방제, 부적기 이식, 경제적 약제 살포), 수목보호판, 멀칭, 시비
- 소나무 줄기감기 후 진흙 바르기 : 소나무 좀의 피해 예방, 수분증산 억제, 외상 방지
- 바람에 대한 수목의 보호조치 : 큰 가지치기, 지주 세우기, 방풍막 치기

8. 잔디
- 파종 : 대부분의 한지형 잔디, 뗏장심기에 비하여 균일하고 치밀한 잔디면 조성(긴 조성기간), 비용이 적고 작업이 쉬움, 종자 약 50~150kg/1ha 정도 파종, 색소 사용(파종지역을 구분·확인), 종자를 반씩 나누어 반은 세로로, 반은 가로로 파종
- 들잔디의 종자처리 : 수산화칼륨(KOH) 20~25% 용액에 30~45분간 처리 후 파종
- 파종 순서 : 경운→기비살포→정지작업→파종

→복토(레이킹)→전압→멀칭
- 파종 시기 : 난지형 5~6월 초순 경, 한지형 9~10월 또는 3~5월 경
- 멀칭 : 수분 유지를 위해 폴리에틸렌필름·볏짚·황마천·차광막 등 사용
- 영양번식 : 주로 난지형 잔디, 평떼식재(전면식재, 어긋나게 식재, 이음매 식재), 줄떼식재, 뗏밥 뿌리고 롤러(100~150kgf/㎡)나 인력으로 다지기, 경사면 시공시 아래쪽에서 위쪽으로 붙여 나가며 뗏장(30×30㎝) 1매당 2개의 떼꽂이로 고정
- 영양번식 적기 : 한지형(9~10월과 3~4월), 난지형(4~6월), 이식 후 관리만 잘하면 언제나 가능
- 관수 : 관수시간은 오후 6시 이후–토양의 흡수가 원활하고, 수분유실 저하

9. 초화류
- 화단 식재용 초화류의 조건 : 꽃이 많이 달릴 것, 개화기간이 길 것, 병해충에 강할 것
- 계절별 초화류 : 봄(팬지, 데이지, 금잔화, 수선화), 여름·가을(메리골드, 피튜니아, 샐비어), 겨울(꽃양배추)
- 시비 : 1㎡당 퇴비 1~2kg, 복합비료 80~120g을 밑거름으로 뿌리고 20~30㎝ 깊이로 경운
- 화단 식재의 요령 : 바람이 없고 흐린 날 꽃이 피기 시작하는 묘 식재, 큰 면적의 화단은 중앙에서부터 변두리로 식재, 작업자는 태양을 등지고 식재, 흙이 밟혀 굳어지지 않도록 널빤지를 놓고 식재, 어긋나게 식재하는 것이 좋음, 심기 한나절 전에 관수해 주면 캐낼 때 뿌리에 흙이 많이 붙어 활착에 좋음

10. 양식에 의한 화단
- 평면 화단 : 화문화단(양탄자처럼 기하학적으로 도안), 리본화단(대상화단, 나비가 좁고 길게 구성), 포석화단(돌 깔고 주위에 화초)
- 입체화단 : 기식화단(모둠화단, 사방에서 감상), 경재화단(살피화단, 한쪽에서만 감상), 노단화단(계단모양)
- 침상화단 : 관상이 편하도록 1~2m 정도로 낮은 평면에 꾸민 화단

PART 4 조경 재료 및 시공

[1] 조경 시공 일반

1. 입찰·계약 및 시공계획
- 조경공사의 특징 : 공종의 다양성·소규모성, 지역성, 장소의 분산성, 규격과 표준화 곤란
- 입찰계약 순서 : 입찰공고→현장설명→입찰→개찰→낙찰→계약
- 일반경쟁입찰(유자격자 모두) : 공사비 절감(부실공사), 공평한 기회(부적격자), 입찰 비용증대
- 지명경쟁입찰(소수의 특정사) : 양질의 공사 기대(담합의 우려), 시공 신뢰성(공사비 증가)
- 특명입찰(수의계약) : 기밀유지, 우량공사(공사비 증대), 신속한 계약(불순함 내포 가능)
- 직영공사(발주자 시공) : 공사내용 간단, 시기적 여유, 기밀 유지, 설계변경 예상되는 공사
- 턴키도급(일괄수주방식) : 설계와 시공의 일괄 입찰
- 조경 시공 계획 : 사전조사→기본계획→일정계획→가설 및 조달계획

• $1일평균작업량 = \dfrac{공사량}{작업가능일수}$

- 공정 관리의 4단계(순서) : 계획(Plan)→실시(Do)→검토(Check)→조치(Action)
- 공정계획 : 공사의 순서를 정하고 단위공사에 대한 일정 계획
- 시공 관리의 4대 목표 : 공정 관리(가능한 빠르게), 원가 관리(가능한 싸게), 품질 관리(보다

좋게), 안전 관리(보다 안전하게)

▸ 조경공사의 일반적인 순서 : 터닦기(부지지반 조성)→급배수 및 호안공(지하매설물 설치)→콘크리트 공사→조경시설물 설치→식재 공사

2. 공정표

▸ 횡선식 공정표 : 단순·시급한 공사, 개략적 공정에 사용, 시작과 종료 명확, 전체 공정 중 현재 상황파악 용이, 초보자 이해용이, 주공정 파악 곤란, 변동 시 탄력성 없음

▸ 네트워크 공정표 : 일정에 탄력적 대응, 문제의 사전 예측, 공사통제 기능, 작업의 선후관계 명확, 공사의 전체 및 부분파악 용이, 작성과 검사·수정이 어렵고 많은 시간 필요

3. 등고선

▸ 등고선의 종류 : 주곡선(기본 등고선), 계곡선(주곡선 5개마다), 간곡선(주곡선 간격의 1/2), 조곡선(간곡선 간격의 1/2)

▸ 등고선의 성질 : 등고선상의 모든 점의 높이 동일, 반드시 폐합, 간격이 넓으면 완경사지, 좁으면 급경사지, U자형의 등고선이 산령, V자 형의 등고선은 계곡

4. 시공 측량

▸ 길이 $\frac{1}{m} = \frac{\text{도상거리}}{\text{실제거리}}$

▸ 면적 $(\frac{1}{m})^2 = \frac{\text{도상면적}}{\text{실제면적}}$

▸ 축척과 면적

$$(\frac{1}{m_1})^2 : A_1 = (\frac{1}{m_2})^2 : A_2 \qquad \therefore A_2 = (\frac{m_1}{m_2})^2 A_1$$

▸ 평판의 3대요소 : 정준(정치, 수평 맞추기), 구심(치심, 중심 맞추기), 표정(정위, 방향 맞추기)

▸ 측량방법 : 방사법, 전진법, 교회법

▸ 수준측량 : 야장, 레벨, 표척, 전시, 후시

▸ 사진측량 : 축척 변경 용이, 분업화에 의한 능률성, 동적인 대상물의 측량, 넓을수록 경제적, 시설비용 과대, 식별 난해, 판독(색조·모양·질감·음영·상호위치관계, 크기와 형상·과고감 등)

[2] 조경 공종별 시설 공사

1. 시공위치 표기

▸ 기준점 : 공사중 높이의 기준점(이동의 염려가 없는 곳에 2개소 이상 설치)

▸ 규준틀 : 공사 전 토공의 높이·나비 등의 기준을 표시, 귀규준틀(모서리), 평규준틀(중간), 건물 벽에서 1~2m 정도 이격

2. 토공기계

▸ 굴착기계 : 백호(드랙쇼벨·낮은 면), 파워쇼벨(높은 면), 불도저, 클램쉘(좁은 수직파기), 드래그라인(낮은 연질 지반)

▸ 운반기계 : 덤프트럭, 크레인, 지게차, 불도저(60m 이하의 배토)

3. 토공사

▸ 흙의 안식각 : 자연붕괴의 안정된 사면과 수평면과의 각도(보통 30° 정도)

▸ 비탈구배 : 비탈면의 수직거리 1m에 대한 수평거리의 비(1 : 2, 1 : 3 등)

▸ 절토공(흙깎기) : 절토는 안식각보다 약간 작게, 보통 1 : 1 시공, 표토 활용

▸ 성토공(흙쌓기) : 30~60㎝마다 다짐, 침하에 대비 10% 더돋기, 보통 1 : 1.5 시공, 마운딩

4. 시멘트 및 콘크리트

▸ 시멘트 : 석회석+점토→고온가열→슬래그+생석고, 비중 3.15, 단위중량 1,500(kg/㎥)

▸시멘트 창고 : 바닥은 지면에서 30㎝ 이상, 13포대 이상 쌓지 않기, 입하 순으로 사용, 5개월 이상 저장 금지, 환기용 개구부 금지, 시멘트 온도가 높으면 50℃ 이하로 낮추어 사용

시멘트의 창고 면적(㎡) $A = 0.4 \times \frac{N}{n}$(㎡)

▸포틀랜드시멘트 : 보통(보통의 공사), 조강(긴급·한중·수중), 중용열(방사선·댐·매스), 백색(치장)

▸혼합시멘트(조기강도 저) : 고로(매스·바닷물·황산염·하수도), 실리카(매스·수중), 플라이애쉬(실리카 동일)

▸특수시멘트 : 알루미나(One day 시멘트, 조기강도 큼, 동절기·해수·긴급)

▸시멘트의 조기강도 비교 : 알루미나〉조강〉보통〉고로〉중용열〉포졸란

▸콘크리트 : 강도는 28일 강도가 기준, 시멘트+모래+자갈+물(시멘트페이스트=시멘트+물), 시험비빔 시 비빔온도·공기량·워커빌리티 검토

▸혼화재 : 시멘트량의 5% 이상, 배합계산 시 고려, 플라이애쉬·규조토·고로 슬래그

▸혼화제 : 시멘트량의 1% 이하, 배합계산 시 무시, AE제·AE감수제·유동화제·촉진제·지연제·급결제·방수제

▸감수제 효과 : 내약품성·수밀성 증가, 투수성 감소, 단위수량·단위시멘트량 감소

▸방수용 혼화제 : 염화칼슘·고급지방산·규산(실리카)질 분말

▸혼화재 저장 : 방습적인 사일로·창고에 품종별로 구분 저장, 입하된 순서대로 사용

▸혼화제 저장 : 불순물이 혼입·분리·변질·동결·습기흡수·굳어짐이 없도록 저장

▸골재의 품질 : 표면이 거칠고 둥근형태, 시멘트 강도 이상, 실적률이 큰 것, 내마모성 있을 것, 불순물이 없을 것, 잔 것과 굵은 것이 적당히 혼합된 것, 종류와 입도가 다른 골재는 각각 구분 저장

▸입도 : 크고 작은 골재알이 혼합되어 있는 정도, 입도시험(4분법·시료분취기), 입도곡선(체가름 시험결과)이 표준입도곡선 내에 들어가야 만족, 입도가 좋은 골재를 사용한 콘크리트는 강도·내구성·수밀성 향상

▸표면건조 포화상태 : 반죽 시 투입되는 물의 양이 골재에 의해 증감되지 않는 이상적인 상태

▸콘크리트의 특성 : 컨시스턴시(반죽의 질기, 시공연도에 영향), 시공연도(반죽질기에 따른 시공의 난이 정도, 시공성), 성형성(거푸집형태로 채워지는 난이 정도), 마감성(표면정리의 난이 정도)

▸슬럼프 시험 : 반죽의 질기를 측정하여 시공성(워커빌리티)의 정도 측정(높은 슬럼프 값은 반죽이 진 것)

▸블리딩(굳지 않은 콘크리트에서 물이 솟아오르는 현상), 레이턴스(블리딩 말라 생긴 미세물질)

▸워커빌리티의 측정법 : 구관입시험, 다짐계수시험, 비비(Vee-Bee)시험

▸콘크리트의 종류

· 한중 콘크리트 : 평균 기온 4℃ 이하 시공, 초기 보온 양생, W/C비 60% 이하, 공기연행제 사용

· 서중 콘크리트 : 평균기온 25℃(최고 기온이 30℃ 초과) 시공, 단위수량 증가, 콜드조인트 발생 용이, 장기강도 저하

· 프리팩트 콘크리트 : 미리 골재를 거푸집 안에 채우고 모르타르 주입

· 수밀 콘크리트 : 내구적·방수적이어서 수밀성 요하는 곳, AE제, AE감수제, 포졸란 등 사용, 공기량 4% 이하, W/C비 55% 이하

▸거푸집

· 격리재(간격 및 측벽 두께 유지), 긴장재(벌어지거나 오그라드는 것 방지), 간격재(철근과 거푸집 간격 유지), 박리제(거푸집을 쉽게 제거

위한 도포제, 동식물유·중유·폐유·합성수지)
- ·측압 : 슬럼프가 클 때, 시공연도가 좋은 경우, 붓기속도가 빠른 경우, 타설 높이가 높을 경우, 대기습도가 높은 경우, 온도가 낮은 경우, 진동기 사용 시, 수직부재(수평부재보다)인 경우
- ·거푸집 존치기간 : 2~5일(확대기초·보옆·기둥·벽), 강도 도달시까지(슬래브 및 보의 밑면, 아치 내면)

▸콘크리트 공사
- ·용적배합 : 1 : 2 : 4, 1 : 3 : 6과 같은 형태의 배합 방법
- ·균열방지 : 발열량 적은 시멘트 사용, 슬럼프(slump)값 작게, 타설 시 내·외부 온도차 작게, 시멘트량 및 단위수량 줄이기
- ·부어넣기(치기) : 먼 곳에서 가까운 곳 순서, 계획된 구역의 연속 넣기 및 수평 치기, 흘려보내기 금지, 낮은 곳에서 높은 곳 순서로 치기
- ·양생법 : 습윤보양, 증기보양(한중), 전기보양, 피막보양

5. 목공사

▸목재 : 비중이 작고 가공용이(무게에 비해 강도 높음), 열전도율 낮음(보온·방한·차음의 효과), 부패·충해·풍해에 약함, 가연성·흡수성·신축변형이 큼, 인화점 낮음, 무늬·촉각 좋음

▸심재는 (변재와 비교하여) 재질 치밀, 빛깔이 진함, 비중·강도·내구성·내후성 큼, 수축성·흡수성 작음, 흠(옹이·썩음·갈램) 적음

▸춘재는 (추재와 비교하여) 세포막이 얇고 큼, 빛깔이 엷고 재질이 연함, 자람의 폭이 넓음

▸나이테 : 춘재와 추재의 두 부분을 합친 것(추운 지방 수목은 좁고 치밀)

▸옹이 : 목재강도 감소, 흔한 결점, 산옹이·집중옹이 영향 큼

▸비중과 강도
- ·함수율 : 섬유 포화점(30%, 강도 불변), 섬유 포화점 이하(건조에 따라 강도 증가), 기건상태(15%, 일반적 사용재료), 전건상태(0%, 포화점 강도의 약 3배)
- ·흡수율(%) = $\frac{\text{목재의 무게} - \text{전건재의 무게}}{\text{전건재의 무게}} \times 100$
- ·목재의 강도 : 인장강도〉휨강도〉압축강도〉전단강도(인장강도의 1/10 정도)
- ·압축강도 : 참나무〉낙엽송〉단풍나무〉느티나무〉소나무〉삼나무〉밤나무〉오동나무
- ·무른 목재(soft wood) : 포플러(미루나무, 양버들)
- ·비중 : 나무의 종류와 관계없이 자체는 1.54
- ·일반적 재료의 비중은 기건상태(함수율 15%)의 비중(갈참나무 최대)
- ·전건 비중이 크면 강도 증가(작으면 공극이 크고 강도 감소)

▸목재의 건조목적 : 부식과 충해방지, 강도·내구성·가공성·마감성 향상, 변형·수축·균열·변색 방지, 도장 및 약제처리 가능, 취급용이·운반비 절감,

▸건조법 : 자연건조(대기 건조, 수침법), 인공건조(열기·증기·훈연·고주파 건조, 자비법)
자연건조 시 침엽수보다 활엽수 건조기간 길어짐, 고주파법이 가장 효과적

▸방부제 조건 : 침투성·방부성·가공성 클 것, 악취·변색 및 금속이나 동물·인체에 피해가 없을 것, 마감처리가 가능할 것, 강도·가공성 저하가 없을 것, 중량·인화성·흡수성 증가가 없을 것

▸방부처리법 : 표면탄화법, 도포법, 침지법, 가압처리법(로우리·베델·루핑법, 가장 효과적), 생리적 주입법

▸CCA, PCP 방부제 : 제조·사용 금지,

▸크레오소트유 : 방부력이 우수하고 가격이 저

련, 침목·전신주·말뚝 등에 주로 사용

▸목재의 종류

·각재 : 두께가 7.5㎝ 미만이고, 폭이 두께의 4배 미만인 것 또는 두께 및 폭이 7.5㎝ 이상인 것

·판재 : 두께가 7.5㎝ 미만이고, 폭이 두께의 4배 이상인 것

·조각재 : 원목의 4면을 따낸 목재

·합판 : 3장 이상의 박판을 홀수로 붙여 규격화, 수축·팽창의 변형이 적음, 균일한 크기와 강도로 제작 가능, 목재의 완전 이용

·합판제조법 : 로타리 베니어(가장 많이 사용), 슬라이스드 베니어, 쏘드 베니어

▸목재의 용도 : 침엽수(구조재), 활엽수(장식재·가구재)

▸제작과 설치 : 재료 처리→먹매김(자를 위치)→마름질(자르기)→바심질(구멍·홈 파기)→세우기

▸접착력 : 에폭시〉요소〉멜라민〉페놀

▸접착제의 내수성 : 실리콘〉에폭시〉페놀〉멜라민〉요소〉아교

6. 석공사

▸석재 : 불연성, 외관이 장중하고 아름다움, 압축강도·내구성·내마모성·내화학성 큼, 무거워서 다루기 어려움, 가공이 어렵고 부재의 크기에 제한, 압축 강도에 비해 인장 강도 낮음(압축강도의 1/10~1/20), 조직 치밀(광택 가능), 열에 닿으면 균열, 종류 다양(외관·색조)

▸회백색(포천석), 붉은색(문경석·진안석), 암회색(철원석)

▸석재의 조직

·절리 : 자연 생성 과정에서 일정 방향으로 금이 가는 것

·석리 : 조암 광물의 집합 상태에 따라 생기는 돌결

·층리 : 암석 구성물질의 층상 배열상태

·석목 : 절리 외에 암석이 가장 쪼개지기 쉬운 면

▸비중 및 강도 : 강도는 비중에 비례, 절리나 석목의 수직방향에 대한 응력이 평행방향보다 큼

▸석재의 비중(2.0~2.7) : 비중이 크면 조직 치밀, 강도 커짐, 흡수율 낮음, 경석(2.5~2.7)

▸석재의 압축강도 : 화강암〉대리석〉안산암〉점판암〉사문암〉사암〉응회암〉부석

▸석재의 비중=건조무게/(표면건조내부포화상태의 무게−수중무게)

▸데발 시험기 : 석재의 마모에 대한 저항성 측정 시험기

▸성인에 의한 분류 : 화성암(화강암·안산암·현무암·섬록암), 퇴적암(사암·점판암·응회암·석회암·혈암), 변성암(편마암·대리석·사문암·트래버틴)

▸화강암 : 단단하고 경질이며 내구성과 내화성이 좋아 조경공사에 가장 많이 사용

▸대리석 : 석회암이 변질한 것, 무늬가 화려, 석질이 치밀, 가공 쉬움, 산과 열에 약함

▸응회암 : 가공 용이, 흡수성 높음, 내수성 크나 강도 낮음, 건축용 부적당, 석축 등에 이용

▸점판암 : 퇴적암의 일종으로 판모양으로 떼어낼 수 있어 디딤돌, 바닥포장재 등에 사용

▸형상에 의한 분류

마름돌	주로 미관을 위한 돌쌓기에 사용하는 고급품−정형적인 곳, 시공비 고가
견치돌	형상은 사각뿔형(재두각추체)에 가깝고, 전면은 거의 평면을 이루며 대략 정사각형으로 뒷길이, 접촉면의 폭, 윗면 등의 규격화된 돌로서 4방락 또는 2방락의 것이 있으며, 접촉면의 폭은 전면 1변의 길이의 1/10 이상이어야 하고, 접촉면의 길이는 1변의 평균길이의 1/2 이상, 뒷 길이는 최소변의 1.5배 이상−주로 옹벽 등의 메쌓기·찰쌓기용으로 사용(흙막이용 돌공사)
잡석	크기가 지름 10~30㎝ 정도로 크고 작은 알로 고루고루 섞여져 형상이 고르지 못한 큰 돌(큰 돌을 막 깨서 만드는 경우도 있음)−주로 기초에 사용

호박돌	호박형의 천연석으로 가공하지 않은 지름 18㎝ 이상 크기의 돌–사면보호, 연못 바닥, 원로 포장, 벽면의 장식
조약돌	가공하지 않은 천연석으로 지름이 10~20㎝ 정도의 계란형의 돌
자갈	지름 2~3㎝ 정도의 돌–콘크리트 골재, 석축의 메움돌, 포장용, 미장용
사괴석	한 사람이 네 덩어리를 짊어질 수 있는 크기의 15~25㎝ 정도의 각석–한식 건물의 바깥 벽담 및 방화벽, 전통 공간 연못 호안
장대석	네모지고 긴 석재–전통공간의 섬돌·디딤돌, 후원 축대, 담장 기초, 연못 호안

- 산출장소에 의한 분류 : 산석(석가산·경관석), 강석(수경공간), 해석(중도·석가산·경관석)
- 돌의 조면 : 돌이 풍화·침식되어 표면이 자연적으로 거칠어진 상태
- 돌의 뜰녹 : 돌에 세월의 흔적이 남아 고색(古色)을 띤 무늬가 생기는 것
- 경관석의 기본형태

입석	세워서 쓰는 돌, 사방에서 관상할 수 있도록 배석–수석
횡석	가로로 눕혀서 쓰는 돌, 입석 등을 받쳐서 안정감 부여
평석	윗부분이 편평한 돌, 안정감이 필요한 부분에 배치–앞부분에 배석
환석	둥근 돌, 무리로 배석시 많이 이용–복합적 경관 형성
각석	각이 진 돌, 삼각·사각 등으로 다양하게 이용–사실적 경관미
사석	비스듬히 세워서 이용되는 돌–해안절벽과 같은 풍경 묘사
와석	소가 누워 있는 것과 같은 돌–횡석보다 더욱 안정감 부여
괴석	괴상한 모양의 돌–단독 또는 조합하여 관상용, 석가산

- 석재 가공 : 혹두기(쇠메)→정다듬(정)→도드락다듬(도드락망치)→잔다듬(날망치)→물갈기(숫돌)
- 석재 사용 : 압력방향에 직각으로 쌓기, 1㎥ 이하로 가공 사용, 강도보다 내화성 고려, 세로줄눈 금지, 1일 쌓기 (50㎝ 내외 돌) 하루 2켜(1.2m) 이내, 모르타르나 채움은 1켜마다 하고 2켜 이내로 채울 것, 1목도 50kg, 하부의 돌은 큰 것을 사용, 필요시 잡석·콘크리트로 연속기초 설치, 굄돌 사용, 뒤채움 실시, 충분히 적신 후 사용, 1일 1~1.2m 이하 쌓기
- 체인블록 : 큰 돌을 운반하거나 앉힐 때 주로 사용
- 모르타르 및 줄눈 : 1 : 1 치장용, 1 : 2 사춤용, 1 : 3 깔기용·조적용, 통줄눈 금지
- 콘크리트 : 뒷채움 콘크리트 1 : 3 : 6, 석축용은 1 : 4 : 8 또는 잡석콘크리트
- 돌쌓기

마름돌 쌓기	다듬은 돌을 사용하여 돌의 모서리나 면을 일정하게 쌓는 법
견치돌 쌓기	견치돌(앞면 정사각형·직사각형, 1개 70~100kg)을 사용하여 옹벽 등의 메쌓기나 찰쌓기에 사용
자연석 무너짐 쌓기	경사면을 따라 크고 작은 자연석을 놓아 무너져 내려 안정된 모습의 자연스러운 경관을 조성
호박돌 쌓기	지름 20㎝ 정도의 장타원형 자연석으로 쌓는 것
사괴석 쌓기	사괴석으로 바른층 쌓기를 하며, 내민줄눈을 사용하여 전통담장 축조
장대석 쌓기	긴 사각 주상석의 가공석으로 바른층 쌓기 시행

- 견치돌 쌓기(찰쌓기와 메쌓기)
  - 지반이 약한 곳에는 잡석이나 콘크리트로 기초 설치 후 쌓기
  - 경사도가 1 : 1보다 완만한 경우를 돌붙임, 1 : 1보다 급한 경우는 돌쌓기

· 쌓아 올리고자 하는 높이가 높을 때는 이음매가 골을 이루도록 쌓기
· 찰쌓기 : 뒤채움은 콘크리트와 골재, 줄눈은 모르타르 사용, 1일 쌓기 높이 1.2m(최대 1.5m 이내), 이어쌓기 부분은 계단형으로 마감, 줄눈은 견치돌 10㎜ 이하, 막깬돌 25㎜ 이하, 3㎡ 마다 지름 50㎜ 정도의 배수구 설치, 돌쌓기의 밑돌은 될수록 큰 돌 사용
· 메쌓기 : 모르타르 없이 골재(잡석·자갈)로 뒤채움, 1일 쌓기 높이는 1.0m 미만, 줄눈은 10㎜ 이내(해머 등으로 다듬어 접합)

▸ 자연석 무너짐 쌓기 : 상단부는 다소의 기복으로 자연스러움 보완·강조, 쌓기 높이 1.3m 적당, 석재면을 경사지게 하거나 약간씩 뒤로 들여서 쌓기, 모르타르 사용 안함, 필요에 따라 중간에 뒷길이 60~90㎝ 정도의 돌로 맞물려 쌓아 붕괴 방지, 기초석은 비교적 큰 것 사용(20~30㎝ 깊이로 묻고, 뒷부분에는 고임돌 및 뒤채움 실시), 필요시 잡석 및 콘크리트 기초로 보강, 돌과 돌사이에 키가 작은 관목 식재, 돌과 돌이 맞물리는 곳에 작은 돌 끼워 넣기 금지

▸ 호박돌 쌓기 : 깨진 부분이 없고 표면이 깨끗하며 크기가 비슷한 것 선택, 찰쌓기를 기본으로 이를 맞추어 시공, 규칙적인 모양이 보기 좋고 안정성도 좋음, 돌은 서로 어긋나게 놓아 십자(+) 줄눈이 생기지 않도록 주의–육법쌓기

▸ 경관석 놓기
· 3석을 조합하는 경우에는 삼재미의 원리를 적용, 돌을 놓을 때 경관석 높이의 1/3 이상 깊이로 매립, 경관석 주위에는 회양목·철쭉 등의 관목이나 초화류 식재, 2석조(주석·부석)가 기본, 3·5·7석조 등과 같이 홀수로 조합
· 디딤돌·징검돌 놓기 : 지면·수면과 수평배치, 배치간격 35~50㎝, 장축이 진행방향에 직각(수직), 2연석, 3연석, 2·3연석, 3·4연석 놓기가 기본, 시작하는 곳, 끝나는 곳, 갈라지는 곳에는 다른 것에 비해 큰 돌을 배치, 보행 중 군데군데 잠시 멈추어 설 수 있도록 지름 50~55㎝ 크기의 돌 배치, 고임돌이나 콘크리트타설 후 설치
· 디딤돌 : 10~20㎝ 두께의 것으로 지면보다 3~6㎝ 높게 배치, 납작하면서도 가운데가 약간 두둑한 것 사용
· 징검돌 : 높이가 30㎝ 이상의 것으로 수면보다 15㎝ 높게 배치, 상·하면이 평평하고 지름 또는 한 면의 길이가 30~60㎝ 정도의 강석을 주로 사용

7. 벽돌

▸ 벽돌의 크기 : 표준형 190×90×57, 기존형 210×100×60

▸ 모르타르 : 1 : 1 치장줄눈, 1 : 2 아치용, 1 : 3 조적용

▸ 줄눈 : 폭 10㎜, 내력벽에는 통줄눈 금지, 치장줄눈은 쌓기 후 바로 줄눈파기

▸ 벽체의 종류

내력벽	상부 구조물의 하중을 기초에 전달하는 벽
장막벽	벽 자체의 하중만을 받고 자립하는 벽
공간벽	중간부에 공간을 두어 이중으로 쌓는 벽

▸ 쌓기 방법에 의한 분류

영식 쌓기	· 가장 튼튼한 쌓기, 이오토막 또는 반절 사용 · 마구리 쌓기와 길이 쌓기를 한 켜씩 번갈아 쌓는 방법
화란식 쌓기	· 우리나라에서 가장 많이 사용, 칠오토막 사용 · 쌓기 방법은 영식과 동일, 칠오토막 사용
불식 쌓기	· 구조적으로 약해 치장용 사용 · 매 켜에 길이 쌓기와 마구리 쌓기 병행
미식 쌓기	· 뒷면은 영식 쌓기, 표면은 치장 벽돌 쌓기 · 5켜는 길이쌓기, 한 켜는 마구리 쌓기

▸ 벽돌의 마름질 : 온장, 칠오토막·반토막·이오토막, 반절·반반절

▸ 벽돌 검사방법(KS) : 치수, 흡수율, 압축강도

▸ 벽체의 두께 구분-길이를 기준으로 구분

반장쌓기(0.5B)	벽돌의 마구리 방향의 두께로 쌓는 것
한장쌓기(1.0B)	벽돌의 길이 방향의 두께로 쌓는 것
한장반쌓기(1.5B)	마구리와 길이를 합한 것에 줄눈 10㎜를 더한 두께로 쌓는 것
두장쌓기(2.0B)	길이 방향으로 2장을 놓고 줄눈 10㎜를 더한 두께로 쌓는 것

▸ 벽체 쌓기 두께(㎜)

구분	0.5B	1.0B	1.5B	2.0B
표준형	90	190	290	390
기존형	100	210	320	430

▸ 시공상 주의 사항 : 불순물 제거 및 사전에 물 축이기, 세로줄눈의 통줄눈 금지, 굳기 시작한 모르타르 사용 금지, 1일 쌓기 높이 표준 1.2m, 최대 1.5m 이하, 가급적 전체적으로 균일한 높이로 쌓아 올라 갈 것, 이어 쌓기 부분은 계단형으로 연결

8. 금속 공사

▸ 금속 재료 : 고유의 광택을 가짐, 재질 균일, 전기·열의 전도율과 전성 및 연성 큼, 가공성 좋음, 내산성·내알칼리성 작음, 부식이 잘됨, 비중이 커 사용 범위가 제한적, 하중에 대한 강도가 큼, 다양한 형상 제조·대량 생산 가능, 가공 설비 및 제작비용 과다, 질감이 차가움, 불연재

▸ 금속재료의 종류 : 순철(탄소량 0.03% 이하), 탄소강(탄소량 0.03~1.7%), 주철(탄소량 1.7~6.6%), 합금강(니켈강, 니켈크롬강-스테인리스강)

▸ 강의 열처리 : 풀림(노 내부 냉각), 불림(공기 중 냉각), 담금질(물·기름 냉각), 뜨임(공기중 냉각)

9. 도장 공사

▸ 녹막이 페인트 조건 : 탄력성·내구성 클 것, 마찰·충격에 잘 견딜 것

▸ 분체도장 : 분말 도료를 스프레이로 뿜어서 칠하는 도장방법

▸ 징크로메이트 : 크롬산아연을 안료로 하고 알키드 수지를 전색료로 한 알루미늄 녹막이 칠)

▸ 수성페인트칠 공정 : 바탕만들기→초벌칠하기→퍼티먹임→연마작업→재벌칠하기→정벌칠하기

▸ 에나멜 페인트 공정 : 녹닦기(샌드페이퍼 등)→연단(광명단) 칠하기→에나멜 페인트 칠하기

10. 미장 공사

▸ 모르타르(시멘트+모래) : 초벌바르기(1 : 4), 정벌바르기(1 : 2, 1 : 3)

▸ 회반죽(소석회+모래+여물+해초풀) : 해초풀 물이나 기타 전·접착제를 사용

▸ 벽토(진흙+모래+짚여물) : 자연적이고 전통적 분위기의 미장재

▸ 미장재료 혼화재료 : 방수제, 방동제, 착색제

11. 합성수지 공사

▸ 플라스틱 : 성형 및 가공·착색 용이, 경량으로 무게에 비해 강도·경도·내마모성 좋음, 내수성·내산성·내알칼리성·내충격성·전기절연성·탄력성·투광성·접착성 우수, 내열성·내후성 낮음, 내화성 없음, 변색과 변형(60℃ 이상) 큼, 성형성 좋음(곡선재 사용), 저온에서 파손 잘됨

▸ 열가소성 수지 : 중합반응, 재성형 가능, 염화비닐(PVC)·아크릴·폴리에틸렌

▸ 열경화성 수지 : 축합반응, 재성형 불가능, 페놀·요소·멜라민·에폭시·실리콘·우레탄

▸ 유리섬유 강화 플라스틱(FRP) : 벤치, 인공 암·

폭포·동굴, 수목 보호판에 적당(투명성 없음)
- ▸실리콘 수지 : 특히 내수성·내열성(500℃ 이상) 우수, 접착력 우수, 방수제·도료·접착제 사용
- ▸플라스틱 제품 제작 시 첨가제 : 가소제, 안정제, 충전제

12. 점토
- ▸점토 : 습윤 상태에서는 가소성, 건조 시 굳음, 고온 가열하면 경화(한 번 구운 것은 가소성 상실), 비중 2.5~2.6, 기공률 보통 50% 내외
- ▸점토 제품

보통벽돌	저급한 점토에 모래나 석회를 섞어 소성-적벽돌, 오지벽돌
포장벽돌	보통벽돌보다 양질의 재료 사용-벽돌 중 가장 강할 것
타일	유약을 발라 1,100~1,400℃ 정도로 소성-내수성·방화성·내마멸성 우수
도자기	돌을 빻아 빚은 것을 1,300℃ 정도로 소성-변기·도관·외장 타일
토관	저급한 점토에 유약 없이 소성-연기·공기의 환기통
도관	양질의 점토에 유약을 발라 구운 것, 흡수성·투수성 거의 없음-오지토관, 배수관, 상하수도관, 전선 및 케이블관
기와	도자기처럼 만들어 흡수성이 낮은 기와를 만든 것-오지기와
테라코타	형틀로 찍어내어 소성한 속이 빈 대형의 점토제품

- ▸토관의 형상 : 직관(똑바른 것), 곡관(굽은 것), 편지관(한 쪽으로 갈라진 것)

13. 기타 재료

생태 복원 재료	식생매트, 식생자루, 식생호안 블록, 코코넛 네트·롤, 우드칩
유리 재료	원료는 규산·소다·석회-유리블록·계단·안내판·수족관·조형물·포장
섬유재	볏짚, 새끼줄, 밧줄(마 로프), 녹화테이프, 마대
방수재	시멘트 액체방수, 아스팔트 방수, 시트 방수, 도막 방수 등

- ▸녹화테이프 : 지주목 완충재, 통기성·내구성 좋음, 상렬 방지
- ▸시멘트 액체방수 : 무기질계(염화칼슘계·규산(실리카)소다계·규산(실리카)질 분말계), 유기질계(파라핀계·지방산계·고분자 에멀션계)

[3] 조경 시설 공사

1. 관수 공사
- ▸관수 방법 : 지표 관개법(도랑이나 웅덩이 이용, 효율 낮음), 살수 관개법(설치비가 많이 드나 효과적), 낙수식 관개법
- ▸스프링클러 헤드
  - ·분무식 : 고정식과 입상식(pop-up) 형태, 좁은 면적, 불규칙한 지형에 효과적, 저렴, 모든 형태의 관개시설에 적용(정방형·구형·원형·분원형 살수)
  - ·분사식 : 고정식헤드와 입상형, 주로 넓은 지역에 효과적, 원형·분원형 살수
- ▸살수기 설계시 배치 간격은 바람이 없을 때를 기준으로 살수직경의 60~65%로 제한

2. 배수 공사
- ▸표면배수 : 일반적으로 빗물받이는 20~30m 마다 1개씩 설치, 식재면은 1/20~1/30 기울기
- ▸배수계통 : 직각식(하천으로 바로), 차집식(우천시 하천, 맑은날 하수처리장), 방사식(광대해서 한 곳으로 모으기 불가능시), 선형식(한 방향 집중경사), 평행식(고저차 심한 경우), 집중식(사방에서 집중)
- ▸하수도시설기준에 따른 오수관거의 최소관경 표준 : 200㎜

- 암거(속도랑)배수 : 경사는 관의 지름이 작은 것일수록 급하게, 동결심도 밑으로, 관의 소켓이 상류쪽으로, 관의 이음부는 매끄럽게 설치, 돌이나 유공관을 묻어 설치(어골형·평행형·빗살형·부채살형·자유형), 깊이는 심근성일 때 깊게, 큰 공원에서는 자연형 배수방법 이용
- 암거 배치유형 : 어골형(주관 좌우에 지관 경사지게 연결-균일 배수), 평행형(지관을 주관과 직각으로 연결-균일배수), 자연형(등고선 고려), 차단법(불투수층, 용출되는 물 제거)

3. 수경 공사
- 물의 이용 : 정적 이용(호수, 연못, 풀), 동적 이용(분수, 폭포, 벽천, 계단폭포)
- 연못 : 콘크리트 미설치 시 진흙 굳히기·벤토나이트 방수, 급수구는 수면보다 높게, 월류구는 수면과 같은 위치에, 배수공은 연못의 가장 낮은 곳에 설치, 펌프·정수 시설 차폐식재, 급배수 파이프 굵기는 강우량·급수량 고려
- 자연식 연못 : 정원 면적의 1/9 이하, 최소 1.5㎡ 이상, 수면은 지표에서 6~10㎝ 정도 낮게, 수심 약 60㎝ 정도
- 분수 : 수조의 너비는 분수높이의 2배(바람의 영향이 큰 곳 4배), 수조의 깊이 35~60㎝
- 노즐 : 단일 구경(명확·힘찬 물줄기), 살수식(조명 효과), 공기흡입식 제트노즐(시각적 효과)
- 벽천 : 낙하 높이와 저수조 너비의 비 3 : 2, 소규모 정원에 어울림, 벽체·토수구·수반으로 구성

4. 기초 및 포장
- 기초 : 독립기초(기둥 1개에 기초 1개), 복합기초(2개 이상 기둥에 1개 기초), 연속기초(1방향 길게 설치), 온통기초(바닥 전체가 기초)
- 주 보행도로의 포장 : 변화가 적은 재료, 질감이 좋은 재료, 밝은 색의 재료
- 보도 포장재료 : 내구성이 있을 것, 자연 배수가 용이할 것, 외관 및 질감이 좋을 것
- 우레탄 포장 : 광장 등 넓은 지역 포장, 바닥에 색채 및 자연스런 문양 연출
- 마사토 포장 : 자연의 질감을 그대로 유지, 표토층의 보존 필요 시 적용
- 조약돌 포장 : 보행 속도 억제 시 포장
- 화강석 포장 : 내구성이 강하고 마모 우려가 없어 건물 진입부나 산책로 등에 주로 쓰이는 포장, 바닥포장용 석재로 가장 우수
- 소형 고압블록 포장 : 경계석 설치로 경계구분, 지반 다진 후 모래를 3~5㎝ 정도 깔고 포장, 기울기 5% 이상 시 거친면 마감, 보도용 두께 6㎝, 차도용 8㎝
- 적벽돌 포장 : 질감이 좋고 자연미가 있어 친근, 마멸되기 쉽고 강도 약, 다양한 포장패턴 연출, 평깔기보다 모로 세워깔기에 더 많은 수량 필요
- 판석 포장 : 점판암이나 화강석을 잘라서 사용, 두께 15㎝ 미만 적당, Y형 줄눈, 기층은 잡석다짐 후 콘크리트 설치, 가장자리에 놓을 판석은 절단하여 사용
- 아스팔트포장 : 돌가루와 아스팔트를 섞어 가열한 것을 다져 놓은 자갈층 위에 고르게 깔아 롤러로 다져 끝맺음한 포장 방법
- 콘크리트 포장 : 내구성과 내마멸성이 좋으나, 일단 파손된 곳은 보수가 어려우므로 시공 때 각별한 주의 필요

5. 옹벽 공사
- 옹벽의 종류 : 중력식(높이 4m 정도), 캔티레버식(높이 6m까지), 부축벽식(높이 6m 이상), 조립식(곡선 가능)
- 옹벽의 안정 : 활동·전도·침하에 대한 안정성 검토, 상부 강우침투 차단, 하부 배수 고려, 3㎡마다 배수구 1개씩 설치

[4] 시방 및 적산

1. 시방서

- 공사나 제품에 필요한 재료의 종류나 품질, 사용처, 시공 방법 등 설계 도면에 나타낼 수 없는 사항을 기록한 시공지침으로 도급계약서류의 일부
- 시방서 포함 내용 : 공사의 개요 및 적용 범위, 시공에 대한 보충 및 일반적 주의사항, 시공방법·완성 정도, 재료의 종류·품질 및 사용, 검사 결과, 설비, 시공 완성 후 뒤처리
- 적용순위 : 현장설명서→공사시방서→설계도면→표준시방서→물량내역서(모호한 경우 발주자 결정)

2. 적산

- 공사에 소요되는 자재의 수량, 시공면적, 체적 등의 공사량을 산출하는 과정
- 품셈 : 인간과 기계의 단위물량당 소요로 하는 노력과 물질을 수량으로 표현한 것
- 일위대가 : 어떤 공사의 단위수량에 대한 금액(단가)으로 품셈을 기초로 작성
- 금액의 단위 표준 : 설계서의 총액 1000원 이하 버림, 설계서 소계·금액란·일위대가표 계금 1원 미만 버림, 일위대가표의 금액란 0.1원 미만 버림
- 재료의 할증 : 조경용 수목·잔디·초화류 10%, 붉은 벽돌 3%, 시멘트 벽돌 5%, 경계블록 3%, 수장용 합판 5%
- 체적의 변화 : 흐트러진 상태〉자연상태〉다져진 상태

· $L = \frac{\text{흐트러진상태의체적}(m^3)}{\text{자연상태의체적}(m^3)}$

· $C = \frac{\text{다져진상태의체적}(m^3)}{\text{자연상태의체적}(m^3)}$

- 공사원가 구성체계

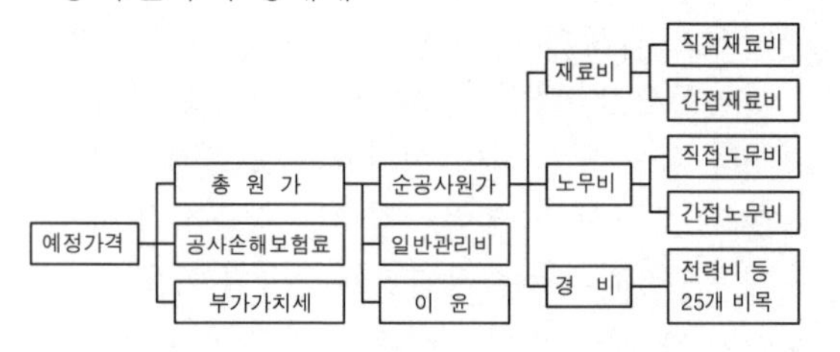

PART 5 조경 관리

[1] 조경 관리 계획

1. 조경관리의 구분 및 내용

구분	내용
유지관리	조경수목과 시설물 기능 유지(식물·기반시설물·편익 및 유희시설물·건축물)
운영관리	이용의 기회를 제공하는 방법적인 관리(예산·재무제도·조직·재산)
이용관리	이용에 대한 기회 증대(안전관리·이용지도·홍보·주민참여 유도)

2. 관리 작업의 종류

구분	내용
정기 작업	청소, 점검, 수목의 전정, 시비, 병해충 방제, 월동관리, 페인트칠
부정기 작업	죽은 나무의 제거 및 보식, 시설물의 보수
임시 작업	태풍·홍수 등 기상 재해로 인한 피해 복구

3. 운영관리방식

- 직영방식 : 관리책임이나 책임소재가 명확, 긴급한 대응, 양질의 서비스
- 도급방식 : 전문지식·기능·자격을 요하는 업무, 규모·노력과 특정 설비 등을 포함하는 업무

4. 이용관리

- 이용자관리의 대상 : 현재 이용자, 이용경험이 있는 자, 이용할 가능성이 있는 자

▸ 행사 : 관심 제고 및 계몽, 이용률 제고 및 홍보, 다양화 도모, '기획→제작→실시→평가'의 순으로 행사 개최

[2] 조경 식물 관리

1. 정지·전정

▸ 생장이 왕성한 유목은 강전정, 노목은 약전정

▸ 맹아력 : 강(느티·양버즘·배롱·모과), 약(소나무·단풍·낙우송)

▸ 조형을 위한 전정 : 수목 본래의 특성, 예술적 가치·미적 효과·균형생장을 위한 전정

▸ 생장을 조정하기 위한 전정 : 병충해 가지, 곁가지 다듬어 키의 생장촉진

▸ 생장을 억제하기 위한 전정 : 일정한 형태 유지, 필요 이상으로 자라지 않게 전정

▸ 갱신을 위한 전정 : 생기를 잃거나 개화 상태가 불량해진 묵은 가지 전정

▸ 생리조정을 위한 전정 : 손상된 뿌리로부터 흡수되는 수분의 균형을 위해 가지·잎 제거

▸ 개화·결실을 촉진시키기 위한 전정 : 개화 촉진(매화 개화 후 전정, 장미 수액 유동 전), 결실(감나무 개화 후 전정), 개화와 결실 동시 촉진(개나리·진달래 개화 후 전정)

2. 수목의 생장 및 개화 습성

▸ 생장 습성 : 1회 신장형(소나무·곰솔·잣·은행), 2회 신장형(철쭉·사철·쥐똥·편백·화백·삼)

▸ 개화 습성 : 당년 가지(장미·무궁화·배롱·감·목서), 2년생 가지(매실·살구·개나리·벚·생강·산수유·모란·수수꽃다리)

3. 일반적 전정시기

▸ 하계전정(6~8월) : 생육장애요인의 제거 및 외관적인 수형을 다듬기

▸ 동계전정(12~3월) : 수형을 잡아주기 위한 굵은 가지 전정

▸ 낙엽활엽수(7~8월, 11~3월), 상록활엽수(5~6월, 9~10월), 상록침엽수(10~11월, 2~3월)

▸ 전정 대상 : 고사지·허약지·포복지(움돋이)·맹아지(붙은 가지)·도장지·수하지·역지(내향지)·교차지·평행지·윤생지·대생지

▸ 전정 요령 : 위에서 아래로, 오른쪽에서 왼쪽, 수관의 밖에서 안쪽으로 실시, 굵은 가지 먼저 자르고 가는 가지 정리, 상부는 강하게 하부는 약하게 전정

4. 전정 방법

▸ 도장지 자르기 : 한번에 잘라내지 말고 1/2 정도 줄여서 힘을 약화시킨 후 동계 전정

▸ 굵은 가지 자르기 : 주간에서 10~15㎝ 떨어진 곳에서 가지에 수직방향으로 절단(아래쪽먼저 1/3 정도 자르고 위쪽에서 어긋나게 자른 후 기부 절단), 절단면에 톱신페스트 도포(목련류·벚나무류 반드시 도포제 사용)

▸ 마디 위 자르기 : 눈끝의 6~7㎜ 윗부분을 눈과 평행한 방향으로 비스듬히 절단

▸ 산울타리 전정 : 연 2~3회, 높은 울타리는 옆에서 위쪽으로 전정, 상부는 깊게 하부는 얕게, 높이 1.5m 이상일 경우 사다리꼴 형태로 전정

▸ 소나무의 적심(순자르기) : 5~6월경 새순이 5~10㎝ 자라난 무렵에 2~3개의 순만 남기고 제거, 남긴 순의 힘이 지나치면 1/3~1/2 정도만 남겨두고 끝부분을 손으로 제거, 노목·허약한 것은 다소 빨리 실시, 순따기를 한 후에는 토양 과습 금지, 잎 솎기(8월)

▸ 유인·단근 : 개화 결실을 촉진하기 위하여 실시

▸ 아상 : 눈의 상단 아상(꽃눈 형성), 하단 아상(생장 억제)

▸ 전정도구 : 전정가위, 적심가위(부드러운 가지나 꽃꽂이), 적과·적화가위(꽃·열매 수확), 고지가위(높은 곳의 가지·열매 채취)

5. 시비

▸ 시비의 목적 : 뿌리발달 촉진, 건전한 생육, 병해충·추위·건조·바람·공해 등에 대한 저항력 증진, 건강한 꽃과 좋은 과일의 결실, 토양 미생물의 번식 조장, 양분의 이용 개선

▸ 비료의 3요소 : 질소(N 수목의 생장)·인산(P 세포분열 촉진)·칼륨(K 뿌리·가지 생육, 각종 저항성)

▸ 다량 원소(C·H·O·N·P·K·Ca·Mg·S), 미량 원소(Fe·Mn·B·Zn·Cu·Mo·Cl)

▸ C/N율(탄질률) : 화아분화에 관계, 고(생장장애·꽃눈 많아짐), 저(도장·성숙이 늦음)

▸ 비료의 구분

· 무기질 비료 : 질소질(황산암모늄·염화암모늄·요소), 인산질(과린산석회·토마스인비), 칼리질(염화칼리·황산칼리)

· 유기질 비료 : 양질의 소재로 유해물 등 다른 물질이 혼입되지 않고 충분한 건조 및 완전 부숙된 것 사용(어박, 골분, 대두박, 계분, 맥주오니)

· 황산암모늄 등의 산성비료를 계속 시비하면 흙이 산성으로 변화

· 복합비료의 표시 : 21-17-18 (질소 21%, 인산 17%, 칼륨 18%)

▸ 시비의 구분

· 기비(밑거름) : 생육 초기에 흡수하도록 주는 비료, 지효성·완효성 유기질 비료 사용, 10월 하순~11월 하순·2월 하순~3월 하순의 잎이 피기 전 시비, 연 1회

· 추비(덧거름) : 생육·수세회복을 위하여 추가로 주는 비료, 속효성 무기질(화학)비료 사용, 4월 하순~6월 하순에 시비(7월 이전 완료), 연 1회~수회 시비

▸ 시비 방법

· 토양내 시비법 : 땅을 갈거나 구덩이(깊이 20~25㎝, 폭 20~30㎝)를 파고 시비

방사상 시비	수목 밑동부터 밖으로 방사상 모양으로 땅을 파고 시비
윤상 시비	수관선 기준으로 환상으로 둥글게 파고 시비
대상 시비	윤상 시비와 비슷하나 구덩이를 일정 간격을 띄어 실시
선상 시비	산울타리처럼 길게 식재된 수목을 따라 길게 구덩이 파고 시비
전면 시비	토양 전면에 거름을 주고 경운하기, 관목 시 전면적 살포

· 수간 주사법 : 여러 방법의 시비가 곤란·효과가 낮은 경우 사용, 4~9월의 맑은 날 실시(높이 1.5~1.8m, 나무 밑 5~10㎝, 지름 5~10㎜, 깊이 3~4㎝, 각도 20~30°, 도포제·코르크 마개)

6. 병해 관리

▸ 병원체에 따른 병해

· 바이러스 : 포플러 모자이크병, 오동나무 미친 개꼬리병

· 파이토플라스마 : 대추나무·오동나무 빗자루병, 뽕나무 오갈병

· 세균(박테리아) : 밤나무 뿌리혹병, 복숭아 세균성 구멍병

· 곰팡이(진균) : 벚나무 빗자루병, 잎녹병, 녹병, 흰가루병 등 대부분의 수목병

▸ 식물병의 발생 3대 요인 : 환경조건, 병원체의 발병력, 기주식물의 감수성

▸ 자주빛 날개무늬병균(토양 월동), 오리나무 갈색무늬병균(종자 전반), 소나무재선충(북방수염하늘소 전반)

▸ 병 및 중간기주 : 소나무혹병(참나무류), 배나무 붉은별무늬병(향나무), 모과나무와 배나무 과수원 반경 2㎞ 이내에 향나무 식재 금지

▸ 현대의 세계 3대 수목병 : 잣나무 털녹병, 느릅

나무 시들음병, 밤나무 줄기마름병

▸ 병해와 방제법

· 흰가루병 : 장미·단풍·배롱·벚 등에 많이 발생, 통기불량·일조부족·질소과다 등이 발병 요인, 병환부에 흰가루가 섞여서 미세한 흑색의 알맹이가 다수 형성(자낭구), 치명적인 병은 아니나 생육이 위축되고 외관이 안 좋음, 병든 낙엽 소각 및 매립, 티오파네이트메틸수화제(지오판엠)·결정석회황합제(유황합제)·디비이디시(황산구리)유제(산요루) 방제

· 오동나무 탄저병 : 담자균(균사로 월동), 묘목·잎맥·어린 줄기에 발생

· 참나무 시들음병 : 매개충은 광릉긴나무좀(암컷 등판에 균낭), 월동한 성충은 5월경에 새로운 나무 가해

· 소나무 혹병 : 환부가 4~5월경에 터져서 녹포자 비산

7. 충해 관리

▸ 가해 습성에 따른 분류 : 흡즙성 해충(깍지벌레·응애·진딧물·방패벌레·매미), 식엽성 해충(솔나방·흰불나방·오리나무잎벌레), 천공성 해충(미끈이하늘소·측백하늘소·소나무좀)

▸ 해충방제 : 생물적 방제(기생성·포식성 천적), 화학적 방제(살충제, 일찍 예방적 방제), 재배학적 방제(내충성·내환경성 품종 개발), 기계·생리적 방제(포살·유살·박피소각)

▸ 생물적 방제 : 솔잎혹파리에 먹좀벌, 오리나무잎벌레에 무당벌레

▸ 잠복소 설치 : 한 곳에 모아 포살, 유충으로 월동하는 흰불나방의 방제, 양버즘·포플러류에 9월 하순 경 설치

▸ 진딧물 : 유충은 적색·분홍색·검은색, 끈끈한 분비물(그을음병 유발), 어린잎·새가지·꽃봉오리 흡즙

▸ 응애 : 침엽수·활엽수 모두 침해, 살비제(응애만 죽이는 농약) 사용, 같은 농약의 연용 피함, 발생지역에 4월 중순부터 1주일 간격으로 3회 정도 살포

▸ 깍지벌레 : 콩 꼬투리 모양의 보호깍지, 왁스 물질 분비, 잎이나 가지 흡즙, 잎이 황변, 2차적으로 그을음병 유발, 감·벚·사철·동백·호랑가시 등에 발생

▸ 솔나방 : 유충이 잎 가해, 성충은 1년에 1회(7~8월) 발생, 성충 약 500개 산란

▸ 소나무좀 : 성충이 소나무를 뚫고 들어가 알을 낳아 성충의 피해가 큼

▸ 흰불나방(1년 2회 발생, 플라타너스 큰 피해), 측백하늘소(봄에 방제), 솔수염하늘소(최성기 6~7월), 흰개미(수확한 목재를 가해)

8. 약제의 분류

▸ 살균제 : 곰팡이·세균을 구제, 보호살균제(예방), 직접살균제(예방·치료), 종자·토양소독제

▸ 살충제 : 소화중독제(식엽성 해충), 접촉독제(피부·기문 침입), 침투성살충제(흡즙성 해충), 유인제, 기피제

▸ 생장조정제 : 열매의 착색·숙기 촉진(에세폰액제), 생장 억제(다미노자이드수화제·말레이액제), 생장 촉진(지베렐린산수용제·비에이액제·도마도톤액제·인돌비액제·아토닉액제)

▸ 보조제 : 농약 주제의 효력 증진(전착제·증량제·용제·유화제·협력제)

▸ 약제의 용도구분 색깔 : 살균제(분홍색), 살충제(녹색), 제초제(황색), 생장조정제(청색)

▸ 농약 소요량 계산

· 소요 농약량(ml, g)

$$\frac{\text{단위면적당 소정살포액량}(ml)}{\text{희석배수}}$$

$$\frac{\text{추천농도}(\%) \times \text{단위면적당 소정살포량}(ml)}{\text{농약주성분 농도}(\%) \times \text{비중}}$$

· 희석할 물의 양(ml, g)

$$\text{소요 농약량}(ml) \times \left(\frac{\text{농약주성분농도}(\%)}{\text{추천농도}(\%)} - 1\right) \times \text{비중}$$

▸ 농약의 혼용 : 지속기간 연장, 살포 횟수를 줄여 방제비용 절감, 연용에 의한 내성 또는 저항성 억제, 약제간 상승 작용, 독성 경감, 약효 저하·약해 발생(단점)

▸ 농약 살포 시 주의사항 : 마스크·보안경·장갑 및 방제복 등 착용, 신체이상 시 살포·취급 금지, 날씨가 좋은 날 한낮을 피해 바람을 등지고 살포, 한 사람이 2시간 이상 작업금지, 작업 중 식사·흡연 금지, 깔대기 노즐 사용(낮게 살포), 남은 농약 옮겨 보관하지 말고 밀봉한 뒤 건조하고 서늘한 장소에 보관

▸ 농약보관 : 고온에서 분해 촉진, 흡습되면 물리성에 영향, 유제는 화재의 위험성, 고독성 농약은 일반 저독성 약재와 혼작 금지

9. 조경수목의 보호와 관리

▸ 관수 : 아침이나 저녁에 충분히 공급, 이식목 물집설치

▸ 멀칭 : 미관·잡초억제·토양개량 효과, 수피·낙엽·볏집·콩깍지·풀·우드칩 사용

▸ 월동 관리 : 짚싸기(모과·감·배롱·벽오동), 뿌리덮개, 방한덮개, 방풍조치, 뗏밥주기(잔디), 녹화마대 수피감기(병해충 침입 방지 및 구제·냉해 방지·경제적인 약제 살포·수피손상 방지), 오목한 지형 회피

▸ 뿌리의 보호 : 수목의 매립 및 노출에 대한 조치(뿌리 보호판, 나무우물, 메담 쌓기)

▸ 공동(空胴) 처리 : 부패부 제거→공동내부 다듬기→버팀대 박기→살균 및 치료→공동 충전→방수 처리→표면경화 처리→수피 처리, 4~6월경 실시, 영양제 및 시비

▸ 잡초관리

· 잡초방제용 제초제 : 씨마네수화제(씨마진), 알라유제(라쏘), 파라코액제(그라목손)

· 농약 제초제 : 사용범위 넓고 효과 지속, 심한 모래땅·척박한 토양 제초제 사용금지(약해 우려), 비선택성 제초제 사용 시 각별한 주의 필요

· 일장(일조 시간) : 계절적 휴면형 잡초 종자의 감응 조건

· 번식 : 종자번식(바랭이, 피, 쇠비름 등 1년생 잡초), 영양번식(가래, 왕포아풀, 올미, 너도방동사니 등 다년생 잡초)

· 임계 경합기간 : 작물과 잡초 간의 경합에 있어서 작물이 경합에 가장 민감한 시기

▸ 저온의 해

· 동해 발생 : 큰나무 보다는 어린나무, 건조한 토양에서 보다 과습한 토양, 늦은 가을과 이른 봄, 일교차가 심한 남쪽 경사면, 맑은 날 새벽에 피해가 많이 발생, 상록활엽수 내동성 작음

· 상렬 : 수액이 얼어 부피가 증가하여 수선방향으로 갈라지는 현상, 0.5~1.0m 정도에서 피해가 많이 발생(단풍·배롱·일본목련·벚·밤)

▸ 고온의 해

· 피소(볕데기) : 남쪽과 남서쪽에 위치하는 흉고직경 15~20㎝ 이상인 나무 줄기의 지상 2m, 1/2 부위에서 발생, 줄기싸기·시들음 방지제(그린너) 살포(오동·호두·가문비)

· 한해 : 늦봄과 초여름의 따뜻한 오후 동안 건강한 식물 또는 천근성 수종과 지하수위가 얕은 토양에서 자라는 수목에 발생, 관수 및 토양 갈아 엎기·퇴비 및 짚 깔아주기·수피 감기 등 시행(오리·버드·미루·단풍·물푸레·느릅·너도밤)

10. 잔디 관리

▸ 관수 : 오후 6시 이후나 일출 전, 같은 양의 물이라도 빈도를 줄이고 심층관수

- 시비 : 질소질 비료는 연간 ㎡당 4~16g 정도 요구되며 1회당 4g 초과 사용은 금지, 년 3~8회 나누어 분시, 가능하면 제초 작업 후 비오기 직전에 시비(불가능시에는 시비 후 관수)
- 시비 시기 : 난지형 봄·여름, 한지형 봄·가을
- 잔디 깎기의 효과 : 균일한 잔디면 형성, 밑 부분의 고사 방지, 밀도 증가로 잡초와 병충해 침입방지, 뿌리의 발육 일시적 저하, 잘린 부분이 병의 침입통로 역할
- 잔디 깎기 주의사항 : 처음에는 높게, 서서히 낮출 것, 잔디토양 습윤 시 작업 피함, 빈도·예고 규칙적 시행, 대치는 되도록 제거, 한 번에 초장의 1/3 이상 깎기 금지
- 잔디깎는 시기 : 난지형 6~8월(늦봄·초여름), 한지형 5·6월(봄)과 9·10월(초가을)
- 깎는 높이 : 일반가정용(25~40㎜), 골프 그린(4~7㎜)
- 기계 : 핸드모어(50평 미만), 로타리모어(50평 이상), 그린모어(섬세한 잔디면), 갱모어(대면적)
- 잔디의 갱신 시기 : 난지형 보통 6월, 한지형 초봄(3월)·초가을(9월)
- 갱신 방법 : 통기작업(원통형으로 토양 제거), 슬라이싱(칼로 베어내기·정도 미약), 스파이킹(구멍 뚫기·효과 낮음), 롤링(표면 정리)
- 배토의 효과 : 대치층의 분해 속도 증가, 동해의 감소, 평탄화, 지하경과 토양의 분리방지, 답압 피해 감소, 식생교체, 상토 개량
- 배토 : 가는 모래 2, 밭흙 1, 유기물을 약간 섞어 사용, 5㎜ 체로 쳐서 사용, 가열·증기·화학약품 소독(메틸브로마이드), 두께는 2~4㎜ 정도로 주며 2회차로 15일 후에 실시, 배토 후 레이킹, 소량씩 자주 실시(골프장 0.3~0.7㎜)
- 배토 시기 : 한지형은 봄·가을(5~6월, 9~10월), 난지형은 늦봄·초여름(6~8월)

[3] 조경 시설물 관리

1. 재료별 유지관리 방법

목재	부분 보수·전면 교체, 도색·방부 처리
철재	용접·도색·교체, 볼트·너트의 조임, 회전축의 그리스 주입
석재	7℃ 이상의 상온에서 에폭시계나 아크릴계 접착제 사용 및 교체
콘크리트재	도장 1회/3년 실시, 파손부 동일배합 사용, 3주 건조 후 도색
합성수지재	접착제 사용 및 교체, 합성수지 페인트 도색

2. 기반 시설 관리

포장관리	패칭, 덧씌우기, 교체 등 시행
배수관리	이물질의 정기적 점검·제거, 지하배수 시설 도면 확인
비탈면 관리	구조·토질형상·유수·용수·집수 상태·기초지반 및 환경상태 파악
옹벽	지반 침하·지지력·하중 증가 점검, 부분적 보수·재설치
원로·광장	여분의 포장재료 확보, 볼라드 설치, 기반재와 동일한 흙으로 보수
건축물	미관 유지, 경관과의 조화, 화장실 청결 및 동파

3. 일반 시설물 관리

유희 시설	주 1회 점검, 방청·용접·움직임이 많은 부분·바닥모래 배수
휴게 시설	청결 유지 및 파손 점검, 파고라 등의 식물 보호 조치
운동 시설	점토 포장(소금 뿌려 전압), 앙투카 포장(물 뿌려 전압), 동파, 조명
수경 시설	여과기 설치, 막힘·누수, 식물·어류, 동파
편익시설	휴지통(여러 곳 설치), 음수대(배수·정기적 청소·겨울철 동파)
조명 시설	정기·수시 점검, 청소, 부식 방지(해안가·공단 도장 주기 단축), 조명 시간

MEMO

PART

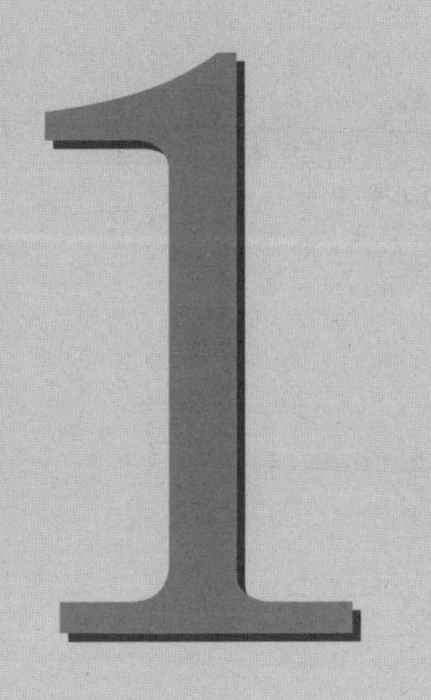

조 · 경 · 기 · 능 · 사 · 필 · 기 · 정 · 복

조경일반 및 양식

조경이란 경관을 생태적·기능적·심미적으로 조성하기 위하여 식물을 이용한 식생공간을 만들거나 조경시설을 설치하는 것을 말하며, 토지를 미적·경제적으로 조성하는 데 필요한 기술과 예술이 종합된 실천과학이다. 이러한 조경의 역할 및 영역은 시대와 장소에 따라 변화하는데 지나온 조경의 흔적들과 그것이 이루어진 지역적·시대적 배경과 환경적 여건을 돌아보며, 발전해 온 양식(樣式)과 사회·문화적 유산에 대한 이해와 접근으로 조경에 대한 새로운 가치를 정립하여 현대적 조경공간 창출을 구현하는 데 의의가 있다.

Chapter 1 조경일반

1 조경의 개념

1. 조경의 정의

(1) 일반적 정의

① 국토를 보존하고 정비하며, 그 이용에 관한 계획을 하는 것
② 과학적이고 미적인 공간을 창조하는 종합예술
③ 아름답고 편리하며 생산적인 생활 환경 조성

(2) 미국조경가협회(ASLA) 정의

1) 1909년 정의

인간의 이용과 즐거움을 위하여 토지를 다루는 기술

2) 1975년 정의

① 실용성과 즐거움을 줄 수 있는 쾌적한 환경의 조성
② 자원의 보전과 효율적 관리 도모
③ 문화적 · 과학적 지식을 응용하여 설계 · 계획
④ 토지의 관리와 자연 및 인공 요소를 구성하는 기술

조원과 조경의 비교

구 분	조원(造園)	조경(造景)
정 의	정원을 만든다.	경관을 꾸민다.
내 용	• 주로 식물적인 소재와 구성에 중점을 두고 계획 • 수목이 많이 자라고 있는 어떤 지역으로 사적인 용도로 많이 쓰임	• 보다 개방적이고, 보다 자유스러우며, 보다 공적인 이용이 가능한 외부의 장소에 대한 계획 • 식물뿐만 아니라 인간의 이용적 측면을 고려하여, 대지와 이용에 대한 분석·검토·종합 및 최선의 방법모색 등 일련의 체계적 방법 필요

2. 조경의 목적

① 자연보호 및 경관보존과 실용적 · 기능적인 생활환경 조성
② 휴식 및 경기 · 놀이를 위한 오픈스페이스(open space) 제공
③ 토지를 미적 · 경제적으로 조성하여 새로운 옥외공간 창조

◘ 법률적 정의(조경기준)

경관을 생태적 · 기능적 · 심미적으로 조성하기 위하여 식물을 이용한 식생공간을 만들거나 조경시설을 설치하는 것을 말한다.

◘ 한 · 중 · 일의 '조경' 용어

① 한국 : 조경(造景)
② 중국 : 원림(園林)
③ 일본 : 조원(造園)

◘ 경관

경관은 우리를 둘러싸고 있는 자체로 시각적이나 물리적으로 연속적이므로 시간과 공간에서 얻어지는 하나의 연속적인 경험이라 할 수 있다.

3. 조경의 필요성

① 급속한 경제개발로 인한 국토훼손의 방지-가장 큰 이유
② 인간의 휴식과 환경개선을 위한 옥외공간 조성
③ 생태적 기능의 바탕을 마련하기 위한 기반시설
④ 도시의 인구집중으로 인한 오픈스페이스 확보
⑤ 기온과 습도조절, 방풍, 방음, 방재 등의 용도 활용

4. 조경가의 역할-라우리(M. Laurie)의 3단계

구분	내용
조경계획 및 평가 (landscape planning and assessment)	• 생태학과 자연과학을 기초로 토지의 체계적 평가와 그의 용도상의 적합도와 능력 판단 • 개발이나 토지이용의 배분계획, 고속도로 위치결정, 공장의 입지, 수자원 및 토양의 보존, 쾌적성 확보, 레크리에이션 개발 등
단지계획 (site planning)	• 대지의 분석과 종합, 이용자 분석에 의한 자연요소와 시설물 등을 기능적 관계나 대지의 특성에 맞추어 배치 • 건축가나 도시계획가와 합동으로 작업
조경설계 (detailed landscape design)	• 식재·포장·계단·분수 등의 한정된 문제 해결 • 시공을 위한 세부적인 설계로 발전시키는 조경 고유의 작업 영역

5. 근대적 조경의 교육

구분		내용
외국	미국	1900년대 하버드대·코넬대학에 조경학과 개설
	독일	1929년 조경교육 실시
	일본	1934년 조경교육 실시
한국		• 1970년대 초 '조경'의 용어 사용 • 1973년 서울대·영남대학교에 조경과 신설 • 1978년 조경기사 자격시험 실시

◘ 조경의 효과

① 공기 정화
② 대기오염 감소
③ 소음 차단
④ 수질오염 완화

◘ 조경가의 유래

1858년 미국의 옴스테드(F. L. Olmsted)가 조경의 학문적 영역을 정립하면서 '조경가(landscape architect)'라는 말을 처음 사용하며 조경이라는 용어가 보편화 되고, 조경이라는 직업을 "자연과 인간에게 봉사하는 분야"라고 하였다.

2 조경의 범위 및 조경의 분류

1. 조경의 대상-기능별 구분

정원	주거지	주택 정원, 공동주거단지 정원
	주거지 외	학교 정원, 오피스빌딩 정원, 옥상정원, 실내정원
도시공원과 녹지		생활권 공원, 주제공원, 기타 녹지
자연공원		국립공원, 도립공원, 군립공원, 지질공원
문화재		전통 민가, 궁궐, 왕릉, 사찰, 고분, 사적지
위락·관광시설		휴양지, 유원지, 골프장, 자연휴양림, 해수욕장, 마리나
생태계 복원시설		법면 녹화, 생태연못, 자연형 하천, 비오톱, 야생동물 이동통로
기타		공업단지, 고속도로, 자전거 도로, 보행자 전용도로, 광장, 학교

2. 조경의 수행단계별 분류

조경계획	자료의 수집·분석·종합의 기본계획
조경설계	자료를 활용하여 기능적·미적인 3차원적 공간 창조
조경시공	공학적 측면과 생물에 대한 지식으로 수행
조경관리	운영관리, 이용자관리, 수목 및 시설물 관리

3. 조경산업의 분야

조경설계분야	프로젝트 개발 및 기본계획, 도면제도 및 시방서 작성
조경시공분야	조경 식재공사, 조경 시설물공사, 환경개선 및 복원공사
조경관리분야	천연기념물, 보호수 등 수목 및 시설물 관리, 이용자 관리
조경재료분야	조경수목·조경재료 및 각종 시설물 및 제품의 생산·공급·유통

4. 조경가(Landscape architect 경관건축가)의 세분

조경설계 기술자	• 기본계획 수립 및 세부 디자인 스케치 • 도면 제도 및 컴퓨터 응용설계(CAD) • 물량산출 및 시방서 작성, 시공 감리
조경시공 기술자	• 공학적 측면의 지식을 토대로 재료의 시공, 설계변경 • 공사업무, 식재 공사, 시설물 공사, 적산 및 견적 • 조경 시설물 및 자재 생산
조경관리 기술자	• 조경수목 생산·관리, 병충해 방제 • 피해수목 보호처리, 전정 및 시비, 공원녹지 관리행정

◘ 비오톱(Biotop 소생태계)

Bio(생물)+tope(장소)의 뜻으로 생물서식을 위한 최소한의 단위공간으로, 생물이 생활하고 서식하는 장소나 환경을 말하며, 식물과 동물로 구성된 3차원의 서식공간으로 자연의 생태계가 기능하는 공간을 의미한다. - 연못, 습지, 실개천

◘ 야생동물 이동통로(eco-bridge)

도로·철도 등의 개발로 인한 서식지의 고립화를 방지하기 위한 시설로 야생동물의 이동을 원활하게 하여 생물의 종 다양성을 유지·증진시키기 위한 연결통로를 말한다.

◘ 조경가(Landscape architect)

조경가는 예술성을 지닌 실용적이고 기능적인 생활환경을 만들며, 건축가의 작업과 많은 유사성이 있고 경관을 조성하는 전문가로 경관건축가라고도 한다. 따라서 정원사(gardener)와는 구분하여 사용하고 있다.

◘ 조경기술 자격

① 조경기능사
② 조경산업기사
③ 조경기사
④ 조경기술사

핵심문제 해설

01 조경의 개념과 거리가 먼 것은? 07-5

㉮ 건축, 토목의 일부이며, 이들과 조형미를 이루게 한다.
㉯ 국토를 보존하고 정비하며, 그 이용에 관한 계획을 하는 것이다.
㉰ 과학적이고 미적인 공간을 창조하는 종합예술이다.
㉱ 아름답고 편리하며 생산적인 생활 환경을 조성한다.

01. 조경은 건축·토목과 밀접한 관계를 갖고 외부공간을 취급하는 계획 및 설계 전문분야이다.

02 다음 중 미국조경가협회가 내린 조경에 대한 정의 중 시대가 다른 것은? 05-5

㉮ 조경은 실용성과 즐거움을 줄 수 있는 환경의 조성에 목표를 둔다.
㉯ 조경은 자원의 보전과 효율적 관리를 도모한다.
㉰ 조경은 문화 및 과학적 지식의 응용을 통하여 설계, 계획하고 토지를 관리하며 자연 및 인공 요소를 구성하는 기술이다.
㉱ 조경은 인간의 이용과 즐거움을 위하여 토지를 다루는 기술이다.

02. ㉮㉯㉰ 1975년의 정의
㉱ 1909년의 정의

03 조경의 효과라고 볼 수 없는 것은? 03-1, 03-2

㉮ 인간의 안식처로서의 구실을 하게 된다.
㉯ 고층 빌딩이 많이 건립되어 도시화가 촉진된다.
㉰ 살기 좋고 위생적인 주거환경이 된다.
㉱ 주택은 충분한 햇빛과 통풍을 얻을 수 있게 된다.

04 우리나라에서 조경이라는 용어가 사용되기 시작한 때는? 09-5

㉮ 1960년대 초반　㉯ 1970년대 초반
㉰ 1980년대 초반　㉱ 1990년대 초반

04. 우리나라에서는 1970년대 초반 대규모 국토개발사업 및 고속도로개발 등에 맞추어 '조경'이란 용어와 '조경업'이라는 전문업이 출범하였다.

05 우리나라에서 처음 조경의 필요성을 느끼게 된 가장 큰 이유는? 12-2

㉮ 인구증가로 인해 놀이, 휴게시설의 부족 해결을 위해
㉯ 고속도로, 댐 등 각종 경제개발에 따른 국토의 자연훼손의 해결을 위해
㉰ 급속한 자동차의 증가로 인한 대기오염을 줄이기 위해
㉱ 공장폐수로 인한 수질오염을 해결하기 위해

05. 조경의 필요성이 가장 큰 이유는 급속한 경제개발로 인한 국토훼손의 방지이다.

정답 → 01. ㉮ 02. ㉱ 03. ㉯ 04. ㉯ 05. ㉯

06. 조경은 주택의 정원만이 아닌 경관을 꾸미는 것이다.

06 다음 중 조경과 조경가에 관한 설명으로 옳지 않은 것은? 06-2

㉮ 조경가는 경관 건축가(landscape architect)라 부른다.
㉯ 조경은 자연과 인간에게 봉사하는 전문직업 분야이다.
㉰ 조경은 실용적이고 기능적인 생활환경을 만드는 건설 분야이다.
㉱ 조경부분은 주택의 정원을 만드는 일에만 주력한다.

07. 미국의 옴스테드가 조경의 학문적 영역을 정립하면서 '조경가'라는 말을 처음 사용하였다.

07 다음 중 1858년에 조경가(Landscape architect) 라는 말을 처음으로 사용하기 시작한 사람이나 단체는? 12-5

㉮ 세계조경가협회(IFLA)
㉯ 옴스테드(F.L.Olmsted)
㉰ 르 노트르(Le Notre)
㉱ 미국조경가협회(ASLA)

08. 조경가는 예술성을 지닌 실용적이고 기능적인 생활환경을 만드는 사람으로 정원사와는 구분하여 사용한다.

08 조경가에 대한 설명으로 틀린 것은? 09-2, 10-5

㉮ 예술성을 지닌 실용적이고 기능적인 생활환경을 만든다.
㉯ 정원사(Landscape gardener)라는 개념과 동일하다.
㉰ 미국의 옴스테드(Olmsted, Frederick Law)가 1858년 처음 용어를 사용하였다.
㉱ 건축가의 작업과 많은 유사성을 지니고 있으며 경관 건축가라고도 한다.

09. 조경가는 자연을 보호하고 경관을 보존하면서 토지를 미적·경제적으로 조성하여 새로운 옥외공간을 창조하는 계획을 수립해야 한다.

09 조경가가 이상적인 도시생활환경을 만들기 위하여 노력해야 할 방향과 거리가 먼 것은? 06-5

㉮ 기존의 자연지형을 과감하게 변경시키는 방향으로 계획을 수립한다.
㉯ 새로운 과학기술을 도입하여 생활환경을 개선시켜 나간다.
㉰ 건축, 토목, 지역계획 등 관련 분야와 협력하여 계획을 수립한다.
㉱ 가급적 기존의 자연환경을 살리면서 기능적이고 경제적인 이용방안을 찾아낸다.

10. ㉮ 문화재
㉯㉰㉱ 위락·관광시설

10 조경을 프로젝트의 수행단계별로 구분할 때, 기능적으로 다른 분류에 해당하는 곳은? 10-2, 11-2

㉮ 전통민가
㉯ 휴양지
㉰ 유원지
㉱ 골프장

 정답 → 06. ㉱ 07. ㉯ 08. ㉯ 09. ㉮ 10. ㉮

Chapter 2 조경 양식

1 조경양식과 발생요인

1. 조경양식의 분류

정형식 조경	• 인공적이며 질서를 중시-주로 서부 아시아, 유럽 • 강력한 축을 사용한 정형적 공간구성-대칭미 • 인간의 힘에 의해 자연을 조절·통제-의도적 질서 • 직선과 규칙적 곡선을 사용한 기하학적인 수치적 설계
자연식 조경	• 자연적이며 형태를 중시-주로 동아시아(한·중·일) • 자연풍경의 지형·지물을 그대로 이용-자연의 모방·축소 • 자연의 질서를 인위적으로 복원하고자 노력
절충식 조경	• 정형식과 자연식의 절충형태 • 실용성과 자연성을 동시에 가지고 있는 형태

정형식 정원과 자연식 정원의 비교

정형식 정원	중정식	• 건물로 둘러싸인 공간 • 고대 그리스·로마의 주택정원 • 중세 수도원 정원 • 이슬람 정원(스페인, 페르시아, 인도)
	노단식	• 이집트 핫셉수트 장제신전 • 바빌로니아 공중정원 • 르네상스 이탈리아 정원-경사지에 조성
	평면기하학식	르네상스 프랑스 정원-평탄지역에 조성
자연식 정원	자연풍경식	• 한·중·일 정원 모두 자연풍경식 정원이 배경 • 18C 영국풍경식과 독일의 풍경식
	회유임천식	중국정원, 일본정원, 한국정원
	고산수식	실정시대의 일본정원-축산고산수, 평정고산수

2. 조경양식의 발생요인

자연적 요인	• 기후, 지형과 지세 및 수량, 암석, 토질 등의 토양 특성 • 식물의 분포와 식물의 구성에 의한 생태적 여건
사회·문화적 요인	• 국민성·역사, 사상과 종교, 정치·경제, 이념에 의한 문화적 요인 • 민족성과 풍습, 시대상과 예술 및 과학기술 · 조경재료의 취득 여부

토피어리(Topiary)

자연 그대로의 식물을 인공적으로 다듬어 여러 가지 형태로 만든 것을 말한다.

[토피어리]

한국정원의 양식

한국정원은 기본적으로 자연풍경식과 회유임천식의 기본요소 아래 정형적 연못, 직선적 화계 등을 도입하여 한국만의 독자적인 양식으로 나타난다.

조경의 양식과 자연환경

다른 나라의 조경양식을 받아들이는 데 가장 장해가 되는 것은 자연환경으로 그 나라만의 조경양식이 결정된다.

서양의 정원양식 발달 순서

노단건축식(이탈리아)→르노트르식(프랑스)→자연풍경식(영국)→근대건축식(독일)

핵심문제 해설

1 조경양식과 발생요인

01 다음 중 실용성과 자연성을 동시에 가지고 있는 형태의 조경양식은? 07-1

㉮ 정형식 조경
㉯ 자연식 조경
㉰ 절충식 조경
㉱ 기하학식 조경

01. 절충식 조경은 정형식과 자연식의 절충형태로 실용성과 자연성을 동시에 가지고 있는 조경양식이다.

02 풍경식 조경양식의 특성과 가장 관계가 깊은 것은? 03-2

㉮ 기하학적인 선
㉯ 전정한 형상수(topiary)사용
㉰ 정형적인 터가르기
㉱ 자유로운 선

02. 풍경식 조경양식은 직선적인 정형식 정원에 반동하여 자유로운 곡선이나 비대칭 등 자연에 순응하는 자연식 조경이다.

03 다음 중 정형식 정원에 해당하지 않는 양식은? 04-5, 12-4

㉮ 평면기하학식
㉯ 노단식
㉰ 중정식
㉱ 회유임천식

03. ㉮㉯㉰ 정형식 정원
㉱ 자연식 정원

04 정원 양식의 발생요인 중 자연환경 요인이 아닌 것은? 04-1, 11-2

㉮ 기후
㉯ 지형
㉰ 식물
㉱ 종교

04. 종교는 사회·문화적 요인에 해당된다.

05 조경 양식 발생요인 가운데 사회 환경 요인이 아닌 것은? 10-4

㉮ 민족성
㉯ 사상
㉰ 종교
㉱ 기후

05. 기후는 자연환경 요인이다.

 정답 → 01. ㉰ 02. ㉱ 03. ㉱ 04. ㉱ 05. ㉱

2 서양조경

1. 고대 서부아시아(BC 4500~BC 300)

(1) 총론

① 피난처로 사용될 인공적 언덕이나 높은 대지 선호
② 녹음 동경-수목을 신성시 하거나 숭배와 약탈의 대상
③ 종교는 다신교로서 현세적 삶 추구-사후세계에 무관심
④ 아치(Arch)와 볼트(Vault)의 발달-옥상정원 축조

(2) 지구라트(Ziggurat)

① 평원에 솟아 있는 인공산으로 정상에 신전 축조
② 신들의 거처 제공, 천체 관측소 역할

(3) 수렵원(Hunting Park)

① 인공적 호수와 언덕을 조성하여 언덕에 신전 설치
② 소나무나 사이프러스를 규칙적으로 열식-관개의 편의성
③ 길가메시 이야기(BC 2000) : 사냥터 경관의 최고의 문헌

(4) 니푸르(Nippur)의 점토판

① 세계 최초의 도시계획자료
② 운하(canal), 신전(temple), 도시공원(city park) 등 기록

(5) 공중정원(Hanging Garden 현수원)

① 최초의 옥상정원-세계 7대 불가사의 중의 하나
② 네브카드네자르 2세 왕이 아미티스 왕비를 위해 축조
③ 피라미드형 노단층의 평평한 부분에 식재
④ 각 노단벽은 아케이드 구조의 회랑으로 조성
⑤ 아케이드 내부는 방·동굴·욕실 등의 실용공간으로 사용
⑥ 벽체는 붉은 벽돌을 사용하고 아스팔트를 발라 굳힘
⑦ 텔아므란이븐알리(Tel-Amran-ibn-Ali 추장의 언덕)에 위치

(6) 파라다이스 가든(Paradise Garden)

① 페르시아의 지상낙원으로 천국 묘사
② 방형공간으로 교차수로에 의한 사분원(四分園) 형성
③ 카나드(Canad)에 의한 급수
④ 페르시아의 양탄자 문양에도 출현

환경
티그리스 강과 유프라테스 강 지역으로 기후차가 크고 강수량이 매우 적고, 개방적인 지형으로 외적의 침입이 빈번하였다.

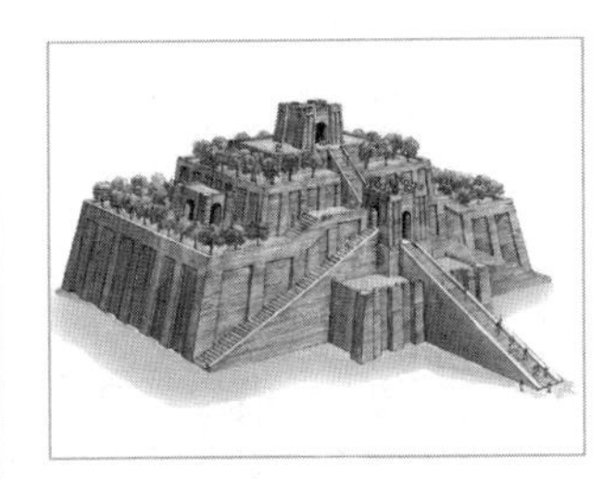

[지구라트 복원도]

수렵원(Hunting Park)
어원은 '짐승을 기르기 위한 울타리를 두른 숲'으로 귀족이나 왕의 사냥을 위해 만든 곳으로 오늘날 공원의 시초로 볼 수 있다.

[공중정원 복원도]

2. 고대 이집트(BC 4000~BC 500)

(1) 총론

① 녹음을 동경하고 수목 신성시
② 수목원·포도원·채소원을 위한 관개시설 발달
③ 물은 이집트 정원의 주요소
④ 종교는 다신교로 영혼불멸의 사후세계에 관심
⑤ 신전건축 및 분묘건축 발달-피라미드, 스핑크스, 오벨리스크

◘ 환경
나일 강 유역의 폐쇄적 지형으로 무덥고 건조한 사막기후를 가졌다. 나일 강의 정기적인 범람으로 인한 비옥한 농토와 경제적인 여유가 태양력·기하학·건축술·천문학의 발달로 이어졌다.

◘ 종교
이집트 조경에 가장 큰 영향을 미친 요소로 이집트 정원이 특유한 형태로 발달하게 된 원인이다.

(2) 주택조경

① 현존하는 유적은 없으나 무덤의 벽화로 추정
② 높은 울담의 정형적 사각 공간(방형)
③ 정원요소 및 재료의 대칭적 배치-균제미
④ 정원의 주요부에 연못 조성 및 키오스크(kiosk 정자) 설치
⑤ 울담의 내부에 수목 열식-관개의 편의성
⑥ 관목, 화훼류 등을 화단이나 화분에 식재하여 원로에 배치
⑦ 연못은 사각형, T자형의 정형적 형태-대형은 침상지 형식
⑧ 테베(Thebes)의 아메노피스 3세 때의 한 신하의 분묘 벽화
⑨ 텔엘아마르나의 아메노피스 4세의 친구인 메리레의 정원도

[주택정원 복원도]

❖ 이집트의 조경수목

시커모어, 대추야자, 파피루스, 이집트 종려, 아카시아, 무화과, 포도나무, 석류나무, 연꽃 등

(3) 신전정원-핫셉수트(Hatschepsut) 여왕의 장제신전

① 현존하는 세계 최고(最古)의 정원유적
② 델엘바하리(Deir-el-bahari)에 위치
③ 3개의 노단으로 구성-노단과 노단을 경사로(ramp)로 연결
④ 입구인 탑문과 각 노단에 구덩이를 파고 수목 열식

[핫셉수트 여왕 장제신전]

(4) 사자(死者)의 정원-묘지정원

① 정원장(葬)의 관습으로 가옥이나 묘지 주변에 정원 설치
② 테베(Thebes)의 레크미라(Rekhmira) 무덤벽화
③ 시누헤 이야기(BC 2000) : 사자의 정원에 관한 기록

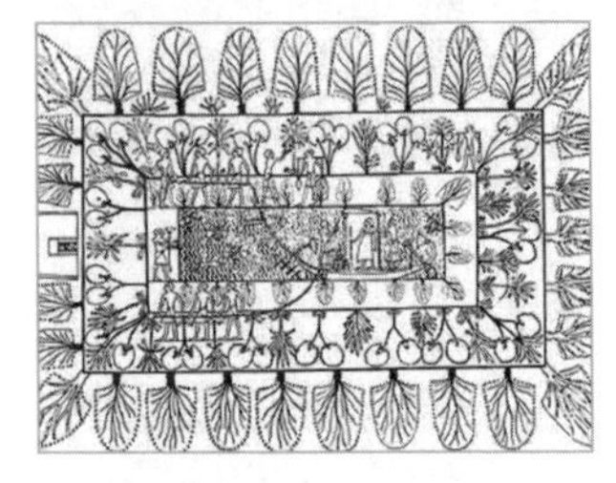
[레크미라 무덤벽화]
① 직사각형의 연못
② 수목의 열식
③ 키오스크

❖ 사자(死者)의 정원

종교적 영향으로 현세와 내세를 연결적으로 생각하여 죽은 자도 저승에서 계속 산다는 믿음에 의해 수목 몇 그루, 작은 화단 및 연못 등 극히 좁은 면적의 정원으로 조성되었다.

3. 고대 그리스(BC 500~BC 300)

(1) 총론

① 기후적 영향으로 공공조경(성림·짐나지움·아고라 등) 발달
② 신들의 거처를 숲으로 생각하여 숲 조성-신원, 성림

(2) 프리에네(Priene) 주택(BC 350년경)

① 중정을 중심으로 한 내부지향적인 폐쇄적 구조
② 직사각형태의 주랑식 중정(court)을 중심으로 방 배치
③ 코트(중정)는 돌 포장, 방향성 식물(장미·백합 등), 대리석 분수로 장식

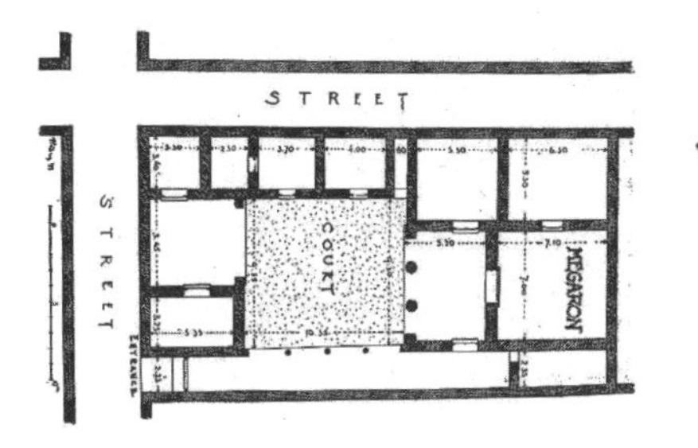

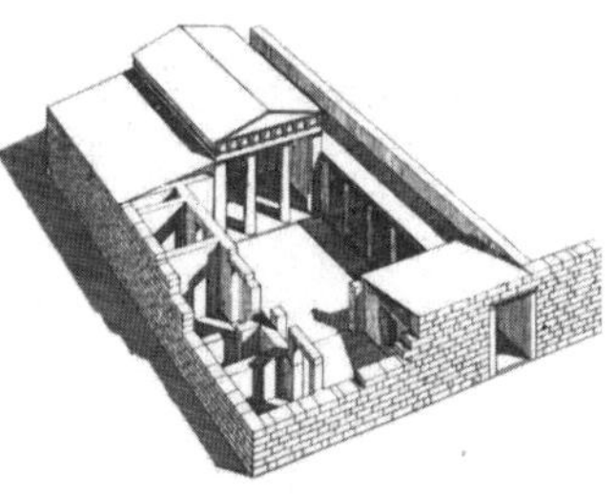

[프리에네 주택 평면도 및 투상도]

(3) 성림(聖林 Sacred Grove)

① 숲을 신성시 하고 신에 대한 숭배와 제사를 지내는 장소
② 신전, 분수, 꽃 등으로 장식하고, 시민들이 자유롭게 이용
③ 종려나무, 떡갈나무, 플라타너스 등 주로 녹음수 식재

(4) 짐나지움(Gymnasium)

나지(裸地)로 된 청년들의 체육훈련장소였으나 대중적인 정원으로 발달

(5) 아고라(Agora)

① 광장의 개념이 최초로 등장-서양 도시광장의 효시
② 시민들의 토론과 선거를 위한 장소-시장기능도 겸함
③ 도시민의 경제생활과 예술활동이 이루어진 중심지
④ 스토아라는 회랑에 의해 경계가 형성된 부분적 위요공간
⑤ 플라타너스를 식재한 녹음공간이 있으며 조각과 분수 설치

(6) 히포다무스(Hippodamus BC 3C 중엽)

① 최초의 도시계획가
② 밀레토스(Miletos)에 장방형 격자모양의 도시 계획

◘ 환경
지중해의 반도지역으로 연중 온화하고 쾌적한 기후로 옥외생활을 즐겼으며, 독립된 도시국가가 발달하였다.

◘ 건축양식의 변화
도리아식→이오니아식→코린트식

◘ 아도니스원(Adonis Garden)
아도니스를 추모하는 제사에서 유래한 것으로서, 부인들의 손에 의해 보리·밀·상추 등 푸른 식물로 아도니스상(像) 주위를 장식하였으며, 포트가든이나 옥상가든으로 발전하였다.

[아도니스원을 묘사한 그림]

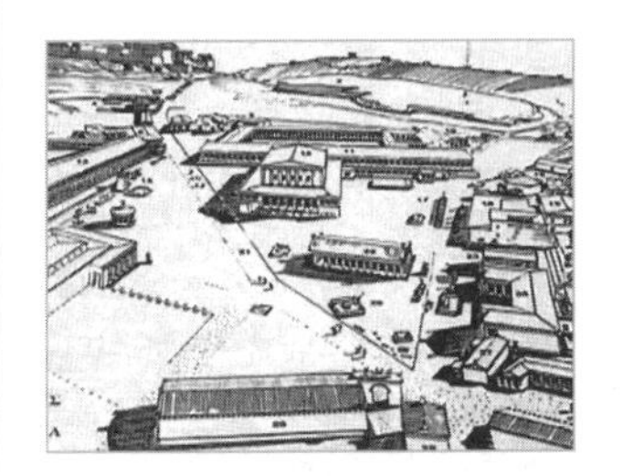

[아고라 복원도]

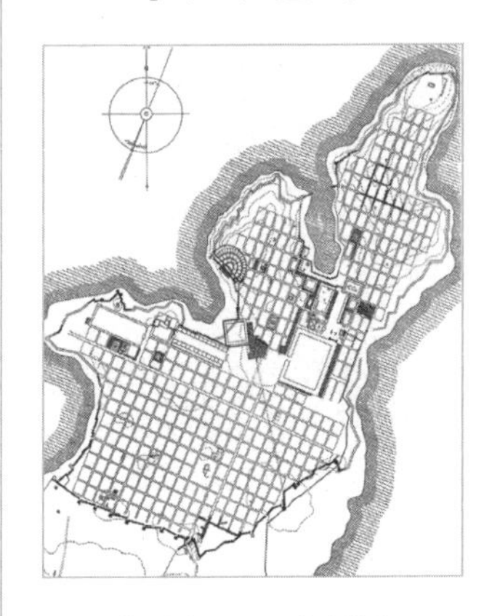

[밀레토스 도시계획]

4. 고대 로마(BC 330)

(1) 총론

① 주택은 내부지향적인 폐쇄적 구조이고 꽃과 시설물을 정형적으로 배치
② 토피어리의 최초 사용–회양목, 주목 등으로 인간이나 동물 형상 묘사

(2) 로마 주택의 전형(典型)

아트리움 (Atrium) • 제1중정(전정)	• 공적 공간–손님접대 및 상담 • 무열주 중정–방들이 아트리움을 둘러싼 형태 • 빗물받이(impluvium 임플루비움) 설치 • 돌로 포장되어 식재 불가능–분(盆)에 심어 장식
페리스틸리움 (Peristylium) • 제2중정(주정)	• 사적 공간–가족을 위한 공간 • 주랑식 중정–주위의 작은 방들과 접속 • 아트리움보다 넓고 비포장으로 식재 가능 • 화훼, 조각, 분천, 제단 등의 정형적인 장식
지스터스 (Xystus) • 후원	• 아트리움, 페리스틸리움과 동일 축선상에 배치 • 5점식재나 화훼·관목을 군식–과수원·채소원 • 수로를 축으로 원로와 화단을 대칭적으로 배치

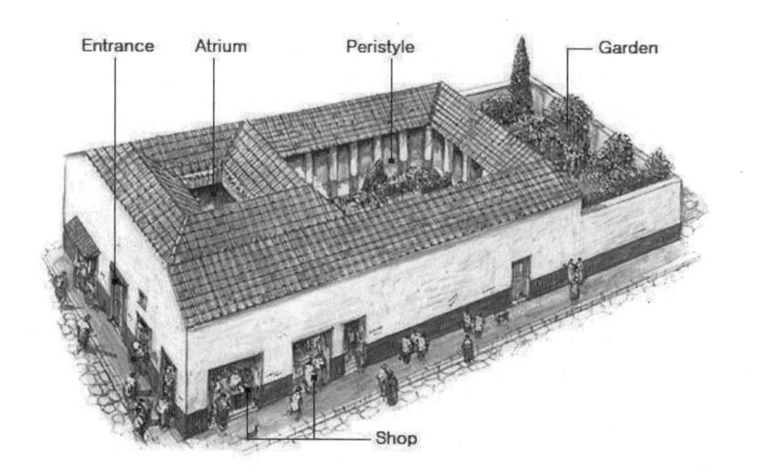

[로마주택의 전형을 보여주는 투시도]

(3) 빌라(Villa 별장)

전원형 빌라(Villa rustica)	농촌 부유층의 주택 겸 정원
도시형 빌라(Villa urbana)	전원형 빌라가 발전된 형태
혼합형 빌라	전원형과 도시형이 혼합된 빌라

① 라우렌티아나장(Villa Lauretiana)–혼합형 빌라
② 투스카나장(Villa Toscana)–도시형 빌라
③ 아드리아나장(Villa Adriana)–아드리아누스 황제의 별장

◘ 환경

지중해의 반도지형으로 온화한 기후이나 여름에는 무더워 구릉지의 빌라가 발달하였으며, 법학·의학·과학·토목기술 등이 발달하였다.

◘ 폼페이시(市)

AD 79년 베수비오 산의 화산폭발에 의해 묻힌 도시로 1748년 발굴되었으며, 그로 인하여 로마주택의 구조나 형식을 알게 되었다.

◘ 폼페이 정원

① 판사(pansa)가
② 베티(Vetti)가
③ 티부르티누스(Tiburtinus)가

◘ 빌라

빌라는 로마의 기후적 영향으로 나타난 것으로 교외의 경관이 좋은 언덕이나 바닷가·산속에도 건설되었으며, 부호들의 과시욕에서 비롯되었다.

(4) 포룸(Forum)

① 그리스의 아고라와 같은 개념의 대화 장소
② 공공건물과 주랑으로 둘러싸인 다목적 열린 공간
③ 지배계급의 장소–노동자와 노예의 출입을 금함
④ 교역의 기능은 떨어지고 공공의 집회장소, 미술품 진열장 등의 역할

5. 중세 서구 조경(5C~16C)

(1) 총론

① 사원과 성관의 영향으로 조경문화가 내부지향적으로 발달
③ 주목, 회양목 등의 토피어리 사용–사람·동물 모양 없음

❖ 중세 건축양식의 변화

① 초기 기독교 양식(5C~8C) ② 로마네스크 양식(9C~12C) ③ 고딕 양식(13C~15C)

(2) 수도원 정원(중세 전기)

① 내부지향적이고 폐쇄적–이탈리아 중심으로 발달
② 정원의 실용적 사용–약초원, 과수원
③ 정원의 장식적 사용–회랑식 중정(Cloister garden)

(3) 성관 정원(중세 후기)

① 장원제도 속에서 발달된 정원–프랑스·잉글랜드에서 발달
② 내부지향적이고 폐쇄적–방어형 성곽이 정원의 중심
③ 과수원, 초본원, 유원–자급자족 기능

6. 스페인 사라센양식(회교식·무어양식 7C~15C)

(1) 총론

① 이집트·페니키아·로마·비잔틴 양식이 혼합된 복합적 양식
② 내향적 공간을 추구하여 파티오 발달–회랑식 중정과 비슷
③ 물을 이용한 연못(욕지)·분수·샘 등이 가장 중요한 구성요소
④ 대리석과 벽돌·색채타일, 바닥 패턴화로 기하학적 정원 조성
⑤ 섬세한 장식과 다채로운 색채의 도입

❖ 이슬람 조경

낙원(시원한 녹음과 물이 넘치는 장소)을 지상에 실현하려는 개념으로 코란에 있는 종교적 의미를 내포하고 있다.

로마의 포룸

포룸은 그리스의 아고라와 아크로폴리스를 질서정연한 공간으로 바꾼 것으로 후에 새로운 포룸들이 생겨나고, 후세 광장(Square, plaza)의 전신이 된다.

중세시대

서로마 멸망 후부터 르네상스 발생까지의 약 1000년간의 시기로 사회문화, 건축과 예술의 기독교화로 과학적 합리주의가 결여되어 암흑시대라 일컫는다.

클로이스터 가든(클라우스트룸 claustrum)

그리스나 로마의 페리스틸리움과 같은 외모를 갖춘 공간으로, 사방이 회랑으로 둘러싸이고 각 회랑에서 중정으로 향한 출입구가 열려 원로를 구성하며, 그 교차점인 중정의 중앙에 샘이나 수반·분수가 설치된다.

[클로이스터 가든]

사라센(Saracen)

사라센이란 이슬람교도를 부르던 호칭으로, 스페인의 경우 7C경 아랍계 이슬람교도의 이베리아 반도 진출로 약 800년 간 지배를 받았다.

❖ 이슬람 정원의 중요사항

① 기후적 조건으로 중정 발달　② 파라다이스 개념의 정원
③ 카나드(Canad)에 의한 급수　④ 정원은 주로 동·북향에 설치

(2) 알함브라(Alhambra) 궁전 (13C 그라나다)

① 붉은 벽돌로 지어진 홍궁(紅宮)-정적이고 고요한 분위기
② 수학적 비례, 인간적 규모, 다양한 색채, 소량의 물 사용
③ 여러 개의 파티오가 연결되어 외부공간을 구성

4. 레하 중정

3. 린다라하 중정

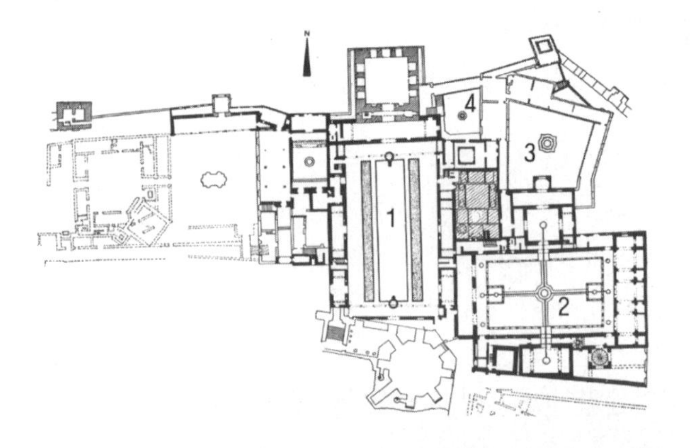

1. 알베르카 중정

2. 사자의 중정

[알함브라 궁전 평면도]

알베르카(Alberca) 중정(연못의 중정)	• 주정(main garden)으로 공적인 장소－대리석 포장 • 대형 장방형 연못 양쪽에 도금양(천인화) 열식 • 연못 양쪽 끝에 대리석 원형 분수 배치 • 반영미 뛰어남
사자(lion)의 중정	• 가장 화려한 중정－자갈 포장 • 주랑식 중정으로 직교하는 수로로 사분원 형성 • 중심에 12마리의 사자상이 받치고 있는 분수 설치
린다라하(Lindaraja) 중정	• 부인실(harem)에 부속된 정원－여성적 분위기의 장식 • 회양목 화단과 비포장 원로의 정형적 배치
레하(reja) 중정 (사이프러스 중정)	• 가장 작은 규모로 바닥은 색자갈로 무늬 포장 • 네 귀퉁이에 4그루의 사이프러스 거목 식재

[수로의 중정]

(3) 헤네랄리페(Generalife) 이궁

① '높이 솟은 정원'의 의미－왕의 피서를 위한 행궁

② 경사지에 계단식으로 된 배치－노단식 건축의 시초

수로의 중정 (연꽃의 분천)	• 궁전의 입구이자 주정으로 가장 아름다운 공간 • 폭 1.2m의 수로가 중앙을 관통－양쪽에 아치형 분수 • 커낼의 양쪽 끝에는 연꽃 모양의 수반 설치
사이프러스 중정 (후궁의 중정)	• 옹벽을 따라 사이프러스 노목 식재 • U자형 커낼로 이루어진 두 개의 작은 섬 배치

[사이프러스 중정]

7. 이란(페르시아) 사라센양식(7C~17C)

① 낙원에 대한 동경으로 지상의 낙원을 공원으로 재현

② 높은 울담 설치－사막의 먼지·바람, 외적, 프라이버시 확보

③ 정원의 핵인 물이 필수요소－종교 및 기후적 영향

④ 사각형태의 소정원－원로 또는 수로로 나누어진 사분원

⑤ 왕의 광장(Maidan), 40주궁, 차하르 바그－이스파한 계획요소

[왕의 광장]

[차하르 바그]

8. 인도 사라센양식(무굴양식 11C~17C)

① 높은 울담－장엄미와 형식미, 환경적 조건, 프라이버시 확보

② 물이 가장 중요한 요소－종교적·실용적 이용

③ 건물과 정원을 하나의 단위로 계획한 바그(bagh) 발달

④ 타지마할(Taj Mahal) : 인도 영묘건축의 최고봉

[타지마할]

9. 이탈리아 르네상스 조경(15C~17C)

(1) 총론

① 성곽중심의 정원에서 별장정원으로의 전환
② 빌라의 입지는 완만한 경사지에 위치-자연 조망 및 차경
③ 조경가의 이름이 등장하고 의뢰인인 시민자본가 등장

(2) 공간의 구성 및 배치

① 지형과 기후적 여건으로 구릉(경사지)에 빌라 발달
② 높이가 다른 여러 개의 노단(테라스)을 잘 조화시켜 배치
③ 강한 축을 중심으로 정형적 대칭을 이룬 배치
④ 중심축선상에서의 노단처리는 물을 주요소로 이용하여 처리
⑤ 원로의 교차점이나 종점에 조각·분천·캐스케이드·벽천 등 배치
⑥ 흰 대리석과 암록색 상록수의 강한 대비효과 이용

❖ 시각적 구성 및 구조물

① 수경요소 : 캐스케이드, 분수, 물풍금, 분천, 연못, 벽천
② 구조물 : 테라스, 정원문, 계단, 난간, 정원극장, 카지노
③ 점경물 : 대리석을 사용하여 주로 입상(立像)으로 설치

❖ 정원식물

① 녹음수 : 월계수, 가시나무, 종려, 감탕나무, 유럽적송, 사이프러스, 스톤파인, 플라타너스, 포플러
② 토피어리용 : 회양목, 월계수, 감탕나무, 주목

(3) 조경

15C	카레지오장	• 메디치가 최초의 빌라 • 미켈로지 설계-성관과 유사한 방어형 설계
	메디치장	• 미켈로지 설계-차경수법 이용 • 경사지에 노단식으로 구성-질서정연한 구성
16C	파르네제장	• 비뇰라 설계-2개의 테라스 • 계단에 캐스케이드 형성
	에스테장	• 리고리오 설계-4개의 테라스 • 풍부한 물의 수경처리-올리비에리 설계 • 하부에서 상부까지 명확한 중심축을 사용 • 사이프러스 군식, 자수화단, 분수, 터널 설치
	랑테장	• 비뇰라 설계-4개의 테라스 • 정원축과 수경축의 완전한 일치 • 하부의 1·2노단 사이에 두 채의 카지노 설치 • 분수, 플라타너스 군식, 캐스케이드 설치

◘ 차경(借景)
멀리 보이는 자연풍경을 경관 구성 재료의 일부로 이용하는 것을 말한다.

◘ 노단(露段)
경사지를 활용하기 위하여 인공적으로 절·성토를 하여 평평한 부분의 단을 만들어 이용하였으며, 테라스(terrace)라고도 한다.

◘ 이탈리아 정원의 3대 요소
① 총림(bosquet)
② 노단(terrace)
③ 화단(parterre)

◘ 캐스케이드(cascade) – 물계단
노단이 형성된 곳에 여러 단으로 된 계단형 물길(수로)을 말한다.

[파르네제장 캐스케이드]

◘ 카지노(Casino)
작은 집이라는 의미로 사교·오락 활동이 이루어지는 정원 내의 주건축물을 말한다.

17C	감베라이아장	매너리즘 양식의 대표적 빌라
	이졸라벨라장	바로크 양식의 대표적인 정원-10단의 테라스
	가르조니장	바로크 양식의 최고봉

[파르네제장]

[에스테장]

[랑테장]

◘ 르네상스의 발생 시기

① 15C : 중서부 피렌체

② 16C : 로마

③ 17C : 북부 제노바

[메디치장]

◘ 르네상스 시대의 이탈리아 3대 별장

① 에스테장(Villa de Este)

② 파르네제장(Villa Farnese)

③ 랑테장(Villa Lante)

10. 프랑스의 르네상스 조경(16C~17C)

(1) 총론

① 지형이 넓고 평탄하며 다습지가 많아 풍경이 단조로움

② 정원내에 화려한 색채를 많이 사용한 화단(parterre) 발달

③ 앙드레 르노트르가 프랑스 조경양식(평면기하학식) 확립

❖ 앙드레 르노트르의 정원구성 양식

① 대지의 기복과 조화시키되 축선에 기초를 둔 2차원적 기하학적 구성

② 산울타리, 유니티(unity), 롱프윙(사냥의 중심지), 소로(allee) 등이 구성요소

③ 공간의 구성에 있어 조각·분수 등 예술작품을 리듬 혹은 강조요소로 사용

④ 장엄한 스케일(Grand style)을 도입하여 인간의 위엄과 권위 고양

⑤ 총림과 소로로 비스타(vista 통경선)를 형성하여 장엄한 양식의 경관 전개

◘ 비스타(vista 통경선)

좌우로 시선이 제한되고 일정지점으로 시선이 모아지는 경관으로 정원을 한층 더 넓어 보이게 하는 효과가 있다.

(2) 보르비콩트(Vaux-le-Vicomte)

① 최초의 평면기하학식 정원-앙드레 르노트르의 출세작

② 조경이 주요소이고 건축은 조경에 종속된 2차적 요소

③ 거대한 총림에 의해 강조된 비스타를 주축선상에 조성

④ 대규모 수로와 자수화단의 정교한 장식

⑤ 해자, 화단, 붉은 자갈길, 소나무 울타리, 연못 설치

[보르비콩트]

(3) 베르사유(Versailles)궁

[베르사유 궁전]

① 왕의 수렵지로 쓰이던 소택지에 조성–300ha의 대정원
② 앙드레 르노트르 설계–바로크양식의 대표적 작품
③ 궁원의 모든 구성이 중심축선과 명확한 균형 형성
④ 축선이 방사상으로 전개–루이 14세의 태양왕 상징
⑤ 정원의 주축선상에 십자형의 대수로 배치
⑥ 부축의 교차점에 화려한 화단이나 분수 설치
⑦ 총림, 미원, 연못, 조각, 자수화단, 야외극장 등 배치

◘ 베르사유궁원의 주축선

거울의 방→물화단→라토나 분수→왕자의 가로→아폴로 분천→대수로

◘ 자수화단

가장 아름다운 화단으로 자수와 같이 회양목·로즈마리 등으로 만든 당초무늬의 화단–프랑스에서 절정에 이름

11. 영국의 르네상스 정원(16C~17C 영국 정형식 정원)

(1) 총론

① 완만한 자연구릉과 흐린 날이 많은 기후
② 테라스, 포스라이트, 축산, 볼링그린, 약초원 등으로 구성
③ 매듭화단 조성–회양목, 로즈마리 등으로 장식
④ 화단장식 등의 과용으로 영국식 정원 몰락–풍경식 발생

> ❖ 매듭화단(Knot)
>
> 중세에 시작된 무늬화단으로 키 작은 상록수로 매듭무늬를 그려놓는 수법이며 영국에서 크게 발달하였으며, 화훼의 수적(數的) 한계를 극복한 선(線)의 장식이다.
>
> ① 오픈(Open) 노트 : 매듭의 안쪽 공간을 갖가지 채색된 흙으로 채움
> ② 클로즈(Close) 노트 : 매듭의 안쪽 공간을 한 가지 색채의 화훼로 장식

[오픈 노트]

[클로즈 노트]

햄프턴코트 성궁(16C)	• 프랑스식 통경정원 개념이 영국에 옮겨진 사례 • 수차례의 개조를 통해 여러 나라의 영향을 가장 많이 받은 정원
레벤스홀 (17C)	• 기욤 보용의 설계–네덜란드풍 • 토피어리 집합정원, 볼링그린, 채소원, 포장된 산책로

[햄프턴코트]

[레벤스홀]

12. 독일의 르네상스 정원(16C~17C)

① 정원서의 번역 및 저술
② 식물의 재배와 식물학에 대한 활발한 연구
③ 식물원의 건립(16C) 및 학교원 조성

13. 18C 영국의 자연풍경식 정원

(1) 총론

① 17C 정형식 정원의 평면기하학식 표현이 한계에 봉착
② 자연주의에 입각한 표현–수목을 전정하지 않음
③ 완만한 구릉 그대로의 터가르기 및 자유로운 곡선 이용
④ 웅장한 녹음수와 연못·개울이 서로 어울려 큰 정원 구성
⑤ 자연 그대로의 짜임새에 의한 사실주의적 자연풍경식 정원
⑥ 조경의 사상적 배경을 이룬 사상가 등장

(2) 영국 풍경식 조경가

1) 브리지맨(Charles Bridgeman 1680~1738)

① 대지의 외부로까지 디자인의 범위 확대
② 조경에 하하(ha–ha) 개념을 최초로 도입–스토우가든

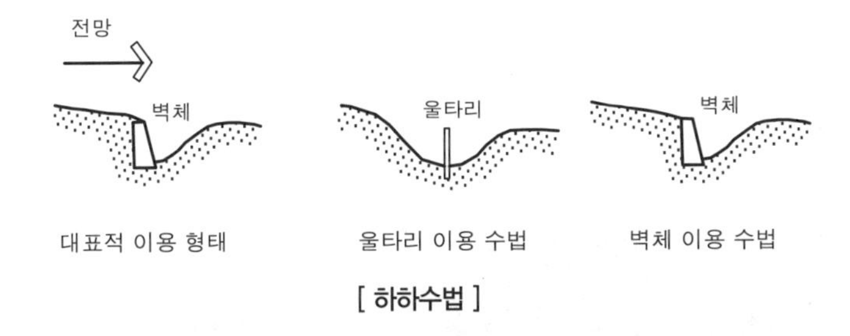

[하하수법]

2) 켄트(William Kent 1684~1748)

① 브리지맨의 후계자–'풍경식 정원의 비조(鼻祖)'
② 18C 풍경식 정원의 선도적 역할–'근대 조경의 아버지'
③ 정형적 정원 비판–"자연은 직선을 싫어한다"

3) 브라운(Lancelot Brown 1715~1783)

① 풍경식 정원의 거장–공간구획의 대범성을 가짐
② 자연미의 단순한 재현 추구, 물을 취급하는 수법 특출

◘ 네덜란드의 르네상스 정원

수로를 구성한 운하식 정원이며 화상(花床)을 설치하여 튤립, 히아신스, 아네모네, 수선화 등의 구근류로 장식하였다. 또한 이탈리아 영향을 받았으나, 테라스 전개가 불가능하여 분수와 캐스케이드는 사용되지 않았다.

◘ 영국의 자연풍경식 정원

계몽사상의 발달과 합리주의·낭만주의 사상, 동양의 사상 등으로 자연에 대한 시각을 새로이 하여 발달한 자연주의 정원양식이다.

◘ 사상가의 주장 내용

① 루소(Rousseau)
"자연으로 돌아가라."
② 알렉산더 포프(A. pope)
"자연 그대로가 좋다."
③ 조셉 에디슨(J. addison)
"자연 그대로가 더 아름답다."

◘ 하하(ha–ha) 기법

물리적 경계를 보이지 않게 하여 숲이나 경작지 등을 자연경관으로 끌어들여 동양정원의 차경기법(借景技法)과 유사한 효과를 갖도록 한 것이다. 경계를 모르고 가다가 발견하고는 놀라서 내는 감탄사에서 유래하여 명칭이 생겨났다고 한다.

◘ 브라운(Lancelot Brown)

영국의 많은 정원을 수정하고 수정대상을 볼 때 "이곳은 상당한 잠재력이 있다"고 말해 능력가란 의미의 '카파빌리티 브라운(Capability Brown)'이라 불려졌다.

◘ 영국 풍경식 조경의 3대 거장
① 켄트
② 브라운
③ 렙턴

[큐가든의 중국식 탑]

[프티 트리아농 촌락]

4) 렙턴(Humphry Repton 1752~1818)

① 영국의 풍경식 정원 완성, 사실주의 자연풍경식

② '정원사(Landscape Gardener)'용어 최초 도입

③「레드북(Red Book)」사용–개조 전과 후의 모습 표현

개조전

개조후

[레드북 슬라이드 기법]

5) 챔버(William Chamber 1726~1796)

① 풍경식 정원에 중국적 취향을 가미

② 중국식 건물과 탑을 최초로 도입–큐가든

(3) 풍경식 정원

스토우가든 (Stowe Garden)	• 18C 풍경식 정원의 변화과정을 잘 보여주는 사례 • 브리지맨과 반브러프의 설계–하하 기법 도입 • 켄트와 브라운이 공동 수정, 브라운의 개조
스투어헤드 (Stourhead)	• 브리지맨과 켄트가 정원 설계 • 시와 신화를 연관시켜 연속적 변화의 풍경 조성 • 정원의 구성은 풍경화 법칙에 따라 구성

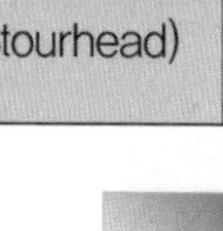

[스토우가든 하하 월]

[스투어헤드]

14. 영국 풍경식 정원의 영향

(1) 프랑스의 풍경식 정원

① 전원적 풍경의 적극 묘사–정원을 작은 촌락처럼 조성

② 챔버의 중국적 취향도 수용–동양의 예술품 이용

(2) 독일의 풍경식 정원

① 국민성의 영향을 입어 과학적 기반 위에 구성
② 식물 생태학과 식물 지리학에 기초를 두어 향토수종 식재
③ 무스카우 성의 대임원(大林苑)-대표적 독일 풍경식 정원
④ 시인이나 철학자들의 선도적 역할
⑤ 히르시펠트(1743~1792)-풍경식 정원의 원리 정립
⑥ 괴테(1749~1832)-바이마르 공원 설계

[무스카우성 대임원]

15. 19C 조경

(1) 영국의 공공조경

① 산업발달과 도시민의 욕구로 공공정원의 필요성 대두
② 귀족이나 왕실 소유의 수렵원 공개
③ 아고라와 포룸이 오늘날 도시공원의 원형
④ 리젠트 파크(1811)-버큰헤드 파크 조성에 영향
⑤ 버큰헤드 파크(1843)-최초로 시민의 힘과 재정으로 조성

[버큰헤드 파크 평면도]

(2) 미국의 공공조경

1) 센트럴 파크(Central Park 1858)

① 최초의 공원법 제정(1851년)-도시공원의 효시
② 옴스테드와 보우의 '그린스워드안(案)' 당선-자연풍경식
③ 면적 약 344ha의 장방형 슈퍼블록으로 구성

◘ 센트럴 파크의 의의

민주적 감각이 깃든 참된 도시공원의 효시가 되었고 재정적으로도 성공하였으며, 공적 후생의 시초로 볼 수 있다.

❖ 센트럴 파크의 설계요소

입체적 동선체계, 차음과 차폐를 위한 외주부 식재, 아름다운 자연경관의 조망과 비스타 조성, 드라이브 코스, 전형적인 몰과 대로, 산책로, 넓은 잔디밭, 동적놀이를 위한 운동장, 보트와 스케이팅을 위한 넓은 호수, 교육을 위한 화단과 수목원 설계 등의 내용으로 되어 있다.

❖ 옴스테드(Frederick Law Olmsted, 1822~1903)

① 근대적 환경설계의 토대를 마련하고, 조경을 예술의 경지에 올려놓았다.
② 현대 조경의 아버지로 불리우며 1858년에 '조경가(Landscape Architect)'라는 호칭을 최초로 사용하였다.

[센트럴 파크]

2) 국립공원

① 옐로스톤 국립공원(1872)-최초의 국립공원
② 요세미티 국립공원(1890)-최초의 자연공원(1865)

[분구원 지구]

□ 미국의 절충주의 정원

① 19C 중엽 낭만주의나 절충주의의 경향 발생
② 유럽식 모방의 고전주의나 중세 복고주의 경향으로 발생

□ 「전원 도시론」의 요소

① 낮은 인구밀도, 공원과 정원의 개발
② 전원과 타운(town)
③ 지역사회로 둘러싸인 중심 수도권
④ 자족기능을 갖춘 계획도시

□ 도시미화운동의 요소

① 도시미술(civic art)
② 도시설계(civic design)
③ 도시개혁(civic reform)
④ 도시개량(civic improvement)

(4) 독일의 근대정원

① 시민공원(Volkspark)－인구 50만 이상의 도시에 건설
② 도시림－연방법으로 제정한 도시 공동체의 숲
③ 분구원－한 단위가 200㎡ 정도인 소정원지구
④ 현재는 화훼재배장이나 주택난 해소를 위해 사용

❖ 독일의 근세구성식 정원

① 19C 말엽 새롭게 나타난 건축식정원
② 도시 소주택 정원에서 시작되어 소정원으로의 복귀 변화
③ 풍경식 정원의 불합리성과 정원은 건축적이어야 함을 주장
④ 독일의 무테시우스가 주장한 옥외실(outdoor room) 등장

16. 20C 조경

(1) 총론

① 19C 말부터 폭발적인 인구증가로 도시문제가 심각하게 대두
② 공해문제와 자연환경의 피폐화 문제도 나타나기 시작
③ 기능과 합리성을 추구하는 국제주의 양식 대두

(2) 유럽의 조경

① 하워드(Ebenezer Howard 1850~1928)－내일의 전원도시
② 레치워스(1903년)와 웰윈(1920년) 건설

(3) 미국의 조경

1) 도시미화운동

① 도시외관을 아름답게 창조함으로써 공중의 이익을 확보
② 도시가 지닌 구조적이고 형식적인 역사적 미학의 가치를 강조

2) 레드번(Radburn) 계획(1927~1929년)

① 건축가 스타인(C. Stein)과 라이트(H. Wright)의 설계
② 오픈스페이스(Open Space)가 전체 단지의 골격 형성
③ 슈퍼블록(Superblock) 도입－차도와 보도를 분리
④ 쿨데삭(cul-de-sac 막힌 골목)을 중심으로 주택 형성
⑤ 거주자의 프라이버시와 안전 확보
⑥ 도로의 기능과 등급에 따라 체계화
⑦ 주거지에서 학교, 위락지, 쇼핑시설 등을 보도로 연결

17. 현대 조경의 방향

(1) 센트럴 파크의 영향

① 사적인 정원 중심에서 공적인 공원으로 전환되는 계기가 됨
② 오늘날까지 세계 여러 나라의 대규모 공원 구성에 응용됨

(2) 기능과 미

① 형식에 구애받지 않고 기능과 미에 중점을 둠
② 건물 주변은 정형식, 그 밖에는 자연식으로 조성
③ 설계자의 의도에 따라 조경 소재와 양식 채택
④ 환경오염과 생태에 대한 관심 증가 – 복원과 복구

(3) 국내 조경의 영향

① 근대에 들어 정형식 정원 출현
② 최초의 유럽식 정원–덕수궁 석조전 앞뜰(프랑스식 정원)
③ 최초의 공공 정원–탑골 공원(브라운 설계)
④ 일본의 영향–향나무 선호, 정형식 수형, 자연석 놓기
⑤ 1970년대 : 넓은 잔디밭, 수목 군식 등의 미국식 조경 도입
⑥ 1980년대 : 우리나라 전통조경 양식과 이의 계승에 관심으로 소나무나 느티나무 등 향토 수종식재로 한국적 분위기 창출
⑦ 1990년대 : 환경과 생태에 대한 관심으로 경관관리와 생태계 복원·복구 노력

◘ 우리나라의 현대 조경

오늘날 세계적인 추세에 발 맞추어 특정양식에 구애됨 없이 여러 가지 형식과 새로운 소재에 대한 다양한 시도가 이루어지고 있다.

2 서양조경

01 다음 서아시아의 조경 중 오늘날 공원의 시초인 것은? 06-2

㉮ 공중공원 ㉯ 수렵원
㉰ 아고라 ㉱ 묘지정원

01. 수렵원은 귀족이나 왕의 사냥을 위해 만든 곳으로 오늘날 공원의 시초로 본다.

02 다음 중 가장 오래된 정원은? 03-5

㉮ 공중정원(hanging garden)
㉯ 알함브라(Alhambra) 궁원
㉰ 베르사이유(Versailles)궁원
㉱ 보르비콩트(Vaux-le-Viconte)

02. 공중정원은 최초의 옥상정원으로 세계 7대 불가사의 중의 하나이다.

03 메소포타미아의 대표적인 정원은? 12-2

㉮ 마야사원
㉯ 베르사이유 궁전
㉰ 바빌론의 공중정원
㉱ 타지마할 사원

03. 공중정원은 네브카드네자르 2세 왕이 아미티스 왕비를 위해 축조한 정원이다.

04 서아시아의 수렵원(hunting garden)의 계획 기법으로 올바른 것은? 06-5

㉮ 포도나무를 심어 그늘지게 하였다.
㉯ 노단 위에 수목과 덩굴식물로 식재하였다.
㉰ 인공으로 언덕을 쌓고 인공호수를 조성하였다.
㉱ 성림을 조성하여 떡갈나무와 올리브를 심었다.

04. 수렵원은 호수와 언덕을 조성하고, 관개의 편의성을 위해 소나무나 사이프러스를 규칙적으로 열식하였다.

05 서양의 각 시대별 조경양식에 관한 설명 중 옳은 것은? 09-2

㉮ 서아시아의 조경은 수렵원 및 공중정원이 특징적이다.
㉯ 이집트는 상업 및 집회를 위한 공공정원이 유행하였다.
㉰ 고대 그리스는 포름과 같은 옥외 공간이 형성되었다.
㉱ 고대 로마의 주택정원에는 지스터스(Xystus)라는 가족을 위한 사적인 공간을 조성하였다.

05. 이집트는 종교의 영향으로 신전정원과 묘지정원, 고대 그리스는 기후적 영향으로 성림·짐나지움·아고라 등의 공공조경이 발달하였다.

정답 ➔ 01. ㉯ 02. ㉮ 03. ㉰ 04. ㉰ 05. ㉮

06 고대 그리스에 체육 훈련을 하던 자리로 만들어졌던 것은? 03-2

㉮ 페리스틸리움 ㉯ 지스터스
㉰ 짐나지움 ㉱ 보스코

06. 짐나지움은 고대 그리스에서 나지(裸地)로 된 청년들의 체육 훈련 장소였으나 대중적인 정원으로 발달하였다.

07 고대 그리스에 만들어졌던 광장의 이름은? 04-5

㉮ 아트리움 ㉯ 길드
㉰ 무데시우스 ㉱ 아고라

07. 아고라는 고대 그리스 시민들의 토론과 선거를 위한 장소로 시장의 기능도 겸했다.

08 고대 그리스에서 아고라(agora)는 무엇인가? 12-1

㉮ 광장 ㉯ 성지
㉰ 유원지 ㉱ 농경지

08. 아고라(agora)는 최초로 등장한 광장의 개념으로 후에 서양 도시광장의 효시가 되었다.

09 고대 그리스 조경에 관한 설명 중 틀린 것은? 11-2

㉮ 구릉이 많은 지형에 영향을 받았다.
㉯ 짐나지움(Gymnasium)과 같은 공공적인 정원이 발달하였다.
㉰ 히포다무스에 의해 도시계획에서 격자형이 채택되었다.
㉱ 서민들의 정원은 발달을 보지 못했으나 왕이나 귀족의 저택은 대규모이며 사치스러운 정원을 가졌다.

09. 고대 그리스 조경은 민주사상의 발달로 개인의 정원보다 공공조경이 더욱 발달하였다.

10 다음 중 고대 로마의 폼페이 주택정원에서 볼 수 없는 것은? 07-5, 11-4

㉮ 아트리움
㉯ 페리스틸리움
㉰ 포름
㉱ 지스터스

10. 포름은 공공의 장소로 후세 광장의 전신이 되었다.

11 고대 로마의 정원 배치는 3개의 중정으로 구성되어 있었다. 그 중 사적(私的)인 기능을 가진 제2중정에 속하는 곳은? 04-2, 10-2

㉮ 아트리움(Atrium)
㉯ 지스터스(Xystus)
㉰ 페리스틸리움(Peristylium)
㉱ 아고라(Agora)

11. ㉮ 공적 기능의 제1중정
㉯ 후원을 겸한 과수원 · 채소원
㉱ 그리스의 광장

정답 → 06. ㉰ 07. ㉱ 08. ㉮ 09. ㉱ 10. ㉰ 11. ㉰

12 중세 수도원 정원에서 사용하지 않은 것은? 07-1

㉮ 약초원 ㉯ 수반(水盤)
㉰ 과수원 ㉱ 원색의 색상

13 중세 수도원의 전형적인 정원으로 예배실을 비롯한 교단의 공공건물에 의해 둘러싸인 네모난 공지를 가리키는 것은? 09-4

㉮ 아트리움(Atrium)
㉯ 페리스틸리움(Peristylium)
㉰ 클라우스트룸(Claustrum)
㉱ 파티오(Patio)

14 회교문화의 영향을 입어 독특한 정원 양식을 보이는 곳은? 04-1, 05-2, 11-2

㉮ 이탈리아정원 ㉯ 프랑스정원
㉰ 영국정원 ㉱ 스페인정원

15 조경양식 중 이슬람 양식의 스페인 정원이 속하는 것은? 04-2, 09-4

㉮ 평면 기하학식 ㉯ 노단식
㉰ 중정식 ㉱ 전원 풍경식

16 다음 중 스페인정원과 가장 관련이 적은 것은? 03-1, 05-1, 08-1

㉮ 비스타 ㉯ 색채타일
㉰ 분수 ㉱ 발코니

17 스페인에 현존하는 이슬람정원 형태로 유명한 곳은? 09-1

㉮ 베르사이유 궁전 ㉯ 보르비콩트
㉰ 알함브라성 ㉱ 에스테장

18 "수로의 중정", 캐널 양끝에는 대리석으로 만든 연꽃 모양의 분수반이 있고 물은 이곳을 통해 캐널로 흐르게 만든 파티오식 정원은? 11-5

㉮ 알함브라 궁원
㉯ 헤네랄리페 궁원
㉰ 알카자르 궁원
㉱ 나샤트바 궁원

12. 중세 수도원 정원은 약초원·과수원 등의 실용적 정원과 '클로이스터 가든'이라는 회랑식 중정을 조성하여 장식적으로 사용하기도 하였다. 회랑식 중정의 중심에는 수목·수반·분천·우물 등이 설치되었다.

13. 클라우스트룸(Claustrum)은 클로이스터 가든을 말하며, 회랑에서 중정으로 향한 출입구가 열려 있어 원로를 구성한다.

14. 스페인은 이슬람의 지배를 받으며 기독교 문화와 이슬람문화 등 여러 종교적 문화가 융화된 복합적 정원양식을 보인다.

15. 이슬람 양식의 스페인 정원은 내향적 공간을 추구하여 중정 개념의 파티오(Patio)가 발달하였다.

16. 스페인 정원은 연못·분수·샘의 장식과 타일이나 석재 등으로 기하학적인 정원을 조성했다. 비스타는 프랑스 정원과 부합된다.

17. 알함브라성은 이슬람 생활문화의 수준과 매력을 오늘날에 전하고있다.

18. 헤네랄리페 궁원은 정원이 주가 된 큰 정원을 이루고 있다.

정답 ➔ 12. ㉱ 13. ㉰ 14. ㉱ 15. ㉰ 16. ㉮ 17. ㉰ 18. ㉯

19 16세기 무굴제국의 인도 정원과 가장 관련이 있는 것은? 06-2

㉮ 타지마할 ㉯ 지구라트
㉰ 지스터스 ㉱ 알함브라 궁원

19. 타지마할은 인도 건축 및 정원의 대표적인 작품이다.

20 다음 정원요소 중 인도정원에 가장 큰 영향을 미친 것은? 05-2, 09-5, 10-5

㉮ 노단 ㉯ 토피아리
㉰ 돌수반 ㉱ 물

20. 인도정원의 물은 장식·목욕·관개 등의 종교적이고 실용적인 용도로 이용되었다.

21 서양에서 정원이 건축의 일부로 종속되던 시대에서 벗어나 건축물을 정원 양식의 일부로 다루려는 경향이 나타난 시대는? 10-4

㉮ 중세 ㉯ 르네상스
㉰ 고대 ㉱ 현대

21. 르네상스 시대에 이르러 인본주의와 자연을 존중하는 사조가 발달하면서 정원과 자연경관에 의한 구성이 주를 이루게 된다.

22 이탈리아의 조경양식이 크게 발달한 시기는 어느 시대부터 인가? 04-5

㉮ 암흑시대
㉯ 르네상스 시대
㉰ 고대 이집트 시대
㉱ 세계 1차 대전이 끝난 후

22. 인본주의와 자연주의의 시작으로 조경양식도 크게 발달하였다.

23 르네상스시대 이탈리아 정원의 설명으로 옳지 않은 것은? 03-5

㉮ 높이가 다른 여러개의 노단을 잘 조화시켜 좋은 전망을 살린다.
㉯ 강한 축을 중심으로 정형적 대칭을 이루도록 꾸며진다.
㉰ 주축선 양쪽에 수림을 만들어 주축선을 강조하는 비스타 수법을 이용하였다.
㉱ 원로의 교차점이나 종점에는 조각, 분천, 연못, 캐스케이드 벽천, 장식화분 등이 배치된다.

23. 비스타 수법은 프랑스의 평면기하학식 정원에 나타난 것으로 총림과 소로로 비스타(통경선)를 형성하여 장엄한 양식의 경관을 전개하였다.

24 다음 중 이탈리아 정원의 가장 큰 특징은? 12-5

㉮ 평면기하학식
㉯ 노단건축식
㉰ 자연풍경식
㉱ 중정식

24. 이탈리아 정원은 지형과 기후적 여건으로 구릉과 경사지에 빌라가 발달하였고 노단건축식 정원이 만들어졌다.

정답 → 19. ㉮ 20. ㉱ 21. ㉯ 22. ㉯ 23. ㉰ 24. ㉯

25 이탈리아의 노단건축식(Terrace Dominant architectural style)정원 양식이 생긴 요인에 해당되는 것은? 05-1

㉮ 과학기술이 발달했기 때문에
㉯ 비가 적게오기 때문에
㉰ 돌이 많이 나오기 때문에
㉱ 지형의 경사가 심하기 때문에

25. 이탈리아의 노단건축식정원은 이탈리아의 지형적 제약 때문에 경사지를 계단형으로 만드는 기법이다.

26 르네상스 문화와 더불어 최초로 노단 건축식 정원이 발달한 곳은? 10-5

㉮ 로마　㉯ 피렌체
㉰ 아테네　㉱ 폼페이

26. 15C 이탈리아 피렌체는 르네상스 운동의 발생지로서, 피렌체 근교 구릉이 살기에 쾌적하여 지형적인 여건을 이용한 노단 건축식 정원이 발달하였다.

27 이탈리아 정원의 구성요소와 가장 관계가 먼 것은? 05-2

㉮ 테라스(terrace)　㉯ 중정(patio)
㉰ 계단 폭포(cascade)　㉱ 화단(parterre)

27. 중정은 건물에 의하여 둘러 싸여진 공간으로 고대 그리스·로마의 주택정원, 중세 수도원 정원, 이슬람 정원에서 보여진다.

28 계단폭포, 물 무대, 분수, 정원극장, 동굴 등의 조경 수법이 가장 많이 나타났던 정원은? 07-1

㉮ 영국 정원　㉯ 프랑스 정원
㉰ 스페인 정원　㉱ 이탈리아 정원

28. 이탈리아 정원에는 수경요소뿐만 아니라 테라스·정원문·카지노·입상 등을 설치하였다.

29 다음 중 여러 단을 만들어 그 곳에 물을 흘러내리게 하는 이탈리아 정원에서 많이 사용되었던 조경기법은? 07-5, 09-5

㉮ 캐스케이드　㉯ 토피어리
㉰ 록 가든　㉱ 캐널

29. 캐스케이드는 노단이 형성된 곳에 조성한 계단형 물길(수로)이다.

30 테라스(terrace)를 쌓아 만들어진 정원은? 04-1, 05-5

㉮ 일본 정원　㉯ 프랑스 정원
㉰ 이탈리아 정원　㉱ 영국 정원

30. 테라스는 노단을 일컫는 것으로 이탈리아 정원의 가장 큰 특징이다.

31 16세기 이탈리아의 대표적인 정원인 빌라 에스테(Villa d'Este)의 특징 설명으로 바르지 못한 것은? 09-2

㉮ 사이프러스의 열식　㉯ 자수화단
㉰ 미로　㉱ 연못

31. 빌라 에스테의 특징 중의 하나는 사이프러스 군식이다.

정답 → 25. ㉱ 26. ㉯ 27. ㉯ 28. ㉱ 29. ㉮ 30. ㉰ 31. ㉮

32 이탈리아 르네상스 시대의 조경 작품이 아닌 것은? 10-4

㉮ 빌라 토스카나(Villa Toscana)
㉯ 빌라 란셀로티(Villa Lancelotti)
㉰ 빌라 메디치(Villa de Medici)
㉱ 빌라 란테(Villa Lante)

32. · 15C의 카레지오장, 메디치장,
· 16C의 란테장, 에스테장, 파르네제장,
· 17C의 란셀로티장, 감베라이아장, 이졸라벨라장, 가르조니장

33 정형식 조경 중에서 르네상스 시대의 프랑스 정원이 속하는 형식은 무엇인가? 04-1

㉮ 평면 기하학식 ㉯ 노단식
㉰ 중정식 ㉱ 전원 풍경식

33. 앙드레 르노트르가 평면기하학식의 프랑스 조경양식을 확립하였다.

34 축선(軸線, axis)이 중심이 되어 조성되었던 정원은? 05-2, 12-2

㉮ 영국 정원 ㉯ 스페인 정원
㉰ 프랑스 정원 ㉱ 일본 정원

34. 프랑스의 정원양식은 축선에 기초를 둔 2차원적 기하학적 구성으로 조성되었다.

35 다음 중 비스타(Vista)에 대한 설명으로 가장 잘 표현된 것은? 05-2

㉮ 서양식 분수의 일종이다.
㉯ 차경을 말하는 것이다.
㉰ 정원을 한층 더 넓게 보이게 하는 효과가 있다.
㉱ 스페인 정원에서는 빼 놓을 수 없는 장식물이다.

35. 비스타는 시선이 좌우로 제한되고 일정지점으로 모아지는 경관을 말한다.

36 조경에서 비스타(vista)에 대한 설명으로 틀린 것은? 06-5

㉮ 좌우로 시선을 제한하여 일정 지점으로 시선이 모이도록 구성된 경관이다.
㉯ 정원을 실제 넓이보다 한층 더 넓어 보이는 효과가 있다.
㉰ 일명 통경선 강조 수법이라고 말한다.
㉱ 영국식 자연 풍경식 정원에 많이 사용된다.

36. 비스타(vista)는 프랑스 평면기하학식 정원에서 주로 보여진다.

37 르 노트르가 이탈리아에서 수학한 뒤 귀국하여 만든 최초의 평면기하학식 정원은? 09-2

㉮ 보르 비 콩트 ㉯ 베르사이유
㉰ 루브르궁 ㉱ 몽소공원

37. 보르 비 콩트는 앙드레 르노트르의 출세작이다.

정답 ➔ 32. ㉮ 33. ㉮ 34. ㉰ 35. ㉰ 36. ㉱ 37. ㉮

38 영국 튜터 왕조에서 유행했던 화단으로 낮게 깎은 회양목 등으로 화단을 여러 가지 기하학적 문양으로 구획 짓는 것은? 08-2

㉮ 기식화단 ㉯ 매듭화단
㉰ 카펫화단 ㉱ 경재화단

39 네덜란드 정원에 관한 설명으로 가장 거리가 먼 것은? 08-5

㉮ 운하식이다.
㉯ 튤립, 히아신스, 아네모네, 수선화 등의 구근류로 장식했다.
㉰ 프랑스와 이탈리아의 규모보다 보통 2배 이상 크다.
㉱ 테라스를 전개시킬 수 없었으므로 분수, 캐스케이드가 채택될 수 없었다.

40 자연 그대로의 짜임새가 생겨나도록 하는 사실주의 자연풍경식 조경 수법이 발달한 나라는? 11-4

㉮ 스페인 ㉯ 프랑스
㉰ 영국 ㉱ 이탈리아

41 다음 중 대칭(symmetry)의 미를 사용하지 않은 것은? 03-5, 06-5

㉮ 영국의 자연풍경식
㉯ 프랑스의 평면기하학식
㉰ 이탈리아의 노단건축식
㉱ 스페인의 중정식

42 버킹검의 [스토우 가든]을 설계하고, 담장 대신 정원 부지의 경계선에 도랑을 파서 외부로부터의 침입을 막은 ha-ha 수법을 실현하게 한 사람은? 09-4, 10-4

㉮ 에디슨 ㉯ 브리지맨
㉰ 켄트 ㉱ 브라운

43 "자연은 직선을 싫어한다."라고 주장한 영국의 낭만주의 조경가는? 05-2, 09-1

㉮ 브리지맨 ㉯ 캔트
㉰ 챔버 ㉱ 렙톤

38. 화단의 종류
- 매듭화단 : 중세에 시작된 무늬화단으로 키 작은 상록수로 매듭무늬를 그려놓는 수법으로 만든 화단
- 기식화단 : 원형의 화단 중앙부에는 키가 큰 꽃을 심고, 가장자리로 갈수록 키가 작은 꽃을 심어 사방에서 관상할 수 있도록 만든 화단
- 카펫화단 : 넓은 뜰이나 공원에 키가 작은 꽃을 심어 기하학적 무늬를 만드는 화단
- 경재화단 : 생울타리 · 벽 · 건물 등을 배경으로, 뒤에는 키가 크고 앞에는 키가 작은 꽃을 심어 관상할 수 있도록 만든 화단

39. 네덜란드 정원은 협소하고 한정된 공간에서 다양한 변화를 추구하였다.

40. 18C 영국의 자연풍경식 정원은 자연주의에 입각한 표현으로 수목을 전정하지 않았고 완만한 구릉 그대로의 터가르기 및 자유로운 곡선을 이용하였다.

41. 자연풍경식 정원은 자연 그대로의 비대칭적이고 비형식적이다.

42. 하하(ha-ha) 수법은 물리적 경계를 보이지 않게 하여 숲이나 경작지 등을 자연경관으로 끌어들이는 수법이다.

43. 윌리암 캔트는 직선적인 원로와 수로, 산울타리 등을 배척하였다.

정답 → 38. ㉯ 39. ㉰ 40. ㉰ 41. ㉮ 42. ㉯ 43. ㉯

44 정원의 개조 전·후의 모습을 보여 주는 레드 북(Red book)의 창안자는? 11-1

㉮ 험프리 랩턴(Humphrey Repton)
㉯ 윌리엄 켄트(William Kent)
㉰ 란 셀로트 브라운(LanCelot Brown)
㉱ 브리지맨(Bridge man)

44. 험프리 랩턴은 '정원사(Land-scape Gardener)'라는 용어를 처음 도입했다.

45 18세기 랩턴에 의해 완성된 영국의 정원 수법으로 가장 적합한 것은? 09-5

㉮ 노단건축식 ㉯ 평면기하학식
㉰ 사의주의 자연풍경식 ㉱ 사실주의 자연풍경식

45. 랩턴은 자연을 1:1의 비율로 묘사하였다.

46 영국의 18세기 낭만주의 사상과 관련이 있는 것은? 07-1

㉮ 스토우(Stowe) 정원
㉯ 분구원(分區園)
㉰ 비큰히드(Birkenhead) 공원
㉱ 베르사이유궁의 정원

46. 스토우 정원은 18C 영국의 낭만주의적 풍경식 정원의 변화 과정을 잘 보여준다.

47 사적인 정원 중심에서 공적인 대중 공원의 성격을 띤 시대는? 12-1

㉮ 14세기 후반 에스파니아
㉯ 17세기 전반 프랑스
㉰ 19세기 전반 영국
㉱ 20세기 전반 미국

47. 19세기의 영국은 산업발달과 도시민의 욕구로 공공정원의 필요성이 대두되어 1843년 최초의 공적 대중공원인 버큰헤드 파크가 조성되었다.

48 19세기 유럽에서 정형식 정원의 의장을 탈피하고 자연그대로의 경관을 표현하고자 한 조경 수법은? 08-1, 12-1

㉮ 노단식 ㉯ 자연풍경식
㉰ 실용주의식 ㉱ 회교식

48. 영국에서 발생한 자연풍경식정원은 자연주의 운동과 함께 유럽대륙으로 전파되었다.

49 프레드릭 로 옴스테드가 도시 한복판에 근대공원의 면모를 갖추어 만든 최초의 공원은? 10-5

㉮ 런던의 하이드 파크 ㉯ 뉴욕의 센트럴 파크
㉰ 파리의 테일리 원 ㉱ 런던의 세인트 제임스 파크

49. 뉴욕시에 조성된 센트럴 파크는 민주적 감각이 깃든 참된 도시공원의 효시가 되었다.

정답 ➔ 44. ㉮ 45. ㉱ 46. ㉮ 47. ㉰ 48. ㉯ 49. ㉯

50. 센트럴 파크는 옴스테드가 설계하였다.

50 센트럴 파크(Central park)에 대한 설명 중 틀린 것은? 12-4

㉮ 르코르뷔지에(Le corbusier)가 설계하였다.
㉯ 19세기 중엽 미국 뉴욕에 조성되었다.
㉰ 면적은 약 334헥타르의 장방형 슈퍼블럭으로 구성되었다.
㉱ 모든 시민을 위한 근대적이고 본격적인 공원이다.

51. 그린스워드안의 내용은 입체적 동선체계이다.

51 옴스테드와 캘버트 보가 제시한 그린스워드안의 내용이 아닌 것은? 12-1

㉮ 평면적 동선체계
㉯ 차음과 차폐를 위한 주변식재
㉰ 넓고 쾌적한 마차 드라이브 코스
㉱ 동적놀이를 위한 운동장

52. 옐로우스톤 공원은 1872년에 지정되었다.

52 국립공원의 발달에 기여한 최초의 미국 국립공원은? 05-5

㉮ 옐로우스톤 ㉯ 요세미티
㉰ 센트럴파크 ㉱ 보스턴공원

53. 분구원은 19C 중엽 의사인 시레베르가 주민의 보건을 위해 제창하였다.

53 19세기 정원의 실용적인 측면이 강조되어 독일에서 만들어진 정원의 형태는? 09-2

㉮ 벨베데레원 ㉯ 분구원
㉰ 지구라트 ㉱ 약초원

54. 근대 구성식 조경은 소주택 정원에 어울리는 월가든(Wall Garden)이나 워터가든(Water Garden)을 만들었으며 그에 따라 소규모 정원에 어울리는 벽천이 만들어졌다.

54 근대 독일 구성식 조경에서 발달한 조경시설물의 하나로 실용과 미관을 겸비한 시설은? 12-1

㉮ 연못 ㉯ 벽천
㉰ 분수 ㉱ 캐스케이드

55. 노단건축식(15C) → 평면기하학식(17C) → 자연풍경식(18C) → 근대건축식(19C)

55 정원 양식 중 연대(年代)적으로 가장 늦게 발생한 정원양식은? 03-2

㉮ 영국의 풍경식 정원양식
㉯ 프랑스의 평면기하학식 정원양식
㉰ 이탈리아의 노단건축의 정원양식
㉱ 독일의 근대건축식 정원양식

정답 → 50. ㉮ 51. ㉮ 52. ㉮ 53. ㉯ 54. ㉯ 55. ㉱

3 중국조경

1. 총론

① 원시적 공원의 성격 – 수려한 경관에 누각과 정자 설치
② 자연미와 인공미를 겸비 – 인위적으로 암석과 수목 배치
③ 경관의 조화보다는 대비에 중점 – 건물과 자연경관
④ 하나의 정원 속에 여러 비율로 꾸며놓은 부분들이 혼재
⑤ 북부와 남부의 기후차로 정원수법이 달리 발달
⑥ 건물과 정원이 한 덩어리가 되는 형태로 발달

❖ 신선사상(神仙思想)

옛날 중국에 널리 퍼졌던 민간사상으로 신의 존재를 믿고 장생불사(長生不死) 선향(仙鄕)으로의 승천(昇天)을 바라며 영주(瀛州)·봉래(蓬萊)·방장(方丈)의 신선(神仙)의 산(山)을 상상하였다.

2. 주(周)시대(BC 11C~250)

영대·영소	낮에는 조망, 밤에는 은성명월을 즐김
포·유	왕후의 놀이터, 숲과 못을 갖춤 – 후세의 이궁

3. 진(秦)시대(BC 249~207)

난지궁 난지	연못에 섬(봉래산) 설치 – 신선사상 유래
아방궁	진시황이 축조한 대규모 궁궐

4. 한(漢)시대(BC 206~AD 220)

상림원	• 중국정원의 기원으로 봄 – 사냥터로도 사용 • 은하를 상징하는 곤명호를 비롯 6개의 대호수 설치
태액지	• 영주·봉래·방장의 세 섬 축조

5. 진(동진 東晋)시대(256~419)

왕희지	곡수연을 위해 곡수거 조성 – 「난정기」
도연명	안빈낙도 철학이 정원에 영향을 미침

◘ 중국정원

중국정원은 사실주의 보다는 상징주의적 축조가 주를 이루는 사의주의(寫意主義)적 표현인 '사의주의적 풍경식'으로도 표현한다. 그에 더하여 중국정원은 초기부터 신선사상과 우주를 표현하였으며, 동양정원양식에 큰 영향을 끼치게 된다.

◘ 중국의 4대정원

① 졸정원
② 유원
③ 이화원
④ 피서산장

◘ 후한(後漢)시대의 「설문해자」 기록

① 원 : 과(果)를 심는 곳 – 과수원
② 포(圃) : 채소를 심는 곳 – 채소원
③ 유(囿) : 금수(禽獸)를 키우는 곳 – 동물원

◘ 중도식(中島式) 정원양식

① 중국정원에서 신선사상을 위한 자리로 쓰였던 정원양식
② 3개의 섬(영주·봉래·방장)으로 표현

◘ 유상곡수연(流觴曲水宴)

유상곡수연이란 수로(水路)를 굴곡지게 하여 흐르는 물위에 술잔을 띄워 즐기던 놀이로, 그런 목적으로 만든 도랑을 곡수거(曲水渠)라 한다.

6. 당(唐)시대(618~907)

① 중국정원의 기본적인 양식이 확립된 시기
② 자연 그 자체보다 인위적인 정원을 중시하기 시작

궁원	온천궁(화청궁)	• 태종이 여산에 지은 청유를 위한 이궁 • 현종이 화청궁으로 개칭–양귀비와 관련
	구성궁	산구를 의지해 궁전과 큰 연못을 조성
민가정원	왕유의 망천별업	• 산수화풍의 정원으로 후세 조경활동에 큰 영향 • 정원의 경치에 시의 명구를 배치
	백거이 정원	• 중국조경의 개조(開祖)라 불림 • 천축석, 연못, 수목, 화훼를 배치한 정원
	이덕유의 평천산장	• 진기한 나무와 돌을 배치 • 괴석을 쌓아 무산12봉 상징

◘ 평천산장
이덕유는 「평천산거계자손기」에 "평천을 팔아 넘기는 자는 내 자손이 아니며, 평천의 일수일석을 남에게 주는 자 또한 좋은 자손이 아니다."라고 기록하였다.

7. 송대(宋代)의 조경(960~1279)

궁원	만세산(간산)	경도에 태호석을 쌓아 올린 가산–축경식
	덕수궁 어원	큰 연못과 석가산 축조
소순흠의 창랑정		소주 4대 명원 중 가장 오래된 정원

◘ 송대의 조경
송대 조경의 특징은 태호석으로 석가산을 축조하는 정원이 조성되었으며, 태호석 운반을 위한 화석강은 많은 문제를 야기시켜 국운이 기우는 원인이 되기도 하였다.

◘ 화석강(花石綱)
강소지방의 태호석을 운반하기 위한 운반선

[사자림의 석가산]

[유원의 태호석]

❖ 석가산(石假山)

인공적으로 만들어진 축산(築山)을 말하며, 조망이 필요한 곳이나 풍수지리설에 의한 지기(地氣)가 필요한 곳에 설치하기도 한다.

❖ 태호석(太湖石)

태호의 호저(湖底) 또는 도서(島嶼)의 암산으로부터 채취한 것을 말하며, 석회암으로서 대단히 복잡한 모양을 하고 있고, 구멍이 뚫린 것이 많다. 추(皺 주름), 투(透 투과), 누(漏 구멍), 수(瘦 여림)를 구비한 것이 최고로 여겨진다.–괴석(怪石)

❖ 민간정원 및 기록

① 이격비의 「낙양명원기」 ② 구양수의 「취옹정기」
③ 사마광의 「독락원기」 ④ 주돈이의 「애련설」

8. 금(金)시대(1152~1234)

① 금원(禁苑) 창시–태액지에 경화도 축조
② 원·명·청 3대 왕조의 궁원 역할

9. 원(元)시대(1206~1367)

만수산 궁원	명·청대를 거쳐 현재는 북해공원으로 공개
염희헌의 만유당	연못가에 당을 짓고 수백 그루의 버드나무 식재
주덕윤의 사자림	한 스님을 추모하기 위한 정원-태호석 석가산 유명

10. 명(明)시대(1368~1644)

궁원	어화원	자금성 내 금원, 정원과 건축물이 모두 대칭
	경산	자금성 밖 북쪽에 5개의 봉우리 조성
미만종의 작원(북경)		못을 만들어 백련을 심고, 물가에 버드나무를 식재
왕헌신의 졸정원(소주)		'해당춘오(해당화가 심겨져 있는 봄 언덕)'로 유명
유여의 유원(소주)		원로에 황색의 난석을 삽입한 포장-화가포지

명대의 경원관련서적

계성의 「원야」	일명 탈천공, 중국정원의 배경을 이룬 작정서
문진향의 「장물지」	화목의 배식에 관하여 유일하게 기록된 책

11. 청(靑)시대(1616~1911)

① 중국의 조경사상 가장 융성하게 발달한 시기
② 북방의 황가정원들은 강남의 사가정원의 처리수법 모방

금원	건륭화원	자금성 내 5개의 단으로 이루어진 계단식 정원
	서원	• 황궁의 외원으로 금·원·명 이래 금원으로 쓰임 • 북해·중해·남해의 세 부분으로 구성-현 북해공원
이궁	이화원 (만수산)	• 신선사상을 배경으로 강남의 명승 재현 • 원의 중심인 만수산과 곤명호로 구성
	원명원	• 동양 최초의 서양식 정원-동양의 베르사유 궁 • 대분천을 중심으로 한 프랑스식 정원
	피서산장	• 승덕(열하)에 지어진 황제의 여름별장 • 강남지방의 아취를 모방

[경화도]

◘ 중국 소주의 4대명원

① 창랑정-송
② 사자림-원
③ 졸정원-명
④ 유원-명

◘ 부채꼴 모양의 정자

① 사자림정원-선자정(사자정)
② 졸정원-여수동좌헌
③ 창덕궁-관람정

[여수동좌헌]

[이화원]

[피서산장]

3 중국조경

01 동양 정원에서 연못을 파고 그 가운데 섬을 만드는 수법에 가장 큰 영향을 준 것은? 03-5, 04-2, 11-2

㉮ 자연지형 ㉯ 기상요인
㉰ 신선사상 ㉱ 생활양식

01. 연못의 섬은 신선사상의 선산(仙山)이 상징화된 것이다.

02 중국정원의 가장 중요한 특색이라 할 수 있는 것은? 04-5, 07-5, 11-4

㉮ 조화 ㉯ 대비
㉰ 반복 ㉱ 대칭

02. 중국정원은 자연적인 경관을 주 구성요소로 삼고 있으나 경관의 조화보다는 대비에 중점을 두고 있다.

03 다음 중국식 정원의 설명으로 틀린 것은? 04-1, 05-5

㉮ 차경수법을 도입하였다.
㉯ 사실주의 보다는 상징적 축조가 주를 이루는 사의주의에 입각하였다.
㉰ 유럽의 정원과 같은 건축식 조경수법으로 발달하였다.
㉱ 대비에 중점을 두고 있으며, 이것이 중국정원의 특색을 이루고 있다.

03. 중국식 정원은 건물과 정원이 하나의 형태로 발달하여 유럽의 건축식과는 다르게 나타난다.

04 다음과 같은 특징이 반영된 정원은? 06-1

[보기]
· 지역마다 재료를 달리한 정원양식이 생겼다.
· 건물과 정원이 한 덩어리가 되는 형태로 발달했다.
· 기하학적인 무늬가 그려져 있는 원로가 있다.
· 조경수법이 대비에 중점을 두고 있다.

㉮ 중국정원 ㉯ 인도정원
㉰ 영국정원 ㉱ 독일풍경식정원

04. 중국정원은 북부와 남부의 기후차와 재료의 구입 등에 따라 정원수법이 달랐다.

 정답 → 01. ㉰ 02. ㉯ 03. ㉰ 04. ㉮

05 다음 중 중국의 신선사상에서 유래 된 십장생(十長生) 중의 하나가 아닌 것은? 07-5

㉮ 구름 ㉯ 돌
㉰ 학 ㉱ 용

05. 십장생(十長生)은 오래도록 살고 죽지 않는다는 열 가지로 해, 산, 물, 돌, 구름, 소나무, 불로초, 거북, 학, 사슴을 말한다.

06 다음 중 중국에서 가장 오래전에 큰 규모의 정원으로 만들어졌으나 소실되어 남아 있지 않은 것은? 09-5

㉮ 중앙공원 ㉯ 북해공원
㉰ 아방궁 ㉱ 만수산이궁

06. 아방궁은 진시황이 축조한 대규모 궁궐로 완성되기도 전에 초패왕 항우의 군대에 의해 불타 없어졌다.

07 중국 정원 중 가장 오래된 수렵원은? 03-2, 09-1

㉮ 상림원(上林苑)
㉯ 북해공원(北海公園)
㉰ 원유(苑有)
㉱ 승덕이궁(承德離宮)

07. 상림원은 한나라 때의 사냥터로도 사용된 정원으로 중국정원의 기원으로 보고 있다.

08 중국에서 자연식 정원의 대표적인 것 중 현존하지 않는 것은? 11-5

㉮ 북해공원 ㉯ 이화원
㉰ 상림원 ㉱ 만수산

08. 북해공원과 이화원(곤명호와 만수산으로 구성)은 베이징에 남아있다.

09 태호석과 같은 구멍 뚫린 괴석을 세우는 정원 수법은 어느 나라에서 유래되었는가? 09-2, 10-2, 12-5

㉮ 중국 ㉯ 일본
㉰ 한국 ㉱ 영국

09. 태호석은 중국에서 가장 오래된 돌로서 태호에서 생산한 돌이다.

10 중국 조경에서 많이 이용되었던 중국의 태호석(太湖石)은 어떤 분류에 속하는가? 06-5

㉮ 괴석(怪石) ㉯ 환석(丸石)
㉰ 각석(角石) ㉱ 와석(臥席)

10. 괴석은 특이한 모양의 큰 돌이나 바위를 말하며 태호석을 많이 사용한다.

정답 ➜ 05. ㉱ 06. ㉰ 07. ㉮ 08. ㉰ 09. ㉮ 10. ㉮

11 중국 소주의 4대 명원에 해당되지 않는 것은? 08-2

㉮ 졸정원(拙庭園) ㉯ 창랑정(滄浪亭)
㉰ 사자림(獅子林) ㉱ 원명원(圓明圓)

11. 중국 소주의 4대 명원은 창랑정, 사자림, 졸정원, 유원이다.

12 중국 청나라 때의 유적이 아닌 것은? 12-2

㉮ 자금성 금원 ㉯ 원명원 이궁
㉰ 이화원 ㉱ 졸정원

12. ㉱ 명시대(1368~1644) 소주의 명원

13 청나라의 건륭제가 조영하였으며, 만수산과 곤명호로 구성되어 있는 정원은? 07-5, 11-5

㉮ 서호 ㉯ 졸정원
㉰ 원명호 ㉱ 이화원

13. 이화원은 만수산 이궁이라고도 하며 원의 중심인 만수산과 원의 3/4인 곤명호로 구성되어 있다.

14 다음 중 청(靑)나라 때의 대표적인 정원은? 10-5

㉮ 원명원 이궁 ㉯ 온천궁
㉰ 상림원 ㉱ 사자림

14. ㉯ 당나라, ㉰ 한나라
㉱ 원나라

15 중국의 시대별 정원 또는 특징이 바르게 연결된 것은? 08-1

㉮ 한나라-아방궁
㉯ 당나라-온천궁
㉰ 진나라-이화원
㉱ 청나라-상림원

15. ㉮ 진나라, ㉰ 청나라
㉱ 한나라

정답 → 11. ㉱ 12. ㉱ 13. ㉱ 14. ㉮ 15. ㉯

4 일본조경

1. 총론

① 불교사상의 전파와 신선설에 입각한 조경수법
② 정신세계의 상징화, 인공적 기교, 관상적 가치에 치중
③ 세부적 수법이 발달하고 실용적 기능면 무시
④ 자연경관을 줄이고, 상징적인 수법을 가진 조경 형태
⑤ '자연재현 → 추상화 → 축경화'의 과정으로 변화

일본 조경양식의 변천

양식 순서	내 용
임천식	신선설에 기초를 둔 연못과 섬을 만든 정원
회유임천식	• 침전건물을 중심으로 한 연못과 섬을 거니는 정원 • 침전조 양식, 정토정원, 선종정원
축산고산수식 14C	• 실제 경관을 사실적으로 묘사 • 생장이 느린 상록활엽수 사용 • 물을 쓰지 않으면서 계류의 운치 조성 • 나무(산봉우리)·바위(폭포)·왕모래(냇물)로 경관 표현
평정고산수식 15C 후반	• 바다의 경치를 나타내는 수법의 정원 • 물과 식물은 일체 쓰지 않음 • 왕모래와 바위만을 정원재료로 사용 • 극도의 상징화와 추상적 표현
다정양식 16C	• 다실 주변공간을 조화롭게 하여 소박한 멋을 풍기는 정원 • 노지식이며 제한된 공간에 산골의 정서 묘사 • 수수분이나 석등 사용으로 분위기 조성 • 상징주의 보다는 자연 그대로 꾸민 정원
지천임천식 (회유식) 17C	• 소굴원주 창안-원주파임천형 • 임천식과 다정양식이 서로 결합된 형식의 정원 • 실용적인 면과 미적인 면을 겸하여 복잡하고 화려
축경식	자연경관을 축소시켜 좁은 공간 내에서 표현한 정원

일본정원
전체적으로는 중국의 영향을 받았기에 '자연풍경식'으로 정의할 수도 있으며, 또한 자연경관을 작은 공간에 줄여 다양하고 상징적인 수경을 조경의 형태로 감상하는 수법을 도입한 조경양식인 일본 특유의 '축경식 정원'으로도 말할 수 있다.

일본 정원양식의 발달과정
임천식(회유임천식)→축산고산수수법→평정고산수수법→다정식→회유식(지천임천식)

2. 아스카(飛鳥 비조)시대(593~709)

① 사상적 배경은 불교사상과 봉래사상
② 백제의 유민 노자공이 수미산과 오교 축조(612)

❖ 노자공(路子工 미찌노코다쿠미)

우리나라 조원(造園)의 효시를 이루며 특히 궁궐 및 연못의 조영수법이 뛰어 났다고 한다. 백제에서 일본으로 건너가 '나는 산악(山岳)의 형태를 만들 수 있는 능력이 있다'고 주장하여 황궁의 남쪽 뜰에 수미산과 오교를 만들었다는 기록이 「일본서기(日本書記)」에 있어 일본정원의 시초로 본다.

수미산(須彌山)과 오교(吳橋)
수미산은 불교사상을 배경으로 하여 나타난 것이며, 오교는 '홍교(虹橋)'라고도 하며 둥근 형태의 다리로서 사다리 모양의 계단을 가진 다리를 말한다.

3. 나라(奈良 내량)시대(710~792)

① 불교사상과 신선사상이 사상적 배경
② 평성궁에 S자형의 곡수(曲水)를 위한 자리 존재

4. 헤이안(平安 평안)시대(793~1191)

① 아스카·나라시대를 이어 신선사상이 영향을 줌
② 귀족의 저택은 침전형으로 축조

신선사상	신천원, 차아원
해안풍경	하원원
침전조양식	동삼조전
정토정원	모월사, 평등원
신선도정원	조우이궁

[동삼조전]

[평등원 봉황당]

❖ 조전(釣殿)

연못에 접하여 세워진 침전조 정원의 중심건축물로 정자의 역할을 하며, 뱃놀이를 위한 승하선 장소로도 이용된다.

5. 가마꾸라바쿠후(鎌倉幕府 겸창막부)시대(1191~1333)

① 초·중기에는 지천주유식→지천회유식, 후기에는 회유식
② 정토사원과 선종사원의 혼재
③ 정원을 조영하는 석립승(石立僧) 등장

정토정원	칭명사, 영보사
선종정원	서방사, 서천사, 천룡사, 임천사

◘ 작정기(作庭記)

11C 말 귤준강(橘俊綱)이 지었다고 하는 일본 최초의 정원축조에 관한 비전서(秘傳書)

❖ 몽창국사(夢窓國師)

가마꾸라·무로마찌 시대의 대표적 조경가로서 선종정원을 창시하였으며, 선원의 이상 실현을 추구하였다.

6. 무로마찌(室町 실정)시대(1334~1573)

❖ 고산수(枯山水) 정원

무로마찌 시대에 선종(禪宗)의 영향을 입어 정숙하게 도(道)를 닦는 목적으로 고산수수법이 태어났으나 그 사상의 근저를 이루는 것은 정토사상과 신선사상이다.

① 조석(組石)을 중요하게 여기고 정원면적이 축소됨
② 일목일석(一木一石)의 표현에 고도의 세련성 요구
③ 추상적 구성과 표현의 고산수 정원 탄생

정토정원	금각사, 은각사	
축산고산수정원	대덕사 대선원	• 수목, 돌, 모래 사용 • 심산유곡의 풍경을 표현
평정고산수정원	용안사 석정	• 돌, 모래 사용 • 바다의 경치를 추상화

[용안사 석정]

7. 모모야마(桃山 도산)시대(1574~1602)

① 호화로운 정원 출현 – 사람을 위압하는 과장된 수법 발생
② 호화로운 경향에 반하여 노지(露地)에 다정(茶庭) 개발

호화 정원	삼보원 정원, 취락제, 복견성, 이조성
다정양식	불심암, 고봉암

[대덕사 고봉암 다정]

❖ 다정(茶庭) 양식

① 불교 선종(禪宗)의 영향으로 정숙하게 도(道)를 닦는 목적으로 조성하였다.
② 다실에 이르는 길을 중심으로 한 좁은 공간에 꾸며지는 일종의 자연식 정원이다.
③ 정원시설물인 석등·수수분(手水盆) 등은 오늘날 일본정원의 점경물로도 사용되어 진다.

[금각사]

[은각사 은사탄과 향월대]

[대덕사 대선원]

[삼보원]

[용안사 수수분]

8. 에도(江戸 강호)시대(1603~1867)

초기	가쓰라이궁, 수학원 이궁
중기	소석천 후락원, 강산 후락원, 겸육원, 해락원, 육의원, 율림공원
후기	묘심사 동해암, 남선사 금지원

[소석천 후락원]

[겸육원]

9. 메이지(明治 명치)시대(1868~1912)

① 프랑스식 정형원과 영국식 풍경원의 영향
② 외국인에 의해 설계되어진 곡선의 미-신숙어원
③ 서양식 화단과 암석원 등도 도시공원 속에 도입
④ 히비야 공원 : 일본 최초의 서양식 도시공원

◘ 원주파임천식 정원

임천식과 다정양식을 혼합한 지천회유식으로, 소굴원주가 실용적인 면과 겸하여 복잡·화려하게 창안한 임천식 정원으로 자연주의적 정원이다.

◘ 소굴원주 (小堀遠州 1579~1647)

강호시대 초기의 대명(大名), 다인(茶人)이자 뛰어난 작정가

◘ 일본의 3대 공원

① 강산 후락원
② 겸육원
③ 해락원

4 일본조경

01 일본정원과 관련이 적은 것은? 03-1

㉮ 축소 지향적 ㉯ 인공적 기교
㉰ 대비의 미 ㉱ 추상적 구성

01. ㉰ 중국정원

02 일본정원의 효시라고 할 수 있는 수미산과 홍교를 만든 사람은? 05-1, 06-5, 09-2

㉮ 몽창국사 ㉯ 소굴원주
㉰ 노자공 ㉱ 풍신수길

02. 일본조경의 시초는 추고천황 20년(612)에 백제의 유민 노자공이 황궁의 남정(南庭)에 수미산과 오교(홍교)를 축조한 것으로 「일본서기」에 기록되어 있다.

03 일본정원 문화의 시초와 관련된 설명으로 옳지 않은 것은? 09-4

㉮ 오교 ㉯ 노자공
㉰ 아미산 ㉱ 일본서기

03. ㉰ 경복궁의 교태전 후원

04 자연 경관을 인공으로 축경화(縮景化)하여 산을 쌓고, 연못, 계류, 수림을 조성한 정원은? 12-5

㉮ 전원 풍경식 ㉯ 회유 임천식
㉰ 고산수식 ㉱ 중정식

04. 회유 임천식은 정원의 연못과 섬을 거닐며 감상하는 정원이다.

05 축소 지향적인 일본의 민족성과 극도의 상징성으로 조성된 정원양식은? 09-5

㉮ 중정식 ㉯ 고산수식정원
㉰ 전원풍경식정원 ㉱ 평면기하학식

05. 고산수식정원은 산수를 사실적으로 취급(축산고산수 14C)한 것으로부터 시작하여 점차 추상적인 의장(평정고산수 15C 후반)으로 변해간다.

정답 ➜ 01. ㉰ 02. ㉰ 03. ㉰ 04. ㉯ 05. ㉯

06. 축산고산수식은 경관을 사실적으로 묘사하였다.

06 14세기경 일본에서 나무를 다듬어 산봉우리를 나타내고 바위를 세워 폭포를 상징하며 왕모래를 깔아 냇물처럼 보이게 한 수법은? 11-1

㉮ 침전식 ㉯ 임천식
㉰ 축산고산수식 ㉱ 평정고산수식

07. 동양의 전통조경에는 분수가 나타나지 않는다.

07 다음 중 일본의 축산고산수 수법이 아닌 것은? 05-5

㉮ 왕모래를 깔아 냇물을 상징하였다.
㉯ 낮게 솟아 잔잔히 흐르는 분수를 만들었다.
㉰ 바위를 세워 폭포를 상징하였다.
㉱ 나무를 다듬어 산봉우리를 상징하였다.

08. 고산수식수법은 왕모래로 냇물이나 바다를 표현하였다.

08 자연식 조경 중 물을 전혀 사용하지 않고 나무, 바위와 왕모래 등으로 상징적인 정원을 만드는 양식은? 10-5

㉮ 전원 풍경식 ㉯ 회유 임천식
㉰ 고산수식 ㉱ 중정식

09. 임천식(회유임천식)→축산고산수수법→평정고산수수법→다정양식

09 다음 중 일본에서 가장 늦게 발달한 정원 양식은? 04-1

㉮ 회유임천식 ㉯ 다정양식
㉰ 평정고산수식 ㉱ 축산고산수식

10. 모모야마시대에 출현한 호화로운 정원에 반하여 다실의 노지(露地)에 대한 조경수법인 다정이 나타났다.

10 일본의 모모야마(挑山) 시대에 새롭게 만들어져 발달한 정원 양식은? 06-2, 11-2

㉮ 회유임천식 ㉯ 축산고산수식
㉰ 종교수법 ㉱ 다정

정답 → 06. ㉰ 07. ㉯ 08. ㉰ 09. ㉯ 10. ㉱

5 한국조경

1. 한국정원의 사상적 배경

신선사상	불로장생 기원, 섬·석가산·십장생의 문양
음양오행사상	건물의 배치, 연못 및 섬의 형태
풍수지리사상	후원·연못 등의 조성, 수목의 식재
유교사상	궁궐 및 민가의 공간배치 및 분할
불교사상	불교의 전래와 숭불정책, 사원정원
은일사상	노장사상의 영향, 별서정원

2. 한국정원의 구성요소와 양식

(1) 지형과 입지

① 자연주의에 의한 자연풍경식 정원
② 자연을 존중하여 인간을 자연에 동화시키는 조성원리
③ 직선적 공간처리, 터잡기는 지세를 허물지 않고 조영

(2) 화목과 배식

① 품격이나 기개, 절개를 상징하는 나무를 즐겨 식재
② 실학사상의 영향으로 실용성에 비중을 두어 재식
③ 풍수설에 의한 배식-「산림경제」
④ 낙엽활엽수 위주로 식재하여 계절감 표현
⑤ 곡간성 수목과 타원형 수관 선호
⑥ 분재·취병·절화 등 그릇이나 장치사용

수목의 옛 이름과 현재 이름

옛 이름	현재 이름	옛 이름	현재 이름	옛 이름	현재 이름
괴(槐)	느티나무 회화나무	도리(桃李)	복숭아나무 오얏나무	행(杏)	살구나무 은행나무
회(檜)	향나무	부거(芙渠)	연꽃	척촉(躑躅)	철쭉
자미(紫薇)	배롱나무	산다(山茶)	동백나무	옥란(玉蘭)	백목련

(3) 괴석의 설치

① 괴석의 석가산은 상징주의적 축경식 조경기법
② 고려시대 왕궁에 괴석을 설치한 석가산이 많이 조성
③ 조선 중기 이후 석분이나 화오, 화계, 중도에 배치

□ 한국정원의 특징

한국의 정원은 한 가지의 특정요소만을 강조한 것이 아니기에 오감을 통해 감상해야 하는 복합성을 가지고 있으며, 그 속에 내재한 사상 또한 여러 가지로 나타난다.

□ 취병(翠屛)

한국의 전통적인 생울타리로 시누대를 시렁으로 엮어 낮게 둘러싸고 그 안에 키 작은 나무나 덩굴식물을 심어 가지를 틀어 올려서 문이나 병풍처럼 꾸민 것이다.

□ 상징적 의미와 사상을 반영한 식재

① 사절우 : 매·송·국·죽
② 사군자 : 매·난·국·죽
③ 세한삼우 : 송·죽·매

(4) 연못의 축조

① 궁궐이나 민가 등의 조경에 많이 사용
② 궁궐의 연못은 다듬은 장대석, 민가·사찰은 자연석 사용
③ 천원지방사상으로 방지형태의 중도식 못을 많이 조성

❖ 연못의 형태

① 방지원도(方池圓島)
방지는 조선시대 가장 흔히 조성된 연못의 형태로 유교 경전인 주역과 음양오행설의 가르침에 따라 네모난 생김새의 연못 윤곽은 땅, 즉 음(陰)을 상징하고, 못 속의 둥근 섬은 하늘의 둥근 것을 가리키는 것으로 양(陽)을 상징하는 천원지방(天圓地方) 사상을 나타낸 것이다.–궁남지, 향원정, 부용정, 망묘루, 윤증고택, 운조루, 하엽정, 다산초당, 임대정 등

② 방지방도(方池方島)
못 속의 섬을 네모지게 만들어 배치–강릉 활래정, 부용동 세연정, 경남 국담원, 경복궁 경회루

(5) 기구

석지	돌로 만든 물을 담은 용기–연 식재
석조	물의 흙이나 모래를 가라 앉히는 기능
유배거	유상곡수연의 청유놀이를 하는 시설
기타	석탑(돌의자)·평상·조각물·물레방아 등

(6) 조원 건축물

문(門)	영역을 표시하는 구조물로 내외의 상징적 구조물
대(臺)	바라보고 관찰하거나 감시·감상을 하는 시설
루(樓)	중첩하여 지은 높은 집으로 감시·감상을 하는 시설
각(閣)	누각의 형식을 띤 건축물
정(亭)	경치 좋은 곳에 휴식하기 위하여 건립한 집

3. 고조선시대

① 노을왕이 유(囿)를 만들어 짐승을 키움(3900년 전)–정원에 관한 최초의 기록「대동사강」
② 의양왕이 청류각을 세워 군신과 연회(BC 590)

◘ 고조선의 유(囿)
유는 '나라동산(苑有垣 원유원)'이라는 뜻으로 원유 또는 유원 등의 낱말로 나타나며, 모두 새와 짐승을 놓아기르는 동산이라는 의미를 가지고 있다.

4. 삼국시대

(1) 고구려(BC 37~AD 668)

① 음양오행사상과 도교가 들어와 불로장생과 신선사상 유행
② 유리왕시대에 궁원을 맡아 보는 관직이 있었음–「동사강목」
③ 장수왕 15년(427)에 평양 천도 후 대성산성 축조

안학궁지	• 장수왕 15년(427) 장안성 내 대동강가에 축조 • 궁전의 중심부는 엄격한 대칭으로 배치 • 서문 쪽에 동산과 자연형 연못 · 경석 · 정자 등 배치 • 동남쪽의 모퉁이에 정방형 큰 연못 배치–뱃놀이 • 북문 쪽에 조산을 하고 정자 설치 • 성곽의 동서에 해자 설치
동명왕릉 진주지	• 신선사상의 영향을 받은 방형연못 • 봉래 · 영주 · 방장 · 호량 4개의 섬 배치 • 바닥의 자갈과 연꽃씨 · 기와 발견

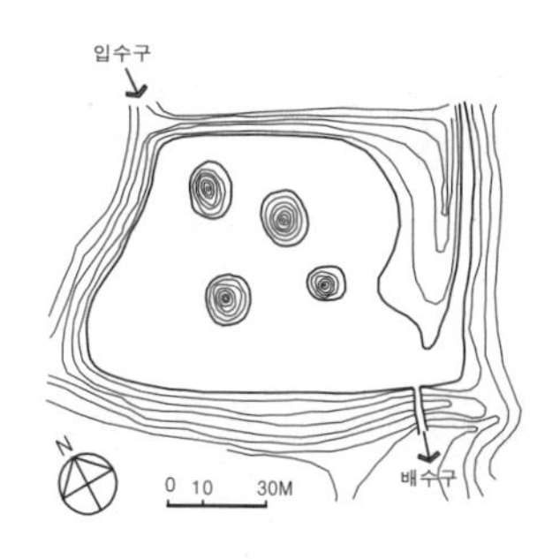

[진주지 평면도]

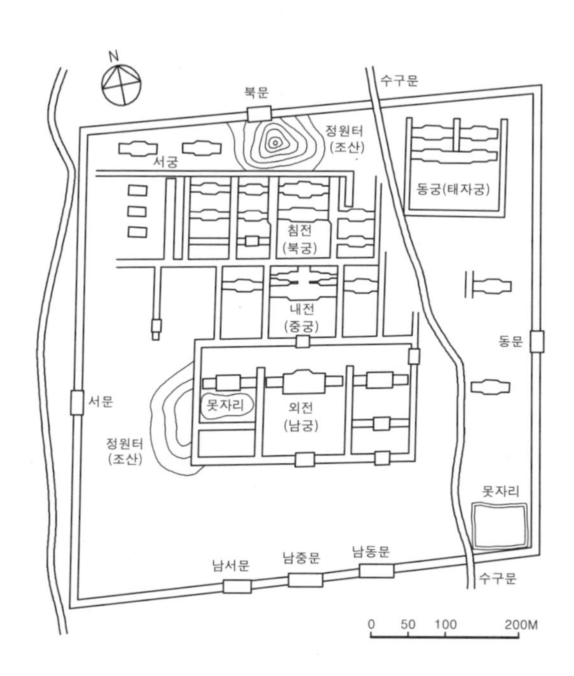

[안학궁 배치도]

(2) 백제(BC 18~AD 660)

① 토목 · 건축, 원지를 축조하는 조경기술이 발달
② 노자공이 일본에서 일본정원의 효시를 이룸(612)–수미산, 오교
③ 진사왕 7년(391) 연못과 인공 동산을 만들어 진기한 새와 화초를 가꿈–「삼국사기」

[궁남지 전경]

[석연지]

임류각	• 문헌상 우리나라 최초의 정원－「동사강목」 • 동성왕 22년(500) 5장(丈) 높이의 누각 축조 • 계곡의 물로 연못을 만들고 진기한 새를 기름
궁남지	• 무왕 35년(635) 방상연못 축조－「동사강목」 • 못 가운데에 방장선산을 상징한 섬 축조 • 물가에 능수버들 식재, 남쪽 호안에 다리 가설
석연지	• 지름 약 1.8m, 높이 1m 정도의 점경물 • 조선시대로 들어와 세심석의 형태로 발전

(3) 신라(BC 57~AD 668)

① 진평왕 49년(627) 당나라로부터 모란씨 도입
② 황룡사를 중심으로 격자형 도시계획－정전법

5. 통일신라(668~935)

① 성당문화를 가미하여 세련된 문화의 극성기를 이룸
② 귀족문화가 발달하여 사치스럽고 호화로우며 퇴폐적

임해전과 월지(안압지)	• 문무왕 14년(674) 궁 안에 못을 파고 석가산을 만들어 화초를 심고 진기한 새와 짐승을 사육－「삼국사기」 • 서쪽에 임해전을 세워 군신과의 연회 및 외국 사신의 영접에 사용, '안압지'라 지칭－「동사강목」 • 서쪽에서 동쪽의 바닷가 경관을 바라보는 구조 • 동쪽은 중국의 무산12봉을 본 따 석가산 배치 • 남안·서안은 직선적으로 처리하고 건축물 배치 • 북안·동안은 복잡한 곡선처리로 궁원 배치 • 연못 안에 대·중·소 3개의 섬 배치－신선사상 • 석조·반석·출수구멍 등 교묘한 입·출수 시설 • 못의 수심은 2m 안팎으로 뱃놀이 가능 • 바닥은 강회로 다져 놓고 조약돌 포설 • 연꽃은 2m 내외의 정자형 나무틀에 식재 • 일본 아스카지와 평성궁 동지의 원형으로 봄
포석정	• 왕을 위해 마련된 위락적 성격의 별궁 • 현재는 돌로 축조된 곡수거(물도랑)만 존재 • 왕희지의 「난정기」에 있는 유상곡수연 유래
계림	시조 탄생설화의 신성한 숲－상원(上苑) 기능
사절유택	• 철에 따라 자리를 바꾸어 즐겼던 귀족의 별장 • 별서정원의 효시
최치원의 은서생활	• 경주의 남산, 영주의 빙산, 합천의 청량사, 지리산 쌍계사, 합포의 별서, 홍류동 유적 • 별서를 지어 은서생활을 하는 풍습의 시작

◘ 안압지 입수 및 출수법

입수구에는 유사지(2단 석조)를 지나 연못에 물이 들게 하고, 출수구는 수위를 조절할 수 있는 구조로 설치하였다.

[안압지 전경]

[포석정]

◘ 사절유택(四節遊宅)

① 봄 : 동야택 ② 여름 : 곡양택
③ 가을 : 구지택 ④ 겨울 : 가이택

6. 고려시대(918~1392)

(1) 총론

① 풍수도참설이 성행 – 국사나 민간의 생활에 반영
② 강한 대비효과와 사치스러운 양식 발달
③ 외국으로부터 조경식물이 도입되어 화원 장식
④ 궁궐의 정원을 맡아보는 관청을 설치 – 내원서

(2) 궁원

만월대	정궁	풍수지리상 명당지세에 축조
	동지 (금원)	• 진금기수를 사육, 물가의 누각에서 경관 감상 • 무사의 검열 등을 구경하는 자리로 사용
	화원	예종 8년(1113) 설치
수창궁	의종 4년(1150) 수창궁 북원(北園)에 격구장 설치	
이궁	장원정, 수덕궁, 중미정, 만춘정, 연복정	

(3) 민간정원

민가	이규보의 이소원	필요에 따라 정자를 이동 –「사륜정기」
별서	최치원의 농산정	가야산에 지은 고려초기의 별서정원
	기흥수의 곡수지	천혜의 위치에 인공으로 만든 연못
사원	이자현의 문수원 남지	사다리꼴 형태의 연못 – 영지(影池)

(4) 정원의 주요 구성요소

정자	정원의 중요한 구성요소로 사용 – 모정(茅亭)이 많음
원지	연지 또는 하지(荷池)로 지칭
석가산	지형의 변화를 얻기 위한 수단
화오	화단 대신에 화오라는 정원용어 사용 – 매오, 도오 등
격구장	격구뿐만 아니라 무술, 제사 등의 행사장으로 사용

❖ 석가산(石假山)

고려시대의 석가산은 이전 시대의 축산(築山)기법과는 달리 중국에서 9세기 경에 시작된 태호석을 이용한 석가산수법으로 자연의 기암절벽을 모방하는 것이며, 또한 신선사상의 영향으로 선산을 표현할 때도 사용되어졌다.

❖ 격구장(擊毬場)

중국 요나라로부터 고려 초에 도입된 말을 타고 공을 다투는 놀이를 위한 장소로, 의종은 스스로가 이 놀이를 즐겨하여 수창궁 북원에 격구장을 만들게 된다.

◘ 내원서(內園署)

고려 문종(1046~1083) 때 모든 원(園·苑) 및 포(圃)를 맡은 관청으로 출발하여 충렬왕 34년(1308) 사선서(司膳署)의 관할이 된다. 금원의 축조나 개수·관리 등을 체계적으로 시행하게 한 것은 우리나라 역사상 처음이며, 이 제도는 조선 말기에 이르기까지 계속된다.

◘ 화원(花園)의 설치

① 화훼 위주로 꾸며진 화원
② 화조와 새들을 중국에서 수입
③ 호화롭고 이국적인 정원
④ 왕에게 아부하는 수단으로 전락

◘ 객관의 정원 – 순천관

본래 대명궁이라는 별궁으로 사용하던 것을 송나라 사신을 접대하던 영빈관으로 사용하였다.

7. 조선시대(1392~1910)

(1) 총론

① 태조 3년(1394) 도읍을 한양으로 천도 – 풍수지리설
② 중국의 모방에서 벗어나 한국적인 색채가 농후해진 시기
③ 정원양식이 풍수설에 많은 영향을 받은 시기
④ 한국적 특수 정원양식인 후원 발생 – 화계 설치
⑤ 건축적인 수법과 자연과 조화된 정원형식 발생
⑥ 연못의 형태가 네모난 방지로 대거 출현 – 음양오행설
⑦ 궁원의 관리를 위한 상림원(후에 장원서) 설치

❖ 조선시대의 후원과 화계

① 한국 정원에서만 볼 수 있는 특수한 정원 형식의 하나로 경사지에 장대석 등으로 단을 만들어 놓은 것이다.
② 풍수도참설의 성행에 따라 택지를 고려하였기 때문에 지형상의 제약이나 의도적인 언덕을 후원으로 하여 경사지를 화계로 해결하였던 것이다.
③ 키 작은 화목을 주로 심고, 세심석이나 괴석, 굴뚝 등으로 장식하였다.

(2) 경복궁(景福宮)

① 태조 3년(1394) 창건, 주례고공기의 구성과 배치–삼조삼문
② 풍수지리설 · 도참설 · 음양오행설 등의 사상적 영향

경회루 방지 (태종 12년)	• 외국 사신의 영접, 조정대신의 연회에 사용 • 시험을 보거나 궁술을 구경하는 장소로 사용 • 남북 113m, 동서 128m 로 원지 중 최대 • 대 · 중 · 소 3개의 네모난 섬 설치–방지방도 • 큰 섬에 경회루 축조, 나머지 섬에 소나무 식재
교태전 후원 (아미산)	• 왕비의 침전 뒤에 화계로 만든 정원 • 화계 둘레에 화문장(꽃담) 설치 • 점경물로 괴석, 세심석(석지), 굴뚝 도입 • 느티 · 회화나무, 쉬나무, 돌배나무 등 식재
향원지	• 경복궁 후원의 중심을 이루는 연못 • 방지에 둥근 섬 설치–방지원도 • 섬 위에 육각형 2층 누각인 향원정 설치 • 남쪽에 취향교가 설치되어 누각으로 진입 • 못의 북서쪽에 샘이 있어 못으로 유입
자경전	• 대비의 일상생활과 잠을 자는 침전 • 장수를 기원하는 문양을 넣은 꽃담 설치 • 십장생 무늬를 넣은 집 모양의 굴뚝 조성
녹산	후원에 위치한 사슴이 노닐던 정원

◘ 상림원(上林苑) · 장원서(掌苑署)
태조 때에 상림원이 설치되어 원포(園圃)에 관한 일을 보아 오다 세조 12년 장원서로 개칭하여 원유와 과세의 수납을 맡아 보았다.

◘ 동산바치
정원사를 일컫는 말로 '동산을 다스리는 사람'이란 의미를 가진다.

◘ 아미산의 굴뚝
① 붉은 전석을 사용하여 육각형으로 쌓고 그 위에 검은 기와 이음
② 벽면에 십장생이나 상상 속의 서수(瑞獸)가 조각되어 있는 조형전을 구워 박음

[아미산]

◘ 십장생(十長生)
오래도록 살고 죽지 않는다는 열 가지를 말한다. – 해, 산, 물, 돌, 구름, 소나무, 불로초, 거북, 학, 사슴

◘ 서수(瑞獸)
상서로운 의미로 이용 – 당초, 학, 박쥐, 봉황, 용, 호랑이, 구름, 소나무, 매화, 대나무, 국화, 불로초, 바위, 새, 사슴, 나비, 해태, 불가사리

[경회루]

[향원정과 향원지]

(3) 창덕궁 어원(비원)

① 태종 5년(1405) 이궁으로 창건 – 동궐(東闕)

② 산록 속의 궁궐로 매우 자유로운 배치특성을 지님

③ 자연미와 인공미가 혼연일치 되도록 축조

대조전 후원	대조전 뒤와 동쪽의 경사지에 화계 축조
부용정역	• 부용지 남쪽 물가에 십자형 부용정 설치 • 방지에 둥근 섬(봉래산) 배치 – 방지원도 • 방지 맞은편에 어수문 · 5단 화계 · 주합루 배치
애련정역	• 애련지와 북쪽 물가에 애련정 설치 • 민가를 모방한 99칸의 연경당 배치
관람정역	• 반월지에 육각 이중처마의 존덕정 설치 • 곡지인 반도지에 부채꼴의 관람정 설치
옥류천역	• 북쪽 깊은 골짜기 옥류천에 위치하는 지역 • 작은 방지 안에 모정(茅亭)인 청의정 축조 • 소요암 위의 유상곡수와 폭포로 마무리
청심정역	• 임금과 왕족의 심신수련과 소요하는 공간 • 빙옥지를 만들고 거북모양의 석물 배치

[부용정]

[애련정]

[존덕정]

[관람정]

비원(秘苑) – 금원, 북원, 후원

비원은 창덕궁 후원을 가리키는 명칭인데 시대에 따라 후원, 금원, 북원 등 여러 가지로 불리어 왔으며 비원이라는 명칭은 일본인들이 붙인 이름으로 보이며 이조시대에 보편적으로 쓰인 이름은 후원(後苑)이다.

[청의정]

[소요암]

[청심정]

[통명전 석지]

[낙선재 후원 화계]

□ 이궁
풍양궁 · 연희궁 · 낙천정

□ 객관정원
태평관 · 모화관 · 남별궁

[청암정]

(4) 창경궁(昌慶宮) 어원

① 성종 14년(1483) 창덕궁에 붙여 지은 동향궁궐
② 통명전 · 양화당 · 집복헌 · 경춘전 후원에 화계 설치

통명전 석지	• 통명전 서쪽에 석연지와 같은 연못(2X7m) • 돌난간 · 석교, 두 개의 괴석대와 화대 설치
낙선재 후원	• 낙선재 뒤 5m 언덕에 5단의 화계 설치 • 화목과 괴석 · 세심석 · 석상 · 굴뚝 등의 장식 • 괴석 · 석연지의 받침 문양에서 신선사상 표현

(5) 덕수궁(德壽宮)

① 순종 4년(1910) 최초의 서양식 석조전과 정원 축조 – 하딩 설계
② 한국 최초의 정형식 정원 – 연못 · 분수가 설치된 프랑스식 정원

[덕수궁 석조전 및 화단]

(6) 민간 주택정원

① 배산임수의 원리에 따라 화계와 연못 조성
② 유가사상의 영향으로 인한 주택의 공간분할
③ 조경은 실용적인 것과 위락적인 공간으로 구분

주택정원	• 윤고산 고택(1472) – 전남 해남 • 권벌의 청암정(1526) – 경북 봉화 • 유이주의 운조루(1776) – 전남 구례 • 김동수 가옥(1784) – 전북 정읍 • 이내번의 선교장(활래정 1816) – 강원 강릉 • 박황 가옥(1874) – 경북 달성 • 김기응 가옥(1900 전후) – 충북 괴산
바깥마당	• 가운데를 비워 타작마당 · 격구장으로 사용
행랑마당	별도의 조경 없이 상징적인 나무 몇 그루만 식재
사랑마당	• 남자의 공간으로 손님맞이나 집의 대표성 표현 • 적극적 수식 공간, 인위적인 경관조성기법 사용
안마당	여자들의 공간, 조경하지 않고 비워두는 곳

뒷마당	• 안채의 후원이나 사랑채의 후원에 조성 • 화목 식재나 숲 조성, 화계나 담장 설치
별당마당	안채와 떨어진 곳이나 담장 밖의 독립된 공간

[김기응 가옥 화장담]

(7) 민간 별서정원

① 정주생활을 하는 곳과 완전히 격리되지 않은 도보권에 위치
② 영구적이 아닌 한시적이고 일시적인 별장의 형태
③ 누·정으로 대표되는 건물과 담장과 문이 없는 개방적 구조

별장	서울·경기의 세도가가 조성해 놓은 정원으로 살림 가능
	• 김조순의 옥호정원(1815) – 서울 종로구 • 김흥근의 석파정(1720) – 서울 종로구
별서	자연과 벗하며 살기위한 은일·은둔형 주거 – 별장형
	• 양산보의 소쇄원(1534~1542) – 전남 담양 • 정영방의 서석지원(1613) – 경북 영양 • 윤선도의 부용동 정원(1636) – 전남 완도 • 송시열의 남간정사(1683) – 대전 동구 • 주재성의 국담원(무기연당 1728) – 경남 함안 • 정약용의 다산초당(1808) – 전남 강진 • 민주현의 임대정(1862) – 전남 화순 • 윤응렬의 부암정(1800년대 말) – 서울 종로
별업	효도를 위한 선영관리의 목적을 가진 제2의 주거
	• 윤서유의 농산별업(조석루원 1700년대) – 전남 강진

[소쇄원]

[무기연당]

(8) 서원조경

❖ 서원(書院)

주향자(主享者)의 연고지를 중심으로 한 산수가 수려한 곳에 입지하였고, 유교사상을 바탕으로 학문연구와 선현제향을 위해 사림에 의해 설립된 사설 교육기관인 동시에 향촌자치운영기구로 정치·사회·교육 등에 양향을 미쳤다.

1) 공간구성 및 조경

공간구성	진입공간	정문인 외삼문과 누각을 통한 과정적 공간
	강학공간	강당과 좌우의 동·서재로 구성 – 수식제한
	제향공간	강학공간 후면에 사당이 있는 공간
	부속공간	창고나 관리운영을 위한 공간

■ 학자수
전래된 이야기 속에 나오는 학문이나 벼슬 등에 관련된 나무로 회화나무, 느티나무, 은행나무, 향나무 등을 말한다.

조경	강학공간 후면	화계를 조성해 학자수나 화초 식재
	연못	연못(대부분 방지)은 수심양성을 위해 조성
	점경물	정료대, 관세대, 생단

2) 주요 서원

소수서원	안향의 배향–최초의 사액서원
옥산서원	이언적의 봉향–이언적 고택 독락당, 살창
도산서원	이황의 도산서당에 건립–정우당·몽천·절우사
병산서원	유성룡의 봉향–만대루

■ 누원(樓苑)
왕궁이나 관아, 민간에서 여러 기능을 위해 축조하였다. 지방의 관아에서 경승지에 누각을 세워 자연을 감상한 것 등은 오늘날의 자연공원 유형으로 볼 수 있으며, 경회루·주합루·광한루 등은 철저하게 인공적으로 만든 실질적인 누원으로 볼 수 있다.

(9) 누원(樓苑)

1) 축조위치별 분류

① 왕궁내 누각 : 경복궁의 경회루와 창덕궁 후원의 주합루
② 지방관아의 누각 : 남원 광한루, 삼척 죽서루, 밀양 영남루, 정읍 피향정, 강릉 경포대, 제천 한벽루, 진주 촉석루, 수원 방화수류정, 의주 통군청 등

2) 누·정의 특성구분

구분	누(樓)	정(亭)
조영자	고을의 수령	다양한 계층
조영시기	17C 이전까지 많음	17C 이후 많아짐
이용형태	정치·행사·연회 등과 감시기능을 하는 공적 이용공간	유상(노닐며 구경), 정서생활 등의 사적 이용공간
건물의 구조	밑으로 사람이 다니거나 마루가 높이 솟아 있는 2층의 구조	높은 곳에 세운 개방된 느낌을 주는 집
건축적 특성	장방형의 형태에 방이 없는 경우가 많고 마루가 높으며 단청을 함	다양한 형태의 평면에 방이 있는 경우도 많고 규모가 작으며 단청은 없음

[광한루와 오작교]

3) 광한루원(1422)

① 은하수를 상징하는 연못–삼신선도
② 까치다리를 상징하여 오작교 축조
③ 월궁을 상징하는 광한루 배치

(10) 사찰(寺刹)정원

1) 공간구성의 기본원칙

자연환경과의 조화 고려	경사지·물의 처리, 공간의 규모 등
계층적 질서의 추구	높낮이·폐쇄도·구성요소의 밀도 등
공간 상호간의 연계성 제고	단위공간 결합으로 전체 공간구성
인간척도의 유지	공간의 규모조절

2) 공간의 구분 및 연결

전이공간	일주문부터 누문에 이르는 선적 공간
누문	전이공간과 중심공간 사이의 누형의 문
중심공간	불전·누문 등에 의한 위요적 공간

(11) 조경문헌

강희안의 「양화소록」	• 화목의 재배·이용법, 괴석의 배치법 등 • 화목의 품격, 상징성 설명－화목구품
이수광의 「지봉유설」	• 한국 최초의 백과사전적인 저술서 • 화목 19가지의 특성 설명
홍만선의 「산림경제」	• 자연과학 및 기술서로 백과사전적 기능 • 풍수설에 의한 화목의 배식방법 수록
유박의 「화암수록」	화목을 9등급으로 구분－화목구등품제

8. 현대조경(20C)

(1) 총론

① 실생활의 실용적 생활과 감상을 겸한 조경으로 발전
② 과학적 근거에 의하여 분석하고 계획하는 조경
③ 향토민속 보존과 국토와 자연보호를 중요시 하는 조경
④ 조경의 법률적 관리 : 1967년 공원법을 제정하고, 1980년 공원법을 개정하여 자연공원법과 도시공원법 구분

■ 한국의 삼보사찰
① 승보사찰 : 송광사(松廣寺)
② 법보사찰 : 해인사(海印寺)
③ 불보사찰 : 통도사(通度寺)

[송광사 계담]

(2) 국립공원

산악형 공원	지리산(국립공원 최초 지정 1967), 계룡산, 설악산, 속리산, 한라산, 내장산, 가야산, 덕유산, 오대산, 주왕산, 북한산, 치악산, 월악산, 소백산, 월출산, 무등산, 태백산
해안형 공원	한려해상, 태안해안, 다도해해상, 변산반도
도시형 공원	경주

(3) 조경

탑골공원	우리나라 최초(1897)의 공원 – 브라운 설계
그 외 공원	• 장충단공원(1919) • 사직공원(1921) • 효창공원(1929) • 남산공원(1930년대)

5 한국조경

01 우리나라 전통 조경의 설명으로 옳지 못한 것은? 03-5, 06-1, 10-1

㉮ 신선 사상에 근거를 두고 여기에 음양 오행설이 가미되었다.
㉯ 연못의 모양은 조롱박형, 목숨수자형, 마음심자형 등 여러가지가 있다.
㉰ 네모진 연못은 땅, 즉 음을 상징하고 있다.
㉱ 둥근 섬은 하늘, 즉 양을 상징하고 있다.

01. 우리나라 전통 조경에서 가장 흔히 조성된 연못은 방지의 형태로서 둥근 섬을 넣은 방지원도, 네모진 섬을 넣은 방지방도가 있다.

02 우리나라 정원의 특색이 아닌 것은? 04-2

㉮ 후원 ㉯ 화계
㉰ 방지 ㉱ 분수

02. 분수는 서양식 정원의 특색이다.

03 다음 정원 시설 중 우리나라 전통조경시설이 아닌 것은? 12-1

㉮ 취병(생울타리) ㉯ 화계
㉰ 벽천 ㉱ 석지

03. 벽천은 서양의 근세 구성식 정원의 요소이다.

04 다음 중 신선사상을 바탕으로 음양오행설이 가미되어 정원양식에 반영된 것은? 08-1

㉮ 한국정원 ㉯ 일본정원
㉰ 중국정원 ㉱ 인도정원

04. 한국정원에서는 신선사상과 음양오행설이 건물 및 사찰의 배치, 연못 및 중도의 형태에 반영되어 나타난다.

05 우리나라 조경의 성격형성에 영향을 끼친 주요 인자가 아닌 것은? 05-2

㉮ 신선 사상 ㉯ 급격한 경사를 지닌 구릉 지형
㉰ 사계절이 분명한 기후 ㉱ 순박한 민족성

05. ㉯ 이탈리아의 정원

06 조선시대 선비들이 즐겨 심고 가꾸었던 사절우(四節友)에 해당하는 식물이 아닌 것은? 09-2, 12-4

㉮ 소나무 ㉯ 대나무
㉰ 매화나무 ㉱ 난초

06. 사절우(四節友)
매화나무, 소나무, 국화, 대나무

정답 ➔ 01. ㉯ 02. ㉱ 03. ㉰ 04. ㉮ 05. ㉯ 06. ㉱

07. 사군자(四君子)
매화나무, 난초, 국화, 대나무

07 다음 중 사군자(四君子)에 해당되지 않는 것은? 10-5

㉮ 매화 ㉯ 난초
㉰ 국화 ㉱ 소나무

08. ㉮ 1800년대 말, ㉯ 1808년
㉰ 1683년, ㉱ 1613년

08 다음 중 조성시기가 가장 빠른 것은? 11-5

㉮ 서울 부암정 ㉯ 강진 다산초당
㉰ 대전 남간정사 ㉱ 영양 서석지

09. 안학궁(427)→궁남지(635)→안압지(674)→소쇄원(1534)

09 우리나라 조경의 역사적인 조성 순서가 오래된 것부터 바르게 나열된 것은? 06-2

㉮ 궁남지-안압지-소쇄원-안학궁
㉯ 안학궁-궁남지-안압지-소쇄원
㉰ 안압지-소쇄원-안학궁-궁남지
㉱ 소쇄원-안학궁-궁남지-안압지

10. 불교의 영향은 주로 사탑 및 사원건축에서 나타난다.

10 우리나라 후원양식의 정원수법이 형성되는데 영향을 미친 것이 아닌 것은? 12-4

㉮ 불교의 영향 ㉯ 음양오행설
㉰ 유교의 영향 ㉱ 풍수지리설

11. 백제 궁남지의 섬과 신라 안압지의 섬(3개) 배치는 신선사상에 입각하여 조영한 것이다.

11 백제와 신라의 정원에 영향을 주었던 사상으로 가장 적당한 것은? 05-1

㉮ 음양오행사상 ㉯ 풍수지리사상
㉰ 신선사상 ㉱ 유교사상

12. 석연지는 부여의 왕궁지에 남아 있던 것으로 지름 약 1.8m, 높이 1m 정도의 거대한 정원용 점경물이다.

12 백제시대에 정원의 점경물로 만들어졌고, 물을 담아 연꽃을 심고 부들, 개구리밥, 마름 등의 부엽식물을 곁들이며 물고기도 넣어 키웠던 것은? 11-4

㉮ 석연지 ㉯ 석조전
㉰ 안압지 ㉱ 포석정

13. 궁남지는 못 가운데에 섬을 축조하였고 지금도 존재한다.

13 백제 무왕 35년(634년경)에 만들어진 조경 유적은? 10-5

㉮ 안압지 ㉯ 포석정
㉰ 궁남지 ㉱ 안학궁

정답 → 07. ㉱ 08. ㉱ 09. ㉯ 10. ㉮ 11. ㉰ 12. ㉮ 13. ㉰

14 한국 조경사 중 백제시대의 조경에 해당하지 않는 것은? 09-4

㉮ 임류각 ㉯ 궁남지
㉰ 석연지 ㉱ 안학궁

14. 안학궁은 고구려시대 양원왕 7년(551)에 축조되었다.

15 다음 중 백제 시대의 유적이 아닌 것은? 11-5

㉮ 몽촌토성 ㉯ 임류각
㉰ 장안성 ㉱ 궁남지

15. 장안성은 고구려시대 양원왕 3년(547) 유적이다.

16 물가에 세워진 임해전(臨海殿), 봉래산을 본따서 축소한 연못, 삼신산을 암시하는 3개의 섬 등과 관련 있는 것은? 08-2

㉮ 궁남지 ㉯ 안압지
㉰ 부용지 ㉱ 부용동정원

16. 안압지는 서쪽에 임해전을 세워 군신과의 연회 및 외국 사신의 영접에 사용했다.

17 임해전이 주로 직선으로 된 연못의 서쪽에 남북축선상에 배치되어 있고, 연못내 돌을 쌓아 무산 12봉을 본 딴 석가산을 조성한 통일신라시대에 건립된 조경 유적은? 10-2

㉮ 안압지 ㉯ 부용지
㉰ 포석정 ㉱ 향원지

17. 안압지는 당나라 장안성의 금원을 모방하여 연못과 무산12봉을 본뜬 석가산을 축조했다.

18 다음 우리나라 조경 가운데 가장 오래된 것은? 11-4

㉮ 소쇄원(瀟灑園) ㉯ 순천관(順天館)
㉰ 아미산정원 ㉱ 안압지(雁鴨池)

18. ㉮ 조선 1534년, ㉯ 고려 918년
㉰ 조선 1394년, ㉱ 신라 674년

19 다음 중 신선사상의 영향을 받은 정원은? 09-4

㉮ 고산수정원 ㉯ 안압지
㉰ 경복궁 ㉱ 경회루

19. ㉮ 선(禪)사상
㉰㉱ 풍수지리 · 음양오행설

20 연못의 모양(호안)이 다양하고 못 속에 대(남쪽), 중(북쪽), 소(중앙) 3개 섬이 타원형을 이루고 있는 정원은? 10-1

㉮ 부여의 궁남지 ㉯ 경주의 안압지
㉰ 비원의 옥류천 ㉱ 창덕궁의 부용지

20. 안압지 연못 안 3개의 섬은 삼신선도를 의미한다.

정답 → 14. ㉱ 15. ㉰ 16. ㉯ 17. ㉮ 18. ㉱ 19. ㉯ 20. ㉯

21. 안압지는 남동쪽 구석에 입수구, 북안 서편에 출수구가 있으며, 출수구는 수위를 조절할 수 있는 구조로 되어 있다.

21 통일신라 시대의 안압지에 관한 설명으로 틀린 것은? 11-1

㉮ 연못의 남쪽과 서쪽은 직선이고 동안은 돌출하는 반도로 되어 있으며, 북쪽은 굴곡 있는 해안형으로 되어 있다.
㉯ 신선사상을 배경으로 한 해안풍경을 묘사하였다.
㉰ 연못 속에는 3개의 섬이 있는데 임해전의 동쪽에 가장 큰 섬과 가장 작은 섬이 위치한다.
㉱ 물이 유입되고 나가는 입구와 출구가 한군데 모여있다.

22. 고려시대에는 중국으로부터 조경식물과 정원양식이 많이 도입되었다.

22 중국 송 시대의 수법을 모방한 화원과 석가산 및 누각 등이 많이 나타난 시기는? 11-1

㉮ 백제시대 ㉯ 신라시대
㉰ 고려시대 ㉱ 조선시대

23. 고려시대는 불교와 중국의 영향 등 왕족·귀족의 향락적 호화생활을 중심으로 한 사치스러운 양식이 발달하게 되었다.

23 다음 [보기]의 설명은 어느 시대의 정원에 관한 것인가? 11-5

[보기]
· 석가산과 원정, 화원 등이 특징이다.
· 대표적 정원 유적으로 동지(東池), 만월대, 수창궁원, 청평사 문수원 정원 등이 있다.
· 휴식과 조망을 위한 정자를 설치하기 시작하였다.
· 송나라의 영향으로 화려한 관상위주의 이국적 정원을 만들었다·

㉮ 고구려 ㉯ 백제
㉰ 고려 ㉱ 통일신라

24. ㉮ 중국의 작정서, ㉯㉰ 조선시대의 궁궐정원 관서

24 고려시대 궁궐정원을 맡아보던 관서는? 05-5, 06-1, 12-1

㉮ 원야 ㉯ 장원서
㉰ 상림원 ㉱ 내원서

25. 조선시대 정원의 특징인 후원의 화계는 풍수지리설의 영향으로 발생한 것이다.

25 우리나라 정원 양식이 풍수설에 많은 영향을 받는 시기는? 04-5

㉮ 신라 ㉯ 백제
㉰ 고려 ㉱ 조선

정답 ➔ 21. ㉱ 22. ㉰ 23. ㉰ 24. ㉱ 25. ㉱

26 우리나라의 독특한 정원수법인 후원양식이 가장 성행한 시기는? 07-1

㉮ 고려시대초엽 ㉯ 고려시대말엽
㉰ 조선시대 ㉱ 삼국시대

26. 조선시대의 후원은 궁궐 및 부유층의 저택에도 조성되었다.

27 한국적인 색채가 가장 짙은 정원양식이 발생한 시대는? 05-1, 12-5

㉮ 조선시대 ㉯ 고려시대
㉰ 백제시대 ㉱ 신라전성기

27. 조선시대는 중국의 모방에서 벗어나 한국적인 색채가 농후해진 시기이다.

28 조선시대 후원양식에 대한 설명 중 틀린 것은? 12-1

㉮ 중엽이후 풍수지리설의 영향을 받아 후원양식이 생겼다.
㉯ 건물 뒤에 자리잡은 언덕배기를 계단 모양으로 다듬어 만들었다.
㉰ 각 계단에는 향나무를 주로 한 나무를 다듬어 장식하였다.
㉱ 경복궁 교태전 후원인 아미산, 창덕궁 낙선재의 후원 등이 그 예이다.

28. 화계에는 키 작은 화목을 주로 심고, 세심석이나 괴석, 굴뚝 등으로 장식하였다.

29 우리나라 후원양식의 정원수법이 형성되는데 영향을 미친 것이 아닌 것은? 12-4

㉮ 불교의 영향 ㉯ 음양오행설
㉰ 유교의 영향 ㉱ 풍수지리설

29. 불교의 영향은 주로 사탑 및 사원건축에서 나타난다.

30 조선시대 정원과 관계가 없는 것은? 09-1

㉮ 자연을 존중
㉯ 자연을 인공적으로 처리
㉰ 신선사상
㉱ 계단식으로 처리한 후원 양식

30. 한국정원은 자연풍경식 정원으로 인공이 자연 속에 동화되는 조영을 하였다.

31 옛날 처사도(處士道)를 근간으로 한 은일사상(隱逸思想)이 가장 성행하였던 시대는? 08-5

㉮ 고구려시대 ㉯ 백제시대
㉰ 신라시대 ㉱ 조선시대

31. 조선시대에는 당쟁으로 말미암아 은일사상을 기반으로 한 별서정원 등이 많이 나타난다.

정답 ➔ 26. ㉰ 27. ㉮ 28. ㉰ 29. ㉮ 30. ㉯ 31. ㉱

32. 경회루 원지는 남북 113m, 동서 128m로 장방형의 방지방도 이다.

32 경복궁의 경회루 원지(苑池)의 형태는? 04-5, 09-2

㉮ 장방형 ㉯ 원지형
㉰ 반달형 ㉱ 노단형

33. 아미산 굴뚝의 장식문양으로는 학·박쥐·봉황·용·호랑이·구름·바위·매화·소나무·국화·대나무·불로초·당초·새·사슴·나비·해치·불가사리 등이 있다.

33 아미산 후원 교태전의 굴뚝에 장식된 문양이 아닌 것은? 10-2

㉮ 반송 ㉯ 매화
㉰ 호랑이 ㉱ 해태

34. 향원지는 경복궁 후원의 중심을 이루는 연못이다.

34 창덕궁 후원에 나타나지 않은 것은? 08-5

㉮ 부용지 ㉯ 향원지
㉰ 주합루 ㉱ 옥류천

35. 창덕궁 후원은 시대에 따라 후원, 금원, 북원, 비원 등 여러 가지로 불리어 왔다.

35 창덕궁 후원의 명칭이 아닌 것은? 11-5

㉮ 비원(秘苑) ㉯ 북원(北苑)
㉰ 능원(陵苑) ㉱ 금원(禁苑)

36. 창덕궁은 자연미와 인공미가 혼연일치된 정원의 가치가 인정되어 한국의 궁궐 가운데 유일하게 세계유산으로 지정되었다.

36 우리나라 고유의 공원을 대표할만한 문화재적 가치를 지닌 정원은? 12-4

㉮ 경복궁의 후원
㉯ 덕수궁의 후원
㉰ 창경궁의 후원
㉱ 창덕궁의 후원

37. 순종 4년(1910) 최초의 서양식 석조전과 정원이 하딩의 설계로 축조되었으며, 정원은 연못·분수가 설치된 프랑스식 정원으로 한국 최초의 정형식 정원이다.

37 우리나라에서 최초의 유럽식 정원이 도입된 곳은? 10-4

㉮ 덕수궁 석조전 앞 정원
㉯ 파고다 공원
㉰ 장충단 공원
㉱ 구 중앙정부청사 주위 정원

38. 브라운의 발의와 하딩의 설계로 프랑스의 정원양식을 도입하였다.

38 영국인 Brown의 지도하에 덕수궁 석조전 앞뜰에 조성된 정원 양식과 관계되는 것은? 12-2

㉮ 빌라 메디치 ㉯ 보르비콩트 정원
㉰ 분구원 ㉱ 센트럴 파크

정답 ➔ 32. ㉮ 33. ㉮ 34. ㉯ 35. ㉰ 36. ㉱ 37. ㉮ 38. ㉯

39 다음 중 사대부나 양반 계급에 속했던 사람이 자연 속에 묻혀 야인으로서의 생활을 즐기던 별서 정원이 아닌 것은? 12-1

㉮ 소쇄원　　㉯ 방화수류정
㉰ 부용동정원　　㉱ 다산정원

39. 수원의 방화수류정은 지방관아의 누각이다.

40 다음 중 별서의 개념과 가장 거리가 먼 것은? 12-2

㉮ 은둔생활을 하기 위한 것
㉯ 효도하기 위한 것
㉰ 별장의 성격을 갖기 위한 것
㉱ 수목을 가꾸기 위한 것

40. ㉮ 별서, ㉯ 별업, ㉰ 별장

41 조선시대의 정원 중 연결이 올바른 것은? 11-1

㉮ 양산보 – 다산초당
㉯ 윤선도 – 부용동 정원
㉰ 정약용 – 운조루 정원
㉱ 이유주 – 소쇄원

41. 양산보의 소쇄원, 정약용의 다산초당, 유이주의 운조루

42 부귀나 영화를 등지고 자연과 벗하며 농경하고 살기 위해 세운 주거를 별서(別墅)정원이라 한다. 우리나라의 현존하는 대표적인 것은? 11-2

㉮ 윤선도의 부용동 원림
㉯ 강릉의 선교장
㉰ 이덕유의 평천산장
㉱ 구례의 운조루

42. ㉯㉱ 주택정원
㉰ 중국의 주택정원

43 조선시대 사대부나 양반계급들이 꾸민 별서정원으로 옳은 것은? 07-1

㉮ 전주의 한벽루
㉯ 수원의 방화수류정
㉰ 담양의 소쇄원
㉱ 의주의 통군청

43. 소쇄원은 부용동 정원과 더불어 조선시대 대표적인 별서정원이다.

44 조선시대 경승지에 세운 누각들 중 경기도 수원에 위치한 것은? 12-4

㉮ 연광정　　㉯ 사허정
㉰ 방화수류정　　㉱ 영호정

44. 방화수류정은 화성의 성곽위에 세워진 아(亞)자형 누각이다.

정답 → 39. ㉯ 40. ㉱ 41. ㉯ 42. ㉮ 43. ㉰ 44. ㉰

45. 서원이란 유교사상을 바탕으로 학문연구와 선현제향을 위해 사림에 의해 설립된 사설 교육 기관이다.

45 조선시대 사대부나 양반 계급에 속했던 사람들이 시골 별서에 꾸민 정원의 유적이 아닌 것은? 08-1, 10-5

㉮ 양산보의 소쇄원
㉯ 윤선도의 부용동원림
㉰ 정약용의 다산정원
㉱ 퇴계 이황의 도산서원

46. 자연의 감상은 오늘날의 자연공원 유형으로 볼 수 있다.

46 조선시대에 각 도의 관찰사나 부윤 목사들이 산자수명한 경승지에 많은 누각을 세워 자연을 감상하곤 하였는데 이는 오늘날 어느 공원의 유형과 같다고 볼 수 있는가? 03-1

㉮ 근린공원 ㉯ 체육공원
㉰ 자연공원 ㉱ 종합공원

47. 석가산은 연못 주변이나 중도에 장식한 것이다.

47 조선시대 후원의 장식용이 아닌 것은? 04-1

㉮ 괴석 ㉯ 세심석
㉰ 굴뚝 ㉱ 석가산

48. 탑골공원(파고다공원 1897)은 영국인 브라운의 설계로 세워졌다.

48 우리나라 최초의 대중적인 도시 공원은? 04-2

㉮ 남산공원 ㉯ 사직공원
㉰ 파고다공원 ㉱ 장충공원

49. 자미는 배롱나무를 말한다.

49 조경식물에 대한 옛 용어와 현대 사용되는 식물명의 연결이 잘못된 것은? 11-4

㉮ 자미(紫薇)–장미 ㉯ 산다(山茶)–동백
㉰ 옥란(玉蘭)–백목련 ㉱ 부거(芙渠)–연(蓮)

정답 → 45. ㉱ 46. ㉰ 47. ㉱ 48. ㉰ 49. ㉮

PART 2

조경계획 및 설계

조경이란 외부공간을 취급하는 계획 및 설계의 전문분야로서 인간의 이용과 즐거움을 위하여 토지를 다루는 기술로 자연과 인간에게 봉사하는 분야이다. 조경계획 및 설계는 토지 · 경관의 계획 및 설계과정을 통하여 과학적 지식을 활용하여 자연요소와 인공요소를 구성함으로써 유용하고 쾌적한 환경조성 하는 데 목적이 있다. 또한 과학적 합리성과 예술적 창의성을 동시에 추구하여 토지와 공간을 보다 기능적으로 편리하고 유용하게 만들어 생태적으로 보다 건강하고 건전한 환경을 만드는 작업이라 할 수 있다.

Chapter 1 조경계획 및 설계

1 조경계획 및 설계의 개념

1. 계획 및 설계의 정의

(1) 계획(planning programming)

① 어떤 목표를 설정해서 이에 도달할 수 있는 행동과정을 마련하는 것
② 장래 행위에 대한 구상을 하는 일이나 과정

(2) 설계(design)

① 계획을 바탕으로 한 세부사항의 실천방안을 구체적으로 작성하는 것
② 제작 또는 시공을 목표로 아이디어를 도출해 내고 이를 구체적으로 발전시키는 것
③ 도면 또는 스케치 등의 형태로 표현하는 일

계획과 설계의 비교

계 획	설 계
• 포괄적이고 지역적으로 광범위한 범위 • 필수적으로 조경설계과정과 연결 • 문제의 도출(발견)–분석적 접근 • 논리적이고 객관적으로 문제에 접근 • 합리적 사고 • 논리성과 능력은 교육에 의해 숙달 가능 • 체계적인 일반론 존재 • 지침서나 분석결과의 서술형 표현 • 수요, 가치의 평가를 양적으로 표현	• 주어진 대지를 대상으로 한 구체적 이용계획 • 평가결정과 설계도서 작성 • 문제의 해결–종합적 접근 • 주관적·직관적이며 창의성과 예술성 강조 • 창조적 구상 • 개인의 능력과 체험, 미적 감각에 의존 • 일반성 없고 여러 가지 방법 사용 • 도면·그림·스케치로 표현 • 양적으로 주어진 것을 질적으로 표현

□ 계획과 설계
계획과 설계는 일련의 과정으로 이루어져 있으며, 계획 안에는 설계가 포함되어 있고, 설계라는 것은 실질적으로 계획의 과정을 거쳐 실시하는 것이다.

2. 조경계획의 접근방법

(1) 토지이용계획으로서의 조경계획–러브조이(D. Lovejoy)

토지의 가장 적절하고 효율적인 이용을 위한 계획으로 최적이용을 달성하는 방법론

(2) 레크리에이션 계획으로서의 조경계획–골드(S. Gold)

여가 시간에 행하는 레크리에이션 활동에 적합한 공간 및 시설에 관련시키는 계획

레크리에이션 계획의 5가지 접근방법

자원접근법	• 물리적 자원이 레크리에이션 유형의 양을 결정하는 방법
활동접근법	• 과거의 레크리에이션 활동의 참가사례가 앞으로의 레크리에이션 기회를 결정하도록 계획하는 방법
경제접근법	• 지역사회의 경제적 기반이나 예산규모가 레크리에이션의 총량·유형·입지를 결정하는 방법
행태접근법	• 이용자의 구체적인 행동패턴에 맞추어 계획하는 방법
종합접근법	• 위 4가지 방법의 긍정적인 측면만 취하여 계획

3. 조경설계 방법

(1) 시대별 설계방법론

제1세대 방법론 (1960년대)	체계적 설계과정 중시–분석적 파악과 선입관 배제
제2세대 방법론 (1970년대)	이용자 참여설계 중시–이용자의 요구 및 평가
제3세대 방법론 (1980년대)	설계안의 예측과 반박–문제점 예측과 수정
제4세대 방법론 (1990년대)	순환적 과정으로 발달–이용 후 평가

(2) 설계방법

직관적 방법 (암흑상자 디자인)	설계자의 직관적 아이디어에 의해 문제를 해결하는 방법
합리적 방법 (유리상자 디자인)	분석→구상→평가과정을 거쳐 최종 결과물이 나오기까지의 과정을 보여줄 수 있음

2 조경계획 및 설계의 과정

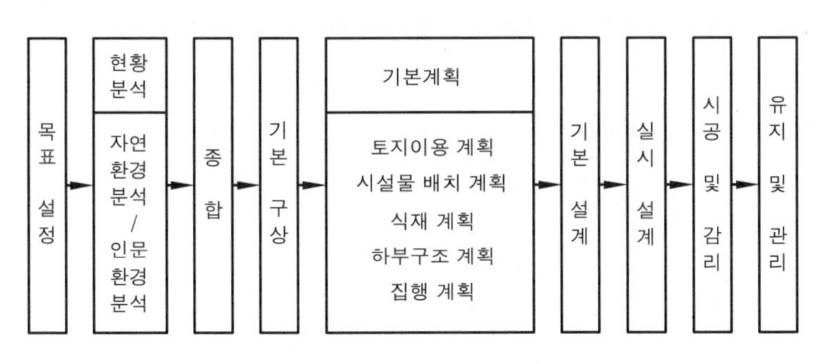

[조경계획 및 설계 과정]

□ 계획순서

구분	계획순서
계획	① 목표설정(기본전제)
	② 자료수집
	③ 자료분석
	④ 종합
	⑤ 기본구상
	⑥ 대안작성 및 평가
	⑦ 기본계획
설계	⑧ 기본설계
	⑨ 실시설계
시공	⑩ 시공 및 감리
관리	⑪ 관리 및 이용 후 평가

□ 환류(Feedback)

계획과정상 앞의 단계로 돌아가 다시 수정·보완하여 목표를 달성하는 자율적 제어방법이다.

□ 조경설계의 요소

① 기능(function)
② 미(beauty)
③ 환경(environment)

1. 목표 설정

◘ 조경계획과정
기초조사→터가르기→동선계획→식재계획

① 기본 자료를 토대로 계획의 목적과 방침, 설계방법 등 설정
② 공간의 규모·종류·수용인원 등 계획의 기본 방향
③ 장기적 목적, 주민의 요구, 자원의 효율적 사용 등 검토·반영

2. 현황분석 및 종합

◘ 조경계획 및 설계 3대 분석과정
① 물리·생태적(자연환경) 분석
② 시각·미학적(경관) 분석
③ 사회·형태적(인문환경) 분석

(1) 조사분석

① 자료의 수집 및 분석하는 과정–문제의 파악 및 분석 시작
② 조사 : 상황의 규명과 기록–자료수집
③ 분석 : 조사에 대한 상황의 가치 및 중요성 판단–자료분석

(2) 대지분석

자연적 인자	토양·지질·수문·기후 및 일기·식생·야생동물 등
인문·사회적 인자	토지이용·교통·인공구조물 등의 현황·변천 과정·역사, 법규 등
미학적 인자	각종 물리적 요소들의 자연적 형태, 시각적 특징, 경관의 가치, 경관의 이미지 등

(3) 기능분석

양적 수요파악	이용자의 종류와 양에 따른 소요시설의 규모를 산정하는 스페이스 프로그램 실시
질적 수요파악	이용자의 요구와 태도 및 선호도 파악

3. 기본 구상

◘ 기본 구상 및 대안 작성
기본구상 단계에 들어서면 계획안에 대한 물리적·공간적 윤곽이 서서히 들어나기 시작하며 대안작성 과정에서 전체적 공간의 이용에 관한 확실한 윤곽이 드러난다.

(1) 기본 구상

① 토지이용 및 동선을 중심으로 계획·설계의 기본 골격 형성
② 제반자료의 분석·종합을 기초로 하고 프로그램에서 제시된 계획방향에 의거 구체적 계획안의 개념 정립
③ 프로그램에서 제시된 문제들의 해결을 위한 구체적인 개념적 접근
④ 문제점 및 해결방안은 서술적 표현보다는 개념도 표현이 적당

❖ 설계개념도(다이어그램 diagram)

설계자의 의도를 개략적인 형태로 나타낸 일종의 시각 언어로서 도면을 단순화시켜 상징적으로 표현한 그림을 의미한다.
① 설계과정 중 공간의 기본구상 수립단계에서 작성되는 도면
② 설계목표의 실현가능성과 예측되는 이용만족도 표시
③ 기능이나 공간들의 개방성과 폐쇄성, 공간별 출입부의 위치 등 표시

(2) 대안 작성

① 기본개념을 가지고 바람직한 몇 개의 안을 작성하는 것
② 최종적으로 선정된 대안이 기본계획안으로 발전

4. 기본 계획(master plan 계획 설계)

① 기본 계획안을 종합적으로 보여주는 도면(평면도) 작성
② 일반적으로 입체감을 느낄 수 있도록 적절한 색채 표현
③ 부문별 계획–별도의 도면에 표현

토지이용계획	토지이용분류→적지분석→종합배분 순서로 계획
교통·동선계획	통행량 발생, 통행량 배분, 통행로 선정, 교통·동선체계 계획
시설물 배치계획	시설물 평면계획, 형태 및 색채계획, 재료계획
식재계획	수종선택, 배식, 녹지체계의 계획
하부구조계획	전기, 전화, 상수도, 가스, 쓰레기 등 공급처리시설 계획
집행계획	투자계획, 법규검토, 유지관리계획

5. 기본 설계

① 대상물과 공간의 형태·시각적 특징, 기능·효율성, 재료 등의 구체화
② 사전조사사항, 계획 및 방침, 개략시공방법, 공정계획 및 공사비 등의 기본내용 포함
③ 구체적으로 확정되는 단계이므로 정확한 축척을 사용하여 도면 작성
④ 배치설계도·도로설계도·정지계획도·배수설계도·식재계획도·시설물 배치도·시설물설계도·설계개요서·공사비개산서·시방서 등 작성
⑤ 소규모 프로젝트인 경우는 생략하기도 함

6. 실시 설계

① 선행된 작업의 공사시행을 위한 구체적이고 상세한 도면 작성
② 표현효과 보다는 시공자가 쉽게 알아보고 능률적·경제적으로 시공이 가능한 도면작성
③ 모든 종류의 설계도·상세도·수량산출·일위대가표·공사비 내역서·시방서·공정표 등 작성

❖ 시공도 작성

① 전체 내용에서 부분내용으로 그려 나간다.
② 기본배치도에서 부분 상세도 작도를 진행한다.
③ 단면 상세와 입면도를 가급적 같은 도면에 표시한다.
④ 내용상 동일 도면 내에서는 상세한 정도도 맞추어 그리는 것이 좋다.

◘ 토지이용계획

토지 본래의 잠재력을 기본적으로 고려하여, 기본목표·기본구상에 부합되도록 구분하고 용도를 지정하는 것으로, 이용행위의 기능적 특성을 고려한 행위 상호간의 관련성에 따라서 토지이용을 구분한다.

◘ 토지이용계획 순서

토지이용 분류→적지분석→종합배분

◘ 동선계획

동선은 가급적 단순하고 명쾌해야 하며, 성격이 다른 동선은 반드시 분리해야 하고 가급적 동선의 교차를 피하도록 한다. 또한 이용도가 높은 동선은 가능한 짧게 하도록 한다.

① 직선형 : 대학캠퍼스 내, 축구경기장 입구, 주차장·버스정류장 부근
② 순환형 : 공원, 산책로, 식물원, 전시공간 등

◘ 도로체계 패턴

① 격자형 : 도심지와 같이 고밀도 토지이용이 이루어지는 곳에 효율적이다.
② 위계형(수지형) : 주거단지, 공원, 캠퍼스 등 모임과 분산의 체계적 활동이 이루어지는 곳에 적당하다.

◘ 시방서

설계 도면에 표시하기 어려운 재료의 종류나 품질, 시공방법, 재료 검사 방법 등에 대해 충분히 알 수 있도록 글로 작성하여 설계상의 부족한 부분을 규정하여 보충한 문서를 말한다.

핵심문제 해설

01 좁은 의미의 조경계획이라 볼 수 없는 것은? 03-1

㉮ 목표 설정 ㉯ 자료 분석
㉰ 기본 계획 ㉱ 기본 설계

01. 목표설정-자료수집-자료분석-종합-기본구상-대안작성 및 평가-기본계획

02 식재, 포장, 계단, 분수 등과 같은 한정된 문제를 해결하기 위해 구성 요소, 재료, 수목들을 선정하여 기능적이고, 미적인 3차원적 공간을 구체적으로 창조하는데 초점을 두어 발전시키는 것은? 10-2

㉮ 조경설계 ㉯ 평가
㉰ 단지계획 ㉱ 조경계획

02. 조경설계는 식재·포장·계단·분수 등의 한정된 문제를 해결하기 위해 구성요소, 재료, 수목 등을 선정하여 시공을 위한 세부적인 설계로 발전시키는 조경 고유의 작업영역을 말한다.

03 어느 레크레이션 활동에서의 과거 참가사례가 앞으로의 레크레이션 기회를 결정하도록 계획하는 방법, 즉 공급이 수요를 만들어내는 방법은? 03-1, 08-2

㉮ 자원접근방법
㉯ 활동접근방법
㉰ 경제접근방법
㉱ 행태접근방법

03. 활동접근법은 과거의 참여 패턴이 장래의 기회를 결정하므로 새로운 요구나 경향이 반영되기 어렵다.

04 프로젝트의 수행단계 중 주로 자료의 수집, 분석 종합에 초점을 맞추는 단계는? 05-5, 08-2, 09-2

㉮ 조경설계 ㉯ 조경시공
㉰ 조경계획 ㉱ 조경관리

04. 조경계획은 의사결정계획 및 기술 계획과정이 합쳐져 만들어지며 조사·분석, 종합, 발전의 3단계로 이루어진다.

05 조경분야 프로젝트 수행단계의 순서가 올바른 것은? 06-5

㉮ 계획–시공–설계–관리
㉯ 계획–관리–시공–설계
㉰ 계획–관리–설계–시공
㉱ 계획–설계–시공–관리

정답 ➔ 01. ㉱ 02. ㉮ 03. ㉯ 04. ㉰ 05. ㉱

06 조경프로젝트의 수행단계 중 식생의 이용 및 시설물의 효율적 이용 유지, 보수 등 전체적인 것을 다루는 단계는? 05-1

㉮ 조경관리 ㉯ 조경설계
㉰ 조경계획 ㉱ 조경시공

06. 조경관리에는 수목 및 시설물 관리뿐만 아니라 운영관리 및 이용자 관리도 포함된다.

07 생물을 직접 다루며, 전체적으로 공학적인 지식이 가장 많이 필요로 하는 수행단계는? 04-5, 06-5

㉮ 계획단계 ㉯ 시공단계
㉰ 관리단계 ㉱ 설계단계

07. 조경시공자는 공사업무, 식재공사, 시설물 공사, 적산 및 견적에 관한 일을 수행한다.

08 다음 중 조경 계획의 수행 과정의 단계가 옳은 것은? 04-1, 06-5

㉮ 목표설정-자료분석 및 종합-기본계획-실시설계-기본설계
㉯ 자료분석 및 종합-목표설정-기본계획-기본설계-실시설계
㉰ 목표설정-자료분석 및 종합-기본계획-기본설계-실시설계
㉱ 목표설정-자료분석 및 종합-기본설계-기본계획-실시설계

09 다음은 조경계획 과정을 나열한 것이다. 가장 바른 순서로 된 것은? 05-1

㉮ 기초조사-식재계획-동선계획-터가르기
㉯ 기초조사-터가르기-동선계획-식재계획
㉰ 기초조사-동선계획-식재계획-터가르기
㉱ 기초조사-동선계획-터가르기-식재계획

09. 터가르기란 토지이용계획을 말한다.

10 설계자의 의도를 개략적인 형태로 나타낸 일종의 시각 언어로서 도면을 단순화시켜 상징적으로 표현한 그림을 의미하는 것은? 07-5, 11-2

㉮ 상세도 ㉯ 다이어그램
㉰ 조감도 ㉱ 평면도

10. 다이어그램은 설계자의 의도를 개략적인 형태로 나타낸 일종의 시각 언어로서 도면을 단순화시켜 상징적으로 표현한 그림을 의미한다.

11 마스터플랜(master plan)의 작성이 위주가 되는 설계 과정은? 03-5, 07-5, 12-5

㉮ 기본계획 ㉯ 기본설계
㉰ 실시설계 ㉱ 상세설계

11. 마스터 플랜은 넓은 의미로 기본계획과 동의어로 쓰이기도 하며 일반적으로 계획안을 종합적으로 보여주는 도면(평면도)을 뜻한다.

정답 ➜ 06. ㉮ 07. ㉯ 08. ㉰ 09. ㉯ 10. ㉯ 11. ㉮

12. ㉣의 경우는 조사·분석과정에서 다루어져야 하는 것이다.

12 조경 계획·설계의 과정 중 「기본 계획」 단계에서 다루어져야 할 문제가 아닌 것은? 06-1

㉮ 일정토지를 계획함에 있어서 어떠한 용도로 이용할 것인가?
㉯ 지역간 혹은 지역 내에 어떠한 동선 연결 체계를 가질 것인가?
㉰ 하부구조시설들을 어디에 어떤 체계로 가설할 것인가?
㉣ 조사 분석된 자료들은 각각 어떤 상호관련성과 중요성을 지니는가?

13 토지이용계획시 일반적인 진행순서로 알맞게 구성된 것은? 08-1

㉮ 적지분석－토지이용분류－종합배분
㉯ 적지분석－종합배분－토지이용분류
㉰ 토지이용분류－종합배분－적지분석
㉣ 토지이용분류－적지분석－종합배분

14. 실시설계단계에서는 공사시행을 위한 구체적이고 상세한 도면을 시공자가 쉽게 알아보고 능률적·경제적으로 시공이 가능하도록 작성한다. 모든 종류의 설계도·상세도·수량산출·일위대가표·공사비·시방서·공정표 등을 작성한다.

14 설계단계에 있어서 시방서 및 공사비 내역서 등을 포함하고 있는 설계는? 04-2, 11-2

㉮ 기본구상 ㉯ 기본계획
㉰ 기본설계 ㉣ 실시설계

15. 시방서는 설계 도면에 표시하기 어려운 부분을 글로써 규정하여 보충한 문서를 말한다.

15 설계도면에 표시하기 어려운 사항 및 공사수행에 관련된 제반 규정 및 요구사항 등을 구체적으로 글로 써서, 설계 내용의 전달을 명확히 하고 적정한 공사를 시행하기 위한 것은? 08-1, 10-2

㉮ 적산서 ㉯ 계약서
㉰ 현장설명서 ㉣ 시방서

16. ㉯ 조경시공 기술자의 주요 직무내용 중 하나이다.

16 조경 실시설계 기술자의 주요 직무 내용으로 가장 적합한 것은? 09-1

㉮ 물량 산출 및 시방서 작성
㉯ 조경 시설물 및 자재의 생산
㉰ 식재 공사 시공
㉣ 전정 및 시비

정답 ➜ 12. ㉣ 13. ㉣ 14. ㉣ 15. ㉣ 16. ㉮

Chapter 2 기초조사 및 분석

1 자연환경조사분석

1. 조사분석 과정

(1) 기본도 준비와 답사

① 지형도(1/50,000, 1/25,000, 1/5,000 등)와 항공사진, 지적도, 임야도, 도시계획도, 지질도 등 각종 도면수집

② 현지답사를 통하여 구역의 범위 확인, 대략적 지형의 윤곽, 시설물, 식물분포, 동선현황 등을 조사 후 개략적 사항 메모

(2) 측량

등고선 측량	• 지형의 변화를 나타냄 • 제작된 지형도가 있을 경우에는 불필요
평면측량	• 토지의 이용 상태를 나타냄–시설물·식물 분포, 경관 등 • 계획구역과 각종 시설물, 토지이용상황 등을 알기 위한 측량

2. 지형 및 지질조사

(1) 지형조사

거시적 파악 (지역적 분석)	• 계획대상지와 주변지역의 조사·분석 • 계획의 단위 및 개략적 자연조건 파악
미시적 파악 (대상지의 분석)	• 지형의 미세한 변화를 조사·분석 • 지형도와 항공사진으로 분석
고도분석	• 계획구역 내 지형의 고저를 한눈에 보기 위한 것 • 등고선의 고도별로 선이나 색을 넣어 표시
경사도분석	• 경사도에 따라 이용형태가 구분되므로 중요함 • $G(\text{경사도}) = \frac{D}{L} \times 100(\%)$ 여기서, D : 등고선 간격(수직거리) L : 두 등고선에 직각인 거리(수평거리)

(2) 지질조사

보링조사	구멍을 뚫어 흙의 굳기정도와 흙의 성질 파악
사운딩	깊이 방향으로 지반의 저항을 측정하여 조사

▫ 조사분석의 대상

① 자연환경 : 지형, 지질, 토양, 기후, 생물, 수문, 경관 등

② 인문·사회환경 : 인구, 교통, 토지이용, 시설물, 역사문화, 이용행태 등

▫ 측량

조경 설계 시 가장 먼저 시작해야 하는 작업이다.

▫ 등고선의 고도별 표시

① 선 : 고도가 높아질수록 좁은 간격의 선을 사용

② 색 : 고도가 높아질수록 짙은 색을 사용

3. 토양조사

(1) 토양의 단면(soil depth · profile)

A_0층(유기물층)	낙엽과 그 분해물질 등 대부분이 유기물로 되어 있는 토양고유의 층
A층(표층 · 용탈층)	광물토양의 최상층으로 외계와 접촉되어 직접적 영향을 받는 층
B층(집적층)	외계의 영향을 간접적으로 받으며, 표층으로부터 용탈된 물질이 쌓이는 층
C층(모재층)	외계로부터 토양생성작용을 받지 못하고 단지 광물질만이 풍화된 층
D층(R층)	기암층 또는 암반층

◘ 토양의 단면
토양을 수직 방향으로 자른 단면으로 토양의 생성, 판정과 분류 등의 자료로 활용한다.

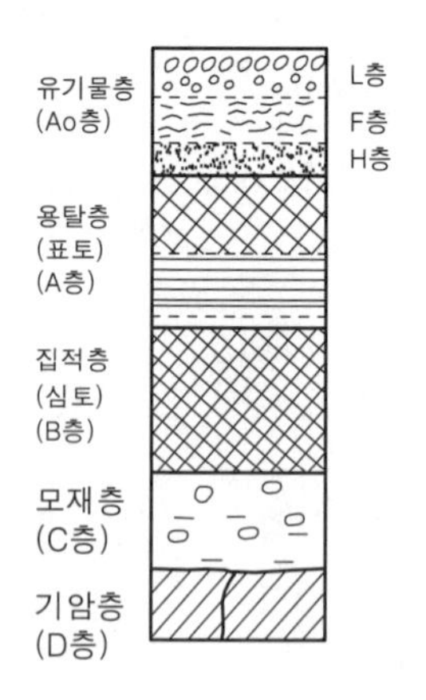

[토양단면의 모형도]

◘ 토양 3상
① 흙입자(고체) : 50%
(광물질 45%, 유기물 5%)
② 물(액체) : 25%
③ 공기(기체) : 25%

◘ 토성에 따른 점토비율

구분	점토의 비율
사토	12.5% 이하
사양토	12.5~25%
양토	25~37.5%
식양토	37.5~50%
식토	50% 이상

(2) 토양의 성질

1) 토성

① 토양 입자의 굵기에 따라 모래 · 미사 · 점토의 비율로 결정
② 식양토, 양토, 사양토가 대체적으로 식물 생육에 적합함

2) 토양수분(토양용액)

결합수 (pF7 이상)	화학적으로 결합되어 있는 물로서 가열해도 제거되지 않고 식물이 직접적으로 이용할 수 없는 물
흡습수 (pF4.5~7)	물리적으로 흡착되어 있는 물로서 가열하면 제거할 수 있으나 식물이 직접적으로 이용할 수 없는 물
모관수 (pF2.54~4.5)	흡습수의 둘레를 싸고 있고 물로서 표면장력에 의해 토양의 공극 내에 존재하며, 식물에 유용한 물-유효수
중력수 (pF2.54 이하)	중력에 의하여 토양입자로부터 유리되어 자유롭게 이동하거나 지하로 침투되는 물로서 지하수원이 되는 물

(3) 토양조사방법

입지환경조사	표고, 방위, 지형, 경사, 퇴적양식, 토양침식, 암석노출도, 풍노출도, 지표형태, 모암 등을 정밀조사
토양단면조사	토양의 수직적 구성 및 형태 분석-시료채취

(4) 토양도(soil map)

개략토양도 (농촌진흥청)	• 항공사진을 중심으로 현지조사에 의해 작성된 축척 1 : 50,000의 지도 • 개략토양조사의 결과
정밀토양도 (농촌진흥청)	• 항공사진을 중심으로 현지조사에 의해 작성된 축척 1 : 25,000의 지도 • 정밀토양조사의 결과

◘ 토양도
항공사진, 현지토양조사, 토양분석 과정을 거쳐 토양특성을 기후대별, 입지별로 제작하여 사용하는 지도(농촌진흥청 제작)

간이산림토양도 (산림청)	• 항공사진을 기본으로 현지조사에 의해 작성된 축척 1 : 25,000의 지도 • 산림토양의 잠재생산능력급수(Ⅰ～Ⅴ급지)를 파악

4. 기후조사

기후	일정한 지역에서 장기간에 걸쳐 나타나는 대기현상의 평균적인 상태
미기후	지형, 태양의 복사열, 공기유통 정도, 안개 및 서리의 피해 유무 등 국부적인 장소에 나타나는 기후가 주변기후와 현저히 달리 나타나는 것
강수량	강우강도·빈도 및 분포상태에 따라 같은 강우량이라도 지역 환경 및 식생에 미치는 영향에 차이 발생
일사량	태양으로부터 나오는 태양복사에너지(일사)의 양
일조량	태양이 지구면을 비치는 햇볕의 양으로 태양이 비치는 시간 측정

◘ 미기후 조사
세부적인 토지이용에 커다란 영향을 미치게 되는 미기후 자료는 지역적 기후자료보다 얻기가 어려우며, 직접 현지에서 측정하거나 조사 또는 그 지방에 장기간 거주한 주민의 의견을 듣기도 한다.

❖ 미기후 특성

① 호수에서 바람이 불어오는 곳은 겨울에는 따뜻하고 여름에는 서늘하다.
② 야간에는 언덕보다 골짜기의 온도가 낮고, 습도는 높다.
③ 야간에 바람은 산위에서 계곡을 향해 분다.
④ 계곡의 맨 아래쪽은 비교적 주택지로서 적합하지 않다.

5. 수문조사

① 유역 : 한 지역의 물을 집중시키고 한 하계를 형성시키는 지역
② 집수구역 : 계획부지에 집중되는 유수의 범위－계획부지 면적과 같거나 넓게 구획

하천의 유형

수지형	화강암 등으로 구성된 동질적 지질에 발달－우리나라의 하천형태
방사형	화산 등의 작용에 의해 형성된 원추형 산에서 발달

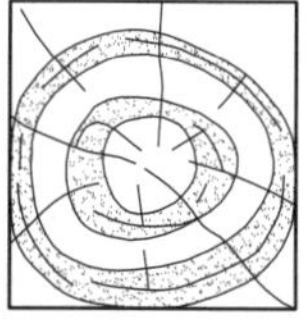
방사형

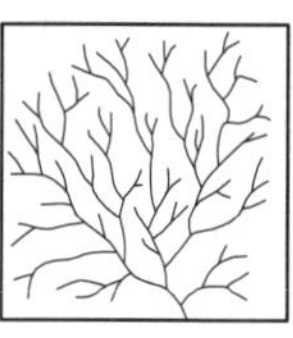
수지형

[하천의 유형]

6. 식생조사

(1) 조사방법

전수조사	도시구역 내 빈약한 식물상을 이루는 곳, 조사대상구역이 좁은 경우에 적용
표본조사	구역면적이 넓고 식물상이 자연 상태에서 군락을 이루는 곳에 적용

(2) 표본조사방법

쿼드라트법	정방형(장방형, 원형도 사용)의 조사지역을 설정하여 식생을 조사
띠대상법	두 줄 사이의 폭을 일정하게 하여 그 안에 나타나는 식생을 조사
접선법	군락 내에 일정한 길이의 선을 몇 개 긋고, 그 선에 접하는 식생을 조사
포인트법	쿼드라트의 넓이를 대단히 작게 한 것으로, 초원, 습원 등 높이가 낮은 군락에서만 사용가능
간격법	두 식물 개체간의 거리, 또는 임의의 점과 개체사이의 거리를 측정

7. 경관조사

(1) 경관의 구성 요소

1) 기반 요소와 피복 요소

기반 요소	경관의 본질적이고 구조적인 특성을 결정짓는 요소 오랜 세월에 걸쳐 서서히 이뤄져 쉽사리 바뀌지 않는 것–지형·지세·기후
피복 요소	항상성 없이 현시적 특성을 보이는 요소 비교적 짧은 시간에 형성되었다 사라지는 것–구름·안개·비·노을·네온사인

2) 자연 요소와 인공 요소

구분	고정된 것	변하는 것	움직이는 것
자연 요소	산·바다·들판·강·호수	무지개·노을·구름·번개	새·짐승·곤충
인공 요소	건물·댐·도로·항만	네온사인·불빛·전광판	자동차·비행기·열차·배
인간	경관 구성 요소이자 창조자 역할		

3) 경관 요소

점적 요소 선적 요소 면적 요소	• 정자목, 외딴집, 조각, 음수대 • 도로, 하천, 가로수, 원로 • 초지, 전답, 호수, 운동장
수평적 요소 수직적 요소	• 저수지·호수 등의 수면 • 전신주, 절벽, 독립수
닫힌공간 열린공간	• 계곡이나 수림으로 둘러싸인 곳으로 위요된 공간 • 들판·초지 등 위요감이 없는 공간
랜드마크 (landmark)	식별성이 높은 지형이나 지물 등–산봉우리·절벽·탑

◘ 방형구법(쿼드라트법)

① 육상식물의 표본추출에 가장 많이 이용한다.
② 정확성을 높이기 위해서는 무작위(random)로 추출한다.

◘ 쿼드라트의 최소넓이

① 경지잡초군락 : 0.1~1㎡
② 방목초원군락 : 5~10㎡
③ 산림군락 : 200~500㎡

◘ 생태·자연도(환경부 발간)

산·하천·호소·농지·도시·해양 등에 대해 자연경관을 식생, 야생동·식물, 생물다양성, 지형경관, 해당지역의 생태적 가치에 따라 등급화하여, 각종 개발계획의 수립·시행에 활용할 수 있도록 지도에 등급을 표시하여 지표로 삼는다. (1 : 25,000 이상의 지도에 실선으로 표시)

◘ 경관

자연이나 지역의 풍경으로 사람의 손을 더하지 않은 자연경관과 자연경관에 인간의 영향이 가해져 이루어진 문화경관으로 구분한다.

◘ 경관의 단위

① 동질적인 성격을 가진 비교적 큰 규모의 경관을 구분하는 것
② 지형 및 지표의 상태에 의해 좌우된다.–계곡, 경사지, 평탄지, 구릉, 고원, 숲, 호수, 농경지 등

전망(view) 통경선(vista)	• 일정 시점에서 볼 때 파노라믹하게 펼쳐지는 경관 • 좌우로 시선이 제한되고 일정지점으로 시선이 모아지는 경관
질감(texture)	지표상태에 따라 영향을 받으며 계절에 따라 변화
색채(color)	계절에 따라 변화가 많고, 분위기 조성에 중요
주요 경사	급격한 경사도 변화는 시각구조상 중요, 훼손시 경관의 질 악화

(2) 경관의 유형

1) 이미지로 본 유형-케빈린치(K. Lynch)

도로(paths 통로)	이동의 경로(가로, 수송로, 운하, 철도 등)-연속적 경관의 과정
경계(edges 모서리)	지역지구를 다른 부분과 구분 짓는 선적 영역(해안, 철도, 모서리, 개발지 모서리, 벽, 강, 숲, 고가도로, 건물 등)
결절점 (nodes 접합점, 집중점)	도시의 핵, 통로의 교차점, 광장, 로터리, 도심부 등
지역(districts)	인식 가능한 독자적 특징을 지닌 영역
랜드마크 (landmark 경계표)	시각적으로 쉽게 구별되는 경관속의 요소-지배적 요소

2) 경관의 구조로 본 유형-립튼(Litton)

기본적(거시적) 경관

전(panoramic)경관	• 시야를 가리지 않고 멀리 터져 보이는 경관 • 산봉우리나 바다에서의 조망-대평원, 수평선
지형경관	• 인상적인 지형적 특징을 나타내는 경관 • 랜드마크가 되어 경관적 지배위치를 가진 것 • 기암괴석, 높이 솟은 산봉우리 등
위요경관	• 주변은 차폐되고 위로는 개방된 경관 • 분지, 숲속의 호수 등
초점경관	• 관찰자의 시선이 한 곳으로 집중되는 경관 • 계곡 끝의 폭포 등-비스타(vista)

보조적(미시적) 경관

관개경관	상층이 우산처럼 덮여 있어 위로는 폐쇄되고 옆으로 개방된 경관
세부경관	가까이 접근하여 형태·색·질감 등을 상세히 보며 감상할 수 있는 경관-인간적 척도에 가까운 경관
일시경관	기상 등의 변화에 따라 경관의 모습이 달라지는 경우-설경, 수면에 투영된 영상 등

경관 형성의 우세요소·우세원칙 및 변화요인

우세요소	• 경관을 구성하는 지배적 요소 • 선(line), 형태(form), 색채(color), 질감(texture)
우세원칙	• 경관의 우세요소를 더 미학적으로 부각 시키고 주변의 다른 대상과 비교될 수 있는 것 • 대조, 연속성, 축, 집중, 쌍대성(균형), 조형(組型)
변화요인	• 일시경관, 세부경관처럼 경관을 변화시키는 요인 • 운동, 빛, 기후조건, 계절, 거리, 관찰위치, 규모, 시간

8. 리모트 센싱(remote sensing)에 의한 환경조사－GIS 이용

① 대상물이나 현상에 직접 접하지 않고 식별·분류·판독·분석·진단
② 환경조건에 따라 물체가 다른 전자파를 반사·방사하는 특성 이용
③ 특정지역의 환경특성을 광역환경과 비교하면서 파악

◘ 리모트 센싱
지리정보시스템(GIS)을 이용한 자료수집 및 분석에 사용되며, 항공기, 기구, 인공위성 등을 이용하여 탐사하는 것을 말한다.

② 인문·사회환경조사

1. 조사대상

인구	계획 부지를 포함한 주변인구 조사 및 이용자수 분석을 위한 광범위 인구현황 조사(남녀, 연령, 학력, 직업, 종교, 취미 등)
토지이용	• 토지의 이용형태별 조사(전, 답, 대지, 임야 등) • 법률적 제한(국토이용관리법, 도시계획법, 삼림법, 농지법 등) 조사
교통	계획부지 내의 계통체계 조사 및 접근 교통수단 및 동선조사
시설물	• 각종 건축물 현황조사(종류, 형태, 구조, 수량 등) • 각종 구조물 현황조사(전력선, 가스관, 상하수도, 교량, 옹벽, 펜스 등)
역사적 유물	• 무형 : 각 지방 전통의 행사, 공예기술, 예능 • 유형 : 사적지, 미술, 문화재, 고정원(古庭園), 각종산업시설 등
인간행태 유형	• 실제 이용자를 대상으로 하거나 유사한 계층의 사람을 조사 • 단순관찰, 면담·질문 등의 접촉관찰, 설문지 조사 등

◘ 토지이용
토지이용은 인간과 자연의 상호작용에 의해 자연에 남긴 흔적으로 볼 수 있으며, 토지이용계획에 따라 법적인 제한규정이 있다.

◘ 토지이용계획도면의 채색기준
· 주거지역－노란색
· 상업지역－분홍색
· 공업지역－보라색
· 녹지지역－연두색
· 도시지역－빨간색
· 관리지역－무색
· 농림지역－연두색
· 자연환경보전지역－연한파란색

2. 수용력

본질적 변화 없이 외부의 영향을 흡수할 수 있는 능력

생태적 수용력	생태계의 균형을 깨뜨리지 않는 범위 내에서의 수용력
사회적 수용력	인간이 활동하는 데 필요한 육체적, 정신적 수용력
물리적 수용력	지형, 지질, 토양, 식생, 물 등에 따른 토지 등의 수용력
심리적 수용력	이용자의 만족도에 따라 결정되는 수용력

3 계획의 접근방법

1. 물리·생태적 접근－맥하그의 생태적 결정론

① 자연과 인간, 자연과학과 인간환경의 관계를 생태적 결정론으로 연결
② 도면결합법(overlay method) 제시 : 생태적 인자들에 관한 여러 도면을 겹쳐놓고 일정지역의 생태적 특성을 종합적으로 평가하는 방법－최적토지용도 결정

■ 생태적 결정론
자연계는 생태계의 원리에 의해 구성되어 있어 생태적 질서가 인간환경의 물리적 형태를 지배한다는 이론으로, 경제성에만 치우치기 쉬운 환경계획을 자연과학적 근거에서 인간의 환경문제를 파악하여 새로운 환경의 창조에 기여하고자 하였다.

2. 시각·미학적 접근

(1) 환경지각 및 인지

환경지각 (perception)	감각기관의 생리적 자극을 통하여 외부의 환경적 자극을 받아들이는 과정이나 행위
환경인지 (cognition)	과거 및 현재의 외부적 환경과 현재 및 미래의 인간행태를 연결지어 주는 앎(awareness)이나 지식(knowing)을 얻는 다양한 수단

■ 지각과 인지
지각과 인지는 별개의 과정이 아닌, 상호융합되어 거의 동시에 일어나는 연속된 하나의 과정으로 이해된다.

■ 지각의 과정
수용→감정→처리→반응

(2) 인지의 특성

① 인공물과 자연물이 환경에 함께 존재하면 인공물이 더 두드러지게 나타남
② 강한 대비효과를 나타내는 요소가 두드러짐
③ 단순한 것이 복잡한 것보다 인지가 잘 됨

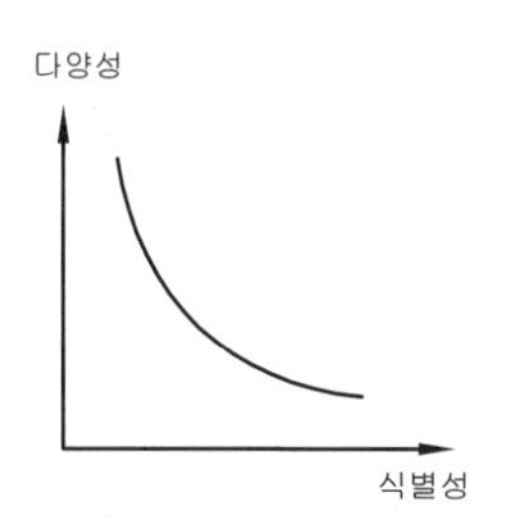

[식별성과 다양성의 관계]

버라인(Berlyne)의 4단계 미적 반응과정

자극탐구	호기심이나 지루함 등의 다양한 동기에 의해 나타남
자극선택	일정 자극이 전개될 때 특정한 자극을 선택하는 것
자극해석	선택된 자극을 지각하여 인식하는 것
반응	육체적이나 심리적 형태를 나타내는 반응

(3) 시각적 효과분석

연속적 경험	시간(혹은 속도)적 흐름과 공간적 연결의 조화에 초점
시각적 복잡성	각 환경은 기능적 특성에 따라서 적정한 복잡성 요구
시각적 영향	인공적 요소를 수용할 수 있는 능력에 따라 개발유도
시각적 선호	시각적 질을 시각적 선호로 대치하여 계량화

■ 시각적 복잡성
일정 환경에서의 시각적 선호도는 중간정도의 복잡성에 대한 시각적 선호가 가장 높다.

■ 시각적 환경의 질을 표현하는 특성
조화성, 기대성, 새로움, 친근성, 놀램, 단순성, 복잡성 등

시각적 선호의 변수

물리적 변수	식생, 물, 지형 등
추상적 변수	복잡성, 조화성, 새로움 등–매개변수
상징적 변수	일정 환경에 함축된 상징적 의미
개인적 변수	연령, 성별, 학력, 성격 등으로 가장 어렵고 중요

3. 사회행태적 접근

(1) 개인적 공간

① 개인의 주변에 형성된 보이지 않는 경계를 가진 배타적 점유공간
② 정신적 혹은 물리적인 위협에 대한 완충작용을 하는 방어기능 내포
③ 타인이 침범하면 불쾌감을 느끼는 경계로 동물에게서도 나타남

개인적 공간
인간에 있어서 개체가 생리적·본능적으로 방어하거나 민감하게 반응하는 적정한 형태와 행동의 범위로서, 고정되어 있지 않고 개인이 이동함에 따라 같이 이동되며, 개인의 상황, 성향, 인종별 차이 등 모든 사람이 다 같지 않고 차이가 존재한다.

홀(Hall)의 대인거리 분류

구 분	거 리	내 용
친밀한 거리	0~0.45m	이성간 혹은 씨름 등의 스포츠를 할 때 유지되는 거리
개인적 거리	0.5~1.2m	친한 친구나 잘 아는 사람들의 일상적 대화 시의 거리
사회적 거리	1.2~3.6m	주로 업무상의 대화에서 유지되는 거리
공적 거리	3.6m 이상	배우·연사 등 개인과 청중 사이에 유지되는 거리

(2) 영역성

① 외부와의 사회적 작용을 함에 있어서의 구심적 역할
② 물리적 또는 심리적 소유를 나타내는 일정지역

영역성 응용
아파트 단지의 담장이나 문주는 경계를 나타내는 상징적 요소로서 영역성을 옥외공간에 응용한 것이다.

알트만(Altman)의 사회적 단위 측면의 영역성 분류

구 분	내 용
1차적 영역 사적 영역	• 일상생활의 중심이 되는 반영구적으로 점유되는 공간 • 인간의 영역성 중 배타성이 가장 높은 영역(가정, 사무실 등) • 높은 프라이버시 요구
2차적 영역 (반공적·복합영역)	• 사회적 특정그룹 소속원들이 점유하는 공간(교실, 기숙사 등) • 어느 정도 개인화 되며, 배타성이 낮고 덜 영구적
공적 영역	• 거의 모든 사람의 접근이 허용되는 공간(광장, 해변 등) • 프라이버시 요구도와 배타성이 가장 낮음

(3) 혼잡

물리적 밀도	일정 면적에 사람이 모여 있는 정도
사회적 밀도	사람수에 관계없이 사회적 접촉이 일어나는 정도
지각된 밀도	물리적 밀도에 관계없이 개인이 느끼는 혼잡의 정도

혼잡의 정도
밀도가 높은 환경일수록 타인에 대한 호감도는 낮아지고, 구성원들 간의 아는 정도와 환경(공간)에 대한 익숙한 정도에 따라 혼잡정도에 차이가 있다.

(4) 인간행태분석

물리적 흔적관찰	• 프로젝트의 문제점 및 성격 파악용이 • 반복관찰이 가능, 저비용 • 사진, 스케치 등 이용
직접적 현장관찰	• 행태에 영향을 미치는 분위기까지 조사가능 • 이용자 행태의 연속적인 조사가 가능 • 관찰자의 출현이 피 관찰자의 행태에 영향 • 사진, 비디오 이용
설문지	• 문제의 성격이나 내용이 명확한 경우 이용 • 설문작성을 위한 예비조사 필요
인터뷰	직접적 질문을 통한 이용자의 반응 조사
문헌조사	신문 및 보고서, 통계자료, 도면 등을 통한 조사

리커드 척도(Likert scale)
제한응답 설문의 한 종류로 동일한 사항에 대하여 몇 가지 질문을 한 후 동의하거나 하지 않는 정도의 결과를 종합하여 분석한다.

핵심문제 해설

01. 토지이용은 사용에 대한 개념이므로 인문적 분석 내용에 속한다.

01 자연 환경 분석 중 자연 형성 과정을 파악하기 위해서 실시하는 분석 내용이 아닌 것은? 04-2, 07-1

㉮ 지형　　㉯ 수문
㉰ 토지이용　　㉱ 야생동물

02. 자연환경 조사분석의 대상으로는 지형, 지질, 토양, 기후, 생물, 수문, 경관 등이 있다.

02 다음 중 계획단계에서 자연환경 조사 사항과 가장 관계가 없는 것은? 03-5, 08-1, 09-2

㉮ 식생　　㉯ 주변 교통량
㉰ 기상조건　　㉱ 토양조사

03. $경사도 = \frac{수직거리}{수평거리} \times 100(\%)$

$\frac{20}{100} \times 100 = 20(\%)$

03 지형도에서 등고선 간격(수직거리)이 20m이고, 등고선에 직각인 두 등고선의 평면거리 (수평거리)가 100m인 경우 경사도(%)는? 05-2, 10-5

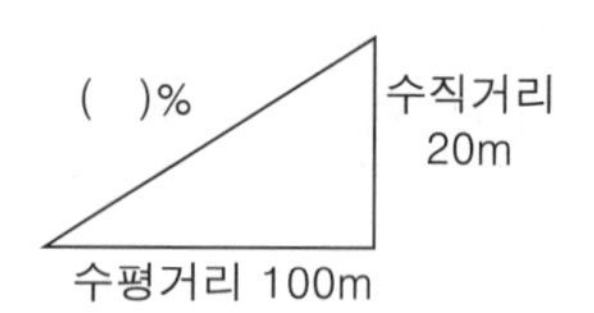

㉮ 10%　　㉯ 20%
㉰ 50%　　㉱ 80%

04. 등고선 1개의 간격이 5m이므로 5 x 3=15(m)

04 아래 그림에서 (A)점과 (B)점의 차는 얼마인가? (단, 등고선 간격은 5m이다.) 03-5, 06-1

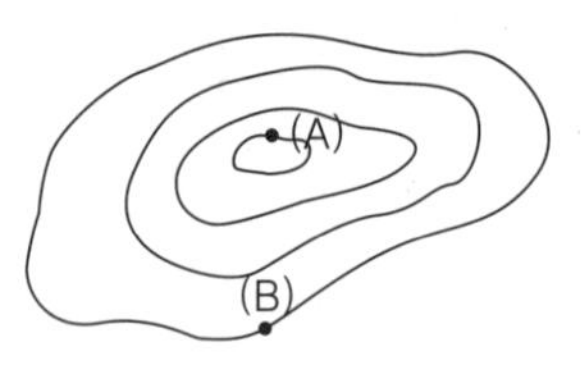

㉮ 10m　　㉯ 15m
㉯ 20m　　㉱ 25m

 정답 → 01. ㉰ 02. ㉯ 03. ㉯ 04. ㉯

05 토양의 무기질입자의 단위조성에 의한 토양의 분류를 토성(土性)이라고 한다. 다음 중 토성을 결정하는 요소가 아닌 것은? 08-2

㉮ 자갈 ㉯ 모래
㉰ 미사 ㉱ 점토

05. 토성은 모래, 미사, 점토의 함유 비율로 결정한다.

06 식물의 생육에 가장 알맞은 토양의 용적 비율(%)은? (단, 광물질 : 수분 : 공기 : 유기질의 순서로 나타낸다.) 07-1, 10-1

㉮ 50 : 20 : 20 : 10
㉯ 45 : 30 : 20 : 5
㉰ 40 : 30 : 15 : 15
㉱ 40 : 30 : 20 : 10

06. 토양 3상
- 흙입자(고체) : 50% (광물질 45%, 유기물 5%)
- 물(액체) : 25%
- 공기(기체) : 25%

07 토양 단면에 있어 낙엽과 그 분해 물질 등 대부분 유기물로 되어 있는 토양 고유의 층으로 L층, F층, H층으로 구성되어 있는 것은? 09-4

㉮ 용탈층(A층) ㉯ 유기물층(Ao층)
㉰ 집적층(B층) ㉱ 모재층(C층)

07. A_0층(유기물층)은 광물의 토양이 포함되어 있지 않다.

08 영구위조(永久萎凋)시의 토양의 수분 함량은 사토(砂土)의 경우 몇 %인가? 05-5, 09-5

㉮ 2~4% ㉯ 10~15%
㉰ 20~25% ㉱ 30~40%

08. 식물의 영구위조점은 pF4.0~4.2 정도로 식물에 따라 달라지며 사토의 경우 2~4%, 점토의 경우 34~37%의 함수량으로 나타난다.

09 자연환경조사 단계 중 미기후와 관련된 조사항목으로 가장 영향이 적은 것은? 04-5, 08-5

㉮ 지하수 유입 및 유동의 정도 ㉯ 태양 복사열을 받는 정도
㉰ 공기 유통의 정도 ㉱ 안개 및 서리 피해 유무

09. 미기후는 지형, 태양의 복사열, 공기유통 정도, 안개 및 서리의 피해 유무 등 국부적인 장소에 나타나는 기후가 주변기후와 현저히 달리 나타나는 것을 말한다.

10 다음 미기후(micro-climate)에 관한 설명 중 적합하지 않은 것은? 07-2, 08-2

㉮ 지형은 미기후의 주요 결정 요소가 된다.
㉯ 그 지역 주민에 의해 지난 수년동안의 자료를 얻을 수 있다.
㉰ 일반적으로 지역적인 기후 자료보다 미기후 자료를 얻기가 쉽다.
㉱ 미기후는 세부적인 토지이용에 커다란 영향을 미치게 된다.

10. 미기후 자료는 지역적 기후자료보다 얻기가 어려우며, 직접 현지에서 측정·조사 또는 그 지역에 장기간 거주한 주민의 의견을 듣기도 한다.

정답 ➧ 05. ㉮ 06. ㉯ 07. ㉯ 08. ㉮ 09. ㉮ 10. ㉰

11. 랜드마크(landmark 경계표)는 식별성이 높은 지형이나 지물 등(산봉우리 · 절벽 · 탑)으로 시각적으로 쉽게 구별되는 경관속의 요소를 말한다.

11 주변지역의 경관과 비교할 때 지배적이며, 특징을 가지고 있어 지표적인 역할을 하는 것을 무엇이라고 하는가? 12-4

㉮ vista ㉯ districts
㉰ nodes ㉱ landmarks

12. 통로(paths 도로)는 이동의 경로(가로, 수송로, 운하, 철도 등)를 말한다.

12 케빈 린치(K. Lynch)가 주장하는 경관의 이미지 요소 중에서 관찰자의 이동에 따라 연속적으로 경관이 변해가는 과정을 설명할 수 있는 것은? 11-4

㉮ landmark(지표물) ㉯ path(통로)
㉰ edge(모서리) ㉱ district(지역)

13. 식별성이 높은 지형이나 지물 등은 랜드마크에 속한다.

13 다음 중 서울시내의 남산에 위치한 남산타워는 도시를 구성하는 요소 중 어디에 속하는가? 08-1

㉮ 도로(paths) ㉯ 랜드마크(landmark)
㉰ 지역(district) ㉱ 가장자리(edge)

14. 비스타(vista)로 시각적 초점을 구성할 수 있다.

14 다음 중 좌우로 시선이 제한되어 전방의 일정 지점으로 시선이 모이도록 구성된 경관을 의미하는 것은? 06-2

㉮ 질감(texture) ㉯ 랜드마크(landmark)
㉰ 통경선(vista) ㉱ 결절점(nodes)

15. 전경관(panoramic landscape)은 시야를 가리지 않고 멀리 터져 보이는 경관(초원, 수평선 등)을 말한다.

15 독도는 광활한 바다에 우뚝 솟은 바위섬이다. 독도의 전망대에서 바라보는 경관의 유형으로 가장 적합한 것은? 09-5

㉮ 파노라마경관 ㉯ 지형경관
㉰ 위요경관 ㉱ 초점경관

16. 지형경관(feature landscape)은 지형적 특징으로 관찰자가 가까이에서 느끼기 어려운 경관이다.

16 다음 중 인간적 척도(human scale)와 밀접한 관계를 갖기가 가장 어려운 경관은? 10-4

㉮ 관개 경관 ㉯ 지형 경관
㉰ 세부 경관 ㉱ 위요 경관

 정답 → 11. ㉱ 12. ㉯ 13. ㉯ 14. ㉰ 15. ㉮ 16. ㉯

17 다음 중 위요경관에 속하는 것은? 12-5

㉮ 넓은 초원 ㉯ 노출된 바위
㉰ 숲속의 호수 ㉱ 계곡 끝의 폭포

18 다음 중 무리지어 나는 철새, 설경 또는 수면에 투영된 영상 등에서 느껴지는 경관은? 03-2, 08-1, 08-2, 10-5

㉮ 초점 경관 ㉯ 관개 경관
㉰ 세부 경관 ㉱ 일시 경관

19 경관의 유형 중 일시적 경관에 해당하지 않는 것은? ㉱ 09-4

㉮ 기상 변화에 따른 변화
㉯ 물 위에 투영된 영상(影像)
㉰ 동물의 출현
㉱ 산 중 호수

20 다음 중 관개경관으로 옳은 것은? 06-2

㉮ 평원에 우뚝 솟은 산봉우리
㉯ 주위 산에 의해 둘러싸인 산중 호수
㉰ 노폭이 좁은 지역에서 나뭇가지와 잎이 도로를 덮은 지역
㉱ 바다 한가운데서 수평선상의 경관을 360°각도로 조망할 때의 경관

21 다음 중 초점경관(focal landscape)에 해당되는 설명은? 06-1, 07-1

㉮ 단일 요소의 세부적인 특징으로 미시경관이다.
㉯ 강물이나 계곡 또는 길게 뻗은 도로 같은 것이다.
㉰ 수면에 투영된 구름의 모습이다.
㉱ 주위의 경관요소들이 울타리처럼 자연스럽게 싸고 있는 국소적(局所的) 경관이다.

22 경관구성의 우세요소가 아닌 것은? 06-1, 08-5, 11-1

㉮ 선 ㉯ 색채
㉰ 형태 ㉱ 시간

17. 위요경관(enclosed landscape)은 평탄한 중심공간이 있고 그 주위에 숲이나 산으로 둘러 싸여있는 경관(숲속의 호수 등)을 말한다.

18. 일시경관(ephemeral landscape)은 시간적 경과의 상황변화에 따라 경관의 모습이 달라지는 경우(설경이나 수면에 투영된 영상 등)를 말한다.

19. ㉱ 위요경관(enclosed landscape)

20. 관개경관(canopied landscape)은 상층이 나무숲으로 덮여 있고 나무줄기가 기둥처럼 들어서 있거나 하층을 관목이나 어린 나무들로 이루어진 경관을 말한다.

21. 초점경관(focal landscape)은 관찰자의 시선이 한 곳으로 집중되는 경관(계곡 끝의 폭포 등)과 좌우로의 시선이 제한되고 중앙의 한 점으로 모이는 경관을 말한다.

22. 경관의 우세요소에는 선, 형태, 색채, 질감 등이 있다.

정답 → 17. ㉰ 18. ㉱ 19. ㉱ 20. ㉰ 21. ㉯ 22. ㉱

23. 경관의 시각적 구성요소 중 가변요소는 운동, 빛, 기후조건, 계절, 거리, 관찰위치, 규모, 시간 등이 있다.

23 경관의 시각적 구성요소를 우세요소와 가변요소로 구분할 때 가변요소에 해당하지 않는 것은? 11-4

㉮ 광선 ㉯ 기상조건
㉰ 질감 ㉱ 계절

24. GIS는 일반 지도와 같은 지형정보와 함께 지하시설물 등 관련 정보를 인공위성으로 수집, 컴퓨터로 작성해 검색, 분석할 수 있도록 한 복합적인 지리정보 시스템이다.

24 조경분야에서 컴퓨터를 활용함에 있어서 설계 대상지의 특성을 분석하기 위해 자료수집 및 분석에 사용된 것으로 가장 알맞은 것은? 05-5

㉮ 워드프로세서(word processor)
㉯ 캐드시스템(CAD system)
㉰ 이미지 프로세싱(image processing)
㉱ 지리정보시스템(GIS)

25. 각 지점(경관점)에서 화살표 방향의 경관을 나타낸다.

25 다음 그림은 무엇을 나타낸 도면인가? 05-5

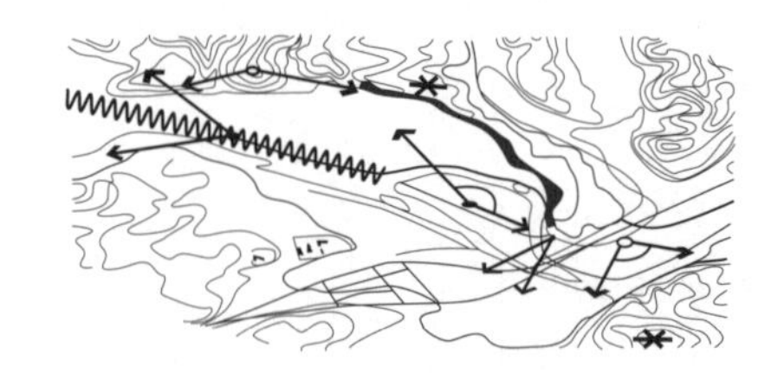

㉮ 경사분석도 ㉯ 식생분석도
㉰ 경관분석도 ㉱ 토지이용 계획도

26. 노란색은 주거지, 연한파란색은 자연환경보전지역, 빨간색은 도시지역, 분홍색은 상업지역, 연두색은 녹지지역을 의미한다.

26 도시기본구상도의 표시기준 중 공업용지는 무슨 색으로 표현되는가? 09-1

㉮ 노란색 ㉯ 파란색
㉰ 빨간색 ㉱ 보라색

27. 이성간의 교제는 0~0.45m, 배우와 청중의 거리는 3.6m 이상으로 정의하였다.

27 홀(Hall)이 구분한 개인적 공간의 거리 및 기능에 대한 설명이 모두 가장 바르게 짝지어진 것은? 06-2

㉮ 0.3~1.0m : 이성간의 교제
㉯ 0.45~1.1m : 친한 친구와의 대화
㉰ 1.2~3.5m : 업무상의 대화 유지 거리
㉱ 2.4~4.2m : 배우와 청중 사이에 유지 되는 거리

정답 ➔ 23. ㉰ 24. ㉱ 25. ㉰ 26. ㉱ 27. ㉯㉰

28 맥하그(Ian McHarg)가 주장한 생태적 결정론(ecological determinism)의 설명으로 옳은 것은? 11-1

㉮ 자연계는 생태계의 원리에 의해 구성되어 있으며, 따라서 생태적 질서가 인간환경의 물리적 형태를 지배한다는 이론이다.
㉯ 생태계의 원리는 조경설계의 대안 결정을 지배해야 한다는 이론이다.
㉰ 인간환경은 생태계의 원리로 구성되어 있으며, 따라서 인간사회는 생태적 진화를 이루어 왔다는 이론이다.
㉱ 인간행태는 생태적 질서의 지배를 받는다는 이론이다.

28. 생태적 결정론은 경제성에만 치우치기 쉬운 환경계획을 자연과학적 근거에서 인간의 환경문제를 파악하여 새로운 환경의 창조에 기여하고자 하였다.

정답 → 28. ㉮

Chapter 3 설계

1 설계의 기초

□ 제도
① 설계도를 그려서 표현하는 작업을 제도라 한다.
② 제도기구를 사용하여 설계자의 의사를 선, 기호, 문장 등으로 제도용지에 표시하는 일을 말한다.

□ 제도의 순서
① 축척을 정한다.
② 도면의 윤곽을 정한다.
③ 도면의 위치를 정한다.
④ 제도를 한다.

1. 제도

(1) 제도의 목적 및 원칙

1) 목적

① 도면 작성자의 의도를 도면 사용자에게 확실하고 쉽게 전달
② 정보의 확실한 보존 · 검색 · 이용

2) 도면작성의 일반원칙

통일성	도면에 표시하는 정보의 일관성 · 국제성 확보
간결성	정보를 명확하고 이해하기 쉬운 방법으로 표현
청결성	복사 및 보존 · 검색 · 이용의 용이함 확보

2. 선

(1) 선의 종류와 용도

종 류			선의 굵기	용 도
실선		굵은선	0.5~0.8mm ────	단면선, 중요 시설물, 식생표현 등
		중간선	0.3~0.5mm ────	입면선, 외형선 등 눈에 보이는 대부분의 것
		가는선	0.2~0.3mm ────	마감선, 인출선, 해칭선, 치수선 등 표기적인 것
허선	파선	중간선	- - - -	물체의 보이지 않는 부분
	일점쇄선	가는선	—·—·—·—	중심선이나 절단선, 부지경계선 등의 가상선
		굵은선	——·——	절단선으로 절단면의 위치나 부지 경계선
	이점쇄선	굵은선	——··——	가상선으로 일점쇄선과 구분하거나 대신해 사용

(2) 선의 굵기

① 제도에는 가는선, 중간선 및 굵은선의 세 가지 선 사용
② 그림기호나 레터링은 가는선과 중간선 사이의 굵기로 사용

선의 상대적 굵기
① 가는선 : 상대적 굵기 1
② 중간선 : 상대적 굵기 2
③ 굵은선 : 상대적 굵기 4

3. 치수선

(1) 치수선의 종류

구분	내용
치수선	치수를 기입하기 위하여, 길이, 각도를 측정하는 방향에 평행으로 그은 선
치수보조선	치수선을 기입하기 위해 도형에서 그어낸 선
지시선(인출선)	기술·기호 등을 나타내거나 도면 내용을 대상자체에 기입하기 곤란할 때 그어낸 선-수목명·주수·규격 등 표시

(2) 치수선의 표기방법

① 가는 실선 사용, 단위는 ㎜로 단위는 표시하지 않음
② 치수선은 도면에 평행, 치수보조선은 수직으로 사용
③ 치수는 치수선 중앙 윗부분에 평행하게 기입
④ 치수기입은 왼쪽에서 오른쪽, 아래에서 위로 기입
⑤ 치수선의 양끝은 화살 또는 점으로 표시-단말 기호
⑥ 기입할 간격이 협소할 경우 옆 치수의 위쪽이나 인출선 사용
⑦ 한 도면 내에서 인출선을 긋는 방향과 기울기는 가능하면 통일

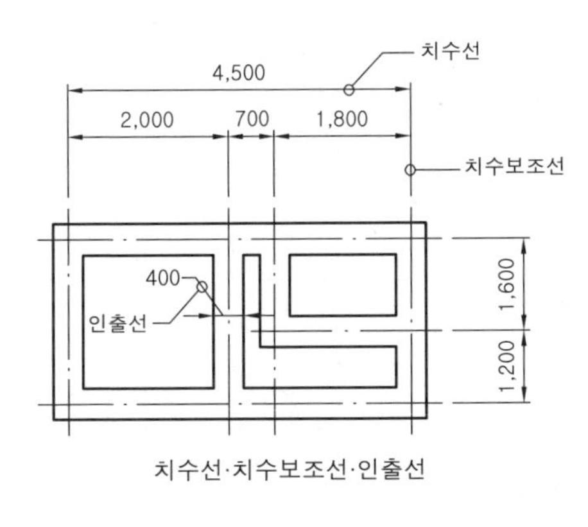

치수선·치수보조선·인출선

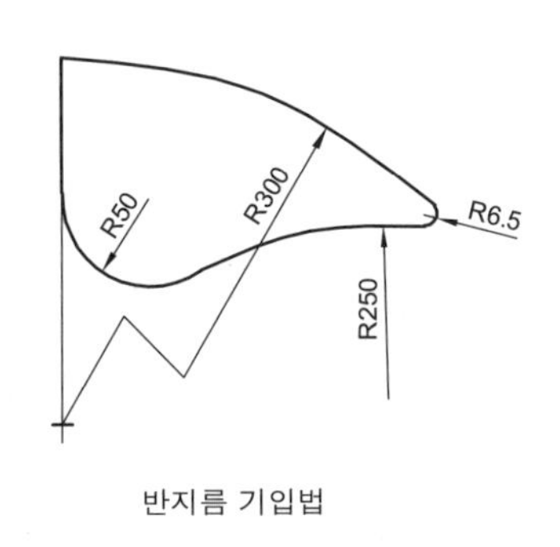

반지름 기입법

[치수선과 기입법]

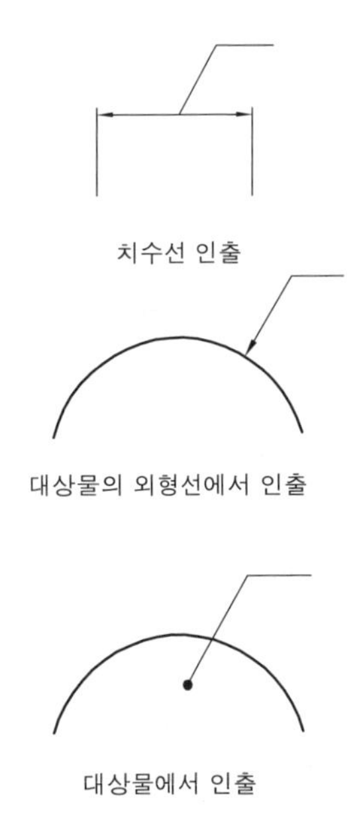

[지시선(인출선)의 사용]

4. 설계기호

1) 도면표시기호

도면을 간단히 함과 동시에 해석의 통일성을 위하여 그림기호·문자기호 등 사용

약어

표기	내용	표기	내용
EL.	표고(Elevation)	THK	재료 두께(Thickness)
G.L	지반고(Ground Level)	MH	맨홀
F.L	계획고(Finish Level)	DN	내려감(Down)
W.L	수면 높이(Water Level)	UP	올라감(Up)
F.H	마감 높이(Finish Height)	A	면적(Area)
B.M	표고 기준점(Bench Mark)	Wt	무게(Weight)
W	너비, 폭(Width)	V	용적(Volume)
H	높이(Height)	@	간격(at)
L	길이(Length)	D · Ø	지름(Diameter)
CONC.	콘트리트	STL.	철재(Steel), 강판(ST L, PL)

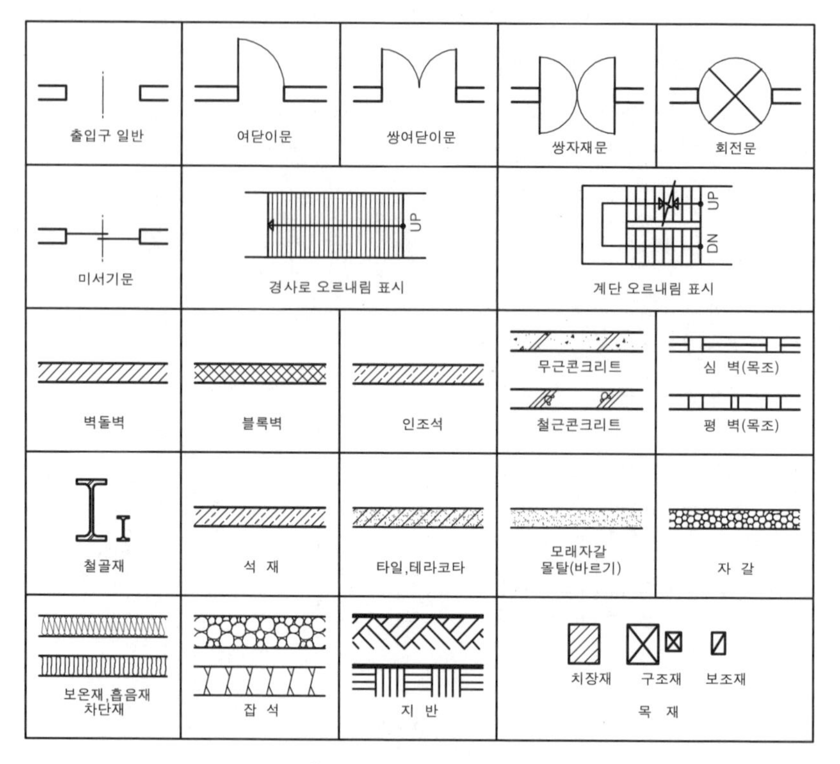

[평면 및 재료표시 기호]

파고라	사각정자	육각정자	평의자	등의자	야외탁자
4,500x4,500	4,500x4,500	D=4,500	1,800x400	1,800x650	1,800x1,800
평상	수목보호대	음수대	휴지통	집수정	빗물받이
2,100x1,500	2,000x2,000	500x500	Ø 600	900x900	400x400
조명등	볼라드	안내판	미끄럼대	그네	회전무대
H=4,500	Ø 450	H=2,100	이방식	3연식	D=2,400
철봉	정글짐	사다리	조합놀이대	시소	배드민턴장
L=4,500 (3단)	2,400x2,400	3,000x1,000		3연식	6Mx13M
배구장	테니스장	농구장	연못	분수	도섭지
9Mx18M	11Mx24M	15Mx28M			
벽천	화장실	매점 및 식당	관리사무소	담장 및 펜스	전기배선
				H=1,800	
급수관	우배수관	맹암거	법면	계단 및 램프	주차장
Ø 25	Ø 300	Ø 250			

[조경요소 일람표]

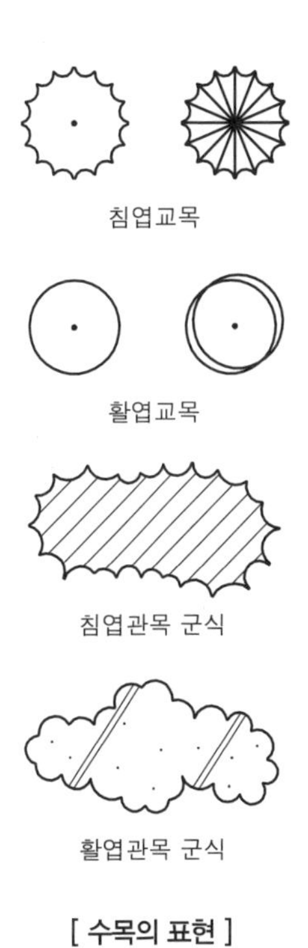

[수목의 표현]

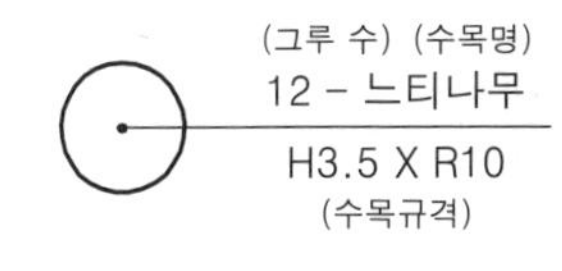

[수목인출선 표시법]

2) 수목의 표현

① 간단한 원으로 표현하는 방법도 사용
② 덩굴성 식물의 경우에는 줄기와 잎을 자연스럽게 표현
③ 윤곽선의 형태는 수목의 성상을 이미지화 하여 표현
④ 윤곽선의 크기는 수목의 성숙시 퍼지는 수관의 크기를 나타낸다.

5. 제도에 사용되는 문자–레터링(lettering)

① 글자는 간단명료하게 기입–과다하게 많이 쓰지 말 것
② 문장은 왼쪽에서부터 가로쓰기
③ 글자체는 수직 또는 15° 경사의 고딕체로 쓰는 것이 원칙
④ 글자의 크기는 각 도면의 상황에 맞추어 알아보기 쉬운 크기
⑤ 4자리 이상의 수는 3자리마다 휴지부를 찍거나 간격을 둠

■ 문자의 표시
① 한글 : 한글의 서체는 활자체에 준함
② 영자 : 주로 로마자 대문자 사용
③ 숫자 : 아라비아 숫자 사용
④ 문자의 크기는 문자의 높이가 기준

6. 제도 척도(scale)

(1) 척도

① "대상물의 실제 치수"에 대한 "도면에 표시한 대상물"의 비로써 도면의 치수를 실제의 치수로 나눈 값
② 도면에 사용하는 척도는 대상물의 크기, 대상물의 복잡성 등을 고려하여 명료성을 갖도록 선정

실척	실물 크기와 동일한 크기의 척도 (1/1)–현척
축척	실물 크기보다 작게 나타낸 척도 (1/2, 1/30, 1/100 등)
배척	실물의 크기보다 크게 나타낸 척도 (2/1, 5/1 등)

■ 척도의 표시
① 실척 1 : 1
② 축척 1 : X (1 : 50)
③ 배척 X : 1 (3 : 1)

■ 상대적 척도
단면도, 입면도, 투시도 등의 설계 도면에서 물체의 상대적인 크기를 느끼기 위하여 수목·자동차·사람 등을 그려 넣어 준다.

(2) 척도의 기입

① 도면에는 반드시 척도 기입
② 한 도면에 서로 다른 척도를 사용하였을 때에는 각 그림마다 또는 표제란의 일부에 척도 기입
③ 그림의 형태가 치수에 비례하지 않을 때에는 'NS(No Scale)'로 표시
④ 축척이 작아 실감나지 않을 때 자의 눈금을 일부 기입–스케일 바
⑤ 단면도 등에서 대상물의 특징이나 변화를 명확하게 표시하고 싶은 경우 가로와 세로의 척도를 달리할 수 있음

7. 제도용구 및 필기용 도구

(1) 제도용구

제도판	제도할 때 용지를 펴는 평평한 판
T자	평행선을 긋거나 삼각자의 안내 등에 사용하는 자
삼각자	수직선 및 사선을 그릴 때 사용하는 직선용 자
스케일	축척에 맞는 눈금을 가진 자–1/100~1/600
연필	H와 B로서 경도를 나타내며, 제도에는 HB를 많이 사용
지우개판	세밀하게 특정 부분만 지울 때 사용

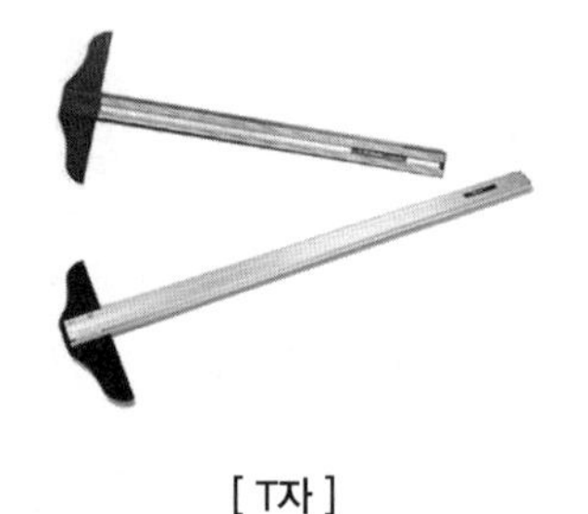

[T자]

템플릿	도형을 뚫어 놓아 기호나 시설물 등을 그릴 때 유용
운형자	여러 곡률의 곡선을 그릴 수 있게 한 것
자유곡선자	손으로 구부려 임의의 형태를 만들어 곡선 제도-원호자
그 외	지우개, 브러시, 컴퍼스, 테이프 등

❖ 삼각자

세 각이 90°, 45°, 45°인 것과 90°, 60°, 30°인 것 2매가 1세트로 되어 있으며, 삼각자를 사용하여 15°~90°까지 15°간격의 사선을 그릴 수 있다.

❖ 연필

연필은 H의 수가 많을수록 굳으며, B가 많을수록 무르고, 습기가 많은 날에는 상대적으로 흐리게 그려지기도 한다. 트레싱지에 가는 선을 흐리게 그리는 연필로는 4H가 적당하다.

(2) 제도용구의 사용법

1) 제도용구 배치

① 오른손으로 쓰는 것은 오른쪽에, 왼손으로 쓰는 것은 왼쪽에 가깝게 배치

② 오른손잡이 설계자의 경우 눈금자(스케일), 삼각자 등은 왼쪽에 배치하고, 컴퍼스, 디바이더 등은 오른쪽에 배치

2) 연필의 사용법

① 선의 굵기가 일정하게 되도록 긋기

② 일정한 힘을 가하여 연필을 돌려가면서 긋기

③ 선의 용도와 굵기에 따라 구별하여 긋기

④ 선 긋기 방향은 왼쪽→오른쪽, 아래쪽→위쪽

8. 도면

(1) 도면의 방향

① 도면은 그 길이 방향을 좌우 방향으로 놓은 위치가 정위치

② 평면도, 배치도 등은 북을 위로하여 배치

③ 입면도, 단면도 등은 위아래 방향을 도면지의 위아래와 일치시킬 것

(2) 표제란

① 도면의 아래 끝에 표제란 설정-오른쪽이나 아래쪽 전체 사용 가능

② 표제란의 보는 방향은 도면의 보는 방향과 동일하게 배치

③ 기관 정보(발주·설계·감리기관 등), 개정 관리정보(도면의 갱신 이력), 프로젝트 정보(개괄적 항목), 도면 정보(설계 및 관련 책임자, 도면명, 축척, 작성일자, 방위 등), 도면 번호 등 기입

[삼각자]

[삼각스케일]

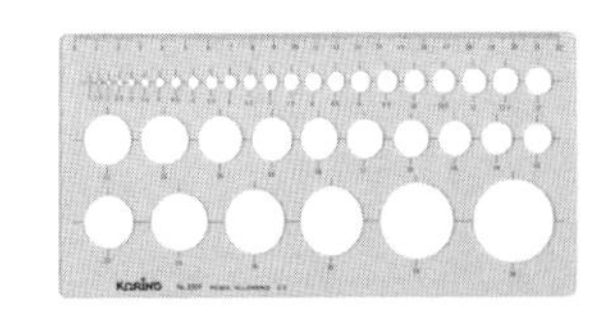

[템플릿]

연필의 기울기

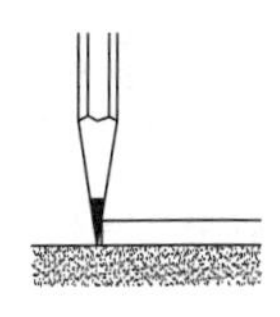

보통의 선긋기

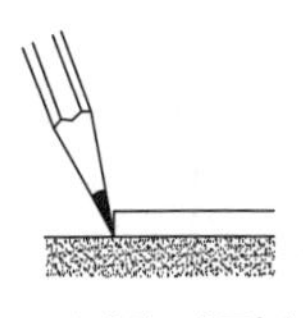

정밀한 선긋기

[연필의 사용법]

(3) 도면의 크기

① 제도용지의 크기는 A계열의 A0~A6 적용
② 큰 도면을 접은 도면의 크기는 A4
③ 도면의 테두리(윤곽선)를 만들 경우 일정 여백 설정
④ 윤곽선의 굵기는 0.5mm 이상의 실선 사용

도면의 여백 설정

제도지의 치수		A0	A1	A2	A3	A4
a×b		841 x 1189	594 x 841	420 x 594	297 x 420	210 x 297
c (최소)		10	10	10	5	5
d (최소)	묶지 않을 때	10	10	10	5	5
	묶을 때	25	25	25	25	25

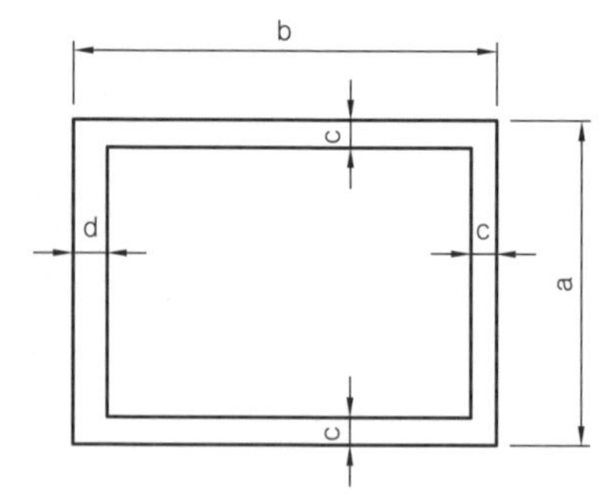

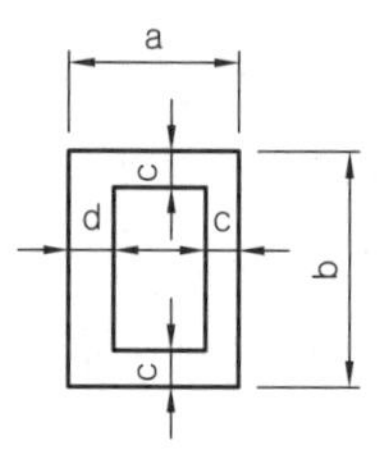

A4 이하의 길이 방향을
위아래로 하는 경우

[도면의 여백 설정]

(4) 도면의 종류

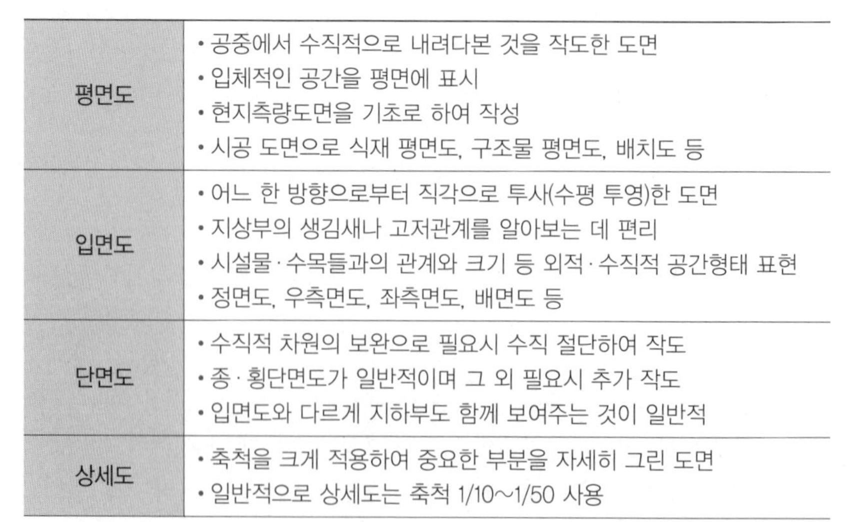

평면도	• 공중에서 수직적으로 내려다본 것을 작도한 도면 • 입체적인 공간을 평면에 표시 • 현지측량도면을 기초로 하여 작성 • 시공 도면으로 식재 평면도, 구조물 평면도, 배치도 등
입면도	• 어느 한 방향으로부터 직각으로 투사(수평 투영)한 도면 • 지상부의 생김새나 고저관계를 알아보는 데 편리 • 시설물·수목들과의 관계와 크기 등 외적·수직적 공간형태 표현 • 정면도, 우측면도, 좌측면도, 배면도 등
단면도	• 수직적 차원의 보완으로 필요시 수직 절단하여 작도 • 종·횡단면도가 일반적이며 그 외 필요시 추가 작도 • 입면도와 다르게 지하부도 함께 보여주는 것이 일반적
상세도	• 축척을 크게 적용하여 중요한 부분을 자세히 그린 도면 • 일반적으로 상세도는 축척 1/10~1/50 사용

[조감도]

[투시도]

조감도	• 완성 후의 모습을 공중에서 내려다본 모습을 그린 것–3점 투시 • 공간을 사실적으로 표현함으로써 공간 구성을 쉽게 알 수 있음
투시도	실제 완성된 모습을 가상하여 그린 것–1점 투시, 2점 투시
스케치	• 눈높이나 눈보다 조금 높은 높이에서 보이는 공간을 그린 것 • 투시도법에 의하지 않고 간략·신속하게 그린 그림

[스케치]

(5) 컴퓨터설계

① 시간과 노력의 절감

② 각종 연구자료 제공 및 자료의 저장 및 출력용이

③ 계획 지표의 예측, 계획안의 비교, 수정, 경제성 비교 등에 편리

④ 여행과 관찰에서 얻은 깨달음을 계획에 반영 가능

◘ 컴퓨터의 활용

워드 프로세서, 캐드(CAD), 이미지 프로세싱, 지리정보시스템(GIS), 3D 렌더링

◘ 컴퓨터 CADD(Computer Aided Design and Drafting)의 기능

① 공간자료의 입력

② 계획의 준비 및 평가

③ 계획의 프리젠테이션

2 조경설계 방법

1. 동선 및 공간 설계

(1) 동선의 성격과 기능

① 동선은 가급적 단순하고 명쾌하게 설계

② 성격이 다른 동선은 반드시 분리–가급적 동선의 교차 회피

③ 이용도가 높은 동선은 가능한 짧게 구성

④ 직선형 : 대학캠퍼스 내, 축구경기장 입구, 주차장·버스정류장 부근

⑤ 순환형 : 공원, 산책로, 식물원, 전시공간 등

◘ 조경계획과정

기초조사→터가르기→동선계획→식재계획

(2) 원로의 설계 과정

① 진입구의 위치선정–진입이 용이한 곳을 선정

② 동선체계의 수립–주동선·부동선·산책 동선·차량 동선·보행자 동선

③ 원로의 폭 결정–부지의 규모와 통행량 고려

④ 원로의 배치 및 설계 과정–시점과 종점을 정하고 회전 반지름 등 고려

◘ 원로(園路)

정원이나 공원에 설치되는 동선을 원로라 한다.

원로 폭의 설계 기준

설계기준	폭	비고
보행자와 트럭 1대가 함께 통행 가능	6m 이상	회전 반지름 6m
관리용 트럭 통행 가능	3m	공원 내 차도 최소 폭
보행자 2인이 나란히 통행 가능	1.5~2m	
보행자 1인이 통행 가능	0.8~1m	

(3) 공간 설계

① 동선 계획으로 구분된 곳에 시설물 설치 공간 및 식재 공간 확보

② 기능과 유형에 따라 시설물 공간에 적절한 시설물 배치

공간 설계
공간 설계와 동선 설계는 서로 밀접한 관계를 가지고 있다. 동선 설계 과정에서 부지 내 원로를 배치하면 원로에 의하여 부지를 여러 세부 공간으로 나누게 된다.

2. 배식 설계

(1) 정형식 식재

정형식 식재
식물재료의 자연성보다는 인간의 미의식에 입각한 인공적 조형을 먼저 고려한 식재이다.

정형식 식재패턴

구분	내용
단식 (점식)	현관 앞 등 가장 중요한 자리에 형태가 우수하고 중량감 있는 정형수를 단독으로 식재–표본식재
대식	축의 좌우에 형태·크기 등이 같은 동일수종의 나무를 한 쌍으로 식재–정연한 질서감 표현
열식	형태·크기 등이 같은 동일수종의 나무를 일정한 간격으로 줄을 이루도록 식재–차폐효과 가능
교호 식재	같은 간격으로 서로 어긋나게 식재하는 수법으로 열식을 변형하여 식재폭을 늘이기 위한 경우에 사용
집단 식재	다수의 수목을 규칙적으로 배치하여 일정지역을 덮어버리는 식재로서 군식이라고도 하며, 하나의 덩어리(군)로서의 질량감 표출

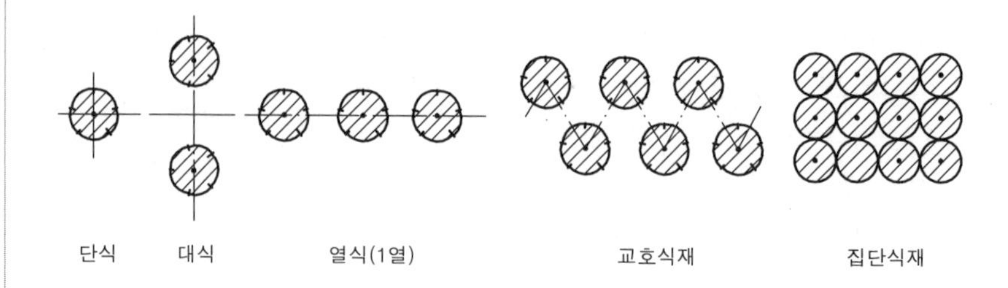

[정형식 식재의 기본양식]

(2) 자연풍경식 식재

자연풍경식 식재
자연풍경과 유사한 경관을 재현하거나 상징화하여 식재하는 것이다.–비대칭적 균형식재

기식(寄植)
식재 단위가 세 그루 이상의 자연형 식재로서 홀수를 택하여 식재하는 관습을 가지고 있는 모아심기를 말한다.

자유풍경식 식재패턴

구분	내용
부등변 삼각형 식재	• 각기 크기가 다른 세 그루의 수목을 서로 간격을 달리하는 동시에 한 직선에 서지 않도록 하는 수법 • 부등변삼각형의 각 꼭지점에 각각의 수목을 배치하여 전체적으로 비대칭균형을 이루게 한 것
임의 식재	• 나무의 형상·크기·식재 간격 등이 같지 않도록 식재 • 부등변삼각형을 기본단위로 삼각망을 순차적으로 확대
모아심기	• 나무를 모아 심어 단위수목경관을 만드는 식재방법 • 주변과는 무관하게 그 자체로 마무리–자연상태 식생 구성 • 부등변삼각형의 식재와 같이 홀수 식재–기식
무리심기	모아심기보다 좀 더 다수의 수목을 식재하는 방법

산재식재	한 그루씩 흩어지도록 심어 패턴을 이루게 하는 수법
배경식재	하나의 경관에서 배경적 역할을 구성하기 위한 수법
주목 (主木)	경관의 중심적 존재가 되어 전체경관을 지배하는 수목이나 수목군을 이르며 경관목이라 지칭

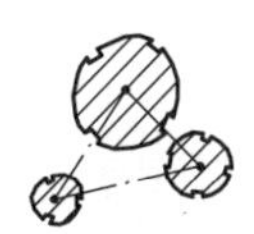

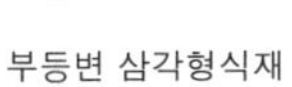

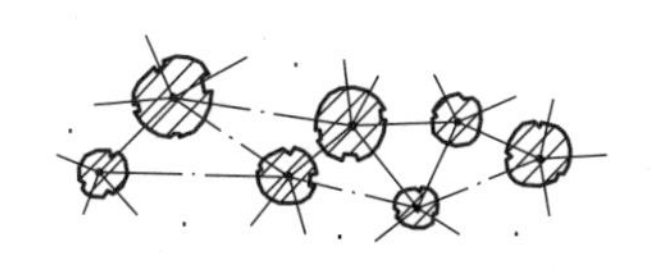

부등변 삼각형식재 임의식재 식재입면의 스카이라인

[자연풍경식 식재의 기본양식]

(3) 자유식재

❖ 자유식재 패턴

기하학적 디자인이나 축선을 의식적으로 부정하고, 단순하고 명쾌한 현대적 기능미 추구하는 자유로운 형식이기에 기본적 패턴이 없으며, 필요에 따라 정형식과 자유풍경식을 자유로이 이용하기도 하고, 새로운 식재형식을 창조하기도 한다.

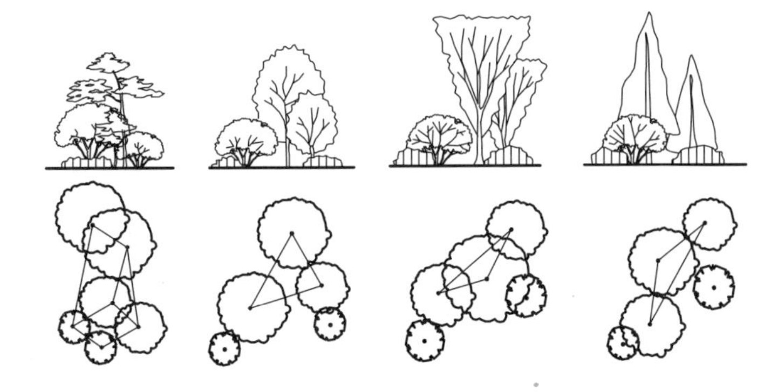

[자유식재의 사례패턴]

3. 경관조성 식재

(1) 미적효과와 관련한 식재형식

표본식재	가장 단순한 식재형식으로 독립수로서 개체수목의 미적 가치가 높은 수목 사용
강조식재	표본식재와 거의 유사한 식재효과를 목적으로 하나 1주 이상의 수목으로 효과를 얻는 방법
군집식재	개체의 개성이 약한 수목을 3~5주 모아심어 식재단위 구성

산울타리식재	한 종류의 수목을 선형으로 반복하여 식재하는 형식
경재식재	한 공간의 외곽 경계부위나 원로를 따라 식재하여 여러 가지 효과를 얻고자 하는 식재형식

(2) 건물과 관련된 식재형식

초점식재	시선을 경쟁요소들 중에서 의도한 곳으로 집중시키기 위한 식재
모서리식재	건물모서리의 앞이나 옆에 식재하여 강한 수직선 완화 및 외부에서 보여지는 조망의 틀 형성
배경식재	자연경관이 우세한 지역에서 건물과 주변경관을 융화시키기 위해 기본적으로 요구되는 식재기법
가리기 식재	건물과 자연경관과의 부조화를 적절히 가려 건물의 전체적인 외관을 향상시키려는 목적의 식재기법

◘ 건물관련 식재 설계원칙
① 건축물의 인공적인 건축성 완화
② 건물의 틀짜기
③ 개방잔디공간 확보
④ 현관으로의 전망 강조

3 조경미-경관 구성

1. 경관 구성 요소

❖ 경관 구성의 우세 요소

① 선(line) ② 형(form)
③ 색(color) ④ 질감(texture)

❖ 디자인의 조건

① 심미성 ② 독창성 ③ 합목적성

(1) 점

① 하나의 점은 주의력 집중
② 크기가 같은 두 개의 점은 심리적 긴장감(인장력) 발생
③ 크기가 다른 두 개의 점은 큰 점에서 작은 점으로 주의력 이동-시력의 이행
④ 점의 크기와 배치에 따라 동세와 리듬, 원근감 표현

◘ 점
점은 최고의 간결함을 가지고 있으며, 디자인에서 최소의 기본형태로서 조형의 가장 기본적인 요소이다. 점은 크기가 없고 위치만을 갖는 것으로 크기나 공간에 따라 면으로도 인식되어진다.

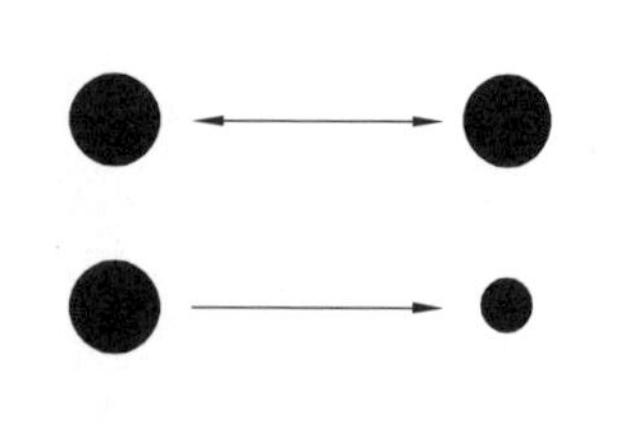

[점의 상호작용]

(2) 선

■ 선
점들의 움직임을 연결한 공간상의 궤적으로 방향을 가지고 있으며 점보다 강력한 시각적·심리적 효과를 보유하고 있다.

선의 감정

구분	내용
직선	• 단일 방향의 간결한 선, 이성적이고 완고하며 힘찬 느낌 • 남성적, 강직함, 비약·의지, 직접적 합리성과 물질적인 미
곡선	• 우아하고 매력적이며 유연, 자유로움을 주나 다소 불명확 • 여성적, 유순함, 순응·여유, 간접적 정서성으로 정신적인 미
지그재그선	젊음, 유동적, 활동적, 신경질적, 불안정

선의 방향

구분	내용
수평선	중력의 지지, 대지, 고요, 수동적, 세속적, 평화, 만족
수직선	중력에 중심, 고상함, 극적임, 장중함, 영감, 야망
사선	불안정, 순간적, 위험성과 함께 가변적, 주의력을 집중, 운동감

(3) 형태

구분	내용
기하학적 형태	• 수리적 법칙에 의한 것으로 뚜렷한 질서와 규칙적·과학적 • 단순 명쾌한 조형적 감정 발생–안정, 강력, 명료, 인공적 • 도시 경관–건물, 도로, 분수, 정형수(토피어리)
비기하학적 형태	• 자연계에 존재하는 법칙에 지배를 받으며 합리적·기능적 • 시각적으로 유동적 쾌감 발생–매력적, 여성적, 무질서 내재 • 자연 경관–바위, 산, 하천, 수목

(4) 색채

1) 색채의 지각

① 색의 대비

구분		내용
생리적 자극	동시대비	두 가지 이상의 색을 이웃하여 놓고 동시에 볼 때 일어나는 색의 대비 현상
	계시대비	눈의 잔상과 같은 효과로 일정한 색의 자극이 사라진 후에도 지속적으로 자극을 느끼게 되어 다르게 보이는 현상
대비 현상	색상대비	두 색 서로의 영향으로 색상의 차이가 크게 보이는 현상
	명도대비	두 색 서로의 영향으로 명도의 차이가 크게 보이는 현상
	채도대비	두 색 서로의 영향으로 채도의 차이가 크게 보이는 현상
	보색대비	보색관계의 두 색이 서로의 영향으로 채도가 높아 보여 선명해지며, 서로 상대방의 색을 강하게 드러내 보이게 하는 현상

◘ 푸르키니에 현상
체코의 의사인 푸르키니에가 해질녘에 우연히 서재에 걸어둔 그림에서 적색과 황색계열의 색상은 흐려지고 청색계열의 색상이 선명해지는 것을 보고 발견한 현상이다.

② 색채의 지각효과

푸르키니에 현상	밝은 곳에서는 난색계열의 장파장의 시감도가 좋고 어두운 곳에서는 한색계열의 단파장의 시감도가 좋음
보색심리	두 색이 서로 영향을 받아 본래의 색보다 채도가 높아 선명해지고, 서로 상대방의 색을 강하게 드러나게 함
색의 진출과 후퇴	전진되어 보이는 색상과 뒤로 들어가 보이는 색의 효과로 색상과 명도, 채도 모두 관계-난색이 진출색
유목성	특히 주의를 기울이지 않아도 사람의 시선을 끌어 쉽게 눈에 띄는 속성
식별성	색의 차이에 의해 대상이 갖는 정보의 차이를 구별하여 전달하는 성질

2) 색의 감정효과

색의 온도감	빨강→주황→노랑→연두→녹색→파랑→하양 순으로 차가워짐
색의 흥분·침정	난색의 경우 흥분감 유발, 한색의 경우 안정 도모
색의 중량감	명도가 높은 것이 가볍고, 낮은 것이 무겁게 느껴짐

◘ 색광의 삼원색
빨강(R)·녹색(G)·파랑(B)

◘ 색료의 삼원색
마젠타(적자)·노랑·시안(청록)

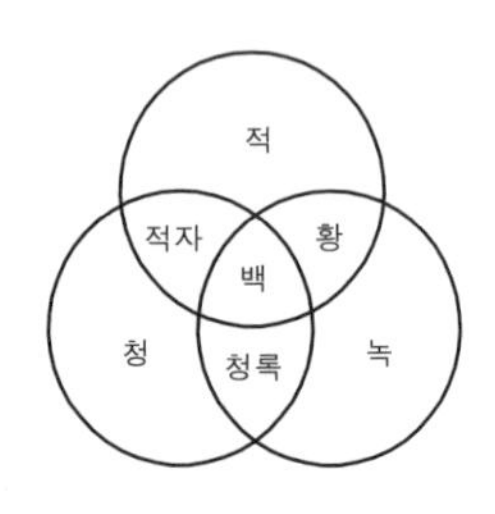

[가법혼합]

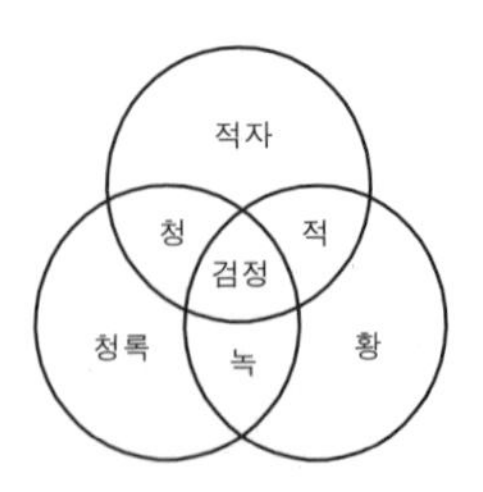

[감법혼합]

3) 색의 혼합

① 혼합원리

㉠ 원색(1차색) : 다른 색채의 혼합으로 만들 수 없는 색

㉡ 2차색 : 1차색의 혼합으로 만들어진 색

가법혼합 (색광의 혼합)	• 혼합하는 성분이 증가할수록 기본색보다 밝아지는 혼합 • 기본색상을 모두 합치면 백색광, 2차색은 색료의 1차색과 동일
감법혼합 (색료의 혼합)	• 혼합하는 성분이 증가할수록 기본색보다 어두워지는 혼합 • 기본색상을 모두 합치면 검정색, 2차색은 색광의 1차색과 동일

4) 먼셀의 색체계

색상(H)	무채색	하양과 검정만으로 만들어진 색상
	유채색	무채색을 제외한 모든 색상
명도(V)		색의 밝고 어두움을 표시한 것-0(검정)~10(하양)의 11단계
채도(C)		색의 순수성을 가리키는 것으로 흰색과 검정색이 섞이지 않은 순도 표시로 숫자가 높을수록 채도가 높음

❖ 그레이스케일(gray scale)

하양과 검정, 또 그 사이의 하양과 검정의 결합으로 만들어진 무채색의 명도단계를 말하며, 명도의 기준척도로 색입체의 세로축이 된다. 완벽한 검정과 하양은 없다는 가정하에 1~9까지의 수치에 Neutral의 N을 붙여 N1, N2,…N9까지 표기한다.

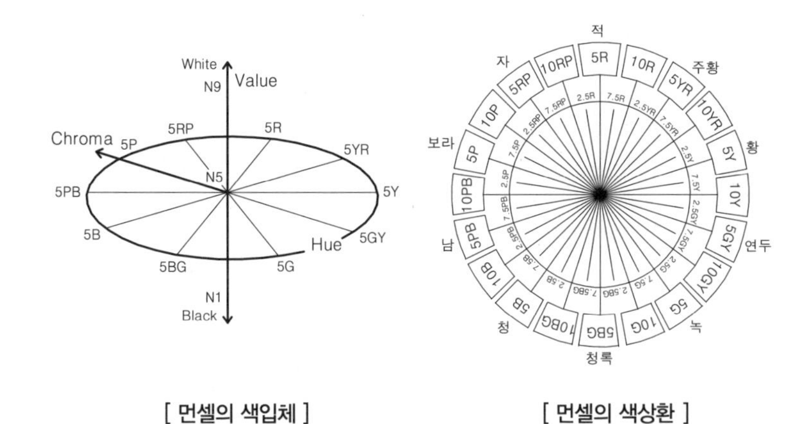

[먼셀의 색입체]　　[먼셀의 색상환]

◘ 먼셀(Munsell)의 기본색

① 빨강(R) : Red
② 노랑(Y) : Yellow
③ 초록(G) : Green
④ 파랑(B) : Blue
⑤ 보라(P) : Purple

5) 오방색(五方色 오방정색)

① 오행의 각 기운과 직결된 황(黃), 청(靑), 백(白), 적(赤), 흑(黑)의 다섯 가지 기본색–음양오행설에서 풀어낸 순수한 색

② 오방(중앙과 동·서·남·북)이 주된 골격을 이룬 양(陽)의 색–하늘과 남성 상징

◘ 오간색(五間色)

오방색의 사이색인 녹색, 벽색, 홍색, 유황색, 자색으로 음(陰)의 색–땅과 여성 상징

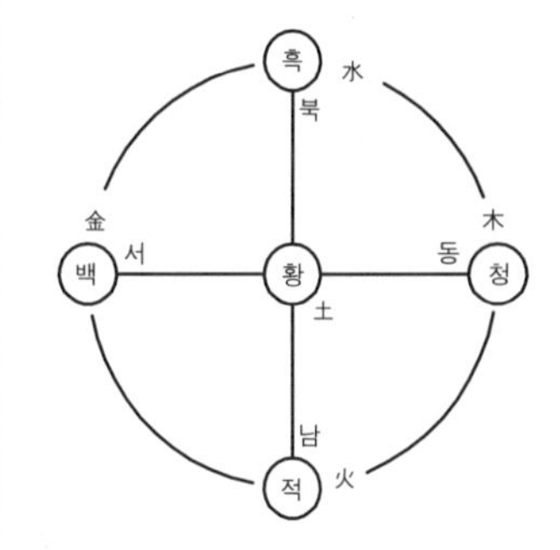

[음양오행설에 따른 방위와 색채]

(5) 질감

① 시각경험과 촉각경험이 결합되어 나타난 시각적인 특성

② 같은 질감이라도 감상거리에 따라 다르므로 거리관계에 유의

구분	특성
거친 질감	• 고운 질감에 비해 눈에 잘 띄고 진취적이고 강한 분위기 조성 • 시선을 끌기 위한 곳이나 초점적 분위기 연출
고운 질감	• 거친 질감보다 늦게 지각되며, 거리에 따라 가장 먼저 소실 • 실제보다 멀어지는 경향이 있으므로 경계를 확대할 때 이용

◘ 질감

형태, 색채와 더불어 질감은 디자인의 필수 요소로서 물체의 조성 성질을 말하며, 이는 우리의 감각을 통해 형태에 대한 지식을 제공한다.

2. 경관 형성의 우세 원칙

(1) 경관 형성 우세 원칙

① 대비 : 서로 다른 요소를 나란히 배치하여 돋보이게 하는 것

② 연속 : 동일한 요소를 반복하여 방향성·질서·통일감 유도

③ 축 : 시점과 종점을 잇는 가상선으로 인공적인 질서 강조

④ 집중 : 축의 설정으로 얻어지는 효과로 강력한 질서·통일감 강조

◘ 조경미(정원수 미)의 3요소

① 재료미(색채미)
② 형식미(형태미)
③ 내용미

⑤ 균형 : 대칭이나 비대칭적인 요소의 배치로 시각적 안정감 형성
⑥ 조형 : 액자와 같은 틀을 형성하여 그를 통해 조망하는 것

3. 경관 구성의 미적 원리

통일성과 다양성

통일성	• 전체를 구성하는 요소들이 동일성·유사성을 지니고, 이들이 잘 짜여져 있어 전체가 시각적으로 통일된 하나로 보이는 것 • 통일성 부여로 안정감, 편안함 등을 줄 수 있음 • 통일성을 달성하기 위한 수법-조화, 균형과 대칭, 강조
다양성	• 전체의 구성요소들이 동일하지 않으며 구성방법에서도 획일적이지 않아 변화있는 구성을 이루는 것 • 다양성을 달성하기 위한 수법-비례, 율동, 대비

(1) 조화

① 색채나 형태가 유사한 시각적 요소들이 서로 잘 어울려 전체적인 질서를 잡아주는 것
② 동질성을 창출하기 위한 여러 부분들의 조화로운 결합

(2) 균형과 대칭

균제와 균형

균제 (대칭)	• 가정한 하나의 축선을 기준으로 동일한 물체가 전후좌우에 위치했을 때의 단순한 균형상태 • 대칭적 균형, 형식적 균형
균형	• 형태감이나 색채감 등이 시각적으로 안정감을 주는 상태 • 부분과 부분 및 전체 사이의 시각적인 힘의 균형상태 • 비대칭적 균형, 비형식적 균형

대칭과 비대칭

대칭	• 대칭은 균형의 가장 간단한 형태로서 질서부여에 용이 • 정형식 디자인으로 안정감과 장엄함 및 명료성 증대 • 정형식 정원에서 사용
비대칭	• 실질적으로는 균형이 아니나 시각적 힘에 의한 균형 • 비정형식 디자인으로 인간적이고 동적인 안정감 부여 • 변화와 대비가 있는 자연스러움을 부여-무한한 양상(樣相) • 자연풍경식 정원에서 사용

◘ 미적 구성 원리
미적 구성 원리에 있어서 통일성과 다양성이 핵심을 이룬다. 즉 전체적으로 볼 때에는 산만하지 않고 통일성이 있어야 하며, 동시에 각 부분들 사이의 관계에서는 단조롭고 지루하지 않도록 다양성이 있어야 한다.

◘ 단순미
단일 혹은 동질적 요소로 나타나는 시각적인 힘으로 잔디밭, 일제림(단층림), 독립수 등의 경관에서 나타나는 아름다움으로 볼 수 있다.

◘ 통일성
전체가 부분보다 두드러져 보여야 하며, 다양한 요소들 사이에 확립된 질서 혹은 규칙으로서, 지나치게 통일을 강조하면 지루하고 단조로워 아름다운 자극을 흐리게 하고, 변화만을 추구하면 질서가 없어지므로 감정에 혼란과 불쾌감을 유발시킬 수 있다.

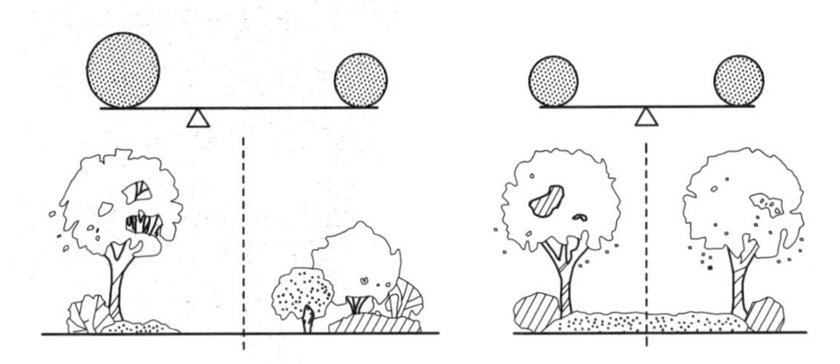

[비대칭균형과 대칭균형]

(3) 강조

① 동질의 형태나 색채들 사이에 상반된 요소 도입
② 시각적 산만함을 막고 통일감 조성
③ 시각적으로 중요한 부분을 나타낼 때 돋보이게 하는 수법
④ 전체적으로는 통일감을 조성, 부분적으로는 종속관계 형성

(4) 비례

① 물리적 변화에 대한 수량적 관계가 규칙적 비율을 가지는 것
② 부분과 전체의 관계를 보다 풍부하게 표현
③ 일정한 비율이 바람직하게 형성되면 균형으로서 아름다움 인지

(5) 율동(운율·리듬)

① 선·형태·색상 등이 규칙적이거나 조화로운 반복을 이루는 것
② 시각적인 강·약을 규칙적으로 연속시킬 때 발생하는 운동감

점증	색깔이나 크기, 방향이 점차적인 변화로 생기는 리듬
반복	문양·색채·형태 등이 계속적인 되풀이로 생기는 리듬
대립	수평과 수직의 만남 같이 대립적 구도로 생기는 리듬
변이	곡선의 형태에서 느낄 수 있는 리듬
방사	방사형으로 중심에서 밖으로 퍼져 나가는 모양의 리듬

(6) 대비

① 서로 상이한 요소를 대조시킴으로써 변화를 주는 것
② 이질부분의 결합에 의해 나타나는 것
③ 서로의 특성을 강조하여 시각적인 힘의 강약에 의한 효과

◘ 강조의 조건

① 대비·분리·배치
② 강조를 위해서는 대상의 외관을 단순화 시키며, 자연경관에서는 구조물이 강조의 수단으로 사용되는 경우가 많다.

◘ 비례미

인간은 심리적으로 일정한 비율로 감소 또는 증가된 상태로 보려는 습성이 있다. 소리나 색채, 형태에 있어서 양적(量的)으로나 길이, 폭, 면적, 크기 등에 적용시키려 하는 습성을 이용한 구성방법이다. 대표적인 것으로 '황금비율'이 있다.

◘ 율동미

디자인 요소의 변화되는 경관으로 복잡함에 질서를 주어 통일감을 주는 운동감이라 할 수도 있다.

◘ 점증미

디자인 요소의 점차적인 변화로서 감정의 급격한 변화를 막아주어 혼란을 감소시키며, 불안과 초조로부터 벗어날 수 있게 하는 구성방법이다.

◘ 변화

무질서가 아닌 통일속의 변화를 의미하며 다양성을 줄 수 있는 원리를 말한다.

◘ 눈가림 수법

① 눈가림 수법은 변화와 거리감을 강조하는 수법이다.
② 이 수법은 원래 중국에서 사용되었던 동양적인 것이다.
③ 시각적으로 한층 더 깊이가 있어 보이게 하는 수법이다.
④ 좁은 정원에서도 눈가림 수법을 쓰면 정원을 더 넓어 보이게 한다.

핵심문제 해설

01 제도를 하는 순서가 올바른 것은? 03-2, 05-5

[보기]

㉠ 축척을 정한다.
㉡ 도면의 윤곽을 정한다.
㉢ 도면의 위치를 정한다.
㉣ 제도를 한다.

㉮ ㉠-㉡-㉢-㉣　㉯ ㉡-㉢-㉠-㉣
㉰ ㉡-㉠-㉢-㉣　㉱ ㉢-㉡-㉠-㉣

01. 축척 정하기→도면윤곽 정하기→도면위치 정하기→제도

02 다음 중 선의 모양에 따라 구분하는 선의 종류가 나머지와 다른 것은? 08-1, 10-4

㉮ 실선　㉯ 파선
㉰ 굵은선　㉱ 쇄선

02. 선의 모양에 따라 실선과 허선으로 구분할 수 있으며 허선에는 파선, 일점쇄선, 이점쇄선이 있다.

03 제도에서 사용되는 물체의 중심선, 절단선, 경계선 등을 표시하는 데 가장 적합한 선은? 09-5, 10-2

㉮ 실선　㉯ 파선
㉰ 1점쇄선　㉱ 2점쇄선

03. 일점쇄선은 기준선을 나타내기도 한다.

04 가는 실선의 용도로 틀린 것은? 08-5

㉮ 치수 보조선　㉯ 인출선
㉰ 기준선　㉱ 중심선

04. 가는 실선은 치수 보조선, 지시선, 짧은 중심선, 마감선, 인출선, 해칭선, 치수선 등 표기적인 것에 사용한다.

05 다음 선의 종류와 선긋기의 내용이 잘못 짝지어진 것은? 05-1

㉮ 가는 실선-수목 인출선
㉯ 파선-보이지 않는 물체
㉰ 일점쇄선-지역 구분선
㉱ 이점쇄선-물체의 중심선

05. 이점쇄선은 가상선으로 일점쇄선과 구분하거나 대신해 사용한다.

 정답 → 01. ㉮ 02. ㉰ 03. ㉰ 04. ㉰ 05. ㉱

06 실선의 굵기에 따른 종류(굵은선, 중간선, 가는선)와 용도가 바르게 연결되어 있는 것은? 12-2

㉮ 굵은선-도면의 윤곽선 ㉯ 중간선-치수선
㉰ 가는선-단면선 ㉱ 가는선-파선

06. · 굵은선 : 단면의 윤곽 표시, 단면선, 중요 시설물, 식생표현 등
· 중간선 : 입면선, 외형선 등 형태를 나타내는 대부분의 것
· 가는선 : 마감선, 인출선, 해칭선, 치수선 등 표기적인 것

07 치수선 및 치수에 대한 기본적인 설명으로 부적합한 것은? 08-2, 10-1

㉮ 단위는 ㎜로 하고, 단위표시를 반드시 기입한다.
㉯ 치수를 표시할 때에는 치수선과 치수보조선을 사용한다.
㉰ 치수선은 치수보조선에 직각이 되도록 긋는다.
㉱ 치수의 기입은 치수선에 따라 도면에 평행하게 기입한다.

07. 치수의 단위가 ㎜일 경우에는 단위표시를 하지 않으며, 그 외의 경우에는 별도의 표시를 하여야 한다.

08 다음 중 시설물 상세도의 표현 기호에 대한 설명이 틀린 것은? 11-5

㉮ D : 지름 ㉯ H : 높이
㉰ R : 넓이 ㉱ THK : 두께

08. W는 너비나 폭(Width)을 말한다.

09 철근을 D13으로 표현했을 때, D는 무엇을 의미하는가? 12-5

㉮ 둥근 철근의 지름 ㉯ 이형 철근의 지름
㉰ 둥근 철근의 길이 ㉱ 이형 철근의 길이

09. D는 철근의 지름(Diameter 굵기)을 말한다.

10 단면상세도상에서 철근 D-16@300 이라고 적혀 있을 때, @는 무엇을 나타내는가? 05-5

㉮ 철근의 간격 ㉯ 철근의 길이
㉰ 철근의 직경 ㉱ 철근의 개수

10. @는 철근배근 시 간격(at)을 말한다.

11 다음 설계 기호는 무엇을 표시한 것인가? 11-4

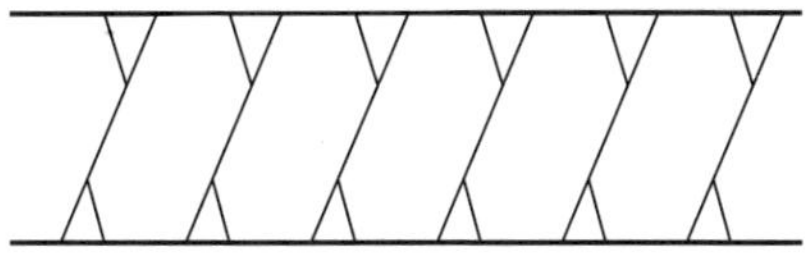

㉮ 인조석다짐 ㉯ 잡석다짐
㉰ 보도블록포장 ㉱ 콘크리트포장

정답 → 06. ㉮ 07. ㉮ 08. ㉰ 9. ㉯ 10. ㉮ 11. ㉯

12 다음 기호는 도면에서 무엇을 표현한 것인가? 06-2

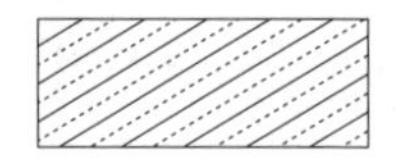

㉮ 지표면(흙)
㉯ 석재(石材)단면
㉰ 목재(木材)단면
㉱ 콘크리트(무근)단면

13 도면에 수목을 표시하는 방법으로 잘못된 것은? 06-5

㉮ 간단한 원으로 표현하는 방법도 있다.
㉯ 덩굴성 식물의 경우에는 줄기와 잎을 자연스럽게 표현한다.
㉰ 활엽수의 경우에는 직선이나 톱날 형태를 사용하여 표현한다.
㉱ 윤곽선의 크기는 수목의 성숙시 퍼지는 수관의 크기를 나타낸다.

13. 수목의 표현은 수목의 성상을 이미지화 하여 표현한다.

14 인출선에 대한 설명으로 옳지 않은 것은? 10-5

㉮ 수목명, 본수, 규격 등을 기입하기 위하여 주로 이용되는 선이다.
㉯ 도면의 내용물 자체에 설명을 기입할 수 없을 때 사용하는 선이다.
㉰ 인출선의 긋는 방향과 기울기는 서로 다르게 하는 것이 효과적이다.
㉱ 인출선은 가는 실선을 사용하며, 한 도면 내에서는 그 굵기와 질은 동일하게 유지한다.

14. 한 도면 내에서 인출선을 긋는 방향과 기울기는 가능하면 통일하도록 한다.

15 수목 인출선의 내용이 $\frac{3\text{–소나무}}{\text{H3.0 x W2.5}}$ 이다. 이에 대한 설명으로 잘못된 것은? 04-1

㉮ 소나무를 3주 심는다는 뜻이다. ㉯ H의 단위는 ㎝이다.
㉰ W는 수관폭을 의미한다. ㉱ 소나무의 높이는 300㎝이다.

15. H의 단위는 m이다.

16 축척 1/50 도면에서 도상(圖上)에 가로 6㎝ 세로 8㎝ 길이로 표시된 연못의 실지 면적은 얼마인가? 03-1, 09-1

㉮ 12㎡ ㉯ 24㎡
㉰ 36㎡ ㉱ 48㎡

16. 축척$(\frac{1}{m})^2 = \frac{\text{도상면적}}{\text{실제면적}}$

$(\frac{1}{50})^2 = \frac{0.06 \times 0.08}{x}$

$x = 50^2 \times (0.06 \times 0.08) = 12(m^2)$

17 스케일 1/100 축척에서 1㎝의 실제 거리는? 09-4, 10-4

㉮ 10㎝ ㉯ 1m
㉰ 10m ㉱ 100m

17. 축척$\frac{1}{m} = \frac{\text{도상길이}}{\text{실제길이}}$

$\frac{1}{100} = \frac{0.01}{x}$

$x = 100 \times 0.01 = 1(m)$

정답 → 12. ㉯ 13. ㉰ 14. ㉰ 15. ㉯ 16. ㉮ 17. ㉯

18 조경에서 제도 시 가장 많이 사용되는 제도용구로 가장 부적당한 것은? 05-2

㉮ 원형 템플릿 ㉯ 삼각 축척자
㉰ 콤파스 ㉱ 나침반

18. 제도 용구에는 제도판, T자, 삼각자, 스케일, 연필, 지우개판, 템플릿, 운형자, 자유곡선자, 지우개, 브러시, 컴퍼스, 테이프 등이 있다.

19 조경설계에 있어서 수목을 표현할 때 가장 많이 사용하는 제도용구는? 05-5

㉮ T자 ㉯ 원형템플릿
㉰ 삼각축척(스케일) ㉱ 삼각자

19. 템플릿(형판)은 아크릴로 만든 얇은 판에 원이나 다른 도형 등을 일정한 형태로 뚫어놓아 기호나 시설물 등을 그릴 때 유용하다.

20 제도용구로 사용되는 삼각자 한쌍(직각이등변삼각형과 직삼각형)으로 작도할 수 있는 각도는? 10-1

㉮ 65° ㉯ 95°
㉰ 105° ㉱ 125°

20. 삼각자를 사용하여 15°~90° 등 15° 간격의 사선 작도가 가능하다.

21 제도 후 도면의 표제란에 기재하지 않아도 되는 것은? 08-1

㉮ 도면명 ㉯ 도면번호
㉰ 제도장소 ㉱ 축척

21. 표제란에는 기관 정보(발주·설계·감리기관 등), 개정 관리 정보(도면의 갱신 이력), 프로젝트 정보(개괄적 항목), 도면 정보(설계 및 관련 책임자, 도면명, 축척, 작성일자, 방위 등), 도면 번호 등 기입한다.

22 A2 도면의 크기 수치로 옳은 것은? 11-5

㉮ 841×1189 ㉯ 594×841
㉰ 420×594 ㉱ 210×297

22. 제도지의 치수(mm)

구분	a×b
A0	841×1189
A1	594×841
A2	420×594
A3	297×420
A4	210×297

23 시공 후 전체적인 모습을 알아보기 쉽도록 그린 다음과 같은 형태의 그림은? 04-1 05-5

㉮ 평면도 ㉯ 입면도
㉰ 조감도 ㉱ 상세도

23. 조감도는 완성 후의 모습을 공중에서 내려다본 모습을 그린 것으로 공간을 사실적으로 표현함으로써 공간 구성을 쉽게 알 수 있다.

정답 → 18. ㉱ 19. ㉯ 20. ㉰ 21. ㉰ 22. ㉰ 23. ㉰

24. 평면도는 공중에서 수직적으로 내려다본 것을 작도한 도면으로 입체감이 없는 도면이다.

24 물체를 위에서 내려다 본 것으로 가정하고 수평면상에 투영하여 작도한 것은? 06-5, 11-1

㉮ 평면도 ㉯ 상세도
㉰ 입면도 ㉱ 단면도

25. 상세도는 다른 도면들에 비해 확대된 축척을 사용하여 재료·공법·치수 등을 자세히 기입하는 도면이다.

25 설계도의 종류 중에서 입체적인 느낌이 나지 않는 도면은 무엇인가? 05-2

㉮ 상세도 ㉯ 투시도
㉰ 조감도 ㉱ 스케치도

26. 입면도는 어느 한 방향으로부터 직각으로 투사(수평 투영)한 도면으로 시설물·수목들과의 관계 및 크기 등 외적·수직적 공간형태를 표현한다.

26 구조물의 외적 형태를 보여 주기 위한 다음 그림은 어떤 설계도인가? 09-1

㉮ 평면도
㉯ 투시도
㉰ 입면도
㉱ 조감도

27. 투시도는 실제 완성된 모습을 가상하여 그린 것으로 1점 투시와 2점 투시가 있다.

27 설계안이 완공되었을 경우를 가정하여 설계 내용을 실제 눈에 보이는 대로 절단한 면에서 먼 곳에 있는 것은 작게, 가까이 있는 것은 크고 깊이가 있게 하나의 화면에 그리는 것은? 11-2

㉮ 평면도 ㉯ 조감도
㉰ 투시도 ㉱ 상세도

28. 단면도, 입면도, 투시도 등의 설계도면에서 물체의 상대적인 크기를 느끼게 하기 위하여 수목·자동차·사람 등을 그려 넣어 준다.

28 다음 중 단면도, 입면도, 투시도 등의 설계도면에서 물체의 상대적인 크기(기준)를 느끼기 위해서 그리는 대상이 아닌 것은? 03-5, 06-1

㉮ 수목 ㉯ 자동차
㉰ 사람 ㉱ 연못

29. 이용도가 높은 동선은 가능한 짧게 구성한다.

29 동선 설계 시 고려해야 할 사항으로 틀린 것은? 09-1, 09-2

㉮ 가급적 단순하고 명쾌해야 한다.
㉯ 성격이 다른 동선은 반드시 분리해야 한다.
㉰ 가급적 동선의 교차를 피하도록 한다.
㉱ 이용도가 높은 동선은 길게 해야 한다.

정답 → 24. ㉮ 25. ㉮ 26. ㉰ 27. ㉰ 28. ㉱ 29. ㉱

30 원로의 시공계획 시 일반적인 사항을 설명한 것 중 틀린 것은? 12-5

㉮ 원로는 단순 명쾌하게 설계, 시공이 되어야 한다.
㉯ 보행자 한사람 통행 가능한 원로폭은 0.8~1.0m 이다.
㉰ 원칙적으로 보도와 차도를 겸할 수 없도록 하고, 최소한 분리시키도록 한다.
㉱ 보행자 2인이 나란히 통행 가능한 원로폭은 1.5~2.0m 이다.

30. 공원에서의 원로는 관리차량 등이 다닐 수 있으며 분리시켜 배치하기는 어렵다.

31 다음 중 정형식 배식 유형은? 04-1, 06-2

㉮ 부등변 삼각형 식재 ㉯ 임의 식재
㉰ 군식 ㉱ 교호 식재

31. 교호 식재는 열식을 엇갈리게 배치하여 식재폭을 늘이기 위한 경우에 사용한다.

32 정형식 배식 방법에 대한 설명이 옳지 않은 것은? 12-2

㉮ 단식-생김새가 우수하고, 중량감을 갖춘 정형수를 단독으로 식재
㉯ 대식-시선축의 좌우에 같은 형태, 같은 종류의 나무를 대칭 식재
㉰ 열식-같은 형태와 종류의 나무를 일정한 간격으로 직선상에 식재
㉱ 교호식재-서로 마주보게 배치하는 식재

32. 교호식재는 같은 간격으로 서로 어긋나게 식재하는 수법이다.

33 정원의 구성 요소 중 점적인 요소로 구별되는 것은? 09-4

㉮ 원로 ㉯ 생울타리
㉰ 냇물 ㉱ 음수대

33. 점은 시선을 집중시키는 효과를 가지며, 경석(景石), 석탑, 시계탑, 조각물, 독립수, 연못, 화단 등으로 나타난다.

34 디자인의 조건이 아닌 것은? 07-5

㉮ 심미성 ㉯ 독창성
㉰ 합목적성 ㉱ 조직성

34. 디자인의 3대 조건
심미성, 독창성, 합목적성

35 정원에서 미적요소 구성은 재료의 짝지움에서 나타나는데 도면상 선적인 요소에 해당되는 것은? 11-4

㉮ 분수 ㉯ 독립수
㉰ 원로 ㉱ 연못

35. 선은 형태에 따라 방향·운동감·속도·영역 등을 암시하며, 오솔길·시냇물·수변의 경계 등으로 나타난다.

정답 ➔ 30. ㉰ 31. ㉱ 32. ㉱ 33. ㉱ 34. ㉱ 35. ㉰

36. 수평선은 중력의 지지·대지·고요·수동적·세속적·평화·만족 등의 느낌을 준다.

36 선의 방향에 따른 분류 중 수평선이 주는 느낌은? 09-2

㉮ 권위감 ㉯ 평화감
㉰ 남성감 ㉱ 운동감

37. ㉮ 색상, ㉰ 채도
㉱ 명도의 기준척도

37 다음 중 색의 3속성에 관한 설명으로 옳은 것은? 12-4

㉮ 감각에 따라 식별되는 색의 종명을 채도라고 한다.
㉯ 두 색상 중에서 빛의 반사율이 높은 쪽이 밝은 색이다.
㉰ 색의 포화상태 즉, 강약을 말하는 것은 명도이다.
㉱ 그레이 스케일(gray scale)은 채도의 기준척도로 사용된다.

38. 색광의 삼원색은 빨강(R), 녹색(G), 파랑(B)으로 기본색상을 모두 합치면 백색광이 된다.

38 색광의 3원색인 R, G, B를 모두 혼합하면 어떤 색이 되는가? 07-5

㉮ 검은색 ㉯ 회색
㉰ 흰색 ㉱ 붉은색

39. 색상대비는 색상이 다른 두 색을 인접시켜 배색하였을 경우 두 색이 서로의 영향으로 인해 색상의 차이가 크게 나 보이는 현상을 말한다.

39 도형의 색이 바탕색의 잔상으로 나타나는 심리보색의 방향으로 변화되어 지각되는 대비 효과를 무엇이라고 하는가? 11-1

㉮ 색상대비 ㉯ 명도대비
㉰ 채도대비 ㉱ 동시대비

40. ㉯ 암순응

40 명암순응(明暗順應)에 대한 설명으로 틀린 것은? 10-1

㉮ 눈이 빛의 밝기에 순응해서 물체를 본다는 것을 명암순응(明暗順應)이라 한다.
㉯ 맑은 날 색을 본 것과 흐린 날 색을 본 것이 같이 느껴지는 것을 명순응(明順應)이다.
㉰ 터널에 들어갈 때와 나갈 때의 밝기가 급격히 변하지 않도록 명암순응 식재를 한다.
㉱ 명순응에 비해 암순응은 장시간을 필요로 한다.

41. 난색은 진출색이며 따뜻함을 연상하게 하여 편안·포근·만족감을 느끼게 하는 색채이다.

41 따뜻한 색 계통이 주는 감정에 해당되지 않는 것은? 03-1

㉮ 전진해 보인다. ㉯ 정열적이거나 온화하다.
㉰ 상쾌한 느낌을 준다. ㉱ 친근한 느낌을 준다.

정답 → 36. ㉯ 37. ㉯ 38. ㉰ 39. ㉮ 40. ㉯ 41. ㉰

42 다음 중 가장 가볍게 느껴지는 색은? 09-4, 12-1

㉮ 파랑 ㉯ 노랑
㉰ 초록 ㉱ 연두

42. 명도가 높은 밝은 색은 가벼워 보인다.

43 먼셀의 색상환에서 BG는 무슨 색인가? 09-1, 09-5, 12-2

㉮ 연두색 ㉯ 남색
㉰ 청록색 ㉱ 보라색

43. 먼셀의 색상은 빨강(적 R), 노랑(황 Y), 초록(녹 G), 파랑(청 B), 보라(P) 5가지를 기본색으로 중간에 주황(YR), 연두(GY), 청록(BG), 남색(남 PB), 자주(자 RP) 5가지의 색상(보색)을 넣어 10가지 색상으로 분할된다.

44 오방색 중 황(黃)의 오행과 방위가 바르게 짝지어진 것은? 12-2

㉮ 금(金)-서쪽 ㉯ 목(木)-동쪽
㉰ 토(土)-중앙 ㉱ 수(水)-북쪽

44. 오방색의 오행과 방위

색	오행	방위
황	토	중앙
청	목	동
백	금	서
적	화	남
흑	수	북

45 조경미의 요소에 들지 않는 것은? 03-5, 11-5

㉮ 재료미 ㉯ 형식미
㉰ 내용미 ㉱ 복합미

45. 조경미(정원수 미)의 3요소
재료미(색채미), 형식미(형태미), 내용미

46 다음 조경미의 설명으로 틀린 것은? 05-2

㉮ 질감이란 물체의 표면을 보거나 만지므로 느껴지는 감각을 말한다.
㉯ 통일미란 개체가 특징있는 것으로 단순한 자태를 균형과 조화속에 나타내는 미이다.
㉰ 운율미란 연속적으로 변화되는 색채, 형태, 선, 소리 등에서 찾아볼 수 있는 미이다.
㉱ 균형미란 가정한 중심선을 기준으로 양쪽의 크기나 무게가 보는 사람에게 안정감을 줄 때를 말한다.

46. 통일미란 전체를 구성하는 요소들이 동일성·유사성을 지니고, 이들이 잘 짜여 있어 전체가 시각적으로 통일된 하나로 보이는 아름다움을 말한다.

47 다음 조경미의 요소 중 축(axis)에 대한 설명으로 가장 거리가 먼 것은? 08-1

㉮ 축을 사용한 전형적인 예는 프랑스의 베르사유궁전이 있다.
㉯ 축선은 1개 일 때 그 효과가 커서 되도록 2개 이상은 쓰지 않는다.
㉰ 축선 위에는 원로, 캐널, 케스케이드, 병목 등을 설치해서 강조하고 있다.
㉱ 축의 교점에는 분수, 못, 조각상 등을 설치하는 것이 효과적이다.

47. 주축과 주축에 병행되거나 교차하는 부축의 설정으로 강조의 효과를 줄 수 있다.

정답 ➔ 42. ㉯ 43. ㉰ 44. ㉰ 45. ㉱ 46. ㉯ 47. ㉯

48. 통일성은 다양한 요소들 사이에 확립된 질서 혹은 규칙으로서, 적절한 통일성과 다양성이 조화되어야 한다.

48 경관구성의 미적 원리는 통일성과 다양성으로 구분할 수 있다. 다음 중 통일성과 관련이 가장 적은 것은? 05-5, 11-1

㉮ 균형과 대칭 ㉯ 강조
㉰ 조화 ㉱ 율동

49. 다양성을 달성하기 위하여 구성요소에 변화, 리듬, 대비효과를 이용한다.

49 경관구성의 미적 원리를 통일성과 다양성으로 구분할 때, 다음 중 다양성에 해당하는 것은? 09-2, 12-2

㉮ 조화 ㉯ 균형
㉰ 강조 ㉱ 대비

50. 단순미는 단일 혹은 동질적 요소로 나타나는 시각적 아름다움을 말한다.

50 잔디밭, 일제림, 독립수 등의 경관에 나타나는 아름다움은? 03-2

㉮ 조화미 ㉯ 단순미
㉰ 점층미 ㉱ 대비미

51. 조화는 색채나 형태가 유사한 시각적 요소들이 서로 잘 어울려 전체적인 질서를 잡아주는 것을 말한다.

51 다음 중 조화(Harmony)의 설명으로 가장 적합한 것은? 12-4

㉮ 각 요소들이 강약, 장단의 주기성이나 규칙성을 가지면서 전체적으로 연속적인 운동감을 가지는 것
㉯ 모양이나 색깔 등이 비슷비슷하면서도 실은 똑같지 않은 것끼리 모여 균형을 유지하는 것
㉰ 서로 다른 것끼리 모여 서로를 강조시켜 주는 것
㉱ 축선을 중심으로 하여 양쪽의 비중을 똑같이 만드는 것

52. 균형미는 시각적 안정감을 주는 상태로써 힘의 균형상태를 말한다.

52 관찰자 시선의 중심선을 기준으로 형태감이나 색채감에서 양쪽의 크기나 무게가 안정감을 줄 때 나타나는 아름다움은? 10-4

㉮ 대비미 ㉯ 강조미
㉰ 균형미 ㉱ 반복미

53. 비대칭은 비정형식 디자인으로 인간적이며 동적인 안정감과 변화와 대비가 있는 자연스러움과 무한한 양상(樣相)을 부여한다.

53 다음 중 비대칭이 주는 효과가 아닌 것은? 03-5

㉮ 단순하기 보다는 복잡성을 띠게 된다.
㉯ 정돈성은 없으나 동적(動的)이다.
㉰ 무한한 양상(樣相)을 가질 수 있다.
㉱ 규칙적이고 통일감이 있다.

정답 ➔ 48. ㉱ 49. ㉱ 50. ㉯ 51. ㉯ 52. ㉰ 53. ㉱

54 다음은 강조(accent)에 대한 설명이다. 이 중 적합하지 않은 것은? 04-5

㉮ 비슷한 형태나 색감들 사이에 이와 상반되는 것을 넣어 강조함으로 시각적으로 산만함을 막고 통일감을 조성할 수 있다.
㉯ 전체적인 모습을 꽉 조여 변화 없는 단조로움이 나타나기 쉽다.
㉰ 강조를 위해서는 대상의 외관(外觀)을 단순화시켜야 한다.
㉱ 자연경관에서는 구조물이 강조의 수단으로 사용되는 경우가 많다.

54. 강조는 통일과 질서 속에서 이루어지며, 다른 부분은 강조된 부분과 종속관계를 형성한다.

55 피아노의 리듬에 맞추어 움직이는 분수를 계획할 때 강조해서 적용할 경관 구성 원리는? 06-5, 09-1

㉮ 율동 ㉯ 조화
㉰ 균형 ㉱ 비례

55. 율동(운율)은 질서를 통한 형태나 소리, 색채로써 연속적인 변화를 주어 흥미로움을 줄 수 있게 하는 구성방법이다.

56 회화에 있어서의 농담법과 같은 수법으로 화단의 풀꽃을 엷은 빛깔에서 점점 짙은 빛깔로 맞추어 나갈 때 생기는 아름다움은? 10-1, 12-4

㉮ 단순미 ㉯ 통일미
㉰ 반복미 ㉱ 점증미

56. 점증미는 디자인 요소의 점차적인 변화로서 감정의 급격한 변화를 막아 혼란을 감소시킨다.

57 다음 중 운율미의 표현이 아닌 것은? 03-5

㉮ 변화되는 색채
㉯ 아름다운 숲과 바위
㉰ 일정하게 들려오는 파도소리
㉱ 폭포소리

57. 운율(rhythm)은 디자인 요소의 변화되는 경관을 말한다.

58 다음 중 조경공간을 구성하는 재료를 질적, 양적으로 전혀 다른 것으로 배열함으로써 서로의 특성이 강조될 때, 보는 사람에게 강한 자극을 주는 조경미로 가장 적당한 것은? 06-2, 09-1

㉮ 운율미 ㉯ 대비미
㉰ 조화미 ㉱ 균형미

58. 대비미는 서로 상이한 요소를 대조시켜 나타난 시각적 힘의 강약에 의한 효과를 말한다.

59 대비의 미가 나타나는 것은? 03-1

㉮ 아아치를 가진 주랑(柱廊)
㉯ 재료의 관계가 점차적으로 감소되는 것
㉰ 소나무의 푸른 수관을 배경으로 한 분홍색의 벚꽃
㉱ 재료가 계속 균등하게 배치된 상태

59. 대비미는 이질부분의 결합에 의해 나타난다.

정답 ➔ 54. ㉯ 55. ㉮ 56. ㉱ 57. ㉯ 58. ㉯ 59. ㉰

Chapter 4 부분별 조경계획 및 설계

1 주거지 정원

1. 주택정원

(1) 주택정원의 역할

자연의 공급	주택 내의 휴식과 정적인 여가활동 보장
프라이버시 확보	주거환경을 보호
외부생활공간 기능	주거생활이 원활하도록 일조
심미적 쾌감 기능	수목과 재료들의 미적구성

주택정원의 기능분할–터 가르기

구분	내용
앞뜰	• 대문과 현관 사이의 공간으로 전이공간 • 주택의 첫인상을 주는 진입공간 • 단순성 강조, 밝은 인상을 주는 화목류 군식
안뜰	• 응접실이나 거실 전면에 위치한 휴식과 단란의 공간 • 내부의 주공간과 동선상 직접 연결되도록 설계–옥외 거실 공간 • 파고라·녹음수·정자 등을 설치하고 녹음수 식재 • 낙엽수를 심고, 전정과의 경계부 약간의 차폐식재 • 놀이공간이나 운동시설을 놓을 수도 있음
뒤뜰	• 우리나라 후원과 유사한 공간으로 조용한 분위기 조성 • 침실 등에서의 연결성은 살리되 최대한 프라이버시 확보 • 복잡한 식재패턴을 지양하고 부분적 차폐식재 도입 • 어린이 놀이터나 운동공간을 놓을 수도 있음
작업뜰	• 내부의 주방·세탁실·다용도실·저장고 등과 연결 • 부엌·장독대·세탁 장소·창고 등에 면하여 설치 • 전정·후정과는 시각적으로 부분적 차단, 동선은 연결

(2) 주택정원의 계획 및 설계

① 안전 위주로 설계
② 시공과 관리하기 쉽도록 설계
③ 구하기 쉬운 재료를 넣어 설계

□ 일조시간
겨울철 좋은 생활환경과 나무의 생육을 위해 최소 6시간 정도의 광선이 필요하다.

□ 대지 안의 조경(건축법)
200㎡ 이상의 대지에 건축하는 경우

연면적	대지면적에 대한 조경면적 비율
1,000㎡ 미만	5%
1,000~2,000㎡ 미만	10%
2,000㎡ 이상	15%

□ 측정
주택정원에서는 측정을 두기가 여의치 않고, 두었다 하더라도 폭이 좁아 정원으로 사용하기에는 어렵기에 이웃과의 차폐식재나 경계식재를 주로 하며, 보행로를 내고 초화류 등으로 식재한다.

□ 주택정원 공사
주택정원 공사시 터 닦기 공정을 가장 먼저 실시한다.

2. 공동주택조경

(1) 조경

① 단지면적의 30%를 녹지로 확보–공해방지나 조경
② 단지의 외곽부에 차폐 및 완충식재
③ 단지 내 혼란방지를 위하여 특징적인 수목 식재
④ 건물 가까이에는 상록성 교목보다는 낙엽수 식재
⑤ 단지 입구 부근에는 상징성이 큰 대형 수목으로 지표식재
⑥ 진입로를 따라 가로수를 열식하여 방향 유도
⑦ 어린이 놀이터, 휴게소, 노인정 주변은 녹음식재와 경관식재
⑧ 지하구조물이 있을 경우에는 두께 0.9m 이상 토층 조성

(2) 건축

건축관련법 등에 의한 규제 적용–건폐율, 용적률, 인동간격 등

❖ 인동간격(법규적 제한)

① 동일 대지 안에서 건물간의 간격으로 동간간격(동간거리)이라고도 하며, 건물배치 시 주요 고려사항 중 일조 및 채광, 통풍, 프라이버시 등을 감안하여 매우 중요하게 취급한다.
② 동일 대지의 모든 세대가 동지를 기준으로 9시에서 15시 사이에 2시간 이상을 계속하여 일조를 확보할 수 있는 거리 이상으로 한다.
③ 인동간격의 결정 요소 : 전면 건물의 높이, 위도, 일조시간

◘ 소음으로부터의 보호

공동주택을 건설하는 지점의 소음도(실외소음도)가 65dB 이상인 경우에는 방음벽·수림대 등의 방음시설을 설치하여 소음도가 65dB 미만이 되도록 하여야 한다.

◘ 건폐율과 용적률

· 건폐율 = $\frac{\text{건축면적}}{\text{대지면적}}$

· 용적률 = $\frac{\text{연면적(바닥면적의합)}}{\text{대지면적}}$

(3) 도로

가구(단지구획)는 인동간격, 건물배치, 도로의 간격 등에 따라 결정

구분	내용
간선로	근린주구를 구획하고 통과교통을 처리하는 도로
지선로	간선로와 연결되어 가구를 구획하는 도로
접근로	지선로와 연결되어 단독·공동 건축물과 연결되는 도로
단지안 도로	단지내의 도로로 폭 6m 이상으로 설치

(4) 어린이놀이터

① 150세대 이상의 주택단지 주민공동시설에 어린이 놀이터 포함
② 놀이기구 및 그 밖에 필요한 기구를 일조 및 채광이 양호한 곳에 설치
③ 주택단지의 녹지 안에 어우러지도록 설치
④ 실내에 설치하는 경우 놀이기구 등은 별도 기준에 적합한 친환경 자재 사용
⑤ 실외에 설치하는 경우 인접 대지경계선과 주택단지 안의 도로·주차장으로부터 3m 이상의 거리를 두고 설치

2 공원 계획 및 설계

1. 도시공원

(1) 공원과 녹지

공원과 녹지는 오픈스페이스로 시민들이 여가를 즐길 수 있는 곳

구분	내용
공원	•「도시공원 및 녹지 등에 관한 법률」에 의한 도시계획시설 • 일정한 경계를 갖는 비건폐 상태의 땅, 녹지와 공원시설 등
녹지	• 좁은 뜻 : 도시계획의 규정에 따라 설치되는 도시계획시설 • 넓은 뜻 : 공원뿐 아니라 하천, 산림, 농경지까지 포함한 오픈스페이스 또는 녹지공간으로 해석 • 공원녹지 : 쾌적한 도시환경을 조성하고 시민의 휴식과 정서함양에 기여하는 공간 또는 시설

(2) 도시공원의 기능

구분	내용
자연의 공급	자연환경을 소재로 한 산책과 휴식 등의 장소 제공
레크리에이션	이용자의 욕구에 의한 운동과 레크리에이션의 장소 제공
지역 중심성	집회·역사 등 사회환경의 요구에 대한 중심적 역할

(3) 녹지 : 기반시설인 공간시설로 정의된 녹지

구분	내용
완충녹지	대기오염·소음·진동·악취 등의 공해와 사고나 자연재해 등의 재해를 방지하기 위하여 설치하는 녹지
경관녹지	도시의 자연적 환경을 보전하거나 이를 개선하고 이미 자연이 훼손된 지역을 복원·개선함으로써 도시경관을 향상시키기 위하여 설치하는 녹지
연결녹지	도시 안의 공원·하천·산지 등을 유기적으로 연결하고 도시민에게 산책공간의 역할을 하는 등 여가·휴식을 제공하는 선형의 녹지

(4) 공원계획 기준

① 입지선정 : 접근성, 안전성, 쾌적성, 편익성, 시설적지성 고려

② 면적(법제상 면적)

㉠ 거주민 1인당 6㎡ 이상 : 하나의 도시지역 안에서의 도시공원 확보기준

㉡ 거주민 1인당 3㎡ 이상 : 개발제한구역 및 녹지지역을 제외한 도시지역 안에서의 도시공원

③ 공원시설 : 도로 또는 광장과 도시공원의 효용을 다하기 위한 시설

◘ 오픈스페이스(open space)

개방지, 비건폐지, 위요공지, 공원·녹지, 유원지, 운동장, 넓은 의미의 자연환경 등 시민들이 자유롭게 선택하고, 일상생활의 굴레에서 벗어나 스스로를 재창조하며, 여가를 제대로 즐길 수 있는 곳을 말한다.

◘ 오픈스페이스 효용성

① 도시 개발형태의 조절
② 도시 내 자연을 도입
③ 도시 내 레크리에이션을 위한 장소를 제공
④ 도시 기능 간 완충효과의 증가

◘ 녹지의 역할

① 생태적 역할
② 경제적 역할
③ 위락적 역할
④ 쾌적성 향상

공원 시설의 종류

구분	내용
조경시설	화단·분수·조각·관상용식수대·잔디밭·산울타리·그늘시렁·못 및 폭포 등
휴양시설	휴게소, 긴 의자, 야유회장 및 야영장, 경로당, 노인복지회관
유희시설	그네·미끄럼틀·시소·정글짐·사다리·순환회전차·궤도·모험놀이장, 유원시설, 발물놀이터·뱃놀이터 및 낚시터 등
운동시설	테니스장·수영장·궁도장·실내사격장·골프장(6홀 이하), 자연체험장
교양시설	식물원·동물원·수족관·박물관·야외음악당, 도서관, 독서실, 온실, 야외극장, 문화회관, 미술관, 과학관, 장애인복지관, 청소년수련시설, 어린이집, 천체 또는 기상관측시설, 기념비, 고분·성터·고옥 그 밖의 유적 등, 공연장, 전시장, 어린이 교통안전교육장, 재난·재해 안전체험장, 생태학습원, 민속놀이마당
편익시설	주차장·매점·화장실·우체통·공중전화실·휴게음식점·일반음식점·약국·수화물예치소·전망대·시계탑·음수장·다과점 및 사진관, 유스호스텔, 선수 전용 숙소, 운동시설 관련 사무실, 대형마트 및 쇼핑센터
공원관리시설	관리사무소·출입문·울타리·담장·창고·차고·게시판·표지·조명시설·쓰레기처리장·쓰레기통·수도, 우물, 태양광발전시설
그 밖의 시설	납골시설·장례식장·화장장 및 묘지

(5) 소공원 계획

① 도시지역의 자투리 땅 등 소규모 토지를 이용
② 유치거리와 면적 규모의 제한은 없음
③ 시설면적은 전체 공원면적의 20% 이하
④ 시설보다는 녹지위주로 조성

(6) 어린이공원 계획

① 완만한 장소의 주택 구역 내에 위치할 것
② 유치거리 : 250m, 면적 : 1,500m², 놀이시설 면적 : 60% 이내
③ 500세대 이상 단지의 놀이터에는 화장실과 음수전 설치
④ 어린이의 감시·감독 등의 관찰을 위해 밀식은 피함
⑤ 병충해에 강하고 유지관리가 쉬운 수종 선택
⑥ 냄새나 가시가 없는 수종 선정

어린이공원
어린이의 보건 및 정서생활의 향상에 기여함을 목적으로 설치하는 공원을 말한다. 피해야 할 수목으로는 음나무, 가시나무, 찔레, 장미, 누리장나무 등이 있다.

(7) 근린공원 계획

① 1개의 정주단위를 이용권으로 하여 안전·편리·쾌적한 곳에 입지
② 최소 1ha, 주민 1인당 1~2m², 이용자 1인당 25m² 적당
③ 근린주구중심 근린공원의 이용거리는 400~500m, 규모는 2ha

근린공원
지역 생활권 거주자의 보건·휴양 및 정서생활의 향상에 기여함을 목적으로 설치하는 공원을 말한다.

④ 필수시설(도로 · 광장 · 관리시설) 포함 시설면적은 40% 이내
⑤ 정적공간과 동적공간을 구분해서 배치

도시공원의 설치 및 규모 · 공원시설 부지면적

<table>
<tr><th colspan="3">공원구분</th><th>설치기준</th><th>유치거리</th><th>규모</th><th>공원시설
부지면적</th></tr>
<tr><td rowspan="6">생활권공원</td><td colspan="2">소공원</td><td>제한없음</td><td>제한없음</td><td>제한없음</td><td>20% 이하</td></tr>
<tr><td colspan="2">어린이공원</td><td>제한없음</td><td>250m 이하</td><td>1,500㎡ 이상</td><td>60% 이하</td></tr>
<tr><td rowspan="4">근린공원</td><td>근린생활권
근린공원</td><td>제한없음</td><td>500m 이하</td><td>10,000㎡ 이상</td><td rowspan="4">40% 이하</td></tr>
<tr><td>도보권
근린공원</td><td>제한없음</td><td>1,000m 이하</td><td>30,000㎡ 이상</td></tr>
<tr><td>도시지역권
근린공원</td><td>해당 도시공원의 기능을 충분히 발휘할 수 있는 장소에 설치</td><td>제한없음</td><td>100,000㎡ 이상</td></tr>
<tr><td>광역권
근린공원</td><td>해당 도시공원의 기능을 충분히 발휘할 수 있는 장소에 설치</td><td>제한없음</td><td>1,000,000㎡ 이상</td></tr>
<tr><td rowspan="6">주제공원</td><td colspan="2">역사공원</td><td>제한없음</td><td>제한없음</td><td>제한없음</td><td>제한없음</td></tr>
<tr><td colspan="2">문화공원</td><td>제한없음</td><td>제한없음</td><td>제한없음</td><td>제한없음</td></tr>
<tr><td colspan="2">수변공원</td><td>하천 · 호수 등의 수변과 접하고 있어 친수공간을 조성할 수 있는 곳에 설치</td><td>제한없음</td><td>제한없음</td><td>40% 이하</td></tr>
<tr><td colspan="2">묘지공원</td><td>정숙한 장소로 장래 시가화가 예상되지 아니하는 자연녹지지역에 설치</td><td>제한없음</td><td>100,000㎡ 이상</td><td>20% 이상</td></tr>
<tr><td colspan="2">체육공원</td><td>해당 도시공원의 기능을 충분히 발휘할 수 있는 장소에 설치</td><td>제한없음</td><td>10,000㎡ 이상</td><td>50% 이하</td></tr>
<tr><td colspan="2">도시농업공원</td><td>제한 없음</td><td>제한없음</td><td>10,000㎡ 이상</td><td>40% 이하</td></tr>
<tr><td colspan="3">국가도시공원</td><td>도시공원 중 국가가 지정하는 공원</td><td>제한없음</td><td>3,000,000㎡ 이상</td><td>–</td></tr>
</table>

◘ 조례가 정하는 공원
특별시 · 광역시 또는 도의 조례가 정하는 공원은 설치기준, 유치거리, 규모, 공원시설, 부지면적의 제한이 없다.

2. 자연공원

(1) 자연공원의 개념

① 레크리에이션에 이용될 소질을 지닌 자연풍경지를 실체적 내용으로 하는 공원
② 법제상 자연공원

국립공원	우리나라의 자연생태계나 자연 및 경관을 대표할 만한 지역으로서 자연공원법에 의해 지정된 공원으로 환경부장관이 지정·관리
도립공원	시·도의 자연생태계나 경관을 대표할 만한 지역으로서 자연공원법에 의해 지정된 공원으로 시·도지사가 지정·관리
군립공원	군의 자연생태계나 경관을 대표할 만한 지역으로서 자연공원법에 의해 지정된 공원으로 군수가 지정·관리
지질공원	지구과학적으로 중요하고 경관이 우수한 지역으로서 이를 보전하고 교육·관광 사업 등에 활용하기 위하여 환경부장관이 인증한 공원

(2) 자연공원의 발생

① 1865년 세계 최초 미국의 요세미티 자연공원 지정
② 1872년 세계 최초 미국의 옐로스톤(yellowstone) 국립공원 지정
③ 1967년 공원법 제정으로 우리나라 최초의 지리산국립공원 지정
④ 1980년 공원법 개정으로 자연공원법과 도시공원법으로 분리
⑤ 2016년 태백산 국립공원 지정으로 22개 국립공원 지정

(3) 자연공원의 지정기준

구분	기준
자연생태계	자연생태계의 보전상태가 양호하거나 멸종위기야생동식물·천연기념물·보호야생동식물 등이 서식할 것
자연경관	자연경관의 보전상태가 양호하여 훼손 또는 오염이 적으며 경관이 수려할 것
문화경관	문화재 또는 역사적 유물이 있으며, 자연경관과 조화되어 보전의 가치가 있을 것
지형보존	각종 산업개발로 경관이 파괴될 우려가 없을 것
위치 및 이용편의	국토의 보전·이용·관리측면에서 균형적인 자연공원의 배치가 될 수 있을 것

(4) 용도지구계획

자연공원을 효과적으로 보전하고 이용할 수 있도록 용도지구를 공원계획으로 결정

◘ 자연공원의 지정목적
자연풍경지를 보호하고, 적정한 이용을 도모하여 국민의 보건휴양 및 정서생활의 향상에 기여함을 목적으로 지정한다.

◘ 자연공원계획(자연공원법)
자연공원을 보전·이용·관리하기 위하여 장기적인 발전 방향을 제시하는 종합계획으로 환경부장관은 10년마다 국립공원위원회의 심의를 거쳐 공원기본계획을 수립한다.

구분	내용
공원자연보존지구	다음에 해당하는 곳으로서 특별히 보호할 필요가 있는 지역 –생물다양성이 특히 풍부한 곳 –자연생태가 원시성을 지니고 있는 곳 –특별히 보호할 가치가 높은 야생 동식물이 살고 있는 곳 –경관이 특히 아름다운 곳
공원자연환경지구	공원자연보존지구의 완충공간으로 보전할 필요가 있는 지역
공원마을지구	마을이 형성된 지역으로서 주민생활을 유지하는 데에 필요한 지역
공원문화유산지구	문화재보호법에 따른 지정문화재를 보유한 사찰과 전통사찰의 보존 및 지원에 관한 법률에 따른 전통사찰의 경내지 중 문화재의 보전에 필요하거나 불사(佛事)에 필요한 시설을 설치하고자 하는 지역

(5) 공원시설분류

공원시설	종류
공공시설	공원관리사무소 · 창고 · 탐방안내소 · 매표소 · 우체국 · 경찰관파출소 · 마을회관 · 경로당 · 도서관 · 공설수목장림 · 환경기초시설 등
보호 및 안전시설	사방 · 호안 · 방화 · 방책 · 방재 · 조경시설 등 공원자원을 보호하고, 탐방자의 안전을 도모하는 시설, 야생생물 보호 및 멸종위기종 등의 증식 · 복원을 위한 시설
체육시설	골프장 · 골프연습장 및 스키장을 제외한 체육시설
휴양 및 편익시설	유선장 · 수상레저기구 계류장 · 광장 · 야영장 · 청소년 수련시설 · 유어장 · 전망대 · 야생동물관찰대 · 해중관찰대 · 휴게소 · 대피소 · 공중화장실 등
문화시설	식물원 · 동물원 · 수족관 · 박물관 · 전시장 · 공연장 · 자연학습장
교통 · 운수시설	도로(탐방로 포함) · 주차장 · 교량 · 궤도 · 무궤도열차 · 소규모 공항 · 수상경비행장 등
상업시설	기념품판매점 · 약국 · 식품접객업소(유흥주점 제외) · 미용업소 · 목욕장 등
숙박시설	호텔 · 여관 등
부대시설	공원시설의 부대시설

3 시설 조경

1. 공장조경

(1) 공장식재의 목적

① 지역사회와의 융합 : 지역환경에 공헌하고 지역주민들의 활용 배려

② 직장환경의 개선 : 종업원의 정서함양, 작업능률·보건향상에 기여
③ 기업의 이미지 향상 및 홍보 : 자연에 대한 사회적 기업의 위상 제고
④ 재해로부터의 시설보호 : 화재나 폭발 등의 사고 시 주변으로의 확산방지 및 방풍·방진·방조효과

(2) 부분별 식재

구분	내용
공장주변부	• 주택지와 접하는 부분은 최소 30m 이상의 수림대 확보 • 공해방지·완충의 기능을 위해 폭 50~100m의 수림대 필요
진입로, 사무실 주변	• 공장의 상징적인 공간으로 심벌이 될 수 있는 수종을 선정 • 수형이 바른 수목·화목 등으로 밝은 분위기 연출 • 넓은 잔디밭 조성, 녹음수 식재로 친근감 부여
구내도로	• 집중적이며 다양한 식재수법 요구 • 녹음수의 선정이 중요하며 터널경관 창출 가능 • 단조로움을 없애고 활기찬 분위기를 위해 화단설치
운동장	• 녹음수를 식재로 차단·완충의 효과와 경관향상 고려
확장예정지	지피식재로 피복하거나 묘목이나 묘포장 조성
공장건물 주변	폭 5m 이상의 녹음·차폐식재로 쾌적한 환경조성

(3) 공장식재수종

① 환경적응성이 강한 것
② 생장속도가 빠르고 잘 자라는 것
③ 관상·실용가치가 높은 것
④ 이식 및 관리가 용이한 것
⑤ 대량으로 공급이 가능하고 구입비가 저렴한 것

2. 골프장조경

(1) 입지조건

① 부지의 형상은 남북으로 긴 구형(장방형)이 적당
② 고저차(10~20m), 경사(3~7%)가 완만한 지역
③ 주변 경관이 좋고 남사면이나 남동사면이 적당
④ 산림·연못·하천 등의 자연지형을 많이 이용할 수 있는 곳
⑤ 잔디식재에 좋은 토양과 배수가 잘되고 지하수위가 깊은 곳
⑥ 배후도시가 충분하고 교통이 편리한 곳-소요시간 1~1.5시간
⑦ 부지매입이나 공사비가 절약될 수 있는 곳
⑧ 골프코스를 흥미롭게 설계할 수 있는 곳

◘ 골프장 적정 소요면적
① 평탄지 : 60만~70만㎡
② 구릉지 : 80만~100만㎡

(2) 골프장의 구성

1) 코스

쇼트홀	기준타수가 3타(par 3)인 홀로서 18홀 중 4개의 쇼트홀 배치
미들홀	기준타수가 4타(par 4)인 홀로서 18홀 중 10개의 미들홀 배치
롱홀	기준타수가 5타(par 5)인 홀로서 18홀 중 4개의 롱홀 배치

① 표준적 골프코스는 18홀, 전장은 6,300야드, 용지면적은 약 70만㎡ 정도
② 숲이나 계곡, 연못 등의 장애물은 자연을 이용하거나 인공적 설치
③ 클럽하우스는 골프장을 방문하는 사람들이 맨 처음 방문하고, 마지막으로 거치는 장소로 이용자의 편의에 불편함이 없게 배치
④ 그늘집은 골프코스 사이의 휴게소로 간단한 휴식과 편의 제공

(3) 홀의 구성요소

티잉그라운드	줄여서 티(tee)라고도 하며, 각 홀의 출발지역으로 평탄한 지면 조성(1~1.5% 경사)하고, 첫 타를 티샷(tee shot)으로 지칭
페어웨이	약 50~60m 정도의 폭을 잡초 없이 잔디를 깎아 볼을 치기 쉬운 상태로 유지-2~10% 경사, 25% 이상 부적당
퍼팅그린	홀의 종점으로 홀에 볼을 굴려 넣기 위한 매트상으로 정비된 잔디밭으로 홀에는 깃대를 세움-600~900㎡ 정도, 2~5% 경사
러프	페어웨이 외의 정지되지 않은 지대로 잡초·저목·수림 등으로 되어 있어 샷을 어렵게 하는 곳
벙커	페어웨이와 그린 주변에 설치하는 장애물로 움푹 파인 모래밭, 페어웨이의 벙커는 티잉그라운드에서 210~230m 지점에 설치
해저드	조경이나 난이도 조절을 위해 코스 내에 설치한 장애물로 벙커 및 연못·도랑·하천 등의 수역

퍼팅그린
잔디를 짧게(4~6㎜) 깎아 볼이 구르기 쉽게 관리를 하며, 홀(컵)의 크기는 직경이 4.25인치(108㎜), 깊이가 4.0인치(100㎜) 이상으로 하고, 홀에는 이동이 가능한 깃대를 꽂아 위치를 표시한다.-주로 벤트그라스 사용

에이프런(apron)
그린주위에 잔디를 일정한 폭으로 그린보다 길게 깎아 놓아 다른 지형과 구분하여 놓은 부분을 의미하며 퍼팅그린의 일부는 아니다.

3. 학교조경

(1) 학교조경의 역할

① 지적발달 등의 교육적 효과를 높일 수 있는 방향으로 조성
② 체험 중심의 환경 교육을 위한 장소로 활용
③ 환경 친화적 감수성 함양, 정서를 순화시키는 역할
④ 학교의 상징성과 이미지 제고
⑤ 도시공간 내에 생물 서식처 제공-생태연못, 실개천, 옥상조경
⑥ 교육시설로서의 역할-교재원, 실습원
⑦ 녹음 및 경관조성, 방풍·방음·방진·방화 등의 기능
⑧ 지역사회의 중심지로서 교류의 장소-근린공원의 역할

(2) 부분별 식재

구분		내용
진입공간		• 학교 교문 주변과 학교 내의 차량 및 보행자 동선 포함 • 정문이 있는 곳은 상록대교목류를 군식하여 중량감 부여 • 학교의 얼굴에 해당되므로 상징적인 수목 식재 • 보행자 도로 주변에 낙엽수를 심어 아늑한 분위기와 그늘 제공
휴게공간		• 교사 주변이나 운동장 주변에 위치 • 휴식을 위한 벤치·파고라 설치, 녹음수 식재
운동장		• 운동공간·놀이공간·휴식공간의 기능에 맞게 식재 • 교사동 사이에 5~10m의 녹지대 설치로 소음·먼지 차단 • 지피식물을 이용한 운동공간의 먼지 방지 • 휴식공간에는 녹음수 식재 및 답압에 대한 보호조치 • 운동장 주변의 스탠드는 햇빛을 등지고 관람할 수 있게 배치
교사 주변 화단	앞뜰	• 학교의 이미지를 좌우하는 곳으로 밝고 무게 있는 경관 조성 • 건물의 규모·형태 등을 검토하여 상호보완적 관계형성 • 잔디밭이나 화단, 분수, 조각물, 휴게 시설 등 설치 • 주차장이나 자전거 보관대는 차폐·녹음식재
	가운데뜰	• 건물에 위요된 공간으로 휴식시간에 많이 이용 • 대교목류보다는 화목류나 정형적 자수화단 설치 • 향기나는 식물이나 열매 맺는 수종으로 야조류 유인 • 벤치·파골라 등을 설치하여 휴식공간 제공 • 인접된 건물의 화재 방지를 위한 방화식재 고려
	옆뜰	• 건물에 인접한 좁은 공간으로 녹음수·휴게시설 설치
	뒤뜰	• 건물의 북쪽인 경우 방풍을 위한 상록수 밀식 • 뒤뜰 면적이 좁은 경우 음지식물 학습원 설치 가능
야외실습지		• 교과과정의 식물을 직접 보거나 접촉할 수 있는 기회 제공
경계공간		• 부지 외곽에 녹지를 조성하여 차폐 및 그늘 제공 • 학교주변에 필수적으로 설치, 폭은 최소 10m 이상 • 수목만으로 기능을 다 할 수 없을 경우 조산

(3) 학교식재 수종

① 교과서에서 취급된 식물을 우선적으로 선정
② 학생들의 기호를 고려하여 선정
③ 향토식물 선정
④ 관상가치가 있는 식물 선정
⑤ 관리가 쉬운 수종
⑥ 야생동물의 먹이가 풍부한 식물
⑦ 주변환경에 내성이 강한 식물
⑧ 생장속도가 빠른 수목을 우선적으로 선정
⑨ 식물소재의 구득여부 확인 후 선정
⑩ 학교를 상징할 수 있는 수종

◘ 학교 조경의 수목 선정 기준
① 생태적 특성
② 경관적 특성
③ 교육적 특성

◘ 사적공원
사적(史跡) 등의 문화재를 포함한 토지·공간에 공원으로서의 기능을 부여하여 정비한 것을 말한다.

◘ 사적지 시설물 설치
계단은 화강암이나 넓적한 자연석을 이용하고, 모든 시설물에는 시멘트를 노출시키지 않는다.

4. 사적지조경

(1) 보존구역

① 향토수종 식재로 자연미와 주변과의 조화로움 추구
② 상록교목보다는 낙엽활엽수 식재
③ 궁궐이나 절의 건물터는 잔디를 식재
④ 사찰 회랑 경내에는 나무를 심지 않음
⑤ 건축물·성곽 가까이에는 교목을 심지 않음
⑥ 묘역 안에는 큰 나무를 심지 않음

(2) 휴식구역

① 향토수종으로 녹음을 제공하여 오픈스페이스로서의 기능 제고
② 시설물이나 안내판 등은 사적지와 조화되도록 설치

(3) 완충지대

두 기능을 연결하는 지역으로 휴게지역에서는 조용하고 정숙한 분위기를 갖도록 조성

5. 묘지공원

① 정숙한 장소로서 장래 시가화가 예상되지 않는 자연녹지 지역에 10만㎡ 규모 이상 설치
② 확장할 여지가 있고 토지의 취득이 용이한 곳에 설치
③ 장제장 주변은 기능상 키가 큰 교목 식재–차폐·완충
④ 산책로는 수림사이로 자연스럽게 조성
⑤ 묘지공원의 이용자를 위한 놀이시설·휴게시설 설치
⑥ 전망대 주변에는 큰 나무를 피하고, 적당한 크기의 화목류 배치

6. 생태복원

(1) 공종의 정의

복원	교란 이전의 원생태계의 구조와 기능을 회복하는 것
복구	완벽한 복원이 아니라 원래의 자연생태계와 유사한 수준으로 회복하는 것
대체	원래의 생태계와는 다른 구조를 갖는 동등 이상의 생태계로 조성하는 것

① 실제복원이나 복구수준으로 회복하는 것은 기술적으로 어려우므로 일반적으로 대체생태계의 조성이 목표
② 생태계 복원에는 기반조성과 아울러 식생도입도 포함

❖ 천이(遷移)

① 어떤 장소에 존재하는 생물공동체가 시간의 경과에 따라 종조성이나 구조의 변화로 다른 생물공동체로 변화하는 시간적 변이과정을 말하며, 최종적으로 도달하게 되는 안정되고도 영속성있는 상태를 '극성상(극상 climax)'이라 한다.
② 2차천이 : 재해나 인위적 작용(외부교란 ; 산불, 병충해, 홍수, 벌목 등)에 의해 기존 식생군락이 제거되거나 외부교란이 일어난 곳에서 생겨나는 천이를 말한다.
③ 나지→초지→관목림→양수림→혼합림→음수림 순으로 변이

(2) 생태복원재료

1) 재료선정의 기준

① 자연향토경관과 조화되고 미적효과가 높은 것
② 복원대상지 주변식생과 생태적·경관적으로 조화될 수 있는 식물
③ 식생의 천이가 빠르게 이루어지고 극상을 감안한 잠재식생 선정
④ 인공재료 사용 시 생태복원을 전제로 생산된 재료를 사용

2) 재료의 종류 및 특성

① 수생식물재료

생활형	특징	식물명
습생식물	물가나 그 주변에 접한 습지보다 육지쪽으로 서식	갈풀, 여뀌류, 고마리, 물억새, 갯버들, 버드나무
정수식물	물속의 토양에 뿌리를 뻗고 수면 위까지 성장하는 식물	갈대, 부들, 애기부들, 달뿌리풀, 물억새, 창포, 줄, 택사, 미나리 등
부엽식물	물속의 토양에 뿌리를 뻗으며 부유기구로 인해 수면에 잎이 떠 있는 식물	수련, 마름, 어리연꽃, 자라풀 등
침수식물	물속의 토양에 뿌리를 뻗으나 수면 아래 물속에서 성장하는 식물	물수세미, 말즘, 물질경이, 검정말 등
부유식물	물속에 뿌리가 떠 있고 물속이나 수면에 식물체 전체가 떠다니는 식물	개구리밥, 생이가래 등

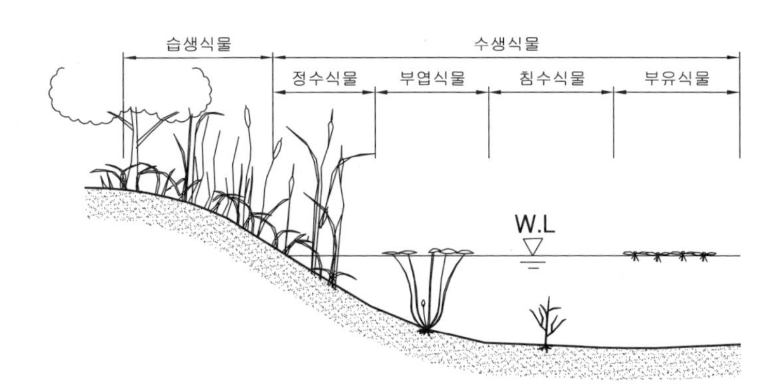

[생태 연못 식물의 유형구분 모식도]

□ 자연식생
인간에 의한 영향을 받지 않고 자연 그대로의 상태로 생육하고 있는 식생을 말한다.

□ 원식생
인간에 의한 영향을 받기 이전의 자연식생을 말한다.

□ 대상식생
자연식생과 대응되는 것으로, 인위적 간섭에 의해 이루어진 식물군락을 말한다.

□ 잠재자연식생
어떤 지역의 대상식생을 지속시키는 인위적 간섭이 완전히 정지되었을 때 당시의 그 입지를 지탱할 수 있다고 추정되는 자연식생을 말한다.

② 섶단 : 버드나무, 갯버들 등 삽목, 천연야자섬유에 갈대 등 식재
③ 욋가지 : 버드나무가지를 발모양으로 엮어 사면보호용으로 사용
④ 식생콘크리트(다공질콘크리트) : 생태계에 부합됨으로써 환경조화성과 쾌적성 확보
⑤ 야자섬유 두루마리 및 녹화마대 : 부식 후 토양오염을 일으키지 않는 환경적 재료
⑥ 돌망태 : 철망에 돌을 채워 유속이 빠른 하안의 안정에 사용
⑦ 통나무 및 나무말뚝 : 호안의 안정화나 계단 등에 사용
⑧ 멀칭재료 : 황마로 짠 그물로서 차광률 35% 정도이며 녹화핀으로 고정
⑨ 식생섬(인공부도) : 식생을 도입할 수 있는 재료를 사용하여 물새와 어류의 서식환경 창출, 경관향상, 수질정화, 호안침식방지 등의 기능

(3) 자연형 하천(생태하천)

① 자연하천은 못과 여울 등 유속이 다양한 유속환경을 이루어 어류의 먹이, 번식·산란, 은신처 제공–저서생물 풍부
② 여울 : 유량이 많을 때 확산류에 의해 형성
③ 못(웅덩이) : 유량이 많을 때 빠른 유속의 집중류에 의해 곡류부의 바깥쪽에 발생
④ 보 및 낙차공 조성 : 하천주변을 포함한 경관이나 하천생태계 고려

(4) 서식처 조성

① 어류 : 다공질 호안, 수중어소, 기타 수제를 활용한 서식처 조성이 있고 여울과 못, 풀과 수목의 생육에 의한 그늘 형성
② 조류 : 하천 주변에서 서식하면서 번식, 먹이획득, 휴식 등을 하는 하천 조류를 위한 모래밭, 수림, 넓은 공간 등 조성
③ 기타 동물, 곤충, 갑각류 등의 저서생물 등을 위한 공간조성

(5) 인공습지 및 생태연못

① 생물서식처 및 수질정화기능을 목표로 인공적으로 조성한 못으로서 넓은 의미의 습지
② 생물서식공간에 물의 도입은 생물다양성 증진에 효과적 기법
③ 수생 및 습지식물의 서식처, 수서곤충, 어류, 양서류의 서식처 및 조류의 휴식처
④ 수질정화 및 생태교육의 장

습지
항상 물에 젖어있는 환경으로 육지와 물이 접촉하고 있는 지대이며, 내륙습지와 해안습지(갯벌)로 구분한다.

저습지
불투수층인 토양을 기반으로 하며, 연중 내내 얕은 물에 의해 덮여있는 육지와 개방수역의 전이지대로서 물의 흐름이 약하거나 정체되어 있는 지역을 말한다.

(6) 생태통로 및 어도

① 도로, 댐, 수중보, 하구언 등으로 인하여 야생동물의 서식지가 단절되거나 훼손되는 것을 방지하고 야생동식물의 이동을 돕기 위하여 설치되는 인공구조물이나 식생 등의 생태적 공간

② 단편화된 생태계를 물리적 또는 기능적으로 연결
③ 이동로 제공, 서식지 이용, 천적 및 대형 교란으로부터의 피난처, 생태계 연속성 유지, 기온변화에 대한 저감효과, 교육적·위락적 및 심리적 가치제고, 개발억제효과 등

(7) 훼손지 복구

채석장, 비탈면, 사토장, 폐광지 등 기타 자연적이거나 인위적 원인에 의해 파괴되거나 훼손된 곳을 생태적 경관적으로 복원하는 것

(8) 생태계 이전

① 대상지역 내의 자연생태계 구성요소를 목적하는 다른 장소로 이전하는 것
② 식생구조 및 기반을 포함하여 공사로 사라질 녹지·산림지역 등의 이전
③ 수목의 굴취는 낙엽·낙지의 채취→임상식물과 표토→관목층→하부토양채취→아교목층→교목층의 순서로 시행

(9) 자연환경림

① 산림식생의 복원은 기본적으로 생태계 천이 고려
② 식물 생육을 위한 최소 유효표토층 깊이는 30㎝ 이상 확보
③ 식생의 공간적 배치는 식생의 생태적 습성과 식생학적 위치에 따라 지역의 잠재자연식생으로의 재창조가 가능하도록 조성
④ 복원지역의 가장자리는 일부의 면적을 완충지역으로 확보하여 식생정착 보조

7. 도로 조경

(1) 기능식재

시선유도 식재	• 주행 중의 운전자가 도로의 선형변화를 미리 판단할 수 있도록 시선을 유도해 주는 식재 • 도로의 곡률반경이 700m 이하가 되는 작은 곡선부에는 반드시 조성
지표식재	운전자에게 장소적 위치를 알려주기 위하여 랜드마크를 형성시키는 식재
차광식재	• 마주 오는 차량이나 인접한 다른 도로로부터의 광선을 차단하기 위한 식재 • 식재 간격은 수관지름의 5배 정도
명암순응 식재	• 눈의 명암에 대한 순응시간을 고려하여 터널 등의 주변에 명암을 서서히 바꿀 수 있도록 하는 식재 • 터널 입구로부터 200~300m 구간의 노면과 중앙분리대에 상록교목 식재

◘ 시선유도 식재
곡선부의 바깥쪽 전면에 교목을 식재하면 압박감이 생기므로 관목을 앉힌 후 교목을 식재하고, 곡선부 안쪽에 식재시 시선방해가 일어나므로 식재는 불필요하다.

◘ 명암순응 식재
밝은 곳에서 어두운 터널 속으로 들어갈 때의 암순응에 대한 시간이 명순응에 비해 상당히 소요되므로 그에 대한 식재를 하고, 명순응은 단시간에 이루어지므로 대책이 불필요하다.

진입방지 식재	고속도로의 외부에서 내부로 들어오려는 사람이나 동물을 막기 위한 것
완충식재	도로의 외측에 심어 차선 밖으로 이탈한 차의 충격을 완화시키기 위한 것으로 운전자에게 안정감 부여

(2) 중앙분리대식재

① 자동차 배기가스에 잘 견디는 수종
② 지엽이 밀생하고 빨리 자라지 않는 수종
③ 맹아력이 강하고 하지가 밑까지 발달한 수종

◘ 수종별 차광률
① 90% 이상 : 가이즈카향나무, 졸가시나무, 향나무, 돈나무 등
② 70~90% : 다정큼나무, 광나무, 애기동백나무 등

◘ 가로수
도로를 이용하는 보행자에게 그늘을 제공하고 가로의 정연한 경관미를 조성하기 위하여 식재하는 수목을 말한다.

(3) 가로수 식재

1) 가로수의 효과

① 미기후 조절과 가로의 매연과 분진의 흡착
② 유독성가스를 흡수하며 대기를 정화하고 교통의 소음의 감소
③ 녹음과 녹지대를 통하여 가로에 자연성 부여 및 경관 개선

2) 일반조건

① 수형, 잎의 모양, 색채 등이 아름다울 것
② 불량한 토양에서도 생육이 가능하며, 생장속도도 빠를 것
③ 이식하기 쉽고 전정에 강하며 병충해·공해에도 강할 것
④ 지하고가 높고 보행인의 답압 및 염화칼슘 등에 강할 것
⑤ 역사성·향토성을 풍기며 도시민에게 친밀감을 줄 것
⑥ 줄기가 곧고 가지가 고루 발달되어 어느 방향으로든지 나무별 특유의 수형을 갖출 것
⑦ 보통 수고 4m 이상, 흉고직경 15㎝ 이상, 지하고 2~2.5m 이상 사용
⑧ 수관부와 지하고의 비율이 6 : 4의 균형을 유지할 것

◘ 가로수의 식재간격
생장이 빠른 교목은 8~10m 간격으로, 생장이 느린 교목은 6m 간격으로 배식한다.

◘ 가로수 적합 수종
은행나무, 메타세쿼이아, 느티나무, 양버즘나무, 백합나무, 가죽나무, 층층나무, 칠엽수, 회화나무, 벚나무, 이팝나무, 먼나무

3) 식재기준

① 식재위치 좌우 1m 정도의 차단되지 않은 입지 상태를 가질 것
② 2m 이상의 토심이 주어지는 동시에 자연토양층과 연결될 것
③ 차도로부터 0.65m 이상, 건물로부터 5~7m 이격 식재
④ 수간거리는 성목시 수관이 서로 접촉하지 않을 정도의 6~10m
⑤ 특별한 경우를 제외하고는 한 가로변에 동일 수종 식재
⑥ 뿌리둘레에 3~5㎡ 정도의 비포장 구간 설정–수목보호덮개를 설치

(4) 녹도

① 보행과 자전거 통행을 위주로 한 자연의 환경요소가 담겨진 도로
② 일상생활과 직접 결합된 통학·통근·산책·장보기 등을 위한 도로

③ 녹도 전체의 너비는 적어도 10m 내외 소요
④ 보도와 자전거용 도로는 식수대로 분리
⑤ 도로의 높이는 2.5m 이상으로 가지가 돌출하지 않도록 관리
⑥ 방범 문제상 멀리 바라볼 수 있도록 하고 야간에는 조명이 고루 닿도록 배식

8. 옥상조경

(1) 옥상녹화 및 벽면녹화의 기능과 효과

구분	내용
도시계획상의 기능과 효과	• 도시경관 향상 • 푸르름이 있는 새로운 공간 창출
생태적 기능과 효과	• 도시 외부공간의 생태적 복원 • 생물서식공간의 조성
물리환경조건 개선효과	• 공기정화 및 소음저감효과 • 도시열섬현상의 완화 • 오염물질 여과로 하천수질 개선
경제적 효과	• 건물의 내구성 향상 • 우수의 유출억제로 도시홍수 예방 • 냉·난방 에너지 절약효과 • 선전, 집객, 이미지업 효과

(2) 옥상녹화시스템의 분류

구분	내용
저관리·경량형	• 식생 토심이 20㎝ 이하이며 주로 인공경량토 사용 • 관수, 예초, 시비 등 녹화시스템의 유지관리 최소화 • 녹화공간의 이용을 하지 않는 경우 • 일반적으로 지피식물 위주의 식재에 적합 • 건축물의 구조적 제약이 있는 기존 건축물에 적용
관리·중량형	• 식생 토심 20㎝ 이상으로 주로 60~90㎝ 정도 유지 • 녹화시스템의 유지관리가 집약적 • 공간의 이용을 전제로 하는 경우 • 지피식물·관목·교목 등으로 다층식재 가능 • 건축물의 구조적 제약이 없는 곳에 적용
혼합형	• 식생 토심 30㎝ 내외 • 저관리 지향–관리·중량형을 단순화 시킨 것 • 지피식물과 키 작은 관목을 위주로 식재

◘ 조경면적의 법적인정

① 옥상부분 조경면적의 2/3에 해당하는 면적을 대지의 조경면적으로 산정이 가능하다.
② 옥상부분 조경면적은 대지의 조경면적 중 50%까지만 인정한다.

◘ 옥상녹화시스템의 구성요소

① 방수층
② 방근층
③ 배수층
④ 토양 여과층
⑤ 육성 토양층
⑥ 식생층

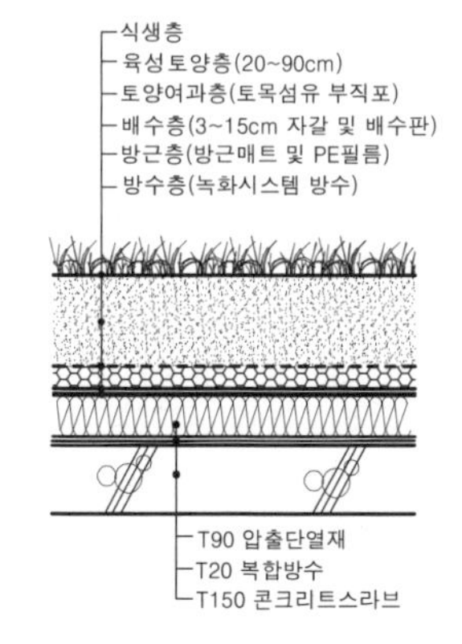

[옥상녹화시스템]

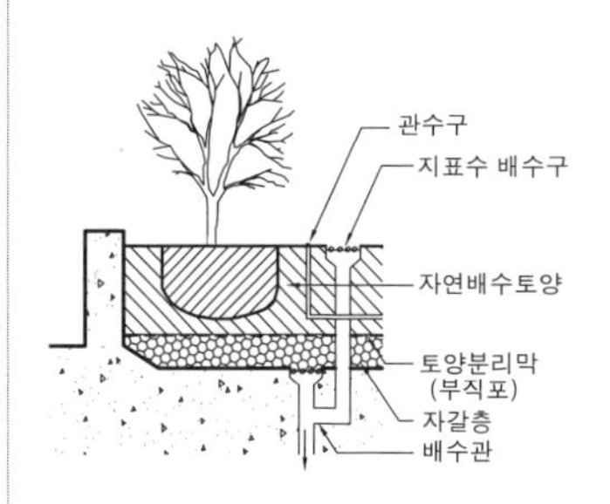

[식재층의 배수]

토목섬유
토양층과 배수층 사이의 토양 여과층의 재료로 세립토양이 유출되지 않고 투수기능을 가진 섬유재를 말한다.

하중
하중은 건물구조에 큰 영향을 미치며, 옥상조경 시공시 가장 유의할 점으로 안전을 고려하여 식재는 전체면적의 1/3을 넘지 않도록 하는 것이 좋다. 또한 식재층의 경량화로 하중의 영향을 저감할 필요가 있다.

조경용 경량토
버미큘라이트, 퍼얼라이트, 피트, 화산재 등을 식재토양에 혼합하여 사용한다. 혼합비율은 사양토에 부엽토나 두엄을 같이 섞은 토양과 경량재를 3 : 1~5 : 1의 비율로 섞어 배합토를 만들어 사용한다.

옥상녹화에 적합한 수종
① 초화류 : 세덤 속 식물, 잔디, 아이비, 두메부추, 맥문동, 수호초, 돌단풍, 억새, 인동 등
② 목본류 : 회양목, 조팝나무, 말채나무, 산수국, 소나무 등

(3) 옥상정원 계획시 고려사항

지반의 구조 및 강도	하중의 위치와 구조골격의 관계, 토양의 무게, 수목의 무게 및 식재 후 풍하중 등 고려
구조체의 방수성능 및 배수계통	수목의 관수 및 뿌리의 성장, 토양의 화학적 반응, 급수를 위한 동력장치 고려
옥상의 특수한 기후조건	미기후 변화가 심하며, 수목의 선정, 부자재 선정 시 바람·동결심도·공기온도·복사열 등 고려
프라이버시 확보	측면에 담장이나 차단식재, 위로부터의 보호를 위해 녹음수·정자·파고라 등 설치

(4) 인공지반의 생육환경

① 대지와 달리 인공구조물에 의해 격리된 불연속 공간
② 토양수분의 용량이 적어 관수 필요
③ 기후, 하부로부터의 열변화 등 토양온도의 변동이 큼
④ 잉여수의 배수가 촉진되어 양분의 유실속도 빠름
⑤ 시비 등 양분의 보충이 없으면 고사 가능
⑥ 전도 등 바람의 피해를 받기 쉬움

(5) 식물선택 시 고려사항

① 구조물의 하중과 토양층 깊이, 식물의 하중과 크기
② 식재위치와 수관상태, 바람과의 관계
③ 식재토양의 비옥도, 건조, 동결, 내한성과의 관계

(6) 옥상조경 및 인공지반 조경의 식재토심(조경기준)

일반식재의 토심보다 기준 완화, 토심은 배수층 제외

성상	토심	인공토양 사용시 토심
초화류 및 지피식물	15cm 이상	10cm 이상
소관목	30cm 이상	20cm 이상
대관목	45cm 이상	30cm 이상
교목	70cm 이상	60cm 이상

(7) 벽면녹화(부착조경)

흡착등반형 (등반부착형)	• 벽의 표면에 흡착형 덩굴식물을 이용하여 녹화 • 콘크리트·벽돌 등 표면이 거친 다공질 재료에 적합
권만등반형 (등반감기형)	• 벽면에 기반재를 설치하고 덩굴을 감아올리는 방법 • 입면의 구조 및 재질에 관계없이 녹화 가능

하직형 (하수형)	• 벽면 옥상부에서 덩굴을 늘어뜨려 녹화
콘테이너형	• 벽면에 덩굴식물을 식재한 콘테이너를 부착시켜 녹화

9. 경사면(법면)식재

(1) 식생의 효과와 한계

1) 식생의 피복효과

① 빗물이 흘러내리지 않고 그대로 증발해 강우량 감소 효과
② 빗방울에 대한 쿠션적 작용과 유수량 감소로 침식 방지
③ 줄기와 잎에 의해 흘러내리는 물의 속도 감소
④ 뿌리가 토양입자를 얽어매고 투수성을 향상시켜 표면유수량 감소
⑤ 지표온도의 완화와 동상방지

(2) 법면 피복용 초류의 조건

① 건조에 잘 견디고 척박지에서도 잘 자라는 것
② 싹틈이 빠르고 생장이 왕성하여 단시일에 피복이 가능한 것
③ 뿌리가 흙 입자를 잘 얽어 표층토사의 이동을 막아 줄 수 있는 것
④ 1년초보다는 다년생 초본이 적합
⑤ 그 지역의 환경인자에 어울리는 강한 성질을 가진 종류
⑥ 종자의 입수가 수월하고 가격이 저렴할 것

10. 실내조경

(1) 수목의 도입

① 아트리움(atrium) 등 오픈스페이스 설정 후 정원요소 도입
② 소규모의 경우 관상용 식물로 실내원예적 측면이 고려
③ 대규모 공간의 경우 원예적·시각적·기능적 측면을 모두 고려
④ 꽃을 보기 위한 식물보다는 잎을 보기 위한 식물을 주로 이용
⑤ 수분·양분·빛·온도에 대한 요구도가 비슷한 식물 선정

(2) 실내정원 설치시 주의 사항

① 실내정원의 위치·조경요소·배치구성은 동선의 흐름과 이용패턴, 내부 공간의 성격 등을 검토 후 결정
② 식물에 필요한 광선유도 고려
③ 식물의 생장에 필요한 관수 및 습도 고려
④ 환경적 영향을 고려한 식물재료의 선택

◘ 법면(法面)
절토 또는 성토에 의해 이루어진 인위적인 사면(斜面)을 법면이라 한다.

◘ 법면 피복용 초류
잔디, 위핑러브그래스, 켄터키 31 톨페스큐, 화이트 클로버

◘ 실내조경 식물의 선정 기준
① 낮은 광도에 견디는 식물
② 온도 변화에 잘 견디는 식물
③ 가스에 잘 견디는 식물
④ 내건성과 내습성이 강한 식물

4 조경시설물의 계획 및 설계

1. 운동시설

① 적정한 방위, 양호한 일조 등 쾌적한 경기조건 고려
② 운동시설의 대부분은 장축을 남-북으로 하여 배치
③ 정구장은 장축을 정남-북을 기준으로 동서 5~15° 범위로 배치
④ 운동공간의 배수는 표면배수가 원칙이며 심토층 배수도 병행

2. 놀이시설

배수시설
맹암거 등 선형의 심토층 배수시설은 평균 5m 간격으로 배치하며, 종점에는 집수정을 설치하고, 집수정은 녹지 또는 포장구간에 배치한다.

(1) 놀이시설의 배치

① 어린이의 이용에 편리하고, 햇볕이 잘 드는 곳에 배치-금속제 고려
② 놀이터와 인접시설물과의 사이에 폭 2m 이상의 녹지공간 배치
③ 공동주택단지의 어린이 놀이터는 건축물 외벽으로부터 5m 이상 이격
④ 동적인 놀이시설은 3.0m 이상, 정적인 놀이시설은 2.0m 이상의 이용공간 확보
⑤ 입구는 2개소 이상 배치하되, 1개소 이상에는 8.3% 이하의 경사로 설치

모래밭 조성
하루에 4~5시간의 햇볕이 쬐고 통풍이 잘되는 곳에 설치하고, 휴게시설과 가까이 있는 것이 좋다.

(2) 단위놀이시설

모래밭	크기는 30㎡를 기준, 깊이 30㎝ 이상, 모래막이 설치
미끄럼대	북향 또는 동향 배치, 높이 1.2~2.2m, 판 기울기는 30~35°, 판 폭 40~50㎝, 판 양쪽의 날개 15㎝ 이상
그네	북향 또는 동향 배치, 모서리나 외곽에 배치, 안장의 아래에 맹암거 배치, 높이 2.3~2.5m, 보호책은 그네 길이보다 최소 1m 이상 멀리 배치
시소	2연식의 표준규격은 길이 3.6m, 폭 1.8m
회전시설	바닥면은 원형으로 설계, 3m 이상의 이용공간 확보
정글짐	간살의 간격이나 곡률반경이 일정하도록 설계
놀이벽	놀이벽의 두께는 20~40㎝, 평균높이는 0.6~1.2m
도섭지	못·실개울 등과 연계하여 설치, 관리도 용이하고 중앙이나 사방에서 잘 보이는 곳에 설치

3. 휴게시설

(1) 휴게시설의 배치

① 입구는 2개소 이상 배치하되, 1개소 이상에는 12.5% 이하의 경사로 설치
② 건축물이나 휴게시설 설치공간과 보행공간 사이에 완충공간 설치

(2) 휴게시설

파고라	• 인간척도와 사용재료·주변경관 등 다른 시설과의 관계를 고려하여 배치 • 조경 공간의 중심적 위치나 전망이 좋고 한적한 곳에 설치 • 태양의 고도·방위각 고려–지붕의 내민 길이 30㎝ 이상 • 높이에 비해 길이가 길도록 설계 • 높이 220~260㎝를 기준으로 최대 300㎝까지 가능
의자	• 등의자는 긴 휴식, 평의자는 짧은 휴식이 필요한 곳에 설치 • 길이 1인 45~47㎝, 2인 120㎝, 앉음판의 높이는 34~46㎝, 앉음판에는 3~5°경사, 등받이 각도는 95~105° • 기초에 고정할 경우 의자 다리가 20㎝ 이상 묻히도록 설치 • 휴지통과의 이격 거리는 90㎝, 음수전과는 1.5m 이상 공간 확보
야외탁자	야외탁자의 너비는 64~80㎝, 앉음판의 높이는 34~41㎝
평상	마루의 높이는 34~41㎝

□ 아치(arch)
우리나라 정원에서 홍예문(虹霓門)의 성격을 띤 구조물이라 할 수 있는 것으로, 양식의 중문으로 볼 수 있다. 간단한 눈가림 구실을 하며, 보통은 가느다란 각목으로 만들어 장미 등 덩굴식물을 올려 장식한다.

□ 트렐리스
좁고 얄팍한 목재를 엮어 1.5m 정도의 높이가 되도록 만들어 놓은 격자형의 시설물로서 덩굴식물을 지탱하기 위한 것이다.

4. 경관조명시설

(1) 옥외조명기법

상향조명	태양광과 반대로 비춰져 강조하거나 극적인 분위기 연출
산포조명	빛이 부드럽게 펼쳐지게 하여 달빛과 같은 느낌 연출
강조조명	특정한 물체를 집중 조명–각광조명
실루엣조명	형태를 강조하기 위하여 물체의 뒤에 있는 배경 조명
그림자조명	실루엣 조명과 대조적 방식
투시조명	목표점을 제공하고 시선을 점차적으로 반대편으로 유도
보도조명	보행자를 위해 나지막한 높이로 부드러운 하향조명
벽조명	광고판이나 건축물의 표면질감 연출

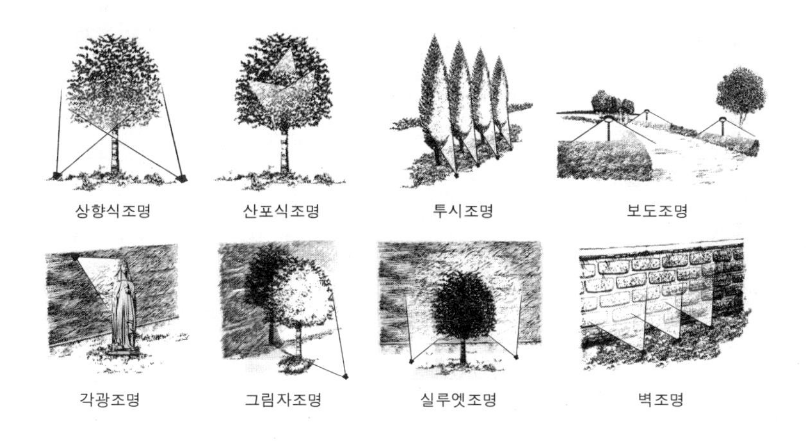

[조명기법의 종류]

(2) 용도별 조명

보행등	등주의 높이와 공간의 분위기, 보행의 연속성이 끊어지지 않도록 배치-조사광이 지면에서 2m 높이에서 겹치게 비치
정원등	정원의 어귀·구석 등 조명취약부위, 주요 점경물 주변 등에 배치-등주의 높이는 2m 이하
수목등	수목을 직접적으로 비추는 등으로 투광기는 나무 가지나 주변의 포장·녹지에 배치
잔디등	하향조명방식으로 잔디밭의 경계를 따라 배치-높이 1.0m 이하
공원등	공원의 진입부, 휴게공간·운동공간, 공원관리사무소, 공중화장실 등의 건축물 주변에 배치-중요 장소는 5~30lx, 기타 장소는 1~10lx
수중등	규정된 용기와 최대수심을 넘지 않도록 사용
부착등	등기구가 구조물·시설물 속에 묻히거나 부착된 형태-벽부등, 문주등

(3) 광원의 특성비교

백열전구	• 수명이 짧고 효율이 낮으나 연색성 좋음 • 좁은 곳의 전반조명, 각종 투광조명, 액센트조명
할로겐등	• 광색이 백색에 근접하여 연색성 매우 좋음 • 액센트조명, 쇼룸조명, 투광조명, 운동장, 광장, 주차장
형광등	• 백색에서 주광색까지 가능, 설치 및 유지비 저렴 • 옥내외 전반조명, 간접조명, 명시위주 조명
수은등	• 연색성이 낮으나 수명이 가장 긴 고효율의 광원 • 높은 천장의 조명, 투광조명, 도로조명
나트륨등	• 연색성은 매우 나쁘나 열효율이 높고 투시성이 뛰어남 • 설치비는 비싸나 유지관리비 저렴 • 도로조명, 터널조명, 산악도로조명, 교량조명, 안개지역 조명

◘ 연색성

조명, 광원, 주변색 등이 물체의 색감에 영향을 미치는 현상으로서, 동일한 물체의 색이라도 광선(조명)에 따라 색이 달라 보이는 현상을 말한다.

할로겐등 > 백열등 > 형광등 > 수은등 > 나트륨등

◘ 수명

수은등 > 형광등 > 나트륨등 > 할로겐등 > 백열등

(4) 등주의 종류

등주의 재료	제작	장점	단점
철재	합금, 강철 혼합으로 제조	• 내구성 강 • 페넌트 부착 용이	• 부식에 대한 방부처리 필요 • 중량이 무거움
알루미늄	알루미늄 합금으로 제조	• 내부식성 강 • 유지관리 용이 • 가벼워 설치 용이 • 비용 저렴	• 내구성 약 • 페넌트 부착 곤란
콘크리트	철근콘크리트 압축콘크리트	• 유지관리 용이 • 내부식성 강 • 내구성 강	• 중량이 무거움 • 설치에 중장비 필요 • 타 부속물 부착 곤란
목재	미송, 육송	• 전원적 성격 강 • 초기의 유지관리 용이	부패를 막기위해 크레오소트, CCA 등 방부제 필요

5. 관리 및 편익시설

① 안전성·기능성·쾌적성·조형성·내구성·유지관리 등을 충분히 배려
② 습지·급경사지·바람에 노출된 곳·지반불량지역 등에는 배치 회피

구분	내용
관리 사무소	• 해당 공간과 조화를 이루는 상징물이 되도록 설계 • 관리실·화장실·숙직실·보일러실·창고 등을 포함
공중 화장실	• 이용자가 알기 쉽고 편리한 곳에 배치-적절히 차폐 • 한 동의 크기는 30~40㎡, 여자용 변기 3개, 남자용 대변기 1개, 휠체어용 변기 1개, 소변기 3개 정도 설치
쓰레기통	• 보행동선의 결절점, 관리사무소·상점 등의 이용량이 많은 지점에 배치 • 단위공간마다 1개소 이상 배치, 통풍·건조가 쉽고, 내화성인 구조
단주 (bollard)	• 도로나 주차장이 만나는 경계부위의 포장면에 배치 • 배치간격은 2m를 기준으로 차량의 진입방지
울타리	경계표시·출입통제·침입방지·공간이나 동선분리 등 • 단순한 경계표시 기능 : 0.5m 이하 • 소극적 출입통제 기능 : 0.8~1.2m • 적극적 침입방지 기능 : 1.5~2.1m
안전난간	• 바닥에서부터 높이 110㎝ 이상, 폭 10㎝ 이상 • 간살의 안목치수는 10㎝ 이하-위험이 적은 곳은 15㎝ 이하
음수대	• 녹지에 접한 포장부위에 배치, 청결성·내구성·보수성 고려 • 겨울철 동파를 막기 위한 보온용·퇴수용 설비 반영

◘ 관리 및 편익시설
주변 환경과 조화되는 외관과 재료로 설계하며, 하나의 공간 또는 지역에 설치하는 시설은 종류별로 규격·형태·재료의 체계화를 도모한다.

◘ 쓰레기통
각 단위공간의 의자 등 휴게시설에 근접시키되, 보행에 방해가 되지 않도록 하고 수거하기 쉽게 배치한다. 또한 설치장소는 쓰레기의 회수효율, 이용자의 행태파악, 쓰레기 회수의 경제성 등을 고려하여 결정한다.

6. 안내표지시설

① 기능적 효율화, 도시 CI체계 속에서의 이미지 통합화, 효율적 배치운영 등 하나의 완결된 시스템으로 설계
② 사인 시스템간의 형태적 조화와 통일성이 강한 디자인의 연계화 방안 수립
③ 시각적 명료한 전달을 위해 시인성에 중점을 두고 설계
④ 인간척도를 고려하여 위압감을 주지 않고 친밀감을 줄 수 있는 크기로 설정

◘ 표지시설의 종류
·안내표지시설
·유도표지시설
·해설표지시설
·종합안내표지시설
·도로표지시설

7. 도로

구분	내용
보행자 도로	폭 1.5m 이상의 도로로서 보행자를 위하여 설치하는 도로
몰(mall)	도시 상업지구에 설치하여 보행자의 안전하고 쾌적한 보행을 위한 나무 그늘이 진 산책로로서 주변상가의 활성화를 도모한다.
산책로	보행자를 위한 휴게공간을 80~200m마다 설치하며, 종단상의 구배는 최대 25% 이내로 하고, 폭은 최소 1.2m 이상

8. 계단 및 경사로(램프)

(1) 계단

① 보행로 경사가 18%를 초과하는 경우는 보행이 쉽도록 계단 설치
② 기울기는 수평면에서 35°를 기준으로 하고 폭은 최소 50㎝ 이상
③ 계단의 폭은 연결도로의 폭과 같거나 그 이상의 폭으로 설치
④ 단높이는 15㎝, 단너비는 30~35㎝를 표준으로 하되, 적용이 어려운 경우 단높이 12~18㎝, 단너비 26㎝ 이상
⑤ 높이가 2m를 넘을 경우 2m 이내마다 계단의 유효 폭 이상의 폭으로 너비 120㎝ 이상인 참 설치
⑥ 높이 1m를 넘는 계단은 양쪽에 벽이나 난간 설치
⑦ 계단의 폭이 3m를 초과하면 3m 이내마다 난간 설치
⑧ 옥외에 설치하는 계단의 단수는 최소 2단 이상으로 설치
⑨ 바닥은 미끄러움을 방지할 수 있는 구조로 마감

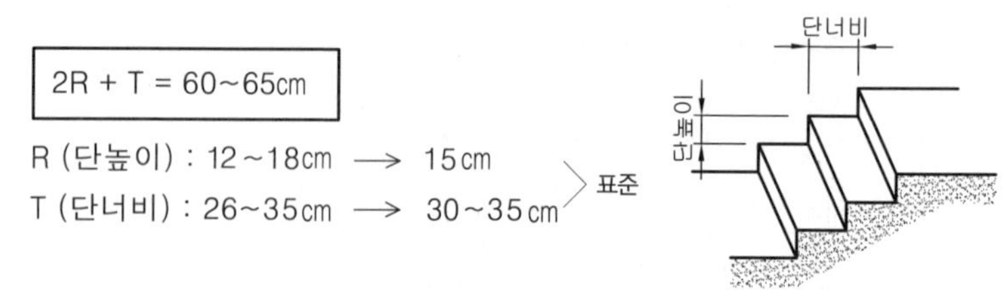

[적정한 계단의 형태]

(2) 경사로

① 경사로의 유효폭은 1.2m 이상(부득이한 경우 0.9m까지 완화 가능)
② 경사로의 기울기는 1/12 이하(부득이한 경우 1/8까지 완화 가능)
③ 바닥면으로부터 높이 0.75m 이내마다 수평면으로 된 참 설치
④ 경사로의 시작과 끝, 굴절부분 및 참에는 1.5m×1.5m 이상 공간 확보(단, 경사로가 직선인 경우 폭은 유효폭과 동일하게 가능)
⑤ 경사로 길이 1.8m 이상 또는 높이 0.15m 이상인 경우 손잡이 설치
⑥ 바닥표면은 잘 미끄러지지 아니하는 재질로 평탄하게 마감
⑦ 양측면에는 5cm 이상의 추락방지턱 또는 측벽 설치 가능
⑧ 벽면에 충격완화용 매트, 지붕이나 차양 설치 가능

9. 주차계획

① 노상주차장의 경우 종단경사도가 4%를 초과하는 도로에는 설치금지
② 노외주차장인 경우도 배수를 위한 표면경사는 3~4% 정도가 적당
③ 주차를 위한 경사로의 기울기는 직선부분 17%, 곡선부분 14%

옥외계단의 설치
경사가 18%를 초과하는 경우는 보행에 어려움이 발생되지 않도록 계단을 설치한다.

장애인용 계단
① 직선 또는 꺾임형태 설치
② 높이 1.8m 이내마다 참 설치
③ 유효폭 1.2m 이상
④ 디딤판 너비 0.28m 이상
⑤ 챌면 높이 0.18m 이하
⑥ 챌면은 반드시 설치
⑦ 챌면의 기울기는 디딤판의 수평면으로부터 60° 이상
⑧ 계단코 3㎝ 이상 돌출 금지

장애인 통행 접근로
휠체어사용자 접근로의 유효폭은 1.2m 이상으로 다른 휠체어 또는 유모차 등과 교행할 수 있도록 50m마다 1.5m×1.5m 이상의 교행구역 설치가 가능하고, 경사진 접근로가 연속될 경우에는 30m마다 1.5m×1.5m 이상의 수평면으로 된 참을 설치한다. 기울기는 1/18 이하(부득이한 경우 1/12까지)로 하며, 단차가 있을 경우 2cm 이하로 하고, 차도와의 경계부분에는 연석(높이는 6cm 이상, 15cm 이하)·울타리 등 공작물을 설치하며, 바닥표면은 잘 미끄러지지 아니하는 재질로 평탄하게 마감하고 가로수는 지면에서 2.1m까지 가지치기를 한다.

주차형식 및 출입구 개수에 따른 차로의 너비

주차형식	차로의 너비(m)	
	출입구 2개 이상	출입구 1개
평행주차	3.3	5.0
직각주차	6.0	6.0
60도 대향주차	4.5	5.5
45도 대향주차	3.5	5.0

주차단위구획

구분	너비	길이
일반형	2.5m 이상	5.0m 이상
장애인 전용	3.3m 이상	5.0m 이상
평행주차	2.0m 이상	6.0m 이상

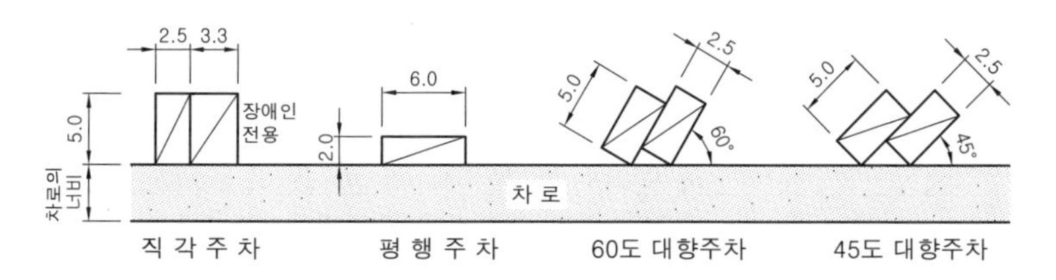

[주차형식 및 크기(단위 : m)]

주차장의 종류

노상주차장	도로의 노면 또는 교통광장의 일정구역에 설치된 주차장
노외주차장	도로의 노면 및 교통광장 이외의 장소에 설치된 주차장
부설주차장	건축물 등 주차수요를 유발하는 시설에 설치된 주차장

◘ 주차효율

주차의 형식 중 전체의 면적이 같을 경우 직각주차 형식이 가장 많이 배치할 수 있다.

핵심문제 해설

01 우리나라의 겨울철 좋은 생활 환경과 수목의 생육을 위해 최소 얼마 정도의 광선이 필요한가? 05-1, 08-2

㉮ 2시간 정도 ㉯ 4시간 정도
㉰ 6시간 정도 ㉱ 10시간 정도

01. 법으로 정해져 있는 최소한의 일조를 위한 인동거리는 동지를 기준으로 9시에서 15시 사이에 2시간 이상 계속하여 일조를 확보할 수 있는 거리 이상으로 되어있다.

02 주택정원의 세부공간 중 가장 공공성이 강한 성격을 갖는 공간은? 12-5

㉮ 안뜰 ㉯ 앞뜰
㉰ 뒤뜰 ㉱ 작업뜰

02. 앞뜰은 대문과 현관 사이의 전이공간으로 주택의 첫인상을 주는 진입공간이다.

03 주택정원의 대문에서 현관에 이르는 공간으로 명쾌하고 가장 밝은 공간이 되도록 조성해야 하는 곳은? 03-2, 09-1

㉮ 앞뜰 ㉯ 안뜰
㉰ 뒷뜰 ㉱ 가운데 뜰

03. 앞뜰은 단순성을 강조하고 밝은 인상을 주는 화목류로 군식한다.

04 주택정원의 공간부분에 있어서 응접실이나 거실 전면에 위치한 뜰로 정원의 중심이 되는 곳이며, 면적이 넓고 양지바른 곳에 위치하는 공간은? 03-1, 03-5, 07-1

㉮ 앞뜰 ㉯ 안뜰
㉰ 작업뜰 ㉱ 뒤뜰

04. 안뜰은 응접실이나 거실 전면에 위치한 휴식과 단란의 공간으로 내부의 주공간과 동선상 직접 연결되는 옥외거실 공간이다.

05 단독 주택정원에서 일반적으로 장독대, 쓰레기통, 창고 등이 설치되는 공간은? 12-4

㉮ 뒤뜰 ㉯ 안뜰
㉰ 앞뜰 ㉱ 작업뜰

05. 작업뜰은 내부의 주방·세탁실·다용도실·저장고 등과 연결되며 부엌·장독대·세탁 장소·창고 등에 면하여 설치된다.

06 주택 정원을 설계할 때 일반적으로 고려할 사항이 아닌 것은? 04-1, 07-1

㉮ 무엇보다도 안전 위주로 설계해야 한다.
㉯ 시공과 관리하기가 쉽도록 설계해야 한다.
㉰ 특수하고 귀중한 재료만을 선정하여 설계해야 한다.
㉱ 재료는 구하기 쉬운 재료를 넣어 설계한다.

06. ㉰의 경우 유지관리 및 비용의 증가가 수반되어 적합하지 못하다.

정답 ➔ 01. ㉰ 02. ㉯ 03. ㉮ 04. ㉯ 05. ㉱ 06. ㉰

07 주택단지 정원의 설계에 관한 사항으로 알맞은 것은? 05-1

㉮ 녹지율은 50% 이상이 바람직하다.
㉯ 건물 가까이에 상록성 교목을 식재한다.
㉰ 단지의 외곽부에는 차폐 및 완충식재를 한다.
㉱ 공간 효율을 높이기 위해 차도와 보도를 인접 및 교차시킨다.

07. ㉮ 녹지율 30% 이상 법으로 제정
㉯ 상록성 교목은 사계절 그늘을 만들므로 부적당
㉱ 보차도 분리 및 교차를 줄인다.

08 오픈 스페이스에 해당되지 않는 것은? 05-2, 09-1

㉮ 건폐지 ㉯ 공원묘지
㉰ 광장 ㉱ 학교운동장

08. 오픈스페이스(open space)는 개방지, 비건폐지, 위요공지, 공원 · 녹지, 유원지, 운동장, 넓은 의미의 자연환경 등을 말한다.

09 도시 공원의 기능 설명으로 가장 올바르지 않은 것은? 04-2

㉮ 레크레이션을 위한 자리를 제공 해준다.
㉯ 그 지역의 중심적인 역할을 한다.
㉰ 도시환경에 자연을 제공 해준다.
㉱ 주변 부지의 생산적 가치를 높게 해준다.

09. 도시공원의 기능
자연공급, 레크리에이션 자리 제공, 지역 중심성

10 녹지계통의 형태가 아닌 것은? 11-2

㉮ 분산형(산재형) ㉯ 환상형
㉰ 입체분리형 ㉱ 방사형

10. 녹지계통의 형태는 산재식 · 환상식 · 방사식 · 방사환상식 · 위성식 · 평행식으로 구분할 수 있다.

11 조경을 프로젝트의 대상지별로 구분할 때 문화재 주변 공간에 해당되지 않는 곳은? 04-1, 10-4

㉮ 궁궐 ㉯ 사찰
㉰ 유원지 ㉱ 왕릉

11. ㉰ 위락 · 관광시설

12 조경 시설물 중 관리 시설물로 분류되는 것은? 12-1

㉮ 분수, 인공폭포
㉯ 그네, 미끄럼틀
㉰ 축구장, 철봉
㉱ 조명시설, 표지판

12. 관리시설물에는 관리사무소 · 출입문 · 울타리 · 담장 · 창고 · 차고 · 게시판 · 표지 · 조명시설 · 쓰레기처리장 · 쓰레기통 · 수도, 우물, 태양광발전시설이 있다.

정답 → 07. ㉰ 08. ㉮ 09. ㉱ 10. ㉰ 11. ㉰ 12. ㉱

13. 편익시설에는 주차장·매점·화장실·우체통·음식점·약국·전망대·음수장·사진관·유스호스텔·운동선수 숙소 및 사무실, 대형마트 및 쇼핑센터가 있다.

13 도시공원 및 녹지 등에 관한 법률에서 규정한 편익시설로만 구성된 공원시설들은? 08-1

㉮ 주차장, 매점　㉯ 박물관, 휴게소
㉰ 야외음악당, 식물원　㉱ 그네, 미끄럼틀

14. 문제 13 참조

14 도시공원 및 녹지 등에 관한 법률 시행규칙에 의해 도시공원의 효용을 다하기 위하여 설치하는 공원시설 중 편익시설로 분류되는 것은? 07-1, 10-4

㉮ 야유회장　㉯ 자연 체험장
㉰ 정글짐　㉱ 전망대

15. 어린이공원계획 시 냄새나 가시가 없는 수종을 선정하여야 하며 피해야 할 수목은 음나무, 가시나무, 장미, 누리장나무 등이 있다.

15 어린이공원에 심을 경우 어린이에게 해를 가할 수 있기 때문에 식재하지 말아야 할 수종은? 10-1

㉮ 느티나무　㉯ 음나무
㉰ 일본목련　㉱ 모란

16. ㉱ 건물면적에 대한 규정은 없다.(건폐율은 2009년 폐지)

16 도시공원 및 녹지 등에 관한 법규에 의한 어린이공원의 설계기준으로 부적합한 것은? 09-1, 11-5

㉮ 유치거리는 250m 이하
㉯ 규모는 1500㎡ 이상
㉰ 공원시설 부지면적은 60% 이하
㉱ 건물면적은 10% 이하

17. ㉮ 100,000㎡ 이상
㉯ 10,000㎡ 이상
㉰ 1,000,000㎡ 이상
㉱ 1,500㎡ 이상

17 다음 중 도시공원 및 녹지등에 관한 법률 시행규칙에서 공원 규모가 가장 작은 것은? 03-1, 12-1

㉮ 묘지공원　㉯ 체육공원
㉰ 광역권근린공원　㉱ 어린이공원

18. 근린공원은 1개의 정주단위를 이용권으로 한다.

18 다음과 같은 조건을 갖춘 공원으로 가장 적당한 것은? 06-1

- 한 초등학교 구역에 1개소 설치
- 유치거리 500m 이하
- 면적은 10,000㎡ 이상

㉮ 어린이 공원　㉯ 근린공원
㉰ 체육공원　㉱ 도시자연공원

정답 ➜ 13. ㉮ 14. ㉱ 15. ㉯ 16. ㉱ 17. ㉱ 18. ㉯

19 자연공원법상 자연공원이 아닌 것은? 11-2

㉮ 국립공원 ㉯ 도립공원
㉰ 군립공원 ㉱ 생태공원

19. ㉱ 법제상 공원의 분류에 나타나는 것은 없다.

20 자연공원을 조성하려 할 때 가장 중요하게 고려해야 할 요소는? 11-1

㉮ 자연경관 요소
㉯ 인공경관 요소
㉰ 미적 요소
㉱ 기능적 요소

20. 자연공원은 기본적으로 자연경관이나 자연생태계가 양호한 곳이라야 한다.

21 우리나라 최초의 국립공원은? 11-2

㉮ 설악산 ㉯ 한라산
㉰ 지리산 ㉱ 내장산

21. 우리나라 최초의 국립공원은 1967년에 지정된 지리산이다.

22 골프장 설치장소로 적합하지 않은 곳은? 05-5

㉮ 교통이 편리한 위치에 있는 곳
㉯ 골프코스를 흥미롭게 설계 할 수 있는 곳
㉰ 기후의 영향을 많이 받는 곳
㉱ 부지매입이나 공사비가 절약 될 수 있는 곳

22. 골프장 설치 시 북사면은 바람과 추위, 잔디의 관리에도 곤란하므로 가급적 피하며, 남사면이나 남동사면이 적당하다.

23 다음 골프와 관련된 용어 설명으로 옳지 않는 것은? 11-4

㉮ 에이프론 칼라(apron collar) : 임시로 그린의 표면을 잔디가 아닌 모래로 마감한 그린을 말한다.
㉯ 코스(course) : 골프장 내 플레이가 허용되는 모든 구역을 말한다.
㉰ 해저드(hazard) : 벙커 및 워터 해저드를 말한다.
㉱ 티샷(tee shot) : 티그라운드에서 제 1타를 치는 것을 말한다.

23. 에이프런 칼라는 그린 주위에 잔디를 일정한 폭으로 그린보다 길게 깎아 놓아 다른 지형과 구분하여 놓은 부분을 의미하며 퍼팅그린의 일부는 아니다.

24 골프 코스 중 출발 지점을 무엇이라 하는가? 05-2, 10-2

㉮ 티(Tee) ㉯ 그린(Green)
㉰ 페어웨이(Fair way) ㉱ 러프(Rough)

24. 출발 지점을 티잉그라운드라고 하며 줄여서 티라고도 한다.

정답 ➔ 19. ㉱ 20. ㉮ 21. ㉰ 22. ㉰ 23. ㉮ 24. ㉮

25 다음 중 골프장에서 잔디와 그린이 있는 곳을 제외하고 모래나 연못 등과 같이 장애물을 설치한 것을 가리키는 것은? 06-1

㉮ 페어웨이 ㉯ 하자드
㉰ 벙커 ㉱ 러프

25. 해저드는 조경이나 난이도 조절을 위해 코스 내에 설치한 장애물로 벙커 및 연못 · 도랑 · 하천 등의 수역을 말한다.

26 다음 중 골프 코스 중 티와 그린 사이에 짧게 깎은 페어웨이 및 러프 등에서 가장 이용이 많은 잔디로 적합한 것은? 08-1

㉮ 들잔디 ㉯ 벤트그라스
㉰ 버뮤다그라스 ㉱ 라이그라스

26. 한국잔디인 들잔디는 매우 강건하고 답압에 잘 견디므로 많이 쓰이나 녹색의 기간이 짧다.

27 골프장의 그린에 주로 식재되어 초장을 4~7㎜로 짧게 깎아 관리하는 잔디는? 04-2

㉮ 한국 잔디 ㉯ 버뮤다 그래스
㉰ 라이 그래스 ㉱ 벤트 그래스

27. 벤트 그래스는 사철 항상 푸른 서양 잔디의 일종으로 퍼팅 그린에 가장 많이 쓰인다.

28 다음 중 일반적인 학교정원의 공간별 설계방법으로 가장 거리가 먼 것은? 07-5

㉮ 앞뜰구역에는 잔디밭이나 화단, 분수, 조각물, 휴게 시설 등을 설치한다.
㉯ 가운데 뜰 구역은 면적이 좁은 경우가 많으므로 상록성교목류의 사용을 권장한다.
㉰ 뒤뜰 면적이 좁은 경우에는 음지식물 학습원을 만들 수 있다.
㉱ 운동장과 교실 건물 사이는 5~10m의 녹지대를 설치하여 소음과 먼지 등을 차단 시킨다.

28. 가운데뜰은 면적이 크지 않으므로 대교목류보다는 화목류나 정형적 자수화단 설치한다.

29 다음 중 사적지 조경의 설계지침으로 옳지 않은 것은? 06-2

㉮ 안내판은 사적지별로 개성 있게 제작한다.
㉯ 계단은 화강암이나 넓적한 자연석을 이용한다.
㉰ 모든 시설물에는 시멘트를 노출시키지 않는다.
㉱ 휴게소나 벤치는 사적지와 조화를 이루도록 한다.

29. 시설물이나 안내판 등은 사적지와 조화되도록 설치한다.

정답 → 25. ㉯ 26. ㉮ 27. ㉱ 28. ㉯ 29. ㉮

30 사적지 조경의 식재계획 내용 중 적합하지 않은 것은? 05-1

㉮ 민가의 안마당에는 교목류를 식재한다.
㉯ 사찰 회랑 경내에는 나무를 심지 않는다.
㉰ 성곽 가까이에는 교목을 심지 않는다.
㉱ 궁이나 절의 건물터는 잔디를 식재한다.

30. 안마당은 여자들의 공간으로 조경하지 않고 비워둔다.

31 묘지공원의 설계 지침으로 가장 올바른 것은? 05-2

㉮ 장제장 주변은 기능상 키가 작은 관목만을 식재한다.
㉯ 산책로는 이용하기 좋게 주로 직선화한다.
㉰ 묘지공원내는 경건한 분위기를 위해 어린이 놀이터 등 휴게시설 설치를 일체 금지시킨다.
㉱ 전망대 주변에는 큰 나무를 피하고, 적당한 크기의 화목류를 배치한다.

31. 장제장 주변은 기능상 키가 큰 교목을 식재하고, 산책로는 수림 사이로 자연스럽게 조성하며, 묘지공원의 이용자를 위한 놀이시설 · 휴게시설도 설치한다.

32 생태복원을 목적으로 사용하는 재료로서 가장 거리가 먼 것은? 12-2

㉮ 식생매트　　㉯ 잔디블록
㉰ 녹화마대　　㉱ 식생자루

32. 녹화마대는 수간감기에 사용하거나 뿌리분을 싸는 데 사용하는 환경적 재료이다.

33 고속도로의 시선 유도식재는? 04-5

㉮ 위치를 알려준다.
㉯ 침식을 방지한다.
㉰ 속력을 줄이게 한다.
㉱ 전방의 도로 형태를 알려준다.

33. 시선 유도식재는 주행 중의 운전자가 도로의 선형변화를 미리 판단할 수 있도록 해주는 식재이다.

34 도로 식재 중 사고방지 기능 식재에 속하지 않은 것은? 05-5

㉮ 명암순응식재　　㉯ 시선유도식재
㉰ 녹음식재　　㉱ 침입방지식재

34. ㉰ 휴식을 위한 식재

35 고속도로 중앙분리대 식재에서 차광률이 가장 높은 나무는? 03-1

㉮ 느티나무　　㉯ 협죽도
㉰ 동백나무　　㉱ 향나무

35. 차광률이 90% 이상인 나무에는 가이즈카향나무, 졸가시나무, 향나무, 돈나무 등이 있다.

정답 ➜ 30. ㉮ 31. ㉱ 32. ㉰ 33. ㉱ 34. ㉰ 35. ㉱

36 다음 중 가로수를 심는 목적이라고 볼 수 없는 것은? 12-1

㉮ 녹음을 제공한다.
㉯ 도시환경을 개선한다.
㉰ 방음과 방화의 효과가 있다.
㉱ 시선을 유도한다.

36. 가로수는 녹음 제공 및 경관 개선 · 미기후 조절 · 매연과 분진의 흡착 · 유독성가스 흡수 · 소음 감소 등의 효과가 있다.

37 가로수로서 갖추어야 할 조건을 기술한 것 중 옳지 않은 것은? 04-1, 07-5, 12-5

㉮ 사철 푸른 상록수
㉯ 각종 공해에 잘 견디는 수종
㉰ 강한 바람에도 잘 견딜 수 있는 수종
㉱ 여름철 그늘을 만들고 병해충에 잘 견디는 수종

37. 가로수는 어느 방향으로든지 나무별 특유의 수형을 갖춘 낙엽수가 좋으며, 상록수는 겨울철 도로 결빙의 원인이 되기도 한다.

38 다음 중 가로수 식재를 설명한 것 중에서 옳지 않은 것은? 05-1

㉮ 일반적으로 가로수 식재는 도로변에 교목을 줄지어 심는 것을 말한다.
㉯ 가로수 식재 형식은 일정 간격으로 같은 크기의 같은 나무를 일렬 또는 이렬로 식재한다.
㉰ 식재 간격은 나무의 종류나 식재목적, 식재지의 환경에 따라 다르나 일반적으로 4~10m로 하는데, 5m간격으로 심는 경우가 많다.
㉱ 가로수는 보도의 나비가 2.5m이상 되어야 식재할 수 있으며, 건물로부터는 5.0m이상 떨어져야 그 나무의 고유한 수형을 나타낼 수 있다.

38. 가로수의 식재간격은 일반적으로 8~10m 간격으로 하며, 생장이 느린 교목은 6m 간격으로도 배식한다.

39 가로수는 차도 가장자리에서 얼마정도 떨어진 곳에 심는 것이 가장 좋은가? 04-5

㉮ 10㎝ ㉯ 20~30㎝
㉰ 40~50㎝ ㉱ 60~70㎝

39. 가로수는 차도로부터 0.65m 이상, 건물로부터 5~7m 이격하여 식재한다.

40 다음 수종 중 가로수로 적당하지 않은 나무는? 04-5, 10-5, 12-2

㉮ 은행나무 ㉯ 무궁화
㉰ 느티나무 ㉱ 벚나무

40. 가로수 적합 수종 : 은행나무, 메타세쿼이아, 느티나무, 양버즘나무, 가죽나무, 층층나무, 칠엽수, 회화나무, 벚나무 등

정답 ➔ 36. ㉰ 37. ㉮ 38. ㉰ 39. ㉱ 40. ㉯

41 옥상정원에서 식물을 심을 자리는 전체면적의 얼마를 넘지 않도록 하는 것이 좋은가? 03-1

㉮ 1/2 ㉯ 1/3
㉰ 1/4 ㉱ 1/5

41. 식물을 심을 자리는 안전을 고려하여 전체면적의 1/3을 넘지 않도록 하는 것이 좋다.

42 옥상정원의 환경조건에 대한 설명으로 적합하지 않은 것은? 03-2, 06-1, 09-4

㉮ 토양 수분의 용량이 적다.
㉯ 토양 온도의 변동 폭이 크다.
㉰ 양분의 유실속도가 늦다.
㉱ 바람의 피해를 받기 쉽다.

42. 잉여수의 배수가 촉진되어 양분의 유실속도가 빠르다.

43 일반적으로 옥상 정원 설계 시 고려할 사항으로 가장 관계가 적은 것은? 04-1, 07-1

㉮ 토양층 깊이 ㉯ 방수 문제
㉰ 잘 자라는 수목 선정 ㉱ 하중 문제

43. 옥상정원 설계 시 우선적인 사항은 하중에 대한 구조물의 안전과 녹화시스템에 있다.

44 다음 중 옥상정원의 설계기준으로 옳지 않은 것은? 11-5

㉮ 식재 토양의 깊이는 옥상이라는 점을 고려하여 가능한 깊어야 한다.
㉯ 열악한 생육환경에 견딜 수 있고, 경관구조와 기능적인 면에 만족할 수 있는 수종을 선택하여야 한다.
㉰ 건물구조에 영향을 미치는 하중문제를 우선 고려하여야 한다.
㉱ 바람, 한발, 강우 등 자연재해로부터의 안전성을 고려하여야 한다.

44. 옥상정원은 하중에 대한 안전이 우선이므로 가급적 하중이 적게 작용하도록 고려한다.

45 옥상정원 인공지반 상단의 식재 토양층 조성 시 경량재로 사용하기 가장 부적당한 것은? 04-2, 09-1, 11-2, 12-2

㉮ 버미큘라이트(Vermiculite)
㉯ 펄라이트(Perlite)
㉰ 피트(Peat)
㉱ 석회

45. 조경용 경량토는 버미큘라이트, 퍼얼라이트, 피트, 화산재 등으로 식재토양에 혼합하여 사용한다.

정답 → 41. ㉯ 42. ㉰ 43. ㉰ 44. ㉮ 45. ㉱

46. 실내는 온도변화가 잦으므로 온도변화에 민감한 식물은 적당하지 않다.

46 실내조경 식물의 선정 기준이 아닌 것은? 12-1

㉮ 낮은 광도에 견디는 식물
㉯ 온도 변화에 예민한 식물
㉰ 가스에 잘 견디는 식물
㉱ 내건성과 내습성이 강한 식물

47. 놀이시설은 어린이의 안전성을 우선적으로 고려하여야 한다.

47 다음 중 어린이놀이터 시설 설치 시 가장 먼저 고려되어야 할 것은? 04-2, 09-5

㉮ 안전성 ㉯ 쾌적함
㉰ 미적인 사항 ㉱ 시설물간의 조화

48. 모래터의 안전과 기능을 발휘하려면 30cm 이상의 깊이가 적당하다.

48 어린이를 위한 운동 시설로서 모래터의 깊이는 어느 정도가 가장 알맞는가? 05-2, 09-4

㉮ 5~10cm ㉯ 10~20cm
㉰ 20~30cm ㉱ 30cm 이상

49. 모래밭은 안전과 휴식 · 감시를 위하여 휴게시설과 가까이 있는 것이 좋다.

49 모래밭 조성에 관한 설명이다. 가장 옳지 않는 것은? 05-1, 12-2

㉮ 하루에 4~5시간의 햇볕이 쬐고 통풍이 잘되는 곳에 설치한다.
㉯ 모래밭은 가능한 휴게시설에서 멀리 배치한다.
㉰ 모래밭의 깊이는 놀이의 안전을 고려하여 30cm 이상으로 한다.
㉱ 가장자리는 방부처리한 목재를 사용하여 지표보다 높게 모래막이 시설을 해준다.

50. 미끄럼판의 기울기는 30~35° 로 재질을 고려하여 설계한다.

50 다음 중 콘크리트 소재의 미끄럼대를 시공할 경우 일반적으로 지표면과 미끄럼판의 활강 부분이 수평면과 이루는 각도로 가장 적합한 것은? 03-1, 08-5, 11-2

㉮ 70° ㉯ 55°
㉰ 35° ㉱ 15°

51. 파고라는 그늘시렁이라고도 하며 덩굴성 식물을 올리도록 만든 시설을 말한다.

51 등나무 등의 덩굴식물을 올려 가꾸기 위한 시렁과 비슷한 생김새를 가진 시설물로 여름철 그늘을 지어 주기 위한 것은? 11-5

㉮ 플랜터(planter) ㉯ 파고라(pergola)
㉰ 볼라드(bollard) ㉱ 래더(ladder)

정답 → 46. ㉯ 47. ㉮ 48. ㉱ 49. ㉯ 50. ㉰ 51. ㉯

52 기름을 뺀 대나무로 등나무를 올리기 위한 시렁을 만들면 윤기가 나고 색이 변하지 않는다. 대나무 기름 빼는 방법으로 옳은 것은? 11-4

㉮ 불에 쬐어 수세미로 닦아 준다.
㉯ 알코올 등으로 닦아 준다.
㉰ 물에 오래 담가 놓았다가 수세미로 닦아 준다.
㉱ 석유, 휘발유 등에 담근 후 닦아 준다.

52. 대나무에 열을 가하면 기름이 나오고 그 기름을 그대로 문질러 주면 광택이 난다.

53 퍼걸러(pergola) 설치 장소로 적합하지 않은 것은? 12-1

㉮ 건물에 붙여 만들어진 테라스 위
㉯ 주택 정원의 가운데
㉰ 통경선의 끝 부분
㉱ 주택 정원의 구석진 곳

53. 퍼걸러는 휴게를 위한 곳에 배치하나 보행동선과의 마찰을 피하고, 시각적으로 넓게 조망할 수 있는 곳, 통경선이 끝나는 곳에 초점요소로 배치한다.

54 다음 [보기]와 같은 특징 설명에 가장 적합한 시설물은? 04-5, 09-2

[보기]

· 간단한 눈가림 구실을 한다.
· 서양식으로 꾸며진 중문으로 볼 수 있다.
· 보통 가는 철제파이프 또는 각목으로 만든다.
· 장미 등 덩굴식물을 올려 장식한다.

㉮ 파골라 ㉯ 아치
㉰ 트렐리스 ㉱ 펜스

54. 아치(arch)는 우리나라 정원에서 홍예문의 성격을 띤 구조물이라 할 수 있는 것으로, 양식의 중문으로 볼 수 있다.

55 좁고 얄팍한 목재를 엮어 1.5m 정도의 높이가 되도록 만들어 놓은 격자형의 시설물로서 덩굴식물을 지탱하기 위한 것은? 08-5, 11-4

㉮ 파고라 ㉯ 아치
㉰ 트레리스 ㉱ 정자

55. 트레리스(trellis)는 격자 구조물로 울타리 역할을 한다.

56 거실이나 응접실 또는 식당 앞에 건물과 잇대어서 만드는 시설물은? 03-1, 12-1, 12-5

㉮ 정자 ㉯ 테라스
㉰ 모래터 ㉱ 트렐리스

56. 옥외실로써 건물의 안정감이나 정원과의 조화(調和), 정원이나 풍경의 관상 등을 하는 데 이용된다.

정답 → 52. ㉮ 53. ㉯ 54. ㉯ 55. ㉰ 56. ㉯

57. 등받이 각도는 수평면을 기준으로 95~110° 를 기준으로 하고, 휴식시간이 길어질수록 등받이 각도를 크게 설계한다.

57 조경설계기준상 휴게시설의 의자에 관한 설명으로 틀린 것은? 12-5

㉮ 체류시간을 고려하여 설계하며, 긴 휴식에 이용되는 의자는 앉음판의 높이가 낮고 등받이를 길게 설계한다.
㉯ 등받이 각도는 수평면을 기준으로 85~95° 를 기준으로 한다.
㉰ 앉음판의 높이는 34~46㎝를 기준으로 하되 어린이를 위한 의자는 낮게 할 수 있다.
㉱ 의자의 길이는 1인당 최소 45㎝를 기준으로 하되, 팔걸이부분의 폭은 제외한다.

58. 연색성은 태양광을 기준으로 인공광원이 비추어졌을 때 색이 달리 보이는 정도를 말하는 것이다.

58 형광등 아래서 물건을 고를 때 외부로 나가면 어떤색으로 보일까 망설이게 된다. 이처럼 조명광에 의하여 물체의 색을 결정하는 광원의 성질은? 10-2

㉮ 직진성 ㉯ 연색성
㉰ 발광성 ㉱ 색순응

59. 나트륨등은 연색성은 매우 나쁘나 열효율이 높고 투시성이 뛰어나다.

59 광질(光質)의 특성 때문에 안개지역 조명, 도로 조명, 터널 조명 등에 적합한 전등은? 03-1

㉮ 할로겐등 ㉯ 형광등
㉰ 수은등 ㉱ 나트륨등

60. 알루미늄조명등은 내부식성이 강하며 비용이 저렴하다.

60 가로 조명등의 종류별 특징에 관한 설명으로 틀린 것은? 09-2

㉮ 강철 조명등은 내구성이 강하지만 부식이 잘 된다.
㉯ 알루미늄 조명등은 부식에 약하지만 비용이 저렴한 편이다.
㉰ 콘크리트 조명등은 유지가 용이하고, 내구성이 강하지만 설치 시 무게로 인해 장비가 요구된다.
㉱ 나무로 만든 조명등은 미관적으로 좋고 초기의 유지가 용이하다.

61. 수은등 > 형광등 > 나트륨등 > 할로겐등 > 백열등

61 다음 중 전등의 평균수명이 가장 긴 것은? 03-5, 05-5

㉮ 백열전구 ㉯ 할로겐등
㉰ 수은등 ㉱ 형광등

62. 풀(pool)은 정적이며 평화로운 이미지를 갖는다.

62 물 재료를 정적인 이용면으로 시설한 것은? 05-1

㉮ 분수 ㉯ 폭포
㉰ 벽천 ㉱ 풀(pool)

정답 ➔ 57. ㉯ 58. ㉯ 59. ㉱ 60. ㉯ 61. ㉰ 62. ㉱

63 물에 대한 설명이 틀린 것은? 03-5, 06-5

㉮ 호수, 연못, 풀 등은 정적으로 이용된다.
㉯ 분수, 폭포, 벽천, 계단폭포 등은 동적으로 이용된다.
㉰ 조경에서 물의 이용은 동, 서양 모두 즐겨 했다.
㉱ 벽천은 다른 수경에 비해 대규모 지역에 어울리는 방법이다.

63. 벽천은 넓은 면적을 필요로 하지 않기 때문에 작은 공원, 소광장(小廣場), 공공정원 등에 어울린다.

64 분수에 관하여 바르게 설명한 것은? 04-1

㉮ 단일 구경 노즐은 조명 효과가 크다.
㉯ 살수식 노즐은 명확하고 힘찬 물줄기를 만드는 장점이 있다.
㉰ 공기 흡인식 제트 노즐은 공기와 물이 섞여 있는 모습으로 보여 시각적 효과가 매우 크다.
㉱ 분수는 순환 펌프가 필요하지 않다.

64. 단일구경 노즐의 물줄기는 명확하고 조명효과는 살수식이 크다. 물은 소독하고 여과하여 순환시켜 사용하므로 순환 펌프가 필요하다.

65 자연식 연못설계와 관련된 설명 중( )에 적합한 수치는? 09-5

일반적으로 연못의 설계 시 연못의 면적은 정원 전체 면적의 1/9 이하가 힘의 균형을 이룰 수 있는 적정한 규모이며, 최소 ( )㎡ 이상의 넓이가 바람직하다.

㉮ 1.5 ㉯ 5
㉰ 10 ㉱ 15

65. 자연식 연못은 최소 1.5㎡ 이상의 넓이가 바람직하며, 연못의 수면은 지표에서 6~10㎝ 정도 낮게 조성하고, 수심은 60㎝ 정도가 적당하다.

66 건물의 남쪽면에 연못을 만들어 놓았을 때 고려해야 할 사항이 아닌 것은? 03-5

㉮ 건물에서 연못이 잘 보이도록 건물과 연못사이에는 나무를 전혀 심지 않는다.
㉯ 건물에 붙어있는 작은 연못일 때에는 퍼걸러나 등나무 시렁으로 그늘을 만들어 준다.
㉰ 연못의 수면에서 생기는 빛의 반사를 고려하여야 한다.
㉱ 수면이 잔잔할 때 연못에 비치는 건물의 투영 효과를 잘 살릴 수 있도록 한다.

66. 건물과 연못 사이에 나무를 전혀 심지 않으면 실내로 반사광이 유입되어 불쾌감을 줄 수 있다.

정답 ➔ 63. ㉱ 64. ㉰ 65. ㉮ 66. ㉮

67 잔디밭에 물을 공급하는 관수에 대한 설명으로 틀린 것은? 09-2

㉮ 식물에 물을 공급하는 방법은 지표관개법과 살수관개법으로 나눌 수 있다.
㉯ 살수관개법은 설치비가 많이 들지만, 관수 효과가 높다.
㉰ 수압에 의해 작동하는 회전식은 360° 까지 임의 조절이 가능하다.
㉱ 회전장치가 수압에 의해 지면보다 10㎝ 상승 또는 하강하는 팝업(pop-up)살수기는 평소 시각적으로 불량하다.

67. 팝업살수기는 평소에는 지표면 아래로 내려가 있으므로 시각적 영향이 생기지 않는다.

68 살수기 설계 시 배치 간격은 바람이 없을 때를 기준으로 살수 작동 최대간격을 살수직경의 몇 %로 제한하는가? 07-5, 11-2

㉮ 45~55% ㉯ 60~65%
㉰ 70~75% ㉱ 80~85%

68. 살수기(sprinkler) 설치 시 균일한 살수율을 얻기 위해 최대 간격을 살수직경의 60~65% 정도로 제한한다.

69 도로에 배수관이 설치되는 경우 L형 측구 몇 m마다 우수거를 설치해야 하는가? 05-2

㉮ 10m ㉯ 15m
㉰ 20m ㉱ 40m

69. 우수거는 우수를 모아 배수하는 통로로 20m마다 설치한다.

70 인공지반 조성 시 토양유실 및 배수기능이 저하되지 않도록 배수층과 토양층 사이에 여과와 분리를 위해 설치하는 것은? 09-2

㉮ 자갈 ㉯ 모래
㉰ 토목섬유 ㉱ 합성수지 배수판

70. 토목섬유는 토양층과 배수층 사이의 토양 여과층의 재료로 세립토양이 유출되지 않고 투수기능을 가진 섬유재를 말한다.

71 다음 중 정구장과 같이 좁고 긴 형태의 전 지역을 균일하게 배수하려는 암거 방법은? 05-5, 10-4

㉮ 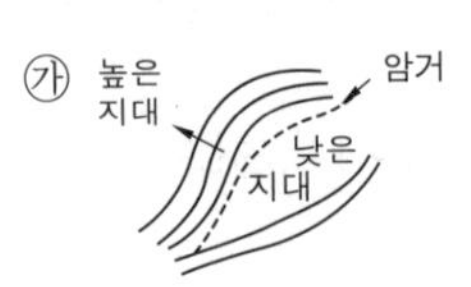

㉯ 

㉰

㉱ 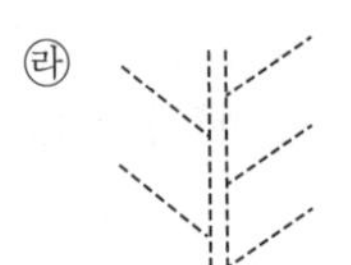

71. ㉮ 차단형
㉯ 자유형
㉰ 평행형
㉱ 어골형

정답 → 67. ㉱ 68. ㉯ 69. ㉰ 70. ㉰ 71. ㉰

72 울타리는 종류나 쓰이는 목적에 따라 높이가 다른데 일반적으로 사람의 침입을 방지하기 위한 울타리의 경우 높이는 어느 정도가 적당한가? 05-5, 11-4

㉮ 20~30cm ㉯ 50~60cm
㉰ 80~100cm ㉱ 180~200cm

72. 적극적 침입방지 기능을 위한 울타리의 높이는 1.5~2.1m 이다.

73 다음 중 음수대에 관한 설명으로 옳지 않은 것은? 12-4

㉮ 표면재료는 청결성, 내구성, 보수성을 고려한다.
㉯ 양지 바른 곳에 설치하고, 가급적 습한 곳은 피한다.
㉰ 유지관리상 배수는 수직 배수관을 많이 사용하는 것이 좋다.
㉱ 음수전의 높이는 성인, 어린이, 장애인 등 이용자의 신체특성을 고려하여 적정높이로 한다.

73. 음수대는 포장부위에 배치하며 배수구는 청소가 쉬운 구조와 형태로 설계되어야 한다.

74 조경공간에서의 휴지통에 대한 설명 중 틀린 것은? 08-2

㉮ 통풍이 좋고 건조하기 쉬운 구조로 한다.
㉯ 내화성이 있는 구조로 한다.
㉰ 쓰레기를 수거하기 쉽도록 한다.
㉱ 지저분하므로 눈에 잘 띄지 않는 장소에 설치한다.

74. 휴지통은 보행동선의 결절점, 관리사무소 · 상점 등의 이용량이 많은 지점에 배치하도록 한다.

75 공원 설계 시 보행자 2인이 나란히 통행 가능한 최소 원로폭은? 06-5, 10-4

㉮ 4~5m ㉯ 3~4m
㉰ 1.5~2m ㉱ 0.3~1m

75. 보행자 2인이 나란히 통행 가능한 폭은 1.5~2m이다.

76 주택단지안의 건축물 또는 옥외에 설치하는 계단의 경우 공동으로 사용할 목적인 경우 최소 얼마 이상의 유효폭을 가져야 하는가? (단, 단높이는 18cm 이하, 단너비는 26cm 이상으로 한다.) 12-5

㉮ 100cm ㉯ 120cm
㉰ 140cm ㉱ 160cm

76. 옥외에 설치하는 공동계단의 경우 최소 120cm 이상으로 하고 통행량에 따라 넓힌다.

77 다음 중 원로를 계단으로 공사하여야 하는 지형상의 기울기는? 04-1, 08-5, 10-5

㉮ 2% ㉯ 5%
㉰ 10% ㉱ 18%

77. 경사가 18%를 초과하는 경우는 보행에 어려움이 발생되지 않도록 계단을 설치한다.

정답 → 72. ㉱ 73. ㉰ 74. ㉱ 75. ㉰ 76. ㉯ 77. ㉱

78 다음 조경 구조물 중 계단의 설계 기준을 h(단높이)와 b(단너비)를 이용하여 바르게 나타낸 것은? 08-5, 09-5, 11-5

㉮ h+b=60~65㎝
㉯ h+2b=60~65㎝
㉰ 2h+b=60~65㎝
㉱ 2h+2b=60~65㎝

78. 적정한 계단의 형태
2h+b=60~65㎝
(h : 단높이, b : 단너비)

79 일반적으로 계단을 설계할 때 계단의 축상(蹴上)높이가 12㎝일 때 답면(踏面)의 너비(㎝)로 가장 적합한 것은? 03-5, 09-1

㉮ 20~25 ㉯ 26~31
㉰ 31~36 ㉱ 36~41

79. 2h+b=60~65㎝
(h : 단높이, b : 단너비)
(2×12)+b=60~65 이므로
b=36~41(㎝)

80 신체장애자를 위한 경사로(RAMP)를 만들 때 가장 적당한 경사는? 05-1, 12-1

㉮ 8% 이하 ㉯ 10% 이하
㉰ 12% 이하 ㉱ 15% 이하

80. 장애인 경사로 기울기는 가능한 한 1/12(약 8%) 이하로 제한한다.

81 노외주차장의 구조·설비기준으로 틀린 것은? (단, 주차장법 시행규칙을 적용한다.) 12-4

㉮ 노외주차장의 출구와 입구에서 자동차의 회전을 쉽게하기 위하여 필요한 경우에는 차로와 도로가 접하는 부분을 곡선형으로 하여야 한다.
㉯ 노외주차장의 출구 부근의 구조는 해당 출구로부터 2m를 후퇴한 노외주차장의 차로의 중심선상 1.0m의 높이에서 도로의 중심선에 직각으로 향한 왼쪽·오른쪽 각각 45도의 범위에서 해당 도로를 통행하는 자를 확인할 수 있도록 하여야 한다.
㉰ 노외주차장의 출입구 너비는 3.5m 이상으로 하여야 하며, 주차대수 규모가 50대 이상인 경우에는 출구와 입구를 분리하거나 너비 5.5m 이상의 출입구를 설치하여 소통이 원활하도록 하여야 한다.
㉱ 노외주차장에서 주차에 사용되는 부분의 높이는 주차바닥면으로부터 2.1m 이상으로 하여야 한다.

81. 노외주차장의 출구 부근의 구조는 해당 출구로부터 2m 후퇴한 차로의 중심선상 1.4m 높이에서 도로의 중심선에 직각으로 향한 좌·우 각각 60° 의 범위에서 해당 도로를 통행하는 자를 확인할 수 있어야 한다.

정답 ➔ 78. ㉰ 79. ㉱ 80. ㉮ 81. ㉯

PART

3

식물 재료 및 식재 공사

조경은 경관을 조성하기 위하여 식물을 이용한 식생공간을 만들거나 조경시설을 설치하는 것으로 조경에서 식물재료는 중심적인 주제이며, 식재란 그에 합당한 식물재료의 기능과 미를 발휘하여 통일된 아름다운 경관을 조성하고 식물을 미적 · 기능적 · 생태적으로 이용하여 보다 나은 생활환경을 창출하기 위한 식물이용계획시스템을 말한다.

Chapter 1 식물 재료

1 조경 수목

1. 조경 수목의 분류

(1) 형태상 분류

구분	성상	내 용
잎의 생태	상록수	항상 푸른잎을 가지고 낙엽계절에도 모든 잎이 일제히 낙엽 되지 않는 수목
	낙엽수	낙엽계절에 일제히 모든 잎이 낙엽 되거나 고엽이 일부 붙어 있는 수목
잎의 형태	침엽수	바늘모양의 잎을 가진 나자식물(겉씨식물)의 목본류
	활엽수	넓은 잎을 가진 피자식물(속씨식물)의 목본류
수간형태	교목	곧은 줄기가 있고 줄기와 가지의 구별이 명확하며, 줄기의 길이 생장이 현저한 키가 큰 나무–높이가 8m 이상인 나무
	관목	뿌리 부근으로부터 줄기가 여러 갈래로 나와 줄기와 가지의 구별이 뚜렷하지 않은 키가 작은 나무
	덩굴성 수목	등나무나 담쟁이 덩굴과 같이 스스로 서지 못하고 다른 물체를 감거나 부착하여 개체를 지탱하는 수목

수목의 구분

구분	성상	수 종
상록 침엽수	상록침엽 교목	주목, 잣나무, 섬잣나무, 소나무, 곰솔, 전나무, 향나무, 독일가문비나무, 서양측백, 개잎갈나무, 구상나무, 비자나무, 편백, 화백, 삼나무, 가이즈카향나무
	상록침엽 관목	옥향, 눈향, 개비자, 설악눈주목
상록 활엽수	상록활엽 교목	먼나무, 가시나무, 태산목, 후박나무, 동백나무, 아왜나무, 굴거리나무
	상록활엽 관목	돈나무, 남천, 다정큼나무, 피라칸사, 회양목, 호랑가시나무, 꽝꽝나무, 사철나무, 식나무, 광나무, 목서, 협죽도, 치자나무, 팔손이
낙엽 침엽수	낙엽침엽 교목	은행나무, 낙우송, 메타세쿼이아, 일본잎갈나무(낙엽송), 잎갈나무

낙엽 활엽수	낙엽활엽 교목	자작나무, 느티나무, 백목련, 일본목련, 모과나무, 산사나무, 자귀나무, 아까시나무, 회화나무, 가죽나무, 꽃사과나무, 매실나무, 마가목, 청단풍, 복자기, 층층나무, 산수유, 감나무, 대추나무, 이팝나무, 밤나무, 계수나무, 왕벚나무, 살구나무, 팥배나무, 단풍나무, 배롱나무, 탱자나무, 호두나무, 서어나무, 상수리나무, 칠엽수, 벽오동, 양버즘나무(플라타너스), 백합나무(목백합), 무화과나무
	낙엽활엽 관목	생강나무, 수국, 황매화, 앵두나무, 화살나무, 흰말채나무, 미선나무, 개나리, 진달래, 철쭉, 산철쭉, 쥐똥나무, 좀작살나무, 병꽃나무, 해당화, 개쉬땅나무, 낙상홍, 보리수나무, 무궁화, 모란, 명자나무, 장미, 조팝나무, 박태기나무, 수수꽃다리
만경류 (덩굴성 식물)	상록덩굴 식물	인동덩굴, 송악, 멀꿀, 모람, 마삭줄
	낙엽덩굴 식물	등, 으름덩굴, 담쟁이덩굴, 포도나무, 머루, 오미자, 노박덩굴, 능소화

(2) 수형

침엽교목	• 정아의 생장이 특히 우수하므로 꼿꼿한 하나의 중심줄기로 이루어져 정형적 수형 형성 • 수관은 원추형 또는 우산형에 가까운 형태
활엽교목	• 어린 시절에는 정아의 생장이 탁월하나 어느 연령에 도달하면 측아의 생장이 활발해져 줄기가 갈라져 수형 형성 • 부정형의 수관을 이루어 원형, 난형에 가까운 형태
관목	정아보다 측아의 생장이 왕성하므로 근경부로부터 줄기와 가지가 갈라져 옆으로 확장한 수관 형성

◘ 정아(頂芽)
줄기의 끝에 위치하고 있는 눈

◘ 측아(側芽)
줄기의 측면에 붙어 있는 눈

자연 수형

원추형	낙우송, 삼나무, 전나무, 메타세쿼이아. 독일가문비나무, 일본잎갈나무, 주목
우산형	편백, 화백, 반송, 층층나무, 왕벚나무, 매실나무, 복숭아나무
구형	졸참나무, 가시나무, 녹나무, 수수꽃다리, 화살나무, 회화나무
난형	백합나무, 측백나무, 동백나무, 태산목, 계수나무, 목련, 양버즘나무, 박태기나무
원정형	비자나무, 백송, 참느릅나무, 모과나무, 후박나무, 이팝나무, 오동나무
원주형	포플러류, 무궁화, 부용
배상형	느티나무, 가죽나무, 단풍나무, 배롱나무, 산수유, 자귀나무, 석류나무
능수형	능수버들, 수양버들, 수양벚나무, 실화백
포복형	눈향나무, 설악눈주목, 눈잣나무

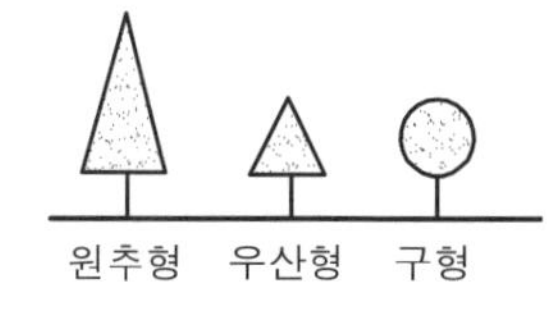

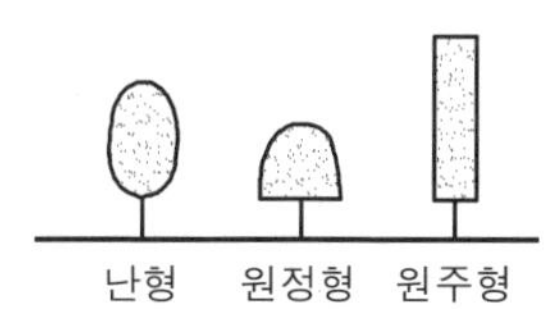

[자연 수형]

(3) 관상면 분류

꽃을 관상하는 수목

봄	적색	홍매, 동백나무, 명자나무, 박태기나무, 진달래, 철쭉
	백색	옥매, 백목련, 이팝나무, 산사나무, 흰철쭉, 왕벚나무, 수수꽃다리
	황색	개나리, 산수유, 생강나무, 황매화, 풍년화
	자색	등, 수수꽃다리, 자목련
여름	적색	장미, 배롱나무, 자귀나무, 무궁화, 석류나무, 협죽도, 모란
	백색	산딸나무, 불두화, 층층나무, 백정화, 말발도리
	황색	장미, 황매, 황철쭉, 능소화
	자색	무궁화, 수국, 모란, 정향나무, 멀구슬나무
가을	적색	무궁화, 싸리, 부용
	백색	무궁화, 백정화, 호랑가시나무, 목서
	황색	금목서
	자색	싸리
겨울	적색	매실나무, 오리나무
	백색	팔손이, 호랑가시나무
	황색	풍년화

열매를 관상하는 수목

적색계	주목, 피라칸타, 낙상홍, 석류나무, 팥배나무, 자두나무, 마가목, 산수유, 대추나무, 오미자, 감나무, 감탕나무, 사철나무, 남천, 개머루, 자금우, 식나무
황색계	살구나무, 복숭아나무, 매실나무, 모과나무, 은행나무, 탱자나무, 피라칸타
흑색계	생강나무, 왕벚나무, 쥐똥나무, 팔손이
자색계	작살나무, 좀작살나무, 노린재나무, 개머루, 누리장나무

단풍을 관상하는 수목

적색계	단풍나무류, 붉나무, 화살나무, 감나무, 마가목, 산딸나무, 낙상홍, 매자나무, 옻나무, 담쟁이덩굴
황색계	은행나무, 백합나무, 계수나무, 일본잎갈나무, 참나무류, 느티나무, 생강나무, 칠엽수, 고로쇠나무, 벽오동, 자작나무

줄기를 관상하는 수목

백색계	백송, 분비나무, 자작나무, 버즘나무, 서어나무, 동백나무
갈색계	편백, 배롱나무, 철쭉류
흑갈색계	곰솔, 독일가문비나무, 개잎갈나무, 굴참나무

정형수
다듬기 작업을 통해 자연 수형과는 분위기가 다른 모양으로 만들어진 인공 수형을 가진 나무를 말한다.

형상수(topiary)
맹아력이 강한 수목을 다듬어 기하학적 모양이나 인체·동물의 생김새를 본떠 만들어 정형식 정원의 점경물로 이용하는 수목을 말한다.

단풍의 색
① 붉은색 단풍 : 안토시아닌 (anthocyanin)의 작용
② 황색 단풍 : 카로티노이드 (carotinoid)와 크산토필(xanthophyll)의 작용
③ 주홍색 단풍 : 안토시아닌과 카로티노이드가 혼합되어 출현
④ 황갈색 단풍 : 탄닌(tannin)색소의 작용

청록색계	식나무, 벽오동, 황매화
적갈색계	소나무, 주목, 모과나무, 삼나무, 노각나무, 섬잣나무, 흰말채나무, 편백나무
얼룩무늬	모과나무, 배롱나무, 노각나무, 버즘나무

향기 좋은 수목

꽃	매실나무, 서향, 수수꽃다리, 장미, 등, 온주밀감, 마삭줄, 일본목련, 태산목, 함박꽃나무, 인동덩굴, 목서류, 은목서, 치자나무
열매	녹나무, 모과나무
잎	녹나무, 미국측백, 백동백나무, 붓순나무, 생강나무, 월계수, 초피나무

질감의 비교

거친 질감	큰 건물이나 양식건물에 이용–칠엽수, 벽오동, 양버즘나무, 팔손이, 태산목
고운 질감	한옥이나 좁은 정원에 적합–철쭉류, 소나무, 편백, 화백, 회양목

(4) 수세

1) 생장속도

① 양수는 음수에 비해 어릴 때의 생장이 빠르며 음수는 비교적 느림

② 생장속도가 빠른 나무는 속히 원하는 크기로 자라는 이점이 있으나 전정하지 않으면 수형이 흐트러지고 바람에 약함

③ 생장속도가 느린 나무로 원하는 크기까지 자라는 데 긴 시간이 걸리나 수형이 일정하며, 바람의 꺾임에 잘 저항

구 분	수 종
생장속도가 느린 수종	주목, 비자나무, 향나무, 굴거리나무, 먼나무, 후피향나무, 꽝꽝나무, 동백나무, 호랑가시나무, 다정큼나무, 회양목, 서향, 감나무, 모과나무, 마가목, 매실나무, 낙상홍, 함박꽃나무, 모란
생장속도가 빠른 수종	낙우송, 대왕송, 독일가문비나무, 메타세쿼이아, 삼나무, 소나무, 일본잎갈나무, 편백, 화백, 곰솔, 개잎갈나무, 가이즈카향나무, 태산목, 후박나무, 아왜나무, 광나무, 돈나무, 사철나무, 식나무, 팔손이, 가죽나무, 은행나무, 일본목련, 자작나무, 칠엽수, 양버즘나무, 회화나무, 버드나무류, 단풍나무, 산수유, 왕벚나무, 층층나무, 무궁화, 보리수나무, 붉나무, 생강나무, 자귀나무, 쥐똥나무, 개나리, 낙상홍, 명자나무, 박태기나무, 해당화, 화살나무, 조팝나무, 수국

◘ 독특한 수피

화살나무는 회갈색의 줄기에 코르크질의 날개가 있고, 황벽나무는 코르크층이 매우 발달한 줄기를 가지고 있다.

◘ 향기

향기를 오래도록 느끼게 하기 위해서는 공기의 유동을 적게하여 확산을 방지한다.

◘ 질감

잎이나 꽃의 생김새, 크기, 착생밀도, 착생상태, 수피 등의 요소에 의해 질감이 형성되며, 질감을 고려하여 식재할 경우 가까운 곳에서부터 먼 곳으로 '고운 질감→중간 질감→거친 질감'의 순으로 식재하는 것이 바람직하다.

2) 맹아력

맹아력이 강한 수종	낙우송, 메타세쿼이아, 비자나무, 삼나무, 일본잎갈나무, 개잎갈나무, 가시나무, 굴거리나무, 후피향나무, 광나무, 꽝꽝나무, 호랑가시나무, 회양목, 가중나무, 느티나무, 졸참나무, 칠엽수, 양버즘나무, 피나무, 회화나무, 양버들, 왕버들, 능수버들, 위성류, 매화나무, 무궁화, 수수꽃다리, 개나리, 낙상홍, 병꽃나무, 쥐똥나무, 해당화, 화살나무, 옥매, 황매, 홍매, 참조팝나무, 피라칸타

3) 이식에 대한 적응성

① 이식하기 1~2년 전에 미리 뿌리돌림을 하여 잔뿌리를 발달시킨 후 실시
② 이식할 때 뿌리분을 크게 만들면 활착이 용이

이식이 쉬운 수종	편백, 측백나무, 향나무, 낙우송, 메타세쿼이아, 가이즈카향나무, 사철나무, 쥐똥나무, 철쭉류, 벽오동, 은행나무, 느티나무, 양버즘나무, 팽나무, 수양버들, 무궁화, 명자나무
이식이 어려운 수종	소나무, 전나무, 주목, 독일가문비나무, 섬잣나무, 가시나무, 굴거리나무, 목련, 백합나무, 칠엽수, 감나무, 자작나무

(5) 이용 목적으로 본 분류

1) 이용방법에 따른 식물의 기능(G. Robinette)

건축적 이용	사생활 보호, 차단 및 은폐, 공간분할, 점진적 이해
공학적 이용	토양침식의 조절, 음향조절, 대기정화작용, 섬광조절, 반사조절, 통행조절
기상학적 이용	태양복사열 조절, 바람조절, 강수조절, 온도조절, 미기후 조절
미적 이용	조각물로서의 이용, 반사, 섬세한 선형미, 장식적인 수벽, 조류 및 소동물 유인, 배경, 구조물의 유화

2) 식물별 효과 및 이용

교목	녹음수로서의 가장 뚜렷한 기능 발휘, 경관의 프레임 및 배경 형성
관목	수목의 시각적 특성(선·형태·질감·색채 등) 표현
지피 식물	지표면에 흥미 있는 질감 창출, 구성요소들을 엮는 매개인자
초화	경관 내의 악세사리 같은 용도로 사용

3) 식재의 기능 및 수종

공간조절

경계식재	•공간의 구분을 위해 식재–상록수 적합 •유지관리가 용이하고 지엽이 밀생하는 것 •아래가지가 말라죽지 않고 전정에 강한 것	주목, 측백, 화백, 향나무, 잣나무, 아왜나무, 사철나무, 광나무, 돈나무, 쥐똥나무, 무궁화

◘ 맹아력
줄기나 가지가 상해를 입으면 그 부근에 있던 숨은 눈이 자라 싹이 나오는 힘을 말하며, 맹아력이 강한 나무는 전정에 잘 견디므로 토피어리용이나 산울타리용으로 적합하다.

◘ 이식
한 장소에 있던 나무를 다른 장소로 옮겨 심는 것을 말하며, 이식할 때는 뿌리가 상하여 지상부와 지하부의 생리적 균형이 파괴되는데 뿌리의 재생력이 강한 나무일수록 쉽게 이식이 가능하다.

◘ 이식의 일반적 시기
① 낙엽수 : 2월 하순~4월 상순, 11~12월도 가능
② 상록활엽수 : 4월 상·중순
③ 침엽수류 : 2월 하순~4월 상순, 9월 상순~10월 하순

◘ 식재기능별 구분
① 공간조절 : 경계식재, 유도식재
② 경관조절 : 지표식재, 경관식재, 차폐식재
③ 환경조절 : 녹음식재, 방음·방풍·방화·방설식재, 지피식재

유도 식재	• 이용자의 진로를 안내하고 지시하는 것 • 지엽이 치밀하고 정돈된 수형의 수목 사용	잣나무, 감나무, 향나무, 미선나무, 사철나무, 회양목, 쥐똥나무

경관조절

지표 식재	• 상징성이나 시각적 유인성을 주기 위한 것 • 관상가치가 높고 식별성이 높은 수목 사용	소나무, 독일가문비나무, 메타세쿼이아, 주목, 느티나무, 회화나무, 은행나무, 계수나무
경관 식재	• 경관향상을 위한 식재 • 수형이 아름답고 단정한 수목 사용	소나무, 구상나무, 계수나무, 은행나무, 단풍나무, 감나무, 자작나무, 목련, 배롱나무, 모과나무
차폐 식재	• 시선이나 시계의 차단·은폐–상록수 적합 • 지하고가 낮고 지엽이 밀생하는 것 • 아래가지가 말라죽지 않고 전정에 강한 것	주목, 측백, 향나무, 잣나무, 아왜나무, 사철나무, 꽝꽝나무, 돈나무, 쥐똥나무, 개나리, 호랑가시나무, 회양목, 탱자나무, 무궁화

환경조절

녹음 식재	• 수관에 의해 빛이 차단되어 그늘 형성 • 잎이 크고 밀생하며 지하고가 높은 활엽수 • 병충해와 답압의 피해가 적은 것	느티나무, 버즘나무, 은행나무, 백합나무, 회화나무, 칠엽수, 팽나무, 가중나무, 벽오동
방음 식재	• 지하고가 낮고 잎이 수직방향으로 치밀한 것 • 상록교목이 적당 • 배기가스 및 공해에 강한 수종	회화나무, 피나무, 사철나무, 광나무, 호랑가시나무, 녹나무, 식나무, 아왜나무, 동백나무, 구실잣밤나무, 개잎갈나무
방풍 식재	• 심근성이고 바람에 잘 꺾이지 않을 것 • 지엽이 치밀한 상록수 적당 • 수고와 넓이를 크고 넓게 해야 효과적	곰솔, 삼나무, 가시나무류, 편백, 후박나무, 녹나무, 동백나무, 전나무, 참나무, 은행나무, 아왜나무, 사철나무, 구실잣밤나무
방화 식재	• 잎이 두텁고 함수량이 많은 것 • 잎이 넓으며 밀생하는 상록수가 적당 • 지엽이나 줄기가 타도 맹아가 잘 되는 것	아왜나무, 가시나무, 후피향나무, 사철나무, 은행나무, 굴참나무, 황벽나무, 광나무, 식나무
방설 식재	• 심근성으로 바람에 강하고 생장이 왕성한 것 • 지엽이 밀생하는 직간성 수종 • 조림하기 쉬우며 가지가 잘 꺾이지 않는 것	독일가문비나무, 편백, 소나무, 곰솔, 참나무류, 일본잎갈나무, 삼나무, 오리나무
지피 식재	• 침식방지, 동상방지, 미기상 완화, 미적효과 • 키가 작고 다년생 식물로 가급적 상록일 것 • 답압에 강하고 생장·번식력이 왕성할 것	잔디류, 맥문동, 원추리, 조릿대, 이대, 대사초

◘ 생울타리 식재

차폐식재나 경계·방풍 등의 식재에 준하여 식재한다.

◘ 방음 식재

가급적 소음원에 가까이 식재하고 식수대의 너비는 20~30m 이상, 길이는 음원과 수음점 거리의 2배로 하고 주택과는 최소 30m 이상 이격한다.

◘ 방풍 식재

방풍의 효과 범위는 위쪽으로 수고의 6~10배, 아래쪽은 25~30배에 미치며, 밀폐도는 50~70% 정도가 좋다. 방풍림은 주풍향에 직각으로 설치하며 10~20m 정도의 너비로 조성한다.

▫ 식재밀도

성목시 인접 수목간의 상호간섭을 줄이기 위해 적정한 수관폭을 확보하기 위하여 필요한 것이며, 관목의 피복 식재시 표준겹침률은 20%를 적용한다.

4) 식재밀도

구분	식재 간격(m)	식재밀도	비고
대교목	6		
중·소교목	4.5		
작고 성장이 느린 관목	0.45~0.6	3~5그루/㎡	단식 또는 모아심기
크고 성장이 보통인 관목	1.0~1.2	1그루/㎡	
성장이 빠른 관목	1.5~1.8	2~3그루/㎡	
산울타리용 관목	0.25~0.75	1.4~4그루/㎡	열식
지피·초화류	0.2~0.3 0.14~0.2	11~25그루/㎡ 25~49그루/㎡	밀식

2. 조경 수목과 환경 특성

(1) 기온

① 온도는 수분과 함께 수종의 분포 및 식생형을 결정하는 요인
② 식생군집은 온도와 건습도가 최적인 곳에서 완전한 생육
③ 수목의 내한성은 식재설계에 고려되어야 할 필수적 요건

▫ 식물 분포

식물의 천연분포는 기후와 관련성이 크며 주로 온도가 지배적 요인이고, 인위적 식재로 이루어지는 식재 분포는 인위적 보호관리가 행하여지므로 천연 분포 지역보다 넓은 지역에 분포할 수 있다.

내한성에 따른 적합 수종

구분	수종
한냉지	계수나무, 독일가문비나무, 네군도단풍, 마가목, 목련, 은행나무, 일본잎갈나무, 잎갈나무, 자작나무, 잣나무, 전나무, 주목, 양버즘나무, 피나무, 박태기나무, 수수꽃다리, 쥐똥나무, 개나리, 진달래, 철쭉, 해당화, 화살나무
온난지	가시나무, 굴거리나무, 녹나무, 담팔수, 동백나무, 붉가시나무, 자귀나무, 참느릅나무, 후박나무, 다정큼나무, 돈나무, 유엽도, 종려

▫ 광선

녹색식물의 엽록소에서 일어나는 광합성의 한 요인으로 식물이 생장하는 데 매우 중요한 요소이다.

▫ 식물생육의 직접적 요소

① 온도
② 빛
③ 물

▫ 물의 영향

① 광합성의 원재료
② 호흡, 생장, 영양, 생식 등 모든 생리작용에 필요

(2) 광선

1) 생육작용

① 빛의 요인 : 빛의 강도, 빛의 성질, 일조시간
② 탄소동화작용(광합성) : 탄산가스, 물, 광에너지 필요
③ 호흡작용 : 얻어진 에너지를 다시 소비하는 생리적인 작용
④ 호흡작용 이상의 광합성량은 식물 체내에 저장물질로 축적

❖ 위조점

토양내 수분이 서서히 감소하게 되면 어느 점에서 식물은 수분을 주면 위조가 회복되고, 이 시점의 토양수분량을 초기위조점이라 한다. 그 후 토양수가 감소해서 영구히 회복하지 못하게 되는 점의 토양수분량을 영구위조점이라 한다. 영구위조 시의 토양별 함수량은 모래는 2~4%, 진흙은 35~37% 정도로 본다.

2) 음수(음지식물)

① 약한 광선 조건에서도 비교적 좋은 생육을 하는 나무
② 생장 가능한 광선량 : 전 광선량의 50% 내외
③ 고사한계의 최소 광선량 : 5%

3) 양수(양지식물)

① 광선 조건이 충족되어야만 좋은 생육을 하는 나무
② 생장 가능한 광선량 : 전 광선량의 70% 내외
③ 고사한계의 최소수광량 : 6.5%

4) 중간수-중용수

① 음성과 양성의 중간 성질을 가진 수목
② 건조하고 기온이 낮은 곳에서는 대체로 양수의 특성을 보임

음양성에 따른 수목의 분류

음수	주목, 굴거리나무, 황칠나무, 전나무, 독일가문비나무, 비자나무, 개비자나무, 가시나무, 녹나무, 후박나무, 동백나무, 호랑가시나무, 아왜나무, 팔손이, 사철나무, 회양목, 맥문동, 송악, 식나무
양수	소나무, 곰솔, 일본잎갈나무, 측백나무, 향나무, 은행나무, 철쭉류, 느티나무, 포플러류, 가중나무, 자작나무, 참나무류, 오동나무, 조팝나무, 석류나무, 무궁화, 백목련, 개나리, 산수유, 모과나무, 메타세쿼이아
중간수	잣나무, 삼나무, 섬잣나무, 화백, 목서, 칠엽수, 회화나무, 벚나무류, 쪽동백나무, 단풍나무, 수국, 담쟁이덩굴

(3) 토양

1) 토양의 개량

식물의 생육에 적합하지 않은 토양은 물리·화학적 성질을 개선한 다음 수목을 식재

토양의 개량방법

식토	모래를 적절히 혼합하고 입단화 유도
사토	점토를 적절히 혼합
강산성토	탄산석회나 소석회를 넣어 산도 교정
염해지	벙어리암거를 설치하여 염분 제거

토성에 따른 수종 구분

사토	곰솔, 향나무, 사철나무, 해당화, 자귀나무, 등나무, 인동덩굴
사질양토	소나무, 향나무, 사철나무, 유엽도, 식나무, 왕벚나무, 회화나무, 배롱나무

◘ 광보상점

광합성속도와 호흡속도가 같아지는 점으로 광합성을 위한 CO_2의 흡수와 호흡으로 방출되는 CO_2의 양이 같아질 때의 빛의 세기를 말한다.

◘ 광포화점

빛의 강도가 높아짐에 따라 광합성의 속도가 증가하나 광도가 증가해도 광합성량이 더 이상 증가되지 않는 포화상태의 광도를 말한다.

◘ 토양의 성질

「PART 1 조경일반　토양조사」 참조

◘ 토성에 따른 점토비율

구분	점토의 비율
사토	12.5% 이하
사양토	12.5~25%
양토	25~37.5%
식양토	37.5~50%
식토	50% 이상

◘ 토양의 개량

일반적으로 우리나라 토양은 비교적 산성을 띠고 있으며, 밭 토양은 pH5.0~6.5 정도이고, 산림 토양은 pH4.5~6.5의 범위에 있다.

양토	주목, 히말라야시다, 녹나무, 월계수, 꽝꽝나무, 동백, 회양목, 목련, 칠엽수, 감나무, 단풍나무, 매화나무, 모란, 은행나무
식양토	독일가문비나무, 전나무, 아왜나무, 편백, 호랑가시나무, 느티나무, 벽오동, 팽나무, 서어나무, 석류나무, 명자나무

토양양분에 따른 수종 구분

척박지에 잘 견디는 수종	소나무, 곰솔, 노간주나무, 향나무, 졸가시나무, 버드나무, 능수버들, 상수리나무, 아카시아, 모과나무, 왕버들, 자작나무, 졸참나무, 산오리나무, 보리수나무, 자귀나무, 갯버들, 싸리나무류, 등나무, 인동덩굴
비옥지를 즐기는 수종	삼나무, 주목, 측백, 가시나무, 녹나무, 태산목, 후피향나무, 꽝꽝나무, 동백나무, 철쭉류, 회양목, 느티나무, 물푸레나무, 벽오동, 오동나무, 이팝나무, 칠엽수, 회화나무, 왕벚나무, 모란, 단풍나무, 매화나무, 배롱나무, 석류나무, 낙상홍, 해당화, 장미

2) 토양의 건습

토양수분에 따른 수종 구분

호습성수종	낙우송, 독일가문비나무, 삼나무, 태산목, 아왜나무, 동백나무, 식나무, 물푸레나무, 오리나무, 왕버들, 호두나무, 능수버들, 대추나무, 위성류, 층층나무, 풍년화, 갯버들, 병꽃나무, 황철쭉
내습성수종	메타세쿼이아, 감탕나무, 먼나무, 후피향나무, 광나무, 꽝꽝나무, 돈나무, 사철나무, 황칠나무, 팔손이, 떡갈나무, 멀구슬나무, 목련, 산벚나무, 상수리나무, 양버들, 일본목련, 참느릅나무, 칠엽수, 팽나무, 양버즘나무, 단풍나무, 사시나무, 왕벚나무, 무궁화, 자귀나무, 탱자나무, 느티나무, 오동나무, 이팝나무, 낙상홍, 말발도리, 명자나무, 박태기나무, 찔레, 수국, 등나무
내습성과 내건성이 강한 수종	꽝꽝나무, 돈나무, 사철나무, 버즘나무, 보리수나무, 자귀나무, 갯버들, 명자나무, 박태기나무
내건성 수종	독일가문비나무, 소나무, 전나무, 곰솔, 노간주나무, 녹나무, 향나무, 눈향, 꽝꽝나무, 돈나무, 사스레피나무, 사철나무, 호랑가시나무, 피라칸타, 가중나무, 굴참나무, 아까시나무, 왕버들, 자작나무, 능수버들, 오리나무류, 매화나무, 배롱나무, 보리수나무, 붉나무, 자귀나무, 갯버들, 명자나무, 박태기나무, 싸리나무, 해당화, 매자나무, 팽나무, 피나무, 일본잎갈나무, 진달래, 철쭉

3) 토양반응

① 자연상태의 토양은 산성으로 식물은 약산성에 적응성을 가짐
② 연간 강우량이 많은 지역에서는 산성토양이 지배적

강산성에 잘 견디는 수종	가문비나무, 밤나무, 사방오리나무, 싸리나무류, 상수리나무, 소나무, 아카시아, 잣나무, 전나무, 편백, 곰솔, 진달래

◘ 표토복원
수목의 뿌리는 유기물층과 용탈층에서 주로 발달하므로 건설공사 전에 이러한 표층은 별도로 모아서 표토복원에 활용하도록 한다. 표토는 오랜 시간에 걸쳐 형성된 소중한 토양으로 다량의 유기물과 토양 미생물을 포함하여 식물 생육에 좋은 토양 구조를 가지고 있다.

◘ 토양반응
우리나라 농경지의 경우 pH5.0~6.5, 삼림토양의 경우 pH4.5~6.5의 범위로, 토양의 산성이 미치는 영향은 크지 않다.

약산성~중성	느티나무, 가시나무, 녹나무, 삼나무, 일본잎갈나무, 졸참나무, 갈참나무, 떡갈나무, 호두나무, 동백나무, 벽오동, 피나무, 사과나무, 구상나무
염기성(석회암 지대)에 견디는 수종	개나리, 단풍나무, 고광나무, 낙우송, 남천촉, 너도밤나무, 느릅나무, 물푸레나무, 생강나무, 서어나무, 조팝나무, 죽도화, 참느릅나무, 호두나무, 회양목

4) 수목의 식재 깊이

① 식물의 뿌리가 자유로이 신장할 수 있는 공간 확보

② 식물의 생육에 필요한 최소한의 토양 깊이 확보

□ 식재 깊이

식물을 어디에 식재하더라도 생육에 필요한 수분과 양분 및 호흡작용에 필요한 공기를 확보함과 동시에 근계의 보존이 가능한 깊이를 확보하여야 한다.

식물생육에 필요한 토양의 깊이

종류	생존최소심도	생육최소심도
잔디 · 초화	15cm	30cm
소관목	30cm	45cm
대관목	45cm	60cm
천근성 교목	60cm	90cm
심근성 교목	90cm	150cm

조경기준상의 인공지반 식재토심

종류	토심	인공토양
초화 · 지피	15cm	10cm
소관목	30cm	25cm
대관목	45cm	30cm
교목	70cm	60cm

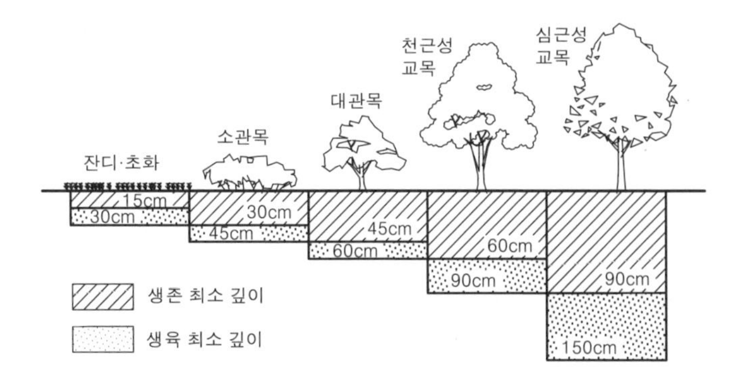

[수목식재상 최소토양층의 깊이]

토심에 따른 수종 구분

심근성	소나무, 곰솔, 전나무, 주목, 일본목련, 동백나무, 느티나무, 백합나무, 상수리나무, 은행나무, 칠엽수, 백목련, 후박나무, 잣나무, 종가시나무, 태산목, 섬잣나무
천근성	독일가문비나무, 일본잎갈나무, 편백, 자작나무, 버드나무류, 아까시나무, 포플러류, 현사시나무, 매실나무

수목의 내풍성

쓰러지기 쉬운 나무	미루나무, 버드나무, 아까시나무, 양버들, 양버즘나무, 흑버들, 편백
줄기가 꺾어지기 쉬운 나무	버드나무, 아까시나무

가지가 꺾어지기 쉬운 나무	가시나무, 구실잣밤나무, 녹나무, 메밀잣밤나무, 소나무
내풍력이 큰 나무	가시나무, 갈참나무, 느티나무, 떡갈나무, 밤나무, 상수리나무, 졸참나무
내풍력이 작은 나무	미루나무, 아까시나무, 양버들, 흑버들

(4) 공해에 대한 내구성

1) 아황산가스(SO_2)의 피해

① 석탄·중유·광석 속에 함유된 유황이 연소하는 과정에서 가스 발생

② 직접 식물 체내로 침입 또는 토양 속으로 흡수되어 피해 발생

아황산가스(SO_2)의 피해
일사가 강한 여름철, 공중습도가 높고 토양수분이 윤택할 때 기공이 활발해져 피해규모가 확대된다. 또한 오래된 묵은 잎에서 피해를 입기 쉽다.

아황산가스에 따른 수종 구분

구 분	수 종
아황산가스에 강한 수종	비자나무, 편백, 화백, 향나무, 가이즈카향나무, 가시나무, 구실잣밤나무, 굴거리나무, 녹나무, 태산목, 후박나무, 아왜나무, 후피향나무, 광나무, 꽝꽝나무, 돈나무, 동백나무, 사철나무, 섬쥐똥나무, 다정큼나무, 식나무, 팔손이, 가중나무, 은행나무, 참나무류, 물푸레나무, 벽오동, 버드나무류, 일본목련, 칠엽수, 양버즘나무, 회화나무, 사시나무, 산오리나무, 층층나무, 무궁화, 자귀나무, 쥐똥나무, 수국
아황산가스에 약한 수종	독일가문비나무, 삼나무, 소나무, 전나무, 잣나무, 개잎갈나무, 반송, 일본잎갈나무, 잎갈나무, 느티나무, 백합나무, 자작나무, 감나무, 벚나무류, 단풍나무, 매실나무

2) 자동차배기가스의 피해

① 배기가스 성분의 직접적 영향은 적으나 광산화 반응으로 식물에 위해

② 자동차배기가스의 피해상황은 아황산가스의 경우와 비슷함

배기가스에 따른 수종 구분

배기가스에 잘 견디는 수종	비자나무, 편백, 향나무, 가이즈카향나무, 구실잣밤나무, 굴거리나무, 녹나무, 참식나무, 태산목, 후피향나무, 감탕나무, 먼나무, 아왜나무, 광나무, 꽝꽝나무, 돈나무, 동백나무, 사철나무, 호랑가시나무, 다정큼나무, 식나무, 팔손이, 피라칸타, 은행나무, 가중나무, 양버즘나무, 물푸레나무, 미루나무, 벽오동, 버드나무류, 위성류, 층층나무, 마가목, 무궁화, 석류나무, 개나리, 말발도리, 왕쥐똥나무, 등, 송악
배기가스에 약한 수종	삼나무, 소나무, 전나무, 개잎갈나무, 측백, 반송, 가시나무, 목련, 튤립나무, 팽나무, 감나무, 단풍나무, 왕벚나무, 매실나무, 무궁화, 수수꽃다리, 자귀나무, 명자나무, 박태기나무, 화살나무, 수국

(5) 내염성

① 수목에 부착된 염분이 녹아들어 탈수현상 발생

② 염분의 결정이 기공을 막아 호흡을 저해

③ 잔디의 염분 한계농도 0.1%, 수목 0.05% 정도

내조성에 따른 수종 구분

구분	수종
내조성이 강한 수종	비자나무, 주목, 편백, 곰솔, 노간주나무, 측백, 가이즈카향나무, 향나무, 눈향, 구실잣밤나무, 굴거리나무, 녹나무, 참식나무, 태산목, 후박나무, 감탕나무, 먼나무, 아왜나무, 후피향나무, 광나무, 꽝꽝나무, 금목서, 은목서, 돈나무, 동백나무, 사철나무, 섬쥐똥나무, 호랑가시나무, 다정큼나무, 식나무, 팔손이, 회양목, 서향, 참나무류, 느티나무, 멀구슬나무, 벽오동, 아카시아, 오동나무, 참느릅나무, 칠엽수, 팽나무, 호두나무, 감나무, 능수버들, 대추나무, 때죽나무, 위성류, 층층나무, 매화나무, 무궁화, 배롱나무, 자귀나무, 탱자나무, 말발도리, 박태기나무, 왕쥐똥나무, 찔레, 조록싸리, 해당화, 매자나무, 노박덩굴, 담쟁이덩굴, 등나무, 마삭줄, 멀꿀, 모람, 송악, 인동덩굴
내조성이 약한 수종	독일가문비나무, 삼나무, 소나무, 일본잎갈나무, 잎갈나무, 히말라야시더, 가시나무, 목련, 왕벚나무, 양버들, 오리나무, 일본목련, 중국단풍, 피나무, 단풍나무, 개나리

3. 조경 수목의 구비조건과 규격

(1) 조경 수목의 구비조건

① 관상 가치와 실용적 가치가 높을 것
② 이식이 쉬우며, 이식 후에도 잘 자랄 것
③ 불리한 환경에서도 견딜 수 있는 힘이 클 것
④ 번식이 잘되고, 다량으로 구입이 가능할 것
⑤ 병충해에 대한 저항성이 강할 것
⑥ 다듬기 작업 등 유지관리가 쉬울 것
⑦ 주변 경관과 조화를 이루며 사용 목적에 적합할 것

(2) 조경 수목의 규격

1) 수고(H : Height, 단위 : m)

① 지표면에서 수관 정상까지의 수직거리-돌출된 도장지 제외
② 소철, 야자류 등 열대·아열대 수목은 줄기의 수직높이

2) 수관폭(W : Width, 단위 : m)

① 수관 투영면 양단의 직선거리-도장지 제외
② 타원형 수관은 최장과 최단의 평균길이

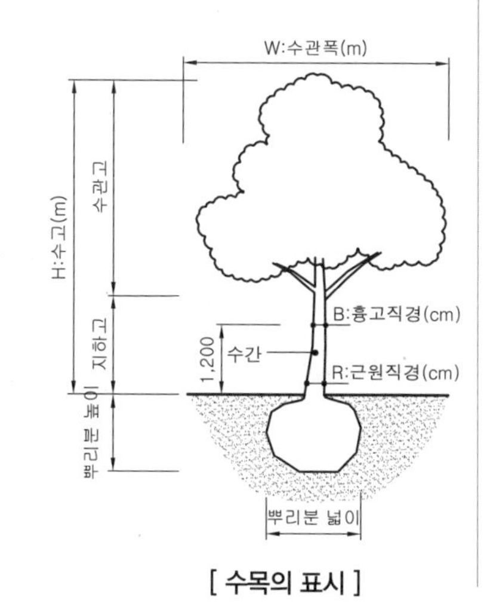

[수목의 표시]

조경 수목의 측정

수종 및 형상에 따라 구분하여 측정하며, 규격의 증감한도는 설계상의 규격에 ±10% 이내로 한다.

윤척
수목의 흉고직경을 측정할 때 사용하는 자를 말한다.

3) 흉고직경(B : Breast, 단위 : ㎝)

① 지표면에서 1.2m부위의 수간직경
② 쌍간일 경우에는 각간의 흉고직경 합의 70%가 각간의 최대 흉고직경보다 클 때에는 이를 채택하고, 작을 때에는 각간의 최대흉고 직경 채택

4) 근원직경(R : Root, 단위 : ㎝)

① 지표면 접하는 줄기의 직경
② 가슴높이 이하에서 줄기가 갈라지는 수목에 적용
③ 측정 부위가 원형이 아닌 경우 최대치와 최소치의 평균값 채택

5) 지하고(BH : Brace Height, 단위 : m)

① 지표면에서 수관의 맨 아래 가지까지의 수직 높이
② 녹음수·가로수 같이 지하고를 규정할 필요가 있는 경우에 적용

(3) 규격의 표시방법

1) 교목의 규격 표시

교목의 식재 품 적용
① H×B : 흉고직경에 의한 식재
② H×R : 근원직경에 의한 식재
③ H×W : 수고에 의한 식재

구분	내용
H×B	• 기본적으로 표시하며 필요에 따라 수관폭, 근원직경, 수관길이 등 지정 • 곧은 줄기가 있는 수목–'H×W×B'로도 표시 • 은행나무, 메타세쿼이아, 버즘나무, 가중나무, 왕벚나무, 산벚나무, 자작나무, 벽오동
H×R	• 줄기가 흉고부 아래에서 갈라지거나 흉고부 측정이 어려운 나무–'H×W×R'로도 표시 • 느티나무, 단풍나무, 감나무 등 거의 대부분의 활엽수에 사용
H×W	• 가지가 줄기의 아랫부분부터 자라는 침엽수나 상록활엽수에 사용 • 잣나무, 주목, 독일가문비나무, 편백, 굴거리나무, 아왜나무, 태산목 등
H	• 덩굴성 식물과 같이 수고 외의 수관폭이나 줄기의 굵기가 무의미한 수목 • 대나무, 만경류

2) 관목의 규격 표시

구분	내용
H×W	• 기본적으로 표시하며 필요에 따라 가짓수, 수관길이, 뿌리분의 크기 등 지정 • 관목류로서 수고와 수관폭을 정상적으로 측정할 수 있는 수목 • 철쭉, 진달래, 회양목, 사철나무 등
H×W×지	• 줄기의 수가 적고 수관폭 측정이 곤란하고 가짓수가 중요한 수목 • 개나리, 모란, 해당화 등

3) 만경류의 규격 표시

'H×R'로 표시하며, 필요에 따라 'B'지정

4) 초화류

분얼이나 포트로 표시, 면적으로 나타내기도 함

4. 조경 식물의 생산

(1) 종자의 준비

채종	• 식물의 번식을 위한 채종모수로부터 종자를 재집하는 것 • 벌도법, 절지법, 주워 모으기, 따 모으기
탈종	• 채취한 열매에서 종자를 골라내는 것 • 양광건조법, 반음건조법, 인공건조법, 건조봉타법, 부숙마찰법, 도정법, 구도법, 유궤법
종자 정선	• 종자를 선별하는 작업 • 풍선법, 사선법, 액체선법, 입선법

(2) 종자의 저장

보호저장법(건사저장법)	밤, 도토리 등 함수량이 많은 전분질종자를 부패하지 않도록 용기 안에 혼합해서 넣어 창고 안에 저장하는 방법
냉습적법	용기 안에 보습재료인 이끼·토탄(peat) 또는 모래와 종자를 섞어서 넣고 3~5℃의 냉장고에 저장하는 방법
노천매장법	종자를 맨땅에 묻어 겨울동안 눈이나 빗물이 그대로 스며들 수 있게 하여, 발아촉진을 도모한 저장방법

(3) 종자 번식

파종	• 종자를 직접 땅에 심는 방법 • 살파, 조파, 점파
삽목(꺾꽂이)	• 식물체로부터 식물체의 일부분을 분리하여 심어 발근되게 하는 것 • 잎꽂이(엽삽), 줄기꽂이(경삽), 뿌리꽂이(근삽)
접목(접붙이기)	• 환경 적응성이 뛰어난 나무에 필요한 원하는 나무를 붙여 생장시키는 것 • 깎기접, 쪼개접, 맞춤접, 안정접, 맞접, 눈접, 뿌리접
포기 나누기	지피 식물을 번식시킬 수 있는 안정적인 방법
휘묻이	• 살아있는 나뭇가지의 일부분을 땅속에 묻어 발근시키는 것 • 끝묻이(단순묻이), 빗살묻이, 파상묻이
높이떼기	나무의 줄기나 가지에서 인위적으로 뿌리를 발생시키는 것

묘목의 규격 표시

수간길이와 근원직경으로 표시하며 필요에 따라 묘령을 적용한다.

분얼(tillering)

화본과 식물에서 뿌리에 가까운 줄기의 마디에서 가지가 갈라져 나오는 것을 말하며, 화본과 이외 식물의 곁가지에 해당한다.

포트(pot)

수목을 임시적으로 생육시키는 방편으로 모판의 역할에서부터 묘종의 생육 및 번식 등 다양한 용도로 사용한다.

2 지피 식물 및 초화류

1. 지피 식물

(1) 지피 식물의 특성

① 낮은 수고로 성장하며 잎, 꽃, 열매, 생육수형의 관상가치 우수
② 정원·공원 등의 평탄지 및 절개지·경사지·구조물 등의 표면녹화
③ 지면을 단일종의 식물로 녹화하며 교목 등의 하부식재로도 사용

(2) 지피 식물의 조건 및 품질기준

① 식물체의 키가 낮을 것-가급적 30㎝이하
② 다년생 목·초본으로 가급적이면 상록일 것
③ 비교적 속히 생장하며 번식력이 왕성할 것
④ 병충해에 대한 내성과 환경적응력이 강할 것
⑤ 깎기·잡초 뽑기·병해충 방제 등 유지관리와 재배가 쉬울 것
⑥ 계절적인 변화감이 뚜렷한 식물로서 관상 가치를 지닐 것
⑦ 생산과정에서 품종의 균일성, 통일성을 가질 것

토양	• 배수가 양호하고 비옥한 사질양토가 적당-pH5.5 이상 • 대부분의 잔디는 pH6.0~7.0 사이에서 가장 잘 생육 • 광장 및 운동장의 토양은 직경 0.25~1㎜인 모래가 60% 이상 점하는 모래토양 사용 • 유기질 토양개량제가 1~4%(중량비) 혼합된 것
잔디	• 잔디 종자는 순량률 98% 이상, 발아율 60%(자생잔디)~80%(도입잔디) 이상 • 뗏장은 일반 뗏장과 롤뗏장으로 구분 • 적정 두께는 발근·운반·건조 등에 미치는 영향 고려
초화류	• 지피류는 뿌리의 발달이 좋고 지표면을 빠르게 피복하는 것 • 파종적기의 폭이 넓고 종자발아력이 우수한 것 • 주변 경관과 쉽게 조화를 이룰 수 있는 향토 초본류 채택

(3) 침식 방지 효과

① 잎이나 줄기는 빗물의 충격력 및 지표면 빗물의 흐름을 감소시켜 토양입자의 유실 억제
② 근계는 분포밀도가 높아 표층토의 침투능력을 개선시키고, 지표면 빗물의 흐름 억제

◘ 지피 식물

① 군식하여 지표면을 60㎝ 이내로 피복할 수 있는 식물로 수고의 생육이 더디고 지하경 등 지하부의 번식력이 뛰어난 식물
② 아름다운 경관조성이나 토양침식 방지, 척박지나 음지 등의 녹화에 사용하는 식물

◘ 지피 식물의 종류

① 잔디류
② 다년생 초본류
③ 이끼류
④ 고사리류
⑤ 왜성관목류

◘ 잔디 우량종자의 조건

① 본질적으로 우량한 인자를 가진 것
② 완숙종자일 것
③ 신선한 햇 종자일 것

◘ 잔디의 뗏장의 규격

30㎝ x 30㎝ x 3㎝(두께)

2. 잔디

(1) 잔디의 기능

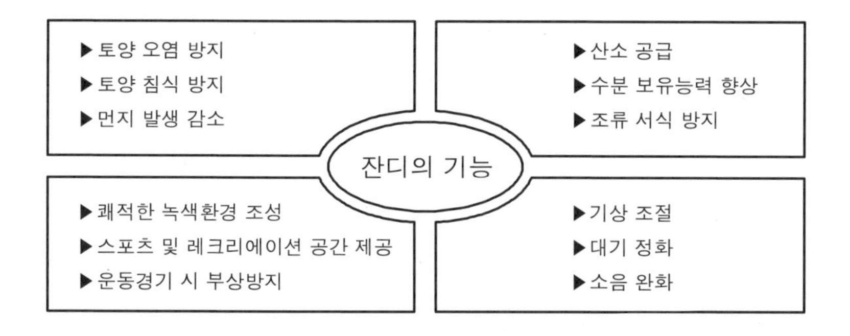

(2) 잔디의 질적 요건

균일성	밀도가 균일하지 못하면 기능과 이용면에서 가치 저하
탄력성	사용자의 미끄러짐과 충격완화도, 안전성 문제 초래
밀도	단위면적당 새순 및 잎의 정도로 균일성과 탄력성에 관계
질감	개개의 엽폭에 의하여 좌우, 대개 밀도가 높으면 질감 섬세
평탄성	높은 밀도와 균일성, 섬세한 질감에 의해 향상
색깔	주위의 태양 광선, 생장 습성에 영향을 받음–한지형이 진함

(3) 잔디의 기능적 요건

내마모성 (견고성)	압력에 대한 잎과 줄기의 저항성을 말하며, 한국잔디를 비롯한 난지형 잔디가 강함
회복력 (재생력)	병충해나 기타 생리적 피해를 입은 후 회복되는 능력과 속도
조성속도	종자파종이나 영양번식에 의해 일정면적을 피복하는 속도
내환경성	내서성 · 내한성 · 내건조성 · 내침수성 · 내염성 · 내척박성 · 내음성 · 내공해성 등 적합하지 못한 토양이나 기상환경에 견디는 정도
내병충성	각종 병이나 해충에 잘 견디는 정도

❖ 잔디의 내병충성

난지형 잔디는 병해에 강하고 충해에는 약한 편이며, 한지형 잔디는 습한 환경에서 자라기 때문에 병해에는 약하지만 충해는 별로 없는 편이다.

◘ 잔디

화본과 여러해살이풀로 재생력이 강하고 식생교체가 일어나며, 조경의 목적으로 이용되는 피복성 식물이다.

(4) 잔디의 종류

난지형 잔디와 한지형 잔디의 특성

구분	난지형 잔디 (warm season turfgrass)	한지형 잔디 (cool season turfgrass)
일반적 특성	• 생육적온 : 25~35℃ • 뿌리생육에 적합한 토양 온도 : 24~29℃ • 발아적온 : 30~35℃ • 파종시기 : 5~6월 • 낮게 자람 • 낮은 잔디깎기에 잘 견딤 • 뿌리신장이 깊고 건조에 강함 • 고온에 잘 견딤 • 조직이 치밀하여 내답압성 강함 • 저온에 엽색이 황변하고 동사 위험이 있음 • 내음성이 약함 • 포복경, 지하경이 매우 강함 • 주로 영양번식 이용 • 병해보다는 충해에 약함	• 생육적온 : 15~25℃ • 뿌리생육에 적합한 토양 온도 : 10~18℃ • 발아적온 : 20~25℃ • 파종시기 : 8~9월 • 녹색이 진하고 녹색기간이 김 • 25℃ 이상 시 하고현상 발생 • 내예지성 약함 • 뿌리깊이가 얕음 • 내한성 강함 • 내건조성 약함 • 내답압성 약함 • 종자로 주로 번식 • 충해보다 병해에 약함
분포	• 온난습윤, 온난아습윤, 온난반건조 기후 • 전이지대(transition zone)	• 한랭습윤기후 • 전이지대 • 온대~아한대
국내녹색기간 (중부지방기준)	5개월 (5~9월)	9개월 (3월 중순~12월 중순)
원산지	아프리카, 남미, 아시아지역	대부분 유럽지역

주요 잔디의 특성

난지형	들잔디	• 내한성과 내서성을 동시에 가진 유일한 잔디 • 내마모성 가장 우수–경기장 잔디 • 조성속도와 생육속도 느린 것이 결점 • 햇빛을 너무 좋아하여 하루 최소 4시간 일조 필요
	금잔디	• 들잔디에 비해 키가 조금 작고 다소 섬세 • 양호한 질감, 밀도가 높아 뗏장 형성력 강함 • 추위에 약하고 들잔디보다 그늘에서 잘 견딤
	비단잔디	남쪽 지방에 자생하는 잔디로 일부 조경용 사용
	갯잔디	• 바다 근처에서 자생하는 고운 질감 잔디 • 줄기가 위로 곧게 서는 성질–잔디용보다 해안용 사용
	버뮤다 그래스	• 서양 잔디 중 유일한 난지형 • 생육이 좋아 조성속도 빠르고 내한성 양호 • 고온에 약하고 병이 많아 주기적 예초

잔디의 구분

외래종(서양잔디)과 재래종(한국잔디)으로 나누어 부르기도 하나 생육적온이 15~25℃로서 한국의 겨울에도 녹색을 유지하는 한지형 잔디와 생육적온이 25~35℃인 난지형 잔디로 구분한다. 우리나라는 한지와 난지가 함께하는 전이지대로 많은 종류의 잔디가 이용된다.

한국잔디의 특성

① 약산성의 토양을 좋아한다.
② 지피성이 강하다.
③ 주로 뗏장으로 시공한다.
④ 내답압성이(밟힘에) 강하다.
⑤ 재생력이 강하다.
⑥ 포복성이어서 밟힘에 강하다.
⑦ 병해충과 공해에 비교적 강하다.

서양잔디의 특성

① 그늘에서도 비교적 잘 견딘다.
② 일반적으로 씨뿌림으로 시공한다.
③ 상록성인 것도 있다.
④ 자주 깎아주어야 한다.
⑤ 밟힘에 비교적 약하다.
⑥ 내한성인 것이 많다.

<table>
<tr><td rowspan="4">한
지
형</td><td>켄터키블루
그래스</td><td>• 구미의 정원이나 공원에 가장 많이 사용
• 손상시 회복력이 좋아 경기장·골프장 페어웨이에 적합</td></tr>
<tr><td>벤트그래스</td><td>• 질감이 매우 고우며 낮게 깎아 이용
• 잔디 중 가장 품질이 좋아 골프장 그린용 사용
• 3~12월까지 푸른 상태 유지, 서늘할 때 생육 왕성
• 잔디 중 가장 병해충에 약하므로 여름철 방제 철저</td></tr>
<tr><td>톨 페스큐</td><td>• 질감이 거칠기는 하나 고온과 건조에 가장 강함
• 조성속도가 빠르고 뿌리가 깊고, 내척박성이 좋아 비탈면 녹화에 적합</td></tr>
<tr><td>페레니얼 라이
그래스</td><td>• 잎이 잘 깎이지 않고 찢어져 미관을 해치나 밟힘에 강해 경기장용 많이 사용
• 발아속도 및 조성속도가 빨라 단시일 피복 또는 혼파에 사용</td></tr>
</table>

잔디의 종류별 환경 적응성

종류 (학명)	환경적응성						
	내한성	내서성	내음성	내답압성	내건성	내습성	내염성
들잔디	강	매우 강	강	매우 강	매우 강	보통	강
금잔디	보통	매우 강	강	매우 강	매우 강	강	강
켄터키 블루그래스	매우 강	강	강	매우 강	강	보통	보통
라이그래스	매우 강	강	매우 강	매우 강	강	보통	강
톨 페스큐	강	강	보통	보통	매우 강	강	강
벤트그래스	매우 강	강	매우 강	매우 강	보통	보통	강

3. 초화류

(1) 기능 및 효과

① 아름다운 꽃과 잎·열매로 관상용으로 좋음
② 교목이나 관목과 잔디를 부드럽게 연결해 단조로움 감소
③ 화단 조성이나 벽면 녹화 및 옥상 녹화를 위해 사용

(2) 초화류의 조건

① 모양이 아름답고 가급적 작을 것
② 가지가 많이 갈라져서 꽃이 많이 달릴 것
③ 꽃의 색깔이 선명하고 개화 기간이 길 것
④ 바람·건조·병해충에 견디는 힘이 강할 것
⑤ 나쁜 환경에 적응할 수 있는 성질이 뛰어날 것

초화류
풀 종류인 화초 또는 그 꽃을 가리키는 것으로서 조경에서는 일반 원예에서 취급하지 않는 야생 또는 수생 초화류를 이용한다.

초화류의 분류

구분	종류
한해살이 초화류 (1,2년생 초화류)	맨드라미, 샐비어, 나팔꽃, 코스모스, 채송화, 천수국, 팬지, 피튜니아
여러해살이 초화류 (다년생 초화류)	국화, 베고니아, 부용, 꽃창포, 도라지
알뿌리 초화류 (구근 초화류)	달리아, 칸나, 히아신스, 수선화, 백합
수생 초화류	수련, 연, 붕어마름, 부레옥잠, 창포류

4. 기타 지피 식물

① 맥문동과 소맥문동 : 경기도 이남의 숲 속에 나는 상록다년초로 초여름에 보랏빛 꽃, 가을에 푸른 열매를 볼 수 있으며, 나무그늘에 심는 것이 적당

② 원추리 : 우리나라 각처의 계곡이나 산기슭에서 자라는 다년생초본으로 토질을 가리지 않고 왕성한 번식력을 보이며, 새순이 돋을 때, 여름의 노란색 꽃 등이 보기 좋으며 양지보다는 반음지에서 잘 생육

③ 비비추 : 경기·강원 이남의 숲 속에 사는 낙엽다년초로 습기가 있는 비옥 사양토에서 잘 생육하는 중용식물

④ 조릿대(사사) : 어떤 곳에서도 왕성한 번식력을 가지며 반그늘·양지에서 잘 자라는 식물

⑤ 헤데라 : 유럽원산의 상록만경식물로 부착근이 있어 벽에도 올릴 수 있으며 그늘진 곳에 잘 자라며 꺾꽂이로 뿌리가 쉽게 활착

⑥ 석창포 : 그늘진 다습한 곳에서 잘 자라며 건조한 곳에서도 잘 견디는 식물

⑦ 후록스 : 배수가 잘되는 곳이면 토양에 상관없이 잘 자라며 양지 선호

⑧ 앵초·큰앵초 : 냇가 근처와 같은 습지에서 자라는 다년초로 반그늘에서 생육 양호

⑨ 복수초 : 중부 이북의 숲속에서 자생하는 다년초로서 내한성·내공해성이 있고, 습한 반그늘에서 생육

⑩ 애기나리 : 중부 이남의 산지에서 자라는 다년생 초본으로 반그늘·양지에서 잘 자라며 배수가 잘되는 토양 선호

3 조경 수목의 특징 [수목특성분류표]

과명	한글명	학명 및 특징				
은행나무과	은행나무 낙엽침엽교목	수형	원추형	식재지	전국	Ginkgo biloba L.
		음양성	양수	뿌리	심근성	열식하여 전정하면 좋은 수벽용 재료가 됨, 숫나무 식재, 기조·유도·가로수·녹음식재
		내공해성	강	이식	용이	
		내화성	강	전정	강	
주목과	주목 상록침엽교목	수형	원추형	식재지	전국	Taxus cuspidata Siebold & Zucc.
		음양성	강음수	내건성	적윤지	생장이 느림, 울타리, 토피어리, 경계·차폐·기초식재, 경사지식재용
		내공해성	중간	이식	대목 난	
		질감	보통	전정	강	
	설악눈주목 상록침엽관목	수형	포복형	식재지	전국	Taxus caespitosa Nakai
		음양성	음수	건습	적윤	주목과 용도는 비슷, 지표면 피복용으로 많이 사용
		내공해성	중간	이식	용이	
		내염성	보통	전정	강	
	비자나무 상록침엽교목	수형	원정형	식재지	난온대	Torreya nucifera (L.) Siebold & Zucc.
		음양성	음수	뿌리	심근성	내한성이 약하여 내장산 이남에 식재, 악센트·가로수식재
		내공해성	보통	이식	용이	
		내화성	강	전정	강	
소나무과	잣나무 상록침엽교목	수형	원추형	식재지	전국	Pinus koraiensis Siebold & Zucc.
		음양성	음수	뿌리	심근성	독립수와 경관수, 차폐·녹음식재, 군식재, 용재 조림용으로 흔히 사용
		내공해성	보통	이식	용이	
		생장속도	빠름	전정	강	
	섬잣나무 상록침엽교목	수형	원추형	식재지	전국	Pinus parviflora Siebold & Zucc.
		음양성	음수	뿌리	심근성	전정에 강하고 잎이 치밀하며 질감이 좋아 조형수 이용, 악센트식재, 군식재
		내공해성	보통	이식	용이	
		내염성	강	전정	강	
	스트로브잣나무 상록침엽교목	수형	원추형	식재지	전국	Pinus strobus L.
		음양성	음수	뿌리	심근성	생장이 빨라 공해에 강하나 O_3, SO_2에 약해 공장조경에 주의, 완충·차폐 및 방풍식재
		내공해성	강	이식	용이	
		내염성	보통	전정	강	
	백송 상록침엽교목	수형	원정형	식재지	전국	Pinus bungeana Zucc. ex Endl
		음양성	양수	뿌리	심근성	잎이 3속생, 백색수피가 특징적, 악센트식재
		내공해성	보통	이식	보통	
		건습	적윤	전정	불필요	

과	수종	항목	값	항목	값	학명 / 특징
소나무과	소나무 상록침엽교목	수형	우산형	식재지	전국	Pinus densiflora Siebold & Zucc.
		음양성	양수	뿌리	심근성	우리나라 대표적인 향토수종, 건축물 주변 기조식재, 악센트·가로수식재, 군식재
		내공해성	보통	이식	보통	
		건습	건조	전정	용이	
	반송 상록침엽교목	수형	우산형	식재지	전국	Pinus densiflora f. Multicaulis Uyeki
		음양성	양수	뿌리	심근성	수고가 낮고 매우 정형적, 지면으로부터 1m에서 수간이 갈라짐, 악센트·유도식재
		내공해성	약	이식	용이	
		건습	건조	전정	강	
	곰솔 (해송) 상록침엽교목	수형	우산형	식재지	온대남부	Pinus thunbergii Parl.
		음양성	중용수	뿌리	심근성	질감이 거칠며 녹음·방풍식재, 주로 군식으로 해안 조경용
		내공해성	강	이식	용이	
		내염성	강	전정	강	
	일본잎갈나무 (낙엽송) 낙엽침엽교목	수형	원추형	식재지	온대중부	Larix kaempferi (Lamp.) Carriere, Larix leptolepis
		음양성	양수	뿌리	천근성	주로 조림용 사용, 기조식재, 군식재
		내공해성	약	이식	곤란	
		건습	습윤	전정	강	
	독일 가문비나무 상록침엽교목	수형	원추형	식재지	전국	Picea abies (L.) H. karsten
		음양성	음수	뿌리	천근성	치엽이 치밀, 도심이나 공단식재 부적합 악센트·차폐·유도·가로수식재
		내공해성	약	이식	용이	
		건습	중	전정	용이	
	전나무 (젓나무) 상록침엽교목	수형	원추형	식재지	온대북부	Abies holophylla Maxim
		음양성	음수	뿌리	0.천근성	도시지 조경용으로 적당하지 않고 도시의 외곽지의 녹음·경관식재
		내공해성	약	이식	보통	
		내염성	약	전정	강	
	히말라야시다 (개잎갈나무) 상록침엽교목	수형	원추형	식재지	온대이남	Cedrus deodara (Roxb.) Loudon
		음양성	중용수	뿌리	천근성	천안 이남 월동 가능, 남부지방에서 가로수로 사용하나 겨울철 그늘로 부적당, 악센트·유도·가로식재
		내공해성	보통	이식	용이	
		건습	적습	전정	강	
낙우송과	메타세쿼이아 낙엽침엽교목	수형	원추형	식재지	전국	Metasequoia glyptostroboides Hu et Cheng
		음양성	양수	뿌리	천근성	생장속도가 빨라 대단위 녹지공간의 기조식재, 가로수·경계식재
		내공해성	강	이식	용이	
		내염성	중	전정	강	

과	수종	항목	내용	항목	내용	특징
낙우송과	낙우송 낙엽침엽교목	수형	원추형	식재지	전국	Taxodium distichum (L.) Rich.
		음양성	양수	뿌리	천근성	지엽이 치밀하고 기근 발달, 생장속도가 빠름, 가로수·유도·경계식재
		내공해성	보통	이식	보통	
		내염성	중	전정	약	
측백나무과	측백나무 상록침엽교목	수형	원추형	식재지	온대중부	Thuja orientalis L.
		음양성	양수	뿌리	심근성	지엽이 치밀, 차폐·경계식재
		내공해성	강	이식	용이	
		건습	건조	전정	강	
	향나무 상록침엽교목	수형	타원형	식재지	전국	Juniperus chinensis L.
		음양성	양수	뿌리	심근성	전정에 강하여 토피어리로 이용, 지엽이 치밀, 전통공간 기조식재, 차폐·악센트식재
		내공해성	강	이식	용이	
		내염성	중	전정	강	
버드나무과	버드나무 낙엽활엽교목	수형	원정형	식재지	전국	Salix koreensis Andersson
		음양성	양수	뿌리	천근성	하천이나 수분이 많은 곳에 이용, 기조·녹음·완충식재
		내공해성	보통	이식	용이	
		내염성	중	전정	강	
	능수버들 낙엽활엽교목	수형	우산형	식재지	전국	Salix pseudolasiogyne H. Lev.
		음양성	양수	뿌리	천근성	강변·냇가·연못가의 악센트식재, 경계·가로수식재
		내공해성	보통	이식	용이	
		내염성	중	전정	강	
자작나무과	오리나무 낙엽활엽교목	수형	타원형	식재지	전국	Alnus japonica (Thunb.) Steud.
		음양성	양수	뿌리	천근성	대기정화 효과, 습지나 척박지에서도 생육이 잘되 배수지 식재
		내공해성	강	이식	용이	
		건습	건조	전정	강	
	자작나무 낙엽활엽교목	수형	원추형	식재지	전국	Betula platyphylla var. japonica (Miq.) Hara
		음양성	양수	뿌리	천근성	수피는 백색으로 종이장처럼 벗겨짐, 강한 시각적 대비효과, 악센트·가로수·유도·기초식재
		내공해성	보통	이식	용이	
		건습	건조	전정	강	
느릅나무과	참느릅나무 낙엽활엽교목	수형	원정형	식재지	전국	Ulmus parvifolia Jacquin
		음양성	양수	뿌리	심근성	녹음·가로수·생울타리식재
		내공해성	강	이식	용이	
		내염성	강	전정	강	

과	수종	항목	내용	항목	내용	비고
느릅나무과	느티나무 낙엽활엽교목	수형	평정형	식재지	전국	Zelkova serrata (Thunb.) Makino
		음양성	중성수	뿌리	심근성	마을의 정자목, 수형·수피·단풍이 아름다움, 가로수·녹음식재
		내공해성	보통	이식	용이	
		내화성	강	전정	강	
	팽나무 낙엽활엽교목	수형	평정형	식재지	전국	Celtis sinensis Pers.
		음양성	양수	뿌리	심근성	역동적 수형이 아름다움, 정자목 이용, 녹음·가로수 식재
		내공해성	강	이식	용이	
		내염성	중	전정	강	
계수나무과	계수나무 낙엽활엽교목	수형	원추형	식재지	전국	Cercidiphyllum japonicum Siebold & Zucc.
		음양성	중용수	뿌리	심근성	심장형 잎과 노란 단풍이 아름다움, 해안가 유도·가로수식재
		내공해성	중간	이식	용이	
		내염성	강	전정	보통	
으름덩굴과	으름덩굴 낙엽활엽만경목	수형	덩굴형	식재지	중부이남	Akebia quinata (Thunb.) Decne.
		음양성	음수	뿌리	천근성	아직 조경용으로 사용 미흡, 그늘시렁용
		내공해성	중	이식	용이	
		내염성	강	전정	강	
매자나무과	남천 반상록활엽관목	수형	기둥형	식재지	남부이남	Nandina domestica Thunb.
		음양성	중용수	건습	적윤	붉은 단풍·열매가 아름다움, 악센트·차폐·경계식재
		내공해성	중	이식	용이	
		내염성	약	전정	보통	
목련과	목련 낙엽활엽교목	수형	타원형	식재지	제주도	Magnolia kobus DC.
		음양성	중용수	뿌리	심근성	타원형 수형과 하얀 꽃망울이 아름다움, 악센트·유도식재
		내공해성	중	이식	용이	
		내염성	중	전정	약	
	백목련 낙엽활엽교목	수형	타원형	식재지	전국	Magnolia denudata Desr.
		음양성	양수	뿌리	심근성	백색의 꽃이 아름다움, 악센트식재
		내공해성	보통	이식	용이	
		내습성	중	전정	강	
	태산목 상록활엽교목	수형	타원형	식재지	남부이남	Magnolia grandiflora L.
		음양성	중용수	뿌리	심근성	목련류 중 유일한 상록수, 악센트·유도식재
		내공해성	강	이식	보통	
		내습성	중	전정	강	

과	수목	항목	내용	항목	내용	특징
목련과	일본목련 낙엽활엽교목	수형	타원형	식재지	전국	Magnolia obovata Thunb.
		음양성	양수	뿌리	심근성	관상가치가 높아 공원의 관상수 이용, 가로수·녹음·악센트식재
		내공해성	중	이식	곤란	
		내염성	약	전정	강	
	백합나무 낙엽활엽교목	수형	타원형	식재지	전국	Liriodendron tulipifera L.
		음양성	양수	뿌리	천근성	토양수분에 주의, 바람에 의한 도복 및 가지의 꺾임 발생, 녹음·가로수식재
		내공해성	강	이식	곤란	
		내화성	강	전정	강	
녹나무과	녹나무 상록활엽교목	수형	타원형	식재지	난온대	Cinnamomum camphora (L.) J. Presl.
		음양성	중용수	뿌리	천근성	대기정화능력이 좋아 환경정화수 이용, 기조·녹음·가로수·방풍·방화·완충식재
		내공해성	약	이식	곤란	
		내화성	강	전정	강	
	생강나무 낙엽활엽관목	수형	부채꼴형	식재지	전국	Lindera obtusiloba Blume
		음양성	음수	생장속도	느림	조경용으로 거의 이용하지 않음, 노란 단풍과 질감이 아름다움
		내공해성	약	이식	곤란	
		내건성	강	전정	강	
	후박나무 상록활엽교목	수형	원정형	식재지	난온대	Machilus thunbergii Siebold & Zucc.
		음양성	중용수	뿌리	천근성	붉은 색을 띠는 새잎과 수형이 아름다움, 기조·방풍·방화·가로수·녹음·차폐·완충식재
		내공해성	중	이식	용이	
		내화성	강	전정	강	
돈나무과	돈나무 상록활엽관목	수형	우산형	식재지	난온대	Pittosporum tobira (Thunb.) W. T. Aiton
		음양성	양수	생장속도	느림	자연수형이 조형한 듯 아름다움, 악센트·주연부·차폐·완충·경계·유도식재
		내공해성	강	이식	용이	
		내염성	강	전정	강	
버즘나무과	양버즘나무 낙엽활엽교목	수형	타원형	식재지	전국	Platanus occidentalis L.
		음양성	중용수	뿌리	심근성	대기오염에 강하고 생장이 빠르며 전정이 잘 됨, 가로수·녹음·완충식재
		내공해성	강	이식	용이	
		내화성	강	전정	강	
장미과	명자나무 낙엽활엽관목	수형	부채꼴형	식재지	전국	Chaenomeles speciosa (Sweet) Nakai
		음양성	중용수	생장속도	빠름	붉은색 꽃과 노란 열매가 아름다움, 악센트·경계식재
		내공해성	강	이식	용이	
		내염성	중	전정	강	

장미과	모과나무 낙엽활엽교목	수형	타원형	식재지	전국	Chaenomeles sinensis (Thouin) Koehne
		음양성	양수	뿌리	심근성	열매의 향기가 좋고 얼룩진 수피가 아름다움.
		내공해성	강	이식	용이	
		내염성	강	전정	강	
	황매화 낙엽활엽관목	수형	부채꼴형	식재지	전국	Kerria japonica (L.) DC.
		음양성	중용수	생장속도	빠름	황색 꽃이 아름다움. 악센트 · 주연부 · 경계식재
		내공해성	강	이식	용이	
		내염성	약	전정	강	
	왕벚나무 낙엽활엽교목	수형	구형	식재지	중부	Prunus yedoensis Matsum.
		음양성	양수	뿌리	심근성	흰색 꽃과 검은색 열매가 아름다움. 가로수 · 녹음식재
		내공해성	중	이식	보통	
		내염성	강	전정	중	
	매실나무 (매화나무) 낙엽활엽교목	수형	구형	식재지	전국	Prunus mume Siebold & Zucc.
		음양성	양수	뿌리	천근성	흰색 꽃과 푸른 열매가 좋고 주로 과수용 이용. 악센트 · 경계 · 유도식재
		내공해성	중	이식	용이	
		내염성	약	전정	강	
	마가목 낙엽활엽교목	수형	타원형	식재지	중부	Sorbus commixta Hedl.
		음양성	음수	뿌리	천근성	흰색 꽃과 빨간 열매가 아름답고 새들이 많이 모임. 악센트 · 유도 · 가로수식재
		내공해성	보통	이식	곤란	
		내화성	강	전정	중	
	조팝나무 낙엽활엽관목	수형	부채꼴형	식재지	전국	Spiraea prunifolia for. simplicifola Nakai
		음양성	중용수	생장속도	빠름	하얀 꽃이 아름다움. 경계 · 주연부식재
		내공해성	약	이식	용이	
		내화성	강	전정	강	
콩과	자귀나무 낙엽활엽교목	수형	부채꼴형	식재지	전국	Albizia julibrissin Durazz.
		음양성	양수	뿌리	천근성	분홍색의 꽃이 특이하고 아름다움. 악센트 · 유도 · 가로수식재
		내공해성	약	이식	곤란	
		내염성	강	전정	중	
	박태기나무 낙엽활엽관목	수형	부채꼴형	식재지	전국	Cercis chinensis Bunge
		음양성	양수	생장속도	빠름	자홍색 꽃이 특이하고 아름다움. 악센트 · 경계식재
		내공해성	중	이식	곤란	
		내염성	강	전정	강	

과	수종	항목	내용	항목	내용	비고
콩과	칡 낙엽활엽만경목	수형	덩굴형	식재지	전국	Pueraria lobata (Willd.) Ohwi
		음양성	양수	생장속도	빠름	자주색 꽃과 향기가 좋음. 경사지의 토양침식방지용 가능. 생육이 너무 왕성하므로 주의
		내공해성	강	이식	용이	
		내염성	강	전정	강	
	아까시나무 낙엽활엽교목	수형	타원형	식재지	전국	Robinia pseudoacacia L.
		음양성	양수	뿌리	천근성	백색 꽃이 아름답고 내건성도 뛰어나나 타식생의 활착을 억제하므로 주의. 녹음·완충식재
		내공해성	강	이식	용이	
		내화성	강	전정	강	
	회화나무 낙엽활엽교목	수형	구형	식재지	전국	Sophora japonica L.
		음양성	양수	뿌리	천근성	전통적으로 정자목 이용. 녹음·완충·가로수식재
		내공해성	강	이식	용이	
		건습	건조	전정	강	
	등 낙엽활엽만경목	수형	덩굴형	식재지	전국	Wisteria floribunda (Willd.) DC.
		음양성	양수	뿌리	심근성	연보라색 꽃이 아름답고 향기도 좋음. 그늘시렁과 비탈면 식재
		내공해성	중	이식	용이	
		내염성	강	전정	강	
소태나무과	가죽나무 (가중나무) 낙엽활엽교목	수형	원정형	식재지	전국	Ailanthus altissima (Mill.) Swingle
		음양성	양수	뿌리	심근성	수형이 단정하고 질감이 좋음. 내병충해성도 뛰어나 도심의 녹음·완충·가로수·유도식재나 도심의 녹음·완충·가로수·유도식재
		내공해성	강	이식	곤란	
		내염성	강	전정	강	
회양목과	회양목 상록활엽관목	수형	구형	식재지	전국	Buxus koreana Nakai ex Chung & al.
		음양성	양수	생장속도	느림	추위와 공해에 강하고 전정에 강해 토피어리 이용. 경계식재
		내공해성	강	이식	용이	
		건습	건조	전정	강	
옻나무과	붉나무 낙엽활엽교목	수형	원정형	식재지	전국	Rhus javanica L.
		음양성	양수	뿌리	천근성	단풍이 일찍 붉게 들었다가 후에 노랗게 변함. 내음성이 있어 교목림의 하부식재
		내공해성	중	이식	곤란	
		내염성	강	전정	중	
감탕나무과	호랑가시나무 상록활엽관목	수형	구형	식재지	난온대	Ilex cornuta Lindl. & Paxton
		음양성	양수	생장속도	느림	광택있는 잎과 빨간 열매가 아름다움. 가시가 있어 악센트·유도·경계·차폐식재
		내공해성	강	이식	용이	
		내염성	강	전정	강	

과	수종	항목	내용	항목	내용	특징
감탕나무과	낙상홍 낙엽활엽관목	수형	구형	식재지	전국	Ilex serrata Thunb.
		음양성	양수	생장속도	보통	단풍과 붉은색 열매 아름다움, 악센트식재
		내공해성	강	이식	용이	
		내염성	강	전정	중	
	꽝꽝나무 상록활엽관목	수형	구형	식재지	난온대	Ilex crenata Thunb.
		음양성	중용수	생장속도	느림	잎이 짙은 녹색으로 전정이 잘됨, 관목으로 양묘하여 악센트 · 주연부 · 경계식재
		내공해성	강	이식	곤란	
		내화성	강	전정	강	
노박덩굴과	화살나무 낙엽활엽관목	수형	부채꼴형	식재지	전국	Euonymus alatus (Thunb.) Siebold
		음양성	음수	생장속도	빠름	줄기에 있는 날개가 특이하고 붉은색 단풍이 뛰어남, 악센트식재
		내공해성	강	이식	용이	
		내염성	약	전정	약	
	사철나무 상록활엽관목	수형	구형	식재지	중부	Euonymus japonicus Thunb.
		음양성	음수(중)	생장속도	빠름	관목상으로 양묘하여 경계 · 차폐 · 악센트 · 가로수식재
		내공해성	강	이식	용이	
		내화성	강	전정	강	
단풍나무과	신나무 낙엽활엽교목	수형	우산형	식재지	전국	Acer tataricum subsp. ginnala (Maxim.) Wesm.
		음양성	중용수	뿌리	천근성	붉은 단풍으로 정원수로 적당하며 해풍에 강해 해안조경용으로 적당, 악센트 · 차폐 · 완충식재
		내공해성	강	이식	용이	
		내염성	중	전정	강	
	고로쇠나무 낙엽활엽교목	수형	타원형	식재지	전국	Acer pictum subsp. mono (Maxim.) Ohashi
		음양성	중용수	뿌리	천근성	노란색 단풍, 가로수 · 유도 · 악센트식재
		내공해성	강	이식	용이	
		내염성	중	전정	중	
	단풍나무 낙엽활엽교목	수형	구형	식재지	전국	Acer palmatum Thunb.
		음양성	중용수	뿌리	천근성	단풍이 적색에서 자주색으로 변함, 가로수 부적당, 악센트 · 완충 · 녹음식재
		내공해성	강	이식	용이	
		내화성	강	전정	강	
	홍단풍 낙엽활엽교목	수형	구형	식재지	전국	Acer palmatum var. sanguineum Nakai
		음양성	중용수	뿌리	천근성	봄부터 낙엽이 지기까지 붉은색의 잎을 지님, 도로변 가로수 부적당, 악센트 · 녹음식재
		내공해성	강	이식	용이	
		내염성	중	전정	강	

과	수목	항목	특성	항목	특성	학명 및 특징
단풍나무과	복자기 낙엽활엽교목	수형	원형	식재지	전국	Acer triflorum Kom.
		음양성	음수	뿌리	심근성	수피에 피목이 발달하고 붉은색 단풍이 아름다움. 기조·녹음·악센트·유도·가로수식재
		내공해성	중	이식	용이	
		내염성	약	전정	강	
칠엽수과	칠엽수 낙엽활엽교목	수형	우산형	식재지	전국	Aesculus turbinata Blume
		음양성	양수	뿌리	심근성	잎이 독특, 흰색의 꽃과 열매의 관상가치 높음. 기조·악센트·녹음·유도·가로수식재
		내공해성	강	이식	용이	
		내한성	중	전정	중	
포도과	담쟁이덩굴 낙엽활엽만경목	수형	덩굴형	식재지	전국	Parthenocissus tricuspidata (Siebold & Zucc.) Planch.
		음양성	반음수	뿌리	천근성	적갈색 단풍과 검은 열매가 아름답고 줄기에 흡착근이 있음
		내공해성	강	이식	용이	
		내염성	강	전정	중	
피나무과	피나무 낙엽활엽교목	수형	타원형	식재지	전국	Tilia amurensis Rupr.
		음양성	중용수	뿌리	심근성	심장형의 잎이 아름답고 열매의 포가 독특. 기조·녹음식재
		내공해성	중	이식	용이	
		내염성	강	전정	중	
벽오동과	벽오동 낙엽활엽교목	수형	타원형	식재지	중부이남	Firmiana simplex (L.) W. F. Wight
		음양성	중용수	뿌리	심근성	잎이 크고 녹색의 수피와 가지가 아름다움. 악센트·유도·녹음·가로수식재
		내공해성	강	이식	곤란	
		내염성	강	전정	중	
차나무과	동백나무 상록활엽교목	수형	구형	식재지	난온대	Camellia japonica L.
		음양성	음수	뿌리	천근성	짙은 녹색의 잎과 붉은색 꽃이 아름다움. 기조·악센트·주연부·유도·차폐·경계식재
		내공해성	중	이식	용이	
		내화성	강	전정	강	
위성류과	위성류 낙엽활엽교목	수형	타원형	식재지	온대남부	Tamarix chinensis Lour.
		음양성	양수	뿌리	천근성	질감이 매우 곱고 잔잔한 느낌. 물 주위의 악센트식재
		내공해성	강	이식	용이	
		내염성	강	전정	강	
부처꽃과	배롱나무 낙엽활엽교목	수형	원정형	식재지	온대남부	Lagerstroemia indica L.
		음양성	양수	뿌리	천근성	잎과 줄기의 질감이 좋음. 기조·녹음·가로수·악센트식재
		내공해성	강	이식	용이	
		내염성	강	전정	강	

석류과	석류나무 낙엽활엽교목	수형	구형	식재지	온대남부	Punica granatum L.
		음양성	양수	뿌리	천근성	여름부터 익는 열매가 아름다움, 악센트식재
		내공해성	중	이식	용이	
		내염성	강	전정	약	
두릅나무과	팔손이 상록활엽관목	수형	구형	식재지	난온대	Fatsia japonica (Thunb.) Decne. & Planch.
		음양성	음수	생장속도	빠름	장상으로 갈라지는 잎과 흑색의 열매 감상, 실내조경 가능, 악센트·주연부식재
		내공해성	약	이식	용이	
		내화성	강	전정	중	
	송악 상록활엽만경목	수형	포복형	식재지	난온대	Hedera rhombea (Miq.) Bean
		음양성	음수	뿌리	천근성	상록성이나 내한성이 강하여 중부지방에서 월동 가능
		내공해성	강	이식	곤란	
		내염성	강	전정	강	
층층나무과	식나무 상록활엽교목	수형	원정형	식재지	난온대	Aucuba japonica Thunb.
		음양성	음수	뿌리	심근성	잎과 적색 열매가 아름다움, 기조·악센트·녹음식재
		내공해성	약	이식	보통	
		내염성	강	전정	약	
	층층나무 낙엽활엽교목	수형	우산형	식재지	전국	Cornus controversa
		음양성	중용수	뿌리	심근성	수형과 흰색 꽃이 아름다움, 기조·녹음·가로수식재
		내공해성	약	이식	보통	
		내염성	약	전정	강	
	산딸나무 낙엽활엽교목	수형	원정형	식재지	온대중부	Cornus kousa F. Buerger ex Miquel
		음양성	중용수	뿌리	심근성	수형이 단정하고 붉은색 열매가 아름다움, 악센트·주연부·유도·가로수식재
		내공해성	강	이식	용이	
		내염성	약	전정	중	
	흰말채나무 낙엽활엽관목	수형	부채꼴형	식재지	온대중부	Cornus alba L.
		음양성	양수	생장속도	빠름	붉은 줄기가 아름답고 지엽이 치밀, 경계·주연부식재
		내공해성	강	이식	보통	
		내염성	약	전정	강	
	산수유 낙엽활엽교목	수형	우산형	식재지	전국	Cornus officinalis Siebold & Zucc.
		음양성	양수	뿌리	천근성	황색 꽃과 붉은 열매가 아름다움, 악센트·유도식재
		내공해성	약	이식	보통	
		내염성	약	전정	중	

과	수목	항목	내용	항목	내용	학명 및 특징
진달래과	진달래 낙엽활엽관목	수형	타원형	식재지	전국	Rhododendron mucronulatum Turcz.
		음양성	양수	생장속도	느림	도심지의 정원·공원의 동선주변 악센트·주연부식재
		내공해성	중	이식	보통	
		내염성	중	전정	강	
	철쭉 낙엽활엽관목	수형	구형	식재지	전국	Rhododendron schlippenbachii Maxim.
		음양성	반음수	생장속도	느림	군락을 이루는 경우 강한 시선을 끄는 역할, 악센트·주연부식재
		내공해성	약	이식	곤란	
		내염성	중	전정	중	
	산철쭉 낙엽활엽관목	수형	구형	식재지	전국	Rhododendron yedoense f. poukhanense
		음양성	양수	생장속도	느림	시설물이나 동선주변의 악센트식재
		내공해성	강	이식	보통	
		내염성	중	전정	강	
감나무과	감나무 낙엽활엽교목	수형	타원형	식재지	온대중부	Diospyros kaki Thunb.
		음양성	양수	뿌리	천근성	열매와 수형 감상, 기조·악센트·녹음·유도식재
		내공해성	중	이식	곤란	
		내염성	강	전정	중	
물푸레나무과	이팝나무 낙엽활엽교목	수형	원정형	식재지	온대남부	Chionanthus retusus Lindl. & Paxton
		음양성	양수	뿌리	심근성	흰색의 꽃, 악센트·녹음·가로수식재
		내공해성	강	이식	용이	
		내염성	강	전정	강	
	개나리 낙엽활엽관목	수형	부채꼴형	식재지	전국	Forsythia koreana (Rehder) Nakai
		음양성	중용수	생장속도	빠름	도심지 공원이나 주택가의 악센트·경계식재
		내공해성	강	이식	용이	
		내염성	강	전정	강	
	쥐똥나무 낙엽활엽관목	수형	타원형	식재지	전국	Ligustrum obtusifolium Siebold & Zucc.
		음양성	양수	생장속도	빠름	백색의 꽃과 흑색의 열매, 경계·차폐·완충식재
		내공해성	강	이식	용이	
		내염성	강	전정	강	
	목서 상록활엽관목	수형	구형	식재지	난온대	Osmanthus fragrans (Thunb.) Lour.
		음양성	중용수	생장속도	느림	광택나는 잎의 질감이 좋고 맹아력이 강해 경계·완충·차폐식재
		내공해성	강	이식	보통	
		내염성	약	전정	강	
	수수꽃다리 낙엽활엽관목	수형	원정형	식재지	전국	Syringa oblata var. dilatata (Nakai) Rehder
		음양성	중용수	생장속도	빠름	꽃이 아름답고 향기도 좋으며 공해에 내성이 강함, 악센트·유도식재
		내공해성	강	이식	용이	
		내염성	강	전정	강	

과	수종	항목	내용	항목	내용	설명
협죽도과	협죽도 상록활엽관목	수형	부채꼴형	식재지	난온대	Nerium indicum Mill.
		음양성	양수	생장속도	보통	환경에 대한 내성이 강하고 수액에 독성이 있어 어린이공원에 부적당, 악센트·유도 ·차폐·방풍식재
		내공해성	강	이식	용이	
		내화성	강	전정	중	
현삼과	오동나무 낙엽활엽교목	수형	원정형	식재지	온대중부	Paulownia coreana Uyeki
		음양성	극양수	뿌리	심근성	속성수로 조경용으로 거의 이용 안함, 공해에 강해 도심지나 공단에 완충·녹음·가로수식재
		내공해성	강	이식	용이	
		내염성	중	전정	강	
능소화과	능소화 낙엽활엽만경목	수형	덩굴형	식재지	온대중부	Campsis grandifolia (Thunb.) K. Schumann
		음양성	양수	생장속도	느림	벽이나 그늘시렁에 잘 오르고 주황색 꽃이 아름다워 악센트식재
		내공해성	강	이식	용이	
		내염성	강	전정	강	
꼭두서니과	치자나무 상록활엽관목	수형	구형	식재지	난온대	Gardenia jasminoides Ellis
		음양성	중용수	생장속도	보통	하얀 꽃과 노란 열매 감상, 경계·완충·악센트·유도식재
		내공해성	강	이식	보통	
		내염성	강	전정	강	
인동과	인동덩굴 낙엽활엽만경목	수형	덩굴형	식재지	전국	Lonicera japonica Thunb
		음양성	중용수	생장속도	빠름	담장이나 벽의 악센트식재
		내공해성	강	이식	용이	
		내염성	강	전정	중	
	아왜나무 상록활엽교목	수형	타원형	식재지	난온대	Viburnum odoratissimum var. awabuki
		음양성	음수	뿌리	심근성	해풍에 강하여 해변조경용이나 방풍·방화용 사용, 악센트·차폐·완충·경계·유도·가로수식재
		내공해성	강	이식	용이	
		내화성	강	전정	강	
조록나무과	풍년화 낙엽활엽관목	수형	원정형	식재지	전국	Hamamelis japonica Siebold & Zucc.
		음양성	양수	생장속도	느림	봄에 일찍 노란색 꽃을 피움, 악센트식재
		내공해성	중	이식	용이	
		내화성	중	전정	강	
아욱과	무궁화 낙엽활엽관목	수형	타원형	식재지	전국	Hibiscus syriacus L.
		음양성	양수	생장속도	빠름	품종이 다양하고 개화기간이 길어 관상가치 높음, 악센트·경계·차폐식재
		내공해성	강	이식	용이	
		내염성	강	전정	중	

핵심문제 해설

01 곧은 줄기가 있고, 줄기와 가지의 구별이 명확하며, 키가 큰 나무(보통 3~4m정도)를 가리키는 것은? 04-1, 08-5, 09-5

㉮ 교목 ㉯ 관목
㉰ 만경목 ㉱ 지피식물

02 다음 중 교목으로만 짝지어진 것은? 11-4

㉮ 동백나무, 회양목, 철쭉
㉯ 전나무, 송악, 옥향
㉰ 녹나무, 잣나무, 소나무
㉱ 백목련, 명자나무, 마삭줄

03 다음 수종 중 관목에 해당하는 것은? 06-1, 06-5, 11-5

㉮ 백목련 ㉯ 위성류
㉰ 층층나무 ㉱ 매자나무

04 다음 중에서 관목끼리 짝지어진 것은? 05-2

㉮ 주목, 느티나무, 단풍나무
㉯ 진달래, 회양목, 꽝꽝나무
㉰ 등나무, 잣나무, 은행나무
㉱ 매실나무, 명자나무, 칠엽수

05 다음 중 덩굴성식물로 가장 바른 것은? 03-1, 05-5

㉮ 서향 ㉯ 송악
㉰ 병아리꽃나무 ㉱ 피라칸사스

06 덩굴 식물이 아닌 것은? 04-5, 07-1, 08-2

㉮ 미선나무 ㉯ 멀꿀
㉰ 능소화 ㉱ 오미자

01. 교목은 다년생 목질인 곧은 줄기가 있고 줄기와 가지의 구별이 명확하며, 중심줄기의 신장생장이 현저한 키가 큰 나무를 말한다.

02. 회양목·철쭉·옥향·명자나무는 관목, 송악·마삭줄은 만경류(덩굴성 식물)

03. ㉮㉯㉰ 교목

04. 주목·느티나무·단풍나무·잣나무·은행나무·매실나무·칠엽수는 교목, 명자나무는 관목, 등나무는 만경류

05. ㉮㉰㉱ 관목

06. ㉮ 관목

정답 ➔ 01. ㉮ 02. ㉰ 03. ㉱ 04. ㉯ 05. ㉯ 06. ㉮

07. 이팝나무는 교목, 원추리는 초본류

07 식물의 분류와 해당 식물들의 연결이 옳지 않은 것은? 12-5

㉮ 한국잔디류 : 들잔디, 금잔디, 비로드잔디
㉯ 소관목류 : 회양목, 이팝나무, 원추리
㉰ 초본류 : 맥문동, 비비추, 원추리
㉱ 덩굴성 식물류 : 송악, 칡, 등나무

08. 가시나무 · 구실잣밤나무는 활엽수

08 침엽수로만 짝지어진 것이 아닌 것은? 07-5, 09-1

㉮ 향나무, 주목
㉯ 낙우송, 잣나무
㉰ 가시나무, 구실잣밤나무
㉱ 편백, 낙엽송

09. 신록과 단풍 · 낙엽으로 계절감을 주는 것은 낙엽수에 대한 설명이다.

09 상록수의 주요한 기능으로 부적합한 것은? 09-2

㉮ 시각적으로 불필요한 곳을 가려준다.
㉯ 겨울철에는 바람막이로 유용하다.
㉰ 신록과 단풍으로 계절감을 준다.
㉱ 변화되지 않는 생김새를 유지한다.

10. 낙엽송 · 배롱나무 · 은행나무 · 철쭉 · 모과나무 · 장미는 낙엽수

10 다음 중 상록수로만 짝지어진 것은? 11-2

㉮ 섬잣나무, 리기다소나무, 동백나무, 낙엽송
㉯ 소나무, 배롱나무, 은행나무, 사철나무
㉰ 철쭉, 주목, 모과나무, 장미
㉱ 사철나무, 아왜나무, 회양목, 독일가문비나무

11. 침엽수와 활엽수는 잎의 생김새에 따른 구분이다.

11 1년 내내 푸른 잎을 달고 있으며, 잎이 바늘처럼 뾰족한 나무를 무엇이라 하는가? 03-1, 09-2, 12-5

㉮ 상록활엽수 ㉯ 상록침엽수
㉰ 낙엽활엽수 ㉱ 낙엽침엽수

12. ㉮㉰㉱ 낙엽침엽수

12 다음 중 상록침엽수에 해당하는 수종은? 03-2, 10-2

㉮ 은행나무 ㉯ 전나무
㉰ 메타세콰이아 ㉱ 일본잎갈나무

정답 → 07. ㉯ 08. ㉰ 09. ㉰ 10. ㉱ 11. ㉯ 12. ㉯

13 다음 중 1속에서 잎이 5개 나오는 수종은? 05-5, 07-1, 11-1

㉮ 백송 ㉯ 소나무
㉰ 리기다소나무 ㉱ 잣나무

13. · 2엽 속생 : 소나무, 방크스소나무, 반송, 해송
· 3엽 속생 : 백송, 리기다소나무, 테다소나무
· 5엽 속생 : 잣나무류

14 상록 활엽수이며, 교목인 수종으로 가장 적당한 것은? 03-5, 05-1

㉮ 눈주목 ㉯ 녹나무
㉰ 히말라야시이다 ㉱ 치자나무

14. ㉮ 상록침엽관목
㉰ 상록침엽교목
㉱ 상록활엽관목

15 다음 중 상록 침엽 관목에 속하는 나무는? 04-5, 06-5

㉮ 영산홍 ㉯ 섬잣나무
㉰ 회양목 ㉱ 눈향나무

15. ㉮ 낙엽활엽관목
㉯ 상록침엽교목
㉰ 상록활엽관목

16 활엽수이지만 잎의 형태가 침엽수와 같아서 조경적으로 침엽수로 이용하는 것은? 03-1, 08-5, 12-2

㉮ 은행나무 ㉯ 산딸나무
㉰ 위성류 ㉱ 이나무

16. 위성류는 낙엽활엽교목이나 잎의 끝이 침엽수의 잎처럼 날카롭게 생겼으며 가늘고 실처럼 섬세하게 늘어져서 자란다.

17 잎의 모양과 착생 상태에 따른 조경 수목의 분류로 맞는 것은? 07-1

㉮ 상록 침엽수 – 후박나무
㉯ 낙엽 침엽수 – 잎갈나무
㉰ 상록 활엽수 – 독일가문비나무
㉱ 낙엽 활엽수 – 감탕나무

17. ㉮ 상록활엽교목
㉰ 상록침엽교목
㉱ 상록활엽교목

18 다음 중 낙엽 활엽 관목으로만 짝지어진 것은? 08-1

㉮ 동백나무, 섬잣나무 ㉯ 회양목, 아왜나무
㉰ 생강나무, 화살나무 ㉱ 느티나무, 은행나무

18. 동백나무(상록활엽교목), 섬잣나무(상록침엽교목), 생강나무 · 화살나무(낙엽활엽관목), 느티나무(낙엽활엽교목), 은행나무(낙엽침엽교목)

19 다음 조경수 가운데 자연적인 수형이 구형인 것은? 03-1

㉮ 배롱나무 ㉯ 백합나무
㉰ 회화나무 ㉱ 은행나무

19. ㉮ 배상형, ㉯ 난형
㉱ 원추형

정답 → 13. ㉱ 14. ㉯ 15. ㉱ 16. ㉰ 17. ㉯ 18. ㉰ 19. ㉰

20 생장형에 의해서 만들어지는 수형을 보인 것 중 일반적인 느티나무의 수형은? 03-5

㉮ 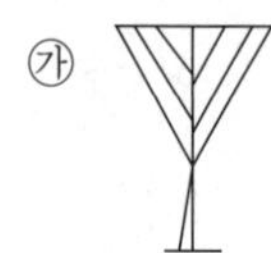 ㉯  ㉰  ㉱ 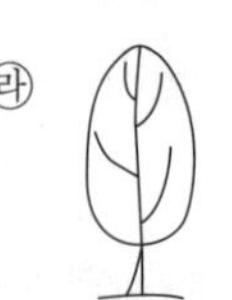

20. ㉮ 배상형, ㉯ 원추형
㉰ 원정형, ㉱ 난형

21 조경수는 수관 본위(本位)의 수형(樹形)에 따라 크게 정형과 부정형으로 구분하고, 거기서 정형은 직선형과 곡선형으로 구분된다. 다음 곡선형 중 타원형(楕圓形) 'G'의 형태를 갖는 수종은? 09-1

㉮ 미루나무
㉯ 층층나무
㉰ 박태기나무
㉱ 히말라야시다

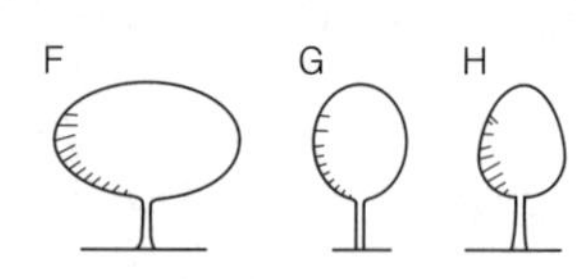

21. ㉮ 원주형, ㉯ 우산형
㉱ 원추형

22 다음 중 줄기가 아래로 늘어지는 생김새의 수간을 가진 나무의 모양을 무엇이라 하는가? 07-5, 09-2

㉮ 쌍간 ㉯ 다간
㉰ 직간 ㉱ 현애

22. · 쌍간 : 줄기가 두 개인 수형
· 다간 : 줄기가 여러 개인 수형
· 직간 : 줄기가 기울거나 휘지 않고 위로 반듯한 수형

23 다음 중 1회 신장형 수목은? 04-2

㉮ 철쭉 ㉯ 화백
㉰ 삼나무 ㉱ 소나무

23. · 1회 신장형 : 소나무, 곰솔, 너도밤나무 등
· 2회 신장형 : 화백, 삼나무, 편백 등

24 다음 중 봄철에 꽃을 가장 빨리 보려면 어떤 수종을 식재해야 하는가? 03-5, 07-5, 12-1

㉮ 말발도리 ㉯ 자귀나무
㉰ 매화나무 ㉱ 배롱나무

24. ㉮ 5월, ㉯ 7~8월, ㉰ 2~3월
㉱ 7월

25 개화기가 가장 빠른 것 끼리 나열된 것은? 04-1, 04-5, 08-5

㉮ 풍년화, 꽃사과, 황매화
㉯ 조팝나무, 미선나무, 배롱나무
㉰ 진달래, 낙상홍, 수수꽃다리
㉱ 생강나무, 산수유, 개나리

25. ㉮ 풍년화(2월), 꽃사과(4월), 황매화(4월)
㉯ 조팝나무(4월), 미선나무(4월), 배롱나무(7월)
㉰ 진달래(4월), 낙상홍(5월), 수수꽃다리(4월)
㉱ 생강나무(3월), 산수유(3월), 개나리(3월)

정답 ➔ 20. ㉮ 21. ㉰ 22. ㉱ 23. ㉱ 24. ㉰ 25. ㉱

26 여름철에 꽃을 볼 수 있는 나무로 짝지어진 것은? 05-1

㉮ 금목서, 백목련
㉯ 배롱나무, 능소화
㉰ 병꽃나무, 매화
㉱ 미선나무, 수수꽃다리

26. ㉮ 금목서(가을), 백목련(봄)
㉰ 병꽃나무(봄), 매화(봄)
㉱ 미선나무(봄), 수수꽃다리(봄)

27 다음 중 꽃이 먼저 피고, 잎이 나중에 나는 특성을 갖는 수목이 아닌 것은? 06-1

㉮ 개나리 ㉯ 산수유
㉰ 수수꽃다리 ㉱ 백목련

27. 선화후엽(先花後葉) 수종으로는 산수유, 개나리, 백목련, 진달래, 박태기나무, 생강나무, 왕벚나무, 매실나무, 미선나무 등이 있다.

28 다음 수목 중 당년에 자란 가지에서 꽃이 피는 것은? 07-1, 07-5

㉮ 벚나무 ㉯ 철쭉류
㉰ 배롱나무 ㉱ 명자나무

28. 그 해 자란 가지에서 꽃눈이 분화하여 당년에 꽃이 피는 수종으로는 배롱나무, 무궁화, 능소화 등이 있다.

29 황색 계열의 꽃이 피는 수종이 아닌 것은? 11-1

㉮ 풍년화 ㉯ 생강나무
㉰ 금목서 ㉱ 등나무

29. 등나무는 4~5월경 연한 자주빛의 꽃이 핀다.

30 다음 중 봄에 노란색으로 개화하지 않는 수종은? 06-2, 10-4

㉮ 개나리 ㉯ 산수유
㉰ 산딸나무 ㉱ 생강나무

30. 산딸나무는 5월경 백색계의 꽃이 핀다.

31 가을에 그윽한 향기를 가진 등황색 꽃이 피는 수종은? 09-1, 12-4

㉮ 금목서 ㉯ 남천
㉰ 팔손이나무 ㉱ 생강나무

31. ㉯ 4월 백색계, ㉰ 11월 백색계, ㉱ 3월 황색계

32 다음 중 백색 계통 꽃이 피는 수종들로 짝지어진 것은? 05-5, 09-5

㉮ 박태기나무, 개나리, 생강나무
㉯ 쥐똥나무, 이팝나무, 층층나무
㉰ 목련, 조팝나무, 산수유
㉱ 무궁화, 매화나무, 진달래

32. ㉮ 박태기나무(적색계), 개나리(황색계), 생강나무(황색계)
㉰ 목련(백색계), 조팝나무(백색계), 산수유(황색계)
㉱ 무궁화(백·자색계), 매화나무(백색계), 진달래(적색계)

정답 → 26. ㉯ 27. ㉰ 28. ㉰ 29. ㉱ 30. ㉰ 31. ㉮ 32. ㉯

33 3월에 노란꽃이 피며 가을이면 열매가 빨갛게 달리는 나무는? 03-5

㉮ 산수유 ㉯ 남천
㉰ 치자나무 ㉱ 명자나무

33. ㉯ 남천 : 4월에 백색꽃이 피며 가을에 붉은 열매가 열린다.
㉰ 치자나무 : 6월에 백색꽃이 피며 가을에 황색 열매가 열린다.
㉱ 명자나무 : 4월에 붉은 꽃이 피며 가을에 황색 열매가 열린다.

34 다음 중 열매를 감상하기 위하여 식재하는 수종이 아닌 것은? 06-1

㉮ 피라칸사스 ㉯ 석류나무
㉰ 조팝나무 ㉱ 팥배나무

34. 조팝나무의 열매는 골돌과로서 매우 작아 관상가치가 없으며, 봄에 피는 하얀 꽃을 감상하기에 적합한 수종이다.

35 10월경에 붉은 계열의 열매가 관상 대상이 되는 수종이 아닌 것은? 09-2

㉮ 남천 ㉯ 산수유
㉰ 왕벚나무 ㉱ 화살나무

35. ㉰ 여름에 흑색의 열매를 맺는다.

36 수목과 열매의 색채가 맞게 연결된 것은? 10-5

㉮ 사철나무 – 적색계통 ㉯ 산딸나무 – 황색계통
㉰ 붉나무 – 검은색계통 ㉱ 화살나무 – 청색계통

36. 산딸나무(적색계통), 붉나무(적색계통), 화살나무(적색계통)

37 단풍의 색깔이 선명하게 드는 환경을 올바르게 설명한 것은? 10-1

㉮ 날씨가 추워서 햇빛을 보지 못할 때
㉯ 비가 자주 올 때
㉰ 바람이 세게 불고 햇빛을 적게 받을 때
㉱ 가을의 맑은 날이 계속되고 밤, 낮의 기온 차가 클 때

37. 단풍이란 환경요소 가운데 온도인자가 변함으로써 생기는 현상이다.

38 다음 중 붉은색의 단풍이 드는 수목들로만 구성된 것은? 04-1, 06-1, 08-2

㉮ 낙우송, 느티나무, 백합나무
㉯ 칠엽수, 참느릅나무, 졸참나무
㉰ 감나무, 화살나무, 붉나무
㉱ 잎갈나무, 메타세콰이어, 은행나무

38. · 적색계 단풍 : 낙우송, 감나무, 화살나무, 붉나무 등
· 황색계 단풍 : 느티나무, 백합나무, 칠엽수, 참느릅나무, 졸참나무, 잎갈나무, 메타세쿼이아, 은행나무 등

39 가을에 단풍이 노란색으로 물드는 수종은? 07-5, 10-2

㉮ 붉나무 ㉯ 붉은고로쇠나무
㉰ 담쟁이덩굴 ㉱ 화살나무

39. 붉나무, 담쟁이덩굴, 화살나무는 붉은색 단풍이 든다.

정답 → 33. ㉮ 34. ㉰ 35. ㉰ 36. ㉮ 37. ㉱ 38. ㉰ 39. ㉯

40 일반적으로 수목의 단풍은 적색과 황색계열로 구분하는데, 황색 단풍이 아름다운 수종으로만 짝지어진 것은? 04-2, 08-5

㉮ 은행나무, 붉나무
㉯ 백합나무, 고로쇠나무
㉰ 담쟁이덩굴, 감나무
㉱ 검양옻나무, 매자나무

40. · 적색계 단풍 : 붉나무, 담쟁이덩굴, 감나무, 검양옻나무, 매자나무 등
· 황색계 단풍 : 은행나무, 백합나무, 고로쇠나무 등

41 다음 중 수종의 특징상 관상 부위가 주로 줄기인 것은? 03-2, 11-2

㉮ 자작나무 ㉯ 자귀나무
㉰ 수양버들 ㉱ 위성류

41. 자작나무의 줄기는 하얀 백색으로 독특하여 관상가치가 뛰어나다.

42 줄기의 색이 아름다워 관상가치를 가진 대표적인 수종의 연결로 옳지 않은 것은? 12-2

㉮ 백색계의 수목 : 자작나무
㉯ 갈색계의 수목 : 편백
㉰ 적갈색계의 수목 : 소나무
㉱ 흑갈색계의 수목 : 벽오동

42. 벽오동은 청록색계의 줄기를 가지고 있다.

43 줄기의 색이 아름다워 관상가치 있는 수목들 중 줄기의 색계열과 그 연결이 옳지 않은 것은? 12-5

㉮ 백색계의 수목 : 백송(Pinus bungeana)
㉯ 갈색계의 수목 : 편백(Chamaecypar is obtusa)
㉰ 청록색계의 수목 : 식나무(Aucuba japonica)
㉱ 적갈색계의 수목 : 서어나무(Carpinus laxiflora)

43. 서어나무는 백색계의 줄기를 가지고 있다.

44 겨울철 흰눈을 배경으로 줄기를 감상하려고 한다. 다음 중 어느 나무가 가장 적당한가? 08-2, 09-4

㉮ 백송 ㉯ 자작나무
㉰ 플라타너스 ㉱ 흰말채나무

44. 흰말채나무는 겨울이 되면 선명한 붉은색으로 변해 설경을 배경으로 뛰어난 관상미를 지닌다.

45 다음 중 수목의 수피가 흰색을 갖는 수종은? 05-5, 12-4

㉮ 배롱나무 ㉯ 자작나무
㉰ 흰말채나무 ㉱ 노각나무

45. 배롱나무(갈색계), 흰말채나무(적갈색계), 노각나무(적·황·녹의 얼룩무늬)

정답 → 40. ㉯ 41. ㉮ 42. ㉱ 43. ㉱ 44. ㉱ 45. ㉯

46 조경수목의 선정시에 꽃의 향기가 주가 되는 나무가 아닌 것은? 04-1, 06-1

㉮ 함박꽃나무 ㉯ 서향
㉰ 자귀나무 ㉱ 목서

46. 향기가 좋은 수목으로는 매실나무, 서향, 수수꽃다리, 장미, 온주밀감, 마삭줄, 일본목련, 태산목, 함박꽃나무, 목서류, 치자나무 등이 있다.

47 정원 내 식재하였을 때 10월경에 향기가 가장 많이 느껴지는 수종은? 09-4

㉮ 담쟁이덩굴 ㉯ 피라칸사스
㉰ 식나무 ㉱ 금목서

47. 금목서는 10월에 주황색의 꽃이 피며 진한 향기가 난다.

48 질감(texture)이 가장 부드럽게 느껴지는 수목은? 04-2, 10-1

㉮ 태산목 ㉯ 칠엽수
㉰ 회양목 ㉱ 팔손이나무

48. 부드러운 질감의 수종으로는 철쭉류, 소나무, 편백, 화백 등이 있다.
㉮㉯㉱ 거친 질감

49 질감이 거칠어 큰 건물이나 서양식 건물에 가장 잘 어울리는 수종은? 07-1, 10-5

㉮ 철쭉류 ㉯ 소나무
㉰ 버즘나무 ㉱ 편백

49. 질감이 거칠어 큰 건물이나 서양식 건물에 가장 잘 어울리는 수종으로는 칠엽수, 벽오동, 양버즘나무, 팔손이, 태산목 등이 있다.

50 다음 수목 중 일반적으로 생장속도가 가장 느린 것은? 12-1

㉮ 네군도단풍 ㉯ 층층나무
㉰ 개나리 ㉱ 비자나무

50. 생장속도가 느린 수종으로는 주목, 비자나무, 향나무, 굴거리나무, 꽝꽝나무, 동백나무, 호랑가시나무, 회양목 등이 있다.

51 산울타리를 조성할 때 맹아력이 가장 강한 수종은? 04-2, 07-5

㉮ 녹나무 ㉯ 이팝나무
㉰ 소나무 ㉱ 개나리

51. 맹아력이 강한 수종으로는 개나리, 쥐똥나무, 사철나무, 가시나무, 회양목, 양버즘나무, 능수버들, 무궁화 등이 있다.

52 다음 중 맹아력이 가장 약한 수종은? 10-4

㉮ 가시나무 ㉯ 쥐똥나무
㉰ 벚나무 ㉱ 사철나무

52. 맹아력이 약한 수종으로는 벚나무, 백송, 낙우송, 자작나무, 살구나무, 감나무 등이 있다.

53 다음 중 굵은 가지를 잘라도 새로운 가지가 잘 발생하는 수종들로만 짝지어진 것은? 08-5

㉮ 소나무, 향나무 ㉯ 벚나무, 백합나무
㉰ 느티나무, 플라타너스 ㉱ 해송, 단풍나무

53. 느티나무는 맹아력이 강하나 전정을 잘 하지 않는다.

정답 → 46. ㉰ 47. ㉱ 48. ㉰ 49. ㉰ 50. ㉱ 51. ㉱ 52. ㉰ 53. ㉰

54 다음 중 수목을 기하학적인 모양으로 수관을 다듬어 만든 수형을 가리키는 용어는? 07-5, 12-1

㉮ 정형수 ㉯ 형상수
㉰ 경관수 ㉱ 녹음수

54. 형상수(topiary) : 맹아력이 강한 수목을 다듬어 기하학적 모양이나 인체·동물의 생김새를 본떠 만든 수목을 말한다.

55 형상수로 이용할 수 있는 수종은? 03-1, 12-2

㉮ 주목 ㉯ 명자나무
㉰ 단풍나무 ㉱ 소나무

55. 형상수로 이용할 수 있는 수종으로는 지엽이 치밀한 주목, 회양목, 향나무, 꽝꽝나무 등 맹아력이 강한 것이 적합하다.

56 다음 중 인공적 수형을 만드는데 적합하지 않은 나무를 설명한 것은? 03-1, 06-5

㉮ 자주 다듬어도 자라는 힘이 쇠약해지지 않는 나무일 것
㉯ 병이나 벌레에 견디는 힘이 강한 나무일 것
㉰ 되도록 잎이 작고 양이 많은 나무일 것
㉱ 다듬어 줄 때마다 잔가지와 잎보다는 굵은 가지가 잘 자라는 나무일 것

56. 인공적 수형에 적합한 나무는 지엽이 치밀하고 병충해에 강하며 깊은 전정에도 생육이 왕성한 수목이 적합하다.

57 이식하기 가장 어려운 나무는? 04-1, 06-1

㉮ 가이즈까 향나무 ㉯ 쥐똥나무
㉰ 목련 ㉱ 명자나무

57. ㉮㉯㉱ 이식이 쉬운 수종

58 경계식재로 사용하는 조경수목의 조건으로 옳은 것은? 06-5

㉮ 지하고가 높은 낙엽활엽수
㉯ 꽃, 열매, 단풍 등이 특징적인 수종
㉰ 수형이 단정하고 아름다운 수종
㉱ 잎과 가지가 치밀하고 전정에 강하고, 아랫가지가 말라 죽지 않는 상록수

58. 경계식재는 유지관리가 용이하고 지엽이 밀생하며, 아랫가지가 말라죽지 않고 전정에 강한 상록수가 적합하다.

59 차폐용 수목의 구비조건이 아닌 것은? 09-4

㉮ 맹아력이 커야 한다.
㉯ 가지와 잎이 치밀해야 한다.
㉰ 수관이 크고 지하고가 높아야 한다.
㉱ 아랫가지가 오랫동안 말라죽지 않아야 한다.

59. 수관이 크고 지하고가 높은 수목은 녹음식재로 적합하다.

정답 ➔ 54. ㉯ 55. ㉮ 56. ㉱ 57. ㉰ 58. ㉱ 59. ㉰

60. 녹음용수 : 느티나무, 버즘나무, 은행나무, 백합나무, 회화나무, 칠엽수, 팽나무, 가중나무, 벽오동 등

61. 지하고가 낮으면 녹음수로 사용하기 어렵다.

62. 산울타리용은 아랫가지가 오래도록 말라 죽지 않고 그늘이나 수분·토양조건이 나빠도 잘 견디고 병충해에 강한 수종이 좋다.

63. 후박나무는 수관이 크고 넓어 가로수·녹음식재, 정자목으로 적합한 수종이다.

64. 방음용 수목으로는 지하고가 낮고 잎이 수직방향으로 치밀한 상록교목이면서 배기가스 및 공해에 강한 수종이 적합하다.

65. 방풍림은 주풍향에 직각으로 설치하며 10~20m 정도의 너비로 조성한다.

60 여름철 모래터 위에 강한 햇빛을 차단하여 그늘을 만들기 위해 식재하는 녹음용수로 가장 적합한 수종은? 03-5, 09-1

㉮ 버즘나무 ㉯ 잣나무
㉰ 후피향나무 ㉱ 수양버들

61 다음 중 녹음용 수종에 관한 설명으로 가장 거리가 먼 것은? 06-2, 10-1

㉮ 여름철에 강한 햇빛을 차단하기 위해 식재되는 나무를 말한다.
㉯ 잎이 크고 치밀하며 겨울에는 낙엽이 지는 나무가 녹음수로 적당하다.
㉰ 지하고가 낮은 교목으로 가로수로 쓰이는 나무가 많다.
㉱ 녹음용 수종으로는 느티나무, 회화나무, 칠엽수, 플라타너스 등이 있다.

62 산울타리용 수종의 조건이라고 할 수 없는 것은? 03-5, 08-2

㉮ 성질이 강하고 아름다운 것
㉯ 적당한 높이의 아랫가지가 쉽게 마를 것
㉰ 가급적 상록수로서 잎과 가지가 치밀할 것
㉱ 맹아력이 커서 다듬기 작업에 잘 견딜 것

63 산울타리용으로 사용하기 부적합한 수종은? 04-2, 08-5, 12-2

㉮ 꽝꽝나무 ㉯ 탱자나무
㉰ 후박나무 ㉱ 측백나무

64 다음 중 방음용 수목으로 사용하기 부적합한 것은? 11-4

㉮ 아왜나무 ㉯ 녹나무
㉰ 은행나무 ㉱ 구실잣밤나무

65 방풍림의 조성은 바람이 불어오는 주풍방향에 대해서 어떻게 조성해야 가장 효과적인가? 06-2

㉮ 30도 방향으로 길게 ㉯ 직각으로 길게
㉰ 45도 방향으로 길게 ㉱ 60도 방향으로 길게

 정답 → 60. ㉮ 61. ㉰ 62. ㉯ 63. ㉰ 64. ㉰ 65. ㉯

66 일반적으로 높이 10m의 방풍림에 있어서 방풍 효과가 미치는 범위를 바람 위쪽과 바람 아래쪽으로 구분할 수 있는데, 바람 아래쪽은 약 얼마까지 방풍 효과를 얻을 수 있는가? 09-5

㉮ 100m ㉯ 300m
㉰ 500m ㉱ 1000m

66. 방풍림의 조성시 방풍의 효과 범위는 위쪽으로 수고의 6~10배, 아래쪽은 25~30배이므로 높이 10m의 방풍림 아래쪽으로는 300m정도까지 효과를 얻을 수 있다.

67 방풍림을 설치하려고 할 때 가장 알맞은 수종은 어느 것인가? 05-1

㉮ 구실잣밤나무 ㉯ 자작나무
㉰ 버드나무 ㉱ 사시나무

67. 방풍용 수목은 심근성이고 바람에 잘 꺾이지 않는 지엽이 치밀한 상록수가 적당하다.

68 다음 중 방화식재로 사용하기 적당한 수종으로 짝지어진 것은? 06-1

㉮ 광나무, 식나무 ㉯ 피나무, 느릅나무
㉰ 태산목, 낙우송 ㉱ 아카시아, 보리수

68. 방화용 수목은 잎이 두터워 함수량이 많으며 잎이 넓으며 밀생하는 상록수가 적당하다.

69 가로 1m x 세로 10m의 공간에 H0.4m x W0.5 규격의 철쭉으로 생울타리를 만들려고 하면 사용되는 철쭉의 수량은? 06-1

㉮ 약 20주 ㉯ 약 40주
㉰ 약 80주 ㉱ 약 120주

69. $\frac{1 \times 10}{0.5 \times 0.5} = 40$(주)

70 다음 수종 중 음수가 아닌 것은? 05-2, 10-1

㉮ 주목 ㉯ 독일가문비나무
㉰ 팔손이나무 ㉱ 석류나무

70. 대표적인 음수로는 주목, 전나무, 독일가문비나무, 비자나무, 가시나무, 녹나무, 후박나무, 동백나무, 아왜나무, 팔손이, 사철나무, 회양목 등이 있다.

71 양수 수종만으로 짝지어진 것은? 03-5, 05-5, 07-1, 07-5

㉮ 향나무, 가중나무 ㉯ 가시나무, 아왜나무
㉰ 회양목, 주목 ㉱ 사철나무, 독일가문비나무

71. 대표적인 양수로는 소나무, 곰솔, 향나무, 은행나무, 느티나무, 가중나무, 자작나무, 참나무류, 산수유, 무궁화, 철쭉류, 개나리 등이 있다.

72 다음 중 척박지에 잘 견디는 수종으로만 짝지워진 것은? 04-1, 08-1

㉮ 왕벚나무, 가중나무 ㉯ 물푸레나무, 버드나무
㉰ 느티나무, 향나무 ㉱ 소나무, 자작나무

72. 왕벚나무, 물푸레나무, 느티나무는 비옥지를 즐기는 수종이다.

정답 ➜ 66. ㉯ 67. ㉮ 68. ㉮ 69. ㉯ 70. ㉱ 71. ㉮ 72. ㉱

73 수분 요구도가 낮아 건조지에 가장 잘 견디는 수목은? 09-1, 09-2, 09-5

㉮ 낙우송 ㉯ 물푸레나무
㉰ 대추나무 ㉱ 가중나무

74 연못가나 습지 등에 가장 잘 견디는 수목은? 05-1, 06-5, 09-4

㉮ 낙우송 ㉯ 향나무
㉰ 해송 ㉱ 가중나무

75 배수가 잘 되지 않는 저습지대에 식재하려 할 경우 적합하지 않는 수종은? 04-1, 11-4

㉮ 메타세콰이어 ㉯ 자작나무
㉰ 오리나무 ㉱ 능수버들

76 건조한 땅이나 습지에 모두 잘 견디는 수종은? 03-2, 06-5

㉮ 향나무 ㉯ 계수나무
㉰ 소나무 ㉱ 꽝꽝나무

77 산성토양에서 가장 잘 견디는 나무는? 05-1

㉮ 조팝나무 ㉯ 진달래
㉰ 낙우송 ㉱ 회양목

78 잔디 식재지 표토의 최소 토심(생육 최소 깊이)으로 가장 적합한 것은? 05-2, 07-1, 08-1

㉮ 10cm ㉯ 20cm
㉰ 30cm ㉱ 45cm

79 다음 중 심근성 수종이 아닌 것은? 11-4, 12-4

㉮ 자작나무 ㉯ 전나무
㉰ 후박나무 ㉱ 백합나무

80 다음 중 천근성(淺根性) 수종으로 짝지어진 것은? 05-2, 09-2

㉮ 독일가문비나무, 자작나무 ㉯ 젓나무, 백합나무
㉰ 느티나무, 은행나무 ㉱ 백목련, 가시나무

73. ㉮~㉰ 호습성 수종

74. ㉯~㉱ 내건성 수종

75. 자작나무는 건조지에 잘 견디는 수종으로 저습지대에 식재하기 부적합하다.

76. 내습성과 내건성이 강한 수종으로는 꽝꽝나무, 돈나무, 사철나무, 버즘나무, 보리수나무, 자귀나무, 갯버들, 명자나무, 박태기나무 등이 있다.

77. ㉮㉰㉱ 염기성에 잘 견디는 수종

78. 식물생육에 필요한 생육 최소 심도

잔디·초화	30cm
소관목	45cm
대관목	60cm
천근성 교목	90cm
심근성 교목	150cm

79. 심근성 수종으로는 소나무, 곰솔, 잣나무, 전나무, 주목, 일본목련, 동백나무, 느티나무, 백합나무, 상수리나무, 은행나무, 칠엽수, 백목련, 후박나무 등이 있다.

80. 천근성 수종으로는 독일가문비나무, 일본잎갈나무, 편백, 자작나무, 버드나무류, 아까시나무, 포플러류, 현사시나무, 매실나무 등이 있다.

정답 ➔ 73. ㉱ 74. ㉮ 75. ㉯ 76. ㉱ 77. ㉯ 78. ㉰ 79. ㉮ 80. ㉮

81 낙엽활엽교목이며, 천근성으로 바람에 의해 잘 넘어지고 전정시 수형의 미가 깨지기 쉬우므로 주의해야 하는 조경수목은? 08-2

㉮ 향나무 ㉯ 쥐똥나무
㉰ 수양버들 ㉱ 주목

81. 버드나무류는 전정하기 어렵다.

82 다음 중 내풍성이 약하여 바람에 잘 쓰러지는 수종은? 06-2

㉮ 느티나무 ㉯ 갈참나무
㉰ 가시나무 ㉱ 미루나무

82. 포플러류, 버드나무류 등은 내풍성이 약하다.

83 수목의 생태 특성과 수종들의 연결이 옳지 않은 것은? 06-2

㉮ 습한 땅에 잘 견디는 수종으로는 메타세콰이어, 낙우송, 왕버들 등이 있다.
㉯ 메마른 땅에 잘 견디는 수종으로는 소나무, 향나무, 아카시아 등이 있다.
㉰ 산성토양에 잘 견디는 수종으로는 느릅나무, 서어나무, 보리수나무 등이 있다.
㉱ 식재토양의 토심이 깊은 것(심근성)은 호두나무, 후박나무, 가시나무 등이 있다.

83. 느릅나무, 서어나무는 염기성(석회암지대)에 잘 견디는 수종이다.

84 공해 중 아황산가스(SO_2)에 의한 수목의 피해를 설명한 것으로 가장 알맞은 것은? 05-1

㉮ 한 낮이나 생육이 왕성한 봄, 여름에 피해를 입기 쉽다.
㉯ 밤이나 가을에 피해가 심하다.
㉰ 공기 중의 습도가 낮을 때 피해가 심하다.
㉱ 겨울에 피해가 심하다.

84. 아황산가스(SO_2)의 피해는 일사가 강한 여름철, 공중습도가 높고 토양수분이 윤택할 때 기공이 활발해져 피해규모가 확대된다.

85 아황산가스(SO_2)에 잘 견디는 낙엽교목은? 04-5, 06-2

㉮ 플라타너스 ㉯ 독일가문비
㉰ 소나무 ㉱ 히말라야시다

85. ㉯~㉱는 아황산가스(SO_2)에 약한 수종이다.

86 다음 중 차량 소통이 많은 곳에 녹지를 조성하려고 할 때 가장 적당한 수종은? 05-2

㉮ 조팝나무 ㉯ 향나무
㉰ 왕벚나무 ㉱ 소나무

86. 향나무는 공해 및 자동차 배기가스에 잘 견디는 수종이다.

정답 ➜ 81. ㉰ 82. ㉱ 83. ㉰ 84. ㉮ 85. ㉮ 86. ㉯

87 다음 중 임해공업단지에 공장조경을 하려 할 때 가장 적합한 수종은? 08-2, 11-1

㉮ 광나무 ㉯ 히말라야시다
㉰ 감나무 ㉱ 왕벚나무

87. 임해공업단지이므로 내염성과 내공해성이 강한 수종이 적합하다.

88 조경수목의 구비 조건이 아닌 것은? 05-5, 09-5, 10-5

㉮ 관상 가치와 실용적 가치가 높아야 한다.
㉯ 이식이 어렵고, 한 곳에서 오래도록 잘 자라야 한다.
㉰ 불리한 환경에서도 견딜 수 있는 적응성이 커야 한다.
㉱ 병충해에 대한 저항성이 강해야 한다.

88. 조경수목은 이식이 쉬우며, 이식 후에도 잘 자라야 한다.

89 조경 수목의 규격에 관한 설명으로 옳은 것은? (단, 괄호안의 영문은 기호를 의미한다) 12-2

㉮ 흉고직경(R) : 지표면 줄기의 굵기
㉯ 근원직경(B) : 가슴 높이 정도의 줄기의 지름
㉰ 수고(W) : 지표면으로부터 수관의 하단부까지의 수직높이
㉱ 지하고(BH) : 지표면에서 수관의 맨 아랫가지까지의 수직높이

89. · 흉고직경(R) : 지표면에서 가슴 높이(1.2m) 정도의 줄기의 지름
· 근원직경(B) : 지표면에 접하는 줄기의 굵기
· 수고(W) : 지표면에서 수관 정상까지의 수직높이

90 조경에서 수목의 규격표시와 기호 및 단위가 알맞게 짝지어진 것은? 06-1

㉮ 수관폭 – R – cm ㉯ 수고 – D – m
㉰ 흉고직경 – B – cm ㉱ 지하고 – BH – m

90. 수관폭 – W – m
수고 – H – m

91 다음 기구 중 수목의 흉고직경을 측정할 때 사용하는 것은? 06-1, 11-5

㉮ 경척 ㉯ 덴드로메타
㉰ 와이제측고기 ㉱ 윤척

91. 윤척은 수목의 흉고직경을 측정할 때 사용하는 자를 말한다.

92 수목의 굴취시 흉고직경에 의한 식재품을 적용하는 것이 가장 적합한 수종은? 10-2

㉮ 산수유 ㉯ 은행나무
㉰ 리기다소나무 ㉱ 느티나무

92. 규격을 H×B로 표기하는 수종에 적용한다.

 정답 ➔ 87. ㉮ 88. ㉯ 89. ㉱ 90. ㉰ 91. ㉱ 92. ㉯

93 조경 수목의 규격을 표시할 때 수고와 수관폭으로 표시하는 것이 좋은 것은? 03-5, 05-2

㉮ 느티나무　　㉯ 주목
㉰ 은사시나무　　㉱ 벚나무

93. 규격을 H×W로 표시하는 수목에는 침엽수와 상록활엽수가 많다.

94 다음 중 수목의 굴취시에 근원직경을 측정하는 수종으로만 짝지어진 것은? 08-1

㉮ 산수유, 산딸나무　　㉯ 잣나무, 측백나무
㉰ 버즘나무, 은단풍　　㉱ 은행나무, 소나무

94. 규격을 H×R로 표기하는 수종에 적용한다.

95 수목종자의 저장 방법 설명으로 틀린 것은? 09-2

㉮ 건조저장은 종자를 30% 이내의 함수량이 되도록 건조시킨다.
㉯ 보호저장은 은행,밤,도토리 등을 모래와 혼합하여 실내나 창고에서 5℃로 유지한다.
㉰ 밀봉저장은 가문비나무, 삼나무, 편백 등의 종자를 유리병이나 데시케이터 등에 방습제와 함께 넣는다.
㉱ 노천매장은 잣나무, 단풍나무류, 느티나무 등의 종자를 모래와 1 : 2의 비율로 섞어 양지쪽에 묻는다.

95. 저장할 종자의 함수량은 수종에 따라 달라진다.

96 수종에 따라 또는 같은 수종이라도 개체의 성질에 따라 삽수의 발근에 차이가 있는데 일반적으로 삽목시 발근이 잘 되지 않는 수종은? 12-2

㉮ 오리나무　　㉯ 무궁화
㉰ 개나리　　㉱ 꽝꽝나무

96. 삽목 시 발근이 잘 되는 수종에는 주목, 동백나무, 개나리, 무궁화, 철쭉 등이 있다.

97 다음 중 높이떼기의 번식방법을 사용하기 가장 적합한 수종은? 11-1

㉮ 개나리　　㉯ 덩굴장미
㉰ 등나무　　㉱ 배롱나무

97. 높이떼기 번식방법은 나무의 줄기나 가지에서 인위적으로 뿌리를 발생시키는 것으로 배롱나무, 동백나무, 석류나무, 단풍나무 등에 적용한다.

98 지피식물에 해당되지 않는 것은? 10-2

㉮ 인동덩굴　　㉯ 송악
㉰ 금목서　　㉱ 맥문동

98. 금목서는 관목이다.

정답 ➔ 93. ㉯ 94. ㉮ 95. ㉮ 96. ㉮ 97. ㉱ 98. ㉰

99 지피식물로 지표면을 덮을 때 유의할 조건으로 부적합한 것은? 10–5

㉮ 지표면을 치밀하게 피복해야 한다.
㉯ 식물체의 키가 높고, 일년생이어야 한다.
㉰ 번식력이 왕성하고, 생장이 비교적 빨라야 한다.
㉱ 관리가 용이하고, 병충해에 잘 견뎌야 한다.

99. 지피식물은 식물체의 키가 낮고(30㎝ 이하) 다년생 목·초본으로 가급적이면 상록이어야 한다.

100 잔디에 관한 설명으로 틀린 것은? 03–2, 09–4

㉮ 잔디는 생육온도에 따라 난지형 잔디와 한지형 잔디로 구분된다.
㉯ 잔디의 번식방법에는 종자파종과 영양번식 등이 있다.
㉰ 한국잔디는 일반적으로 종자번식이 잘 되기 때문에 건설현장에서 종자파종으로 잔디밭을 조성한다.
㉱ 종자파종은 뗏장심기에 비하여 균일하고 치밀한 잔디면을 만들 수 있다.

100. 한국잔디는 일반적으로 종자번식보다는 영양번식으로 잔디밭을 조성한다.

101 다음 중 잔디(한국잔디)특성 중 가장 거리가 먼 것은? 05–2

㉮ 지피성이 강하다. ㉯ 내답압성이 강하다.
㉰ 재생력이 강하다. ㉱ 내습력이 강하다.

101. 한국잔디는 내건성은 좋으나 내습성은 좋지 않다.

102 한국형 잔디의 특징을 잘못 설명한 것은? 05–2

㉮ 포복성이어서 밟힘에 강하다.
㉯ 그늘에서도 잘 자란다.
㉰ 손상을 받으면 회복속도가 느리다.
㉱ 병해충과 공해에 비교적 강하다.

102. 한국형 잔디는 내건성·내서성·내한성·내병성·내답압성이 강하나 내음성은 약하다.

103 다음 중 우리나라에서 가장 많이 이용되는 잔디는? 05–2

㉮ 들잔디 ㉯ 고려잔디
㉰ 비로드잔디 ㉱ 갯잔디

103. 들잔디는 전국 각지의 산야의 양지바른 자리에 많이 식생하며 한국잔디 중 가장 많이 사용된다.

104 서양 잔디의 설명으로 틀린 것은? 03–1, 07–1

㉮ 그늘에서도 견디는 성질이 있다.
㉯ 주로 뗏장 붙이기에 의해 시공한다.
㉰ 벤트 그라스는 일반적으로 겨울철에 푸르다.
㉱ 자주 깎아 주어야 한다.

104. 서양 잔디는 주로 종자파종(씨뿌림)으로 시공한다.

정답 ➜ 99. ㉯ 100. ㉰ 101. ㉱ 102. ㉯ 103. ㉮ 104. ㉯

105 한지형 잔디에 속하지 않는 것은? 09-4, 10-2

㉮ 버뮤다그래스 ㉯ 이탈리안라이그래스
㉰ 크리핑벤트그래스 ㉱ 켄터키블루그래스

105. · 난지형 잔디 : 들잔디, 금잔디 비단잔디, 갯잔디, 버뮤다그래스
· 한지형 잔디 : 켄터키블루그래스, 벤트그래스, 톨 페스큐, 페레니얼 라이그래스

106 다음 [보기]의 설명으로 가장 적합한 잔디는? 09-1

[보기]
· 한지형 잔디로 잎 표면에 도드라진 줄이 있다.
· 질감이 거칠기는 하나 고온과 건조에 가장 강하다.
· 척박한 토양에서도 잘 견디기 때문에 비탈면의 녹화에 적합하다.
· 주형(株型)으로 분얼로만 퍼져 자주 깎아 주지 않으면 잔디밭으로의 기능을 상실한다.

㉮ 톨 훼스큐 ㉯ 켄터키 블루그래스
㉰ 버뮤다그래스 ㉱ 들잔디

106. 톨 훼스큐는 조성속도가 빠르고 뿌리가 깊으며, 내척박성이 좋아 비탈면 녹화에 적합하다.

107 대표적인 난지형 잔디로 내답압성이 크며, 관리하기가 가장 용이한 것은? 09-2

㉮ 버뮤다그래스 ㉯ 금잔디
㉰ 톨페스큐 ㉱ 라이그래스

107. 버뮤다그래스는 서양 잔디 중 유일한 난지형 잔디로 생육이 좋아 조성속도가 빠르고 내한성도 양호한 반면, 고온에 약하고 병이 많아 주기적으로 예초해야 한다.

108 여러해살이 화초에 해당되는 것은? 10-2

㉮ 베고니아 ㉯ 금어초
㉰ 맨드라미 ㉱ 금잔화

108. ㉯㉰㉱ 한해살이 화초

109 다음 화초 중 재배 특성에 따른 분류 중 알뿌리 화초에 해당하는 것은? 04-1, 11-2

㉮ 크로커스 ㉯ 맨드라미
㉰ 과꽃 ㉱ 백일홍

109. ㉯㉰㉱ 한해살이 화초

110 다음 화훼류 중 알뿌리가 아닌 것은? 03-1, 06-5

㉮ 튤립 ㉯ 수선화
㉰ 칸나 ㉱ 스위트 앨리섬

110. ㉱ 한해살이 화초

정답 → 105. ㉮ 106. ㉮ 107. ㉮ 108. ㉮ 109. ㉮ 110. ㉱

111 여름의 연보라 꽃과 초록의 잎 그리고 가을에 검은 열매를 감상하기 위한 지피식물은? 03-1, 03-2

㉮ 맥문동 ㉯ 꽃잔디
㉰ 영산홍 ㉱ 칡

111. 맥문동은 상록다년초로 초여름에 보랏빛 꽃, 가을에 푸른 열매를 볼 수 있으며, 나무그늘에 심는 것이 적당하다.

112 다음 중 단풍나무과 수종이 아닌 것은? 10-2

㉮ 고로쇠나무 ㉯ 이나무
㉰ 신나무 ㉱ 복자기

112. ㉯ 이나무과

113 다음 중 목련과(科)의 나무가 아닌 것은? 10-5

㉮ 태산목 ㉯ 튤립나무
㉰ 후박나무 ㉱ 함박꽃나무

113. ㉰ 녹나무과

114 다음 중 낙우송과(Taxodiaceae) 수종은? 11-5

㉮ 삼나무 ㉯ 백송
㉰ 비자나무 ㉱ 은사시나무

114. 낙우송과(Taxodiaceae) 수종으로는 낙우송, 메타세쿼이아, 금송, 삼나무 등이 있다.
㉯ 소나무과, ㉰ 주목과
㉱ 버드나무과

115 전통정원에서 흔히 볼 수 있고 줄기가 아름다우며 여름에 꽃이 개화하여 100여 일 간다고 해서 백일홍이라 불리는 수종은? 03-2, 09-2, 09-5

㉮ 백합나무 ㉯ 불두화
㉰ 배롱나무 ㉱ 이팝나무

115. 배롱나무는 줄기의 수피 껍질이 매끈하고 적갈색 바탕에 백반이 있어 시각적으로 아름다우며, 한 여름에 꽃이 드문 때 개화하여 오랫동안 붉은꽃을 감상할 수 있는 수종이다.

116 다음 조경수 중 '주목'에 관한 설명으로 틀린 것은? 06-2, 10-4

㉮ 9~10월 붉은 색의 열매가 열린다.
㉯ 수피가 적갈색으로 관상가치가 높다.
㉰ 맹아력이 강하며, 음수이나 양지에서 생육이 가능하다.
㉱ 생장속도가 매우 빠르다.

116. 주목의 생장속도는 매우 느리다.

117 덩굴로 자라면서 여름(7~8월경)에 아름다운 주황색 꽃이 피는 수종은? 09-5, 12-5

㉮ 남천 ㉯ 능소화
㉰ 등나무 ㉱ 홍가시나무

117. 능소화는 낙엽 덩굴성 목본류로 한여름에 안쪽은 선홍색, 바깥쪽은 주황색인 나팔 모양의 꽃이 피는데, 크고 색감이 화려해서 주로 집안의 정원수나 관상용으로 식재한다.

정답 → 111. ㉮ 112. ㉯ 113. ㉰ 114. ㉮ 115. ㉰ 116. ㉱ 117. ㉯

Chapter 2 식재 공사

1 수목의 이식 시기

1. 이식 시기별 분류

구분	내용
춘식	• 봄에 발아하기 전에 이식 • 대체로 해토 직후부터 3월 초~3월 중순까지가 적기 • 내한성이 약한 수종에 적합 • 생장여부를 단시일 내에 판단 가능 • 낙엽수 : 해토 직후~4월 초 • 상록수 : 4월 상·중순, 6~7월 장마기
추식	• 낙엽을 완료한 시기에 이식 • 보통 10월 하순~11월까지가 적합 • 일반적으로 낙엽활엽수의 이식에 적용 • 시간적 여유가 있어 이른 봄의 이식보다 발아 신속 • 이식성공의 판단여부에 춘식보다 긴 기간이 필요 • 동결·상해 등의 피해 및 뿌리의 부패 우려
중간식	• 늦봄부터 초가을 전까지의 식재 • 고온다습의 조건을 필요로 하는 수종 • 주로 5~7월 상록활엽수에 적용

2. 수종별 이식

구분	내용
침엽수	• 3월 중순~4월 중순이 적기 • 9월 하순~11월 상순까지도 이식 가능 • 소나무류와 전나무류 등은 3~4월이 적기 • 주목, 향나무류는 연중 이식 가능
상록활엽수	• 3월 상순~4월 중순까지 6월 상순~7월 상순 • 수종에 따라 9~10월 이식도 가능 • 추위에 강한 수종은 4월이나 9~10월이 적당 • 추위에 약한 수종은 5~6월부터 8~10월이 안전
낙엽수	• 대체적으로 10월 중순~11월 중순 • 3월 중·하순~4월 상순까지가 최적기

◘ 이식시기

수목의 활착이 어려운 7~8월의 하절기나 12~2월의 동절기는 피하는 것이 원칙이며, 부적기의 이식은 보호 등 특별한 조치가 요구된다.

◘ 추식

잎이 떨어진 휴면기간에 이루어지며, 생육상태도 소모되지 않는 축적상태이므로 수목에 안전하다.

◘ 활엽수 이식시기

① 3월 중순 : 단풍나무, 모과나무, 버드나무
② 3월 하순~4월 중순 : 은행나무, 낙우송, 메타세쿼이아
③ 4월 중순 : 배롱나무, 석류나무, 능소화, 백목련, 자목련
④ 9월 하순 : 모란
⑤ 10월 상순 : 벚나무
⑥ 10월 하순~12월까지 : 매화나무, 명자나무, 분설화
⑦ 한겨울 가능 : 덩굴장미

3. 부적기 식재의 양생 및 보호조치

하절기 식재 (5~9월)	낙엽활엽수	잎의 2/3 이상을 훑어버리고 가지도 반 정도 전정한 후 충분한 관수 및 멀칭
	상록활엽수	증산억제제(위조방지제)를 5~6배 희석해 수목 전체에 분무
동절기 식재 (12월~2월)	• 수간 및 수관 전체를 새끼로 동여매거나 짚으로 싸서 동해방지 • 근부 주위에 보토나 멀칭을 두껍게 하여 표토의 동결방지 • 필요시 방풍네트나 서리제거장치 설치	

2 수목의 이식 공사

1. 시공상 유의사항

① 식재는 흐리고 바람이 없는 날의 아침이나 저녁에 실시
② 식재는 수목이 반입된 당일 식재가 원칙–부득이한 경우 가식
③ 가식도 어려울 경우에는 거적 덮기 등과 약간의 물주기
④ 뿌리분의 파괴, 잔뿌리의 절단, 지엽과 수피의 손상에 주의
⑤ 식재구덩이에 살균제·살충제로 소독하여 활착률 제고
⑥ 일반적으로 수목은 깊게 심는 것보다 얕게 심는 것이 유리
⑦ 지상부와 지하부의 균형유지를 위해 정지·전정–증산 억제

◘ 수목의 이식순서
굴취→운반→식재→식재 후 조치

◘ 분의 규격 적용
이식을 위한 규격은 원칙적으로 근원직경을 적용하며, 근원직경에 대한 표시가 없을 경우에는 근원직경 환산기준을 적용하며, 적용이 곤란한 경우 근원직경은 흉고직경의 1.2배로 한다.

2. 뿌리돌림

(1) 뿌리돌림의 목적

① 새로운 잔뿌리 발생을 촉진시키고, 이식 후의 활착 도모
② 부적기 이식시 또는 건전한 수목의 육성 및 개화결실 촉진
③ 노목, 쇠약한 수목의 수세 회복

◘ 뿌리돌림 불필요 수종
수종에 따라서 대나무류, 소철, 유카, 파초, 종려, 야자나무류 등은 뿌리돌림을 하지 않으며, 수목의 지름이 10㎝ 이하인 경우에도 뿌리돌림을 하지 않아도 된다.

(2) 뿌리돌림의 시기

① 이식하기 6개월~1년 전에 실시
② 3월~7월까지, 9월 가능, 해토 직후부터 4월 상순까지
③ 봄의 뿌리돌림은 기온이 상승되는 시기로 부패 우려
④ 가을의 뿌리돌림은 상처가 잘 아물어 봄이 되면 잘 활착

◘ 뿌리돌림 시행 시기
조경기준상의 뿌리돌림 시행 시기는 이식하기 전 1~2년으로 규정되어 있다.

(3) 뿌리돌림 분의 크기

① 이식할 때의 뿌리분의 크기보다 약간 작게 결정
② 일반적인 분의 크기는 근원직경의 3~5배로 보통 4배 적용
③ 깊이는 측근의 밀도가 현저하게 줄어드는 부분까지 실시

(4) 뿌리돌림의 방법

수목의 이식력을 고려하여 일시 또는 2~4등분하여 연차적으로 실시

구굴식	나무 주위를 도랑의 형태로 파내려가 노출되는 뿌리를 절단한 후 흙을 덮는 방법
단근식	표토를 약간 긁어내어 뿌리가 노출되면 삽이나 톱 등을 땅속에 삽입하여 곁뿌리를 잘라내는 방법으로 비교적 작은 나무에 실시

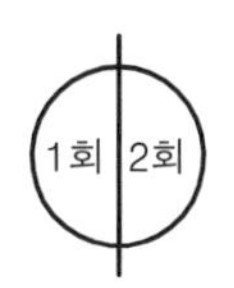

2회 뿌리돌림

3회 뿌리돌림

4회 뿌리돌림

[뿌리돌림 등분법]

(5) 뿌리돌림의 순서

① 결정된 분의 크기보다 약간 넓게 수직으로 굴삭
② 가는 뿌리는 분의 바깥쪽에서 자르고 굵은 뿌리는 남김
③ 도복 방지를 위해 3~4방향의 굵은 뿌리만 남겨두고 나머지는 절단
④ 절단·박피 후 분을 새끼줄로 강하게 감은 다음 분 밑의 잔뿌리 절단
⑤ 흙의 되메우기는 토식으로 하며 물의 주입 절대금지
⑥ 뿌리와 가지의 균형을 위해 정지·전정 실시-낙엽수 1/3, 상록활엽수 2/3정도 가지치기

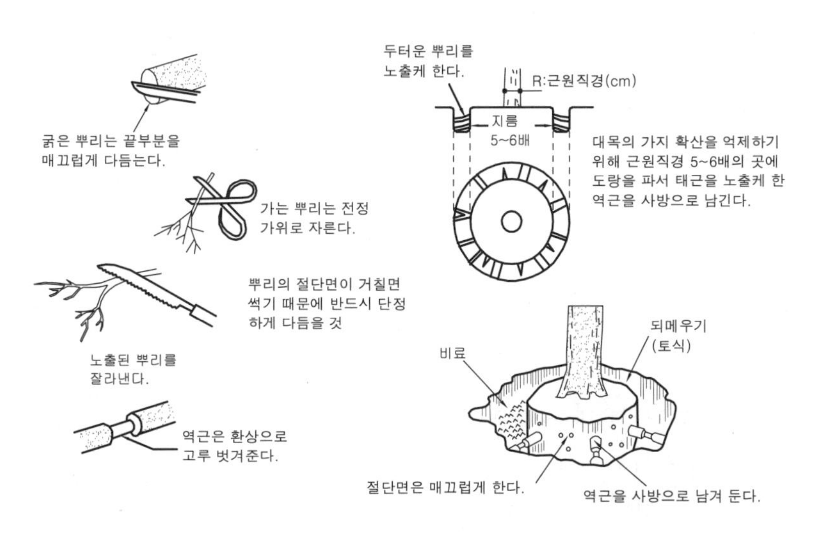

[뿌리돌림의 방법]

◘ 환상박피

목질부를 15㎝ 정도의 넓이로 벗겨 내어 뿌리의 발생이 용이하게 한다.

3. 수목의 굴취

(1) 분의 크기와 모양

1) 일반적 방법

분의 너비는 근원직경의 4~6배로 하며 깊이는 너비의 1/2 이상

◘ 굴취

이식하기 위하여 수목을 캐내는 작업으로 분의 크기를 결정하고, 분뜨기 및 뿌리감기를 실시하는 작업이다.

◘ 수종별 분의 크기

활엽수 < 침엽수 < 상록수

2) 수식에 의한 방법

$$뿌리분의지름\,(cm) = 24 + (N-3) \times d$$

여기서, N : 근원지름 (㎝)

d : 상수 4 (낙엽수를 털어서 파 올릴 경우는 5)

◘ 뿌리분

뿌리와 흙이 서로 밀착하여 한 덩어리가 되도록 한 것으로 이식시 활착률을 높이기 위해 흙을 많이 붙이는 것이 좋으나 너무 커서 운반할 때 뿌리분이 깨지면 오히려 활착률이 떨어지므로 적당한 크기를 고려한다.

3) 뿌리분의 종류

접시분	• 천근성 수종에 적용 • 버드나무, 메타세쿼이아, 낙우송, 일본잎갈나무, 편백, 미루나무, 사시나무, 황철나무
보통분	• 일반수종에 적용 • 단풍나무, 벚나무, 향나무, 버즘나무, 측백, 산수유, 감나무, 꽃산딸나무
조개분	• 심근성 수종에 적용 • 소나무, 비자나무, 전나무, 느티나무, 백합나무, 은행나무, 녹나무, 후박나무

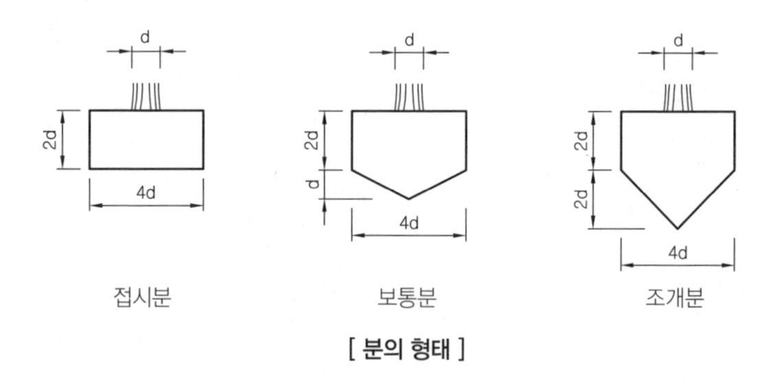

[분의 형태]

4) 뿌리분을 일반적으로 크게 뜨는 경우

① 이식이 어려운 수종
② 세근의 발달이 느린 수종
③ 희귀종이나 고가의 수목
④ 산에서 채집한 수목
⑤ 부적기 이식 수목
⑥ 이식할 장소의 환경이 열악한 경우

(2) 수목과 뿌리분의 중량

1) 수목의 중량

$$W = 수목의지상부중량(W_1) + 수목의지하부중량(W_2)$$

2) 수목의 지상부 중량

$$W_1 = k \times 3.14 \times (\frac{d}{2})^2 \times H \times w_1 \times (1+p)$$

여기서, k : 수간형상계수(0.5)
d : 흉고직경, 근원직경×0.8(m)
H : 수고(m)
w_1 : 수간의 단위체적중량(kg/㎥)
p : 지엽의 과다에 의한 보합률(임목 : 0.3, 고립목 : 1.0)

수간의 단위체적중량

수종	단위체적중량(kg/㎥)
가시나무류, 감탕나무, 상수리나무, 소귀나무, 졸참나무, 호랑가시나무, 회양목 등	1,340 이상
느티나무, 말발도리, 목련, 사스레피나무, 쪽동백, 참느릅나무 등	1,300~1,340
굴거리나무, 단풍나무, 산벚나무, 은행나무, 일본잎갈나무, 향나무, 흑송 등	1,250~1,300
모밀잣밤나무, 벽오동, 소나무, 칠엽수, 편백, 양버즘나무 등	1,210~1,250
가문비나무, 녹나무, 삼나무, 해금송, 일본목련 등	1,170~1,210
굴피나무, 화백 등	1,170 이하
기 타	1,200

3) 수목의 지하부 중량

$$W_2 = V \times w_2$$

여기서, V : 뿌리분 체적(㎥)

· 접시분 $V = \pi r^3$

· 보통분 $V = \pi r^3 + \frac{1}{6}\pi r^3 \fallingdotseq 3.66r^3$

· 조개분 $V = \pi r^3 + \frac{1}{3}\pi r^3 = 4.18r^3$

ω_2: 뿌리분의 단위체적중량(kg/㎥)

수목지하부 토양의 단위중량

토양조건		단위중량(kg/㎥)
점질토	보통	1,500~1,700
	자갈 등이 섞인 것	1,600~1,800
	자갈 등이 섞이고 수분이 많은 것	1,900~2,100

사질토		1,700~1,900
점토	건조	1,200~1,700
	다습	1,700~1,800
모래		1,800~1,900

뿌리감기(분감기)

뿌리분 깊이만큼 파낸 다음 실시하지만 모래나 흐트러지기 쉬운 토양에서는 뿌리분 주위를 1/2 정도 파내려갔을 때부터 시작하고 나머지 흙을 파고 다시 분감기를 한다.

(3) 굴취법

뿌리감기 굴취법	• 굴취선 결정 후 작업이 가능한 폭만큼 파내려가며 흙을 붙인 채로 새끼·녹화끈·밴드·녹화마대·가마니·철사 등으로 감아서 뿌리분을 만드는 것 • 교목류, 상록수, 이식력이 약한 나무, 희귀한 나무, 부적기 이식
나근굴취법	• 유목이나 이식이 용이한 수목의 이식시 뿌리분을 만들지 않고 흙을 털어 굴취 • 철쭉류, 사철나무, 회양목, 버드나무, 포플러, 버즘나무 등
추적굴취법	• 흙을 파헤쳐 뿌리의 끝부분을 추적해 가면서 굴취한 다음 뿌리감기 시행 • 등나무, 담쟁이덩굴, 모란, 감귤류 등
동토법	• 겨울철 동결심도가 깊은 지방에서 완전휴면기의 낙엽수 주위에 도랑을 파서 방치하여 분을 동결시킨 후 굴취
상취법	뿌리분에 새끼를 감는 대신 상자를 이용하여 굴취

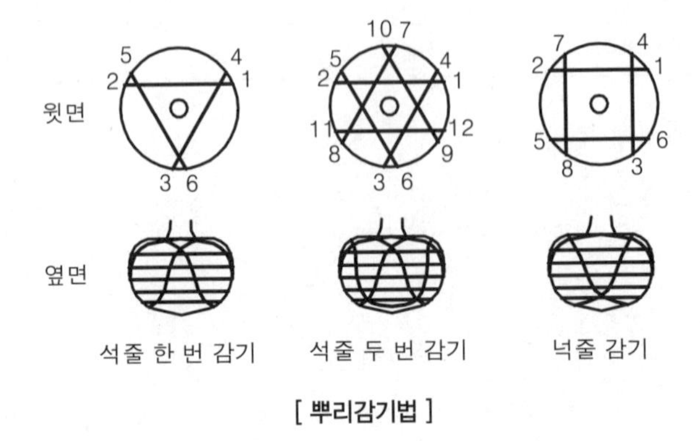

[뿌리감기법]

4. 수목의 운반

(1) 운반방법

① 조건에 따라 인력운반(목도·리어카), 기계운반(크레인차·트럭) 선택
② 상·하차는 인력이나 대형목의 경우 체인블록·크레인 등의 중기 사용

(2) 운반에 따른 보호조치

① 운반 전에 뿌리의 절단면을 매끄럽게 마감

② 뿌리의 절단면이 클 경우에는 콜타르 등을 발라 건조를 방지
③ 세근이 절단되지 않도록 하고 충격금지
④ 뿌리분의 보토철저, 이중적재 금지
⑤ 충격과 수피손상방지용 새끼, 가마니, 짚 등의 완충재 사용
⑥ 가지는 간단하게 가지치기를 하거나 간편하게 결박
⑦ 수목이나 뿌리분을 젖은 거적이나 시트로 덮어 수분증발 방지

5. 수목의 식재

(1) 수목의 가식

① 사질양토나 양토로 바람이 없고 약간 습한 곳-배수 철저
② 원활한 통풍을 위해 식재간격 유지, 증산억제 및 동해방지 조치

(2) 식재구덩이(식혈)

① 뿌리분 크기의 1.5배 이상으로 파며, 표토와 심토를 구분하여 적치
② 구덩이를 판 후 불순물 제거 및 양질의 토양을 넣고 고르기 시행
③ 수목의 방향, 경사도 등의 조절이 쉽게 바닥면의 중앙을 약간 높이기

(3) 수목 앉히기(세우기)

① 잘게 부순 양질의 토양을 넣고 잘 정돈
② 한번 앉힌 수목의 이동금지
③ 원생육지에서의 방향과 깊이를 최대한 맞추어 앉히기
④ 작업 전 정지·전정이나 뿌리분의 충해방제 작업-효과적 방법

(4) 심기

수식 (죽쑤기)	• 흙을 넣은 후 몇 차례 물을 부어가면서 진흙처럼 만들어 뿌리 사이에 흙이 잘 밀착되도록 하는 방법 • 일반낙엽수나 상록활엽수 등 대부분의 수목에 실시
토식	• 처음부터 끝까지 일체의 물을 사용하지 않고 흙을 다져가며 심는 방법 • 겨울철 식재 및 소나무, 해송, 전나무, 서향, 소철 등에 적합
표토사용	식재대상지역의 표토를 확보하여 식재에 활용
객토	식재구덩이에 넣는 흙으로 비옥한 토양의 사질양토를 사용하며 경우에 따라 모래나 토양개량제를 섞어서 사용

(5) 물집

① 수식이나 토식 모두 근원직경 5~6배의 원형 물받이 설치
② 흙으로 높이 10~20㎝의 턱을 만들어 사용

◘ 수목의 식재 순서

구덩이 파기→수목방향 정하기→2/3 정도 흙 채우기→물 죽쑤기→나머지 흙 채우기→지주세우기→물집만들기

◘ 가식장 선정

① 수목의 반출이 용이한 곳
② 가급적 그늘진 곳
③ 방풍이 잘 되는 곳
④ 배수가 잘 되는 곳
⑤ 식재지에서 가까운 곳
⑥ 주변 위험으로부터 안전한 곳

◘ 지반의 비탈면 경사

교목 식재 시 기울기는 1:3보다 완만하게, 관목은 1:2보다 완만해야 하며, 비탈면의 잔디를 기계로 깎기 위해서는 1:3보다 완만한 것이 좋다.

◘ 일반적 식재 구덩이

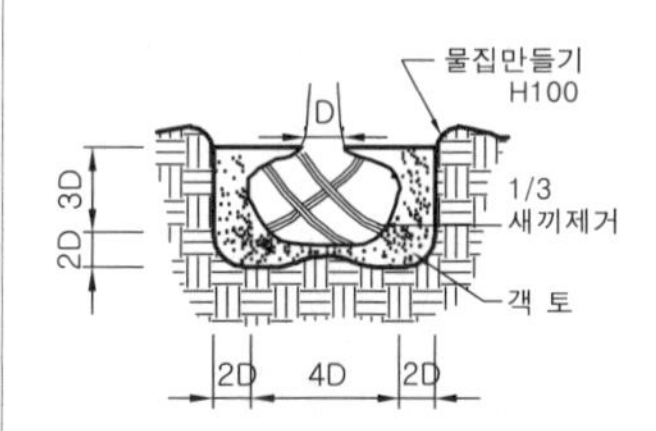

[교목]

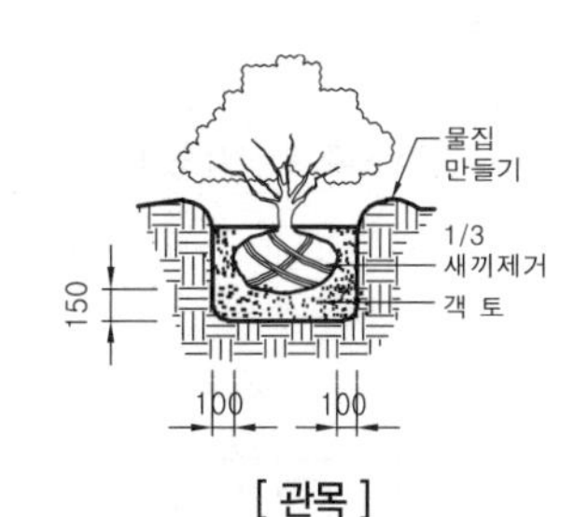

[관목]

◘ 죽쑤기(물조임)

수목을 앉힌 후 흙을 2/3가량 메운 다음 물을 충분히 주고 나무막대기나 삽으로 쑤셔 기포를 제거하고, 다시 흙을 3/4까지 메우고 한 번 더 죽쑤기 한 후 나머지에는 흙을 덮어 잘 밟아준다.

■ 이식 후 조치

지주 설치, 수간 보호, 관수 및 전정에 중점적 관리가 필요하고, 성목의 경우에는 특히 관수와 지주목 세우기에 신경을 쓴다.

■ 지주세우기

수목의 활착을 위하여 2m 이상의 교목에 요동·전도방지용 보호시설을 설치하는 것으로서 2m 미만의 교목이나 단독 식재하는 관목도 필요에 따라 설치한다.

6. 식재 후 작업

(1) 지주세우기

1) 지주설치 시 고려사항

① 주풍향·지형 및 지반의 관계를 고려, 튼튼하고 아름답게 설치

② 목재의 경우 내구성이 강한 것이나 방부 처리한 것 사용

③ 수목의 접촉부위는 마대나 고무 등의 재료로 수피손상 방지

④ 지주의 아랫부분을 10~20㎝ 정도 묻어 바람에 흔들림 방지

2) 지주의 종류

구분	내용
단각 지주	• 묘목이나 높이 1.2m 미만의 수목에 적용 • 1개의 말뚝을 수간에 겹쳐서 박고 수간 고정
이각 지주	• 1.2m~2.5m의 수목에 적용 • 'ㄷ'자형 으로 만들어 가로재에 수간 고정
삼발이	• 근원직경 20㎝ 이상의 수목에 적용 • 통나무 3개를 60° 경사로 펼쳐 수간에 고정 • 견고한 지지 및 미관상 중요하지 않은 곳에 사용
삼각 지주 사각 지주	• 포장지역에 식재하는 수고 1.2m~4.5m의 수목에 적용 • 수간 지지부를 삼각 형태로 만든 지주 • 미관상 필요한 곳에 설치
연계형 지주	수목이 연속적 또는 군식되어 있을 때 서로 연결하여 결속시키는 방법
당김줄형 지주 (철선지주)	• 거목이나 경관적 가치가 특히 요구되는 곳에 설치 • 와이어를 60° 정도 경사각으로 세 방향으로 당겨서 지하에 고정하는 방법
매몰형 지주	• 경관상 매우 중요한 곳이나 지주목이 통행을 방해하는 곳에 적용 • 땅속에서 뿌리분을 고정시키는 방법

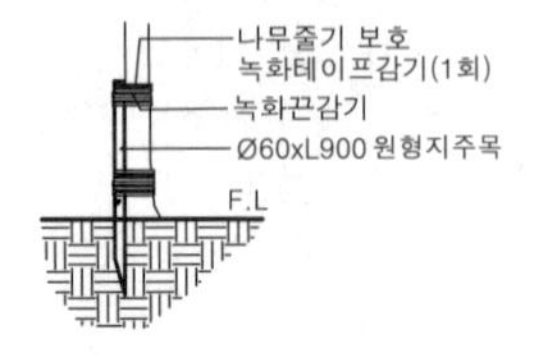

[단각 지주목 상세도]

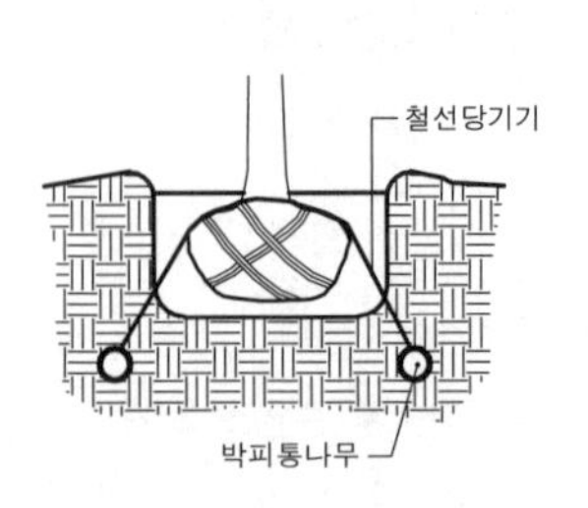

[매몰형 지주 상세도]

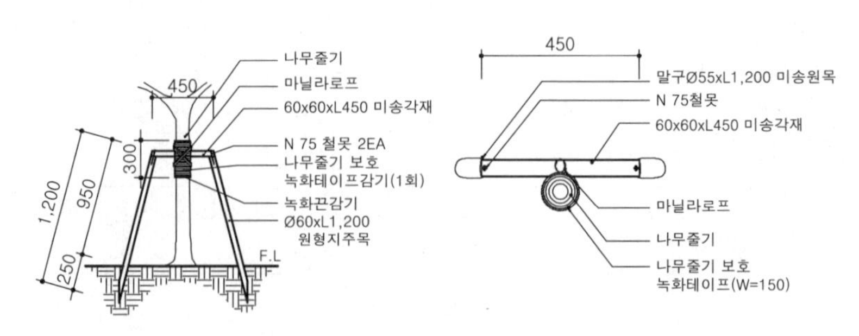

[이각 지주목 상세도]

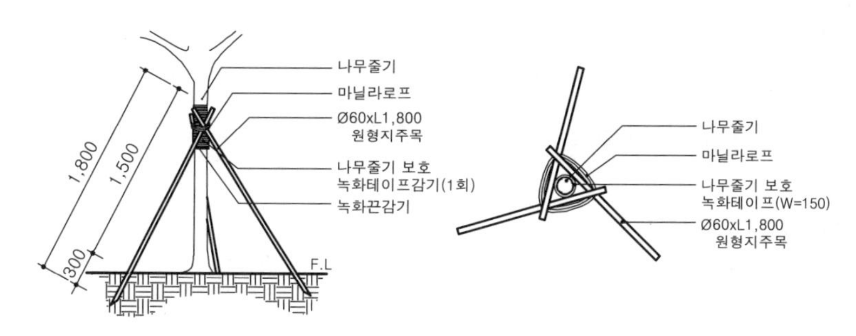

[삼발이 지주목 상세도]

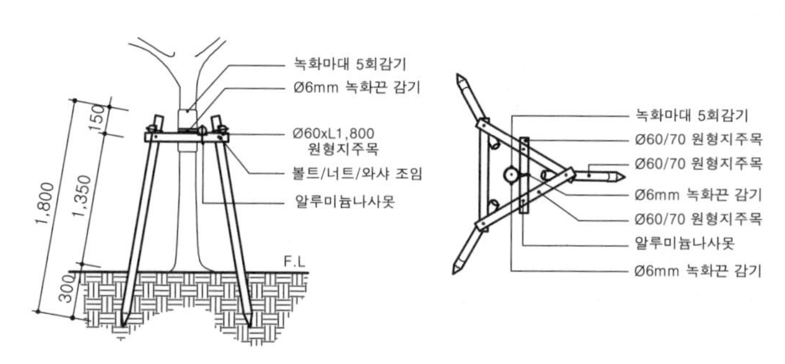

[삼각 지주목 상세도]

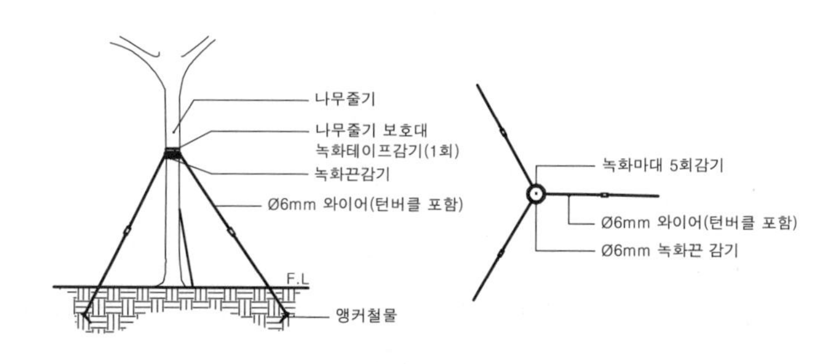

[당김줄형 지주 상세도]

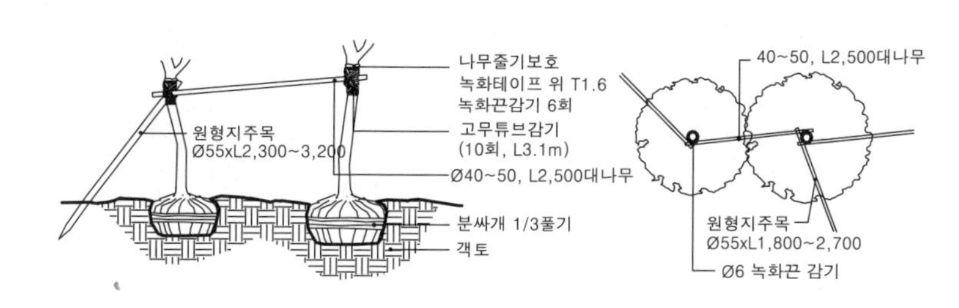

[연계형 지주 상세도]

(2) 가지 솎기(전정)

① 식재 과정에서 손상된 가지나 잎의 정리
② 지상부와 지하부의 균형유지를 위해 정지 · 전정

(3) 수간 감기−줄기감기

① 하절기 일사 및 동절기의 동해 등에 의한 수간의 피해 방지
② 증산 억제 및 병충해 침입 방지
③ 쇠약한 상태의 수목과 잔뿌리가 적은 수목 보호
④ 부적기 이식 수목
⑤ 가지치기를 많이 하거나 이식 시 분이 깨진 경우의 수목
⑥ 뿌리돌림을 하지 않은 자연상태의 수목

◘ 수간 감기의 목적

비교적 수피가 매끄럽고 얇은 느티나무, 단풍나무, 벚나무, 배롱나무, 목련류 등의 수목이나 수피가 갈라져 관수나 멀칭만으로 힘든 소나무 등의 증산 억제에 적용한다. 또한 소나무 등의 침엽수인 경우 새끼를 감고 진흙을 발라주는 것은 증발 방지뿐만 아니라 해충의 침입과 산란 예방 및 구제에 목적이 있다.

◘ 수간 감기 시공

① 생육기능이 약해진 이식 수목의 수피에 대한 양생 작업
② 재료는 새끼 · 황마 테이프 · 마직포 · 종이 · 가마니 · 짚 등 사용
③ 지표로부터 주간을 따라 감되 수고의 60% 정도 피복
④ 새끼는 감은 후 진흙을 바르기, 황마포는 10㎝ 정도 겹치기, 황마 테이프는 폭의 1/2이 겹치게 시공

(4) 수목보호판 설치

① 토양 경화방지나 우수유입 확보 등 토양환경을 양호한 상태로 유지하고 보행공간 확대 등의 목적을 위하여 설치
② 근경이나 장래의 생장 등을 고려하여 여유있는 크기 결정

(5) 멀칭

① 여름에는 수분증발 억제, 겨울에는 보온효과로 뿌리 보호
② 잡초의 발생을 줄이고 근원부를 답압으로부터 보호
③ 비료의 분해를 느리게 하고, 표토의 지온을 높여 뿌리의 발육촉진

◘ 멀칭

수목의 보호를 위하여 수목주변에 볏짚이나 왕겨, 낙엽, 깎은 풀, 톱밥, 우드칩 등의 피복재를 까는 작업으로 자연상태에서 분해 가능한 자연친화적 재료를 우선적으로 선정한다.

(6) 시비

① 시비량은 현장의 토양조건을 분석하여 시비
② 수분 증산 억제제와 영양제 공급−그늘도 제공
③ 토양조사가 이루어지지 않은 경우에는 식재 후 유기질 비료를 1~2kg/㎡ 시비하며, 유기질 비료 이외에 복합비료로 질소 · 인산 · 칼륨을 각각 6g/㎡씩 추가

$$\text{시비량} = \frac{\text{소요성분량} - \text{천연양료 공급량}}{\text{흡수율}}$$

3 잔디

1. 잔디 지반 조성

① 표면 및 심토층 배수를 고려하여 습지가 생기지 않도록 유의
② 일반 잔디면은 표면배수를 고려하여 2% 이상의 기울기 유지
③ 운동용 잔디면은 2% 이내의 배수면 유지–심토층 배수 고려
④ 돌이나 나무뿌리 등 장애물 제거 후 균일하게 표면 준비
⑤ 표면준비로 제거되지 않은 잡초는 발아 전 제초제 등으로 제거
⑥ 사질양토로 pH5.5 이상이 되어야 하며, pH6~7 사이에서 잘 생육

2. 식재 방법

(1) 파종–종자 번식

1) 파종 적기

한지형 잔디	9~10월 초(최적기), 3~6월(2차 적기)
난지형 잔디(한국 잔디류)	5~6월 초 파종적기

2) 파종량 산정

① 파종량은 ㎡당 희망립수 23,000~40,000개가 유지되도록 설계
② 파종지의 환경이 불량한 경우 최대 1.5까지 할증률 적용

$$W = \frac{G}{S \cdot P \cdot B}$$

여기서, W : 1㎡당 파종량
G : 1㎡당 희망본수　　P : 순도(%)
S : 종자 1g당 평균립수　　B : 발아율

3) 파종 시행

① 종자를 반씩 나누어 반은 세로로, 반은 가로로 파종
② 특별한 경우가 아니면 복토는 하지 않으며, 종자의 50% 이상이 지표면 3㎜이내에 존재하도록 레이킹(raking) 실시
③ 전압(rolling) : 레이킹 후 60~80㎏의 롤러로 전압하거나 발로 밟아주어 종자를 토양에 밀착
④ 멀칭(mulching) : 투명한 비닐(한국잔디)이나 짚(양잔디)으로 피복하여 습기보존 및 종자 유실방지

◘ 식재 방법
난지형 잔디는 발아율이 낮아 영양번식을 주로 하며, 한지형 잔디는 발아율이 좋아 종자번식이 대부분을 차지한다.

◘ 파종
종자(씨)를 발아시켜 잔디를 형성하게 하는 번식방법을 말한다.

◘ 생육적온
한지형 잔디의 생육적온은 15~25℃로서 한국의 봄·가을, 난지형 잔디의 생육적온은 25~35℃ 정도로 초여름에서 시작되므로 파종 시기도 그에 맞추어 시행한다.

◘ 파종 전 처리
우리나라 들잔디의 경우 종피가 단단하여 발아가 잘 되지 않으므로 수산화칼륨(KOH) 20~25% 용액에 30~45분간 담가두었다가 물에 씻어낸 후 파종한다.

❖ 잔디 파종 순서

경운→시비→정지→파종→복토(레이킹)→전압→멀칭→관수

❖ 분사파종공법(종자 뿜어 붙이기)

급경사면이나 암반이 많은 절개면의 광대한 면적에 빠른 시공이 가능하여 공사기간 단축이 가능한 공법으로, 접착제(토양안정), 녹화기반제(배양토·비료·화이버·펄프류, 종자), 색소(살포지와 미살포지 구분 및 시각적 위장), 물을 섞어 뿜어 붙이면 생육공간 및 지지기반의 역할을 한다.

(2) 영양번식

1) 번식 적기

영양번식은 이식 후 관리만 잘하면 언제나 가능

한지형 잔디	9~10월과 3~4월
난지형 잔디(한국 잔디류)	4~6월이 뗏장 피복 적기

2) 번식 방법

풀어 심기		포복경에 붙은 흙을 털어 내어 산파하거나 5~10㎝ 정도의 간격을 띄어 식재
뗏장 심기	평떼식재	식재대상지에 전면적으로 빈틈없이 붙이는 방법
	이음매식재	뗏장 사이에 일정한 간격을 두고 이어 붙이는 방법
	어긋나게식재	뗏장을 어긋나게 배치하여 붙이는 방법
	줄떼식재	뗏장을 10~30㎝ 간격으로 줄을 지어 붙이는 방법
롤잔디 붙이기		뗏장이 길어 말린 상태로 운송되는 잔디

잔디규격 및 식재기준

구분	규격(㎝)	식재기준
평떼	30x30x3	1㎡당 11매
줄떼	10x30x3	1/2줄떼 : 10㎝ 간격, 1/3줄떼 : 20㎝ 간격

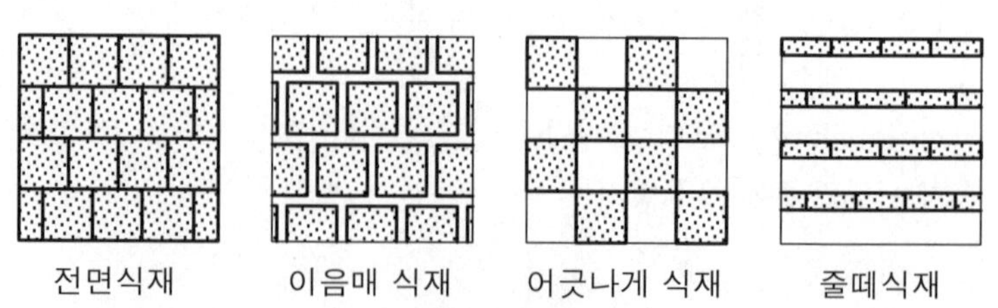

[잔디식재방법]

◘ 영양번식
잔디에 가로경이 있어서 떼를 형성하는 잔디 등에 적용하는 번식방법을 말한다.

◘ 풀어심기
잔디의 포복경(기는 줄기) 및 지하경을 땅에 묻어주는 것으로 파종에 의한 피복이 어려운 초종에 적용한다. 조성기간은 2~3년 소요된다.

◘ 뗏장 심기
뗏장을 붙이는 방법으로, 뗏장 사이의 간격에 따라 소요량과 조성속도가 차이가 난다. 줄눈은 어긋나도록 식재하는 것이 좋다. 조성기간은 평떼를 제외하고 2~3년 소요된다.

◘ 뗏장
잔디의 포복경 및 뿌리가 자라는 잔디 토양층을 일정한 두께와 크기로 떼어낸 것을 말한다.

3) 잔디식재(떼붙이기)

① 바닥을 고른 후 뗏장을 깔고 모래나 양질의 흙을 덮기
② 뗏장의 이음새와 가장자리 부분에 흙을 충분히 채울 것
③ 뗏밥도 뿌리고 롤러(100~150kgf/㎡)나 인력으로 다지기
④ 경사면 시공시 경사면의 아래쪽에서 위쪽으로 붙여 나가며 뗏장 1매당 2개의 떼꽂이로 고정

종자번식과 영양번식의 비교

장단점	종자번식	영양번식
장 점	• 비용 저렴 • 균일하고 치밀한 잔디조성 가능 • 작업이 편리	• 짧은 시일 안에 잔디조성 가능 • 공사의 시기적 제한이 거의 없음 • 조성공사가 매우 안전 • 경사지 공사 가능
단 점	• 잔디조성에 60~100일 정도 소요 • 파종기가 정해져 한정된 시기만 가능 • 경사지 파종은 곤란	• 비용 고가 • 공사기간이 비교적 오래 걸림

(3) 관수

① 새로 파종·식재한 후 관수는 수적을 작게, 수압도 약하게 하여 관수
② 관수량과 관수 빈도는 온도와 일조 등 기후조건에 따라 크게 좌우됨
③ 관수시간은 오후 6시 이후-토양의 흡수가 원활하고, 수분유실 저하

4 초화류

1. 초화류 식재

(1) 식재 기본 사항

① 화단을 설치하는 곳은 햇빛이 잘 들고 통풍이 잘될 것
② 토양은 배수가 잘되는 비옥한 사질양토가 적당
③ 토양이 불량할 경우 개량하거나 알맞은 토양으로 객토
④ 1년생 초화류가 화단 조성에 가장 많이 쓰임
⑤ 1년 중 꽃을 계속 보기 위해서는 3~5회 정도 모종을 교체
⑥ 칸나는 개화 전에 잎의 감상과 서리가 내릴 때까지 장기간 꽃이 개화
⑦ 화단 조성은 종자파종보다는 꽃모종을 갈아 심는 방법을 많이 이용
⑧ 꽃모종 식재 시 초종별 특성에 맞추어 식재 간격을 조정

◘ 일년(한해살이)초

3~4월 초순에 정식하면 6월 초순경에 1회, 장마가 끝나는 8월 중순에 2회, 11월초에 3회 교체하여 연속성이 유지되도록 설계한다.

◘ 구근(알뿌리)류와 숙근(여러해살이)류

꽃이 탐스러우나 1년생에 비해 종묘비가 많이 들고 개화기까지 화단 점유 기간이 긴 것이 단점이다.

(2) 초화류 파종

① 춘파용 초화류 : 파종은 3~5월에, 화단 정식은 여름 이후에 실시
② 추파용 초화류 : 파종은 8~10월에, 화단 정식은 봄에 실시

2. 화단 식재

(1) 화단 식재의 요령

① 바람이 없고 흐린 날 꽃이 피기 시작하는 묘 식재
② 큰 면적의 화단은 중앙에서부터 변두리로 식재
③ 식재한 화초에 그늘이 지도록 작업자는 태양을 등지고 심어 나가며 식재
④ 흙이 밟혀 굳어지지 않도록 널빤지를 놓고 식재
⑤ 만개 되었을 때를 생각하여 적당한 간격으로 식재

◘ 꽃모종 분뜨기
밭에서 재배한 꽃모종은 심기 한나절 전에 관수하면 캐낼 때 흙이 많이 붙어 분 뜨기에 좋다.

(2) 계절별 화단

봄	• 3월 하순부터 6월 상순까지 봄철에 피는 꽃으로 구성 • 추파 한해살이 화초와 추식 알뿌리화초로 장식
여름	• 6월에서 9월 중순까지 여름에 만개하는 꽃으로 구성 • 여름부터 가을까지 계속 개화-샐비어, 메리골드, 피튜니아
가을	• 10월 초부터 첫서리가 올 때 (11월 말~12월 초)까지의 화단 • 꽃의 빛깔이 선명하게 나타나므로 화단의 색채가 더욱 미려
겨울	• 12월부터 2월 말까지의 화단 • 중부지방에서는 관상가치가 있는 화초는 극히 제한적

(3) 계절별 초화류

구분	한해살이 화초	여러해살이 화초	알뿌리 화초
봄	팬지, 데이지, 프리뮬러, 금잔화	꽃잔디, 은방울꽃, 금계국, 붓꽃	튤립, 크로커스, 수선화, 무스카리, 히야신스
여름	샐비어, 메리골드, 피튜니아, 백일홍, 색비름, 맨드라미, 채송화, 봉선화, 접시꽃, 누홍초, 아게라텀	아스틸베, 리아트리스, 붓꽃, 작약 등	글라디올러스, 칸나, 달리아, 튜베로스, 백합
가을	샐비어, 메리골드, 피튜니아, 맨드라미, 토레니아, 코스모스, 아게라텀, 과꽃, 코레우스, 백일홍	국화, 루드베키아, 프록스	달리아
겨울	꽃양배추(남부 지방)		

(4) 양식에 의한 화단

1) 평면 화단

동일한 크기의 초화를 여러 가지 무늬를 만들어 조화시킨 화단

화문화단 (카펫화단)	키 작은 초화류를 이용하여 양탄자처럼 기하학적으로 도안해 만든 화단으로 꽃의 색상은 3가지 정도 사용(자수화단, 모전화단)
리본화단 (대상화단)	넓은 부지의 원로·보행로, 산울타리·건물·연못 등을 따라서 나비가 좁고 길게 구성된 화단
포석화단	잔디밭의 통로나 연못·분수 주위에 돌을 깔고 그 주위에 키 작은 화초를 심어 만든 화단

2) 입체화단

키가 다른 여러 화초를 입체적으로 배치하여 관상하기 좋게 만든 화단

경재화단	건물·담장·울타리 등을 배경으로 앞쪽부터 키가 작은 화초에서 차차 키가 큰 화초로 식재되어 한 쪽에서만 바라볼 수 있는 화단
기식화단 (모둠화단)	잔디밭이나 광장의 가운데 화초를 집단으로 식재한 화단으로, 중심에서 외주부로 갈수록 차례로 키가 작은 화초로 식재되어 사방에서 감상이 가능한 화단
노단화단	경사진 땅을 계단 모양의 형태로 꾸민 화계와 같은 화단
석벽화단	자연석으로 수직적 벽을 쌓은 사이사이에 화초를 심은 화단

3) 특수화단

암석화단	바위로 식물을 심을 수 있는 바탕을 만들고 화초를 식재한 화단
침상화단	보도에서 1m정도로 낮은 평면에 기하학적 모양으로 설계한 것으로 관상가치가 높은 화단
용기화단	용기에 화초를 심어 가꾸는 화단
수재화단	물을 이용하여 수생식물이나 수중식물을 식재하는 것으로 연·수련·물옥잠 등 이용
단식화단	한 가지의 화초로만 구성된 화단

핵심문제 해설

01. 상록활엽수는 새 잎이 나기 전인 이른 봄(3월 상순~4월 중순)과 공중습도가 높은 장마철(6월 상순~7월 상순)이 이식 적기이다.

02. 낙엽활엽수의 이식 시기는 잎이 떨어져 증산량이 가장 적은 휴면기간에 옮겨 심는 것이 생육상태도 소모되지 않는 축적상태이므로 수목에 안전하다.

03. 뿌리돌림은 건전한 수목을 육성하고 개화결실을 촉진할 때 실시한다.

04. 조경기준상의 뿌리돌림 시행시기는 이식하기 전 1~2년으로 규정되어있다.

05. 뿌리돌림은 해토 직후부터 4월 상순까지가 이상적이다.

06. 뿌리돌림 시 일반적인 분의 크기는 근원직경의 3~5배로 보통 4배를 적용한다.

01 조경수목 중 일반적인 상록활엽수(常綠闊葉樹)의 이식적기는? 03-5, 09-4

㉮ 이른 봄과 장마철
㉯ 여름과 휴면기인 겨울
㉰ 초겨울과 생장기인 늦은 봄
㉱ 늦은 봄과 꽃이 진 시기

02 다음 중 낙엽활엽수를 옮겨 심는데 가장 적당한 시기는? 06-2

㉮ 증산이 활발한 생육기
㉯ 증산량이 가장 적은 휴면기
㉰ 꽃이 피는 개화기
㉱ 장마기를 지난 생육 정지기

03 뿌리돌림의 필요성을 설명한 것으로 거리가 먼 것은? 06-1

㉮ 이식적기가 아닌 때 이식할 수 있도록 하기 위해
㉯ 크고 중요한 나무를 이식하려 할 때
㉰ 개화결실을 촉진시킬 필요가 없을 때
㉱ 건전한 나무로 육성할 필요가 있을 때

04 수목을 옮겨심기 전 일반적으로 뿌리돌림을 실시하는 시기는? 07-1

㉮ 6개월~1년　　㉯ 3개월~6개월
㉰ 1년~2년　　㉱ 2년~3년

05 조경수목 중 낙엽수류의 일반적인 뿌리돌림 시기로 가장 알맞은 것은? 10-4

㉮ 3월 중순~4월 상순　　㉯ 5월 상순~7월 상순
㉰ 7월 하순~8월 하순　　㉱ 8월 상순~9월 상순

06 일반적으로 수목을 뿌리돌림할 때, 분의 크기는 근원 지름의 몇 배 정도가 적당한가? 05-2, 10-2

㉮ 2배　　㉯ 4배
㉰ 8배　　㉱ 12배

정답 → 01. ㉮ 02. ㉯ 03. ㉰ 04. ㉮ 05. ㉮ 06. ㉯

07 뿌리돌림의 방법으로 옳은 것은? 11-1

㉮ 노목은 피해를 줄이기 위해 한 번에 뿌리돌림 작업을 끝내는 것이 좋다.
㉯ 뿌리돌림을 하는 분은 이식할 당시의 뿌리분 보다 약간 크게 한다.
㉰ 낙엽수의 경우 생장이 끝난 가을에 뿌리돌림을 하는 것이 좋다.
㉱ 뿌리돌림 시 남겨 둘 곧은 뿌리는 15~20㎝의 폭으로 환상 박피한다.

07. 뿌리돌림은 해토 후부터 4월 상순까지가 좋으며, 노목은 2~4회 나누어 연차적으로 행하고, 분의 크기는 이식할 때 뿌리분의 크기보다 약간 작게 한다.

08 다음 중 큰 나무의 뿌리돌림에 대한 설명으로 가장 거리가 먼 것은? 03-1, 07-5

㉮ 굵은 뿌리를 3~4 개 정도 남겨둔다.
㉯ 굵은 뿌리 절단시는 톱으로 깨끗이 절단한다.
㉰ 뿌리 돌림을 한 후에 새끼로 뿌리분을 감아두면 뿌리의 부패를 촉진하여 좋지 않다.
㉱ 뿌리 돌림을 하기 전 수목이 흔들리지 않도록 지주목을 설치하여 작업하는 방법도 좋다.

08. 뿌리돌림 시 절단·박피 후 분을 새끼줄로 강하게 감은 다음 분 밑의 잔뿌리는 절단한다.

09 수목의 총중량은 지상부와 지하부의 합으로 계산할 수 있는데, 그 중 지하부(뿌리분)의 무게를 계산하는 식은 W=V×K이다. 이 중 V가 지하부(뿌리분)의 체적일 때 K는 무엇을 의미하는가? 11-1

㉮ 뿌리분의 단위체적 중량
㉯ 뿌리분의 형상 계수
㉰ 뿌리분의 지름
㉱ 뿌리분의 높이

09. 뿌리분의 중량은 '체적×뿌리분의 단위체적 중량'으로 구한다.

10 뿌리분의 크기는 일반적으로 근원 지름의 몇 배 정도가 적합한가? 07-1

㉮ 2~3배 ㉯ 4~6배
㉱ 7~8배 ㉱ 9~10배

10. 수목의 굴취 시 뿌리분의 너비는 근원직경의 4~6배로 하며, 깊이는 너비의 1/2 이상으로 한다.

11 근원 직경이 10㎝인 수목의 뿌리분을 뜨고자 할 때 뿌리분의 직경으로 적당한 크기는? 04-5

㉮ 20㎝ ㉯ 40㎝
㉰ 80㎝ ㉱ 120㎝

11. 뿌리분의 직경은 일반적으로 근원직경의 4~6배를 많이 적용한다.

정답 ➔ 07. ㉱ 08. ㉰ 09. ㉮ 10. ㉯ 11. ㉯

12 상록수를 옮겨심기 위하여 나무를 캐 올릴 때 뿌리분의 지름으로 가장 적합한 것은? 03-1, 07-5, 12-4

㉮ 근원직경의 1/2배 ㉯ 근원직경의 1배
㉰ 근원직경의 3배 ㉱ 근원직경의 4배

12. 수목의 굴취 시 뿌리분의 너비는 근원직경의 4~6배로 한다.

13 뿌리분의 직경을 정할 때 그 계산식이 바른 것은? (단, A : 뿌리분의 직경, N : 근원직경, d : 상록수와 낙엽수의 상수) 06-5, 09-5

㉮ A=24+(N−3)·d ㉯ A=22+(N+3)·d
㉰ A=26+(N−3)·d ㉱ A=20+(N+3)·d

14 느티나무의 수고가 4m, 흉고 지름이 6㎝, 근원 지름이 10㎝인 뿌리분의 지름 크기는 대략 얼마로 하는 것이 좋은가? 단, A=24+(N−3)d, d : 상수(상록수 : 4, 낙엽수 : 5)이다. 04-1, 08-5

㉮ 29㎝ ㉯ 39㎝
㉰ 59㎝ ㉱ 99㎝

14. A=24+(10-3)x5=59(㎝)

15 다음 중 뿌리분의 형태별 종류에 해당하지 않는 것은? 12-2

㉮ 보통분 ㉯ 사각분
㉰ 접시분 ㉱ 조개분

15. 뿌리분의 형태별 종류로는 접시분, 보통분, 조개분이 있다.

16 뿌리분의 생김새 중 보통분은? (단, d : 뿌리 근원지름) 04-2

㉮ d, 4d/2, 4d

㉯
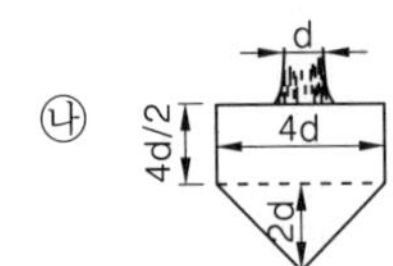

㉰

㉱
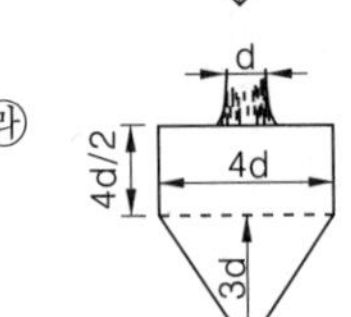

16. ㉮ 접시분, ㉯ 조개분
㉰ 보통분

17 수목의 이식 시 조개분으로 분뜨기 했을 때 분의 깊이는 근원직경의 몇 배 정도로 하는 것이 적당한가? 03-2, 09-2

㉮ 2배 ㉯ 3배
㉰ 4배 ㉱ 6배

17. 조개분의 깊이는 2d+2d이므로 근원직경의 4배 정도로 한다.

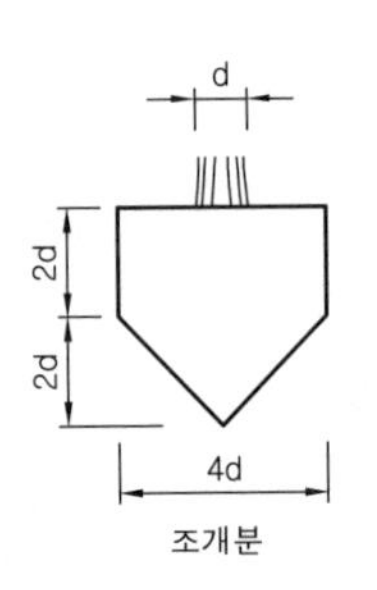

조개분

 정답 → 12. ㉱ 13. ㉮ 14. ㉰ 15. ㉯ 16. ㉰ 17. ㉰

18 다음 중 보통분으로 뿌리분을 뜨고자 할 때 A부분의 적당한 크기는? 06-1

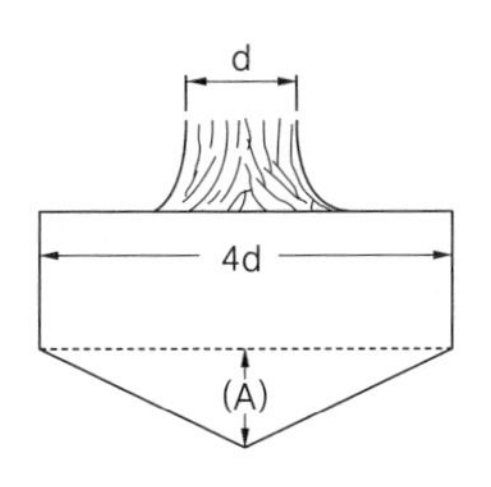

㉮ 1/4d ㉯ d
㉰ 2d ㉱ 1/2d

18. 보통분의 깊이는 2d+d이므로 A 부분의 크기는 d이다.

19 다음 중 뿌리분의 형태를 조개분으로 굴취하는 수종으로만 나열된 것은? 11-2

㉮ 소나무, 느티나무 ㉯ 버드나무, 가문비나무
㉰ 눈주목, 편백 ㉱ 사철나무, 사시나무

19. 조개분은 심근성 수종에 적용 소나무, 비자나무, 전나무, 느티나무, 백합나무, 은행나무, 녹나무, 후박나무 등

20 다음 새끼로 뿌리분을 감는 방법을 나타낸 그림 중 석줄 두번걸기를 표현한 것은? 05-2, 10-4

㉮ 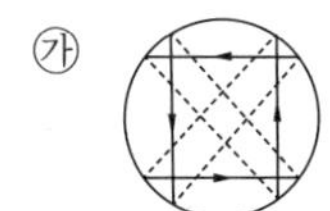

㉯ 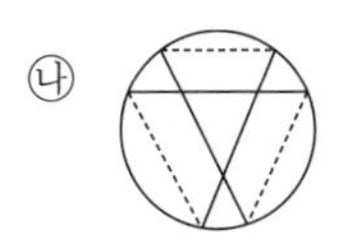

㉰ 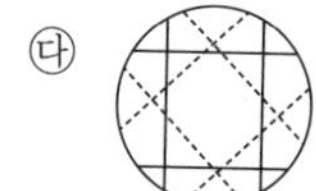

㉱

20. ㉮ 넉줄 한 번 걸기
㉯ 석줄 한 번 걸기
㉰ 넉줄 두 번 걸기

21 그림과 같은 뿌리분 새끼감기의 방법은? 03-2, 04-1, 06-5, 10-1

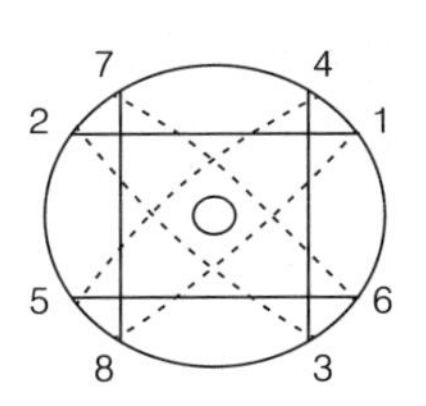

㉮ 4줄 한 번 걸기 ㉯ 4줄 두 번 걸기
㉰ 4줄 세 번 걸기 ㉱ 3줄 두 번 걸기

정답 → 18. ㉯ 19. ㉮ 20. ㉱ 21. ㉮

22. 일반적으로 뿌리분의 크기는 근원지름으로 계산한다.

22 수목의 굴취 방법에 대한 설명으로 틀린 것은? 06-2

㉮ 옮겨 심을 나무는 그 나무의 뿌리가 퍼져 있는 위치의 흙을 붙여 뿌리분을 만드는 방법과 뿌리만을 캐내는 방법이 있다.
㉯ 일반적으로 크기가 큰 수종, 상록수, 이식이 어려운 수종, 희귀한 수종 등은 뿌리분을 크게 만들어 옮긴다.
㉰ 일반적으로 뿌리분의 크기는 근원 반지름의 4~6배를 기준으로 하며, 보통분의 깊이는 근원 반지름의 3배이다.
㉱ 뿌리분의 모양은 심근성 수종은 조개분 모양, 천근성인 수종은 접시분 모양, 일반적인 수종은 보통분으로 한다.

23. 뿌리분이 트럭의 앞쪽으로 오도록 해야 가지의 손상이 적다.

23 큰 나무이거나 장거리로 운반할 나무를 수송시 고려할 사항으로 가장 거리가 먼 것은? 08-5

㉮ 운반할 나무는 줄기에 새끼줄이나 거적으로 감싸주어 운반 도중 물리적인 상처로부터 보호한다.
㉯ 밖으로 넓게 퍼진 가지는 가지런히 여미어 새끼줄로 묶어 줌으로써 운반도중의 손상을 막는다.
㉰ 장거리 운반이나 큰 나무인 경우에는 뿌리분을 거적으로 다시 감싸 주고 새끼줄 또는 고무줄로 묶어준다.
㉱ 나무를 싣는 방향은 반드시 뿌리분이 트럭의 뒤쪽으로 오게 하여 실어야 내릴 때 편리하게 한다.

24. 드랙 라인은 토사나 암석 따위를 얕게 긁어낼 때 쓰는 기계이다.

24 대형 수목을 굴취 또는 운반할 때 사용되는 장비가 아닌 것은? 08-5

㉮ 체인블록 ㉯ 크레인
㉰ 백 호우 ㉱ 드랙 라인

25. 구덩이 파기→수목넣기→수목 방향 정하기→2/3 정도 흙 채우기→물 죽쑤기→나머지 흙 채우기→지주세우기→물집 만들기

25 수목을 굴취한 이후 옮겨심기 순서로 가장 적합한 것은? (단, 진행 과정 중 일부 작업은 생략될 수 있음) 05-1, 09-5

㉮ 구덩이 파기→수목넣기→2/3 정도 흙 채우기→물 부어 막대기 다지기→나머지 흙 채우기
㉯ 구덩이 파기→수목넣기→물 붓기→2/3 정도 흙 채우기→다지기→나머지 흙 채우기
㉰ 구덩이 파기→2/3 정도 흙 채우기→수목넣기→물부어 막대기 다지기→나머지 흙 채우기
㉱ 구덩이 파기→물 붓기→수목넣기→나머지 흙 채우기

정답 → 22. ㉰ 23. ㉱ 24. ㉱ 25. ㉮

26 굴취해 온 나무를 가식할 장소로 적합하지 않은 곳은? 09-4, 11-5

㉮ 식재지에서 가까운 곳
㉯ 배수가 잘 되는 곳
㉰ 햇빛이 드는 양지 바른 곳
㉱ 그늘이 많이 지는 곳

26. 굴취해 온 나무를 가식할 때에는 가급적 그늘진 곳에서 시행한다.

27 이식할 수목의 가식장소와 그 방법의 설명으로 틀린 것은? 04-2, 08-1

㉮ 공사의 지장이 없는 곳에 감독관의 지시에 따라 가식 장소를 정한다.
㉯ 그늘지고 점토질 성분이 풍부한 토양을 선택한다.
㉰ 나무가 쓰러지지 않도록 세우고 뿌리분에 흙을 덮는다.
㉱ 필요한 경우 관수시설 및 수목 보양시설을 갖춘다.

27. 이식할 수목의 가식장소는 사질양토나 양토로 그늘지고 배수가 잘 되며 바람이 없고 약간 습한 곳이 적당하다.

28 일반적으로 식재할 구덩이 파기를 할 때 뿌리분 크기의 몇 배 이상으로 구덩이를 파고 해로운 물질을 제거해야 하는가? 11-2

㉮ 1.5 ㉯ 2.5
㉰ 3.5 ㉱ 4.5

28. 식재할 구덩이(식혈)는 뿌리분 크기의 1.5배 이상으로 판다.

29 비탈면에 교목을 식재할 때 비탈면의 기울기는 어느 정도 보다 완만하여야 하는가? 05-5, 08-5

㉮ 1 : 1 정도 ㉯ 1 : 1.5 정도
㉰ 1 : 2 정도 ㉱ 1 : 3 정도

29. 수목의 식재 시 비탈면의 기울기는 교목 1 : 3, 관목은 1 : 2보다 완만해야 한다.

30 다음 중 수목의 식재 후 관리사항으로 필요 없는 것은? 03-1, 08-1

㉮ 전정 ㉯ 뿌리돌림
㉰ 가지치기 ㉱ 지주세우기

30. 뿌리돌림은 수목의 활착을 위하여 이식 전에 하는 작업이다.

31 다음 중 바람에 대한 이식 수목의 보호조치로 가장 효과가 없는 것은? 11-5

㉮ 큰 가지치기 ㉯ 지주 세우기
㉰ 수피감기 ㉱ 방풍막 치기

31. 수피감기는 증산 억제를 위한 보호조치이다.

정답 → 26. ㉱ 27. ㉯ 28. ㉮ 29. ㉱ 30. ㉯ 31. ㉰

32 지주목 설치 요령 중 적합하지 않은 것은? 04-1, 10-2

㉮ 지주목을 묶어야 할 나무 줄기 부위는 타이어튜브나 마대 혹은 새끼 등의 완충재를 감는다.
㉯ 지주목의 아래는 뾰족하게 깍아서 땅속으로 30~50㎝ 정도의 깊이로 박는다.
㉰ 지상부의 지주는 페인트 칠을 하는 것이 좋다.
㉱ 통행인이 많은 곳은 삼발이형, 적은 곳은 사각지주와 삼각지주가 많이 설치된다.

32. 삼발이형은 설치면적을 많이 차지하여 통행에 불편을 주기 때문에 통행량이 많은 곳은 적합하지 않다.

33 많은 나무를 모아 심었거나 줄지어 심었을 때 적합한 지주 설치법은? 05-5

㉮ 단각지주 ㉯ 이각지주
㉰ 삼각지주 ㉱ 연결형(연계형) 지주

33. 연결형(연계형) 지주는 수목을 서로 연결하여 결속시키는 방법이다.

34 지주세우기에서 일반적으로 대형의 나무에 적용하며, 경관적 가치가 요구되는 곳에 설치하는 지주 형태는? 03-5, 09-4, 10-2

㉮ 이각형 ㉯ 삼발이형
㉰ 삼각 및 사각지주형 ㉱ 당김줄형

34. 당김줄형 지주는 와이어를 지면과 60° 정도 경사각으로 세 방향에서 당겨서 고정하는 방법이다.

35 수목식재 후 지주목 설치시에 필요한 완충재료로서 작업능률이 뛰어나고 내구성이 뛰어난 환경 친화적인 재료이며, 상열을 막기 위해 사용하는 것은? 07-5, 11-4

㉮ 새끼 ㉯ 고무판
㉰ 보온덮개 ㉱ 녹화테이프

35. 녹화테이프는 수목과 지주목이 직접 맞닿지 않도록 하여 수목이 손상되는 것을 막고, 수분의 증산과 상열을 방지하기 위해 사용하는 재료이다.

36 다음 중 식재할 경우 수간감기(wrapping)를 하는 이유 중 틀린 것은? 03-1, 06-1

㉮ 수간으로부터 수분 증산 억제
㉯ 잡초 발생 방지
㉰ 병해충방지
㉱ 상해(霜害)방지

36. 수간감기는 일사 및 동해 등에 의한 수간의 피해 방지와 수분의 증산 억제 및 병충해 침입 방지에 효과가 있다.

37 다음 중 줄기의 수피가 얇아 옮겨 심은 직후 줄기감기를 반드시 하여야 되는 수종은? 12-4

㉮ 배롱나무 ㉯ 소나무
㉰ 향나무 ㉱ 은행나무

37. 비교적 수피가 매끄럽고 얇은 느티나무, 단풍나무, 벚나무, 배롱나무, 목련류 등의 수목은 옮겨 심은 직후 줄기감기를 반드시 하여야 한다.

정답 ➔ 32. ㉱ 33. ㉱ 34. ㉱ 35. ㉱ 36. ㉯ 37. ㉮

38 소나무 이식 후 줄기에 새끼를 감고 진흙을 바르는 가장 주된 목적은? 03-5, 09-1

㉮ 건조로 말라 죽는 것을 막기 위하여
㉯ 줄기가 햇빛에 타는 것을 막기 위하여
㉰ 추위에 얼어 죽는 것을 막기 위하여
㉱ 소나무 좀의 피해를 예방하기 위하여

38. 수피가 두꺼운 소나무 등의 줄기감기는 증발 방지보다는 해충의 침입과 산란 예방 및 구제에 목적이 있다.

39 다음 중 녹화마대로 수피의 줄기를 감아주는 이유와 가장 거리가 먼 것은? 06-2

㉮ 월동벌레의 구제
㉯ 수피의 수분 방출 효과
㉰ 냉해의 방지
㉱ 경제적인 약제의 살포

39. 약제의 살포시 농약이 흡수되어 약효가 오래가고 방제기간이 늘어날 수 있어 경제적인 것이다.

40 이식한 나무가 활착이 잘 되도록 조치하는 방법 중 옳지 않은 것은? 04-5, 10-1

㉮ 현장 조사를 충분히 하여 이식계획을 철저히 세운다.
㉯ 나무의 식재방향과 깊이는 최대한 이식전의 상태로 한다.
㉰ 유기질, 무기질 거름을 충분히 넣고 식재한다.
㉱ 주풍향, 지형 등을 고려하여 안정되게 지주목을 설치한다.

40. 유기질, 무기질 거름을 한 번에 충분히 넣으면 비해가 발생할 수 있어 적당히 구분하여 넣는다.

41 잔디밭 조성 시 뗏장심기와 비교한 종자파종 방법의 이점이 아닌 것은? 10-4

㉮ 비용이 적게 든다.
㉯ 작업이 비교적 쉽다.
㉰ 균일하고 치밀한 잔디를 얻을 수 있다.
㉱ 잔디밭 조성에 짧은 시일이 걸린다.

41. 종자파종은 잔디조성에 60~100일 정도가 소요되며, 파종기가 정해져 한정된 시기만 가능하다. ㉱는 영양번식의 이점에 해당된다.

42 우리나라 들잔디의 종자처리 방법으로 가장 적합한 것은? 05-1

㉮ KOH 20~25% 용액에 10~25분간 처리 후 파종한다.
㉯ KOH 20~25% 용액에 20~30분간 처리 후 파종한다.
㉰ KOH 20~25% 용액에 30~45분간 처리 후 파종한다.
㉱ KOH 20~25% 용액에 1시간 처리 후 파종한다.

42. 우리나라 들잔디의 경우 종피가 단단하여 발아가 잘 되지 않으므로 수산화칼륨(KOH) 20~25% 용액에 30~45분간 담가두었다가 물에 씻어낸 후 파종한다.

정답 ➔ 38. ㉱ 39. ㉯ 40. ㉰ 41. ㉱ 42. ㉰

43. 경운→시비→정지→파종→복토→전압→멀칭→관수
※일반적으로 복토는 하지 않으며 레이킹으로 대신한다.

43 다음 [보기]의 잔디종자 파종작업들을 순서대로 바르게 나열한 것은? 08-1, 12-5

[보기]
㉠ 기비 살포 ㉡ 정지작업 ㉢ 파종 ㉣ 멀칭
㉤ 전압 ㉥ 복토 ㉦ 경운

㉮ ㉦→㉠→㉡→㉢→㉥→㉤→㉣
㉯ ㉠→㉢→㉡→㉥→㉣→㉤→㉦
㉰ ㉡→㉢→㉤→㉥→㉠→㉣→㉦
㉱ ㉢→㉠→㉡→㉥→㉤→㉦→㉣

44. 종자 뿜어 붙이기는 접착제, 녹화기반제(배양토 · 비료 · 화이버 · 펄프류), 종자, 색소, 물을 섞어 뿜어 붙이는 것을 말한다.

44 다음 중 초류종자 살포(종자 뿜어붙이기)와 관계 없는 것은? 05-1

㉮ 종자 ㉯ 피복제(파이버)
㉰ 비료 ㉱ 농약

45. 잔디파종은 종자를 반씩 나누어 종 · 횡으로 파종하며, 잔디의 종자는 미세하므로 복토를 두껍게 하면 발아하지 않는다.

45 다음 중 파종잔디 조성에 관한 설명으로 잘못된 것은? 06-1

㉮ 1ha 당 잔디종자의 약 50~150kg 정도 파종한다.
㉯ 파종시기는 난지형 잔디는 5~6월 초순 경, 한지형 잔디는 9~10월 또는 3~5월 경을 적기로 한다.
㉰ 종방향, 횡방향으로 파종하고 충분히 복토한다.
㉱ 토양 수분 유지를 위해 폴리에틸렌필름이나 볏짚, 황마천, 차광막 등으로 덮어준다.

46. ㉮ 이음매 식재
㉰ 어긋나게 식재
㉱ 줄떼 식재

46 다음 뗏장을 입히는 방법 중 줄붙이기 방법에 해당하는 것은? 12-5

㉮ ㉯
㉰ ㉱

47. 화단 조성 시 흙이 밟혀져 굳어지지 않도록 널빤지를 놓고 식재한다.

47 다음 중 화단의 꽃 심기 작업 설명으로 틀린 것은? 08-1

㉮ 바람이 없고 흐린 날 심는다.
㉯ 비교적 큰 면적의 화단은 중심부에서 바깥쪽으로 심어 나간다.
㉰ 식재한 화초에 그늘이 지도록 작업자는 태양을 등지고 심어 간다.
㉱ 묘를 심은 다음 발로 꼭 밟아준다.

 정답 ➔ 43. ㉮ 44. ㉱ 45. ㉰ 46. ㉱ 47. ㉱

48 화단에 초화류를 식재하는 방법으로 옳지 않은 것은? 04-2, 12-5

㉮ 식재할 곳에 1㎡당 퇴비 1~2㎏, 복합비료 80~120g을 밑거름으로 뿌리고 20~30㎝ 깊이로 갈아 준다.
㉯ 큰 면적의 화단은 바깥쪽부터 시작하여 중앙부위로 심어 나가는 것이 좋다.
㉰ 식재하는 줄이 바뀔 때마다 서로 어긋나게 심는 것이 보기에 좋고 생장에 유리하다.
㉱ 심기 한나절 전에 관수해 주면 캐낼 때 뿌리에 흙이 많이 붙어 활착에 좋다.

48. 큰 면적의 화단은 중앙에서부터 변두리 순으로 식재하는 것이 좋다.

49 봄에 가장 일찍 꽃을 볼 수 있는 초화는? 10-1

㉮ 팬지 ㉯ 백일홍
㉰ 칸나 ㉱ 메리골드

49. ㉯ 여름·가을화단
㉰ 여름화단
㉱ 여름·가을화단

50 봄 화단용에 쓰이는 식물이 아닌 것은? 07-5, 08-2

㉮ 팬지 ㉯ 데이지
㉰ 금잔화 ㉱ 샐비어

50. ㉱ 여름화단용

51 봄 화단에 알맞은 알뿌리 화초는? 08-5

㉮ 리아트리스 ㉯ 수선화
㉰ 샐비어 ㉱ 데이지

51. ㉮ 여름화단 여러해살이
㉰ 여름화단 한해살이
㉱ 봄화단 한해살이

52 구근초화로서 봄심기를 하는 초화는? 10-5

㉮ 맨드라미 ㉯ 봉선화
㉰ 달리아 ㉱ 매리골드

52. ㉮㉯㉱ 춘파 한해살이 화초

53 겨울 화단에 심을 수 있는 식물은? 03-2, 04-5, 05-5

㉮ 팬지 ㉯ 매리골드
㉰ 달리아 ㉱ 꽃양배추

53. ㉮ 봄화단, ㉯ 여름·가을화단
㉰ 여름·가을화단

54 다음 화단의 형식 중 평면화단으로 가장 적당한 것은? 06-2

㉮ 기식화단 ㉯ 경재화단
㉰ 화문화단 ㉱ 노단화단

54. ㉮㉯㉱ 입체화단

정답 ➜ 48. ㉯ 49. ㉮ 50. ㉱ 51. ㉯ 52. ㉰ 53. ㉱ 54. ㉰

55. ㉮ 기식화단, ㉱ 화문화단

55 화단을 조성하는 장소의 환경 조건과 구성하는 재료 등에 따라 구분 할 때 "경재화단"에 대한 설명으로 바른 것은? 10-4

㉮ 화단의 어느 방향에서나 관상 가능하도록 중앙 부위는 높게, 가장자리는 낮게 조성한다.
㉯ 양쪽 방향에서 관상할 수 있으며 키가 작고 잎이나 꽃이 화려하고 아름다운 것을 심어 준다.
㉰ 전면에서만 감상되기 때문에 화단 앞쪽은 키가 작은 것을, 뒤쪽으로 갈수록 큰 초화류를 심는다.
㉱ 가장 규모가 크고 아름다운 화단으로 광장이나 잔디밭 등에 조성되며 화려하고 복잡한 문양 등으로 펼쳐진다.

56. 양탄자화단은 화문화단을 말한다.

56 관상하기에 편리하도록 땅을 1~2m 깊이로 파 내려가 평평한 바닥을 조성하고, 그 바닥에 화단을 조성한 것은? 03-5, 04-5, 07-5, 12-4

㉮ 기식화단 ㉯ 모둠화단
㉰ 양탄자화단 ㉱ 침상화단

PART

조 · 경 · 기 · 능 · 사 · 필 · 기 · 정 · 복

조경 재료 및 시공

조경재료는 조경공간 목적물의 기본단위가 되는 조경소재로 상세한 설계, 정교한 시공기술 등의 전문성 수준과 직결되는 것이며, 시공은 목적 공간을 형태화하기 위하여 필요한 일체의 경제적 · 기술적 수단의 총괄적인 개념으로 목적물을 신속하게 경제적으로 완성시켜야 한다는 당위성을 지닌다. 더불어 조경가는 자연환경과 인간 그리고 생태적 · 예술적 · 기능적으로 아이디어를 창출하여 환경에 대한 건전성과 지속가능한 개발을 포괄하는 종합적인 환경관리자로서의 역할이 요구된다.

Chapter 1 조경 재료의 분류와 특성

1 조경 재료의 분류

(1) 특성에 따른 분류

구분	내용
식물 재료	수목, 지피 식물, 초화류 등
인공 재료	목재, 석재, 시멘트·콘크리트 제품, 점토 제품, 금속 제품, 플라스틱 제품, 미장 재료, 도장 재료 등
자연 재료	자연의 힘에 의하여 만들어진 재료
인조 재료	자연 재료 또는 무생물 재료를 가공하여 주로 공장에서 생산하는 재료

(2) 재료의 기능에 따른 분류

구분	내용
조경 식재 공사	수목 식재 공사, 생태 복원 및 녹화 공사, 잔디 식재 공사
조경 시설물 공사	포장 공사, 조경 구조물 공사, 비탈면 녹화 공사, 유희 시설 공사, 수경 시설 공사, 옥외 시설물 공사, 운동 및 체력 단련 시설 공사

2 조경 재료의 특성

구분	특성
식물 재료	• 생물로서 생명 활동을 하는 자연성 • 생장과 번식을 계속하는 연속성 • 계절적으로 다양하게 변화함으로써 주변과의 조화성
인공 재료	• 재질의 균질성과 거의 변하지 않는 불변성 • 언제나 가공이 가능한 가공성 • 조경의 경우 사용 재료의 종류에 비해 사용량이 비교적 적음

핵심문제 해설

Chapter 1. 조경 재료의 분류와 특성

01 다음 조경재료 중에서 자연재료가 아닌 것은? 05-1

㉮ 자연석
㉯ 지피식물
㉰ 초화류
㉱ 식생매트

01. 자연재료는 자연의 힘에 의하여 만들어진 재료이고, 식생매트는 자연 재료를 가공하여 주로 공장에서 생산하는 재료로 인조재료로 분류된다.

02 다음 중 조경 재료를 분류할 때 생물 재료에 속하지 않는 것은? 05-1

㉮ 수목
㉯ 지피식물
㉰ 초화류
㉱ 목질재료

02. 목질재료는 자연재료를 가공한 인공재료이다.

03 조경재료 중 무생물 재료와 비교한 생물 재료의 특성이 아닌 것은? 05-1, 07-1, 08-1

㉮ 연속성
㉯ 불변성
㉰ 조화성
㉱ 다양성

03. 생물재료는 생명 활동을 하는 자연성과 생장과 번식을 계속하는 연속성, 계절적으로 다양하게 변화함으로써 주변과의 조화로움을 나타낸다.

04 다음 중 식물재료의 특성으로 부적합한 것은? 04-5, 12-4

㉮ 생물로서, 생명활동을 하는 자연성을 지니고 있다.
㉯ 불변성과 가공성을 지니고 있다.
㉰ 생장과 번식을 계속하는 연속성이 있다.
㉱ 계절적으로 다양하게 변화함으로써 주변과의 조화성을 가진다.

04. 불변성과 가공성은 인공재료의 특징으로 볼 수 있다.

05 다음 중 건축과 관련된 재료의 강도에 영향을 주는 요인이 아닌 것은? 10-1, 12-5

㉮ 온도와 습도
㉯ 하중속도
㉰ 하중시간
㉱ 재료의 색

05. 재료의 색은 시각적 요소이기 때문에 강도와는 관계가 없다.

정답 → 01. ㉱ 02. ㉱ 03. ㉯ 04. ㉯ 05. ㉱

Chapter 2

조경 시공의 기초

1 조경 시공의 특성

1. 조경 시공 일반

(1) 조경 시공의 개념

① 설계된 조경 공간 및 시설의 조성을 통해 경관을 창조 하는 것
② 설계 도면과 시방서, 해당 법규, 계약 조건을 바탕으로 공사
③ 인간의 이용에 적합한 기능과 구조적 아름다움의 구현 달성

(2) 조경공사의 특징

공종의 다양성	공사규모에 비해 공종이 다양
공종의 소규모성	공사규모가 대부분 소규모
지역성	물리적 특성에 따른 환경의 제약
장소의 분산성	공사구역이 분산된 경우가 많음
규격과 표준화의 곤란	자연에서 얻어지는 조경식물

(3) 공사 관련 용어

① 건설공사 : 토목공사·건축공사·조경공사 및 환경시설공사 등 시설물을 설치·유지·보수하는 공사
② 건설업자 : 면허를 받거나 등록을 하고 건설업을 영위하는 자
③ 도급 : 건설공사를 완성할 것을 약정하고 상대방이 대가를 지급할 것을 약정하는 계약
④ 하도급 : 도급 받은 건설공사의 전부 또는 일부를 다시 도급하는 것
⑤ 발주자 : 건설공사를 건설업자에게 도급하는 자
⑥ 수급인 : 발주자로부터 건설공사를 도급받은 건설업자
⑦ 하수급인 : 수급인으로부터 건설공사를 하도급 받은 자
⑧ 감독자 : 공사감독을 담당하는 자로서 발주자가 수급인에게 감독자로 통고한 자
⑨ 현장대리인(현장기술관리인) : 관계법규에 의하여 수급인이 지정하는 책임 시공기술자로서 그 현장의 공사관리 및 기술관리, 기타 공사업무를 시행하는 현장요원

◘ 설계감리
건설공사의 계획·조사 또는 설계가 품질 및 안전을 확보하여 시행될 수 있도록 관리하는 것

◘ 책임감리
감리전문회사가 설계감리와 품질·공사·안전관리 등에 대한 기술지도, 감독권한을 대행하는 것

◘ 감리원
감리전문회사에 종사하면서 책임감리업무를 수행하는 자

2. 조경 시공의 종류

기반 조성 공사, 시설물 공사, 식재 공사, 유지 관리 공사로 구분

3. 시공 방법

(1) 시공자의 선정

1) 일반경쟁입찰(공개경쟁입찰)

일정한 자격을 갖춘 불특정 공사수주 희망자를 입찰에 참가시켜 가장 유리한 조건을 제시한 자를 낙찰자로 선정하는 방식

장점	단점
• 경쟁으로 인한 공사비 절감 • 공평한 기회 제공 • 담합의 위험성이 낮음	• 공사비 저하로 부실공사 우려 • 입찰에 따른 비용증대 • 부적격자 선별 곤란

◘ 입찰계약 순서

입찰공고→현장설명→입찰→개찰→낙찰→계약

◘ 담합(談合)

입찰경쟁자간에 미리 낙찰자를 정하여 입찰에 참여하는 부정행위를 말한다.

2) 지명경쟁입찰

자금력과 신용 등에서 적합하다고 인정되는 소수(3~7개사)를 선정하여 입찰에 참여시키는 방식

장점	단점
• 부적격자 배제로 양질의 공사 기대 • 시공상의 신뢰성 제고	• 불공정한 담합의 우려 • 공사비의 상승 우려

3) 특명입찰(수의 계약)

발주자가 필요하다고 판단되는 사업이나 기술, 시공방법의 특수성, 시간적 제한성 등이 있을 때 단일 업자를 선정하는 방식

장점	단점
• 공사의 기밀유지 가능 • 우량공사 기대 • 신속한 계약 가능	• 공사비 증대 우려 • 자료의 비공개로 불순함 내재 가능

(2) 공사 시행 방법

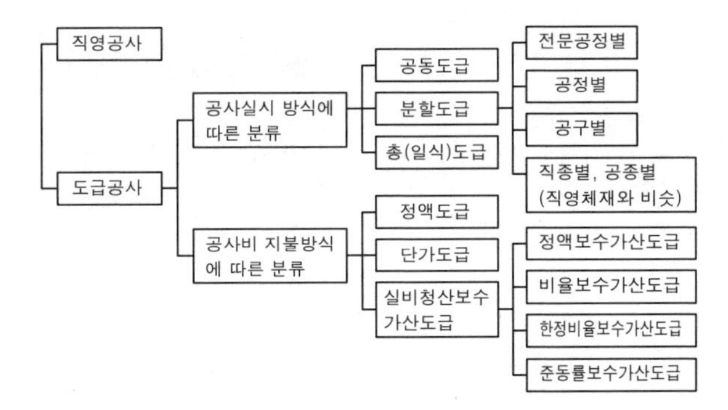

[공사 시행 방법]

직영공사의 결정

① 공사내용이 간단하여 시공이 용이한 경우
② 시기적 여유가 있는 경우
③ 중요하거나 기밀을 유지해야 하는 경우
④ 설계변경이 많을 것으로 예상되는 경우
⑤ 특수공사, 난공사, 견적산출이 곤란한 경우
⑥ 풍부하고 저렴한 노동력, 재료의 보유 또는 구입의 편의가 있을 때

공동도급(J.V) 특징

① 공동출자
② 단일목적성
③ 일시성
④ 임의성
⑤ 이행의 확실성
⑥ 손익의 공동배분

1) 직영공사

발주자(시공주)가 직접 재료를 구입하고 인력을 수배하여 자신의 감독 하에 시공하는 방법

장점	단점
• 도급공사에 비해 확실한 공사 가능 • 발주·계약 등의 절차 간단 • 임기응변 처리가 용이 • 관리능력이 있으면 공사비 저감 가능	• 관리능력이 없으면 공사비 증대 우려 • 재료의 낭비와 잉여, 시공시기 차질 우려 • 공사기간의 연장 우려

2) 일식도급(총도급)

공사 전체를 한 도급자에게 맡겨 시공업무 일체를 도급자의 책임하에 시행하는 방식

장점	단점
• 계약 및 감독의 업무가 단순 • 공사비가 확정되고 공사관리 용이 • 가설재의 중복이 없으므로 공사비 절감	• 발주자 의도의 미흡한 반영 우려 • 하도급 관행으로 부실시공 야기 우려

3) 분할도급

공사의 내용을 세분하여 각각의 도급자(전문업자)에게 분할하여 도급 주는 방식

장점	단점
• 전문업자의 시공으로 우량공사 기대 • 업자간 경쟁으로 공사비 절감 기대 • 발주자와의 소통이 원할	• 분할된 관계로 상호교섭 등의 복잡 • 감독상의 업무량 증대 • 관리부실시 비용 증가

4) 공동도급(Joint Venture)

대규모 공사에 기술·시설·자본·능력을 갖춘 회사들이 모여 공동출자회사를 만들어, 그 회사로 하여금 공사의 주체가 되게 하여 계약을 하는 형태

장점	단점
• 공사이행의 확실성 확보 • 기술능력 보완 및 경험의 확충 • 자본력과 신용도 증대 • 공사도급 경쟁의 완화수단 • 위험부담 분산	• 이해의 충돌과 책임회피 우려 • 사무관리, 현장관리 복잡 • 관리방식 차이에 의한 능률저하 • 하자 책임 불분명 • 단일회사 도급보다 경비 증대

5) 턴키도급(Turn-key contract 일괄수주방식)

도급자가 공사의 계획, 금융, 토지 확보, 설계, 시공, 기계·기구 설치, 시운전, 조업지도, 유지관리까지 모든 것을 포괄하는 도급방식으로 발주자가 요구하는 완전한 시설물을 인계하는 방식

장점	단점
• 책임시공으로 책임한계 명확 • 공기단축, 공사비 절감 기대 • 설계와 시공의 유기적 의사소통 • 공법의 연구개발, 기술개발 촉진	• 발주자의 의도가 반영되기 어려움 • 대규모 회사 유리, 중소업체 육성 저해 • 최저가 낙찰일 경우 공사품질 저하 • 입찰 시 비용 과다 소모

2 조경 시공 계획

1. 공정 계획

(1) 시공 계획 순서

사전 조사	계약조건 및 현장조건
시공 계획	시공순서 및 시공법 기본방침 결정
일정 계획	기계선정, 인원배치, 작업시간, 1일 작업량 결정, 공정의 작업순서
가설 계획	공사용 시설의 설계 및 배치계획
공정표 작성	공정계획에 의한 노무·기계·재료 등 고려
조달 계획	공정계획에 의한 노무·기계·재료의 사용·운반계획
관리 계획	현장관리조직구성, 실행예산 작성, 자금수지, 안전 등의 계획

◘ 시공 계획 과정
사전조사→기본계획→일정계획→가설 및 조달계획

◘ 일정계획
결정된 공기 내에 효율적인 공사진행을 유도하기 위한 수단으로 일정계획의 적부가 공사의 진도나 성과를 좌우한다.

(2) 시공 계획 기본사항

① 과거의 시공 경험 고려, 신기술 채택 의지
② 시공에 적합한 계획
③ 시공기술 수준 및 대안검토
④ 필요 시 전문기관의 기술지도 수용

(3) 일정계획

다음의 조건식을 만족할 수 있도록 입안

$$\text{가능일수} \geq \text{소요일수} = \frac{\text{공사량}}{\text{1일평균작업량}}$$

• 가능일수 : 공사기간에서 휴일 및 불가능 일수를 뺀 기간

2. 조경 시공 관리(공정 관리)

(1) 공정 관리의 4단계(순서)

계획(Plan)	공정계획에 의한 실시방법 및 관리의 사용계획
실시(Do)	공사의 진행, 감독, 작업의 교육 및 실시
검토(Check)	작업의 검토, 실적자료와 계획자료의 비교·검토
조치(Action)	실시방법 및 계획 수정, 재발 방지 및 시정조치

◘ 공정관리
'계획(Plan)→실시(Do)→검토(Check)→조치(Action)'의 반복진행으로 효율적인 관리가 되도록 하며, 공사의 완료시점까지 시행한다.

◘ 시공관리
계획되어진 목표를 달성하기 위한 모든 수단과 방법을 제어하는 활동으로 정해진 기간 내에 경제적이며 좋은 결과물을 만들기 위해 공사일정을 계획, 조정, 수정하는 일련의 작업이다.

[PDCA 사이클]

◘ 조경공사의 일반적인 순서
터닦기(부지지반 조성)→급배수 및 호안공(지하매설물 설치)→콘크리트 공사→조경시설물 설치→식재 공사

(2) 시공 관리의 목표

공정 관리	가능한 공사기간 단축
원가 관리	가능한 싸게 경제성 확보
품질 관리	보다 좋은 품질 유도
안전 관리	보다 안전한 시공

(3) 공정계획순서

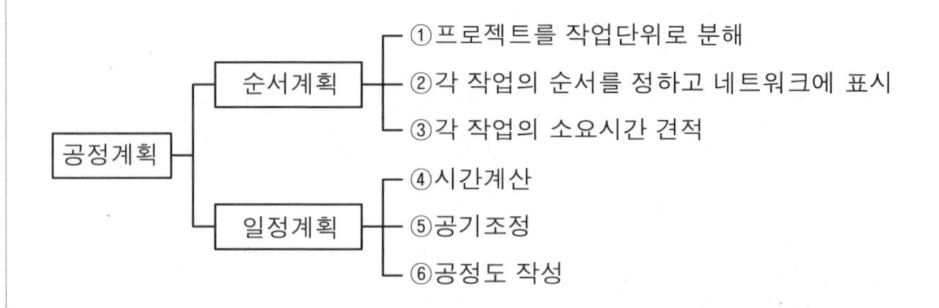

3. 공정표

(1) 횡선식 공정표(Bar Chart)

① 막대그래프로 나타내는 공정표
② 세로축에 공사종목, 가로축에는 소요시간을 막대로 표시
③ 단순한 공사나 시급한 공사에 사용

장점	단점
• 각 공정 및 전체공정이 일목요연 • 각 작업의 시작과 종료 명확 • 공정표가 단순하여 초보자도 이해 용이	• 관리의 중심(주공정) 파악 곤란 • 작업의 수가 많을 경우 상호관계의 파악 곤란 • 작업상황의 변동 시 탄력성 없음 • 한 작업이 다른 작업 및 프로젝트에 미치는 영향 파악 불가능

날짜 / 작업	1	2	3	4	5	6	7	8	작업일수
A									F F
B									D F
C									

❖ 바차트 작성순서

① 전체의 부분공사를 세로로 열거 ② 공사기간을 가로축에 열거
③ 부분공사의 필요시간 계획
④ 공사기간 내 끝낼 수 있도록 부분공사의 소요시간을 도표 위에 맞추어 배치

(2) 사선식(기성고) 공정표

① 작업의 관련성은 나타낼 수 없는 기성고 표시
② 예정공정과 실시공정(기성고) 대비로 공정의 파악 용이
③ 공정의 파악이 쉬워 문제에 대한 조속한 대처 가능
④ 가로축은 공기, 세로축은 공정을 나타내어 공사의 진행상태(기성고)를 수량적으로 표시

장점	단점
• 전체의 공정 파악 용이 • 예정과 실시의 차이 파악 용이 • 시공속도의 파악 용이	• 세부진척 상황파악 불가능 • 개개의 작업 조정 불가능 • 주공정표로 사용하기 곤란–보조적 사용

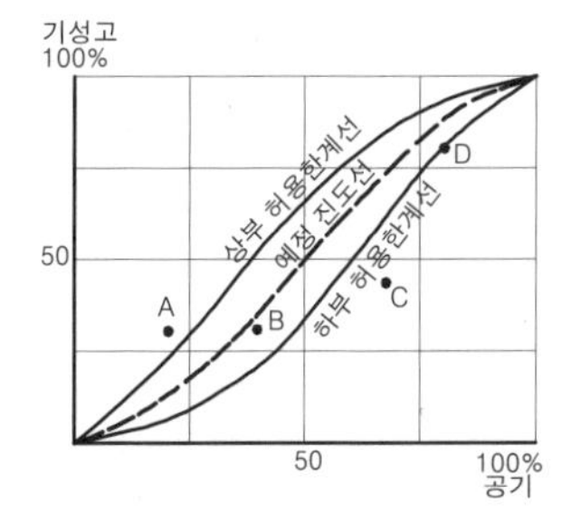

[사선식 공정표]

(3) 네트워크 공정표(Network Chart)

1) 특성

① 화살선과 원으로 조립된 망상도로 표현
② 도해적으로 공사의 전체 및 부분 파악 용이
③ 시간(시작, 종료, 여유)을 정량적으로 파악
④ 대형공사, 복합적 관리가 필요한 공사 등에 사용

장점	단점
• 작업의 선후관계 명확 • 주공정 및 여유공정의 파악 • 일정에 탄력적 대응 가능 • 공사일정 및 자원배당에 의한 문제점의 예측 가능 • 공사의 전체 및 부분파악이 쉽고, 부분 조정 시 전체에 미치는 영향 파악 용이	• 작성이 어려워 상당한 시간 소비 • 작성과 검사에 특별한 기능 필요 • 수정작업도 상당한 시간 필요

2) 구성요소

용어	영어	기호	내용
프로젝트	Project		네트워크에 표현하는 대상 공사
작업	Activity	→	프로젝트를 구성하는 작업 단위
더미	Dummy	⋯▸	가상적 작업–시간이나 작업량 없음
결합점	Event, Node	○	작업과 작업을 결합하는 점 및 개시·종료점
주공정선	Critical Path	CP	작업의 시작점에서 종료점에 이르는 가장 긴패스

3 지형

1. 지형

(1) 지형의 표시

① 음영법 : 빛이 지면에 비치면 지면의 형상에 따라 명암이 생기는 이치를 응용한 것
② 등고선법 : 일정한 높이마다(등간격) 구한 형태를 평면도상에 나타내는 것
③ 채색법 : 높이의 증가에 따라 색의 농도를 진하게 표시
④ 모형법 : 모형을 이용하여 나타냄

2. 등고선의 종류 및 성질

▫ 등고선
지표의 같은 높이의 모든 점을 연결하여 평면위에 그린 선으로, 등고선 위의 모든 점은 높이나 깊이가 같다.–네덜란드의 크루키어스(N. Cruquius)가 1730년 처음 사용

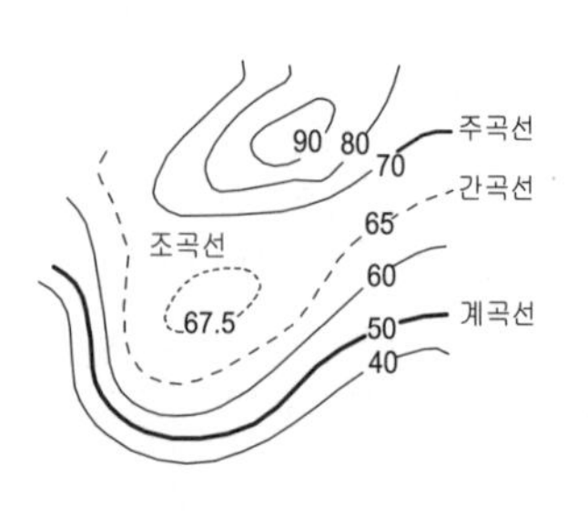

[등고선의 종류]

(1) 등고선의 종류

주곡선	각 지형의 높이를 표시하는 데 기본이 되는 등고선
계곡선	쉽게 읽기 위하여 주곡선 5개마다 굵게 표시한 등고선
간곡선	주곡선 간격의 1/2로 주곡선만으로 지모의 상태를 명시할 수 없는 곳에 파선으로 표시한 등고선
조곡선	간곡선 간격의 1/2로 간곡선만으로 표시할 수 없는 곳을 가는 점선으로 표시한 등고선

등고선의 표기 및 간격

축척 / 등고선	기호	1/500~1/1,000	1/2,500	1/5,000~1/10,000	1/25,000
계곡선	굵은실선	5	10	25	50
주곡선	가는실선	1	2	5	10
간곡선	가는파선	0.5	1	2.5	5
조곡선	가는점선	0.25	0.5	1.25	2.5

(2) 등고선의 성질

① 등고선상의 모든 점의 높이는 같다.
② 등고선은 반드시 폐합되며 도면 안이든 바깥이든 도중에 소실되지 않는다.
③ 서로 다른 높이의 등고선은 절벽이나 동굴을 제외하고 교차하거나 폐합되지 않는다.
④ 등고선의 최종 폐합은 산정상이나 가장 낮은 요(凹)지에 생긴다.
⑤ 등고선 사이의 최단거리 방향은 그 지표면의 최대 경사로 등고선에 수직한 방향이며 강우 시 배수의 방향이다.
⑥ 등고선은 등경사지에서는 등간격이며, 등경사 평면의 지표에서는 같은 간격의 평행선이 된다.
⑦ 등고선의 간격이 넓으면 완경사지이고 좁으면 급경사를 이루는 지형이다.
⑧ 철(凸)경사에서 높은 쪽의 등고선은 낮은 쪽의 등고선보다 간격이 넓게 형성된다.
⑨ 요(凹)경사에서 낮은 쪽의 등고선은 높은 쪽의 등고선보다 간격이 넓게 형성된다.
⑩ U자형의 등고선이 산령이며, 지표면의 최고부를 산령선(능선, 분수선)이라 한다.
⑪ V자형의 등고선은 계곡이며, 지표면의 최저부를 연결한 선으로 계곡선(합수선)이라 한다.
⑫ 산령과 계곡이 만나 이들의 등고선이 서로 쌍곡선을 이루는 것과 같은 부분을 안부(Saddle 고개)라 한다.

4 시공 측량

1. 축척

(1) 길이에 대한 축척

$$\frac{1}{m} = \frac{\text{도상거리}}{\text{실제거리}},\ \frac{\text{화면상길이}}{\text{실제거리}},\ \frac{\text{초점거리}}{\text{고도}}$$

(2) 면적에 대한 축척

면적은 ‘길이×길이’로 길이에 대한 축척의 제곱으로 나타남

$$\left(\frac{1}{m}\right)^2 = \frac{\text{도상면적}}{\text{실제면적}}$$

(3) 축척과 면적과의 관계

$$(\frac{1}{m_1})^2 : A_1 = (\frac{1}{m_2})^2 : A_2 \qquad \therefore A_2 = (\frac{m_1}{m_2})^2 A_1$$

여기서, A_1 : 축척 $\frac{1}{m_1}$ 인 도면의 면적

A_2 : 축척 $\frac{1}{m_2}$ 인 도면의 면적

2. 측량법

(1) 거리측량법

하나의 직선 또는 곡선내의 두 점간의 위치 차이를 나타내는 양이며 일반적으로 관측한 거리는 경사거리이므로 이를 다음 식에 의해 수평거리로 환산하여 사용해야 한다.

$$L = l \cdot \cos\theta \ , \quad H = l \cdot \sin\theta$$

(그림: 빗변 ℓ, 높이 H, 밑변 L, 각 θ인 직각삼각형)

(2) 평판측량

1) 평판의 설치

수평 맞추기	다리를 조정하여 수평이 되도록 하는 것
중심 맞추기	평판상의 점과 측량점을 일치시키는 것
방향 맞추기	평판을 일정한 방향으로 고정시키는 것

2) 측량방법

방사법	측량지역에 장애물이 없는 좁은 지역에 적합
전진법	측량지역에 장애물이 있어 평판을 옮겨 가면서 거리와 방향 측정
교회법	기지점이나 미지점에서 2개 이상의 방향선을 그어 그 교차점으로 미지점의 위치를 도상에서 결정하는 법-거리를 측정하지 않고 위치 측량

❖ 평판의 구성요소(측량기구)

평판, 시준기(앨리데이드), 삼각대, 구심기, 측침, 자침, 줄자, 다림추

◘ 평판측량

평판을 삼각대 위에 올려놓고 도지(도면)를 붙이고, 시준기(앨리데이드)를 사용하여 목표물의 방향, 거리, 높이차를 관측하여 현장에서 직접 위치를 측량하는 법

[평판측량기]

❖ 평판의 3대요소

① 정준(정치) : 수평 맞추기
② 구심(치심) : 중심 맞추기
③ 표정(정위) : 방향 맞추기

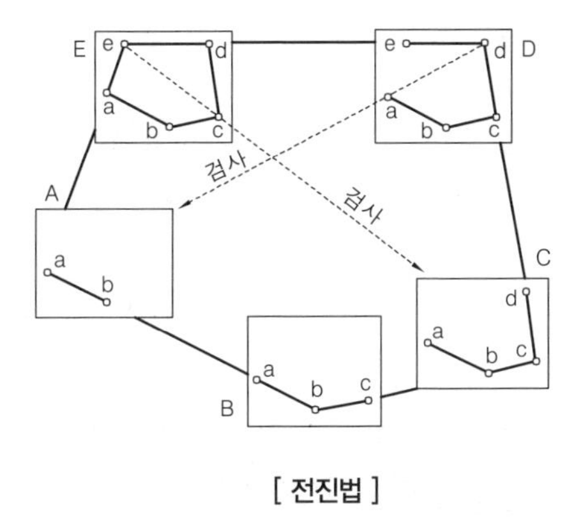

[전진법]

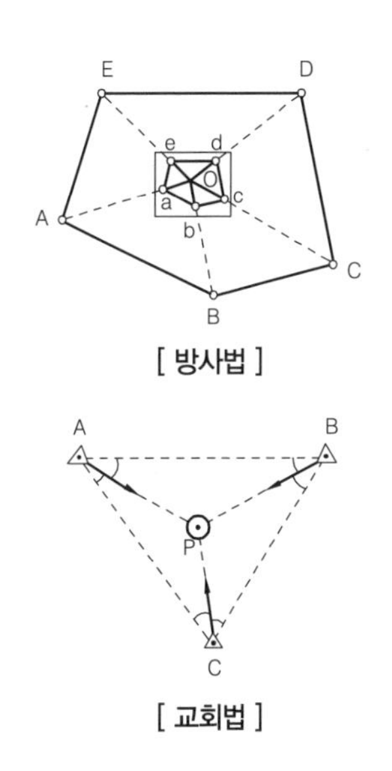

[방사법]

[교회법]

(3) 수준측량(레벨측량)

1) 수준측량의 용어

① 측점(station;S) : 표척을 세워서 시준하는 점으로 수준측량에서는 다른 측량방법과 달리 기계를 임의점에 세우며 측점에 세우지 않음
② 후시(back sight;B.S) : 기지점(높이를 알고 있는 점)에 세운 표척의 눈금을 읽는 것
③ 전시(fore sight;F.S) : 표고를 구하려는 점에 세운 표척의 눈금을 읽는 것
④ 기계고(instrument height;I.H) : 기계를 수평으로 설치했을 때 기준면으로부터 망원경의 시준선까지의 높이
⑤ 지반고(ground height;G.H) : 기준면에서 그 측점까지의 연직거리
⑥ 이기점(전환점 turning point;T.P) : 전후의 측량을 연결하기 위하여 전시와 후시를 함께 취하는 점으로 다른 점에 영향을 주므로 정확하게 관측
⑦ 중간점(intermediate point;I.P) : 전시만 관측하는 점으로 다른 측점에 영향을 주지 않는 점
⑧ 고저차 : 두 점간의 표고의 차

수준측량

지표면상에 있는 점들의 고저차를 관측하는 것을 말한다.

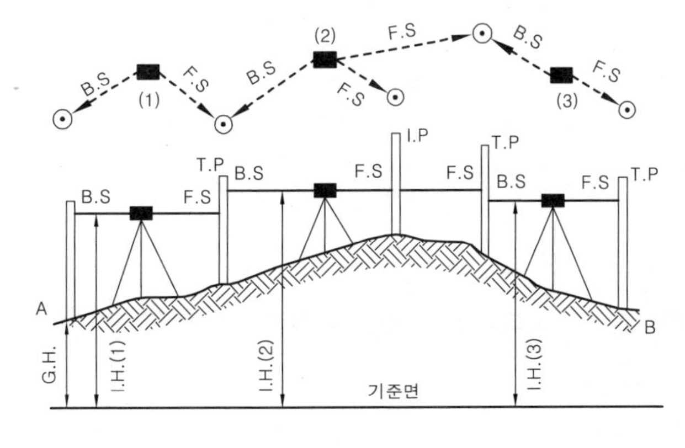

[수준측량의 용어]

4) 수준측량 방법

· 지반고차(△H) = 후시(a) − 전시(b)

$$H = (a_1 - b_1) + (a_2 - b_2) + (a_3 - b_3) + (a_4 - b_4)$$

$$= (a_1 + a_2 + a_3 + a_4) - (b_1 + b_2 + b_3 + b_4) = \Sigma BS - \Sigma FS$$

∴△H가 (+)값이면 전시방향이 높고, (-)값이면 전시방향이 낮음

· 기계고 = 기지점 지반고(G.H) + 후시(B.S)

· 미지점 지반고 = 기계고(I.H) - 전시(F.S)

(4) 삼각측량

1) 삼각측량의 원리

한 변을 정확하게 관측하고 삼각점 A, B, C를 잇는 그 밖의 변의 길이는 삼각형의 내각을 관측하여 삼각법으로 결정

sin 법칙 $\dfrac{a}{\sin\theta_1} = \dfrac{b}{\sin\theta_2} = \dfrac{c}{\sin\theta_3}$

2) 삼각형의 면적

헤론의 공식

$$S = \sqrt{s(s-a)(s-b)(s-c)}\ , \quad s = \frac{a+b+c}{2}$$

여기서, S : 삼각형의 면적　a, b, c : 세 변의 길이

(5) 사진측량

영상을 이용하여 피사체를 정량적(위치·형상), 정성적(특성)으로 해석하는 측량방법

1) 장단점

장점	단점
• 정확도 균일, 동적 대상 측량 가능 • 분업화에 의한 능률성 • 도화기로 축척변경이 용이 • 축척이 작을수록, 넓을수록 경제적	• 시설비용 과대 • 작은 지역의 측정에 부적합 • 피사대상에 대한 식별 난해 • 기상조건 및 태양고도 등의 영향을 받음

2) 축척과 고도

그림에서 △OAB와 △Oab는 닮음꼴이므로

$$\frac{\overline{ab}}{AB} = \frac{f}{H} = \frac{1}{m} \qquad \therefore H = m \cdot f$$

여기서, $\frac{1}{m}$: 사진축척

H : 비행기의 촬영고도

f : 카메라의 초점거리

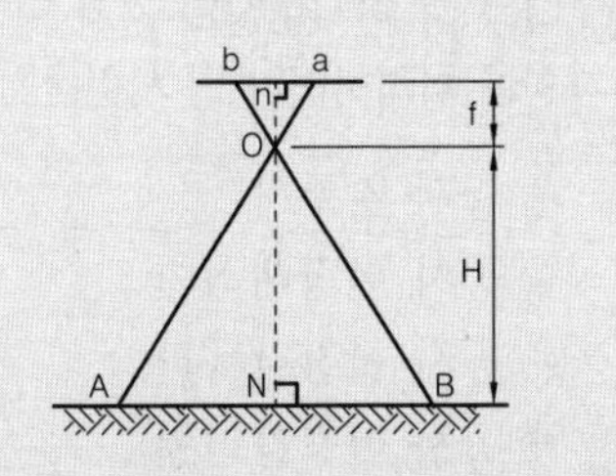

◘ 사진판독 요소

색조, 모양, 질감, 음영, 상호위치관계, 크기와 형상, 과고감 등을 참고하여 판단한다.

핵심문제 해설

01 다음 중 공사현장의 공사 및 기술관리, 기타 공사업무 시행에 관한 모든 사항을 처리하여야 할 사람은? 03-2, 12-1

㉮ 공사 발주자
㉯ 공사 현장대리인
㉰ 공사 현장감독관
㉱ 공사 현장감리원

01. 현장대리인(현장기술관리인)은 관계법규에 의하여 수급인이 지정하는 책임 시공기술자로서 그 현장의 공사관리 및 기술관리, 기타 공사업무를 시행하는 현장요원을 말한다.

02 발주자와 설계용역 계약을 체결하고 충분한 계획과 자료를 수집하여 넓은 지식과 경험을 바탕으로 시방서와 공사내역서를 작성하는 자를 가리키는 용어는? 09-4

㉮ 설계자 ㉯ 감리원
㉰ 수급인 ㉱ 현장대리인

02. ㉯ 감리원 : 감리전문회사에 종사하면서 책임감리업무를 수행하는 자
㉰ 수급인 : 발주자로부터 건설공사를 도급받은 건설업자
㉱ 현장대리인(현장기술관리인) : 관계법규에 의하여 수급인이 지정하는 책임 시공기술자

03 다음 [보기]에서 입찰의 순서로 옳은 것은? 12-2

[보기]

㉠ 입찰공고	㉡ 입찰	㉢ 낙찰
㉣ 계약	㉤ 현장설명	㉥ 개찰

㉮ ㉠→㉡→㉢→㉣→㉤→㉥
㉯ ㉠→㉤→㉡→㉥→㉢→㉣
㉰ ㉠→㉡→㉥→㉢→㉣→㉤
㉱ ㉤→㉥→㉠→㉡→㉢→㉣

03. 입찰계약 순서
입찰공고→현장설명→입찰→개찰→낙찰→계약

04 다음 중 유자격자는 모두 입찰에 참여할 수 있으며, 균등한 기회를 제공하고, 공사비 등을 절감할 수 있으나 부적격자에게 낙찰될 우려가 있는 입찰 방식은? 06-5, 09-5

㉮ 특명입찰
㉯ 일반경쟁입찰
㉰ 지명경쟁입찰
㉱ 수의계약

04. 일반경쟁입찰(공개경쟁입찰)은 일정한 자격을 갖춘 불특정 공사수주 희망자를 입찰에 참가시켜 가장 유리한 조건을 제시한 자를 낙찰자로 선정하는 방식을 말한다.

 정답 ➔ 01. ㉯ 02. ㉮ 03. ㉯ 04. ㉯

05 직영공사의 특징 설명으로 옳지 않은 것은? 12-1

㉮ 공사내용이 단순하고 시공 과정이 용이할 때
㉯ 풍부하고 저렴한 노동력, 재료의 보유 또는 구입 편의가 있을 때
㉰ 시급한 준공을 필요로 할 때
㉱ 일반도급으로 단가를 정하기 곤란한 특수한 공사가 필요할 때

05. 직영공사는 발주자(시공주)가 자신의 감독 하에 시공하는 방법으로 공사기간의 연장 우려가 있어 시기적 여유가 있는 경우 시행한다.

06 공사의 실시방식 중 도급방식의 특징으로 옳은 것은? 07-1

㉮ 발주자의 업무가 번잡하다.
㉯ 도급자에게는 경쟁 입찰을 시켜 비교적 경제적일 수 있다.
㉰ 공사의 설계변경 업무가 단순하다.
㉱ 발주자가 임기응변의 조치를 취하기 쉽다.

06. 도급방식이 경제적일 수 있으나 부실시공의 우려가 있다.

07 공사의 실시방식 중 공동도급의 특징이 아닌 것은? 12-2

㉮ 공사이행의 확실성이 보장된다.
㉯ 여러 회사의 참여로 위험이 분산된다.
㉰ 이해 충돌이 없고, 임기응변 처리가 가능하다.
㉱ 공사의 하자책임이 불분명하다.

07. 공동도급의 가장 큰 단점으로 이해의 충돌과 책임회피의 우려가 있고 단독도급보다 더욱 임기응변의 처리가 더욱 어렵다.

08 단독도급과 비교하여 공동도급(joint venture) 방식의 특징으로 거리가 먼 것은? 11-1

㉮ 대규모 공사를 단독으로 도급하는 것보다 적자 등의 위험 부담이 분담된다.
㉯ 공동도급에 구성된 상호간의 이해충돌이 없고 현장 관리가 용이하다.
㉰ 2 이상의 업자가 공동으로 도급함으로서 자금 부담이 경감된다.
㉱ 각 구성원이 공사에 대하여 연대책임을 지므로 단독도급에 비해 발주자는 더 큰 안정성을 기대할 수 있다.

08. 공동도급은 이해의 충돌과 책임회피의 우려가 있으며, 사무관리 및 현장관리가 복잡하다.

09 조경시공의 일정계획을 수립할 때 사용되는 1일 평균 시공량 산정식으로 옳은 것은? 09-5

㉮ $\frac{\text{공사량}}{\text{작업가능일수}}$　㉯ $\frac{\text{공사량}}{\text{계약기간}}$

㉰ $\frac{\text{공사량}}{(\text{작업가능일수} \times \frac{1}{3})}$　㉱ $\frac{\text{공사량}}{(\text{작업가능일수} \times \frac{1}{4})}$

09. 소요일수 = $\frac{\text{공사량}}{\text{1일평균작업량}}$

$\therefore \text{1일평균작업량} = \frac{\text{공사량}}{\text{작업가능일수}}$

정답 ➔ 05. ㉰ 06. ㉯ 07. ㉰ 08. ㉯ 09. ㉮

10. 공정관리의 4단계
'계획(Plan)→실시(Do)→검토(Check)→조치(Action)'의 반복 진행으로 공사의 완료시점까지 시행한다.

10 체계적인 품질관리를 추진하기 위한 데밍(Deming's cycle)의 관리로 가장 적합한 것은? 09-5

㉮ 계획(Plan)−추진(Do)−조치(Action)−검토(Check)
㉯ 계획(Plan)−검토(Check)−추진(Do)−조치(Action)
㉰ 계획(Plan)−조치(Action)−검토(Check)−추진(Do)
㉱ 계획(Plan)−추진(Do)−검토(Check)−조치(Action)

11. 시공관리에는 공정관리, 원가관리, 품질관리, 안전관리가 있다.

11 다음 중 시공관리 내용이 아닌 것은? 05-1

㉮ 공정관리 ㉯ 품질관리
㉰ 원가관리 ㉱ 하자관리

12. 시공관리 계획목표
· 공정관리 : 가능한 빨리
· 원가관리 : 가능한 싸게
· 품질관리 : 보다 좋게
· 안전관리 : 보다 안전하게

12 시공관리 주요 계획목표라고 볼 수 없는 것은? 10-4

㉮ 우수한 품질
㉯ 공사기간의 단축
㉰ 우수한 시각미
㉱ 경제적 시공

13. 조경공사의 일반적인 순서
터닦기(부지지반 조성)→급배수 및 호안공(지하매설물 설치)→콘크리트 공사→조경시설물 설치→식재 공사

13 다음 중 조경공사의 일반적인 순서를 바르게 나타낸 것은? 03-2, 08-2

㉮ 부지지반조성→조경시설물설치→지하매설물설치→수목식재
㉯ 부지지반조성→지하매설물설치→수목식재→조경시설물설치
㉰ 부지지반조성→수목식재→지하매설물설치→조경시설물설치
㉱ 부지지반조성→지하매설물설치→조경시설물설치→수목식재

14. 앞문제 참조

14 다음 중 조경 시공 순서로 가장 알맞은 것은? 05-5

㉮ 터닦기−급·배수 및 호안공−콘크리트공사−정원 시설물 설치−식재공사
㉯ 식재공사−터닦기−정원 시설물 설치−콘크리트공사−급·배수 및 호안공
㉰ 급·배수 및 호안공−정원 시설물 설치−콘크리트공사−식재공사−터닦기
㉱ 정원 시설물 설치−급·배수 및 호안공−식재공사−터닦기−콘크리트공사

정답 ➔ 10. ㉱ 11. ㉱ 12. ㉰ 13. ㉱ 14. ㉮

15 다음 공사의 작업 중 마지막으로 행하는 것은? 04-2, 07-5, 08-1

㉮ 식재공사
㉯ 급·배수 및 호안공
㉰ 터닦기
㉱ 콘크리트공사

15. 앞문제 참조

16 조경 공사 시공의 특징을 바르게 설명한 것은? 03-2

㉮ 각종 자연재료만을 사용하므로 주변에서 조달하기 위해 기계 장비 투입이 잦은 편이다.
㉯ 어느 공사보다도 많은 공사의 종류를 가지고 있지만 규모가 작아 기계 장비의 투입이 곤란하다.
㉰ 공사의 규모가 크고, 기계 장비의 투입이 많으므로 인력 사용은 적은 편이다.
㉱ 기계 장비의 투입이 유리하여 인력에 의존하는 경우가 적은 편이다.

16. 자연재료 뿐만 아니라 인공재료도 많이 사용하며, 공사의 특성상 인력이 많이 들어가는 편이다.

17 계약된 기간 내에 모든 공사를 가장 합리적이고 경제적으로 마칠 수 있도록 공사의 순서를 정하고 단위공사에 대한 일정을 계획하는 것은? 09-1

㉮ 현장인원 편성 ㉯ 공정계획
㉰ 자재계획 ㉱ 노무계획

17. 공정계획이란 관리를 하기 위한 사전작업으로서 부분작업의 순서계획과 시간계산 및 공기 내에 공사가 완료될 수 있도록 하는 일정계획을 말한다.

18 작성이 간단하며 공사 진행 결과나 전체 공정 중 현재 작업의 상황을 명확히 알 수 있어 공사규모가 적은 경우에 많이 사용되고, 시급한 공사도 많이 적용되는 공정표의 표시 방법은? 08-1

㉮ 막대그래프 ㉯ 곡선그래프
㉰ 네트워크 방식 ㉱ 대수도표

18. 막대그래프(횡선식 공정표)는 세로축에 공사종목, 가로축에는 소요시간을 막대로 표시하여 각 공정 및 전체공정이 일목요연하게 정리되어 각 작업의 시작과 종료를 명확히 볼 수 있다.

19 공사 일정 관리를 위한 횡선식 공정표와 비교한 네트워크(NET WORK) 공정표의 설명으로 옳지 않은 것은? 08-5, 12-5

㉮ 공사 통제 기능이 좋다.
㉯ 문제점의 사전 예측이 용이하다.
㉰ 일정의 변화를 탄력적으로 대처할 수 있다.
㉱ 간단한 공사 및 시급한 공사, 개략적인 공정에 사용된다.

19. 네트워크 공정표는 대형공사, 복합적 관리가 필요한 공사 등에 사용되며, ㉱는 횡선식 공정표에 대한 설명이다.

정답 → 15. ㉮ 16. ㉯ 17. ㉯ 18. ㉮ 19. ㉱

20 등고선에 관한 설명 중 틀린 것은? 07-1

㉮ 등고선 상에 있는 모든 점들은 같은 높이로서 등고선은 같은 높이의 점들을 연결한다.
㉯ 등고선은 급경사지에서는 간격이 좁고, 완경사지에서는 넓다.
㉰ 높이가 다른 등고선이라도 절벽, 동굴에서는 교차한다.
㉱ 모든 등고선은 도면 안 또는 밖에서 만나지 않고, 도중에서 소실된다.

20. 등고선은 반드시 폐합되며 도면 안이든 바깥이든 도중에 소실되지 않는다.

21 지형도에서 U자(字)모양으로 그 바닥이 낮은 높이의 등고선을 향하면 이것은 무엇을 의미하는가? 08-1

㉮ 계곡 ㉯ 능선
㉰ 현애 ㉱ 동굴

21. 계곡은 V자 모양으로 바닥이 높은 쪽을 향하게 된다.

22 설계 도면에서 표제란에 위치한 막대 축척이 1/200이다. 도면에서 1㎝는 실제 몇 m인가? 11-4

㉮ 0.5m ㉯ 1m
㉰ 2m ㉱ 4m

22. $\frac{1}{m} = \frac{도상면적}{실제면적}$

$\frac{1}{200} = \frac{0.01}{x}$

$\therefore x = 200 \times 0.01 = 2(m)$

23 축척 1/1000의 도면의 단위 면적이 16㎡일 것을 이용하여 축척 1/2000의 도면의 단위 면적으로 환산하면 얼마인가? 11-1

㉮ 32㎡ ㉯ 64㎡
㉰ 128㎡ ㉱ 256㎡

23. $(\frac{1}{m})^2 = \frac{도상면적}{실제면적}$

$(m_1)^2 : A_1 = (m_2)^2 : A_2$

$A_2 = (\frac{m_2}{m_1})^2 A_1$

$= (\frac{2000}{1000})^2 \times 16 = 64(m^2)$

24 평판측량의 3요소에 해당하지 않은 것은? 10-1

㉮ 정준 ㉯ 구심
㉰ 수준 ㉱ 표정

24. 평판의 3대요소에는 정준(정치), 구심(치심), 표정(정위)가 있다.

25 평판측량에서 제도용지의 도상점과 땅 위의 측점을 동일하게 맞추는 것은? 09-2

㉮ 정준 ㉯ 자침
㉰ 표정 ㉱ 구심

25. · 정준(정치) : 수평 맞추기
· 표정(정위) : 방향 맞추기
· 구심(치심) : 중심 맞추기

정답 → 20. ㉱ 21. ㉯ 22. ㉰ 23. ㉯ 24. ㉰ 25. ㉱

26 다음 평판 측량 방법과 관계가 없는 것은? 10-5

㉮ 방사법 ㉯ 전진법
㉰ 좌표법 ㉱ 교회법

26. 평판측량법에는 방사법, 전진법, 교회법이 있다.

27 수준측량과 관련이 없는 것은? 12-1

㉮ 레벨 ㉯ 표척
㉰ 앨리데이드 ㉱ 야장

27. 앨리데이드(시준기)는 평판측량과 관련이 있다.

28 삼각형의 세변의 길이가 각각 5m, 4m, 5m라고 하면 면적은 약 얼마인가? 12-4

㉮ 약 8.2㎡ ㉯ 약 9.2㎡
㉰ 약 10.2㎡ ㉱ 약 11.2㎡

28. 헤론의 공식 사용

$S=\sqrt{s(s-a)(s-b)(s-c)}$

$s=\frac{a+b+c}{2}$

$s=\frac{5+4+5}{2}=7$

$S=\sqrt{7(7-5)(7-4)(7-5)}$

$=9.16(m^2)$

29 항공사진 측량시 낙엽수와 침엽수, 토양의 습윤도 등의 판독에 쓰이는 요소는? 11-2

㉮ 질감 ㉯ 음영
㉰ 색조 ㉱ 모양

29. 침엽수는 활엽수보다 짙은 녹색의 수관을 갖고 있어 사진상에 나타나는 색조도 더 짙은 색으로 나타나 구별이 가능하다.

30 항공사진 측량의 장점 중 틀린 것은? 12-1

㉮ 축척 변경이 용이하다.
㉯ 분업화에 의한 작업능률성이 높다.
㉰ 동적인 대상물의 측량이 가능하다.
㉱ 좁은 지역 측량에서 50% 정도의 경비가 절약된다.

30. 항공사진 측량은 시설비용이 과대하게 들어 작은 지역의 측정에 부적합하다.

정답 → 26. ㉰ 27. ㉰ 28. ㉯ 29. ㉰ 30. ㉱

Chapter 3 조경 공종별 시설 공사

1 토공사

1. 토공 일반

■ 토공사
계획·설계·목적에 맞도록 흙을 다루는 모든 작업을 뜻한다.

(1) 기본용어

① 시공기면(F.L, Formation Level) : 시공 지반의 계획고로 구조물 바닥이나 공사가 끝났을 때의 지면 또는 마무리 면
② 흙의 안식각(Angle of Repose) : 흙을 쌓아올렸을 때 시간이 경과함에 따라 자연붕괴가 일어나 안정된 사면을 이루게 될 때 사면과 수평면과의 각도
③ 정지 : 공사구역 내의 흙을 시공 기준면(F.L)으로 맞추기 위해 절·성토하는 작업
④ 절토(Cutting) : 공사에 필요한 흙을 얻기 위해서 굴착하거나 계획면보다 높은 지역의 흙을 깎는 작업
⑤ 성토(Banking) : 일정 구역 내에서 기준면까지 흙을 쌓는 작업
⑥ 비탈면(법면) : 절·성토시 형성되는 사면
⑦ 비탈구배(경사 Slope) : 비탈면의 수직거리 1m에 대한 수평거리의 비

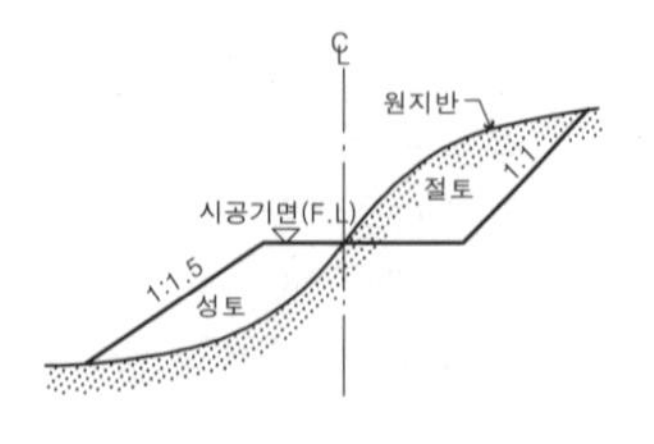

[절·성토의 이해]

(2) 시공 기준면(F.L) 결정

① 토공량을 최소로 하고 절·성토량이 균형되게 할 것
② 절·성토량을 유용할 경우 토취장·토사장은 가까운 곳에 둘 것
③ 절·성토시 흙의 팽창성과 다짐에 의한 압축성을 고려할 것
④ 성토에 의한 기초의 침하를 고려할 것
⑤ 비탈면 등의 흙의 안정을 고려할 것

■ 시공기면의 경제성
절·성토량의 안배 또는 균형은 시공기준면에 의하여 결정되기 때문에 토공량, 운반거리, 공기 등에 영향을 준다.

(3) 시공위치 표기

① 기준점(B.M, Bench Mark) : 공사중 높이의 기준점
② 변형 및 이동의 염려가 없는 곳에 2개소 이상 설치
③ 공사 중 잘 보이고, 공사에 지장이 없는 곳에 설정
④ 일반적으로 지반면에서 0.5~1.0m 위에 표시

수평규준틀	정확한 위치를 표기하기 위해 설치-건물 벽에서 1~2m 정도 이격 임시적으로 흰색 횟가루를 사용하여 백색 선으로 표기	
	귀규준틀	방향이 바뀌는 모서리 및 돌출부에 설치
	평규준틀	중간에 나뉘는 부분의 양측에 설치
식재위치	교목 및 단식	깃발을 꽂아 표기하고, 필요시 수목 명 기입
	관목군식	흰색 횟가루로 식재지역을 표시
높이 표시	기준점(기준수준점)을 기준으로 다른 측점(실시 높이)을 상대 높이로 표현(점고저, 경사율과 방향 등으로 표기)	

(4) 흙의 공학적 분류

① 조립토(사질토) : 자갈과 모래로 이루어진 흙

② 세립토(점토) : 실트와 점토로 된 흙

③ 유기질토 : 동식물의 유체가 다량으로 함유된 흙

(5) 흙의 안식각(휴식각, 자연경사)

① 자연구배 또는 자연경사라고도 지칭

② 함수비에 따라 영향을 받으나 흙의 입자가 크면 안식각이 커짐

③ 일반적인 흙의 안식각은 20°~40°이며 보통 30° 정도

(6) 작업 종류별 토공기계

벌개제근	불도저, 레이크 도저
굴착	파워 쇼벨, 백호(드랙 쇼벨), 클램셀, 불도저, 드래그라인
싣기	로더, 파워 쇼벨, 백호, 클램셀
운반	불도저, 덤프트럭, 로더
도랑파기	트렌처, 백호
다짐	로드 롤러, 타이어 롤러, 탬핑 롤러, 플래이터 콤팩터, 래머, 탬퍼
정지	모터그레이더, 골재 살포기

2. 토공사

(1) 정지 작업

① 시공 도면에 근거하여 계획된 등고선과 표고대로 부지를 고르는 일

② 공사부지 전체를 일정한 모양으로 만드는 작업

③ 식재 수목에 필요한 식재 기반 조성

④ 구조물이나 시설물을 설치하기 위하여 가장 먼저 시행하는 공사

◘ 사질토와 점토의 성질 비교

성질	사질토	점토
간극률	작다	크다
점착성	거의 없다	있다
압축성	작다	크다
압밀속도	순간적	느리고 장기적
소성	비소성(Np)	소성토
투수성	크다	작다
마찰력	크다	작다
동결피해	작다	크다

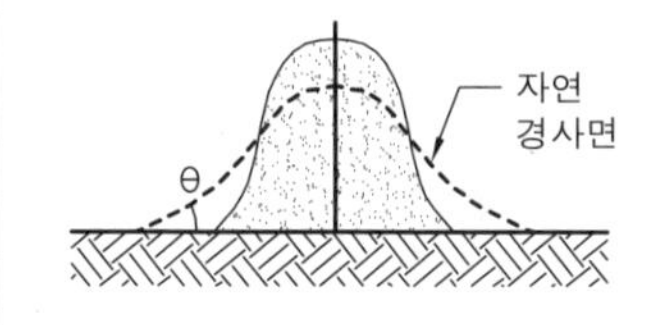

[안식각(θ)]

◘ 백호와 파워 쇼벨

백호는 기계가 서 있는 위치보다 낮은 면의 굴착을, 파워 쇼벨은 높은 곳의 굴삭을 하는 데 효과적이다.

◘ 벌개제근

성토에 이용될 흙의 굴착에 앞서서 나무뿌리나 지표의 유기질토를 제거하는 작업을 말한다.

(2) 절토공(흙깎기)

1) 일반사항

① 작업량에 따라 굴착기나 인력(소규모)으로 시공

② 절토는 안식각보다 약간 작게 하여 비탈면의 안정 유지

③ 보통 토질에서의 절토 비탈면 경사는 1 : 1 정도로 시공

2) 절토(굴착) 방법

도로 및 수로 굴착	벤치 컷(bench cut) 공법이라 하고, 그림과 같이 1–2–3–4–5의 순서로 계단상으로 굴착하며, 한 단의 높이는 1~2m가 적당
중력이용 절토	3m 정도의 높이에 적당하나 사고의 위험이 있으므로 주의
평지의 절토	수평절토는 불도저 작업, 수직절토는 쇼벨(shovel)계 굴착기로 1–2–3 순서로 작업
경사지 절토	높은 곳부터 굴착하면 굴착부에 물이 고여 작업이 곤란할 수 있으므로 낮은 부분부터 1–2 순서로 작업

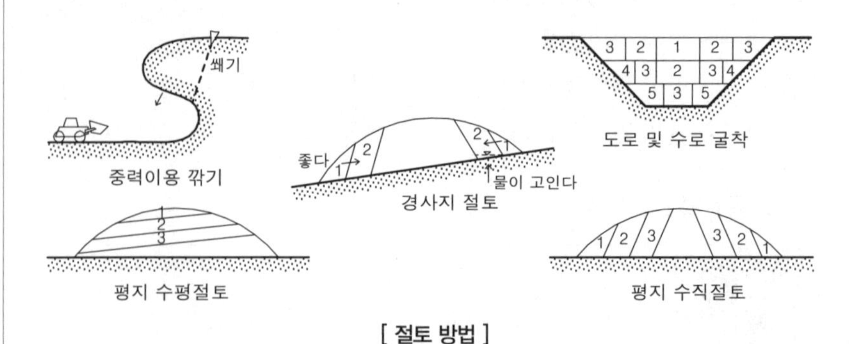

[절토 방법]

3) 표토 활용

① 식재 공사가 있을 경우 표토를 따로 보관하였다가 식재시 활용

② 식물 생육에 좋은 표토를 지표면 30~50㎝ 정도 깊이로 채취

③ 표토의 풍화토·유기물로 인한 지반 토사의 미끄러짐 방지에도 유리

(3) 성토공(흙쌓기)

1) 일반사항

① 성토에 사용되는 흙은 입도가 좋아 다짐과 안정이 잘될 것

② 성토에 사용되는 흙에 이물질 등이 혼합되지 않도록 유의

③ 성토시 30~60㎝마다 다짐 실시–다짐이 심하면 배수 곤란

④ 성토 후 침하에 대비하여 계획 성토고의 10% 더돋기 실시

⑤ 일반적인 흙쌓기의 경사는 1 : 1.5 정도

◘ 다짐의 영향

성토시 일정 높이마다 롤러와 같은 것으로 다짐을 하는데, 이 부분에 불투수층이 형성되어 배수가 안 되는 경우, 암거 등을 설치하여 배수가 잘 되도록 한다.

(4) 비탈면 시공

① 흙의 함수비·점착력·내부마찰각·단위중량 등을 고려하여 계산
② 절·성토의 경사는 안식각보다 완만하게 하면 안정도가 커짐
③ 함수비가 작을수록 안식각이 커져서 경제적으로 유리
④ 비탈면의 안정은 성토재료·공법·비탈경사 등에 따라 차이
⑤ 비탈경사 표기는 1 : 2, 1 : 3 등의 비율이나 퍼센트(%)로 표시

경사도(G)

$$G = \frac{수직거리}{수평거리} = 100(\%)$$

(5) 마운딩(mounding) 공사

① 경관에 변화를 주거나, 방음·방풍·방설 등을 위한 목적
② 흙쌓기 공사의 일종으로 흙쌓기 방법에 의해 실시
③ 식재가 되는 곳은 너무 다져지지 않게 주의–뿌리의 활착

2 시멘트 및 콘크리트 공사

1. 시멘트

(1) 시멘트의 성질

구분	내용
비중	3.05~3.18–보통 3.15
단위용적중량	1,200~2,000kg/㎥–보통 1,500kg/㎥
분말도	시멘트 입자의 고운 정도(2,800~3,000㎠/g)
수화작용	시멘트에 물을 첨가하면 시멘트 풀이 되고 시간이 흐르면 유동성을 잃고 굳어지는 일련의 화학반응–수화열 발생
응결	수화작용에 의해 굳어지는 상태를 지칭–대개 1시간 후 시작되어 10시간 이내로 상태완료
경화	응결 후 시멘트 구체의 조직이 치밀해지고 강도가 커지는 상태로 시간의 경과에 따라 강도가 증대되는 현상

시멘트
석회석과 점토, 약간의 광석 찌꺼기(슬래그)에 생석고(응결지연제)를 넣어 소성하면 클링커가 되고 그것을 분쇄한 것이 시멘트이다.

(2) 시멘트 창고

① 바닥은 지면에서 30㎝이상 띄우고 방습 처리
② 13포대 이상 쌓지 않으며, 장기 저장 시 7포대 초과 금지
③ 3개월 이상 저장한 시멘트는 시멘트는 사용 전 재시험 실시
④ 입하 순으로 사용하고, 5개월 이상 저장한 것은 사용금지
⑤ 창고 주위에 배수도랑을 설치하여 우수 침입 방지
⑥ 필요한 출입구와 채광창 외에 환기용 개구부 설치 금지
⑦ 반입구와 반출구를 따로 두어 내부통로를 고려한 넓이 산정
⑧ 시멘트 온도가 높을 경우 50℃ 이하로 낮추어 사용

시멘트의 창고 면적(㎡)

$$A = 0.4 \times \frac{N}{n} \text{(㎡)}$$

여기서, A : 창고면적(㎡)
N : 저장포대수
n : 쌓기 단수(최고13포대)

▫ 시멘트의 풍화
① 비중 저하
② 응결 지연
③ 강도 저하

(3) 시멘트의 종류

포틀랜드 시멘트	보통 포틀랜드 시멘트	• 비중 : 3.15, 단위용적중량 : 1,500kg/㎥ • 일반적인 보통의 공사에 사용
	조강포틀랜드 시멘트	• 수화발열량 및 조기강도 큼 • 긴급공사, 한중공사, 수중공사 사용
	중용열 포틀랜드 시멘트	• 수화발열량이 적어 수축·균열 발생 적음 • 조기 강도는 낮으나 장기 강도가 크며, 내침식성·내구성 양호 • 방사선 차단용 콘크리트, 댐공사, 매스콘크리트에 적당
	백색포틀랜드 시멘트	• 시멘트 원료 중 철분을 0.5% 이내로 한 것 • 내구성·내마모성 우수, 타일줄눈·치장줄눈 등에 사용
혼합시멘트	고로시멘트	• 비중이 낮고(2.9) 응결시간이 길며 조기강도 부족 • 해수, 하수, 지하수, 광천 등에 저항성이 크고 건조수축 적음 • 매스콘크리트, 바닷물, 황산염 및 열의 작용을 받는 콘크리트
	실리카 시멘트 (포졸란 시멘트)	• 조기강도는 작고 장기강도가 큼 • 시공연도가 좋아지고 블리딩 및 재료분리 현상이 적어짐 • 수화열이 적고 내화학성과 수밀성이 큼 • 매스콘크리트, 수중콘크리트에 사용
	플라이애쉬 시멘트	실리카 시멘트와 비슷한 특성을 지님
특수시멘트	알루미나 시멘트	• one day 시멘트, 조기강도가 큼 • 24시간에 보통 포틀랜드 시멘트의 28일 강도 발현 • 수축이 적고 내수·내화·내화학성이 크다. • 동절기공사, 해수 및 긴급공사에 사용
	팽창(무수축) 시멘트	• 건조수축에 의한 균열방지 목적 • 수축률은 보통시멘트의 20~30% 정도

▫ 수화열
시멘트의 응결과 경화 전반에 관계하는 것을 '수화반응'이라 하고 그 과정에서 발생하는 열을 '수화열'이라 한다.

▫ 시멘트의 수화열 비교
조강>보통>고로>중용열, 포졸란

▫ 시멘트의 조기강도 비교
알루미나>조강>보통>고로>중용열>포졸란

▫ 고로 슬래그(slag)
용광로에서 선철을 제조할 때 생기는 찌꺼기를 냉각시켜 분말화한 것

▫ 실리카(포졸란)
규석, 규산물질로 실리카 시멘트에 혼합된 천연 및 인공인 것을 총칭해 포졸란이라 한다.–화산회, 규조토, 고로 슬래그, 소성점토, 플라이애쉬

▫ 시멘트풀(시멘트 페이스트)
시멘트와 물이 혼합된 것

▫ 모르타르
시멘트와 모래, 물이 혼합된 것

▫ 콘크리트
시멘트와 골재(모래·자갈)를 물과 혼합하여 시간의 경과에 따라 물의 수화반응(水和反應)에 의해 굳어지는 성질을 가진 인조석의 일종이다.

2. 콘크리트

(1) 콘크리트의 구성

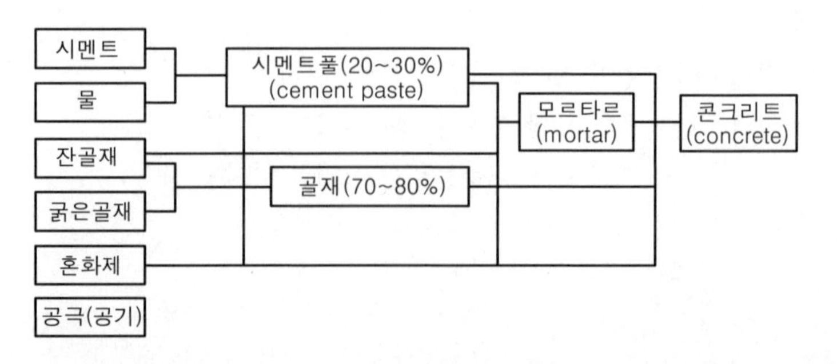

(2) 장단점

장점	단점
• 압축강도가 큼 • 내화·내수·내구적 • 철과의 접착이 잘 되고 부식 방지력이 큼 • 형태를 만들기 쉽고 비교적 가격 저렴 • 구조물의 시공이 용이하고 유지관리 용이	• 인장강도 약함(압축강도 1/10) • 자중이 커 응용범위 제한 • 수축에 의한 균열이 발생 • 재시공 등 변경·보수 곤란

(3) 혼화재(混和材)와 혼화제(混和劑)

혼화재	• 시멘트량의 5% 이상으로, 시멘트의 대체 재료로 이용되고 사용량이 많아 그 부피가 배합계산에 포함되는 것 • 플라이애쉬, 규조토, 고로 슬래그, 팽창제, 착색재 등
혼화제	• 시멘트량 1% 이하의 약품으로 소량사용하며 배합계산에서 무시 • AE제, AE감수제, 유동화제, 촉진제, 지연제, 급결제, 방수제, 기포제

혼화제의 종류

AE제	시공연도 증진, 동결융해 저항성·재료분리 저항성 증가, 단위수량·수화열 감소효과, 내구성·수밀성 증대, 블리딩 감소, 응결시간 조절(지연형, 촉진형)
AE감수제	시멘트 입자의 유동성을 증대해 수량의 사용을 줄여 강도, 내구성, 수밀성, 시공연도 증대–유동화제도 성능 동일
응결경화 촉진제	염화칼슘, 염화나트륨, 식염을 사용하여 초기강도를 증진시키고 저온에서도 강도 증진효과가 있어 한중콘크리트에 사용–내구성 저하 우려
응결지연제	구연산, 글루코산, 당류 등을 사용하여 수화 반응에 의한 응결시간을 늦추어 슬럼프값 저하를 막고, 콜드조인트 방지나 레미콘의 장거리 운반시 사용
방수제	수밀성 증대를 목적으로 방수제 사용
기포제	발포제를 사용하여 경량화, 단열화, 내구성 향상

(4) 골재와 물

❖ 골재의 품질

① 표면이 거칠고 둥근형태일 것 ② 시멘트 강도 이상일 것 ③ 실적률이 클 것
④ 내마모성이 있을 것 ⑤ 청정하고 불순물이 없을 것

❖ 골재의 입도

입도란 크고 작은 골재가 적당히 혼합되어 있는 정도로 골재치수가 크면 시멘트 및 물의 사용량이 줄고 강도 및 내구성·수밀성이 향상된다.

◘ 콘크리트의 공기량

콘크리트 내의 공기량은 일반적으로 약 5% 정도를 포함하고 있다. 공기량 1% 증가 시 강도는 4~6% 정도가 감소된다.

◘ 철근콘크리트

콘크리트의 단점인 인장력을 보완하기 위해 철근을 일체로 결합시켜서 콘크리트는 압축력, 철근은 인장력에 저항하게 한 것이다. 보강재를 사용하지 않은 것은 무근콘크리트라 한다.

◘ 혼화재와 혼화제

혼화재료는 시멘트의 성질을 개량할 목적으로 사용하는 재료이다.

◘ 골재

골재의 크기는 보통 25~40mm 정도의 크기가 많이 쓰여지며, 콘크리트의 중량을 낮추기 위해 화산석·경석·인공 질석·펄라이트 등의 경량 골재를 사용한다.

1) 골재크기에 따른 분류

① 잔골재(모래) : 5mm 체에 중량비로 85% 이상 통과하는 것
② 굵은골재(자갈) : 5mm 체에 중량비로 85% 이상 남는 것

2) 골재의 실적률과 공극률

실적률과 공극률은 서로 상반된 관계

· 실적률 $(d) = \frac{w}{\rho} \times 100(\%)$

· 공극률 $(v) = (1 - \frac{w}{\rho}) \times 100(\%)$

여기서, ρ : 골재의 비중
w : 골재의 단위용적 중량(kg/㎥)

3) 골재의 함수량

① 함수량 : 습윤상태의 물의 전량 A−D
② 흡수량 : 표면건조내부포화 상태의 수량 B−D
③ 표면수량 : 골재의 표면에만 있는 수량 A−B
④ 기건수량 : 공기중 건조상태의 수량 C−D
⑤ 유효흡수량 : 흡수량과 기건수량의 차 B−C

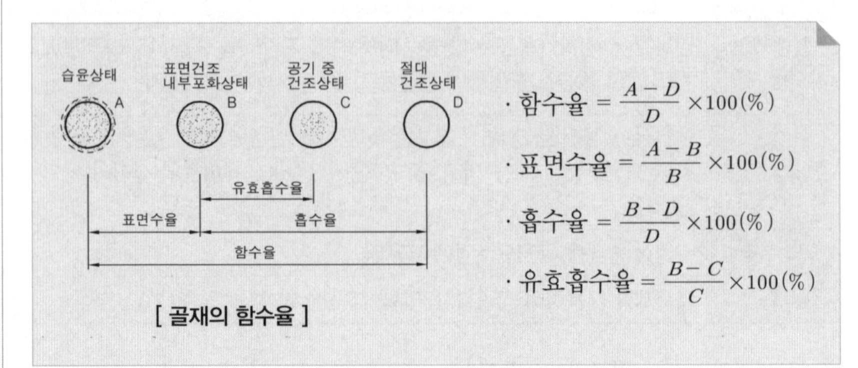

[골재의 함수율]

· 함수율 $= \frac{A-D}{D} \times 100(\%)$

· 표면수율 $= \frac{A-B}{B} \times 100(\%)$

· 흡수율 $= \frac{B-D}{D} \times 100(\%)$

· 유효흡수율 $= \frac{B-C}{C} \times 100(\%)$

4) 물

① 물은 시멘트와 수화작용을 하므로 강도와 내구력에 영향을 줌
② 수돗물이나 오염되지 않은 하천이나 호수의 물 사용

(5) 콘크리트의 배합

1) 배합의 표시법

중량배합	콘크리트 1㎥에 소요되는 재료의 양을 중량(kg)으로 표시한 배합
절대용적배합	콘크리트 1㎥에 소요되는 재료의 양을 절대용적(ℓ)으로 표시한 배합

콘크리트의 요구 성능
① 소요 강도(압축 강도)
② 균질성
③ 밀실성(수밀성)
④ 내구성
⑤ 내화성
⑥ 시공 용이성
⑦ 균열 저항성
⑧ 경제성

빈배합과 부배합
① 빈배합 : 콘크리트에 시멘트의 단위량이 적은 배합
② 부배합 : 콘크리트에 시멘트의 단위량이 많은 배합

표준계량용적배합	콘크리트 1m³에 소요되는 재료의 양을 표준계량용적(m³)으로 표시한 배합(시멘트 1,500kg=1m³)
현장계량용적배합	콘크리트 1m³에 소요되는 재료의 양을 시멘트는 포대수로, 골재는 현장계량에 의한 용적(m³)으로 표시한 배합(1:2:4, 1:3:6 등)

2) 배합설계 순서

설계기준 강도→배합강도→시멘트 강도→물·시멘트비→슬럼프치 결정→굵은골재 최대치수→잔골재율→단위수량→시방배합→현장배합

3) 물·시멘트비-W/C비

① 물과 시멘트의 중량백분율로 시멘트에 대한 물의 중량을 표시
② 강도와 내구성, 수밀성, 건조수축, 재료 분리, 블리딩 등의 영향 인자
③ 일반적으로 물·시멘트비는 40~70% 정도로 사용

4) 슬럼프(slump) 시험

① 반죽의 질기를 측정하여 시공성(워커빌리티)의 정도를 측정
② 슬럼프 값이 높다는 것은 반죽이 질다는 것을 의미

슬럼프 표준값

종류		슬럼프 값(mm)
철근 콘크리트	일반적인 경우	80~150
	단면이 큰 경우	60~120
무근 콘크리트	일반적인 경우	50~150
	단면이 큰 경우	50~100

5) 잔골재율

① 잔골재량과 전골재량의 절대용적 비율
② 잔골재율이 커지면 단위수량과 단위시멘트량 증가
③ 잔골재율은 소요 워커빌리티를 얻을 수 있는 범위 내에서 가능한 작게 함

$$\text{잔골재율} = \frac{\text{잔골재의절대용적}}{\text{전체골재의절대용적}} \times 100(\%)$$

6) 공기량

① AE제, AE감수제를 사용하여 연행공기를 만들어 계면활성작용으로 시공연도를 좋게 하고 내구성을 증가 시킴
② 공기량은 일반적으로 4~7% 함유-자연적 공기량은 1~2%
③ 공기량 1% 증가 시 강도 4~6% 감소

◘ 콘크리트의 배합

콘크리트의 배합은 소요의 강도, 내구성, 수밀성, 균열, 저항성, 철근 또는 강재를 보호하는 성능 및 작업에 적합한 워커빌리티를 갖는 범위 내에서 단위 수량이 될 수 있는 대로 적게 되도록 해야 한다.

◘ W/C비가 클 때의 문제점

강도 저하(내부공극 증가), 부착력 저하, 재료분리 증가, 블리딩과 레이턴스 증가, 내구성·내마모성·수밀성 저하, 건조수축·균열발생 증가, 크리프(creep) 현상증가, 동결융해 저항성 저하, 이상 응결, 지연, 시공연도 저하 등이 나타날 수 있다.

◘ 슬럼프 시험

밑지름 20㎝, 윗지름 10㎝, 높이 30㎝의 몰드 속에 콘크리트를 3회에 나누어 넣고 각각 25회씩 다진 다음, 몰드를 들어 올렸을 때 30㎝ 높이의 콘크리트가 가라앉은 높이를 말한다.

◘ 슬럼프 시험 기구

① 수밀 평판
② 슬럼프콘
③ 다짐 막대
④ 측정 기구(자)

(6) 콘크리트의 특성 및 관리

1) 굳지 않은 콘크리트 성질

컨시스턴시 (consistency)	수량에 의해 변화하는 콘크리트의 유동성의 정도, 반죽의 질기 정도, 시공연도에 영향을 줌
시공연도 (workability)	반죽질기에 의한 작업의 난이도 정도 및 재료분리에 저항하는 정도-시공의 난이 정도(시공성)
성형성 (plasticity)	거푸집 등의 형상에 순응하여 채우기 쉽고 재료분리가 일어나지 않으며, 거푸집형태로 채워지는 난이성 정도(점조성)
마감성 (finishability)	골재의 최대치수에 따르는 표면정리의 난이정도-마감작업의 용이성 정도

2) 시공연도(워커빌리티)에 영향을 주는 요소

① 단위수량이 많으면 재료분리, 블리딩 증가
② 단위시멘트량이 많으면(부배합)이 빈배합보다 시공연도 향상
③ 시멘트의 분말도가 클수록 시공연도 향상
④ 둥근 골재(강자갈)가 입도가 좋아 시공연도 향상
⑤ 적당한 공기량은 시공연도 향상
⑥ 비빔시간이 길어지면 시공연도 저하
⑦ 온도가 높으면 시공연도 저하

3) 재료분리 원인과 대책

① 단위수량 및 W/C 과다→W/C를 작게
② 골재의 입도, 입형 부적당→양호한 재료배합
③ 골재의 비중차이(중량, 경량골재)→혼화제(재) 사용
④ 시멘트 페이스트 및 물의 분리→수밀성 높은 거푸집 사용과 충분한 다짐

laitance
타설 후 con'c면
침강 균열
침하량
수막
철근
bleeding에 의한 균열

[블리딩 현상]

4) 블리딩과 레이턴스

블리딩 (bleeding)	아직 굳지 않은 시멘트풀, 모르타르 및 콘크리트에 있어서 물이 윗면에 솟아오르는 현상으로 재료분리의 일종
레이턴스 (laitance)	블리딩으로 생긴 물이 말라 콘크리트면에 침적된 백색의 미세한 물질

◘ 콘크리트 강도에 영향을 주는 요인

① 재료 : 시멘트, 골재, 물, 혼화재료
② 배합 : W/C비, 슬럼프치
③ 시공 : 타설, 운반, 양생 등

(7) 콘크리트의 종류

레미콘	• 레디믹스드 콘크리트(ready mixed concrete)를 말하며, 콘크리트 제조설비를 갖춘 전문공장에서 배합하여 운반차량으로 현장까지 공급하는 굳지 않은 콘크리트 • 양질의 콘크리트 기대, 운반시간에 따른 지연제의 필요성

AE 콘크리트	• AE제를 사용하여 콘크리트 속에 미세한 공기를 섞어 성질을 개선한 콘크리트 • 내구성과 워커빌리티 개선, 단위수량 및 수화열 감소, 재료분리현상감소
한중 콘크리트	• 하루 평균 기온이 4℃ 이하로 동결 위험이 있는 기간에 시공하는 콘크리트로 초기에 보온 양생 실시 • W/C비 60% 이하, 공기 연행제(AE제, AE감수제) 사용
서중 콘크리트	• 하루 평균기온이 25℃ 또는 최고 기온이 30℃를 초과하는 때에 타설하는 콘크리트 • 재료의 온도를 낮추고 AE제, AE감수제, 지연제 등 사용
경량 콘크리트	천연, 인공경량골재를 일부 혹은 전부를 사용하고 단위용적중량이 1.4~2.0t/㎥의 범위에 속하는 콘크리트-단열 성능 효과
매스 콘크리트	• 부재단면의 최소치수가 80㎝ 이상이고 수화열에 의한 콘크리트 내부의 최고온도와 외기온도의 차가 25℃ 이상으로 예상되는 콘크리트 • 균열 발생의 우려, 저열 시멘트 사용, 슬럼프 값 낮게 사용
프리팩트 콘크리트	미리 골재를 거푸집 안에 채우고 특수 탄화제를 섞은 모르타르를 주입하여 골재의 빈틈을 메워 만든 콘크리트
수밀 콘크리트	• 콘크리트의 자체 밀도가 높고 내구적·방수적이어서 수밀성을 특별히 요하는 부위에 사용하는 콘크리트 • AE제, AE감수제, 포졸란 등을 사용, 공기량 4% 이하, W/C비 55% 이하
진공 콘크리트	콘크리트를 타설한 직후 진공매트를 사용하여 수분과 공기를 제거하고 대기의 압력으로 다짐으로써 초기강도를 크게 한 콘크리트
식생 콘크리트	콘크리트자체나 구조물에 부착생물, 암초성 생물, 생태적 약자, 식물 및 미생물 등이 서식할 수 있는 공간을 제공하는 콘크리트

(8) 거푸집

1) 거푸집의 용도

① 콘크리트의 형상을 만드는 틀-목재·철재
② 콘크리트 형상과 치수유지
③ 콘크리트 경화에 필요한 수분과 시멘트풀 누출방지
④ 양생을 위한 외기 영향 방지

2) 거푸집의 조건

① 조립의 밀실성, 외력·측압에 대한 안정성
② 충분한 강성과 치수의 정확성
③ 조립해체의 간편성, 이동용이, 반복사용 가능

3) 거푸집 재료 및 부속재

① 거푸집 널 : 콘크리트에 직접 닿는 판상부분
② 띠장, 장선, 멍에 : 거푸집 널 지지
③ 받침기둥(동바리) : 거푸집의 형상 및 위치를 확보하기 위한 지주

④ 연결대 : 동바리 간을 연결하여 횡력에 저항
⑤ 격리재 : 거푸집 상호간의 간격을 유지하고 측벽 두께를 유지하기 위한 것
⑥ 긴장재 : 거푸집이 벌어지거나 오그라드는 것을 방지하기 위한 것
⑦ 간격재 : 철근과 거푸집의 간격을 유지하기 위한 것
⑧ 박리제 : 거푸집을 쉽게 제거하기 위해 바르는 도포제

4) 거푸집 존치기간

① 확대기초, 보옆, 기둥, 벽 등의 측면은 2~5일 존치
② 슬래브 및 보의 밑면, 아치 내면은 설계기준 강도에 도달 할 때까지 존치

3. 콘크리트 공사

(1) 콘크리트의 비빔

① 기계비빔이 원칙-소량은 손비빔 가능
② 재료투입은 동시투입이 좋으나 실제 '모래 →시멘트 →물 →자갈'의 순서로 투입
③ 비빔시간은 최소 1분 이상-수밀콘크리트는 3분 이상

(2) 운반

① 현장 내 소운반은 버킷, 손수레류 사용
② 장거리 운반은 레미콘을 사용하고 응결지연제(석고) 사용

(3) 부어넣기(치기)

① 재료분리를 일으키지 않을 것
② 비빔장소에서 먼 곳에서 가까운 곳으로 옮겨가며 부어넣기
③ 계획된 구획 내에서는 일체가 되도록 연속하여 부어넣기
④ 한 구획 내에서는 콘크리트 표면이 수평이 되도록 치기
⑤ 한 곳에서만 부어넣으며 다른 부분으로 흘려보내기 금지
⑥ 될 수 있는 한 콘크리트 혼합 후 단기간에 부어넣을 것
⑦ 낮은 곳에서 높은 곳의 순서로 부어넣을 것

(4) 다짐-진동기 사용시 주의점

① 슬럼프 15㎝ 이하의 된비빔 콘크리트에 사용함이 원칙
② 수직으로 사용하고 철근 및 거푸집에 닿지 않도록 사용
③ 중복되지 않게 60㎝ 이하의 간격으로 실시
④ 사용시간은 30~40초 이하-시멘트풀이 올라올 정도
⑤ 구멍이 생기지 않도록 천천히 빼기
⑥ 굳기 시작한 콘크리트에 사용 금지

◘ 박리제

동식물유, 중유, 폐유, 아마인유, 파라핀유, 합성수지 등을 사용하며, 너무 오염되지 않은 것을 사용하여 콘크리트에 착색이 되지 않도록 한다.

◘ 측압이 크게 걸리는 경우

① 슬럼프가 클 때
② 부어넣기 속도가 빠른 경우
③ 타설 높이가 높을 경우
④ 대기습도가 높은 경우
⑤ 온도가 낮은 경우
⑥ 진동기 사용 시

◘ 거푸집 존치기간에 영향을 주는 4요소

① 부재의 종류
② 콘크리트 압축강도
③ 시멘트 종류
④ 평균 기온

◘ 콘크리트공사 작업순서

재료계량→비비기→운반→치기→다지기→겉 마무리→양생

◘ 비빔에서 부어넣기까지의 시간

외기온도	시간
외기온도 25℃초과	1.5시간 이내
외기온도 25℃ 이하	2시간 이내

◘ 다짐의 목적

① 공극을 제거하여 밀실하게 충진
② 소요강도, 내구성, 수밀성 증대
③ 철근의 부착강도 증대 및 부식방지

(5) 시공이음

1) 시공이음의 일반사항

① 시공이음은 될 수 있는 대로 전단력이 작은 곳에 위치
② 부재의 압축력이 작용하는 방향과 직각 배치
③ 부득이 전단력이 큰 위치에 할 경우 강재로 적절히 보강
④ 시공이음부는 하자요인이 될 수있으므로 각별히 주의

2) 각종 줄눈(joint)

콜드조인트 (cold joint)	시공과정 중 휴식시간 등으로 응결하기 시작한 콘크리트에 새로운 콘크리트를 이어 칠 때 일체화가 저해되어 생기는 줄눈으로 계획되지 않은 불량 줄눈 – 강도저하, 누수, 균열, 부착력 저하 등 발생
시공줄눈 (construction joint)	타설 능력, 작업 상황을 고려하여 미리 계획한 줄눈으로, 콘크리트를 한 번에 계속하여 부어나가지 못할 곳에 위치
신축줄눈 (expantion joint)	구조물의 온도변화에 의한 수축팽창, 부동침하 등으로 발생 할 수 있는 곳을 예상하여 응력을 해제 하거나 변형흡수를 목적으로 설치
조절줄눈 (contraction joint)	바닥, 벽 등의 수축에 의한 표면균열이 생기는 것을 줄눈에서 발생하도록 유도하는 줄눈 – control joint

◘ 시공이음부
쇠솔이나 쪼아내기, 고압분사로 레이턴스를 제거하거나 청소하고, 습윤상태로 처리한 후 시멘트풀 등을 도포한 후 이어치기를 실시한다.

(6) 양생(養生)

1) 양생의 기본요건

① 성형된 콘크리트에 충분한 수분공급(보통 5일 이상 습윤 양생)
② 적절한 온도 유지(5℃ 이상)와 급격한 건조방지
③ 성형된 콘크리트에 하중 및 충격 금지

2) 양생 방법

습윤 양생	모르타르나 콘크리트 등을 수중 보양 또는 살수 보양하는 것
증기 양생	고온의 수증기로 양생하는 것–한중 콘크리트에도 유리, 거푸집 조기 탈형, 조기 강도 증진
전기 양생	콘크리트 중에 저압 교류를 통하여 전기저항열을 이용한 것
피막 양생	콘크리트 표면에 피막 형성용 액체를 뿌려 수분 증발을 방지하여 양생
고압증기 양생	autoclave에서 양생하며 24시간에 28일 강도 발휘

◘ 양생
콘크리트 타설 후 일정기간 동안 온도, 하중, 충격, 오손, 파손 등 유해한 영향을 받지 않도록 보호관리하여 응결 및 경화가 진행되도록 하는 것을 말한다.

◘ 습윤양생 보호기간

15℃ 이상	보통 7일(조강 4일)
10℃ 이상	보통 7일(조강 4일)
5℃ 이상	보통 9일(조강 5일)

◘ 콘크리트와 온도
콘크리트의 응결 및 경화는 4℃ 이하가 되면 더욱 완만해지며 –3℃에서 완전 동결되어 더 이상 경화되지 않는다.

4. 기타

(1) 철근의 종류

원형철근	단면이 원형인 것으로 Ø로 표시–Ø6~600
이형철근	• 원형철근의 표면에 두 줄의 돌기와 마디가 있으며 D로 표시–D10~D38 • 보통 원형강보다 40% 이상 부착력 증가
용접철망	무근콘크리트의 보강용으로 이용하며 철근은 아님–와이어메쉬

◘ 철근의 가공

직경 25mm 이하 철근은 상온에서 가공하고 직경 28mm(D29) 이상은 가열하여 가공한다.

(2) 콘크리트 제품

경계 블록, 보도 블록, 시멘트 벽돌, 콘크리트 관, 인조목, 호안 블록, 식생 블록, 투수 블록, 다공성 생태 블록, 노출 콘크리트

③ 목공사

1. 목재의 특성 및 성질

(1) 장·단점

장 점	단 점
• 비중이 작고 가공용이 • 열전도율이 작아 보온·방한·차음의 효과 높음 • 외관이 아름답고 가구재·내장재 및 다용도 사용	• 부패·충해·풍해에 약함 • 가연성으로 제한적 사용 • 흡수성과 신축변형이 큼

◘ 심재와 변재의 비교

심재는 변재와 비교하여 재질이 치밀하여 빛깔이 진하고 강도가 크며 수축성이 작다.

구분	심재	변재
비중	크다	작다
강도	크다	작다
내구성	크다	작다
수축성	적다	크다
흠	거의 없다	많다
내후성	크다	작다

(2) 목재의 함수율

$$\text{함수율}(\%) = \frac{\text{목재의무게}(W_1) - \text{전건재의무게}(W_2)}{\text{전건재의무게}(W_2)} \times 100$$

① 함수율이 작아질수록 목재는 수축하며, 목재의 강도는 증가

② 섬유 포화점(함수율 30%) 이상–강도 불변

③ 섬유 포화점 이하–건조 정도에 따라 강도 증가

④ 전건상태–섬유 포화점 강도의 약 3배

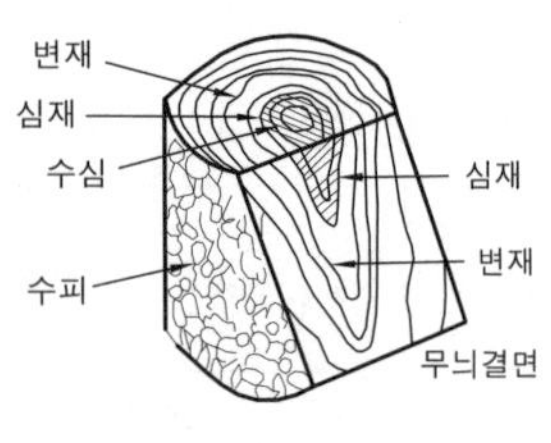

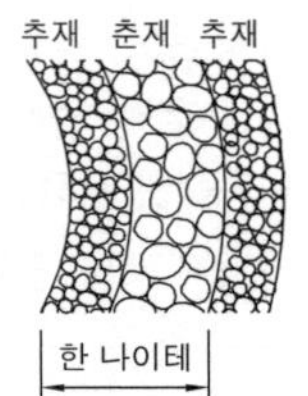

[목재의 조직구조]

목재의 일반적 함수율

전건재	기건재	섬유 포화점	구조재	수장재		비고
0%	15%	30%	25%	A종	18% 이하	함수율은 전단면에 대한 평균치
				B종	20% 이하	
				C종	24% 이하	

(3) 목재의 강도

① 압축강도와 인장강도 : 섬유방향 최대, 섬유와 직각방향 최소
② 전단강도 : 섬유방향에 직각일 때 최대, 섬유방향일 때 최소
③ 지름방향, 촉방향의 강도는 섬유팽창방향(축방향)강도의 1/5~1/10 정도
④ 인장강도 〉 휨강도 〉 압축강도 〉 전단강도(인장강도의 1/10 정도)

(4) 목재의 비중

① 전건상태를 기준으로 한 공극률 산출식

$$V = (1 - \frac{W}{1.54}) \times 100$$

여기서, V : 공극률(%)
W : 전건 비중
1.54 : 섬유질의 비중

② 비중 : 나무의 종류와 관계없이 세포자체는 1.54
③ 전건비중이 작은 목재일수록 공극률이 크고, 공극률이 커지면 강도는 작아짐

(5) 목재의 결

① 곧은결은 종단면이 연륜에 직각 방향일 때 나타나는 평행선 모양
② 널결은 종단면이 연륜에 평행 방향일 때 나타나는 물결 모양
③ 곧은결이 널결보다 변형이 작고 마모에 강함

2. 목재의 제재 및 방부법

(1) 제재

① 벌목의 시기는 수간 중에 수액이 적고 이동이 적은 추동기가 적당
② 취재율은 침엽수 60~75%, 활엽수 40~60% 정도

(2) 건조

1) 목재의 건조목적

① 균에 의한 부식과 충해방지
② 강도 및 내구성 향상 및 변형, 수축, 균열 방지
③ 도장 및 약제처리 가능
④ 중량 경감으로 취급 및 운반비 절감

2) 건조법

자연 건조	대기 건조	직사광선과 비를 피하고 통풍을 시켜 건조
침수 건조 (수액 제거)	수침법	물 속에 저장(보통 6월)하여 수액제거
	자비법	목재를 물에 넣어 끓여서 수액제거

◘ 수종별 강도

① 압축강도
참나무〉낙엽송〉단풍나무〉느티나무〉소나무〉삼나무〉밤나무〉오동나무
② 인장강도
참나무〉느티나무〉단풍나무〉낙엽송〉밤나무〉소나무〉삼나무〉오동나무

◘ 전건 비중

수분이 전혀 없는 상태일 때의 비중으로 전건 비중이 크면 강도가 증가한다.–리기다소나무 0.49, 상수리나무 0.8

◘ 제재

원목으로부터 목재를 얻기 위한 것

◘ 취재율

나무로부터 목재를 얻어내는 비율을 말한다.

인공 건조	열기 건조	가열 공기를 보내 건조
	증기 건조	적당한 습도의 증기를 보내 건조
	훈연 건조	연기로 방부성을 주는 목재 건조법
	고주파 건조	목재에 고주파를 투사하여 내부에 열을 발생시켜 건조하는 것으로 가장 빠르게 건조시킬 수 있는 방법

(2) 방부

1) 방부제의 요구조건

① 목재에 침투가 용이하고 악취나 변색이 없을 것
② 금속이나 동물, 인체에 피해가 없을 것
③ 방부처리 후 표면에 페인트 칠 등 마감처리가 가능할 것
④ 강도저하나 가공성 저하가 없을 것
⑤ 중량증가, 인화성, 흡수성 증가가 없을 것

2) 방부제의 종류

수용성 방부제	물에 용해해서 사용
유화성 방부제	유성·유용성 방부제를 유화제로 유화한 후 물로 희석해서 사용
유용성 방부제	경유·등유 및 유기용제를 용매로 하여 사용
유성 방부제	원액의 상태에서 사용하는 유상의 방부제

목재의 사용 환경 등급(Hazard class)과 방부제

사용 환경 등급	사용 환경 조건	사용가능방부제
H1	• 건재해충 피해환경 • 실내사용 목재	• BB, AAC • IPBC, IPBCP
H2	• 결로예상 환경 • 저온환경 • 습한 곳의 사용목재	• ACQ, CCFZ, ACC, CCB CUAZ, CuHDO, MCQ • NCU, NCN
H3	• 자주 습한 환경 • 흰개미피해 환경 • 야외사용 목재	• ACQ, CCFZ, ACC, CCB CUAZ, CuHDO, MCQ • NCU, NCN
H4	• 토양 또는 담수와 접하는 환경 • 흰개미피해 환경 • 흙·물과 접하는 목재	• ACQ, CCFZ, ACC, CCB CUAZ, CuHDO, MCQ • A
H5	• 바닷물과 접하는 환경 • 해양에 사용하는 목재	• A

◘ 방부
부패와 충해를 방지하고 내구성을 늘리기 위해 살균 및 살충력이 있는 약제를 목재에 침투시켜 시행한다.

◘ CCA, PCP 방부제
방부력이 우수하여 많이 사용되어졌으나 비소의 독성과 PCP의 내분비계 장애 유발로 제조·사용이 금지되었다.

◘ 크레오소트유(Creosote oil)
방부력이 우수하고 가격이 저렴하나 암갈색으로 강한 냄새가 나며, 마감재 처리가 어려워 침목, 전신주, 말뚝 등 주로 산업용에 사용한다.

◘ 목재의 용도
① 침엽수 – 구조재
② 활엽수 – 치장재, 가구재

◘ 사용 부위별 구분
① 구조재 : 강도가 크고, 직대재를 얻을 수 있어야 한다.
② 수장재 : 나무결이 좋고, 무늬가 곱고, 뒤틀림이 적어야 한다.
③ 창호재 및 가구재 : 수장재보다 흠이 없는 곧은 결의 기건재를 사용해야 한다.

3) 방부처리법

구분	내용
표면탄화법	목재의 표면 3~4mm 정도를 태워 수분을 제거하는 방법
도포법	건조재의 표면에 방부제를 바르는 방법
확산법	생재 및 목재의 젖은 표면에 높은 농도의 방부액을 바르거나 침지한 후 일정시간 적치 후 건조시키는 방법
침지법	방부제 용액에 목재를 담가서 처리하는 방법으로 가열처리도 함
가압식 주입처리법	건조된 목재를 밀폐된 용기 속에 목재를 넣고 감압과 가압을 조합하여 목제에 약액을 주입하는 방법
생리적 주입법	벌목 전 나무뿌리에 약액을 주입하여 수간에 이행시키는 방법

■ 방부처리 방법

부후균의 번식에 필요한 요소인 공기, 수분, 영양 중 어느 한 가지의 공급을 막아서 번식을 막는 원리를 이용한다.

3. 목재의 종류

원목	제재하지 않은 통나무로 자연스러운 느낌을 주어 계단·원로의 디딤판, 화단의 경계목, 작은 울타리 등에 사용
제재목	원목을 제재하여 두께 및 폭·형상에 따라 각재와 판재로 구분 • 각재 : 두께가 7.5cm 미만이고, 폭이 두께의 4배 미만인 것 또는 두께 및 폭이 7.5cm 이상인 것 • 판재 : 두께가 7.5cm 미만이고, 폭이 두께의 4배 이상인 것
합판 (plywood)	3장 이상의 박판을 홀수로 사용하여 나뭇결이 엇갈리게 여러 겹으로 붙여 만든 판상재로 외부공간에서는 내수합판을 사용–거푸집널
분쇄목	목재를 분쇄하여 놀이터 및 식재지에 사용(woodchip)–자연스런 분위기, 충격 완화
기타	나무블록, 대나무발

■ 합판의 특징

① 방향성이 없다.
② 균일한 강도를 얻을 수 있다.
③ 수축 · 팽창의 변형이 적다.
④ 균일한 크기로 제작 가능하다.

■ 합판의 단판제법

① 로터리 베니어(가장 많이 사용)
② 소드 베니어
③ 슬라이스드 베니어

4. 목재 시설의 제작과 설치

(1) 순서

목재 구입→용도별 절단→박피 · 제재 · 깎기→구멍 뚫기 · 따내기 · 모 다듬기 등 1차 가공→건조→방부처리→양생

(2) 목재의 접합

이음	목재를 길이로서 길게 잇는 방법	
	턱이음	두 부재의 연결부에 서로 반대되는 턱을 만들어 잇는 방법
	장부이음	한쪽에는 장부를 만들고 한쪽에는 장부구멍을 만들어 서로 끼워 밀착하게 결구하는 방법

■ 목재의 가공 및 설치

목재는 방부, 방충, 표면보호 등을 위한 조치를 하고 통풍이 잘되는 곳에 보관한다. 제재목은 마무리 여유를 두어 3~5mm 정도 크게 제조된 것으로 마무리 치수를 확인하여 사용하고, 목재 기둥은 지표면에서 5cm 이상 떨어뜨려 감잡이쇠를 이용하여 설치한다.

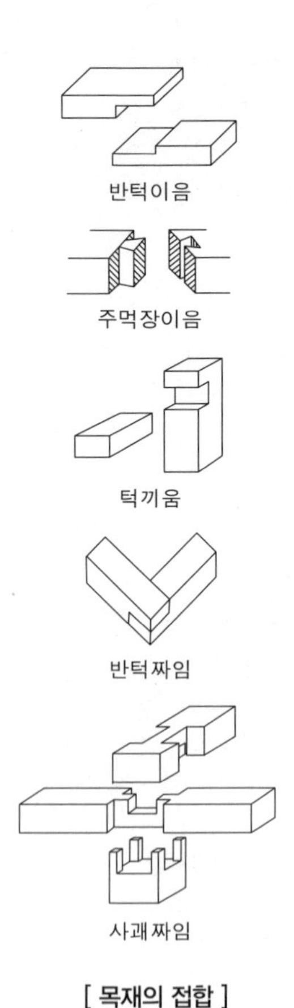

[목재의 접합]

맞춤(짜임)	목재에 각(경사·직각)을 지어서 맞추는 방법	
	턱끼움	턱이음과 유사하여 한 부재에는 홈을 파고 끼임 부재에는 턱을 깎아 접합하는 기법
	턱맞춤	연결되는 2개의 부재에 모두 턱을 만들어 서로 직각되거나 경사지게 물리는 방법
	기둥머리 짜임	기둥머리에 축을 만들어 도리나 창방, 보머리 또는 보방향 첨차를 짜임하는 기둥머리 결구에 사용되는 맞춤법

(3) 쪽매 : 목재를 섬유방향과 평행으로 넓게 옆으로 대는 방법

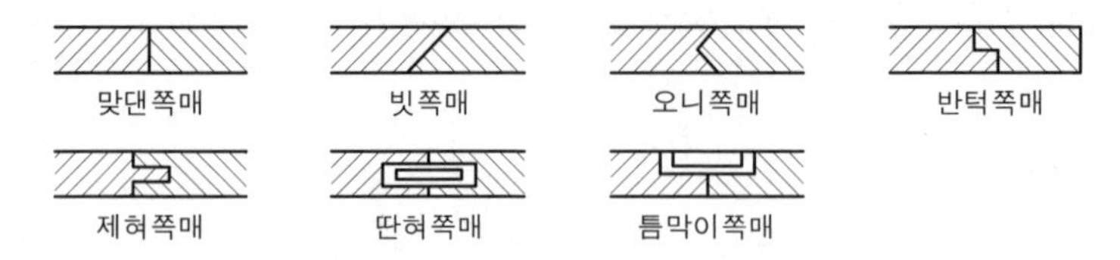

[쪽매의 종류]

(4) 접착제

① 천연접착제 : 아교풀, 부레풀, 카세인, 밥풀

② 합성수지계접착제 : 초산비닐, 페놀수지, 요소수지, 멜라민 수지

❖ 접착제의 내수성 비교

실리콘>에폭시>페놀>멜라민>요소>아교

❖ 접착력 비교

에폭시>요소>멜라민>페놀

(5) 철물

큰 힘을 받거나 약한 부분은 철물로 보강

못, 나사못, 볼트, 꺾쇠, 띠쇠, 듀벨 등

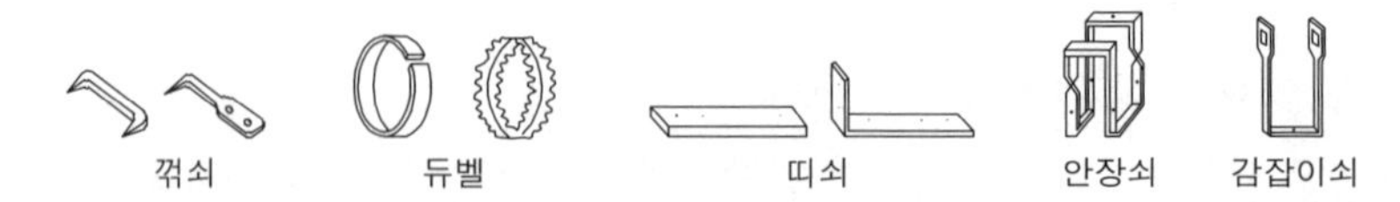

[목재철물의 종류]

◘ 페놀수지

내수성이 풍부하고, 내구성이나 탄성도 있어 신뢰할 수 있으나 10℃ 이하에서는 거의 경화하지 않는다.

◘ 에폭시계 접착제

액체상태나 용융상태의 수지에 경화제를 넣어 사용하며, 내산·내알칼리성 등이 우수하여 콘크리트, 항공기, 기계 부품 등의 접착제에 많이 사용된다.

4 석공사

1. 석재의 특성

(1) 장단점

장점	단점
• 외관이 장중하고 아름다움 • 내구성과 강도가 큼 • 변형되지 않으며 여러 가지 표면 처리 가능	• 무거워서 다루기 어려움 • 가공이 어렵고 부재의 크기에 제한 • 압축 강도에 비해 인장 강도 낮음

(2) 석재의 조직

절리	자연 생성 과정에서 일정 방향으로 금이 가는 것
석리	조암 광물의 집합 상태에 따라 생기는 돌결
층리	암석 구성물질의 층상 배열상태
석목	절리 외에 암석이 가장 쪼개지기 쉬운 면

(3) 석재의 비중 및 강도

① 강도는 대체로 비중에 비례하여 무거운 석재일수록 큼

② 인장강도는 압축강도의 1/10~1/20 정도-휨재 사용은 피함

③ 절리나 석목의 수직방향에 대한 응력이 평행방향보다 큼

압축강도에 의한 분류

분류	압축강도(kg/㎠)	흡수율(%)	겉보기비중(g/㎤)	석재종류
경석	500 이상	5 이하	2.5~2.7	화강암, 안산암, 대리석
준경석	500~100	5~15	2.0~2.5	경질사암, 경질회암
연석	100 이하	15 이상	2.0 이하	연질응회암, 연질사암

■ 석재의 비중

비중이 크면 조직이 치밀하고 단단하여 강도가 커지며, 흡수율은 낮아진다.

■ 석재의 압축강도 비교

화강암>대리석>안산암>사암>응회암>부석(화산석)

2. 석재의 분류

(1) 생성 원인에 의한 분류

화성암	• 지구 내부의 암장(마그마)이 냉각되어 생성된 것-괴상 • 화강암, 안산암, 현무암, 섬록암
퇴적암	• 암석의 파편, 물에 녹은 광물질, 동식물의 유해 등이 침전되고 쌓여 고화되는 퇴적 작용으로 이루어진 것-층상 • 사암, 점판암, 응회암, 석회암, 혈암
변성암	• 화성암이나 수성암이 압력이나 열에 의하여 심히 변질된 것-층상 • 편마암, 대리석, 사문암, 결정 편암, 트래버틴

(2) 재질에 의한 분류

분류	석재	용도	장점 및 특징
화성암	화강암	조적재, 기초석재, 건축내외장재, 구조재	• 경도 · 강도 · 내마모성 · 색채 · 광택 우수 • 내화성 낮으나 압축강도가 가 장 큼 • 큰 재료 획득 가능
	안산암	구조재(판석), 장식재	• 경도 · 강도 · 내구성 · 내화성도 있음 • 색조가 불규칙하고 절리에 의해 가공 용이
퇴적암	사암	외벽재, 경량구조재, 내장재	• 모래가 퇴적 · 교착되어 생성–내화력 큼
	점판암	판석, 숫돌, 비석, 외벽, 바닥, 지붕 재료	• 점토가 퇴적 · 응고되어 생성 • 재질 치밀, 흡수성 작고 강함 • 색상(흑색)이 좋고 외관 미려
	응회암	기초석재, 석축재, 실내장식재	• 다공질로 경도 · 강도 · 내구성 부족 • 화산재가 퇴적 · 응고 되어 생성, 내화력 큼
	석회암	도로포장, 석회원료	• 유기질 · 무기질이 용해 · 침전되어 퇴적응고 • 주성분은 탄산석회($CaCO_3$)로 백색 · 회색암석
변성암	대리석	실내 장식재, 조각재	• 석회암이 변질된 것으로 강도 큼 • 산과 열에 약해 실내 사용
	트래버틴	실내 장식재(외부용 불가)	• 대리석 일종 • 다공질로 무늬와 요철부가 입체감 지님

(3) 용도에 의한 분류

구분		석재
마감용	외장용	화강암, 안산암, 점판암
	내장용	대리석, 사문암
구조용		화강암, 안산암, 사암

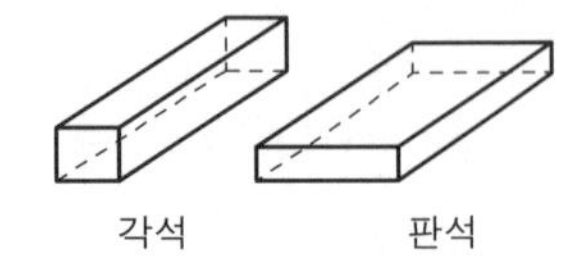

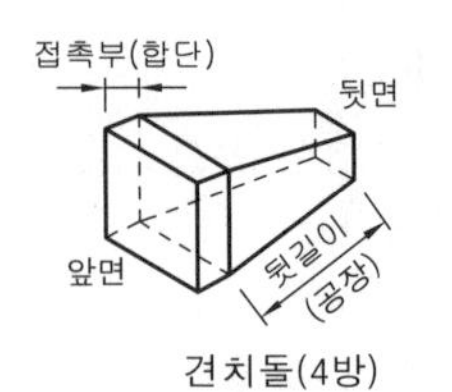

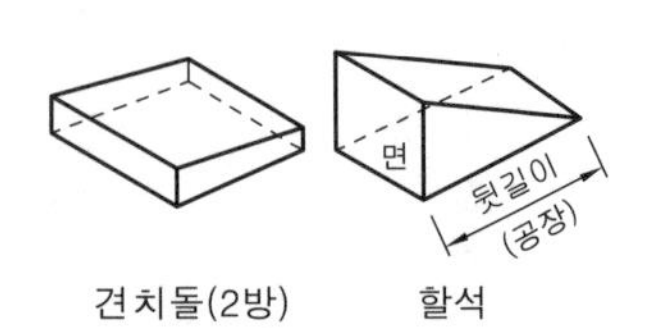

[석재의 종류]

(4) 형상에 의한 분류

구분	내용
각석(角石)	폭이 두께의 3배 미만이고, 폭보다 길이가 긴 직육면체 형태의 돌
판석(板石)	두께가 15㎝ 미만이고, 폭이 두께의 3배 이상인 것으로 바닥(포장용)이나 벽체에 사용
마름돌	각석 또는 주석과 같이 일정한 규격으로 다듬어진 고급품으로서 건축이나 포장 등에 사용–대체로 30㎝x30㎝, 길이 50~60㎝의 돌을 많이 사용
견치돌	형상은 사각뿔형(재두각추체)에 가깝고, 전면은 거의 평면을 이루며 대략 정사각형으로 뒷길이, 접촉면의 폭, 윗면 등의 규격화된 돌로서 4방락 또는 2방락의 것이 있으며, 접촉면의 폭은 전면 1변의 길이의 1/10 이상이어야 하고, 접촉면의 길이는 1변의 평균길이의 1/2 이상, 뒷 길이는 최소변의 1.5배 이상–주로 옹벽 등의 메쌓기 · 찰쌓기용으로 사용

깬돌(할석)	견치돌 형태이나 치수가 불규칙하고 뒷면이 없는 돌
잡석	크기가 지름 10~30㎝정도로 크고 작은 알로 고루고루 섞여져 형상이 고르지 못한 큰 돌-큰 돌을 막 깨서 만드는 경우도 있음
야면석	표면을 가공하지 않은 천연석으로 운반이 가능한 비교적 큰 석괴
호박돌	호박형의 천연석으로 가공하지 않은 지름 18㎝ 이상 크기의 돌-사면보호, 연못 바닥, 원로 포장, 벽면의 장식
조약돌	가공하지 않은 천연석으로 지름 10~20㎝ 정도의 계란형 돌로
자갈	지름 2~3㎝ 정도이며, 콘크리트 골재, 석축의 메움돌로 사용

(5) 산출장소에 의한 분류

산석	• 산지나 땅속에서 산출한 돌로 모가 난 것이 많음 • 지상에 있는 돌은 이끼가 생긴 것이 많음 • 화강암 · 안산암 · 현무암-석가산, 경관석에 이용
강석	• 유수에 의해 표면이 마모되어 모가 없는 돌 • 무늬 및 석질이 뚜렷-수경공간에 이용
해석	• 해안가 또는 바닷물 속에서 산출된 돌 • 외모나 무늬가 아름답고 괴석과 같은 형태도 산출 • 연못가나 중도, 석가산, 경관석에 이용

(6) 경관석의 기본형태

입석	세워서 쓰는 돌, 사방에서 관상할 수 있도록 배석-수석
횡석	가로로 눕혀서 쓰는 돌, 입석 등을 받쳐서 안정감 부여
평석	윗부분이 편평한 돌, 안정감이 필요한 부분에 배치-앞부분에 배석
환석	둥근 돌, 무리로 배석시 많이 이용-복합적 경관 형성
각석	각이 진 돌, 삼각 · 사각 등으로 다양하게 이용-사실적 경관미
사석	비스듬히 세워서 이용되는 돌-해안절벽과 같은 풍경 묘사
와석	소가 누워 있는 것과 같은 돌-횡석보다 더욱 안정감 부여
괴석	괴상한 모양의 돌, 단독 또는 조합하여 관상용으로 이용

3. 석재의 사용

(1) 석재의 가공(순서)

혹두기	쇠메로 쳐서 큰 요철이 없게 다듬는 것-메다듬
정다듬	정으로 쪼아서 평평하게 다듬는 것
도드락다듬	도드락망치를 사용하여 정다듬면을 더욱 평탄하게 다듬는 일
잔다듬	날망치를 이용하여 도드락다듬면을 곱게 쪼아 면다듬하는 것
물갈기	잔다듬면에 물을 주며 갈아내어 광택이 나게 하는 것

◘ 사괴석(四塊石)

한 사람이 네 덩어리를 짊어질 수 있는 크기의 15~25㎝ 정도의 각석으로, 한식 건물의 바깥 벽담 및 방화벽에 사용한다.

◘ 장대석(長臺石)

네모지고 긴 석재로서, 전통공간의 섬돌 · 디딤돌, 후원 축대, 담장 기초, 연못 호안 등에 사용한다.

◘ 돌의 조면(粗面)

돌이 풍화 · 침식되어 표면이 자연적으로 거칠어진 상태를 말한다.

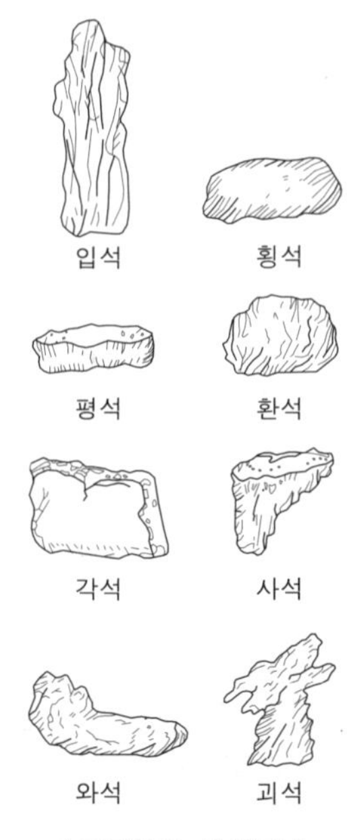

[경관석의 기본형태]

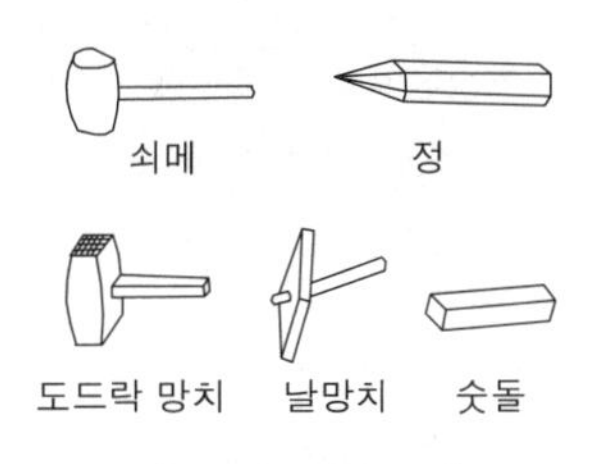

[석재 가공 공구]

(2) 석재 사용 시 주의 사항

① 균일 제품 사용을 위해 산출량을 조사-공급량 확보
② 압력방향에 직각으로 쌓기-예각은 피함
③ 취급상 1㎥ 이하로 가공하여 사용-1㎥ 이상 석재는 높은 곳 사용 금지
④ 내화가 요구되는 곳에는 강도보다 내화성 고려
⑤ 쌓기를 할 때 상하 2층의 세로줄눈이 연속되지 않도록 설치
⑥ 1일 쌓기 켜수는 돌높이 50㎝ 내외의 것일 때는 하루 2켜(1.2m) 이내
⑦ 모르타르나 콘크리트 채움은 1켜마다 하고 2켜 이내로 채울 것

체인블록
큰 돌을 운반하거나 앉힐 때 주로 사용한다.

(3) 모르타르 및 콘크리트

1) 모르타르 및 줄눈

모르타르의 용적배합비 및 줄눈나비

<table>
<tr><th>재료
용도</th><th>시멘트</th><th>소석회</th><th>모래</th><th>줄눈나비</th></tr>
<tr><td>조적용</td><td>1</td><td>0.2</td><td>3</td><td rowspan="4">• 돌면 잔다듬일 때 3~6mm
• 맞댐면 물 갈기 1~2mm
• 거친돌 9~25mm</td></tr>
<tr><td>깔모르타르용</td><td>1</td><td>–</td><td>3</td></tr>
<tr><td>사춤모르타르용</td><td>1</td><td>–</td><td>2</td></tr>
<tr><td>치장줄눈용</td><td>1</td><td>–</td><td>1</td></tr>
</table>

연결고정철물
석재의 안정을 위하여 은장·촉·당김쇠·꺽쇠·고정쇠 등 아연도금 한 것을 사용한다.

2) 콘크리트

뒷채움 콘크리트 배합비는 보통 1:3:6으로 하고 석축 등에는 1:4:8 또는 잡석콘크리트 사용

4. 돌쌓기의 분류

(1) 사용재료에 의한 분류

막돌 쌓기	막 생긴 돌을 사용하여 불규칙하게 쌓는 법
마름돌 쌓기	다듬은 돌을 사용하여 돌의 모서리나 면을 일정하게 쌓는 법
자연석 무너짐 쌓기	경사면을 따라 자연석을 놓아서 무너져 내려 안정된 모습의 자연스러운 경관을 조성
호박돌 쌓기	지름 20㎝ 정도의 장타원형 자연석으로 쌓는 것
사괴석 쌓기	사괴석으로 바른층 쌓기를 하며, 내민줄눈을 사용하여 전통담장 축조
장대석 쌓기	긴 사각 주상석의 가공석으로 바른층 쌓기 시행

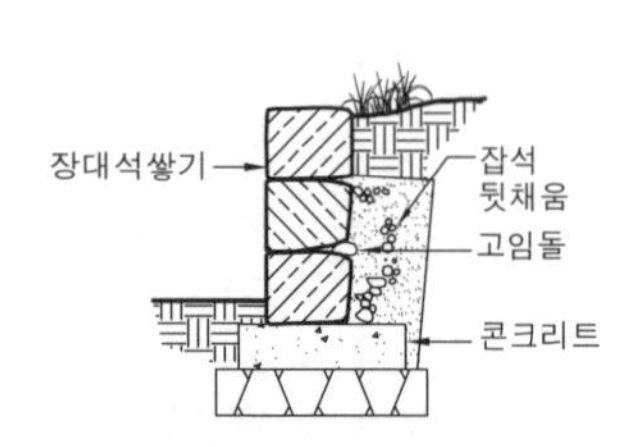

[장대석 쌓기]

[사괴석 담장]

[장대석 쌓기]

[자연석 무너짐 쌓기]

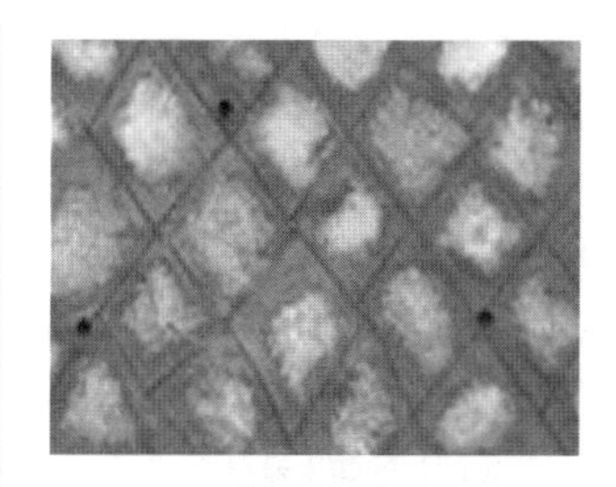

[찰쌓기]

(2) 채움재(모르타르)의 사용유무에 따른 분류

찰쌓기	• 돌을 쌓아올릴 때 뒤채움을 콘크리트로 하고, 줄눈은 모르타르를 사용하여 쌓는 방법으로 특별한 명시가 없으면 찰쌓기가 원칙 • 전면기울기 1 : 0.2 이상을 표준으로 1일 쌓기 높이는 1.2m(최대 1.5m 이내)로 하고, 이어쌓기 부분은 계단형으로 마감 • 시공에 앞서 돌에 붙어있는 이물질 제거 • 쌓기는 뒷고임돌로 고정하고 콘크리트를 채워가며 쌓기 • 줄눈은 견치돌의 경우 10㎜ 이하, 막깬돌의 경우 25㎜ 이하 • 뒷면의 배수를 위해 3㎡ 마다 지름 50㎜ 정도의 배수구를 콘크리트 뒷면까지 설치(대나무 · PVC 파이프) • 돌쌓기의 밑돌은 될수록 큰 돌 사용
메쌓기	• 접합부를 다듬고 뒷틈 사이에 고임돌(조약돌) 고인 후 모르타르 없이 골재(잡석 · 자갈)로 뒤채움을 하는 방식 • 전면기울기 1 : 0.3 이상을 표준으로 1일 쌓기 높이는 1.0m 미만 • 줄눈은 10mm 이내로 하며, 해머 등으로 다듬어 접합

[메쌓기]

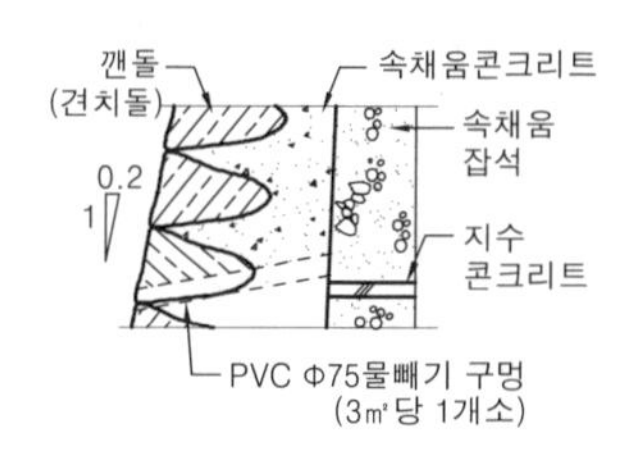

[찰쌓기]

(3) 줄눈의 모양에 따른 분류

허튼층쌓기(막쌓기)	줄눈이 불규칙하게 형성되며, 수평 · 수직으로 막힌줄눈이나 완자쌓기로 나타남
바른층쌓기(켜쌓기)	주로 마름돌로 가로줄눈이 수평적 직선이 되도록 쌓는 것으로 외관상 좋으나 견고성이 떨어지고 수직줄눈은 통줄눈 회피
골쌓기	줄눈을 파상 또는 골을 지어가며 쌓는 방법으로 부분파손이 전체에 영향을 미치지 않아 축대나 하천공사의 견치석 쌓기에 많이 적용

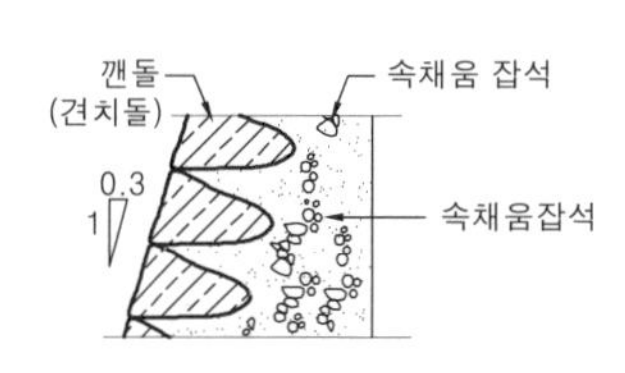

[메쌓기]

[바른층쌓기]

[골쌓기]

[허튼층쌓기]

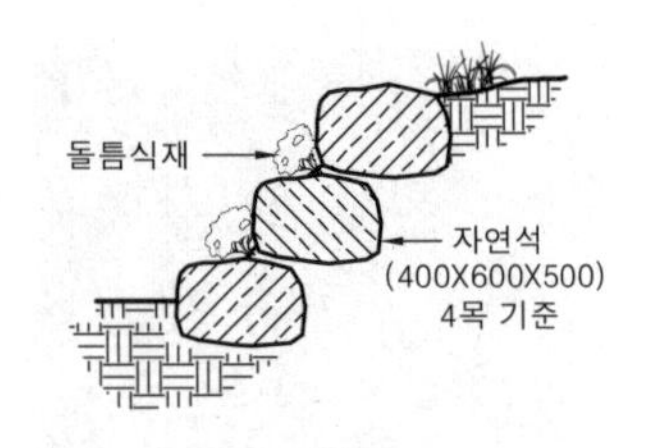

[자연석 쌓기]

◘ 돌틈 식재

자연석 쌓기의 단조로움과 돌틈의 공간을 메우기 위해 관목류, 지피류, 화훼류 및 이끼류를 식재하며, 돌틈에 식재된 식물이 생육할 수 있도록 양질의 토양을 조성하고 수분이 충분히 공급되도록 한다.

5. 자연석 쌓기

(1) 자연석 무너짐 쌓기

① 상단부는 다소의 기복을 주어 자연스러움을 보완·강조
② 쌓기 높이는 1.3m가 적당, 그 이상은 안정성 검토
③ 석재면을 경사지게 하거나 약간씩 뒤로 들여서 쌓기
④ 필요에 따라 중간에 뒷길이 60~90㎝정도의 돌로 맞물려 쌓아 붕괴 방지
⑤ 기초석은 비교적 큰 것을 사용하여 20~30㎝깊이로 묻고, 뒷부분에는 고임돌 및 뒤채움 실시
⑥ 호안이나 기타 구조적 문제가 발생할 염려가 있는 곳은 잡석 및 콘크리트 기초로 보강

(2) 호박돌 쌓기

① 깨진 부분이 없고 표면이 깨끗하며 크기가 비슷한 것 선택
② 찰쌓기를 기본으로 이를 맞추어 튀어나오거나 들어가지 않도록 시공
③ 규칙적인 모양을 갖도록 쌓는 것이 보기도 좋고 안정성이 좋음
④ 돌은 서로 어긋나게 놓아 십자(+) 줄눈이 생기지 않도록 육법쌓기

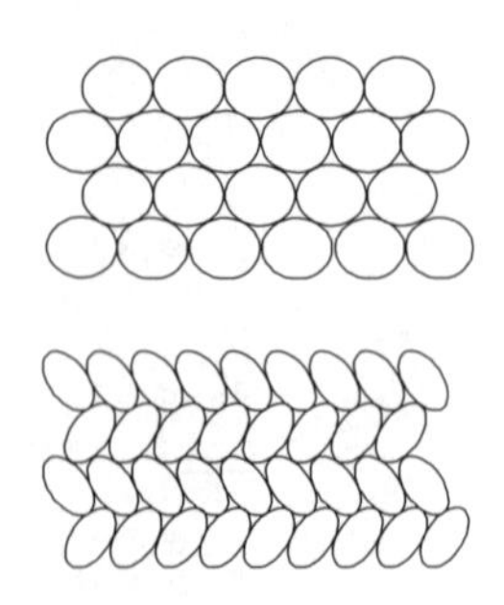
[호박돌 쌓기 줄눈]

6. 자연석 놓기

(1) 경관석 놓기

① 중심석, 보조석 등으로 주변 환경과 조화를 이루도록 설치
② 3석을 조합하는 경우에는 삼재미의 원리를 적용하여 배치
③ 돌을 놓을 때 경관석 높이의 1/3 이상 깊이로 매립
④ 경관석 주위에는 회양목·철쭉 등의 관목이나 초화류 식재

◘ 경관석 배치

시선이 집중되는 곳이나 유도할 곳에 설치하며, 단일 또는 주석과 부석의 짝을 이룬 2석조가 기본이고, 무리지어 놓는 경우 3·5·7석조 등과 같이 홀수로 조합하는 것이 원칙으로 힘의 방향이 분산되지 않도록 한다.

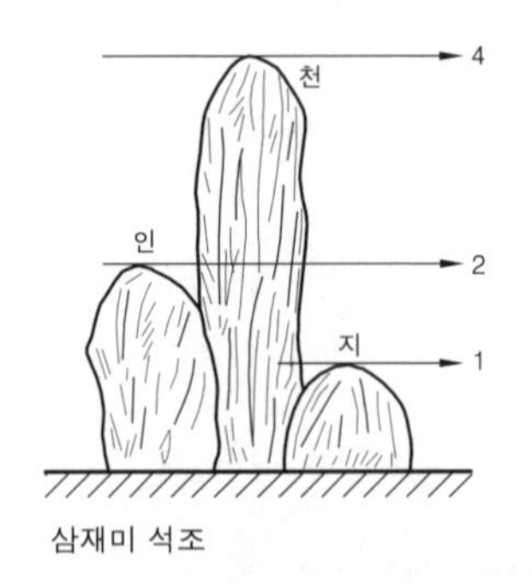

삼재미 석조

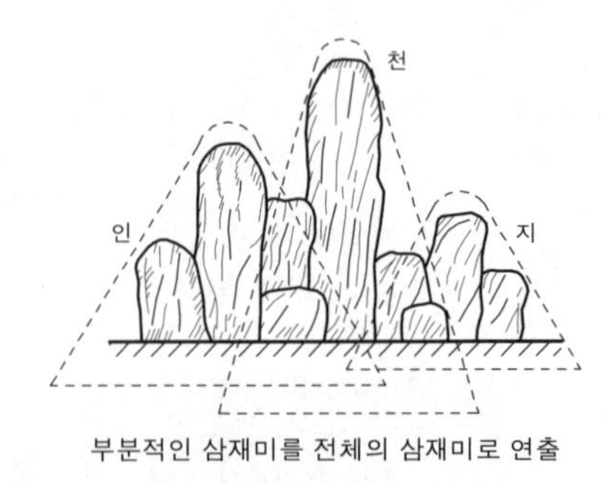

부분적인 삼재미를 전체의 삼재미로 연출

[삼재미 석조법]

> ❖ 삼재미(三才美)
>
> 동양의 우주원리인 하늘과 땅과 인간의 3형태로, 이것을 적용시켜 천·지·인의 자연스러운 비례로 석조에 적용하거나 수목의 조형, 수목의 배치 등 여러 형태에 적용하고 있다.

(2) 디딤돌(징검돌)놓기

① 보행에 적합하도록 지면(잔디 · 자갈) 또는 수면과 수평배치
② 디딤돌은 10~20㎝ 두께의 것으로 지면보다 3~6㎝ 높게 배치
③ 징검돌은 높이가 30㎝ 이상의 것으로 수면보다 15㎝ 높게 배치
④ 배치간격은 성인의 보폭으로 35~40㎝ 정도가 적당
⑤ 디딤돌(징검돌)의 장축이 진행방향에 직각이 되도록 배치
⑥ 디딤돌(징검돌)은 2연석, 3연석, 2 · 3연석, 3 · 4연석 놓기가 기본
⑦ 디딤돌은 납작하면서도 가운데가 약간 두둑한것 사용
⑧ 징검돌은 상 · 하면이 평평하고 지름 또는 한 면이 길이가 30~60㎝ 크기의 강석을 주로 사용
⑨ 시작하는 곳, 끝나는 곳, 갈라지는 곳에는 다른 것에 비해 큰 돌을 배치
⑩ 보행 중 군데군데 잠시 멈추어 설 수 있도록 50~55㎝ 의 크기(지름)로 설치
⑪ 디딤돌(징검돌)은 고임돌이나 콘크리트타설 후 설치

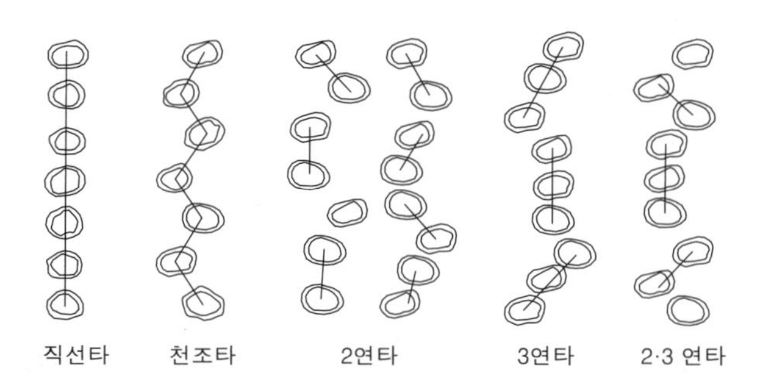

[디딤돌의 배석법]

디딤돌과 징검돌
디딤돌은 보행을 위하여 잔디밭 · 자갈 위에 설치하는 것이고, 징검돌은 수면 위에 설치하는 것을 말한다. 자연석이 많이 쓰이나 가공한 판석이나 점판암 등을 사용하기도 한다.

7. 기타 공사

(1) 계단돌 쌓기(자연석 층계)

① 비탈면에 일정한 간격과 형식으로 지면과 수평이 되도록 시공
② 기울기가 심한 경우 콘크리트 및 모르타르 보강
③ 한 단의 높이 15㎝, 단의 너비 30~35㎝를 표준으로 하되, 적용이 어려운 경우 단높이 12~18㎝, 단너비 26㎝ 이상
④ 계단의 최고 기울기 30~35° 정도
⑤ 계단의 폭은 1인용 90~110㎝ , 2인용 150㎝ 정도
⑥ 계단의 높이가 2m를 넘는 경우 또는 방향이 급변하는 경우에는 120㎝ 이상의 계단참 설치

(2) 돌 붙이기

1) 조약돌 및 야면석 붙이기

① 각각 균일한 크기의 돌 사용

② 뒷채움 모르타르, 줄눈 모르타르는 빈틈없도록 유의

2) 판석표면가공

① 경질석재갈기 : 숫돌을 사용–거친 갈기, 물갈기, 본갈기

② 버너마감 : 버너로 가열하여 고열에 약한 결정 제거

5 벽돌 공사

1. 재료

(1) 벽돌의 종류

붉은벽돌	완전 연소되어 적색을 띤 벽돌
검정벽돌	불완전 연소되어 회흑색을 띤 벽돌
시멘트벽돌	시멘트와 모래로 만든 벽돌
특수벽돌	내화벽돌, 오지벽돌, 이형벽돌, 포도용벽돌, 경량벽돌

(2) 벽돌의 크기

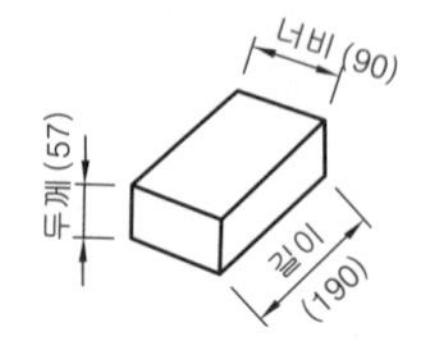

[벽돌의 치수(표준형)]

구분		길이	너비	두께
표준형	치수(mm)	190	90	57
기존형	치수(mm)	210	100	60
허용 오차(mm)		±3	±3	±4

(3) 모르타르(mortar)

1) 배합비(시멘트 : 모래)

배합비	사용처
1:1	치장줄눈, 방수 및 중요한 개소
1:2	미장용 마감 바르기 및 중요한 개소(아치용)
1:3	미장용 마감 바르기 및 쌓기줄눈(조적용)
1:4	미장용 초벌 바르기
1:5	중요하지 아니한 개소

2) 줄눈

① 벽돌과 벽돌 사이의 모르타르 부분–너비 10mm

② 내력벽에는 통줄눈을 피함–막힌줄눈 사용

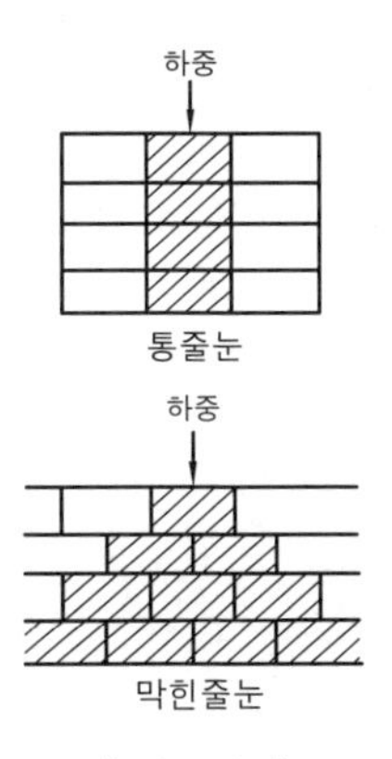

[세로줄눈]

3) 치장줄눈

① 쌓기 후 바로 깊이 8mm 정도로 줄눈파기 실시

② 모르타르에 방수제나 백색 시멘트 및 색소 등도 사용

2. 벽돌쌓기

(1) 벽체의 종류

내력벽	상부 구조물의 하중을 기초에 전달하는 벽
장막벽	벽 자체의 하중만을 받고 자립하는 벽(비내력벽)
공간벽	중간부에 공간을 두어 이중으로 쌓는 벽

(2) 기본 쌓기 방법

길이쌓기	길이 방향으로 쌓는 방법
마구리쌓기	마구리면이 보이도록 쌓는 방법
세워쌓기	세워진 길이 면이 보이도록 세워 쌓는 방법
옆세워쌓기	세워진 마구리면이 보이도록 세워 쌓는 방법

(3) 쌓기 방법에 의한 분류

영식 쌓기	• 마구리 쌓기와 길이 쌓기를 한 켜씩 번갈아 쌓는 방법 • 이오토막 또는 반절 사용, 가장 튼튼한 쌓기
화란식 쌓기	• 쌓기 방법은 영식과 동일, 칠오토막 사용 • 우리나라에서 가장 많이 사용–가장 쉽고 일반적
불식 쌓기	• 매 켜에 길이 쌓기와 마구리 쌓기 병행 • 구조적으로 약해 치장용 사용
미식 쌓기	• 5켜는 길이쌓기, 한 켜는 마구리 쌓기로 쌓는 방법 • 뒷면은 영식 쌓기와 동일, 표면은 치장 벽돌 쌓기

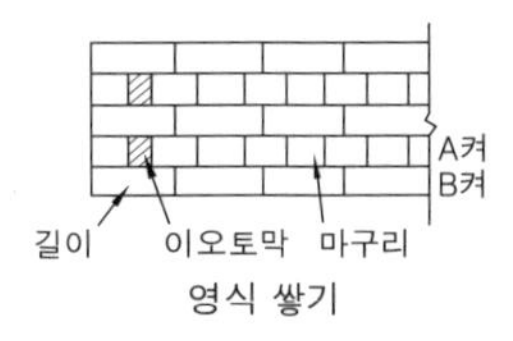

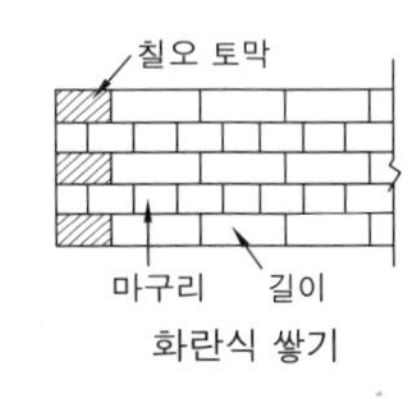

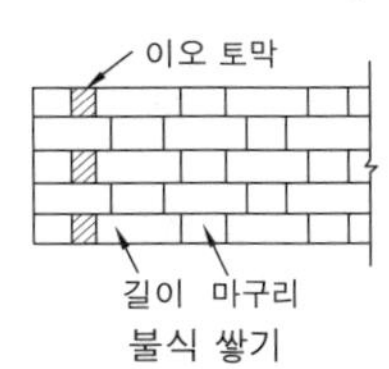

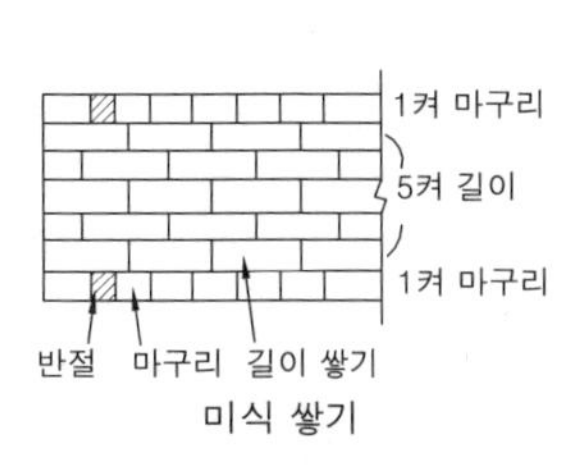

[벽돌쌓기방법]

(4) 벽체의 두께 구분–길이를 기준으로 구분

반장쌓기 (0.5B)	벽돌의 마구리 방향의 두께로 쌓는 것
한장쌓기(1.0B)	벽돌의 길이 방향의 두께로 쌓는 것 (마구리+마구리)
한장반쌓기 (1.5B)	마구리와 길이를 합한 것에 줄눈 10mm를 더한 두께로 쌓는 것
두장쌓기 (2.0B)	길이 방향으로 2장을 놓고 줄눈 10mm를 더한 두께로 쌓는 것

■ 벽체 쌓기 두께

구분	0.5B	1.0B	1.5B	2.0B
표준형	90	190	290	390
기존형	100	210	320	430

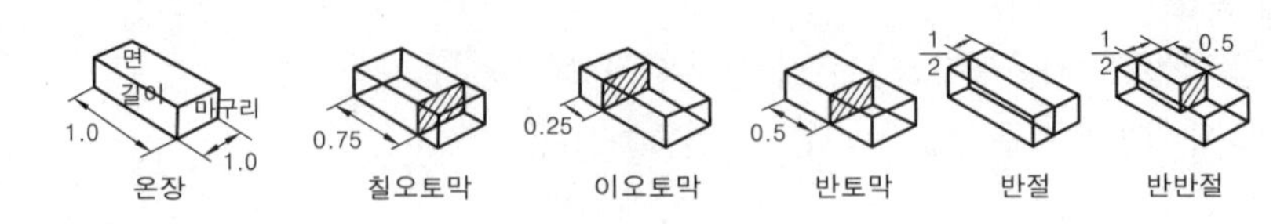

[벽돌의 마름질]

3. 벽돌 시공

(1) 시공상 주의 사항

① 벽돌에 부착된 불순물 제거 및 사전에 물 축이기 실시
② 특별히 정한 바가 없는 한 세로줄눈의 통줄눈 금지
③ 모르타르는 건비빔 후, 사용할 때 물을 부어 사용
④ 모르타르는 벽돌강도 이상의 것 사용
⑤ 굳기 시작한 모르타르는 사용 금지
⑥ 모래는 입자가 굵은 것을 사용하며 부배합 실시
⑦ 1일 쌓기 높이는 표준 1.2m, 최대 1.5m 이하
⑧ 가급적 전체적으로 균일한 높이로 쌓아 올라 갈 것
⑨ 이어 쌓기 부분은 계단형으로 연결
⑩ 쌓기가 끝나는 대로 충격, 진동, 압력을 가하지 않고 보양

(2) 벽돌쌓기 순서

청소→물 축이기→건비빔→세로 규준틀 설치→벽돌 나누기→규준 쌓기→수평실치기→중간부 쌓기→줄눈 누름→줄눈 파기→치장 줄눈→보양

(3) 벽돌의 균열원인

계획 · 설계상의 문제	시공상의 결함
• 기초의 부등침하 • 건물의 평면 · 입면의 불균형 • 불균형하중, 큰 집중하중, 횡력 및 충격 • 벽체의 길이 · 높이 · 두께에 대한 강도부족 • 개구부 크기의 불합리 및 배치 불균형	• 벽돌 및 모르타르의 강도부족 • 온도 및 흡습에 의한 재료의 신축 • 이질재 접합부의 불완전 시공 • 콘크리트보 및 모르타르 다짐 부족 • 미장재의 신축 및 들뜨기

⑥ 기타 공사

1. 금속 공사

(1) 금속 재료의 특성

① 각기 고유의 광택이 있으며 재질이 균일한 불연재

② 전기·열의 전도율과 전성 및 연성이 뛰어남
③ 일반적으로 상온에서 결정구조를 가져 가공성이 좋음
④ 내산성과 내알칼리성이 작고 부식이 잘됨
⑤ 비중이 커 사용 범위가 제한적이나 하중에 대한 강도가 큼
⑥ 대량 생산이 가능하나 가공 설비 및 제작비용 과다

(2) 철의 부식방지

① 표면을 평활하고 깨끗한 건조 상태로 유지
② 상이한 금속은 인접하거나 접촉 금지
③ 도료나 내식성이 큰 재료나 방청재로 보호피막을 실시

(3) 금속재료의 종류

순철(철)	탄소량 0.03% 이하-800~1000℃ 내외에서 가단성(可鍛性)이 크고 연질
탄소강(강)	탄소량 0.03~1.7%-가단성, 주조성, 담금질 효과 있음
주철(선철)	탄소량 1.7% 이상-주조성이 좋고 경질이며 취성(脆性)이 큼
특수강(합금강)	탄소강에 합금용 원소를 첨가하여 성질을 개선시킨 것-니켈강, 니켈크롬강(스테인리스강) 등

(4) 강의 열처리

풀림	연화조직의 정정과 내부응력을 제거하기 위해 적당한 온도로 가열(800~1000℃) 후 노(爐)의 내부에서 서서히 냉각
불림	주조, 단조 또는 압연 등에 의해 조립화된 결정을 미세화된 균질의 조직을 만들기 위해 가열(906℃ 이상) 후 공기 중에서 냉각처리
담금질	강의 강도나 경도를 증가시키기 위해 가열(800~900℃) 후 재료를 갑자기 물이나 기름 속에 넣어 냉각
뜨임	담금질한 강은 취성이 크므로 인성을 증가시키기 위해 재가열(721℃ 이하) 후 공기중에서 냉각

(5) 비철금속

① 구리(Cu) 합금 : 황동(Cu+Zn 아연), 청동(Cu+Sn 주석)
② 알루미늄 : 보오크사이트 광석에서 추출한 알루미나를 전기분해하여 생성
③ 티타늄 : 비중이 약 4.5로 무게 대비 강도가 금속중 최대, 내해수성, 내화학성, 내식성, 고온저항성 최대
④ 납 : 염산·황산 등 강산에 강하나 알칼리에 약함-관·방수용·X선실

◘ 강의 열처리
① 풀림 : 노 내부에서 냉각
② 불림 : 공기 중에서 냉각
③ 담금질 : 물·기름에서 냉각
④ 뜨임 : 재가열 후 공기중에서 냉각

(6) 강의 성질 용어

강도	하중이나 외력에 저항하여 파괴되지 않는 정도
경도	굳기의 정도로 전단력, 마모 등에 대한 저항성
탄성	외력을 받아 변형을 일으킨 뒤 외력을 제거하며 원형으로 돌아가는 성질
인성	충격에 대한 저항성으로 높은 응력에 견디고 동시에 큰 변형이 되는 성질
연성	탄성한계 이상의 힘을 받아도 파괴되지 않고 늘어나는 성질
취성	외력을 받았을 때 작은 변형에도 파괴되는 성질
전성	금속을 가늘고 넓게 판상으로 소성변형시키는 성질

(7) 금속제품

① 구조용 강재 : 형강, 경량형강, 철근(원형, 이형, 고강도)
② 강관(강철관) : 일반구조용 탄소강관, 각형강관, 배관용 강관
③ 연결철물 : 철사못, 볼트, 듀벨, 고력볼트, 리벳, 꺾쇠, 띠쇠

2. 도장 공사

(1) 도장의 역할

① 물체의 표면 보호
② 외관이나 형태의 변화감
③ 풍우·부후·노화방지
④ 생물의 부착방지 및 살균
⑤ 빛이나 음파의 반사·흡수
⑥ 방수성·미관증진

(2) 도장 재료의 구분 및특징

종류		도료성분	특징
페인트	유성 페인트	안료+건성유 +건조제+희석제	• 내후성·내마모성이 크고 알칼리에 약함 • 목재, 금속, 콘크리트면
	수성 페인트	안료+교착제+물	• 내알칼리성, 비내수성, 무광택 • 모르타르·회반죽면
	에나멜 페인트	안료+유성바니시	• 내수성·내후성·내약품성 좋음 • 내외부 목부와 금속면
	에멀젼 페인트	수성페인트+유화제 +합성수지	• 수성 페인트의 일종, 내수성·내구성이 좋음 • 내외부, 목재·섬유판에 사용

구분	종류	구성	특징
바시니	유성바시니	유용성 수지+건성유+건조제	• 비내 후성, 건조 느림 • 목재용, 내부용
	휘발성바시니	수지류+휘발성용제	• 내구성·내수성 우수, 건조속도가 빠름 • 목재, 가구용
래커	투명래커	수지+휘발성용제+소화섬유소	• 투명하며 건조가 빨라 뿜칠로 시공 • 비내수성, 내부에 사용
	에나멜래커	투명래커+안료	• 내수성·내후성·내마모성 좋음 • 도막이 견고하여 외장용
방청도료	광명단	광명단+보일드유	• 비중이 크고 저장이 곤란, 가장 많이 사용
	징크로메이트	크롬산아연+알키드수지	• 녹막이 효과가 좋음 • 알미늄판, 아연철판 초벌용 적합
	방청산화철도료	산화철+아연분말+오일스테인	• 내구성이 좋음 • 마무리칠에 좋음
합성수지도료		실리콘, 에폭시, 요소, 페놀, 아크릴, 폴리에스테르, 비닐계	• 내산, 내알칼리성이고 건조 빠름 • 투광성이 좋고, 콘크리트·회반죽면에 사용

◘ 에나멜과 에멀션

① 에나멜 : 페인트와 바니시와 중간품
② 에멀션 : 수성페인트와 유성페인트의 중간형태 페인트

◘ 녹막이 페인트 요건

① 탄력성이 클 것
② 내구성이 클 것
③ 마찰·충격에 잘 견딜 것

(3) 도장공사의 일반사항

① 일반적으로 초벌, 재벌, 정벌칠의 3공정으로 시행
② 1회 바름 두께는 얇게 하여 여러 번 칠하기
③ 나중에 칠하는 것을 짙게 하여 칠을 안 한 부분과 구별
④ 바람이 많이 불 때나 급격한 건조는 피함
⑤ 기온이 5℃ 미만, 상대 습도 85% 초과 시 작업 중지

◘ 도장방법

① 솔칠
② 롤러칠
③ 문지름칠
④ 뿜칠

(4) 칠공정 순서

1) 수성페인트칠

바탕 고르기→바탕누름→초벌 바르기→연마지 갈기→마무리

2) 유성페인트칠

① 목재바탕
바탕처리→연마지 갈기→초벌 바르기→퍼티 먹임→연마지 갈기→재벌→연마지 갈기→정벌
② 금속재 바탕
바탕 처리→연마지 갈기→초벌칠 2회→퍼티 먹임→연마지 갈기→재벌→연마지 갈기→재벌 2회→연마지 갈기→정벌

3) 바니시칠

바탕 만들기→색올림(staining)→초벌 바르기→눈먹임(2회)→재벌→정벌(2회)→닦기 마무리

3. 미장 공사

(1) 미장 재료의 성질 및 구성

구분	재료	구성
기경성	• 물과 반응하여 경화 • 경화 시간이 짧고 균열 발생이 적음	
	벽토	진흙+모래+짚여물+물
	소석회	소석회+모래+여물+해초풀+물
	돌로마이트 플라스터	마그네시아석회+모래+여물+물
수경성	• 공기 중의 탄산가스(CO_2)와 반응하여 경화 • 경화 시간이 길고 균열 발생이 큼	
	시멘트	시멘트+모래+(안료)+물
	석고 플라스터	소석고+석회반죽+모래+여물+물
	무수석고(경고석) 플라스터	무수석고+모래+여물+물

(2) 균열을 방지하기 위한 조치 사항

① 모르타르는 정벌 바름 시 빈배합 사용
② 1회의 바름 두께는 가급적 얇게 시공
③ 충분한 쇠손질 실시 및 급격한 건조 회피
④ 초벌 바름이 완전히 건조되어 균열이 생긴 후 재벌·정벌 실시
⑤ 시공 중 또는 경화 중에 진동 등 외부의 충격 방지

(3) 시공순서

① 바름은 위에서 아래의 순으로 시공
② 실내 : 천장→벽→바닥
③ 외벽 : 옥상 난간에서 지층의 순서로 하고, 처마밑, 반자, 채양 등의 부위는 먼저 시공

4. 합성수지 공사

(1) 플라스틱의 장단점

장점	단점
• 성형 및 가공 용이 • 무게에 비해 강도가 크고 착색 용이 • 내수성, 내알칼리성, 내충격성 우수 • 전기절연성이 좋고 빛의 투과율이 우수	• 강도가 약하고 내마모성이 낮음 • 내화성, 내열성, 내후성 낮음 • 변색과 변형(60℃ 이상)이 큼

◘ 미장재료 혼화재료

① 해초풀 : 미역 등의 해초풀을 끓여 만든 풀물로서 부착이 잘되고 균열을 방지한다.
② 여물 : 균열을 방지하기 위해 잔 섬유질 물질. 종이여물, 삼여물 등을 사용한다.
③ 수염 : 목조 졸대 바탕에 붙여 미장재가 떨어지는 것을 방지하기 위해 삼실끈, 종려털 등을 사용한다.

◘ 모르타르 배합비 및 용도

배합비	용 도
1:2	미장용 정벌바르기
1:3	미장용 정벌바르기
1:4	미장용 초벌바르기

◘ 합성수지(플라스틱)

석탄·석유·천연가스 등을 원료로 화학반응에 의해 고분자화한 물질로 플라스틱 성형품을 만드는 원료를 말한다.

(2) 플라스틱의 종류

구분	내용
열가소성 수지	• 가열하거나 용제에 녹여 가공–중합반응 • 몇 번이라도 열을 가하면 연성이 생겨 재성형 가능 • 염화비닐(PVC), 아크릴, 초산비닐, 폴리에틸렌, 폴리스틸렌, 폴리아미드
열경화성 수지	• 열과 압력을 가하여 가공–축합반응 • 한 번 굳으면 열을 가해도 부드러워지지 않아 재성형 불가능 • 페놀, 요소, 멜라민, 폴리에스테르, 알키드, 에폭시, 실리콘, 우레탄, 푸란

5. 점토 재료

(1) 점토의 특성

① 습윤 상태에서는 가소성이 생기고 건조시키면 굳음
② 건조된 것을 소성 후 냉각시키면 금속성의 강성 발현
③ 비중 2.5~2.6, 기공률 보통 50% 내외

◘ 소성(燒成)
점토를 고온으로 가열하여 구운 것으로 점토의 성분에 변화가 생겨 냉각 후 강도가 현저히 증가되는 작용이다.

(2) 점토 제품

구분	내용
보통벽돌	• 저급한 점토에 모래나 석회를 섞어 소성한 제품 • 벽돌의 등급에 따라 치장용 · 내력벽 · 칸막이벽에 사용 • 표준형 190 x 90 x 57mm, 재래형 210 x 100 x 60mm
포장벽돌	• 보통벽돌보다 양질의 재료를 사용하여 소성한 것 • 차량과 보행의 작용에 저항할 수 있는 경도와 탄성 필요 • 풍화에 대한 내구성과 흡수율이 작을 것
타일	• 점토를 성형한 후 유약을 발라 1,100~1,400℃ 정도로 소성한 것 • 내수성, 방화성, 내마멸성 우수
도자기	• 돌을 빻아 빚은 것을 1,300℃ 정도의 온도로 구워낸 것 • 물을 빨아들이지 않고, 마찰이나 충격에 견딤 • 변기, 도관, 외장 타일 등에 사용
토관	• 저급한 점토로 성형한 후 유약을 바르지 않고 그대로 구운 것 • 투수율이 커 연기 · 공기의 환기통 사용
도관	• 양질의 점토로 성형한 후 유약을 관의 내외에 발라 구운 것 • 흡수성과 투수성이 거의 없음 • 배수관, 상하수도관, 전선 및 케이블관 등에 사용
테라코타	이탈리아어로 '구운 흙'이라는 뜻, 형틀로 찍어내어 소성한 속이 빈 대형의 점토제품

◘ 타일
보통 타일은 도기질 타일을 말하며 점토 또는 암석의 분말을 성형 · 소성하여 만든 5mm 이하의 얇은 판형제품을 말한다.

❖ 오지벽돌 · 기와

도자기의 일종으로 시유하여 구워 흡수성이 낮은 특성을 갖고 있으며, 벽돌 · 기와뿐만 아니라 토관에 시유한 오지(토)관도 사용된다.

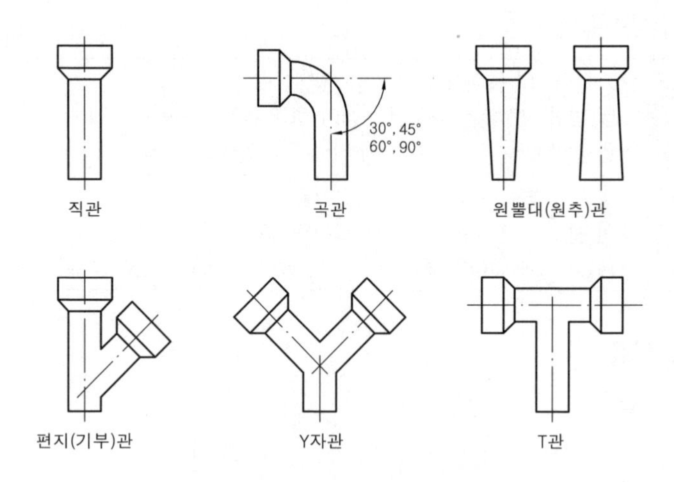

[토관의 형상]

6. 기타 재료

구분	내용
생태 복원 재료	• 식물 부산물 및 발생재 활용–식생매트, 코코넛 네트·롤, 우드칩 • 연속적 공극을 늘린 다공질 콘크리트 블록, 합성수지 재활용
역청 재료	• 역청을 주성분으로 하는 아스팔트, 타르 등의 재료 • 도로 포장, 방수, 토질안정재, 도료, 줄눈재, 절연재
유리 재료	• 규산·소다·석회를 원료로 생성 • 유리블록, 계단, 안내판, 수족관, 조형물, 포장
섬유재	볏짚, 새끼줄, 밧줄(마 로프), 녹화테이프, 마대
방수재	• 염화칼슘계, 지방산계, 규산소다계 등으로 분류 • 시멘트 액체방수, 아스팔트 방수, 시트 방수, 도막 방수 등

핵심문제 해설

01 비탈면 경사의 표시에서 1 : 2.5에서 2.5는 무엇을 뜻하는가? 03-2, 11-2

㉮ 수직고　　㉯ 수평거리

㉰ 경사면의 길이　　㉱ 안식각

01. 비탈구배(경사 Slope)는 비탈면의 수직거리 1m에 대한 수평거리의 비로써 2.5는 수평거리를 뜻한다.

02 다음과 같은 비탈경사가 1 : 0.3의 절토(切土)면에 맞추어서 거푸집을 만들고자 할 때에 말뚝의 높이를 1.5m로 한다면 지표 AB간의 거리는 어느 정도로 하면 좋은가? 04-2

㉮ 0.37m

㉯ 0.45m

㉰ 0.5m

㉱ 0.6m

02. $1 : 0.3 = 1.5 : x$

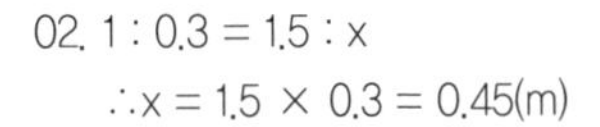

$\therefore x = 1.5 \times 0.3 = 0.45(m)$

03 다음 중 규준틀에 관한 설명으로 틀린 것은? 06-5, 11-1

㉮ 공사가 완료된 후에 설치한다.

㉯ 토공의 높이, 나비 등의 기준을 표시한 것이다.

㉰ 건물의 모서리에 설치한 규준틀을 귀규준틀이라고 한다.

㉱ 건물 벽에서 1~2m 정도 떨어져 설치한다.

03. 건물의 위치와 높이, 땅파기의 너비와 깊이 등을 표시하기 위한 가설물로 공사 시작 전에 설치한다.

04 다음 흙의 성질 중 점토와 사질토의 비교 설명으로 틀린 것은? 10-5, 11-1

㉮ 투수계수는 사질토가 점토보다 크다.

㉯ 압밀속도는 사질토가 점토보다 빠르다.

㉰ 내부마찰각은 점토가 사질토보다 크다.

㉱ 동결피해는 점토가 사질토보다 크다.

04. 내부마찰각은 사질토가 점토보다 크다.

05 자연 상태의 흙을 파내면 공극으로 인하여 그 부피가 늘어나게 되는데 가장 크게 늘어나는 것은? 04-1, 09-1, 11-4

㉮ 모래　　㉯ 진흙

㉰ 보통흙　　㉱ 암석

05. 암석은 입자가 굵기 때문에 자연상태에서 파내어 흐트러진 상태가 되면 사이사이 공극이 많아 그 부피가 많이 늘어나게 된다.

정답 → 01. ㉯ 02. ㉯ 03. ㉮ 04. ㉰ 05. ㉱

06 사면(slope)의 안정계산 시 고려해야 할 요소 중 가장 거리가 먼 것은? 11-5

㉮ 흙의 간극비 ㉯ 흙의 점착력
㉰ 흙의 단위 중량 ㉱ 흙의 내부마찰각

06. 사면의 안정 해석에는 흙의 점착력, 흙의 단위중량, 흙의 내부마찰각, 흙의 공극수압 등의 요소가 필요하다.

07 다음 중 보통 흙의 안식각은 얼마 정도인가? 08-5

㉮ 20~25° ㉯ 25~30°
㉰ 30~35° ㉱ 35~40°

07. 일반적인 흙의 안식각은 20~40°이며 보통 30° 정도이다.

08 파낸 흙을 쌓아올렸을 때 중요한 '안식각'에 관한 설명으로 부적합한 것은? 08-2

㉮ 흙을 높게 쌓아올렸을 때 잠시 동안은 모아 둔 그대로 형태가 유지되는 것은 흙의 점착력 때문이다.
㉯ 높이 쌓아놓은 뒤 시간이 지나면서 허물어져 내리고 안정된 비탈면을 형성했을 때 수평면에 대하여 비탈면이 이루는 각을 안식각이라 한다.
㉰ 흙깎기 또는 흙쌓기의 안정된 비탈을 위해서는 그 토질의 안식각보다 작은 경사를 가지게 하는 것이 중요하다.
㉱ 토질이 건조했을때 안식각이 큰 것부터의 순서는 점토 〉 보통흙 〉 모래 〉 자갈의 순이다.

08. 함수비에 따라 영향을 받으나 흙의 입자가 크면 안식각이 커진다. 그러므로 자갈〉모래〉보통흙〉점토의 순이다.

09 다음 중 건설장비 분류상 운반 기계가 아닌 것은? 07-1

㉮ 덤프트럭 ㉯ 모터 그레이더
㉰ 크레인 ㉱ 지게차

09. 모터 그레이더는 정지작업에 쓰인다.

10 조경공사에 사용되는 장비 중 운반용 기계에 해당되지 않는 것은? 05-1, 09-4

㉮ 덤프 트럭(dump truck) ㉯ 크레인(crane)
㉰ 백 호우(back hoe) ㉱ 지게차(forklift)

10. 백호는 굴착, 싣기, 도랑파기의 작업에 쓰인다. 그 외 운반용 기계에는 불도저와 로더가 있다.

11 다음 기계장비 중 지면보다 높은 곳의 흙을 굴착하는데 가장 적당한 것은? 06-1, 06-2

㉮ 스크레이퍼 ㉯ 드래그라인
㉰ 파워쇼벨 ㉱ 트랜쳐

11. 백호는 기계가 서 있는 위치보다 낮은 면의 굴착을, 파워 쇼벨은 높은 곳의 굴삭을 하는 데 효과적이다.

정답 → 06. ㉮ 07. ㉰ 08. ㉱ 09. ㉯ 10. ㉰ 11. ㉰

12 다음과 같이 설명하는 토공사 장비의 종류는? 09-5

[보기]
· 기계가 서 있는 위치보다 낮은 곳의 굴착에 용이
· 넓은 면적을 팔 수 있으나 파는 힘은 강력하지 못함
· 연질지반 굴착, 모래채취, 수중 흙 파 올리기에 이용

㉮ 백호 ㉯ 파워셔블
㉰ 불도저 ㉱ 드래그라인

12. 드래그라인(dragline)은 기계의 설치 지반보다 낮은 곳을 파는 굴착기를 말하며, 파는 힘이 강력하지 못해 토질이 너무 단단한 것은 부적합하며 지반이 연약한 경우나 굴착 반경이 큰 경우에 적합하다.

13 조경 공사용 기계인 백호(back hoe)에 대한 설명 중 틀린 것은? 08-1

㉮ 이용 분류상 굴착용 기계이다.
㉯ 굳은 지반이라도 굴착할 수 있다.
㉰ 기계가 놓인 지면보다 높은 곳을 굴착하는데 유리하다.
㉱ 버킷(bucket)을 밑으로 내려 앞쪽으로 긁어 올려 흙을 깎는다.

13. 백호는 기계가 서 있는 위치보다 낮은 면의 굴착하는 데 쓰인다. 지면보다 높은 곳의 굴삭을 하는 데 유리한 것은 파워 쇼벨이다.

14 흙깎기(切土) 공사에 대한 설명으로 옳은 것은? 12-2

㉮ 보통 토질에서는 흙깎기 비탈면 경사를 1 : 0.5 정도로 한다.
㉯ 흙깎기를 할 때는 안식각보다 약간 크게 하여 비탈면의 안정을 유지한다.
㉰ 작업물량이 기준보다 작은 경우 인력보다는 장비를 동원하여 시공하는 것이 경제적이다.
㉱ 식재공사가 포함된 경우의 흙깎기에서는 지표면 표토를 보존하여 식물생육에 유용하도록 한다.

14. ㉮ 1 : 1 정도
㉯ 안식각보다 약간 작게
㉰ 인력 동원이 경제적

15 토공사(정지) 작업 시 일정한 장소에 흙을 쌓는 일을 무엇이라 하는가? 05-2

㉮ 객토 ㉯ 절토
㉰ 성토 ㉱ 경토

15. 객토란 흙의 성질을 개선하기 위하여 다른 흙으로 교체하는 것을 말한다.

16 다음 그림의 비탈면 기울기를 올바르게 나타낸 것은? 09-5

㉮ 경사는 1할 이다.
㉯ 경사는 20% 이다.
㉰ 경사는 50°이다.
㉱ 경사는 1 : 2 이다.

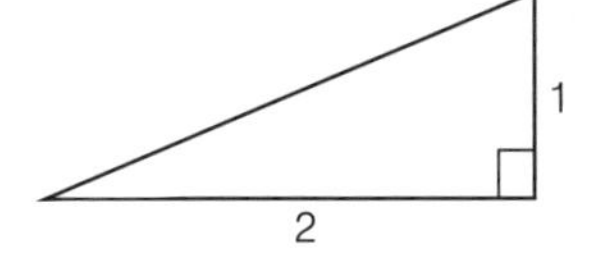

16. 비탈구배(경사 Slope)는 수직거리를 기준으로 나타내므로 경사는 1 : 2이다.

정답 → 12. ㉱ 13. ㉰ 14. ㉱ 15. ㉰ 16. ㉱

17. ㉮㉯ 1 : 1 → $\frac{1}{1}$×100 = 100(%)

㉰ 1할 → $\frac{1}{10}$×100 = 10(%)

㉱ 1 : 0.7 → $\frac{1}{0.7}$×100 ≒ 143(%)

18. 식생에 의한 공법인 식생자루공법과 식생매트공법, 구조물에 의한 보호공법인 콘크리트격자블럭공법, 비탈면 Anchor공법 등이 있다.

19. 더돋기란 성토공사 후 흙의 변형 및 침하에 대비하여 계획고보다 일정높이 만큼을 더 증가시켜 성토하는 것을 말한다.

20. 일반적으로 더돋기는 계획 성토고의 10% 정도로 한다.

21. 성토고의 10% 더돋기 실시
2 X 1.1 = 2.2(m)

22. 시멘트는 석회석과 점토, 약간의 광석 찌꺼기(슬래그)에 생석고(응결지연제)를 넣어 소성하여 분쇄한다.

17 다음 중 경사도 가장 큰 것은? 06-2

㉮ 100% 경사　　㉯ 45°
㉰ 1할 경사　　㉱ 1 : 0.7

18 비탈면을 보호하기 위한 방법이 아닌 것은? 04-1

㉮ 식생자루공법
㉯ 콘크리트격자블럭공법
㉰ 비탈깎기공법
㉱ 식생매트공법

19 다음 중 더돋기의 정의로 가장 알맞은 것은? 05-2

㉮ 가라앉을 것을 예측하여 흙을 계획높이 보다 더 쌓는 것
㉯ 중앙분리대에서 흙을 볼록하게 쌓아 올리는 것
㉰ 옹벽앞에 계단처럼 콘크리이트를 쳐서 옹벽을 보강하는 것
㉱ 계단의 맨 윗부분에 설치하는 시설물이다.

20 흙쌓기 작업 시 시간이 경과하면서 가라앉을 것을 예측하여 더돋기를 하는데 이때 일반적으로 계획된 높이보다 어느 정도 더 높이 쌓아 올리는가? 05-5, 09-2, 10-2

㉮ 1~5%　　㉯ 10~15%
㉰ 20~25%　　㉱ 30~35%

21 흙을 이용하여 2m 높이로 마운딩하려 할 때, 더돋기를 고려해 실제 쌓아야 하는 높이로 가장 적합한 것은? 12-5

㉮ 2m　　㉯ 2m 20㎝
㉰ 3m　　㉱ 3m 30㎝

22 시멘트의 주재료에 속하지 않는 것은? 05-2

㉮ 화강암　　㉯ 석회암
㉰ 진흙　　㉱ 광석찌꺼기

 정답 ➔ 17. ㉱ 18. ㉰ 19. ㉮ 20. ㉯ 21. ㉯ 22. ㉮

23 시멘트의 풍화를 방지하기 위해 가설창고에 저장 시 고려해야 할 사항 중 틀린 것은? 06-2, 10-5

㉮ 출입구 채광창 이외의 환기창은 두지 않는다.
㉯ 창고의 바닥높이는 지면에서 30㎝ 이상 떨어진 위치에 쌓는다.
㉰ 15포 이상 포개서 쌓지 않는다.
㉱ 3개월 이상 저장한 시멘트나 습기를 받았다고 판단되는 시멘트는 사용 전에 시험을 한다.

23. 시멘트 쌓기 시 13포대 이상 쌓지 않는다.

24 시멘트의 저장에 관한 설명으로 옳은 것은? 04-1, 07-1, 11-5

㉮ 벽이나 땅바닥에서 30㎝ 이상 떨어진 마루 위에 쌓는다.
㉯ 20포대 이상 포개 쌓는다.
㉰ 유해가스배출을 위해 통풍이 잘 되는 곳에 보관한다.
㉱ 덩어리가 생기기 시작한 시멘트를 우선 사용한다.

24. 시멘트 창고는 필요한 출입구와 채광창 외에 환기용 개구부는 설치하지 않으며, 덩어리가 생기기 시작한 시멘트는 사용하지 않는다.

25 시멘트 500포대를 저장할 수 있는 가설창고의 최소 필요 면적은? (단, 쌓기 단수는 최대 13단으로 한다.) 11-2

㉮ 15.4㎡ ㉯ 16.5㎡
㉰ 18.5㎡ ㉱ 20.4㎡

25. 시멘트의 창고 면적(㎡)

$$A = 0.4 \times \frac{N}{n}(m^2)$$

$$= 0.4 \times \frac{500}{13}(m^2)$$

26 시멘트 중 간단한 구조물에 가장 많이 사용되는 것은? 03-1, 03-5, 08-1, 08-2

㉮ 보통 포틀랜드 시멘트
㉯ 중용열 포틀랜드 시멘트
㉰ 조강 포틀랜드 시멘트
㉱ 저열 포틀랜드 시멘트

26. 저열 포틀랜드 시멘트는 수화열이 낮은 시멘트로 댐 공사 등에 사용한다.

27 시멘트의 종류와 특성에서 높은 강도가 요구되는 공사, 급한 공사, 추운 때의 공사, 물속이나 바다의 공사에 적합한 시멘트는? 04-2

㉮ 조강 포틀랜드 시멘트
㉯ 보통 포틀랜드 시멘트
㉰ 슬래그 시멘트
㉱ 중용열 포틀랜드 시멘트

정답 ➔ 23. ㉰ 24. ㉮ 25. ㉮ 26. ㉮ 27. ㉮

28. 석고는 시멘트의 응결 속도를 느리게 하기 위해서 사용하며 응결지연제역할을 한다.

28 시멘트 공장에서 포틀랜드시멘트를 제조할 때 석고를 첨가하는 주요 이유는? 10-2

㉮ 시멘트의 강도 및 내구성 증진을 위하여
㉯ 시멘트의 장기강도 발현성을 높이기 위하여
㉰ 시멘트의 급격한 응결을 조정하기 위하여
㉱ 시멘트의 건조수축을 작게 하기 위하여

29 용광로에서 선철을 제조할 때 나온 광석 찌꺼기를 석고와 함께 시멘트에 섞은 것으로서 수화열이 낮고, 내구성이 높으며, 화학적 저항성이 큰 한편, 투수가 적은 특징을 갖는 것은? 04-1, 12-1

㉮ 실리카시멘트　㉯ 고로시멘트
㉰ 알루미나시멘트　㉱ 조강 포틀랜드시멘트

30. ㉮㉯㉱ 포틀랜드시멘트

30 다음 중 혼합시멘트로 가장 적당한 것은? 05-2

㉮ 보통시멘트　㉯ 조강시멘트
㉰ 실리카시멘트　㉱ 중용열시멘트

31. 포졸란 시멘트는 실리카 시멘트라고도 하며 조기강도는 작고 장기강도가 크다.

31 양질의 포졸란을 사용한 시멘트의 일반적인 특징 설명으로 틀린 것은? 11-4

㉮ 수밀성이 크다.
㉯ 해수(海水) 등에 화학 저항성이 크다.
㉰ 발열량이 적다.
㉱ 강도의 증진이 빠르나 장기강도가 작다.

32. 플라이애쉬 시멘트는 실리카 시멘트와 비슷한 특성을 지닌다.

32 다음 [보기]의 설명에 적합한 시멘트는? 09-1

[보기]
· 장기강도는 보통시멘트를 능가한다.
· 건조수축도 보통포틀랜드시멘트에 비해 적다.
· 수화열이 보통 포틀랜드보다 적어 매스콘크리트용에 적합하다.
· 모르타르 및 콘크리트 등의 화학 저항성이 강하고 수밀성이 우수하다.

㉮ 플라이애시 시멘트
㉯ 조강 포틀랜드 시멘트
㉰ 내황산염 포틀랜드 시멘트
㉱ 알루미나 시멘트

정답 ➔ 28. ㉰ 29. ㉯ 30. ㉰ 31. ㉱ 32. ㉮

33 다음과 같은 특징을 갖는 시멘트는? 10-2, 11-1, 11-4

[보기]

- 조기강도가 크다(재령 1일에 보통포틀랜드시멘트의 재령 28일 강도와 비슷함)
- 산, 염류, 해수 등의 화학적 작용에 대한 저항성이 크다.
- 내화성이 우수하다.
- 한중콘크리트에 적합하다.

㉮ 알루미나 시멘트 ㉯ 실리카 시멘트
㉰ 포졸란 시멘트 ㉱ 플라이애쉬 시멘트

33. 알루미나 시멘트는 'One day 시멘트'라고도 불린다.

34 다음 중 '가', '나'에 가장 적당한 것은? 06-1

"콘크리트가 단단히 굳어지는 것은 시멘트와 물의 화학반응에 의한 것인데, 시멘트와 물이 혼합된 것을 (가)라 하고, 시멘트와 모래, 그리고 물이 혼합된 것을 (나)라 한다."

㉮ 가-콘크리트, 나-모르타르
㉯ 가-모르타르, 나-콘크리트
㉰ 가-시멘트페이스트, 나-모르타르
㉱ 가-모르타르, 나-시멘트페이스트

34.
- 시멘트+물=시멘트풀
- 시멘트+물+모래=모르타르
- 시멘트+물+모래+자갈 = 콘크리트

35 다음 중 모르타르의 구성 성분이 아닌 것은? 05-2

㉮ 물 ㉯ 모래
㉰ 자갈 ㉱ 시멘트

35. 모르타르는 시멘트와 모래, 물이 혼합된 것이다.

36 다음 중 일반적인 콘크리트의 특징이 아닌 것은? 08-2

㉮ 모양을 임의로 만들 수 있다.
㉯ 임의대로 강도를 얻을 수 있다.
㉰ 내화·내구성이 강한 구조물을 만들 수 있다.
㉱ 경화시 수축균열이 발생하지 않는다.

36. 콘크리트는 수축에 의한 균열이 발생한다.

37 다음 중 콘크리트의 장점이 아닌 것은? 05-5, 09-2

㉮ 재료의 획득 및 운반이 용이하다.
㉯ 인장강도와 휨 강도가 크다.
㉰ 압축강도가 크다.
㉱ 내구성, 내화성, 내수성이 크다.

37. 콘크리트의 인장강도는 압축강도의 1/10로 약하다.

정답 ➔ 33. ㉮ 34. ㉰ 35. ㉰ 36. ㉱ 37. ㉯

38. 혼화재는 시멘트량의 5% 이상으로 사용량이 많아 배합계산에 포함되고, 혼화제는 시멘트량 1% 이하의 약품으로 소량사용하며 배합계산에서 무시되는 것이다.

39. ㉮㉯㉰ 혼화제

40. 지연제는 시멘트의 응결시간을 지연시키기 위해서 사용하며 콘크리트의 운반 시간이 길 때나 서중(暑中) 콘크리트 등에 사용한다.

41. 염화칼슘은 응결경화촉진제로 초기강도를 증진시키고 저온에서도 강도 증진효과가 있어 한중콘크리트에 사용한다.

42. 팽창제는 기포제로서 경량화나 단열화를 위하여 사용한다.

43. 골재는 시멘트 강도 이상의 것을 사용한다.

38 혼화재의 설명 중 옳은 것은? 12-2

㉮ 혼화재는 혼화제와 같은 것이다.
㉯ 종류로는 포졸란, AE제 등이 있다.
㉰ 종류로는 슬래그, 감수제 등이 있다.
㉱ 혼화재료는 그 사용량이 비교적 많아서 그 자체의 부피가 콘크리트의 배합계산에 관계된다.

39 콘크리트의 혼화재료 중 혼화재(混和材)에 해당하는 것은? 04-1, 10-1

㉮ AE제(공기연행제) ㉯ 분산제(감수제)
㉰ 응결촉진제 ㉱ 고로슬래그

40 운반 거리가 먼 레미콘이나 무더운 여름철 콘크리트의 시공에 사용하는 혼화제는? 05-2, 10-1

㉮ 지연제 ㉯ 감수제
㉰ 방수제 ㉱ 경화촉진제

41 일반적으로 추운 지방이나 겨울철에 콘크리트가 빨리 굳어지도록 주로 섞어 주는 것은? 03-1, 04-2, 04-5, 06-1, 11-4

㉮ 석회 ㉯ 염화칼슘
㉰ 붕사 ㉱ 마그네슘

42 혼화제 중 계면활성작용(Surface active reaction)에 의해 콘크리트의 워커빌리티, 동결 융해에 대한 저항성 등을 개선시키는 것이 아닌 것은? 09-4

㉮ 팽창제 ㉯ 고성능감수제
㉰ AE제 ㉱ 감수제

43 좋은 콘크리트를 만들려면 좋은 품질의 골재를 사용해야 하는데, 좋은 골재에 관한 설명으로 옳지 않은 것은? 12-2

㉮ 골재의 표면이 깨끗하고 유해 물질이 없을 것
㉯ 굳은 시멘트 페이스트보다 약한 석질일 것
㉰ 납작하거나 길지 않고 구형에 가까울 것
㉱ 굵고 잔 것이 골고루 섞여 있을 것

 정답 ➔ 38. ㉱ 39. ㉱ 40. ㉮ 41. ㉯ 42. ㉮ 43. ㉯

44 다음 골재의 입도(粒度)에 대한 설명 중 옳지 않은 것은? 04-2

㉮ 입도시험을 위한 골재는 4분법(四分法)이나 시료분취기에 의하여 필요한 량을 채취한다.
㉯ 입도란 크고 작은 골재알(粒)이 혼합되어 있는 정도를 말하며 체가름 시험에 의하여 구할 수 있다.
㉰ 입도가 좋은 골재를 사용한 콘크리트는 공극이 커지기 때문에 강도가 저하한다.
㉱ 입도곡선이란 골재의 체가름 시험결과를 곡선으로 표시한 것이며 입도곡선이 표준입도곡선 내에 들어가야 한다

44. 입도란 크고 작은 골재가 적당히 혼합되어 있는 정도로서 입도가 좋으면 공극이 줄고 균일한 콘크리트를 만들어 수밀성 및 내구성이 향상된다.

45 단위용적중량이 1.65t/㎥이고 굵은 골재 비중이 2.65일 때 이 골재의 실적률(A)과 공극률(B)은 각각 얼마인가? 11-5, 12-1

㉮ A : 62.3%, B : 37.7%
㉯ A : 69.7%, B : 30.3%
㉰ A : 66.7%, B : 33.3%
㉱ A : 71.4%, B : 28.6%

45. p : 골재의 비중
w : 골재의 단위용적 중량(kg/㎥)
· 실적률(d) = $\frac{w}{p} \times 100(\%)$
$= \frac{1.65}{2.65} \times 100(\%) = 62.3(\%)$
· 공극률(v) = 100 − 실적률
= 100 − 62.3 = 37.7(%)

46 골재의 표면에는 수분이 없으나 내부의 공극은 수분으로 가득차서 콘크리트 반죽 시에 투입되는 물의 양이 골재에 의해 증감되지 않는 이상적인 상태를 무엇이라 하는가? 11-4

㉮ 표면건조 포화상태 ㉯ 습윤상태
㉰ 공기중 건조상태 ㉱ 절대건조상태

46. · 습윤상태 : 골재의 표면이 물에 젖어 있고 내부에 물이 가득한상태
· 공기중 건조상태 : 대기 중에서 건조되어 내부에 수분이 있는 상태
· 절대건조상태 : 골재의 내외부에 물이 존재하지 않는 상태

47 시멘트 콘크리이트 배합에서 부배합(rich mix)이란? 04-5

㉮ 표준 배합보다 단위 시멘트 용량이 많은 것
㉯ 표준 배합보다 모래의 용량이 많은 것
㉰ 표준 배합보다 자갈의 용량이 많은 것
㉱ 표준 배합보다 모래, 자갈의 용량이 많은 것

47. 빈배합이란 표준 배합보다 단위 시멘트 용량이 적은 것을 말한다.

48 콘크리트의 용적배합 시 1 : 2 : 4에서 2는 어느 재료의 배합비를 표시한 것인가? 06-2

㉮ 물 ㉯ 모래
㉰ 자갈 ㉱ 시멘트

48. 콘크리트의 배합은 시멘트를 기준으로 모래와 자갈의 비율을 표시한다.–시멘트 : 모래 : 자갈

정답 ➧ 44. ㉰ 45. ㉮ 46. ㉮ 47. ㉮ 48. ㉯

49 폭이 50㎝, 높이가 60㎝, 길이가 10m인 콘크리트 기초에 소요되는 재료의 양은? (단, 배합비는 1 : 3 : 6이고, 자갈은 0.90㎥/㎥, 모래는 0.45㎥/㎥, 시멘트는 226kg/㎥이다.) 05-1

㉮ 시멘트 678kg, 모래 1.35㎥, 자갈 2.7㎥
㉯ 시멘트 678kg, 모래 2.7㎥, 자갈 1.35㎥
㉰ 시멘트 2.7kg, 모래 1.35㎥, 자갈 6.78㎥
㉱ 시멘트 1.35kg, 모래 6.78㎥, 자갈 2.7㎥

49. · 기초 0.5×0.6×10=3(㎥)
· 시멘트 3×226=678(㎏)
· 모래 3×0.45=1.35(㎥)
· 자갈 3×0.9=2.7(㎥)

50 콘크리트 타설시 시공성을 측정하는 가장 일반적인 것은? 04-5, 09-4

㉮ 슬럼프 시험 ㉯ 압축강도 시험
㉰ 휨강도 시험 ㉱ 인장강도 시험

50. 슬럼프 시험은 반죽의 질기를 측정하여 시공성(워커빌리티)의 정도를 측정하는 것이다.

51 콘크리트 슬럼프시험에 대한 설명 가운데 옳지 않은 것은? 04-2

㉮ 반죽질기를 측정하는 것이다.
㉯ 슬럼프값이 높은 수치일수록 좋은 것이다.
㉰ 슬럼크값의 단위는 ㎝이다.
㉱ 콘크리트 치기작업의 난이도를 판단할 수 있다.

51. 슬럼프 값이 너무 높으면 강도와 내구성, 수밀성, 건조수축, 재료 분리, 블리딩 등에 영향을 받는다.

52 굳지 않은 콘크리트의 성질을 표시하는 용어 중 거푸집 등의 형상에 순응하여 채우기가 쉽고, 분리가 일어나지 않는 성질을 가리키는 것은? 10-4, 12-5

㉮ 워커빌리티(workability) ㉯ 컨시스턴시(consistency)
㉰ 플라스티서티(plasticity) ㉱ 펌퍼빌리티(pumpability)

52. 플라스티서티(성형성)는 거푸집형태로 채워지는 난이정도인 점조성의 정도를 말한다.

53 반죽질기의 정도에 따라 작업의 쉽고 어려운 정도, 재료의 분리에 저항하는 정도를 나타내는 콘크리트 성질에 관련된 용어는? 10-1, 12-2

㉮ 성형성(plasticity) ㉯ 마감성(finishability)
㉰ 시공성(workability) ㉱ 레이턴스(laitance)

53. 시공연도는 시공의 난이정도인 시공성의 정도를 말한다.

54 굵은 골재의 최대치수, 잔골재율, 잔골재의 입도, 반죽질기 등에 따르는 마무리하기 쉬운 정도를 말하는 굳지 않은 콘크리트의 성질은? 10-5

㉮ workability ㉯ plasticity
㉰ consistency ㉱ finishability

54. 마감성(finishability)는 마감작업의 용이성 정도를 말한다.

정답 ➔ 49. ㉮ 50. ㉮ 51. ㉯ 52. ㉰ 53. ㉰ 54. ㉱

55 굳지 않은 모르타르나 콘크리트에서 물이 분리되어 위로 올라오는 현상은? 05-1

㉮ 워커빌리티(workability)
㉯ 블리딩(bleeding)
㉰ 피니셔빌리티(finishability)
㉱ 레이턴스 (laitance)

55. 블리딩은 재료분리의 일종이다.

56 콘크리트의 균열방지를 위한 일반적인 방법으로서 틀린 것은? 09-2

㉮ 발열량이 적은 시멘트를 사용한다.
㉯ 슬럼프(slump)값을 작게 한다.
㉰ 타설 시 내·외부 온도차를 줄인다.
㉱ 시멘트의 사용량을 줄이고 단위수량을 증가시킨다.

56. 콘크리트의 균열방지를 위해서는 단위수량을 최소화시킨다.

57 콘크리트에 사용되는 재료의 저장에 관한 설명으로 틀린 것은? 11-5

㉮ 시멘트의 온도가 너무 높을 때는 그 온도를 65℃ 정도 이하로 낮춘 다음 사용한다.
㉯ 잔골재 및 굵은 골재에 있어 종류와 입도가 다른 골재는 각각 구분하여 따로 따로 저장한다.
㉰ 혼화재는 방습적인 사일로 또는 창고 등에 품종별로 구분하여 저장하고 입하된 순서대로 사용하여야 한다.
㉱ 혼화제는 먼지, 기타의 불순물이 혼입되지 않도록, 액상의 혼화제는 분리되거나 변질되거나 동결되지 않도록, 또 분말상의 혼화제는 습기를 흡수하거나 굳어지는 일이 없도록 저장하여야 한다.

57. 콘크리트에는 일반적으로 50℃ 정도 이하의 온도를 갖는 시멘트를 사용한다.

58 다음 [보기]가 설명하고 있는 콘크리트의 종류는? 09-2

[보기]
- 슬럼프 저하 등 워커빌리티의 변화가 생기기 쉽다.
- 동일 슬럼프를 얻기 위한 단위수량이 많아진다.
- 콜드조인트가 발생하기 쉽다.
- 초기 강도 발현은 빠른 반면에 장기강도가 저하될 수 있다.

㉮ 한중콘크리트 ㉯ 경량콘크리트
㉰ 서중콘크리트 ㉱ 매스콘크리트

58. 서중콘크리트는 하루 평균기온이 25℃ 또는 최고 기온이 30℃를 초과하는 때에 타설하는 콘크리트로 재료의 온도를 낮추고 AE제, AE감수제, 지연제 등을 사용한다.

정답 ➔ 55. ㉯ 56. ㉱ 57. ㉮ 58. ㉰

59 미리 골재를 거푸집 안에 채우고 특수 탄화제를 섞은 모르타르를 주입하여 골재의 빈틈을 메워 콘크리트를 만드는 형식은? 11-4

㉮ 서중콘크리트
㉯ 프리팩트 콘크리트
㉰ 프리스트레스트콘크리트
㉱ 한중콘크리트

59. 프리스트레스트콘크리트란 PS, PS 콘크리트라고도 하며 피아노선·특수강선 등을 사용해 미리 부재 내에 응력을 줌으로써 사용 시 받는 외력에 저항하는 것이다.

60 한중(寒中) 콘크리트는 기온이 얼마일 때 사용하는가? 04-1, 07-5

㉮ −1℃ 이하　㉯ 4℃ 이하
㉰ 25℃ 이하　㉱ 30℃ 이하

60. 한중콘크리트는 하루 평균 기온이 4℃ 이하로 동결 위험이 있는 기간에 시공하는 콘크리트로 초기에 보온 양생을 실시한다.

61 콘크리트 공사의 시공과정 중 휴식시간 등으로 응결하기 시작한 콘크리트에 새로운 콘크리트를 이어 칠 때 일체화가 저해되어 발생하는 줄눈의 형태는? 11-1

㉮ 콜드 조인트(cold joint)
㉯ 콘트롤 조인트(control joint)
㉰ 익스팬션 조인트(expansion joint)
㉱ 콘트럭션 조인트(contraction joint)

61. · 콘트롤 조인트(control joint) : 표면 균열을 한 곳으로 유도하는 줄눈
· 익스팬션 조인트(expansion joint) : 수축팽창, 부동침하 등으로 발생 할 수 있는 변형의 흡수를 목적으로 설치
· 콘트럭션 조인트(contraction joint) : 콘트롤 조인트와 같은 것

62 다음 중 거푸집으로 사용할 때 일반적인 재료로 가장 적합한 것은? 07-1

㉮ P.V.C 판　㉯ 내수성 합판
㉰ 유리판　㉱ 콘크리트판

62. 거푸집널로는 내수성 합판이 많이 사용되어지며, 철제 거푸집도 많이 사용된다.

63 다음 중 거푸집이나 철근을 묶는데 사용되는 것은? 03-2

㉮ 경판　㉯ 양철판
㉰ 와이어 로드　㉱ 철선

63. 거푸집의 결속은 #6~8, 철근의 결속 #18~20 정도의 철선을 사용한다.

64 콘크리트 거푸집공사에서 격리재(Separater)를 사용하는 목적으로 적합한 것은? 08-5

㉮ 거푸집이 벌어지지 않게 하기 위하여
㉯ 거푸집 상호간의 간격을 정확히 유지하기 위하여
㉰ 철근의 간격을 정확하게 유지하기 위하여
㉱ 거푸집 조립을 쉽게 하기 위하여

64. ㉮ 긴장재, ㉰ 간격재

정답 → 59. ㉯ 60. ㉯ 61. ㉮ 62. ㉯ 63. ㉱ 64. ㉯

65 다음 중 거푸집 설치시 콘크리트에 접하는 면에 칠하는 박리제로 가장 부적당한 것은? 04-1, 06-5

㉮ 중유 ㉯ 듀벨
㉰ 식물성 기름 ㉱ 파라핀합성수지

65. 듀벨은 목재의 이음에 사용하는 철물이다.

66 거푸집에 미치는 콘크리트의 측압에 관한 설명으로 틀린 것은? 10-2, 11-1, 12-1

㉮ 시공연도가 좋을수록 측압은 크다.
㉯ 수평부재가 수직부재보다 측압이 작다.
㉰ 경화속도가 빠를수록 측압이 크다.
㉱ 붓기 속도가 빠를수록 측압이 크다.

66. 그 외 측압이 크게 걸리는 경우
· 슬럼프가 클 때
· 타설 높이가 높을 경우
· 대기습도가 높은 경우
· 온도가 낮은 경우
· 진동기 사용 시

67 다음 중 거푸집을 빨리 제거하고 단시일에 소요강도를 내기 위하여 고온, 증기로 보양하는 것으로 한중콘크리트에도 유리한 보양법은? 11-1

㉮ 습윤보양
㉯ 증기보양
㉰ 전기보양
㉱ 피막보양

67. ㉮ 습윤보양 : 수축균열 방지
㉰ 전기보양 : 저압전기 사용
㉱ 피막보양 : 표면에 피막제 사용

68 다음 중 콘크리트 제품은 어느 것인가? 03-1, 04-5

㉮ 보도블럭 ㉯ 타일
㉰ 적벽돌 ㉱ 오지토관

68. ㉯㉰㉱ 점토 제품

69 다음 중 철근콘크리트에서 철근의 배치가 가장 적당한 것은? 06-2

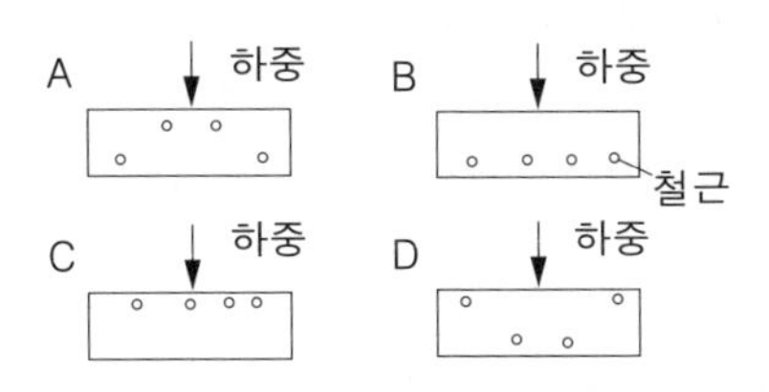

㉮ A ㉯ B
㉰ C ㉱ D

69. 철근은 인장력에 저항하도록 배치하며 단순보인 경우에는 부재의 하부에 배근한다.

정답 ➔ 65. ㉯ 66. ㉰ 67. ㉯ 68. ㉮ 69. ㉯

70. 목재는 열전도율이 작아 보온, 방한, 차음 등에 효과가 높다.

70 목질 재료의 장점이라고 볼 수 없는 것은? 03-2, 08-5, 11-2

㉮ 재질이 부드럽고 촉감이 좋다.
㉯ 가공이 쉽고 열전도율이 크다.
㉰ 색깔이나 무늬 등의 외관이 아름답다.
㉱ 비중이 작으면서 압축인장강도가 크다.

71. 목재는 충격이나 진동에 강하고 흡수성이 크나 습기에 의한 변형과 가연성으로 인화점이 낮은 것이 단점이다.

71 일반적인 목재의 특성 중 장점으로 옳은 것은? 04-2, 05-5, 09-2, 12-5

㉮ 충격, 진동에 대한 저항성이 작다.
㉯ 열전도율이 낮다.
㉰ 충격의 흡수성이 크고, 건조에 의한 변형이 크다.
㉱ 가연성이며 인화점이 낮다.

72. 목재의 강도는 섬유방향이 최대, 섬유 직각방향이 최소이다.

72 목재의 일반적인 성질에 대한 설명으로 틀린 것은? 09-1

㉮ 섬유포화점 이하에서는 함수율이 낮을수록 강도가 크다.
㉯ 비중이 높을수록 강도가 크다.
㉰ 열전도율은 콘크리트, 석재 등에 비하여 낮다.
㉱ 목재의 강도 크기 순서는 섬유방향에 평행한 강도가 그 직각 방향보다 작다.

73 다음 중 목재가 대기 중의 온도와 습도에 대해 평형상태를 이루고 있을 때의 함수율로 가장 적당한 것은? 06-2

㉮ 평행함수율 ㉯ 표준함수율
㉰ 기건함수율 ㉱ 법정함수율

74. · 섬유 포화점 30%
· 구조재 25%

74 기건상태에서 목재 표준 함수율은 어느 정도인가? 05-1, 09-5, 12-2

㉮ 5% ㉯ 15%
㉰ 25% ㉱ 35%

75. 심재는 변재와 비교하여 재질이 치밀하여 빛깔이 진하고 수축성이 작다.

75 목재의 심재에 대한 설명으로 틀린 것은? 10-2

㉮ 변재보다 비중이 크다.
㉯ 변재보다 신축이 크다.
㉰ 변재보다 내구성이 크다.
㉱ 변재보다 강도가 크다.

정답 → 70. ㉯ 71. ㉯ 72. ㉱ 73. ㉰ 74. ㉯ 75. ㉯

76 목재의 구조에 대한 설명으로 틀린 것은? 09-1

㉮ 춘재는 빛깔이 엷고 재질이 연하다.
㉯ 춘재와 추재의 두 부분을 합친 것을 나이테라 한다.
㉰ 목재의 수심 가까이에 위치하고 있는 진한색 부분을 변재라 한다.
㉱ 생장이 느린 수목이나 추운 지방에서 자란 수목은 나이테가 좁고 치밀하다.

76. ㉰ 심재

77 목재의 기건 상태에서 건조 전의 무게가 250g이고, 절대 건조 무게가 220g인 목재의 전건량 기준 함수율은? 10-5, 11-5

㉮ 12.6% ㉯ 13.6%
㉰ 14.6% ㉱ 15.6%

77. 목재의 함수율(%)
W_1 : 목재의 무게
W_2 : 목재의 무게
$\frac{W_1 - W_2}{W_2} \times 100(\%)$
$\frac{250-220}{220} \times 100 = 13.6(\%)$

78 목재의 강도에 대한 설명으로 옳은 것은? (단, 가력방향은 섬유에 평행하다.) 03-1, 10-5

㉮ 압축강도가 인장강도보다 크다.
㉯ 인장강도가 압축강도보다 크다.
㉰ 인장강도와 압축강도가 동일하다.
㉱ 휨강도와 전단강도가 동일하다.

78. 인장강도〉휨강도〉압축강도〉전단강도

79 다음 중 압축강도(kgf/㎠)가 가장 큰 목재는? 12-2

㉮ 삼나무 ㉯ 낙엽송
㉰ 오동나무 ㉱ 밤나무

79. 낙엽송〉삼나무〉밤나무〉오동나무

80 일반적으로 건설 재료로 사용하는 목재의 비중이란 다음 중 어떤 상태의 것을 말하는가? (단, 함수율이 약 15% 정도일 때를 의미한다.) 11-2

㉮ 포수비중 ㉯ 절대비중
㉰ 진비중 ㉱ 기건비중

80. 목재의 함수율 약 15% 정도일 때는 기건재이므로 기건비중을 의미한다.

81 다음 목재 중 무른나무(soft wood)에 속하는 것은? 04-2, 07-1

㉮ 참나무 ㉯ 향나무
㉰ 포플러 ㉱ 박달나무

81. 포플러는 생장속도가 빠른 속성수로 재질이 무른 나무에 속한다.

정답 ➜ 76. ㉰ 77. ㉯ 78. ㉯ 79. ㉯ 80. ㉱ 81. ㉰

82 목재의 건조목적과 가장 관련이 없는 것은? 08-1, 10-4

㉮ 부패 방지 ㉯ 사용 후의 수축, 균열 방지
㉰ 강도 증진 ㉱ 무늬 강조

82. 그 외 중량 경감으로 취급 및 운반비 절감, 도장 및 약제처리가 가능하게 된다.

83 목재의 건조 방법은 자연건조법과 인공 건조법으로 구분될 수 있다. 다음 중 인공건조법이 아닌 것은? 06-5, 11-5, 12-5

㉮ 증기법 ㉯ 침수법
㉰ 훈연 건조법 ㉱ 고주파 건조법

83. 침수법은 수액제거를 위한 자연건조법에 속한다.

84 다음 중 목재의 건조에 관한 설명으로 틀린 것은? 06-1, 08-2

㉮ 건조기간은 자연건조시는 인공건조에 비해 길고, 수종에 따라 차이가 있다.
㉯ 인공건조 방법에는 증기건조, 공기가열건조, 고주파건조법 등이 있다.
㉰ 자연건조 시 두께 3㎝의 침엽수는 약 2~6개월 정도 걸리고 활엽수는 그 보다 짧게 걸린다.
㉱ 목재의 두꺼운 판을 급속히 건조할 경우에는 고주파건조법이 효과적이다.

84. 목재 건조 시 활엽수는 침엽수보다 건조가 힘들고 3㎝정도의 널은1년 정도가 걸린다.

85 목재 방부제에 요구되는 성질로 부적합한 것은? 12-1

㉮ 목재에 침투가 잘 되고 방부성이 큰 것
㉯ 목재에 접촉되는 금속이나 인체에 피해가 없을 것
㉰ 목재의 인화성, 흡수성에 증가가 없을 것
㉱ 목재의 강도가 커지고 중량이 증가될 것

85. 방부제로 인한 강도저하나 가공성 저하가 없어야 한다.

86 다음 중 목재의 방부제 처리법이 아닌 것은? 06-2

㉮ 풍화법 ㉯ 도포법
㉰ 침전법 ㉱ 가압주입법

86. 그 외 처리법에는 표면탄화법, 확산법, 침지법, 생리적 주입법이 있다.

87 목재의 방부처리 방법 중 일반적으로 가장 효과가 우수한 것은? 12-2

㉮ 침지법 ㉯ 도포법
㉰ 생리적 주입법 ㉱ 가압주입법

87. 가압주입법은 건조된 목재를 밀폐된 용기 속에 목재를 넣고 감압과 가압을 조합하여 목재에 약액을 주입하는 방법으로 방부효과가 가장 크고 기업적으로 실시하고 있는 방법이다.

정답 ➔ 82. ㉱ 83. ㉯ 84. ㉰ 85. ㉱ 86. ㉮ 87. ㉱

88 목재 방부를 위한 약액주입법 중 가압주입법에 속하지 않는 것은? 09-4

㉮ 로우리법 ㉯ 리그린법
㉰ 베델법 ㉱ 루핑법

88. 베델법(Bethell)은 충세포법, 로우리법(Lowry)과 루핑법(Rueping)은 공세포법에 속한다.

89 다음 중 수용성 목재 방부제이지만 성분상의 맹독성 때문에 사용을 금지하고 있는 것은? 10-5

㉮ CCA계 방부제 ㉯ 크레오소트유
㉰ 콜타르 ㉱ 오일스테인

89. CCA, PCP 방부제는 방부력이 우수하여 많이 사용되어졌으나 비소의 독성과 PCP의 내분비계 장애 유발로 제조 · 사용이 금지되었다.

90 합판의 특징에 대한 설명으로 옳은 것은? 11-2, 11-4, 11-5

㉮ 팽창, 수축 등으로 생기는 변형이 크다.
㉯ 목재의 완전 이용이 불가능하다.
㉰ 제품이 규격화되어 사용에 능률적이다.
㉱ 섬유방향에 따라 강도의 차이가 크다.

90. 합판은 수축 · 팽창에 대한 변형이 거의 없고 균일한 강도와 크기를 얻을 수 있다.

91 일반적인 합판의 특징이 아닌 것은? 04-5, 09-5

㉮ 함수율 변화에 의한 수축 · 팽창의 변형이 적다.
㉯ 균일한 크기로 제작 가능하다.
㉰ 균일한 강도를 얻을 수 있다.
㉱ 내화성을 크게 높일 수 있다.

91. 합판은 목재로 만든 것으로 내화성을 크게 높일 수는 없다.

92 합판(合板)에 관한 설명으로 틀린 것은? 03-5, 08-2

㉮ 보통합판은 얇은 판을 2,4,6매 등의 짝수로 교차하도록 접착제로 접합한 것이다.
㉯ 특수합판은 사용목적에 따라 여러 종류가 있으나 형식적으로는 보통합판과 다르지 않다.
㉰ 합판은 함수율 변화에 의한 신축변형이 적고 방향성이 없다.
㉱ 합판의 단판 제법에는 로터리 베니어, 소드 베니어, 슬라이스드 베니어 등이 있다.

92. 일반적인 합판은 3장 이상의 박판을 홀수로 사용하여 만든다.

93 목재의 두께가 7.5cm미만에 폭이 두께의 4배 이상인 제재목은? 05-5, 09-2

㉮ 판재 ㉯ 각재
㉰ 원목 ㉱ 합판

93. 각재 : 두께가 7.5cm 미만이고, 폭이 두께의 4배 미만이거나 또는 두께 및 폭이 7.5cm 이상인 것

정답 ➔ 88. ㉯ 89. ㉮ 90. ㉰ 91. ㉱ 92. ㉮ 93. ㉮

94 곧은결 판재에 대한 설명으로 옳은 것은? 07-1

㉮ 뒤틀림이 심하다.
㉯ 판재 너비의 수축률이 크다.
㉰ 마멸이 불균일하고 수명이 짧다.
㉱ 건조 중에 표면 할렬이 덜 생긴다.

94. 곧은결의 목재는 널결보다 변형이 작고 마모에 강하다.

95 다음 중 목재공사에서 구멍뚫기, 홈파기, 자르기, 기타 다듬질하는 일을 가리키는 것은? 06-2

㉱ 마름질 ㉯ 먹매김
㉰ 모접기 ㉱ 바심질

95. · 마름질 : 통나무에서 치수에 맞게 제재하려는 계획
· 먹매김 : 목재의 가공을 위해 부재 표면에 표시하는 것
· 모접기 : 석재 · 목재 등의 모서리의 각을 없애는 것

96 다음 중 목재 접착제 중 내수성이 큰 순서대로 나열된 것은? 06-2

㉮ 요소수지 〉 아교 〉 페놀수지
㉯ 아교 〉 페놀수지 〉 요소수지
㉰ 페놀수지 〉 요소수지 〉 아교
㉱ 아교 〉 요소수지 〉 페놀수지

96. 내수성
실리콘〉에폭시〉페놀〉멜라민〉요소〉아교

97 다음 접착제로 사용되는 수지 중 접착력이 제일 우수한 것은? 10-2

㉮ 요소수지 ㉯ 에폭시수지
㉰ 멜라민수지 ㉱ 페놀수지

97. 접착력
에폭시〉요소〉멜라민〉페놀

98 암석 재료의 특징 설명 중 틀린 것은? 05-5, 11-1

㉮ 외관이 매우 아름답다.
㉯ 내구성과 강도가 크다.
㉰ 변형되지 않으며, 가공성이 있다.
㉱ 가격이 싸다.

98. 석재는 가격이 비싸고 무거워서 가공이 어렵고 크기에 제한이 있으며, 압축강도에 비해 인장강도가 약한 단점이 있다.

99 암석을 구성하고 있는 조암광물의 집합상태에 따라 생기는 눈 모양을 무엇이라고 하는가? 09-1, 09-4

㉮ 절리 ㉯ 층리
㉰ 석목 ㉱ 석리

99. · 절리 : 자연 생성 과정에서 일정 방향으로 금이 가는 것
· 층리 : 암석 구성물질의 층상 배열 상태
· 석목 : 절리 외에 암석이 가장 쪼개지기 쉬운 면
· 석리 : 조암 광물의 집합 상태에 따라 생기는 돌결

정답 ➔ 94. ㉱ 95. ㉱ 96. ㉰ 97. ㉯ 98. ㉱ 99. ㉱

100 석재의 비중에 대한 설명으로 틀린 것은? 03-5, 08-1

㉮ 비중이 클수록 조직이 치밀하다.
㉯ 비중이 클수록 흡수율이 크다.
㉰ 비중이 클수록 압축 강도가 크다.
㉱ 석재의 비중은 2.0~2.7이다.

100. 석재의 비중이 크면 조직이 치밀하고 단단하여 강도가 커지고 흡수율은 낮아진다.

101 다음 중 석재의 비중을 구하는 식은? 10-1

[보기]
A : 공시체의 건조무게(g)
B : 공시체의 침수 후 표면 건조포화 상태의 공시체의 무게(g)
C : 공시체의 수중무게(g)

㉮ A/B+C ㉯ A/B−C
㉰ C/A−B ㉱ B/A+C

102 다음 석재 중 압축강도(kgf/㎠)가 가장 큰 것은? 04-2, 08-2, 11-5

㉮ 화강암 ㉯ 응회암
㉰ 안산암 ㉱ 대리석

102. 압축강도
화강암>대리석>안산암>사암>응회암>부석(화산석)

103 다음 중 화성암이 아닌 것은? 05-1, 08-5, 12-2

㉮ 대리석 ㉯ 화강암
㉰ 안산암 ㉱ 섬록암

103. 대리석은 변성암이다.

104 퇴적암의 종류에 속하지 않는 것은? 10-1

㉮ 안산암 ㉯ 응회암
㉰ 역암 ㉱ 사암

104. 안산암은 화성암에 속한다.

105 석재의 성인에 의해 암석학적 분류는 화성암, 수성암, 변성암 등으로 분류한다. 다음 중 변성암에 해당되는 석재는? 08-2, 09-4

㉮ 화강암 ㉯ 사암
㉰ 안산암 ㉱ 대리석

105. 화강암과 안산암은 화성암, 사암은 퇴적암이다.

정답 ➔ 100. ㉯ 101. ㉯ 102. ㉮ 103. ㉮ 104. ㉮ 105. ㉱

106. 화강암은 경도 · 강도 · 내마모성 · 색채 · 광택이 우수하며, 큰 재료의 획득이 가능하며 조적재, 기초석재, 건축내외장재, 구조재로 쓰인다.

106 화성암의 일종으로 돌 색깔은 흰색 또는 담회색으로 단단하고 내구성이 있어, 주로 경관석, 바닥 포장용, 석탑, 석등, 묘석 등에 사용되는 것은? 03-1, 07-5, 10-2

㉮ 석회암　㉯ 점판암
㉰ 응회암　㉱ 화강암

107. 화강암은 조암물질의 영향으로 내화성이 낮다.

107 화강암(granite)의 특징 설명으로 옳지 않은 것은? 11-4

㉮ 조직이 균일하고 내구성 및 강도가 크다.
㉯ 내화성이 우수하여 고열을 받는 곳에 적당하다.
㉰ 외관이 아름답기 때문에 장식재로 쓸 수 있다.
㉱ 자갈, 쇄석 등과 같은 콘크리트용 골재로 많이 사용된다.

108. 진안석과 문경석은 붉은색을 띠고 철원석은 암회색을 띤다.

108 화강암 중 회백색 계열을 띠고 있는 돌은? 04-5

㉮ 진안석　㉯ 포천석
㉰ 문경석　㉱ 철원석

109. 0.2×0.2×1×2.6×1000 =104(kg)

109 화강석의 크기가 20㎝ x 20㎝ x 100㎝일 때 중량은? (단, 화강석의 비중은 평균 2.60이다.) 07-1

㉮ 약 50kg　㉯ 약 100kg
㉰ 약 150kg　㉱ 약 200kg

110. 점판암은 점토가 퇴적 · 응고되어 생성된 것으로 재질이 치밀하고 흡수성 작으며 강하다. 판석, 숫돌, 비석, 외벽, 바닥, 지붕재료로 쓰인다.

110 퇴적암의 일종으로 판모양으로 떼어낼 수 있어 디딤돌, 바닥포장재 등으로 쓸 수 있는 것은? 06-1

㉮ 화강암　㉯ 안산암
㉰ 현무암　㉱ 점판암

111. 대리석은 경질로 강도가 크고 실내 장식재, 조각재로 사용된다.

111 석회암이 변화되어 결정화한 것으로 석질이 치밀하고 견고할 뿐 아니라 외관이 미려하여 실내장식재 또는 조각재로 사용되는 것은? 05-2, 11-2

㉮ 응회암　㉯ 사문암
㉰ 대리석　㉱ 점판암

정답 → 106. ㉱ 107. ㉯ 108. ㉯ 109. ㉯ 110. ㉱ 111. ㉰

112 다음 조경용 포장재료로 사용되는 판석의 최대 두께로 가장 적당한 것은? 06-2

㉮ 15㎝ 미만 ㉯ 20㎝ 미만
㉰ 25㎝ 미만 ㉱ 35㎝ 미만

112. 판석은 두께가 15㎝ 미만이고, 폭이 두께의 3배 이상이다.

113 석재 중에서 가장 고급품으로 주로 미관을 요구하는 돌쌓기 등에 쓰이는 것은? 04-2, 07-5

㉮ 마름돌 ㉯ 견치돌
㉰ 깬돌 ㉱ 호박돌

113. 마름돌은 각석 또는 주석과 같이 일정한 규격으로 다듬어진 고급품으로서 건축이나 포장 등에 사용한다.

114 다음 여러 가지 규격재 모양 중 마름돌에 해당하는 것은? 08-1

㉮ 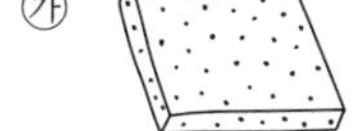
㉯ 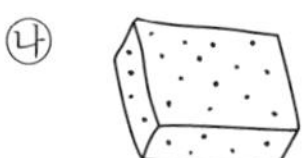
㉰
㉱ 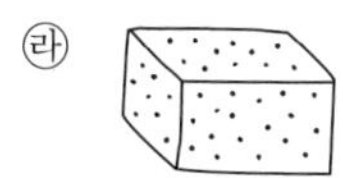

114. 마름돌은 대체로 30㎝×30㎝, 길이 50~60㎝의 돌을 많이 사용한다.

115 다음 그림과 같은 돌을 무엇이라 부르는가? 04-1

㉮ 견치돌
㉯ 경관석
㉰ 호박돌
㉱ 사괴석

뒷길이
앞면
뒷면
전면 접촉부

115. 견치돌은 주로 옹벽 등의 메쌓기 · 찰쌓기용으로 사용한다.

116 돌을 뜰 때 앞면, 길이, 뒷면, 접촉부 등의 치수를 지정해서 깨낸 돌로 앞면은 정사각형이며, 흙막이용으로 사용되는 재료는? 06-2, 08-5

㉮ 각석 ㉯ 판석
㉰ 마름석 ㉱ 견치석

116. · 각석(角石) : 폭이 두께의 3배 미만이고, 폭보다 길이가 긴 직육면체 형태의 돌
· 판석(板石) : 두께가 15㎝ 미만이고, 폭이 두께의 3배 이상인 것으로 바닥(포장용)이나 벽체에 사용
· 마름석 : 각석 또는 주석과 같이 일정한 규격으로 다듬어진 고급품으로서 건축이나 포장 등에 사용

117 석재를 형상에 따라 구분 할 때 견치돌에 대한 설명으로 옳은 것은? 12-4

㉮ 폭이 두께의 3배 미만으로 육면체 모양을 가진 돌
㉯ 치수가 불규칙하고 일반적으로 뒷면이 없는 돌
㉰ 두께가 15㎝ 미만이고, 폭이 두께의 3배 이상인 육면체 모양의 돌
㉱ 전면은 정사각형에 가깝고, 뒷길이, 접촉면, 뒷면 등의 규격화된 돌

117. 문제 116 참조

정답 ➔ 112. ㉮ 113. ㉮ 114. ㉱ 115. ㉮ 116. ㉱ 117. ㉱

118 다음 그림의 돌 모양들 중 '입석'을 나타낸 것은? 04-5, 07-1, 07-5, 09-1

㉮ 

㉯

㉰ 

㉱ 

118. 입석은 세워서 쓰는 돌을 말하며, 전후좌우의 사방에서 관상할 수 있도록 배석한다.

119 암석의 규격재 종류 중 엄격한 규격에 맞추어 만들지 않고 견치돌과 비슷하게 크기가 지름 10~30㎝ 정도로 막 깨낸 돌로 흙막이용 돌쌓기 또는 붙임돌용으로 사용되는 것은? 11-5

㉮ 각석 ㉯ 판석
㉰ 잡석 ㉱ 마름돌

119. 잡석이란 크기가 지름 10~30㎝ 정도로 크고 작은 알로 고루고루 섞여져 형상이 고르지 못한 큰 돌을 말하며, 큰 돌을 막 깨서 만드는 경우도 있다.

120 수로의 사면 보호, 연못바닥, 원로의 포장 등에 주로 쓰이는 돌은? 06-5, 11-5

㉮ 산석 ㉯ 하천석
㉰ 잡석 ㉱ 호박돌

120. 호박돌은 천연석으로 가공하지 않은 지름 18㎝ 이상 크기의 돌로서 벽면의 장식에도 쓰인다.

121 다음 중 석가산을 만들고자 할 때 적합한 돌은? 04-1, 04-5, 10-4

㉮ 잡석 ㉯ 괴석
㉰ 호박돌 ㉱ 자갈

121. 석가산은 산악을 본뜬 조형물로 자연적 형태를 지닌 괴석의 사용이 적합하다.

122 큰 돌을 운반하거나 앉힐 때 주로 쓰이는 기구는? 03-2, 04-2, 11-2

㉮ 예불기 ㉯ 스크레이퍼
㉰ 체인블록 ㉱ 롤러

122. 체인블록 : 작은 힘으로 중량물을 올리거나 내리는 데 사용되는 기구

123 조경공사의 암석운반용으로 많이 쓰이는 것은? 07-5

㉮ 형강 ㉯ 와이어로프
㉰ 철선 ㉱ 볼트, 너트

123. 와이어 로프는 몇 개의 철사를 꼬아서 만든 줄을 말한다.

정답 → 118.㉮ 119.㉰ 120.㉱ 121.㉯ 122.㉰ 123.㉯

124 석재의 가공 방법 순서로 적합한 것은? 03-2, 07-1

㉮ 혹두기-정다듬-잔다듬-도드락다듬-물갈기
㉯ 혹두기-정다듬-도드락다듬-잔다듬-물갈기
㉰ 혹두기-잔다듬-정다듬-도드락다듬-물갈기
㉱ 혹두기-잔다듬-도드락다듬-정다듬-물갈기

125 다음 돌의 가공방법에 대한 설명으로 잘못된 것은? 05-5

㉮ 혹두기 : 표면의 큰 돌출부분만 떼어 내는 정도의 다듬기
㉯ 정다듬 : 정으로 비교적 고르고 곱게 다듬는 정도의 다듬기
㉰ 잔다듬 : 도드락 다듬면을 일정 방향이나 평행선으로 나란히 찍어 다듬어 평탄하게 마무리하는 다듬기
㉱ 도드락다듬 : 혹두기한 면을 연마기나 숫돌로 매끈하게 갈아내는 다듬기

125. 도드락다듬은 도드락망치를 사용하여 정 다듬면을 더욱 평탄하게 다듬는 것을 말한다.

126 그림 중 암석에서 떼어 낸 석재를 가공하는데나 잔다듬질에 쓰이는 도드락망치인 것은? 04-1

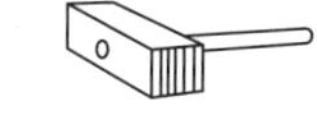

㉰ 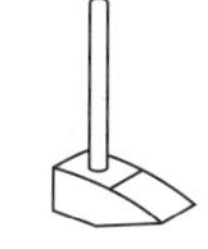
㉱ 

127 다음 중 치장 줄눈용 모르타르의 배합비는? 10-1

㉮ 1 : 1 ㉯ 1 : 2
㉰ 1 : 3 ㉱ 1 : 5

127. · 1 : 2 아치용
· 1 : 3 조적용

128 다음 벽돌의 줄눈 종류 중 우리나라 전통담장의 사고석 시공에서 흔히 볼 수 있는 줄눈의 형태는? 06-5

㉮ 오목줄눈 ㉯ 둥근줄눈
㉰ 빗줄눈 ㉱ 내민줄눈

128. 우리나라 전통담장 사괴석 시공은 바른층 쌓기를 하며, 내민줄눈을 사용하여 전통담장을 축조한다.

정답 → 124. ㉯ 125. ㉱ 126. ㉮ 127. ㉮ 128. ㉱

129 크고 작은 돌을 자연 그대로의 상태가 되도록 쌓아 올리는 방법은? 04-5, 07-1

㉮ 견치석 쌓기 ㉯ 호박돌 쌓기
㉰ 자연석 무너짐 쌓기 ㉱ 평석 쌓기

129. 자연석 무너짐 쌓기란 경사면을 따라 자연석을 놓아서 무너져 내려 안정된 모습의 자연스러운 경관을 조성하는 쌓기방법을 말한다.

130 돌쌓기의 종류 가운데 돌만을 맞대어 쌓고 뒷채움은 잡석, 자갈 등으로 하는 방식은? 08-5

㉮ 찰쌓기 ㉯ 메쌓기
㉰ 골쌓기 ㉱ 켜쌓기

130. 찰쌓기는 모르타르를 사용하여쌓고 뒷채움에도 콘크리트를 사용한다.

131 자연석 무너짐 쌓기 방법의 설명으로 가장 거리가 먼 것은? 03-2, 08-1

㉮ 기초가 될 밑돌은 약간 큰 돌을 사용해서 땅속에 20~30㎝ 정도 깊이로 묻는다.
㉯ 제일 윗부분에 놓는 돌은 돌의 윗부분이 모두 고저차가 크게 나도록 놓는다.
㉰ 돌과 돌이 맞물리는 곳에는 작은 돌을 끼워 넣지 않는다.
㉱ 돌을 쌓고 난 후 돌과 돌 사이의 틈에는 키가 작은 관목을 식재한다.

131. 상단부는 다소의 기복을 주어 자연스러움을 보완·강조한다. 그러므로 고저차가 크게 나도록 놓는 것은 맞지 않다.

132 자연석 공사 시 돌과 돌 사이에 넣어 붙여 심는 것으로 적합하지 않는 수종은? 04-1, 07-1

㉮ 회양목 ㉯ 철쭉
㉰ 맥문동 ㉱ 향나무

132. 돌틈식재는 자연석 쌓기의 단조로움을 보완하고 돌틈의 공간을 메우기 위해 관목류, 지피류, 화훼류를 식재한다.

133 견치석 쌓기를 설명한 것 중 틀린 것은? 09-1

㉮ 지반이 약한 곳에 석축을 쌓아 올려야 할 때는 잡석이나 콘크리트로 튼튼한 기초를 만들어 놓은 후 하나씩 주의 깊게 쌓아 올린다.
㉯ 경사도가 1 : 1보다 완만한 경우를 돌붙임이라 하고, 경사도가 1 : 1보다 급한 경우를 돌쌓기라고 한다.
㉰ 쌓아 올리고자 하는 높이가 높을 때는 이음매가 수평선을 그리도록 쌓아 올린다.
㉱ 쌓아 올리고자 하는 높이가 높을 때는 군데군데 물 빠짐 구멍을 뚫어 놓는다.

133. 견치석 쌓기는 돌과 돌이 맞물려지게 쌓는 것으로 이음매가 파형을 이룬다.

정답 → 129. ㉰ 130. ㉯ 131. ㉯ 132. ㉱ 133. ㉰

134 다음 중 호박돌 쌓기에 이용되는 쌓기의 방법으로 가장 적당한 것은? 05-1

㉮ 견치석 쌓기
㉯ 줄눈 어긋나게 쌓기
㉰ 이음매 경사지게 쌓기
㉱ 평석 쌓기

134. 호박돌 쌓기는 돌을 서로 어긋나게 놓아 십자(+) 줄눈이 생기지 않도록 주의한다.

135 다음 중 조경에서 경관석 놓기에 대한 설명 중 가장 옳지 않은 것은? 05-1, 05-5, 08-2

㉮ 경관석 놓기는 시각적으로 중요한 곳이나 추상적인 경관을 연출하기 위하여 이용된다.
㉯ 경관석 놓기는 2·4·6·8과 같이 짝수로 무리지어 놓는 것이 자연스럽다.
㉰ 가장 중심이 되는 자리에 가장 크고 기품이 있는 경관석을 중심석으로 배치한다.
㉱ 전체적으로 볼 때, 힘의 방향이 분산되지 않아야 한다.

135. 무리지어 설치 시 주석과 부석의 석조가 기본이며, 특별한 경우 이외에는 3석조, 5석조, 7석조 등과 같은 기수로 조합하는 것을 원칙으로 한다.

136 디딤돌로 이용할 돌의 두께로 가장 적당한 것은? 04-1, 09-2

㉮ 1~5㎝ ㉯ 10~20㎝
㉰ 25~35㎝ ㉱ 35~45㎝

136. 디딤돌은 10~20㎝ 두께의 것으로하고 징검돌은 높이가 30㎝ 이상인 것이 적당하다.

137 디딤돌을 놓을 때 답면(踏面)은 지표(地表)보다 어느 정도 높게 앉혀야 하는가? 03-2, 09-4

㉮ 3~6㎝ ㉯ 7~10㎝
㉰ 15~20㎝ ㉱ 25~30㎝

137. 디딤돌은 지면보다 3~6㎝ 높게하고 징검돌은 15㎝ 높게 배치한다.

138 원로의 디딤돌 놓기에 관한 설명으로 틀린 것은? 07-5, 12-1

㉮ 디딤돌은 주로 화강암을 넓적하고 둥글게 기계로 깎아 다듬어 놓은 돌만을 이용한다.
㉯ 디딤돌은 보행을 위하여 공원이나 정원에서 잔디밭, 자갈 위에 설치하는 것이다.
㉰ 징검돌은 상·하면이 평평하고 지름 또한 한 면이 길이가 30~60㎝, 높이가 30㎝ 이상인 크기의 강석을 주로 사용한다.
㉱ 디딤돌의 배치간격 및 형식 등은 설계도면에 따르되 윗면은 수평으로 놓고 지면과의 높이는 5㎝ 내외로 한다.

138. 디딤돌은 주로 자연석이 많이 쓰이고 가공한 판석이나 점판암 등을 사용하기도 한다.

정답 ➔ 134. ㉯ 135. ㉯ 136. ㉯ 137. ㉮ 138. ㉮

139. ㉰ 기존형(재래형)

140. ㉱ 표준형(장려형)

141. · 1 : 1 치장용
· 1 : 2 아치용
· 1 : 3 조적용

142. 영롱 쌓기란 벽돌벽에 장식적으로 구멍을 내서 쌓는 방식이다.

143. 영국식 쌓기가 가장 튼튼하나 우리나라에서는 쌓기가 쉽고 일반적인 네덜란드식 쌓기를 가장 많이 사용한다.

144. ㉯㉰㉱ 치장용 쌓기에 적합하다.

139 한국산업표준(KS)에 규정된 벽돌의 표준형 크기는? 03-1, 03-2, 06-2, 09-1, 11-1, 11-4

㉮ 190 X 90 X 57㎜　㉯ 195 X 90 X 60㎜
㉰ 210 X 100 X 60㎜　㉱ 210 X 95 X 57㎜

140 우리나라에서 사용되고 있는 점토벽돌은 기존형과 표준형으로 분류되는데 그 중 기존형 벽돌의 규격은? 10-4

㉮ 20㎝X 9㎝X 5㎝　㉯ 21㎝X 10㎝X 6㎝
㉰ 22㎝X 12㎝X 6.5㎝　㉱ 19㎝X 9㎝X 5.7㎝

141 벽돌쌓기에서 사용되는 모르타르의 배합비 중 가장 부적합한 것은? 12-1

㉮ 1 : 1　㉯ 1 : 2
㉰ 1 : 3　㉱ 1 : 4

142 다음 그림과 같이 쌓는 벽돌 쌓기의 방법은? 03-5, 07-5

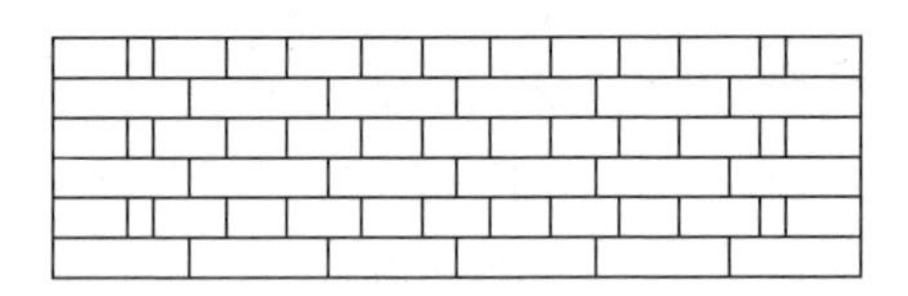

㉮ 영국식 쌓기　㉯ 프랑스식 쌓기
㉰ 영롱 쌓기　㉱ 미국식 쌓기

143 벽돌쌓기 방법 중 가장 견고하고 튼튼한 것은? 06-2, 11-5, 12-4

㉮ 영국식 쌓기　㉯ 미국식 쌓기
㉰ 네덜란드식 쌓기　㉱ 프랑스식 쌓기

144 길이쌓기 켜와 마구리쌓기 켜가 번갈아 반복되게 쌓는 방법으로 모서리나 벽이 끝나는 곳에는 반절이나 2.5토막이 쓰이는 벽돌쌓기 방법은? 04-2, 09-4, 12-4

㉮ 영국식 쌓기　㉯ 프랑스식 쌓기
㉰ 영롱 쌓기　㉱ 미국식 쌓기

정답 → 139. ㉮ 140. ㉯ 141. ㉱ 142. ㉮ 143. ㉮ 144. ㉮

145 다음 그림과 같이 쌓는 벽돌 쌓기의 방법은? 10–5

이오토막 길이 마구리

㉮ 영국식쌓기 ㉯ 프랑스식쌓기
㉰ 영롱쌓기 ㉱ 미국식쌓기

145. 프랑스식 쌓기는 매 켜에 길이 쌓기와 마구리 쌓기를 병행하는 것으로, 구조적으로 약해 치장용으로 사용한다.

146 표준형 벽돌을 가지고 1.0B의 두께로 벽을 쌓을 경우 벽돌벽의 두께로 가장 적당한 것은? (단, 줄눈의 두께는 1㎝로 시공한다.) 06–2

㉮ 10㎝ ㉯ 21㎝
㉰ 9㎝ ㉱ 19㎝

146. 한 장쌓기(1.0B)는 벽돌의 길이 방향의 두께로 쌓는 것으로 표준형벽돌의 길이가 190㎜이므로 19㎝이다.

147 벽돌 표준형의 크기는 190㎜ x 90㎜ x 57㎜ 이다. 벽돌 줄눈의 두께를 10㎜로 할 때, 표준형 벽돌벽 1.5B의 두께는 얼마인가? 04–1, 07–5

㉮ 170㎜ ㉯ 270㎜
㉰ 290㎜ ㉱ 330㎜

147. 한장반쌓기(1.5B)는 마구리와 길이를 합한 것에 줄눈 10㎜를 더한 두께로 쌓는 것으로 표준형벽돌은 90㎜+10㎜+190㎜=290㎜이다.

148 벽돌쌓기 시공에서 벽돌 벽을 하루에 쌓을 수 있는 최대 높이는 몇 m 이하인가? 11–1

㉮ 1.0m ㉯ 1.2m
㉰ 1.5m ㉱ 2.0m

148. 벽돌쌓기 시공 시 1일 쌓기 높이는 표준 1.2m, 최대 1.5m 이하이다.

149 다음 중 벽돌쌓기 작업에 관한 설명으로 틀린 것은? 06–5

㉮ 시공시 가능하면 통줄눈으로 쌓는다.
㉯ 벽돌은 쌓기 전에 충분히 물을 축여 쌓는다.
㉰ 벽돌은 어느 부분이든 균일한 높이로 쌓아 올라간다.
㉱ 치장줄눈은 되도록 짧은 시일에 하는 것이 좋다.

149. 특별히 정한 바가 없는 한 세로줄눈의 통줄눈을 금지한다.

150 재료의 굵기, 절단, 마모 등에 대한 저항성을 나타내는 용어는? 09–2

㉮ 경도(硬度) ㉯ 강도(强度)
㉰ 전성(展性) ㉱ 취성(脆性)

150.
- 강도 : 하중이나 외력에 저항하여 파괴되지 않는 정도
- 전성 : 금속을 가늘고 넓게 판상으로 소성변형시키는 성질
- 취성 : 외력을 받았을 때 작은 변형에도 파괴되는 성질

정답 → 145. ㉯ 146. ㉱ 147. ㉰ 148. ㉰ 149. ㉮ 150. ㉮

151 다음 금속재료의 특성 중 장점이 아닌 것은? 05-2, 10-4

㉮ 다양한 형상의 제품을 만들 수 있고 대규모의 공업생산품을 공급할 수 있다.
㉯ 각기 고유의 광택을 가지고 있다.
㉰ 재질이 균일하고, 불에 타지않는 불연재이다.
㉱ 내산성과 내알칼리성이 크다.

151. 금속재료는 내산성과 내알칼리성이 작고 부식이 잘된다.

152 철재의 일반 성질 중 재료가 파괴되기까지 높은 응력에 잘 견딜 수 있고, 동시에 큰 변형이 되는 성질은? 08-5

㉮ 탄성 ㉯ 강도
㉰ 인성 ㉱ 내구성

152. 내구성이란 물질이 원래의 상태에서 변질되거나 변형됨이 없이 오래 견디는 성질을 말한다.

153 재료의 기계적 성질 중 작은 변형에도 파괴되는 성질을 무엇이라 하는가? 11-1, 11-5

㉮ 취성 ㉯ 소성
㉰ 강성 ㉱ 탄성

153. · 소성 : 힘을 가한 후 힘을 제거해도 원래의 모양으로 돌아가지 않 는 성질
· 강성 : 재료가 탄성변형을 할 때 재료는 그 변형에 저항하는 성질이 있는데, 이 변형에 저항하는 정도(강도)

154 복잡한 형상의 제작 시 품질도 좋고 작업이 용이하며 내식성이 뛰어나다. 탄소 함유량이 약 1.7~6.6%, 용융점은 1100~1200℃로서 선철에 고철을 섞어서 용광로에서 재용해하여 탄소 성분을 조절하여 제조하는 것은? 09-4

㉮ 동합금 ㉯ 주철
㉰ 중철 ㉱ 강철

154. 주철(선철) : 탄소량 1.7% 이상으로 주조성이 좋고 경질이며 취성(脆性)이 큼

155 다음 중 시공현장에서 사용되는 긴결(연결)철물에 해당되는 것은? 08-2

㉮ 못 ㉯ 강판
㉰ 함석 ㉱ 형강

155. 긴결철물이란 서로 관계있는 부재를 긴결하며 이동, 변형 등을 방지하여 주는 재료로 못, 꺽쇠, 철선, 볼트 등이 있다.

156 도료의 성분에 의한 분류로 틀린 것은? 09-4

㉮ 수성페인트 : 합성수지+용제+안료
㉯ 유성바니시 : 수지+건성유+희석제
㉰ 합성수지도료(용제형) : 합성수지+용제+안료
㉱ 생칠 : 칠나무에서 채취한 그대로의 것

156. 수성페인트 : 안료+교착제+물

정답 ➔ 151. ㉱ 152. ㉰ 153. ㉮ 154. ㉯ 155. ㉮ 156. ㉮

157 유성도료에 관한 설명 중 옳지 않은 것은? 11-1

㉮ 유성페인트는 내후성이 좋다.
㉯ 유성페인트는 내알칼리성이 양호하다.
㉰ 보일드유와 안료를 혼합한 것이 유성페인트이다.
㉱ 건성유 자체로도 도막을 형성할 수 있으나 건성유를 가열 처리하여 점도, 건조성, 색채 등을 개량한 것이 보일드유이다.

157. 유성페인트는 내후성·내마모성이 크나 알칼리에 약하다.

158 다음 [보기]가 설명하는 것은? 07-5

[보기]
· 자연 건조방법에 의해 상온에서 경화된다.
· 도막의 건조시간이 빨라 백화를 일으키기 쉽다.
· 도막은 단단하고 불점착성이다.
· 내마모성, 내수성, 내유성 등이 우수하다.
· 셀룰로오스도료라고도 한다.

㉮ 래커 ㉯ 에폭시 수지
㉰ 페놀 수지 ㉱ 아미노 알키드 수지

158. 래커 : 화학적인 경화 반응을 필요로 할 때 용재의 휘발 성분의 작용으로 건조 도막을 형성하는 도료로 가격이 저렴하고 상온에서 비교적 짧은 시간에 자연 건조된다.

159 다음 중 칠공사에 사용되는 방청용도료에 해당하지 않는 것은? 06-1

㉮ 에멀션페인트 ㉯ 광명단
㉰ 징크로메이트계 ㉱ 위시프라이머

159. 에멀션페인트는 수성페인트와 유성펜인트의 중간형태의 페인트로 방청도료에 속하지 않는다.

160 크롬산 아연을 안료로 하고, 알키드 수지를 전색료로 한 것으로서 알루미늄 녹막이 초벌칠에 적당한 도료는? 08-5, 12-2

㉮ 광명단 ㉯ 파커라이징(Parkerizing)
㉰ 그라파이트(Graphite) ㉱ 징크로메이트(Zincromate)

160. 징크로메이트는 녹막이 효과가 좋으며 알미늄판, 아연철판 초벌용에 적합하다.

161 녹막이 페인트가 갖추어야 할 성질에 해당하는 것은? 05-5

㉮ 탄력성이 가급적 적을 것
㉯ 내구성이 작을 것
㉰ 특수성일 것
㉱ 마찰, 충격에 견딜 수 있을 것

161. 녹막이 페인트는 탄력성과 내구성이 크고 마찰이나 충격에 잘 견딜 수 있어야 한다.

정답 ➜ 157. ㉯ 158. ㉮ 159. ㉮ 160. ㉱ 161. ㉱

162. 바탕 고르기→바탕누름→초벌 바르기→연마지 갈기→마무리

162 수성페인트칠의 공정에 관한 순서가 바르게 된 것은? 10-2

㉠ 바탕만들기	㉡ 퍼티먹임	㉢ 초벌칠하기
㉣ 재벌칠하기	㉤ 정벌칠하기	㉥ 연마작업

㉮ ㉠-㉢-㉡-㉤-㉥-㉣
㉯ ㉠-㉢-㉡-㉥-㉣-㉤
㉰ ㉠-㉡-㉢-㉥-㉣-㉤
㉱ ㉠-㉡-㉢-㉤-㉥-㉣

163. 바탕처리→녹막이칠→연마지 닦기→구멍땜 및 퍼티먹임→재벌→정벌칠

163 철재(鐵材)로 만든 놀이시설에 녹이 슬어 다시 페인트칠을 하려 한다. 그 작업 순서로 옳은 것은? 03-2, 11-2

㉮ 녹닦기(샌드페이퍼 등)→연단(광명단) 칠하기→에나멜 페인트 칠하기
㉯ 에나멜 페인트 칠하기→녹닦기(샌드페이퍼 등)→연단(광명단) 칠하기
㉰ 연단(광명단) 칠하기→녹닦기(샌드페이퍼 등)→바니쉬 칠하기
㉱ 수성페인트 칠하기→바니쉬 칠하기→녹닦기(샌드페이퍼 등)

164. 회반죽은 미역 등의 해초풀을 끓여 만든 풀물로서 부착이 잘 되고 균열을 방지한다.

164 해초풀 물이나 기타 전·접착제를 사용하는 미장재료는? 06-1

㉮ 벽토 ㉯ 회반죽
㉰ 시멘트 모르타르 ㉱ 아스팔트

165. 플라스틱제품은 성형 및 가공이 용이하고 무게에 비해 강도가 크고 착색이 용이하다. 그러나 내화성, 내열성, 내후성이 낮고 변색과 변형(60℃ 이상)이 큰 단점이 있다.

165 다음과 같은 특징을 가진 것은? 03-1, 04-5, 08-1, 11-2

[보기]
·성형, 가공이 용이하다. ·가벼운데 비하여 강하다.
·내화성이 없다. ·온도의 변화에 약하다.

㉮ 목질제품 ㉯ 플라스틱제품
㉰ 금속제품 ㉱ 유리질제품

166. 플라스틱제품은 내화성이 낮고 열에 의한 변형이 크다.

166 일반적인 플라스틱 제품에 대한 설명이다. 잘못된 것은? 03-2, 03-5, 04-5

㉮ 가볍고 견고하다.
㉯ 내화성이 크다.
㉰ 투광성, 접착성, 절연성이 있다.
㉱ 산과 알칼리에 견디는 힘이 크다.

정답 ➔ 162. ㉯ 163. ㉮ 164. ㉯ 165. ㉯ 166. ㉯

167 열가소성 수지의 일반적인 설명으로 부적합한 것은? 10-2

㉮ 축합반응을 하여 고분자로 된 것이다.
㉯ 열에 의해 연화된다.
㉰ 수장재로 이용된다.
㉱ 냉각하면 그 형태가 붕괴되지 않고 고체로 된다.

167. 열가소성 수지는 중합반응에 의한 것이며, 축합반응에 의한 것은 열경화성수지이다.

168 다음 [보기]에서 설명하는 수지의 종류는? 11-5

[보기]
· 상온에서 유백색의 탄성이 있는 열가소성수지
· 얇은 시트 벽체 발포 온판 및 건축용 성형품으로 이용

㉮ 폴리에틸렌수지 ㉯ 멜라민수지
㉰ 페놀수지 ㉱ 아크릴수지

168. 폴리에틸렌 수지는 내약품성, 전기절연성, 성형성이 우수해 가소제를 사용하지 않아도 유연한 제품이 얻어진다. 비교적 저온에서도 연약하게 되지 않는다.

169 다음 중 폴리에틸렌관의 설명으로 틀린 것은? 05-1

㉮ 가볍고 충격에 견디는 힘이 크다.
㉯ 시공이 용이하다.
㉰ 유연성이 적다.
㉱ 경제적이다.

169. 폴리에틸렌관은 염화비닐관보다 강도가 낮아 지선이나 압력이 낮은 곳에 사용하는 것으로 가볍고 유연성이 있다.

170 다음 [보기]가 설명하는 합성수지의 종류는? 09-1, 10-4

[보기]
· 특히 내수성, 내열성이 우수하다.
· 내연성, 전기적 절연성이 있고 유리섬유관, 텍스, 피혁류 등 접착이 가능하다.
· 용도는 방수제, 도료, 접착제 등이다.
· 500℃ 이상 견디는 수지이다.
· 용도는 방수제, 도료, 접착제로 사용된다.

㉮ 실리콘수지 ㉯ 멜라민수지
㉰ 푸란수지 ㉱ 폴리에틸렌수지

170. 실리콘수지는 열경화성수지로 다른 합성수지에 비하여 내열성이 높으며 기계적 성질이 우수하다.

정답 → 167. ㉮ 168. ㉮ 169. ㉰ 170. ㉮

171 액체상태나 용융상태의 수지에 경화제를 넣어 사용하며 내산, 내알칼리성 등이 우수하여 콘크리트, 항공기, 기계부품 등의 접착에 사용되는 것은? 11-1

㉮ 멜라민계접착제 ㉯ 에폭시계접착제
㉰ 페놀계접착제 ㉱ 실리콘계접착제

171. 에폭시계 접착제는 경화 후의 기계적인 특성이 뛰어나며 접착력이 강하고, 내열성, 전기절연 특성이 뛰어나 내구성이 특히 필요한 것에 많이 사용된다.

172 다음 중 인공폭포, 인공바위 등의 조경시설에 쓰이는 일반적인 재료로 가장 적당한 것은? 06-1, 08-1, 09-5, 11-1, 12-4

㉮ PVC ㉯ 비닐
㉰ 합성수지 ㉱ FRP

172. FRP(유리섬유강화플라스틱)는 철보다 강하고 알루미늄보다 가벼우며 녹슬지 않고 가공하기 쉬워 벤치, 인공폭포, 인공암, 수목 보호판 등으로 많이 이용된다.

173 다음의 경계석 재료 중 잔디와 초화류의 구분에 주로 사용하며 곡선처리가 가장 용이한 경제적인 재료는? 06-1

㉮ 콘크리트 제품 ㉯ 화강석 재료
㉰ 금속재 제품 ㉱ 플라스틱 제품

173. 플라스틱 제품은 성형 및 가공이 용이한 장점을 지니고 있다.

174 다음 중 점토 제품이 아닌 것은? 06-2, 09-5, 10-4

㉮ 타일 ㉯ 기와
㉰ 도관 ㉱ 벽토

174. 벽토는 진흙+모래+짚여물+물로 구성된 미장용 재료로서 제품은 아니다.

175 점토 제품 중 돌을 빻아 빚은 것을 1300℃ 정도의 온도로 구웠기 때문에 거의 물을 빨아들이지 않으며, 마찰이나 충격에 견디는 힘이 강한 것은? 04-1, 05-5

㉮ 벽돌 제품 ㉯ 토관 제품
㉰ 타일 제품 ㉱ 도자기 제품

175. 도자기 제품은 변기, 도관, 외장 타일 등에 사용한다.

176 표면이 거칠고 투수율이 크므로 연기나 공기의 환기통으로 사용하는 관은? 10-2

㉮ 테라코타 ㉯ 토관
㉰ 강관 ㉱ 콘크리트관

176. 토관은 저급한 점토로 성형한 후 유약을 바르지 않고 그대로 구운 것으로 투수율이 커 연기 · 공기의 환기통에 사용한다.

정답 ➔ 171. ㉯ 172. ㉱ 173. ㉱ 174. ㉱ 175. ㉱ 176. ㉯

177 다음 그림과 같은 토관 중 45°곡관은? 03-2, 06-5

㉮ 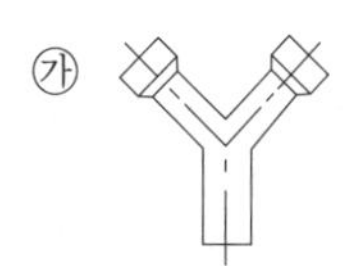
㉯ 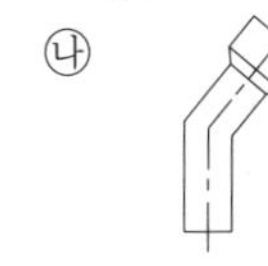
㉰ 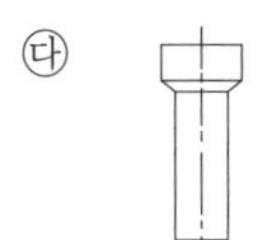
㉱ 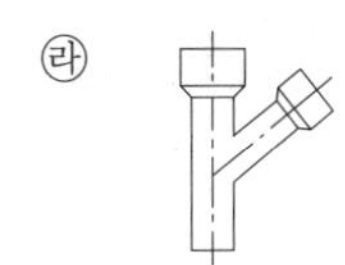

178 다음 토관 중 편지관은? 03-5

㉮ 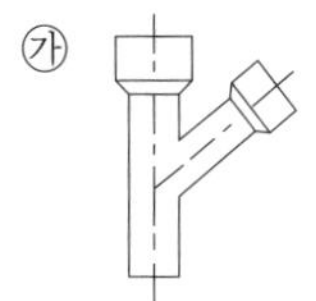
㉯ 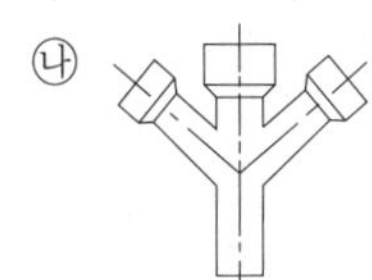
㉰ 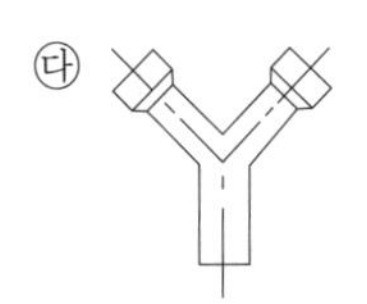
㉱ 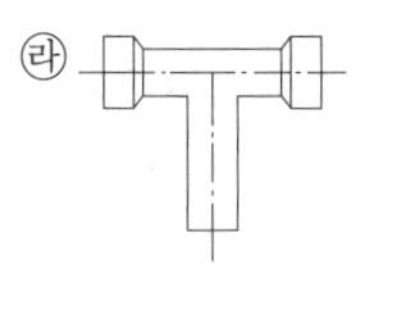

179 생태복원용으로 이용되는 재료로 거리가 먼 것은? 06-5

㉮ 식생매트 ㉯ 식생자루
㉰ 식생호안 블록 ㉱ FRP

180 섬유재에 관한 설명 중 틀린 것은? 03-1, 05-2, 08-5

㉮ 볏짚은 줄기를 감싸 해충의 잠복소를 만드는데 쓰인다.
㉯ 새끼줄은 뿌리분이 깨지지 않도록 감는데 사용한다.
㉰ 밧줄은 마 섬유로 만든 섬유로프가 많이 쓰인다.
㉱ 새끼줄은 5타래를 1속이라 한다.

179. 생태 복원 재료는 식물 부산물 및 발생재를 활용한 것으로 예시 외에 코코넛 네트 · 롤, 우드 칩 등이 있다.

180. 새끼줄은 10타래를 1속이라 한다.

정답 ➔ 177. ㉯ 178. ㉮ 179. ㉱ 180. ㉱

Chapter 4 조경 시설 공사

1 관수 및 배수 공사

1. 관수 공사

(1) 지표 관수법

① 물도랑이나 웅덩이를 이용하여 관수하는 방법
② 시공 현장에서 호스를 연결해서 관수하는 것도 포함
③ 간단한 방법이나 균일한 관수가 어려움
④ 물의 낭비가 많아 이용 효율이 낮음

(2) 살수식 관수법

1) 살수식의 특징

① 자동식 방법으로 고정된 기계장치(살수기 sprinkler) 사용
② 일정 수량의 압력수를 살수하여 강우와 같은 효과 의도
③ 균일한 관수 및 용수의 효율이 높아 물 절약
④ 살수할 때에 농약과 거름 동시 살포 가능
⑤ 균일한 관수로 표토의 유실 방지 및 세척 효과
⑥ 설치비가 많이 드나 노동력 절감 및 경관 향상

2) 스프링클러 헤드 분류

구분	내용
분무식	• 고정식과 입상식(pop-up) 형태의 헤드로 구분 • 좁은 면적의 잔디밭, 모양이 불규칙한 지형에 효과적 • 저렴하며 모든 형태의 관개시설에 적용 • 정방형·구형·원형·분원형의 살수형태
분사식	• 고정식 헤드와 입상형 전동식 헤드로 구분 • 주로 넓은 잔디지역에 효과적 • 원형이나 분원형 살수형태

3) 스프링클러 헤드 배치간격(잔디지역)

헤드 간격은 각 헤드의 관수지역이 반드시 겹치도록 설계

정방형 설치	삼각형 설치
통상적인 바람에서는 지름의 50%	55%
원래의 간격이 S이고 측면 라인 사이의 간격을 L이라 할 때, S=L	L=0.86S

◘ 관수 시설

식물의 생장에 가장 적합한 수분이 유지될 수 있도록 알맞은 양의 물을 공급하는 시설이다.

◘ 관수의 효과

① 토양 중의 양분을 흡수하여 신진대사를 원활하게 한다.
② 증산작용으로 인한 잎의 온도 상승을 막고 식물체 온도를 유지한다.
③ 토양의 건조를 막고 생육환경을 형성하여 나무의 생장을 촉진시킨다.

스프링클러 직경 커버율(권장간격)	
• 바람이 없을 때 직경의 55%	• 60%
• 4m/sec의 바람에서는 직경의 50%	• 55%
• 8m/sec의 바람에서는 직경의 45%	• 50%

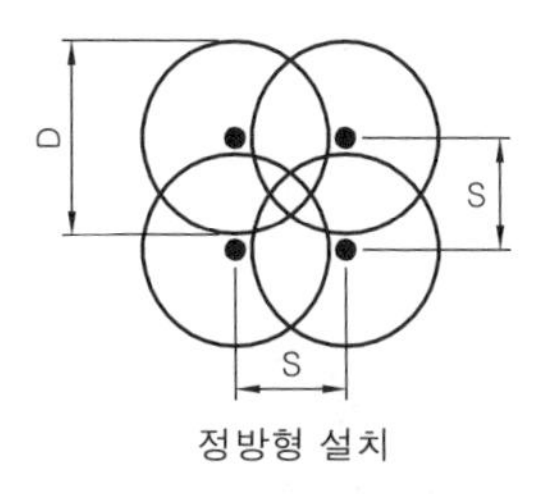

정방형 설치

D:살수기 직경
S:헤드간격(열간격)
L :헤드열 사이간격
정삼각형 배치 cos30°=0.866

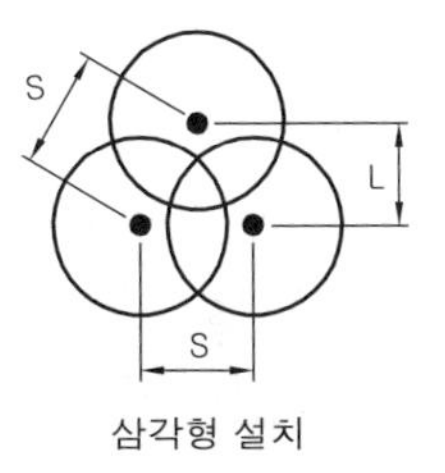

삼각형 설치

[스프링클러 헤드의 배치간격]

(3) 점적식 관수법

① 수목의 뿌리 부분이나 지표 또는 지하에 점적기를 통해 관수
② 물방울을 조금씩 떨어뜨려 주는 기기로 저압의 상태에서 통산 0.5kg/㎡의 관수 가능
③ 가장 효율적인 관수방법으로서 가장 좁은 녹지지역 및 화초류에 사용

2. 배수 공사

(1) 지표배수

① 도로·보도·광장·운동장·잔디밭 기타 포장지역 등의 배수가 쉽도록 일정한 기울기 유지
② 표면유수가 계획된 집수시설에 흘러 들어가도록 설계
③ 녹지의 식재면은 일반적으로 1/20~1/30 정도의 배수기울기로 설계
④ 도로에 배수관이 설치되는 경우 L형 측구 20m마다 우수거 설치

◘ 배수시설
녹지의 규모·성격·지형·토질·기상 및 식생 등을 파악하여 청소 및 보수가 쉽도록 유지관리 측면에서 고려하고, 기울기는 지표기울기를 따르는 것이 경제적이다.

(2) 배수계통

직각식	배수관거를 하천에 직각으로 연결하여 배출–수질오염의 우려
차집식	우천시 하천으로 방류하고 맑은 날은 차집거를 통해 하수처리장으로 보내 처리
선형식	지형이 한 방향으로 집중되어 경사를 이루거나 하수처리관계상 한정된 장소로 집중시켜야 할 때의 방식
방사식	지역이 광대하여 한 곳으로 모으기 곤란할 때 방사형 구획으로 구분하여 집수하고 별도로 처리–처리장이 많아 부담
평행식	지형의 고저차가 심한 경우 고지구와 저지구로 구분하여 배관하는 방식
집중식	사방에서 한 지점을 향해 집중적으로 흐르게 해 처리하는 방식–주로 저지대의 배수

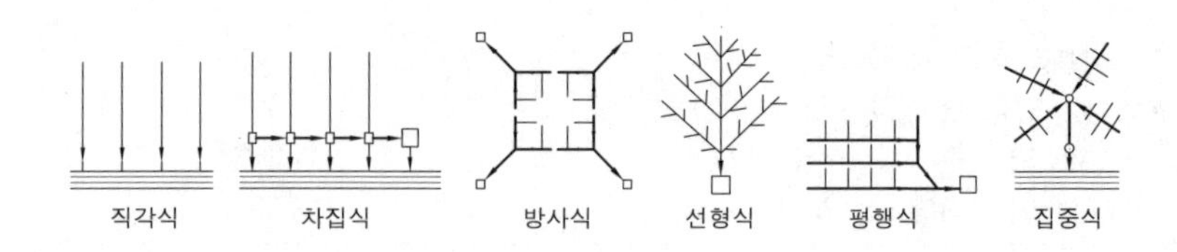

[배수계통의 유형]

오수관거의 관경
하수도시설기준에 따라 오수관거의 최소관경은 200mm를 표준으로 한다.

(3) 심토층 배수

① 지표면에서의 침투수나 지하수 높이를 낮추는 역할
② 사질토이거나 배수가 좋은 경우에는 심토층 배수 불필요
③ 유공관을 사용한 맹암거와 유공관이 없이 만든 맹구 설치
④ 유공관 내부로 토양수가 쉽게 들어오되 토사는 어렵게 설계
⑤ 보통 주선은 150~300mm, 지선은 100~150mm 관경 사용

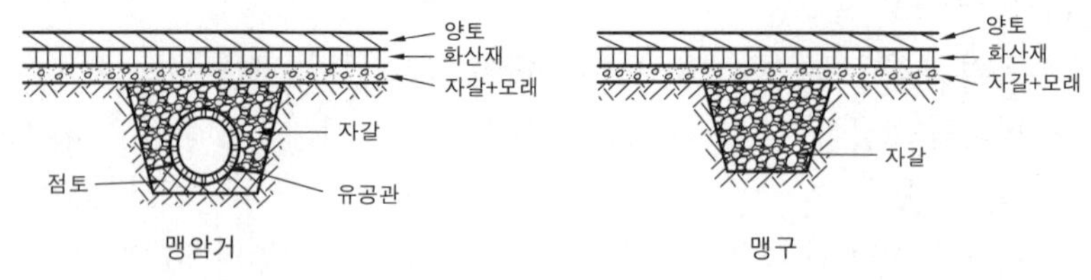

[맹암거와 맹구]

맹암거 배치유형

어골형	주선을 중앙에 경사지게 배치하고 지선을 어긋나게 비스듬히 설치 놀이터, 소규모 운동장, 광장 등 소규모 평탄지역에 적합 지관은 길이 최장 30m 이하, 45° 이하의 교각, 4~5m 간격 설치
빗살형 (평행형)	지선을 주선과 직각 방향으로 일정한 간격으로 평행하게 배치 넓고 평탄한 지역의 균일한 배수에 사용-유속 저하
부채살형 (선형)	주선이나 지선의 구분없이 1개의 지점으로 집중되게 설치 지형적으로 침하된 곳이나 경사진 소규모 지역에 사용
자연형 (자유형)	대규모 공원과 같이 완전한 배수가 요구되지 않는 지역에서 등고선을 고려하여 주관을 설치하고, 주관을 중심으로 양측에 지관을 따라 필요한 곳에 설치

[맹암거 배치유형]

2 수경 공사

1. 물의 수자(양태)별 특성

평정수	용기에 담겨진 물로 호안의 마감형태에 따라 분류
유수	흐르는 물로 수로바닥에 경사 존재

낙수	수로 높이가 갑자기 떨어지는 지점에서 발생
분수	물을 분사하여 형성

2. 수경시설의 시공

(1) 연못

① 수리·수량·수질의 3가지 요소 충분히 고려
② 바닥 및 호안의 방수 공사 철저–수밀콘크리트에 방수 처리
③ 콘크리트 미설치 시 진흙 다짐·벤토나이트 방수
④ 급수와 퇴수를 위한 정확한 시공–누수 방지
⑤ 급수구는 수면보다 높게, 월류구는 수면과 같은 위치에 설치
⑥ 퇴수구는 연못의 가장 낮은 곳에 설치
⑦ 순환 펌프·정수 시설을 위한 기계실 설치–가급적 노출 피하기

(2) 분수

① 일반적인 수조의 너비는 분수높이의 2배
② 바람의 영향을 크게 받는 지역은 분수높이의 4배
③ 주변에 분출높이의 3배 이상의 공간 확보
④ 형태는 단일관, 분사식, 폭기식, 모양 네가지로 분류
⑤ 분수는 어떤 형태이든 기본적으로 물탱크 필요

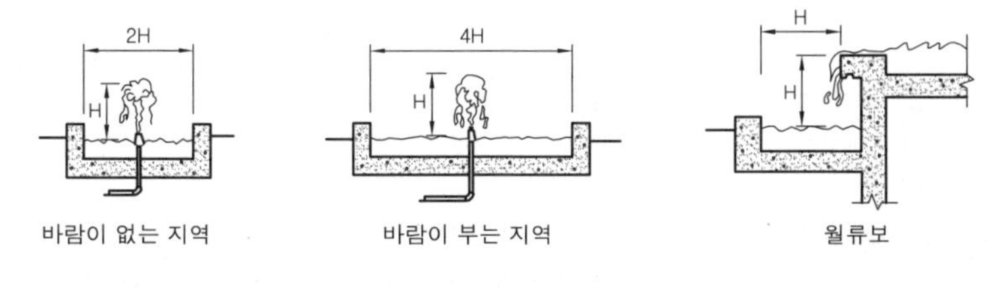

[분수고와 수조의 크기]

> ❖ 분수 수조의 깊이
>
> 대체적으로 35~60㎝ 를 적정 깊이로 보며, 깊이가 35㎝ 보다 얕으면 수면 아래에 수중등을 설치하기가 어려우며 수중등은 수면과 5㎝ 이상 떨어져 설치한다.

(3) 벽천

① 못을 여러 개 배치할 경우 위의 못을 작게, 아래의 못을 크게 설계
② 벽천의 경우 낙하 높이와 저수조 너비의 비는 3 : 2 정도가 적당
③ 분수와 마찬가지로 물탱크와 펌프 필요
④ 벽체, 토수구, 수반으로 구성

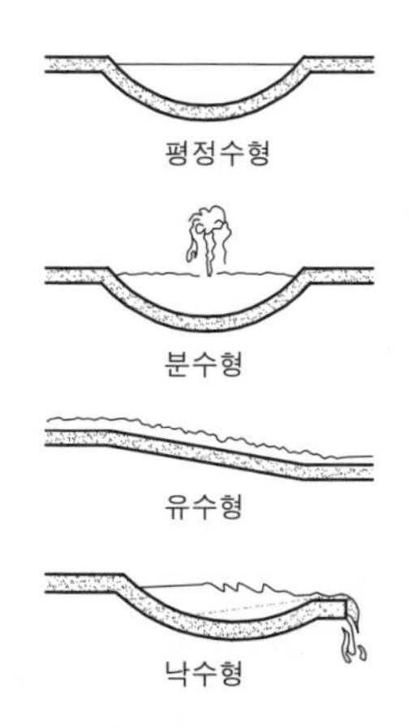

[물의 수자(양태)]

◘ 물의 이용

① 정적 이용 : 호수, 연못, 풀 등
② 동적 이용 : 분수, 폭포, 벽천, 계단폭포 등

◘ 자연식 연못설계

일반적으로 연못의 면적은 정원 전체 면적의 1/9 이하가 힘의 균형을 이룰 수 있는 적정한 규모이며, 최소 1.5㎡ 이상의 넓이가 바람직하다. 연못의 수면은 지표에서 6~10㎝ 정도 낮게 조성하고, 수심은 약 60㎝ 정도가 적당하다.

◘ 실개울

평균 물깊이는 3~4㎝정도로 하고 급한 기울기의 수로는 물거품이 나도록 바닥을 거칠게 처리한다.

◘ 연못 및 벽천 배치

건물의 남쪽면에 연못을 배치할 경우 수면에서 반사되는 빛을 고려하여 수목이나 파고라, 등나무 시렁으로 그늘을 만들어 주고, 건물의 투영효과도 잘 살리도록 한다. 또한 벽천의 경우 다른 수경에 비해 소규모 지역에 어울리는 방법이다.

3 기초 및 포장·옹벽 공사

1. 기초 공사

(1) 지정

기초를 보강하거나 지반의 지지력을 증가시키는 것

(2) 기초

상부 구조물의 무게를 받아 지면에 안전하게 전달하도록 만든 구조물

독립 기초	하나의 기둥에 한 개의 기초가 받치는 구조
복합 기초	2개 이상의 기둥을 한 개의 기초로 받치는 구조
연속 기초	담장의 기초와 같이 한 방향으로 길게 설치되는 구조
온통 기초	구조물의 바닥 전체를 기초로 한 구조–연약 지반 사용

2. 포장 공사

(1) 용어의 정의

보도용 포장	보도, 자전거도, 자전거보행자도, 공원내 도로 및 광장 등 주로 보행자에게 제공되는 도로 및 광장의 포장
차도용 포장	관리용 차량이나 한정된 일반 차량의 통행에 사용되는 도로로 최대 적재량 4ton 이하의 차량이 이용하는 도로의 포장
간이포장	주로 차량의 통행을 위한 아스팔트콘크리트포장과 콘크리트포장을 제외한 기타의 포장
강성포장	아스팔트콘크리트포장, 시멘트콘크리트포장
충격흡수 보조제	합성고무 SBR(스티렌·부타디엔계 합성고무)을 경화한 것
인조잔디	폴리아미드, 폴리플로필렌, 기타 섬유로 만든 직물에 일정 길이의 솔기를 단 기성제품
고무블록	충격흡수보조재에 표면을 내구적으로 처리하여 충격을 흡수할 수 있도록 성형·제작한 것

(2) 포장재료

콘크리트 고압블록	골재와 시멘트를 배합하여 높은 압력과 열로 처리한 것으로 보도용(두께 6㎝)과 차도용(두께 8㎝)으로 나누어 적용
시각장애인용 유도블록	선형블록(유도표시용)과 점형블록(위치표시 및 감지·경고용)으로 나누어 적용
투수콘	투수성 아스팔트 혼합물은 투수계수 10^{-2}㎝/sec 이상, 공극률 9~12% 기준

■ 포장의 기능적 용도
① 집약적 이용의 수용
② 보행속도 및 리듬 제시
③ 방향제시

점토바닥벽돌	포장용 점토바닥벽돌은 흡수율 10% 이하, 압축강도 210㎏/㎠ 이상, 휨강도 60㎏/㎠ 이상의 제품 사용
석재타일	자기질, 도기질, 석기질 바닥타일로서, 표면에 미끄럼방지 처리가 되어있는 것 사용
포장용 석재	포장용 석재는 압축강도 500㎏/㎠ 이상, 흡수율 5% 이내의 것 사용
포장용 콘크리트	재령 28일 압축강도 180㎏/㎠ 이상, 굵은 골재 최대치수는 40mm 이하
포장용 고무바닥재	충격흡수보조재, 직시공용 고무바닥재
마사토	화강암이 풍화된 것으로 No.4 체(4.75mm)를 통과하는 입도를 가진 골재가 고루 함유되어 다짐 및 배수가 쉬운 재료 사용

◘ 포장재의 선택
내구성·배수성, 외관·질감 등을 고려하고, 보행 시 미끄러움이 적으며 재료 수급 및 시공·관리비가 적은 재료를 선택한다.

(3) 공간별 포장재 사용

보행 억제	판석, 조약돌 등 거친 표면의 재료 사용
빠른 보행 속도	아스팔트, 콘크리트, 블록 등 사용
주차장·차량 이용	차량의 하중을 충분히 견디는 재료-2% 정도 물매

(4) 시공시 주의사항

① 용도와 기능을 고려하여 포장재 선택
② 지반조건이나 예상 하중을 고려하여 보조 기층 설치
③ 배수에 유의하여 물이 고이는 부분이 없도록 시공
④ 포장 재료가 바뀌는 부분이나 가장자리의 경계 처리에 주의
⑤ 포장면의 침하나 변형되는 것을 방지

(5) 포장의 공법

1) 아스팔트포장

① 아스팔트 또는 타르에 의해 고결된 쇄석 등의 골재로 포장된 것
② 점착성이 크고 방수성이 풍부, 절연재료로 내력이 큼
③ 콘크리트에 비해 가격 저렴, 시공성이 용이하여 건설속도가 빠르고 평탄성 좋음
④ 투수성 아스팔트는 투수성이 있게 공극률 9~12% 기준으로 설정
⑤ 차량동선 및 주차장 등에 사용

◘ 아스팔트 침입도
아스팔트의 굳기정도를 나타내는 것으로, 보통 25℃의 온도에서 100g의 하중을 가한 바늘이 5초간 들어간 깊이로 나타내며, 깊이 들어간 것이 무른 아스팔트가 된다.

2) 콘크리트포장

① 압축강도가 크고 내화성, 내수성, 내구성 높음
② 보수·제거 균일시공이 어렵고 공사기간이 길고 비용 고가
③ 신축줄눈을 설치하여 포장 슬래브의 균열과 파괴 방지
④ 하중을 많이 받는 곳은 철근을 보강하고 덜 받는 곳은 와이어 메쉬 사용

◘ 와이어 메쉬
금속재인 연강철선을 정방향 또는 장방향으로 겹쳐서 전기용접을 한 것으로 블록 또는 포장공사 시 균열방지를 위해 사용한다.

3) 콘크리트블록포장

① 고압으로 성형된 콘크리트블록(사각블록, 인터록킹블록)을 사용하며, 강도가 높아 내구성, 내마모성이 큼

② 시공이 간편하여 공사시간 단축 및 비용 저렴–재시공시 재사용 가능

③ 다양한 색상과 형태로 조경미관 향상

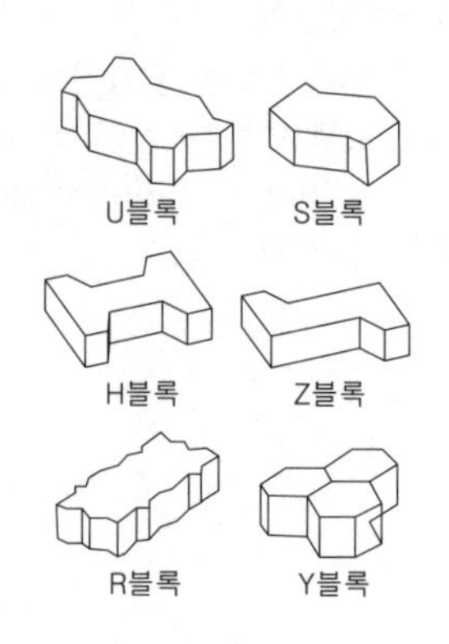

[보차도용 인터록킹(I.L.P) 블록]

4) 벽돌포장

① 건축용 벽돌을 사용한 것으로 질감과 색상이 좋고 보행감 우수

② 다양한 패턴이 가능하고 평깔기와 모로 세워깔기를 많이 사용

③ 동결융해 저항력과 충격에 약하고 결속력이 약하여 모르타르 병행 사용

5) 판석포장

① 화강암이나 점판암을 자연스러운 모양이나 규칙적인 모양으로 만들어 사용

② 석재가공법에 따라 질감과 디자인 다양

③ 두께가 얇아 충격에 약해 바닥에 모르타르를 사용하여 고정

❖ 소형고압블록 시공방법

① 보도용은 두께 6cm, 차도용은 8cm 사용

② 모래의 두께는 3~5cm 정도 포설

③ 경계석의 높이와 보도블록면의 높이 맞추기

④ 원로의 종단기울기는 5~6% 이하(최대 15% 이내)

⑤ 줄눈은 가능한 좁게 하며, 모래를 뿌린 후 쓸어주기

⑥ 깔기가 끝나면 다짐기로 다져서 요철 부분 제거

중력식 옹벽

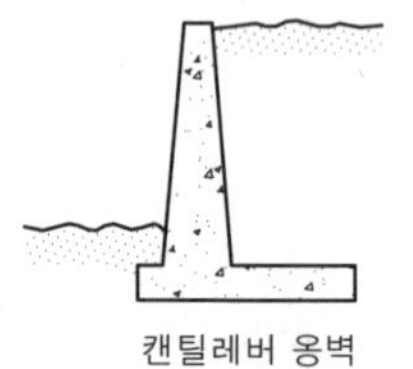
캔틸레버 옹벽

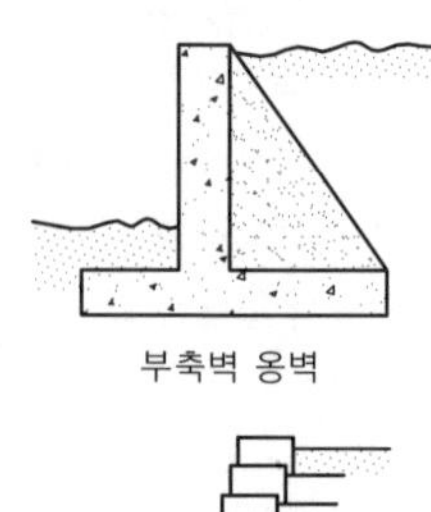
부축벽 옹벽

조립식 옹벽

[옹벽의 종류]

3. 옹벽 공사

(1) 옹벽의 종류

종류	내용
중력식 옹벽	• 옹벽의 자중으로 토압에 저항하는 것 • 높이는 4m 정도까지로 비교적 낮은 경우에 유리
캔틸레버 옹벽	• 기초저판 위에 흙의 무게를 보강한 것–L형 · 역T형 • 높이 6m까지 사용가능, 중력식보다 경제적
부축벽 옹벽	• 역T형 옹벽에 일정한 간격으로 부벽을 설치한 것 • 높이 6m 이상에 사용가능
조립식 옹벽	• 조립식 콘크리트블록을 사용하는 것–곡선 옹벽 • 배면의 수압에 대한 조치 불필요

(2) 옹벽의 안정

① 활동 · 전도 · 침하에 대한 안정성 검토

② 옹벽 상부로의 강우침투 차단과 하부로의 배수 고려

③ 벽면에 2~3m² 마다 직경 5~10cm 배수공 설치

핵심문제 해설

01 관수공사에 대한 설명으로 가장 부적당한 것은? 05-2

㉮ 관수방법은 지표 관개법, 살수 관개법, 낙수식 관개법으로 나눌 수 있다.
㉯ 살수 관개법은 설치비가 많이 들지만, 관수효과가 높다.
㉰ 수압에 의해 작동하는 회전식은 360°까지 임의 조절이 가능하다.
㉱ 회전 장치가 수압에 의해 지상 10㎝로 상승 또는 하강하는 팝업(pop-up) 살수기는 평소 시각적으로 불량하다.

01. 팝업살수기는 평소에는 시각적으로 보이지 않으므로 시각적으로 불량하지 않다.

02 지역이 광대해서 하수를 한 개소로 모으기가 곤란할 때 배수지역을 수 개 또는 그 이상으로 구분해서 배관하는 배수 방식은? 12-1

㉮ 직각식 ㉯ 차집식
㉰ 방사식 ㉱ 선형식

02. 방사식은 하수처리장을 많이 설치하게 되므로 경제적 부담이 가중된다.

03 배수공사 중 지하층 배수와 관련된 설명으로 옳지 않은 것은? 12-2

㉮ 지하층 배수는 속도랑을 설치해 줌으로써 가능하다.
㉯ 암거배수의 배치형태는 어골형, 평행형, 빗살형, 부채살형, 자유형 등이 있다.
㉰ 속도랑의 깊이는 심근성보다 천근성 수종을 식재할 때 더 깊게 한다.
㉱ 큰 공원에서는 자연 지형에 따라 배치하는 자연형 배수방법이 많이 이용된다.

03. 속도랑(암거)의 깊이는 뿌리가 깊은 심근성 수종을 식재할 때 더 깊게 한다.

04 지하층 배수에 이용되는 암거의 배치방법 중 어골형의 형태는? 09-4, 10-5, 12-4

㉮ 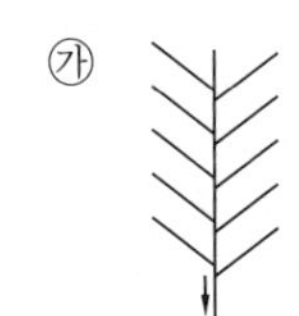

㉯ 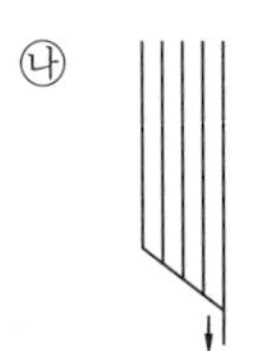

㉰ 

㉱ 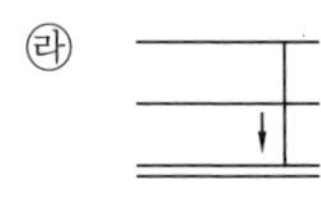

04. 어골형은 주선을 중앙에 경사지게 배치하고 지선을 어긋나게 비스듬히 설치하며 지관은 길이 최장 30m 이하, 45° 이하의 교각, 4~5m 간격으로 설치한다.

정답 ➜ 01. ㉱ 02. ㉰ 03. ㉰ 04. ㉮

05. · 부채살형(선형) : 주선이나 지선의 구분없이 1개의 지점으로 집중되게 설치하는 것으로 지형적으로 침하된 곳이나 경사진 소규모 지역에 사용
· 빗살형(평행형) : 지선을 주선과 직각 방향으로 일정한 간격으로 평행하게 배치하는 것으로 넓고 평탄한 지역의 균일한 배수에 사용

06. ㉣ 굵은 자갈

07. 빗물받이 간격은 도로폭, 경사, 배수면적을 고려하여 설치하며 20~30m 간격이 적당하다.

08. 배수관의 깊이는 동결심도보다 깊이(아래쪽에) 설치한다.

09. 연못 설치 시 콘크리트를 사용하지 않는 경우 비닐을 깔고 진흙 다짐을 하거나 벤토나이트 방수를 한다.

05 대규모 공원과 같이 완전한 배수가 요구되지 않는 지역에서 등고선을 고려하여 주관을 설치하고, 주관을 중심으로 양측에 지관을 따라 필요한 곳에 설치하는 방법은? 09-2

㉮ 부채살형 ㉯ 빗살형
㉰ 어골형 ㉱ 자유형

06 아래 그림은 지하배수를 위한 유공관 설치에 관한 그림이다. 각 부분에 들어가는 재료로 틀린 것은? 08-5

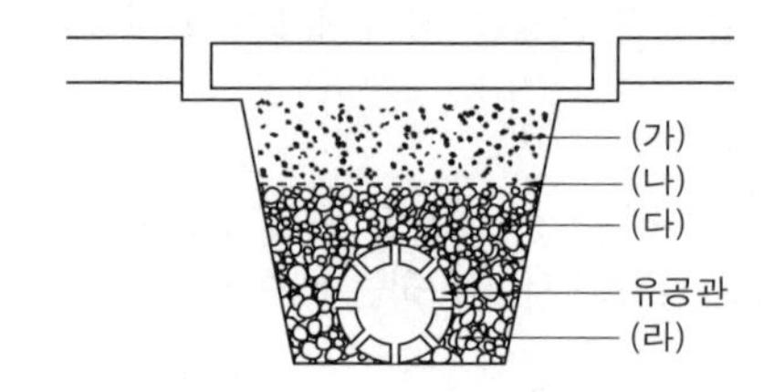

㉮ (가)→흙 ㉯ (나)→필터
㉰ (다)→잔자갈 ㉱ (라)→호박돌

07 일반적으로 표면 배수시 빗물받이는 몇 m마다 1개씩 설치하는 것이 효과적인가? 03-2, 08-1, 10-4

㉮ 1~10m ㉯ 20~30m
㉰ 40~50m ㉱ 60~70m

08 옥외조경공사 지역의 배수관 설치에 관한 설명으로 잘못된 것은? 09-5

㉮ 경사는 관의 지름이 작은 것일수록 급하게 한다.
㉯ 배수관의 깊이는 동결심도 바로 위쪽에 설치한다.
㉰ 관에 소켓이 있을 때는 소켓이 관의 상류쪽으로 향하도록 한다.
㉱ 관의 이음부는 관 종류에 따른 적합한 방법으로 시공하며, 이음부의 관 내부는 매끄럽게 마감한다.

09 진흙 굳히기 공법은 주로 어느 조경공사에서 사용되는가? 05-5, 09-4

㉮ 원로공사 ㉯ 암거공사
㉰ 연못공사 ㉱ 옹벽공사

정답 ➔ 05. ㉱ 06. ㉱ 07. ㉯ 08. ㉯ 09. ㉰

10 연못의 급배수에 대한 설명으로 부적합한 것은? 10–4

㉮ 배수공은 연못 바닥의 가장 깊은 곳에 설치한다.
㉯ 항상 일정한 수위를 유지하기 위한 시설을 토수구라 한다.
㉰ 순환 펌프 시설이나 정수 시설을 설치시 차폐식재를 하여 가려준다.
㉱ 급배수에 필요한 파이프의 굵기는 강우량과 급수량을 고려해야 한다.

10. 항상 일정한 수위를 유지하기 위하여 오버플로우를 설치한다.

11 다음 중 잡석지정 방법 중 가장 적당한 것은? 06–1

㉮ ㉯
㉰ ㉱

11. 잡석지정이란 기초밑면을 보강하거나 지반의 지지력을 보강하기 위하여 잡석을 세워깔고 사춤자갈을 넣어 다지는 것을 말한다.

12 조경 구조물에서 줄기초라고 부르며, 담장의 기초와 같이 길게 띠 모양으로 받치는 기초를 가리키는 것은? 09–5, 10–1

㉮ 독립기초 ㉯ 복합기초
㉰ 연속기초 ㉱ 온통기초

12. · 독립기초는 하나의 기둥에 한 개의 기초가 받치는 구조이다.
· 복합기초는 2개 이상의 기둥을 한 개의 기초로 받치는 구조이다.
· 전면기초는 구조물의 바닥 전체를 기초로 한 구조이다.

13 주 보행도로로 이용되는 보행공간의 포장 재료로 선택 시 부적합한 것은? 04–2, 07–1

㉮ 변화가 적은 재료
㉯ 질감이 좋은 재료
㉰ 질감이 거친 재료
㉱ 밝은 색의 재료

13. 질감이 너무 거친 재료는 보행시 불안감이나 불쾌감을 줄 수 있다.

14 다음 중 보도 포장재료로서 부적당한 것은? 04–5, 08–1, 12–5

㉮ 내구성이 있을 것
㉯ 자연 배수가 용이할 것
㉰ 보행시 마찰력이 전혀 없을 것
㉱ 외관 및 질감이 좋을 것

14. 보도용 포장면은 걷기에 적합할 정도의 거친 면을 유지하여 미끄럼을 방지할 수 있어야 한다.

정답 ➔ 10. ㉯ 11. ㉮ 12. ㉰ 13. ㉰ 14. ㉰

15. 콘크리트포장은 압축강도 등 기계적 성질은 좋으나 파손 시 보수·제거 균일시공이 어려우며, 공사기간이 길고 비용도 고가인 것이 단점이다.

15 내구성과 내마멸성이 좋으나, 일단 파손된 곳은 보수가 어려우므로 시공 때 각별한 주의가 필요하다. 다음 그림과 같은 원로 포장 방법은? 09-1

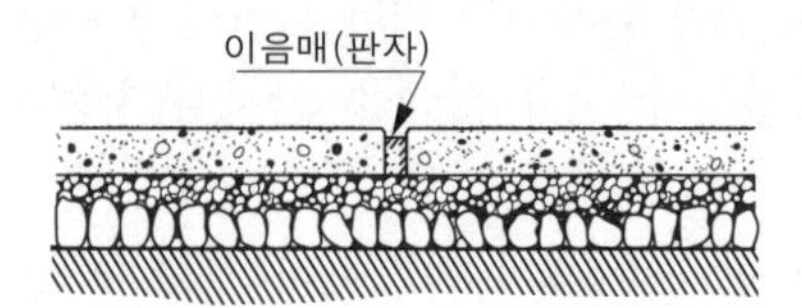

㉮ 마사토 포장 ㉯ 콘크리트 포장
㉰ 판석 포장 ㉱ 벽돌 포장

16. 콘크리트 포장 시 하중을 많이 받는 곳은 철근으로 보강하고 덜 받는 곳을 와이어 메쉬를 사용한다.

16 조경시공에서 콘크리트 포장을 할 때, 와이어 매쉬(wire mesh)는 콘크리트 하면에서 어느 정도의 위치에 설치하는가? 07-1

㉮ 콘크리트 두께의 1/4 위치
㉯ 콘크리트 두께의 1/3 위치
㉰ 콘크리트 두께의 1/2 위치
㉱ 콘크리트 밑바닥

17. 소형고압블록은 내구성, 내산성, 내마모성이 양호하여 보도, 광장, 주차장등에 많이 사용되며 형태 및 조합이 다양하고 구입도 용이하다.

17 보·차도용 콘크리트 제품 중 일정한 크기의 골재와 시멘트를 배합하여 높은 압력과 열로 처리한 보도 블록은? 08-5

㉮ 축구용블록 ㉯ 보도블록
㉰ 소형고압블록 ㉱ 경계블록

18. 보도용은 두께 6cm, 차도용은 8cm의 것을 사용한다.

18 소형 고압 블록 시공시 하중, 강도 등을 고려하여 보도용으로 설치되는 블록의 두께로 가장 적합한 것은? 08-1

㉮ 2cm ㉯ 4cm
㉰ 6cm ㉱ 8cm

19. 포장재가 경계석보다 높게 설치되는 경우는 없다. 성토지반의 경우 균등한 지지력이 얻어지도록 0.5톤 이상의 진동롤러로 전압한다.

19 다음 중 소형 고압블록 포장의 시공방법이 아닌 것은? 10-5

㉮ 보도의 가장 자리는 보통 경계석을 설치하여 형태를 규정짓는다.
㉯ 기존 지반을 잘 다진 후 모래를 3~5cm 정도 깔고 보도블록을 포장한다.
㉰ 일반적으로 원로의 종단 기울기가 5% 이상인 구간의 포장은 미끄럼방지를 위하여 거친면으로 마감한다.
㉱ 보도블록의 최종 높이는 경계석의 높이보다 약간 높게 설치한다.

정답 ➔ 15. ㉯ 16. ㉯ 17. ㉰ 18. ㉰ 19. ㉱

20 다음 중 소형고압블록의 종류 중 S블록으로 가장 적당한 것은? 07-5

㉮
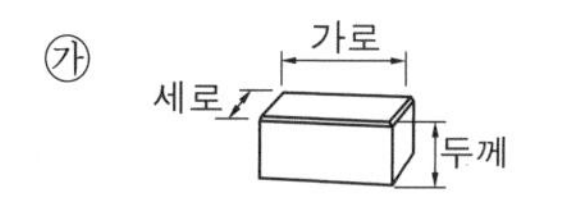

㉯ ㉰ ㉱

21 다음 벽돌 중 압축강도가 가장 강해야 하는 것은? 05-2

㉮ 보통 벽돌 ㉯ 포장용 벽돌
㉰ 치장용 벽돌 ㉱ 조적용 벽돌

22 적벽돌 포장에 관한 설명으로 틀린 것은? 04-1, 07-1

㉮ 질감이 좋고 특유한 자연미가 있어 친근감을 준다.
㉯ 마멸되기 쉽고 강도가 약하다.
㉰ 다양한 포장패턴을 연출할 수 있다.
㉱ 평깔기는 모로 세워깔기에 비해 더 많은 벽돌수량이 필요하다.

23 조경공사에서 바닥포장인 판석시공에 관한 설명으로 틀린 것은? 06-2, 10-1

㉮ 판석은 점판암이나 화강석을 잘라서 사용한다.
㉯ Y형의 줄눈은 불규칙하므로 통일성 있게 +자형의 줄눈이 되도록 한다.
㉰ 기층은 잡석 다짐 후 콘크리트로 조성한다.
㉱ 가장자리에 놓을 판석은 선에 맞춰 절단하여 사용한다.

24 다음 그림은 보도블록 포장의 단면도이다. 모래에 해당되는 것은? 04-5

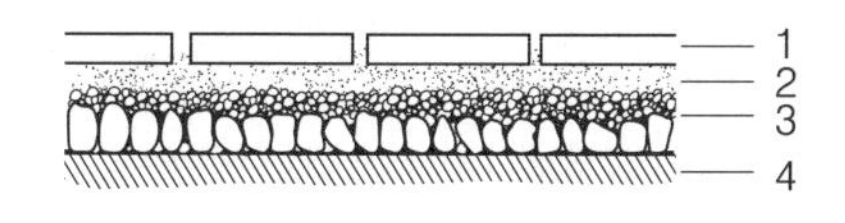

㉮ 1 ㉯ 2
㉰ 3 ㉱ 4

20. ㉮ I블록, ㉯ Z블록, ㉱ Y블록

21. 벽을 형성하는 벽돌은 벽돌 한 개가 따로 직접적으로 하중을 받지 않으나 포장에 사용되는 벽돌은 각각의 벽돌이 하중을 직접적으로 받으므로 압축강도가 커야한다.

22. 모로 세워깔기 시 벽돌면 중 평깔기 면보다 좁은 면으로 바닥면을 포장하기 때문에 평깔기보다 더 많은 벽돌이 필요하다.

23. 판석은 Y자 줄눈이 되도록 큰 판석을 가운데부터 작은 조각은 가장자리로 해서 줄눈 1cm 정도로 작업한다.

24. 1 보도블록, 3 잡석지정, 4 지반

정답 ➔ 20. ㉰ 21. ㉯ 22. ㉱ 23. ㉯ 24. ㉯

25. 보도블록의 하부에는 충격이나 하중을 흡수할 수 있도록 모래로 채운다.

26. 우레탄포장은 이음새가 없으므로 내구성 및 외관이 미려하고 내마모성, 내충격성, 내후성이 우수하며, 두께 조절 및 색채·무늬의 선택이 자유롭다. 탄성이 우수하고 인장력이 좋아 각종 체육시설에도 널리 사용된다.

27. 타일의 분류

소지분류	용도분류
자기질타일	내장타일
석기질타일	외장타일
도기질타일	바닥타일

28. · 캔틸레버 옹벽 : 높이 6m까지 사용가능
· 부축벽 옹벽 : 높이 6m 이상에 사용가능

29. 옹벽시공 시 벽면에 2~3㎡ 마다 직경 5~10㎝의 배수공을 설치한다.

25 다음 보도블록 포장공사의 단면 그림 중 블록 아랫부분은 무엇으로 채우는 것이 좋은가? 03-1, 12-1

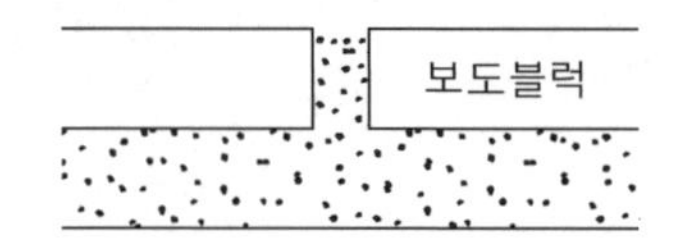

㉮ 자갈　　㉯ 모래
㉰ 잡석　　㉱ 콘크리트

26 다음 포장재료 중 광장 등 넓은 지역에 포장하며, 바닥에 색채 및 자연스런 문양을 다양하게 할 수 있는 소재는? 05-2, 08-2

㉮ 벽돌　　㉯ 우레탄
㉰ 자기타일　　㉱ 고압블럭

27 타일을 용도에 따라 분류한 것이 아닌 것은? 07-1

㉮ 모자이크 타일　　㉯ 내장 타일
㉰ 외장 타일　　㉱ 콘크리트 판

28 일반적으로 상단이 좁고 하단이 넓은 형태의 옹벽으로 자중(自重)으로 토압에 저항하며, 높이 4m 내외의 낮은 옹벽에 많이 쓰이는 종류는? 08-2

㉮ 중력식 옹벽　　㉯ 캔틸레버 옹벽
㉰ 부축벽 옹벽　　㉱ 조립식 옹벽

29 옹벽시공 시 뒷면에 물이 고이지 않도록 몇 ㎡마다 배수구 1개씩 설치하는 것이 좋은가? 03-1, 06-1

㉮ 1㎡　　㉯ 3㎡
㉰ 5㎡　　㉱ 7㎡

 • 정답 → 25. ㉯ 26. ㉯ 27. ㉮ 28. ㉮ 29. ㉯

Chapter 5 시방 및 적산

1 시방서

1. 시방서의 개요

(1) 시방서 포함 내용

① 공사의 개요 및 적용 범위에 관한 사항
② 시공에 대한 보충 및 일반적 주의사항
③ 시공방법의 정도, 완성 정도에 대한 사항
④ 재료의 종류, 품질 및 사용에 대한 사항
⑤ 재료 및 시공에 관한 검사 결과에 대한 사항
⑥ 시공에 필요한 각종 설비에 대한 사항
⑦ 시공 완성 후 뒤처리에 대한 사항

(2) 적용순위

① 현장설명서→공사시방서→설계도면→표준시방서→물량내역서
② 모호한 경우 발주자(감독자)가 결정

◘ 시방서
공사나 제품에 필요한 재료의 종류나 품질, 사용처, 시공 방법 등 설계도면에 나타낼 수 없는 사항을 기록한 시공지침으로 도급계약서류의 일부이다.

2. 시방서의 분류

표준시방서	표준적이고 일반적인 시공기준을 정한 공통시방서
전문시방서	• 표준시방서를 기준으로 작성 • 공사시방서 작성의 시공기준이 되는 종합적 시공 시방서
공사시방서	• 표준시방서 및 전문시방서를 기본으로 작성 • 개별공사의 특수성·지역여건·공사방법 등을 고려하여 현장에 필요한 시공방법, 품질관리 등에 관한 시공기준을 기술한 시방서 • 도급계약서류에 포함되는 문서로 강제기준으로의 역할수행

2 조경 적산

1. 토공량

❖ 단면법

수로, 도로 등 폭에 비하여 길이가 긴 선상의 물체를 축조하고자 할 경우 측점들의 횡단면에 의거 절토량 또는 성토량을 구하는 방법

◘ 적산과 견적
① 적산 : 공사에 소요되는 재료량 및 품을 산출하는 것
② 견적 : 수량에 단가를 적용하여 비용을 산출하는 것

단면법
수로, 도로 등 폭에 비하여 길이가 긴 선상의 물체를 축조하고자 할 경우 측점들의 횡단면에 의거 절토량 또는 성토량을 구하는 방법

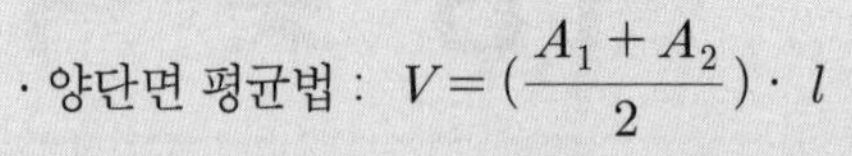

· 양단면 평균법 : $V = (\frac{A_1 + A_2}{2}) \cdot l$

여기서, V : 체적, $A_1,\ A_2$: 양단면적
l : 양단면 사이의 거리

· 중앙 단면법 : $V = A_m \cdot l$

여기서, A_m : 중앙 단면적

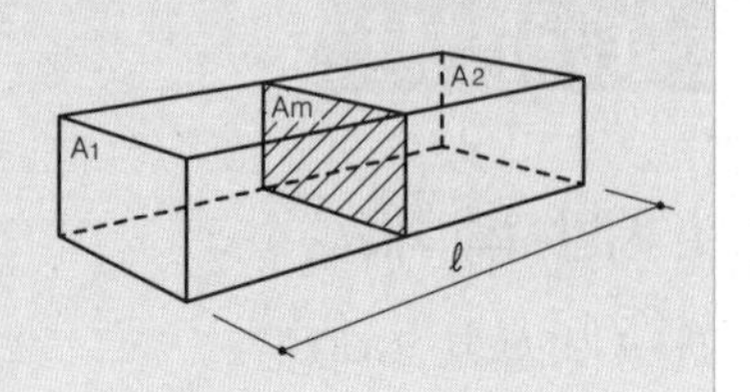

· 각주공식 : $V = \frac{l}{6}(A_1 + 4A_m + A_2)$

2. 인력 운반

(1) 인력운반 기본공식

1회 운반량
삽으로 적재할 수 없는 자재(시멘트, 목재, 철근, 큰 석재 등)의 인력 적재는 1인당 25㎏으로 한다.

1일 실작업시간
30분을 제하는 것은 용구의 지급 및 반납 등 준비시간으로 실제작업이 불가능한 시간을 고려한 것이다.

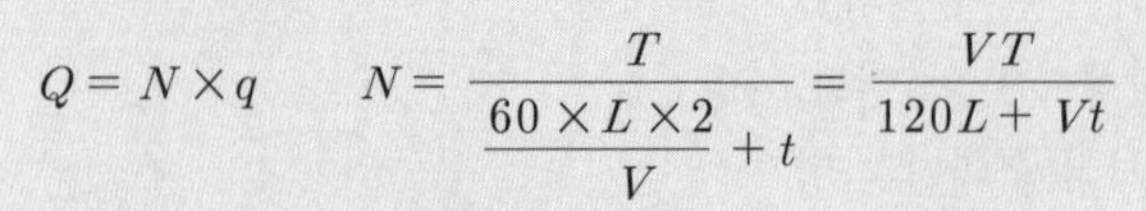

$Q = N \times q \qquad N = \frac{T}{\frac{60 \times L \times 2}{V} + t} = \frac{VT}{120L + Vt}$

여기서, Q : 1일 운반량(㎥또는 kg) L : 운반거리(m)
N : 1일 운반횟수 t : 적재 적하 소요시간(분)
q : 1회 운반량(㎥또는 kg) V : 왕복평균속도(m/hr)
T : 1일 실작업시간(480분-30분)

· 고갯길환산거리 $= a \times L$
여기서, a : 경사와 운반방법에 의하여 변하는 계수
L : 수평거리

(2) 목도운반비

$$목도운반비 = \frac{M}{T} \times A \times (\frac{120 \times L}{V} + t),\ M = \frac{총운반량(kg)}{1인당 1회운반량(kg)}$$

여기서, A : 목도공 노임 T : 1일 실작업시간(분)-(중량물 목도시 : 360분)
M : 필요 목도공수 t : 준비작업시간(2분)
L : 운반거리(m) V : 평균왕복속도(m/hr)

· 1인당 1회운반량 : 25kg/인
· 경사지환산거리 = 경사지운반계수(α)×수평거리(L)

[목도운반]

3. 기계 운반

(1) 기본식

$Q = n \cdot q \cdot f \cdot e$ 여기서, Q : 시간당 작업량(㎥/hr 또는 ton/hr)
n : 시간당 작업사이클 수
q : 1회 작업 사이클당 표준작업량(㎥ 또는 ton)
f : 체적환산계수
E : 작업효율

· 시간당 작업사이클 수 $n = \dfrac{60}{Cm(\text{min})}$ 또는 $\dfrac{3,600}{Cm(\text{sec})}$

□ 계산값의 맺음

① Q : 소수점 이하 3자리까지 계산하고 4사5입한다.
② n : 소수점 이하 2자리까지 계산하고 4사5입한다.
③ Cm : 소수점 이하 3자리까지기 계산하고 4사5입한다.

(2) 굴삭기–백호

$$Q = \frac{3,600 \cdot q \cdot k \cdot f \cdot E}{Cm}$$

여기서, Q : 시간당 작업량 (㎥/hr)
q : 디퍼 또는 버킷용량(㎥)
f : 체적환산계수
E : 작업효율
k : 디퍼 또는 버킷계수
Cm : 1회 사이클의 시간(초)

□ 버킷계수

버킷에 담겨지는 정도를 수치화 시켜 놓은 것

[굴삭기]

(3) 덤프트럭

$$Q = \frac{60 \cdot q \cdot f \cdot E}{Cm} \qquad q = \frac{T}{rt} \cdot L$$

여기서, Q : 1시간당 작업량(㎥/hr)
q : 흐트러진 상태의 덤프트럭 1회 적재량(㎥)
rt : 자연상태에서의 토석의 단위 중량(습윤밀도)(t/㎥)
T : 덤프트럭의 적재중량(ton)
L : 체적환산계수에서의 체적변화율
f : 체적환산계수
E : 작업효율(0.9)
Cm : 1회 사이클시간(분)

· $n = \dfrac{Qt}{q \cdot k}$ 여기서, Qt : 덤프트럭 1대의 적재토량(㎥)
q : 적재기계의 디퍼 또는 버킷용량(㎥)
k : 디퍼 또는 버킷계수

[덤프트럭]

· $Cm = t_1 + t_2 + t_3 + t_4 + t_5$

여기서, t_1 : 적재시간

t_2 : 왕복시간 (분)

$$= \frac{\text{운반거리}}{\text{적재시 평균주행속도}} + \frac{\text{운반거리}}{\text{공차시 평균주행속도}}$$

t_3 : 적하시간

t_4 : 적재대기시간

t_5 : 적재함 설치 및 해체시간

· 적재기계를 사용하는 경우의 사이클시간

$$Cmt = \frac{Cms \cdot n}{60 \cdot Es} + (t_2 + t_3 + t_4 + t_5)$$

여기서, Cmt : 덤프트럭의 1회 사이클시간(분)

Cms : 적재기계의 1회 사이클시간(초)

Es : 적재기계의 작업효율

n : 덤프트럭 1대의 토량을 적재하는 데 소요되는 적재기계의 사이클 횟수

4. 목재량

(1) 통나무(원목재) 재적(㎥)

· 길이 6m 미만인 것 : $V = D^2 \times L$

· 길이 6m 이상인 것 : $V = (D + \frac{L' - 4}{200})^2 \times L$

말구 원구

여기서, V : 통나무 재적(㎥)

D : 말구 지름(m)

L : 통나무 길이(m)

L′ : L에서 절하시킨 정수(m)

(2) 제재목 재적(㎥)

$$V = T \times W \times L \times \frac{1}{10,000}$$

여기서, T : 두께(cm)

W : 너비(cm)

L : 길이(m)

목재의 치수환산

① 1치(寸)=3㎝

② 1자(尺)=30㎝

③ 1재(才)=1치 x 1치 x 12자
=0.03 x 0.03 x 0.3 x 12
=0.00324㎥

④ 1㎥≒300재

⑤ 1평(坪)=6자 x 6자 ≒ 3.3㎡

목재 할증률

① 각재 : 5%

② 판재 : 10%

③ 일반용 합판 : 3%

④ 수장용 합판 : 5%

5. 석재량

① 다듬돌 등의 규격품은 개수로 산정(개)
② 수량 및 시공량 등의 산정에 따라 면적(㎡), 체적(㎥) 또는 중량(ton)으로 산정
③ 체적 및 중량 산정 시 실적률 고려

> 자연석 쌓기 중량 = 쌓기 면적 × 뒷길이 × 실적률 × 자연석 단위 중량

◘ 할증률
① 원석(마름돌용) : 30%
② 붙임용 판석
· 정형물 : 10%
· 부정형물 : 30%

◘ 실적률
전체 체적과 비어있지 않은 부분과의 비율을 말하며, 공극률의 반대이다.

6. 벽돌량

단위면적 산정법으로 공사면적(벽체의 면적)에 단위면적수량을 곱하여 산출

벽돌량 (㎡당)

벽돌형(cm) \ 벽두께	0.5B(매)	1.0B(매)	1.5B(매)	2.0B(매)
21 x 10 x 6 (기존형)	65	130	195	260
19 x 9 x 5.7(표준형)	75	149	224	298

* 줄눈너비 10mm를 기준으로 한 것

◘ 할증률
① 시멘트 벽돌 : 5%
② 붉은 벽돌 : 3%

7. 수목 및 잔디

① 수목 : 수종 및 규격별로 산출(단위 : 주)
② 잔디 : 식재면적(㎡)에 식재방법에 따른 소요매수를 적용하여 산출-품의 적용 시 식재면적 이용

잔디규격 및 식재기준

구분	규격(cm)	식재기준
평떼	30x30x3	1㎡당 11매
줄떼	10x30x3	1/2줄떼 : 10cm 간격, 1/3줄떼 : 20cm 간격

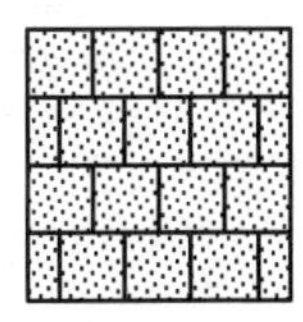
전면식재

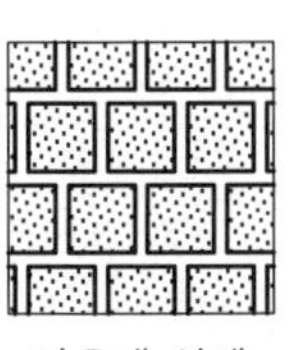
이음매 식재

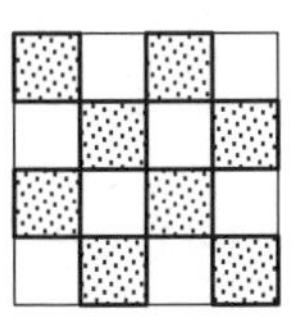
어긋나게 식재

줄떼식재

[잔디식재방법]

◘ 할증률
① 조경용 수목 : 10%
② 잔디 및 초화류 : 10%

◘ 잔디소요량
① 평떼식재 : 100%
② 어긋나게 식재 : 50%
③ 이음매 식재
· 너비 4cm : 77.9%
· 너비 5cm : 73.5%
· 너비 6cm : 69.4%
④ 줄떼식재
· 1/2줄떼 : 50%
· 1/3줄떼 : 33.3%

3 표준품셈

1. 품셈의 개요

(1) 수량의 계산

① 수량의 단위 및 소수위는 표준품셈 단위표준에 의함

② 수량의 계산은 지정 소수위 이하 1위까지 구하고, 끝수는 4사5입

③ 계산시 분도는 분, 원둘레율·삼각함수·호도는 3자리까지 적용

④ 분수는 약분법을 쓰지 않으며, 각 분수마다 그 값을 구한 다음 전부를 계산

⑤ 구적기(Planimeter) 사용시 3회 이상 측정하여 평균값 적용

⑥ 토사의 체적은 양단면법 사용

⑦ 절토량은 자연상태의 설계도의 양 적용

(2) 단위 및 소수위 표준

종목	규격		단위수량		비고
	단위	소수	단위	소수	
토적(높이, 너비)			m	2위	
토적(단면적)			m^2	1위	단면적
토적(체적)			m^3	2위	체적
토적(체적합계)			m^3	단위한	집계체적
떼	cm	단위한	m^2	1위	
모래, 자갈	cm	단위한	m^3	2위	
조약돌	cm	단위한	m^3	2위	
견치돌, 깬돌	cm	단위한	m^2	1위	
견치돌, 깬돌	cm	단위한	개	단위한	
사석	cm	단위한	m^3	1위	
다듬돌	cm	단위한	개	2위	
벽돌	mm	단위한	개	단위한	
시멘트			kg	단위한	
모르타르			m^3	2위	대가표에서는 3위까지 이하 버림
콘크리트			m^3	2위	
아스팔트			kg	단위한	
목재(판재)	길이m	1위	m^2	2위	
목재(판재)	폭, 두께	1위	m^3	3위	
목재(판재)	cm	1위	m^3	3위	
합판	mm	단위한	장	1위	

◘ 표준품셈

정부 등 공공기관에서 시행하는 건설공사의 적정한 예정가격을 산정하기 위하여 정부에서 매년 표준품셈을 발간한다.

◘ 품

공사를 하는 데 있어 인력, 기계 및 재료의 수량을 말하는 것

◘ 일위대가

일위대가란 단일재료나 품으로 이루어지지 않은 공사량을 최소단위로 산정하여 금액을 산출한 것이다. 즉, 어떤 공사의 단위수량에 대한 금액(단가)으로 품셈을 기초로 작성한다.

◘ 구적기(Planimeter)

면적을 재는 도구로 폐쇄 도형의 둘레를 따라 그리면 면적을 구할 수 있다.

◘ 단위한

소수점 없이 정수로 나타내는 것을 말한다.

(3) 금액의 단위 표준

종목	단위	지위	비고
설계서의 총액	원	1,000	이하 버림(단, 1,000원 이하의 공사는 100원 이하 버림)
설계서의 소계	원	1	미만 버림
설계서의 금액란	원	1	미만 버림
일위대가표의 계금	원	1	미만 버림
일위대가표의 금액란	원	0.1	미만 버림

◘ 소액의 처리

일위대가표 금액란 또는 기초계산 금액에서 소액이 산출되어 공종이 없어질 우려가 있어 소수위 1위 이하의 산출이 불가피할 경우에는 소수위의 정도를 조정 계산할 수 있다.

(4) 재료의 할증

운반에서부터 사용에 까지 발생하는 손실에 대한 보정량

종목		할증률(%)	종목		할증률(%)
조경용 수목		10	경계블록		3
잔디 및 초화류		10	호안블록		5
목재	각재	5	원형철근		5
	판재	10	이형철근		3
합판	일반용 합판	3	벽돌	붉은벽돌	3
	수장용 합판	5		시멘트벽돌	5
원석(마름돌용)		30	도료		2
석판재 붙임용재	정형돌	10	레미콘	무근 구조물	2
	부정형돌	30		철근, 철골 구조물	1
타일	모자이크, 도기, 자기	3	포장용 시멘트	정치식	2
	아스팔트, 리노륨, 비닐	5		기타	3

◘ 수량

① 정미량 : 설계도서를 기준으로 세밀하게 산출되는 설계수량

② 소요량 : 정미량에 할증량을 합하여 산출한 재료의 할증수량(구입량)

(5) 체적변화율과 체적환산계수

1) 체적의 변화율

$$L = \frac{\text{흐트러진상태의체적}(m^3)}{\text{자연상태의체적}(m^3)}, \quad C = \frac{\text{다져진상태의체적}(m^3)}{\text{자연상태의체적}(m^3)}$$

◘ 체적 변화율

굴착, 운반, 다짐의 3단계로 이루어지는 토공사는 각 단계마다 흙의 체적이 변화하게 되는데, 그 변화에 따른 비율을 말한다. 토질 시험하여 적용하는 것을 원칙으로 하나 소량의 토량인 경우에는 표준품셈의 체적환산계수표에 따를 수도 있다.

체적의 변화
흐트러진 상태〉자연상태〉다져진 상태

2) 체적환산계수(f)

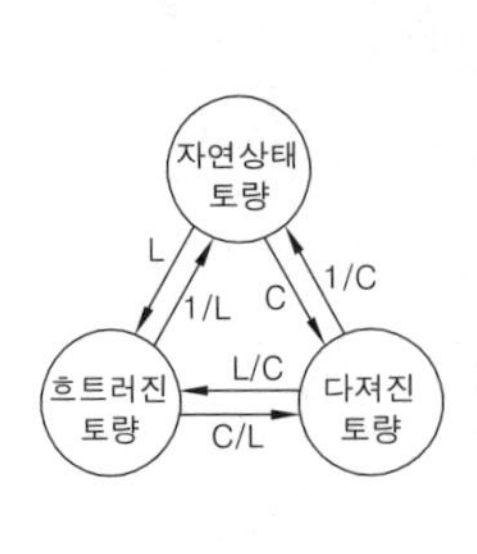

기준토량 \ 구하는 토량	자연상태 토량	흐트러진 토량	다져진 토량
자연상태 토량	1	L	C
흐트러진 토량	$\frac{1}{L}$	1	$\frac{C}{L}$
다져진 토량	$\frac{1}{C}$	$\frac{L}{C}$	1

2. 공사비 산출

(1) 공사원가 구성체계

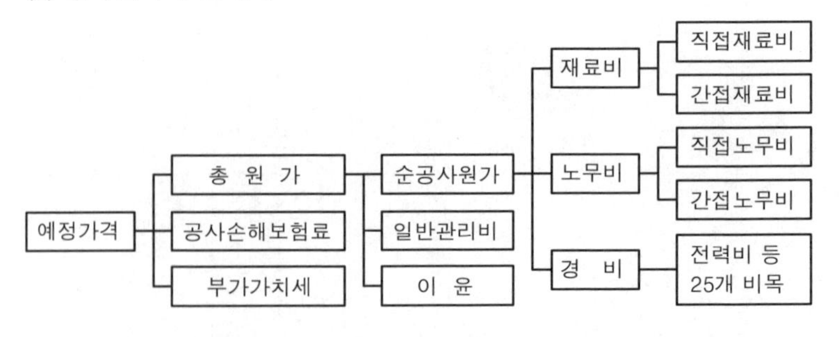

[예정가격]

(2) 재료비

재료비 = 직접재료비 + 간접재료비 - 작업설 · 부산물 등의 환급액

작업설·부산물의 공제율
공제율은 사용고재(시멘트 공대 및 공드람 제외) 90%, 강재스크랩 70%, 기타 발생재는 공제율 없이 그대로 적용한다.

① 직접재료비 : 공사 목적물의 실체를 형성하는 물품의 가치
② 간접재료비 : 실체를 형성하지 않으나 공사에 보조적으로 소비되는 물품의 가치
④ 작업설·부산물 등 : 시공 중에 발생하는 부산물 등으로 환금성이 있는 것은 재료비로부터 공제

(3) 노무비

노무비 = 직접노무비 + 간접노무비

간접노무비율
공사의 종류·규모·기간에 따라 정해지며, 직접 노무비에 곱하여 간접노무비를 산정한다.

① 직접노무비 : 직접작업에 종사하는 자의 노동력의 대가
② 간접노무비 : 작업현장에서 보조 작업에 종사하는 자의 노동력의 대가

간접노무비 = 직접노무비 × 간접노무비율

(4) 경비

① 공사의 시공을 위하여 소모되는 공사원가 중 재료비, 노무비를 제외한 원가

② 전력비, 광열비, 운반비, 안전관리비, 보험료, 특허권 사용료, 기술료 등

(5) 순공사원가

> 순공사원가 = 재료비 + 노무비 + 경비

(6) 일반관리비

> 일반관리비 = (재료비+노무비+경비)×일반관리비율

① 기업의 유지를 위한 관리활동 부문에서 발생하는 제비용

② 제조원가에 속하지 아니하는 모든 영업비용 중 판매비 등을 제외한 비용

일반관리비율

업종에 따라 정해진 비율과 공사규모별로 정해진 비율을 적용한다.

(7) 이윤

> 이윤 = (노무경비 + 경비 + 일반관리비)×이윤율

이윤

영업이익을 말하며 이윤율 15%를 초과할 수 없다.

(8) 총원가

> 총원가 = 재료비 + 경비 + 일반관리비 + 이윤

(9) 공사손해보험료

> 공사손해보험료 = 총원가×보험료율

(10) 부가가치세

> 부가가치세 = 총원가×10%

(11) 예정가격(도급액)

> 예정가격 = 총원가 + 공사손해보험료 + 부가가치세

핵심문제 해설

01. 시방서란 공사나 제품에 필요한 재료의 종류나 품질, 사용처, 시공 방법 등 설계 도면에 나타낼 수 없는 사항을 기록한 시공 지침으로 도급계약서류의 일부이다.이러한 시방서에는 재료의 종류 및 품질, 재료에 필요한 시험, 시공방법의 정도 및 완성에 관한 사항 등이 기재된다.

02. 견적이란 수량에 단가를 적용하여 금액을 산출하는 것이다.

03. $V = (\frac{A_1 + A_2}{2}) \times \ell$

$A_1 = (16 \times 6 \times 0.5) = 48(m^2)$

$A_2 = (12 \times 4 \times 0.5) = 24(m^2)$

$(\frac{48 + 24}{2}) \times 20 = 720(m^2)$

04. $\frac{100 \times 0.2}{2} = 10$(일)

05. $100 \times 0.2 \times 0.7 \times 2.5 = 35(t)$

$35 \times 2.5 \times 43,800 = 3,832,500$(원)

01 시방서의 설명으로 옳은 것은? 09-2

㉮ 설계 도면에 필요한 예산계획서이다.
㉯ 공사계약서이다.
㉰ 평면도, 입면도, 투시도 등을 볼 수 있도록 그려 놓은 것이다.
㉱ 공사개요, 시공방법, 특수재료 및 공법에 관한 사항 등을 명기한 것이다.

02 도면과 시방서에 의하여 공사에 소요되는 자재의 수량, 시공면적, 체적 등의 공사량을 산출하는 과정을 무엇이라 하는가? 09-1

㉮ 품셈　　㉯ 적산
㉰ 견적　　㉱ 산정

03 양단면 모양과 양단면의 거리가 아래 그림과 같을 때, 양단면평균법에 의해 토량을 산출한 값은? 06-5

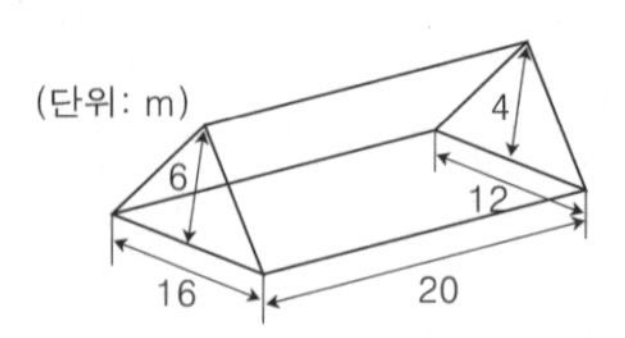

㉮ 480㎥　　㉯ 520㎥
㉰ 640㎥　　㉱ 720㎥

04 1㎥토량에 대한 운반 품셈을 1일당 0.2인으로 할 때 2인의 인부가 100㎥ 흙을 운반하려면 얼마가 필요한가? 08-1

㉮ 5일　　㉯ 10일
㉰ 40일　　㉱ 50일

05 자연석 쌓기 할 면적이 100㎡, 자연석의 평균 뒷길이가 20㎝, 단위중량이 2.5t/㎥, 자연석을 쌓을 때의 공극률이 30% 라고 할 때 조경공의 노무비는? (단, 정원석 쌓기에 필요한 조경공은 1t 당 2.5명, 조경공의 노임단가는 43,800원이다.) 09-5

㉮ 3,550,000원　　㉯ 2,190,000원
㉰ 2,380,000원　　㉱ 3,832,500원

정답 → 01. ㉱ 02. ㉯ 03. ㉱ 04. ㉯ 05. ㉱

06 자연석 100ton을 절개지에 쌓으려 한다. 다음 표를 참고할 때 노임은 얼마인가? 05-2

자연석 석축공(ton)

구분	조경공	보통인부
쌓기 놓기	2.5인 2.0인	2.3인 2.0인
1일노임	30,000원	10,000원

㉮ 2,500,000원　㉯ 5,600,000원
㉰ 8,260,000원　㉱ 9,800,000원

06. $100 \times (2.5 \times 30,000 + 2.3 \times 10,000) = 9,800,000$(원)

07 돌 쌓기 공사에서 4목도 돌이란 무게가 몇 kg 정도의 것을 말하는가? 07-2

㉮ 약 100kg　㉯ 약 150kg
㉰ 약 200kg　㉱ 약 300kg

07. 1목도의 기준을 50kg으로 하여 $4 \times 50 = 200$(kg)

08 길이 100m, 높이 4m의 벽을 1.0B 두께로 쌓기 할 때 소요되는 벽돌의 양은? (단, 벽돌은 표준형(190X90X57)이고, 할증은 무시하며 줄눈나비는 10mm를 기준으로 한다.) 08-2

㉮ 약 30000 장　㉯ 약 52000 장
㉰ 약 59600 장　㉱ 약 48800 장

08. 표준형벽돌 1.0B 쌓기는 149장/m²
$100 \times 4 \times 149 = 59,600$(장)

09 45m²에 전면 붙이기에 의해 잔디 조경을 하려고 한다. 필요한 평떼량은 얼마인가? (단, 잔디 1매의 규격은 30cm x 30cm x 3cm 이다.) 05-2, 07-1

㉮ 약 200매　㉯ 약 300매
㉰ 약 500매　㉱ 약 700매

09. $\dfrac{45}{0.3 \times 0.3} = 500$(매)

10 1/100 축척의 도면에서 가로 20m, 세로 50m의 공간에 잔디를 전면붙이기를 할 경우 몇 장의 잔디가 필요한가? (단, 잔디는 25X25cm규격을 사용한다.) 11-1

㉮ 5500장　㉯ 11000장
㉰ 16000장　㉱ 22000장

10. $\dfrac{20 \times 50}{0.25 \times 0.25} = 16,000$(장)

정답 ➔ 06. ㉱ 07. ㉰ 08. ㉰ 09. ㉰ 10. ㉰

11 잔디밭 1평(3.3㎡)에 규격 30㎝ × 30㎝의 잔디를 전면 붙이기로 심고자 한다. 약 몇 장의 잔디가 필요한가? 03-5, 09-1

㉮ 약 11장 ㉯ 약 24장
㉰ 약 30장 ㉱ 약 37장

11. $\frac{3.3}{0.3 \times 0.3} = 36.7$(장)

12 잔디 1매(30 × 30㎝)에 1본의 꼬치가 필요하다. 경사 면적이 45㎡인 곳에 잔디를 전면붙이기로 식재하려 한다면 이 경사지에 필요한 꼬치는 약 몇 개인가? (단, 가장 근사값을 정한다.) 10-4

㉮ 46본 ㉯ 333본
㉰ 450본 ㉱ 495본

12. 잔디는 1㎡당 11매가 들어가므로 45 × 11 = 495(본)

13 다음 중 40㎡의 면적에 팬지를 20㎝ × 20㎝간격으로 심고자 한다. 팬지 묘의 필요 본수로 가장 적당한 것은? 03-2, 06-5

㉮ 100 ㉯ 250
㉰ 500 ㉱ 1,000

13. $\frac{40}{0.2 \times 0.2} = 1{,}000$(본)

14 축척 1/100 도면에 0.6m × 50m의 녹지면적을 H0.5 × W0.3 규격의 수목으로 수관의 중복 없이 식재할 경우 약 몇 주가 필요한가? 10-5

㉮ 225주 ㉯ 334주
㉰ 520주 ㉱ 750주

14. 한주의 면적 0.3m X 0.3m
$\frac{0.6 \times 50}{0.3 \times 0.3} = 333.3$(주)

15 다음 중 일위대가표 작성의 기초가 되는 것으로 가장 적당한 것은? 05-2

㉮ 시방서 ㉯ 내역서
㉰ 견적서 ㉱ 품셈

15. 일위대가는 어떤 공사의 단위수량에 대한 금액(단가)으로 품셈을 기초로 작성한다.

16 사람, 동물 또는 기계가 어떠한 일을 하는 데 있어서 단위당 필요한 노력과 물질이 얼마가 되는지를 수량으로 작성해 놓은 것을 무엇이라 하는가? 05-5, 10-1

㉮ 투자 ㉯ 적산
㉰ 품셈 ㉱ 견적

16. 품셈이란 사람 또는 기계의 노력과 재화를 일정한 단위당 필요한 양으로 표시하는 것으로서, 사람의 노력치인 품과 재료의 수량으로 나타낸다.

정답 → 11. ㉱ 12. ㉱ 13. ㉱ 14. ㉯ 15. ㉱ 16. ㉰

17 아왜나무의 식재 시 품의 산정은 어느 것을 기준으로 하는가? 09-2

㉮ 나무높이에 의한 식재
㉯ 흉고직경에 의한 식재
㉰ 근원직경에 의한 식재
㉱ 수관폭에 의한 식재

18 수목의 식재품 적용시 흉고직경에 의한 식재품을 적용하는 것이 가장 적합한 수종은 어느 것인가? 05-1

㉮ 산수유
㉯ 은행나무
㉰ 꽃사과
㉱ 백목련

19 다음 중 수목을 근원직경의 기준에 의해 굴취할 수 있는 것은? 06-2, 12-1

㉮ 배롱나무
㉯ 잣나무
㉰ 은행나무
㉱ 튤립나무

20 설계도서 중 일위대가표를 작성할 때 일위대가표의 금액란의 금액 단위 표준은? 10-5

㉮ 0.01원 ㉯ 0.1원
㉰ 1원 ㉱ 10원

21 건설표준품셈에서 붉은 벽돌의 할증률은 얼마까지 적용할 수 있는가? 09-4

㉮ 3% ㉯ 5%
㉰ 10% ㉱ 15%

22 다음 중 재료별 할증률(%)의 크기가 가장 작은 것은? 06-2, 11-5

㉮ 조경용 수목 ㉯ 경계블록
㉰ 잔디 및 초화류 ㉱ 수장용 합판

17. 수고에 의한 품을 적용하는 수종 : 곰솔(나무높이 3m이상은 근원직경에 의한 품 적용), 독일가문비나무, 동백나무, 리기다소나무, 섬잣나무, 실편백, 아왜나무, 잣나무, 전나무, 주목, 측백나무, 편백, 향나무 등 기타 이와 유사한 수종

18. 흉고직경에 의한 품을 적용하는 수종 : 교목류인 가중나무, 계수나무, 낙우송, 메타세쿼이아, 벽오동, 수양버들, 벚나무, 은단풍, 은행나무, 자작나무, 칠엽수, 백합나무, 버즘나무, 사시나무 등 기타 이와 유사한 수종

19. 근원직경에 의한 품을 적용하는 수종 : 소나무, 감나무, 꽃사과나무, 노각나무, 느티나무, 대추나무, 마가목, 매실나무, 모감주나무, 모과나무, 목련, 배롱나무, 산딸나무, 산수유, 이팝나무, 자귀나무, 층층나 무, 쪽동백나무, 단풍나무, 회화나무, 후박나무, 등, 능소화, 참나무류 등 기타 이와 유사한 수종

20. · 설계서의 총액 : 1,000원
· 설계서의 소계 : 1원
· 설계서의 금액란 : 1원
· 일위대가표의 계금 : 1원

21. 붉은벽돌 3%, 시멘트벽돌 5%

22. 조경용 수목 10%
경계블록 3%
잔디 및 초화류 10%,
수장용 합판 5%

정답 ➜ 17. ㉮ 18. ㉯ 19. ㉮ 20. ㉯ 21. ㉮ 22. ㉯

23 조경공사에서 수목 및 잔디의 할증률은 몇 %인가? 03-1, 04-5, 10-4

㉮ 1% ㉯ 5%
㉰ 10% ㉱ 20%

23. 조경용 수목, 잔디 및 초화류는 10%의 할증률을 적용한다.

24 시설물의 기초부위에서 발생하는 토공량의 관계식으로 옳은 것은? 12-5

㉮ 잔토처리 토량 = 되메우기 체적 - 터파기 체적
㉯ 되메우기 토량 = 터파기 체적 - 기초 구조부 체적
㉰ 되메우기 토량 = 기초 구조부 체적 - 터파기 체적
㉱ 잔토처리 토량 = 기초 구조부 체적 - 터파기 체적

24. 잔토처리량=터파기량 - 되메우기량

25 흙은 같은 양이라 하더라도 자연상태(N)와 흐트러진 상태(S), 인공적으로 다져진 상태(H)에 따라 각각 그 부피가 달라진다. 자연상태의 흙의 부피(N)를 1.0으로 할 경우 부피가 많은 순서로 적당한 것은? 05-1

㉮ N〉S〉H ㉯ N〉H〉S
㉰ S〉N〉H ㉱ S〉H〉N

25. 일반적인 흙의 체적변화 흐트러진 상태〉자연상태〉다져진 상태

26 흐트러진 상태의 토량이 240㎥, 자연 상태의 토량이 200㎥, 다져진 상태의 토량이 160㎥일 경우, 자연 상태의 흙이 흐트러진 상태로 변할 때 토량의 변화율(L)값은? 07-1

㉮ 0.7 ㉯ 0.8
㉰ 1.1 ㉱ 1.2

26. 흐트러진 상태의 토량 = 자연 상태의 토량 × L
$L = \frac{240}{200} = 1.2$

27 자연상태의 토량 1000㎥을 굴착하면, 그 흐트러진 상태의 토양은 얼마가 되는가? (단, 토량 변화율을 L=1.25, C=0.9라고 가정한다.) 04-2, 10-2

㉮ 900㎥ ㉯ 1000㎥
㉰ 1125㎥ ㉱ 1250㎥

27. 흐트러진 상태의 토량 = 자연 상태의 토량 × L
1,000 × 1.25 = 1,250(㎥)

28 토공사에서 터파기의 량이 10㎥, 되메우기의 양이 7㎥일 때 잔토 처리량은 얼마인가? 03-2

㉮ 2.3㎥ ㉯ 3㎥
㉰ 4㎥ ㉱ 17㎥

28. 잔토처리량=터파기량 - 되메우기량
10 - 7 = 3(㎥)

정답 → 23. ㉰ 24. ㉯ 25. ㉰ 26. ㉱ 27. ㉱ 28. ㉯

29 토공사에서 흐트러진 상태의 토양변환율이 1.1 일 때 터파기량이 10㎥, 되메우기량이 7㎥ 이라면 잔토처리량은? 06-1, 10-4

㉮ 3㎥ ㉯ 3.3㎥
㉰ 7㎥ ㉱ 17㎥

29. 잔토처리량은 L을 적용한다.
(10 − 7) x 1.1 = 3.3(㎥)

30 성토 4,500㎥를 축조하려 한다. 토취장의 토질은 점성토로 토량변화율은 L=1.20, C=0.90 이다. 자연상태의 토량을 어느 정도 굴착하여야 하는가? 06-5

㉮ 5000㎥ ㉯ 5400㎥
㉰ 6000㎥ ㉱ 4860㎥

30. 다져진상태의 토량 = 자연상태의 토량 × 1/C

$4{,}500 \times \frac{1}{0.90} = 5{,}000(㎥)$

31 공사원가계산 체계에서 이윤 산정시 고려하는 내용이 아닌 것은? 03-2

㉮ 재료비 ㉯ 노무비
㉰ 경비 ㉱ 일반관리비

31. 이윤 = (노무비 + 경비 + 일반관리비) × 이윤율

32 공사원가에 의한 공사비 구성 중 안전관리비가 해당되는 것은? 07-5, 12-2

㉮ 간접재료비 ㉯ 간접노무비
㉰ 경비 ㉱ 일반관리비

32. 공사의 시공을 위하여 소모되는 공사원가 중 재료비와 노무비를 제외한 원가로써 전력비, 광열비, 운반비, 보험료, 특허권 사용료, 기술료, 안전관리비 등이 있다.

33 다음 중 순공사원가를 가장 바르게 표시한 것은? 06-5, 12-5

㉮ 재료비 + 노무비 + 경비
㉯ 재료비 + 노무비 + 일반관리비
㉰ 재료비 + 일반관리비 + 이윤
㉱ 재료비 + 노무비 + 경비 + 일반관리비 + 이윤

33. 순공사원가 = 재료비 + 노무비 + 경비

34 다음 공사의 순공사 원가를 구하면 얼마인가?
(단, 재료비 : 4000원, 노무비 : 5000원, 총경비 : 1000원, 일반관리비 : 600원 이다.) 08-1

㉮ 9000원 ㉯ 10000원
㉰ 10600원 ㉱ 6000원

34. 순공사원가 =
재료비 + 노무비 + 경비
4,000 + 5,000 + 1,000 = 10,000(원)

정답 → 29. ㉯ 30. ㉮ 31. ㉮ 32. ㉰ 33. ㉮ 34. ㉯

MEMO

PART 5

조경 관리

조경 관리란 환경의 재창조와 쾌적함의 연출로서 운영 및 이용에 관해 관리하는 것으로, 관리의 내용과 공간의 특성·조성목적을 고려하여야 하며, 자연조건과 사회적 조건·미래의 변화에 대한 예상도 감안하여 반영하여야 한다. 아울러 이용편의를 위한 생태학적 측면 뿐 아니라 경관의 전반적인 형태학적 측면의 관리를 통해 조경공간의 질적 수준의 향상과 유지를 기하는 것이 이상적이다.

Chapter 1 조경 관리 계획

1 조경 관리의 의의와 기능

◘ 조경 관리
환경의 재창조와 쾌적함의 연출로서 조경공간의 질적 수준의 향상과 유지를 기하고 운영 및 이용에 관해 관리하는 것

◘ 조경관리특성
① 관리자원의 변화성
② 비생산성
③ 다양성
④ 유동성

1. 조경 관리의 구분 및 내용

구분	내용
유지관리	• 조경수목과 시설물의 목적한 기능과 서비스를 원활히 제공하기 위한 것 • 식재수목, 초화류, 잔디, 야생식물, 기반시설물, 편익 및 유희시설물, 건축물
운영관리	• 유지관리에 의하여 얻어지는 구성요소에 대한 이용의 기회를 제공하는 방법적인 것 • 예산, 재무제도, 조직, 재산 등의 관리
이용관리	• 이용자의 행태와 선호를 조사·분석하여 프로그램 개발·홍보 및 이용에 대한 기회를 증대시키는 것 • 안전관리, 이용지도, 홍보, 행사프로그램 주도, 주민참여 유도

2. 연간 관리 계획

(1) 작업 계획 수립

① 작업의 중요도에 따라 우선 순위를 정하고 예산 수립
② 작업의 내용과 특성에 따라 관리방식 선택
③ 조경식물의 특성과 계절별 또는 특정 시기를 고려하여 수립
④ 정기적인 작업과 비정기적인 작업으로 구분하여 계획

(2) 작업의 종류

구분	내용
정기 작업	청소, 점검, 수목의 전정, 시비, 병해충 방제, 월동관리, 페인트칠
부정기 작업	죽은 나무의 제거 및 보식, 시설물의 보수, 토양개량, 세척
임시 작업	태풍·홍수 등 기상 재해로 인한 피해 복구

◘ 운영관리
유지관리에서는 자연적 성상이 중요 요인이 되나 운영관리에서는 사회적 배경이 크게 작용한다. 효율적·합리적인 관리를 위해 예산·조직·기능·제도 등의 표준화나 기준화가 필요하다.

2 운영관리

1. 관리 계획

(1) 이용조사

① 이용실태 파악 및 계획의 보완·수정을 위한 환류에 적용

② 이용자수의 계측으로 시간·시기적 이용상황 추적·파악
③ 이용행태나 동태, 의식 및 심리상태 등의 조사·파악

(2) 양(量)과 질(質)의 변화

① 조경대상물의 노후화나 변질, 생물의 생장이나 번식, 이용자수와 이용형태 등에 따른 양적인 변화에 대응하는 관리계획 필요
② 이용자의 취향, 관습, 사회·경제적 변화에 따라 상이
③ 조경공간의 기능적인 면과 대상물의 내적변화에 대응하는 관리계획 필요

2. 운영관리방식

(1) 직영방식

① 재빠른 대응이 필요한 업무
② 연속해서 행할 수 없는 업무
③ 진척상황이 명확하지 않고 검사하기 어려운 업무
④ 금액이 적고 간편한 업무
⑤ 일상적으로 행하는 유지관리 업무

장점	단점
• 관리책임이나 책임소재 명확 • 긴급한 대응 가능(즉시성) • 관리실태의 정확한 파악 • 관리자의 취지가 확실히 발현 • 임기응변적 조치 가능(유연성) • 이용자에게 양질의 서비스 가능 • 관리효율의 향상에 노력	• 업무의 타성화 • 관리직원의 배치전환 곤란 • 인건비의 필요 이상 소요 • 인사정체의 우려 • 관리비의 상승 우려 • 업무자체의 복잡화

(2) 도급방식

① 장기에 걸쳐 단순작업을 행하는 업무
② 전문지식, 기능, 자격을 요하는 업무
③ 규모가 크고, 노력과 재료 등을 포함하는 업무
④ 관리주체가 보유한 설비로는 불가능한 업무
⑤ 직영의 관리인원으로는 부족한 업무

장점	단점
• 규모가 큰 시설 등의 효율적 관리 • 전문가의 합리적 이용 • 단순화된 관리 • 전문적인 양질의 서비스 • 장기적인 안정과 관리비용 저감	• 책임의 소재나 권한의 범위 불명확 • 전문업자의 활용 가능성 불충분

◘ 운영관리의 부정적 요인
① 자연 공간
② 예측의 의외성
③ 규격화의 곤란성
④ 지방성

3 이용관리

1. 이용자 관리

(1) 이용자 관리의 대상

① 현재 공원녹지 등 대상지 이용자
② 이용경험이 있는 사람
③ 앞으로 이용할 가능성이 있는 사람

과잉이용 방지기법
① 구역제 실시
② 이용강도의 배분
③ 활동의 제한

(2) 이용지도의 구분

공원녹지의 보전	조례 등의 위법행위의 제한
안전 · 쾌적 이용	위험행위 제한 및 시설 사용방법
유효 이용	이용안내, 상담 · 지도

(3) 행사

① 공원녹지에의 관심 제고 및 계몽을 위한 것
② 공원녹지의 활용과 이용률 제고 및 홍보
③ 공원녹지이용의 다양화를 도모하는 수단으로 활용
④ '기획→제작→실시→평가'의 순으로 행사 개최

행사 개최의 형태
① 공공목적의 행사
② 체력 · 건강 · 오락을 위한 행사
③ 문화향상을 위한 행사

2. 안전 관리

(1) 사고의 종류

설치하자에 의한 사고	• 시설의 구조자체의 결함에 의한 것 • 시설 설치의 미비에 의한 것 • 시설 배치의 미비에 의한 것
관리하자에 의한 사고	• 시설의 노후 · 파손에 의한 것 • 위험장소에 대한 안전대책 미비에 의한 것 • 이용시설 이외 시설의 쓰러짐, 떨어짐에 의한 것 • 위험물방치에 의한 것
이용자 등의 부주의에 의한 사고	• 자신의 부주의, 부적정 이용에 의한 사고 • 유아 · 아동의 감독 · 보호 불충분에 의한 것 • 행사주최자의 관리 불충분에 의한 것

(2) 안전대책

설치하자에 대한 대책	• 구조·재질상 안전에 대한 결함 시 철거 또는 개량 조치 • 설치·제작에 문제가 있을 때는 보강 조치
관리하자에 대한 대책	계획적·체계적으로 순시·점검하고 이상이 발견될 경우 신속한 조치가 가능한 체계 확립 • 시설의 노후 파손에 대해서는 시설의 내구년수 파악 • 부식·마모 등에 대한 안전기준의 설정 • 시설의 점검 포인트 파악 • 위험장소의 여부 판단 및 감시원·지도원의 적정배치 • 위험을 수반하는 유희시설은 안내판·방송에 의한 이용 지도
이용자·보호자·주최자의 부주의에 대한 대책	• 빈번히 사고가 나는 경우에는 시설개량 및 안내판 이용 지도 • 정기적인 순시·점검과 함께 이용상황, 시설의 이용방법 등 관찰 및 상세 보고서 작성
자연재해에 의한 사고 방지 대책	폭우에 의한 침수 및 강풍에 의한 사전 예방 조치

◘ 사고처리의 순서

① 사고자의 구호
② 관계자에게 통보
③ 사고상황의 파악 및 기록
④ 사고책임의 명확화

핵심문제 해설

01. 조경 관리의 구분으로 유지관리, 운영관리, 이용관리가 있다.

01 일반적인 조경관리에 해당되지 않는 것은? 07-5, 12-4

㉮ 운영관리 ㉯ 유지관리
㉰ 이용관리 ㉱ 생산관리

02. 뗏밥 주기는 필용 시 시행한다.

02 조경 수목의 연간 관리작업 계획표를 작성하려고 한다. 작업 내용에 포함되는 것이 아닌 것은? 03-2, 08-2, 11-5

㉮ 병·해충 방제 ㉯ 시비
㉰ 뗏밥 주기 ㉱ 수관 손질

03. 부정기 작업으로 죽은 나무의 제거 및 보식, 시설물의 보수 등이 있다.

03 조경수목의 관리를 위한 작업 가운데 정기적으로 해주지 않아도 되는 것은? 11-4

㉮ 전정(剪定) 및 거름주기
㉯ 병충해 방제
㉰ 잡초제거 및 관수(灌水)
㉱ 토양개량 및 고사목 제거

04. 전문가를 합리적으로 이용할 수 있는 것은 도급방식의 장점이다.

04 관리업무의 수행 중 직영방식의 장점이 아닌 것은? 09-1

㉮ 관리책임이나 책임소재가 명확하다.
㉯ 긴급한 대응이 가능하다.
㉰ 이용자에게 양질의 서비스가 가능하다.
㉱ 전문가를 합리적으로 이용할 수 있다.

05. 행사개최순서
기획→제작→실시→평가

05 다음 [보기]를 공원 행사의 개최 순서대로 나열한 것은? 12-2

[보기]
① 제작 ② 실시 ③ 기획 ④ 평가

㉮ ①→②→③→④ ㉯ ③→①→②→④
㉰ ④→①→②→③ ㉱ ①→④→③→②

 정답 → 01. ㉱ 02. ㉰ 03. ㉱ 04. ㉱ 05. ㉯

06 다음 중 관리하자에 의한 사고에 해당되지 않는 것은? 12-5

㉮ 시설의 구조자체의 결함에 의한 것
㉯ 시설의 노후·파손에 의한 것
㉰ 위험장소에 대한 안전대책 미비에 의한 것
㉱ 위험물 방치에 의한 것

06. 시설의 구조자체의 결함에 의한 것은 설치하자에 의한 사고이다.

정답 ➔ 06. ㉮

Chapter 2 조경 식물 관리

1 조경수목의 정지 및 전정관리

1. 정지·전정의 기초

(1) 정지·전정의 효과

① 수관을 구성하는 주지와 부주지·측지를 균형있게 발육
② 수관내의 햇빛과 통기로 병충해 억제 및 가지의 발육 촉진
③ 화목이나 과수의 경우 충실한 개화와 결실 유도
④ 도장지나 허약지 등을 제거하여 건전한 생육 도모
⑤ 수목의 형태 및 크기의 조절로 정원·건축물의 조화 도모
⑥ 수목의 기능적 목적인 차폐·방화·방풍·방음 등의 효과 제고
⑦ 강한 바람에 가지가 손상되거나 쓰러지는 것 방지

(2) 정지·전정의 분류

1) 조형을 위한 전정
① 수목 본래의 특성 및 자연과의 조화미·개성미 등을 이용
② 예술적 가치와 미적 효과 발휘
③ 수목 각 부분의 균형생장을 위한 도장지 등 제거

2) 생장을 조정하기 위한 전정
① 병충해를 입은 가지나 고사지·손상지 등을 제거
② 묘목 육성 시 곁가지나 곁가지의 끝을 다듬어 키의 생장촉진
③ 추위에 약한 수목의 주간을 잘라 주어 곁가지 생육 강화

❖ 전정의 종류

① 약전정 : 수관내의 통풍이나 일조 상태의 불량에 대비하여 밀생된 부분을 솎아 내거나 도장지 등을 잘라내어 수형을 다듬는다.
② 강전정 : 굵은 가지 솎아내기 및 장애지 베어내기 등으로 수형을 다듬는다.
③ 봄·여름·가을은 생장기·에너지 축적기·생장 준비기로 강전정을 하면 수세가 약해지므로 피하고, 겨울은 수목의 휴면기간으로 강전정을 해도 무방하나 너무 심한 강전정은 주의한다.
④ 생장이 왕성한 유목은 강전정, 노목은 약전정을 하는 것이 좋다.

◘ 정지·전정의 목적

미관상·실용상·생리상의 목적을 달성하기 위하여 실시한다.

◘ 전정의 용어

① 전정 : 수목의 관상, 개화·결실, 생육조절 등 조경수의 건전한 발육을 위해 가지나 줄기의 일부를 잘라내는 정리작업
② 정지 : 수목의 수형을 영구히 유지 또는 보존하기 위하여 줄기나 가지의 생장을 조절하여 목적에 맞는 수형을 인위적으로 만들어가는 기초정리작업
③ 정자 : 나무전체의 모양을 일정한 양식에 따라 다듬는 것

◘ 수목류의 전정

전정은 다듬기와 솎아내기로 구분하며, 수세·미관·통풍·채광 등을 고려하여 실시한다.

3) 생장을 억제하기 위한 전정

① 수목의 일정한 형태 유지 : 산울타리 다듬기, 소나무 새순 자르기, 상록활엽수의 잎사귀 따기 등과 침엽수와 상록활엽수의 정지·전정 작업
② 필요 이상으로 자라지 않게 전정 : 작은 정원의 녹음수, 가로수 등
③ 맹아력이 강한 수종은 굵은 가지의 길이를 줄여 성장억제

4) 갱신을 위한 전정

맹아력이 강한 활엽수가 늙어 생기를 잃거나 개화 상태가 불량해진 묵은 가지를 잘라 새로운 가지가 나오게 하기 위한 것

5) 생리조정을 위한 전정

이식 시 손상된 뿌리로부터 흡수되는 수분의 균형을 위해 가지와 잎을 적당히 제거

6) 개화·결실을 촉진시키기 위한 전정

① 과수나 화목류의 개화 촉진 : 매화나무(개화 후 전정), 장미(수액 유동 전)
② 결실 : 감나무(개화 후 전정)–해거리 방지
③ 개화와 결실 동시 촉진 : 개나리, 진달래 등(개화 후 전정), 배나무(3년 앞을 보고 전정), 사과나무(뿌리의 절단 및 환상박피, 척박지 개량)

2. 수목의 생장 및 개화 습성

(1) 수목의 생장습성

1회 신장형	·4~5월경 새싹이 나와 자라다가 생장을 멈춘 후 양분을 축적 ·소나무, 곰솔, 잣나무, 은행나무, 너도밤나무 등과 재배 과수
2회 신장형	·6~9월에 한 차례 더 신장생장이 일어난 후 양분을 축적 ·철쭉, 사철나무, 쥐똥나무, 편백, 화백, 삼나무

(2) 수목의 생장 원리

① 곁눈보다 가지 끝의 정상부 쪽 눈이 우세하게 신장하고 가지도 굵게 나옴
② 상부의 가지를 자르면 남은 눈 중 맨 위의 눈에서 강한 새싹이 나옴
③ 줄기의 밑 부분 가지는 굵게, 위쪽 부분은 약하게 자람
④ 수분과 양분은 수평 이동보다 수직 이동이 강하게 나타남
⑤ 뿌리에서 흡수하는 물의 양과 잎에서 증산하는 물의 양이 같아야 정상 생육
⑥ 뿌리를 자르면 가지도 잘라 주어야 균형 유지

◘ 가로수 전정
가로수의 밑가지는 2m 이상 되는 곳에서 나오도록 하며, 수고를 낮출 경우 사슴뿔모양으로 조형미를 살리고 1~3년마다 정리하여 끝 부분에 혹을 형성시킨다.

◘ 맹아력
① 식물에 새로 싹이 트는 힘
② 맹아력이 강한 수종 : 느티나무, 양버즘나무, 배롱나무, 모과나무
③ 맹아력이 약한 수족 : 소나무, 단풍나무, 낙우송

◘ 해거리 현상
한 해에 열매가 많이 열리면 수목이 약해져서 그 다음 해에는 열매가 거의 열리지 않는 현상을 말한다.

◘ 생장 및 개화 습성
수목의 생장 및 개화 습성을 알아야 전정 및 순따기 등의 시기를 결정하는 데 참고가 된다.

(3) 수목의 개화 습성

당년에 자란 가지에서 개화	장미, 무궁화, 배롱나무, 감나무, 목서
2년생 가지에서 개화	매실나무, 살구나무, 개나리, 벚나무, 생강나무, 산수유, 모란, 수수꽃다리
3년생 가지에서 개화	사과나무, 배나무, 명자나무
끝눈에 부착한 꽃눈	목련
가지 곁에 부착한 꽃눈	명자나무

3. 정지·전정의 시기

(1) 전정시기의 분류

전정시기	수종	전정 방법
봄 전정 (4, 5월)	상록활엽수(감탕나무, 녹나무)	잎이 떨어지고 새잎이 날 때
	침엽수(소나무, 반송, 섬잣나무)	순자르기(5월 상순)
	봄 꽃나무(진달래, 철쭉류, 목련)	꽃이 진 후 곧바로 전정
	여름 꽃나무(무궁화, 배롱나무, 장미)	눈이 움직이기 전에 이른 봄 전정
	산울타리(향나무류, 회양목, 사철나무)	5월 말
	과일나무(복숭아, 사과, 포도 등)	이른 봄 전정
여름 전정 (6~8월)	낙엽활엽수(단풍나무류, 자작나무)	강전정은 피함, 수광·통풍 개선
	일반 수목	도장지·포복지·맹아지 제거
	덩굴성 등나무	너무 신장하면 꽃눈 분화, 광합성 곤란
가을 전정 (9~11월)	낙엽활엽수 일부	가벼운 전정-강전정은 동해 우려
	상록활엽수 일부	남부지방에서 적기-강전정 피함
	침엽수 일부	묵은 잎 제거
	산울타리	2회 정도 전정
겨울 전정 (12~3월)	일반 수목	수형을 위한 강전정-굵은 가지 전정
	여름 꽃나무(무궁화, 배롱나무, 장미)	꽃눈 분화 이전 이른 봄에 완료
	낙엽수의 불필요한 가지	낙엽 진 후 가지 식별 가능-전정 용이
	과수(복숭아, 사과, 포도)	이른 봄 전정
전정을 하지 않는 수종	침엽수 : 독일가문비나무, 금송, 히말라야시다, 나한백	
	상록활엽수 : 동백나무, 치자나무, 굴거리나무, 녹나무, 태산목, 만병초, 팔손이, 다정큼나무, 월계수	
	낙엽활엽수 : 느티나무, 벚나무, 팽나무, 회화나무, 참나무류, 푸조나무, 백목련, 백합나무, 수국, 떡갈나무, 해당화	

◘ 일반적 전정시기(시방서)

① 하계전정(6~8월) : 수목의 정상적인 생육장애요인의 제거 및 외관적인 수형을 다듬기 위해 실시하며, 도장지·포복지·맹아지·평행지 등을 제거한다.
② 동계전정(12~3월) : 수형을 잡아주기 위한 굵은 가지 전정으로 허약지·병든 가지·교차지·내향지 등을 제거한다.

◘ C/N율(탄질률)

동화작용에 의해서 만들어진 탄수화물(C)과 뿌리에서 흡수된 질소(N) 성분이 수체 내에 저장되는 비율로서, 재배환경, 전정정도에 따라 가지생장, 꽃눈형성 및 결실 등에 영향을 미친다.
① C/N율 고 : 생장장애, 꽃눈 많아짐, T/R율이 높을 때
② C/N율 저 : 도장, 성숙이 늦음, T/R율이 낮을 때

◘ T/R율

나무의 지상부(top)와 지하부(root) 생장의 중량비율로 일반적인 식물은 1에 가까우며, 토양 내의 수분이 많거나 질소의 과다사용, 일조부족, 석회부족 등의 경우에는 커지게 된다.

(2) 수종별 전정시기(설계기준)

① 낙엽활엽수 : 7~8월, 11~3월(휴면 기간)
② 상록활엽수 : 5~6월, 9~10월-추위 고려
③ 상록침엽수 : 10~11월, 이른 봄-한 겨울 피함
④ 협죽도, 배롱나무, 싸리 등은 가을부터 이듬해 봄의 발아 전까지
⑤ 수국, 매실, 복숭아, 동백, 개나리, 서향, 치자, 철쭉류 등은 낙화 직후
⑥ 매실, 복숭아, 개나리, 히어리 등은 화아분화 후

4. 전정의 순서와 대상

(1) 정지·전정의 순서 및 요령

① 전체적 수형을 고려하여 스케치-형태 결정
② 주지 선정-주지는 하나로 자라게 유도
③ 고사지, 병해지 등 꼭 제거해야 할 대상 제거
④ 수형을 위한 전정은 위에서 아래로, 오른쪽에서 왼쪽으로 가며 실시-수관선 고려
⑤ 수관의 밖에서부터 안쪽으로 향해 실시
⑥ 가지는 굵은 가지를 먼저 자르고 가는 가지 정리
⑦ 상부는 강하게 하부는 약하게 전정 - 정부우세성

(2) 정지·전정의 대상

① 고사지 : 생장이 멈추어 죽은 가지
② 허약지 : 생육이 부실한 허약한 가지
③ 포복지(움돋이) : 근경 부근의 밑에서 자란 가지
④ 맹아지(붙은 가지) : 줄기에서 자란 가지
⑤ 도장지 : 생육이 지나치게 왕성하여 웃자란 가지
⑥ 수하지 : 아래로 똑바로 향한 가지
⑦ 역지(내향지) : 가지의 생장방향이 다른 가지와 다른 것
⑧ 교차지 : 두개의 가지가 서로 엇갈리며 자란 가지
⑨ 평행지 : 같은 부위에서 같은 방향으로 자란 가지
⑩ 윤생지 : 한 곳에서 수레바퀴처럼 사방으로 자란 가지 (소나무, 전나무, 가문비 나무 등)
⑪ 대생지 : 줄기의 같은 높이에서 서로 반대되는 방향으로 마주 자란 가지

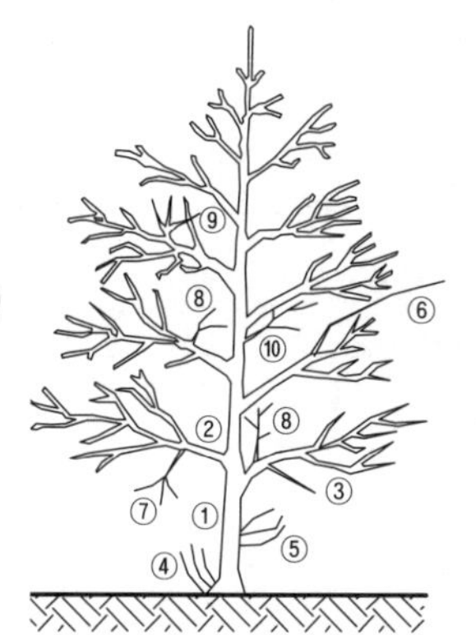

[전정대상 수목의 각 부위도]

① 주간
② 주지
③ 측지
④ 포복지 (움돋이)
⑤ 맹아지 (붙은가지)
⑥ 도장지
⑦ 수하지
⑧ 내향지 (역지)
⑨ 교차지
⑩ 평행지

◘ 도장지 자르기

도장지는 바로바로 잘라주면 다시 계속 자라므로 한 번에 잘라내지 말고 1/2 정도 줄여서 힘을 약화시킨 후 동계 전정 때 기부로부터 잘라내어 부정아의 움직임을 막는다.

방수 도료의 종류

유성 페인트, 발코트, 톱신페스트

도포제 사용

전정을 싫어하는 수종인 목련류 벚나무류 등은 굵은 가지를 전정하였을 경우 반드시 도포제를 발라 주어야 한다.

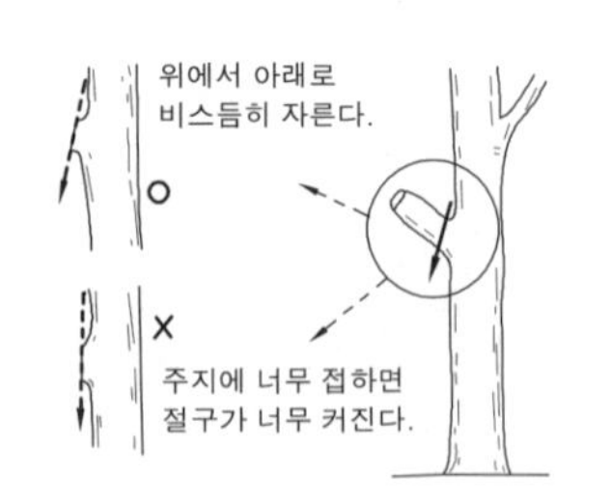

[굵은가지 절단위치]

5. 전정 방법

(1) 굵은 가지 자르기

① 주간(줄기)에서 10~15㎝ 떨어진 곳에서 자르기
② 상록수는 2/3 정도, 낙엽수는 1/3 정도를 표준으로 실시
③ 일반적으로 침엽수와 낙엽수는 봄눈이 움직이기 전이 적당
④ 단풍나무는 11~12월 상순, 상록활엽수 4월 상·중순이 적당
⑤ 강풍으로 인한 절손의 피해 시 바로 실시
⑥ 절단면이 넓을 경우 감염·부패를 막기 위해 방수 도료나 덮개 시공

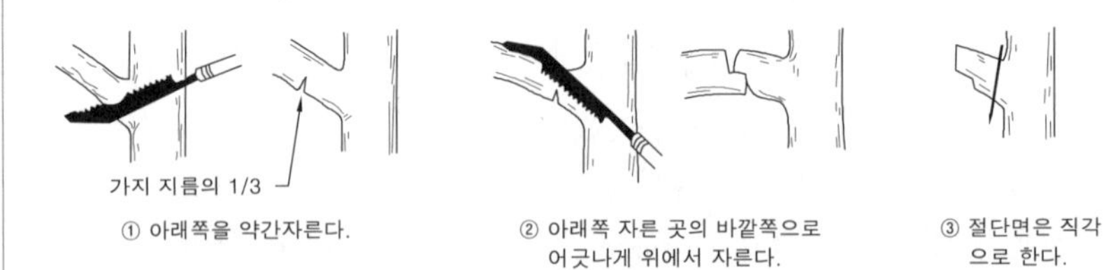

[굵은가지(지름 10㎝ 이상) 치는 법]

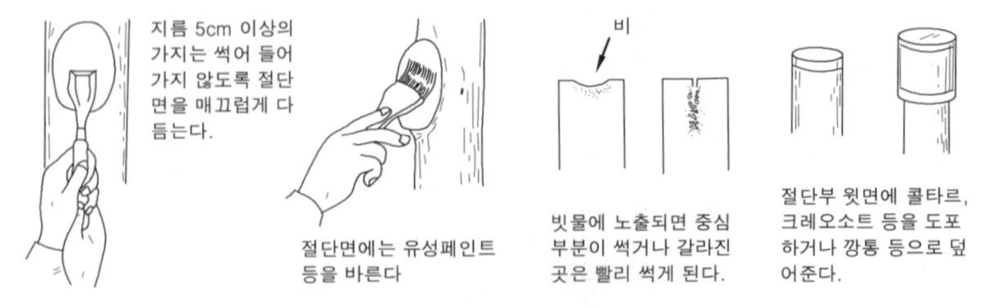

[굵은가지 자른 후의 처치방법]

(2) 가지의 길이 줄이기(마디 위 자르기)

① 곁눈은 끝눈 대신 생장하므로 바깥눈과 안눈을 고려
② 가지를 자를 경우 눈끝의 6~7㎜ 윗부분을 눈과 평행한 방향으로 비스듬히 절단
③ 강한 가지를 만들려면 가지를 짧게, 약하게 가지를 신장시키려면 길게 남겨서 실시

구분	시기
상록활엽수와 침엽수류	4월부터 장마 전까지 실시
낙엽수	낙엽 직후부터 싹이 트기 전까지 실시
이른 봄에 꽃피는 나무	꽃이 진 후 실시(진달래, 철쭉류, 개나리, 벚나무, 라일락, 목련류 등)
여름 안에 꽃피는 나무	휴면기부터 이른 봄에 실시해도 무방(무궁화, 배롱나무, 능소화, 싸리 등)

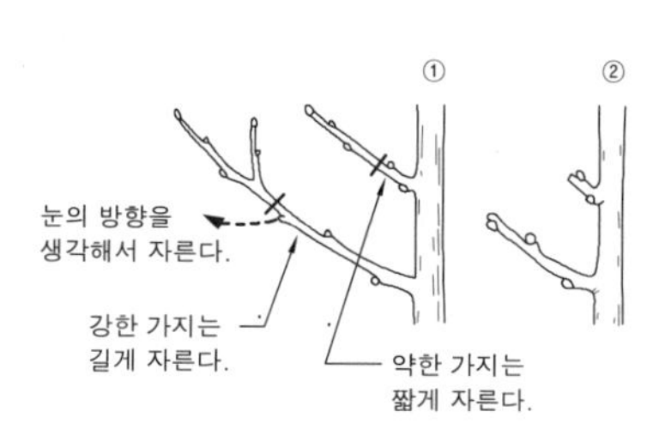

[가지의 길이 줄이는 방법]

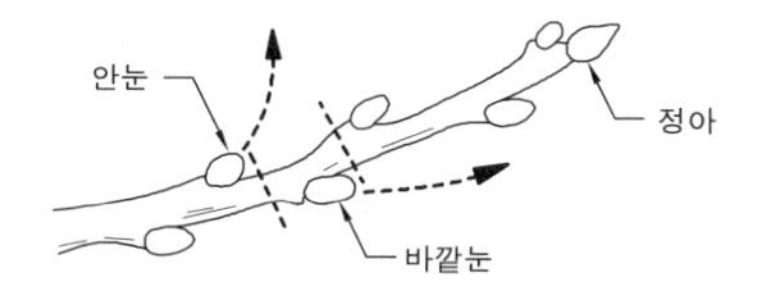

바깥눈 위에서 자르면 새로 자라나는 가지는 원래의 방향과 같은 방향으로 자라나려고 하며 안눈 위에서 자르면 새로운 가지는 위를 향해서 치솟아 올라간다.

[눈의 위치와 자라나는 방향]

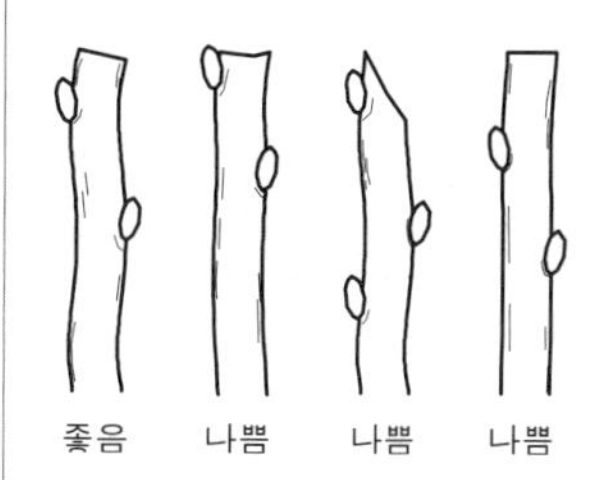

[마디 위 자르기]

(3) 가지 솎기

① 밀생한 가지를 잘라내어 채광 및 통풍 개선

② 내부 가지의 고사 및 병충해의 발생 방지

③ 낙엽수류는 낙엽이 진 뒤, 상록활엽수나 침엽수는 혹한기를 제외한 시기

(4) 부정아를 자라게 하는 방법

① 수목을 젊어지게 하는 동시에 크기를 줄이기 위해 실시

② 산울타리 조성용 수목(회양목, 사철나무, 아왜나무 등)과 은행나무, 가시나무 등 전정에 강하고 부정아가 생기기 쉬운 나무에 적용

(5) 깎아 다듬기-수관 다듬기

① 상록수는 5~6월, 9~10월, 활엽수는 7~8월, 11~3월, 꽃나무는 꽃이 진 후 실시

② 수형이 만들어진 뒤에는 매년 신초만 다듬어 수형 유지

③ 깎아 다듬기 전에 밀생한 내부의 가지는 솎아내기

> **❖ 산울타리전정**
>
> ① 식재 3년 후부터 제대로 된 전정 실시
> ② 맹아력을 고려하여 연 2~3회 실시
> ③ 높은 울타리는 옆부터 하고 위를 전정
> ④ 상부는 깊게 하부는 얕게 전정-정부우세성
> ⑤ 높이 1.5m 이상일 경우 윗부분이 좁은 사다리꼴 형태로 전정

(6) 적아와 적심

① 상록수는 7~8월경에 1회 실시

② 낙엽수는 이른 봄의 신아 발생기에 한 번, 여름에 들어서 두 번째 실시

③ 적아는 전정 작업으로 피해를 입기 쉬운 나무(자작나무, 벚나무)나 줄기가 연해서 썩기 쉬운 나무(모란)에 적당

④ 적심은 소나무류와 등나무 등에 실시

◘ 부정아

잎, 뿌리 또는 줄기의 마디사이 등 보통은 눈을 형성하지 않는 부분에 생기는 싹의 총칭으로, 일정 부위에 생기는 정아에 비견해 부정아라고 하나 싹 형성의 발생적 조건이 갖추어진 조직에 한해서 실현되므로 정아와 부정아의 구별은 기관학적인 것에 지나지 않는다.

◘ 적심(순따기)과 적아

① 적심 : 불필요한 곁가지를 없애기 위해 신초의 끝부분을 제거하여 곁눈의 발육을 촉진시키는 것

② 적아 : 불필요한 곁눈의 일부 또는 전부를 제거하는 것

◘ 소나무의 적심(순따기, 순자르기)

소나무류는 가지 끝에 여러 개의 눈이 있어 산만하게 자랄 수 있으므로, 5~6월경 새순이 5~10㎝ 자라난 무렵에 2~3개의 순을 남기고 중심이 되는 순을 포함한 나머지를 따 버린다. 남긴 순의 힘이 지나치다고 생각될 때 1/3~1/2 정도만 남겨두고 끝부분을 손으로 따버린다. 노목이나 약해보이는 나무는 다소 빨리 실시하고, 순따기를 한 후에는 토양이 과습하지 않아야 한다.

(7) 유인

① 가지의 생장을 억제하거나 형태를 조절하여 수형 형성
② 지주목, 철사, 새끼, 끈, 대나무 등을 이용한 기계적 조작
③ 흑송, 단풍나무, 주목, 등, 벚나무, 느티나무 등에 실시
④ 일정기간을 두고 서서히 적은 거리로 유인

▫ 적엽
지나치게 우거진 잎이나 묵은 잎을 따버리는 작업으로, 필요에 따라 작업을 해주어야 세력의 균형이 파괴되지 않는다.

(8) 단근(전근)

① 뿌리의 일부를 잘라 뿌리와 지상부의 균형유지 및 뿌리의 노화방지
② 보통 굵은 뿌리만을 대상으로 하고 가는 뿌리는 남김
③ 이른 봄 눈이 움직이기 직전, 2~3년에 한 번 정도 실시

▫ 단근
뿌리 부분만이 아니라 수목의 도장 억제, 아래가지의 발육 증진, 꽃눈의 수를 늘리기 위해서도 실시하며, 적심과 같이 부정아를 유도하기 위한 직접적인 조치이다.

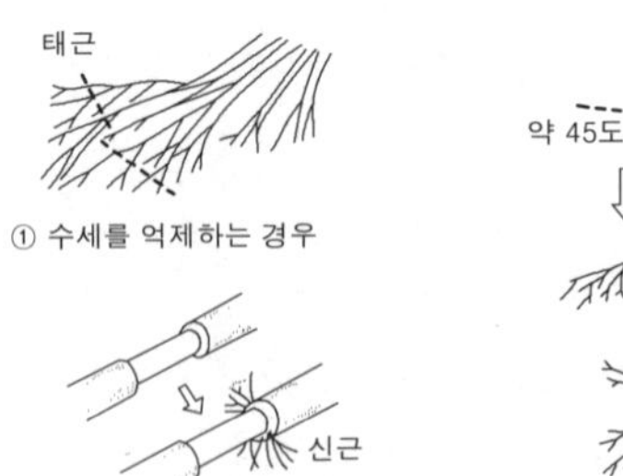

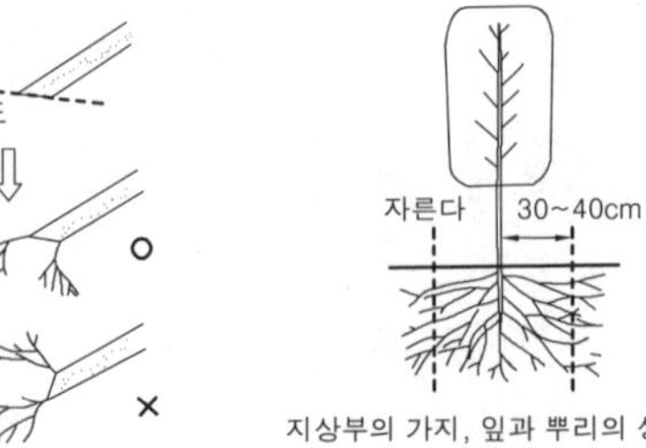

지상부의 가지, 잎과 뿌리의 생장은 상관관계가 있어 뿌리가 뻗으면 지상부도 뻗게 되므로 뿌리를 잘라 수관이 넓어지는 것을 방지한다.

[단근의 방법]

(9) 아상

① 새 가지나 꽃눈을 원하는 곳에 형성시키기 위해 이른 봄에 실시
② 눈의 상단 아상 : 양분의 흐름이 멈춰 눈이 충실해져 꽃눈 형성
③ 눈의 하단 아상 : 위쪽으로 가는 양분을 막아 생장 억제

표피와 형성층을 상하로 차단하나 목질부는 자르지 않도록 한다.

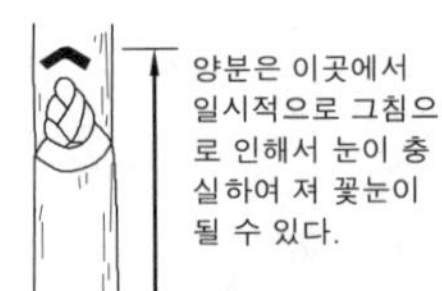

눈 위에 목상을 할 때에는 'ㅅ'자 형으로 한다.

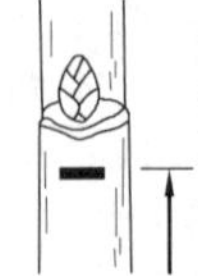
양분의 상승이 이곳에서 차단되어 위쪽에서 눈에 가지 않고 아래의 눈에 집중되기 때문에 아래의 눈이 충실해진다.

상부의 눈의 자람을 억제하기 위해서는 눈의 아래에 '–'자형으로 목상을 한다.

[아상의 방법]

(10) 전정도구

전정 가위	조경수목이나 분재의 전정에 가장 많이 사용
적심 가위 (순치기가위)	주로 연하고 부드러운 가지나 끝순, 햇순, 수관 내부의 약한 가지, 꽃꽂이용으로 사용

적과·적화 가위	꽃눈이나 열매를 솎을 때, 과일의 수확에 사용
고지 가위 (갈쿠리 가위)	높은 곳의 가지나 열매를 채취할 때 사다리를 이용하지 않고 지면에서 사용
긴자루 전정가위	일반적으로 쓰는 전정가위 또는 지름 3㎝ 이상의 굵은 가지를 자를 때 쓰는 대형가위

2 조경수목의 시비

1. 양분 흡수에 미치는 환경조건

(1) 온도

① 뿌리의 양분 흡수 속도는 5℃에서부터 35℃까지 지온이 상승함에 따라 빨라짐
② 광합성 작용은 20~30℃ 정도에서 가장 왕성

(2) 광선

① 직접적 영향 : 광합성 작용과 증산작용
② 간접적 영향 : 뿌리의 호흡과 대사작용

(3) 토양

1) 수목의 양호한 생육 조건

① 보수력 : 토양이 수분을 유지할 수 있는 능력
② 양분함량 : 수목이 이용할 수 있는 양분의 정도
③ 배수성 : 침투한 물을 흘려보내는 성질이나 정도
④ 통기성 : 공기가 통할 수 있는 성질이나 정도

2) 통기성 개선 및 수분

① 경운을 하거나 유기물·토양 개량제·뿌리 보호판·분쇄목 등 사용
② 토양이 지나치게 건조하거나 습하면 뿌리의 기능 저하

3) 토양의 산도

① 뿌리의 양분 흡수에 크게 영향을 줌
② 수목은 pH5.5~8.0 사이에서 잘 자라고 pH6.0~6.5가 가장 이상적
③ 산성 토양을 좋아하는 침엽수류는 pH5.0에서도 잘 성장

◘ 시비의 목적

① 뿌리발달 촉진, 건전한 생육
② 병해충·추위·건조·바람·공해 등에 대한 저항력 증진
③ 건강한 꽃과 좋은 과일의 결실
④ 토양 미생물의 번식 조장
⑤ 양분의 이용이 쉽게 개선

◘ 용적 비중(단위 중량)

공극을 포함한 상태에서 단위부피당 무게를 말하며, 공극에는 물과 공기가 채워져 있어 용적 비중이 낮을수록 통기성이 좋고 수목 생장에 유리하다.

◘ 유기물의 역할

토양을 입단 구조(떼알 구조)로 개선하고 공극과 통기성을 증가시키며, 온도변화의 완화, 보수력 증가 등의 역할을 하므로 토양에 첨가시키는 것이 바람직하다.

2. 양분의 원소와 역할

(1) 식물의 생육에 필요한 원소(16 가지)

① 탄소(C), 수소(H), 산소(O), 질소(N), 인(P), 칼륨(K), 칼슘(Ca), 마그네슘(Mg), 황(S), 철(Fe), 망간(Mn), 붕소(B), 아연(Zn), 구리(Cu), 몰리브덴(Mo), 염소(Cl)

② 필수 원소 중 탄소와 산소는 공기, 수소는 물, 그 밖의 원소는 토양 성분 중에서 수급

10대 원소	C, H, O, N, P, K, Ca, Mg, S, Fe
다량 원소(9)	C, H, O, N, P, K, Ca, Mg, S
미량 원소(7)	Fe, Mn, B, Zn, Cu, Mo, Cl

◘ 비료의 3요소

① 질소(N)
② 인산(P_2O_2)
③ 칼리(K_2O)
④ 칼슘(Ca)-4요소

(2) 양분의 역할

질소	기능	광합성 작용의 촉진으로 잎이나 줄기 등 수목의 생장에 도움
	부족시	부족하면 생장 위축, 줄기가 가늘어 지고, 눈과 잎의 축소·황화
	과다시	도장하고 약해지며 성숙이 늦어짐
인산	기능	세포 분열 촉진, 꽃·열매·뿌리 발육에 관여
	부족시	꽃과 열매 나빠(작아)짐, 조기 낙엽, 침엽수는 하부에서 상부로 고사
	과다시	성숙이 촉진되어 수확량 감소
칼륨	기능	꽃·열매의 향기·색깔 조절, 병해의 저항성과 내한성 증가
	부족시	황화현상, 잎이 말리고 눈이 적게 맺히고 고사
칼슘	기능	단백질 합성, 식물체 유기산 중화, 분열조직의 생장, 세포막 강건화
	부족시	활엽수는 잎의 백화 및 괴사, 침엽수는 생장점 파괴로 끝 부분 고사
황	기능	호흡작용, 콩과식물의 근류형성에 관여
	부족시	단백질 합성이 늦어짐, 침엽수는 잎의 끝 부분이 황색이나 적색으로 변화, 질소 부족 현상과 동일
철	기능	산소 운반, 엽록소 생성 촉매작용
	부족시	잎 조직에 황화현상(침엽수는 백화), 가지의 크기 감소, 조기 낙엽·낙과
망간	기능	단백질 합성, 산화환원작용 지배
	부족시	잎의 황화·녹색선 발생, 열매의 축소, 침엽수는 철 부족과 함께 출현
붕소	기능	꽃의 형성, 개화 및 과실 형성에 관여
	부족시	잎의 변색, 열매 괴사, 뿌리의 생장 저하, 침엽수 정아·측아 고사

◘ 길항작용(antagonism)

상반되는 두 요인이 동시에 작용하여 그 효과를 서로 상쇄시켜 없애거나 감소시키는 작용으로서, 마그네슘과 칼륨은 길항작용으로 인하여 마그네슘의 결핍이 생기기 쉽다. 따라서 시비시에는 마그네슘과 칼륨의 비율이 2 : 1 정도가 되게 한다.

3. 비료의 종류 및 시비의 구분

(1) 비료의 종류

함유성분에 따른 분류

질소질비료	황산암모늄, 염화암모늄, 질산암모늄, 요소, 석회질소, 칠리초석
인산질비료	골분, 겨, 과린산석회, 중과린산석회, 용성인비, 용과린, 토마스인비, 소성인비, 인산질암모늄
칼리질비료	염화칼리, 황산칼리, 초목회
석회질비료	생석회, 소석회, 석회석분말
유기질비료	어박, 골분, 대두박, 계분, 맥주오니
규산질비료	규산질비료, 규회석(규산석회)비료
미량원소비료	철, 망간, 동, 아연, 붕소, 몰리브덴
복합비료	• 화성비료 : 비료의 3요소 중 두 종류 이상이 화학적으로 결합된 비료 • 배합비료 : 무기질 질소비료, 무기질 인산비료, 무기질 칼리비료 등을 배합한 것 • 화성비료와 무기질 및 유기질 비료를 혼합한 것 • 성분표시(%)는 질소–인산–칼리의 비율로 표시(21–17–17은 질소 21%, 인산17%, 칼리 17%가 들어 있다는 표시)

비효의 속도에 따른 분류

구분	내용
속효성 비료	황산암모늄, 염화칼리 등과 같이 물에 넣으면 빨리 녹으며, 흙에 사용했을 때 수목이 빨리 흡수할 수 있는 비료로 대개의 화학비료
완효성 비료	석회질소, 깻묵, 두엄과 같이 토양 중에 있는 미생물의 작용에 의해 서서히 분해되어 양분이 녹아 나오는 비료를 말하며, 화학비료도 있음
지효성 비료	퇴비와 같이 양분의 방출정도가 늦어 서서히 공급되는 비료

(2) 시비의 종류

기비 (밑거름)	파종하기 전이나 이앙·이식 전에 주는 비료로 작물이 자라는 초기에 양분을 흡수하도록 주는 비료
	• 주로 지효성(또는 완효성) 유기질 비료를 사용 • 늦가을 낙엽 후 10월 하순~11월 하순 땅이 얼기 전, 또는 2월 하순~3월 하순의 잎이 피기 전 시비 • 연 1회를 기준으로 시비
추비 (덧거름)	수목의 생육 중 수세회복을 위하여 추가로 주는 비료로 영양을 보충하는 시기에 주는 비료
	• 주로 속효성 무기질(화학)비료를 사용 • 수목의 생장기인 4월 하순~6월 하순에 시비–7월 이전 완료 • 꽃눈의 분화 촉진을 위해 꽃눈이 생기기 직전에 사용 • 연 1회에서 수회 식물의 상태에 따라 시비

◘ 황산암모늄

질소질 비료인 황산암모늄은 산성 비료로서, 계속 시비하면 흙이 산성으로 변한다.

◘ 복합비료의 특징

① 비료효과의 용출속도 완급조절
② 시비에 횟수를 줄일 수 있어 소요노력의 절감
③ 각 비료성분의 결점 보완
④ 토양·작물 및 기상 조건 등에 적합하게 배합하여 비효 제고

◘ 유기질 비료

① 퇴비 : 우분, 돈분, 계분 등에 왕겨, 짚, 톱밥 등을 섞어 부숙시킨 것으로 대표적인 유기질 비료이다.
② 유기질 비료는 양질의 소재로 유해물, 기타 다른 물질이 혼입되지 않고, 충분한 건조 및 완전 부숙된 것을 사용한다.–최소 3개월(여름철) 이상 발효

◘ 시비 시기

양분의 종류, 함량, 방법, 토성 등에 따라 달라지나 대부분의 경우 수목이 왕성하게 생육을 시작하는 봄에 시비하며, 질소질 비료의 경우에는 생육에 곧바로 이용하도록 가을에 시비하기도 한다. 또한 흙이 몹시 건조할 경우 물로 땅을 축이고 시비하기도 한다.

수목의 양료 요구도

높음 (비옥지)	활엽수	감나무, 느티나무, 단풍나무, 대추나무, 동백나무, 매실나무, 모과나무, 물푸레나무, 배롱나무, 양버즘나무, 벚나무, 오동나무, 이팝나무, 칠엽수, 백합나무, 피나무, 호두나무, 회화나무
	침엽수	금송, 낙우송, 독일가문비나무, 삼나무, 주목, 측백
중간	활엽수	가시나무류, 버드나무류, 자귀나무, 자작나무, 포플러
	침엽수	가문비나무, 미송, 솔송나무, 잣나무, 전나무
낮음 (내척박성)	활엽수	등나무, 보리수나무, 소귀나무, 싸리나무류, 아까시나무, 오리나무, 참나무류, 해당화
	침엽수	곰솔, 노간주나무, 대왕송, 방크스소나무, 소나무, 향나무

◘ 시비 요구량

과수〉속성수〉활엽수〉침엽수

(3) 시비 방법

1) 표토시비법

① 땅의 표면에 직접 비료를 주는 방법으로 시비 후 관수
② 작업이 비교적 신속하나 비료의 유실량 과대
③ 토양내의 이동속도가 느린 양분은 부적당
④ 질소(N)시비에 적당하며 인(P)과 칼륨(K)은 부적당

2) 토양내 시비법

① 시비 목적으로 땅을 갈거나 구덩이를 파고, 또는 주사식(관주)으로 비료 성분을 직접 토양내부로 유입시키는 방법
② 비교적 용해하기 어려운 비료의 시비에 효과적
③ 토양수분이 적당히 유지될 때에 시비
④ 구덩이는 깊이 20~25㎝, 폭 20~30㎝ 정도

◘ 시비의 위치

일반적으로 성숙된 조경수목에 비료를 주는 부위는 수관외주선의 지상투영부위 20㎝ 내외가 가장 효과적이다.

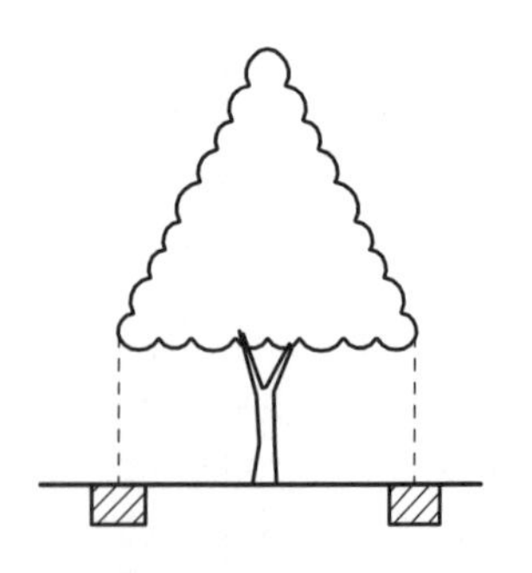

[시비구덩이의 단면상 위치]

토양 시비법

방사상 시비	수목 밑동부터 밖으로 방사상 모양으로 땅을 파고 시비
윤상 시비	수관선을 기준으로 하여 환상으로 깊이 20~25㎝, 너비 20~30㎝ 정도로 둥글게 파고 시비
전면 시비	토양 전면에 거름을 주고 경운하기, 관목 시비 시 전면적 살포
대상 시비	윤상 시비와 비슷하나 구덩이를 일정 간격을 띄어 실시
점 시비	구덩이를 대상 시비보다 적게 만들어 시비
선상 시비	산울타리처럼 길게 식재된 수목을 따라 일정 간격을 두고 도랑처럼 길게 구덩이 파고 시비
천공 시비	수관선 안에 직경 3~4㎝, 깊이 15㎝의 구멍을 뚫고 시비

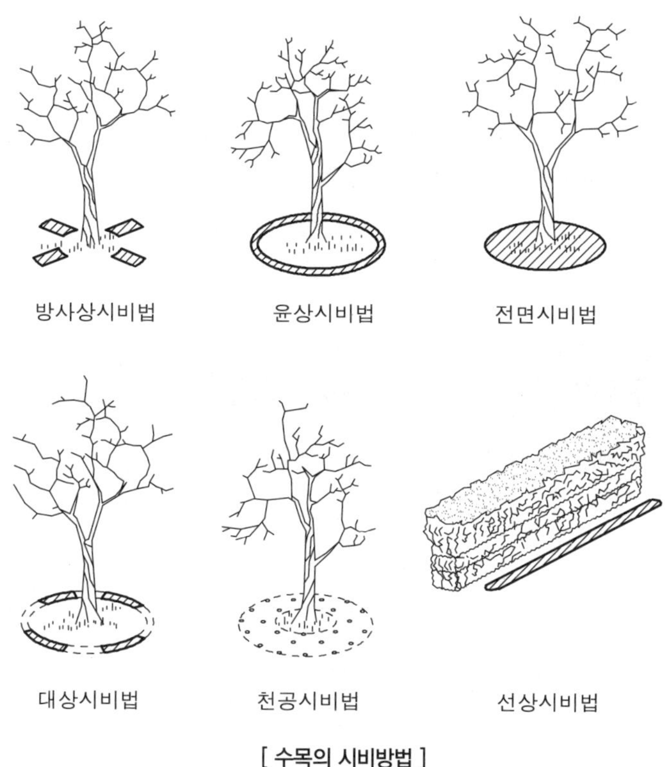

[수목의 시비방법]

3) 엽면 시비법

① 쾌청한 날에 비료를 물에 희석하여 직접 나뭇잎에 살포
② 체내 이동이 잘 안 되는 미량원소 부족 시 효과적
③ 이식목의 활착, 동해회복에 효과적

4) 수간 주사(수간 주입법)

① 여러 방법의 시비가 곤란한 경우나 효과가 낮은 경우 사용
② 인력과 시간이 많이 소요되므로 특수한 경우에 적용
③ 수액이동과 증산작용이 활발한 4~9월의 맑은 날에 실시

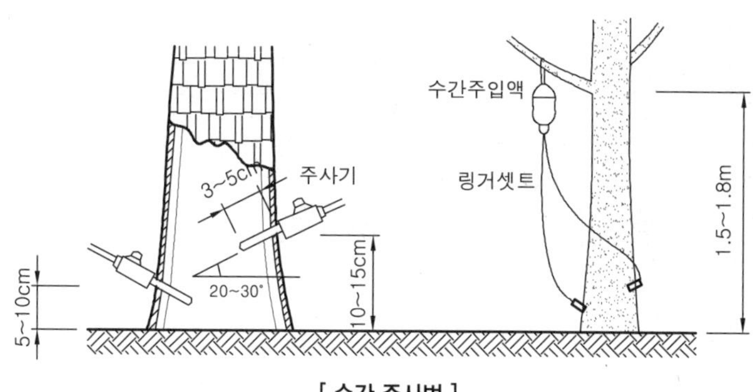

[수간 주사법]

수간주사 실시방법

① 주사액이 형성층에 도달하도록 실시
② 수간주입기를 사람의 키높이(1.5~1.8m) 정도에 설치
③ 나무 밑에서부터 5~10㎝되는 곳에 드릴로 지름 5~10㎜, 깊이 3~4㎝의 구멍을 20~30°의 각도로 비스듬히 천공
④ 먼저 뚫은 구멍의 반대편에 나무 밑에서부터 10~15㎝되는 곳에 같은 방법으로 1개 더 천공
⑤ 양쪽 구멍에 주사기를 꽂은 후 약액 주입
⑥ 약액 주입 후 주입 구멍에 도포제를 바른 다음, 코르크 마개 설치

3 조경수목의 병해충 방제

1. 병원의 분류

(1) 생물성 원인–전염성병, 기생성병

① 병원체에 의하여 전염·발병되어 지는 병
② 바이러스, 파이토플라스마, 세균, 곰팡이, 선충 등에 의한 병

◘ 병원(病原)
식물에 병을 일으키는 원인이 되는 것으로 생물적인 것 이외의 화학물질이나 기상인자와 같은 무생물도 포함된다.

◘ 병원체(病原體)
병원이 생물이거나 바이러스일 경우 병원체라 하며, 특히 균류(菌類 세균, 진균)일 경우에는 병원균이라 한다. 수병을 일으키는 것은 대부분 균류이며, 경제적으로 피해가 큰 병해도 균류에 의한 것이 많다.

◘ 병원체의 크기
바이러스<파이토플라스마<세균<진균<선충

병원체에 따른 병해

병원체	병해
바이러스	포플러 모자이크병, 느릅나무 얼룩반점병, 오동나무 미친개꼬리병
파이토플라스마	대추나무·오동나무 빗자루병, 뽕나무 오갈병
세균(박테리아)	뿌리혹병, 복숭아 세균성 구멍병
곰팡이(진균)	벚나무 빗자루병, 잎마름병, 녹병, 그을음병, 흰가루병, 잎떨림병, 떡병, 갈색무늬병, 가지마름병 등 대부분의 수목병
선충	혹병, 침엽수류 시들음병, 소나무 재선충병

(2) 비생물성 원인–비전염성병, 비기생성병

① 부적당한 토양조건과 기상조건에 의해 발생
② 유해물질에 의한 병

❖ 파이토플라스마(phytoplasma)

세포벽이 없는 미생물로 인공배양이 되지 않고 곤충에 매개되는 특성이 있으며, 세균과 바이러스의 중간 형태를 가진 미생물로 마이코플라스마의 식물병원의 새로운 명칭이다. 오동나무빗자루병은 담배장님노린재, 대추나무 빗자루병, 뽕나무 오갈병은 마름무늬매미충이 매개하고 있다. 파이토플라스마병은 옥시테트라사이클린(oxytetracycline) 같은 항생제나 술파제를 줄기에 주입하거나 매개충을 구제하고, 병든 식물을 제거하는 등의 방법으로 방제한다.

2. 수병의 발생

◘ 식물병의 발생(3대 요인)
기주식물의 감수성과 병원체의 병원성은 기상조건, 토양조건, 재배조건 등 환경조건에 따라 영향을 받는다. 그 결과로서 병의 발생정도가 좌우되어 병의 삼각형이라고도 한다.
① 기주식물의 감수성
② 병원체의 병원성(발병력)
③ 환경조건

(1) 병원체의 월동

월동 장소	병원균
기주의 체내에서 월동	잣나무털녹병균, 오동나무빗자루병균, 각종 식물성 바이러스
병환부나 죽은 기주체에서 월동	밤나무줄기마름병균, 오동나무탄저병균, 낙엽송잎떨림병균·가지마름병균
종자에 붙어 월동	오리나무갈색무늬병균, 묘목의 입고병균
토양 중에서 월동	묘목의 입고병균, 근두암종병균, 자줏빛날개무늬병균, 각종 토양서식 병균

(2) 병원체의 전반

바람에 의한 전반	잣나무털녹병균, 밤나무줄기마름병균 · 흰가루병균
물에 의한 전반	근두암종병균, 묘목의 입고병균, 향나무적송병균
곤충 · 소동물에 의한 전반	오동나무 · 대추나무빗자루병균, 포플러모자이크병균, 뽕나무오갈병균, 소나무재선충
종자에 의한 전반	오리나무갈색무늬병균, 호두나무갈색부패병균
묘목에 의한 전반	잣나무털녹병균, 밤나무근두암종병균
식물체의 영양번식기관에 의한 전반	오동나무 · 대추나무빗자루병균, 포플러 · 아까시모자이크병균
토양에 의한 전반	묘목의 입고병균, 근두암종병균
건전한 뿌리와 병든 뿌리가 접촉하여 전반	재질부후균
벌채 후 통나무와 재목 등에 병균이 잠재하여 전반	목재부후균, 밤나무줄기마름병균, 느릅나무시들음병균

(3) 병징(symptom)과 표징(sign)

병징	병든 식물 자체의 조직변화에 유래하는 이상
표징	병원체 자체가 식물체상의 환부에 나타나 병의 발생을 알릴 때의 것

(4) 기주교대

① 기주교대 : 이종 기생균이 생활사를 완성하기 위하여 기주를 바꾸는 것
② 이종기생균 : 식물병원균 중에서 그의 생활사를 완성하기 위하여 두 종의 서로 다른 식물을 기주로 하는 녹병균
③ 동종기생균 : 생활사 모두를 동종의 식물에서 끝내는 녹병균
④ 중간기주 : 기주교대가 이루어지는 두 종의 기주식물 중에서 경제적 가치가 적은 것

기주식물 및 중간기주

병명	기주식물 (녹병포자 · 녹포자세대)	중간기주 (여름포자 · 겨울포자세대)
잣나무털녹병	잣나무	송이풀 · 까치밥나무
소나무혹병	소나무	졸참나무 · 신갈나무
소나무잎녹병	소나무	황벽나무 · 참취 · 잔대
잣나무잎녹병	잣나무	등골나무 · 계요등
포플러녹병	낙엽송	포플러
전나무잎녹병	전나무	뱀고사리
배나무붉은별무늬병	배나무 · 모과나무	향나무(여름포자세대 없음)

병원체의 전반
병원체가 기주식물을 침해하기 위해 여러 가지 방법으로 다른 지역이나 다른 식물에 운반되는 것을 말하며, 대부분의 병원체는 수동적으로 바람 · 물 · 곤충 등에 의한 전반되어지나 조균류처럼 능동적으로 자신이 운동하여 전반되는 것도 있다.

주인(主因)과 유인(誘因)
병은 보통 2개 이상의 원인이 복합되어 발생되며, 주된 원인(주인)과 2차적 원인(주인과 친화적 상관관계)으로 병을 유발하는 경우를 유인 또는 종인(從因)이라 한다.

기주식물(寄主植物)과 감수성(感受性)
① 기주식물 : 병원체가 이미 침입하여 병든 식물
② 감수성 : 수목이 병에 걸리기 쉬운 성질

병원체의 확인
로버트 코호 (R. Koch's)의 4원칙에 의하여 병의 발생이 미생물에 의한 것이라는 것을 증명한다.

코호의 4원칙
① 미생물의 환부 존재
② 미생물의 분리 · 배양
③ 미생물의 접종
④ 미생물의 재분리

3. 조경수목의 주요 병해

병해와 방제법

병명	피해 수종	병징	방제법
잎마름병	소나무, 곰솔, 잣나무, 주목, 측백나무 등	봄철에 침엽 윗부분에 띠 모양의 황색 반점이 형성된 후 갈색으로 변하면서 반점이 합쳐짐	• 병든 묘목 발생 초기에 소각 • 5월 하순~8월까지 2주 간격으로 동제 살포
잣나무 털녹병	잣나무	4월 중·하순경 줄기에 흰색 또는 황백색의 주머니가 형성되고, 6월 하순 이후에는 수피 파열	잣나무 높이의 $\frac{1}{3}$까지 가지치기, 묘포에 8월 하순부터 구리제 2~3회 살포
흰가루병	참나무류, 밤나무, 포플러류, 장미, 단풍나무류, 배롱나무, 벚나무	• 치명적 병은 아니며, 통기불량, 일조부족, 질소과다 등으로 발병 • 잎과 새 가지에 흰가루가 생겨 위축 • 참나무류는 가을에 검은색 미립점이 형성	• 봄에 새눈이 나오기 전에 석회황합제 1~2회 살포, 여름에 만코지 수화제, 지오판 수화제, 베노밀 수화제 등을 2주 간격으로 살포 • 병든 잎을 모아 묻거나 소각
향나무 녹병	향나무, 노간주나무 등	4~5월 비가 오면 향나무 잎과 줄기에 적갈색의 돌기가 부풀어 오름	• 중간 기주인 배나무, 모과나무 적성병을 함께 구제 • 4~5월, 7월 만코지, 폴리옥신수화제를 10일 간격으로 살포
그을음병	배롱나무, 수수꽃다리, 대나무, 사철나무, 쥐똥나무 등	• 생육이 불량한 나무의 잎·줄기에 그을음 부착 • 깍지벌레, 진딧물의 배설물에 의해 발생	• 7~8월 빠른 속도로 퍼짐, 흡즙성 해충 우선 제거, 통풍과 채광 관리 • 만코지, 지오판 수화제 살포로 직접 방제
부란병	사과나무, 꽃아그배나무 등	나무껍질이 갈색으로 부풀어 오르고 쉽게 벗겨지며 알코올 냄새가 남	• 환부를 잘 드는 칼로 도려내고 70% 알코올 소독 후 도포제 바름 • 낙엽 후 겨울철에 8-8식 보르도액 살포, 동해·피소 주의
탄저병	오동나무, 호두나무, 감나무, 대추나무, 사철나무, 동백나무 등	5~6월경 잎맥, 잎자루, 어린 줄기에 담갈색 또는 회갈색의 둥근점무늬 형성	• 병든 잎 소각, 해충 구제, 비배 관리 철저 • 6~9월 베노밀, 지오판 수화제 4~5회 살포

■ 현대의 세계 3대 수목병

① 잣나무 털녹병
② 느릅나무 시들음병
③ 밤나무 줄기마름병

빗자루병	전나무, 오동나무, 대추나무, 대나무, 쥐똥나무 등	• 균이 잎과 줄기에 침입하여 피해를 줌 • 연약한 가는 가지와 잎이 총생 • 잎은 소형으로 담황록색 • 대나무는 마디 수가 많고 바늘모양의 소엽 착생	• 발병 초기 옥시테트라사이클린 수간 주입 • 병든 부위 제거, 병든 가지 잘라 태우기 • 꽃이 진 후 보르도액이나 만코지수화제 2~3회 살포
갈색 무늬병	포플러류, 오리나무, 아까시나무, 느티나무, 자작나무, 배롱나무, 참나무 등	• 7월 상순부터 늦가을에 잎에 갈색 무늬가 생기고, 병든 잎은 8월 중순에 조기낙엽 • 지면에서 가까운 잎에 발생	• 병든 잎 수시로 제거 • 발생 초기에 만네브, 베노밀 수화제 2주 간격으로 살포
적성병	배나무, 모과나무, 명자나무, 산사나무 등	6~7월 잎과 열매에 노란색의 작은 반점이 많이 나타나서 갈색으로 커지며, 잎의 뒷면에 담갈색의 긴 털이 생김	• 중간 기주인 향나무 녹병을 함께 구제 • 4월 중순~6월 만코지·폴리옥신수화제 10일 간격으로 살포
떡병	철쭉, 진달래류	• 잎이 흰떡과 같은 모양으로 변함. • 5월부터 잎과 꽃눈 비대	• 병든 부분을 제거하여 소각 • 발병 초기 동수화제 3~4회 살포
세균성 구멍병	벚나무, 살구나무, 자두나무 등	• 5~6월경 발생하여 8~9월에 피해 극심 • 잎에 원형의 갈색 점무늬가 형성 된 후 병 환부가 탈락하여 구멍 형성	• 병든 잎을 모아 소각 • 잎 전개 시 4-4식 보르도액 살포, 개화 후 2회 정도 퍼메이트, 다이센 M-45(M) 살포

발병 부위에 따른 병해

줄기	줄기마름병, 가지마름병, 암종
잎·꽃·과일	흰가루병, 탄저병, 회색곰팡이병, 적성병, 녹병, 균핵병, 갈색무늬병
나무 전체	흰비단병, 시들음병, 세균성 연부병, 바이러스 모자이크병
뿌리	흰빛날개무늬병, 자주빛날개무늬병, 뿌리썩음병, 근두암종병

4. 조경수목병의 방제와 치료

(1) 예방적 조치

① 식물 검역 강화, 법적 규제 조치
② 내병성 품종의 육성·보급
③ 매개충에 의해 전파되는 병은 무성번식한 개체 사용
④ 종자와 토양의 소독 및 묘포장의 위생 관리
⑤ 적절한 비배 관리로 건강한 수목 육성
⑥ 모과나무와 배나무 적성병의 중간 기주 역할을 하는 향나무류는 과수원의 반경 2㎞ 이내에 식재 금지

(2) 구제책

① 약제 살포의 화학적 방제법은 최후의 수단으로 사용
② 곰팡이에 의한 병은 살균제 사용
③ 박테리아, 파이토플라스마는 항생제 사용
④ 바이러스는 약품으로 구제 불가능

(3) 치료

① 수간 주사 : 수목의 증산작용을 이용하는 법
② 외과 수술 : 병환부를 도려내고 유합조직의 형성 유도

5. 조경 수목의 충해 관리

(1) 가해 습성에 따른 분류

흡즙성 해충	깍지벌레류, 응애류, 진딧물류, 방패벌레류
식엽성 해충	노랑쐐기나방, 독나방, 버들재주나방, 솔나방, 어스렝이나방, 짚시나방, 참나무재주나방, 텐트나방, 흰불나방, 오리나무잎벌레, 잣나무넓적잎벌
천공성 해충	미끈이하늘소, 박쥐나방, 버들바구미, 소나무좀, 측백하늘소
충영형성 해충	밤나무혹벌, 솔잎혹파리
묘포 해충	거세미나방, 땅강아지, 풍뎅이류, 복숭아명나방

(2) 해충방제

생물적 방제	기생성·포식성 천적, 병원미생물 이용
화학적 방제	살충제, 생리활성물질 이용
재배학적 방제	내충성·내환경성 품종 개발, 간벌, 시비
기계·생리적 방제	포살·유살·차단, 박피소각

잠복소 설치
해충을 한 곳에 모아 포살하는 방법으로, 유충으로 월동하는 흰불나방의 방제법으로 이용되어 양버즘나무(플라타너스), 포플러류에 9월 하순 경에 설치하여 이용한다.

(3) 조경수목의 주요 해충의 가해상태와 방제

1) 흡즙성 해충

해충명	가해 수목	특징 및 가해 상태	방제법
응애류	소나무, 벚나무, 전나무, 과수류, 꽃아그배나무	• 잎 뒷면에 숨어서 뾰족한 입으로 즙을 흡입, 노란색 반점이 생겨 황화 현상 • 대부분의 활엽수·침엽수에 피해	• 4월 중순경부터 살비제(테디온, 디코폴 유제 등)를 잎 뒷면에 7~10일 간격으로 2~3회 살포 • 동일 농약에 대한 저항성이 커 연용 금지 • 천적인 무당벌레, 풀잠자리가 감소되지 않도록 보호 • 토양 침투성 살충제를 주위의 흙 속에 주입

깍지 벌레류	소나무, 벚나무, 물푸레나무, 배롱나무, 감나무, 사철나무, 동백나무	• 잎이나 가지에 붙어 즙액을 빨아먹어 황변, 2차적으로 그을음병 유발 • 습기를 싫어함 • 대부분의 활엽수·침엽수에 피해	• 휴면기인 12~4월 사이에 기계유제 25배액을 1주 간격으로 2~3회 살포 • 메치온(메티다티온) 40% 유제 1,000배액을 4월부터 1주 간격으로 2~3회살포 • 토양 침투성 살충제 토양 주입
진딧물류	벚나무, 장미, 무궁화, 아까시나무, 소나무, 포플러류 등	• 잎이나 가지에 붙어 즙을 빨아먹어 황변, 그을음병 유발 • 피해수목은 각종 바이러스병 유발	• 발생 초기(4월 하순~5월)에 마라톤 50%, 아세트 수화제, 메타(메타시스톡스) 25% 유제, 피리모 50% 수화제 1,000배액 살포 • 그 밖에 진딧물 농약과 토양 침투성 살충제 토양 주입

2) 식엽성 해충

해충명	가해 수목	특징 및 가해 상태	방제법
솔나방	소나무류	월동 유충은 어린 소나무 잎을 먹고 심하면 고사, 성충은 7~8월 우화하여 새 솔잎에 산란하고 8~9월 부화 유충 발생	• 4월 중순~5월 중순, 8월 하순~9월 중순 사이에 주론수화제, 디프(디프록스) 50% 1,000배액을 살포 • 등화유살(성충), 병원성 세균인 슈리사이드 살포
미국흰불나방	양버즘나무, 벚나무, 포플러류, 오동나무, 아까시나무, 호두나무, 단풍나무 등	• 1년 2~3회 발생 • 잎이나 가지에 거미줄을 치고 유충이 집단으로 식해, 어느 정도 크면 분산해서 가해	• 5~10월 유충 시기에 주론, 그로포, 디프(디프록스) 50% 1,000배액을 살포하거나 집단 유충을 채취하여 소각 • 8월 중순경 피해 나무 수간에 짚이나 거적을 감아 유인하여 소각
회양목명나방	회양목	• 1년 2~3회 발생 • 발생유충이 가지에 거미줄을 치고 잎을 가해, 6월에 심한 가해 후 8월에 다시 가해	• 가해 초기 메프, 갈탑 수화제 2회 살포 • 세균을 이용한 Bt제 생물 농약도 유효함

3) 천공성 해충

해충명	가해 수목	특징 및 가해 상태	방제법
하늘소	측백, 편백, 화백, 향나무, 삼나무	유충이 줄기 부름켜 부위를 식해, 벌레 똥을 밖으로 배출하지 않아 식별 곤란, 생육이 쇠약한 나무를 주로 가해	• 피해 가지는 10~12월 절단, 소각 • 봄에 성충이 수피에 산란할 때 메프(페니트로티온) 50% 유제 1,000배액 2~3회 살포

◘ 부름켜(형성층)

물관부와 체관부 사이에 있는 한 층의 살아있는 세포층으로 이루어져 있으며, 부피생장이 일어나는 곳으로 부름켜라고도 한다.

소나무좀	소나무류	• 유충이 쇠약한 나무나 벌채목에 구멍을 뚫어 가해 • 성충은 신초에 구멍을 뚫어 피해 심각	• 쇠약한 나무 조기 제거 • 좀 피해목 벌채·소각 • 천적의 이용

4) 충영형성 해충

해충명	가해 수목	특징 및 가해 상태	방제법
솔잎혹파리	울창한 소나무 숲, 곰솔	• 5월 하순부터 6월 상순이 우화 최성기 • 유충이 솔잎 기부에 들어가 벌레혹을 만들고 그 속에서 수액 및 즙액을 빨아먹음 • 노목보다는 유목에 심하게 나타남	• 수간주사 : 포스파미돈 50% 액제를 흉고직경 1㎝당 0.3㎖ 사용 • 토중처리 : 4~5월 테믹 15% 입제 120㎏/ha 사용 • 수관살포 : 메프 50% 유제 1,000배액 사용 • 피해목 벌채

6. 약제의 분류와 사용

(1) 사용목적 및 작용특성에 따른 분류

1) 살균제

병을 일으키는 곰팡이와 세균을 구제하기 위한 약

보호 살균제	• 병원균이 식물체 내로 침입하는 것을 방지하기 위한 약제 • 예방이 목적이므로 병이 발생하기 전 식물체에 처리
직접 살균제	• 병원균의 발아와 침입방지, 침입한 병원균에도 작용 • 치료가 목적이므로 발병 후에도 방제 가능
기타 살균제	• 종자소독제 : 종자나 종묘에 감염된 병원균 방제 • 토양소독제 : 토양 중의 병원균 사멸 • 과실방부제 : 과실의 저장 중 부패 방지

2) 살충제

해충을 방제할 목적으로 쓰이는 약제

소화 중독제	식물의 잎에 농약을 살포하고 해충이 소화기관내로 농약을 흡수하게 하여 독작용을 하는 약제
접촉독제	살포된 약제가 해충의 피부나 기문을 통하여 체내로 침투되어 독작용을 하는 약제
침투성 살충제	약제를 식물의 잎이나 뿌리에 처리하여 식물체내로 흡수·이동시키고, 식물 전체에 분포되도록 하여 흡즙성 해충에 독성을 나타내는 약제
유인제	해충을 일정한 장소로 유인하여 포살하는 약제

기피제	유인제와 반대로 해충이 접근하지 못하게 하는 약제
생물농약	해충의 천적(병원균 · 바이러스 · 기생벌)을 이용하여 방제
불임제	해충을 불임화시켜 번식을 막는 방법

3) 기타 약제

살비제	곤충에는 살충력이 거의 없고 응애류에만 효력을 나타내는 약제	
살선충제	선충을 구제하는 데 사용하는 약제	
제초제	잡초를 제거를 위한 약제	
식물 생장 조정제	식물의 생장을 촉진 · 억제하거나 개화 · 착색 및 낙과방지 등 식물의 생육을 조정하기 위한 약제	
보조제	농약 주제의 효력을 증진시키기 위하여 사용되는 약제	
	전착제	농약을 병해충이나 식물 등에 잘 전착시키기 위한 것
	증량제	농약 주성분의 농도를 낮추기 위하여 사용하는 보조제
	용제	약제의 유효성분을 녹이는 데 사용하는 약제
	유화제	유제의 유화성을 높이는 데 사용하는 물질
	협력제	농약 유효성분의 효력을 증진시킬 목적으로 사용

□ 약제의 용도구분 색깔

살균제	분홍색
살충제	녹색
제초제	황색
생장조정제	청색
맹독성 농약	적색
기타약제	백색
혼합제 및 동시방제제	해당 약제 색깔 병용

(2) 농약 형태에 따른 분류

유제	농약의 주제를 용제에 녹여 계면활성제를 유화제로 첨가하여 제제
수화제	• 물에 녹지 않는 원제를 증량제 및 계면활성제와 혼합하여 분쇄한 제제 • 물에 희석하면 입자가 물에 분산하여 현탁액이 됨
수용제	주제가 수용성이고 수용성 증량제를 사용하여 제제
액상 수화제	• 주제가 고체로서 물이나 용제에 잘 녹지 않는 것을 액상의 형태로 제제 • 분쇄하지 않은 주제를 물에 분산시켜 현탁하여 제제
액제	주제가 수용성으로서 주제를 물에 녹여 제제
분제	주제를 증량제 등과 균일하게 혼합 · 분쇄하여 제제
입제	주제에 증량제 등을 혼합하여 입상으로 만든 제제
정제	분제와 수화제 같이 제제한 농약을 알약처럼 만든 것
훈증제	농약의 주제를 용기에 충진하고, 열 때 기화하여 작용
기타	연무제, 도포제, 훈연제, 캡슐제, 입상수화제 등

(3) 농약 소요량 계산

$$\cdot \text{ 소요 농약량}(ml, g) = \frac{\text{단위면적당 소정살포액량}(ml)}{\text{희석배수}}$$

$$\cdot \text{ 소요 농약량}(ml, g) = \frac{\text{추천농도}(\%) \times \text{단위면적당 소정살포량}(ml)}{\text{농약주성분 농도}(\%) \times \text{비중}}$$

$$\cdot \text{ 희석할 물의 양}(ml, g) = \text{소요 농약량}(ml) \times \left(\frac{\text{농약주성분농도}(\%)}{\text{추천농도}(\%)} - 1\right) \times \text{비중}$$

(4) 농약의 혼용

1) 장단점

장 점	단 점
• 농약의 살포 횟수를 줄여 방제비용 절감 • 동일 약제의 연용에 의한 내성 또는 저항성 억제 • 약제간 상승 작용에 의한 약효 증진	• 약제에 따라 혼용 시 농약 성분의 분해에 의한 약효 저하 • 농작물의 약해 발생

2) 농약 혼용 시 주의점

① 혼용가부표를 반드시 확인 할 것

② 2종 혼용을 원칙으로 하고 다종 약제의 혼용 회피

③ 수화제와 다른 약제 혼용 시 '액제(수용제)−수화제(액상수화제)−유제'순으로 혼합

④ 혼용 희석 시 침전물이 생긴 희석액은 사용금지

⑤ 조제한 살포액은 오래 두지 말고 당일에 사용

⑥ 될 수 있는 대로 다른 약제와 혼용하지 않는 것이 바람직함

(5) 농약 살포법

분무법	물에 희석하여 사용하는 약제를 분무기로 살포
분제살포법	약제 조제와 물이 필요하지 않으므로 작업이 간편
입제살포법	직접 뿌릴 수 있어 다른 약제에 비해 살포 간편
미스트법	원심송풍기에 의한 미립자 살포로 분무법에 비해 살포량 1/3~1/5 감소
연무법	약제의 주성분을 연기의 형태로 해서 사용
훈증법	밀폐된 곳에 약제를 가스화시켜 방제
관주법	땅 속에 약액을 주입하는 법
토양처리법	약제를 토양의 표면이나 땅 속에 살포

◘ 교차저항성

저항성이 생긴 해충이 그 약제뿐만 아니라 사용하지 않은 약제에 대해서도 저항성을 갖는 것을 말한다. 따라서 여러 가지 적합한 약제가 있을 경우 번갈아 가며 사용하는 것이 바람직하다.

침지법	종자나 종묘를 희석액에 담가 소독
분의법	종자를 분제로 된 약제를 입혀 소독
도포법	절단·상처부위나 나무줄기에 약액 발라 병균 차단
나무주입	나무줄기에 구멍을 뚫고 약제 주입-수간 주사

(6) 농약 살포 시 주의사항

① 사용 농도 및 횟수 등 안전사용기준에 따를 것
② 농약의 개봉 시 신체에 내용물이 묻지 않도록 할 것
③ 제4종 복합비료(영양제)와 농약을 섞어서 사용하지 말 것
④ 살포 시 마스크·보안경·고무장갑 및 방제복 등 착용
⑤ 감기 등 신체이상 시 살포 및 취급 금지
⑥ 날씨가 좋은 날 살포하고 이상기후 시 약해의 발생 주의
⑦ 살포작업은 한낮을 피해 아침·저녁 시원할 때 할 것
⑧ 살포작업은 한 사람이 2시간 이상 하지 말 것
⑨ 바람을 등지고 뿌리며 작업 후 깨끗이 씻을 것
⑩ 다른 식물에 묻지 않도록 깔대기 노즐을 사용하여 낮게 살포
⑪ 남은 희석액과 세척한 물의 하천 유입방지
⑫ 사용하고 남은 농약은 다른 용기에 옮겨 보관하지 말 것
⑬ 남은 농약은 밀봉한 뒤 건조하고 서늘한 장소에 보관
⑭ 작업이 끝나면 노출 부위를 씻고 옷을 갈아 입을 것

4 조경수목의 보호와 관리

1. 관수

(1) 관수 효과

① 수분은 원형질의 주성분이자 탄소동화작용의 직접적인 재료
② 토양 중의 양분을 용해·흡수하여 원활한 신진대사 성립
③ 세포액의 팽압에 의해 체형 유지
④ 증산으로 잎의 온도 상승을 막고 수목의 체온 유지
⑤ 지표와 공중의 습도가 높아져 증발량 감소
⑥ 토양의 건조 방지 및 수목의 생장 촉진
⑦ 식물체 표면의 오염물질 세척 및 토양 중의 염류 제거

영구위조점

일시위조점을 넘어 토양의 수분이 계속 감소되면 습도로 포화된 공기 중에 놓아도 식물이 회복되지 못하는 한계의 수분량을 말하며, 이 점에 도달하기 전에 관수를 하여야 한다.

(2) 관수방법

① 비가 많이 오지 않는 4~5월에 집중관수 필요
② 땅속 깊이 스며들도록 충분히 공급-10㎝ 정도
③ 이식한 후는 물집을 만들어 충분히 관수
④ 토양의 건조 시나 한발 시에는 이식한 수목에 계속하여 수분 유지
⑤ 강한 직사광선의 한낮을 피해 아침·저녁이 좋음
⑥ 관수는 지표면과 엽면 관수로 구분하여 실시

(3) 관수법

침수식	수간의 주위에 도랑을 파서 측방에서 수분을 공급
도랑식	여러 그루의 수목을 중심으로 도랑을 설치하여 급수
스프링클러식	스프링클러의 관수-대규모 관수, 노동력 절감
점적식	점적기를 사용-최대 효율

배수

식물의 생육에 지장을 초래하는 장소에는 표면배수나 심토층배수로서 하고, 우기에 물이 고인 곳은 신속히 배수하여 토양의 통기성을 유지한다.

2. 멀칭

멀칭(mulching)

토양을 피복하거나 보호하여 식물의 생육을 도와주는 역할을 한다.

(1) 멀칭의 효과

① 빗방울이나 관수 등의 충격완화로 토양침식 방지
② 토양의 수분손실방지 및 수분유지
③ 토양의 비옥도 증진 및 구조개선
④ 토양의 염분농도 조절
⑤ 토양온도 조절
⑥ 토양의 굳어짐 방지 및 지표면 개선효과
⑦ 잡초 및 병충해발생 억제

(2) 멀칭 방법

① 수피·낙엽·볏집·콩깍지·풀·우드칩 등의 재료 사용
② 너무 세립한 재료나 또는 너무 두껍게 덮지 말 것
③ 교목은 수관폭의 50%, 관목은 100%, 군식은 가장자리 수관폭만큼 피복

3. 월동 관리(방한)

① 동해의 우려가 있는 수종은 기온이 5℃ 이하면 조치
② 한랭기온에 의한 동해방지를 위한 짚싸주기
③ 토양동결로 인한 뿌리 동해방지를 위한 뿌리덮개
④ 관목류의 동해방지를 위한 방한덮개
⑤ 한풍해를 방지하기 위한 방풍조치
⑥ 잔디의 동해방지를 위한 뗏밥주기

4. 지주목

지주목 설치의 효과 및 문제점

구분	내용
설치효과	• 수고생장 보조적 역할 • 수간의 굵기가 균일할 수 있도록 보조 • 적절한 뿌리부분의 생육 • 바람에 의한 피해감소 • 수목상부의 단위횡단면당 내연력 증대
문제점	• 지지된 부분의 수목에 대한 상처 및 발육부진 • 목질부의 생육이 원활하지 못하여 부러질 가능성 존재 • 설치비용과 인력의 과다 소요 및 수형의 가치 감소

5. 상처치료 및 외과 수술

(1) 상처의 치료

① 절단면이나 수피의 상처를 통한 감염으로부터 예방
② 상처면 둘레에 유합조직이 형성되어 치유
③ 절단면을 깨끗하게 처리해서 부패방지
④ 절단면이나 상처 난 곳은 매끄럽게 처리
⑤ 절단면에 즉시 도료(shellac)를 발라 부패 예방

(2) 뿌리의 보호

① 부지의 정지로 인한 수목의 매립 및 노출에 대한 조치
② 수목 주위에 답압이 예상될 경우 수목뿌리 보호판 설치
③ 돌담은 메담(dry wall)쌓기로 시공

구분	내용
나무우물 (tree well)	성토에 의해 지면이 높아질 경우 나무줄기를 가운데 두고 일정한 넓이로 지면까지 돌담을 쌓아 원래의 지표 유지
돌옹벽 쌓기	절토에 의해 뿌리주변의 흙이 깎여 뿌리의 노출이 있을 경우 주위에 돌옹벽을 쌓아 뿌리의 노출 방지

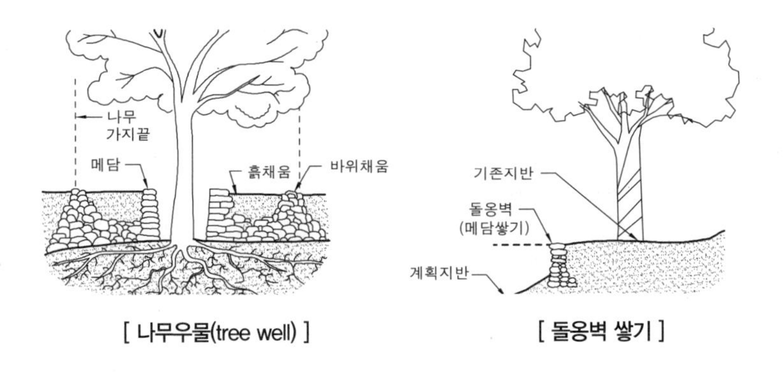

[나무우물(tree well)]　　[돌옹벽 쌓기]

◘ 지주목의 종류

① 수목보호용 : 자동차·통행인·기계 등으로부터 수목보호
② 수목지지용 : 뿌리나 뿌리부분을 고착시키거나 고정
③ 수간보조용 : 수간이 연약하거나 바람·눈·비 등에 넘어지는 수목에 사용

◘ 지주목의 재결속

준공 후 1년경과 시 주풍향 등을 고려하여 재결속 1회 실시한다.

(3) 외과 수술 – 공동(空胴) 처리

① 부패부 제거 : 부패한 목질부와 주변의 건전부 포함
② 공동내부 다듬기 : 배수대책 및 가장자리는 매끄럽게 처리
③ 버팀대 박기 : 공동이 큰 경우 볼트로 고정
④ 살균 및 치료 : 약제 및 페인트로 살균·살충·방부 처리
⑤ 공동 충전 : 공동내부의 빈 공간을 충전
⑥ 표면경화 처리 : 방수 및 표면경화처리
⑦ 인공수피 처리 : 이질감을 보완하기 위한 작업

◘ 공동처리의 순서

① 부패부 제거→공동내부 다듬기→버팀대 박기→살균 및 치료→공동 충전→방수 처리→표면경화 처리→수피 처리
② 4~6월경 실시하며 수술 후에는 수목의 세력 회복을 위해 영양제의 수간 주입, 토양 관주, 엽면시비 등을 시행한다.

◘ 공동처리 재료

콘크리트, 아스팔트 혼합물, 합성수지, 코르크 등을 사용하며, 그 중 폴리우레탄 고무가 많이 쓰인다.

6. 잡초관리

(1) 잡초의 특성

① 생활력·생존력이 강하여 환경에 대한 적응성이 큼
② 좋은 조건이 주어지면 일시에 발아하여 초기 생육 신속
③ 흡비력이 강하고 밀생하는 성질이 있어 한 곳에 군생

◘ 잡초

이용자가 원하지 않는 장소에 있는, 원하지 않는 식물로서 인위적으로 변형된 환경과 원하지 않는 식물과의 관계로 나타난다.

(2) 잡초의 해

① 양분과 수분을 빼앗아 감
② 바람을 막아 증산작용 방해
③ 병해충의 서식지와 월동 장소 제공
④ 조경 공간의 미관 저해
⑤ 태양 광선의 차단으로 광합성 작용에 불리

(3) 잡초의 종류

번식 방법에 따른 분류

구분	잡초
유성생식 (종자번식)	바랭이, 피, 쇠비름, 명아주, 뚝새풀, 냉이, 알방동사니 등 1년생 잡초
무성생식 (영양번식)	민들레, 질경이, 갈대, 쑥, 애기수영, 올방개, 가래, 왕포아풀, 올미, 너도방동사니 등 다년생 잡초

광조건에 따른 잡초의 종류

구분	잡초
광발아 잡초	메귀리, 바랭이, 왕바랭이, 강피, 향부자, 참방동사니, 개비름, 쇠비름, 소리쟁이, 서양민들레 등
암발아 잡초	냉이, 광대나물, 별꽃 등

◘ 잡초의 발아

잡초의 종류 중 2/3 정도가 광에 의해 발아되고 1/3 정도가 억제되며, 극소수가 광과 무관한 특성을 갖는다. 따라서 빛의 조절로 잡초를 억제할 수도 있다.

(4) 잡초의 방제

약제가 잡초에 작용하는 기작에 따른 분류

구분	내용
접촉성 제초제	• 식물의 부위에 흡수되어 근접한 조직에만 이동되어 부분적으로 살초 • 지하부 제거에는 비효율적이나 약효가 신속 • 대부분의 비선택성 제초제에 해당
이행성 제초제	• 잎·줄기·뿌리를 통해 흡수되어 체내로 이동되어 식물 전체 고사 • 약효가 서서히 발현되는 대부분의 선택성 제초제
토양소독제	• 종자를 포함한 모든 번식단위를 제거할 수 있는 약제 • 선택적 잡초방제가 어려운 경우 이용

이용전략에 따른 분류

구분	내용
발아전처리 제초제	• 대부분의 일년생 화본과 잡초에 효과적 • 시마진, 론스타, 스톰프, 라쏘
경엽처리제	• 다년생 잡초를 포함하여 영양기관 전체를 제거할 때 사용 • 2,4-D, MCPP, 반벨, 밧사그란
비선택성 제초제	작물과 잡초를 구별하지 못하고 비선택적으로 살초하는 약제이나 사용 시기에 따라 선택적 이용 가능-그라목손, 근사미

□ 화학적 방제

제초제를 사용하여 노동력과 경비가 절감되나 사람과 가축에 안전하고 공해가 없는지, 토양 및 조경 식물의 생육과 품질에 해가 없는지 검토한 후 사용한다.

□ 재배적 잡초 방제

① 잔디를 자주 깎아 준다.
② 통기작업으로 토양조건을 개선한다.
③ 토양에 수분이 과잉되지 않도록 한다.

5 조경수목의 상해

1. 저온의 해

(1) 한해(寒害 cold damage)와 상해(霜害 frost injury)

구분	종류	내용
한해	한상(寒傷)	식물체 내에 결빙은 일어나지 않으나 한랭으로 인하여 생활기능이 장해를 받아서 죽음에 이르는 것
	동해(凍害)	식물체의 조직 내에 결빙이 일어나 조직이나 식물체 전체가 죽게 되는 것
	상렬(霜裂)	• 수액이 얼어 부피가 증가하여 수관의 외층이 냉각·수축하여 수선(髓線)방향으로 갈라지는 현상 • 낙엽교목이 상록교목보다, 배수가 불량한 토양이 양호한 건조 토양보다, 활동기의 수목이 유목이나 노목보다 잘 발생 • 사이잘크라프트지나 대마포를 감거나 흰색 페인트 도포
상해	만상(晩霜)	초봄에 식물의 발육이 시작된 후 갑작스럽게 기온이 하강하여 식물체에 해를 주게 되는 것
	조상(早霜)	초가을 계절에 맞지 않는 추운 날씨의 서리에 의한 피해
	동상(冬霜)	겨울동안 휴면상태에 생긴 피해

□ 만상의 피해 수종

회양목, 말채나무, 피라칸타, 참나무류, 물푸레나무 등

□ 상렬의 피해 수종

수피가 얇은 단풍나무, 배롱나무, 일본목련, 벚나무, 밤나무 등으로 지상 0.5~1.0m 정도에서 피해가 많이 발생한다.

(2) 저온의 방지

① 통풍이 잘되고 배수가 양호한 환경조성–오목한 지형 회피
② 낙엽이나 피트모스 등의 피복재 사용으로 보온
③ 0℃가 되기 전에 충분한 관수로 겨우내 필요한 수분공급
④ 바람막이 설치 및 짚싸기, 방한 덮개 설치–풍향 고려
⑤ 시들음 방지제를 잎에 살포하여 겨울의 갈색화 방지 및 저감

피소의 피해 수종
수피가 평활하고 코르크층이 발달하지 않은 수종에 쉽게 발생한다. –오동나무, 호두나무, 가문비나무 등

한해의 피해 수종
천근성 수종과 지하수위가 얕은 토양에서 자라는 수종에서 쉽게 발생한다. –단풍나무, 물푸레나무, 느릅나무, 너도밤나무, 오리나무, 버드나무, 미루나무 등

2. 고온의 해

피소(일소 · 볕데기)	• 흉고직경 15~20㎝ 이상인 나무에서 잘 발생 • 남쪽과 남서쪽에 위치하는 줄기의 지상 2m, 1/2 부위에서 발생 • 지나치게 습한 토양에서 자라는 수목에도 발생가능 • 줄기감기나 시들음 방지제(그린너) 살포 시 일소의 영향을 방지하거나 저감 가능
한해(旱害)	• 늦봄과 초여름의 따뜻한 오후 동안 건강한 식물에 발생 • 천근성 수종과 지하수위가 얕은 토양에서 자라는 수목에 쉽게 발생 • 관수 및 토양 갈아 엎기, 퇴비 및 짚 깔아주기, 수피 감기 등 시행

⑥ 잔디 및 화단 관리

1. 잔디 관리

(1) 잔디의 환경

하고 현상
고온다습한 기후환경에서 병해충의 발생이 빈번하여 잔디가 말라죽는 현상

온도	• 생육을 결정짓는 중요 요소 • 난지형은 중부 이북에서의 월동, 한지형은 여름에 하고 현상
일조	• 봄부터 가을 사이에는 일조 5시간 이상 되는 곳에서 잘 생육 • 한국잔디와 버뮤다그래스는 일조 부족 시 생육에 지장 • 켄터키 블루그래스, 톨 페스큐, 라이그래스 등은 내음성이 비교적 좋음
토양과 배수	• 토양은 대체로 양토로 산도 pH5.5~7.0이 알맞음 • 적당한 기울기나 물이 고이지 않도록 배수 시설 설치

(2) 관수

시린지(syringe)
여름 고온 시 기후가 건조할 경우 잔디표면 근처에 소량의 물을 분무하여 온도를 낮추는 방법으로, 증산량을 줄여주고 위조를 막아준다.

① 새벽이 관수에 좋은 시간이나 편의상 저녁관수를 많이 시행
② 관수 후 10시간 이내에 잔디가 마를 수 있도록 관수시간 조절
③ 같은 양의 물이라도 빈도를 줄이고 심층관수–토양 5㎝ 이상

(3) 시비

1) 시비량 및 횟수

① 시비량은 잔디의 종류, 이용정도, 관리정도에 따라 결정
② 기비 : 퇴비 등의 유기질비료를 1~2kg/㎡을 기준으로 시비
③ 추비 : 화학비료를 질소 : 인산 : 칼리의 비율이 3 : 2 : 1 또는 2 : 1 : 1의 비율이 되도록 시비

2) 시비 시기

① 난지형 한국잔디 : 주로 봄·여름에 많이 하되 늦가을은 주의
② 한지형 잔디류 : 봄·가을에 하되 후반부(9월 이후)의 비중을 높이고, 여름철 고온다습기의 병발생시 시비주의

일반적 시비

질소질 비료는 연간 ㎡당 4~16g 정도 요구되며 1회당 4g 초과 사용은 금하고, 시비 횟수는 연간 3~8회 정도로 나누어 분시한다. 가능하면 제초 작업 후 비오기 직전에 시비하고 불가능시에는 시비 후 관수한다.

(4) 잡초관리

① 잡초를 파악하여 번식방법에 대한 대책수립
② 잡초방제의 최선은 가장 좋은 상태의 잔디를 유지하는 것
③ 3월 말~4월 중순경 잡초가 발아하기 전 발아전처리 제초제 1회 이상 살포–시마진, 데브리놀
④ 광엽잡초가 발생된 후에는 선택성 발아 후 제초제를 잡초부위에 1회 이상 살포–MCPP, 반벨, 2,4–D
⑤ 겨울철 잔디 휴면중 비선택성 제초제 사용 가능–근사미, 그라목손

(5) 잔디 깎기(mowing)

1) 잔디 깎기의 효과

① 균일한 잔디면을 형성하고 시각적 효과 제고
② 밑 부분의 잎이 말라 죽는 것을 방지
③ 엽수와 포복경수 증가로 밀도를 높여 잡초와 병충해 침입방지
④ 광합성량이 줄고 탄수화물의 생산량과 저장량 감소
⑤ 줄기·잎의 치밀도를 높이고 줄기의 형성 촉진
⑥ 뿌리의 발육이 일시적으로 저하
⑦ 잘린 부분이 병의 침입통로 역할을 하여 병 발생 초래

2) 잔디 깎기 주의사항

① 처음에는 높게 깎아주고 형태를 보면서 서서히 높이를 낮출 것
② 잔디토양이 젖어 있을 때에는 될 수 있는 한 작업 회피
③ 빈도와 예고는 규칙적으로 시행–불규칙적 작업은 악영향 초래
④ 깎아낸 예지물(대치 thatch)은 잔디사이에 들어가게 하거나 제거
⑤ 기계의 방향이 계획적, 규칙적이어야 깎은 면 미려

3) 잔디깎는 시기 및 주기

① 한국잔디 등 난지형 잔디는 6~8월(늦봄·초여름), 한지형 잔디는 5,6월(봄)과 9,10월(초가을)에 실시

② 한 번에 초장의 1/3 이상을 깎지 않으며, 초장이 3.5~7㎝에 도달할 경우에 깎고, 깎는 높이는 2~5㎝ 정도를 기준으로 실시

③ 깎는 주기는 전체 높이의 30% 정도를 깎아서 원하는 높이 유지

◘ 깎기 횟수

신초생장률·환경조건·예고·사용목적에 따라 결정하며, 1회 작업 시 엽조직의 40% 이상만 제거하지 않으면 간격을 길게 가져갈 수 있다.

잔디의 용도별 깎는 높이와 횟수

잔디종류		깎는 높이(㎜)	횟수
일반가정용 잔디		30~40	월 1~2회
공원용 잔디		20~30	월 1~2회
축구장 잔디		10~20	월 2~3회
골프장	그린	4.5~6	매일
	티그라운드	12~15	주 2~3회
	에이프런	15~18	주 2~3회
	페어웨이	18~25	주 1~2회
	러프	40~50	주 2~4회

4) 잔디깎기 기계

① 릴(reel)형 기계 : 고정날과 회전날이 마주쳐 깎는 것-잔디가 깨끗이 잘려짐

② 회전(rotary)형 기계 : 날이 고속으로 회전하며 잔디잎을 쳐서 잘라내는 방식

③ 핸드모어 : 인력으로 작동되며 50평 미만의 면적에 사용

④ 로타리모어 : 골프장 러프, 공원의 수목지 등 50평 이상의 면적에 사용

⑤ 그린모어 : 골프장 그린, 테니스 코트 등 잔디면이 섬세한 곳에 사용

⑥ 갱모어 : 골프장, 운동장, 경기장, 3,000~5,000평 이상의 대면적에 사용

(6) 잔디의 갱신

① 잔디의 갱신작업은 한지형은 초봄(3월)·초가을(9월), 한국잔디는 보통 6월에 실시

② 대치의 축적으로 투수성 불량, 흡습성 증가, 통기성 악화에 의한 병발생 원인 제거

③ 지나친 답압에 의한 표층토양 고결, 근계의 퇴화 및 양분 흡수능력 저하 방지

④ 고온건조기, 병충해의 감염, 잡초발생 왕성, 토양건조 등이 있을 때 작업 금지

잔디의 갱신 방법

구분	특징	해당 기계
통기작업(코링)	단단해진 토양에 지름 0.5~2㎝ 정도의 원통형 토양을 깊이 2~5㎝로 제거하여, 구멍에 물과 양분을 채워 건강한 생육 도모	그린 시어 버티파이어
슬라이싱	칼로 토양을 베어주는 작업으로 통기작업과 유사한 효과가 있으나 정도가 미약	레노베이어, 론에어
스파이킹	끝이 뾰족한 못과 같은 장비로 토양에 구멍을 내는 작업-통기작업과 유사하나 효과는 낮음	스파이크 에어 스파이커
버티컬모잉	토양의 표면까지 주로 잔디만 잘라내는 작업	버티컬 모어
롤링	균일하게 표면을 정리하는 작업, 파종 후나 경기 중 떠오른 토양, 봄철에 들뜬 토양을 누르기 위해 시행	롤러

◘ 잔디의 갱신
잔디의 생육상태가 나빠졌을 경우 원래의 건전한 상태로 되돌리는 것이나 잔디의 품질을 유지시키는 재배관리의 일환이다.

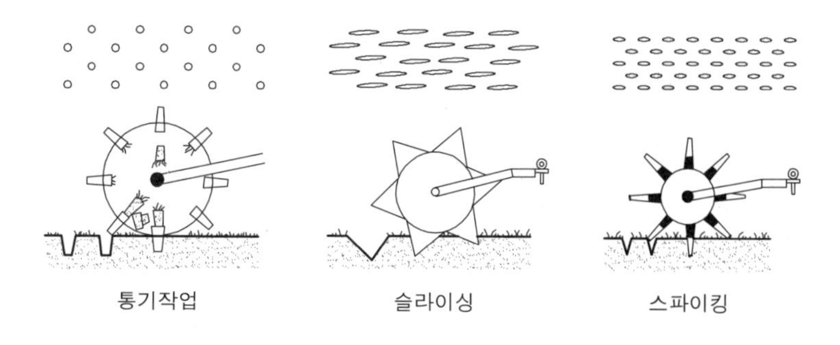

[잔디의 갱신]

(7) 배토(뗏밥 topdressing)

1) 배토의 효과

① 대치층의 분해 속도 증가 및 동해의 감소 효과
② 토층을 고르게 해주고 기계작업을 용이하게 유도
③ 지하경과 토양의 분리방지 및 내한성 증대
④ 잔디 식생층의 증가로 답압에 의한 피해 감소
⑤ 노화 지하경과 새 지하경의 식생교체 가능
⑥ 상토 불량 시 배토로 상토 개량

2) 뗏밥 주기

배토의 조제	• 배토는 원칙적으로 상토의 토양과 동일한 것 사용 • 가는 모래 2, 밭흙 1, 유기물을 약간 섞어 사용 • 배토는 5㎜ 체로 쳐서 모두 통과한 것 사용
배토 시기	• 한지형은 봄·가을(5~6월, 9~10월) • 난지형은 늦봄·초여름(6~8월)의 생육이 왕성한 시기

배토량	• 배토는 일시에 다량 사용하는 것보다 소량씩 자주 실시 • 뗏밥의 두께는 2~4㎜ 정도로 주며 2회차로 15일 후에 실시 • 봄철 한 번에 두껍게 줄때는 5~10㎜ 정도로 시행 • 다량 시용 시 황화현상이나 병해 유발
배토의 소독	잡초종자 및 병균의 사멸을 위해 소독–가열·증기·화학약품 소독
배토의 시용	손이나 삽으로 살포, 건조 후 스틸매트 등을 끌어주어 배토가 잔디사이로 들어가게 작업
관수	배토 후 관수는 즉시 할 필요가 없으며 비해(肥害) 주의

(8) 병해충 방제

1) 병해충 방제 우선 법칙

① 잔디의 생육에 적합한 조건 조성
② 토양개선, 관수, 배수 등의 완전한 설계
③ 건강한 잔디생육을 위한 표토층의 충분한 확보
④ 계속적인 환경개선과 계획방제

◘ 병충해 관리

이른 봄 새순이 나오기 전에 잔디밭에 불을 놓아 병원균이나 월동해충을 구제하고, 병해충 발생 시 약제를 살포하여 방제한다.

2) 잔디의 주요 병과 방제법

병명	잔디명	발병 시기	발병 환경	증상	방제법
라지패치	한국 잔디	4~6월 8~10월	과습, 질소비료 과다, 장마기	원형 병반	재배적 방제 질소비료 억제
녹병	한국 잔디	5, 6월 9, 10월	배수불량, 답압, 그늘·습한 환경	잎에 등황색(적갈색) 반점과 가루	재배적 방제 통기 증진
춘고병	한국 잔디	4월 초·중순	봄철 건조기, 배토 과다	담회색의 근사 원형 병반	중성 토양으로 개선 과다 배토 억제
피시움 블라이트	한지형 잔디	6~9월	초여름 강우·과습, 배수 불량	갈색 병반, 특유의 냄새, 잎의 미끈거림	통기작업의 수직배 야간 살수 피함
탄저병	한국 벤트 그래스	6월 말 ~10월	토양 건조·고온·답압, 인산·칼리질 비료 결핍	발병 초기 담황색 병든 잎에 초생달 모양 포자 형성	균형시비(인산·칼리) 야간살수 피함
브라운 패치	서양 잔디	6, 7월 9월	고온·다습, 전염병, 대치 축적	잎에 갈색 원형 병반, 빳빳하게 말라 죽음	이른 아침 이슬 제거 여름철 질소 억제 야간 살수 피함
달라스팟	서양 잔디	6, 7월 9월	건조 토양, 고온·과습, 질소 결핍	동전 크기의 주저앉은 듯한 반점	질소 시비량 높임 관수 충분히 실시

◘ 녹병(붉은 녹병)

① 한국잔디류에서 가장 많이 나타나는 병으로 담자균류에 속하는 곰팡이로서 년 2회 발생
② 5~6월경 17~22℃ 정도의 기온에서 그늘지고 습한 조건과 과도한 답압, 영양결핍 시 주로 발생
③ 여름에서 초가을에 잔디의 잎이나 엽맥에 적갈색(등황색)의 불규칙한 반점이 생기고 적(황)갈색 가루가 입혀진 모습으로 출현
④ 미관을 많이 해치나 기온이 떨어지면 사라져 비교적 심각하지 않은 병으로 간주
⑤ 질소질 비료 시비, 낮은 예고를 피하고, 통풍 확보와 습한 환경 개선
⑥ 만코지 · 지네브 · 디니코나졸 · 헥사코나졸 수화제로 방제

3) 충해 관리

뿌리의 피해	바구미류, 왜콩풍뎅이류, 방아벌레류, 땅강아지류 등
잎과 줄기의 피해	명나방류, 멸강나방류, 거세미나방류 등의 애벌레
수액의 흡입피해	진딧물류, 긴노린재류, 응애류
표토층 구조 파괴 및 인체의 피해	벼룩, 모기, 벌, 개미, 조류 등

2. 화단 관리

(1) 토양 조건

① 통기성·배수성·보수성·보비성을 갖춘 토양
② 1~2년생 초화류는 사질양토, 숙근성 화훼는 양토, 구근류는 비옥한 곳 선호

(2) 화단의 비배관리

① 가을이나 겨울에 토성개량과 영양분 공급을 위해 퇴비를 넣고 땅을 일구어 혼합(봄에라도 파종이나 이식 전 혼합)
② 복합비료 입제를 꽃을 심기 일주일~열흘 전에 시비
③ 꽃을 피우기 시작할 때 액제 비료를 잎이나 줄기부에 일주일에 한두 번씩 살포

(3) 관수

① 파종 후 씨가 이동하지 않도록 하고 매일 관수, 발아초기에는 건조하지 않을 정도로 관수
② 어린 모종 이식 후 약 2주 동안 건조에 주의, 활착할 때까지 매일 관수
③ 하루 중의 관수는 봄·가을에는 오전 일찍, 여름철에는 건조상태를 보아 오전·오후 두어 차례, 겨울철에는 냉해방지를 위해 데워서 오전 10~11시경에 실시
④ 관수할 때 토양 깊이 적셔지도록 하여 뿌리의 발달 촉진
⑤ 화분 관수 시 분 밑으로 물이 새어나올 정도로 관수

◘ 풍뎅이 유충(그러브 grubs)
풍뎅이 유충과 성충은 모두 한국잔디에 큰 피해를 입히며 메프유제, 카보입제 등으로 방제한다.

핵심문제 해설

01 정원수 전정의 목적에 합당하지 않는 것은? 04-1, 11-1

㉮ 지나치게 자라는 현상을 억제하여 나무의 자라는 힘을 고르게 한다.
㉯ 움이 트는 것을 억제하여 나무를 속성으로 생김새를 만든다.
㉰ 강한 바람에 의해 나무가 쓰러지거나 가지가 손상되는 것을 막는다.
㉱ 채광, 통풍을 도움으로서 병,벌레의 피해를 미연에 방지한다.

01. 전정을 하여 나무를 속성으로 생육시킬 수는 없다.

02 수목의 전정에 관한 다음 사항 중 틀린 것은? 03-1, 07-5

㉮ 가로수의 밑가지는 2m 이상 되는 곳에서 나오도록 한다.
㉯ 이식 후 활착을 위한 전정은 본래의 수형이 파괴되지 않도록 한다.
㉰ 춘계전정(4-5월) 시 진달래, 목련 등의 화목류는 개화가 끝난 후에 하는 것이 좋다.
㉱ 하계전정(6-8월) 시 수목의 생장이 왕성한 때이므로 강전정을 해도 나무가 상하지 않아서 좋다.

02. 여름철은 수목이 양분을 축적하는 시기이므로 하계전정(6~8월) 시 강전정을 피하고 목적에 맞는 가벼운 전정을 2~3회로 나누어 실시한다.

03 향나무, 주목 등을 일정한 모양으로 유지하기 위하여 전정을 하여 형태를 다듬었다. 이러한 작업은 어떤 목적을 위한 가지다듬기인가? 05-1, 10-1

㉮ 생장조장을 돕는 가지다듬기 ㉯ 생장을 억제하는 가지다듬기
㉰ 세력을 갱신하는 가지다듬기 ㉱ 생리조정을 위한 가지다듬기

03. 생장을 억제하는 가지다듬기로는 산울타리 다듬기, 소나무 새순 자르기, 상록활엽수의 잎사귀 따기, 침엽수와 상록활엽수의 정자·전정 작업 등이 있다.

04 정원수를 이식할 때 가지와 잎을 적당히 잘라 주었다. 다음 목적 중 해당되는 것은? 04-2, 06-2, 08-2

㉮ 생장 조장을 돕는 가지 다듬기 ㉯ 생장을 억제하는 가지 다듬기
㉰ 세력을 갱신하는 가지 다듬기 ㉱ 생리 조정을 위한 가지 다듬기

04. 손상된 뿌리로부터 흡수되는 수분과 잎으로부터 증산되는 수분의 균형을 맞추기 위한 생리조정을 목적으로 하는 전정에 속한다.

05 장미의 한가지에 많은 봉우리가 있을 때 솎아 낸다든지, 열매를 따버리는 작업의 목적은? 04-1, 06-5

㉮ 생장조장을 돕는 가지 다듬기 ㉯ 세력을 갱신하는 가지 다듬기
㉰ 착화 촉진을 위한 가지 다듬기 ㉱ 생장을 억제하는 가지 다듬기

05. 개화가 촉진되도록 봉우리와 열매 등을 수액 유동 전에 전정한다.

정답 → 01. ㉯ 02. ㉱ 03. ㉯ 04. ㉱ 05. ㉰

06 개화결실을 목적으로 실시하는 정지, 전정 방법 중 옳지 않은 것은? 05-2

㉮ 약지(弱枝)는 길게, 강지(强枝)는 짧게 전정하여야 한다.
㉯ 묵은 가지나 병충해 가지는 수액유동 전에 전정한다.
㉰ 작은 가지나 내측(內側)으로 뻗은 가지는 제거한다.
㉱ 개화 결실을 촉진하기 위하여 가지를 유인하거나 단근 작업을 실시한다.

06. 개화·결실 촉진을 위한 전정은 약지를 짧게 자른다.

07 전정시기에 따른 전정요령 중 설명이 틀린 것은? 07-1

㉮ 진달래, 목련 등 꽃나무는 꽃이 충실하게 되도록 개화직전에 전정해야 한다.
㉯ 하계전정 시는 통풍과 일조가 잘되게 하고, 도장지는 제거해야 한다.
㉰ 떡갈나무 묵은 잎이 떨어지고, 새잎이 나올 때가 전정의 적기이다.
㉱ 가을에 강전정을 하면 수세가 저하되어 역효과가 난다.

07. 봄 꽃나무는 꽃이 진 후 곧바로 전정해야 꽃이 충실해진다.

08 낙엽수의 휴면기 겨울 전정(12~3월)의 장점으로 틀린 것은? 10-4

㉮ 병충해의 피해를 입은 가지의 발견이 쉽다.
㉯ 가지의 배치나 수형이 잘 드러나므로 전정하기가 쉽다.
㉰ 굵은 가지를 잘라 내어도 전정의 영향을 거의 받지 않는다.
㉱ 막눈 발생을 유도하며 새가지가 나오기 전까지 수종 고유의 아름다운 수형을 감상할 수 있다.

08. 낙엽수의 휴면기 겨울 전정(12~3월)은 잎이 떨어진 뒤 수형의 판별이 쉬워 수형의 감상보다는 불필요한 가지의 제거에 용이하다.

09 겨울 전정의 설명으로 틀린 것은? 12-2

㉮ 12~3월에 실시한다.
㉯ 상록수는 동계에 강전정하는 것이 가장 좋다.
㉰ 제거 대상가지를 발견하기 쉽고 작업도 용이하다.
㉱ 휴면 중이기 때문에 굵은 가지를 잘라 내어도 전정의 영향을 거의 받지 않는다.

09. 상록수는 동계에 절단부위로 한기가 스며들어 피해를 입히므로 추운지방에서는 동기전정을 피하고 해토될 무렵 실시한다.

10 다음 중 전정을 할 때 큰 줄기나 가지자르기를 삼가해야 하는 수종은? 12-1

㉮ 벚나무 ㉯ 수양버들
㉰ 오동나무 ㉱ 현사시나무

10. 벚나무는 상처가 생기면 잘 썩는 수종으로 큰 줄기나 가지자르기를 삼가해야 한다.

정답 → 06. ㉮ 07. ㉮ 08. ㉱ 09. ㉯ 10. ㉮

11. C/N율(탄소와 질소비율)은 재배환경, 전정 정도에 따라 가지생장, 꽃눈형성 및 결실 등에 영향을 미친다.

11 다음 중 조경수목의 화아분화와 가장 관련이 깊은 것은? 04-5

㉮ 질소와 탄소비율 ㉯ 탄소와 칼륨비율
㉰ 질소와 인산비율 ㉱ 인산과 칼륨비율

12. C/N율이 높아지면 꽃눈이 많아진다.

12 곁눈 밑에 상처를 내어 놓으면 잎에서 만들어진 동화물질이 축적되어 잎눈이 꽃눈으로 변하는 일이 많다. 어떤 이유 때문인가? 03-1, 12-4

㉮ C/N 율이 낮아지므로
㉯ C/N 율이 높아지므로
㉰ T/R 율이 낮아지므로
㉱ T/R 율이 높아지므로

13. C/N율이 높아지면 꽃눈이 많아지므로 꽃이 잘 필 수 있는 조건이 된다.

13 조경 수목 중 탄수화물의 생성이 풍부할 때 꽃이 잘 필 수 있는 조건에 맞는 탄소와 질소의 관계로 가장 적당한 것은? 10-4

㉮ $N>C$ ㉯ $N=C$
㉰ $N<C$ ㉱ $N\geq C$

14. 수목의 활착(건전한 생육)은 수분의 증산과 흡수에 영향을 많이 받는다.

14 나무를 옮겨 심었을 때 잘려 진 뿌리로부터 새 뿌리가 나오게 하여 활착이 잘되게 하는데 가장 중요한 것은? 10-1, 12-1

㉮ 호르몬과 온도
㉯ C/N율과 토양의 온도
㉰ 온도와 지주목의 종류
㉱ 잎으로 부터의 증산과 뿌리의 흡수

15. 관목류의 전정 횟수는 연간 1회를 기준으로 한다.

15 전정시기와 횟수에 관한 설명 중 올바르지 않은 것은? 05-1, 08-1

㉮ 침엽수는 10~11월경이나 2~3월에 한 번 실시한다.
㉯ 상록활엽수는 5~6월과 9~10월경 두 번 실시한다.
㉰ 낙엽수는 일반적으로 11~3월 및 7~8월경에 각각 한 번 또는 두 번 전정한다.
㉱ 관목류는 일반적으로 계절이 변할 때마다 전정하는 것이 좋다.

16. 수국, 매실, 복숭아, 동백, 개나리, 서향, 치자, 철쭉류 등은 낙화 직후에 가지다듬기를 한다.

16 꽃이 피고 난 뒤 낙화할 무렵 바로 가지다듬기를 해야 좋은 수종은? 12-5

㉮ 철쭉 ㉯ 목련
㉰ 명자나무 ㉱ 사과나무

정답 → 11. ㉮ 12. ㉯ 13. ㉰ 14. ㉱ 15. ㉱ 16. ㉮

17 다음 수목의 전정작업 요령에 관한 설명 중 틀린 것은? 03-2

㉮ 전정작업은 하기 전 나무의 수형을 살펴 이루어질 가지의 배치를 염두에 둔다.
㉯ 우선 나무의 정상부로부터 주지의 전정을 실시한다.
㉰ 주지의 전정은 주간에 대해서 사방으로 고르게 굵은 가지를 배치하는 동시에 상하(上下)로도 적당한 간격으로 자리잡도록 한다.
㉱ 상부는 가볍게, 하부는 강하게 한다.

17. 수목의 전정작업시 상부는 강하게 하부는 약하게 전정한다.

18 전정 요령으로 옳지 못한 것은? 04-2

㉮ 나무 전체를 충분히 관찰하여 수형을 결정한 후 수형이나 목적에 맞게 전정한다.
㉯ 불필요한 도장지는 단 한 번에 제거해야 한다.
㉰ 수양버들처럼 아래로 늘어지는 나무는 위쪽의 눈을 남겨 둔다.
㉱ 특별한 경우를 제외하고는 줄기 끝에서 여러 개의 가지가 발생치 않도록 해야 한다.

18. 도장지는 바로바로 잘라주면 다시 계속 자라므로 한 번에 잘라내지 말고 1/2 정도 줄여서 힘을 약화시킨 후 동계 전정 때 기부로부터 잘라내어 부정아의 움직임을 막는다.

19 전정 시 반드시 잘라버려야 할 가지가 아닌 것은? 03-5, 07-1

㉮ 웃자람 가지(徒長枝) ㉯ 교차한 가지
㉰ 주지(主枝) ㉱ 말라 죽은 가지(枯死枝)

19. 전정 시 반드시 잘라버려야 할 가지는 고사지(枯死枝), 허약지, 포복지(움돋이), 맹아지(붙은 가지), 도장지(徒長枝), 수하지, 역지(내향지), 교차지, 평행지, 윤생지, 대생지이다.

20 다음 그림은 다듬어야 할 가지들이다. 그 중 얽힌 가지는? 04-5

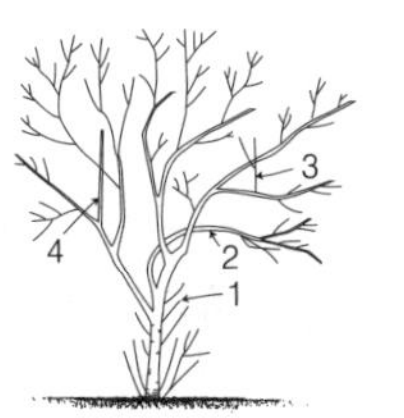

㉮ 1
㉯ 2
㉰ 3
㉱ 4

20. ㉮ 붙은 가지, ㉰ 역지, ㉱ 역지

21 다음 중 수목의 굵은 가지치기 요령 중 가장 거리가 먼 것은? 06-1, 12-2

㉮ 잘라낼 부위는 가지의 밑동으로 부터 10~15㎝ 부위를 위에서부터 밑까지 내리 자른다.
㉯ 잘라낼 부위는 아래쪽에 가지 굵기의 1/3 정도 깊이까지 톱자국을 먼저 만들어 놓는다.
㉰ 톱을 돌려 아래쪽에 만들어 놓은 상처보다 약간 높은 곳을 위로부터 내리 자른다.
㉱ 톱으로 자른 자리의 거친 면은 손칼로 깨끗이 다듬는다.

21. 굵은 가지를 주간(줄기)에서 단 번에 자르면 기부에 갈라짐이 생길 수 있으므로 ㉯~㉱의 순서로 잘라낸다.

정답 → 17. ㉱ 18. ㉯ 19. ㉰ 20. ㉯ 21. ㉮

22. 전정을 싫어하는 수종인 목련류, 벚나무류 등은 굵은 가지를 전정하였을 경우 반드시 도포제를 발라 주어야 한다.

23. ㉮㉯㉰의 수목은 천근성 수종이므로 보호를 하는 것이고 느티나무는 심근성으로 바람에 대한 저항성이 강한 수종이다.

24. 굵은 가지 자를 때 주간(줄기)의 기부에서 절단면이 가지와 직각이 되도록 비스듬히 자른다.

25. 마디위 가지다듬기는 눈끝의 6~7㎜ 윗부분을 눈과 평행한 방향으로 비스듬히 절단한다.

26. 형상수(Topiary)를 만들기에 알맞은 수종은 회양목, 주목, 옥향, 명자나무, 개나리 등 맹아력이 강하고 지엽이 치밀한 수목이 적당하다.

27. 산울타리의 전정횟수와 시기는 맹아력을 고려하여 연 2~3회 실시하고, 꽃나무는 꽃이 진 후, 덩굴성 등나무 등은 여름에 전정한다.

22 굵은 가지를 전정하였을 때 전정부위에 반드시 도포제를 발라주어야 하는 수종은? 04-1, 11-2

㉮ 잣나무 ㉯ 메타세콰이어
㉰ 소나무 ㉱ 벚나무

23 바람의 피해로부터 보호하기 위해 굵은 가지치기를 실시하지 않아도 되는 수종으로 가장 적합한 것은? 10-1

㉮ 독일가문비나무 ㉯ 수양버들
㉰ 자작나무 ㉱ 느티나무

24 다음 전정 방법 중 굵은 가지를 처리하는 방법으로 가장 잘 표현된 것은? 09-2

㉮ ㉯ 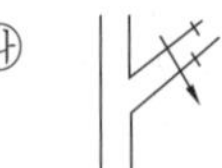 ㉰ 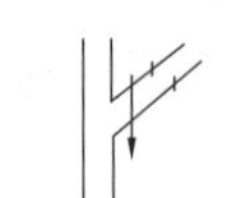 ㉱ 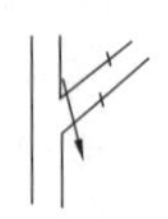

25 다음 그림 중 마디위 가지다듬기가 가장 잘된 것은? 05-5, 06-5, 11-2

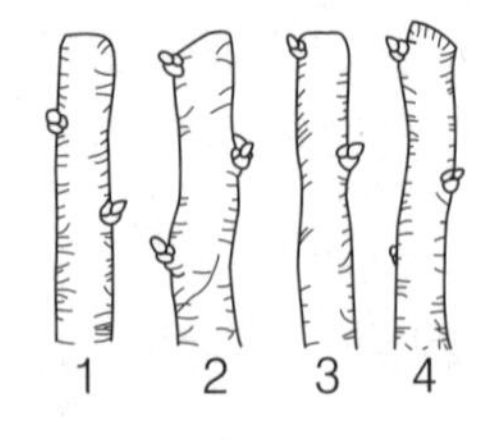

㉮ 1 ㉯ 2 ㉰ 3 ㉱ 4

26 형상수(Topiary)를 만들기에 알맞은 수종은? 12-5

㉮ 느티나무 ㉯ 주목
㉰ 단풍나무 ㉱ 송악

27 다음 중 산울타리의 다듬기 방법으로 옳은 것은? 09-5

㉮ 전정횟수와 시기는 생장이 완만한 수종의 경우 1년에 5~6회 실시한다.
㉯ 생장이 빠르고 맹아력이 강한 수종은 1년에 8~10회 실시한다.
㉰ 일반 수종은 장마 때와 가을 2회 정도 전정한다.
㉱ 화목류는 꽃이 피기 바로 전 실시하고, 덩굴식물의 경우 여름에 전정한다.

 • 정답 ➔ 22. ㉱ 23. ㉱ 24. ㉱ 25. ㉱ 26. ㉯ 27. ㉰

28 소나무의 순따기에 관한 설명 중 바르지 못한 것은? 03-2, 09-1

㉮ 해마다 5-6월경 새순이 6-9㎝ 자라난 무렵 실시한다.
㉯ 손 끝으로 따주어야 하고, 가을까지 끝내면 된다.
㉰ 노목이나 약해보이는 나무는 다소 빨리 실시한다.
㉱ 순따기를 한 후에는 토양이 과습하지 않아야 한다.

28. 소나무의 순따기는 가지 끝에 여러 개의 눈이 있어 산만하게 자랄 수 있으므로, 5~6월경에 실시한다.

29 소나무의 순자르기 방법이 잘못 설명된 것은? 04-1, 07-5, 11-5

㉮ 수세가 좋거나 어린나무는 다소 빨리 실시하고 노목이나 약해 보이는 나무는 5~7일 늦게한다.
㉯ 손으로 순을 따 주는 것이 좋다.
㉰ 5~6월경에 새순이 5~10㎝ 길이로 자랐을 때 실시한다.
㉱ 자라는 힘이 지나치다고 생각될 때에는 1/3~1/2 정도 남겨두고 끝부분을 따 버린다.

29. 소나무의 순자르기를 할 때 노목이나 약해보이는 나무는 다소 빨리 실시한다.

30 소나무류의 순따기에 알맞은 적기는? 04-2, 04-5, 05-5

㉮ 1~2월 ㉯ 3~4월
㉰ 5~6월 ㉱ 7~8월

30. 소나무류의 순따기는 5~6월경에 실시한다.

31 소나무류의 잎솎기는 어느 때 하는 것이 좋은가? 05-2

㉮ 3월경 ㉯ 4월경
㉰ 6월경 ㉱ 8월경

31. 잎솎기는 자라나는 순의 세력조절을 하는 것으로 순따기 이후인 8월경에 실시한다.

32 전정도구 중 주로 연하고 부드러운 가지나 수관 내부의 가늘고 약한 가지를 자를 때와 꽃꽂이를 할 때 흔히 사용하는 것은? 03-5

㉮ 대형전정가위 ㉯ 적심가위 또는 순치기 가위
㉰ 적화, 적과 가위 ㉱ 조형 전정가위

32. 적심가위 또는 순치기 가위는 주로 연하고 부드러운 가지나 끝순, 햇순, 수관 내부의 약한 가지, 꽃꽂이용으로 사용한다.

33 거름을 주는 목적이 아닌 것은? 04-2, 08-5

㉮ 조경 수목을 아름답게 유지하도록 한다.
㉯ 병·해충에 대한 저항력을 증진시킨다.
㉰ 토양 미생물의 번식을 억제시킨다.
㉱ 열매의 성숙을 돕고, 꽃을 아름답게 한다.

33. 거름을 주는 목적 중 하나는 토양 미생물의 번식을 조장하여 식물에 이로운 토양환경을 만드는 데 있다.

정답 ➔ 28. ㉯ 29. ㉮ 30. ㉰ 31. ㉱ 32. ㉯ 33. ㉰

34 식물생육에 특히 많이 흡수·이용되는 거름의 3요소가 아닌 것은? 08-2

㉮ N ㉯ P
㉰ Ca ㉱ K

34. 비료의 3요소
질소(N), 인산(P), 칼륨(K)

35 식물생육에 필요한 필수 원소 중 다량원소가 아닌 것은? 10-2

㉮ Mg ㉯ H
㉰ Ca ㉱ Fe

35. 다량원소 : C, H, O, N, P, K, Ca, Mg, S

36 다음 중 식물체의 생리기능을 돕는 미량원소가 아닌 것은? 10-5

㉮ Mn ㉯ Zn
㉰ Fe ㉱ Mg

36. 미량원소 : Fe, Mn, B, Zn, Cu, Mo, Cl

37 신장 생장이 불량하여 줄기나 가지가 가늘고 작아지며, 묵은 잎이 황변하여 떨어질 때 결핍된 비료의 요소는? 05-5, 08-2, 09-5

㉮ 질소 ㉯ 인
㉰ 칼륨 ㉱ 칼슘

37. 질소의 결핍시 생장 위축, 줄기가 가늘어 지고, 눈과 잎의 축소·황화현상이 일어난다.

38 질소와 칼륨 비료의 효과로 부적합한 것은? 10-1

㉮ N : 수목 생장 촉진 ㉯ K : 뿌리, 가지 생육 촉진
㉰ N : 개화 촉진 ㉱ K : 각종 저항성 촉진

38. 질소는 광합성 작용의 촉진으로 잎이나 줄기 등 수목의 생장에 도움을 주고, 칼륨은 뿌리나 줄기를 튼튼하게 하며, 병해에 대한 저항성 및 내한성 증가, 꽃·열매의 향기·색깔 조절, 일조량 부족에 대한 생리적 보충의 효과가 있다.

39 세포분열을 촉진하여 식물체의 각 기관들의 수를 증가, 특히 꽃과 열매를 많이 달리게 하고, 뿌리의 발육, 녹말 생산, 엽록소의 기능을 높이는데 관여하는 영양소는? 10-4

㉮ N ㉯ P
㉰ K ㉱ Ca

39. P(인)은 세포핵, 분열조직, 효소를 구성하여 세포분열촉진이나 유전현상을 지배하고, 물질의 합성과 분해반응에 중요한 작용을 한다.

40 복합비료의 표시가 21-17-18일 때 설명으로 옳은 것은? 11-5

㉮ 인산 21%, 칼륨 17%, 질소 18%
㉯ 칼륨 21%, 인산 17%, 질소 18%
㉰ 질소 21%, 인산 17%, 칼륨 18%
㉱ 인산 21%, 질소 17%, 칼륨 18%

40. 성분표시(%)는 질소-인산-칼륨의 비율로 표시하는 데 21-17-18은 질소 21%, 인산 17%, 칼륨 18%가 들어 있다는 표시이다.

정답 → 34. ㉰ 35. ㉱ 36. ㉱ 37. ㉮ 38. ㉰ 39. ㉯ 40. ㉰

41 속효성 비료로 계속 주면 흙이 산성으로 변하는 비료는? 03-1, 05-2, 11-1

㉮ 황산암모늄 ㉯ 요소
㉰ 황산칼륨 ㉱ 중과석

41. 질소질 비료인 황산암모늄은 산성비료로서, 계속 시비하면 암모니아는 식물에 흡수되고 황산기는 토양에 흡착되어 토양을 산성화 시킨다.

42 다음 중 질소질 속효성 비료로서 주로 덧거름으로 쓰이는 비료는? 11-4

㉮ 황산암모늄 ㉯ 두엄
㉰ 생석회 ㉱ 깻묵

42. 덧거름은 주로 속효성 무기질(화학)비료를 사용하고 속효성 비료로는 황산암모늄, 질산암모늄, 요소 등이 있다.

43 다음 중 일반적으로 조경 수목에 밑거름을 시비하는 가장 적합한 시기는? 07-1

㉮ 개화 전 ㉯ 개화 후
㉰ 장마 직후 ㉱ 낙엽진 후

43. 밑거름은 늦가을 낙엽 후 10월 하순~11월 하순 땅이 얼기 전, 또는 2월 하순~3월 하순의 잎이 피기 전에 시비한다.

44 정원수의 거름주기 설명으로 옳지 않은 것은? 08-2, 12-2

㉮ 속효성 거름은 7월 이후에 준다.
㉯ 지효성의 유기질 비료는 밑거름으로 준다.
㉰ 질소질 비료와 같은 속효성 비료는 덧거름으로 준다.
㉱ 지효성 비료는 늦가을에서 이른 봄 사이에 준다.

44. 속효성 거름의 시비는 수목의 생장기인 4월 하순~6월 하순에 시비하고 7월 이전에 완료한다.

45 거름을 줄 때 지켜야 할 점으로 잘못 된 것은? 05-1

㉮ 흙이 몹시 건조하면 맑은 물로 땅을 축이고 거름주기를 한다.
㉯ 두엄, 퇴비 등으로 거름을 줄 때는 다소 덜 썩은 것을 선택하여 실시한다.
㉰ 속효성 거름 주기는 7월말 이내에 끝낸다.
㉱ 거름을 주고난 다음에는 흙으로 덮어 정리 작업을 실시한다.

45. 두엄, 퇴비 등의 유기질 비료는 양질의 소재로 유해물, 기타 다른 물질이 혼입되지 않으며 충분히 건조되고 완전 부숙된 것을 사용한다.

46 일반적으로 수목에 거름을 주는 요령으로 맞는 것은? 10-2

㉮ 밑거름은 늦가을부터 이른 봄 사이에 준다.
㉯ 효력이 빠른 거름은 3월경 싹이 틀 때, 꽃이 졌을 때, 그리고 열매 따기 전 여름에 준다.
㉰ 산울타리는 수관선 바깥쪽으로 방사상으로 땅을 파고 거름을 준다.
㉱ 유기질비료는 속효성이므로 덧거름을 준다.

46. ㉯ 속효성 거름은 4월 하순~6월 하순에 시비하고 7월 이전 완료한다.
㉰ 산울타리는 선상으로 시비한다.
㉱ 유기질 비료는 지효성으로 밑거름으로 시비한다.

정답 → 41. ㉮ 42. ㉮ 43. ㉱ 44. ㉮ 45. ㉯ 46. ㉮

47. 방사형 시비는 수목 밑동부터 방사상 모양으로 구덩이를 파고 시비하는 것으로 구덩이 길이는 수관폭의 1/3 정도이다.

48. 윤상거름주기는 수간을 중심으로 수관을 형성하는 가지 끝 아래에 동그랗게(윤상)도랑을 파서 거름을 주는 방법이다.

49. 윤상거름주기는 수관선을 기준으로 하여 깊이 20~25㎝, 너비 20~30㎝정도로 둥글게 도랑을 파고 시비한다.

50. 선상시비는 산울타리 등의 대상군식이 되었을 경우 식재 수목을 따라 일정간격을 띄어 도랑처럼 길게 구덩이를 파서 비료 살포하는 방법이다.

51. 선상거름주기는 산울타리 등의 대상군식이 되었을 경우에 적용한다.

47 다음 중 방사형 시비 방법으로 적당한 것은? 05-5, 08-1, 09-2

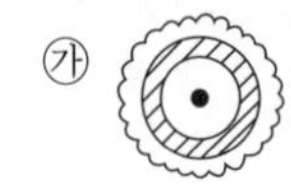

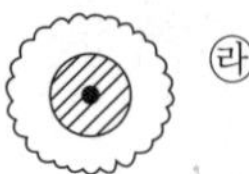

48 다음 중 수관 폭을 형성하는 가지 끝 아래의 수관선을 기준으로 환상으로 깊이 20~25㎝, 너비 20~30㎝정도로 둥글게 파서 거름을 주는 방법은? 09-1, 09-5, 11-4

㉮ 윤상거름주기 ㉯ 방사상거름주기
㉰ 천공거름주기 ㉱ 전면거름주기

49 다음 그림 중 윤상거름주기를 할 때, 시비의 위치로 가장 적합한 곳은? 08-2

㉮ ①
㉯ ②
㉰ ③
㉱ ④

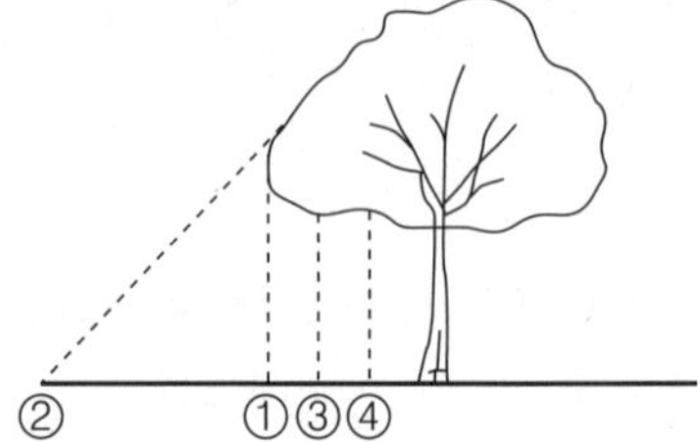

50 생울타리처럼 수목이 대상으로 군식 되었을 때 거름 주는 방법으로 가장 적당한 것은? 07-1, 12-2

㉮ 전면 거름주기 ㉯ 방사상 거름주기
㉰ 천공 거름주기 ㉱ 선상 거름주기

51 다음 중 조경수목에 거름을 줄 때 방법과 설명으로 틀린 것은? 06-2

㉮ 윤상거름주기 : 수관폭을 형성하는 가지 끝 아래의 수관선을 기준으로 환상으로 깊이 20~25㎝, 너비 20~30㎝로 둥글게 판다.
㉯ 방사상거름주기 : 파는 도랑의 깊이는 바깥쪽일수록 깊고 넓게 파야 하며, 선을 중심으로 하여 길이는 수관폭의 1/3정도로 한다.
㉰ 선상거름주기 : 수관선상에 깊이 20㎝ 정도의 구멍을 군데군데 뚫고 거름을 주는 방법으로 액비를 비탈면에 줄 때 적용한다.
㉱ 전면거름주기 : 한 그루씩 거름을 줄 경우, 뿌리가 확장되어 있는 부분을 뿌리가 나오는 곳까지 전면으로 땅을 파고 주는 방법이다.

정답 ➔ 47. ㉯ 48. ㉮ 49. ㉮ 50. ㉱ 51. ㉰

52 수목에 약액의 수간주입 방법 설명으로 틀린 것은? 03-1, 09-4

㉮ 약액의 수간 주입은 수액 이동이 활발한 5월초~9월말에 실시한다.
㉯ 흐린 날에 실시해야 약액의 주입이 빠르다.
㉰ 영양액이 들어 있는 수간 주입기를 사람 키 높이 되는 곳에 끈으로 매단다.
㉱ 약통 속에 약액이 다 없어지면, 수간 주입기를 걷어내고 도포제를 바른 다음, 코르크 마개로 주입구멍을 막아준다.

52. 약액의 수간주입은 수액이동과 증산작용이 활발한 맑은 날에 실시한다.

53 다음 중 수간주입 방법으로 옳지 않은 것은? 12-2

㉮ 구멍속의 이물질과 공기를 뺀 후 주입관을 넣는다.
㉯ 중력식 수간주사는 가능한 한 지제부 가까이에 구멍을 뚫는다.
㉰ 구멍의 각도는 50~60도 가량 경사지게 세워서, 구멍지름 20㎜ 정도로 한다.
㉱ 뿌리가 제구실을 못하고 다른 시비방법이 없을 때, 빠른 수세회복을 원할 때 사용한다.

53. 구멍의 각도는 20~30°의 각도로 비스듬히 천공하고 구멍지름은 5~10㎜ 정도로 한다.

54 파이토플라즈마에 의한 주요 수목병에 해당되지 않는 것은? 08-5, 10-1, 10-5

㉮ 오동나무빗자루 ㉯ 뽕나무오갈병
㉰ 대추나무빗자루병 ㉱ 소나무시들음병

54. 파이토플라즈마에 의한 주요 수목병은 대추나무·오동나무 빗자루병, 뽕나무 오갈병이 있다.

55 다음 중 세균에 의한 수목병은? 12-2

㉮ 밤나무 뿌리혹병 ㉯ 뽕나무 오갈병
㉰ 소나무 잎녹병 ㉱ 포플러 모자이크병

55. 세균에 의한 수목병은 뿌리혹병, 복숭아 세균성 구멍병이 있다.

56 식물병의 발병에 관여하는 3대 요인과 가장 거리가 먼 것은? 11-4

㉮ 일조부족 ㉯ 병원체의 밀도
㉰ 야생동물의 가해 ㉱ 기주식물의 감수성

56. 식물병의 발병 3대 요인은 일조부족, 병원체의 밀도, 기주식물의 감수성이다.

57 다음 중 병원체의 월동방법 중 토양 중에서 월동하는 병원균은? 06-2

㉮ 자주빛날개무늬병균 ㉯ 소나무잎떨림병균
㉰ 밤나무줄기마름병균 ㉱ 잣나무털녹병균

57. 토양 중에서 월동하는 병원균은 자줏빛날개무늬병균, 묘목의 입고병균, 근두암종병균, 각종 토양서식 병균이다.

정답 ➔ 52. ㉯ 53. ㉰ 54. ㉱ 55. ㉮ 56. ㉰ 57. ㉮

58. 오리나무갈색무늬병균의 전반은 종자의 표면에 병원체가 부착해서 전반되는 것으로 호두나무갈색부패병균도 종자에 의한 전반이다.

58 다음 중 오리나무 갈색무늬병균의 전반(傳搬)에 대한 설명으로 옳은 것은? 10-2

㉮ 곤충 및 소동물에 의해서 전반된다.
㉯ 물에 의해서 전반된다.
㉰ 종자의 표면에 부착해서 전반된다.
㉱ 바람에 의해서 전반된다.

59. 소나무재선충병은 소나무재선충을 체내에 지닌 매개충인 북방수염하늘소와 솔수염하늘소가 감염된 고사목에서 우화하여 소나무의 신초를 갉아먹을 때 기주식물로 침투해 감염시키는 병이다.

59 다음 중 소나무재선충의 전반(傳搬)에 중요한 역할을 하는 곤충은? 10-2

㉮ 북방수염하늘소 ㉯ 노린재
㉰ 혹파리류 ㉱ 진딧물

60. 배나무붉은별무늬병의 기주식물은 배나무·모과나무로 중간 기주 식물은 향나무이다.

60 배나무 붉은별무늬병의 겨울포자 세대의 중간기주 식물은? 09-5

㉮ 잣나무 ㉯ 향나무
㉰ 배나무 ㉱ 느티나무

61. 소나무 혹병의 중간 기주는 졸참나무·신갈나무인 참나무류이다.

61 다음 중 소나무 혹병의 중간 기주는? 11-2

㉮ 송이풀 ㉯ 배나무
㉰ 참나무류 ㉱ 향나무

62. 세계 3대 수목병은 잣나무 털녹병, 느릅나무 시들음병, 밤나무 줄기마름병이다.

62 오늘날 세계 3대 수목병에 속하지 않는 것은? 12-1

㉮ 잣나무 털녹병 ㉯ 느릅나무 시들음병
㉰ 밤나무 줄기마름병 ㉱ 소나무류 리지나뿌리썩음병

63. 나무 전체에 발생하는 병해는 흰비단병, 시들음병, 세균성 연부병, 바이러스 모자이크병이 있다.

63 수목에 피해를 주는 병해 가운데 나무전체에 발생하는 것은? 04-1

㉮ 흰비단병, 근두암종병 등
㉯ 암종병, 가지마름병 등
㉰ 시듦병, 세균성 연부병 등
㉱ 붉은별무늬병, 갈색무늬병 등

64. 빗자루병이 가장 발생하기 쉬운 수종은 전나무, 오동나무, 대추나무, 대나무, 쥐똥나무 등으로 균이 잎과 줄기에 침입하여 피해를 준다.

64 일반적으로 빗자루병이 가장 발생하기 쉬운 수종은? 07-5, 09-4, 12-5

㉮ 향나무 ㉯ 동백나무
㉰ 대추나무 ㉱ 장미

정답 ➔ 58. ㉰ 59. ㉮ 60. ㉯ 61. ㉰ 62. ㉱ 63. ㉰ 64. ㉰

65 다음 [보기]에서 설명하고 있는 병은? 08-1, 09-2, 11-5

[보기]
- 수목에 치명적인 병은 아니지만 발생하면 생육이 위축되고 외관을 나쁘게 한다.
- 장미, 단풍나무, 배롱나무, 벚나무 등에 많이 발생한다.
- 병든 낙엽을 모아 태우거나 땅속에 묻음으로써 전염원을 차단하는 것이 필수적이다.
- 통기불량, 일조부족, 질소과다 등이 발병요인이다.

㉮ 흰가루병 ㉯ 녹병
㉰ 빗자루병 ㉱ 그을음병

65. 흰가루병은 잎 표면에 흰가루를 뿌린 것처럼 엷게 곰팡이가 생겨 점차 잎 전면으로 확산되어 광합성을 방해하는 것으로 주야의 온도차가 크고, 습기가 많으면서 통풍이 불량한 경우에 주로 신초, 어린나무, 묘목에 발생한다.

66 흰가루병을 방제하기 위하여 사용하는 약품으로 부적당한 것은? 08-2

㉮ 티오파네이트메틸수화제(지오판엠)
㉯ 결정석회황합제(유황합제)
㉰ 디비이디시(황산구리)유제(산요루)
㉱ 데메톤-에스-메틸유제(메타시스톡스)

66. 흰가루병의 방제는 봄에 새순이 나오기 전 석회황합제 1~2회 살포, 여름에는 만코지, 지오판, 베노밀수화제 등을 2주 간격으로 살포, 그 외 황수화제, 4-4식 보르도액(구리제), 폴리옥신 등을 사용하고, 병든 잎을 모아 묻거나 소각한다.

67 오동나무 탄저병에 대한 설명으로 옳은 것은? 10-1

㉮ 주로 뿌리에 발생하여 뿌리를 썩게 한다.
㉯ 주로 열매에 많이 발생한다.
㉰ 담자균이 균사상태로 줄기에서 월동한다.
㉱ 주로 묘목의 줄기와 잎에 발생한다.

67. 오동나무 탄저병은 자낭균에 의한 병으로 병든 가지에서 균사와 자낭각상태로, 병든 낙엽에서는 자낭각을 만들어 월동 후, 분생포자나 자낭포자로 감염된다. 5~6월경 온도와 습도가 높을 때 잎, 어린가지, 과실이 검게 변하고 움푹 들어가는 것이 공통적 병징이다.

68 다음 중 조경 수목의 병해와 방제 방법이 맞는 것은? 10-2

㉮ 빗자루병 - 배수구 설치
㉯ 검은점무늬병 - 만코제브수화제(다이센엠-45)
㉰ 잎녹병 - 페니트로티온수화제(메프치온)
㉱ 흰가루병 - 트리클로르폰수화제(디프록스)

68. 빗자루병은 발병 초기 옥시테트라사이클린을 수간 주입하거나 병든 부위 제거, 병든 가지 잘라 태우기, 꽃이 진 후 보르도액이나 만코지수화제를 2~3회 살포하여 방제한다.
㉰㉱ 살충제

69 진딧물, 깍지벌레와 관계가 가장 깊은 병은? 11-2

㉮ 흰가루병 ㉯ 빗자루병
㉰ 줄기마름병 ㉱ 그을음병

69. 그을음병은 깍지벌레, 진딧물의 배설물에 의해 발생한다.

정답 → 65. ㉮ 66. ㉱ 67. ㉱ 68. ㉯ 69. ㉱

70. 참나무 시들음병은 파렐리아라는 곰팡이균이 원인으로 좀벌레들이 참나무둥치를 뚫고 다니면서 작은 구멍을 내는 것이 병의 초기증세이고 구멍이 나기 시작한 참나무는 두세 달 안에 수액 흐름이 막혀 고사한다.

70 참나무 시들음병에 대한 설명으로 옳지 않은 것은? 12-2

㉮ 매개충은 광릉긴나무좀이다.
㉯ 피해목은 초가을에 모든 잎이 낙엽된다.
㉰ 매개충의 암컷 등판에는 곰팡이를 넣는 균낭이 있다.
㉱ 월동한 성충은 5월경에 침입공을 빠져나와 새로운 나무를 가해한다.

71. 흡즙성 해충은 깍지벌레류, 응애류, 진딧물류, 방패벌레류이다.

71 다음 조경 식물의 주요 해충 중 흡즙성 해충은? 07-1, 10-1

㉮ 깍지벌레 ㉯ 독나방
㉰ 오리나무잎벌레 ㉱ 미끈이하늘소

72. 잎을 갉아먹는 식엽성 해충은 주로 나방류와 오리나무잎벌레, 잣나무넓적잎벌이 있다.

72 가해방법에 따른 해충의 분류 중 잎을 갉아먹는 해충은? 06-5

㉮ 진딧물 ㉯ 솔나방
㉰ 응애 ㉱ 밤나방

73. 생물적 방제법이란 솔잎혹파리에 먹좀벌을 방사시키는 것처럼 기생성·포식성 천적, 병원미생물을 이용하는 방법이다.

73 솔잎혹파리에는 먹좀벌을 방사시키면 방제효과가 있다. 이러한 방제법에 해당하는 것은? 04-1, 10-1

㉮ 가꾸기에 의한 방제법 ㉯ 생물적 방제법
㉰ 물리적 방제법 ㉱ 화학적 방제법

74. 재배학적 방제법에는 내충성·내환경성 품종 개발, 간벌, 시비 등이있다.

74 내충성이 강한 품종을 선택하는 것은 다음 중 어느 방제법에 속하는가? 12-4

㉮ 물리적 방제법 ㉯ 화학적 방제법
㉰ 생물적 방제법 ㉱ 재배학적 방제법

75. 잠복소는 해충을 한 곳에 모아 포살하는 물리적 방제법이다.

75 해충의 방제 방법 분류상 '잠복소'를 설치하여 해충을 방제하는 방법은? 06-5

㉮ 물리적 방제법
㉯ 내병성 품종 이용법
㉰ 생물적 방제법
㉱ 화학적 방제법

정답 → 70. ㉯ 71. ㉮ 72. ㉯ 73. ㉯ 74. ㉱ 75. ㉮

76 잠복소를 설치하는 목적에 가장 적당한 설명은 어느 것인가? 05-2, 07-1, 10-1

㉮ 동해의 방지를 위해
㉯ 월동 벌레를 유인하여 봄에 태우기 위해
㉰ 겨울의 가뭄 피해를 막기 위해
㉱ 동해나 나무생육 조절을 위해

76. 잠복소는 양버즘나무(플라타너스), 포플러류에 9월 하순 경에 설치하여 해충을 한 곳에 모아 포살하는 방법으로 이용된다.

77 다음 중 소나무류를 가해하는 해충이 아닌 것은? 07-1

㉮ 솔나방 ㉯ 미국흰불나방
㉰ 소나무좀 ㉱ 솔잎혹파리

77. 미국흰불나방은 양버즘나무, 벚나무, 포플러류, 오동나무, 아까시나무, 호두나무, 단풍나무 등을 가해한다.

78 다음 중 잎이나 가지에 붙어 즙액을 빨아먹어 잎이 황색으로 변하게 되고 2차적으로 그을음병을 유발시키며, 감나무, 동백나무, 호랑가시나무, 사철나무, 치자나무 등에 공통적으로 발생하기 쉬운 충해는? 06-1, 09-5

㉮ 흰불나방 ㉯ 측백나무 하늘소
㉰ 깍지벌레 ㉱ 진딧물

78. 깍지벌레는 대부분의 활엽수·침엽수에 피해를 준다.

79 다음 중 루비깍지벌레의 구제에 가장 효과적인 농약은? 04-5, 05-5, 10-5

㉮ 메타유제(메타시스톡스)
㉯ 티디폰수화제(바리톡)
㉰ 디프수화제(디프록스)
㉱ 메치온유제(수프라사이드)

79. 깍지벌레류는 메티온유제, 메카밤유제, 기계유(동절기)로 방제한다.
㉮㉯ 잔딧물, ㉰ 나방류 방제

80 진딧물 구제에 적당한 약제가 아닌 것은? 05-2

㉮ 메타유제(메타시스톡스) ㉯ 디디브이피제(DDVP)
㉰ 포스팜제(다이메크론) ㉱ 만코지제(다이센 M45)

80. 진딧물의 구제에 적당한 약제는 ㉮㉯㉰ 외에도 마라톤유제, 아시트수화제 등이 있다.
㉱ 살균제

81 응애(mite)의 피해 및 구제법으로 틀린 것은? 07-5, 10-1

㉮ 살비제를 살포하여 구제한다.
㉯ 같은 농약의 연용을 피하는 것이 좋다.
㉰ 발생지역에 4월 중순부터 1주일 간격으로 2~3회 정도 살포한다.
㉱ 침엽수에는 피해를 주지 않으므로 약제를 살포하지 않는다.

81. 응애류는 소나무, 벚나무, 전나무, 과수류, 꽃아그배나무 등 대부분의 활엽수·침엽수에 피해를 준다.

정답 ➔ 76. ㉯ 77. ㉯ 78. ㉰ 79. ㉱ 80. ㉱ 81. ㉱

82. 플라타너스와 같은 포플러류는 흰불나방, 미루나무재주나방, 버들재주나방, 텐트나방, 박쥐나방 등의 해충에 가장 많은 피해를 받는 수종이다.

82 다음 중 흰불나방의 피해가 가장 많이 발생하는 수종은? 05-5

㉮ 감나무 ㉯ 사철나무
㉰ 플라타너스 ㉱ 측백나무

83. 미국흰불나방 구제는 5~10월 유충 시기에 트리클로르폰수화제(디프록스) 50% 1,000배액을 살포한다. ㉮ 살균제, ㉯ 살비제, ㉰ 제초제

83 다음 중 미국흰불나방 구제에 가장 효과가 좋은 것은? 07-5

㉮ 메탈락실수화제(리도밀)
㉯ 디코폴수화제(켈센)
㉰ 파라콰디클로라이드액제(그라목손)
㉱ 트리클로르폰수화제(디프록스)

84. 솔나방은 약 500개의 알을 솔잎에 몇 개의 무더기로 나누어 낳는다.

84 솔나방의 생태적 특성으로 옳지 않은 것은? 12-4

㉮ 식엽성 해충으로 분류된다.
㉯ 줄기에 약 400개의 알을 낳는다.
㉰ 1년에 1회로 성충은 7~8월에 발생한다.
㉱ 유충이 잎을 가해하며, 심하게 피해를 받으면 소나무가 고사하기도 한다.

85. 솔나방의 구제에 효과적인 농약은 디프제(디프록스), 주론수화제가 있다. ㉮㉯㉰ 살균제

85 소나무에 많이 발생하는 솔나방 구제에 가장 효과적인 농약은? 05-2, 09-4

㉮ 만코지제(다이센) ㉯ 캡탄수화제(오소싸이드)
㉰ 포리옥신수화제 ㉱ 디프제(디프록스)

86. 측백나무하늘소는 주로 생육이 쇠약한 나무를 가해하며 성충으로 월동하고 3~4월에 탈출하여 수피를 물어뜯고 그 속에 산란한다. 유충은 수목의 형성층부위에 얕게 구멍을 뚫고 가해한다.

86 다음 설명하는 해충은? 12-5

· 가해 수종으로는 향나무, 편백, 삼나무 등
· 똥을 줄기 밖으로 배출하지 않기 때문에 발견하기 어렵다.
· 기생성 천적인 좀벌류, 맵시벌류, 기생파리류로 생물학적 방제를 한다.

㉮ 박쥐나방 ㉯ 측백나무하늘소
㉰ 미끈이하늘소 ㉱ 장수하늘소

87. 수염하늘소는 소나무류의 목질부 속에서 애벌레 상태로 월동하며, 우화한 성충은 5월 하순부터 7월 하순에 걸쳐 둥근 구멍을 뚫고 밖으로 나와 소나무의 어린 가지 수피를 갉아 먹는다.

87 솔수염하늘소의 성충이 최대로 출현하는 최성기로 가장 적합한 것은? 12-1

㉮ 3~4월 ㉯ 4~5월
㉰ 6~7월 ㉱ 9~10월

정답 → 82. ㉰ 83. ㉱ 84. ㉯ 85. ㉱ 86. ㉯ 87. ㉰

88 다음 중 살충제에 해당되는 것은? 11-5

㉮ 아토닉액제 ㉯ 옥시테트라사이클린수화제
㉰ 시마진수화제 ㉱ 포스파미돈액제

89 약제를 식물체의 뿌리, 줄기, 잎 등에 흡수시켜 깍지벌레와 같은 흡즙성 해충을 죽게 하는 살충제의 형태는? 11-1

㉮ 기피제 ㉯ 유인제
㉰ 소화중독제 ㉱ 침투성살충제

90 응애만을 죽이는 농약의 종류에 해당 하는 것은? 03-5, 10-4

㉮ 살충제 ㉯ 살균제
㉰ 살비제 ㉱ 살서제

91 다음 중 생장조절제가 아닌 것은? 06-2, 08-1

㉮ 비에이액제(영일비에이)
㉯ 도마도톤액제(정밀도마도톤)
㉰ 인돌비액제(도래미)
㉱ 파라코액제(그라목손)

92 관상용 열매의 착색을 촉진시키기 위하여 살포하는 농약은? 04-5, 11-5

㉮ 지베렐린수용제(지베렐린) ㉯ 비나인수화제(비나인)
㉰ 말레이액제(액아단) ㉱ 에세폰액제(에스렐)

93 병해충 방제를 목적으로 쓰이는 농약의 포장지 표기 형식 중 색깔이 분홍색을 나타내는 것은 어떤 종류의 농약을 가리키는가? 06-2

㉮ 살충제 ㉯ 살균제
㉰ 제초제 ㉱ 살비제

94 농약의 사용 시 확인 할 농약 방제 대상별 포장지의 색깔과 구분이 올바른 것은? 10-5

㉮ 살균제-청색 ㉯ 제초제-분홍색
㉰ 살충제-초록색 ㉱ 생장조절제-노란색

88. 살충제의 종류로는 침투성살충제(포스파미돈액제, 모노포액제), 소화중독제(비산납, 비티제, 유기인계 농약), 접촉독제(메프제, DDVP 등 유기인제), 유인제(페로몬 농약), 기피제(나프탈린), 생물농약(비티균), 불임제(테파, 헴파)가 있다. ㉮ 생장촉진제, ㉯ 살균제, ㉰ 제초제

89. 침투성살충제는 흡즙성 해충에 독성을 나타내는 약제로 약제를 식물의 잎이나 뿌리에 처리하여 식물체내로 흡수·이동시키고, 식물전체에 분포되도록 한다.

90. 살비제는 곤충에는 살충력이 거의 없고 응애류에만 효력을 나타내는 약제로 켈센, 테디온, 디코폴 수화제가 있다.

91. 식물의 생장을 촉진·억제하거나 개화·착색 및 낙과방지 등 식물의 생육을 조정하기 위한 약제로 ㉮~㉰ 외에도 아토닉액제(삼공아토닉), 지베렐린, 메피콰클로라이드액제(나왕) 등이 있다.

92. ㉮ 생장촉진제, ㉯ 생장억제제 ㉰ 생장억제제

93. 살충제는 녹색, 제초제는 황색, 살비제는 살충제와 같다.

94. 살균제는 분홍색, 제초제는 황색, 생장조절제는 청색이다.

정답 ➔ 88. ㉱ 89. ㉱ 90. ㉰ 91. ㉱ 92. ㉱ 93. ㉯ 94. ㉰

95 다수진 50%, 유제 100cc를 0.05%로 희석하려 할 때 필요한 물의 양은?

㉮ 200~300배
㉯ 400~600배
㉰ 700~800배
㉱ 900~1,000배

96 다수진 25% 유제 100cc를 0.05%로 희석하려 할 때 필요한 물의 양은?

11-2

㉮ 5L
㉯ 25L
㉰ 50L
㉱ 100L

97 비중이 1.15인 이소푸로치오란 유제(50%) 100mL로 0.05% 살포액을 제조하는데 필요한 물의 양은?

12-4

㉮ 104.9L
㉯ 110.5L
㉰ 114.9L
㉱ 124.9L

98 Methidathion(메치온) 40% 유제를 1000배액으로 희석해서 10a 당 6말(20L/말)을 살포하여 해충을 방제하고자 할 때 유제의 소요량은 몇 mL 인가?

12-5

㉮ 100
㉯ 120
㉰ 150
㉱ 240

99 다음 중 농약의 혼용사용 시 장점이 아닌 것은?

12-1

㉮ 약해 증가
㉯ 독성 경감
㉰ 약효 상승
㉱ 약효지속기간 연장

100 조경수목에 사용되는 농약과 관련된 내용으로 부적합한 것은?

08-2

㉮ 농약은 다른 용기에 옮겨 보관하지 않는다.
㉯ 살포작업은 아침·저녁 서늘한 때를 피하여 한낮 뜨거운 때 작업한다.
㉰ 살포작업 중에는 음식을 먹거나 담배를 피우면 안된다.
㉱ 농약 살포작업은 한 사람이 2시간 이상 계속하지 않는다.

---

95. A : 희석할 물의 양(㎖, g)
B : 소요농약량(㎖)
C : 농약 주성분 농도(%)
D : 추천농도(%)
E : 농약비중

$A = B \times (\frac{C}{D} - 1) \times E$

$100 \times (\frac{50}{0.05} - 1) = 99,900cc$

96. $100 \times (\frac{25}{0.05} - 1) = 49,900$

→ 49.9L

97. $100 \times (\frac{50}{0.05} - 1) \times 1.15$

= 114,885 → 114.9L

98. A : 소요농약량
B : 살포액량
C : 희석배수

$A = \frac{B}{C}$

$\frac{6 \times 20 \times 1,000}{1,000} = 120㎖$

99. 농약의 혼용사용 시 장점은 농약의 살포 횟수를 줄여 방제비용 절감, 동일 약제의 연용에 의한 내성 또는 저항성 억제, 약제 간 상승 작용에 의한 약효 증진에 있다.

100. 살포작업은 한낮을 피해 아침·저녁 시원할 때 하는 것이 좋다.

정답 → 95. ㉱ 96. ㉰ 97. ㉰ 98. ㉯ 99. ㉮ 100. ㉯

101 농약 취급 시 주의할 사항으로 부적합한 것은? 09-1

㉮ 농약을 살포할 때는 방독면과 방호용 옷을 착용하여야 한다.
㉯ 쓰고 남은 농약은 변질될 수 있으므로 즉시 주변에 버리거나 다른 용기에 담아둔다.
㉰ 피로하거나 건강이 나쁠 때는 작업하지 않는다.
㉱ 작업 중에 식사 또는 흡연을 금한다.

101. 농약 취급 시 남은 희석액과 세척한 물의 하천 유입방지에 주의하고 사용하고 남은 농약은 다른 용기에 옮겨 보관하지 말고 밀봉한 뒤 건조하고 서늘한 장소에 보관한다.

102 관수의 효과가 아닌 것은? 12-5

㉮ 토양 중의 양분을 용해하고 흡수하여 신진대사를 원활하게 한다.
㉯ 증산작용으로 인한 잎의 온도 상승을 막고 식물체 온도를 유지한다.
㉰ 지표와 공중의 습도가 높아져 증산량이 증대된다.
㉱ 토양의 건조를 막고 생육 환경을 형성하여 나무의 생장을 촉진시킨다.

102. 지표와 공중의 습도가 높아져 증발량이 감소된다.

103 분쇄목인 우드칩(wood chip)을 멀칭재료로 사용할 때의 효과가 아닌 것은? 07-1, 10-4

㉮ 미관효과 우수
㉯ 잡초억제 기능
㉰ 배수억제 효과
㉱ 토양개량 효과

103. 멀칭은 토양의 침식 방지, 수분손실방지 및 수분유지, 비옥도 증진 및 구조개선, 온도 조절, 굳어짐 방지 및 지표면 개선효과, 잡초 및 병충해발생 억제 효과가 있다. 우드칩 외의 멀칭재료는 수피·낙엽·볏집·콩깍지·풀 등이 있다.

104 모과, 감나무, 배롱나무 등의 수목에 사용 하는 월동 방법으로 가장 적당한 것은? 03-2, 03-5, 10-1

㉮ 흙묻기 ㉯ 짚싸기
㉰ 연기 씌우기 ㉱ 시비 조절하기

104. 동해의 우려가 있는 수종은 기온이 5℃ 이하면 짚싸주기, 뿌리덮개, 방풍조치 등을 해준다.

105 수목 줄기의 썩은 부분을 도려내고 구멍에 충진 수술을 하고자 할 때 가장 효과적인 시기는? 07-5, 09-1, 11-4

㉮ 1~3월 ㉯ 4~6월
㉰ 10~12월 ㉱ 아무 시기나 상관 없다.

105. 외과 수술인 공동(空胴) 처리는 생장이 왕성한 6월 전후로 실시한다.

정답 → 101. ㉯ 102. ㉰ 103. ㉰ 104. ㉯ 105. ㉯

106 아래 [보기]는 수목 외과수술 방법의 순서이다. 작업순서를 바르게 나열한 것은? 08-5, 11-5

[보기]
㉠ 동공충전 ㉡ 부패부 제거
㉢ 살균 · 살충처리 ㉣ 매트처리
㉤ 방부 · 방수처리 ㉥ 인공나무 껍질 처리 ㉦ 수지처리

㉮ ㉠→㉡→㉢→㉣→㉤→㉦→㉥
㉯ ㉢→㉥→㉦→㉣→㉠→㉤→㉡
㉰ ㉡→㉢→㉤→㉠→㉣→㉥→㉦
㉱ ㉥→㉡→㉣→㉢→㉤→㉦→㉠

106. 수목 외과수술 방법의 순서는 부패부 제거→공동내부 다듬기→버팀대 박기→살균 및 치료→공동 충전→방부 · 방수 처리→표면경화 처리(인공나무 껍질 처리)→수피(수지) 처리

107 주로 종자에 의하여 번식되는 잡초는? 12-4

㉮ 올미 ㉯ 가래
㉰ 피 ㉱ 너도방동사니

107. 종자번식 잡초는 바랭이, 피, 쇠비름, 명아주, 뚝새풀, 냉이, 알방동사니 등이 있다.

108 계절적 휴면형 잡초 종자의 감응 조건으로 가장 적합한 것은? 11-4

㉮ 온도 ㉯ 일장
㉰ 습도 ㉱ 광도

108. 잡초는 광발아 잡초가 많으므로 일조시간의 조절로도 잡초 방제가 가능하다.

109 다음 중 잡초방제용 제초제가 아닌 것은? 03-2

㉮ 메프수화제(스미치온) ㉯ 씨마네수화제(씨마진)
㉰ 알라유제(라쏘) ㉱ 파라코액제(그라목손)

109. ㉮ 유기인계 살충제

110 다음 중 제초제가 아닌 것은? 10-4

㉮ 페니트로티온수화제 ㉯ 시마진수화제
㉰ 알라클로르유제 ㉱ 파라쾃디클로라이드액제

110. ㉮ 메프수화제(살충제)

111 잡초제거를 위한 제초제 중 잔디밭에 사용할 때 각별한 주의가 요구되는 것은? 09-2

㉮ 선택성 제초제 ㉯ 비선택성 제초제
㉰ 접촉형 제초제 ㉱ 호르몬형 제초제

111. 비선택성 제초제는 작물과 잡초를 구별하지 못하므로 사용 시기에 따라 선택적 이용이 가능하다.

정답 ➔ 106. ㉰ 107. ㉰ 108. ㉯ 109. ㉮ 110. ㉮ 111. ㉯

112 잔디의 상토소독에 사용하는 약제는? 12-2

㉮ 디캄바　　㉯ 에테폰
㉰ 메티다티온　　㉱ 메틸브로마이드

113 작물-잡초 간의 경합에 있어서 임계 경합기간(critical period of competition)이란? 12-4

㉮ 경합이 끝나는 시기
㉯ 경합이 시작되는 시기
㉰ 작물이 경합에 가장 민감한 시기
㉱ 잡초가 경합에 가장 민감한 시기

114 추위에 의하여 나무의 줄기 또는 수피가 수선 방향으로 갈라지는 현상을 무엇이라 하는가? 05-2, 10-4

㉮ 고사　　㉯ 피소
㉰ 상렬　　㉱ 괴사

115 동해(凍害) 발생에 관한 설명 중 틀린 것은? 09-4

㉮ 난지산(暖地産) 수종, 생육지에서 멀리 떨어져 이식된 수종일수록 동해에 약하다.
㉯ 건조한 토양보다 과습한 토양에서 더 많이 발생한다.
㉰ 바람이 없고 맑게 갠 밤의 새벽에는 서리가 적어 피해가 드물다.
㉱ 침엽수류과 낙엽활엽수류는 상록활엽수류보다 내동성이 크다.

116 상해(霜害)의 피해와 관련된 설명으로 틀린 것은? 08-1, 12-4

㉮ 분지를 이루고 있는 우묵한 지형에 상해가 심하다.
㉯ 성목보다 유령목에 피해를 받기 쉽다.
㉰ 일차(日差)가 심한 남쪽 경사면 보다 북쪽 경사면이 피해가 심하다.
㉱ 건조한 토양보다 과습한 토양에서 피해가 많다.

117 수피가 얇아서 겨울에 얼어 터지는 것을 방지하기 위해 새끼 감기를 해 주는 것이 다른 수종들 보다 좋은 수종들로만 짝지어진 것은? 08-2

㉮ 단풍나무, 배롱나무　　㉯ 은행나무, 매화나무
㉰ 라일락, 층층나무　　㉱ 꽃아그배나무, 산딸나무

112. 토양소독은 토양전염병 예방의 가장 직접적이고 효과적 방법으로 잔디의 상토소독에 메틸브로마이드를 주로 사용한다. 그 밖에 토양소독제로는 클로로피크린, 캡탄제, 티람제 등이 있다.

113. 경합이란 생물 간에 어떤 영양소나 광선, 또는 공간 등의 경쟁을 말하며, 작물과 잡초 사이의 경합에 있어 작물이 경합에 가장 민감한 시기를 임계경합기간이라 한다.

114. 상렬은 낙엽교목이 상록교목보다, 배수가 불량한 토양이 양호한 건조토양보다, 활동기의 수목이 유목이나 노목보다 잘 발생한다.

115. 바람이 없고 맑게 갠 밤이라도 갑작스럽게 기온이 하강하는 새벽에는 식물체에 해를 줄 수 있다.

116. 남쪽의 경사면은 일교차가 심해 상해가 더 발생하기 쉽다.

117. 그 밖에 수피가 얇은 수종은 일본목련, 벚나무, 밤나무 등으로 지상 0.5~1.0m 정도에서 피해가 많이 발생한다.

정답 ➔ 112. ㉱ 113. ㉰ 114. ㉰ 115. ㉰ 116. ㉰ 117. ㉮

118. 볕데기(피소)는 그밖에도 지나치게 습한 토양에서 자라는 수목에도 발생이 가능하다.

119. 한발의 해(旱害)는 천근성 수종과 지하수위가 얕은 토양에서 자라는 수목에 쉽게 발생한다.

120. 수피가 얇은 나무에서 줄기싸기나 시들음 방지제(그린너) 살포 시 일소의 영향을 방지하거나 저감이 가능하다.

121. 잔디깎기 횟수는 신초생장률·환경조건·예고·사용목적에 따라 결정하며 뗏밥은 한지형은 봄·가을(5~6월, 9~10월), 난지형은 늦봄·초여름(6~8월)의 생육이 왕성한시기에 준다. 물주기는 보통 아침·저녁에 시행한다.

122. 잔디밭의 관수시간은 새벽이 관수에 좋은 시간이나 편의상 저녁관수를 많이 시행하고 관수 후 10시간 이내에 잔디가 마를 수 있도록 관수시간을 조절한다.

118 다음 [보기]에서 설명하는 기상 피해는? 11-2

[보기]

어린 나무에서는 피해가 거의 생기지 않고 흉고직경 15~20㎝ 이상인 나무에서 피해가 많다. 피해 방향은 남쪽과 남서쪽에 위치하는 줄기부위이다. 특히 남서방향의 1/2 부위가 가장 심하며 북측은 피해가 없다. 피해 범위는 지제부에서 지상 2m 높이 내외이다.

㉮ 볕데기(皮燒) ㉯ 한해(寒害)
㉰ 풍해(風害) ㉱ 설해(雪害)

119 다음 중 한발이 계속될 때 짚 깔기나 물주기를 제일 먼저 해야 될 나무는? 12-4

㉮ 소나무 ㉯ 향나무
㉰ 가중나무 ㉱ 낙우송

120 수피가 얇은 나무에서 수피가 타는 것을 방지 하기위하여 실시해야 할 작업은? 05-1, 09-2

㉮ 수관주사주입 ㉯ 낙엽깔기
㉰ 줄기싸기 ㉱ 받침대 세우기

121 잔디밭 관리에 대한 설명으로 옳은 것은? 10-1

㉮ 1년에 2~3회만 깎아준다.
㉯ 겨울철에 뗏밥을 준다.
㉰ 여름철 물주기는 한낮에 한다.
㉱ 질소질 비료의 과용은 붉은 녹병을 유발한다.

122 잔디밭의 관수시간으로 가장 적당한 것은? 12-4

㉮ 오후 2시 경에 실시하는 것이 좋다.
㉯ 정오 경에 실시하는 것이 좋다.
㉰ 오후 6시 이후 저녁이나 일출 전에 한다.
㉱ 아무때나 잔디가 타면 관수한다.

정답 ➔ 118. ㉮ 119. ㉱ 120. ㉰ 121. ㉱ 122. ㉰

123 잔디의 거름주기 방법으로 적당하지 않은 것은? 04-2, 09-2

㉮ 질소질 거름은 1회 주는 양이 1㎡ 당 10g 이상이어야 한다.
㉯ 난지형 잔디는 하절기에 한지형 잔디는 봄과 가을에 집중해서 준다.
㉰ 화학비료인 경우 년간 3~8회 정도로 나누어 거름주기 한다.
㉱ 가능하면 제초작업 후 비오기 전에 실시한다.

123. 질소질 비료는 1회당 4g 초과 사용은 금한다.

124 골프장 잔디의 거름주기 요령으로 옳지 않은 것은? 10-5

㉮ 한국잔디의 경우에는 보통 5~8월에 집중적인 시비를 실시한다.
㉯ 시비 시기는 잔디에 따라 다르지만 대체적으로 생육량이 늘어가기 시작할 때, 즉 생육이 앞으로 예상 때 비료를 주는 것이 원칙이다.
㉰ 일반적으로 관리가 잘 된 기존 골프장의 경우 질소, 인산, 칼륨의 비율을 5 : 2 : 1 정도로 하여 시비할 것을 권장하고 있다.
㉱ 비배관리시 다른 모든 요소가 충분히 있어도 한 요소가 부족하면 식물생육은 부족한 원소에 지배를 받는다.

124. 일반적인 비료의 질소, 인산, 칼륨의 비율은 3 : 2 : 1 정도로 하여 시비한다.

125 잔디의 잡초 방제를 위한 방법으로 부적합한 것은? 09-5

㉮ 파종 전 갈아엎기
㉯ 잔디깎기
㉰ 손으로 뽑기
㉱ 비선택성 제초제의 사용

125. 비선택성 제초제는 잔디와 잡초를 구별하지 못하고 살초하므로 부적합하다.

126 잔디깎기의 목적으로 옳지 않은 것은? 04-5, 09-4

㉮ 잡초 방제
㉯ 이용 편리 도모
㉰ 병충해 방지
㉱ 잔디의 분얼억제

126. 잔디깎기를 하면 잔디의 분얼을 촉진시킨다.

127 잔디깎기의 설명이 잘못된 것은? 10-1

㉮ 잘려진 잎은 한곳에 모아서 버린다.
㉯ 가뭄이 계속될 때 짧게 깎아 준다.
㉰ 일정한 주기로 깎아 준다.
㉱ 일반적으로 난지형 잔디는 고온기에 잘 자라므로 여름에 자주 깎아주어야 한다.

127. 잔디깎기를 하면 잔디는 일시적으로 기력이 쇠한 상태가 되므로 생육이 적당한 시기에 시행하고, 가뭄이 계속될 때에는 엽조직이 많이 남을 수 있도록 짧게 깎지 않도록 한다.

정답 ➔ 123. ㉮ 124. ㉰ 125. ㉱ 126. ㉱ 127. ㉯

128 일반적인 주택정원의 잔디깎는 높이로 가장 적합한 것은? 11-5

㉮ 1~5㎜ ㉯ 5~15㎜
㉰ 15~25㎜ ㉱ 25~40㎜

128. 일반가정용 잔디는 월 1~2회, 30~40㎜정도로 깎아주면 적합하다.

129 다음 중 잔디밭의 넓이가 165㎡(약 50평) 이상으로 잔디의 품질이 아주 좋지 않아도 되는 골프장의 러프(rough)지역, 공원의 수목지역 등에 많이 사용하는 잔디 깎는 기계는? 06-1

㉮ 핸드모우어(Hand mower)
㉯ 그린모우어(Green mower)
㉰ 로타리모우어(Rotary mower)
㉱ 갱모우어(Gang mower)

129. 회전하는 날이 잎을 쳐서 깨끗하게 잘리지 않고 찢어지는 경우도 있어 수분손실이나 병충해 발생을 유발할 수 있으나 값이 싸고 관리가 편리하여 많이 이용한다.

130 잔디의 뗏밥넣기에 관한 설명 중 가장 옳지 못한 것은? 03-1

㉮ 뗏밥은 가는 모래 2, 밭흙 1, 유기물 약간을 섞어 사용한다.
㉯ 뗏밥은 일반적으로 가열하여 사용하며, 증기소독, 화학약품 소독을 하기도 한다.
㉰ 뗏밥은 한지형 잔디의 경우 봄, 가을에 주고 난지형 잔디의 경우 생육이 왕성한 6-8월에 주는 것이 좋다.
㉱ 뗏밥의 두께는 15㎜ 정도로 주고, 다시 줄 때에는 일주일이 지난 후에 주어야 좋다.

130. 뗏밥의 두께는 2~4㎜ 정도로 주며 2회차로 15일 후에 실시한다.

131 난지형 잔디밭에 뗏밥을 넣어주는 적기는? 04-1, 05-2, 07-5

㉮ 3~4월 ㉯ 6~8월
㉰ 9~10월 ㉱ 11~1월

131. 난지형은 늦봄·초여름(6~8월)의 생육이 왕성한 시기에 뗏밥을 넣어준다.

132 잔디 뗏밥주기가 적당하지 않은 것은? 04-2

㉮ 흙은 5㎜체로 쳐서 사용한다.
㉯ 난지형 잔디의 경우는 생육이 왕성한 6~8월에 준다.
㉰ 잔디 포지전면을 골고루 뿌리고 레이크로 긁어 준다.
㉱ 일시에 많이 주는 것이 효과적이다.

132. 잔디 뗏밥주기는 일시에 다량 사용하는 것보다 소량씩 자주 실시하는 것이 좋다.

정답 → 128. ㉱ 129. ㉰ 130. ㉱ 131. ㉯ 132. ㉱

133 병·해충의 화학적 방제 내용으로 옳지 못한 것은? 03-2, 10-4

㉮ 병·해충을 일찍 발견해야 한다.
㉯ 되도록이면 발생 후에 약을 뿌려준다.
㉰ 발생하는 과정이나 습성을 미리 알아두어야 한다.
㉱ 약해에 주의 해야 한다.

133. 병·해충의 화학적 방제는 환경개선과 계획방제로 예방하고 병해충 발생 시 약제를 살포하여 방제한다.

134 한국 잔디류에 가장 많이 생기는 병해는? 04-2, 08-1

㉮ 브라운 패치 ㉯ 녹병
㉰ 핑크 패치 ㉱ 달라 스폿

134. 녹병은 한국잔디류에서 가장 많이 나타나는 병으로 담자균류에 속하는 곰팡이로서 연 2회 발생한다.

135 다음 설명과 관련이 있는 잔디의 병은? 09-5, 10-4

> ·17~22℃ 정도의 기온에서 습윤시 또는 질소질 비료 부족 시 잘 발생
> ·담자균류 곰팡이로서 년 2회 발생하며, 디니코나졸수화제로 방제

㉮ 흰가루병 ㉯ 그을음병
㉰ 잎마름병 ㉱ 녹병

135. 녹병(붉은 녹병)의 방제법으로는 통풍 확보와 습한 환경을 개선하고 만코지수화제를 살포하여 방제하기도 한다.

136 우리나라 들잔디에 가장 많이 발생하는 병으로 엽맥에 불규칙한 적갈색의 반점이 보이기 시작할 때 즉 5~6월, 9월 중순~10월 하순에 발견 할 수 있는 것은? 04-1, 04-5, 09-1

㉮ 붉은 녹병 ㉯ 후자리움 팻취
㉰ 브라운 팻취 ㉱ 스노우 몰드

136. 녹병은 5~6월경 과도한 답압이나 영양결핍 시에도 주로 발생한다.

137 다음 중 잔디에 가장 많이 발생하는 병과 그에 따른 방제법이 맞는 것은? 11-2

㉮ 녹병(綠病) : 헥사코나졸수화제(5%) 살포
㉯ 엽진병 : 다이아지논유제 살포
㉰ 흰가루병 : 디코폴수화제(5%) 살포
㉱ 근부병 : 디아아지논분제 살포

137. 잔디에 가장 많이 발생하는 병은 녹병, 라지패치, 춘고병, 탄저병, 브라운 패치, 달라스팟 등이 있다. 방제는 만코지, 지오판, 디니코나졸, 헥사코나졸 수화제로 방제한다.

138 한국 잔디의 해충으로 가장 큰 피해를 주는 것은? 12-2

㉮ 풍뎅이 유충 ㉯ 거세미나방
㉰ 땅강아지 ㉱ 선충

138. 풍뎅이는 유충과 성충이 모두 한국잔디에 큰 피해를 입히며 메프유제, 카보입제 등으로 방제한다.

정답 ➜ 133. ㉯ 134. ㉯ 135. ㉱ 136. ㉮ 137. ㉮ 138. ㉮

Chapter 3 조경 시설물 관리

1 조경 관리계획의 작성

1. 유지관리의 목표와 기준

① 조경공간과 조경시설을 항상 깨끗하고 정돈된 상태로 유지
② 경관미가 있는 공간과 시설의 조성·유지
③ 공간과 시설을 안전한 환경조성에 기여할 수 있도록 관리
④ 유지관리를 통하여 즐거운 휴게·오락 기회 제공
⑤ 관리주체와 이용자간에 유대관계 형성

2. 유지관리의 요소

시간 절약	유지관리의 공사나 작업은 최단 시일에 시행
인력의 절약	인력의 과다배치나 부족배치로 인한 낭비와 부실작업의 예방과 기술 보유자의 적절한 배치
장비의 효율적 이용	장비의 사용과 작업 수행에 맞는 장비의 이용
재료의 경제성	양질의 저렴한 재료를 적기에 공급
의사소통	요청자와 담당자 사이의 원활한 소통

2 조경 시설물의 유지관리

1. 재료별 유지관리 방법

목재	• 접합부분, 갈라진 부분, 파손된 부분, 부패된 부분, 절단된 부분 • 부분 보수나 전면 교체, 도색 및 방부 처리
철재	• 용접 등의 접합부분, 충격에 의해 비틀리거나 파손된 부분, 부식된 부분 • 용접 및 도색 또는 교체, 볼트나 너트의 조임, 회전축의 그리스 주입
석재	• 파손된 부분, 깨져나간 부분 • 7℃ 이상의 상온에서 에폭시계나 아크릴계 접착제 사용 및 교체
콘크리트재	• 파손된 부분, 갈라진 부분, 금이간 부분, 침하된 부분, 마감부분처리상태 • 도장은 3년에 1회 실시, 파손부 동일배합의 콘크리트 사용, 3주 건조후 도색
합성수지재	• 갈라진 부분, 파손된 부분, 변형된 부분, 퇴색된 부분 • 접착제 사용 및 교체, 합성수지 페인트 도색

기타	• 도장이 벗겨진곳, 퇴색된 곳, 담배불이나 화재 등으로 인한 파손상태 등 • 도색 및 교체

2. 기반 시설 관리

포장관리	• 아스팔트 포장 : 균열, 국부적 침하, 표면 연화, 박리 • 콘크리트 포장 : 균열, 융기, 단차, 바퀴자국, 박리, 침하 • 패칭, 덧씌우기, 교체 등 시행
배수관리	• 표면배수 시설 : 이물질의 정기적 제거 • 지하배수 시설 : 시설의 설치 날짜 · 위치 · 구조 등의 도면으로 기능 항상 확인 • 청소, 지반 다짐, 교체
비탈면 관리	• 성토 비탈면 : 성토 시기 · 구조 · 토질형상 · 주위의 유수상태 · 기초지반 및 환경상태 파악 • 절토 비탈면 : 형상 · 용수 상태 · 집수 범위 · 보호공의 상태 파악 • 보호공의 노후, 변형, 파괴, 배수 기능 확인 철저, 보호공 보수 및 교체
옹벽	• 지반 침하 · 지지력 저하, 진동, 기초강도 부족, 하중 증가, 설계 · 재료 · 시공 불량 • 부분적 보수(그라우팅, PC앵커) 및 재설치
원로 · 광장	• 벽돌 · 보도블록 · 타일 포장일 경우 여분의 재료 확보 • 차량의 통행을 막기 위한 볼라드 설치 • 원로 파손 시 기반재와 동일한 흙을 채운 후 모래를 깔고 보수
건축물	미관 유지, 경관과의 조화, 화장실 청결 및 동파

3. 일반 시설물 관리

유희 시설	• 주 1회 이상 모든 시설물 점검 • 용접 및 움직임이 많은 부분 중심적 점검 · 보수 • 해안 및 대지오염이 많은 지역은 방청 처리-가급적 스텐인리스 사용 • 바닥 모래는 충분히 건조된 굵은 모래 사용-배수 철저
휴게 시설	청결 유지 및 파손 점검, 파고라 등의 식물 보호 조치
운동 시설	• 점토 포장 : 소금을 뿌린 후 롤러로 전압 • 앙투카 포장 : 건조하지 않도록 물을 뿌려 롤러로 전압 • 부속 시설의 겨울철 동파, 경기전 조명시설 점검
수경 시설	• 물이 더러워지기 전 일정한 간격을 두고 교체 • 여과기를 설치하여 이물질 제거 • 급수구와 배수구의 막힘 · 누수, 수중 식물 및 어류 수시 확인 • 겨울철 동파를 막기 위해 물을 완전히 빼고 이물질 청소
편익 시설	• 휴지통 : 자주 청소, 여러 곳에 설치 • 음수대 : 배수 확인 철저, 정기적 청소, 겨울철 게이트 밸브 잠그고 배수
조명 시설	• 정기 점검 및 수시 점검, 나뭇가지 접촉 확인 및 닦아주기 • 철재 등주의 부식 방지, 해안가나 공해가 많은 곳의 도장 주기 단축 • 수목의 생육 및 에너지 절약을 위해 조명시간 관리 • 인근 주민의 피해방지를 위한 대책 확보

점토 포장
점토와 사질토를 2:3으로 섞어 포장하며, 다른 포장에 비하여 연약하므로 정기적인 보수가 필요하다.

앙투카 포장
불에 구운 적벽돌을 모래처럼 잘게 분쇄한 다음 흙과 함께 섞어 물로 다져서 만든 적갈색 다공질 인공 포장로 너무 건조하면 붉은 가루가 날려 사용자의 건강에 해롭다.

경계 시설
울타리 · 담장 · 볼라드 등과 같이 경계표시를 하기 위한 문 등의 시설이 해당된다. 기능과 외관에 신경을 쓰고, 시설물들의 기초 부분을 주기적으로 점검하여 붕괴에 대비한다.

식물관리의 작업시기 및 횟수

구분	작업종류	작업시기 및 횟수													적요
		4월	5월	6월	7월	8월	9월	10월	11월	12월	1월	2월	3월	연간작업 횟수	
식재지	전 정 (상록)			━	━			━	━					1 ~ 2	
	전 정 (낙엽)					━	━		━	━	━	━	━	1 ~ 2	
	관목다듬기	━	━	━	━	━	━	━	━					1 ~ 3	
	깎기 (생울타리)	━	━	━	━	━	━	━	━					3	
	시 비		━							━	━	━	━	1 ~ 2	
	병충해방지		━	━	━	━	━	┅			━	━		3 ~ 4	살충제 살포
	거적감기							━	━			━		1	동기 병충해 방제
	제초·풀베기	━	━	━	━	━	━	━	━					3 ~ 4	
	관 수			━	━									수 시	식재장소, 토양조건 등에 따라 횟수 결정
	줄기감기		━											1	햇빛에 타는 것으로부터 보호
	방 한	━								━			┅	1	난지에는 3월부터 철거
	지주결속 고치기	┅	┅	┅	━	━	━	┅	┅	┅	┅	┅	┅	1	태풍에 대비해서 8월 전후에 작업
잔디밭	잔디깎기		━	━	━	━	━	━						7 ~ 8	
	뗏밥주기	━										━	━	1 ~ 2	운동공원에는 2회 정도 실시
	시 비	━	━	━	━	━	━					━	━	1 ~ 2	
	병충해방지	━		━	━	━	━						━	3	살균제 1회, 살충제 2회
	제 초	━	━	━	━	━	━	━						3 ~ 4	
	관 수				━	━	━							수 시	
화단	식재교체	━	━	━	━	━	━	━	━	━			━	4 ~ 5	
	제 초		━	━	━	━	━	━	━	━				4	식재교체기간에 1회 정도
	관 수 (pot)	━	━	━	━	━	━	━	━	━	━	━	━	78 ~ 80	노지는 적당히 행한다.
원로	풀베기	┅	━	━	━	━	━	━						5 ~ 6	
	제 초	━	━	━	━	━	━	━						3 ~ 4	
광장	제초·풀베기		━	━	━	━	━	━						4 ~ 5	
자연림	잡초베기	┅	┅	━	━	━	━	━						1 ~ 2	
	병충해방지	━	━	━	━	┅								2 ~ 3	
	고사목처리	━	━	━	━	━	━	━	━	━	━	━	━	1	연간 작업
	가지치기	━				━	━	━	━	━	━	━	━		

시설물 보수사이클과 내용년수

시설의 종류	구조	내용 년수	계획보수	보수 사이클	정기점검보수	보수의 목표
원로·광장	아스팔트 포장	15년			균열	전면적의 5~10%균열 함몰이 생길 때(3~5년), 전반적으로 노화가 보일 때 (10년)
	평판 포장	15년			평판고쳐놓기, 평판교체	전면적의 10%이상 이탈이 생길 때 (3~5년) 파손장소가 특히 눈에 띌때(5년)
	모래자갈 포장	10년	노면수정	반년 ~1년	배수정비	배수가 불량할 때 진흙청소(2~3년)
			자갈보충	1년		
분 수		15년	전기·기계의 조정점검	1년	펌프, 밸브 등 교체 절연성의 점검을 행한다.	수중펌프 내용연수(5~10년) 펌프의 마모에 따라서 연못, 계류의 순환펌프에도 적용
			물교체, 청소 낙엽제거	반년~1년		
			파이프류 도장	3~4년		
파고라	철제	20년	도장	3~4년	서까래 보수	서까래의 부식도에 따라서 목 제 5~10년 철 제 10~15년 갈대발 2~3년
	목제	10년	도장	3~4년	서까래 보수	상 동
벤치	목제	7년	도장	2~3년	좌판 보수	전체의 10% 이상 파손, 부식이 생길 때(5~7년)
	플라스틱	7년			좌판 보수	전체의 10% 이상 파손, 부식이 생길 때(3~5년)
					볼트 너트 조이기	정기점검시 처리
	콘크리트	20년	도장	3~4년	파손장소 보수	파손장소가 눈에 띄일 때(5년)
그네	철제	15년	도장	2~3년	좌판교체	부식도에 따라서 조속히(3~5년)
					볼트조이기, 기름치기	정기점검 때 처리
					쇠사슬, 고리마포 교체	마모도에 따라서 조속히(5~7년)

시설의 종류	구조	내용 년수	계획보수	보수 사이클	정기점검보수	보수의 목표
미끄럼틀	콘크리트제 철제	15년	도장	2~3년	미끄럼판 보수	마모도에 따라서(5~7년)
모래사장	콘크리트	20년	모래보충	1년	모래 경운	모래보충시 적당히
			연석도장	2~3년	배수 정비	
정글짐	철제	15년	도장	2~3년	볼트 너트 조이기	정기점검시 처리 (철봉, 등반봉 등 금속제 놀이기구에도 적용)
시소		10년	도장	2~3년	베어링보수, 좌판 보수	삐걱삐걱 소리가 난다(베어링마모)(3~4년) 부식도에 따라서(특히 손잡이가 떨어지기 쉽다.)
목제놀이기구		10년	도장	2~3년	볼트 너트 조이기	정기점검 때 처리
					부품교체	마모도 부식도에 따라서
					적요	도장은 방부제 도포를 포함
야구장		20년	그라운드면 고르기	1년	Back Net교체	파손상황에 따라서 (5년)
			잔디 손질	1년	모래보충	모래의 소모도에 따라서 (1~2년)
			조명시설보수점검정비	1년	조명등의 교체	
테니스코트	전천후코트	10년			코트보수	균열, 파손상황에 따라서 (3~5년)
					네트교체	네트의 파손도에 따라서 (2~3년)
					바깥울타리보수	파손상황에 따라서 (2~3년)
	클레이코트	10년		1년	네트교체 바깥울타리보수	네트의 파손도에 따라서 (2~3년) 파손상황에 따라서 (2~3년)
화장실	목조	15년	도장	2~3년	문 보수	파손상황에 따라서 (1년)
					배관보수	파손상황에 따라서 (1년)
					탱크청소	정기점검시 처리 (1년)
					적요	도장은 방부제 도포를 포함, 문, 배관류는 임시보수가 많다.
	철근 콘크리트조	20년	도장	3~4년	문 보수	파손상황에 따라서 (1년)
					배관보수	파손상황에 따라서 (1년)
					변기류보수	파손상황에 따라서 (1년)
					적요	문, 배관은 임시보수가 많다.

시설의 종류	구조	내용 년수	계획보수	보수 사이클	정기점검보수	보수의 목표
시계탑		15년	분해점검	1~3년	유리 등 파손장소 보수	파손상황에 따라서 (1~2년)
			도장	2~3년	적요	임시보수의 경우가 많다.
			시간조정	반년~1년		
담장·등	파이프제 울타리	15년	도장	2~3년	파손장소 보수	파손상황에 따라서 (1~3년)
	철사울타리	10년	도장	3~4년	파손장소 보수	파손상황에 따라서 (1~2년)
	로프 울타리	5년			로프교체	파손, 부식상황에 따라서 (2~3년)
					파손장소 보수	파손, 부식상황에 따라서 (1~2년)
					기둥교체	파손, 부식상황에 따라서 (3~5년)
안 내 판	철제	10년	안내글씨교체	3~4년	파손장소 보수	파손상황에 따라서
	목제	7년	안내글씨교체	2~3년	파손장소 보수	파손상황에 따라서
가 로 등		15년	전주도장	3~4년	전등교체	끊어진 것, 조도가 낮아진 것
			전등청소	1~3년	부속기구교체 (안정기 자동점멸기등)	절연저하·기능저하 안정기(5~10년) 자동점멸기(5~10년) 전선류(15~20년) 분전반(15~20년)

핵심문제 해설

01 시설물의 관리를 위한 방법으로 적당치 못한 것은? 03-5, 06-5

㉮ 콘크리이트 포장의 갈라진 부분은 파손된 재료 및 이물질을 완전히 제거한 후 조치한다.
㉯ 배수시설은 정기적인 점검을 실시하고 배수구의 잡물을 제거한다.
㉰ 벽돌 및 자연석 등의 원로포장의 파손시는 모래를 당초 기본 높이 만큼만 더 깔고 보수한다.
㉱ 유희시설물의 점검은 용접부분 및 움직임이 많은 부분을 철저히 조사한다.

01. 벽돌 및 자연석 등의 원로포장의 파손 시 여분의 재료를 확보하고 기반재와 동일한 흙을 채운 후 모래를 깔고 보수한다.

02 다음 각종 재료의 관리에 대한 설명으로 틀린 것은? 10-5

㉮ 목재가 갈라진 경우에는 내부를 퍼티로 채우고 샌드페이퍼로 문질러 준 후 페인트로 마무리 칠한다.
㉯ 철재에 녹이 슨 부분은 녹을 제거한 후 2회에 걸쳐 광명단 도료를 칠한다.
㉰ 콘크리트의 균열이 생긴 곳은 유성페인트를 칠한다.
㉱ 철재 시설의 회전부분에 마찰음이 나지 않도록 그리스를 주입한다.

02. 콘크리트의 균열은 실(seal)재를 사용하여 물의 침입을 막거나 균열이 큰 곳은 균열부를 제거한 후 충전한다.

03 아스팔트 포장에서 아스팔트 양의 과잉이나 골재의 입도불량일 때 발생하는 현상은? 11-4

㉮ 균열
㉯ 국부침하
㉰ 파상요철
㉱ 표면연화

03. ㉮ 균열은 아스콘 혼합물의 배합불량, 아스팔트 노화, 기층 지지력 부족, 포장두께 부족, 부등침하, 시공이음새 불량일 때 발생한다.
㉯ 국부침하는 기초 노체(路體)의 시공불량, 노상지지력 부족 및 불균일로 발생한다.
㉰ 파상요철은 기층·보조기층 및 노상의 연약에 따른 지지력 불균일, 아스팔트의 과잉, 차량통과 위치의 고정화, 아스콘 입도불량 및 공극력 부족으로 발생한다.

정답 → 01. ㉰ 02. ㉰ 03. ㉱

최근 기출문제

- 2011년 조경기능사 기출문제
- 2012년 조경기능사 기출문제
- 2013년 조경기능사 기출문제
- 2014년 조경기능사 기출문제
- 2015년 조경기능사 기출문제
- 2016년 조경기능사 기출문제
- 미리보는 CBT 문제

■ 2016년 5회부터는 당일에 합격여부를 알 수 있는 CBT(컴퓨터시험)로 바뀌어 문제가 공개되지 않습니다. 이 책 안의 것으로 충분히 합격하실 수 있으니 염려하지 마시고 공부하십시오.

❖ 2011년 조경기능사 제 1 회

2011년 2월 13일 시행

01. 식재설계시 인출선에 포함되어야 할 내용이 아닌 것은?

㉮ 수량 ㉯ 수목명
㉰ 규격 ㉱ 수목 성상

❖ 수목 인출선은 수목명 · 주수 · 규격 등을 표시한다.

02. 14세기경 일본에서 나무를 다듬어 산봉우리를 나타내고 바위를 세워 폭포를 상징하며 왕모래를 깔아 냇물처럼 보이게 한 수법은?

㉮ 침전식 ㉯ 임천식
㉰ 축산고산수식 ㉱ 평정고산수식

❖ 축산고산수식은 경관을 사실적으로 묘사하였다.

03. 통일신라 시대의 안압지에 관한 설명으로 틀린 것은?

㉮ 연못의 남쪽과 서쪽은 직선이고 동안은 돌출하는 반도로 되어 있으며, 북쪽은 굴곡 있는 해안형으로 되어 있다.
㉯ 신선사상을 배경으로 한 해안풍경을 묘사하였다.
㉰ 연못 속에는 3개의 섬이 있는데 임해전의 동쪽에 가장 큰 섬과 가장 작은 섬이 위치한다.
㉱ 물이 유입되고 나가는 입구와 출구가 한군데 모여 있다.

❖ 안압지는 남동쪽 구석에 입수구, 북안 서편에 출수구가 있으며, 출수구는 수위를 조절할 수 있는 구조로 되어 있다.

04. 염분 피해가 많은 임해공업지대에 가장 생육이 양호한 수종은?

㉮ 노간주나무 ㉯ 단풍나무
㉰ 목련 ㉱ 개나리

❖ 내염성 : ㉮ 보통, ㉯ 약, ㉰ 보통, ㉱ 강
[공단의 답은 내염성만이 아닌 생육을 기준으로 한 것이다.]

05. 다음 중 미기후에 대한 설명으로 가장 거리가 먼 것은?

㉮ 호수에서 바람이 불어오는 곳은 겨울에는 따뜻하고 여름에는 서늘하다.
㉯ 야간에는 언덕보다 골짜기의 온도가 낮고, 습도는 높다.
㉰ 야간에 바람은 산위에서 계곡을 향해 분다.
㉱ 계곡의 맨 아래쪽은 비교적 주택지로서 양호한 편이다.

❖ 계곡의 맨 아래쪽은 비교적 온도가 낮아 주택지로서 적합하지않다.

06. 조경이 타 건설 분야와 차별화될 수 있는 가장 독특한 구성 요소는?

㉮ 지형 ㉯ 암석
㉰ 식물 ㉱ 물

❖ 조경은 살아있는 생물을 이용하여 환경조성을 하는 특성이 있다.

07. 정원의 개조 전·후의 모습을 보여 주는 레드 북(Red book)의 창안자는?

㉮ 험프리 랩턴(Humphrey Repton)
㉯ 윌리엄 켄트(William Kent)
㉰ 란셀로트 브라운(Lancelot Brown)
㉱ 브리지맨(Bridge man)

❖ 험프리 랩턴은 '정원사(Landscape Gardener)'라는 용어를 처음 도입했다.

08. 도형의 색이 바탕색의 잔상으로 나타나는 심리보색의 방향으로 변화되어 지각되는 대비 효과를 무엇이라고 하는가?

㉮ 색상대비 ㉯ 명도대비
㉰ 채도대비 ㉱ 동시대비

정답 ➔ 01. ㉱ 02. ㉰ 03. ㉱ 04. ㉮ 05. ㉱ 06. ㉰ 07. ㉮ 08. ㉮

❖ 색상대비는 색상이 다른 두 색을 인접시켜 배색하였을 경우 두 색이 서로의 영향으로 인해 색상의 차이가 크게 나 보이는 현상을 말한다.

09. 수목 규격의 표시는 수고, 수관폭, 흉고직경, 근원직경, 수관 길이를 조합하여 표시할 수 있다. 표시법 중 H×W×R로 표시할 수 있는 가장 적합한 수종은?

㉮ 은행나무　　㉯ 사철나무
㉰ 주목　　㉱ 소나무

❖ H×W×R로 표시하는 수종으로는 소나무, 해송(곰솔), 산수유, 동백나무, 개잎갈나무 등이 있다.
㉮ H×B, ㉯㉰ H×W

10. 경관 구성은 우세요소와 가변요소로 구분할 수 있는데, 다음 중 우세요소에 해당하지 않는 것은?

㉮ 형태　　㉯ 위치
㉰ 질감　　㉱ 시간

❖ 경관의 우세요소 : 선, 형태, 색채, 질감

11. 중국 송 시대의 수법을 모방한 화원과 석가산 및 누각 등이 많이 나타난 시기는?

㉮ 백제시대
㉯ 신라시대
㉰ 고려시대
㉱ 조선시대

❖ 고려시대에는 중국으로부터 조경식물과 정원양식이 많이 도입되었다.

12. 맥하그(Ian McHarg)가 주장한 생태적 결정론(ecological determinism)의 설명으로 옳은 것은?

㉮ 자연계는 생태계의 원리에 의해 구성되어 있으며, 따라서 생태적 질서가 인간환경의 물리적 형태를 지배한다는 이론이다.
㉯ 생태계의 원리는 조경설계의 대안결정을 지배해야 한다는 이론이다.
㉰ 인간환경은 생태계의 원리로 구성되어 있으며, 따라서 인간사회는 생태적 진화를 이루어 왔다는 이론이다.
㉱ 인간행태는 생태적 질서의 지배를 받는다는 이론이다.

❖ 생태적 결정론은 경제성에만 치우치기 쉬운 환경계획을, 자연과학적 근거에서 인간의 환경문제를 파악하여 새로운 환경의 창조에 기여하고자 하였다.

13. 자연공원을 조성하려 할 때 가장 중요하게 고려해야 할 요소는?

㉮ 자연경관 요소　　㉯ 인공경관 요소
㉰ 미적 요소　　㉱ 기능적 요소

❖ 자연공원은 기본적으로 자연경관이나 자연생태계가 양호한 곳이라야 한다.

14. 경관구성의 미적 원리는 통일성과 다양성으로 구분할 수 있다. 다음 중 통일성과 관련이 가장 적은 것은?

㉮ 균형과 대칭　　㉯ 강조
㉰ 조화　　㉱ 율동

❖ 통일성은 다양한 요소들 사이에 확립된 질서 혹은 규칙으로서, 적절한 통일성과 다양성이 조화되어야 한다.

15. 조선시대의 정원 중 연결이 올바른 것은?

㉮ 양산보 – 다산초당
㉯ 윤선도 – 부용동 정원
㉰ 정약용 – 운조루 정원
㉱ 이유주 – 소쇄원

❖ 양산보의 소쇄원, 정약용의 다산초당, 유이주의 운조루

16. 건조된 소나무(적송)의 단위 중량에 가장 가까운 것은?

㉮ 250kg/m³　　㉯ 360kg/m³
㉰ 590kg/m³　　㉱ 1100kg/m³

❖ 생소나무 : 800kg/m³, 건조 소나무 : 580~590kg/m³

17. 감수제를 사용하였을 때 얻는 효과로써 적당하지 않는 것은?

정답 ➔ 09. ㉱ 10. ㉱ 11. ㉰ 12. ㉮ 13. ㉮ 14. ㉱ 15. ㉯ 16. ㉰ 17. ㉰

㉮ 내약품성이 커진다.
㉯ 수밀성이 향상되고 투수성이 감소된다.
㉰ 소요의 워커빌리티를 얻기 위하여 필요한 단위 수량을 약 30% 정도 증가시킬 수 있다.
㉱ 동일 워커빌리티 및 강도의 콘크리트를 얻기 위하여 필요한 단위시멘트량을 감소시킨다.

❖ 감수제는 시멘트 입자의 유동성을 증대해 수량의 사용을 줄이고 강도, 내구성, 수밀성, 시공연도를 증대시킨다.

18. 다음 중 내식성이 가장 높은 재료는?

㉮ 티탄 ㉯ 동
㉰ 아연 ㉱ 스테인레스강

❖ 티탄은 비중이 약 4.5로 무게 대비 강도가 금속중 최대이며 내해수성, 내화학성, 내식성, 고온저항성도 최대이다.

19. 아스팔트의 양부를 판단하는데 적합한 것은?

㉮ 연화도 ㉯ 침입도
㉰ 시공연도 ㉱ 마모도

❖ 침입도란 아스팔트의 굳기 정도를 측정한 것이다.

20. 다음 중 1속에서 잎이 5개 나오는 수종은?

㉮ 백송 ㉯ 방크스소나무
㉰ 리기다소나무 ㉱ 스트로브잣나무

❖ ·2엽 속생 : 소나무, 방크스소나무, 반송, 해송
·3엽 속생 : 백송, 리기다소나무, 테다소나무
·5엽 속생 : 잣나무류

21. 목재의 심재와 비교한 변재의 일반적인 특징 설명으로 틀린 것은?

㉮ 재질이 단단하다. ㉯ 흡수성이 크다.
㉰ 수축변형이 크다. ㉱ 내구성이 작다.

❖ 변재는 심재와 비교해 강도가 작다.

22. 황색 계열의 꽃이 피는 수종이 아닌 것은?

㉮ 풍년화 ㉯ 생강나무
㉰ 금목서 ㉱ 등나무

❖ 등나무는 4~5월경 연한 자주빛의 꽃이 핀다.

23. 다음 중 이식의 성공률이 가장 낮은 수종은?

㉮ 가시나무 ㉯ 버드나무
㉰ 은행나무 ㉱ 사철나무

❖ ㉯㉰㉱ 이식이 용이한 수종

24. 액체상태나 용융상태의 수지에 경화제를 넣어 사용하며 내산, 내알칼리성 등이 우수하여 콘크리트, 항공기, 기계 부품 등의 접착에 사용되는 것은?

㉮ 멜라민계접착제 ㉯ 에폭시계접착제
㉰ 페놀계접착제 ㉱ 실리콘계접착제

❖ 에폭시접착제는 경화 후의 기계적인 특성이 뛰어나며 접착력이 강하고, 내열성, 전기절연특성이 뛰어나 내구성이 특히 필요한 것에 많이 사용된다.

25. 유성도료에 관한 설명 중 옳지 않은 것은?

㉮ 유성페인트는 내후성이 좋다.
㉯ 유성페인트는 내알칼리성이 양호하다.
㉰ 보일드유와 안료를 혼합한 것이 유성페인트이다.
㉱ 건성유 자체로도 도막을 형성할 수 있으나 건성유를 가열 처리하여 점도, 건조성, 색채 등을 개량한 것이 보일드유이다.

❖ 유성페인트는 내후성·내마모성이 크나 알칼리에 약하다.

26. 다음 중 속명(屬名)이 Trachelospermum이고, 명명이 Chinese Jasmine이며, 한자명이 백화등(白花藤)인 것은?

㉮ 으아리 ㉯ 인동덩굴
㉰ 줄사철 ㉱ 마삭줄

❖ ㉮ Clematis mandshurica Ruprecht
㉯ Lonicera japonica
㉰ Euonymus fortunei
㉱ achelospermum asiaticum

정답 ➔ 18. ㉮ 19. ㉯ 20. ㉱ 21. ㉮ 22. ㉱ 23. ㉮ 24. ㉯ 25. ㉯ 26. ㉱

27. 다음 중 인공 폭포, 인공암 등을 만드는데 사용되는 플라스틱 제품인 것은?

㉮ ILP　　㉯ FRP
㉰ MDF　　㉱ OSB

❖ FRP(유리섬유강화플라스틱)는 철보다 강하고 알루미늄보다 가벼우며 녹슬지 않고 가공하기 쉬워 벤치, 인공폭포, 인공암, 수목 보호판 등으로 많이 이용된다.

28. 한국산업표준(KS)에 규정된 벽돌의 표준형 크기는?

㉮ 190 x 90 x 57㎜
㉯ 195 x 90 x 60㎜
㉰ 210 x 100 x 60㎜
㉱ 210 x 95 x 57㎜

❖ ㉱ 기존형(재래형)

29. 암석 재료의 특징 설명 중 틀린 것은?

㉮ 외관이 매우 아름답다.
㉯ 내구성과 강도가 크다.
㉰ 변형되지 않으며, 가공성이 있다.
㉱ 가격이 싸다.

❖ 석재는 가격이 비싸고 무거워서 가공이 어렵고 크기에 제한이 있으며, 압축강도에 비해 인장강도가 약한 단점이 있다.

30. 흰말채나무의 특징에 대한 설명으로 틀린 것은?

㉮ 노란색의 열매가 특징적이다.
㉯ 층층나무과로 낙엽활엽관목이다.
㉰ 수피가 여름에는 녹색이나 가을, 겨울철의 붉은 줄기가 아름답다.
㉱ 잎은 대생하며 타원형 또는 난상타원형이고, 표면에 작은 털이 있으며 뒷면은 흰색의 특징을 갖는다.

❖ 흰말채나무의 열매는 백색계이다.

31. 다음 중 높이떼기의 번식방법을 사용하기 가장 적합한 수종은?

㉮ 개나리　　㉯ 덩굴장미
㉰ 등나무　　㉱ 배롱나무

❖ 높이떼기 번식방법은 나무의 줄기나 가지에서 인위적으로 뿌리를 발생시키는 것으로 배롱나무, 동백나무, 석류나무, 단풍나무 등에 적용한다.

32. 초기 강도가 매우 크고 해수 및 기타 화학적 저항성이 크며 열분해 온도가 높아 내화용 콘크리트에 적합한 시멘트는?

㉮ 조강 포틀랜드 시멘트　㉯ 알루미나 시멘트
㉰ 고로슬래그 시멘트　㉱ 플라이애쉬 시멘트

❖ 알루미나 시멘트는 'One day 시멘트'라고도 불리며 조기강도가 크고 수축이 적고 내수성·내화성·내화학성이 크다.

33. 죽(竹)은 대나무류, 조릿대류, 밤부류로 분류할 수 있다. 그 중 조릿대류로 길게 자라고, 생장 후에도 껍질이 떨어지지 않으며 붙어있는 종류는?

㉮ 죽순대　　㉯ 오죽
㉰ 신이대　　㉱ 마디대

❖ ㉮㉯㉱ 대나무류

34. 다음 수종 중 양수에 속하는 것은?

㉮ 백목련　　㉯ 후박나무
㉰ 팔손이　　㉱ 전나무

❖ ㉯ 중용수, ㉰㉱ 음수

35. 재료의 기계적 성질 중 작은 변형에도 파괴되는 성질을 무엇이라 하는가?

㉮ 취성　　㉯ 소성
㉰ 강성　　㉱ 탄성

❖ ㉯ 힘을 가했을 경우 변형된 후 원래의 모양으로 돌아가지 않는 성질, ㉰ 변형에 저항하는 성질, ㉱ 소성과 반대로 원래의 모양으로 돌아가는 성질

36. 잔디밭을 만들 때 잔디 종자가 사용되는데 다음 중 우량종자의 구비 조건으로 부적합한 것은?

㉮ 여러번 교잡한 잡종 종자일 것

정답 ➔ 27. ㉯ 28. ㉮ 29. ㉱ 30. ㉮ 31. ㉱ 32. ㉯ 33. ㉰ 34. ㉮ 35. ㉮ 36. ㉮

㉯ 본질적으로 우량한 인자를 가진 것
㉰ 완숙종자일 것
㉱ 신선한 햇 종자일 것

❖ 우량종자란 본질적으로 우량한 인자를 가지고 완숙종자이면서 신선한 햇종자인 것을 말한다.

37. 약제를 식물체의 뿌리, 줄기, 잎 등에 흡수시켜 깍지벌레와 같은 흡즙성 해충을 죽게 하는 살충제의 형태는?

㉮ 기피제　　㉯ 유인제
㉰ 소화중독제　　㉱ 침투성살충제

❖ 침투성살충제는 흡즙성 해충에 독성을 나타내는 약제로 약제를 식물의 잎이나 뿌리에 처리하여 식물체내로 흡수·이동시키고, 식물전체에 분포되도록 한다.

38. 기본 설계도 중 위에서 수직 투영된 모양을 일정한 축척으로 나타내는 도면으로 2차원적이며, 입체감이 없는 도면은?

㉮ 평면도　　㉯ 단면도
㉰ 입면도　　㉱ 투시도

❖ 평면도는 공중에서 수직적으로 내려다본 것을 작도한 도면으로 입체감이 없는 도면이다.

39. 정원수 전정의 목적으로 부적합한 것은?

㉮ 지나치게 자라는 현상을 억제하여 나무의 자라는 힘을 고르게 한다.
㉯ 움이 트는 것을 억제하여 나무를 속성으로 생김새를 만든다.
㉰ 강한 바람에 의해 나무가 쓰러지거나 가지가 손상되는 것을 막는다.
㉱ 채광, 통풍을 도움으로서 병해충의 피해를 미연에 방지한다.

❖ 전정을 하여 나무를 속성으로 생육시킬 수는 없다.

40. 시방서의 기재사항이 아닌 것은?

㉮ 재료의 종류 및 품질
㉯ 건물인도의 시기
㉰ 재료에 필요한 시험
㉱ 시공방법의 정도 및 완성에 관한 사항

❖ 시방서의 기재사항에는 ㉮,㉰,㉱ 이외에 시공에 대한 보충 및 일반적 주의사항 등과 시공 완성 후 뒤처리에 대한 사항이 포함된다.

41. 벽돌쌓기 시공에서 벽돌 벽을 하루에 쌓을 수 있는 최대 높이는 몇 m 이하인가?

㉮ 1.0m　　㉯ 1.2m
㉰ 1.5m　　㉱ 2.0m

❖ 벽돌 1일 쌓기 높이는 표준 1.2m, 최대 1.5m 이하로 한다.

42. 다음 중 거푸집을 빨리 제거하고 단시일에 소요강도를 내기 위하여 고온, 증기로 보양하는 것으로 한중콘크리트에도 유리한 보양법은?

㉮ 습윤보양　　㉯ 증기보양
㉰ 전기보양　　㉱ 피막보양

❖ ㉮ 습윤보양 : 수축균열 방지, ㉰ 전기보양 : 저압전기 사용
㉱ 피막보양 : 표면에 피막제 사용

43. 주거지역에 인접한 공장부지 주변에 공장경관을 아름답게 하고, 가스, 분진 등의 대기오염과 소음 등을 차단하기 위해 조성되는 녹지의 형태는?

㉮ 차폐녹지　　㉯ 차단녹지
㉰ 완충녹지　　㉱ 자연녹지

❖ 완충녹지는 공해나 사고 또는 자연재해 등을 방지하기 위하여 설치하는 녹지 형태이다.

44. 측백나무 하늘소 방제로 가장 알맞은 시기는?

㉮ 봄　　㉯ 여름
㉰ 가을　　㉱ 겨울

❖ 3월 하순부터 4월 중순경은 측백하늘소의 산란시기와 부화유충 침입시기이므로 중요한 방제시기이다.

45. 뿌리돌림의 방법으로 옳은 것은?

㉮ 노목은 피해를 줄이기 위해 한번에 뿌리돌림 작업을 끝내는 것이 좋다.

정답 → 37. ㉱ 38. ㉮ 39. ㉯ 40. ㉯ 41. ㉰ 42. ㉯ 43. ㉰ 44. ㉮ 45. ㉱

㉯ 뿌리돌림을 하는 분은 이식할 당시의 뿌리분보다 약간 크게 한다.
㉰ 낙엽수의 경우 생장이 끝난 가을에 뿌리돌림을 하는 것이 좋다.
㉱ 뿌리돌림 시 남겨 둘 곧은 뿌리는 15~20㎝의 폭으로 환상 박피한다.

❖ 뿌리돌림은 해토 후부터 4월 상순까지가 좋으며, 노목은 2~4회 나누어 연차적으로 행하고, 분의 크기는 이식할 때 뿌리분의 크기보다 약간 작게 한다.

46. 점질토와 사질토의 특성 설명으로 옳은 것은?

㉮ 투수계수는 사질토가 점질토 보다 작다.
㉯ 건조 수축량은 사질토가 점질토 보다 크다.
㉰ 압밀속도는 사질토가 점질토 보다 빠르다.
㉱ 내부마찰각은 사질토가 점질토 보다 작다.

❖ 사질토는 점질토에 비하여 투수계수·내부마찰각은 크고 건조수축량은 작다.

47. 건설표준품셈에서 시멘트 벽돌의 할증률은 얼마까지 적용할 수 있는가?

㉮ 3%　　㉯ 5%
㉰ 10%　　㉱ 15%

❖ 붉은벽돌은 3%, 시멘트벽돌은 5% 할증을 적용한다.

48. 콘크리트 공사의 시공과정 중 휴식시간 등으로 응결하기 시작한 콘크리트에 새로운 콘크리트를 이어 칠 때 일체화가 저해되어 발생하는 줄눈의 형태는?

㉮ 콜드 조인트(cold joint)
㉯ 콘트롤 조인트(control joint)
㉰ 익스팬션 조인트(expansion joint)
㉱ 콘트랙션 조인트(contraction joint)

❖ ㉯㉱ 표면균열을 한 곳으로 유도하는 줄눈
㉰ 수축팽창, 부동침하 등으로 발생 할 수 있는 변형의 흡수를 목적으로 설치

49. 치장벽돌을 사용하여 벽체의 앞면 5~6켜 까지는 길이쌓기로 하고 그 위 한켜는 마구리쌓기로 하여 본 벽돌벽에 물려 쌓는 벽돌쌓기 방식은?

㉮ 불식쌓기　　㉯ 미식쌓기
㉰ 영식쌓기　　㉱ 화란식쌓기

❖ 미식쌓기는 표면은 치장벽돌 쌓기로 하고 뒷면은 영식 쌓기와 동일하다.

50. 거푸집에 미치는 콘크리트의 측압에 관한 설명으로 틀린 것은?

㉮ 시공연도가 좋을수록 측압은 크다.
㉯ 수평부재가 수직부재보다 측압이 작다.
㉰ 경화속도가 빠를수록 측압이 크다.
㉱ 붓기 속도가 빠를수록 측압이 크다.

❖ 그 외 측압이 크게 걸리는 경우는 슬럼프가 클 때, 타설 높이가 높을 경우, 대기습도가 높은 경우, 온도가 낮은 경우, 진동기 사용 시 등이 있다.

51. 단독도급과 비교하여 공동도급(joint venture) 방식의 특징으로 거리가 먼 것은?

㉮ 대규모 공사를 단독으로 도급하는 것보다 적자 등의 위험 부담이 분담된다.
㉯ 공동도급에 구성된 상호간의 이해충돌이 없고 현장 관리가 용이하다.
㉰ 2 이상의 업자가 공동으로 도급함으로서 자금 부담이 경감된다.
㉱ 각 구성원이 공사에 대하여 연대책임을 지므로 단독 도급에 비해 발주자는 더 큰 안정성을 기대할 수 있다.

❖ 공동도급은 이해의 충돌과 책임회피의 우려가 있으며, 사무관리 및 현장관리가 복잡하다.

52. 수목의 흰가루병은 가을이 되면 병환부에 흰가루가 섞여서 미세한 흑색의 알맹이가 다수 형성되는데 다음 중 이것을 무엇이라 하는가?

㉮ 균사(菌絲)　　㉯ 자낭구(子囊球)
㉰ 분생자병(分生子柄)　　㉱ 분생포자(分生胞子)

❖ 흰가루병은 자낭균에 의한 병으로 분생포자에 의해 반복 전염된다.

정답 ➔ 46. ㉰ 47. ㉯ 48. ㉮ 49. ㉯ 50. ㉰ 51. ㉯ 52. ㉯

53. 다음 중 기준점 및 규준틀에 관한 설명으로 틀린 것은?

㉮ 규준틀은 공사가 완료된 후에 설치한다.
㉯ 규준틀은 토공의 높이, 나비 등의 기준을 표시한 것이다.
㉰ 기준점은 이동의 염려가 없는 곳에 설치한다.
㉱ 기준점은 최소 2개소 이상 여러 곳에 설치한다.

❖ 건물의 위치와 높이, 땅파기의 너비와 깊이 등을 표시하기 위한 가설물로 공사 시작 전에 설치한다.

54. 다음 중 한발의 해에 가장 강한 수종은?

㉮ 오리나무 ㉯ 버드나무
㉰ 소나무 ㉱ 미루나무

❖ 소나무는 내건성이 강해서 건조·척박지에서도 잘 자란다.

55. 수목의 총중량은 지상부와 지하부의 합으로 계산할 수 있는데, 그 중 지하부(뿌리분)의 무게를 계산하는 식은 W=V×K이다. 이 중 V가 지하부(뿌리분)의 체적일 때 K는 무엇을 의미하는가?

㉮ 뿌리분의 단위체적 중량
㉯ 뿌리분의 형상 계수
㉰ 뿌리분의 지름
㉱ 뿌리분의 높이

❖ 뿌리분의 중량은 '체적×뿌리분의 단위체적 중량'으로 구한다.

56. 자연석 무너짐 쌓기에 대한 설명으로 부적합한 것은?

㉮ 크고 작은 돌이 서로 삼재미가 있도록 좌우로 놓아 나간다.
㉯ 돌을 쌓은 단면의 중간이 볼록하게 나오는 것이 좋다.
㉰ 제일 윗부분에 놓이는 돌은 돌의 윗부분이 수평이 되도록 놓는다.
㉱ 돌과 돌이 맞물리는 곳에는 작은 돌을 끼워 넣지 않도록 한다.

❖ 자연석 무너짐 쌓기는 경사면을 따라 자연석을 놓아서 무너져 내려 안정된 모습의 자연스러운 경관을 조성하도록 하는 것 이므로 중간이 볼록하게 나온 형태가 아니다.

57. 축척 1/1000의 도면의 단위 면적이 16㎡인 것을 이용하여 축척 1/2000의 도면의 단위 면적으로 환산하면 얼마인가?

㉮ 32㎡ ㉯ 64㎡
㉰ 128㎡ ㉱ 256㎡

❖ $\cdot \left(\frac{1}{m}\right)^2 = \frac{\text{도상면적}}{\text{실제면적}}$

$\cdot \left(\frac{1}{m}\right)^2 = A_1 = \left(\frac{1}{m}\right)^2 : A_2$

$A_2 = \left(\frac{m_2}{m_1}\right)^2 A_1 = \left(\frac{2,000}{1,000}\right)^2 \times 16 = 64(㎡)$

58. 1/100 축척의 도면에서 가로 20m, 세로 50m의 공간에 잔디를 전면붙이기를 할 경우 몇 장의 잔디가 필요한가? (단, 잔디는 25×25㎝ 규격을 사용한다.)

㉮ 5500장 ㉯ 11000장
㉰ 16000장 ㉱ 22000장

❖ $\frac{20 \times 50}{0.25 \times 0.25} \times 16,000$(장)

59. 비료는 화학적 반응을 통해 산성비료, 중성비료, 염기성비료로 분류되는데, 다음 중 산성비료에 해당하는 것은?

㉮ 황산암모늄 ㉯ 과인산석회
㉰ 요소 ㉱ 용성인비

❖ ㉯ 산성, ㉰ 중성, ㉱ 염기성 [공단의 답이 오류로 보인다.]

60. 석재의 가공 공정상 날망치를 사용하는 표면 마무리 작업은?

㉮ 혹떼기 ㉯ 잔다듬
㉰ 정다듬 ㉱ 도드락다듬

❖ 잔다듬은 도드락 다듬면을 곱게 쪼아 평탄하게 하는 것을 말한다.

정답 ➔ 53. ㉮ 54. ㉰ 55. ㉮ 56. ㉯ 57. ㉯ 58. ㉰ 59. ㉮ 60. ㉯

❖ 2011년 조경기능사 제 2 회

2011년 4월 17일 시행

01. 옥상조경 토양경량재가 아닌 것은?

㉮ 펄라이트　　㉯ 버미큘라이트
㉰ 피트모스　　㉱ 마사토

❖ 조경용 경량토는 버미큘라이트, 퍼얼라이트, 피트, 화산재 등으로 식재토양에 혼합하여 사용한다.

02. 정원 양식의 발생요인 중 자연환경 요인이 아닌 것은?

㉮ 기후　　㉯ 지형
㉰ 식물　　㉱ 종교

❖ 종교는 사회·문화적 요인에 해당된다.

03. 동양 정원에서 연못을 파고 그 가운데 섬을 만드는 수법에 가장 큰 영향을 준 것은?

㉮ 자연지형　　㉯ 기상요인
㉰ 신선사상　　㉱ 생활양식

❖ 연못의 섬은 신선사상의 선산(仙山)이 상징화된 것이다.

04. 녹지계통의 형태가 아닌 것은?

㉮ 분산형(산재형)　　㉯ 환상형
㉰ 입체분리형　　㉱ 방사형

❖ 녹지계통의 형태는 환상식·방사식·방사환상식·위성식·평행식으로 구분할 수 있다.

05. 다음 그림과 같이 구릉지의 맨 윗쪽에 세워진 건물은 토지의 이용방법 중 어떠한 것에 속하는가?

㉮ 강조
㉯ 통일
㉰ 대비
㉱ 보존

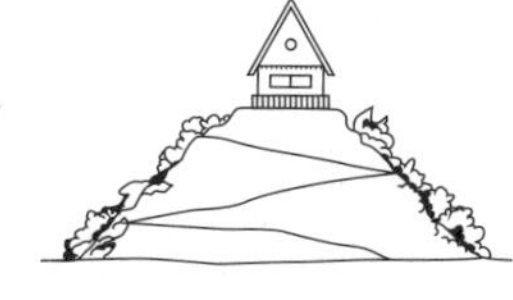

❖ 강조는 통일과 질서 속에서 이루어지며, 다른 부분은 강조된 부분과 종속관계를 형성한다.

06. 일본의 모모야마(桃山) 시대에 새롭게 만들어져 발달한 정원 양식은?

㉮ 회유임천식
㉯ 축산고산수식
㉰ 홍교수법
㉱ 다정

❖ 모모야마시대에 출현한 호화로운 정원에 반하여 다실의 노지(露地)에 대한 조경수법인 다정이 나타났다.

07. 고대 그리스 조경에 관한 설명 중 틀린 것은?

㉮ 구릉이 많은 지형에 영향을 받았다.
㉯ 짐나지움(Gymnasium)과 같은 공공적인 정원이 발달하였다.
㉰ 히포다무스에 의해 도시계획에서 격자형이 채택되었다.
㉱ 서민들의 정원은 발달을 보지 못했으나 왕이나 귀족의 저택은 대규모이며 사치스러운 정원을 가졌다.

❖ 고대 그리스 조경은 민주사상의 발달로 개인의 정원보다 공공조경이 더욱 발달하였다.

08. 설계자의 의도를 개략적인 형태로 나타낸 일종의 시각 언어로서 도면을 단순화시켜 상징적으로 표현한 그림을 의미하는 것은?

㉮ 상세도
㉯ 다이어그램
㉰ 조감도
㉱ 평면도

❖ 다이어그램은 설계자의 의도를 개략적인 형태로 나타낸 일종의 시각 언어로서 도면을 단순화시켜 상징적으로 표현한 그림을 의미한다.

09. 등고선 간격이 20m인 1/25000 지도의 지도상 인접한 등고선에 직각인 평면 거리가 2㎝인 두 지점의 경사도는?

정답 ➔ 01. ㉱ 02. ㉱ 03. ㉰ 04. ㉰ 05. ㉮ 06. ㉱ 07. ㉱ 08. ㉯ 09. ㉯

㉮ 2% ㉯ 4%
㉰ 5% ㉱ 10%

❖ · 축척 $\frac{1}{m} = \frac{도상거리}{실제거리}$

· 경사도 = $\frac{수직거리}{수평거리} \times 100(\%)$

$\frac{1}{2,500} = \frac{0.02}{x}$ 수평거리 x = 500(m)

경사도 = $\frac{20}{500} \times 100 = 4(\%)$

10. 다음 중 수문(水文)계획에서 고려하여야 할 것은?

㉮ 집수구역 ㉯ 식생분포
㉰ 야생동물 ㉱ 식생구조

❖ 집수구역은 계획부지에 집중되는 유수의 범위를 말한다.

11. 자연공원법상 자연공원이 아닌 것은?

㉮ 국립공원 ㉯ 도립공원
㉰ 군립공원 ㉱ 생태공원

❖ ㉱ 법제상 공원의 분류에 나타나는 것은 없다.

12. 부귀나 영화를 등지고 자연과 벗하며 농경하고 살기 위해 세운 주거를 별서(別墅)정원이라 한다. 우리나라의 현존하는 대표적인 것은?

㉮ 윤선도의 부용동 원림
㉯ 강릉의 선교장
㉰ 이덕유의 평천산장
㉱ 구례의 운조루

❖ ㉯㉱ 주택정원, ㉰ 중국의 주택정원

13. 전통민가 조경이 프로젝트의 대상이 되는 분야는?

㉮ 기타시설 ㉯ 주거지
㉰ 공원 ㉱ 문화재

❖ 문화재에는 전통민가, 궁궐, 사찰, 사적지 등이 포함된다.

14. 우리나라 최초의 국립공원은?

㉮ 설악산 ㉯ 한라산
㉰ 지리산 ㉱ 내장산

❖ 1967년 지리산 국립공원이 최초로 지정되었다.

15. 회교문화의 영향을 입어 독특한 정원 양식을 보이는 곳은?

㉮ 이탈리아정원 ㉯ 프랑스정원
㉰ 영국정원 ㉱ 스페인정원

❖ 스페인은 이슬람의 지배를 받으며 기독교 문화와 이슬람 문화 등 여러 종교적 문화가 융화된 복합적 정원양식을 보인다.

16. 목재를 방부 처리하고자 할 때 주로 사용되는 방부제는?

㉮ 알코올 ㉯ 크레오소트유
㉰ 광명단 ㉱ 니스

❖ 목재의 방부제로 방부력이 우수하고 가격이 저렴하여 많이 사용한다.

17. 석재의 특성 중 장점에 해당되지 않는 것은?

㉮ 불연성이며, 압축강도가 크고 내구성·내화학성이 풍부하며 마모성이 적다.
㉯ 종류가 다양하고 같은 종류의 석재라도 산지나 조직에 따라 여러 외관과 색조가 나타난다.
㉰ 외관이 장중하고 치밀하며 가공시 아름다운 광택을 낸다.
㉱ 화열에 닿으며 화강암 등은 균열이 생기고, 석회암이나 대리석과 같이 분해가 일어나기도 한다.

❖ ㉱ 석재의 단점

18. 다음 중 목재에 관한 설명으로 틀린 것은?

㉮ 단열성이 크다.
㉯ 가공성이 좋다.
㉰ 소리, 전기 등의 전도성이 크다.
㉱ 건조가 불충분한 것은 썩기 쉽다.

❖ 목재는 열전도율이 작아 보온·방한·차음 등에 효과가 높다.

정답 ➔ 10. ㉮ 11. ㉱ 12. ㉮ 13. ㉱ 14. ㉰ 15. ㉱ 16. ㉯ 17. ㉱ 18. ㉰

19. 다음 중 수목의 맹아성이 가장 약한 것은?

㉮ 비자나무 ㉯ 능수버들
㉰ 회양목 ㉱ 쥐똥나무

❖ ㉯㉰㉱ 맹아력이 강한 수종

20. 다음 중 수종의 특징상 관상 부위가 주로 줄기인 것은?

㉮ 자작나무 ㉯ 자귀나무
㉰ 수양버들 ㉱ 위성류

❖ 자작나무의 줄기는 하얀 백색으로 독특하여 관상가치가 뛰어나다.

21. 다음 중 내염성에 대해 가장 약한 수종은?

㉮ 아왜나무 ㉯ 곰솔
㉰ 일본목련 ㉱ 모감주나무

❖ ㉮㉯㉱ 내염성에 강한 수종

22. 다음 중 상록수로만 짝지어진 것은?

㉮ 섬잣나무, 리기다소나무, 동백나무, 낙엽송
㉯ 소나무, 배롱나무, 은행나무, 사철나무
㉰ 철쭉, 주목, 모과나무, 장미
㉱ 사철나무, 아왜나무, 회양목, 독일가문비나무

❖ 낙엽송·배롱나무·은행나무·철쭉·모과나무·장미는 낙엽수이다.

23. 다음 중 일반적으로 자동차 매연에 대한 저항성이 가장 강한 수종은?

㉮ 은행나무 ㉯ 소나무
㉰ 목련 ㉱ 단풍나무

❖ ㉯㉰㉱ 자동차 배기가스에 약한 수종

24. 다음 중 식재 시 수목의 규격 표기 방법이 다른 것은?

㉮ 은행나무 ㉯ 메타세콰이아
㉰ 잣나무 ㉱ 벚나무

❖ ㉮㉯㉱ H×B, ㉰ H×W로 표기

25. 다음 중 수목의 분류상 교목으로 분류할 수 없는 것은?

㉮ 일본목련 ㉯ 느티나무
㉰ 목련 ㉱ 병꽃나무

❖ ㉱ 관목

26. 다음 중 합판의 특징 설명으로 틀린 것은?

㉮ 동일한 원재로부터 많은 정목판과 나무결 무늬판이 제조된다.
㉯ 내구성, 내습성이 작다.
㉰ 폭이 넓은 판을 얻을 수 있다.
㉱ 팽창, 수축 등으로 생기는 변형이 거의 없다.

❖ 합판은 수축·팽창의 변형이 적으므로 내구성이 작다고 보기는 어려우며, 내수합판도 내습성이 크지는 않다.

27. 다음 중 열경화성(축합형) 수지인 것은?

㉮ 폴리에틸렌수지 ㉯ 폴리염화비닐수지
㉰ 아크릴수지 ㉱ 멜라민수지

❖ ㉮㉯㉰ 열가소성 수지

28. 시멘트를 만드는 과정에서 일정량의 석고를 첨가하는 목적은?

㉮ 응결시간 조절 ㉯ 수밀성 증대
㉰ 경화촉진 ㉱ 초기강도 증진

❖ 석고는 시멘트의 응결 속도를 느리게 하기 위해서 사용하며 응결지연제역할을 한다.

29. 다음 중 성형가공이 자유롭지만 온도의 변화에 약한 제품은?

㉮ 콘크리트 제품 ㉯ 플라스틱 제품
㉰ 금속 제품 ㉱ 목질 제품

❖ 플라스틱제품은 성형 및 가공이 용이하고 무게에 비해 강도가 크며 착색이 용이하다. 그러나 내화성, 내열성, 내후성이 낮고 변색과 변형(60℃ 이상)이 큰 단점이 있다.

정답 ➔ 19. ㉮ 20. ㉮ 21. ㉰ 22. ㉱ 23. ㉮ 24. ㉰ 25. ㉱ 26. ㉯ 27. ㉱ 28. ㉮ 29. ㉯

30. 다음 [보기]에서 설명하는 수종은?

[보기]

- 원산지는 중국이다.
- 줄기 색채가 녹색이고, 6월경에 개화하며 꽃색은 황색이다.
- 성상이 낙엽활엽교목으로 열매는 5개의 분과로 익기 전에 벌어져서 완두콩 같은 종자가 보이고 10월에 익는다.

㉮ 태산목 ㉯ 황매화
㉰ 벽오동 ㉱ 노각나무

❖ ㉮ 회갈색 줄기, 6월 백색꽃, 9월 적색 열매
㉯ 녹·갈색 줄기, 4월 황색꽃, 9월 흑자색 열매
㉱ 적갈색 줄기, 7월 백색꽃, 10월 갈색 열매

31. 다음 화초 중 재배 특성에 따른 분류 중 알뿌리 화초에 해당하는 것은?

㉮ 크로커스 ㉯ 맨드라미
㉰ 과꽃 ㉱ 백일홍

❖ ㉯㉰㉱ 한해살이 화초

32. 콘크리트의 배합 방법 중에서 1 : 2 : 4, 1 : 3 : 6과 같은 형태의 배합 방법으로 가장 적합한 것은?

㉮ 용적배합
㉯ 중량배합
㉰ 복식배합
㉱ 표준계량배합

❖ 콘크리트 용적배합 (시멘트 : 모래 : 자갈)

33. 표준형 벽돌을 사용하여 줄눈 10㎜로 시공할 때 2.0B 벽돌벽의 두께는? (단, 공간쌓기는 아니다.)

㉮ 210㎜ ㉯ 390㎜
㉰ 320㎜ ㉱ 430㎜

❖ 2.0B 쌓기는 길이 방향으로 2장을 놓고 줄눈 10㎜를 더한 두께로 쌓는 것으로 190+10+190=390㎜ 이다.

34. 석회암이 변화되어 결정화한 것으로 석질이 치밀하고 견고할 뿐 아니라 외관이 미려하여 실내장식재 또는 조각재로 사용되는 것은?

㉮ 응회암 ㉯ 사문암
㉰ 대리석 ㉱ 점판암

❖ 대리석은 경질로 강도가 크고 실내 장식재, 조각재로 사용된다.

35. 일반적으로 건설 재료로 사용하는 목재의 비중이란 다음 중 어떤 상태의 것을 말하는가? (단, 함수율이 약 15% 정도일 때를 의미한다.)

㉮ 포수비중 ㉯ 절대비중
㉰ 진비중 ㉱ 기건비중

❖ 목재의 함수율 약 15% 정도일 때는 기건재이므로 기건비중을 의미한다.

36. 다음 중 전정의 효과로 적합하지 않은 것은?

㉮ 수목의 생장을 촉진시킨다.
㉯ 수관 내부의 일조 부족에 의한 허약한 가지와 병충해 발생의 원인을 제거한다.
㉰ 도장지의 처리로 생육을 고르게 한다.
㉱ 화목류의 적절한 전정은 개화, 결실을 촉진시킨다.

❖ 전정의 효과는 수목의 생장을 촉진시키는 것보다 조경수의 건전한 발육을 위한 작업이다.

37. 다음 중 설계도면을 작성할 때 치수선, 치수보조선에 이용되는 선의 종류는?

㉮ 1점 쇄선 ㉯ 2점 쇄선
㉰ 파선 ㉱ 실선

❖ 치수선, 치수 보조선은 가는 실선을 사용한다.

38. 성인이 이용할 정원의 디딤돌 놓기 방법으로 틀린 것은?

㉮ 납작하면서도 가운데가 약간 두둑하여 빗물이 고이지 않는 것이 좋다.
㉯ 디딤돌의 간격은 느린 보행폭을 기준하여

정답 ➔ 30. ㉰ 31. ㉮ 32. ㉮ 33. ㉯ 34. ㉰ 35. ㉱ 36. ㉮ 37. ㉱ 38. ㉰

35~50㎝ 정도가 좋다.

㉰ 디딤돌은 가급적 사각형에 가까운 것이 자연미가 있어 좋다.

㉱ 디딤돌 및 징검돌의 장축은 진행방향에 직각이 되도록 배치한다.

❖ ㉰ 둥근 형태의 자연석이 자연미가 있어 어울린다.

39. 다음 그림 중 수목의 가지에서 마디 위 다듬기의 요령으로 가장 좋은 것은?

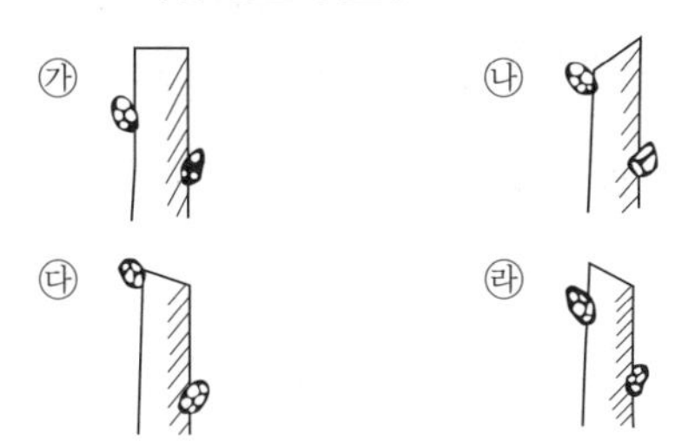

❖ 마디 위 가지다듬기는 눈끝의 6~7㎜ 윗부분을 눈과 평행한 방향으로 비스듬히 절단한다.

40. 다음 중 콘크리트 소재의 미끄럼대를 시공할 경우 일반적으로 지표면과 미끄럼판의 활강 부분이 수평면과 이루는 각도로 가장 적합한 것은?

㉮ 70°　　㉯ 55°
㉰ 35°　　㉱ 15°

❖ 미끄럼대 활강부분의 기울기는 수평면과 30~35°를 이루는 것이 적합하다.

41. 살수기 설계시 배치 간격은 바람이 없을 때를 기준으로 살수 작동 최대간격을 살수직경의 몇 %로 제한하는가?

㉮ 45~55%　　㉯ 60~65%
㉰ 70~75%　　㉱ 80~85%

❖ 일반적인 살수기 배치 간격은 살수직경의 60~65%이다.

42. 설계안이 완공되었을 경우를 가정하여 설계 내용을 실제 눈에 보이는 대로 절단한 면에서 먼 곳에 있는 것은 작게, 가까이 있는 것은 크고 깊이가 있게 하나의 화면에 그리는 것은?

㉮ 평면도　　㉯ 조감도
㉰ 투시도　　㉱ 상세도

❖ 투시도는 실제 완성된 모습을 가상하여 그린 것으로 1점 투시와 2점 투시가 있다.

43. 항공사진 측량시 낙엽수와 침엽수, 토양의 습윤도 등의 판독에 쓰이는 요소는?

㉮ 질감　　㉯ 음영
㉰ 색조　　㉱ 모양

❖ 침엽수는 활엽수보다 짙은 녹색의 수관을 갖고 있어 사진상에 나타나는 색조도 더 짙은 색으로 나타나 구별이 가능하다.

44. 일반적으로 식재할 구덩이 파기를 할 때 뿌리분 크기의 몇 배 이상으로 구덩이를 파고 해로운 물질을 제거해야 하는가?

㉮ 1.5　　㉯ 2.5
㉰ 3.5　　㉱ 4.5

❖ 식재할 구덩이(식혈)는 뿌리분 크기의 1.5배 이상으로 판다.

45. 다수진 25% 유제 100cc를 0.05%로 희석하려 할 때 필요한 물의 양은?

㉮ 5L　　㉯ 25L
㉰ 50L　　㉱ 100L

❖ 희석할 물의 양(㎖, g)

$$\text{소요 농약량(㎖)} \times \left(\frac{\text{농약주성분농도(\%)}}{\text{추천농도(\%)}} - 1\right) \times \text{비중}$$

$$100 \times \left(\frac{25}{0.05} - 1\right) \fallingdotseq 50{,}000 \rightarrow 50\text{L}$$

46. 조경 수목의 관리 계획에는 정기 관리작업, 부정기 관리작업, 임시 관리작업으로 분류할 수 있다. 그 중 정기 관리작업에 속하는 것은?

㉮ 고사목 제거　　㉯ 토양 개량
㉰ 세척　　㉱ 거름주기

❖ ㉮㉯㉰ 부정기작업

정답 ➔ 39. ㉱ 40. ㉰ 41. ㉯ 42. ㉰ 43. ㉰ 44. ㉮ 45. ㉰ 46. ㉱

47. 다음 [보기]에서 설명하는 기상 피해는?

> [보기]
> 어린 나무에서는 피해가 거의 생기지 않고 흉고직경 15~20㎝ 이상인 나무에서 피해가 많다. 피해 방향은 남쪽과 남서쪽에 위치하는 줄기부위이다. 특히 남서방향의 1/2 부위가 가장 심하며 북측은 피해가 없다. 피해 범위는 지제부에서 지상 2m 높이 내외이다.

㉮ 볕데기(皮燒) ㉯ 한해(寒害)
㉰ 풍해(風害) ㉱ 설해(雪害)

✤ 볕데기(피소)는 그밖에 지나치게 습한 토양에서 자라는 수목에도 발생이 가능하다.

48. 다음 중 소나무 혹병의 중간 기주는?

㉮ 송이풀 ㉯ 배나무
㉰ 참나무류 ㉱ 향나무

✤ 소나무 혹병의 중간 기주는 졸참나무·신갈나무인 참나무류이다.

49. 비탈면 경사의 표시에서 1 : 2.5에서 2.5는 무엇을 뜻하는가?

㉮ 수직고 ㉯ 수평거리
㉰ 경사면의 길이 ㉱ 안식각

✤ 비탈구배(경사 Slope)는 비탈면의 수직거리 1m에 대한 수평거리의 비로써 2.5는 수평거리를 뜻한다.

50. 다음 중 굵은 가지를 전정하였을 때 다른 수종들보다 전정 부위에 반드시 도포제를 발라 주어야 하는 것은?

㉮ 잣나무 ㉯ 메타세콰이아
㉰ 느티나무 ㉱ 자목련

✤ 전정을 싫어하는 수종인 목련류, 벚나무류 등은 굵은 가지를 전정하였을 경우 반드시 도포제를 발라 주어야 한다.

51. 다음 중 호박돌 쌓기의 방법 설명으로 부적합한 것은?

㉮ 표면이 깨끗한 돌을 사용한다.
㉯ 크기가 비슷한 것이 좋다.
㉰ 불규칙하게 쌓는 것이 좋다.
㉱ 기초공사 후 찰쌓기로 시공한다.

✤ 호박돌쌓기 시 규칙적인 모양을 갖도록 쌓는 것이 보기도 좋고 안정성이 좋다.

52. 다음 중 잔디에 가장 많이 발생하는 병과 그에 따른 방제법이 맞는 것은?

㉮ 녹병(綠病) : 헥사코나졸수화제(5%) 살포
㉯ 엽진병 : 다이아지논유제 살포
㉰ 흰가루병 : 디코폴수화제(5%) 살포
㉱ 근부병 : 다이아지논분제 살포

✤ 잔디에 가장 많이 발생하는 병은 녹병, 라지패치, 춘고병, 탄저병, 브라운 패치, 달라스팟 등이 있다. 방제는 만코지, 지오판, 디니코나졸, 헥사코나졸수화제로 방제한다.

53. 시멘트 500포대를 저장할 수 있는 가설창고의 최소 필요 면적은? (단, 쌓기 단수는 최대 13단으로 한다.)

㉮ 15.4㎡ ㉯ 16.5㎡
㉰ 18.5㎡ ㉱ 20.4㎡

✤ 시멘트 창고 면적(㎡) = $0.4 \times (\frac{N}{n})$

$0.4 \times (\frac{500}{13}) = 15.4$(㎡)

54. 다음 단계 중 시방서 및 공사비 내역서 등을 주로 포함하고 있는 것은?

㉮ 기본구상 ㉯ 기본계획
㉰ 기본설계 ㉱ 실시설계

✤ 실시설계단계에서는 공사시행을 위한 구체적이고 상세한 도면을 시공자가 쉽게 알아보고 능률적·경제적으로 시공이 가능하도록 작성한다. 모든 종류의 설계도·상세도·수량산출·일위대가표·공사비·내역서·시방서·공정표 등을 작성한다.

55. 도급업자 입장에서 지급받을 수 있는 공사비 중 통상적으로 90%까지 지불 받을 수 있는 공사비의 명칭은?

정답 ➔ 47. ㉮ 48. ㉰ 49. ㉯ 50. ㉱ 51. ㉰ 52. ㉮ 53. ㉮ 54. ㉱ 55. ㉱

㉮ 착공금(전도금) ㉯ 준공불(완공불)
㉰ 하자보증금 ㉱ 중간불(기성불)

❖ ㉮ 공사 시행 전 지급받을 수 있는 금액이다.
㉯ 건물인도 후 계약을 완료하는 청산 대금이다.
㉰ 준공검사 후 하자에 대한 보증금이다. (1~3년까지 2/100~5/100 예치)

56. 다음 중 뿌리분의 형태를 조개분으로 굴취하는 수종으로만 나열된 것은?

㉮ 소나무, 느티나무 ㉯ 버드나무, 가문비나무
㉰ 눈주목, 편백 ㉱ 사철나무, 사시나무

❖ 조개분은 심근성 수종에 적용 – 소나무, 비자나무, 전나무, 느티나무, 백합나무, 은행나무, 녹나무, 후박나무 등

57. 진딧물, 깍지벌레와 관계가 가장 깊은 병은?

㉮ 흰가루병 ㉯ 빗자루병
㉰ 줄기마름병 ㉱ 그을음병

❖ 그을음병은 깍지벌레, 진딧물의 배설물에 의해 발생한다.

58. 큰 돌을 운반하거나 앉힐 때 주로 쓰이는 기구는?

㉮ 예불기 ㉯ 스크레이퍼
㉰ 체인블록 ㉱ 롤러

❖ 체인블록 : 작은 힘으로 중량물을 올리거나 내리는 데 사용되는 기구이다.

59. 철재(鐵材)로 만든 놀이시설에 녹이 슬어 다시 페인트 칠을 하려 한다. 그 작업 순서로 옳은 것은?

㉮ 녹닦기(샌드페이퍼 등)→연단(광명단) 칠하기→에나멜 페인트 칠하기
㉯ 에나멜 페인트 칠하기→녹닦기(샌드페이퍼 등)→연단(광명단) 칠하기
㉰ 연단(광명단) 칠하기→녹닦기(샌드페이퍼 등)→바니쉬 칠하기
㉱ 수성페인트 칠하기→바니쉬 칠하기→녹닦기(샌드페이퍼 등

❖ 바탕처리→녹막이칠→연마지닦기→구멍땜 및 퍼티먹임→재벌→정벌칠

60. 다음 중 건설 기계의 용도 분류상 굴착용으로 사용하기에 부적합한 것은?

㉮ 클램쉘 ㉯ 파워셔블
㉰ 드래그라인 ㉱ 스크레이퍼

❖ ㉱ 정지작업용 기계

정답 ➔ 56. ㉮ 57. ㉱ 58. ㉰ 59. ㉮ 60. ㉱

❖ 2011년 조경기능사 제 4 회

2011년 7월 31일 시행

01. 다음 우리나라 조경 가운데 가장 오래된 것은?

㉮ 소쇄원(瀟灑園)
㉯ 순천관(順天館)
㉰ 아미산정원
㉱ 안압지(雁鴨池)

❖ ㉮ 조선 1534년, ㉯ 고려 918년, ㉰ 조선 1394년, ㉱ 신라 674년

02. 설계 도면에서 표제란에 위치한 막대 축척이 1/200이다. 도면에서 1㎝는 실제 몇 m인가?

㉮ 0.5m　　㉯ 1m
㉰ 2m　　㉱ 4m

❖ $\frac{1}{m} = \frac{\text{도상거리}}{\text{실제거리}}$

$\frac{1}{200} = \frac{0.01}{x} = 200 \times 0.01 = 2(m)$

03. 경관의 시각적 구성요소를 우세요소와 가변요소로 구분할 때 가변요소에 해당하지 않는 것은?

㉮ 광선　　㉯ 기상조건
㉰ 질감　　㉱ 계절

❖ 경관의 시각적 구성요소 중 가변요소는 운동, 빛, 기후조건, 계절, 거리, 관찰위치, 규모, 시간 등이 있다.

04. 주택정원에 설치하는 시설물 중 수경시설에 해당하는 것은?

㉮ 퍼걸러　　㉯ 미끄럼틀
㉰ 정원등　　㉱ 벽천

❖ 수경시설은 물을 이용하여 경관을 연출하기 위한 시설물이다.

05. 다음 골프와 관련된 용어 설명으로 옳지 않는 것은?

㉮ 에이프론 칼라(apron collar) : 임시로 그린의 표면을 잔디가 아닌 모래로 마감한 그린을 말한다.
㉯ 코스(course) : 골프장 내 플레이가 허용되는 모든 구역을 말한다.
㉰ 해저드(hazard) : 벙커 및 워터 해저드를 말한다.
㉱ 티샷(tee shot) : 티그라운드에서 제 1타를 치는 것을 말한다.

❖ 에이프런 칼라는 그린 주위에 잔디를 일정한 폭으로 그린보다 길게 깎아 놓아 다른 지역과 구분하여 놓은 부분을 의미하며 퍼팅그린의 일부는 아니다.

06. 자연 그대로의 짜임새가 생겨나도록 하는 사실주의 자연풍경식 조경 수법이 발달한 나라는?

㉮ 스페인　　㉯ 프랑스
㉰ 영국　　㉱ 이탈리아

❖ 18C 영국의 자연풍경식 정원은 자연주의에 입각한 표현으로 수목을 전정하지 않았고 완만한 구릉 그대로의 터가르기 및 자유로운 곡선을 이용하였다.

07. 조경식물에 대한 옛 용어와 현대 사용되는 식물명의 연결이 잘못된 것은?

㉮ 자미(紫薇)– 장미
㉯ 산다(山茶)– 동백
㉰ 옥란(玉蘭)– 백목련
㉱ 부거(芙渠)– 연(蓮)

❖ 자미는 배롱나무를 말한다.

08. 다음 중 고대 로마의 폼페이 주택정원에서 볼 수 없는 것은?

㉮ 아트리움　　㉯ 페리스틸리움
㉰ 포름　　㉱ 지스터스

❖ 포름은 공공의 장소로 후세 광장의 전신이 되었다.

09. 넓은 초원과 같이 시야가 가리지 않고 멀리 터져 보이는 경관을 무엇이라 하는가?

정답 ➔ 01. ㉱ 02. ㉰ 03. ㉰ 04. ㉱ 05. ㉮ 06. ㉰ 07. ㉮ 08. ㉰ 09. ㉮

㉮ 전경관　　㉯ 지형경관
㉰ 위요경관　　㉱ 초점경관

❖ 전경관(panoramic landscape)은 시야를 가리지 않고 멀리 터져 보이는 경관 (초원, 수평선 등)을 말한다.

10. 다음 중 차경(借景)을 가장 잘 설명한 것은?

㉮ 멀리 보이는 자연풍경을 경관 구성 재료의 일부로 이용하는 것
㉯ 산림이나 하천 등의 경치를 잘 나타낸 것
㉰ 아름다운 경치를 정원 내에 만든 것
㉱ 연못의 수면이나 잔디밭이 한눈에 보이지 않게 하는 것

❖ 차경기법을 적용하여 구성공간의 깊이감을 줄 수 있다.

11. 중국정원의 가장 중요한 특색이라 할 수 있는 것은?

㉮ 조화　　㉯ 대비
㉰ 반복　　㉱ 대칭

❖ 중국정원은 자연적인 경관을 주 구성요소로 삼고 있으나 경관의 조화보다는 건물과 자연경관, 인공미와 자연미를 통한 대비에 중점을 두고 있다.

12. 정원에서 미적요소 구성은 재료의 짝지움에서 나타나는데 도면상 선적인 요소에 해당되는 것은?

㉮ 분수　　㉯ 독립수
㉰ 원로　　㉱ 연못

❖ 선은 형태에 따라 방향·운동감·속도·영역 등을 암시하며, 오솔길·시냇물·수변의 경계 등으로 나타난다.

13. 다음 중 조경가의 입장에서 가장 우선을 두어야 할 것은?

㉮ 편리한 교통체계의 증설
㉯ 공공을 위한 녹지의 조성
㉰ 미개발지의 화려한 개발 촉진
㉱ 상업위주의 도입시설 증설

❖ 도시의 확대와 더불어 푸르름에 대한 사회적 책무로서 공공을 위한 녹지의 조성이 매우 중요하다.

14. 백제시대에 정원의 점경물로 만들어졌고, 물을 담아 연꽃을 심고 부들, 개구리밥, 마름 등의 부엽식물을 곁들이며 물고기도 넣어 키웠던 것은?

㉮ 석연지　　㉯ 석조전
㉰ 안압지　　㉱ 포석정

❖ 석연지는 부여의 왕궁지에 남아 있던 것으로 지름 약 1.8m, 높이 1m 정도의 거대한 정원용 점경물이다.

15. 일본 정원의 발달순서가 올바르게 연결된 것은?

㉮ 임천식 – 축산고산수식 – 평정고산수식 – 다정식
㉯ 다정식 – 회유식 – 임천식 – 평정고산수식
㉰ 회유식 – 임천식 – 평정고산수식 – 축산고산수식
㉱ 축산고산수식 – 다정식 – 임천식 – 회유식

❖ 임천식(회유임천식)→축산고산수식→평정고산수식→다정식

16. 배수가 잘 되지 않는 저습지대에 식재하려 할 경우 적합하지 않은 수종은?

㉮ 메타세콰이어　　㉯ 자작나무
㉰ 오리나무　　㉱ 능수버들

❖ 자작나무는 건조지에 잘 견디는 수종으로 저습지대에 식재하기 부적합하다.

17. 목재의 단면에서 수액이 적고 강도, 내구성 등이 우수하기 때문에 목재로서 이용가치가 큰 부위는?

㉮ 변재　　㉯ 수피
㉰ 심재　　㉱ 변재와 심재사이

❖ 심재는 전분성분이 거의 없기 때문에 변재에 비해 균·곤충에 대하여 저항성이 있고 내구성이 좋다. 또 함수량이 적어 변형이 거의 없으므로 이용가치가 크다.

18. 합판의 특징에 대한 설명으로 옳은 것은?

㉮ 팽창, 수축 등으로 생기는 변형이 크다.
㉯ 목재의 완전 이용이 불가능하다.
㉰ 제품이 규격화되어 사용에 능률적이다.
㉱ 섬유방향에 따라 강도의 차이가 크다.

정답 ➔ 10. ㉮ 11. ㉯ 12. ㉰ 13. ㉯ 14. ㉮ 15. ㉮ 16. ㉯ 17. ㉰ 18. ㉰

❖ 합판은 균일한 강도를 얻을 수 있으며 팽창·수축 등으로 생기는 변형이 작다.

19. 양질의 포졸란을 사용한 시멘트의 일반적인 특징 설명으로 틀린 것은?

㉮ 수밀성이 크다.
㉯ 해수(海水) 등에 화학 저항성이 크다.
㉰ 발열량이 적다.
㉱ 강도의 증진이 빠르나 장기강도가 작다.

❖ 포졸란 시멘트는 실리카 시멘트라고도 하며 조기강도는 작고 장기강도가 크다.

20. 미리 골재를 거푸집 안에 채우고 특수 혼화제를 섞은 모르타르를 펌프로 주입하여 골재의 빈틈을 메워 콘크리트를 만드는 형식은?

㉮ 서중콘크리트
㉯ 프리팩트콘크리트
㉰ 프리스트레스트콘크리트
㉱ 한중콘크리트

❖ 프리스트레스트콘크리트란 PS, PS 콘크리트라고도 하며 피아노선·특수강선 등을 사용해 미리 부재 내에 응력을 줌으로써 사용 시 받는 외력에 저항하는 것이다.

21. 시공시 설계도면에 수목의 치수를 구분하고자 한다. 다음 중 흉고직경을 표시하는 기호는?

㉮ B　　㉯ C.L
㉰ F　　㉱ W

❖ ㉮ B(Breast), ㉱ 수관폭(Width)

22. 다음 중 심근성 수종이 아닌 것은?

㉮ 자작나무　　㉯ 전나무
㉰ 후박나무　　㉱ 백합나무

❖ 심근성 수종으로는 소나무, 곰솔, 잣나무, 전나무, 주목, 일본목련, 동백나무, 느티나무, 백합나무, 상수리나무, 은행나무, 칠엽수, 백목련, 후박나무 등이 있다.

23. 다음 [보기]가 설명하고 있는 수종은?

[보기]
- 17세기 체코 선교사를 기념하는데서 유래되었다.
- 상록활엽소교목으로 수형은 구형이다.
- 꽃은 한 개씩 정생 또는 액생, 꽃받침과 꽃잎은 5~7개이다.
- 열매는 삭과, 둥글며 3개로 갈라지고, 지름은 3~4 cm 정도이다.
- 짙은 녹색의 잎과 겨울철 붉은색 꽃이 아름다우며 음수로서 반음지나 음지에 식재, 전정에 잘 견딘다.

㉮ 생강나무　　㉯ 동백나무
㉰ 노각나무　　㉱ 후박나무

❖ ㉮ 낙엽활엽관목, 3월 황색꽃, 9월 흑색 열매, 음수
㉰ 낙엽활엽교목, 7월 백색꽃, 10월 갈색 열매, 음수
㉱ 상록활엽교목, 5월 황록색꽃, 7~9월 흑자색 열매, 중용수

24. 화강암(granite)의 특징 설명으로 옳지 않은 것은?

㉮ 조직이 균일하고 내구성 및 강도가 크다.
㉯ 내화성이 우수하여 고열을 받는 곳에 적당하다.
㉰ 외관이 아름답기 때문에 장식재로 쓸 수 있다.
㉱ 자갈, 쇄석 등과 같은 콘크리트용 골재로도 많이 사용된다.

❖ 화강암은 조암물질의 영향으로 내화성이 낮다.

25. 이른 봄에 꽃이 피는 수종끼리만 짝지어진 것은?

㉮ 매화나무, 풍년화, 박태기나무
㉯ 은목서, 산수유, 백합나무
㉰ 배롱나무, 무궁화, 동백나무
㉱ 자귀나무, 태산목, 목련

❖ ㉯ 은목서(가을), 산수유(봄), 백합나무(봄)
㉰ 배롱나무(여름), 무궁화(여름,가을), 동백나무(봄)
㉱ 자귀나무(여름), 태산목(여름), 목련(봄)

26. 기름을 뺀 대나무로 등나무를 올리기 위한 시렁을 만들면 윤기가 나고 색이 변하지 않는다. 대나무 기름 빼는 방법으로 옳은 것은?

정답 → 19. ㉱ 20. ㉯ 21. ㉮ 22. ㉮ 23. ㉯ 24. ㉯ 25. ㉮ 26. ㉮

㉮ 불에 쬐어 수세미로 닦아 준다.
㉯ 알코올 등으로 닦아 준다.
㉰ 물에 오래 담가 놓았다가 수세미로 닦아 준다.
㉱ 석유, 휘발유 등에 담근 후 닦아 준다.

❖ 대나무를 불에 쬐면 기름이 나오고 그것을 그대로 문질러 주면 광택이 난다.

27. 골재의 표면에는 수분이 없으나 내부의 공극은 수분으로 가득차서 콘크리트 반죽시에 투입되는 물의 양이 골재에 의해 증감되지 않는 이상적인 골재의 상태를 무엇이라 하는가?

㉮ 표면건조 포화상태
㉯ 습윤상태
㉰ 공기중 건조상태
㉱ 절대건조상태

❖ ㉯ 골재의 표면이 물에 젖어 있고 내부에 물이 가득한 상태
㉰ 대기 중에서 건조되어 내부에 수분이 있는 상태
㉱ 골재의 내외부에 물이 존재하지 않는 상태

28. 다음 중 교목으로만 짝지어진 것은?

㉮ 동백나무, 회양목, 철쭉
㉯ 전나무, 송악, 옥향
㉰ 녹나무, 잣나무, 소나무
㉱ 백목련, 명자나무, 마삭줄

❖ 회양목·철쭉·옥향·명자나무는 관목, 송악·마삭줄은 만경류(덩굴성 식물)

29. 일반적으로 여름에 백색 계통의 꽃이 피는 수목은?

㉮ 산사나무 ㉯ 왕벚나무
㉰ 산수유 ㉱ 산딸나무

❖ ㉮ 5월 백색계, ㉯ 4월 백색계, ㉰ 3월 황색계

30. 흙막이용 돌쌓기에 일반적으로 가장 많이 사용되는 것으로 앞면의 길이를 기준으로 하여 길이는 1.5배 이상, 접촉부 나비는 1/10 이상으로 하는 시공 재료는?

㉮ 호박돌 ㉯ 경관석
㉰ 판석 ㉱ 견치돌

❖ 견치돌 : 형상은 사각뿔형에 가깝고, 전면은 거의 평면을 이루며 대략 정사각형으로 뒷길이, 접촉면의 폭, 윗면 등의 규격화된 돌로서 4방락 또는 2방락의 것이 있다.

31. 우리나라에서 사용하는 표준형 벽돌의 규격은? (단, 단위는 ㎜로 한다.)

㉮ 300 x 300 x 60 ㉯ 190 x 90 x 57
㉰ 210 x 100 x 60 ㉱ 390 x 190 x 190

❖ ㉰ 기존형(재래형)

32. 케빈 린치(K.Lynch)가 주장하는 경관의 이미지 요소 중에서 관찰자의 이동에 따라 연속적으로 경관이 변해가는 과정을 설명할 수 있는 것은?

㉮ landmark(지표물) ㉯ path(통로)
㉰ edge(모서리) ㉱ district(지역)

❖ path(통로) : 이동의 경로(가로, 수송로, 운하, 철도 등)

33. 일반적으로 추운 지방이나 겨울철에 콘크리트가 빨리 굳어지도록 주로 섞어 주는 것은?

㉮ 석회 ㉯ 염화칼슘
㉰ 붕사 ㉱ 마그네슘

❖ 염화칼슘은 응결경화촉진제로 초기강도를 증진시키고 저온에서도 강도 증진효과가 있어 한중콘크리트에 사용한다.

34. 수목식재 후 지주목 설치시에 필요한 완충재료로서 작업능률이 뛰어나고 통기성과 내구성이 뛰어난 환경 친화적인 재료이며, 상열을 막기 위해 사용하는 것은?

㉮ 새끼 ㉯ 고무판
㉰ 보온덮개 ㉱ 녹화테이프

❖ 녹화테이프는 수목과 지주목이 직접 맞닿지 않도록 하여 수목이 손상되는 것을 막고, 수분의 증산과 상열을 방지하기 위해 사용하는 재료이다.

35. 다음 중 방음용 수목으로 사용하기 부적합한 것은?

㉮ 아왜나무 ㉯ 녹나무
㉰ 은행나무 ㉱ 구실잣밤나무

정답 ➔ 27. ㉮ 28. ㉰ 29. ㉱ 30. ㉱ 31. ㉯ 32. ㉯ 33. ㉯ 34. ㉱ 35. ㉰

❖ 방음용 수목으로는 지하고가 낮고 잎이 수직방향으로 치밀한 상록교목이면서 배기가스 및 공해에 강한 수종이 적합하다.

36. 배식설계도 작성시 고려될 사항으로 옳지 않은 것은?

㉮ 배식평면도에는 수목의 위치, 수종, 규격, 수량 등을 표기한다.
㉯ 배식평면도에는 일반적으로 수목수량표를 표제란에 기입한다.
㉰ 배식평면도는 시설물평면도와 무관하게 작성할 수 있다.
㉱ 배식평면도는 작성시 성장을 고려하여 설계할 필요가 있다.

❖ ㉰ 배식평면도는 시설물평면도를 바탕으로 작성하여야 한다.

37. 다음 설계 기호는 무엇을 표시한 것인가?

㉮ 인조석다짐
㉯ 잡석다짐
㉰ 보도블록포장
㉱ 콘크리트포장

❖ 잡석다짐은 지반의 강화나 시공성 향상을 위하여 실시한다.

38. 비교적 좁은 지역에서 대축척으로 세부 측량을 할 경우 효율적이며, 지역 내에 장애물이 없는 경우 유리한 평판측량방법은?

㉮ 방사법　　㉯ 전진법
㉰ 전방교회법　　㉱ 후방교회법

❖ 방사법은 측량할 구역 안에 장애물이 없고 비교적 좁은 구역에 적합하다.

39. 다음 중 질소질 속효성 비료로서 주로 덧거름으로 쓰이는 비료는?

㉮ 황산암모늄　　㉯ 두엄
㉰ 생석회　　㉱ 깻묵

❖ 질소질 비료인 황산암모늄은 산성비료로서, 계속 시비하면 흙이 산성으로 변한다.

40. 터파기 공사를 할 경우 평균부피가 굴착 전보다 가장 많이 증가하는 것은?

㉮ 모래　　㉯ 보통흙
㉰ 자갈　　㉱ 암석

❖ 암석은 입자가 굵기 때문에 자연상태에서 파내어 흐트러진 상태가 되면 사이사이 공극이 많아 그 부피가 많이 늘어나게 된다.

41. 다음 도시공원 시설 중 유희시설에 해당되는 것은?

㉮ 야영장　　㉯ 잔디밭
㉰ 도서관　　㉱ 낚시터

❖ ㉮ 휴양시설, ㉯ 조경시설, ㉰ 교양시설, ㉱ 유희시설

42. 정원에서 간단한 눈가림 구실을 할 수 있는 시설물로 가장 적합한 것은?

㉮ 파고라　　㉯ 트렐리스
㉰ 정자　　㉱ 테라스

❖ 트렐리스는 좁고 얄팍한 목재를 엮어 1.5m 정도의 높이가 되도록 만들어 놓은 격자형의 울타리로서 덩굴식물을 올려 사용한다.

43. 수목을 옮겨심기 전에 뿌리돌림을 하는 이유로 가장 중요한 것은?

㉮ 관리가 편리하도록
㉯ 수목내의 수분 양을 줄이기 위하여
㉰ 무게를 줄여 운반이 쉽게 하기 위하여
㉱ 잔뿌리를 발생시켜 수목의 활착을 돕기 위하여

❖ 이식 후의 활착을 돕고자 새로운 잔뿌리 발생을 촉진시키려는 사전조치이다.

44. 오리나무잎벌레의 천적으로 가장 보호되어야 할 곤충은?

㉮ 벼룩좀벌　　㉯ 침노린재
㉰ 무당벌레　　㉱ 실잠자리

❖ 무당벌레는 대부분 육식성으로 주로 진딧물을 먹고 그 밖에도 깍지벌레·나무이·뿌리혹벌레·총채벌레·응애 등을 먹는 익충이다.

정답 ➔ 36. ㉰ 37. ㉯ 38. ㉮ 39. ㉮ 40. ㉱ 41. ㉱ 42. ㉯ 43. ㉱ 44. ㉰

45. 조경수목에 거름 주는 방법 중 윤상 거름주기 방법으로 옳은 것은?

㉮ 수목의 밑동으로부터 밖으로 방사상 모양으로 땅을 파고 거름을 주는 방식이다.
㉯ 수관폭을 형성하는 가지 끝 아래의 수관선을 기준으로 환상으로 둥글게 파고 거름을 주는 방식이다.
㉰ 수목의 밑동부터 일정한 간격을 두고 도랑처럼 길게 구덩이를 파서 거름 주는 방식이다.
㉱ 수관선상에 구멍을 군데군데 뚫고 거름 주는 방식으로 주로 액비를 비탈면에 줄때 적용한다.

❖ ㉮ 방사상시비, ㉰ 선상시비, ㉱ 천공시비

46. 식물병의 발병에 관여하는 3대 요인과 가장 거리가 먼 것은?

㉮ 일조부족 ㉯ 병원체의 밀도
㉰ 야생동물의 가해 ㉱ 기주식물의 감수성

❖ 발병 3대 요인 : 일조부족, 병원체의 밀도, 기주식물의 감수성

47. 제거대상 가지로 적당하지 않은 것은?

㉮ 얽힌 가지
㉯ 죽은 가지
㉰ 세력이 좋은 가지
㉱ 병해충 피해 입은 가지

❖ 세력이 좋은 가지는 수목의 형상을 고려하여 제거 여부를 결정한다.

48. 소나무류를 옮겨 심을 경우 줄기를 진흙으로 이겨 발라 놓은 주요한 이유가 아닌 것은?

㉮ 해충을 구제하기 위해
㉯ 수분의 증산을 억제
㉰ 겨울을 나기 위한 월동 대책
㉱ 일시적인 나무의 외상을 방지

❖ 수피가 두꺼운 소나무 등의 줄기감기는 증발 방지뿐만 아니라 해충의 침입과 산란 예방 및 구제에 목적이 있다.

49. 조경수목의 관리를 위한 작업 가운데 정기적으로 해주지 않아도 되는 것은?

㉮ 전정(剪定) 및 거름주기
㉯ 병충해 방제
㉰ 잡초제거 및 관수(灌水)
㉱ 토양개량 및 고사목 제거

❖ ㉮㉯㉰ 정기작업

50. 경관석을 여러 개 무리지어 놓은 것에 대한 설명 중 틀린 것은?

㉮ 홀수로 조합한다.
㉯ 일직선상으로 놓는다.
㉰ 크기가 서로 다른 것을 조합한다.
㉱ 경관석 여러 개를 무리지어 놓는 것을 경관석 짜임이라 한다.

❖ 직선적 배치는 자연스러운 분위기의 조성이 어렵다.

51. 울타리는 종류나 쓰이는 목적에 따라 높이가 다른데 일반적으로 사람의 침입을 방지하기 위한 울타리의 경우 높이는 어느 정도가 적당한가?

㉮ 20~30㎝ ㉯ 50~60㎝
㉰ 80~100㎝ ㉱ 180~200㎝

❖ 적극적 침입방지 기능을 위한 울타리의 높이는 1.5~2.1m 이다.

52. 콘크리트 부어 넣기의 방법이 옳은 것은?

㉮ 비빔장소에서 먼 곳으로부터 가까운 곳으로 옮겨가며 붓는다.
㉯ 계획된 작업구역 내에서 연속적인 붓기를 하면 안 된다.
㉰ 한 구역 내에서는 콘크리트 표면이 경사지게 붓는다.
㉱ 재료가 분리된 경우에는 물을 넣어 다시 비벼 쓴다.

❖ ㉯ 연속 부어넣기, ㉰ 수평으로 치기, ㉱ 분리된 콘크리트 사용금지

정답 → 45. ㉯ 46. ㉰ 47. ㉰ 48. ㉰ 49. ㉱ 50. ㉯ 51. ㉱ 52. ㉮

53. 수목 줄기의 썩은 부분을 도려내고 구멍에 충진 수술을 하고자 할 때 가장 효과적인 시기는?

㉮ 1~3월 ㉯ 5~8월
㉰ 10~12월 ㉱ 시기는 상관없다.

❖ 공동(空胴) 처리는 생장이 왕성한 6월 전후에 실시한다.

54. 비탈면에 교목과 관목을 식재하기에 적합한 비탈면 경사로 모두 옳은 것은?

㉮ 교목 1 : 2 이하, 관목 1 : 3 이하
㉯ 교목 1 : 3 이상, 관목 1 : 2 이상
㉰ 교목 1 : 2 이상, 관목 1 : 3 이상
㉱ 교목 1 : 3 이하, 관목 1 : 2 이하

❖ 수목의 식재 시 비탈면의 기울기는 교목 1 : 3 이하, 관목은 1 : 2 이하로 한다.

55. 아스팔트 포장에서 아스팔트 양의 과잉이나 골재의 입도불량일 때 발생하는 현상은?

㉮ 균열 ㉯ 국부침하
㉰ 파상요철 ㉱ 표면연화

❖ 표면연화는 아스팔트 양의 과잉이나 골재의 입도불량일 때, 연질의 아스팔트 사용 및 텍코트의 과잉 사용 시 발생한다.

56. 계절적 휴면형 잡초 종자의 감응 조건으로 가장 적합한 것은?

㉮ 온도 ㉯ 일장
㉰ 습도 ㉱ 광도

❖ 잡초는 광발아 잡초가 많으므로 일조시간의 조절로도 잡초방제가 가능하다.

57. 2.0B 벽두께로 표준형 벽돌쌓기를 실시할 때 기준량(㎡당)은?

㉮ 약 195장 ㉯ 약 224장
㉰ 약 244장 ㉱ 약 298장

❖ 벽돌쌓기 기준량(매/㎡)

구분	0.5B	1.0B	1.5B	2.0B
표준형	75	149	224	298
기존형	65	130	195	260

58. 농약보관 시 주의하여야 할 사항으로 옳은 것은?

㉮ 농약은 고온보다 저온에서 분해가 촉진된다.
㉯ 분말제제는 흡습되어도 물리성에는 영향이 없다.
㉰ 유제는 유기용제의 혼합으로 화재의 위험성이 있다.
㉱ 고독성 농약은 일반 저독성 약재와 혼작하여도 무방하다.

❖ 농약의 저장은 서늘한 곳에 밀폐보관하고, 고독성 농약과 저독성 농약은 살포량이나 기간이 다르므로 같이 사용하는 것은 금한다.

59. 주로 수량의 다소에 따라서 반죽이 되고 진 정도를 나타내는 굳지 않은 콘크리트의 성질은?

㉮ workabilty(워커빌리티)
㉯ plasticity(성형성)
㉰ consistency(반죽질기)
㉱ finishability(피니셔빌리티)

❖ 반죽질기는 수량에 의해 변화하는 콘크리트의 유동성의 정도로 시공연도에 영향을 준다.

60. 알루민산 석회를 주광물로 한 시멘트로 조기강도(24시간에 보통포틀랜드 시멘트의 28일 강도)가 아주 크므로 긴급공사 등에 많이 사용되며, 해안공사, 동절기 공사에 적합한 시멘트의 종류는?

㉮ 알루미나시멘트
㉯ 백색포틀랜드시멘트
㉰ 팽창시멘트
㉱ 중용열포틀랜드시멘트

❖ 알루미나 시멘트는 24시간에 발현하는 강도가 커 One day 시멘트라고도 한다.

정답 ➔ 53. ㉯ 54. ㉱ 55. ㉱ 56. ㉯ 57. ㉱ 58. ㉰ 59. ㉰ 60. ㉮

❖ 2011년 조경기능사 제 5 회

2011년 10월 9일 시행

01. 다음 중 날씨가 어두워지면 제일 먼저 보이지 않는 색은?

㉮ 빨강 ㉯ 파랑
㉰ 노랑 ㉱ 녹색

❖ 푸르키니에 현상으로 밝은 곳에서는 난색계열의 장파장 시감도가 좋고 어두운 곳에서는 한색계열의 단파장 시감도가 좋은 현상을 말한다.

02. 다음 중 옥상정원의 설계기준으로 옳지 않은 것은?

㉮ 식재 토양의 깊이는 옥상이라는 점을 고려하여 가능한 깊어야 한다.
㉯ 열악한 생육환경에 견딜 수 있고, 경관구조와 기능적인 면에 만족할 수 있는 수종을 선택하여야 한다.
㉰ 건물구조에 영향을 미치는 하중문제를 우선 고려하여야 한다.
㉱ 바람, 한발, 강우 등 자연재해로부터의 안전성을 고려하여야 한다.

❖ 옥상정원은 하중에 대한 안전이 우선이므로 가급적 하중이 적게 작용하도록 고려한다.

03. 어린이공원의 유치거리와 규모 기준으로 옳은 것은?

㉮ 150m 이하, 1500㎡ 이상
㉯ 200m 이하, 1000㎡ 이상
㉰ 250m 이하, 1500㎡ 이상
㉱ 500m 이하, 10000㎡ 이상

❖ 어린이공원의 유치거리는 250m 이하, 규모는 1500㎡ 이상, 시설면적은 60%로 한다.

04. 창덕궁 후원의 명칭이 아닌 것은?

㉮ 비원(秘苑) ㉯ 북원(北苑)
㉰ 능원(陵苑) ㉱ 금원(禁園)

❖ 창덕궁 후원은 시대에 따라 후원, 금원, 북원, 비원 등 여러 가지로 불리어 왔다.

05. A2 도면의 크기 치수로 옳은 것은? (단, 단위는 ㎜이다.)

㉮ 841 × 1189 ㉯ 594 × 841
㉰ 420 × 594 ㉱ 210 × 297

❖ 제도지의 치수(mm) : A0 841×1189, A1 594×841, A3 297×420, A4 210×297

06. 다음 [보기]의 설명은 어느 시대의 정원에 관한 것인가?

[보기]
- 석가산과 원정, 화원 등이 특징이다.
- 대표적 정원 유적으로 동지(東池), 만월대, 수창궁원, 청평사 문수원 정원 등이 있다.
- 휴식과 조망을 위한 정자를 설치하기 시작하였다.
- 송나라의 영향으로 화려한 관상위주의 이국적 정원을 만들었다.

㉮ 고구려 ㉯ 백제
㉰ 고려 ㉱ 통일신라

❖ 고려시대는 불교와 중국의 영향 등 왕족·귀족의 향락적 호화생활을 중심으로 한 사치스러운 양식이 발달하게 되었다.

07. 다음 중 점토의 함량이 가장 많은 토성은?

㉮ 식토(clay) ㉯ 양토(loam)
㉰ 미사토(silt) ㉱ 식양토(clay loam)

❖ 점토비율 : ㉮ 50% 이상, ㉯ 25~37.5%, ㉰ 12% 이하, ㉱ 37.5~50%

08. 다음 중 백제 시대의 유적이 아닌 것은?

㉮ 몽촌토성 ㉯ 임류각
㉰ 장안성 ㉱ 궁남지

❖ 장안성은 고구려시대 유적이다.

정답 ➜ 01. ㉮ 02. ㉮ 0 3. ㉰ 04. ㉰ 05. ㉯ 06. ㉰ 07. ㉮ 08. ㉰

09. 유럽정원은 어느 조경 수법을 바탕으로 발달하였는가?

㉮ 기하학식　　㉯ 풍경식
㉰ 자연식　　㉱ 사의적 정원양식

❖ 유럽정원은 17C까지 정형식정원이 발달하였고 17C 이후 자연식정원이 나타나게 되었다.

10. 다음 중 정원 양식을 결정하는 사회적인 조건은?

㉮ 식물　　㉯ 지형
㉰ 기상　　㉱ 국민성

❖ ㉮㉯㉰ 자연적인 조건

11. 청나라의 건륭제가 조영하였으며, 만수산과 곤명호로 구성되어 있는 정원은?

㉮ 서호　　㉯ 졸정원
㉰ 원명호　　㉱ 이화원

❖ 이화원은 만수산이궁이라고도 하며 원의 중심인 만수산과 원의 3/4인 곤명호로 구성되어있다.

12. 다음 중 조성시기가 가장 빠른 것은?

㉮ 서울 부암정　　㉯ 강진 다산초당
㉰ 대전 남간정사　　㉱ 영양 서석지

❖ ㉮ 1800년대 말, ㉯ 1808년, ㉰ 1683년, ㉱ 1613년

13. "수로의 중정", 캐널 양끝에는 대리석으로 만든 연꽃 모양의 분수반이 있고 물은 이곳을 통해 캐널로 흐르게 만든 파티오식 정원은?

㉮ 알함브라 궁원　　㉯ 헤네랄리페 궁원
㉰ 알카자르 궁원　　㉱ 나샤트바 궁원

❖ 헤네랄리페 궁원은 정원이 주가 된 큰 정원을 이루고 있다.

14. 다음 중 주택정원에 사용하는 정원수의 아름다움을 표현하는 미적 요소로 가장 거리가 먼 것은?

㉮ 색채미　　㉯ 형태미
㉰ 내용미　　㉱ 조형미

❖ 조경미(정원수 미)의 3요소는 재료미(색채미), 형식미(형태미), 내용미 이다.

15. 중국에서 자연식 정원의 대표적인 것 중 현존하지 않는 것은?

㉮ 북해공원　　㉯ 이화원
㉰ 상림원　　㉱ 만수산

❖ 북해공원과 이화원(곤명호와 만수산으로 구성)은 베이징에 남아있다.

16. 수목의 높이에 따른 분류 중 관목에 해당하는 수목은?

㉮ 산당화　　㉯ 능수버들
㉰ 백합나무　　㉱ 산수유

❖ ㉯㉰㉱ 교목

17. 목재의 기건 상태에서 건조 전의 무게가 250g이고, 절대 건조 무게가 220g인 목재의 전건량 기준 함수율은?

㉮ 12.6%　　㉯ 13.6%
㉰ 14.6%　　㉱ 15.6%

❖ 목재의 함수율(%)

$$\frac{\text{건조전 중량} - \text{절대건조 중량}}{\text{절대건조 중량}} \times 100(\%)$$

$$\frac{250 - 220}{220} \times 100 = 13.6(\%)$$

18. 기존의 퇴적암 또는 화성암이 지열, 지각의 변동에 의한 압력작용 및 화학작용 등에 의해 조직이 변화한 암석은?

㉮ 화성암　　㉯ 수성암
㉰ 변성암　　㉱ 석회질암

❖ 변성암은 일반적으로 층상으로 되어 있다.

19. 다음 [보기]에서 설명하는 수지의 종류는?

[보기]
- 상온에서 유백색의 탄성이 있는 열가소성수지
- 얇은 시트 벽체 발포 온판 및 건축용 성형품으로 이용

정답 → 09. ㉮ 10. ㉱ 11. ㉱ 12. ㉱ 13. ㉯ 14. ㉱ 15. ㉰ 16. ㉮ 17. ㉯ 18. ㉰ 19. ㉮ 20.

㉮ 폴리에틸렌수지 ㉯ 멜라민수지
㉰ 페놀수지 ㉱ 아크릴수지

❖ 폴리에틸렌 수지는 내약품성, 전기절연성, 성형성이 우수해 가소제를 사용하지 않아도 유연한 제품이 얻어진다. 비교적 저온에서도 연약하게 되지 않는다.

20. 사면(slope)의 안정계산시 고려해야 할 요소 중 가장 거리가 먼 것은?

㉮ 흙의 간극비 ㉯ 흙의 점착력
㉰ 흙의 단위 중량 ㉱ 흙의 내부마찰각

❖ 사면의 안정 해석에는 흙의 점착력, 흙의 단위중량, 흙의 내부마찰각, 흙의 공극수압 등의 요소가 필요하다.

21. 서양잔디의 특성 설명으로 가장 부적합한 것은?

㉮ 그늘에서도 비교적 잘 견딘다.
㉯ 대부분 숙근성 다년초로 병충해에 강하다.
㉰ 일반적으로 씨뿌림으로 시공한다.
㉱ 상록성인 것도 있다.

❖ 대표적인 서양잔디인 캔터키블루그래스와 벤트그래스는 병충해에 약하다.

22. 콘크리트에 사용되는 재료의 저장에 관한 설명으로 틀린 것은?

㉮ 시멘트의 온도가 너무 높을 때는 그 온도를 65℃ 정도 이하로 낮춘 다음 사용한다.
㉯ 잔골재 및 굵은 골재에 있어 종류와 입도가 다른 골재는 각각 구분하여 따로 따로 저장한다.
㉰ 혼화재는 방습적인 사일로 또는 창고 등에 품종별로 구분하여 저장하고 입하된 순서대로 사용하여야 한다.
㉱ 혼화제는 먼지, 기타의 불순물이 혼입되지 않도록, 액상의 혼화제는 분리되거나 변질되거나 동결되지 않도록, 또 분말상의 혼화제는 습기를 흡수하거나 굳어지는 일이 없도록 저장하여야 한다.

❖ 콘크리트에는 일반적으로 50℃ 정도 이하의 온도를 갖는 시멘트를 사용한다.

23. 단위용적중량이 1700kgf/㎥, 비중이 2.6인 골재의 실적률은?

㉮ 65.4% ㉯ 152.9%
㉰ 4.42% ㉱ 6.53%

❖ 실적률(d) = $\frac{\text{단위용적 중량(w)}}{\text{비중(p)}} \times 100(\%)$

$\frac{1.7}{2.6} \times 100 = 65.4(\%)$

24. 녹화테이프, 마대의 효과가 아닌 것은?

㉮ 시간과 노동력이 감소된다.
㉯ 인장강도가 볏짚제품보다 크다.
㉰ 미관에 좋고 가격이 저렴하다.
㉱ 천연소재로서 하자율이 많이 발생한다.

❖ 천연소재로 구입이 용이하며 하자율도 적다.

25. 조경수목의 이용목적으로 본 분류 중 [보기]의 설명에 해당하는 것은?

[보기]

수형이나 잎의 모양 및 색깔이 아름다운 낙엽교목 이어야 하며, 다듬기 작업이 용이해야 하고, 병충해 및 공해에 강한 수목

㉮ 가로수 ㉯ 방음수
㉰ 방풍수 ㉱ 생울타리

❖ 가로수는 수형, 잎의 모양, 색채 등이 아름다워야 하며, 불량한 토양에서도 생육이 가능하고, 생장속도도 빠른 것을 선정한다.

26. 다음 중 작은 변형에도 쉽게 파괴되는 재료의 성질은?

㉮ 연성 ㉯ 인성
㉰ 전성 ㉱ 취성

❖ ㉮ 탄성한계 이상의 힘을 받아도 파괴되지 않고 늘어나는 성질
㉯ 충격에 대한 저항성으로 파괴되지 않고 큰 변형이 되는 성질
㉰ 금속을 가늘고 넓게 판상으로 소성변형시키는 성질

정답 ➔ ㉮ 21. ㉯ 22. ㉮ 23. ㉮ 24. ㉱ 25. ㉮ 26. ㉱

27. 다음 중 목재의 건조방법 중 나머지 셋과 다른 것은?

㉮ 수침법　　㉯ 자비법
㉰ 증기법　　㉱ 훈연법

❖ ㉯㉰㉱ 기기를 사용하는 인공적인 방법이며, 수침법은 목재를 물 속에 약 6개월 정도 담가 두어 수액을 제거하는 방법이다.

28. 다음 건설재료 중 유기재료로 분류되는 것은?

㉮ 강(steel)　　㉯알루미늄(aluminium)
㉰ 아스팔트(asphalt)　　㉱ 콘크리트(concrete)

❖ ㉮㉯ 무기재료, ㉱ 인공재료

29. 수로의 사면 보호, 연못바닥, 원로의 포장 등에 주로 쓰이는 돌은?

㉮ 산석　　㉯ 하천석
㉰ 잡석　　㉱ 호박돌

❖ 호박돌은 천연석으로 가공하지 않은 지름 18㎝ 이상 크기의 돌로서 벽면의 장식에도 쓰인다.

30. 합판의 특징으로 옳은 것은?

㉮ 열과 소리의 전도율이 크다.
㉯ 팽창 수축 등으로 생기는 변형이 거의 없다.
㉰ 제품의 규격화가 어렵고, 사용이 비능률적이다.
㉱ 강도가 커 곡면으로 된 판을 얻기 힘들다.

❖ 합판은 수축·팽창에 대한 변형이 거의 없고 균일한 강도와 크기를 얻을 수 있다.

31. 다음 [보기]에서 설명하는 수종은?

[보기]
- 수형이 단정하고, 지엽이 치밀하고 섬세하며, 아름다운 적·황색 단풍이 특징적이다.
- 심근성이며 전통적인 정자목이다.
- 군락식재, 녹음수로 널리 사용되며, 가로수로도 적합하다.

㉮ 느티나무　　㉯ 위성류
㉰ 일본목련　　㉱ 모과나무

❖ ㉯ 낙엽활엽교목이나 잎의 끝이 침엽수의 잎처럼 날카롭게 생겼으며 물주위에 악센트 식재로 이용됨
㉰ 잎이 넓어 질감이 거칠며, 크고 향기가 좋은 꽃의 관상가치가 높아 공원의 관상수·가로수·녹음·악센트식재로 이용됨
㉱ 열매의 향기가 좋고 얼룩진 수피가 아름다워 경관·악센트식재로 적합

32. 암석의 규격재 종류 중 엄격한 규격에 맞추어 만들지 않고 견치돌과 비슷하게 크기가 지름 10~30㎝ 정도로 막 깨낸 돌로 흙막이용 돌쌓기 또는 붙임돌용으로 사용되는 것은?

㉮ 각석　　㉯ 판석
㉰ 잡석　　㉱ 마름돌

❖ 잡석이란 크기가 지름 10~30㎝ 정도로 크고 작은 알로 고루고루 섞여져 형상이 고르지 못한 큰 돌을 말하며, 큰 돌을 막 깨서 만드는 경우도 있다.

33. 다음 중 낙우송과(Taxodiaceae) 수종은?

㉮ 삼나무　　㉯ 백송
㉰ 비자나무　　㉱ 은사시나무

❖ 낙우송과(Taxodiaceae) 수종 : 낙우송, 메타세쿼이아, 금송, 삼나무 등이 있다. ㉯ 소나무과 ㉰ 주목과 ㉱ 버드나무과

34. 봄에 강한 향기를 지닌 꽃이 피는 수종은?

㉮ 치자나무　　㉯ 서향
㉰ 불두화　　㉱ 튤립나무

❖ 봄에 강한 향기를 지닌 꽃이 피는 수종으로는 매실나무, 서향, 수수꽃다리, 장미, 온주밀감, 마삭줄, 일본목련, 태산목, 함박꽃나무 등이 있다.

35. 다음 석재 중 압축강도(kgf/㎠)가 가장 큰 것은?

㉮ 화강암　　㉯ 응회암
㉰ 안산암　　㉱ 대리석

❖ 화강암 〉 대리석 〉 안산암 〉 사암 〉 응회암 〉 부석(화산석)

36. 나무의 뿌리를 절단한 후 새로운 뿌리가 돋아 나오는 요인과 관계가 없는 것은?

정답 ➔ 27. ㉮ 28. ㉰ 29. ㉱ 30. ㉯ 31. ㉮ 32. ㉰ 33. ㉮ 34. ㉯ 35. ㉮ 36. ㉱

㉮ C/N율　　㉯ 토양수분
㉰ 온도　　㉱ B－9 처리

❖ 나무의 뿌리와 잎의 성장요인에는 C/N율, 토양수분, 온도가 있다.

37. 다음 조경 구조물 중 계단의 설계 기준을 h(단높이)와 b(단너비)를 이용하여 바르게 나타낸 것은?

㉮ h+b=60~65㎝　　㉯ h+2b=60~65㎝
㉰ 2h+b=60~65㎝　　㉱ 2h+2b=60~65㎝

❖ 계단의 물매는 30~35°, 높이 2m 이내마다 참 설치

38. 진비중이 2.6이고, 가비중이 1.2인 토양의 공극률은 약 얼마인가?

㉮ 34.2%　　㉯ 46.5%
㉰ 53.8%　　㉱ 66.4%

❖ $공극률 = \frac{진비중 - 가비중}{진비중} \times 100$

$\frac{2.6 - 1.2}{2.6} \times 100 = 53.8(\%)$

39. 도급받은 건설공사의 전부 또는 일부를 도급하기 위하여 수급인이 제 3자와 체결하는 계약을 무엇이라 하는가?

㉮ 하도급　　㉯ 도급
㉰ 발주　　㉱ 재하도급

❖ 하도급이란 도급 받은 건설공사의 전부 또는 일부를 다시 도급하는 것을 말한다.

40. 다음 중에서 경사도가 가장 완만한 것은?

㉮ 1 : 1　　㉯ 1 : 2
㉰ 45%　　㉱ 50°

❖ ㉮ $1 : 1 \rightarrow \frac{1}{1} \times 100 = 100(\%)$

㉯ $1 : 2 \rightarrow \frac{1}{2} \times 100 = 50(\%)$

㉱ $50° \rightarrow$ 약 $\frac{1.2}{1} \times 100 = 120(\%)$

41. 다음 중 수목의 흉고직경을 측정할 때 사용하는 기구는?

㉮ 윤척　　㉯ 와이제측고기
㉰ 덴드로메타　　㉱ 경척

❖ 윤척은 수목의 흉고직경을 측정할 때 사용하는 자를 말한다.

42. 소나무의 순따기 설명으로 올바른 것은?

㉮ 가지는 길게 자라게 하기 위해 실시한다.
㉯ 새순이 나오는 이른 봄 3~4월에 주로 실시한다.
㉰ 필요하지 않다고 생각되는 방향으로 자라는 순은 밑동으로부터 따 버린다.
㉱ 원하지 않은 순을 제거 후 남은 것 중에서 자라는 힘이 지나친 것은 1/8~1/10 정도만 남기고 따 버린다.

❖ 소나무의 순따기는 해마다 5~6월경 새순이 6~9㎝ 자라난 무렵 실시하고, 자라는 힘이 지나치다고 생각될 때에는 1/3~1/2 정도 남겨두고 끝부분을 따 버린다.

43. 다음 중 호박돌 쌓기의 방식으로 가장 적합한 것은?

㉮ 수평쌓기　　㉯ 세로쌓기
㉰ 육법쌓기　　㉱ 무너짐쌓기

❖ 육법쌓기란 6개의 돌에 의해 둘러 쌓이는 생김새로 쌓는 것을 말한다.

44. 굴취해 온 수목을 현장의 사정으로 즉시 식재하지 못하는 경우 가식하게 되는데 그 가식 장소로 부적합한 곳은?

㉮ 햇빛이 잘 드는 양지바른 곳
㉯ 배수가 잘 되는 곳
㉰ 식재할 때 운반이 편리한 곳
㉱ 주변의 위험으로부터 보호받을 수 있는 곳

❖ 굴취해 온 나무를 가식할 때에는 가급적 그늘진 곳에서 시행한다.

45. 다음 중 살충제에 해당되는 것은?

㉮ 아토닉액제

정답 ➔ 37. ㉰ 38. ㉰ 39. ㉮ 40. ㉰ 41. ㉮ 42. ㉰ 43. ㉰ 44. ㉮ 45. ㉱

㉯ 옥시테트라사이클린수화제
㉰ 시마진수화제
㉱ 포스파미돈액제

❖ ㉮ 생장촉진제, ㉯ 살균제, ㉰ 제초제

46. 벽돌쌓기의 여러 가지 기법 가운데 가장 튼튼하게 쌓을 수 있는 것은?

㉮ 영국식 쌓기 ㉯ 미국식 쌓기
㉰ 네덜란드식 쌓기 ㉱ 프랑스식 쌓기

❖ 영국식 쌓기가 가장 튼튼하나 우리나라에서는 쌓기가 쉽고 일반적인 네덜란드식 쌓기를 가장 많이 사용한다.

47. 시멘트 보관 및 창고의 구비조건 설명으로 옳은 것은?

㉮ 간단한 나무구조로 통풍이 잘 되게 한다.
㉯ 시멘트를 쌓을 마루높이는 지면에서 10㎝ 정도로 유지한다.
㉰ 창고 둘레 주위에는 비가 내릴 때 물을 담아 공사시 이용할 저장 장소를 파 놓는다.
㉱ 시멘트 쌓기는 최대 13포대로 한다.

❖ ㉮ 통풍 금지,
㉯ 지면에서 30㎝ 띄우기
㉰ 배수도랑 설치

48. 다음 중 시설물 상세도의 표현 기호에 대한 설명이 틀린 것은?

㉮ D : 지름 ㉯ H : 높이
㉰ R : 넓이 ㉱ THK : 두께

❖ 너비나 폭은 W로 표기한다.

49. 등나무 등의 덩굴식물을 올려 가꾸기 위한 시렁과 비슷한 생김새를 가진 시설물로 여름철 그늘을 지어 주기 위한 것은?

㉮ 플랜터(planter) ㉯ 파고라(pergola)
㉰ 볼라드(bollard) ㉱ 래더(ladder)

❖ 파고라는 그늘시렁이라고도 하며 덩굴성 식물을 올려 그늘을 만든다.

50. 수목 동공의 외과수술 순서로 가장 적합한 것은?

㉮ 부패부 제거→동공 가장자리의 형성층 노출→소독 및 방부처리→동공충전→방수처리→표면경화 처리→인공수피 처리
㉯ 부패부 제거→소독 및 방부처리→동공 가장자리의 형성층 노출→방수처리→동공충전→표면경화 처리→인공수피 처리
㉰ 부패부 제거→동공 가장자리의 형성층 노출→동공충전→방수처리→소독 및 방부처리→표면경화 처리→인공수피 처리
㉱ 부패부 제거→동공 가장자리의 형성층 노출→방수처리→동공충전→표면경화 처리→소독 및 방부처리→인공수피 처리

❖ 부패부 제거→공동내부 다듬기→버팀대 박기→살균 및 치료→공동 충전→방부·방수 처리→표면경화 처리(인공나무 껍질 처리)→수피(수지) 처리

51. 관상용 열매의 착색을 촉진시키기 위하여 살포하는 농약은?

㉮ 지베렐린산수용제 ㉯ 다미노자이드수화제
㉰ 글리포세이트액제 ㉱ 에테폰액제

❖ ㉮ 생장촉진제, ㉯ 생장억제제, ㉰ 생장억제제

52. 복합비료의 표시가 21-17-18일 때 설명으로 옳은 것은?

㉮ 인산 21%, 칼륨 17%, 질소 18%
㉯ 칼륨 21%, 인산 17%, 질소 18%
㉰ 질소 21%, 인산 17%, 칼륨 18%
㉱ 인산 21%, 질소 17%, 칼륨 18%

❖ 성분표시(%)는 질소-인산-칼륨의 비율로 표시하는 데 21-17-18은 질소 21%, 인산17%, 칼리 18%가 들어 있다는 표시이다.

53. 전정시기와 방법에 관한 설명 중 옳지 않은 것은?

㉮ 상록활엽수는 겨울전정 시에 강전정을 하여야 한다.
㉯ 화목류의 봄전정은 꽃이 진 후에 하는 것이 좋다.
㉰ 여름전정은 수광(受光)과 통풍을 좋게 할 목적

정답 ➔ 46. ㉮ 47. ㉱ 48. ㉰ 49. ㉯ 50. ㉮ 51. ㉱ 52. ㉰ 53. ㉮

으로 행한다.

㉱ 상록활엽수는 가을전정이 적기(適期)이다.

❖ 상록활엽수는 추위를 고려해서 봄이나 가을에 전정하고 강전정은 피한다.

54. 조경 수목의 연간 관리작업 계획표를 작성하려고 한다. 다음 중 작업내용의 분류상 성격이 다른 하나는?

㉮ 병·해충 방제　　㉯ 시비
㉰ 뗏밥 주기　　㉱ 수관 손질

❖ 뗏밥 주기는 잔디의 관리에 속한다.

55. 한중 콘크리트의 양생에 관한 설명으로 옳지 않은 것은?

㉮ 골재가 동결되어 있거나 골재에 빙설이 혼입되어 있는 정도의 골재는 그대로 사용할 수 있다.
㉯ 하루 평균기온이 4℃ 이하가 예상되는 조건일 때는 콘크리트가 동결할 염려가 있으므로 한중 콘크리트 시공하여야 한다.
㉰ 한중 콘크리트에는 공기연행 콘크리트를 사용하는 것을 원칙으로 한다.
㉱ 물- 결합재비는 원칙적으로 60% 이하로 하여야 한다.

❖ 동결된 골재는 콘크리트 온도를 낮추게 되어 문제가 되므로 그대로 사용할 수 없다.

56. 일반적인 주택정원의 잔디깎는 높이로 가장 적합한 것은?

㉮ 1~5㎜　　㉯ 5~15㎜
㉰ 15~25㎜　　㉱ 25~40㎜

❖ 일반가정용 잔디는 월 1~2회, 30~40㎜ 정도로 깎아주면 적합하다.

57. 다음 [보기]에서 설명하고 있는 병은?

[보기]
- 수목에 치명적인 병은 아니지만 발생하면 생육이 위축되고 외관을 나쁘게 한다.
- 장미, 단풍나무, 배롱나무, 벚나무 등에 많이 발생한다.
- 병든 낙엽을 모아 태우거나 땅속에 묻음으로써 전염원을 차단하는 것이 필수적이다.
- 통기불량, 일조부족, 질소과다 등이 발병유인이다.

㉮ 흰가루병　　㉯ 녹병
㉰ 빗자루병　　㉱ 그을음병

❖ 흰가루병은 잎 표면에 흰가루를 뿌린 것처럼 엷게 곰팡이가 생겨 점차 잎 전면으로 확산되어 광합성을 방해하는 것으로 주야의 온도차가 크고, 습기가 많으면서 통풍이 불량한 경우에 주로 신초, 어린나무, 묘목에 발생한다.

58. 조경수목에 유기질 거름을 주는 방법으로 틀린 것은?

㉮ 거름을 주는 양은 식물의 종류와 크기, 그 곳의 기후와 토질, 생육기간에 따라 각기 다르므로 자라는 상태를 보고 정한다.
㉯ 거름주는 시기는 낙엽이 진 후 땅이 얼기 전 늦가을에 실시하는 것이 가장 효과적이다.
㉰ 약간 덜 썩은 유기질 거름은 지속적으로 나무뿌리에 양분을 공급함으로 중간 정도 썩은 것을 사용한다.
㉱ 나무에 따라 거름 줄 위치를 정한 후 수관선을 따라 나비 20~30㎝, 깊이 20~30㎝ 정도가 되도록 구덩이를 판다.

❖ 유기질 비료는 충분히 건조되고 완전 부숙된 것을 사용한다.

59. 다음 중 바람에 대한 이식 수목의 보호조치로 가장 효과가 없는 것은?

㉮ 큰 가지치기　　㉯ 지주 세우기
㉰ 수피감기　　㉱ 방풍막 치기

❖ 수피감기는 증산 억제를 위한 보호조치이다. ㉮㉯㉱ 쓰러짐에 대한 조치

60. 다음 중 재료별 할증률(%)의 크기가 가장 작은 것은?

㉮ 조경용 수목　　㉯ 경계블록
㉰ 잔디 및 초화류　　㉱ 수장용 합판

❖ 조경용 수목 10%, 경계블록 3%, 잔디 및 초화류 10%, 수장용 합판 5%

정답 → 54. ㉰ 55. ㉮ 56. ㉱ 57. ㉮ 58. ㉰ 59. ㉰ 60. ㉯

❖ 2012년 조경기능사 제 1 회

2012년 2월 12일 시행

01. 사대부나 양반 계급에 속했던 사람이 자연 속에 묻혀 야인으로서의 생활을 즐기던 별서 정원이 아닌 것은?

㉮ 소쇄원　　㉯ 방화수류정
㉰ 다산초당　　㉱ 부용동정원

❖ 수원의 방화수류정은 지방관아의 누각이다.

02. 다음 정원 시설 중 우리나라 전통조경시설이 아닌 것은?

㉮ 취병(생울타리)　　㉯ 화계
㉰ 벽천　　㉱ 석지

❖ 벽천은 서양의 근세 구성식 정원의 요소이다.

03. 사적인 정원 중심에서 공적인 대중 공원의 성격을 띤 시대는?

㉮ 14세기 후반 에스파니아
㉯ 17세기 전반 프랑스
㉰ 19세기 전반 영국
㉱ 20세기 전반 미국

❖ 19세기의 영국은 산업발달과 도시민의 욕구로 공공정원의 필요성이 대두되어 1843년 최초의 공적 대중공원인 버큰헤드 파크가 조성되었다.

04. 조선시대 후원양식에 대한 설명 중 틀린 것은?

㉮ 중엽이후 풍수지리설의 영향을 받아 후원양식이 생겼다.
㉯ 건물 뒤에 자리잡은 언덕배기를 계단 모양으로 다듬어 만들었다.
㉰ 각 계단에는 향나무를 주로 한 나무를 다듬어 장식하였다.
㉱ 경복궁 교태전 후원인 아미산, 창덕궁 낙선재의 후원 등이 그 예이다.

❖ 화계에는 키 작은 화목을 주로 심고, 세심석이나 괴석, 굴뚝 등으로 장식하였다.

05. 영국 정형식 정원의 특징 중 매듭화단이란 무엇인가?

㉮ 낮게 깎은 회양목 등으로 화단을 기하학적 문양으로 구획한 화단
㉯ 수목을 전정하여 정형적 모양으로 만든 미로
㉰ 가늘고 긴 형태로 한쪽 방향에서만 관상할 수 있는 화단
㉱ 카펫을 깔아 놓은 듯 화려하고 복잡한 문양이 펼쳐진 화단

❖ ㉯ 미원(Maze), ㉰ 경재화단, ㉱ 카펫화단

06. 고대 그리스에서 아고라(agora)는 무엇인가?

㉮ 광장　　㉯ 성지
㉰ 유원지　　㉱ 농경지

❖ 아고라(agora)는 최초로 등장한 광장의 개념으로 후에 서양 도시광장의 효시가 되었다.

07. 고려시대 궁궐정원을 맡아보던 관서는?

㉮ 원야　　㉯ 장원서
㉰ 상림원　　㉱ 내원서

❖ ㉮ 중국의 작정서, ㉯㉰ 조선시대의 궁궐정원 관서

08. 조경 양식을 형태적으로 분류했을 때 성격이 다른 것은?

㉮ 평면기하학식　　㉯ 중정식
㉰ 회유임천식　　㉱ 노단식

❖ ㉮㉯㉱ 정형식 정원, ㉰ 자연식 정원

09. 조감도는 소점이 몇 개 인가?

㉮ 1개　　㉯ 2개
㉰ 3개　　㉱ 4개

❖ 3개의 소점에 의해 그려지는 투시도를 3점투시 혹은 조감도라고 한다.

정답 ➔ 01. ㉯ 02. ㉰ 03. ㉰ 04. ㉰ 05. ㉮ 06. ㉮ 07. ㉱ 08. ㉰ 09. ㉰

10. 19세기 유럽에서 정형식 정원의 의장을 탈피하고 자연그대로의 경관을 표현하고자 한 조경 수법은?

㉮ 노단식 ㉯ 자연풍경식
㉰ 실용주의식 ㉱ 회교식

❖ 영국에서 발생한 자연풍경식정원은 자연주의 운동과 함께 유럽대륙으로 전파되었다.

11. 다음 중 가장 가볍게 느껴지는 색은?

㉮ 파랑 ㉯ 노랑
㉰ 초록 ㉱ 연두

❖ 명도가 높은 밝은 색은 가벼워 보인다.

12. 다음 중 도시공원 및 녹지등에 관한 법률 시행규칙에서 공원 규모가 가장 작은 것은?

㉮ 묘지공원 ㉯ 체육공원
㉰ 광역권근린공원 ㉱ 어린이공원

❖ ㉮ 100,000㎡ 이상, ㉯ 10,000㎡ 이상, ㉰ 1,000,000㎡ 이상, ㉱ 1,500㎡ 이상

13. 주차장법 시행규칙상 주차장의 주차단위구획 기준은? (단, 평행주차형식 외의 장애인전용 방식이다.)

㉮ 2.0m 이상 × 4.5m 이상
㉯ 3.0m 이상 × 5.0m 이상
㉰ 2.3m 이상 × 4.5m 이상
㉱ 3.3m 이상 × 5.0m 이상

❖ 일반주차(2.3m×5.0m), 평행주차(2.0m×6.0m)

14. 옴스테드와 캘버트 보가 제시한 그린스워드안의 내용이 아닌 것은?

㉮ 평면적 동선체계
㉯ 차음과 차폐를 위한 주변식재
㉰ 넓고 쾌적한 마차 드라이브 코스
㉱ 동적놀이를 위한 운동장

❖ 그린스워드안의 내용은 입체적 동선체계이다.

15. 보행에 지장을 주어 보행 속도를 억제하고자 하는 포장 재료는?

㉮ 아스팔트 ㉯ 콘크리트
㉰ 블록 ㉱ 조약돌

❖ 조약돌 포장은 조약돌의 질감을 살려 시공하기 때문에 노면에 요철을 만들어 보행속도를 억제하는 효과가 있다.

16. 다음 중 가로수를 심는 목적이라고 볼 수 없는 것은?

㉮ 녹음을 제공한다.
㉯ 도시환경을 개선한다.
㉰ 방음과 방화의 효과가 있다.
㉱ 시선을 유도한다.

❖ 가로수는 녹음 제공 및 경관 개선·미기후 조절·매연과 분진의 흡착·유독성가스 흡수·소음 감소 등의 효과가 있다.

17. 근대 독일 구성식 조경에서 발달한 조경시설물의 하나로 실용과 미관을 겸비한 시설은?

㉮ 연못 ㉯ 벽천
㉰ 분수 ㉱ 캐스케이드

❖ 근대 구성식 조경은 소주택 정원에 어울리는 월가든(Wall Garden)이나 워터가든(Water Garden)을 만들었으며 그에 따라 소규모 정원에 어울리는 벽천이 만들어 졌다.

18. 다음 중 거푸집에 미치는 콘크리트의 측압 설명으로 틀린 것은?

㉮ 경화속도가 빠를수록 측압이 크다.
㉯ 시공연도가 좋을수록 측압은 크다
㉰ 붓기속도가 빠를수록 측압이 크다.
㉱ 수평부재가 수직부재보다 측압이 작다.

❖ 경화속도가 느릴수록 측압이 커진다.

19. 다음 중 비옥지를 가장 좋아하는 수종은?

㉮ 소나무 ㉯ 아까시나무
㉰ 사방오리나무 ㉱ 주목

❖ ㉮㉯㉰ 척박지에 잘 견디는 수종

정답 ➔ 10. ㉯ 11. ㉯ 12. ㉱ 13. ㉱ 14. ㉮ 15. ㉱ 16. ㉰ 17. ㉯ 18. ㉮ 19. ㉱

20. 용광로에서 선철을 제조할 때 나온 광석 찌꺼기를 석고와 함께 시멘트에 섞은 것으로서 수화열이 낮고, 내구성이 높으며, 화학적 저항성이 큰 한편, 투수가 적은 특징을 갖는 것은?

㉮ 실리카시멘트
㉯ 고로시멘트
㉰ 알루미나시멘트
㉱ 조강 포틀랜드시멘트

❖ 고로시멘트는 비중이 낮고(2.9) 응결시간이 길며 조기강도가 낮다.

21. 다음 수목 중 봄철에 꽃을 가장 빨리 보려면 어떤 수종을 식재해야 하는가?

㉮ 말발도리 ㉯ 자귀나무
㉰ 매실나무 ㉱ 금목서

❖ ㉮ 5월, ㉯ 7~8월, ㉰ 2~3월에 백색, 담홍색 꽃 개화, ㉱ 10월

22. 다음 중 상록용으로 사용할 수 없는 식물은?

㉮ 마삭줄 ㉯ 불로화
㉰ 골고사리 ㉱ 남천

❖ 불로화(아게라텀)는 국화과에 속하는 한해살이풀이다.

23. 다음 [보기]가 설명하는 식물명은?

[보기]
- 홍초과에 해당된다.
- 잎은 넓은 타원형이며 길이 30~40cm로서 양끝이 좁고 밑부분이 엽초로 되어 원줄기를 감싸며 측맥이 평행하다.
- 삭과는 둥글고 잔돌기가 있다.
- 뿌리는 고구마 같은 굵은 근경이 있다.

㉮ 히아신스 ㉯ 튤립
㉰ 수선화 ㉱ 칸나

❖ ㉮㉯ 백합과, ㉰ 수선화과

24. 다음 골재의 입도(粒度)에 대한 설명 중 옳지 않은 것은?

㉮ 입도시험을 위한 골재는 4분법(四分法)이나 시료분취기에 의하여 필요한 량을 채취한다.
㉯ 입도란 크고 작은 골재알(粒)이 혼합되어 있는 정도를 말하며 체가름 시험에 의하여 구할 수 있다.
㉰ 입도가 좋은 골재를 사용한 콘크리트는 공극이 커지기 때문에 강도가 저하한다.
㉱ 입도곡선이란 골재의 체가름 시험결과를 곡선으로 표시한 것이며 입도곡선이 표준입도곡선 내에 들어가야 한다.

❖ 입도가 좋은 골재를 사용하면 크고 작은 골재가 적당히 혼합되어 있어 콘크리트의 공극이 작아져 강도 및 내구성·수밀성이 향상된다.

25. 조경 시설물 중 유리섬유강화플라스틱(FRP)으로 만들기 가장 부적합한 것은?

㉮ 인공암 ㉯ 화분대
㉰ 수목 보호판 ㉱ 수족관의 수조

❖ FRP(유리섬유강화플라스틱)는 철보다 강하고 알루미늄보다 가벼우며 녹슬지 않고 가공하기 쉬워 벤치, 인공폭포, 인공암, 수목 보호판 등으로 많이 이용된다. 투명한 소재가 쓰이는 수족관의 수조에는 부적합하다.

26. 수준측량과 관련이 없는 것은?

㉮ 레벨 ㉯ 표척
㉰ 앨리데이드 ㉱ 야장

❖ 앨리데이드(시준기)는 평판측량과 관련이 있다.

27. 다음 수종들 중 단풍이 붉은색이 아닌 것은?

㉮ 신나무 ㉯ 복자기
㉰ 화살나무 ㉱ 고로쇠나무

❖ ㉱ 황색의 단풍

28. 다음 수목 중 일반적으로 생장속도가 가장 느린 것은?

정답 → 20. ㉯ 21. ㉰ 22. ㉯ 23. ㉱ 24. ㉰ 25. ㉱ 26. ㉰ 27. ㉱ 28. ㉱

㉮ 네군도단풍 ㉯ 층층나무
㉰ 개나리 ㉱ 비자나무

❖ 생장속도가 느린 수종으로는 주목, 비자나무, 향나무, 굴거리나무, 꽝꽝나무, 동백나무, 호랑가시나무, 회양목 등이 있다.

29. 단위용적중량이 1.65t/㎥이고 굵은 골재 비중이 2.65일 때 이 골재의 실적률(A)과 공극률(B)은 각각 얼마인가?

㉮ A : 62.3%, B : 37.7%
㉯ A : 69.7%, B : 30.3%
㉰ A : 66.7%, B : 33.3%
㉱ A : 71.4%, B : 28.6%

❖ 실적률(d) = $\frac{\text{단위용적 중량(w)}}{\text{비중(p)}} \times 100(\%)$

$\frac{1.65}{2.65} \times 100 = 62.3(\%)$

공극률(u) = 100 − 실적률 = 100 − 62.3 = 37.7(%)

30. 스프레이 건(spray gun)을 쓰는 것이 가장 적합한 도료는?

㉮ 수성페인트 ㉯ 유성페인트
㉰ 래커 ㉱ 에나멜

❖ 스프레이 건은 분사도장에 사용하는 도장용구를 말하는데, 래커나 합성수지도료 등 건조가 빠른 도료를 넓은 면적에 도포할 경우에 사용된다.

31. 다음 중 수목을 기하학적인 모양으로 수관을 다듬어 만든 수형을 가리키는 용어는?

㉮ 정형수 ㉯ 형상수
㉰ 경관수 ㉱ 녹음수

❖ 형상수(topiary) : 맹아력이 강한 수목을 다듬어 기하학적 모양이나 인체·동물의 생김새를 본떠 만든 수목을 말한다.

32. 목재 방부제에 요구되는 성질로 부적합한 것은?

㉮ 목재에 침투가 잘 되고 방부성이 큰 것
㉯ 목재에 접촉되는 금속이나 인체에 피해가 없을 것
㉰ 목재의 인화성, 흡수성에 증가가 없을 것
㉱ 목재의 강도가 커지고 중량이 증가될 것

❖ 방부제로 인한 강도저하나 가공성 저하가 없어야 한다.

33. 다음 [보기]가 설명하고 있는 것은?

[보기]
- 열경화성수지도료이다.
- 내수성이 크고 열탕에서도 침식되지 않는다.
- 무색 투명하고 착색이 자유로우면 아주 굳고 내수성, 내약품성, 내용제성이 뛰어나다.
- 알키드수지로 변성하여 도료, 내수베니어합판의 접착제 등에 이용된다.

㉮ 석탄산수지 도료 ㉯ 프탈산수지 도료
㉰ 염화비닐수지 도료 ㉱ 멜라민수지 도료

❖ 멜라민수지 도료의 도막은 경도가 높고 광택도 좋아 법랑의 외관과 비슷하다.

34. 유리의 주성분이 아닌 것은?

㉮ 규산 ㉯ 소다
㉰ 석회 ㉱ 수산화칼슘

❖ 유리는 규산·소다·석회를 원료로 만들며 유리블록, 계단, 안내판, 수족관, 조형물, 포장 등에 이용된다.

35. 블리딩 현상에 따라 콘크리트 표면에 떠올라 표면의 물이 증발함에 따라 콘크리트 표면에 남는 가볍고 미세한 물질로서 시공시 작업이음을 형성하는 것에 대한 용어로서 맞는 것은?

㉮ Workability ㉯ Consistency
㉰ Laitance ㉱ Plasticity

❖ 이어치기를 할 경우 레이턴스 제거 후 실시한다.

36. 거실이나 응접실 또는 식당 앞에 건물과 잇대어서 만드는 시설물은?

㉮ 정자 ㉯ 테라스

정답 ➔ 29. ㉮ 30. ㉰ 31. ㉯ 32. ㉱ 33. ㉱ 34. ㉱ 35. ㉰ 36. ㉯

㉰ 모래터　　　　　　㉱ 트렐리스

❖ 옥외실로써 건물의 안정감이나 정원과의 조화(調和), 정원이나 풍경의 관상 등을 하는 데 이용된다.

37. 다음 보도블록 포장공사의 단면 그림 중 블록 아랫부분은 무엇으로 채우는 것이 좋은가?

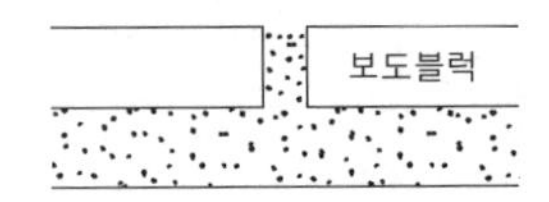

㉮ 자갈　　　　　　㉯ 모래
㉰ 잡석　　　　　　㉱ 콘크리트

❖ 보도블록의 하부에는 충격이나 하중을 흡수할 수 있도록 모래로 채운다.

38. 조경설계 과정에서 가장 먼저 이루어져야 하는 것은?

㉮ 구상개념도 작성　　　　㉯ 실시설계도 작성
㉰ 평면도 작성　　　　　　㉱ 내역서 작성

❖ 구상개념도는 설계자의 의도를 개략적인 형태로 나타낸 일종의 시각 언어로써 공간의 기본구상 수립단계에서 작성되는 도면이므로 예시 중에서 가장 먼저 이루어져야 한다.

39. 원로의 디딤돌 놓기에 관한 설명으로 틀린 것은?

㉮ 디딤돌은 주로 화강암을 넓적하고 둥글게 기계로 깎아 다듬어 놓은 돌만을 이용한다.
㉯ 디딤돌은 보행을 위하여 공원이나 정원에서 잔디밭, 자갈 위에 설치하는 것이다.
㉰ 징검돌은 상·하면이 평평하고 지름 또한 한 면이 길이가 30~60㎝, 높이가 30㎝ 이상인 크기의 강석을 주로 사용한다.
㉱ 디딤돌의 배치간격 및 형식 등은 설계도면에 따르되 윗면은 수평으로 놓고 지면과의 높이는 5㎝ 내외로 한다.

❖ 디딤돌은 주로 자연석이 많이 쓰이고 가공한 판석이나 점판암 등을 사용하기도 한다.

40. 다음 중 전정을 할 때 큰 줄기나 가지자르기를 삼가해야 하는 수종은?

㉮ 벚나무　　　　　　㉯ 수양버들
㉰ 오동나무　　　　　㉱ 현사시나무

❖ 벚나무는 상처가 생기면 잘 썩는 수종으로 큰 줄기나 가지자르기를 삼가해야 한다.

41. 오늘날 세계 3대 수목병에 속하지 않는 것은?

㉮ 잣나무 털녹병
㉯ 느릅나무 시들음병
㉰ 밤나무 줄기마름병
㉱ 소나무류 리지나뿌리썩음병

❖ 세계 3대 수목병 : 잣나무 털녹병, 느릅나무 시들음병, 밤나무 줄기마름병

42. 자연석(조경석) 쌓기의 설명으로 옳지 않은 것은?

㉮ 크고 작은 자연석을 이용하여 잘 배치하고, 견고하게 쌓는다.
㉯ 사용되는 돌의 선택은 인공적으로 다듬은 것으로 가급적 벌어짐이 없이 연결될 수 있도록 배치한다.
㉰ 자연석으로 서로 어울리게 배치하고 자연석 틈 사이에 관목류를 이용하여 채운다.
㉱ 맨 밑에는 큰 돌을 기초석을 배치하고, 보기 좋은 면이 앞면으로 오게 한다.

❖ 인공적으로 다듬은 돌이 아닌 자연석을 사용하여 자연스러운 경관을 형성한다.

43. 벽돌쌓기 시공에 대한 주의사항으로 틀린 것은?

㉮ 굳기 시작한 모르타르는 사용하지 않는다.
㉯ 붉은 벽돌은 쌓기 전에 충분한 물 축임을 실시한다.
㉰ 1일 쌓기 높이는 1.2m를 표준으로 하고, 최대 1.5m 이하로 한다.
㉱ 벽돌벽은 가급적 담장의 중앙부분을 높게 하고 끝부분을 낮게 한다.

❖ 벽돌벽은 가급적 전체적으로 균일한 높이로 쌓아 올라 가야한다.

 • 정답 ➜ 37. ㉯ 38. ㉮ 39. ㉮ 40. ㉮ 41. ㉱ 42. ㉯ 43. ㉱

44. 다음 중 농약의 혼용사용 시 장점이 아닌 것은?

㉮ 약해 증가 ㉯ 독성 경감
㉰ 약효 상승 ㉱ 약효지속기간 연장

❖ 농약의 혼용사용 시 장점은 농약의 살포 횟수를 줄여 방제 비용 절감, 동일 약제의 연용에 의한 내성 또는 저항성 억제, 약제 간 상승 작용에 의한 약효 증진에 있다.

45. 실내조경 식물의 선정 기준이 아닌 것은?

㉮ 낮은 광도에 견디는 식물
㉯ 온도 변화에 예민한 식물
㉰ 가스에 잘 견디는 식물
㉱ 내건성과 내습성이 강한 식물

❖ 실내조경 식물은 온도 변화에 잘 견디는 것이 적합하다.

46. 나무를 옮겨 심었을 때 잘려 진 뿌리로부터 새 뿌리가 나오게 하여 활착이 잘되게 하는데 가장 중요한 것은?

㉮ 호르몬과 온도
㉯ C/N율과 토양의 온도
㉰ 온도와 지주목의 종류
㉱ 잎으로 부터의 증산과 뿌리의 흡수

❖ 수목의 활착(건전한 생육)은 수분의 증산과 흡수에 영향을 많이 받는다.

47. 퍼걸러(pergola) 설치 장소로 적합하지 않은 것은?

㉮ 건물에 붙여 만들어진 테라스 위
㉯ 주택 정원의 가운데
㉰ 통경선의 끝 부분
㉱ 주택 정원의 구석진 곳

❖ 퍼걸러는 휴게를 위한 곳에 배치하나 보행동선과의 마찰을 피하고, 시각적으로 넓게 조망할 수 있는 곳, 통경선이 끝나는 곳에 초점요소로 배치한다.

48. 경사가 있는 보도교의 경우 종단 기울기가 얼마를 넘지 않도록 하며, 미끄럼을 방지하기 위해 바닥을 거칠게 표면처리 하여야 하는가?

㉮ 3° ㉯ 5°
㉰ 8° ㉱ 15°

❖ 보도교의 종단 경사는 8°를 넘지 않도록 하며, 원로의 경사가 10° 이상일 때는 일반적으로 계단을 설치한다.

49. 벽돌쌓기에서 사용되는 모르타르의 배합비 중 가장 부적합한 것은?

㉮ 1 : 1 ㉯ 1 : 2
㉰ 1 : 3 ㉱ 1 : 4

❖ 1:1 치장용, 1:2 아치용, 1:3 조적용

50. 조경수 전정의 방법이 옳지 않은 것은?

㉮ 전체적인 수형의 구성을 미리 정한다.
㉯ 충분한 햇빛을 받을 수 있도록 가지를 배치한다.
㉰ 병해충 피해를 받은 가지는 제거한다.
㉱ 아래에서 위로 올라가면서 전정한다.

❖ 조경수 전정 시 수관선을 고려하여 위에서 아래로, 오른쪽에서 왼쪽으로 가며 실시한다.

51. 직영공사의 특징 설명으로 옳지 않은 것은?

㉮ 공사내용이 단순하고 시공 과정이 용이할 때
㉯ 풍부하고 저렴한 노동력, 재료의 보유 또는 구입 편의가 있을 때
㉰ 시급한 준공을 필요로 할 때
㉱ 일반도급으로 단가를 정하기 곤란한 특수한 공사가 필요할 때

❖ 직영공사는 발주가(시공주)가 자신의 감독 하에 시공하는 방법으로 공사기간의 연장 우려가 있고 시기적 여유가 있는 경우 시행한다.

52. 솔수염하늘소의 성충이 최대로 출현하는 최성기로 가장 적합한 것은?

㉮ 3~4월 ㉯ 4~5월
㉰ 6~7월 ㉱ 9~10월

❖ 솔수염하늘소는 소나무류의 목질부 속에서 애벌레 상태로 월동하며, 우화한 성충은 5월 하순부터 7월 하순에 걸쳐 둥근 구멍을 뚫고 밖으로 나와, 소나무의 어린 가지 수피를 갉아 먹는다.

정답 ➔ 44. ㉮ 45. ㉯ 46. ㉱ 47. ㉯ 48. ㉰ 49. ㉱ 50. ㉱ 51. ㉰ 52. ㉰

53. 다음 중 일반적인 토양의 상태에 따른 뿌리 발달의 특징 설명으로 옳지 않은 것은?

㉮ 비옥한 토양에서는 뿌리목 가까이에서 많은 뿌리가 갈라져 나가고 길게 뻗지 않는다.
㉯ 척박지에서는 뿌리의 갈라짐이 적고 길게 뻗어 나간다.
㉰ 건조한 토양에서는 뿌리가 짧고 좁게 퍼진다.
㉱ 습한 토양에서는 호흡을 위하여 땅 표면 가까운 곳에 뿌리가 퍼진다.

✤ 건조한 토양에서는 수분의 요구도가 높아 뿌리가 길고 좁게 퍼진다.

54. 비탈면의 기울기는 관목 식재시 어느 정도 경사보다 완만하게 식재하여야 하는가?

㉮ 1 : 0.3보다 완만하게
㉯ 1 : 1보다 완만하게
㉰ 1 : 2보다 완만하게
㉱ 1 : 3보다 완만하게

✤ 수목의 식재 시 비탈면의 기울기는 교목 1:3, 관목은 1:2보다 완만해야 한다.

55. 조경 시설물 중 관리 시설물로 분류되는 것은?

㉮ 분수, 인공폭포　㉯ 그네, 미끄럼틀
㉰ 축구장, 철봉　㉱ 조명시설, 표지판

✤ 관리시설물에는 관리사무소·출입문·울타리·담장·창고·차고·게시판·표지·조명시설·쓰레기처리장·쓰레기통·수도, 우물, 태양광발전시설이 있다.

56. 다음 중 공사현장의 공사 및 기술관리, 기타 공사업무 시행에 관한 모든 사항을 처리하여야 할 사람은?

㉮ 공사 발주자　㉯ 공사 현장대리인
㉰ 공사 현장감독관　㉱ 공사 현장감리원

✤ 현장대리인(현장기술관리인)은 관계법규에 의하여 수급인이 지정하는 책임 시공기술자로서 그 현장의 공사관리 및 기술관리, 기타 공사업무를 시행하는 현장요원을 말한다.

57. 다음 배수관 중 가장 경사를 급하게 설치해야 하는 것은?

㉮ ø100㎜　㉯ ø200㎜
㉰ ø300㎜　㉱ ø400㎜

✤ 관경이 좁을수록 경사를 급하게 설치하여 배수가 잘 되도록 한다.

58. 지역이 광대해서 하수를 한 개소로 모으기가 곤란할 때 배수지역을 수개 또는 그 이상으로 구분해서 배관하는 배수 방식은?

㉮ 직각식　㉯ 차집식
㉰ 방사식　㉱ 선형식

✤ 방사식은 하수처리장을 많이 설치하게 되므로 경제적 부담이 가중된다.

59. 다음 수목 중 식재시 근원직경에 의한 품셈을 적용할 수 있는 것은?

㉮ 은행나무　㉯ 왕벚나무
㉰ 아왜나무　㉱ 꽃사과나무

✤ ㉮㉯ 흉고직경에 의한 품, ㉰ 수고에 의한 품 적용

60. 항공사진 측량의 장점 중 틀린 것은?

㉮ 축척 변경이 용이하다.
㉯ 분업화에 의한 작업능률성이 높다.
㉰ 동적인 대상물의 측량이 가능하다.
㉱ 좁은 지역 측량에서 50% 정도의 경비가 절약된다.

✤ 항공사진 측량은 시설비용이 과대하게 들어 작은 지역의 측정에 부적합하다.

 • 정답 ➔ 53. ㉰ 54. ㉰ 55. ㉱ 56. ㉯ 57. ㉮ 58. ㉰ 59. ㉱ 60. ㉱

❖ 2012년 조경기능사 제 2 회

2012년 4월 8일 시행

01. 다음 중 별서의 개념과 가장 거리가 먼 것은?

㉮ 은둔생활을 하기 위한 것
㉯ 효도하기 위한 것
㉰ 별장의 성격을 갖기 위한 것
㉱ 수목을 가꾸기 위한 것

❖ ㉮ 별서, ㉯ 별업, ㉰ 별장

02. 메소포타미아의 대표적인 정원은?

㉮ 마야사원　　　　　㉯ 베르사이유 궁전
㉰ 바빌론의 공중정원　㉱ 타지마할 사원

❖ ㉮ 마야문명, ㉯ 프랑스, ㉱ 인도

03. 조경의 직무는 조경설계기술자, 조경시공기술자, 조경관리기술자로 크게 분류 할 수 있다. 그 중 조경설계기술자의 직무내용에 해당하는 것은?

㉮ 식재공사　　　㉯ 시공감리
㉰ 병해충방제　　㉱ 조경묘목생산

❖ ㉮ 조경시공기술자, ㉰㉱ 조경관리기술자

04. 오방색 중 황(黃)의 오행과 방위가 바르게 짝지어진 것은?

㉮ 금(金) – 서쪽　　㉯ 목(木) – 동쪽
㉰ 토(土) – 중앙　　㉱ 수(水) – 북쪽

❖ 오방색의 오행과 방위

색	황	청	백	적	흑
오행	토	목	금	화	수
방위	중앙	동	서	남	북

05. 다음 [보기]의 (　)안에 들어갈 디자인 요소는?

[보기]

형태, 색채와 더불어 (　　)은(는) 디자인의 필수 요소로서 물체의 조성 성질을 말하며, 이는 우리의 감각을 통해 형태에 대한 지식을 제공한다.

㉮ 질감　　㉯ 광선
㉰ 공간　　㉱ 입체

❖ 질감은 시각경험과 촉각경험이 결합되어 나타난 특성으로 감각을 형태를 인지한다.

06. 영국인 Brown의 지도하에 덕수궁 석조전 앞뜰에 조성된 정원 양식과 관계되는 것은?

㉮ 빌라 메디치　㉯ 보르비콩트 정원
㉰ 분구원　　　㉱ 센트럴 파크

❖ 브라운의 발의와 하딩의 설계로 프랑스의 정원양식을 도입하였다.

07. 먼셀의 색상환에서 BG는 무슨 색인가?

㉮ 연두색　　㉯ 남색
㉰ 청록색　　㉱ 보라색

❖ 먼셀의 색상은 빨강(적 R), 노랑(황 Y), 초록(녹 G), 파랑(청 B), 보라(P) 5가지를 기본색으로 중간에 주황(YR), 연두(GY), 청록(BG), 남색(남 PB), 자주(자 RP) 5가지의 색상(보색)을 넣어 10가지 색상으로 분할된다.

08. 중국 청나라 때의 유적이 아닌 것은?

㉮ 자금성 금원　㉯ 원명원 이궁
㉰ 이화원　　　㉱ 졸정원

❖ ㉱ 명시대(1368~1644) 소주의 명원

09. 다음 설명에 해당하는 도시공원의 종류는?

– 설치기준의 제한은 없으며, 유치거리 500m 이하, 공원면적 10000㎡ 이상으로 할 수 있다.
– 주로 인근에 거주하는 자의 이용에 제공할 목적으로 설치한다.

㉮ 어린이공원　　㉯ 근린생활권근린공원
㉰ 도보권근린공원　㉱ 묘지공원

정답 ➜ 01. ㉱ 02. ㉰ 03. ㉯ 04. ㉰ 05. ㉮ 06. ㉯ 07. ㉰ 08. ㉱ 09. ㉯

❖ 근린공원은 지역 생활권 거주자의 보건·휴양 및 정서생활의 향상에 기여함을 목적으로 설치하는 공원을 말한다.

10. 경관구성의 미적 원리를 통일성과 다양성으로 구분할 때, 다음 중 다양성에 해당하는 것은?

㉮ 조화 ㉯ 균형
㉰ 강조 ㉱ 대비

❖ 다양성을 달성하기 위하여 구성요소에 변화, 리듬, 대비효과를 이용한다.

11. 정형식 배식 방법에 대한 설명이 옳지 않은 것은?

㉮ 단식 – 생김새가 우수하고, 중량감을 갖춘 정형수를 단독으로 식재
㉯ 대식 – 시선축의 좌우에 같은 형태, 같은 종류의 나무를 대칭 식재
㉰ 열식 – 같은 형태와 종류의 나무를 일정한 간격으로 직선상에 식재
㉱ 교호식재 – 서로 마주보게 배치하는 식재

❖ 교호식재는 같은 간격으로 서로 어긋나게 식재하는 수법이다.

12. [보기]와 같은 목적의 뜰은 주택정원의 어디에 해당하는가?

[보기]
– 응접실이나 거실쪽에 면한다.
– 주택정원의 중심이 된다.
– 가족의 구성 단위나 취향에 따라 계획한다.

㉮ 안뜰 ㉯ 앞뜰
㉰ 뒤뜰 ㉱ 작업뜰

❖ 안뜰은 정원의 중심공간으로 내부의 주공간과 동선상 직접 연결되도록 설계된다.

13. 주축선 양쪽에 짙은 수림을 만들어 주축선이 두드러지게 하는 비스타(vista)수법을 가장 많이 이용한 정원은?

㉮ 영국정원 ㉯ 독일정원
㉰ 이탈리아정원 ㉱ 프랑스정원

❖ 프랑스의 정원양식은 축선에 기초를 둔 2차원적 기하학적 구성으로 조성되었다.

14. 실선의 굵기에 따른 종류(굵은선, 중간선, 가는선)와 용도가 바르게 연결되어 있는 것은?

㉮ 굵은선 – 도면의 윤곽선
㉯ 중간선 – 치수선
㉰ 가는선 – 단면선
㉱ 가는선 – 파선

❖ · 굵은선 : 도면의 윤곽, 단면선, 중요 시설물, 식생표현
· 중간선 : 입면선 · 외형선 등 형태를 표현
· 가는선 : 마감선 · 인출선 · 해칭선 · 치수선 등

15. 우리나라에서 처음 조경의 필요성을 느끼게 된 가장 큰 이유는?

㉮ 인구증가로 인해 놀이, 휴게시설의 부족 해결을 위해
㉯ 고속도로, 댐 등 각종 경제개발에 따른 국토의 자연훼손의 해결을 위해
㉰ 급속한 자동차의 증가로 인한 대기오염을 줄이기 위해
㉱ 공장폐수로 인한 수질오염을 해결하기 위해

❖ 조경의 필요성의 가장 큰 이유는 급속한 경제개발로 인한 국토훼손의 방지이다.

16. 다음 [보기]에서 설명하는 수종은?

[보기]
– 낙엽활엽교목으로 부채꼴형 수형이다.
– 야합수(夜合樹)라 불리기도 한다.
– 여름에 피는 꽃은 분홍색으로 화려하다.
– 천근성 수종으로 이식에 어려움이 있다.

㉮ 자귀나무 ㉯ 치자나무
㉰ 은목서 ㉱ 서향

❖ ㉯㉰㉱ 상록활엽관목

17. 다음 중 화성암 계통의 석재인 것은?

㉮ 화강암 ㉯ 점판암

정답 ➜ 10. ㉱ 11. ㉱ 12. ㉮ 13. ㉱ 14. ㉮ 15. ㉯ 16. ㉮ 17. ㉮

㉰ 대리석 ㉱ 사문암

❖ ㉯ 퇴적암, ㉰㉱ 변성암

18. 산울타리에 적합하지 않은 식물 재료는?

㉮ 무궁화 ㉯ 측백나무
㉰ 느릅나무 ㉱ 꽝꽝나무

❖ ㉰ 가로수·녹음식재에 적합한 수종

19. 시멘트 액체 방수제의 종류가 아닌 것은?

㉮ 염화칼슘계 ㉯ 지방산계
㉰ 비소계 ㉱ 규산소다계

❖ · 무기질계 : 염화칼슘계, 규산소다계, 규산질 분말계
· 유기질계 : 파라핀계, 지방산계, 고분자 에멀션계

20. 활엽수이지만 잎의 형태가 침엽수와 같아서 조경적으로 침엽수로 이용하는 것은?

㉮ 은행나무 ㉯ 산딸나무
㉰ 위성류 ㉱ 이나무

❖ 위성류는 낙엽활엽교목이나 잎의 끝이 침엽수의 잎처럼 날카롭게 생겼으며 가늘고 실처럼 섬세하게 늘어져서 자란다.

21. 수종에 따라 또는 같은 수종이라도 개체의 성질에 따라 삽수의 발근에 차이가 있는데 일반적으로 삽목시 발근이 잘 되지 않는 수종은?

㉮ 오리나무 ㉯ 무궁화
㉰ 개나리 ㉱ 꽝꽝나무

❖ 삽목 시 발근이 잘 되는 수종에는 주목, 동백나무, 개나리, 무궁화, 철쭉 등이 있다.

22. 다음 중 인공지반을 만들려고 할 때 사용되는 경량토로 부적합한 것은?

㉮ 버미큘라이트 ㉯ 모래
㉰ 펄라이트 ㉱ 부엽토

❖ 조경용 경량토는 버미큘라이트, 퍼얼라이트, 피트, 화산재 등을 식재토양에 혼합하여 사용한다.

23. 다음 조경 수목 중 음수인 것은?

㉮ 비자나무 ㉯ 소나무
㉰ 향나무 ㉱ 느티나무

❖ ㉯㉰㉱ 양수

24. 형상수로 이용할 수 있는 수종은?

㉮ 주목 ㉯ 명자나무
㉰ 단풍나무 ㉱ 소나무

❖ 형상수로 적합한 수종으로는 지엽이 치밀하고 맹아력이 강한 주목, 회양목, 향나무, 꽝꽝나무 등이 있다.

25. 조경 수목의 규격에 관한 설명으로 옳은 것은? (단, 괄호안의 영문은 기호를 의미한다)

㉮ 흉고직경(R) : 지표면 줄기의 굵기
㉯ 근원직경(B) : 가슴 높이 정도의 줄기의 지름
㉰ 수고(W) : 지표면으로부터 수관의 하단부까지의 수직높이
㉱ 지하고(BH) : 지표면에서 수관의 맨 아랫가지까지의 수직높이

❖ 흉고직경(B), 근원직경(R), 수고(H)

26. 석재의 분류방법 중 가장 보편적으로 사용되는 방법은?

㉮ 화학성분에 의한 방법
㉯ 성인에 의한 방법
㉰ 산출상태에 의한 방법
㉱ 조직구조에 의한 방법

❖ 성인별 분류 : 화성암계, 퇴적암계, 변성암계

27. 목재의 방부처리 방법 중 일반적으로 가장 효과가 우수한 것은?

㉮ 침지법 ㉯ 도포법
㉰ 생리적 주입법 ㉱ 가압주입법

❖ 가압주입법은 건조된 목재를 밀폐된 용기 속에 목재를 넣고 감압과 가압을 조합하여 약액을 주입하는 방법이다.

정답 ➔ 18. ㉰ 19. ㉰ 20. ㉰ 21. ㉮ 22. ㉯ 23. ㉮ 24. ㉮ 25. ㉱ 26. ㉯ 27. ㉱

28. 기건상태에서 목재 표준 함수율은 어느 정도인가?

㉮ 5% ㉯ 15%
㉰ 25% ㉱ 35%

❖ 섬유 포화점 30%, 구조재 25%, 수장재 18~24%

29. 다음 중 압축강도(kgf/㎠)가 가장 큰 목재는?

㉮ 삼나무 ㉯ 낙엽송
㉰ 오동나무 ㉱ 밤나무

❖ 낙엽송〉삼나무〉밤나무〉오동나무

30. 홍색(紅色) 열매를 맺지 않는 수종은?

㉮ 산수유 ㉯ 쥐똥나무
㉰ 주목 ㉱ 사철나무

❖ ㉯ 흑색 열매

31. 생태복원을 목적으로 사용하는 재료로서 가장 거리가 먼 것은?

㉮ 식생매트 ㉯ 잔디블록
㉰ 녹화마대 ㉱ 식생자루

❖ 녹화마대는 수간감기에 사용하거나 뿌리분을 싸는 데 사용하는 환경적 재료이다.

32. 혼화재의 설명 중 옳은 것은?

㉮ 혼화재는 혼화제와 같은 것이다.
㉯ 종류로는 포졸란, AE제 등이 있다.
㉰ 종류로는 슬래그, 감수제 등이 있다.
㉱ 혼화재료는 그 사용량이 비교적 많아서 그 자체의 부피가 콘크리트의 배합계산에 관계된다.

❖ 혼화재는 시멘트량의 5% 이상으로 사용량이 많아 배합계산에 포함되고, 혼화제는 시멘트량 1% 이하의 약품으로 소량사용하며 배합계산에서 무시되는 것이다.

33. 줄기의 색이 아름다워 관상가치를 가진 대표적인 수종의 연결로 옳지 않은 것은?

㉮ 백색계의 수목 : 자작나무
㉯ 갈색계의 수목 : 편백
㉰ 적갈색계의 수목 : 소나무
㉱ 흑갈색계의 수목 : 벽오동

❖ 벽오동은 청록색계의 줄기를 가지고 있다.

34. 쾌적한 가로환경과 환경보전, 교통제어, 녹음과 계절성, 시선유도 등으로 활용하고 있는 가로수로 적합하지 않은 수종은?

㉮ 이팝나무 ㉯ 은행나무
㉰ 메타세콰이어 ㉱ 능소화

❖ 능소화는 낙엽활엽만경목으로 울타리·담장·굴뚝 등에 식재하는 것이 적합하다.

35. 좋은 콘크리트를 만들려면 좋은 품질의 골재를 사용해야 하는데, 좋은 골재에 관한 설명으로 옳지 않은 것은?

㉮ 골재의 표면이 깨끗하고 유해 물질이 없을 것
㉯ 굳은 시멘트 페이스트보다 약한 석질일 것
㉰ 납작하거나 길지 않고 구형에 가까울 것
㉱ 굵고 잔 것이 골고루 섞여 있을 것

❖ 골재는 시멘트 강도 이상의 것을 사용한다.

36. 다음 [보기]에서 입찰의 순서로 옳은 것은?

[보기]

㉠ 입찰공고	㉡ 입찰	㉢ 낙찰
㉣ 계약	㉤ 현장설명	㉥ 개찰

㉮ ㉠→㉡→㉢→㉣→㉤→㉥
㉯ ㉠→㉤→㉡→㉥→㉢→㉣
㉰ ㉠→㉡→㉥→㉢→㉣→㉤
㉱ ㉤→㉥→㉠→㉡→㉢→㉣

❖ 입찰공고→현장설명→입찰→개찰→낙찰→계약

37. 다음 중 교목의 식재 공사 공정으로 옳은 것은?

㉮ 구덩이 파기→물 죽쑤기→묻기→지주세우기→수목방향 정하기→물집 만들기

정답 ➔ 28. ㉯ 29. ㉯ 30. ㉯ 31. ㉰ 32. ㉱ 33. ㉱ 34. ㉱ 35. ㉯ 36. ㉯ 37. ㉯ 38. ㉱

㉯ 구덩이 파기→수목방향 정하기→묻기→물 죽쑤기→지주세우기→물집 만들기
㉰ 수목방향 정하기→구덩이 파기→물 죽쑤기→묻기→지주세우기→물집 만들기
㉱ 수목방향 정하기→구덩이 파기→묻기→지주세우기→물 죽쑤기→물집만들기

❖ 구덩이 파기→수목방향 정하기→2/3 정도 흙 채우기→물 죽쑤기→나머지 흙 채우기→지주세우기→물집 만들기

38. 질소기아 현상에 대한 설명으로 옳지 않은 것은?

㉮ 탄질율이 높은 유기물이 토양에 가해질 경우 발생한다.
㉯ 미생물과 고등식물 간에 질소경쟁이 일어난다.
㉰ 미생물 상호간의 질소경쟁이 일어난다.
㉱ 토양으로부터 질소의 유실이 촉진된다.

❖ 질소기아 현상은 탄질율이 높은 유기물이 토양에 가해질 경우 질소부족현상이 나타나는 것이나 질소의 유실이 촉진되는 것은 아니다.

39. 다음 중 세균에 의한 수목병은?

㉮ 밤나무 뿌리혹병
㉯ 뽕나무 오갈병
㉰ 소나무 잎녹병
㉱ 포플러 모자이크병

❖ 세균에 의한 수목병은 뿌리혹병, 복숭아 세균성 구멍병이 있다.

40. 겨울 전정의 설명으로 틀린 것은?

㉮ 12~3월에 실시한다.
㉯ 상록수는 동계에 강전정하는 것이 가장 좋다.
㉰ 제거 대상가지를 발견하기 쉽고 작업도 용이하다.
㉱ 휴면 중이기 때문에 굵은 가지를 잘라 내어도 전정의 영향을 거의 받지 않는다.

❖ 상록수는 동계에 절단부위로 한기가 스며들어 피해를 입히므로 추운지방에서는 동기전정을 피하고 해토될 무렵 실시한다.

41. 공사의 실시방식 중 공동 도급의 특징이 아닌 것은?

㉮ 공사이행의 확실성이 보장된다.
㉯ 여러 회사의 참여로 위험이 분산된다.
㉰ 이해 충돌이 없고, 임기응변 처리가 가능하다.
㉱ 공사의 하자책임이 불분명하다.

❖ 공동도급의 가장 큰 단점으로 이해의 충돌과 책임회피의 우려가 있고 단독도급보다 더욱 임기응변의 처리가 더욱 어렵다.

42. 다음 중 수간주입 방법으로 옳지 않은 것은?

㉮ 구멍속의 이물질과 공기를 뺀 후 주입관을 넣는다.
㉯ 중력식 수간주사는 가능한 한 지제부 가까이에 구멍을 뚫는다.
㉰ 구멍의 각도는 50~60도 가량 경사지게 세워서, 구멍지름 20㎜ 정도로 한다.
㉱ 뿌리가 제구실을 못하고 다른 시비방법이 없을 때, 빠른 수세회복을 원할 때 사용한다.

❖ 구멍의 각도는 20~30°의 각도로 비스듬히 천공하고 구멍지름은 5~10㎜ 정도로 한다.

43. 다음 중 뿌리분의 형태별 종류에 해당하지 않는 것은?

㉮ 보통분 ㉯ 사각분
㉰ 접시분 ㉱ 조개분

❖ 접시분은 천근성 수종, 조개분은 심근성 수종에 적용한다.

44. 다음 [보기]를 공원 행사의 개최 순서대로 나열한 것은?

[보기]
① 제작 ② 실시 ③ 기획 ④ 평가

㉮ ①→②→③→④ ㉯ ③→①→②→④
㉰ ④→①→②→③ ㉱ ①→④→③→②

❖ 기획→제작→실시→평가

정답 ➜ 39. ㉮ 40. ㉯ 41. ㉰ 42. ㉰ 43. ㉯ 44. ㉯

45. 다음 중 수목의 굵은 가지치기 방법으로 옳지 않은 것은?

㉮ 잘라낼 부위는 먼저 가지의 밑동으로부터 10~15㎝ 부위를 위에서부터 아래까지 내리자른다.
㉯ 잘라낼 부위는 아래쪽에 가지굵기의 1/3정도 깊이까지 톱자국을 먼저 만들어 놓는다.
㉰ 톱을 돌려 아래쪽에 만들어 놓은 상처보다 약간 높은 곳을 위에서부터 내리자른다.
㉱ 톱으로 자른 자리의 거친 면은 손칼로 깨끗이 다듬는다.

❖ 굵은 가지를 주간(줄기)에서 단번에 자르면 기부에 갈라짐이 생길 수 있으므로 ㉯~㉱의 순서로 잘라낸다.

46. 지형도에서 U자 모양으로 그 바닥이 낮은 높이의 등고선을 향하면 이것은 무엇을 의미하는가?

㉮ 계곡 ㉯ 능선
㉰ 현애 ㉱ 동굴

❖ 계곡은 V자 모양으로 바닥이 높은 쪽을 향하게 된다.

47. 크롬산 아연을 안료로 하고, 알키드 수지를 전색료로 한 것으로서 알루미늄 녹막이 초벌칠에 적당한 도료는?

㉮ 광명단 ㉯ 파커라이징
㉰ 그라파이트 ㉱ 징크로메이트

❖ 징크로메이트의 도료성분은 크롬산아연+알키드수지이며, 녹막이 효과가 좋아 알미늄판, 아연철판 초벌용으로 적합하다.

48. 한국 잔디의 해충으로 가장 큰 피해를 주는 것은?

㉮ 풍뎅이 유충 ㉯ 거세미나방
㉰ 땅강아지 ㉱ 선충

❖ 풍뎅이는 유충과 성충이 모두 한국잔디에 큰 피해를 입히며 메프유제, 카보입제 등으로 방제한다.

49. 생울타리처럼 수목이 대상으로 군식 되었을 때 거름 주는 방법으로 가장 적당한 것은?

㉮ 전면 거름주기 ㉯ 방사상 거름주기
㉰ 천공 거름주기 ㉱ 선상 거름주기

❖ 선상시비는 산울타리 등의 대상군식이 되었을 경우 식재수목을 따라 일정간격을 띄어 도랑처럼 길게 구덩이를 파서 비료를 살포하는 방법이다.

50. 정원수의 거름주기 설명으로 옳지 않은 것은?

㉮ 속효성 거름은 7월 이후에 준다.
㉯ 지효성의 유기질 비료는 밑거름으로 준다.
㉰ 질소질 비료와 같은 속효성 비료는 덧거름으로 준다.
㉱ 지효성 비료는 늦가을에서 이른 봄 사이에 준다.

❖ 속효성 거름의 시비는 수목의 생장기인 4월 하순~6월 하순에 시비하고 7월 이전에 완료한다.

51. 배수공사 중 지하층 배수와 관련된 설명으로 옳지 않은 것은?

㉮ 지하층 배수는 속도랑을 설치해 줌으로써 가능하다.
㉯ 암거배수의 배치형태는 어골형, 평행형, 빗살형, 부채살형, 자유형 등이 있다.
㉰ 속도랑의 깊이는 심근성보다 천근성 수종을 식재할 때 더 깊게 한다.
㉱ 큰 공원에서는 자연 지형에 따라 배치하는 자연형 배수방법이 많이 이용된다.

❖ 속도랑(암거)의 깊이는 뿌리가 깊은 심근성 수종을 식재할 때 더 깊게 한다.

52. 흙깎기(切土) 공사에 대한 설명으로 옳은 것은?

㉮ 보통 토질에서는 흙깎기 비탈면 경사를 1:0.5 정도로 한다.
㉯ 흙깎기를 할 때는 안식각보다 약간 크게 하여 비탈면의 안정을 유지한다.
㉰ 작업물량이 기준보다 작은 경우 인력보다는 장비를 동원하여 시공하는 것이 경제적이다.
㉱ 식재공사가 포함된 경우의 흙깎기에서는 지표면 표토를 보존하여 식물생육에 유용하도록 한다.

❖ ㉮ 1:1 정도, ㉯ 안식각보다 약간 작게, ㉰ 인력이 경제적

 • 정답 ➔ 45. ㉮ 46. ㉯ 47. ㉱ 48. ㉮ 49. ㉱ 50. ㉮ 51. ㉰ 52. ㉱

53. 콘크리트를 혼합한 다음 운반해서 다져 넣을 때까지 시공성의 좋고 나쁨을 나타내는 성질 즉, 콘크리트의 시공성을 나타내는 것은?

㉮ 슬럼프시험 ㉯ 워커빌리티
㉰ 물, 시멘트비 ㉱ 양생

❖ 시공연도(workability) : 반죽질기에 의한 작업의 난이도 정도 및 재료분리에 저항하는 정도로 시공성을 말한다.

54. 참나무 시들음병에 대한 설명으로 옳지 않은 것은?

㉮ 매개충은 광릉긴나무좀이다.
㉯ 피해목은 초가을에 모든 잎이 낙엽된다.
㉰ 매개충의 암컷 등판에는 곰팡이를 넣는 균낭이 있다.
㉱ 월동한 성충은 5월경에 침입공을 빠져나와 새로운 나무를 가해한다.

❖ 참나무 시들음병은 파렐리아라는 곰팡이균이 원인으로 좀벌레들이 참나무둥지를 뚫고 다니면서 작은 구멍을 내는 것이 병의 초기증세이고 구멍이 나기 시작한 참나무는 두세 달 안에 수액 흐름이 막혀 고사한다.

55. 공사원가에 의한 공사비 구성 중 안전관리비가 해당되는 것은?

㉮ 간접재료비 ㉯ 간접노무비
㉰ 경비 ㉱ 일반관리비

❖ 경비란 공사의 시공을 위하여 소모되는 공사원가 중 재료비와 노무비를 제외한 원가로써 전력비, 광열비, 운반비, 보험료, 특허권 사용료, 기술료, 안전관리비 등이 있다.

56. 다음 설명하는 해충으로 가장 적합한 것은?

- 유충은 적색, 분홍색, 검은색이다.
- 끈끈한 분비물을 분비한다.
- 식물의 어린잎이나 새가지, 꽃봉오리에 붙어 수액을 빨아먹어 생육을 억제한다.
- 점착성 분비물을 배설하여 그을음병을 발생시킨다.

㉮ 응애 ㉯ 솜벌레
㉰ 진딧물 ㉱ 깍지벌레

❖ 진딧물은 활엽수 및 침엽수의 전 수종에 기생하고 피해수목은 각종 바이러스병을 유발한다. 주로 발생하는 수종은 벚나무, 장미, 무궁화, 아까시나무, 소나무, 포플러류 등이다.

57. 잔디의 상토 소독에 사용하는 약제는?

㉮ 디캄바 ㉯ 에테폰
㉰ 메티다티온 ㉱ 메틸브로마이드

❖ 토양소독은 토양전염병 예방의 가장 직접적이고 효과적 방법으로 잔디의 상토소독에 메틸브로마이드를 주로 사용한다. 그 밖에 토양소독제로는 클로로피크린, 캡탄제, 티람제 등이 있다.

58. 다음 중 학교 조경의 수목 선정 기준에 가장 부적합한 것은?

㉮ 생태적 특성 ㉯ 경관적 특성
㉰ 교육적 특성 ㉱ 조형적 특성

❖ 학교 조경의 수목은 직접적으로 보고 느끼고 배우는 경험이 중요하다.

59. 어린이 놀이 시설물 설치에 대한 설명으로 옳지 않은 것은?

㉮ 시소는 출입구에 가까운 곳, 휴게소 근처에 배치하도록 한다.
㉯ 미끄럼대의 미끄럼판의 각도는 일반적으로 30~40도 정도의 범위로 한다.
㉰ 그네는 통행이 많은 곳을 피하여 동서방향으로 설치한다.
㉱ 모래터는 하루 4~5시간의 햇볕이 쬐고 통풍이 잘 되는 곳에 위치한다.

❖ 그네는 북향 또는 동향으로 배치한다.

60. 토공 작업시 지반면보다 낮은 면의 굴착에 사용하는 기계로 깊이 6m 정도의 굴착에 적당하며, 백호우라고도 불리는 기계는?

㉮ 클램 쉘 ㉯ 드랙 라인
㉰ 파워 쇼벨 ㉱ 드랙 쇼벨

❖ 드랙 쇼벨(drag shovel)은 백호(back hoe)라고도 하며 기계가 설치된 지반보다 낮은 곳을 굴착하는 데 적합하며, 수중 굴착도 가능한 기계를 말한다.

정답 ➔ 53. ㉯ 54. ㉯ 55. ㉰ 56. ㉰ 57. ㉱ 58. ㉱ 59. ㉰ 60. ㉱

❖ 2012년 조경기능사 제 4 회

2012년 8월 3일 시행

01. 다음 중 정형식 정원에 해당하지 않는 양식은?

㉮ 평면기하학식　　㉯ 노단식
㉰ 중정식　　㉱ 회유임천식

❖ ㉮㉯㉰ 정형식 정원, ㉱ 자연식 정원

02. 다음 중 식물재료의 특성으로 부적합한 것은?

㉮ 생물로서, 생명활동을 하는 자연성을 지니고 있다.
㉯ 불변성과 가공성을 지니고 있다.
㉰ 생장과 번식을 계속하는 연속성이 있다.
㉱ 계절적으로 다양하게 변화함으로써 주변과의 조화성을 가진다.

❖ ㉯ 인공재료의 특징

03. 우리나라 후원양식의 정원수법이 형성되는데 영향을 미친 것이 아닌 것은?

㉮ 불교의 영향　　㉯ 음양오행설
㉰ 유교의 영향　　㉱ 풍수지리설

❖ 불교의 영향은 주로 사탑 및 사원건축에서 나타난다.

04. 조선시대 정자의 평면유형은 유실형(중심형, 편심형, 분리형, 배면형)과 무실형으로 구분할 수 있는데 다음 중 유형이 다른 하나는?

㉮ 광풍각　　㉯ 임대정
㉰ 거연정　　㉱ 세연정

❖ ㉮㉱ 유실 중심형, ㉯ 유실 배면형, ㉰ 무실형이나 판벽과 턱으로 만든 판방이 있다.

05. 노외주차장의 구조·설비기준으로 틀린 것은? (단, 주차장법 시행규칙을 적용한다.)

㉮ 노외주차장의 출구와 입구에서 자동차의 회전을 쉽게하기 위하여 필요한 경우에는 차로와 도로가 접하는 부분을 곡선형으로 하여야 한다.
㉯ 노외주차장의 출구 부근의 구조는 해당 출구로부터 2m를 후퇴한 노외주차장의 차로의 중심선상 1.0m의 높이에서 도로의 중심선에 직각으로 향한 왼쪽·오른쪽 각각 45도의 범위에서 해당 도로를 통행하는 자를 확인할 수 있도록 하여야 한다.
㉰ 노외주차장의 출입구 너비는 3.5m 이상으로 하여야 하며, 주차대수 규모가 50대 이상인 경우에는 출구와 입구를 분리하거나 너비 5.5m 이상의 출입구를 설치하여 소통이 원활하도록 하여야 한다.
㉱ 노외주차장에서 주차에 사용되는 부분의 높이는 주차바닥면으로부터 2.1m 이상으로 하여야 한다.

❖ 노외주차장의 출구 부근의 구조는 해당 출구로부터 2m 후퇴한 차로의 중심선상 1.4m 높이에서 도로의 중심선에 직각으로 향한 좌·우 각각 60° 의 범위에서 해당 도로를 통행하는 차를 확인할 수 있어야 한다.

06. 우리나라 고유의 공원을 대표할만한 문화재적 가치를 지닌 정원은?

㉮ 경복궁의 후원　　㉯ 덕수궁의 후원
㉰ 창경궁의 후원　　㉱ 창덕궁의 후원

❖ 창덕궁은 자연미와 인공미가 혼연일치된 정원의 가치가 인정되어 한국의 궁궐 가운데 유일하게 세계유산으로 지정되었다.

07. 화단의 초화류를 엷은 색에서 점점 짙은 색으로 배열할 때 가장 강하게 느껴지는 조화미는?

㉮ 통일미　　㉯ 균형미
㉰ 점층미　　㉱ 대비미

❖ 점층미는 디자인 요소의 점차적인 변화로서 감정의 급격한 변화를 막아 혼란을 감소시킨다.

08. 센트럴 파크(Central park)에 대한 설명 중 틀린 것은?

정답 ➔ 01. ㉱ 02. ㉯ 03. ㉮ 04. ㉰ 05. ㉯ 06. ㉱ 07. ㉰ 08. ㉮

㉮ 르코르뷔지에(Le corbusier)가 설계하였다.
㉯ 19세기 중엽 미국 뉴욕에 조성되었다.
㉰ 면적은 약 334헥타르의 장방형 슈퍼블럭으로 구성되었다.
㉱ 모든 시민을 위한 근대적이고 본격적인 공원이다.

❖ 센트럴 파크는 옴스테드와 보우가 설계하였다.

09. 조경 제도용품 중 곡선자라고 하여 각종 반지름의 원호를 그릴 때 사용하기 가장 적합한 재료는?

㉮ 원호자　　㉯ 운형자
㉰ 삼각자　　㉱ T자

❖ 손으로 구부려 임의의 형태를 만들어 곡선을 제도하는 자유곡선자를 원호자라고 한다.

10. 다음 중 사절우(四節友)에 해당되지 않는 것은?

㉮ 소나무　　㉯ 난초
㉰ 국화　　㉱ 대나무

❖ 사절우 : 매화나무, 소나무, 국화, 대나무

11. 주변지역의 경관과 비교할 때 지배적이며, 특징을 가지고 있어 지표적인 역할을 하는 것을 무엇이라고 하는가?

㉮ vista　　㉯ districts
㉰ nodes　　㉱ landmarks

❖ 랜드마크(경계표)는 식별성이 높은 지형이나 지물 등(산봉우리·절벽·탑)으로 시각적으로 쉽게 구별되는 경관속의 요소를 말한다.

12. 조선시대 경승지에 세운 누각 중 경기도 수원에 위치한 것은?

㉮ 연광정　　㉯ 사허정
㉰ 방화수류정　　㉱ 영호정

❖ ㉮ 평양(조선), ㉯ 평양(고려), ㉱ 양평(조선)

13. 다음 중 조화(Harmony)의 설명으로 가장 적합한 것은?

㉮ 각 요소들이 강약, 장단의 주기성이나 규칙성을 가지면서 전체적으로 연속적인 운동감을 가지는 것
㉯ 모양이나 색깔 등이 비슷비슷하면서도 실은 똑같지 않은 것끼리 모여 균형을 유지하는 것
㉰ 서로 다른 것끼리 모여 서로를 강조시켜 주는 것
㉱ 축선을 중심으로 하여 양쪽의 비중을 똑같이 만드는 것

❖ 조화는 색채나 형태가 유사한 시각적 요소들이 서로 잘 어울려 전체적인 질서를 잡아주는 것을 말한다.

14. 단독 주택정원에서 일반적으로 장독대, 쓰레기통, 창고 등이 설치되는 공간은?

㉮ 뒤뜰　　㉯ 안뜰
㉰ 앞뜰　　㉱ 작업뜰

❖ 작업뜰은 내부의 주방·세탁실·다용도실·저장고 등과 연결되며 부엌·장독대·세탁 장소·창고 등에 면하여 설치된다.

15. 다음 중 색의 3속성에 관한 설명으로 옳은 것은?

㉮ 감각에 따라 식별되는 색의 종명을 채도라고 한다.
㉯ 두 색상 중에서 빛의 반사율이 높은 쪽이 밝은 색이다.
㉰ 색의 포화상태 즉, 강약을 말하는 것은 명도이다.
㉱ 그레이 스케일(gray scale)은 채도의 기준척도로 사용된다.

❖ ㉮ 색상, ㉰ 채도, ㉱ 명도의 기준척도

16. 가을에 그윽한 향기를 가진 등황색 꽃이 피는 수종은?

㉮ 금목서　　㉯ 남천
㉰ 팔손이나무　　㉱ 생강나무

❖ ㉯ 4월 백색계, ㉰ 11월 백색계, ㉱ 3월 황색계

17. 석재를 형상에 따라 구분 할 때 견치돌에 대한 설명으

정답 ➔ 09. ㉮ 10. ㉯ 11. ㉱ 12. ㉰ 13. ㉯ 14. ㉱ 15. ㉯ 16. ㉮ 17. ㉱

로 옳은 것은?

㉮ 폭이 두께의 3배 미만으로 육면체 모양을 가진 돌
㉯ 치수가 불규칙하고 일반적으로 뒷면이 없는 돌
㉰ 두께가 15㎝ 미만이고, 폭이 두께의 3배 이상인 육면체 모양의 돌
㉱ 전면은 정사각형에 가깝고, 뒷길이, 접촉면, 뒷면 등의 규격화 된 돌

❖ ㉯ 깬돌(할석), ㉰ 판석

18. 다음 중 음수대에 관한 설명으로 옳지 않은 것은?

㉮ 표면재료는 청결성, 내구성, 보수성을 고려한다.
㉯ 양지 바른 곳에 설치하고, 가급적 습한 곳은 피한다.
㉰ 유지관리상 배수는 수직 배수관을 많이 사용하는 것이 좋다.
㉱ 음수전의 높이는 성인, 어린이, 장애인 등 이용자의 신체특성을 고려하여 적정높이로 한다.

❖ 음수대는 포장부위에 배치하며 배수구는 청소가 쉬운 구조와 형태로 설계되어야 한다.

19. 투명도가 높으므로 유기유리라는 명칭이 있고 착색이 자유로워 채광판, 도어판, 칸막이판 등에 이용되는 것은?

㉮ 아크릴수지 ㉯ 멜라민수지
㉰ 알키드수지 ㉱ 폴리에스테르수지

❖ 아크릴수지는 유리 이상의 투명도가 있고 성형가공도 쉬우며, 보통 유리에 비하여 무게는 약 반이고 각종 강도·굳기·내열성은 작지만 물·산·알칼리에 강하므로 유기(有機)유리라고도 하며 유리 대신으로 쓰인다.

20. 콘크리트의 흡수성, 투수성을 감소시키기 위해 사용하는 방수용 혼화제의 종류(무기질계, 유기질계)가 아닌 것은?

㉮ 염화칼슘 ㉯ 탄산소다
㉰ 고급지방산 ㉱ 실리카질 분말

❖ · 무기질계 : 염화칼슘계, 실리카소다계, 실리카질 분말계
· 유기질계 : 파라핀계, 지방산계, 고분자 에멀션계

21. 정원수는 개화 생리에 따라 당년에 자란 가지에 꽃 피는 수종, 2년생 가지에 꽃피는 수종, 3년생 가지에 꽃 피는 수종으로 구분한다. 다음 중 2년생 가지에 꽃 피는 수종은?

㉮ 장미 ㉯ 무궁화
㉰ 살구나무 ㉱ 명자나무

❖ 2년생 가지에 꽃피는 수종 : 진달래, 개나리, 벚나무, 박태기나무, 수수꽃다리, 매화나무, 목련, 철쭉류, 복사나무, 산수유, 생강나무, 앵두나무, 모란, 살구나무, 등나무 등이 있다. ㉮㉯ 당년, ㉱ 3년생

22. 다음 합판의 제조 방법 중 목재의 이용효율이 높고, 가장 널리 사용되는 것은?

㉮ 로타리 베니어(rotary veneer)
㉯ 슬라이스 베니어(sliced veneer)
㉰ 쏘드 베니어(sawed veneer)
㉱ 플라이우드(plywood)

❖ 합판제조법 : 로타리 베니어, 슬라이스 베니어, 쏘드 베니어

23. 우리나라 들잔디(zoysia japonica)의 특징으로 옳지 않은 것은?

㉮ 여름에는 무성하지만 겨울에는 잎이 말라 죽어 푸른빛을 잃는다.
㉯ 번식은 지하경(地下莖)에 의한 영양번식을 위주로 한다.
㉰ 척박한 토양에서 잘 자란다.
㉱ 더위 및 건조에 약한 편이다.

❖ 들잔디는 햇빛을 좋아하여 하루 최소 4시간 일조를 필요로 한다.

24. 담금질을 한 강에 인성을 주기 위하여 변태점 이하의 적당한 온도에서 가열한 다음 냉각시키는 조작을 의미하는 것은?

㉮ 풀림 ㉯ 사출
㉰ 불림 ㉱ 뜨임질

❖ 뜨임이란 담금질한 강은 취성이크므로 인성을 증가시키기 위해 재가열(721℃ 이하) 후 공기중에서 냉각시키는 것을 말한다.

정답 → 18. ㉰ 19. ㉮ 20. ㉯ 21. ㉰ 22. ㉮ 23. ㉱ 24. ㉱

25. 심근성 수종에 해당하지 않는 것은?

㉮ 섬잣나무 ㉯ 태산목
㉰ 은행나무 ㉱ 현사시나무

❖ ㉱ 천근성

26. 흰말채나무의 설명으로 옳지 않은 것은?

㉮ 층층나무과로 낙엽활엽관목이다.
㉯ 노란색의 열매가 특징적이다.
㉰ 수피가 여름에는 녹색이나 가을, 겨울철의 붉은 줄기가 아름답다.
㉱ 잎은 대생하며 타원형 또는 난상타원형이고, 표면에 작은털, 뒷면은 흰색의 특징을 갖는다.

❖ 흰말채나무의 열매는 백색계이다.

27. 미장재료 중 혼화재료가 아닌 것은?

㉮ 방수제 ㉯ 방동제
㉰ 방청제 ㉱ 착색제

❖ 방청제는 금속이 부식하기 쉬운 상태일 때 첨가함으로써 녹을 방지하기 위해 사용하는 물질이다.

28. 목재의 강도에 관한 설명 중 가장 거리가 먼 것은?

㉮ 휨강도는 전단강도보다 크다.
㉯ 비중이 크면 목재의 강도는 증가하게 된다.
㉰ 목재는 외력이 섬유방향으로 작용할 때 가장 강하다.
㉱ 섬유포화점에서 전건상태에 가까워짐에 따라 강도는 작아진다.

❖ 전건상태에서는 섬유 포화점 강도보다 약 3배로 커지므로 섬유포화점에서 전건상태에 가까워짐에 따라 강도는 증가한다.

29. 보통포틀랜드 시멘트와 비교했을 때 고로(高爐)시멘트의 일반적 특성에 해당되지 않는 것은?

㉮ 초기강도가 크다.
㉯ 내열성이 크고 수밀성이 양호하다.
㉰ 해수(海水)에 대한 저항성이 크다.
㉱ 수화열이 적어 매스콘크리트에 적합하다.

❖ 고로시멘트는 비중이 낮고(2.9) 응결시간이 길며 조기강도는 부족하다.

30. 인공폭포나 인공동굴의 재료로 가장 일반적으로 많이 쓰이는 경량소재는?

㉮ 복합 플라스틱 구조재(FRP)
㉯ 레드 우드(Red wood)
㉰ 스테인레스 강철(Stainless steel)
㉱ 폴리에틸렌(Polyethylene)

❖ FRP(유리섬유강화플라스틱)는 철보다 강하고 알루미늄보다 가벼우며 녹슬지 않고 가공하기 쉬워 벤치, 인공폭포, 인공암, 수목 보호판 등으로 많이 이용된다.

31. 콘크리트에 사용되는 골재에 대한 설명으로 옳지 않은 것은?

㉮ 잔 것과 굵은 것이 적당히 혼합된 것이 좋다.
㉯ 불순물이 묻어 있지 않아야 한다.
㉰ 형태는 매끈하고 편평, 세장한 것이 좋다.
㉱ 유해물질이 없어야 한다.

❖ 골재의 표면이 거칠고 둥근 형태인 것이 좋다.

32. 다음 중 줄기의 색채가 백색 계열에 속하는 수종은?

㉮ 모과나무 ㉯ 자작나무
㉰ 노각나무 ㉱ 해송

❖ ㉮㉰ 적·황·녹색의 얼룩무늬, ㉱ 흑색
백색계의 줄기를 감상하는 수종 : 백송, 분비나무, 자작나무, 버즘나무, 서어나무, 동백나무 등

33. 벽돌쌓기 방법 중 가장 견고하고 튼튼한 것은?

㉮ 영국식 쌓기 ㉯ 미국식 쌓기
㉰ 네덜란드식 쌓기 ㉱ 프랑스식 쌓기

❖ 영국식 쌓기가 가장 튼튼하나 우리나라에서는 쌓기가 쉽고 일반적인 네덜란드식 쌓기를 가장 많이 사용한다.

34. 다음 중 차폐식재로 사용하기 가장 부적합한 수종은?

㉮ 계수나무 ㉯ 서양측백
㉰ 호랑가시 ㉱ 쥐똥나무

❖ 차폐식재는 지하고가 낮고 지엽이 밀생한 상록수가 적합하며, 아래가지가 말라죽지 않고 전정에 강한 것이 좋다. 계수나무는 낙엽활엽교목으로 가을 단풍이 아름다워 경관식재로 적합한 수종이다.

정답 ➔ 25. ㉱ 26. ㉯ 27. ㉰ 28. ㉱ 29. ㉮ 30. ㉮ 31. ㉰ 32. ㉯ 33. ㉮ 34. ㉮

35. 다음 중 점토에 대한 설명으로 옳지 않은 것은?

㉮ 암석이 오랜 기간에 걸쳐 풍화 또는 분해되어 생긴 세립자물질이다.
㉯ 가소성은 점토입자가 미세할수록 좋고 또한 미세부분은 콜로이드로서의 특성을 가지고 있다.
㉰ 화학성분에 따라 내화성, 소성시 비틀림 정도, 색채의 변화 등의 차이로 인해 용도에 맞게 선택된다.
㉱ 습윤상태에서는 가소성을 가지고 고온으로 구우면 경화되지만 다시 습윤상태로 만들면 가소성을 갖는다.

❖ 점토는 고온으로 구우면 경화되어 다시는 가소성을 가질 수 없다.

36. 비중이 1.15인 이소푸로치오란 유제(50%) 100mL로 0.05% 살포액을 제조하는데 필요한 물의 양은?

㉮ 104.9L ㉯ 110.5L
㉰ 114.9L ㉱ 124.9L

❖ 희석할 물의 양(㎖, g)

$$\text{소요 농약량(㎖)} \times \left(\frac{\text{농약주성분농도(\%)}}{\text{추천농도(\%)}} - 1\right) \times \text{비중}$$

$$100 \times \left(\frac{50}{0.05} - 1\right) \times 1.15 = 114,885 \rightarrow 114.9L$$

37. 한켜는 마구리 쌓기, 다음 켜는 길이 쌓기로 하고 길이켜의 모서리와 벽 끝에 칠오토막을 사용하는 벽돌쌓기 방법은?

㉮ 네덜란드식 쌓기 ㉯ 영국식 쌓기
㉰ 프랑스식 쌓기 ㉱ 미국식 쌓기

❖ 벽 끝에 칠오토막을 사용하는 것은 네덜란드식 쌓기이고, 이오토막을 사용하는 것은 영국식 쌓기 이다.

38. 중앙에 큰 암거를 설치하고 좌우에 작은 암거를 연결시키는 형태로, 경기장과 같이 전 지역의 배수가 균일하게 요구되는 곳에 주로 이용되는 형태는?

㉮ 어골형 ㉯ 즐치형
㉰ 자연형 ㉱ 차단법

❖ 어골형은 주선을 중앙에 경사지게 배치하고 지선을 어긋나게 비스듬히 설치하며 놀이터, 소규모 운동장, 광장 등 소규모 평탄지역에 적합하다.

39. 상해(霜害)의 피해와 관련된 설명으로 틀린 것은?

㉮ 분지를 이루고 있는 우묵한 지형에 상해가 심하다.
㉯ 성목보다 유령목에 피해를 받기 쉽다.
㉰ 일차(日差)가 심한 남쪽 경사면 보다 북쪽 경사면이 피해가 심하다.
㉱ 건조한 토양보다 과습한 토양에서 피해가 많다.

❖ 남쪽의 경사면은 일교차가 심해 상해가 더 발생하기 쉽다.

40. 하수도시설기준에 따라 오수관거의 최소관경은 몇 ㎜를 표준으로 하는가?

㉮ 100㎜ ㉯ 150㎜
㉰ 200㎜ ㉱ 250㎜

❖ 하수도시설기준에 따라 오수관거의 최소관경은 200㎜를 표준으로 한다.

41. 상록수를 옮겨심기 위하여 나무를 캐 올릴 때 뿌리분의 지름으로 가장 적합한 것은?

㉮ 근원직경의 1/2배
㉯ 근원직경의 1배
㉰ 근원직경의 3배
㉱ 근원직경의 4배

❖ 수목의 굴취 시 뿌리분의 너비는 근원직경의 4~6배로 한다.

42. 솔나방의 생태적 특성으로 옳지 않은 것은?

㉮ 식엽성 해충으로 분류된다.
㉯ 줄기에 약 400개의 알을 낳는다.
㉰ 1년에 1회로 성충은 7~8월에 발생한다.
㉱ 유충이 잎을 가해하며, 심하게 피해를 받으면 소나무가 고사하기도 한다.

❖ 솔나방은 약 500개의 알을 솔잎에 몇 개의 무더기로 나누어 낳는다.

43. 일반적인 조경관리에 해당되지 않는 것은?

㉮ 운영관리 ㉯ 유지관리

 정답 ➔ 35. ㉱ 36. ㉰ 37. ㉮ 38. ㉮ 39. ㉰ 40. ㉰ 41. ㉱ 42. ㉯ 43. ㉱

㉰ 이용관리　　　　　㉱ 생산관리

❖ 조경관리의 구분으로 유지관리, 운영관리, 이용관리가 있다.

44. 다음 해충 중 성충의 피해가 문제되는 것은?

㉮ 솔나방　　　　　㉯ 소나무좀
㉰ 뽕나무하늘소　　㉱ 밤나무순혹벌

❖ 소나무좀의 성충이 나무수간에 구멍을 뚫고 알을 낳으면 형성층 부근에 갱도를 만들어 수분과 양분의 이동을 막아 고사하게 된다. 성충이 침입하는 수간의 부위는 주로 지상 5m 내외로 그 부분의 피해가 크다.

45. 조경설계기준에서 인공지반에 식재된 식물과 생육에 필요한 최소 식재토심으로 옳은 것은? (단, 배수구배는 1.5~2%, 자연토양을 사용)

㉮ 잔디 : 15㎝　　　㉯ 초본류 : 20㎝
㉰ 소관목 : 40㎝　　㉱ 대관목 : 60㎝

❖ 조경기준상의 식재토심(자연토양) : 초화·지피(15㎝), 소관목(30㎝), 대관목(45㎝), 교목(70㎝)

46. 다음 중 한발이 계속될 때 짚 깔기나 물줄기를 제일 먼저 해야 될 나무는?

㉮ 소나무　　　　　㉯ 향나무
㉰ 가중나무　　　　㉱ 낙우송

❖ 한발의 해(旱害)는 천근성 수종과 지하수위가 얕은 토양에서 자라는 수목에 쉽게 발생한다.

47. 우리나라의 조선시대 전통정원을 꾸미고자 할 때 다음 중 연못시공으로 적합한 호안공은?

㉮ 자연석 호안공　　㉯ 사괴석 호안공
㉰ 편책 호안공　　　㉱ 마름돌 호안공

❖ 편책 호안공이란 통나무, 대나무, 갈대, 수수깡, 싸리 따위를 박거나 엮어 만든 편책을 이용하여 물에 접한 부분이 침식되는 것을 막기 위한 공법이다.

48. 다음 중 농약의 보조제가 아닌 것은?

㉮ 증량제　　　　　㉯ 협력제
㉰ 유인제　　　　　㉱ 유화제

❖ 농약 보조제는 농약 주제의 효력을 증진시키기 위하여 사용되는 약제로 전착제, 증량제, 용제, 유화제, 협력제가 있다.

49. 주로 종자에 의하여 번식되는 잡초는?

㉮ 올미　　　　　㉯ 가래
㉰ 피　　　　　　㉱ 너도방동사니

❖ 종자번식 잡초는 바랭이, 피, 쇠비름, 명아주, 뚝새풀, 냉이, 알방동사니 등이 있다.

50. 표면건조 내부 포수상태의 골재에 포함하고 있는 흡수량의 절대 건조상태의 골재 중량에 대한 백분율은 다음 중 무엇을 기초로 하는가?

㉮ 골재의 함수율
㉯ 골재의 흡수율
㉰ 골재의 표면수율
㉱ 골재의 조립률

❖ $흡수율 = \frac{표면건조\ 내부포화상태 - 절대건조\ 상태}{절대건조\ 상태} \times 100(\%)$

51. 삼각형의 세변의 길이가 각각 5m, 4m, 5m라고 하면 면적은 약 얼마인가?

㉮ 약 8.2㎡　　　㉯ 약 9.2㎡
㉰ 약 10.2㎡　　㉱ 약 11.2㎡

❖ 헤론의 공식 사용

$S = \sqrt{s(s-a)(s-b)(s-c)},\ s = \frac{a+b+c}{2}$

$s = \frac{5+4+5}{2} = 7$

$S = \sqrt{7(7-5)(7-4)(7-5)} = 9.2(m^2)$

52. 겯눈 밑에 상처를 내어 놓으면 잎에서 만들어진 동화물질이 축적되어 잎눈이 꽃눈으로 변하는 일이 많다. 어떤 이유 때문인가?

㉮ C/N 율이 낮아지므로
㉯ C/N 율이 높아지므로
㉰ T/R 율이 낮아지므로
㉱ T/R 율이 높아지므로

❖ C/N율이 높아지면 꽃눈이 많아진다.

정답 ➔ 44. ㉯ 45. ㉮ 46. ㉱ 47. ㉯ 48. ㉰ 49. ㉰ 50. ㉯ 51. ㉯ 52. ㉯

53. 관상하기에 편리하도록 땅을 1~2m 깊이로 파 내려가 평평한 바닥을 조성하고, 그 바닥에 화단을 조성한 것은?

㉮ 기식화단 ㉯ 모둠화단
㉰ 양탄자화단 ㉱ 침상화단

❖ 침상화단은 화단을 지면이나 원로(園路)보다 1m 가량 낮게 만들어 위에서 내려다보면서 관상할 수 있도록 만든 화단이다.

54. 다음 중 줄기의 수피가 얇아 옮겨 심은 직후 줄기감기를 반드시 하여야 되는 수종은?

㉮ 배롱나무 ㉯ 소나무
㉰ 향나무 ㉱ 은행나무

❖ 비교적 수피가 매끄럽고 얇은 느티나무, 단풍나무, 벚나무, 배롱나무, 목련류 등의 수목은 옮겨 심은 직후 줄기감기를 반드시 하여야 한다.

55. 돌쌓기 시공상 유의해야 할 사항으로 옳지 않은 것은?

㉮ 서로 이웃하는 상하층의 세로 줄눈을 연속되게 한다.
㉯ 돌쌓기 시 뒤채움을 잘 하여야 한다.
㉰ 석재는 충분하게 수분을 흡수시켜서 사용해야 한다.
㉱ 하루에 1~1.2m 이하로 찰쌓기를 하는 것이 좋다.

❖ 상하층 세로줄눈이 연속되게 되면 부등침하가 생긴다. 그러므로 통줄눈을 피하고 막힌줄눈이 되도록 쌓는다.

56. 잔디밭의 관수시간으로 가장 적당한 것은?

㉮ 오후 2시 경에 실시하는 것이 좋다.
㉯ 정오 경에 실시하는 것이 좋다.
㉰ 오후 6시 이후 저녁이나 일출 전에 한다.
㉱ 아무때나 잔디가 타면 관수한다.

❖ 잔디밭의 관수시간은 새벽이 관수에 좋은 시간이나 편의상 저녁관수를 많이 시행하고 관수 후 10시간 이내에 잔디가 마를 수 있도록 관수시간을 조절한다.

57. 다음 중 무거운 돌을 놓거나, 큰 나무를 옮길 때 신속하게 운반과 적재를 동시에 할 수 있어 편리한 장비는?

㉮ 체인블록 ㉯ 모터그레이더
㉰ 트럭크레인 ㉱ 콤바인

❖ 트럭크레인은 크레인을 설치한 자동차로, 각 건설현장으로 이동하면서 중량물의 이동이나 설치 등에 사용한다.

58. 내충성이 강한 품종을 선택하는 것은 다음 중 어느 방제법에 속하는가?

㉮ 물리적 방제법
㉯ 화학적 방제법
㉰ 생물적 방제법
㉱ 재배학적 방제법

❖ 재배학적 방제법에는 내충성·내환경성 품종 개발, 간벌, 시비 등이 있다.

59. 작물 – 잡초 간의 경합에 있어서 임계 경합기간(critical period of competition)이란?

㉮ 경합이 끝나는 시기
㉯ 경합이 시작되는 시기
㉰ 작물이 경합에 가장 민감한 시기
㉱ 잡초가 경합에 가장 민감한 시기

❖ 경합이란 생물 간에 어떤 영양소나 광선, 또는 공간 등의 경쟁을 말하며, 작물과 잡초 사이의 경합에 있어 작물이 경합에 가장 민감한 시기를 임계경합기간이라 한다.

60. 다음 중 정원수의 덧거름으로 가장 적합한 것은?

㉮ 요소 ㉯ 생석회
㉰ 두엄 ㉱ 쌀겨

❖ 요소는 속효성 무기질(화학)비료이다.

정답 ➔ 53. ㉱ 54. ㉮ 55. ㉮ 56. ㉰ 57. ㉰ 58. ㉱ 59. ㉰ 60. ㉮

❖ 2012년 조경기능사 제 5 회

2012년 10월 20일 시행

01. 주택정원의 세부공간 중 가장 공공성이 강한 성격을 갖는 공간은?

㉮ 안뜰 ㉯ 앞뜰
㉰ 뒤뜰 ㉱ 작업뜰

❖ 앞뜰은 대문과 현관 사이의 전이공간으로 주택의 첫인상을 주는 진입공간이다.

02. 주택단지안의 건축물 또는 옥외에 설치하는 계단의 경우 공동으로 사용할 목적인 경우 최소 얼마 이상의 유효폭을 가져야 하는가? (단, 단높이는 18㎝ 이하, 단너비는 26㎝ 이상으로 한다.)

㉮ 100㎝ ㉯ 120㎝
㉰ 140㎝ ㉱ 160㎝

❖ 옥외에 설치하는 공동계단의 경우 최소 120㎝ 이상으로 하고 통행량에 따라 넓힌다.

03. 일본정원에서 가장 중점을 두고 있는 것은?

㉮ 대비 ㉯ 조화
㉰ 반복 ㉱ 대칭

❖ 일본정원은 인공적 기교와 관상적 가치에 치중한 조화에 중점을 두고 있다.

04. 다음 중 중국정원의 특징에 해당하는 것은?

㉮ 정형식 ㉯ 태호석
㉰ 침전조정원 ㉱ 직선미

❖ 태호석은 중국에서 가장 오래된 돌로서 태호에서 생산한 돌이다.

05. 스페인의 코르도바를 중심으로 한 지역에서 발달한 정원 양식은?

㉮ patio ㉯ court
㉰ atrium ㉱ peristylium

❖ 스페인 코르도바지역에서 발달한 양식은 사라센 양식으로서 내향적 공간을 추구하여 중정 개념의 파티오가 발달하였다.

06. 다음 중 성목의 수간 질감이 가장 거칠고, 줄기는 아래로 쳐지며, 수피가 회갈색으로 갈라져 벗겨지는 것은?

㉮ 배롱나무 ㉯ 개잎갈나무
㉰ 벽오동 ㉱ 주목

❖ 개잎갈나무(히말라야시다)는 수고 30m로 가지가 수평으로 퍼지고 작은가지에 털이 나며 밑으로 처진다. 수피는 회색을 띤 갈색으로 세로로 갈라지면서 조각이 얇게 벗겨진다.

07. 조경계획을 위한 경사분석을 하고자 한다. 다음과 같은 조사 항목이 주어질 때 해당지역의 경사도는 몇 % 인가?

- 등고선 간격 : 5m
- 등고선에 직각인 두 등고선의 평면거리 : 20m

㉮ 40% ㉯ 10%
㉰ 4% ㉱ 25%

❖ 경사도 $= \frac{\text{수평거리}}{\text{수직거리}} \times 100(\%)$

$\frac{5}{20} \times 100 = 25(\%)$

08. 우리나라의 정원 양식이 한국적 색채가 짙게 발달한 시기는?

㉮ 고조선시대 ㉯ 삼국시대
㉰ 고려시대 ㉱ 조선시대

❖ 조선시대는 중국의 모방에서 벗어나 한국적인 색채가 농후해진 시기이다.

09. 자연 경관을 인공으로 축경화(縮景化)하여 산을 쌓고, 연못, 계류, 수림을 조성한 정원은?

정답 ➔ 01. ㉯ 02. ㉯ 03. ㉯ 04. ㉯ 05. ㉮ 06. ㉯ 07. ㉱ 08. ㉱ 09. ㉯

㉮ 전원 풍경식 ㉯ 회유 임천식
㉰ 고산수식 ㉱ 중정식

❖ 회유 임천식은 정원의 연못과 섬을 거닐며 감상하는 정원이다.

10. 다음 중 1858년에 조경가(Landscape architect) 라는 말을 처음으로 사용하기 시작한 사람이나 단체는?

㉮ 세계조경가협회(IFLA)
㉯ 옴스테드(F.L.Olmsted)
㉰ 르 노트르(Le Notre)
㉱ 미국조경가협회(ASLA)

❖ 미국의 옴스테드가 조경의 학문적 영역을 정립하면서 '조경가'라는 말을 처음 사용하였다.

11. 다음 중 이탈리아 정원의 가장 큰 특징은?

㉮ 평면기하학식 ㉯ 노단건축식
㉰ 자연풍경식 ㉱ 중정식

❖ 이탈리아 정원은 지형과 기후적 여건으로 구릉과 경사지에 빌라가 발달하였고 노단건축식 정원이 만들어졌다.

12. 다음 중 순공사원가에 해당되지 않는 것은?

㉮ 재료비 ㉯ 노무비
㉰ 이윤 ㉱ 경비

❖ 순공사원가=재료비+노무비+경비

13. 다음 중 위요경관에 속하는 것은?

㉮ 넓은 초원 ㉯ 노출된 바위
㉰ 숲속의 호수 ㉱ 계곡 끝의 폭포

❖ 위요경관(enclosed landscape)은 평탄한 중심공간이 있고 그 주위에 숲이나 산으로 둘러 싸여있는 경관(숲속의 호수 등)을 말한다.

14. 다음 식의 'A'에 해당하는 것은?

$$\text{용적률} = \frac{A}{\text{대지면적}}$$

㉮ 건축면적 ㉯ 건축 연면적
㉰ 1호당 면적 ㉱ 평균층수

❖ $\text{용적률} = \frac{\text{연면적(바닥 면적의 합)}}{\text{대지면적}}$

15. 우리나라에서 세계문화유산으로 등록되어지지 않은 곳은?

㉮ 독립문 ㉯ 고인돌 유적
㉰ 경주역사유적지구 ㉱ 수원화성

❖ 그 외 세계문화유산으로는 창덕궁, 석굴암과 불국사, 해인사 장경판전, 종묘, 조선 왕릉, 한국의 역사마을(하회와 양동), 제주 화산섬과 용암 동굴이 있다.

16. 1년 내내 푸른 잎을 달고 있으며, 잎이 바늘처럼 뾰족한 나무를 가리키는 명칭은?

㉮ 상록활엽수 ㉯ 상록침엽수
㉰ 낙엽활엽수 ㉱ 낙엽침엽수

❖ 침엽수와 활엽수는 잎의 생김새에 따른 구분이다.

17. 철근을 D13으로 표현했을 때, D는 무엇을 의미하는가?

㉮ 둥근 철근의 지름
㉯ 이형 철근의 지름
㉰ 둥근 철근의 길이
㉱ 이형 철근의 길이

❖ 원형철근의 지름은 Ø로 표시한다.

18. 식물의 분류와 해당 식물들의 연결이 옳지 않은 것은?

㉮ 한국잔디류 : 들잔디, 금잔디, 비로드잔디
㉯ 소관목류 : 회양목, 이팝나무, 원추리
㉰ 초본류 : 맥문동, 비비추, 원추리
㉱ 덩굴성 식물류 : 송악, 칡, 등나무

❖ 이팝나무는 교목, 원추리는 초본류

19. 다음 중 건축과 관련된 재료의 강도에 영향을 주는 요인으로 가장 거리가 먼 것은?

㉮ 온도와 습도 ㉯ 재료의 색

정답 ➔ 10. ㉯ 11. ㉯ 12. ㉰ 13. ㉰ 14. ㉯ 15. ㉮ 16. ㉯ 17. ㉯ 18. ㉯ 19. ㉯

㉰ 하중시간　　　　　㉱ 하중속도

❖ 재료의 색은 시각적 요소이기 때문에 강도와는 관계가 없다.

20. 일반적인 목재의 특성 중 장점에 해당되는 것은?

㉮ 충격, 진동에 대한 저항성이 작다.
㉯ 열전도율이 낮다.
㉰ 충격의 흡수성이 크고, 건조에 의한 변형이 크다.
㉱ 가연성이며 인화점이 낮다.

❖ 목재는 충격이나 진동에 강하고 흡수성이 크나 습기에 의한 변형과 가연성으로 인화점이 낮은 것이 단점이다.

21. 자연석 중 눕혀서 사용하는 돌로, 불안감을 주는 돌을 받쳐서 안정감을 갖게 하는 돌의 모양은?

㉮ 입석　　　　　㉯ 평석
㉰ 환석　　　　　㉱ 횡석

❖ 횡석은 가로로 눕혀서 쓰는 돌로 입석 등을 받쳐서 안정감 부여한다.

22. 다음 중 콘크리트 타설시 염화칼슘의 사용 목적은?

㉮ 콘크리트의 조기 강도
㉯ 콘크리트의 장기 강도
㉰ 고온증기 양생
㉱ 황산염에 대한 저항성 증대

❖ 염화칼슘은 응결경화촉진제로 초기강도를 증진시키고 저온에서도 강도 증진효과가 있어 한중콘크리트에 사용한다.

23. 가로수로서 갖추어야 할 조건을 기술한 것 중 옳지 않은 것은?

㉮ 사철 푸른 상록수
㉯ 각종 공해에 잘 견디는 수종
㉰ 강한 바람에도 잘 견딜 수 있는 수종
㉱ 여름철 그늘을 만들고 병해충에 잘 견디는 수종

❖ 가로수는 어느 방향으로든지 나무별 특유의 수형을 갖춘 낙엽수가 좋으며, 상록수는 겨울철 도로 결빙의 원인이 되기도 한다.

24. 수목을 관상적인 측면에서 본 분류 중 열매를 감상하기 위한 수종에 해당되는 것은?

㉮ 은행나무　　　　　㉯ 모과나무
㉰ 반송　　　　　㉱ 낙우송

❖ 열매를 관상하는 수목으로는 피라칸사, 석류나무, 팥배나무, 주목, 산수유 등이 있다.

25. 목재의 건조 방법은 자연건조법과 인공 건조법으로 구분될 수 있다. 다음 중 인공건조법이 아닌 것은?

㉮ 증기법　　　　　㉯ 침수법
㉰ 훈연 건조법　　　　　㉱ 고주파 건조법

❖ 침수법은 수액제거를 위한 자연건조법에 속한다.

26. 콘크리트용 혼화재료로 사용되는 플라이애시에 대한 설명 중 틀린 것은?

㉮ 포졸란 반응에 의해서 중성화 속도가 저감된다.
㉯ 플라이애시의 비중은 보통포틀랜드 시멘트보다 작다.
㉰ 입자가 구형이고 표면조직이 매끄러워 단위수량을 감소 시킨다.
㉱ 플라이애시는 이산화규소(SiO_2)의 함유율이 가장 많은 비결정질 재료이다.

❖ 플라이애시는 표면이 매끄러운 구형의 미세립 석탄회로 보일러 내의 연소가스를 집진기로 채취한 것이며, 포졸란 반응에 의해서 수산화칼슘의 양이 적어져 중성화속도가 빠르다.

27. 두 종류 이상의 제초제를 혼합하여 얻은 효과가 단독으로 처리한 반응을 각각 합한 것보다 높을 때의 효과는?

㉮ 부가효과(Additive effect)
㉯ 상승효과(Synergistic effect)
㉰ 길항효과(Antagonistic effect)
㉱ 독립효과(Independent effect)

❖ · 상승효과 : 여러 요인이 함께 작용하여 하나씩 작용할 때보다 더 커지는 효과
· 길항효과 : 상반되는 두 요인이 동시에 작용하여 그 효과를 서로 상쇄시켜 없애거나 감소시키는 작용

정답 ➔ 20. ㉯ 21. ㉱ 22. ㉮ 23. ㉮ 24. ㉯ 25. ㉯ 26. ㉮ 27. ㉯

28. 형상수(Topiary)를 만들기에 알맞은 수종은?

㉮ 느티나무 ㉯ 주목
㉰ 단풍나무 ㉱ 송악

❖ 형상수(Topiary)를 만들기에 알맞은 수종은 회양목, 주목, 옥향, 명자나무, 개나리 등 맹아력이 강하고 지엽이 치밀한 수목이 적당하다.

29. 산울타리용 수종으로 부적합한 것은?

㉮ 개나리 ㉯ 칠엽수
㉰ 꽝꽝나무 ㉱ 명자나무

❖ 산울타리수종은 맹아력이 강하고 옮겨심기가 쉽고 전정에 잘 견뎌야 한다. 종류로는 향나무류, 주목, 개나리, 꽝꽝나무, 명자나무, 회양목, 주목 등이 있다.

30. 다음 설명하는 수종은?

- 학명은 "Betula schmidtii Regel" 이다.
- Schmidt birch 또는 단목(檀木)이라 불리기도 한다.
- 곧추 자라나 불규칙하며, 수피는 흑회색이다.
- 5월에 개화하고 암수 한그루이며, 수형은 원추형, 뿌리는 심근성, 잎의 질감이 섬세하여 녹음수로 사용 가능하다.

㉮ 오리나무 ㉯ 박달나무
㉰ 소사나무 ㉱ 녹나무

❖ ㉮ Alnus japonica, ㉰ Capinus coreana
㉱ Cinnamomum camphora

31. 다음 중 보도 포장재료로서 부적당한 것은?

㉮ 내구성이 있을 것
㉯ 자연 배수가 용이할 것
㉰ 보행시 마찰력이 전혀 없을 것
㉱ 외관 및 질감이 좋을 것

❖ 보도용 포장면은 걷기에 적합할 정도의 거친 면을 유지하여 미끄럼을 방지할 수 있어야 한다.

32. 다음 그림과 같은 콘크리트 제품의 명칭으로 가장 적합한 것은?

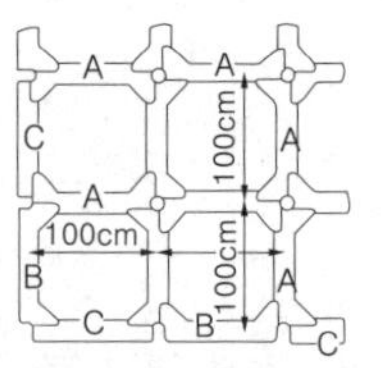

㉮ 견치블록
㉯ 격자블록
㉰ 기본블록
㉱ 힘줄블록

❖ 격자블록은 사면의 안정을 위하여 설치하는 비탈면 보호공에 사용한다.

33. 콘크리트용 골재의 흡수량과 비중을 측정하는 주된 목적은?

㉮ 혼합수에 미치는 영향을 미리 알기 위하여
㉯ 혼화재료의 사용여부를 결정하기 위하여
㉰ 콘크리트의 배합설계에 고려하기 위하여
㉱ 공사의 적합여부를 판단하기 위하여

❖ 골재의 흡수량은 배합 시 사용수량 조절을 위해 측정한다.

34. 줄기의 색이 아름다워 관상가치 있는 수목들 중 줄기의 색계열과 그 연결이 옳지 않은 것은?

㉮ 백색계의 수목 : 백송(Pinus bungeana)
㉯ 갈색계의 수목 : 편백(Chamaecyparis obtusa)
㉰ 청록색계의 수목 : 식나무(Aucuba japonica)
㉱ 적갈색계의 수목 : 서어나무(Carpinus laxiflora)

❖ 서어나무는 백색계의 줄기를 가지고 있다.

35. 덩굴로 자라면서 여름(7~8월경)에 아름다운 주황색 꽃이 피는 수종은?

㉮ 남천 ㉯ 능소화
㉰ 등나무 ㉱ 홍가시나무

❖ 능소화는 낙엽덩굴성목본류로 한 여름에 안쪽은 선홍색, 바깥쪽은 주황색인 나팔 모양의 꽃이 피는데, 크고 색감이 화려해서 주로 집안의 정원수나 관상용으로 식재한다.

36. 마스터 플랜(Master plan)이란?

㉮ 기본계획이다. ㉯ 실시설계이다.
㉰ 수목 배식도이다. ㉱ 공사용 상세도이다.

❖ 마스터 플랜이란 일정한 프로젝트(project)의 실시를 위해,

정답 ➔ 28. ㉯ 29. ㉯ 30. ㉯ 31. ㉰ 32. ㉯ 33. ㉰ 34. ㉱ 35. ㉯ 36. ㉮

프로젝트의 목적이나 목표에 따라 개요를 설정한 기본계획을 말한다.

37. 소량의 소수성 용매에 원제를 용해하고 유화제를 사용하여 물에 유화시킨 액을 의미하는 것은?

㉮ 용액　　㉯ 유탁액
㉰ 수용액　　㉱ 현탁액

❖ 유탁액이란 유화제에 물이 섞였을 때 겔화가 일어나기 전 유화제가 수분을 허용하고 있는 상태를 말한다.

38. 다음 중 전정의 목적 설명으로 옳지 않은 것은?

㉮ 희귀한 수종의 번식에 중점을 두고 한다.
㉯ 미관에 중점을 두고 한다.
㉰ 실용적인 면에 중점을 두고 한다.
㉱ 생리적인 면에 중점을 두고 한다.

❖ 전정은 미관상·실용상·생리상의 목적을 달성하기 위하여 실시한다.

39. 건물과 정원을 연결시키는 역할을 하는 시설은?

㉮ 아치　　㉯ 트렐리스
㉰ 퍼걸러　　㉱ 테라스

❖ 테라스는 옥외실로써 건물의 안정감이나 정원과의 조화(調和), 정원이나 풍경 등의 관상에 이용된다.

40. 시설물의 기초부위에서 발생하는 토공량의 관계식으로 옳은 것은?

㉮ 잔토처리 토량 = 되메우기 체적 － 터파기 체적
㉯ 되메우기 토량 = 터파기 체적 － 기초 구조부 체적
㉰ 되메우기 토량 = 기초 구조부 체적 － 터파기 체적
㉱ 잔토처리 토량 = 기초 구조부 체적 － 터파기 체적

❖ 잔토처리 토량 = 터파기 체적－되메우기 체적

41. 꽃이 피고 난 뒤 낙화할 무렵 바로 가지다듬기를 해야 좋은 수종은?

㉮ 철쭉　　㉯ 목련
㉰ 명자나무　　㉱ 사과나무

❖ 수국, 매실, 복숭아, 동백, 개나리, 서향, 치자, 철쭉류 등은 낙화 직후에 가지다듬기를 한다.

42. 다음 중 관리하자에 의한 사고에 해당되지 않는 것은?

㉮ 시설의 구조자체의 결함에 의한 것
㉯ 시설의 노후·파손에 의한 것
㉰ 위험장소에 대한 안전대책 미비에 의한 것
㉱ 위험물 방치에 의한 것

❖ ㉮ 설치하자에 의한 사고

43. 화단에 초화류를 식재하는 방법으로 옳지 않은 것은?

㉮ 식재할 곳에 1㎡당 퇴비 1~2㎏, 복합비료 80~120g을 밑거름으로 뿌리고 20~30㎝ 깊이로 갈아 준다.
㉯ 큰 면적의 화단은 바깥쪽부터 시작하여 중앙부위로 심어 나가는 것이 좋다.
㉰ 식재하는 줄이 바뀔 때마다 서로 어긋나게 심는 것이 보기에 좋고 생장에 유리하다.
㉱ 심기 한나절 전에 관수해 주면 캐낼 때 뿌리에 흙이 많이 붙어 활착에 좋다.

❖ 큰 면적의 화단은 중앙에서부터 변두리 순으로 식재하는 것이 좋다.

44. 창살울타리(Trellis)는 설치 목적에 따라 높이가 차이가 결정되는데 그 목적이 적극적 침입방지의 기능일 경우 최소 얼마 이상으로 하여야 하는가?

㉮ 2.5m　　㉯ 1.5m
㉰ 1m　　㉱ 50㎝

❖ 적극적 침입방지 기능의 울타리 높이는 1.5~2.1m로 한다.

45. 다음 뗏장을 입히는 방법 중 줄붙이기 방법에 해당하는 것은?

㉮　　㉯ 

㉰　　㉱

❖ ㉮ 이음매식재, ㉯ 평떼식재, ㉰ 어긋나게식재

46. 조경설계기준상 휴게시설의 의자에 관한 설명으로 틀린 것은?

㉮ 체류시간을 고려하여 설계하며, 긴 휴식에 이용되는 의자는 앉음판의 높이가 낮고 등받이를 길게 설계한다.
㉯ 등받이 각도는 수평면을 기준으로 85~95°를 기준으로 한다.
㉰ 앉음판의 높이는 34~46㎝를 기준으로 하되 어린이를 위한 의자는 낮게 할 수 있다.
㉱ 의자의 길이는 1인당 최소 45㎝를 기준으로 하되, 팔걸이부분의 폭은 제외한다.

❖ 등받이 각도는 수평면을 기준으로 95~110°를 기준으로 하고, 휴식시간이 길어질수록 등받이 각도를 크게 설계한다.

47. 다음 설명하는 해충은?

> – 가해 수종으로는 향나무, 편백, 삼나무 등
> – 똥을 줄기 밖으로 배출하지 않기 때문에 발견하기 어렵다.
> – 기생성 천적인 좀벌류, 맵시벌류, 기생파리류로 생물학적 방제를 한다.

㉮ 박쥐나방 ㉯ 측백나무하늘소
㉰ 미끈이하늘소 ㉱ 장수하늘소

❖ 측백나무하늘소는 주로 생육이 쇠약한 나무를 가해하며 성충으로 월동하고 3~4월에 탈출하여 수피를 물어뜯고 그 속에 산란한다. 유충은 수목의 형성층부위에 얕게 구멍을 뚫고 가해한다.

48. 가로수는 키큰나무(교목)의 경우 식재간격을 몇 m 이상으로 할 수 있는가?
(단, 도로의 위치와 주위 여건, 식재수종의 수관폭과 생장속도, 가로수로 인한 피해 등을 고려하여 식재간격을 조정할 수 있다.)

㉮ 6m ㉯ 8m
㉰ 10m ㉱ 12m

❖ 수간거리는 성목시 수관이 서로 접촉하지 않을 정도인 8m 간격으로 배식하되 생장이 느린 교목은 6m 정도의 간격으로 한다.

49. 거푸집에 쉽게 다져 넣을 수 있고 거푸집을 제거하면 천천히 형상이 변화하지만 재료가 분리되거나 허물어지지 않는 굳지 않은 콘크리트의 성질은?

㉮ workability ㉯ plasticity
㉰ consistency ㉱ finishability

❖ plasticity(성형성)는 거푸집형태로 채워지는 난이정도인 점조성의 정도를 말한다.

50. 다음 콘크리트와 관련된 설명 중 옳은 것은?

㉮ 콘크리트의 굵은 골재 최대 치수는 20㎜이다.
㉯ 물–결합재비는 원칙적으로 60% 이하 이여야 한다.
㉰ 콘크리트는 원칙적으로 공기연행제를 사용하지 않는다.
㉱ 강도는 일반적으로 표준양생을 실시한 콘크리트 공시체의 재령 30일 일 때 시험값을 기준으로 한다.

❖ ㉮ 골재의 크기는 보통 25~40㎜ 정도의 크기가 많이 쓰여진다.
㉰ 공기연행제는 AE제를 말하는 것으로 시공연도 증진, 응결시간 조절 등을 위해 쓰인다.
㉱ 재령 28일 일 때 시험값을 기준으로 한다.

51. 나무의 특성에 따라 조화미, 균형미, 주위 환경과의 미적적응 등을 고려하여 나무 모양을 위주로 한 전정을 실시하는데, 그 설명으로 옳은 것은?

㉮ 조경수목의 대부분에 적용되는 것은 아니다.
㉯ 전정시기는 3월 중순~6월 중순, 10월 말~12월 중순이 이상적이다.
㉰ 일반적으로 전정작업 순서는 위에서 아래로 수형의 균형을 잃을 정도로 강한 가지, 얽힌 가지, 난잡한 가지를 제거한다.
㉱ 상록수의 전정은 6월~9월이 좋다.

❖ 나무 모양을 위주로 한 전정은 상록수는 5~6월, 9~10월, 활엽수는 7~8월, 11~3월에 실시한다.

52. 원로의 시공계획시 일반적인 사항을 설명한 것 중 틀린 것은?

정답 ➔ 46. ㉯ 47. ㉯ 48. ㉯ 49. ㉯ 50. ㉯ 51. ㉰ 52. ㉰

㉮ 원로는 단순 명쾌하게 설계, 시공이 되어야 한다.
㉯ 보행자 한사람 통행 가능한 원로폭은 0.8 ~ 1.0m 이다.
㉰ 원칙적으로 보도와 차도를 겸할 수 없도록 하고, 최소한 분리시키도록 한다.
㉱ 보행자 2인이 나란히 통행 가능한 원로폭은 1.5~2.0m 이다.

❖ 공원에서의 원로는 관리차량 등이 다닐 수 있으며 분리시켜 배치하기는 어렵다.

53. 공사 일정 관리를 위한 횡선식 공정표와 비교한 네트워크(NET WORK) 공정표의 설명으로 옳지 않은 것은?

㉮ 공사 통제 기능이 좋다.
㉯ 문제점의 사전 예측이 용이하다.
㉰ 일정의 변화를 탄력적으로 대처할 수 있다.
㉱ 간단한 공사 및 시급한 공사, 개략적인 공정에 사용된다.

❖ 네트워크 공정표는 대형공사, 복합적 관리가 필요한 공사 등에 사용된다.

54. 일반적으로 빗자루병이 가장 발생하기 쉬운 수종은?

㉮ 향나무　　㉯ 대추나무
㉰ 동백나무　　㉱ 장미

❖ 빗자루병이 가장 발생하기 쉬운 수종은 전나무, 오동나무, 대추나무, 대나무, 쥐똥나무 등으로 균이 잎과 줄기에 침입하여 피해를 준다.

55. 관수의 효과가 아닌 것은?

㉮ 토양 중의 양분을 용해하고 흡수하여 신진대사를 원활하게 한다.
㉯ 증산작용으로 인한 잎의 온도 상승을 막고 식물체 온도를 유지한다.
㉰ 지표와 공중의 습도가 높아져 증산량이 증대된다.
㉱ 토양의 건조를 막고 생육 환경을 형성하여 나무의 생장을 촉진시킨다.

❖ 지표와 공중의 습도가 높아져 증발량이 감소된다.

56. 기본계획수립시 도면으로 표현되는 작업이 아닌 것은?

㉮ 동선계획　　㉯ 집행계획
㉰ 시설물 배치계획　　㉱ 식재계획

❖ 집행계획은 투자계획, 법규검토, 유지관리계획을 말하는 것으로 도면으로 표현되는 것은 아니다.

57. AE콘크리트의 성질 및 특징 설명으로 틀린 것은?

㉮ 수밀성이 향상 된다.
㉯ 콘크리트 경화에 따른 발열이 커진다.
㉰ 입형이나 입도가 불량한 골재를 사용할 경우에 공기연행의 효과가 크다.
㉱ 일반적으로 빈배합의 콘크리트일수록 공기연행에 의한 워커빌리티의 개선효과가 크다.

❖ AE콘크리트는 내구성과 워커빌리티 개선, 단위수량 및 수화열 감소, 재료분리현상감소 등의 효과를 가진다.

58. Methidathion(메치온) 40% 유제를 1000배액으로 희석해서 10a 당 6말(20L/말)을 살포하여 해충을 방제하고자 할 때 유제의 소요량은 몇 mL 인가?

㉮ 100　　㉯ 120
㉰ 150　　㉱ 240

❖ 소요 농약량(mℓ) = $\frac{\text{단위면적당 소정살포액량(mℓ)}}{\text{희석배수}}$

$\frac{6 \times 20 \times 1{,}000}{1{,}000} = 120$mℓ

59. 흙을 이용하여 2m 높이로 마운딩하려 할 때, 더돋기를 고려해 실제 쌓아야 하는 높이로 가장 적합한 것은?

㉮ 2m　　㉯ 2m 20cm
㉰ 3m　　㉱ 3m 30cm

❖ 성토고의 10% 더돋기 실시　2 x 1.1 = 2.2(m)

60. 다음 [보기]의 잔디종자 파종작업들을 순서대로 바르게 나열한 것은?

정답 ➔ 53. ㉱ 54. ㉯ 55. ㉰ 56. ㉯ 57. ㉯ 58. ㉯ 59. ㉯ 60. ㉮

[보기]

㉠ 기비 살포　㉡ 정지작업　㉢ 파종　㉣ 멀칭
㉤ 전압　㉥ 복토　㉦ 경운

㉮ ㉦ → ㉠ → ㉡ → ㉢ → ㉥ → ㉤ → ㉣
㉯ ㉠ → ㉢ → ㉡ → ㉥ → ㉣ → ㉤ → ㉦
㉰ ㉡ → ㉢ → ㉤ → ㉥ → ㉠ → ㉣ → ㉦
㉱ ㉢ → ㉠ → ㉡ → ㉥ → ㉤ → ㉦ → ㉣

❖ 경운→시비→정지→파종→(복토)→전압→멀칭→관수

❖ 2013년 조경기능사 제 1 회

2013년 1월 27일 시행

1. 다음 중 조선시대 중엽 이후에 정원양식에 가장 큰 영향을 미친 사상은?

㉮ 음양오행설　　㉯ 신선설
㉰ 자연복귀설　　㉱ 임천회유설

2. 다음 중 일본에서 가장 먼저 발달한 정원 양식은?

㉮ 고산수식　　㉯ 회유임천식
㉰ 다정　　㉱ 축경식

❖ 일본 정원양식의 발달과정 : 임천식(회유임천식)→축산고산수수법→평정고산수수법→다정식→회유식(지천임천식)

3. 공공의 조경이 크게 부각되기 시작한 때는?

㉮ 고대　　㉯ 중세
㉰ 근세　　㉱ 군주시대

4. 골프장에서 우리나라 들잔디를 사용하기가 가장 어려운 지역은?

㉮ 페어웨이　　㉯ 러프
㉰ 티　　㉱ 그린

❖ 들잔디는 잎이 거칠어 부적합하며 그린에는 주로 벤트그라스가 사용된다.

5. 다음 중 몰(mall)에 대한 설명으로 옳지 않은 것은?

㉮ 도시환경을 개선하는 한 방법이다.
㉯ 차량은 전혀 들어갈 수 없게 만들어진다.
㉰ 보행자 위주의 도로이다.
㉱ 원래의 뜻은 나무그늘이 있는 산책길이란 뜻이다.

6. 프랑스의 르 노트르(Le Notre)가 유학하여 조경을 공부한 나라는?

㉮ 이탈리아　　㉯ 영국
㉰ 미국　　㉱ 스페인

❖ 르 노트르는 이탈리아 여행 중 노단식(露壇式) 정원을 배웠으나 귀국한 후에는 프랑스의 지형과 풍토에 알맞은평면원(平面園) 수법을 고안하였다. 그가 창안한 정원양식은 단지 르네상스시대의 프랑스뿐만 아니라 그때까지의 이탈리아 노단식을 압도하여 전 유럽을 풍미하였다.

7. 조경의 대상을 기능별로 분류해 볼 때 「자연공원」에 포함되는 것은?

㉮ 묘지공원　　㉯ 휴양지
㉰ 군립공원　　㉱ 경관녹지

❖ 자연공원에는 국립공원, 도립공원, 군립공원, 지질공원이 있다.

8. 통일신라 문무왕 14년에 중국의 무산 12봉을 본 딴 산을 만들고 화초를 심었던 정원은?

㉮ 비원　　㉯ 안압지
㉰ 소쇄원　　㉱ 향원지

❖ 문무왕 14년(674) 궁 안에 당나라 장안성의 금원을 모방하여 연못과 무산십이봉(巫山十二峰)을 본뜬 석가산을 축조한 연못을 '월지(안압지)'라 한다.

9. 다음 중 중국 4대 명원(四大名園)에 포함되지 않는 것은?

㉮ 작원(勺園)　　㉯ 사자림(獅子林)
㉰ 졸정원(拙政園)　　㉱ 창랑정(滄浪亭)

❖ 중국 소주의 4대명원
· 창랑정-송　　· 사자림-원
· 졸정원-명　　· 유원-명

10. 우리나라의 산림대별 특징 수종 중 식물의 분류학상 한대림(cold temperate forest)에 해당되는 것은?

㉮ 아왜나무　　㉯ 구실잣밤나무
㉰ 붉가시나무　　㉱ 잎갈나무

❖ 아왜나무, 구실잣밤나무, 붉가시나무는 난대림에 해당되는 수목이다.

정답 ➔ 1. ㉮ 2. ㉯ 3. ㉰ 4. ㉱ 5. ㉯ 6. ㉮ 7. ㉰ 8. ㉯ 9. ㉮ 10. ㉱

11. 도시공원 및 녹지 등에 관한 법률에 의한 어린이공원의 기준에 관한 설명으로 옳은 것은?

㉮ 유치거리는 500미터 이하로 제한한다.
㉯ 1개소 면적은 1200㎡ 이상으로 한다.
㉰ 공원시설 부지면적은 전체 면적의 60% 이하로 한다.
㉱ 공원구역 경계로부터 500미터 이내에 거주하는 주민 250명 이상의 요청시 어린이공원조성계획의 정비를 요청할 수 있다.

❖ 어린이공원 유치거리 : 250m, 면적 : 1,500㎡, 놀이시설면적 : 60% 이내

12. 디자인 요소를 같은 양, 같은 간격으로 일정하게 되풀이하여 움직임과 율동감을 느끼게 하는 것으로 리듬의 유형 중 가장 기본적인 것은?

㉮ 반복 ㉯ 점층 ㉰ 방사 ㉱ 강조

❖ 문양 · 색채 · 형태 등이 계속적인 되풀이로 생기는 리듬을 반복이라고 한다.

13. 계단의 설계시 고려해야 할 기준으로 옳지 않은 것은?

㉮ 계단의 경사는 최대 30~35°가 넘지 않도록 해야 한다.
㉯ 단높이를 h, 단너비를 b로 할 때 2h+b=60~65㎝가 적당하다.
㉰ 진행 방향에 따라 중간에 1인용일 때 단 너비 90 ~ 110㎝ 정도의 계단참을 설치한다.
㉱ 계단의 높이가 5m 이상이 될 때에만 중간에 계단참을 설치한다.

❖ 높이 2m가 넘는 계단에는 2m 이내마다 당해 계단의 유효폭 이상의 폭으로 너비 120㎝ 이상인 참을 설치한다.

14. 다음 중 조경에 관한 설명으로 옳지 않은 것은?

㉮ 주택의 정원만 꾸미는 것을 말한다.
㉯ 경관을 보존 정비하는 종합과학이다.
㉰ 우리의 생활환경을 정비하고 미화하는 일이다.
㉱ 국토 전체 경관의 보존, 정비를 과학적이고 조형적으로 다루는 기술이다.

❖ 조경의 대상은 주거지 뿐만 아니라 도시공원, 자연공원, 생태계 복원시설 등 다양한 분야가 포함된다.

15. 다음 중 경복궁 교태전 후원과 관계없는 것은?

㉮ 화계가 있다.
㉯ 상량전이 있다.
㉰ 아미산이라 칭한다.
㉱ 굴뚝은 육각형 4개가 있다.

❖ 상량전은 창덕궁과 관계가 있다.

16. 다음 조경용 소재 및 시설물 중에서 평면적 재료에 가장 적합한 것은?

㉮ 잔디 ㉯ 조경수목
㉰ 퍼걸러 ㉱ 분수

❖ 잔디는 낮게 일정한 면을 피복하며 자라므로 평면적 재료라고 볼 수 있다.

17. 콘크리트용 혼화재로 실리카흄(Silica fume)을 사용한 경우 효과에 대한 설명으로 잘못된 것은?

㉮ 내화학약품성이 향상된다.
㉯ 단위수량과 건조수축이 감소된다.
㉰ 알칼리 골재반응의 억제효과가 있다.
㉱ 콘크리트의 재료분리 저항성, 수밀성이 향상된다.

18. 다음 중 열경화성 수지의 종류와 특징 설명이 옳지 않은 것은?

㉮ 페놀수지 : 강도·전기절연성·내산성·내수성 모두 양호하나 내알칼리성이 약하다.
㉯ 멜라민수지 : 요소수지와 같으나 경도가 크고 내수성은 약하다.
㉰ 우레탄수지 : 투광성이 크고 내후성이 양호하며 착색이 자유롭다.
㉱ 실리콘수지 : 열절연성이 크고 내약품성·내후성이 좋으며 전기적 성능이 우수하다.

정답 ➔ 11. ㉰ 12. ㉮ 13. ㉱ 14. ㉮ 15. ㉯ 16. ㉮ 17. ㉯ 18. ㉰

19. 목재가 통상 대기의 온도, 습도와 평형된 수분을 함유한 상태의 함수율은?

㉮ 약 7% ㉯ 약 15%
㉰ 약 20% ㉱ 약 30

❖ 목재의 함수량이 대기 중의 습도와 평형 상태로 되는 것을 기건상태라고 하며 함수율은 약 15%이다.

20. 목재의 심재와 변재에 관한 설명으로 옳지 않은 것은?

㉮ 심재는 수액의 통로이며 양분의 저장소이다.
㉯ 심재의 색깔은 짙으며 변재의 색깔은 비교적 엷다.
㉰ 심재는 변재보다 단단하여 강도가 크고 신축 등 변형이 적다.
㉱ 변재는 심재 외측과 수피 내측 사이에 있는 생활세포의 집합이다.

❖ 물과 양분의 유통과 저장을 담당하는 부분은 변재이다.

21. 점토, 석영, 장석, 도석 등을 원료로 하여 적당한 비율로 배합한 다음 높은 온도로 가열하여 유리화 될 때까지 충분히 구워 굳힌 제품으로서, 대개 흰색 유리질로서 반투명하여 흡수성이 없고 기계적 강도가 크며, 때리면 맑은 소리를 내는 것은?

㉮ 토기 ㉯ 자기
㉰ 도기 ㉱ 석기

22. 구조재료의 용도상 필요한 물리 · 화학적 성질을 강화시키고, 미관을 증진시킬 목적으로 재료의 표면에 피막을 형성시키는 액체 재료를 무엇이라고 하는가?

㉮ 도료 ㉯ 착색
㉰ 강도 ㉱ 방수

23. 겨울철 화단용으로 가장 알맞은 식물은?

㉮ 팬지 ㉯ 피튜니아
㉰ 샐비어 ㉱ 꽃양배추

❖ 팬지는 봄철, 피튜니아와 샐비어는 여름철 화단용으로 알맞다.

24. 수목의 규격을 "H × W" 로 표시하는 수종으로만 짝지어진 것은?

㉮ 소나무, 느티나무 ㉯ 회양목, 장미
㉰ 주목, 철쭉 ㉱ 백합나무, 향나무

❖ "H × W"로 표시하는 수종 중 교목류는 가지가 줄기의 아랫부분부터 자라는 침엽수나 상록활엽수에 사용하며 (예를 들어 잣나무, 주목, 독일가문비, 편백, 굴거리나무, 아왜나무, 태산목 등), 관목류는 수고와 수관폭을 정상적으로 측정할 수 있는 수목(예를 들어 철쭉, 진달래, 회양목, 사철나무 등)에 쓰인다.

25. 정적인 상태의 수경경관을 도입하고자 할 때 바른 것은?

㉮ 하천 ㉯ 계단 폭포
㉰ 호수 ㉱ 분수

❖ 물의 이용 중 정적인 이용은 호수, 연못, 풀 등이 있고, 동적인이용에는 분수, 폭포, 벽천, 계단폭포가 있다.

26. 다음 중 석탄을 235~315℃에서 고온건조하여 얻은 타르제품으로서 독성이 적고 자극적인 냄새가 있는 유성 목재방부제는?

㉮ 콜타르 ㉯ 크레오소트유
㉰ 플로오르화나트륨 ㉱ 펜타클로르페놀(PCP)

❖ 크레오소트유(Creosote oil)는 방부력이 우수하고 가격이 저렴하나 암갈색으로 강한 냄새가 나며, 마감재 처리가 어려워 침목, 전신주, 말뚝 등 주로 산업용에 사용한다.

27. 다음 중 목재 내 할렬(checks)은 어느 때 발생하는가?

㉮ 목재의 부분별 수축이 다를 때
㉯ 건조 초기에 상대습도가 높을 때
㉰ 함수율이 높은 목재를 서서히 건조할 때
㉱ 건조 응력이 목재의 횡인장강도보다 클 때

❖ 할렬은 건조응력이 목재의 횡인장강도보다 클 경우 섬유방향으로 갈라지는 것을 말한다.

정답 ➔ 19. ㉯ 20. ㉮ 21. ㉯ 22. ㉮ 23. ㉱ 24. ㉰ 25. ㉰ 26. ㉯ 27. ㉱

28. 다음 목재 접착제 중 내수성이 큰 순서대로 바르게 나열 된 것은?

㉮ 요소수지〉아교〉페놀수지
㉯ 아교〉페놀수지〉요소수지
㉰ 페놀수지〉요소수지〉아교
㉱ 아교〉요소수지〉페놀수지

29. 다음 석재 중 일반적으로 내구연한이 가장 짧은 것은?

㉮ 석회암　㉯ 화강석
㉰ 대리석　㉱ 석영암

30. 여름철에 강한 햇빛을 차단하기 위해 식재되는 수목을 가리키는 것은?

㉮ 녹음수　㉯ 방풍수
㉰ 차폐수　㉱ 방음수

❖ 여름의 강한 일조와 석양 햇빛을 수관으로 차단하여 쾌적한 환경을 조성하는 목적으로 식재되는 수목을 녹음수라 한다.

31. 다음 중 조경수의 이식에 대한 적응이 가장 쉬운 수종은?

㉮ 벽오동　㉯ 전나무
㉰ 섬잣나무　㉱ 가시나무

❖ 이식이 쉬운 수종에는 편백, 측백나무, 향나무, 사철나무, 철쭉류, 벽오동 등이 있다. ㉯㉰㉱는 이식이 어려운 수종이다.

32. 건물주위에 식재시 양수와 음수의 조합으로 되어 있는 수종들은?

㉮ 눈주목, 팔손이나무
㉯ 사철나무, 전나무
㉰ 자작나무, 개비자나무
㉱ 일본잎갈나무, 향나무

❖ ㉮㉯ 음수, ㉱ 양수

33. 강(鋼)과 비교한 알루미늄의 특징에 대한 내용 중 옳지 않은 것은?

㉮ 강도가 작다.
㉯ 비중이 작다.
㉰ 열팽창율이 작다.
㉱ 전기 전도율이 높다.

34. 다음 중 낙우송의 설명으로 옳지 않은 것은?

㉮ 잎은 5~10㎝ 길이로 마주나는 대생이다.
㉯ 소엽은 편평한 새의 깃모양으로서 가을에 단풍이 든다.
㉰ 열매는 둥근 달걀 모양으로 길이 2~3㎝ 지름 1.8 ~ 3.0㎝ 의 암갈색이다.
㉱ 종자는 삼각형의 각모에 광택이 있으며 날개가 있다.

❖ 잎은 어긋나게 배열되는 호생이다.

35. 두께 15㎝ 미만이며, 폭이 두께의 3배 이상인 판 모양의 석재를 무엇이라고 하는가?

㉮ 각석　㉯ 판석
㉰ 마름돌　㉱ 견치돌

36. 다음 제초제 중 잡초와 작물 모두를 살멸시키는 비선택성 제초제는?

㉮ 디캄바액제　㉯ 글리포세이트액제
㉰ 펜티온유제　㉱ 에테폰액제

❖ 글리포세이트액제는 모든 잡초의 독성을 나타내는 비선택 이행성 제초제로 잡초생육기 잡초가 30cm자랐을 때 사용한다.

37. 소나무류의 순따기에 알맞은 적기는?

㉮ 1~2월　㉯ 3~4월
㉰ 5~6월　㉱ 7~8월

❖ 소나무류는 가지 끝에 여러 개의 눈이 있어 산만하게 자랄 수 있으므로, 5~6월경 새순이 5~10㎝ 자라난 무렵에 2~3개의 순을 남기고 중심이 되는 순을 포함한 나머지를 따 버린다.

정답 ➔ 28. ㉰ 29. ㉮ 30. ㉮ 31. ㉮ 32. ㉰ 33. ㉰ 34. ㉮ 35. ㉯ 36. ㉯ 37. ㉰

38. 다음 설명하는 잡초로 옳은 것은?

> – 일년생 광엽잡초
> – 논잡초로 많이 발생할 경우는 기계수확이 곤란
> – 줄기 기부가 비스듬히 땅을 기며 뿌리가 내리는 잡초

㉮ 메꽃 ㉯ 한련초
㉰ 가막사리 ㉱ 사마귀풀

❖ 사마귀풀은 우리나라 각처의 논과 습기가 많은 곳에서 자라는 1년생 초본이다. 줄기는 땅에 기듯이 뻗어 땅에 닿은 줄기에는 뿌리가 나오며 줄기 전체는 연한 홍자색이다. 꽃은 연한 홍자색으로 줄기의 윗부분이나 잎자루에서 한 개씩 핀다.

39. 다음 가지다듬기 중 생리조정을 위한 가지 다듬기는?

㉮ 병·해충 피해를 입은 가지를 잘라 내었다.
㉯ 향나무를 일정한 모양으로 깎아 다듬었다.
㉰ 늙은 가지를 젊은 가지로 갱신 하였다.
㉱ 이식한 정원수의 가지를 알맞게 잘라 냈다.

❖ 생리조정을 위한 전정은 이식 시 손상된 뿌리로부터 흡수되는 수분의 균형을 위해 가지와 잎을 적당히 제거하는 것을 말한다.

40. 평판측량에서 평판을 정치하는데 생기는 오차 중 측량결과에 가장 큰 영향을 주므로 특히 주의해야 할 것은?

㉮ 수평맞추기 오차
㉯ 중심맞추기 오차
㉰ 방향맞추기 오차
㉱ 앨리데이드의 수준기에 따른 오차

41. 조경설계기준상 공동으로 사용되는 계단의 경우 높이가 2m를 넘는 계단에는 2m 이내마다 당해 계단의 유효폭 이상의 폭으로 너비 얼마 이상의 참을 두어야 하는가?(단, 단높이는 18㎝ 이하, 단너비는 26㎝ 이상이다)

㉮ 70㎝ ㉯ 80㎝
㉰ 100㎝ ㉱ 120㎝

❖ 높이 2m를 넘는 계단에는 2m 이내마다 당해 계단의 유효폭 이상의 폭으로 너비 120cm 이상인 참을 둔다.

42. 잔디밭을 조성하려 할 때 뗏장붙이는 방법으로 틀린 것은?

㉮ 뗏장붙이기 전에 미리 땅을 갈고 정지(整地)하여 밑거름을 넣는 것이 좋다.
㉯ 뗏장붙이는 방법에는 전면붙이기, 어긋나게붙이기, 줄붙이기 등이 있다.
㉰ 줄붙이기나 어긋나게붙이기는 뗏장을 절약하는 방법이지만, 아름다운 잔디밭이 완성되기까지에는 긴 시간이 소요된다.
㉱ 경사면에는 평떼 전면붙이기를 시행한다.

43. 시멘트의 각종 시험과 연결이 옳은 것은?

㉮ 비중시험 – 길모아 장치
㉯ 분말도시험 – 루사델리 비중병
㉰ 응결시험 – 블레인법
㉱ 안정성시험 – 오토클레이브

❖ 시멘트 시험

비중시험	루사델리 비중병(루사델리 플라스크)
분말도시험	표준체에 의한(체가름)시험, 블레인법
응결시험	길모아장치, 비카장치
안정성시험	오토클레이브

44. 다음 중 식엽성(食葉性) 해충이 아닌 것은?

㉮ 솔나방 ㉯ 텐트나방
㉰ 복숭아명나방 ㉱ 미국흰불나방

❖ 복숭아명나방은 묘포해충이다.

45. 경석(景石)의 배석(配石)에 대한 설명으로 옳은 것은?

㉮ 원칙적으로 정원 내에 눈에 뜨이지 않는 곳에 두는 것이 좋다.
㉯ 차경(借景)의 정원에 쓰면 유효하다.
㉰ 자연석보다 다소 가공하여 형태를 만들어 쓰도록 한다.
㉱ 입석(立石)인 때에는 역삼각형으로 놓는 것이 좋다.

정답 ➜ 38. ㉱ 39. ㉱ 40. ㉰ 41. ㉱ 42. ㉱ 43. ㉱ 44. ㉰ 45. ㉯

46. 다음 시멘트의 종류 중 혼합시멘트가 아닌 것은?

㉮ 알루미나 시멘트
㉯ 플라이 애시 시멘트
㉰ 고로 슬래그 시멘트
㉱ 포틀랜드 포졸란 시멘트

❖ 알루미나 시멘트는 특수 시멘트 이다.

47. 조형(造形)을 목적으로 한 전정을 가장 잘 설명한 것은?

㉮ 고사지 또는 병지를 제거한다.
㉯ 밀생한 가지를 솎아준다.
㉰ 도장지를 제거하고 결과지를 조정한다.
㉱ 나무 원형의 특징을 살려 다듬는다.

❖ 조형을 위한 전정은 수목 본래의 특성 및 자연과의 조화미 · 개성미 등을 이용하여 전정한다.

48. 다져진 잔디밭에 공기 유통이 잘되도록 구멍을 뚫는 기계는?

㉮ 소드 바운드(sod bound)
㉯ 론 모우어(lawn mower)
㉰ 론 스파이크(lawn spike)
㉱ 레이크(rake)

49. 지하층의 배수를 위한 시스템 중 넓고 평탄한 지역에 주로 사용되는 것은?

㉮ 어골형, 평행형
㉯ 즐치형, 선형
㉰ 자연형
㉱ 차단법

❖ 어골형은 놀이터, 소규모 운동장, 광장 등 소규모 평탄지역에 적합하며, 평행형은 넓고 평탄한 지역의 균일한 배수에 사용된다.

50. 다음 중 흙쌓기에서 비탈면의 안정효과를 가장 크게 얻을 수 있는 경사는?

㉮ 1:0.3
㉯ 1:0.5
㉰ 1:0.8
㉱ 1:1.5

❖ 일반적인 흙쌓기의 경사는 1:1.5 정도로 한다.

51. 다음 중 들잔디의 관리의 설명으로 옳지 않은 것은?

㉮ 들잔디의 깎기 높이는 2~3㎝ 로 한다.
㉯ 뗏밥은 초겨울 또는 해동이 되는 이른 봄에 준다.
㉰ 해충은 황금충류가 가장 큰 피해를 준다.
㉱ 병은 녹병의 발생이 많다.

❖ 들잔디와 같은 난지형잔디는 뗏밥을 늦봄 · 초여름(6~8월)의 생육이 왕성한시기에 준다.

52. 생울타리를 전지 · 전정 하려고 한다. 태양의 광선을 골고루 받게 하여 생울타리의 밑가지 생육을 건전하게 하려면 생울타리의 단면 모양은 어떻게 하는 것이 가장 적합한가?

㉮ 삼각형
㉯ 사각형
㉰ 팔각형
㉱ 원형

53. 설계도서에 포함되지 않는 것은?

㉮ 물량내역서
㉯ 공사시방서
㉰ 설계도면
㉱ 현장사진

❖ 실시설계시 모든 종류의 설계도 · 상세도 · 수량산출 · 일위대가표 · 공사비내역서 · 시방서 · 공정표 등을 작성한다.

54. 다음 중 파이토플라스마에 의한 수목병은?

㉮ 뽕나무 오갈병
㉯ 잣나무 털녹병
㉰ 밤나무 뿌리혹병
㉱ 낙엽송 끝마름병

❖ 파이토플라스마에 의한 수목병에는 대추나무 · 오동나무 빗자루병, 뽕나무오갈병이 있다.

55. 골재알의 모양을 판정하는 척도인 실적률(%)을 구하는 식으로 옳은 것은?

㉮ 공극률(%) − 100
㉯ 100 − 공극률(%)
㉰ 100 − 조립률(%)
㉱ 조립률(%) − 100

56. 건물이나 담장 앞 또는 원로에 따라 길게 만들어지는 화단은?

정답 ➔ 46. ㉮ 47. ㉱ 48. ㉰ 49. ㉮ 50. ㉱ 51. ㉯ 52. ㉮ 53. ㉱ 54. ㉮ 55. ㉯ 56. ㉯

㉮ 모듬화단　　　　㉯ 경재화단
㉰ 카펫화단　　　　㉱ 침상화단

❖ 경재화단 : 건물, 담장, 울타리 등을 배경으로 앞쪽부터 키가 작은 화초에서 차차 키가 큰 화초로 식재되어 한쪽에서만 바라볼 수 있는 화단

57. 표준형 벽돌을 사용하여 1.5B로 시공한 담장의 총 두께는? (단, 줄눈의 두께는 10㎜ 이다.)

㉮ 210㎜　　　　㉯ 270㎜
㉰ 290㎜　　　　㉱ 330㎜

❖ 벽체 쌓기 두께(㎜)

구분	0.5B	1.0B	1.5B	2.0B
표준형	90	190	290	390
기존형	100	210	320	430

58. 수간에 약액 주입시 구멍 뚫는 각도로 가장 적절한 것은?

㉮ 수평　　　　㉯ 0° ~ 10°
㉰ 20° ~ 30°　　　　㉱ 50° ~ 60°

❖ 수간주사 주입시 나무 밑에서부터 5~10㎝되는 곳에 드릴로 지름 5~10㎜, 깊이 3~4㎝의 구멍을 20~30°의 각도로 비스듬히 천공한다.

59. 토양의 입경조성에 의한 토양의 분류를 무엇이라고 하는가?

㉮ 토성　　　　㉯ 토양통
㉰ 토양반응　　　　㉱ 토양분류

❖ 토양 입자의 굵기에 따라 모래, 미사, 점토의 비율로 결정하는 것을 토성이라 한다.

60. 비료의 3요소가 아닌 것은?

㉮ 질소(N)　　　　㉯ 인산(P)
㉰ 칼슘(Ca)　　　　㉱ 칼륨(K)

❖ 비료의 3요소에는 질소(N), 인산(P2O2), 칼리(K2O)가 있다. 칼슘(Ca)은 비료의 4요소에 속한다.

정답 ➔ 57. ㉰ 58. ㉰ 59. ㉮ 60. ㉰

❖ 2013년 조경기능사 제 2 회

2013년 4월 14일 시행

1. 그리스 시대 공공건물과 주랑으로 둘러싸인 다목적 열린 공간으로 무덤의 전실을 가리키기도 했던 곳은?

㉮ 포름 ㉯ 빌라
㉰ 테라스 ㉱ 커넬

❖ 포름(forum)은 고대 로마의 시민을 위한 광장으로 고대 그리스의 아고라에 해당한다.

2. 다음 중 본격적인 프랑스식 정원으로서 루이 14세 당시의 니콜라스 푸케와 관련 있는 정원은?

㉮ 보르뷔콩트(Vaux-le-Vicomte)
㉯ 베르사유(Versailles)궁원
㉰ 퐁텐블로(Fontainebleau)
㉱ 생-클루(Saint-Cloud)

❖ 보르뷔콩트는 니콜라스 푸케의 의뢰로 앙드레 르 노트르가 설계한 것으로 프랑스 최초의 평면기하학식 정원이며, 이후 루이14세의 베르사유궁 탄생의 계기가 되었다.

3. 오방색 중 오행으로는 목(木)에 해당하며 동방(東方)의 색으로 양기가 가장 강한 곳이다. 계절로는 만물이 생성하는 봄의 색이고 오륜은 인(仁)을 암시하는 색은?

㉮ 적(赤) ㉯ 청(靑)
㉰ 황(黃) ㉱ 백(白)

❖ 오방색 중 청(靑)은 오행으로는 목(木)에 해당하며 동방(東方)의 색으로 청룡을 상징하며 봄의 색이다. 또한 왕성한 양기, 생명, 부활을 상징하며, 귀신을 물리치고 복을 기원하는 색이다.

4. 다음 중 정원에서의 눈가림 수법에 대한 설명으로 틀린 것은?

㉮ 좁은 정원에서는 눈가림 수법을 쓰지 않는 것이 정원을 더 넓어 보이게 한다.
㉯ 눈가림은 변화와 거리감을 강조하는 수법이다.
㉰ 이 수법은 원래 동양적인 것이다.
㉱ 정원이 한층 더 깊이가 있어 보이게 하는 수법이다.

❖ 좁은 정원에서도 눈가림수법을 쓰면 정원을 더 넓어 보이게 한다.

5. 빠른 보행을 필요로 하는 곳에 포장재료로 사용되기 가장 부적합한 것은?

㉮ 아스팔트 ㉯ 콘크리트
㉰ 조약돌 ㉱ 소형고압 블록

❖ 조약돌포장은 보행 속도 억제 시 적합한 포장이다.

6. 작은 색견본을 보고 색을 선택한 다음 아파트 외벽에 칠했더니 명도와 채도가 높아져 보였다. 이러한 현상을 무엇이라고 하는가?

㉮ 색상대비 ㉯ 한난대비
㉰ 면적대비 ㉱ 보색대비

❖ 면적대비는 면적의 크기에 따라서 명도와 채도가 달라 보이게 되는 현상을 말한다.

7. 도시공원 및 녹지공원 등에 관한 법률 시행규칙상 도시의 소공원 공원시설 부지면적 기준은?

㉮ 100분의 20 이하
㉯ 100분의 30 이하
㉰ 100분의 40 이하
㉱ 100분의 60 이하

❖ 소공원의 공원시설 부지면적은 20% 이하로 해야 한다.

8. 조경식재 설계도를 작성할 때 수목명, 규격, 본수 등을 기입하기 위한 인출선 사용의 유의사항으로 올바르지 않는 것은?

㉮ 가는 선으로 명료하게 긋는다.
㉯ 인출선의 수평부분은 기입 사항의 길이와 맞춘다.
㉰ 인출선간의 교차나 치수선의 교차를 피한다.
㉱ 인출선의 방향과 기울기는 자유롭게 표기하는 것이 좋다.

정답 ➔ 1. ㉮ 2. ㉮ 3. ㉯ 4. ㉮ 5. ㉰ 6. ㉰ 7. ㉮ 8. ㉱

❖ 한 도면내에서 인출선을 긋는 방향과 기울기는 가능하면 통일한다.

9. '사자(死者)의 정원'이라는 이름의 묘지정원을 조성한 고대 정원은?

㉮ 그리스 정원 ㉯ 바빌로니아 정원
㉰ 페르시아 정원 ㉱ 이집트 정원

❖ 종교적 영향으로 현세와 내세를 연결적으로 생각하여 죽은 자도 저승에서 계속 산다는 믿음에 의해 조성된 사자의 정원은 고대 이집트시대에 발달하였다.

10. 미적인 형 그 자체로는 균형을 이루지 못하지만 시각적인 힘의 통합에 의해 균형을 이룬 것처럼 느끼게 하여 동적인 감각과 변화있는 개성적 감정을 불러 일으키며, 세련미와 성숙미 그리고 운동감과 유연성을 주는 미적 원리는?

㉮ 비례 ㉯ 비대칭
㉰ 집중 ㉱ 대비

❖ 비대칭은 실질적으로는 균형이 아니나 시각적 힘에 의한 균형을 이루며 비정형식 디자인으로 인간적이고 동적인 안정감을 부여한다. 또 변화와 대비가 있는 자연스러움을 부여하며 자연풍경식 정원에서 사용한다.

11. 다음 중 "피서산장, 이화원, 원명원"은 중국의 어느 시대 정원인가?

㉮ 진 ㉯ 명
㉰ 청 ㉱ 당

❖ 청 시대에는 중국의 조경사상 가장 융성하게 발달한 시기로 이화원, 원명원, 피서산장등의 이궁이 발달하였다.

12. 다음 중 온도감이 따뜻하게 느껴지는 색은?

㉮ 보라색 ㉯ 초록색
㉰ 주황색 ㉱ 남색

❖ 색의 온도감은 빨강→주황→노랑→연두→녹색→파랑→하양 순으로 차가워진다.

13. 다음 [보기]에서 ( )에 들어갈 적당한 공간 표현은?

[보기]
서오능 시민 휴식공원 기본계획에는 왕릉의 보존과 단체 이용객에 대한 개방이라는 상충되는 문제를 해결하기 위하여 ( )을(를) 설정함으로써 왕릉과 공간을 분리시켰다.

㉮ 진입광장 ㉯ 동적공간
㉰ 완충녹지 ㉱ 휴게공간

14. 다음 중 물체가 있는 것으로 가상되는 부분을 표시하는 선의 종류는?

㉮ 실선 ㉯ 파선
㉰ 1점쇄선 ㉱ 2점쇄선

❖ 2점쇄선은 절단면 앞에 위치한 물체의 가려진 부분을 나타내는 윤곽선을 나타낸다.

15. 다음 중 창덕궁 후원 내 옥류천 일원에 위치하고 있는 궁궐내 유일의 초정은?

㉮ 애련정 ㉯ 부용정
㉰ 관람정 ㉱ 청의정

16. 비금속재료의 특성에 관한 설명 중 옳지 않은 것은?

㉮ 납은 비중이 크고 연질이며 전성, 연성이 풍부하다.
㉯ 알루미늄은 비중이 비교적 작고 연질이며 강도도 낮다.
㉰ 아연은 산 및 알칼리에 강하나 공기 중 및 수중에서는 내식성이 작다.
㉱ 동은 상온의 건조공기 중에서 변화하지 않으나 습기가 있으면 광택을 소실하고 녹청색으로 된다.

17. 다음 석재 중 조직이 균질하고 내구성 및 강도가 큰 편이며, 외관이 아름다운 장점이 있는 반면 내화성이 작아 고열을 받는 곳에는 적합하지 않은 것은?

㉮ 응회암 ㉯ 화강암
㉰ 편마암 ㉱ 안산암

❖ 화강암은 경도, 강도, 내마모성, 색채, 광택이 우수한 장점이 있으나 내화성이 낮다.

정답 → 9. ㉱ 10. ㉯ 11. ㉰ 12. ㉰ 13. ㉰ 14. ㉱ 15. ㉱ 16. ㉰ 17. ㉯

18. 합성수지 중에서 파이프, 튜브, 물받이통 등의 제품에 가장 많이 사용되는 열가소성수지는?

㉮ 페놀수지
㉯ 멜라민수지
㉰ 염화비닐수지
㉱ 폴리에스테르수지

❖ 염화비닐수지는 폴리염화비닐, PVC라고도 하며, 150~170℃에서 연화되기 때문에 가공하기 쉬운 열가소성(熱可塑性)수지이다. 내수성, 내화학 약품성, 내석유성이 크고 단단하기 때문에 판, 펌프, 탱크, 도금수조, 처리수조의 라이닝 등에 사용된다.

19. 목구조의 보강철물로서 사용되지 않는 것은?

㉮ 나사못 ㉯ 듀벨
㉰ 고장력볼트 ㉱ 꺽쇠

❖ 고장력볼트는 보통 볼트에 비하여 훨씬 높은 인장강도를 지닌 볼트로, 철골구조 부재의 마찰접합에 사용한다.

20. 정원의 한 구석에 녹음용수로 쓰기 위해서 단독으로 식재하려 할 때 적합한 수종은?

㉮ 홍단풍 ㉯ 박태기나무
㉰ 꽝꽝나무 ㉱ 칠엽수

❖ 녹음용 수목
느티나무, 버즘나무, 가중나무, 은행나무, 물푸레나무, 중국단풍, 튤립나무, 백합목, 참느릅나무, 층층나무, 칠엽수, 피나무, 회화나무, 벽오동, 녹나무, 이팝나무, 일본목련 등

21. 강을 적당한 온도(800~1000℃)로 가열하여 소정의 시간까지 유지한 후에 로(爐)내부에서 천천히 냉각시키는 열처리법은?

㉮ 풀림(annealing)
㉯ 불림(normalizing)
㉰ 뜨임질(tempering)
㉱ 담금질(quenching)

❖ 풀림 : 연화조직의 정정과 내부응력을 제거하기 위하여 시행한다.

22. 흙에 시멘트와 다목적 토양개량제를 섞어 기층과 표층을 겸하는 간이포장 재료는?

㉮ 우레탄
㉯ 콘크리트
㉰ 카프
㉱ 칼라 세라믹

23. 다음 중 난대림의 대표 수종인 것은?

㉮ 녹나무 ㉯ 주목
㉰ 전나무 ㉱ 분비나무

24. 투명도가 높으므로 유기유리라는 명칭이 있으며, 착색이 자유롭고 내충격 강도가 크고, 평판, 골판 등의 각종 형태의 성형품으로 만들어 채광판, 도어판, 칸막이벽 등에 쓰이는 합성수지는?

㉮ 요소수지 ㉯ 아크릴수지
㉰ 에폭시수지 ㉱ 폴리스티렌수지

25. 다음 재료 중 기건상태에서 열전도율이 가장 작은 것은?

㉮ 유리 ㉯ 석고보드
㉰ 콘크리트 ㉱ 알루미늄

26. 재료의 역학적 성질 중 "탄성"에 관한 설명으로 옳은 것은?

㉮ 재료가 작은 변형에도 쉽게 파괴하는 성질
㉯ 물체에 외력을 가한 후 외력을 제거시켰을 때 영구변형이 남는 성질
㉰ 물체에 외력을 가한 후 외력을 제거하면 원래의 모양과 크기로 돌아가는 성질
㉱ 재료가 하중을 파괴될 때까지 높은 응력에 견디며 큰 변형을 나타내는 성질

❖ ㉮ 취성, ㉯ 소성, ㉱ 인성

27. 다음 중 [보기]와 같은 특성을 지닌 정원수는?

정답 ➔ 18. ㉰ 19. ㉰ 20. ㉱ 21. ㉮ 22. ㉰ 23. ㉮ 24. ㉯ 25. ㉯ 26. ㉰ 27. ㉮

[보기]

- 형상수로 많이 이용되고, 가을에 열매가 붉게 된다.
- 내음성이 강하며, 비옥지에서 잘 자란다.

㉮ 주목 ㉯ 쥐똥나무
㉰ 화살나무 ㉱ 산수유

28. 수확한 목재를 주로 가해하는 대표적 해충은?

㉮ 흰개미 ㉯ 매미
㉰ 풍뎅이 ㉱ 흰불나방

❖ 수확한 목재를 가해하는 것은 흰개미이다

29. 물의 이용 방법 중 동적인 것은?

㉮ 연못 ㉯ 캐스케이드
㉰ 호수 ㉱ 풀

❖ 연못, 호수, 풀은 정적이용방법에 속한다.

30. 양질의 포졸란(pozzolan)을 사용한 콘크리트의 성질로 옳지 않은 것은?

㉮ 수밀성이 크고 발열량이 적다.
㉯ 화학적 저항성이 크다.
㉰ 워커빌리티 및 피니셔빌리티가 좋다.
㉱ 강도의 증진이 빠르고 단기강도가 크다.

❖ 포졸란 시멘트는 조기강도는 작고 장기강도가 크다.

31. 다음 [보기]의 목재 방부법에 사용되는 방부제는?

[보기]

- 방부력이 우수하고 내습성도 있으며 값이 싸다.
- 냄새가 좋지 않아서 실내에 사용할 수 없다.
- 미관을 고려하지 않은 외부에 사용된다.

㉮ 광명단 ㉯ 물유리
㉰ 크레오소트 ㉱ 황암모니아

❖ 크레오소트 : 방부력이 우수하고 가격이 저렴하나 암갈색으로 강한 냄새가 나며, 마감재 처리가 어려워 침목, 전신주, 말뚝 등 주로 산업용에 사용한다.

32. 여름에 꽃피는 알뿌리 화초인 것은?

㉮ 히아신스 ㉯ 글라디올러스
㉰ 수선화 ㉱ 백합

❖ 개화시기 : 히아신스(3~4월), 글라디올러스(8~9월), 수선화(12~3월), 백합(5~7월)

33. 토양 수분과 조경 수목과의 관계 중 습지를 좋아하는 수종은?

㉮ 주엽나무 ㉯ 소나무
㉰ 신갈나무 ㉱ 노간주나무

❖ 주엽나무는 호습성수종이다.

34. 나무 줄기의 색채가 흰색계열이 아닌 수종은?

㉮ 분비나무 ㉯ 서어나무
㉰ 자작나무 ㉱ 모과나무

❖ 모과나무의 수피는 적갈색계 또는 얼룩무늬이다.

35. 암석 재료의 가공 방법 중 쇠망치로 석재 표면의 큰 돌출부분만 대강 떼어내는 정도의 거친 면을 마무리하는 작업을 무엇이라 하는가?

㉮ 잔다듬 ㉯ 물갈기
㉰ 혹두기 ㉱ 도드락다듬

❖ 혹두기는 메다듬이라고도 하며 쇠메로 쳐서 큰 요철이 없게 다듬는 것을 말한다.

36. 콘크리트를 친 후 응결과 경화가 완전히 이루어지도록 보호하는 것을 가리키는 용어는?

㉮ 타설 ㉯ 파종
㉰ 다지기 ㉱ 양생

❖ 양생은 콘크리트 타설 후 일정기간 동안 온도, 하중, 충격, 오손, 파손 등 유해한 영향을 받지 않도록 보호 관리하여 응결 및 경화가 진행되도록 하는 것을 말한다.

37. 다음 복합비료 중 주성분 함량이 가장 많은 비료는?

㉮ 0-40-10 ㉯ 11-21-11

정답 ➔ 28. ㉮ 29. ㉯ 30. ㉱ 31. ㉰ 32. ㉯ 33. ㉮ 34. ㉱ 35. ㉰ 36. ㉱ 37. ㉰

㉰ 21-21-17 ㉱ 10-18-18

38. 표준품셈에서 포함된 것으로 규정된 소운반 거리는 몇[m]이내를 말하는가?

㉮ 10[m] ㉯ 20[m]
㉰ 30[m] ㉱ 50[m]

❖ 품에 포함된 소운반 거리는 20m 이내의 거리를 말한다.

39. 암거는 지하수위가 높은 곳, 배수 물량 지반에 설치한다. 암거의 종류 중 중앙에 큰 암거를 설치하고, 좌우에 작은 암거를 연결시키는 형태로 넓이에 관계없이 경기장이나 어린이 놀이터와 같은 소규모의 평탄한 지역에 설치할 수 있는 것은?

㉮ 어골형 ㉯ 빗살형
㉰ 부채살형 ㉱ 자연형

❖ 어골형은 주선(간선,주관)을 중앙에 경사지게 배치하고 지선(지관)을 비스듬히 설치하는 것으로 놀이터, 골프장 그린, 소규모 운동장, 광장 등 소규모 평탄지역에 적합하다.

40. 눈이 트기 전 가지의 여러 곳에 자리 잡은 눈 가운데 필요로 하지 않은 눈을 따버리는 작업을 무엇이라 하는가?

㉮ 순자르기 ㉯ 열매따기
㉰ 눈따기 ㉱ 가지치기

❖ 눈따기는 적심(순지르기)라고도 하며, 불필요한 곁가지를 없애기 위해 신초의 끝부분을 제거하는 것을 말한다.

41. 다음 그림과 같은 땅깎기 공사 단면의 절토 면적은?

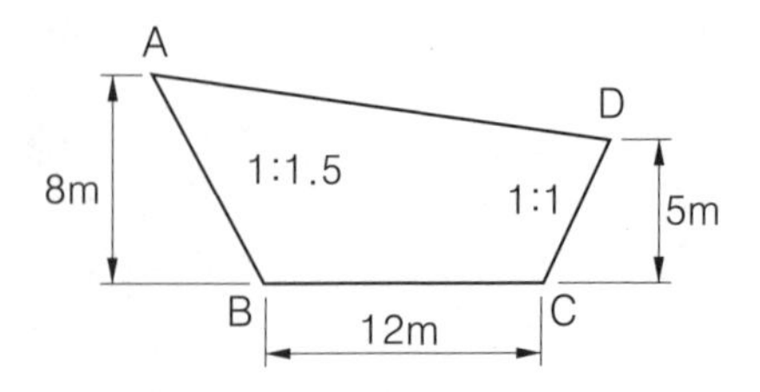

㉮ 64㎡ ㉯ 80㎡
㉰ 102㎡ ㉱ 128㎡

❖ · 경사폭 Lab=8×15=12(m), Lcd=5×1=5(m)
· 단면적 A=(12+12+5)×8−0.5×(29×3+12×8+5×5)=128(㎡)

42. 심근성 수목을 굴취할 때 뿌리분의 형태는?

㉮ 접시분 ㉯ 사각평분
㉰ 보통분 ㉱ 조개분

❖ 접시분은 천근성수종에 보통분은 일반수종에 조개분은 심근성수종에 적용한다.

43. 수목에 영양공급 시 그 효과가 가장 빨리 나타나는 것은?

㉮ 토양천공시비 ㉯ 수간주사
㉰ 엽면시 ㉱ 유기물시비

❖ 엽면시비는 토양시비보다 비료성분의 흡수가 빠르고, 토양시비가 곤란한 때에도 시비할 수 있으나, 일시에 다량으로 줄 수가 없는 단점이 있다.

44. 다음 토양층위 중 집적층에 해당되는 것은?

㉮ A층 ㉯ B층
㉰ C층 ㉱ O층

❖ ㉮ A층−표층, 용탈층
㉰ C층−모재층
㉱ O층−유기물층

45. 이른 봄 늦게 오는 서리로 인한 수목의 피해를 나타내는 것은?

㉮ 조상(早霜) ㉯ 만상(晩霜)
㉰ 동상(凍傷) ㉱ 한상(寒傷)

❖ 만상은 초봄에 식물의 발육이 시작된 후 갑작스럽게 기온이 하강하여 식물체에 해를 주게 되는 것을 말한다.

46. 벽면에 벽돌 길이만 나타나게 쌓는 방법은?

㉮ 길이 쌓기 ㉯ 마구리 쌓기
㉰ 옆세워 쌓기 ㉱ 네덜란드식 쌓기

❖ 길이 쌓기는 길이 방향으로 쌓는 방법이다.

정답 ➔ 38. ㉯ 39. ㉮ 40. ㉰ 41. ㉱ 42. ㉱ 4. 3㉰ 44. ㉯ 45. ㉯ 46. ㉮

47. 수목의 가슴 높이 지름을 나타내는 기호는?

㉮ F　　㉯ S.D
㉰ B　　㉱ W

❖ 1.2m 부위에서 수간부의 직경을 잰 것을 흉고직경(B : Breast)이라고 한다.

48. 다음 수목의 외과 수술용 재료 중 동공 충전물의 재료로 가장 부적합한 것은?

㉮ 콜타르
㉯ 에폭시 수지
㉰ 불포화 폴리에스테르 수지
㉱ 우레탄 고무

❖ 공동처리 재료로는 콘크리트, 아스팔트 혼합물, 합성수지, 코르크 등을 사용하며, 그 중 폴리우레탄 고무가 많이 쓰인다.

49. 솔잎혹파리에 대한 설명 중 틀린 것은?

㉮ 1년에 1회 발생한다.
㉯ 유충으로 땅속에서 월동한다.
㉰ 우리나라에서는 1929년에 처음 발견되었다.
㉱ 유충은 솔잎을 일부에서 부터 갉아 먹는다.

50. 토양의 물리성과 화학성을 개선하기 위한 유기질 토양개량재는 어떤 것인가?

㉮ 펄라이트　　㉯ 버미큘라이트
㉰ 피트모스　　㉱ 제올라이트

❖ 피트모스는 세계적으로 상토의 유기물 자재로서 가장 많이 이용되고 있으며, 부피의 89% 정도를 차지하는 수분세포를 가지고 있고 물과 공기가 이상적인 비율로 함유되어 있어 통기성 및 보수력이 매우 우수하다.

51. 정원석을 쌓을 면적이 60㎡, 정원석의 평균 뒷길이 50㎝, 공극률이 40%라고 할 때 실제적인 자연석의 체적은 얼마인가?

㉮ 12㎥　　㉯ 16㎥
㉰ 18㎥　　㉱ 20㎥

❖ 60×0.5×(1−0.4)=18(㎥)

52. 토양의 3상이 아닌 것은?

㉮ 고상　㉯ 기상　㉰ 액상　㉱ 임상

❖ 토양 3상 : 흙입자(고체 50%, 광물질 45%, 유기물 5%), 물(액체 25%), 공기(기체 25%)

53. 벽돌 수량 산출방법 중 면적 산출시 표준형 벽돌로 시공시 1㎡를 0.5B의 두께로 쌓으면 소요되는 벽돌량은? (단, 줄눈은 10㎜로 한다.)

㉮ 65매　　㉯ 130매
㉰ 75매　　㉱ 149매

❖ 벽돌쌓기 기준량(매/㎡)

구분	0.5B	1.0B	1.5B	2.0B
표준형	75	149	224	298
기존형	65	130	195	260

54. 콘크리트 슬럼프값 측정 순서로 옳은 것은?

㉮ 시료 채취 → 다지기 → 콘에 채우기 → 상단 고르기 → 콘 벗기기 → 슬럼프값 측정
㉯ 시료 채취 → 콘에 채우기 → 콘 벗기기 → 상단 고르기 → 다지기 → 슬럼프값 측정
㉰ 시료 채취 → 콘에 채우기 → 다지기 → 상단 고르기 → 콘 벗기기 → 슬럼프값 측정
㉱ 다지기 → 시료 채취 → 콘에 채우기 → 상단 고르기 → 콘 벗기기 → 슬럼프값 측정

55. 다음 중 주요 기능의 관점에서 옥외 레크리에이션의 관리체계와 가장 거리가 먼 것은?

㉮ 이용자관리　　㉯ 자원관리
㉰ 공정관리　　㉱ 서비스관리

❖ 옥외 레크리에이션의 관리체계
① 이용자관리
② 자원관리
③ 서비스관리

56. 잔디밭에서 많이 발생하는 잡초인 클로버(토끼풀)를 제초 하는데 가장 효율적인 것은?

㉮ 베노밀 수화제　　㉯ 캡탄 수화제

정답 ➔ 47. ㉰ 48. ㉮ 49. ㉱ 50. ㉰ 51. ㉰ 52. ㉱ 53. ㉰ 54. ㉰ 55. ㉰ 56. ㉱

㉰ 디코폴 수화제 ㉱ 디캄바 액제

❖ 잔디밭에 발생한 토끼풀은 엠시피피액제나 디캄바액제(반벨)를 경엽처리함으로써 방제가 가능하다.

57. 농약 살포작업을 위해 물 100L를 가지고 1000배액을 만들 경우 얼마의 약량이 필요한가?

㉮ 50㎖ ㉯ 100㎖
㉰ 150㎖ ㉱ 200㎖

❖ 소요 농약량(㎖) = $\frac{\text{단위면적당 소정살포액량(㎖)}}{\text{희석배수}}$

$\frac{100 \times 1,000}{1,000} = 100$㎖

58. 다음 중 계곡선에 대한 설명 중 맞는 것은?

㉮ 주곡선 간격의 1/2거리의 가는 파선으로 그어진 것이다.
㉯ 주곡선의 다섯 줄마다 굵은선으로 그어진 것이다.
㉰ 간곡선 간격의 1/2거리의 가는 점선으로 그어진 것이다.
㉱ 1/5000의 지형도 축척에서 등고선은 10㎝ 간격으로 나타난다.

❖ 계곡선은 쉽게 읽기 위하여 주곡선 5개마다 굵게 표시한 등고선을 말한다.

59. 생울타리 처럼 수목이 대상으로 군식되었을 때 거름주는 방법으로 가장 적당한 것은?

㉮ 전면거름주기 ㉯ 천공거름주기
㉰ 선상거름주기 ㉱ 방사상 거름주기

❖ 선상시비는 산울타리처럼 길게 식재되는 수목을 따라 일정 간격을 두고 도랑처럼 길게 구덩이를 파고 시비를 하는 방법을 말한다.

60. 임해매립지 식재지반에서의 조경 시공이 고려하여야 할 사항으로 가장 거리가 먼 것은?

㉮ 지하수위조정
㉯ 염분제거
㉰ 발생가스 및 악취제거
㉱ 배수관부설

❖ ㉰ 쓰레기매립지 식재지반의 조경 시공 시 고려해야할 사항

 • 정답 ➜ 57. ㉯ 58. ㉯ 59. ㉰ 60. ㉰

❖ 2013년 조경기능사 제 4회

2013년 7월 21일 시행

1. 줄기나 가지가 꺾이거나 다치면 그 부근에 있던 숨은눈이 자라 싹이 나오는 것을 무엇이라 하는가?

㉮ 휴면성　　㉯ 생장성
㉰ 성장력　　㉱ 맹아력

❖ 줄기나 가지가 상해를 입으면 그 부근에 있던 숨은 눈이 자라 싹이 나오는 힘을 맹아력이라고 한다.

2. 다음 중 왕과 왕비만이 즐길 수 있는 사적인 정원이 아닌 곳은?

㉮ 경복궁의 아미산
㉯ 창덕궁 낙선재의 후원
㉰ 덕수궁 석조전 전정
㉱ 덕수궁 준명당의 후원

3. 일본의 다정(茶庭)이 나타내는 아름다움의 미는?

㉮ 조화미　　㉯ 대비미
㉰ 단순미　　㉱ 통일미

❖ 다정양식은 다실 주변공간을 조화롭게 하여 소박한 멋을 풍기는 정원양식을 말하므로 조화미를 나타낸다.

4. 주위가 건물로 둘러싸여 있어 식물의 생육을 위한 채광, 통풍, 배수 등에 주의해야 할 곳은?

㉮ 주정(主庭)　　㉯ 후정(後庭)
㉰ 중정(中庭)　　㉱ 원로(園路)

❖ 중정은 건물에 의하여 둘러 싸여진 공간으로 채광, 통풍, 배수 등을 주의해야 한다.

5. 훌륭한 조경가가 되기 위한 자질에 대한 설명 중 틀린 것은?

㉮ 건축이나 토목 등에 관련된 공학적인 지식도 요구된다.
㉯ 합리적사고 보다는 감성적 판단이 더욱 필요하다.
㉰ 토양, 지질, 지형, 수문(水文) 등 자연과학적 지식이 요구된다.
㉱ 인류학, 지리학, 사회학, 환경심리학 등에 관한 인문과학적 지식도 요구된다.

❖ 조경가는 예술성을 지닌 실용적이고 기능적인 생활환경을 만들어야 하므로 합리적인 사고도 필요하다.

6. 다음 설명하는 그림은?

- 눈 높이나 눈보다 조금 높은 위치에서 보여지는 공간을 실제 보이는 대로 자연스럽게 표현한 그림
- 나타내고자 하는 의도의 윤곽을 잡아 개략적으로 표현하고자 할 때, 즉 아이디어를 수집, 기록, 정착화 하는 과정에 필요
- 디자이너에게 순간적으로 떠오르는 불확실한 아이디어의 이미지를 고정, 정착화시켜 나가는 초기 단계

㉮ 투시도　　㉯ 스케치
㉰ 입면도　　㉱ 조감도

7. 조경 양식 중 노단식 정원 양식을 발전시키게 한 자연적인 요인은?

㉮ 기후　　㉯ 지형
㉰ 식물　　㉱ 토질

❖ 노단식 정원 양식은 경사지에 계단식으로 된 배치로 지형의 영향으로 발달되었다.

8. 다음 중 어린이 공원의 설계시 공간구성 설명으로 옳은 것은?

㉮ 동적인 놀이공간에는 아늑하고 햇빛이 잘 드는 곳에 잔디밭, 모래밭을 배치하여 준다.
㉯ 정적인 놀이공간에는 각종 놀이시설과 운동시설을 배치하여 준다.
㉰ 감독 및 휴게를 위한 공간은 놀이공간이 잘 보이는 곳으로 아늑한 곳으로 배치한다.
㉱ 공원 외곽은 보행자나 근처 주민이 들여다볼 수 없도록 밀식한다.

정답 ➔ 1. ㉱ 2. ㉰ 3. ㉮ 4. ㉰ 5. ㉯ 6. ㉯ 7. ㉯ 8. ㉰

9. 조경 양식을 형태(정형식, 자연식, 절충식)중심으로 분류 할 때, 자연식 조경 양식에 해당하는 것은?

㉮ 서아시아와 프랑스에서 발달된 양식이다.
㉯ 강한 축을 중심으로 좌우 대칭형으로 구성된다.
㉰ 한 공간 내에서 실용성과 자연성을 동시에 강조하였다.
㉱ 주변을 돌 수 있는 산책로를 만들어서 다양한 경관을 즐길 수 있다.

❖ 자연식 조경 양식은 자연적이며 형태를 중시하고 자연풍경의 지형 · 지물을 그대로 이용하며 자연의 질서를 인위적으로 복원하고자 노력한 것을 말한다.

10. 휴게공간의 입지 조건으로 적합하지 않은 것은?

㉮ 경관이 양호한 곳
㉯ 시야에 잘 띄지 않는 곳
㉰ 보행동선이 합쳐지는 곳
㉱ 기존 녹음수가 조성된 곳

11. 조선시대 전기 조경관련 대표 저술서이며, 정원식물의 특성과 번식법, 괴석의 배치법, 꽃을 화분에 심는 법, 최화법(催花法), 꽃이 꺼리는 것, 꽃을 취하는 법과 기르는 법, 화분 놓는 법과 관리법 등의 내용이 수록되어 있는 것은?

㉮ 양화소록　　㉯ 작정기
㉰ 동사강목　　㉱ 택리지

❖ 강희안의 양화소록에는 화목의 재배 · 이용법, 괴석의 배치법 등이 수록되어있으며, 화목의 품격, 상징성을 설명하는 화목구품이 포함되어있다.

12. 수고 3m인 감나무 3주의 식재공사에서 조경공 0.25인, 보통 인부 0.20인의 식재노무비 일위 대가는 얼마인가? (단, 조경공 : 40,000원/일, 보통 인부 : 30,000원/일)

㉮ 6,000원　　㉯ 10,000원
㉰ 16,000원　　㉱ 48,000원

❖ 0.25×40,000+0.2×30,000=16,000(원)

13. 도시공원 및 녹지 등에 관한 법률에서 정하고 있는 녹지가 아닌 것은?

㉮ 완충녹지　　㉯ 경관녹지
㉰ 연결녹지　　㉱ 시설녹지

❖ 기반시설인 공간시설로 정의된 녹지는 완충녹지, 경관녹지, 연결녹지이다.

14. 다음 중 이탈리아의 정원 양식에 해당하는 것은?

㉮ 자연풍경식　　㉯ 평면기하학식
㉰ 노단건축식　　㉱ 풍경식

❖ 이탈리아 정원은 지형과 기후적 여건으로 구릉(경사지)에 빌라가 발달하고, 높이가 다른 여러 개의 노단(테라스)을 잘 조화시켜 배치하는 노단건축식이 발달하였다.

15. 도면상에서 식물재료의 표기 방법으로 바르지 않은 것은?

㉮ 덩굴성 식물의 규격은 길이로 표시한다.
㉯ 같은 수종은 인출선을 연결하여 표시하도록 한다.
㉰ 수종에 따라 규격은 HW, HB, HR 등의 표기 방식이 다르다.
㉱ 수목에 인출선을 사용하여 수종명, 규격, 관목·교목을 구분하여 표시하고 총수량을 함께 기입한다.

❖ 인출선에 관목 · 교목을 구분하지는 않는다.

16. 형상은 재두각추체에 가깝고 전면은 거의 평면을 이루며 대략 정사각형으로서 뒷길이, 접촉면의 폭, 뒷면 등이 규격화 된 돌로, 접촉면의 폭은 전면 1변의 길이의 1/10 이상이라야 하고, 접촉면의 길이는 1변의 평균 길이의 1/2 이상인 석재는?

㉮ 사고석　　㉯ 각석
㉰ 판석　　㉱ 견치석

17. 콘크리트의 균열발생 방지법으로 옳지 않은 것은?

㉮ 물시멘트비를 작게 한다.
㉯ 단위 시멘트량을 증가시킨다.

정답 ➔ 9. ㉱ 10. ㉯ 11. ㉮ 12. ㉰ 13. ㉱ 14. ㉰ 15. ㉱ 16. ㉱ 17. ㉯

㉰ 콘크리트의 온도상승을 작게 한다.
㉱ 발열량이 적은 시멘트와 혼화제를 사용한다.

❖ 콘크리트의 균열을 방지하기 위해서는 단위 시멘트량을 적게한다.

18. 다음 중 야외용 조경 시설물 재료로서 가장 내구성이 낮은 재료는?

㉮ 미송 ㉯ 나왕재
㉰ 플라스틱재 ㉱ 콘크리트재

19. 여름에 꽃을 피우는 수종이 아닌 것은?

㉮ 배롱나무 ㉯ 석류나무
㉰ 조팝나무 ㉱ 능소화

❖ 조팝나무는 봄에 흰색 꽃을 피운다.

20. 정원에 사용되는 자연석의 특징과 선택에 관한 내용 중 옳지 않은 것은?

㉮ 정원석으로 사용되는 자연석은 산이나 개천에 흩어져 있는 돌을 그대로 운반하여 이용한 것이다.
㉯ 경도가 높은 돌은 기품과 운치가 있는 것이 많고 무게가 있어 보여 가치가 높다.
㉰ 부지내 타물체와의 대비, 비례, 균형을 고려하여 크기가 적당한 것을 사용한다.
㉱ 돌에는 색채가 있어서 생명력을 느낄 수 있고 검은색과 흰색은 예로부터 귀하게 여겨지고 있다.

21. 다음 수종 중 상록활엽수가 아닌 것은?

㉮ 동백나무 ㉯ 후박나무
㉰ 굴거리나무 ㉱ 메타세쿼이어

❖ 메타세쿼이어는 낙엽침엽수이다.

22. 다음 중 인공토양을 만들기 위한 경량재가 아닌 것은?

㉮ 부엽토
㉯ 화산재
㉰ 펄라이트(perlite)
㉱ 버미큘라이트(vermiculite)

❖ 조경용 경량토는 버미큘라이트, 펄라이트, 피트, 화산재 등을 식재토양에 혼합하여 사용한다.

23. 일정한 응력을 가할 때, 변형이 시간과 더불어 증대하는 현상을 의미하는 것은?

㉮ 탄성 ㉯ 취성
㉰ 크리프 ㉱ 릴랙세이션

❖ 외력이 일정하게 유지되어 있을 때, 시간이 흐름에 따라 재료의 변형이 증대하는 현상을 크리프(creep)라고 한다.

24. 학교조경에 도입되는 수목을 선정할 때 조경수목의 생태적 특성 설명으로 옳은 것은?

㉮ 학교 이미지 개선에 도움이 되며, 계절의 변화를 느낄 수 있도록 수목을 선정
㉯ 학교가 위치한 지역의 기후, 토양 등의 환경에 조건이 맞도록 수목을 선정
㉰ 교과서에서 나오는 수목이 선정되도록 하며 학생들과 교직원들이 선호하는 수목을 선정
㉱ 구입하기 쉽고 병충해가 적고 관리하기가 쉬운 수목을 선정

25. 다음 중 유리의 제성질에 대한 일반적인 설명으로 옳지 않은 것은?

㉮ 열전도율 및 열팽창률이 작다.
㉯ 굴절율은 2.1~2.9 정도이고, 납을 함유하면 낮아진다.
㉰ 약한 산에는 침식되지 않지만 염산·황산·질산 등에는 서서히 침식된다.
㉱ 광선에 대한 성질은 유리의 성분, 두께, 표면의 평활도 등에 따라 다르다.

❖ 납을 함유한 유리는 굴절률이 높아진다.

26. 플라스틱 제품의 특성이 아닌 것은?

㉮ 비교적 산과 알칼리에 견디는 힘이 콘크리트나 철 등에 비해 우수하다.

정답 ➜ 18. ㉯ 19. ㉰ 20. ㉱ 21. ㉱ 22. ㉮ 23. ㉰ 24. ㉯ 25. ㉯ 26. ㉰

㉯ 접착이 자유롭고 가공성이 크다.
㉰ 열팽창계수가 적어 저온에서도 파손이 안된다.
㉱ 내열성이 약하여 열가소성수지는 60℃ 이상에서 연화된다.

27. 92~96%의 철을 함유하고 나머지는 크롬 · 규소 · 망간 · 유황 · 인 등으로 구성되어 있으며 창호철물, 자물쇠, 맨홀 뚜껑 등의 재료로 사용되는 것은?

㉮ 선철 ㉯ 강철
㉰ 주철 ㉱ 순철

28. 콘크리트의 단위중량 계산, 배합설계 및 시멘트의 품질판정에 주로 이용되는 시멘트의 성질은?

㉮ 분말도 ㉯ 응결시간
㉰ 비중 ㉱ 압축강도

29. 다음 [보기]의 설명에 해당하는 수종은?

[보기]
- 어린가지의 색은 녹색 또는 적갈색으로 엽흔이 발달하고 있다.
- 수피에서는 냄새가 나며 약간 골이 파여 있다.
- 단풍나무 중 복엽이면서 가장 노란색 단풍이 든다.
- 내조성, 속성수로서 조기녹화에 적당하며 녹음수로 이용가치가 높으며 폭이 없는 가로에 가로수로 심는다.

㉮ 복장나무 ㉯ 네군도단풍
㉰ 단풍나무 ㉱ 고로쇠나무

30. 여름부터 가을까지 꽃을 감상할 수 있는 알뿌리 화초는?

㉮ 금잔화 ㉯ 수선화
㉰ 색비름 ㉱ 칸나

31. 콘크리트 공사 중 거푸집 상호간의 간격을 일정하게 유지시키기 위한 것은?

㉮ 캠버(camber)
㉯ 긴장기(form tie)
㉰ 스페이서(spacer)
㉱ 세퍼레이터(seperator)

❖ 슬래브에 배근되는 철근이 거푸집에 밀착하는 것을 방지하기위한 간격재를 스페이서(spacer)라고 한다.

32. 다음 중 트래버틴(travertin)은 어떤 암석의 일종인가?

㉮ 화강암 ㉯ 안산암
㉰ 대리석 ㉱ 응회암

❖ 트래버틴은 대리석의 일종으로 다공질로 무늬와 요철부가 입체감을 지니고 있으며 실내장식재로 이용된다.

33. 다음 중 산울타리 수종이 갖추어야 할 조건으로 틀린 것은?

㉮ 전정에 강할 것
㉯ 아랫가지가 오래갈 것
㉰ 지엽이 치밀할 것
㉱ 주로 교목활엽수일 것

❖ 산울타리는 수고 90cm 정도의 어린나무로, 30cm 간격 한줄이나 두줄 교호식재로 관목을 주로 이용한다.

34. 다음 [보기]에서 설명하는 합성수지는?

[보기]
- 특히 내수성, 내열성이 우수하다.
- 내연성, 전기적 절연성이 있고 유리섬유판, 텍스, 피혁류 등 모든 접착이 가능하다.
- 방수제로도 사용하고 500℃ 이상 견디는 유일한 수지이다.
- 용도는 방수제, 도료, 접착제로 쓰인다.

㉮ 페놀수지 ㉯ 에폭시수지
㉰ 실리콘수지 ㉱ 폴리에스테르수지

35. 목재의 방부법 중 그 방법이 나머지 셋과 다른 하나는?

㉮ 도포법 ㉯ 침지법
㉰ 분무법 ㉱ 방청법

정답 ➔ 27. ㉰ 28. ㉰ 29. ㉯ 30. ㉱ 31. ㉰ 32. ㉰ 33. ㉱ 34. ㉰ 35. ㉱

36. 수목의 식재시 해당 수목의 규격을 수고와 근원직경으로 표시하는 것은?(단, 건설공사 표준품셈을 적용한다.)

㉮ 목련　　㉯ 은행나무
㉰ 자작나무　　㉱ 현사시나무

❖ ㉯㉰㉱ 흉고직경으로 표시

37. 다음 중 미국흰불나방 구제에 가장 효과가 좋은 것은?

㉮ 디캄바액제(반벨)
㉯ 디니코나졸수화제(빈나리)
㉰ 시마진수화제(씨마진)
㉱ 카바릴수화제(세빈)

38. 난지형 잔디에 뗏밥을 주는 가장 적합한 시기는?

㉮ 3~4월　　㉯ 5~7월
㉰ 9~10월　　㉱ 11~1월

❖ 난지형은 늦봄 · 초여름(6~8월)의 생육이 왕성한 시기에 뗏 넣어준다.

39. 조경수를 이용한 가로막이 시설의 기능이 아닌 것은?

㉮ 보행자의 움직임 규제　　㉯ 시선차단
㉰ 광선방지　　㉱ 악취방지

40. 모래밭(모래터) 조성에 관한 설명으로 가장 부적합한 것은?

㉮ 적어도 하루에 4~5시간의 햇볕이 쬐고 통풍이 잘되는 곳에 설치한다.
㉯ 모래밭은 가급적 휴게시설에서 멀리 배치한다.
㉰ 모래밭의 깊이는 놀이의 안전을 고려하여 30cm 이상으로 한다.
㉱ 가장자리는 방부처리한 목재 또는 각종 소재를 사용하여 지표보다 높게 모래막이 시설을 해준다.

❖ 모래밭은 휴게시설 가까이에 배치한다.

41. 우리나라 조선정원에서 사용되었던 홍예문의 성격을 띤 구조물이라 할 수 있는 것은?

㉮ 정자　　㉯ 테라스
㉰ 트렐리스　　㉱ 아아치

42. 경관석 놓기의 설명으로 옳은 것은?

㉮ 경관석은 항상 단독으로만 배치한다.
㉯ 일반적으로 3, 5, 7 등 홀수로 배치한다.
㉰ 같은 크기의 경관석으로 조합하면 통일감이 있어 자연스럽다.
㉱ 경관석의 배치는 돌 사이의 거리나 크기 등을 조정배치하여 힘이 분산되도록 한다.

❖ 경관석 놓기는 시선이 집중되는 곳이나 유도할 곳에 설치하며, 단일 또는 주석과 부석의 짝을 이룬 2석조가 기본이고, 무리지어 놓는 경우 3,5,7석조 등과 같이 홀수로 조합하는 것이 원칙으로 힘의 방향이 분산되지 않도록 한다.

43. 다음 중 정형식 배식유형은?

㉮ 부등변삼각형식재　　㉯ 임의식재
㉰ 군식　　㉱ 교호식재

❖ ㉮㉯㉰ 자연풍경식 식재방법

44. 사철나무 탄저병에 관한 설명으로 틀린 것은?

㉮ 관리가 부실한 나무에서 많이 발생하므로 거름주기와 가지치기 등의 관리를 철저히 하면 문제가 없다.
㉯ 흔히 그을음병과 같이 발생하는 경향이 있으며 병징도 혼동될 때가 있다.
㉰ 상습발생지에서는 병든 잎을 모아 태우거나 땅속에 묻고, 6월경부터 살균제를 3~4회 살포한다.
㉱ 잎에 크고 작은 점무늬가 생기고 차츰 움푹 들어가면서 진전되므로 지저분한 느낌을 준다.

45. 벽돌쌓기법에서 한 켜는 마구리쌓기, 다음 켜는 길이쌓기로 하고 모서리 벽끝에 이오토막을 사용하는 벽돌쌓기 방법인 것은?

정답 ➔ 36. ㉮ 37. ㉱ 38. ㉯ 39. ㉱ 40. ㉯ 41. ㉱ 42. ㉯ 43. ㉱ 44. ㉯ 45. ㉯

㉮ 미국식쌓기 ㉯ 영국식쌓기
㉰ 프랑스식쌓기 ㉱ 마구리쌓기

❖ 영국식쌓기는 마구리 쌓기와 길이 쌓기를 한 켜씩 번갈아 쌓는 방법으로 모서리 벽 끝에 이오토막 또는 반절을 사용하며, 가장 튼튼한 쌓기 방법이다.

46. 다음 중 수목의 전정시 제거해야 하는 가지가 아닌 것은?

㉮ 밑에서 움돋는 가지
㉯ 아래를 향해 자란 하향지
㉰ 위를 향해 자라는 주지
㉱ 교차한 교차지

47. 설계도면에서 선의 용도에 따라 구분할 때 "실선"의 용도에 해당되지 않는 것은?

㉮ 대상물의 보이는 부분을 표시한다.
㉯ 치수를 기입하기 위해 사용한다.
㉰ 지시 또는 기호 등을 나타내기 위해 표시한다.
㉱ 물체가 있을 것으로 가상되는 부분을 표시한다.

❖ 물체가 있을 것으로 가상되는 부분은 허선으로 표현한다.

48. 수중에 있는 골재를 채취했을 때 무게가 1000g, 표면건조 내부포화상태의 무게가 900g, 대기건조 상태의 무게가 860g, 완전건조 상태의 무게가 850g일 때 함수율 값은?

㉮ 4.65% ㉯ 5.88%
㉰ 11.11% ㉱ 17.65%

❖ 골재의 함수율(%)

$$\frac{\text{습윤상태 무게} - \text{절대건조상태 무게}}{\text{절대건조상태 무게}} \times 100(\%)$$

$$= \frac{1,000 - 850}{850} \times 100 = 17.65(\%)$$

49. 다음 중 접붙이기 번식을 하는 목적으로 가장 거리가 먼 것은?

㉮ 종자가 없고 꺾꽂이로도 뿌리 내리지 못하는 수목의 증식에 이용된다.
㉯ 씨뿌림으로는 품종이 지니고 있는 고유의 특징을 계승 시킬 수 없는 수목의 증식에 이용된다.
㉰ 가지가 쇠약해지거나 말라 죽은 경우 이것을 보태주거나 또는 힘을 회복시키기 위해서 이용된다.
㉱ 바탕나무의 특성보다 우수한 품종을 개발하기 위해 이용된다.

❖ 접붙이기는 환경적응성이 뛰어난 나무에 필요한 원하는 나무를 붙여 생장시키는 것을 말한다.

50. 다음 중 밭에 많이 발생하여 우생하는 잡초는?

㉮ 바랭이 ㉯ 올미
㉰ 가래 ㉱ 너도방동사니

❖ 바랭이는 종자번식을 하며 밭에서 흔히 자라는 잡초이다.

51. 다음 중 건설장비 분류상 "배토정지용 기계"에 해당되는 것은?

㉮ 램머 ㉯ 모터그레이더
㉰ 드래그라인 ㉱ 파워쇼벨

❖ ㉮ 램머–다짐
㉰ 드래그라인–굴착
㉱ 파워쇼벨–굴착, 싣기

52. 소나무의 순지르기, 활엽수의 잎 따기 등에 해당하는 전정법은?

㉮ 생장을 돕기 위한 전정
㉯ 생장을 억제하기 위한 전정
㉰ 생리를 조절하는 전정
㉱ 세력을 갱신하는 전정

❖ 산울타리 다듬기, 소나무 새순 자르기, 상록활엽수의 잎사귀 따기 등과 침엽수와 상록활엽수의 정지, 전정 작업은 수목의 일정한 형태를 유지하기 위한 것으로 생장을 억제하기 위한 전정이다.

53. 염해지 토양의 가장 뚜렷한 특징을 설명한 것은?

㉮ 유기물의 함량이 높다.
㉯ 활성철의 함량이 높다.

정답 ➔ 46. ㉰ 47. ㉱ 48. ㉱ 49. ㉱ 50. ㉮ 51. ㉯ 52. ㉯ 53. ㉱

㉰ 치환성석회의 함량이 높다.
㉱ 마그네슘, 나트륨 함량이 높다.

54. 배롱나무, 장미 등과 같은 내한성이 약한 나무의 지상부를 보호하기 위하여 사용되는 가장 적합한 월동 조치법은?

㉮ 흙묻기 ㉯ 새끼감기
㉰ 연기씌우기 ㉱ 짚싸기

❖ 모과나무, 감나무, 배롱나무, 벽오동 등 동해의 우려가 있는 수종은 기온이 5℃ 이하면 짚싸주기를 해준다.

55. 다음 중 큰 나무의 뿌리돌림에 대한 설명으로 가장 거리가 먼 것은?

㉮ 굵은 뿌리를 3~4개 정도 남겨둔다.
㉯ 굵은 뿌리 절단시는 톱으로 깨끗이 절단한다.
㉰ 뿌리돌림을 한 후에 새끼로 뿌리분을 감아두면 뿌리의 부패를 촉진하여 좋지 않다.
㉱ 뿌리돌림을 하기 전 수목이 흔들리지 않도록 지주목을 설치하여 작업하는 방법도 좋다.

56. 다음 중 침상화단(Sunken garden)에 관한 설명으로 가장 적합한 것은?

㉮ 관상하기 편리하도록 지면을 1~2m 정도 파내려가 꾸화단
㉯ 중앙부를 낮게 하기 위하여 키 작은 꽃을 중앙에 심어 꾸민 화단
㉰ 양탄자를 내려다 보듯이 꾸민 화단
㉱ 경계부분을 따라서 1열로 꾸민 화단

❖ 침상화단은 보도에서 1m 정도로 낮은 평면에 기하학적 모양으로 설계한 것으로 관상가치가 높은 화단을 말한다.

57. 양분결핍 현상이 생육초기에 일어나기 쉬우며, 새잎에 황화 현상이 나타나고 엽맥 사이가 비단무늬 모양으로 되는 결핍 원소는?

㉮ Fe ㉯ Mn
㉰ Zn ㉱ Cu

❖ Fe 부족시 잎 조직에 황화현상(침엽수는 백화), 가지의 크기 감소, 조기 낙엽과 낙과 현상이 일어난다.

58. 공원 내에 설치된 목재벤치 좌판(坐板)의 도장보수는 보통 얼마 주기로 실시하는 것이 좋은가?

㉮ 계절이 바뀔 때 ㉯ 6개월
㉰ 매년 ㉱ 2~3년

❖ 목재벤치의 좌판의 도장보수는 2~3년 주기로 실시하는 것이 좋다.

59. 다음 중 교목류의 높은 가지를 전정하거나 열매를 채취할 때 주로 사용할 수 있는 가위는?

㉮ 대형전정가위 ㉯ 조형전정가위
㉰ 순치기가위 ㉱ 갈쿠리전정가위

❖ 갈쿠리가위는 고지가위라고도 하며 높은 곳의 가지나 열매를 채취할 때 사다리를 이용하지 않고 지면에서 사용한다.

60. 평판측량에서 도면상에 없는 미지점에 평판을 세워 그 점(미지점)의 위치를 결정하는 측량방법은?

㉮ 원형교선법 ㉯ 후방교선법
㉰ 측방교선법 ㉱ 복전진법

정답 ➔ 54. ㉱ 55. ㉰ 56. ㉮ 57 ㉮ 58. ㉱ 59. ㉱ 60. ㉯

❖ 2013년 조경기능사 제 5회

2013년 10월 12일 시행

1. 버킹검의「스토우 가든」을 설계하고, 담장 대신 정원 부지의 경계선에 도랑을 파서 외부로부터의 침입을 막은 Ha-ha 수법을 실현하게 한 사람은?

① 켄트 ② 브릿지맨
③ 와이즈맨 ④ 챔버

❖ 브리지맨은 대지의 외부로까지 디자인의 범위를 확대하였으며, 조경에 하하(ha-ha) 개념을 최초로 도입하여 스토우가든을 설계하였다.

2. 물체의 절단한 위치 및 경계를 표시하는 선은?

① 실선 ② 파선
③ 1점쇄선 ④ 2점쇄선

❖ 1점쇄선은 절단선으로 절단면의 위치나 부지경계선에 쓰인다.

3. 황금비는 단변이 1일 때 장변은 얼마인가?

① 1.681 ② 1.618
③ 1.186 ④ 1.861

❖ 황금비는 1:1.618의 비를 말한다.

4. 다음 설명 중 중국 정원의 특징이 아닌 것은?

① 차경수법을 도입하였다.
② 태호석을 이용한 석가산 수법이 유행하였다.
③ 사의주의보다는 상징적 축조가 주를 이루는 사실주의에 입각하여 조경이 구성되었다.
④ 자연경관이 수려한 곳에 인위적으로 암석과 수목을 배치하였다.

❖ 중국정원은 사실주의 보다는 상징주의적 축조가 주를 이루는 사의주의적 표현인 '사의주의적풍경식'으로도 표현한다.

5. 안정감과 포근함 등과 같은 정적인 느낌을 받을 수 있는 경관은?

① 파노라마 경관 ② 위요 경관
③ 초점 경관 ④ 지형 경관

❖ 위요경관은 주변은 차폐되고 위로는 개방된 경관으로 분지나 숲속의 호수 등을 예로 들수 있으므로 정적인 느낌을 받을 수 있다.

6. 우리나라에서 한국적인 색채가 농후한 정원양식이 확립되었다고 할 수 있는 때는?

① 통일신라
② 고려전기
③ 고려후기
④ 조선시대

❖ 조선시대는 중국의 모방에서 벗어나 한국적인 색채가 농후해진 시기이다.

7. 주축선을 따라 설치된 원로의 양쪽에 짙은 수림을 조성하여 시선을 주축선으로 집중시키는 수법을 무엇이라 하는가?

① 테라스(terrace)
② 파티오(patio)
③ 비스타(vista)
④ 퍼골러(pergola)

❖ 좌우로 시선이 제한되고 일정지점으로 시선이 모아지는 경관으로 정원을 한층 더 넓어 보이게 하는 효과를 비타(vista, 통경선)라고 한다.

8. 골프장에 사용되는 잔디 중 난지형 잔디는?

① 들잔디
② 벤트그라스
③ 캔터키블루그라스
④ 라이그라스

❖ 들잔디는 내한성과 내서성을 동시에 가진 유일한 잔디로 내마모성이 가장 우수해하다. 전국 산야의 양지바른 자리에 많이 식생하며 공원, 운동경기장, 공항, 골프장 러프 등에 사용된다.

정답 ➔ 1. ② 2. ③ 3. ② 4. ③ 5. ② 6. ④ 7. ③ 8. ①

9. 다음 정원의 개념을 잘 나타내고 있는 중정은?

[보기]
- 무어 양식의 극치라고 일컬어지는 알함브라(Alhambra) 궁의 여러 개 정(Patio)중 하나임
- 4개의 수로에 의해 4분되는 파라다이스 정원
- 가장 화려한 정원으로서 물의 존귀성이 드러남

① 사자의 중정　② 창격자 중정
③ 연못의 중정　④ Lindaraja Patio

❖ 가장 화려한 중정으로 특히 내부의 벽면장식이 화려하며 주랑식 중정이고 직교하는 수로로 사분원을 형성하며 중심에 12마리의 사장상이 받치고 있는 분수를 설치한 중정은 사자의 중정이다.

10. 다음 중 넓은 잔디밭을 이용한 전원적이며 목가적인 정원 양식은 무엇인가?

① 전원풍경식　② 회유임천식
③ 고산수식　④ 다정식

11. 이탈리아 정원양식의 특성과 가장 관계가 먼 것은?

① 테라스 정원
② 노단식 정원
③ 평면기하학식 정원
④ 축선상에 여러개의 분수 설치

❖ 평면기하학식은 르네상스시대 프랑스 정원과 관련이 있다.

12. 우리나라 고려시대 궁궐 정원을 맡아보던 곳은?

① 내원서　② 상림원
③ 장원서　④ 원야

❖ 고려시대 궁궐의 정원을 맡아보는 관청은 내원서이다.

13. 19세기 미국에서 식민지 시대의 사유지 중심의 정원에서 공공적인 성격을 지닌 조경으로 전환되는 전기를 마련한 것은?

① 센트럴 파크　② 프랭클린 파크
③ 비큰히드 파크　④ 프로스펙트 파크

❖ 센트럴 파크는 사적인 정원 중심에서 공적인 공원으로 전환되는 계기가 되었으며, 오늘날까지 세계 여러 나라의 대규모 공원 구성에 응용되고 있다.

14. 다음 중 점층(漸層)에 관한 설명으로 가장 적합한 것은?

① 조경재료의 형태나 색깔, 음향 등의 점진적 증가
② 대소, 장단, 명암, 강약
③ 일정한 간격을 두고 흘러오는 소리, 다변화 되는 색채
④ 중심축을 두고 좌우 대칭

❖ 점층은 색깔이나 크기, 방향이 점차적인 변화로 생기는 리듬을 말한다.

15. 미기후에 관련된 조사항목으로 적당하지 않은 것은?

① 대기오염정도
② 태양 복사열
③ 안개 및 서리
④ 지역온도 및 전국온도

❖ 미기후 조사항목 : 지형, 태양의 복사열, 공기유통 정도, 안개 및 서리의 피해 유무

16. 시멘트의 응결에 대한 설명으로 옳지 않은 것은?

① 시멘트와 물이 화학반응을 일으키는 작용이다.
② 수화에 의하여 유동성과 점성을 상실하고 고화하는 현상이다.
③ 시멘트 겔이 서로 응집하여 시멘트입자가 치밀하게 채워지는 단계로서 경화하여 강도를 발휘하기 직전의 상태이다.
④ 저장 중 공기에 노출되어 공기 중의 습기 및 탄산가스를 흡수하여 가벼운 수화반응을 일으켜 탄산화하여 고화되는 현상이다.

17. 다음 중 황색의 꽃을 갖는 수목은?

① 모감주나무　② 조팝나무
③ 박태기나무　④ 산철쭉

❖ ② 조팝나무–흰색, ③ 박태기나무–적색, ④ 산철쭉–홍자색

정답 ➔ 9. ① 10. ① 11. ③ 12. ① 13. ① 14. ① 15. ④ 16. ④ 17. ①

18. 감탕나무과(Aquifoliaceae)에 해당하지 않는 것은?

① 호랑가시나무　② 먼나무
③ 꽝꽝나무　④ 소태나무

❖ 소태나무는 소태나무과 이다.

19. 다음 중 훼손지비탈면의 초류종자 살포(종비토뿜어붙이기)와 가장 관계 없는 것은?

① 종자　② 생육기반재
③ 지효성비료　④ 농약

20. 화강암(granite)에 대한 설명 중 옳지 않은 것은?

① 내마모성이 우수하다.
② 구조재로 사용이 가능하다.
③ 내화도가 높아 가열시 균열이 적다.
④ 절리의 거리가 비교적 커서 큰 판재를 생산할 수 있다.

❖ 화강암은 내화성이 낮다.

21. 점토제품 제조를 위한 소성(燒成) 공정순서로 맞는 것은?

① 예비처리-원료조합-반죽-숙성-성형-시유(施釉)-소성
② 원료조합-반죽-숙성-예비처리-소성-성형-시유
③ 반죽-숙성-성형-원료조합-시유-소성-예비처리
④ 예비처리-반죽-원료조합-숙성-시유-성형-소성

22. 인조목의 특징이 아닌 것은?

① 마모가 심하여 파손되는 경우가 많다.
② 제작시 숙련공이 다루지 않으면 조잡한 제품을 생산하게 된다.
③ 안료를 잘못 배합하면 표면에서 분말이 나오게 되어 시각적으로 좋지 않고 이용에도 문제가 생긴다.
④ 목재의 질감은 표출되지만 목재에서 느끼는 촉감을 맛 볼 수 없다.

23. 다음 중 조경수목의 생장 속도가 빠른 수종은?

① 둥근향나무　② 감나무
③ 모과나무　④ 삼나무

❖ 둥근향나무, 감나무, 모과나무는 생장속도가 느린 수종이다.

24. 합성수지에 관한 설명 중 잘못된 것은?

① 기밀성, 접착성이 크다.
② 비중에 비하여 강도가 크다.
③ 착색이 자유롭고 가공성이 크므로 장식적 마감재에 적합하다.
④ 내마모성이 보통 시멘트콘크리트에 비교하면 극히 적어 바닥 재료로는 적합하지 않다.

25. 다음 설명에 적합한 수목은?

- 감탕나무과 식물이다.
- 상록활엽소교목으로 열매가 적색이다.
- 잎은 호생으로 타원상의 6각형이며 가장자리에 바늘 같은 각점(角點)이 있다.
- 자웅이주이다.
- 열매는 구형으로서 지름 8~10㎜이며, 적색으로 익는다.

① 감탕나무　② 낙상홍
③ 먼나무　④ 호랑가시나무

26. 목재의 구조에는 춘재와 추재가 있는데 추재(秋材)를 바르게 설명한 것은?

① 세포는 막이 얇고 크다.
② 빛깔이 엷고 재질이 연하다.
③ 빛깔이 짙고 재질이 치밀하다.
④ 춘재보다 자람의 폭이 넓다.

❖ 추재는 밀도가 높고 색이 짙으며 가을겨울에 성장하는 부분을 칭한다. 춥고 건조한 가을겨울에 성장하다보니 많이 자라지 못하는 반면에 아주 단단하게 자란다.

정답 ➔ 18. ④ 19. ④ 20. ③ 21. ① 22. ① 23. ④ 24. ④ 25. ④ 26. ③

27. 돌을 뜰 때 앞면, 뒷면, 길이 접촉부 등의 치수를 지정해서 깨낸 돌을 무엇이라 하는가?

① 견치돌 ② 호박돌
③ 사괴석 ④ 평석

❖ 견치돌의 형상은 사각뿔형(재두각추체)에 가깝고, 전면은 평면을 이루며 대략 정사각형으로 뒷길이, 접촉면의 폭, 윗면 등의 규격화된 돌로서 4방락 또는 2방락의 것이 있으며, 접촉면의 폭은 전면 1변의 길이의 1/10 이상이어야 하고, 접촉면의 폭은 전면 1변의 길이의 1/10 이상이어야 하고, 접촉면의 길이는 1변의 평균길이의 1/2 이상, 뒷 길이는 최소변의 1.5배 이상-주로 옹벽 등의 메쌓기 · 찰쌓기용으로 사용(흙막이용 돌공사)

28. 재료가 탄성한계 이상의 힘을 받아도 파괴되지 않고 가늘고 길게 늘어나는 성질은?

① 취성(脆性) ② 인성(靭性)
③ 연성(延性) ④ 전성(展性)

❖ 탄성한계를 넘는 힘을 가함으로써 물체가 파괴되지 않고 늘어나는 성질을 연성이라고 하며, 전성과 함께 물체를 가공하는데 있어서 아주 중요한 성질이다.

29. 수목의 여러가지 이용 중 단풍의 아름다움을 관상하려 할 때 적합하지 않은 수종은?

① 신나무 ② 칠엽수
③ 화살나무 ④ 팥배나무

❖ 팥배나무는 열매를 관상하기에 적합한 수종이다.

30. 다음 중 방풍용수의 조건으로 옳지 않은 것은?

① 양질의 토양으로 주기적으로 이식한 천근성 수목
② 일반적으로 견디는 힘이 큰 낙엽활엽수보다 상록활엽수
③ 파종에 의해 자란 자생수종으로 직근(直根)을 가진 것
④ 대표적으로 소나무, 가시나무, 느티나무 등 임

❖ 방풍용 수목은 심근성이고 바람에 잘 꺾이지 않는 지엽이 치밀한 상록수가 적당하다.

31. 우리나라에서 식물의 천연분포를 결정짓는 가장 주된 요인은?

① 광선 ② 온도
③ 바람 ④ 토양

❖ 식물의 천연분포는 온도가 지배적 요인이다.

32. 다음 중 공기 중에 환원력이 커서 산화가 쉽고, 이온화 경향이 가장 큰 금속은?

① Pb ② Fe
③ Al ④ Cu

33. 호랑가시나무(감탕나무과)와 목서(물푸레나무과)의 특징 비교 중 옳지 않은 것은?

① 목서의 꽃은 백색으로 9~10월에 개화한다.
② 호랑가시나무의 잎은 마주나며 얇고 윤택이 없다.
③ 호랑가시나무의 열매는 지름0.8~1.0㎝로 9~10월에 적색으로 익는다.
④ 목서의 열매는 타원형으로 이듬해 10월경에 암자색으로 익는다.

❖ 호랑가시나무의 잎은 어긋나고 두꺼우며 윤기가 있다.

34. 일반적으로 봄 화단용 꽃으로만 짝지어진 것은?

① 맨드라미, 국화
② 데이지, 금잔화
③ 샐비어, 색비름
④ 칸나, 메리골드

❖ ① 가을화단용, ③④ 여름 화단용

35. 해사 중 염분이 허용한도를 넘을 때 철근콘크리트의 조치방안으로서 옳지 않은 것은?

① 아연도금 철근을 사용한다.
② 방청제를 사용하여 철근의 부식을 방지한다.
③ 살수 또는 침수법을 통하여 염분을 제거한다.
④ 단위시멘트량이 적은 빈배합으로 하여 염분과의 반응성을 줄인다.

정답 ➔ 27. ① 28. ③ 29. ④ 30. ① 31. ② 32. ③ 33. ② 34. ② 35. ④

36. 다음 중 일반적으로 전정시 제거해야 하는 가지가 아닌 것은?

① 도장한 가지
② 바퀴살 가지
③ 얽힌 가지
④ 주지(主枝)

❖ 주지는 주간에서 발생한 굵은 가지로 과수의 수형을 다듬는데 기본이 되는 가지이므로 제거해서는 안된다.

37. 소나무류는 생장조절 및 수형을 바로잡기 위하여 순따기를 실시하는데 대략 어느 시기에 실시하는가?

① 3~4월
② 5~6월
③ 9~10월
④ 11~12월

❖ 소나무류는 가지 끝에 여러 개의 눈이 있어 산만하게 자랄 수 있으므로, 5~6월경 순따기를 실시한다.

38. 조경시설물의 관리원칙으로 옳지 않은 것은?

① 여름철 그늘이 필요한 곳에 차광시설이나 녹음수를 식재한다.
② 노인, 주부 등이 오랜 시간 머무는 곳은 가급적 석재를 사용한다.
③ 바닥에 물이 고이는 곳은 배수시설을 하고 다시 포장한다.
④ 이용자의 사용빈도가 높은 것은 충분히 조이거나 용접한다.

39. 꺾꽂이(삽목)번식과 관련된 설명으로 옳지 않은 것은?

① 왜성화할 수도 있다.
② 봄철에는 새싹이 나오고 난 직후에 실시한다.
③ 실생묘에 비해 개화·결실이 빠르다.
④ 20~30℃의 온도와 포화상태에 가까운 습도 조건이면 항상 가능하다.

40. 각 재료의 할증률로 맞는 것은?

① 이형철근 : 5%
② 강판 : 12%
③ 경계블록(벽돌) : 5%
④ 조경용수목 : 10%

❖ ① 이형철근 : 3%
② 강판 : 10%
③ 경계블록 : 3%

41. 수목의 전정작업 요령에 관한 설명으로 옳지 않은 것은?

① 상부는 가볍게, 하부는 강하게 한다.
② 우선 나무의 정상부로부터 주지의 전정을 실시한다.
③ 전정작업을 하기 전 나무의 수형을 살펴 이루어질 가지의 배치를 염두에 둔다.
④ 주지의 전정은 주간에 대해서 사방으로 고르게 굵은가지를 배치하는 동시에 상하(上下)로도 적당한 간격으로 자리잡도록 한다.

❖ 상부는 강하게 하부는 약하게 한다.(정부우세성)

42. 벽면적 $4.8m^2$ 크기에 1.5B 두께로 붉은 벽돌을 쌓고자 할 때 벽돌의 소요매수는? (단, 줄눈의 두께는 10㎜이고, 할증률을 고려한다.)

① 925매 ② 963매
③ 1109매 ④ 1245매

❖ 표준형 붉은 벽돌 1.5B는 224매/㎡이고 할증률은 3%이다.
4.8×224=1,076(매) ∴ 1,076×1.03 = 1,109(매)

43. 콘크리트의 재료분리현상을 줄이기 위한 방법으로 옳지 않은 것은?

① 플라이애시를 적당량 사용한다.
② 세장한 골재보다는 둥근골재를 사용한다.
③ 중량골재와 경량골재 등 비중차가 큰 골재를 사용한다.
④ AE제나 AE감수제 등을 사용하여 사용수량을 감소시킨다.

정답 ➔ 36. ④ 37. ② 38. ② 39. ② 40. ④ 41. ① 42. ③ 43. ③

44. 측량에서 활용되는 다음 설명의 곡면은?

> 정지된 평균해수면을 육지까지 연장하여 지구전체를 둘러쌌다고 가상한 곡면

① 타원체면　② 지오이드면
③ 물리적지표면　④ 회전타원체면

45. 잔디의 잎에 갈색 병반이 동그랗게 생기고, 특히 6~9월경에 벤트 그라스에 주로 나타나는 병해는?

① 녹병　② 황화병
③ 브라운패치　④ 설부병

❖ 브라운 패치는 잎에 갈색 원형 병반이 생기는 것으로 6,7월 9월 서양잔디에 발생한다.

46. 조경현장에서 사고가 발생하였다고 할 때 응급조치를 잘못 취한 것은?

① 기계의 작동이나 전원을 단절시켜 사고의 진행을 막는다.
② 현장에 관중이 모이거나 흥분이 고조되지 않도록 하한다.
③ 사고 현장은 사고 조사가 끝날 때까지 그대로 보존하여 두어야 한다.
④ 상해자가 발생시는 관계 조사관이 현장을 확인 보존 후 이후 전문의의 치료를 받게 한다.

❖ 상해자가 발생시는 우선 응급처치, 구급차요청, 호송 등 조치를 하여 사고자를 구호한다.

47. 단풍나무를 식재 적기가 아닌 여름에 옮겨 심을 때 실시해야 하는 작업은?

① 뿌리분을 크게 하고, 잎을 모조리 따내고 식재
② 뿌리분을 적게 하고, 가지를 잘라낸 후 식재
③ 굵은 뿌리는 자르고, 가지를 솎아내고 식재
④ 잔뿌리 및 굵은 뿌리를 적당히 자르고 식재

48. 콘크리트의 크리프 (creep) 현상에 관한 설명으로 옳지 않은 것은?

① 부재의 건조 정도가 높을수록 크리프는 증가한다.
② 양생, 보양이 나쁠수록 크리프는 증가한다.
③ 온도가 높을수록 크리프는 증가한다.
④ 단위수량이 적을수록 크리프는 증가한다.

❖ 단위수량이 많을수록 크리프는 증가한다.

49. 마운딩(mounding)의 기능으로 옳지 않은 것은?

① 유효 토심확보
② 배수 방향 조절
③ 공간 연결의 역할
④ 자연스러운 경관 연출

❖ 마운딩은 흙쌓기 공사의 일종으로 토심확보가 가능하고, 높낮이가 생김으로써 배수방향을 조절할 수 있으며, 자연스러운 경관연출이 가능하다.

50. 다음 중 호박돌 쌓기에 이용되는 쌓기법으로 가장 적합한 것은?

① +자 줄눈 쌓기
② 줄눈 어긋나게 쌓기
③ 이음매 경사지게 쌓기
④ 평석 쌓기

❖ 돌은 서로 어긋나게 놓아 십자(+) 줄눈이 생기지 않도록 육법쌓기를 한다.

51. 벽 뒤로부터의 토압에 의한 붕괴를 막기 위한 공사는?

① 옹벽쌓기　② 기슭막이
③ 견치석쌓기　④ 호안공

52. 수목의 키를 낮추려면 다음 중 어떠한 방법으로 전정하는 것이 가장 좋은가?

① 수액이 유동하기 전에 약전정을 한다.
② 수액이 유동한 후에 약전정을 한다.
③ 수액이 유동하기 전에 강전정을 한다.
④ 수액이 유동한 후에 강전정을 한다.

정답 ➔ 44. ② 45. ③ 46. ④ 47. ① 48. ④ 49. ③ 50. ② 51. ① 52. ③

53. 일반적으로 근원 직경이 10㎝인 수목의 뿌리분을 뜨고자 할 때 뿌리분의 직경으로 적당한 크기는?

① 20㎝ ② 40㎝
③ 80㎝ ④ 120㎝

✤ 일반적인 분의 크기는 근원직경의 3~5배로 보통 4배를 적용한다.

54. 다음 그림과 같은 비탈면 보호공의 공종은?

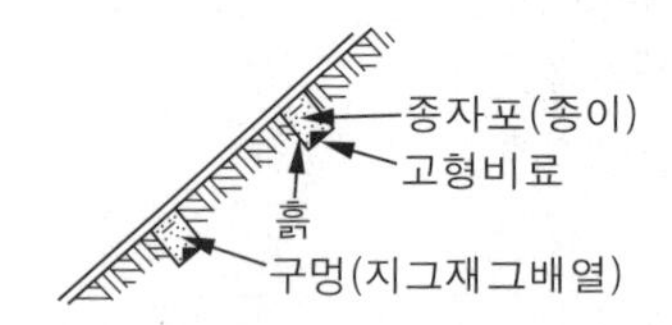

① 식생구멍공 ② 식생자루공
③ 식생매트공 ④ 줄떼심기공

55. 과습지역 토양의 물리적 관리 방법이 아닌 것은?

① 암거배수 시설설치
② 명거배수 시설설치
③ 토양치환
④ 석회시용

56. 개화를 촉진하는 정원수 관리에 관한 설명으로 옳지 않은 것은?

① 햇빛을 충분히 받도록 해준다.
② 물을 되도록 적게 주어 꽃눈이 많이 생기도록 한다.
③ 깻묵, 닭똥, 요소, 두엄 등을 15일 간격으로 시비한다.
④ 너무 많은 꽃봉오리는 솎아 낸다.

57. 흙은 같은 양이라 하더라도 자연상태(N)와 흐트러진 상태(S), 인공적으로 다져진 상태(H)에 따라 각각 그 부피가 달라진다. 자연상태의 흙의 부피(N)를 1.0으로 할 경우 부피가 큰 순서로 적당한 것은?

① H 〉 N 〉 S ② N 〉 H 〉 S
③ S 〉 N 〉 H ④ S 〉 H 〉 N

58. 다음 중 토양수분의 형태적 분류와 설명이 옳지 않은 것은?

① 결합수(結合水) – 토양 중의 화합물의 한 성분
② 흡습수(吸濕水) – 흡착되어 있어서 식물이 이용하지 못하는 수분
③ 모관수(毛管水) – 식물이 이용할 수 있는 수분의 대부분
④ 중력수(重力水) – 중력에 내려가지 않고 표면장력에 의하여 토양입자에 붙어있는 수

✤ 중력수는 중력에 의하여 토양입자로부터 유리되어 자유롭게 이동하거나 지하로 침투되는 물로서 지하수원이 되는 물이다.

59. 잎응애(spider mite)에 관한 설명으로 옳지 않은 것은?

① 절지동물로서 거미강에 속한다.
② 무당벌레, 풀잠자리, 거미 등의 천적이 있다.
③ 5월부터 세심히 관찰하여 약충이 발견되면, 다이아지논 입제 등 살충제를 살포한다.
④ 육안으로 보이지 않기 때문에 응애피해를 다른 병으로 잘못 진단하는 경우가 자주 있다.

60. 흡즙성 해충의 분비물로 인하여 발생하는 병은?

① 흰가루병 ② 혹병
③ 그을음병 ④ 점무늬병

✤ 그을음병은 흡즙성 해충 깍지벌레, 진딧물의 배설물에 의해 발생한다.

 정답 ➔ 53. ② 54. ① 55. ④ 56. ③ 57. ③ 58. ④ 59. ③ 60. ③

❖ 2014년 조경기능사 제 1 회

2014년 1월 26일 시행

1. 앙드레 르 노트르(Andre Le Notre)가 유명하게 된 것은 어떤 정원을 만든 후 부터인가?

① 베르사이유(Versailles)
② 센트럴 파크(Central Park)
③ 토스카나장(Villa Toscana)
④ 알함브라(Alhambra)

2. 경관 구성의 기법 중 [보기]가 설명하는 수목 배치 기법은?

[보기]

한 그루의 나무를 다른 나무와 연결시키지 않고 독립하여 심는 경우를 말하며 멀리서도 눈에 잘 띄기 때문에 랜드마크의 역할도 한다.

① 점식　② 열식
③ 군식　④ 부등변삼각형 식재

❖ 점식은 단식이라고도 하며 현관 앞 등 가장 중요한 자리에 형태가 우수하고 중량감 있는 정형수를 단독으로 식재하는 것을 말한다.

3. 계획 구역 내에 거주하고 있는 사람과 이용자를 이해하는데 목적이 있는 분석방법은?

① 자연환경분석
② 인문환경분석
③ 시각환경분석
④ 청각환경분석

4. 다음 중 일본정원과 관련이 가장 적은 것은?

① 축소 지향적
② 인공적 기교
③ 통경선의 강조
④ 추상적 구성

❖ 일본의 조경수법은 기교와 관상적 가치에 치중하여 세부적수법이 발달하고 실용적 기능면을 무시하였으며 '자연재현→ 추상화→ 축경화'의 과정으로 변화하였다.

5. 도시공원 및 녹지 등에 관한 법률에서 「어린이공원」의 설계기준으로 틀린 것은?

① 유치거리는 250m 이하, 1개소의 면적은 1500m 이상의 규모로 한다.
② 휴양시설 중 경로당을 설치하여 어린이와의 유대감을 형성할 수 있다.
③ 유희시설에 설치되는 시설물에는 정글짐, 미끄럼틀, 시소 등이 있다.
④ 공원시설 부지면적은 전체 면적의 60% 이하로 하여야 한다.

6. 토양의 단면 중 낙엽이 대부분 분해되지 않고 원형 그대로 쌓여 있는 층은?

① L층　② F층
③ H층　④ C층

❖ · F층 : 낙엽이 분해되었지만 다소 원형을 유지하고 있어 유체의 식별이 가능한 층

· H층 : 분해가 진행되어 낙엽의 기원을 알 수 없는 흑갈색의 유기물 층

· C층 : 외계로부터 토양생성작용을 받지 못하고 단지 광물질만이 풍화된 층

7. 다음 중 색의 대비에 관한 설명이 틀린 것은?

① 보색인 색을 인접시키면 본래의 색보다 채도가 낮아져 탁해 보인다.
② 명도단계를 연속시켜 나열하면 각각 인접한 색끼리 두드러져 보인다.
③ 명도가 다른 두 색을 인접시키면 명도가 낮은 색은 더욱 어두워 보인다.
④ 채도가 다른 두 색을 인접시키면 채도가 높은 색은 더욱 선명해 보인다.

❖ 보색인 색을 인접시키면 서로영향을 받아 본래의 색보다 채도가 높아 보여 선명해지며 서로 상대방의 색을 강하게 드러내 보인다.

정답 ➜ 1. ① 2. ① 3. ② 4. ③ 5. ② 6. ① 7. ①

8. 조경 프로젝트의 수행 단계 중 주로 공학적인 지식을 바탕으로 다른 분야와는 달리 생물을 다룬다는 특수한 기술이 필요한 단계로 가장 적합한 것은?

① 조경계획 ② 조경설계
③ 조경관리 ④ 조경시공

9. 다음 중 일반적으로 옥상정원 설계시 일반조경 설계보다 중요하게 고려할 항목으로 관련이 가장 적은 것은?

① 토양층 깊이 ② 방수 문제
③ 지주목의 종류 ④ 하중 문제

10. 로마의 조경에 대한 설명으로 알맞은 것은?

① 집의 첫번째 중정(Atrium)은 5점형 식재를 하였다.
② 주택정원은 그리스와 달리 외향적인 구성이었다.
③ 집의 두번째 중정(Peristylium)은 가족을 위한 사적 공간이다.
④ 겨울 기후가 온화하고 여름이 해안기후로 시원하여 노단형의 별장(Villa)이 발달하였다.

❖ 페리스틸리움(Peristylium)은 사적인 공간으로 가족을 위한 공간이다.

11. 수목을 표시를 할 때 주로 사용되는 제도 용구는?

① 삼각자 ② 템플릿
③ 삼각축척 ④ 곡선자

❖ 템플릿은 아크릴로 만든 얇은 판에 원이나 다른 도형 등을 일정한 형태로 뚫어 놓아 기호나 시설물 등을 그릴 때 유용하다.

12. 귤준망의 「작정기」에 수록된 내용이 아닌 것은?

① 서원조 정원 건축과의 관계
② 원지를 만드는 법
③ 지형의 취급방법
④ 입석의 의장법

❖ 귤준망의 「작정기」에는 침전조 계통의 정원 형태와 의장에 관한 내용으로 정원 전체의 땅가름, 연못, 섬, 입석, 작천 등 정원에 관한 사항이 상세하게 기록되어져 있다.

13. 식재설계에서의 인출선과 선의 종류가 동일한 것은?

① 단면선 ② 숨은선
③ 경계선 ④ 치수선

❖ 치수선은 인출선과 동일하게 가는선이다.

14. 다음 중 이탈리아 정원의 장식과 관련된 설명으로 가장 거리가 먼 것은?

① 기둥, 복도, 열주, 퍼골라, 조각상, 장식분이 장식 된다.
② 계단폭포, 물무대, 정원극장, 동굴 등이 장식된다.
③ 바닥은 포장되며 곳곳에 광장이 마련되어 화단으로 장식된다.
④ 원예적으로 개량된 관목성의 꽃나무나 알뿌리 식물 등이 다량으로 식재되어 진다.

15. 시공 후 전체적인 모습을 알아 보기 쉽도록 그린 그림과 같은 형태의 도면은?

① 평면도 ② 입면도
③ 조감도 ④ 상세도

❖ 조감도는 완성 후의 모습을 공중에서 내려다본 모습을 그린 것을 말하며 공간을 사실적으로 표현함으로써 공간 구성을 쉽게 알 수 있다.

16. 다음 중 난지형 잔디에 해당되는 것은?

① 레드톱
② 버뮤다그라스
③ 켄터키블루그라스
④ 톨 훼스큐

❖ 난지형 잔디에는 들잔디, 금잔디, 비단잔디, 갯잔디, 버뮤다그래스가 있다.

정답 ➔ 8. ④ 9. ③ 10. ③ 11. ② 12. ① 13. ④ 14. ④ 15. ③ 16. ②

17. 겨울 화단에 식재하여 활용하기 가장 적합한 식물은?

① 팬지 ② 매리골드
③ 달리아 ④ 꽃양배추

❖ 팬지는 봄 화단, 매리골드, 달리아는 여름 및 가을화단에 적합하다.

18. 다음 노박덩굴과(Celastraceae) 식물 중 상록계열에 해당하는 것은?

① 노박덩굴
② 화살나무
③ 참빗살나무
④ 사철나무

❖ 사철나무는 상록관목이다.
① 노박덩굴 – 낙엽덩굴식물
② 화살나무 – 낙엽관목
③ 참빗살나무 – 낙엽교목

19. 다음 도료 중 건조가 가장 빠른 것은?

① 오일페인트 ② 바니쉬
③ 래커 ④ 레이크

❖ 래커는 건조가 빨라 뿜칠로 시공한다.

20. 지력이 낮은 척박지에서 지력을 높이기 위한 수단으로 식재 가능한 콩과(科) 수종은?

① 소나무 ② 녹나무
③ 갈참나무 ④ 자귀나무

❖ ① 소나무–소나무과
② 녹나무–녹나무과
③ 갈참나무–참나무과

21. 다음 중 고광나무(Philadelphus schrenkii)의 꽃 색깔은?

① 적색 ② 황색
③ 백색 ④ 자주색

❖ 정답은 ②로 나와 있으나, 고광나무의 꽃은 백색에 가깝다.

22. 대취(thach)란 지표면과 잔디(녹색식물체) 사이에 형성되는 것으로 이미 죽었거나 살아있는 뿌리, 줄기 그리고 가지 등이 서로 섞여 있는 유기층을 말한다. 다음 중 대취의 특징으로 옳지 않은 것은?

① 한겨울에 스캘핑이 생기게 한다.
② 대취층에 병원균이나 해충이 기거하면서 피해를 준다.
③ 탄력성이 있어서 그 위에서 운동할 때 안전성을 제공한다.
④ 소수성(hydrophobic)인 대취의 성질로 인하여 토양으로 수분이 전달되지 않아서 국부적으로 마른지역을 형성하며 그 위의 잔디가 말라 죽게 한다.

23. 화성암의 심성암에 속하며 흰색 또는 담회색인 석재는?

① 화강암 ② 안산암
③ 점판암 ④ 대리석

24. 다음 중 가을에 꽃향기를 풍기는 수종은?

① 매화나무
② 수수꽃다리
③ 모과나무
④ 목서류

❖ 수수꽃다리는 봄, 매화나무는 겨울에 꽃향기를 풍기는 수종이고, 모과나무는 열매에서 향기를 풍기는 수종이다.

25. 다음 중 정원수목으로 적합하지 않은 것은?

① 잎이 아름다운 것
② 값이 비싸고 희귀한 것
③ 이식과 재배가 쉬운 것
④ 꽃과 열매가 아름다운 것

❖ 정원수는 이식이 용이하고, 그 후의 생육이 토질이나 기후에 순응할 수 있어야 하며, 정원수로서의 개성미인 모양, 색채가 아름다워야 한다. 또한 시장성이 있어야 하므로 값이 비싸고 희귀한 것은 부적합하다.

정답 ➜ 17. ④ 18. ④ 19. ③ 20. ④ 21. ② 22. ① 23. ① 24. ④ 25. ②

26. 주철강의 특성 중 틀린 것은?

① 선철이 주재료이다.
② 내식성이 뛰어나다.
③ 탄소 함유량은 1.7~6.6% 이다.
④ 단단하여 복잡한 형태의 주조가 어렵다.

27. 다음 중 자작나무과(科)의 물오리나무 잎으로 가장 적합한 것은?

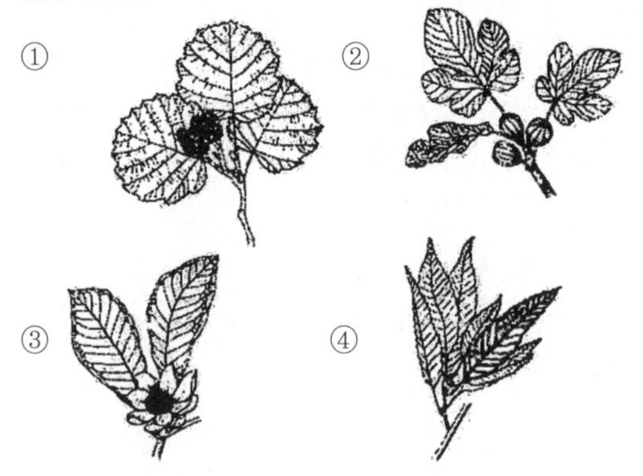

28. 다음 중 옥상정원을 만들 때 배합하는 경량재로 사용하기 가장 어려운 것은?

① 사질양토 ② 버미큘라이트
③ 펄라이트 ④ 피트

❖ 옥상조경 경량토로는 펄라이트, 버미큘라이트, 피트모스, 화산재가 쓰인다.

29. 골재의 함수상태에 대한 설명 중 옳지 않은 것은?

① 절대건조상태는 105±5℃ 정도의 온도에서 24시간 이상 골재를 건조시켜 표면 및 골재알 내부의 빈틈에 포함되어 있는 물이 제거된 상태이다.
② 공기중 건조상태는 실내에 방치한 경우 골재입자의 표면과 내부의 일부가 건조된 상태이다.
③ 표면건조포화상태는 골재입자의 표면에 물은 없으나 내부의 빈틈에 물이 꽉 차있는 상태이다.
④ 습윤상태는 골재 입자의 표면에 물이 부착되어 있으나 골재 입자 내부에는 물이 없는 상태이다.

30. 섬유포화점은 목재 중에 있는 수분이 어떤 상태로 존재하고 있는 것을 말하는가?

① 결합수만이 포화되어 있을 때
② 자유수만이 포화되어 있을 때
③ 유리수만이 포화되어 있을 때
④ 자유수와 결합수가 포화되어 있을 때

31. 실리카질 물질(SiO)을 주성분으로 하며 그 자체는 수경성(hydraulicity)이 없으나 시멘트의 수화에 의해 생기는 수산화칼슘[Ca(OH)]과 상온에서 서서히 반응하여 불용성의 화합물을 만드는 광물질 미분말의 재료는?

① 실리카흄
② 고로슬래그
③ 플라이애시
④ 포졸란

32. 다음 중 물푸레나무과에 해당되지 않는 것은?

① 미선나무 ② 광나무
③ 이팝나무 ④ 식나무

❖ 식나무는 층층나무과 수종이다.

33. 석재의 가공 방법 중 혹두기 작업의 바로 다음 후속 작업으로 작업면을 비교적 고르고 곱게 처리할 수 있는 작업은?

① 물갈기 ② 잔다듬
③ 정다듬 ④ 도드락다듬

❖ 정다듬은 혹두기의 다음 작업으로 정으로 쪼아서 평평하게 다듬는 것을 말한다.

34. 조경 수목 중 아황산가스에 대해 강한 수종은?

① 양버즘나무 ② 삼나무
③ 전나무 ④ 단풍나무

❖ 아황산가스에 강한수종에는 비자나무, 편백, 은행나무, 가중나무 양버즘나무 등이 있다. 삼나무, 전나무, 단풍나무는 아황산가스에 약한 수종이다.

정답 ➔ 26. ④ 27. ① 28. ① 29. ④ 30. ① 31. ④ 32. ④ 33. ③ 34. ①

35. 수목은 생육조건에 따라 양수와 음수로 구분하는데, 다음 중 성격이 다른 하나는?

① 무궁화 ② 박태기나무
③ 독일가문비나무 ④ 산수유

❖ 무궁화, 박태기나무, 산수유는 양수이고, 독일가문비나무는 음수이다.

36. 임목(林木) 생장에 가장 좋은 토양구조는?

① 판상구조(platy)
② 괴상구조(blocky)
③ 입상구조(granular)
④ 견파상구조(nutty)

❖ 입상구조는 입단이 다면체나 구형으로 공극형성이 좋아 식물생육에 좋은 구조이다.

37. 다음 중 방위각 150°를 방위로 표시하면 어느 것인가?

① N 30°E ② S 30°E
③ S 30°W ④ N 30°W

38. 이식한 수목의 줄기와 가지에 새끼로 수피감기 하는 이유로 가장 거리가 먼 것은?

① 경관을 향상시킨다.
② 수피로부터 수분 증산을 억제한다.
③ 병·해충의 침입을 막아준다.
④ 강한 태양광선으로부터 피해를 막아 준다.

39. 다음 중 비탈면을 보호하는 방법으로 짧은 시간과 급경사 지역에 사용하는 시공방법은?

① 콘크리트 격자틀공법
② 자연석 쌓기법
③ 떼심기법
④ 종자뿜어 붙이기법

40. 농약을 유효 주성분의 조성에 따라 분류한 것은?

① 입제 ② 훈증제
③ 유기인계 ④ 식물생장 조정제

❖ ①②는 농약의 형태에 따라 분류한 것이고, ④는 사용목적 및 작용특성에 따라 분류한 것이다.

41. 소나무류 가해 해충이 아닌 것은?

① 알락하늘소 ② 솔잎혹파리
③ 솔수염하늘소 ④ 솔나방

42. 고속도로의 시선유도 식재는 주로 어떤 목적을 갖고 있는가?

① 위치를 알려준다.
② 침식을 방지한다.
③ 속력을 줄이게 한다.
④ 전방의 도로 형태를 알려준다.

❖ 시선유도 식재는 주행 중의 운전자가 도로의 선형변화를 미리 판단할 수 있도록 시선을 유도해주는 역할을 한다.

43. 다음 중 여성토의 정의로 가장 알맞은 것은?

① 가라앉을 것을 예측하여 흙을 계획높이 보다 더 쌓는 것
② 중앙분리대에서 흙을 볼록하게 쌓아 올리는 것
③ 옹벽앞에 계단처럼 콘크리트를 쳐서 옹벽을 보강하는 것
④ 잔디밭에서 잔디에 주기적으로 뿌려 뿌리가 노출되지 않도록 준비하는 토양

❖ 여성토는 성토 공사후 흙의 변형 및 침하에 대비하여 계획고보다 일정높이만큼을 더 증가시켜 성토하는 것을 말한다.

44. 다음 중 등고선의 성질에 관한 설명으로 옳지 않은 것은?

① 등고선상에 있는 모든 점은 높이가 다르다.
② 등경사지는 등고선 간격이 같다.
③ 급경사지는 등고선의 간격이 좁고, 완경사지는 등고선 간격이 넓다.
④ 등고선은 도면의 안이나 밖에서 폐합되며 도중에 없어지지 않는다.

❖ 등고선은 지표의 같은 높이의 모든 점을 연결하여 평면위에 그린 선을 말한다.

정답 ➔ 35. ③ 36. ③ 37. ② 38. ① 39. ④ 40. ③ 41. ① 42. ④ 43. ① 44. ①

45. 토양침식에 대한 설명으로 옳지 않은 것은?

① 토양의 침식량은 유거수량이 많을수록 적어진다.
② 토양유실량은 강우량보다 최대강우강도와 관계가 있다.
③ 경사도가 크면 유속이 빨라져 무거운 입자도 침식된다.
④ 식물의 생장은 투수성을 좋게 하여 토양 유실량을 감소시킨다.

❖ 토양의 침식량은 유거수량이 많을수록 커진다.

46. 지형을 표시하는데 가장 기본이 되는 등고선의 종류는?

① 조곡선 ② 주곡선
③ 간곡선 ④ 계곡선

❖ 주곡선은 각 지형의 높이를 표시하는데 기본이 되는 등고선이다.

47. 다음 중 소나무의 순자르기 방법으로 가장 거리가 먼 것은?

① 수세가 좋거나 어린나무는 다소 빨리 실시하고, 노목이나 약해 보이는 나무는 5~7일 늦게 한다.
② 손으로 순을 따 주는 것이 좋다.
③ 5 ~ 6월경에 새순이 5 ~ 10㎝ 자랐을 때 실시한다.
④ 자라는 힘이 지나치다고 생각될 때에는 1/3 ~ 1/2 정도 남겨두고 끝 부분을 따 버린다.

❖ 소나무 순자르기는 우선적으로 순중에 약한 부분을 먼저 자르고 나중에 강한순을 자른다.

48. 시멘트의 응결을 빠르게 하기 위하여 사용하는 혼화제는?

① 지연제 ② 발포제
③ 급결제 ④ 기포제

❖ 급결제는 시멘트의 응결을 촉진하기 위하여 가하는 약제로 초기강도를 증대하므로 급경제, 경화 촉진제가 되기도 한다.

49. 난지형 한국잔디의 발아적온으로 맞는 것은?

① 15 ~ 20℃ ② 20 ~ 23℃
③ 25 ~ 30℃ ④ 30 ~ 33℃

❖ 난지형잔디의 생육적온은 25~35℃, 발아적온은 30~35℃ 이다.

50. 용적 배합비 1:2:4 콘크리트 1㎥ 제작에 모래가 0.45㎥ 필요하다. 자갈은 몇 ㎥ 필요한가?

① 0.45㎥ ② 0.5㎥
③ 0.90㎥ ④ 0.15㎥

❖ 시멘트:모래:자갈의 용접 배합비가 1:2:4 이므로
0.45×2=0.90(㎥)

51. 축척이 1/5000인 지도상에서 구한 수평면적이 5㎠라면 지상에서의 실제면적은 얼마인가?

① 1250㎡ ② 12500㎡
③ 2500㎡ ④ 25000㎡

❖ $(\frac{1}{m})^2 = \frac{\text{도상면적}}{\text{실제면적}}$

$(\frac{1}{5,000})^2 = \frac{0.0005}{x}$

$x = 5,000^2 \times 0.0005 = 12,500(m^2)$

52. 다음 중 잡초의 특성으로 옳지 않은 것은?

① 재생 능력이 강하고 번식 능력이 크다.
② 종자의 휴면성이 강하고 수명이 길다.
③ 생육 환경에 대하여 적응성이 작다.
④ 땅을 가리지 않고 흡비력이 강하다.

❖ 잡초는 생활력, 생존력이 강하여 환경에 대한 적응성이 크다.

53. 겨울철에 제설을 위하여 사용되는 해빙염(deicing salt)에 관한 설명으로 옳지 않은 것은?

① 염화칼슘이나 염화나트륨이 주로 사용된다.
② 장기적으로 수목의 쇠락(decline)으로 이어진다.
③ 흔히 수목의 잎에는 괴사성 반점(점무늬)이 나타난다.

정답 ➜ 45. ① 46. ② 47. ① 48. ③ 49. ④ 50. ③ 51. ② 52. ③ 53. ③

④ 일반적으로 상록수가 낙엽수보다 더 큰 피해를 입는다.

54. 소나무류의 잎솎기는 어느 때 하는 것이 가장 좋은가?

① 12월경 ② 2월경
③ 5월경 ④ 8월경

❖ 잎솎기는 자라나는 순의 세력조절을 하는 것으로 순따기 이후인 8월경에 실시한다.

55. 다음 중 천적 등 방제대상이 아닌 곤충류에 가장 피해를 주기 쉬운 농약은?

① 훈증제 ② 전착제
③ 침투성 살충제 ④ 지속성 접촉제

56. 토양수분 중 식물이 이용하는 형태로 가장 알맞은 것은?

① 결합수 ② 자유수
③ 중력수 ④ 모세관수

❖ 모세관수는 물의 표면장력에 의해 토양의 공극에 일시적으로 보유되는 물로 식물의 수분 흡수와 가장 관계가 깊다.

57. 다음 중 ( )안에 알맞은 것은?

> 공사 목적물을 완성하기까지 필요로 하는 여러 가지 작업의 순서와 단계를 ( )(이)라고 한다. 가장 효과적으로 공사 목적물을 만들 수 있으며 시간을 단축시키고 비용을 절감 할 수 있는 방법을 정할 수 있다.

① 공종 ② 검토
③ 시공 ④ 공정

58. 다음 선의 종류와 선긋기의 내용이 잘못 짝지어진 것은?

① 가는 실선 : 수목인출선
② 파선 : 단면
③ 1점쇄선 : 경계선
④ 2점쇄선 : 중심선

❖ 2점쇄선 : 가상선

59. 전정도구 중 주로 연하고 부드러운 가지나 수관 내부의 가늘고 약한 가지를 자를 때와 꽃꽂이를 할 때 흔히 사용하는 것은?

① 대형전정가위
② 적심가위 또는 순치기가위
③ 적화, 적과가위
④ 조형 전정가위

❖ 적심가위는 주로 연하고 부드러운 가지나 끝순, 햇순, 수관 내부의 약한 가지, 꽃꽂이용으로 사용한다.

60. 콘크리트용 골재로서 요구되는 성질로 틀린 것은?

① 단단하고 치밀할 것
② 필요한 무게를 가질 것
③ 알의 모양은 둥글거나 입방체에 가까울 것
④ 골재의 낱알 크기가 균등하게 분포할 것

❖ 골재는 잔 것과 굵은 것이 적당히 혼합된 것을 사용한다.

정답 ➔ 54. ④ 55. ④ 56. ④ 57. ④ 58. ④ 59. ② 60. ④

❖ 2014년 조경기능사 제 2 회

2014년 4월 6일 시행

1. 그림과 같이 AOB 직각을 3등분 할 때 다음 중 선의 길이가 같지 않은 것은?

① CF
② EF
③ OD
④ OC

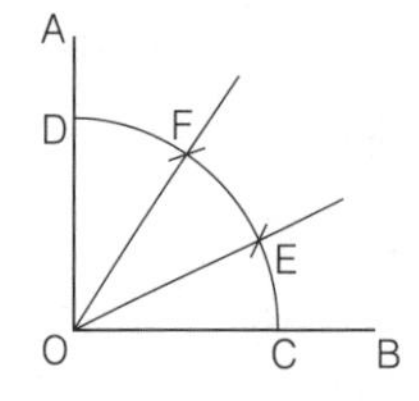

2. 다음 중 묘원의 정원에 해당하는 것은?

① 타지마할 ② 알함브라
③ 공중정원 ④ 보르비꽁트

❖ 타지마할은 인도 영묘건축의 최고봉이다.

3. 다음 중 위요된 경관(enclosed landscape)의 특징 설명으로 옳은 것은?

① 시선의 주의력을 끌 수 있어 소규모의 지형도 경관으로서 의의를 갖게 해준다.
② 보는 사람으로 하여금 위압감을 느끼게 하며 경관의 지표가 된다.
③ 확 트인 느낌을 주어 안정감을 준다.
④ 주의력이 없으면 등한시하기 쉬운 것이다.

❖ 위요경관은 주변은 차폐되고 위로는 개방된 경관을 말한다.

4. 실물을 도면에 나타낼 때의 비율을 무엇이라 하는가?

① 범례 ② 표제란
③ 평면도 ④ 축척

❖ 축척은 "대상물의 실제 치수"에 대한 "도면에 표시한 대상물"의 비로써 도면의 치수를 실제의 치수로 나눈 값이다.

5. 고려시대 조경수법은 대비를 중요시 하는 양상을 보인다. 어느 시대의 수법을 받아 들였는가?

① 신라시대 수법 ② 일본 임천식 수법
③ 중국 당시대 수법 ④ 중국 송시대 수법

6. 다음 설명의 A, B에 적합한 용어는?

> 인간의 눈은 원추세포를 통해 (A)을(를) 지각하고, 간상세포를 통해 (B)을(를) 지각한다.

① A : 색채, B : 명암
② A : 밝기, B : 채도
③ A : 명암, B : 색채
④ A : 밝기, B : 색조

❖ 원추세포는 눈의 망막에 있는 형태와 색에 관계하는 원추 모양의 시세포이고, 간상세포는 색을 판단하지는 못하나 빛에 민감하여 쉽게 순응하는 세포이다. 그러므로 원추세포를 통해 색채를 지각하고, 간상세포를 통해 명암을 지각한다.

7. 다음 설명의 ( )에 들어갈 각각의 용어는?

> – 면적이 커지면 명도와 채도가 (㉠)
> – 큰 면적의 색을 고를 때의 견본색은 원하는 색보다 (㉡)색을 골라야 한다.

① ㉠ 높아진다 ㉡ 밝고 선명한
② ㉠ 높아진다 ㉡ 어둡고 탁한
③ ㉠ 낮아진다 ㉡ 밝고 선명한
④ ㉠ 낮아진다 ㉡ 어둡고 탁한

❖ 큰 면적의 색은 명도와 채도가 실제보다 높아 보이고, 작은 면적의 색은 실제보다 낮아 보인다. 그러므로 견본색은 원하는 색보다 어둡고 탁한색을 골라야 한다.

8. 주로 장독대, 쓰레기통, 빨래건조대 등을 설치하는 주택정원의 적합 공간은?

① 안뜰 ② 앞뜰
③ 작업뜰 ④ 뒤뜰

정답 ➔ 1. ② 2. ① 3. ① 4. ④ 5. ④ 6. ① 7. ② 8. ③

9. 그림과 같은 축도기호가 나타내고 있는 것으로 옳은 것은?

① 등고선
② 성토
③ 절토
④ 과수원

10. 1857년 미국 뉴욕에 중앙공원(Central park)을 설계한 사람은?

① 하워드(Ebenerzer Howard)
② 르코르뷔지에(Le Corbusier)
③ 옴스테드(Fredrick Law Olmsted)
④ 브라운(Brown)

❖ 센트럴파크는 옴스테드와 보우의 '그린스워드안'이 당선된 것으로 자연풍경식 양식이 적용 되었다.

11. 어떤 두 색이 맞붙어 있을 때 그 경계 언저리에 대비가 더 강하게 일어나는 현상은?

① 연변대비 ② 면적대비
③ 보색대비 ④ 한난대비

❖ 나란히 단계적으로 균일하게 채색되어 있는 색의 경계부분에서 일어나는 대비현상을 연변대비라고 한다.

12. 넓은 의미로의 조경을 가장 잘 설명한 것은?

① 기술자를 정원사라 부른다.
② 궁전 또는 대규모 저택을 중심으로 한다.
③ 식재를 중심으로 한 정원을 만드는 일에 중점을 둔다.
④ 정원을 포함한 광범위한 옥외공간 건설에 적극 참여한다.

13. 먼셀표색계의 10색상환에서 서로 마주보고 있는 색상의 짝이 잘못 연결된 것은?

① 빨강(R) – 청록(BG)
② 노랑(Y) – 남색(PB)
③ 초록(G) – 자주(RP)
④ 주황(YR) – 보라(P)

❖ 주황(YR) – 청(B)

14. 다음의 입체도에서 화살표 방향을 정면으로 할 때 평면도를 바르게 표현한 것은?

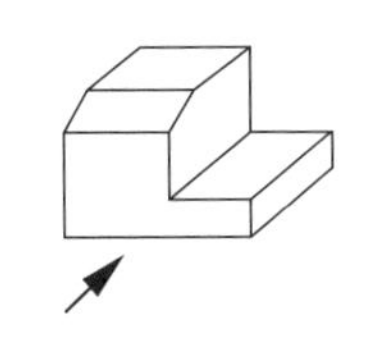

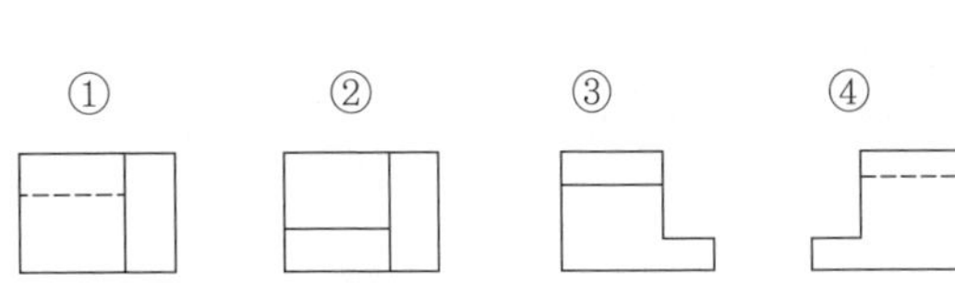

15. 조경미의 원리 중 대비가 불러오는 심리적 자극으로 가장 거리가 먼 것은?

① 반대
② 대립
③ 변화
④ 안정

❖ 대비는 서로 상이한 요소를 대조시킴으로써 변화를 주는 것으로 이질부분의 결합에 의해 나타나는 것이다. ④의 안정과는 거리가 멀다.

16. 가로수가 갖추어야 할 조건이 아닌 것은?

① 공해에 강한 수목
② 답압에 강한 수목
③ 지하고가 낮은 수목
④ 이식에 잘 적응하는 수목

❖ 가로수는 보행자를 고려해 지하고가 높은 수목이어야 한다.

17. 플라스틱의 장점에 해당하지 않는 것은?

① 가공이 우수하다.
② 경량 및 착색이 용이하다.
③ 내수 및 내식성이 강하다.
④ 전기 절연성이 없다.

❖ 플라스틱은 전기 절연성이 좋다.

정답 ➔ 9. ② 10. ③ 11. ① 12. ④ 13. ④ 14. ② 15. ④ 16. ③ 17. ④

18. 열경화성 수지의 설명으로 틀린 것은?

① 축합반응을 하여 고분자로 된 것이다.
② 다시 가열하는 것이 불가능하다.
③ 성형품은 용제에 녹지 않는다.
④ 불소수지와 폴리에틸렌수지 등으로 수장재로 이용된다.

❖ 불소수지는 내약품성, 전기절연성, 내마찰성이 우수하나 다른 물질과 접착성이 떨어지므로 수장재로 부적합하며, 폴리에틸렌수지는 방수, 방습 시트 , 포장 필름, 전선 피복, 일용잡화 등에 쓰이나 상온에서는 완전히 녹일 수 있는 용제가 없으므로 도료로서의 사용은 곤란하다.

19. 시멘트의 종류 중 혼합 시멘트에 속하는 것은?

① 팽창 시멘트
② 알루미나 시멘트
③ 고로슬래그 시멘트
④ 조강포틀랜드 시멘트

❖ ①② 특수시멘트, ④ 포틀랜드 시멘트

20. 이팝나무와 조팝나무에 대한 설명으로 옳지 않은 것은?

① 이팝나무의 열매는 타원형의 핵과이다.
② 환경이 같다면 이팝나무가 조팝나무 보다 꽃이 먼저 핀다.
③ 과명은 이팝나무는 물푸레나무과(科)이고, 조팝나무는 장미과(科)이다.
④ 성상은 이팝나무는 낙엽활엽교목이고, 조팝나무는 낙엽활엽관목이다.

❖ 조팝나무는 4~5월, 이팝나무는 5~6월에 꽃이 핀다.

21. 목재의 방부재(preservate)는 유성, 수용성, 유용성으로 크게 나눌 수 있다. 유용성으로 방부력이 대단히 우수하고 열이나 약제에도 안정적이며 거의 무색제품으로 사용되는 약제는?

① PCP
② 염화아연
③ 황산구리
④ 크레오소트

22. 다음 중 콘크리트의 워커빌리티 증진에 도움이 되지 않는 것은?

① AE제 ② 감수제
③ 포졸란 ④ 응결경화 촉진제

23. 다음 중 목재의 장점이 아닌 것은?

① 가격이 비교적 저렴하다.
② 온도에 대한 팽창, 수축이 비교적 작다.
③ 생산량이 많으며 입수가 용이하다.
④ 크기에 제한을 받는다.

24. 다음 중 산성토양에서 잘 견디는 수종은?

① 해송 ② 단풍나무
③ 물푸레나무 ④ 조팝나무

❖ 단풍나무, 물푸레나무, 조팝나무는 염기성에 잘 견디는 수종이다.

25. 잔디밭을 조성함으로써 발생되는 기능과 효과가 아닌 것은?

① 아름다운 지표면 구성
② 쾌적한 휴식 공간 제공
③ 흙이 바람에 날리는 것 방지
④ 빗방울에 의한 토양 유실 촉진

❖ 잔디가 지면을 피복함으로써 토양 유실을 방지할 수 있다.

26. 목재의 열기 건조에 대한 설명으로 틀린 것은?

① 낮은 함수율까지 건조할 수 있다.
② 자본의 회전기간을 단축시킬 수 있다.
③ 기후와 장소 등의 제약 없이 건조 할 수 있다.
④ 작업이 비교적 간단하며, 특수한 기술을 요구하지 않는다.

27. 단위용적중량이 1700kgf/㎥, 비중이 2.6인 골재의 공극률은 약 얼마인가?

① 34.6% ② 52.94%
③ 3.42% ④ 5.53%

정답 ➔ 18. ④ 19. ③ 20. ② 21. ① 22. ④ 23. ④ 24. ① 25. ④ 26. ④ 27. ①

❖ 공극률 = (1−실적률) × 100(%), 실적률 = $\frac{단위용적중량}{비중}$

→ $(1 - \frac{1.7}{2.6}) \times 100 = 34.6(\%)$

28. 산수유(Cornus officinalis)에 대한 설명으로 옳지 않은 것은?

① 우리나라 자생수종이다.
② 열매는 핵과로 타원형이며 길이는 1.5~2.0㎝
③ 잎은 대생, 장타원형, 길이는 4~10㎝, 뒷면에 갈색털이 있다.
④ 잎보다 먼저 피는 황색의 꽃이 아름답고 가을에 붉게 익는 열매는 식용과 관상용으로 이용 가능하다.

❖ 정답은 ①로 나왔으나 산수유는 우리나라 자생종으로 밝혀졌다. 전항정답이다.

29. 재료가 외력을 받았을 때 작은 변형만 나타내도 파괴되는 현상을 무엇이라 하는가?

① 강성(剛性) ② 인성(靭性)
③ 전성(展性) ④ 취성(脆性)

30. 다음 중 백목련에 대한 설명으로 옳지 않은 것은?

① 낙엽활엽교목으로 수형은 평정형이다.
② 열매는 황색으로 여름에 익는다.
③ 향기가 있고 꽃은 백색이다.
④ 잎이 나기 전에 꽃이 핀다.

❖ 백목련의 열매는 골돌과로서 원기둥 모양이며 8~9월에 익고 갈색이다.

31. 석재의 형성원인에 따른 분류 중 퇴적암에 속하지 않는 것은?

① 사암 ② 점판암
③ 응회암 ④ 안산암

❖ 안산암은 화성암이다.

32. 세라믹 포장의 특성이 아닌 것은?

① 융점이 높다.
② 상온에서의 변화가 적다.
③ 압축에 강하다.
④ 경도가 낮다.

33. 다음 설명에 해당되는 잔디는?

- 한지형 잔디이다.
- 불완전 포복형이지만, 포복력이 강한 포복경을 지표면으로 강하게 뻗는다.
- 잎의 폭이 2~3㎜로 질감이 매우 곱고 품질이 좋아서 골프장 그린에 많이 이용한다.
- 짧은 예취에 견디는 힘이 가장 강하나, 병충해에 가장 약하여 방제에 힘써야 한다.

① 버뮤다 그래스 ② 켄터키블루 그래스
③ 벤트그래스 ④ 라이 그래스

❖ 벤트그래스는 한지형 잔디로 질감이 매우 고우며 낮게 깎아 이용한다. 잔디 중 가장 품질이 좋아 골프장 그린용으로 사용하며 3~12월까지 푸른 상태를 유지하고 서늘할 때 생육이 왕성하다. 잔디 중 가장 병해충에 약하므로 여름철에 방제를 철저히 해야 한다.

34. 다음 중 벌개미취의 꽃색으로 가장 적합한 것은?

① 황색 ② 연자주색
③ 검정색 ④ 황녹색

❖ 벌개미취 꽃은 6~10월에 피는데, 두화(頭花)는 연한 자줏빛이며 지름 4~5㎝로서 줄기와 가지 끝에 1송이씩 달린다.

35. 수목 뿌리의 역할이 아닌 것은?

① 저장근 : 양분을 저장하여 비대해진 뿌리
② 부착근 : 줄기에서 세근이 나와 다른 물체에 부착하는 뿌리
③ 기생근 : 다른 물체에 기생하기 위한 뿌리
④ 호흡근 : 식물체를 지지하는 기근

36. 생물분류학적으로 거미강에 속하며 덥고, 건조한 환경을 좋아하고 뾰족한 입으로 즙을 빨아먹는 해충은?

① 진딧물 ② 나무좀
③ 응애 ④ 가루이

정답 ➔ 28. ① 29. ④ 30. ② 31. ④ 32. ④ 33. ③ 34. ② 35. ④ 36. ③

37. 다음 노목의 세력회복을 위한 뿌리자르기의 시기와 방법 설명 중 ( )에 들어갈 가장 적합한 것은?

- 뿌리자르기의 가장 좋은 시기는 (㉠)이다.
- 뿌리자르기 방법은 나무의 근원 지름의 (㉡)배 되는 길이로 원을 그려, 그 위치에서 (㉢)의 깊이로 파내려간다.
- 뿌리 자르는 각도는 (㉣)가 적합하다.

① ㉠월동 전, ㉡5~6, ㉢45~50㎝, ㉣위에서 30°
② ㉠땅이 풀린 직후부터 4월 상순, ㉡ 1~2, ㉢ 10~20㎝, ㉣위에서 45°
③ ㉠월동 전, ㉡1~2, ㉢ 직각 또는 아래쪽으로 30°, ㉣직각 또는 아래쪽으로 30°
④ ㉠땅이 풀린 직후부터 4월 상순, ㉡5~6, ㉢ 45~50㎝, ㉣직각 또는 아래쪽으로 45°

38. 수량에 의해 변화하는 콘크리트 유동성의 정도, 혼화물의 묽기 정도를 나타내며 콘크리트의 변형능력을 총칭하는 것은?

① 반죽질기 ② 워커빌리티
③ 압송성 ④ 다짐성

❖ 컨시스턴시(consistency 반죽질기)는 수량에 의해 변화하는 콘크리트의 유동성의 정도, 혼합물의 묽기 정도, 시공연도에 영향을 준다.

39. 우리나라에서 발생하는 주요 소나무류에 잎녹병을 발생시키는 병원균의 기주로 맞지 않는 것은?

① 소나무 ②해송
③ 스트로브잣나무 ④ 송이풀

❖ 송이풀은 털녹병의 중간기주이다.

40. 다음 중 한 가지에 많은 봉우리가 생긴 경우 솎아 낸다든지, 열매를 따버리는 등의 작업을 하는 목적으로 가장 적당한 것은 ?

① 생장조장을 돕는 가지 다듬기
② 세력을 갱신하는 가지 다듬기
③ 착화 및 착과 촉진을 위한 가지 다듬기
④ 생장을 억제하는 가지 다듬기

41. 조경수목의 단근작업에 대한 설명으로 틀린 것은?

① 뿌리 기능이 쇠약해진 나무의 세력을 회복하기 위한 작업이다.
② 잔뿌리의 발달을 촉진시키고, 뿌리의 노화를 방지한다.
③ 굵은 뿌리는 모두 잘라야 아랫가지의 발육이 좋아진다.
④ 땅이 풀린 직후부터 4월 상순까지가 가장 좋은 작업시기다.

42. 실내조경 식물의 잎이나 줄기에 백색 점무늬가 생기고 점차 퍼져서 흰 곰팡이 모양이 되는 원인으로 옳은 것은?

① 탄저병
② 무름병
③ 흰가루병
④ 모자이크병

❖ 흰가루병은 식물의 잎 · 줄기에 흰가루 형태의 반점이 생기는 식물병이다.

43. 표준품셈에서 조경용 초화류 및 잔디의 할증율은 몇 %인가?

① 1(%) ② 3(%)
③ 5(%) ④ 10(%)

44. 다음 중 이식하기 어려운 수종이 아닌 것은?

① 소나무 ② 자작나무
③ 섬잣나무 ④ 은행나무

45. 잔디의 뗏밥 넣기에 관한 설명으로 가장 부적합한 것은?

① 뗏밥은 가는 모래 2, 밭흙 1, 유기물 약간을 섞어 사용한다.
② 뗏밥으로 이용하는 흙은 일반적으로 열처리하거나 증기 소독 등 소독을 하기도 한다.
③ 뗏밥은 한지형 잔디의 경우 봄, 가을에 주고 난지형 잔디의 경우 생육이 왕성한 6~8월에 주

정답 ➔ 37. ④ 38. ① 39. ④ 40. ③ 41. ③ 42. ③ 43. ④ 44. ④ 45. ④

는 것이 좋다.

④ 뗏밥의 두께는 30㎜ 정도로 주고, 다시 줄 때에는 일주일이 지난 후에 잎이 덮일 때까지 주어야 좋다.

❖ 뗏밥의 두께는 2~4㎜ 정도로 주며 2회차로 15일후에 실시한다.

46. 조경관리에서 주민참가의 단계는 시민권력의 단계, 형식참가의 단계, 비참가의 단계 등으로 구분되는데 그중 시민권력의 단계에 해당되지 않는 것은?

① 가치관리(citizen control)
② 유화(placation)
③ 권한위양(delegated power)
④ 파트너십(partnership)

47. 다음 중 조경수목의 꽃눈분화, 결실 등과 가장 관련이 깊은 것은?

① 질소와 탄소비율 ② 탄소와 칼륨비율
③ 질소와 인산비율 ④ 인산과 칼륨비율

❖ C/N율은 동화작용에 의해서 만들어진 탄수화물(C)과 뿌리에서 흡수된 질소(N)성분이 수체 내에 저장되는 비율로서, 재배환경, 전정정도에 따라 가지생장, 꽃눈형성 및 결실 등에 영향을 미친다.

48. 다음 설계도면의 종류에 대한 설명으로 옳지 않은 것은?

① 입면도는 구조물의 외형을 보여주는 것이다.
② 평면도는 물체를 위에서 수직방향으로 내려다 본 것을 그린 것이다.
③ 단면도는 구조물의 내부나 내부공간의 구성을 보여주기 위한 것이다.
④ 조감도는 관찰자의 눈높이에서 본 것을 가정하여 그린 것이다.

❖ 조감도는 완성 후의 모습을 공중에서 내려다본 모습을 그린 것이다.

49. 평판을 정치(세우기)하는데 오차에 가장 큰 영향을 주는 항목은?

① 수평맞추기(정준) ② 중심맞추기(구심)
③ 방향맞추기(표정) ④ 모두 같다

50. 다음 중 잔디의 종류 중 한국잔디(korean lawngrass or Zoysiagrass)의 특징 설명으로 옳지 않은 것은?

① 우리나라의 자생종이다.
② 난지형 잔디에 속한다.
③ 뗏장에 의해서만 번식 가능하다.
④ 손상 시 회복 속도가 느리고 겨울 동안 황색 상태로 남아 있는 단점이 있다.

❖ 한국잔디는 주로 영양번식으로 잔디밭을 조성하는데 영양번식에는 뗏장심기뿐만 아니라 풀어심기, 롤잔디붙이기가 있다.

51. 다음 중 차폐식재에 적용 가능한 수종의 특징으로 옳지 않은 것은?

① 지하고가 낮고 지엽이 치밀한 수종
② 전정에 강하고 유지 관리가 용이한 수종
③ 아랫가지가 말라죽지 않는 상록수
④ 높은 식별성 및 상징적 의미가 있는 수종

❖ ④ 지표식재에 대한 설명이다.

52. 농약살포가 어려운 지역과 솔잎혹파리 방제에 사용되는 농약 사용법은?

① 도포법 ② 수간주사법
③ 입제살포법 ④ 관주법

❖ 솔잎혹파리의 방제는 수간주사법으로 포스파미돈 50% 액제를 흉고직경 1㎝당 0.3㎖를 사용한다.

53. 900㎡의 잔디광장을 평떼로 조성하려고 할 때 필요한 잔디량은 약 얼마인가?(단, 잔디 1매의 규격은 30㎝× 30㎝×3㎝이다.)

① 약 1,000매 ② 약 5,000매
③ 약 10,000매 ④ 약 20,000매

❖ 잔디의 단위수량은 11매/㎡이므로 900×11=9,900(매)로 약 10,000매를 정답으로 한다.

정답 ➔ 46. ② 47. ① 48. ④ 49. ③ 50. ③ 51. ④ 52. ② 53. ③

54. 다음 [보기]와 같은 특징을 갖는 암거배치 방법은?

[보기]
- 중앙에 큰 맹암거를 중심으로 하여 작은 맹암거를 좌우에 어긋나게 설치하는 방법
- 경기장 같은 평탄한 지형에 적합하며, 전 지역의 배수가 균일하게 요구되는 지역에 설치
- 주관을 경사지에 배치하고 양측에 설치

① 빗살형 ② 부채살형
③ 어골형 ④ 자연형

❖ 어골형은 주선을 중앙에 경사지게 배치하고 지선을 어긋나게 비스듬히 설치한 것으로 놀이터, 소규모 운동장, 광장 등 소규모 평탄지역에 적합하다.

55. 한 가지 약제를 연용하여 살포시 방제효과가 떨어지는 대표적인 해충은?

① 깍지벌레 ② 진딧물
③ 잎벌 ④ 응애

56. 다음 중 메쌓기에 대한 설명으로 가장 부적합한 것은?

① 모르타르를 사용하지 않고 쌓는다.
② 뒷채움에는 자갈을 사용한다.
③ 쌓는 높이의 제한을 받는다.
④ 2제곱미터마다 지름 9㎝정도의 배수공을 설치한다.

❖ 배수공이 필요한 것은 찰쌓기이다.

57. 시설물 관리를 위한 페인트 칠하기의 방법으로 가장 거리가 먼 것은?

① 목재의 바탕칠을 할 때에는 별도의 작업 없이 불순물을 제거한 후 바로 수성페인트를 칠한다.
② 철재의 바탕칠을 할 때에는 별도의 작업없이 불순물을 제거한 후 바로 수성페인트를 칠한다.
③ 목재의 갈라진 구멍, 홈, 틈은 퍼티로 땜질하여 24시간후 초벌칠을 한다.
④ 콘크리트, 모르타르면의 틈은 석고로 땜질하고 유성 또는 수성페인트를 칠한다.

58. 옹벽 중 캔틸레버(Cantilever)를 이용하여 재료를 절약한 것으로 자체 무게와 뒤채움한 토사의 무게를 지지하여 안전도를 높인 옹벽으로 주로 5m 내외의 높지 않은 곳에 설치하는 것은?

① 중력식 옹벽 ② 반중력식 옹벽
③ 부벽식 옹벽 ④ L자형 옹벽

❖ L자형 옹벽은 기초저판 위에 흙의 무게를 보강한 것으로 높이 6m까지 사용가능하며, 중력식보다 경제적이다.

59. 형상수(topiary)를 만들 때 유의 사항이 아닌 것은?

① 망설임 없이 강전정을 통해 한 번에 수형을 만든다.
② 형상수를 만들 수 있는 대상수종은 맹아력이 좋은 것을 선택한다.
③ 전정 시기는 상처를 아물게 하는 유합조직이 잘 생기는 3월 중에 실시한다.
④ 수형을 잡는 방법은 통대나무에 가지를 고정시켜 유인하는 방법, 규준틀을 만들어 가지를 유인하는 방법, 가지에 전정만을 하는 방법 등이 있다.

60. 다음 중 루비깍지벌레의 구제에 가장 효과적인 농약은?

① 페니트로티온수화제
② 다이아지논분제
③ 포스파미돈액제
④ 옥시테트라사이클린수화제

정답 ➔ 54. ③ 55. ④ 56. ④ 57. ② 58. ④ 59. ① 60. ③

❖ 2014년 조경기능사 제 4 회

2014년 7월 20일 시행

1. 창경궁에 있는 통명전 지당의 설명으로 틀린 것은?

① 장방형으로 장대석으로 쌓은 석지이다.
② 무지개형 곡선 형태의 석교가 있다.
③ 괴석 2개와 앙련(仰蓮) 받침대석이 있다.
④ 물은 직선의 석구를 통해 지당에 유입된다.

2. 도면 작업에서 원의 반지름을 표시할 때 숫자 앞에 사용하는 기호는?

① Ø ② D
③ R ④ Δ

3. 짐을 운반하여야 한다. 다음 중 같은 크기의 짐을 어느 색으로 포장했을 때 가장 덜 무겁게 느껴지는가?

① 다갈색 ② 크림색
③ 군청색 ④ 쥐색

❖ 명도가 높은 것이 가볍고 낮은 것이 무겁게 느껴진다. 그러므로 보기 중 명도가 높은 크림색이 가장 덜 무겁게 느껴진다.

4. 이탈리아 조경 양식에 대한 설명으로 틀린 것은?

① 별장이 구릉지에 위치하는 경우가 많아 정원의 주류는 노단식
② 노단과 노단은 계단과 경사로에 의해 연결
③ 축선을 강조하기 위해 원로의 교점이나 원점에 분수 등을 설치
④ 대표적인 정원으로는 베르사유 궁원

❖ 베르사유 궁원은 프랑스의 대표적인 정원이다.

5. 다음 중 9세기 무렵에 일본 정원에 나타난 조경양식은?

① 평정고산수식
② 침전조양식
③ 다정양식
④ 회유임천양식

6. 조선시대 궁궐의 침전 후정에서 볼 수 있는 대표적인 것은?

① 자수 화단(花壇)
② 비폭(飛瀑)
③ 경사지를 이용해서 만든 계단식 노단
④ 정자수

7. 조선시대 선비들이 즐겨 심고 가꾸었던 사절우(四節友)에 해당하는 식물이 아닌 것은?

① 난초 ② 대나무
③ 국화 ④ 매화나무

❖ 사절우(四節友) : 매화나무, 소나무, 국화, 대나무

8. 수도원 정원에서 원로의 교차점인 중정 중앙에 큰 나무 한 그루를 심는 것을 뜻하는 것은?

① 파라다이소(Paradiso)
② 바(Bagh)
③ 트렐리스(Trellis)
④ 페리스틸리움(Peristylium)

❖ 수도원정원에서 원로의 교차점인 중앙을 파라다이소(Paradiso)라고 하여 여기에 큰 나무를 심거나 혹은 수반, 분천, 우물 등을 설치하였다.

9. 위험을 알리는 표시에 가장 적합한 배색은?

① 흰색–노랑 ② 노랑–검정
③ 빨강–파랑 ④ 파랑–검정

10. 다음 조경의 효과로 가장 부적합한 것은?

① 공기의 정화
② 대기오염의 감소
③ 소음 차단
④ 수질오염의 증가

❖ 조경을 함으로써 공기 정화, 대기오염 감소, 소음 차단, 수질오염 완화의 효과를 볼 수 있다.

정답 ➔ 1. ③ 2. ③ 3. ② 4. ④ 5. ② 6. ③ 7. ① 8. ① 9. ② 10. ④

11. 물체의 앞이나 뒤에 화면을 놓은 것으로 생각하고, 시점에서 물체를 본 시선과 그 화면이 만나는 각 점을 결하여 물체를 그리는 투상법은?

① 사투상법 ② 투시도법
③ 정투상법 ④ 표고투상법

12. '물체의 실제 치수'에 대한 '도면에 표시한 대상물'의 비를 의미하는 용어는?

① 척도 ② 도면
③ 표제란 ④ 연각선

❖ 척도(scale)는 "대상물의 실제 치수"에 대한 "도면에 표시한 대상물"의 비로써 도면의 치수를 실제의 치수로 나눈 값을 말한다.

13. 이격비의 〈낙양원명기〉에서 원(園)을 가르키는 일반적인 호칭으로 사용되지 않은 것은?

① 원지 ② 원정
③ 별서 ④ 택원

14. 수집한 자료들을 종합한 후에 이를 바탕으로 개략적인 계획안을 결정하는 단계는?

① 목표설정
② 기본구상
③ 기본설계
④ 실시설계

❖ 기본구상 단계는 토지이용 및 동선을 중심으로 계획, 설계의 기본골격을 형성하고, 제반자료의 분석, 종합을 기초로 하여 프로그램에서 제시된 계획방향에 의거 구체적인 계획안의 개념을 정립하는 단계이다.

15. 스페인 정원의 특징과 관계가 먼 것은?

① 건물로서 완전히 둘러싸인 가운데 뜰 형태의 정원
② 정원의 중심부는 분수가 설치된 작은 연못 설치
③ 웅대한 스케일의 파티오 구조의 정원
④ 난대, 열대수목이나 꽃나무를 화분에 심어 중요한 자리에 배치

16. 다음 중 녹나무과(科)로 봄에 가장 먼저 개화하는 수종은?

① 치자나무 ② 호랑가시나무
③ 생강나무 ④ 무궁화

❖ 생강나무는 녹나무과로 봄에 황색꽃이 피는 수종이다. 보기의 치자나무는 꼭두서니과, 호랑가시나무는 감탕나무과, 무궁화는 아욱과이다.

17. 다음 중 조경수목의 계절적 현상 설명으로 옳지 않은 것은?

① 싹틈 : 눈은 일반적으로 지난 해 여름에 형성되어 겨울을 나고, 봄에 기온이 올라감에 따라 싹이 튼다.
② 개화 : 능소화, 무궁화, 배롱나무 등의 개화는 그 전년에 자란 가지에서 꽃눈이 분화하여 그 해에 개화한다.
③ 결실 : 결실량이 지나치게 많을 때에는 다음 해의 개화, 결실이 부실해지므로 꽃이 진 후 열매를 적당히 솎아준다.
④ 단풍 : 기온이 낮아짐에 따라 잎 속에서 생리적인 현상이 일어나 푸른 잎이 다홍색, 황색 또는 갈색으로 변하는 현상이다.

18. 콘크리트용 혼화재료로 사용되는 고로슬래그 미분말에 대한 설명 중 틀린 것은?

① 고로슬래그 미분말을 사용한 콘크리트는 보통 콘크리트보다 콘크리트 내부의 세공성이 작아져 수밀성이 향상된다.
② 고로슬래그 미분말은 플라이애시나 실라카흄에 비해 포틀랜드시멘트와의 비중차가 작아 혼화재로 사용할 경우 혼합 및 분산성이 우수하다.
③ 고로슬래그 미분말을 혼화재로 사용한 콘크리트는 염화물이온 침투를 억제하여 철근부식 억제효과가 있다.
④ 고로슬래그 미분말의 혼합률을 시멘트 중량에 대하여 70% 혼합한 경우 중성화 속도가 보통 콘크리트의 2배 정도 감소된다.

정답 ➔ 11. ② 12. ① 13. ③ 14. ② 15. ③ 16. ③ 17. ② 18. ④

19. 다음 재료 중 연성(延性 : Ductility)이 가장 큰 것은?

① 금　　② 철
③ 납　　④ 구리

❖ 정답은 ③으로 나왔으나 납보다 금의 연성이 크다. 연성이란 인장력이 작용했을 때 변형하여 늘어나는 재료의 특성을 말한다.

20. 콘크리트의 응결, 경화 조절의 목적으로 사용되는 혼화제에 대한 설명 중 틀린 것은?

① 콘크리트용 응결, 경화 조절제는 시멘트의 응결·경화속도를 촉진시키거나 지연시킬 목적으로 사용되는 혼화제이다.
② 촉진제는 그라우트에 의한 지수공법 및 뿜어붙이기 콘크리트에 사용된다.
③ 지연제는 조기 경화현상을 보이는 서중콘크리트나 수송거리가 먼 레디믹스트 콘크리트에 사용된다.
④ 급결제를 사용한 콘크리트의 초기강도 증진은 매우 크나 장기강도는 일반적으로 떨어진다.

21. 크기가 지름 20~30cm 정도의 것이 크고 작은 알로 고 루 고루 섞여져 있으며 형상이 고르지 못한 큰돌이라 설명하기도 하며, 큰 돌을 깨서 만드는 경우도 있어 주로 기초용으로 사용하는 석재의 분류명은?

① 산석　　② 야면석
③ 잡석　　④ 판석

❖ 잡석은 크기가 지름 10~30cm 정도로 크고 작은 알로 고루고루 섞여져 형상이 고르지 못한 큰 돌을 말한다.

22. 다음 괄호 안에 들어갈 용어로 맞게 연결된 것은?

외력을 받아 변형을 일으킬 때 이에 저항하는 성질로서 외력에 대해 변형을 적게 일으키는 재료는 (㉠)가(이) 큰 재료이다. 이것은 탄성계수와 관계가 있으나 (㉡)와(과)는 직접적인 관계가 없다.

① ㉠ 강도(strength), ㉡ 강성(stiffness)
② ㉠ 강성(stiffness), ㉡ 강도(strength)
③ ㉠ 인성(toughness), ㉡ 강성(stiffness)
④ ㉠ 인성(toughness), ㉡ 강도(strength)

23. 조경용 포장재료는 보행자가 안전하고, 쾌적하게 보행할 수 있는 재료가 선정되어야 한다. 다음 선정기준 중 옳지 않은 것은?

① 내구성이 있고, 시공·관리비가 저렴한 재료
② 재료의 질감·색채가 아름다운 것
③ 재료의 표면 청소가 간단하고, 건조가 빠른 재료
④ 재료의 표면이 태양광선의 반사가 많고, 보행시 자연스런 매끄러운 소재

❖ 포장재료는 보행시 미끄러움이 적은 소재를 사용해야 한다.

24. 다음 설명에 가장 적합한 수종은?

– 교목으로 꽃이 화려하다. – 전정을 싫어하고 대기오염에 약하며, 토질을 가리는 결점이 있다. – 매우 다방면으로 이용되며, 열식 또는 군식으로 많이 식재된다.

① 왕벚나무　　② 수양버들
③ 전나무　　④ 벽오동

25. 다음 설명하는 열경화성수지는?

– 강도가 우수하며, 베이클라이트를 만든다. – 내산성, 전기 절연성, 내약품성, 내수성이 좋다. – 내알칼리성이 약한 결점이 있다. – 내수합판, 접착제 용도로 사용된다.

① 요소계수지　　② 메타아크릴수지
③ 염화비닐계수지　　④ 페놀계수지

26. 다음 중 곰솔(해송)에 대한 설명으로 옳지 않은 것은?

① 동아(冬芽)는 붉은색이다.
② 수피는 흑갈색이다.
③ 해안지역의 평지에 많이 분포한다.

정답 ➔ 19. ③　20. ②　21. ③　22. ②　23. ④　24. ①　25. ④　26. ①

④ 줄기는 한해에 가지를 내는 층이 하나여서 나무의 나이를 짐작할 수 있다.

27. 목재를 연결하여 움직임이나 변형 등을 방지하고 거푸집의 변형을 방지하는 철물로 사용하기 가장 부적합한 것은?

① 볼트, 너트 ② 못
③ 꺾쇠 ④ 리벳

❖ 리벳은 금속제품의 연결철물이다.

28. 다음 중 합판에 관한 설명으로 틀린 것은?

① 합판을 베니어판이라 하고, 베니어란 원래 목재를 얇게 한 것을 말하며, 이것을 단판이라고도 한다.
② 슬라이트 베니어(sliced veneer)는 끌로서 각목을 얇게 절단한 것으로 아름다운 결을 장식용으로 이용하기에 좋은 특징이 있다.
③ 합판의 종류에는 섬유판, 조각판, 적층판 및 강화적층재 등이 있다.
④ 합판의 특징은 동일한 원재로 부터 많은 정목판과 나무결 무늬판이 제조되며, 팽창 수축 등에 의한 결점이 없고 방향에 따른 강도차이가 없다.

29. 한국의 전통조경 소재 중 하나로 자연의 모습이나 형상석으로 궁궐 후원 점경물로 석분에 꽃을 심듯이 꽂거나 화계 등에 많이 도입되었던 경관석은?

① 각석 ② 괴석
③ 비석 ④ 수수분

❖ 고려시대 왕궁에 괴석을 설치한 석가산이 많이 조성되었으며, 조선 중기 이후 석분이나 화오, 화계, 중도에 배치되었다.

30. 자동차 배기가스에 강한 수목으로만 짝지어진 것은?

① 화백, 향나무
② 삼나무, 금목서
③ 자귀나무, 수수꽃다리
④ 산수국, 자목련

31. 질량 113㎏의 목재를 절대건조시켜서 100㎏으로 되었다면 전건량기준 함수율은?

① 0.13% ② 0.30%
③ 3.00% ④ 13.00%

❖ 목재의 함수율(%)

$$\frac{\text{목재 무게} - \text{전건재 무게}}{\text{비중}} \times 100 = \frac{113 - 100}{100} \times 100$$
$= 13(\%)$

32. 다음 중 은행나무의 설명으로 틀린 것은?

① 분류상 낙엽활엽수이다.
② 나무껍질은 회백색, 아래로 깊이 갈라진다.
③ 양수로 적윤지 토양에 생육이 적당하다.
④ 암수딴그루이고 5월초에 잎과 꽃이 함께 개화한다.

❖ 은행나무는 분류상 낙엽침엽수이다.

33. 다음 중 플라스틱 제품의 특징으로 옳은 것은?

① 불에 강하다.
② 비교적 저온에서 가공성이 나쁘다.
③ 흡수성이 크고, 투수성이 불량하다.
④ 내후성 및 내광성이 부족하다.

34. 장미과(科) 식물이 아닌 것은?

① 피라칸다 ② 해당화
③ 아까시나무 ④ 왕벚나무

❖ 아까시나무는 콩과이다.

35. 골재의 표면수는 없고, 골재 내부에 빈틈이 없도록 물로 차 있는 상태는?

① 절대건조상태 ② 기건상태
③ 습윤상태 ④ 표면건조 포화상태

36. 수목식재 시 수목을 구덩이에 앉히고 난 후 흙을 넣는데 수식(물죔)과, 토식(흙죔)이 있다. 다음 중 토식을 실시하기에 적합하지 않은 수종은?

정답 ➔ 27. ④ 28. ③ 29. ② 30. ① 31. ④ 32. ① 33. ④ 34. ③ 35. ④ 36. ①

① 목련 ② 전나무
③ 서향 ④ 해송

❖ 토식은 처음부터 끝까지 일체의 물을 사용하지 않고 흙을 다져가며 심는 방법으로 겨울철 식재 및 소나무, 해송, 전나무, 서향, 소철 등에 적합하다.

37. 식물의 아래 잎에서 황화현상이 일어나고 심하면 잎 전면에 나타나며, 잎이 작지만 잎수가 감소하며 초본류의 초장이 작아지고 조기낙엽이 비료 결핍의 원인이라면 어느 비료 요소와 관련된 설명인가?

① P ② N
③ Mg ④ K

38. 뿌리분의 크기를 구하는 식으로 가장 적합한 것은? (단, N은 근원직경, n은 흉고직경, d는 상수이다)

① 24+(N−3)×d ② 24+(N+3)÷d
③ 24−(n−3)+d ④ 24−(n−3)−d

39. 제초제 1000ppm은 몇 %인가?

① 0.01% ② 0.1%
③ 1% ④ 10%

40. 수목 외과수술의 시공 순서로 옳은 것은?

① 동공 가장자리의 형성층 노출	
② 부패부 제거	③ 표면경화처리
④ 동공충진	⑤ 방수처리
⑥ 인공수피 처리	⑦ 소독 및 방부처리

① ①−⑥−②−③−④−⑤−⑦
② ②−⑦−①−⑥−⑤−③−④
③ ①−②−③−④−⑤−⑥−⑦
④ ②−①−⑦−④−⑤−③−⑥

❖ 수목의 외과 수술의 순서
부패부 제거→공동내부 다듬기→버팀대 박기→살균 및 치료→공동 충전→방부 · 방수처리→표면경화 처리(인공나무 껍질 처리)→수피(수지)처리

41. 저온의 해를 받은 수목의 관리방법으로 적당하지 않은 것은?

① 멀칭
② 바람막이 설치
③ 강전정과 과다한 시비
④ will−pruf(시들음 방지제) 살포

42. 더운 여름 오후에 햇빛이 강하면 수간의 남서쪽 수피가 열에 의해서 피해(터지거나 갈라짐)을 받을 수 있는 현상을 무엇이라 하는가?

① 피소 ② 상렬
③ 조상 ④ 만상

❖ 피소는 남쪽과 남서쪽에 위치하는 줄기의 지상 2m, 1/2 부위에서 수피가 열에 의해 터지거나 갈라지는 현상을 말한다.

43. 다음 중 재료의 할증률이 다른 것은?

① 목재(각재) ② 시멘트벽돌
③ 원형철근 ④ 합판(일반용)

❖ 목재(각재), 시멘트 벽돌, 원형철근의 할증률은 5%, 합판(일반용)은 3%이다.

44. 소형고압블록 포장의 시공방법에 대한 설명으로 옳은 것은?

① 차도용은 보도용에 비해 얇은 두께 6㎝의 블록을 사용한다.
② 지반이 약하거나 이용도가 높은 곳은 지반위에 잡석으로만 보강한다.
③ 블록 깔기가 끝나면 반드시 진동기를 사용해 바닥을 고르게 마감한다.
④ 블록의 최종 높이는 경계석보다 조금 높아야 한다.

45. 식물이 필요로 하는 양분요소 중 미량원소로 옳은 것은?

① O ② K
③ Fe ④ S

정답 ➔ 37. ② 38. ① 39. ② 40. ④ 41. ③ 42. ① 43. ④ 44. ③ 45. ③

46. 2개 이상의 기둥을 합쳐서 1개의 기초로 받치는 것은?

① 줄기초 ② 독립기초
③ 복합기초 ④ 연속기초

47. 다음 중 평판측량에 사용되는 기구가 아닌 것은?

① 평판 ② 삼각대
③ 레벨 ④ 앨리데이드

❖ 평판측량에 사용되는 기구에는 평판, 시준기(앨리데이드), 삼각대, 구심기, 측침, 자침, 줄자, 다림추가 있다.

48. 진딧물이나 깍지벌레의 분비물에 곰팡이가 감염되어 발생하는 병은?

① 흰가루병
② 녹병
③ 잿빛곰팡이병
④ 그을음병

❖ 깍지벌레, 진딧물의 배설물에 의해 발생하는 것은 그을음병이다.

49. 콘크리트 혼화제 중 내구성 및 워커빌리티(workability)를 향상시키는 것은?

① 감수제 ② 경화촉진제
③ 지연제 ④ 방수제

50. 해충의 방제방법 중 기계적 방제에 해당되지 않는 것은?

① 포살법 ② 진동법
③ 경운법 ④ 온도처리법

51. 철재 시설물의 손상부분을 점검하는 항목으로 가장 부적합한 것은?

① 용접 등의 접합부분
② 충격에 비틀린 곳
③ 부식된 곳
④ 침하된 곳

❖ 철재시설물의 점검항목에는 용접 등의 접합부분, 충격에 의해 비틀리거나 파손된 부분, 부식된 부분, 용접 및 도색 또는 교체, 볼트나 너트의 조임, 회전축의 그리스 주입 등이 있다. ④ 침하된 곳은 콘크리트재의 점검항목이다.

52. 기초 토공사비 산출을 위한 공정이 아닌 것은?

① 터파기 ② 되메우기
③ 정원석 놓기 ④ 잔토처리

53. 공정관리기법 중 횡선식 공정표(bar chart)의 장점에 해당하는 것은?

① 신뢰도가 높으며 전자계산기의 이용이 가능하다.
② 각 공정별의 착수 및 종료일이 명시되어 있어 판단이 용이하다.
③ 바나나 모양의 곡선으로 작성하기 쉽다.
④ 상호관계가 명확하며, 주 공정선의 일에는 현장 인원의 중점배치가 가능하다.

54. 다음 중 시방서에 포함되어야 할 내용으로 가장 부적합한 것은?

① 재료의 종류 및 품질
② 시공방법의 정도
③ 재료 및 시공에 대한 검사
④ 계약서를 포함한 계약 내역서

❖ 시방서는 공사나 제품에 필요한 재료의 종류나 품질, 사용처, 시공 방법 등 설계 도면에 나타낼 수 없는 사항을 기록한 것으로 계약서를 포함한 계약 내역서는 시방서에포함되지 않는다.

55. 토량의 변화에서 체적비(변화율)는 L과 C로 나타낸다. 다음 설명 중 옳지 않은 것은?

① L값은 경암보다 모래가 더 크다.
② C는 다져진 상태의 토량과 자연상태의 토량의 비율이다.
③ 성토, 절토 및 사토량의 산정은 자연상태의 양을 기준으로 한다.
④ L은 흐트러진 상태의 토량과 자연상태의 토량의 비율이다.

정답 ➔ 46. ③ 47. ③ 48. ④ 49. ① 50. ④ 51. ④ 52. ③ 53. ② 54. ④ 55. ①

56. 콘크리트 1㎥에 소요되는 재료의 양을 L로 계량하여 1:2:4 또는 1:3:6 등의 배합 비율로 표시하는 배합을 무엇이라 하는가?

① 표준계량 배합　　② 용적배합
③ 중량배합　　④ 시험중량배합

57. 조경식재 공사에서 뿌리돌림의 목적으로 가장 부적합한 것은?

① 뿌리분을 크게 만들려고
② 이식 후 활착을 돕기 위해
③ 잔뿌리의 신생과 신장도모
④ 뿌리 일부를 절단 또는 각피하여 잔뿌리 발생 촉진

❖ 뿌리돌림의 목적
· 새로운 잔뿌리 발생을 촉진시키고, 이식 후의 활착 도모
· 부적기 이식시 또는 건전한 수목의 육성 및 개화결실 촉진
· 노목, 쇠약한 수목의 수세회복

58. 조경공사의 시공자 선정방법 중 일반 공개경쟁입찰 방식에 관한 설명으로 옳은 것은?

① 예정가격을 비공개로 하고 견적서를 제출하여 경쟁 입찰에 단독으로 참가하는 방식
② 계약의 목적, 성질 등에 따라 참가자의 자격을 제한하는 방식
③ 신문, 게시 등의 방법을 통하여 다수의 희망자가 경쟁에 참가하여 가장 유리한 조건을 제시한 자를 선정하는 방식
④ 공사 설계서와 시공도서를 작성하여 입찰서와 함께 제출하여 입찰하는 방식

❖ 공개경쟁입찰방식은 일정한 자격을 갖춘 불특정 공사수주 희망자를 입찰에 참가시켜 가장 유리한 조건을 제시한 자를 낙찰자로 선정하는 방식을 말한다.

59. 농약의 사용목적에 따른 분류 중 응애류에만 효과가 있는 것은?

① 살충제　　② 살균제
③ 살비제　　④ 살초제

❖ 살비제는 곤충에는 살충력이 거의 없고 응애류에만 효력을 나타내는 약제이다.

60. '느티나무 10주에 600,000원, 조경공 1인과 보통공 2인이 하루에 식재한다'라고 가정할 때 느티나무 1주를 식재할 때 소요되는 비용은? (단, 조경공 노임은 60,000원/일, 보통공 노임은 40,000원/일 이다.)

① 68,000원　　② 70,000원
③ 72,000원　　④ 74,000원

❖ (60,0000+(1×60,000+2×40,000))÷10=74,000(원)

정답 ➜ 56. ② 57. ① 58. ③ 59. ③ 60. ④

❖ 2014년 조경기능사 제 5회

2014년 10월 11일 시행

1. 구조용 재료의 단면 도시기호 중 강(鋼)을 나타낸 것으로 가장 적합한 것은?

①

② 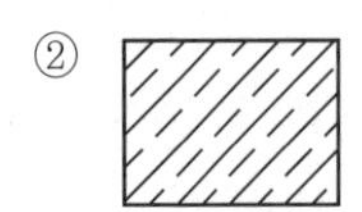

③ 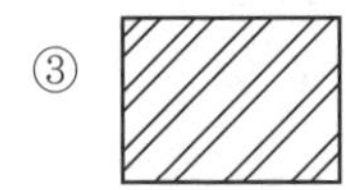

④ 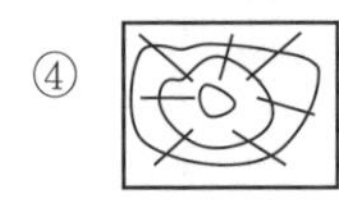

2. 채도대비에 의해 주황색 글씨를 보다 선명하게 보이도록 하려면 바탕색으로 어떤 색이 가장 적합한가?

① 빨간색　② 노란색
③ 파란색　④ 회색

❖ 채도대비는 채도가 다른 두 색을 인접시켰을 때 서로의 영향을 받아 채도가 높은 색은 더욱 높아 보이고 채도가 낮은 색은 더욱 낮아 보이는 현상을 말한다. 무채색 위에 유채색을 두면 채도차가 보다 강조되어 보이므로 더욱 선명하게 보인다.

3. 다음 중국식 정원의 설명으로 가장 거리가 먼 것은?

① 차경수법을 도입하였다.
② 사실주의 보다는 상징적 축조가 주를 이루는 사의주의에 입각하였다.
③ 다정(茶庭)이 정원구성 요소에서 중요하게 작용하였다.
④ 대비에 중점을 두고 있으며, 이것이 중국정원의 특색을 이루고 있다.

❖ 다정(茶庭)은 일본 정원양식이다.

4. 영국의 풍경식 정원은 자연과의 비율이 어떤 비율로 조성되었는가?

① 1 : 1　② 1 : 5
③ 2 : 1　④ 1 : 100

❖ 영국 풍경식(사실주의자연풍경식)은 자연을 1 : 1의 비율로 묘사하였다.

5. 다음 중 직선과 관련된 설명으로 옳은 것은?

① 절도가 없어 보인다.
② 표현 의도가 분산되어 보인다.
③ 베르사이유 궁원은 직선이 지나치게 강해서 압박감이 발생한다.
④ 직선 가운데에 중개물(中介物)이 있으면 없는 때보다도 짧게 보인다.

❖ 직선은 단일 방향을 가진 가장 간결한 선으로 이성적이고 완고하며 힘찬 느낌을 준다.

6. 낮에 태양광 아래에서 본 물체의 색이 밤에 실내 형광등 아래에서 보니 달라보였다. 이러한 현상을 무엇이라 하는가?

① 메타메리즘
② 메타볼리즘
③ 프리즘
④ 착시

❖ 메타메리즘은 특정한 관측 조건하에서 분광 분포가 다른 두 색자극이 같게 보이는 것으로 조건 등색이라고도 한다.

7. 실제 길이 3m는 축척 1/30 도면에서 얼마로 나타나는가?

① 1㎝　② 10㎝
③ 3㎝　④ 30㎝

❖ 축척 $\frac{1}{m} = \frac{\text{도상거리}}{\text{실제거리}}$

$\frac{1}{30} = \frac{x}{300}$　$\therefore x = 10$(㎝)

8. 컴퓨터를 사용하여 조경제도 작업을 할 때의 작업 특징과 가장 거리가 먼 것은?

① 도덕성　② 응용성
③ 정확성　④ 신속성

❖ 컴퓨터 설계 시 시간과 노력이 절감되고 계획 지표의 예측, 계획안의 비교 및 수정이 편리하다.

정답 ➔ 1. ③ 2. ④ 3. ③ 4. ① 5. ③ 6. ① 7. ② 8. ①

9. 다음 중 단순미(單純美)와 가장 관련이 없는 것은?

① 잔디밭　② 독립수
③ 형상수(topiary)　④ 자연석 무너짐 쌓기

❖ 자연석 무너짐 쌓기는 돌들이 무너져내린 형태의 자연스러움을 보여주는 것으로 일정하지 않은 돌들의 어우러짐으로 요소수가 많은 디자인이다

10. 다음 중 색의 잔상(殘像, afterimage)과 관련한 설명으로 틀린 것은?

① 잔상은 원래 자극의 세기, 관찰시간과 크기에 비례한다.
② 주위색의 영향을 받아 주위색에 근접하게 변화하는 것이다.
③ 주어진 자극이 제거된 후에도 원래의 자극과 색, 밝기가 같은 상이 보인다.
④ 주어진 자극이 제거된 후에도 원래의 자극과 색, 밝기가 반대인 상이 보인다.

❖ 잔상은 빛의 자극이 제거된 후에도 시각기관에 어떤 흥분상태가 계속되어 시각작용이 잠시 남는 현상으로 양성잔상과 음성잔상이 있다. 보기③은 양성잔상을 보기④는 음성잔상을 설명한 것이다.

11. 고려시대 궁궐의 정원을 맡아 관리하던 해당 부서는?

① 내원서　② 정원서
③ 상림원　④ 동산바치

❖ 내원서는 고려시대 관서로 궁궐의 정원을 맡아보는 관청이다.

12. 다음 중 경주 월지(안압지 : 雁鴨池)에 있는 섬의 모양으로 가장 적당한 것은?

① 육각형　② 사각형
③ 한반도형　④ 거북이형

13. 다음 중 '사자의 중정(Court of Lion)'은 어느 곳에 속해 있는가?

① 헤네랄리페　② 알카자르
③ 알함브라　④ 타즈마할

❖ 알함브라 궁전에는 알베르카 중정, 사자의 중정, 다라하의 중정, 레하의 중정이 있다.

14. 도시공원의 설치 및 규모의 기준상 어린이공원의 최대 유치 거리는?

① 100m　② 250m
③ 500m　④ 1000m

15. 다음 관용색명 중 색상의 속성이 다른 것은?

① 이끼색　② 라벤더색
③ 솔잎색　④ 풀색

❖ 관용색명은 예부터 관습적으로 사용한 색명을 말한다. 일반적으로 이미지의 연상어로 만들어지거나, 이미지의 연상어에 기본적인 색명을 붙여서 만들어진다.

16. 다음 중 가시가 없는 수종은?

① 산초나무　② 음나무
③ 금목서　④ 찔레꽃

❖ ① 산초나무 : 수피가 회갈색으로 어긋나게 돋아난 가시가 있다.
② 음나무 : 가지가 굵으며 크고 밑이 퍼진 가시가 있다.
④ 찔레꽃 : 가지는 끝 부분이 밑으로 처지고 날카로운 가시가 있다.

17. 다음 중 시멘트의 응결시간에 가장 영향이 적은 것은?

① 수량(水量)　② 온도
③ 분말도　④ 골재의 입도

❖ 시멘트 응결은 시멘트의 분말도, 풍화정도, 수량, 온도 등에 따라 영향을 받는다.

18. 조경에 이용될 수 있는 상록활엽관목류의 수목으로만 짝지어진 것은?

① 아왜나무, 가시나무　② 광나무, 꽝꽝나무
③ 백당나무, 병꽃나무　④ 황매화, 후피향나무

❖ ① 아왜나무, 가시나무 : 상록교목
③ 백당나무, 병꽃나무 : 낙엽관목
④ 황매화 : 낙엽관목, 후피향나무 : 상록교목

정답 ➜ 9. ④ 10. ② 11. ① 12. ④ 13. ③ 14. ② 15. ② 16. ③ 17. ④ 18. ②

19. 다음 중 양수에 해당하는 낙엽관목 수종은?

① 독일가문비 ② 무궁화
③ 녹나무 ④ 주목

❖ 양수로는 낙엽송, 소나무, 자작나무, 오동나무, 반송, 눈향, 가중나무, 벚나무, 느티나무, 태산목, 층층나무, 매화나무, 무궁화, 복숭아나무, 수수꽃다리, 쥐똥나무, 조팝나무, 개나리 등이 있다.

20. 소가 누워있는 것과 같은 돌로, 횡석보다 안정감을 주는 자연석의 형태는?

① 와석 ② 평석
③ 입석 ④ 환석

21. 구상나무(Abies koreana Wilson)와 관련된 설명으로 틀린 것은?

① 한국이 원산지이다.
② 측백나무과(科)에 해당한다.
③ 원추형의 상록침엽교목이다.
④ 열매는 구과로 원통형이며 길이 4~7㎝, 지름 2~3㎝의 자갈색이다.

❖ 구상나무는 소나무과이다.

22. 자연토양을 사용한 인공지반에 식재된 대관목의 생육에 필요한 최소 식재토심은?(단, 배수구배는 1.5~2.0% 이다.)

① 15㎝ ② 30㎝
③ 45㎝ ④ 70㎝

❖ 옥상조경 및 인공지반의 토심(조경기준)

성상	토심	인공토양 사용시 토심
초화류 및 지피식물	15㎝ 이상	10㎝ 이상
소관목	30㎝ 이상	20㎝ 이상
대관목	45㎝ 이상	30㎝ 이상
교목	70㎝ 이상	60㎝ 이상

23. 건설재료용으로 사용되는 목재를 건조시키는 목적 및 건조방법에 관한 설명 중 틀린 것은?

① 중량경감 및 강도, 내구성을 증진시킨다.
② 균류에 의한 부식 및 벌레의 피해를 예방한다.
③ 자연건조법에 해당하는 공기건조법은 실외에 목재를 쌓아두고 기건상태가 될 때까지 건조시키는 방법이다.
④ 밀폐된 실내에 가열한 공기를 보내서 건조를 촉진시키는 방법은 인공건조법 중에서 증기건조법이다.

❖ 증기 건조법(대류식)은 적당한 습도의 증기를 보내 건조하는 방법을 말한다.

24. 주로 감람석, 섬록암 등의 심성암이 변질된 것으로 암녹색 바탕에 흑백색의 아름다운 무늬가 있으며, 경질이나 풍화성이 있어 외장재보다는 내장 마감용 석재로 이용되는 것은?

① 사문암 ② 안산암
③ 점판암 ④ 화강암

25. 다음 인동과(科) 수종에 대한 설명으로 맞는 것은?

① 백당나무는 열매가 적색이다.
② 아왜나무는 상록활엽관목이다.
③ 분꽃나무는 꽃향기가 없다.
④ 인동덩굴의 열매는 둥글고 6~8월에 붉게 성숙한다.

❖ ② 아왜나무는 상록소교목이다.
③ 분꽃나무는 꽃향기가 강하다.
④ 인동덩굴의 열매는 9~10월에 흑색으로 성숙한다.

26. 다음 중 콘크리트 내구성에 영향을 주는 아래 화학반응식의 현상은?

$$Ca(OH)_2 + CO_2 \rightarrow CaCO_3 + H_2O\uparrow$$

① 콘크리트 염해 ② 동결융해현상
③ 콘크리트 중성화 ④ 알칼리 골재반응

❖ 콘크리트 중성화는 콘크리트에 함유된 알칼리성 수산화칼슘($Ca(OH)_2$)이 대기중의 탄산가스(CO_2)와 반응하여 탄산칼슘($CaCO_3$)과 물(H_2O)로 변하는 현상을 말한다.

정답 ➔ 19. ② 20. ① 21. ② 22. ③ 23. ④ 24. ① 25. ① 26. ③

27. 다음 중 목재의 방화제(防火劑)로 사용될 수 없는 것은?

① 염화암모늄 ② 황산암모늄
③ 제2인산암모늄 ④ 질산암모늄

❖ 질산암모늄은 공기 중에서는 안정하지만 고온 또는 밀폐용기 · 가연성물질과 닿으면 쉽게 폭발하는 성질이 있으며 디젤유와 혼합하면 강력한 폭발력을 갖게 되어 폭탄의 원료중 하나로 쓰인다.

28. 다음 중 멜루스(Malus)속에 해당되는 식물은?

① 아그배나무 ② 복사나무
③ 팥배나무 ④ 쉬땅나무

❖ 아그배나무는 장미목, 장미과, 사과나무(Malus)속으로 분류된다.

29. 콘크리트의 표준배합 비가 1 : 3 : 6 일 때 이 배합비의 순서에 맞는 각각의 재료를 바르게 나열한 것은?

① 모래 : 자갈 : 시멘트
② 자갈 : 시멘트 : 모래
③ 자갈 : 모래 : 시멘트
④ 시멘트 : 모래 : 자갈

30. 콘크리트 다지기에 대한 설명으로 틀린 것은?

① 진동다지기를 할 때에는 내부 진동기를 하층의 콘크리트 속으로 작업이 용이하도록 사선으로 0.5m 정도 찔러 넣는다.
② 내부진동기의 1개소당 진동시간은 다짐할 때 시멘트 페이스트가 표면 상부로 약간 부상하기까지 한다.
③ 거푸집판에 접하는 콘크리트는 되도록 평탄한 표면이 얻어지도록 타설하고 다져야 한다.
④ 콘크리트 다지기에는 내부진동기의 사용을 원칙으로 하나, 얇은 벽 등 내부진동기의 사용이 곤란한 장소에서는 거푸집 진동기를 사용해도 좋다.

❖ 진동다지기를 할 때에는 내부 진동기를 하층의 콘크리트 속으로 0.1m 정도 찔러 넣어야 한다.

31. 다음 중 조경공간의 포장용으로 주로 쓰이는 가공석은?

① 견치돌(간지석)
② 각석
③ 판석
④ 강석(하천석)

❖ 판석은 두께가 15㎝ 미만이고, 폭이 두께의 3배 이상인 것으로 바닥이나 벽체에 사용된다.

32. 다음 조경식물 중 생장 속도가 가장 느린 것은?

① 배롱나무 ② 쉬나무
③ 눈주목 ④ 층층나무

33. 다음 중 목재에 유성페인트 칠을 할 때 가장 관련이 없는 재료는?

① 건성유 ② 건조제
③ 방청제 ④ 희석제

❖ 방청제는 금속이 부식하기 쉬운 상태일 때 첨가하여 녹을 방지하기 위해 사용하는 물질이다.

34. 종류로는 수용형, 용제형, 분말형 등이 있으며 목재, 금속, 플라스틱 및 이들 이종재(異種材)간의 접착에 사용되는 합성수지 접착제는?

① 페놀수지접착제
② 카세인접착제
③ 요소수지접착제
④ 폴리에스테르수지접착제

35. 마로니에와 칠엽수에 대한 설명으로 옳지 않은 것은?

① 마로니에와 칠엽수는 원산지가 같다.
② 마로니에와 칠엽수의 잎은 장상복엽이다.
③ 마로니에는 칠엽수와는 달리 열매 표면에 가시가 있다.
④ 마로니에와 칠엽수 모두 열매 속에는 밤톨같은 씨가 들어 있다.

❖ 마로니에는 유럽남부, 칠엽수는 일본이 원산지이다.

정답 ➔ 27. ④ 28. ① 29. ④ 30. ① 31. ③ 32. ③ 33. ③ 34. ① 35. ①

36. 다음 중 조경시공에 활용되는 석재의 특징으로 부적합한 것은?

① 내화성이 뛰어나고 압축강도가 크다.
② 내수성·내구성·내화학성이 풍부하다.
③ 색조와 광택이 있어 외관이 미려·장중하다.
④ 천연물이기 때문에 재료가 균일하고 갈라지는 방향성이 없다.

37. 수간과 줄기 표면의 상처에 침투성 약액을 발라 조직 내로 약효성분이 흡수되게 하는 농약 사용법은?

① 도포법 ② 관주법
③ 도말법 ④ 분무법

❖ 농약 살포방법 중 도포법은 나무줄기에 환상으로 약액을 발라 이동하는 해충을 잡거나, 가지 절단부위, 상처부위에 병균이 침입하지 못하도록 약제 처리하는 방법을 말한다.

38. 디딤돌 놓기 공사에 대한 설명으로 틀린 것은?

① 정원의 잔디, 나지 위에 놓아 보행자의 편의를 돕는다.
② 넓적하고 평평한 자연석, 판석, 통나무 등이 활용된다.
③ 시작과 끝 부분, 갈라지는 부분은 50㎝ 정도의 돌을 사용한다.
④ 같은 크기의 돌을 직선으로 배치하여 기능성을 강조한다.

❖ 디딤돌은 양발이 각각의 디딤돌을 교대로 디딜 수 있게 배치하며, 부득이 한 발이 한 면에 2회 이상 닿을 경우 3,5 · · · 등 홀수회가 닿게 배치한다.

39. 우리나라에서 1929년 서울의 비원(秘苑)과 전남 목포 지방에서 처음 발견된 해충으로 솔잎 기부에 충영을 형성하고 그 안에서 흡즙해 소나무에 피해를 주는 해충은?

① 솔껍질깍지벌레 ② 솔잎혹파리
③ 솔나방 ④ 솔잎벌

❖ 솔잎혹파리는 1년에 1회 발생하며 유충이 솔잎 기부에 들어가 벌레혹을 만들고 그 속에서 수액 및 즙액을 빨아먹는다. 주로 소나무, 곰솔 등에 발생한다.

40. 다음 중 지피식물 선택 조건으로 부적합한 것은?

① 치밀하게 피복되는 것이 좋다.
② 키가 낮고 다년생이며 부드러워야 한다.
③ 병충해에 강하며 관리가 용이하여야 한다.
④ 특수 환경에 잘 적응하며 희소성이 있어야 한다.

41. 토양수분 중 식물이 생육에 주로 이용하는 유효수분은?

① 결합수 ② 흡습수
③ 모세관수 ④ 중력수

42. 개화, 결실을 목적으로 실시하는 정지 · 전정의 방법으로 틀린 것은?

① 약지는 길게, 강지는 짧게 전정하여야 한다.
② 묵은 가지나 병충해 가지는 수액유동후에 전정한다.
③ 작은 가지나 내측으로 뻗은 가지는 제거한다.
④ 개화결실을 촉진하기 위하여 가지를 유인하거나 단근작업을 실시한다.

❖ ① 개화 · 결실 촉진을 위한 전정은 약지를 짧게 자른다.
② 묵은 가지나 병충해 가지는 수액유동전에 전정한다.

43. 다음 중 흙깎기의 순서 중 가장 먼저 실시하는 곳은?

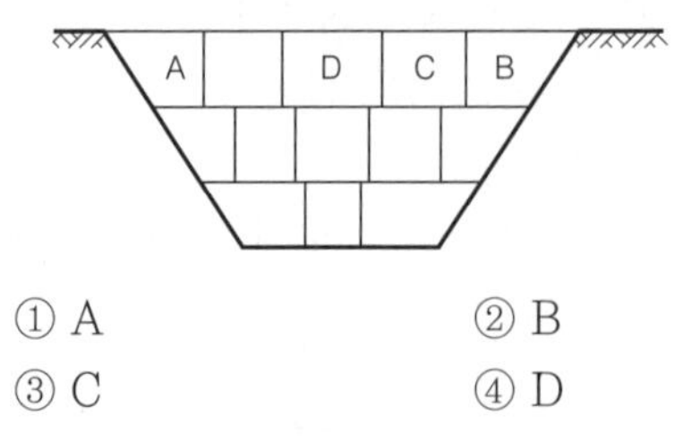

① A ② B
③ C ④ D

44. 다음 중 방제 대상별 농약 포장지 색깔이 옳은 것은?

① 살충제-노란색 ② 살균제-초록색
③ 제초제-분홍색 ④ 생장 조절제-청색

❖ 약제의 용도구분 색깔
· 살충제-녹색, 살균제-분홍색, 제초제-황색

45. 다음 중 비료의 3요소에 해당하지 않는 것은?

① N ② K
③ P ④ Mg

❖ 비료의 3요소 : 질소(N), 인(P), 칼륨(K)

46. 과다 사용시 병에 대한 저항력을 감소시키므로 특히 토양의 비배관리에 주의해야 하는 무기성분은?

① 질소 ② 규산
③ 칼륨 ④ 인산

47. 합성수지 · 놀이시설물의 관리 요령으로 가장 적합한 것은?

① 자체가 무거워 균열 발생 전에 보수한다.
② 정기적인 보수와 도료 등을 칠해 주어야 한다.
③ 회전하는 축에는 정기적으로 그리스를 주입한다.
④ 겨울철 저온기 때 충격에 의한 파손을 주의한다.

48. 가지가 굵어 이미 찢어진 경우에 도복 등의 위험을 방지하고자 하는 방법으로 가장 알맞은 것은?

① 지주설치 ② 쇠조임(당김줄설치)
③ 외과수술 ④ 가지치기

49. 도시공원의 식물 관리비 계산시 산출근거와 관련이 없는 것은?

① 식물의 수량 ② 식물의 품종
③ 작업률 ④ 작업회수

❖ 식물관리비=식물의 수량×작업률×작업회수×작업단가

50. 참나무 시들음병에 관한 설명으로 틀린 것은?

① 피해목은 벌채 및 훈증처리 한다.
② 솔수염하늘소가 매개충이다.
③ 곰팡이가 도관을 막아 수분과 양분을 차단한다.
④ 우리나라에서는 2004년 경기도 성남시에서 처음 발견되었다.

❖ 참나무 시들음병의 매개충은 광릉긴나무좀이다.

51. 수목의 뿌리분 굴취와 관련된 설명으로 틀린 것은?

① 분의 크기는 뿌리목 줄기 지름의 3~4배를 기준으로 한다.
② 수목 주위를 파 내려가는 방향은 지면과 직각이 되도록 한다.
③ 분의 주위를 1/2정도 파 내려갔을 무렵부터 뿌리감기를 시작한다.
④ 분 감기 전 직근을 잘라야 용이하게 작업할 수 있다.

❖ 분 감기를 할 때 뿌리를 완전히 절단하면 쓰러져 분이 깨질 염려가 있으므로 직근은 남겨 둔 채 먼저 새끼를 감고 나중에 직근을 톱으로 가르면 안전하게 분을 뜰 수가 있다.

52. 안전관리 사고의 유형은 설치, 관리, 이용자 · 보호자 · 주최자 등의 부주의, 자연재해 등에 의한 사고로 분류된다. 다음 중 관리하자에 의한 사고의 종류에 해당하지 않는 것은?

① 위험물 방치에 의한 것
② 시설의 노후 및 파손에 의한 것
③ 시설의 구조 자체의 결함에 의한 것
④ 위험장소에 대한 안전대책 미비에 의한 것

❖ ③은 설치하자에 의한 사고를 말한다.

53. 다음 중 토양 통기성에 대한 설명으로 틀린 것은?

① 기체는 농도가 낮은 곳에서 높은 곳으로 확산작용에 의해 이동한다.
② 토양 속에는 대기와 마찬가지로 질소, 산소, 이산화탄소 등의 기체가 존재한다.
③ 토양생물의 호흡과 분해로 인해 토양 공기 중에는 대기에 비하여 산소가 적고 이산화탄소가 많다.
④ 건조한 토양에서는 이산화탄소와 산소의 이동이나 교환이 쉽다.

❖ 기체는 분압이 높은 곳에서 낮은 곳으로 이동한다.

54. 이종기생균이 그 생활사를 완성하기 위하여 기주를 바꾸는 것을 무엇이라고 하는가?

정답 ➜ 46. ① 47. ④ 48. ② 49. ② 50. ② 51. ④ 52. ③ 53. ① 54. ①

① 기주교대　② 중간기주
③ 이종기생　④ 공생교환

55. 다음 그림과 같은 삼각형의 면적은?

① 115㎡
② 193㎡
③ 230㎡
④ 386㎡

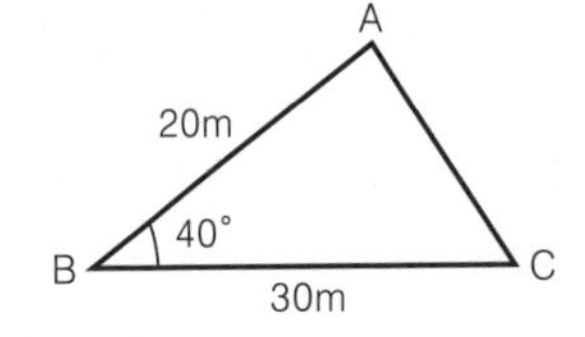

❖ 두변의 길이와 그 끼인각을 알 때 삼각형의 면적공식

$S = \frac{1}{2} \times a \times b \times \sin\theta$

$S = \frac{1}{2} \times 20 \times 30 \times \sin 40 = 193(m^2)$

56. 인공 식재 기반 조성에 대한 설명으로 틀린 것은?

① 토양, 방수 및 배수시설 등에 유의한다.
② 식재층과 배수층 사이는 부직포를 깐다.
③ 심근성 교목의 생존 최소 깊이는 40㎝로 한다.
④ 건축물 위의 인공식재 기반은 방수처리 한다.

❖ 심근성 교목의 생존 최소 깊이는 90㎝로 한다.

57. 다음 중 콘크리트의 파손 유형이 아닌 것은?

① 균열(crack)　② 융기(blow-up)
③ 단차(faulting)　④ 양생(curing)

❖ 양생은 콘크리트 타설 후 일정기간 동안 온도, 하중, 충격, 오손, 파손 등 유해한 영향을 받지 않도록 보호관리 하여 응결 및 경화가 진행되도록 하는 것을 말한다.

58. 다음 그림은 수목의 번식방법 중 어떠한 접목법에 해당하는가?

① 깎기접
② 안장접
③ 쪼개접
④ 박피접

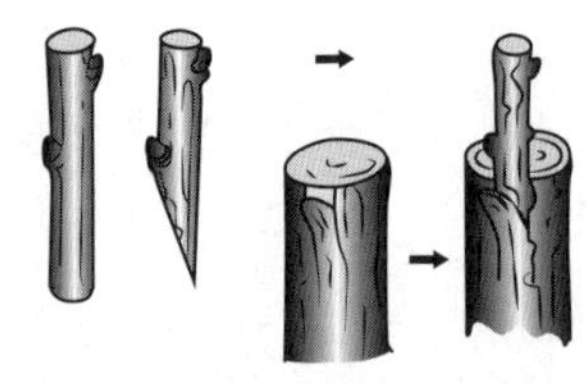

❖ 박피접은 수피를 박리시켜 절접 때와 같이 접수를 박피된 형성층에 맞추는 방법을 말한다.

59. 목재를 방부제 속에 일정기간 담가두는 방법으로 크레오소트(creosote)를 많이 사용하는 방부법은?

① 표면탄화법　② 직접유살법
③ 상압주입법　④ 약제도포법

60. 적심(摘心 : candle pinching)에 대한 설명으로 틀린 것은?

① 고정생장하는 수목에 실시한다.
② 참나무과(科) 수종에서 주로 실시한다.
③ 수관이 치밀하게 되도록 교정하는 작업이다.
④ 촛대처럼 자란 새순을 가위로 잘라주거나 손끝으로 끊어준다.

❖ 적심은 불필요한 곁가지를 없애고 지나치게 자라는 가지의 신장을 억제하기 위하여 신초의 끝부분을 제거하는 것으로, 상장생장(上長生長)을 정지시키고 곁눈의 발육을 촉진시켜 새로운 가지의 배치를 고르게 하고 개화작용을 조장하며 소나무류와 등나무 등의 일부 수종에 실시한다.

정답 ➔ 55. ② 56. ③ 57. ④ 58. ④ 59. ③ 60. ②

❖ 2015년 조경기능사 제 1 회

2015년 1월 25일 시행

1. 조경설계기준상의 조경시설로서 음수대의 배치, 구조 및 규격에 대한 설명이 틀린 것은?

   ① 설치위치는 가능하면 포장지역 보다는 녹지에 배치하여 자연스럽게 지반면보다 낮게 설치한다.
   ② 관광지·공원 등에는 설계대상 공간의 성격과 이용특성 등을 고려하여 필요한 곳에 음수대를 배치한다.
   ③ 지수전과 제수밸브 등 필요시설을 적정 위치에 제 기능을 충족시키도록 설계한다.
   ④ 겨울철의 동파를 막기 위한 보온용 설비와 퇴수용 설비를 반영한다.

❖ 음수대는 녹지에 접한 포장부위에 배치한다.

2. 정토사상과 신선사상을 바탕으로 불교 선사상의 직접적 영향을 받아 극도의 상징성(자연석이나 모래 등으로 산수 자연을 상징)으로 조성된 14~15세기 일본의 정원 양식은?

   ① 중정식 정원　② 고산수식 정원
   ③ 전원풍경식 정원　④ 다정식 정원

❖ 고산수식 정원은 선(禪)사상과 묵화(墨畵)의 영향을 받아 건물로부터 독립한 회화적 정원으로 나무(산봉우리)·바위(폭포)·왕모래(냇물)로 경관을 표현하고 극도의 상징화와 추상적 표현의 정원양식이다. 14C는 축산고산수식정원, 15C 후반에는 평정고산수식정원이 발달하였다.

3. 다음 중 정신 집중을 요구하는 사무공간에 어울리는 색은?

   ① 빨강　② 노랑
   ③ 난색　④ 한색

❖ 한색의 경우 침착하게 만들어 안정을 도모하므로 집중을 요구하는 사무공간에 적합하다.

4. 브라운파의 정원을 비판하였으며 큐가든에 중국식 건물, 탑을 도입한 사람은?

   ① Richard Steele
   ② Joseph Addison
   ③ Alexander Pope
   ④ William Chambers

❖ 챔버(William Chamber)는 중국정원의 다양한 의미의 측면에서 자연풍경을 재현하는 브라운을 비판하였으며, 큐 가든(Kew Garden)에 중국식 건물과 탑을 최초로 도입 하였다.

5. 고대 그리스에서 청년들이 체육 훈련을 하는 자리로 만들어졌던 것은?

   ① 페리스틸리움　② 지스터스
   ③ 짐나지움　④ 보스코

❖ 짐나지움(Gymnasium)은 나지(裸地)로된 청년들의 체육훈련장소였으나 대중적인 정원으로 발달하였다.

6. 다음 중 추위에 견디는 힘과 짧은 예취에 견디는 힘이 강하며, 골프장의 그린을 조성하기에 가장 적합한 잔디의 종류는?

   ① 들잔디　② 벤트그래스
   ③ 버뮤다그래스　④ 라이그래스

❖ 벤트그래스는 한지형 잔디로 골프장 그린에 많이 사용하며, 여름에 말라 죽기 쉽고 잦은 병이 발생한다.

7. 다음 중 스페인의 파티오(patio)에서 가장 중요한 구성 요소는?

   ① 물　② 원색의 꽃
   ③ 색채 타일　④ 짙은 녹음

❖ 파티오는 물을 이용한 연못(욕지)·분수·샘 등이 가장 중요한 구성요소이다.

8. 다음 이슬람 정원 중 「알함브라 궁전」에 없는 것은?

   ① 알베르카 중정　② 사자의 중정
   ③ 사이프레스의 중정　④ 헤네랄리페 중정

정답 ➔ 1. ① 2. ② 3. ④ 4. ④ 5. ③ 6. ② 7. ① 8. ④

❖ 알함브라 궁전에는 알베르카 중정, 사자의 중정, 창격자의 중정(사이프레스의 중정), 린다라야의 중정이 있다. 헤네랄리페(Generalife) 이궁은 왕의 피서를 위한 행궁이다.

9. 제도에서 사용되는 물체의 중심선, 절단선, 경계선 등을 표시하는데 가장 적합한 선은?

① 실선　② 파선
③ 1점쇄선　④ 2점쇄선

10. 보르 뷔 콩트(Vaux-le-Vicomte) 정원과 가장 관련 있는 양식은?

① 노단식　② 평면 기하학식
③ 절충식　④ 자연풍경식

❖ 보르 뷔 콩트(Vaux-le-Vicomte) 정원은 최초의 평면기하학식 정원으로 앙드레 르노트르의 출세작이다.

11. 조경계획 및 설계에 있어서 몇 가지의 대안을 만들어 각 대안의 장·단점을 비교한 후에 최종안으로 결정하는 단계는?

① 기본구상　② 기본계획
③ 기본설계　④ 실시설계

❖ 기본구상단계에서는 제반자료의 분석·종합을 기초로 하고 프로그램에서 제시된 계획방향에 의거하여 구체적인 계획안의 개념 정립의 단계이다.

12. 다음 중 「면적대비」의 특징 설명으로 틀린 것은?

① 면적의 크기에 따라 명도와 채도가 다르게 보인다.
② 면적의 크고 작음에 따라 색이 다르게 보이는 현상이다.
③ 면적이 작은 색은 실제보다 명도와 채도가 낮아져 보인다.
④ 동일한 색이라도 면적이 커지면 어둡고 칙칙해 보인다.

❖ 면적대비는 동일한 색이라도 면적이 커지면 명도와 채도가 증가해 밝고 선명해 보인다.

13. 조선시대 중엽 이후 풍수설에 따라 주택조경에서 새로이 중요한 부분으로 강조된 곳은?

① 앞뜰(前庭)　② 가운데뜰(中庭)
③ 뒤뜰(後庭)　④ 안뜰(主庭)

❖ 조선시대에는 풍수도참설이 크게 성행하여 한국적 특수 정원양식인 후정(後庭)이 발생하였다.

14. 조경계획 과정에서 자연환경 분석의 요인이 아닌 것은?

① 기후　② 지형
③ 식물　④ 역사성

❖ 자연환경 분석의 요인에는 지형, 지질, 토양, 기후, 생물, 수문, 경관 등이 있다. ④ 역사성은 인문·사회환경 분석의 요인이다.

15. 다음 중 19세기 서양의 조경에 대한 설명으로 틀린 것은?

① 1899년 미국 조경가협회(ASLA)가 창립되었다.
② 19세기 말 조경은 토목공학기술에 영향을 받았다.
③ 19세기 말 조경은 전위적인 예술에 영향을 받았다.
④ 19세기 초에 도시문제와 환경문제에 관한 법률이 제정되었다.

❖ 20세기 중반에서야 비로소 도시문제와 국토환경문제에 대처하기 시작하여 법률제정과 관련단체 및 기관의 설립이 진행되었다.

16. 화성암은 산성암, 중성암, 염기성암으로 분류가 되는데, 이 때 분류 기준이 되는 것은?

① 규산의 함유량　② 석영의 함유량
③ 장석의 함유량　④ 각섬석의 함유량

17. 가연성 도료의 보관 및 장소에 대한 설명 중 틀린 것은?

① 직사광선을 피하고 환기를 억제한다.
② 소방 및 위험물 취급 관련 규정에 따른다.

정답 ➔ 9. ③ 10. ② 11. ① 12. ④ 13. ③ 14. ④ 15. ④ 16. ① 17. ①

③ 건물 내 일부에 수용할 때에는 방화구조적인 방을 선택한다.
④ 주위 건물에서 격리된 독립된 건물에 보관하는 것이 좋다.

❖ 직사광선을 피하고 환기가 잘 되어야한다.

18. 가죽나무(가중나무)와 물푸레나무에 대한 설명으로 옳은 것은?

① 가중나무와 물푸레나무는 모두 물푸레나무과(科)이다.
② 잎 특성은 가중나무는 복엽이고 물푸레나무는 단엽이다.
③ 열매 특성은 가중나무와 물푸레나무 모두 날개모양의 시과이다.
④ 꽃 특성은 가중나무와 물푸레나무 모두 한 꽃에 암술과 수술이 함께 있는 양성화이다.

❖ ① 가중나무는 소태나무과이다.
② 가중나무와 물푸레나무는 복엽이다.
④ 가중나무와 물푸레나무의 꽃은 암수딴그루이다.

19. 조경 재료는 식물재료와 인공재료로 구분된다. 다음 중 식물재료의 특징으로 옳지 않은 것은?

① 생장과 번식을 계속하는 연속성이 있다.
② 생물로서 생명 활동을 하는 자연성을 지니고 있다.
③ 계절적으로 다양하게 변화함으로써 주변과의 조화성을 가진다.
④ 기후변화와 더불어 생태계에 영향을 주지 못한다.

20. 회양목의 설명으로 틀린 것은?

① 낙엽활엽관목이다.
② 잎은 두껍고 타원형이다.
③ 3~4월경에 꽃이 연한 황색으로 핀다.
④ 열매는 삭과로 달걀형이며, 털이 없으며 갈색으로 9~10월에 성숙한다.

❖ 회양목은 상록활엽관목이다.

21. 다음 중 아황산가스에 견디는 힘이 가장 약한 수종은?

① 삼나무
② 편백
③ 플라타너스
④ 사철나무

❖ 아황산가스에 약한수종 : 독일가문비나무, 삼나무, 소나무, 전나무, 잣나무, 개잎갈나무, 반송, 일본잎갈나무, 잎갈나무, 느티나무, 백합나무, 자작나무, 감나무, 벚나무류, 단풍나무, 매실나무

22. 백색계통의 꽃을 감상 할 수 있는 수종은?

① 개나리 ② 이팝나무
③ 산수유 ④ 맥문동

❖ 개나리와 산수유는 황색, 맥문동은 자주색 꽃을 감상할 수 있는 수종이다.

23. 목재 방부제로서의 크레오소트 유(creosote 油)에 관한 설명으로 틀린 것은?

① 휘발성이다.
② 살균력이 강하다.
③ 페인트 도장이 곤란하다.
④ 물에 용해되지 않는다.

24. 암석은 그 성인(成因)에 따라 대별되는데 편마암, 대리석 등은 어느 암으로 분류 되는가?

① 수성암 ② 화성암
③ 변성암 ④ 석회질암

❖ · 화성암 : 화강암, 안산암, 현무암, 섬록암
· 퇴적암 : 사암, 점판암, 응회암, 석회암, 혈암
· 변성암 : 편마암, 대리석, 사문암, 결정 편암, 트래버틴

25. 목재가공 작업 과정 중 소지조정, 눈막이(눈메꿈), 샌딩실러 등은 무엇을 하기 위한 것인가?

① 도장 ② 연마
③ 접착 ④ 오버레이

정답 ➔ 18. ③ 19. ④ 20. ① 21. ① 22. ② 23. ① 24. ③ 25. ①

26. 타일의 동해를 방지하기 위한 방법으로 옳지 않은 것은?

① 붙임용 모르타르의 배합비를 좋게 한다.
② 타일은 소성온도가 높은 것을 사용한다.
③ 줄눈 누름을 충분히 하여 빗물의 침투를 방지한다.
④ 타일은 흡수성이 높은 것일수록 잘 밀착됨으로 방지효과가 있다.

27. 시멘트의 성질 및 특성에 대한 설명으로 틀린 것은?

① 분말도는 일반적으로 비표면적으로 표시한다.
② 강도시험은 시멘트 페이스트 강도시험으로 측정한다.
③ 응결이란 시멘트 풀이 유동성과 점성을 상실하고 고화하는 현상을 말한다.
④ 풍화란 시멘트가 공기 중의 수분 및 이산화탄소와 반응하여 가벼운 수화반응을 일으키는 것을 말한다.

❖ 시멘트 강도시험은 모르타르의 압축강도시험으로 측정한다.

28. 토피어리(topiary)란?

① 분수의 일종 ② 형상수(形狀樹)
③ 조각된 정원석 ④ 휴게용 그늘막

❖ 토피어리란 자연 그대로의 식물을 인공적으로 다듬어 여러 가지 형태로 만든 것을 말하며 형상수라고 한다.

29. 다음 수목들은 어떤 산림대에 해당되는가?

잣나무, 전나무, 주목, 가문비나무, 분비나무, 잎갈나무, 종비나무

① 난대림 ② 온대 중부림
③ 온대 북부림 ④ 한대림

❖ 한대림은 수평적으로 한반도의 북한지역에 분포하며, 주로 평안도와 함경도의 고원 및 고산지역이 이에 속한다.

30. 100㎝×100㎝×5㎝ 크기의 화강석 판석의 중량은?(단, 화강석의 비중 기준은 2.56ton/㎥ 이다.)

① 128kg ② 12.8kg
③ 195kg ④ 19.5kg

31. 친환경적 생태하천에 호안을 복구하고자 할 때 생물의 종다양성과 자연성 향상을 위해 이용되는 소재로 가장 부적합한 것은?

① 섶단 ② 소형고압블록
③ 돌망태 ④ 야자롤

❖ 생태복원 소재 : 섶단, 욋가지, 식생콘크리트, 야자섬유 두루마리 및 녹화마대, 돌망태, 통나무 및 나무말뚝, 멀칭재료, 식생섬(인공부도)

32. 소철과 은행나무의 공통점으로 옳은 것은?

① 속씨나무 ② 자웅이주
③ 낙엽침엽교목 ④ 우리나라 자생식물

❖ 소철과 은행나무는 겉씨식물이다.
③ 소철은 상록관목이다.
④ 소철과 은행나무는 우리나라 자생식물이 아니다.

33. 다음 중 미선나무에 대한 설명으로 옳은 것은?

① 열매는 부채 모양이다.
② 꽃색은 노란색으로 향기가 있다.
③ 상록활엽교목으로 산야에서 흔히 볼 수 있다.
④ 원산지는 중국이며 세계적으로 여러 종이 존재한다.

❖ ② 꽃색은 흰색이다.
③ 낙엽활엽관목이다.
④ 원산지는 한국이다.

34. 다음 중 아스팔트의 일반적인 특성 설명으로 옳지 않은 것은?

① 비교적 경제적이다.
② 점성과 감온성을 가지고 있다.
③ 물에 용해되고 투수성이 좋아 포장재로 적합하지 않다.
④ 점착성이 크고 부착성이 좋기 때문에 결합재료, 접착재료로 사용한다.

정답 ➔ 26. ④ 27. ② 28. ② 29. ④ 30. ① 31. ② 32. ② 33. ① 34. ③

❖ 아스팔트는 방수성이 좋으며, 시공성이 용이하고 건설속도가 빠르며 평탄성이 좋아 포장재료로 적합하다.

35. 다음 중 조경수목의 생장 속도가 느린 것은?

① 모과나무 ② 메타세콰이어
③ 백합나무 ④ 개나리

❖ 생장속도가 느린 수종 : 주목, 비자나무, 향나무, 굴거리나무, 먼나무, 후피향나무, 꽝꽝나무, 동백나무, 호랑가시나무, 다정큼나무, 회양목, 서향, 감나무, 모과나무, 마가목, 매실나무, 낙상홍, 함박꽃나무, 모란

36. 석재판[板石] 붙이기 시공법이 아닌 것은?

① 습식공법 ② 건식공법
③ FRP공법 ④ GPC공법

37. 소나무류의 순자르기에 대한 설명으로 옳은 것은?

① 10 ~ 12월에 실시한다.
② 남길 순도 1/3 ~ 1/2 정도로 자른다.
③ 새순이 15㎝ 이상 길이로 자랐을 때에 실시한다.
④ 나무의 세력이 약하거나 크게 기르고자 할 때는 순자르기를 강하게 실시한다..

38. 일반적으로 식물간 양료 요구도(비옥도)가 높은 것부터 차례로 나열 된 것은?

① 활엽수>유실수>소나무류>침엽수
② 유실수>침엽수>활엽수>소나무류
③ 유실수>활엽수>침엽수>소나무류
④ 소나무류>침엽수>유실수>활엽수

❖ 일반적으로 속성수가 양료요구도가 크고, 활엽수가 침엽수보다 더 크다. 침엽수 중에서는 소나무류가 가장 적은 양을 요구한다.

39. 우리나라에서 발생하는 수목의 녹병 중 기주교대를 하지 않는 것은?

① 소나무 잎녹병 ② 후박나무 녹병
③ 버드나무 잎녹병 ④ 오리나무 잎녹병

40. 식물의 주요한 표징 중 병원체의 영양기관에 의한 것이 아닌 것은?

① 균사 ② 균핵
③ 포자 ④ 자좌

❖ 병원균의 번식기관에 의한 것이다.

41. 다음 중 굵은 가지 절단 시 제거하지 말아야 하는 부위는?

① 목질부 ② 지피융기선
③ 지륭 ④ 피목

❖ 지륭은 줄기와 접한 가지의 기부 하단을 둘러싸면서 부풀어 오른 부분을 말하며, 가지치기를 할 때에는 지륭이 다치지 않도록 바깥쪽 가까이를 자른다.

42. 다음 그림과 같이 수준측량을 하여 각 측점의 높이를 측정하였다. 절토량 및 성토량이 균형을 이루는 계획고는?

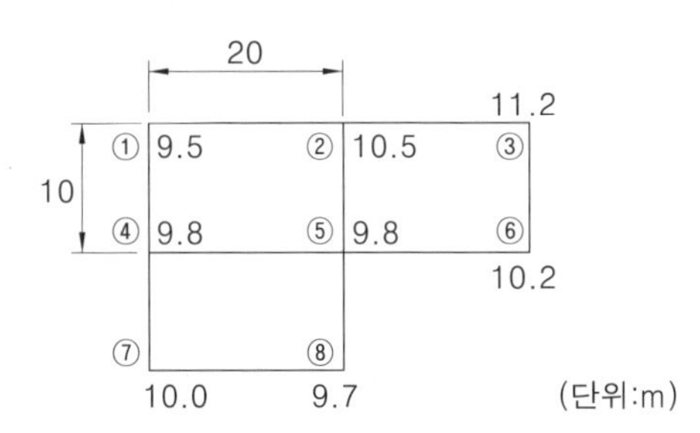

① 9.59m ② 9.95m
③ 10.05m ④ 10.50m

❖ · 점고법 $V = \frac{A}{4}(\Sigma h_1 + 2\Sigma h_2 + 3\Sigma h_3 + 4\Sigma h_4)$

$\Sigma h_1 = 9.5 + 11.2 + 10.2 + 10.1 + 9.7 = 50.6(m)$

$\Sigma h_2 = 10.5 + 9.8 = 20.3(m)$

$\Sigma h_3 = 9.8(m)$

$V = \frac{10 \times 20}{4}(50.6 + 2 \times 20.3 + 3 \times 9.8) = 6{,}030(m^3)$

· 평균높이 H = 토량/면적

$H = \frac{6{,}030}{10 \times 20 \times 3} = 10.05(m^3)$

43. 다음 중 L형 측구의 팽창줄눈 설치시 지수판의 간격은?

① 20m 이내 ② 25m 이내
③ 30m 이내 ④ 35m 이내

44. 다음 중 생울타리 수종으로 가장 적합한 것은?

① 쥐똥나무 ② 이팝나무
③ 은행나무 ④ 굴거리나무

❖ 생울타리용 수종은 맹아력이 강하고 지엽이 치밀하며, 건조와 공해에 대하여 강하고, 관리가 용이한 것이 적당하다.

45. 조경관리 방식 중 직영방식의 장점에 해당하지 않는 것은?

① 긴급한 대응이 가능하다.
② 관리실태를 정확히 파악할 수 있다.
③ 애착심을 가지므로 관리효율의 향상을 꾀한다.
④ 규모가 큰 시설 등의 관리를 효율적으로 할 수 있다.

❖ ④ 도급방식의 장점이다.

46. 다음 중 시비시기와 관련된 설명 중 틀린 것은?

① 온대지방에서는 수종에 관계없이 가장 왕성한 생장을 하는 시기가 봄이며, 이 시기에 맞게 비료를 주는 것이 가장 바람직하다.
② 시비효과가 봄에 나타나게 하려면 겨울눈이 트기 4~6주 전인 늦은 겨울이나 이른 봄에 토양에 시비한다.
③ 질소비료를 제외한 다른 대량원소는 연중 필요할 때 시비하면 되고, 미량원소를 토양에 시비할 때에는 가을에 실시한다.
④ 우리나라의 경우 고정생장을 하는 소나무, 전나무, 가문비나무 등은 9~10월 보다는 2월 시비가 적절하다.

❖ 고정생장을 하는 소나무, 전나무, 가문비나무 등은 2월 보다는 9~10월경 시비가 적절하다.

47. 다음 중 한국잔디류에 가장 많이 발생하는 병은?

① 녹병 ② 탄저병
③ 설부병 ④ 브라운 패치

❖ 녹병은 한국잔디류에서 가장 많이 나타나는 병으로 담자균류에 속하는 곰팡이로서 년 2회 발생한다.

48. 시공관리의 3대 목적이 아닌 것은?

① 원가관리 ② 노무관리
③ 공정관리 ④ 품질관리

49. 다음 중 토사붕괴의 예방대책으로 틀린 것은?

① 지하수위를 높인다.
② 적절한 경사면의 기울기를 계획한다.
③ 활동할 가능성이 있는 토석은 제거하여야 한다.
④ 말뚝(강관, H형강, 철근 콘크리트)을 타입하여 지반을 강화시킨다.

❖ 지하수위를 높이면 주변지반의 침하와 인접건물의 부등침하에 따른 균열 등 많은 문제점을 일으킨다.

50. 병의 발생에 필요한 3가지 요인을 정량화하여 삼각형의 각 변으로 표시하고 이들 상호관계에 의한 삼각형의 면적을 발병량으로 나타내는 것을 병삼각형이라 한다. 여기에 포함되지 않는 것은?

① 병원체 ② 환경
③ 기주 ④ 저항성

❖ 병삼각형
· 병원체 : 병원력, 밀도 등의 정도
· 환경 : 병을 일으키기 좋은 조건의 정도
· 기주식물 : 병에 대한 감수성 등

51. 목재 시설물에 대한 특징 및 관리 등의 설명으로 틀린 것은?

① 감촉이 좋고 외관이 아름답다.
② 철재보다 부패하기 쉽고 잘 갈라진다.
③ 정기적인 보수와 칠을 해 주어야 한다.
④ 저온 때 충격에 의한 파손이 우려된다.

정답 ➔ 43. ① 44. ① 45. ④ 46. ④ 47. ① 48. ② 49. ① 50. ④ 51. ④

52. 소나무좀의 생활사를 기술한 것 중 옳은 것은?

① 유충은 2회 탈피하며 유충기간은 약 20일이다.
② 1년에 1~3회 발생하며 암컷은 불완전변태를 한다.
③ 부화약충은 잎, 줄기에 붙어 즙액을 빨아 먹는다.
④ 부화한 애벌레가 쇠약목에 침입하여 갱도를 만든다.

53. 축척1/1,200의 도면을 1/600로 변경하고자 할 때 도면의 증가 면적은?

① 2배　② 3배
③ 4배　④ 6배

❖ $A_2 = (\frac{A}{4})^2 \cdot A_1 = (\frac{1,200}{600})^2 \times A_1 = 4A_1$

54. 살비제(acaricide)란 어떠한 약제를 말하는가?

① 선충을 방제하기 위하여 사용하는 약제
② 나방류를 방제하기 위하여 사용하는 약제
③ 응애류를 방제하기 위하여 사용하는 약제
④ 병균이 식물체에 침투하는 것을 방지하는 약제

❖ 살비제는 곤충에는 살충력이 거의 없고 응애류에만 효력을 나타내는 약제이다.

55. 일반적인 공사 수량 산출 방법으로 가장 적합한 것은?

① 중복이 되지 않게 세분화 한다.
② 수직방향에서 수평방향으로 한다.
③ 외부에서 내부로 한다.
④ 작은 곳에서 큰 곳으로 한다.

56. 수목의 필수원소 중 다량원소에 해당하지 않는 것은?

① H　② K
③ CI　④ C

❖ 식물 생육에 필요한 다량원소로는 C, H, O, N, P, K, Ca, Mg, S가 있으며, Cl은 미량원소이다.

57. 근원직경이 18㎝ 나무의 뿌리분을 만들려고 한다. 다음 식을 이용하여 소나무 뿌리분의 지름을 계산하면 얼마인가? (단, 공식 24+(N−3)×d, d는 상록수 4, 활엽수 5 이다.)

① 80㎝　② 82㎝
③ 84㎝　④ 86㎝

❖ 뿌리분의 크기=24+(18−3)×4=84(㎝)

58. 농약은 라벨과 뚜껑의 색으로 구분하여 표기하고 있는데, 다음 중 연결이 바른 것은?

① 제초제 - 노란색
② 살균제 - 녹색
③ 살충제 - 파란색
④ 생장조절제 - 흰색

❖ ② 살균제 − 분홍색
③ 살충제 − 녹색
④ 생장조절제 − 청색

59. 다음 중 순공사원가에 속하지 않는 것은?

① 재료비　② 경비
③ 노무비　④ 일반관리비

❖ 순공사원가 = 재료비 + 노무비 + 경비

60. 20L 들이 분무기 한통에 1000배액의 농약 용액을 만들고자 할 때 필요한 농약의 약량은?

① 10 mL　② 20 mL
③ 30 mL　④ 50 mL

❖ $소요농약량(mL, g) = \frac{단위면적당\ 살포액량(mL)}{희석배수}$

$\frac{20 \times 1,000(mL)}{1,000(배)} = 20(mL)$

정답 ➔ 52. ① 53. ③ 54. ③ 55. ① 56. ③ 57. ③ 58. ① 59. ④ 60. ②

❖ 2015년 조경기능사 제 2 회

2015년 4월 4일 시행

1. 다음 중 주택정원의 작업뜰에 위치할 수 있는 시설물로 가장 부적합한 것은?

① 장독대　② 빨래 건조장
③ 파고라　④ 채소밭

❖ 파고라는 주정에 위치할 수 있는 시설물이다.

2. 상점의 간판에 세 가지의 조명을 동시에 비추어 백색광을 만들려고 한다. 이 때 필요한 3가지 기본색광은?

① 노랑(Y), 초록(G), 파랑(B)
② 빨강(R), 노랑(Y), 파랑(B)
③ 빨강(R), 노랑(Y), 초록(G)
④ 빨강(R), 초록(G), 파랑(B)

❖ 색광의 삼원색은 빨강(R), 초록(G), 파랑(B) 이다.

3. 물체를 투상면에 대하여 한쪽으로 경사지게 투상하여 입체적으로 나타낸 것으로 다음 그림과 같은 것은?

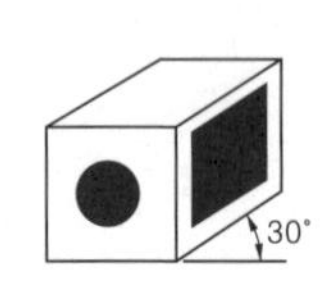

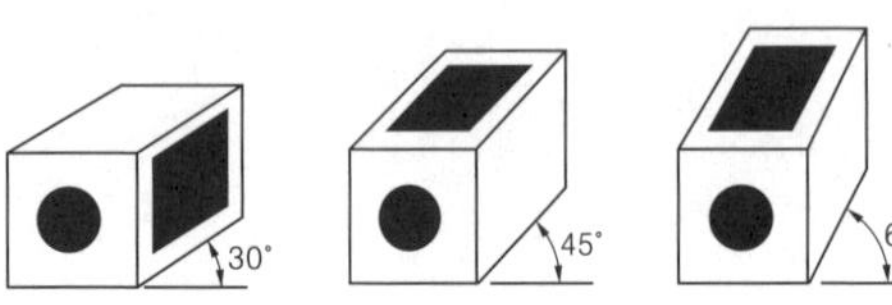

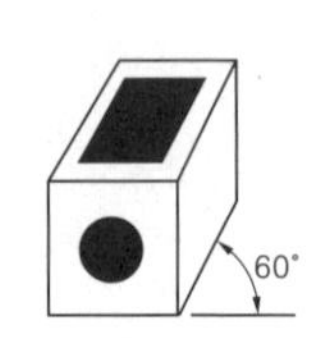

① 사투상도　② 투시투상도
③ 등각투상도　④ 부등각투상도

❖ 사투상도는 투상선이 투상면을 사선으로 지나는 평행투상도를 말한다.

4. 사적지 유형 중 "제사, 신앙에 관한 유적"에 해당되는 것은?

① 도요지　② 성곽
③ 고궁　④ 사당

❖ 사당은 조상의 신주(神主)를 모셔 놓은 집으로 제사, 신앙에 관한 유적에 해당된다.

5. 우리나라 조경의 특징으로 가장 적합한 설명은?

① 경관의 조화를 중요시하면서도 경관의 대비에 중점
② 급격한 지형변화를 이용하여 돌, 나무 등의 섬세한 사용을 통한 정신세계의 상징화
③ 풍수지리설에 영향을 받으며, 계절의 변화를 느낄 수 있음
④ 바닥포장과 괴석을 주로 사용하여 계속적인 변화와 시각적 흥미를 제공

❖ 우리나라 정원은 '신선사상', '음양오행사상', '풍수지리사상', '유교사상', '은일사상' 등을 사상적 배경으로 하였으며 낙엽활엽수 위주로 식재하여 계절감을 표현하였다.

6. 다음 중 통경선(Vistas)의 설명으로 가장 적합한 것은?

① 주로 자연식 정원에서 많이 쓰인다.
② 정원에 변화를 많이 주기 위한 수법이다.
③ 정원에서 바라볼 수 있는 정원 밖의 풍경이 중요한 구실을 한다.
④ 시점(視點)으로부터 부지의 끝부분까지 시선을 집중하도록 한 것이다.

❖ 통경선(Vistas)은 좌 · 우로 시선을 제한하며 전방의 일정 지점으로 시선을 집중하도록 한다.

7. 도시공원 및 녹지 등에 관한 법률 시행규칙에 의한 도시공원의 구분에 해당되지 않는 것은?

① 역사공원　② 체육공원
③ 도시농업공원　④ 국립공원

❖ 국립공원은 자연공원법에 의해 지정된 공원으로 환경부장관이 지정 · 관리한다.

8. 중세 클로이스터 가든에 나타나는 사분원(四分園)의 기원이 된 회교 정원양식은?

① 차하르바그　② 페리스타일 가든
③ 아라베스크　④ 행잉가든

정답 ➔ 1. ③ 2. ④ 3. ① 4. ④ 5. ③ 6. ④ 7. ④ 8. ①

9. 다음은 어떤 색에 대한 설명인가?

> 신비로움, 환상, 성스러움 등을 상징하며 여성스러움을 강조하는 역할을 하기도 하지만 반면 비애감과 고독감을 느끼게 하기도 한다.

① 빨강 ② 주황
③ 파랑 ④ 보라

❖ 보라색은 영감, 직관력과 연관되어 예술성을 지닌 색으로 고급스럽고 여성스러운 이미지를 갖는 반면 외로움, 슬픔, 우울, 비애, 고독감 등의 부정적인 의미를 지닌 색이다.

10. 다음 그림의 가로 장치물 중 볼라드로 가장 적합한 것은?

①  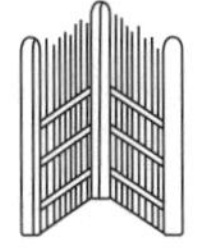
② 
③ 
④ 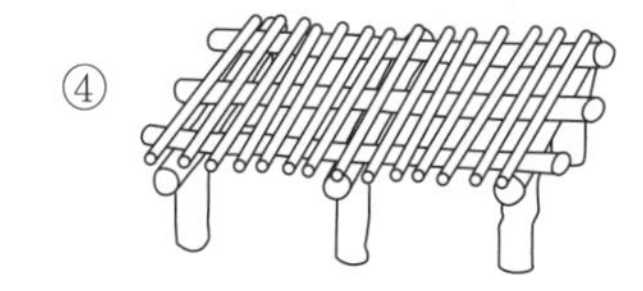

❖ 볼라드는 차량과 보행인들의 통행을 조절하거나 또는 차량과 보행공간을 분리시키기 위하여 설치하는 시설물로 30~70㎝정도의 높이를 가진 기둥 모양의 가로 장치물을 말한다.

11. 다음 중 ( )안에 들어갈 각각의 내용으로 옳은 것은?

> 인간이 볼 수 있는 ( )의 파장은 약 (~)㎚이다.

① 적외선, 560~960
② 가시광선, 560~960
③ 가시광선, 380~780
④ 적외선, 380~780

❖ 가시광선은 스펙트럼 중 인간이 눈으로 식별할 수 있는 380~780㎚의 파장을 지닌 광선을 말한다.

12. 회색의 시멘트 블록들 가운데에 놓인 붉은 벽돌은 실제의 색보다 더 선명해 보인다. 이러한 현상을 무엇이라고 하는가?

① 색상대비 ② 명도대비
③ 채도대비 ④ 보색대비

❖ 채도대비는 채도가 다른 두 색을 인접시켰을 때 서로의 영향을 받아 채도가 높은 색은 더욱 높아 보이고 채도가 낮은 색은 더욱 낮아 보이는 현상을 말한다.

13. 정원의 구성 요소 중 점적인 요소로 구별되는 것은?

① 원로 ② 생울타리
③ 냇물 ④ 휴지통

❖ 광장의 분수, 조각, 독립수, 휴지통 등은 조경공간에서 점적인 역할을 한다.

14. 다음 중 ( )안에 해당하지 않는 것은?

> 우리나라 전통조경 공간인 연못에는 ( ), ( ), ( )의 삼신산을 상징하는 세 섬을 꾸며 신선사상을 표현했다.

① 영주 ② 방지
③ 봉래 ④ 방장

❖ 신선사상은 봉래(蓬萊), 방장(方丈), 영주(瀛州)라고 하는 삼신산의 존재와 그곳에 사는 신선을 믿는 사상이다.

15. 다음 중 교통 표지판의 색상을 결정할 때 가장 중요하게 고려하여야 할 것은?

① 심미성 ② 명시성
③ 경제성 ④ 양질성

❖ 명시성은 두 가지 이상의 색 · 선 · 모양을 대비시켰을 때, 금방 눈에 뜨이는 성질이다.

16. 다음 지피식물의 기능과 효과에 관한 설명 중 옳지 않은 것은?

① 토양유실의 방지
② 녹음 및 그늘 제공
③ 운동 및 휴식공간 제공
④ 경관의 분위기를 자연스럽게 유도

❖ 녹음식재에 대한 설명이다.

정답 ➔ 9. ④ 10. ③ 11. ③ 12. ③ 13. ④ 14. ② 15. ② 16. ②

17. 어떤 목재의 함수율이 50%일 때 목재중량이 3000g이라면 전건중량은 얼마인가?

① 1000g　② 2000g
③ 4000g　④ 5000g

❖ 함수율(%) = $\frac{\text{목재의 무게} \times \text{전건재의 무게}}{\text{전건재의 무게}} \times 100(\%)$

$= \frac{3,000 - x}{x} \times 100 = 50(\%)\ \therefore x = 2,000(g)$

18. 다음 시멘트의 성분 중 화합물상에서 발열량이 가장 많은 성분은?

① C3A　② C3S
③ C4AF　④ C2S

19. 다음 중 환경적 문제를 해결하기 위하여 친환경적 재료로 개발한 것은?

① 시멘트　② 절연재
③ 잔디블록　④ 유리블록

20. 소나무 꽃 특성에 대한 설명으로 옳은 것은?

① 단성화, 자웅동주　② 단성화, 자웅이주
③ 양성화, 자웅동주　④ 양성화, 자웅이주

21. 다음 중 비료목(肥料木)에 해당되는 식물이 아닌 것은?

① 다릅나무　② 곰솔
③ 싸리나무　④ 보리수나무

❖ 대표적인 비료목 수종으로는 다릅나무, 아카시아, 자귀나무, 사방오리나무, 산오리나무, 오리나무, 소귀나무, 목마황, 왜금송, 금작아, 싸리나무, 족제비싸리, 보리수나무, 칡 등이 있다.

22. 암석에서 떼어 낸 석재를 가공할 때 잔다듬질용으로 사용하는 도드락 망치는?

① 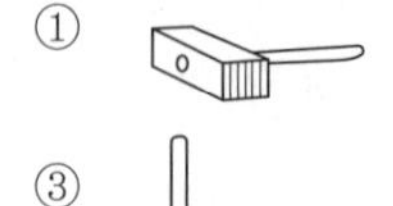
②  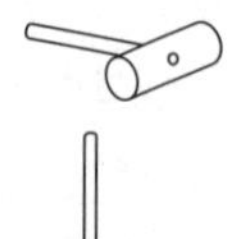
③
④

23. 다음 중 가로수로 식재하며, 주로 봄에 꽃을 감상할 목적으로 식재하는 수종은?

① 팽나무　② 마가목
③ 협죽도　④ 벚나무

❖ 벚나무는 수피가 곱고 꽃이 아름답기 때문에 관상수로 많이 식재된다.

24. 다음 중 강음수에 해당되는 식물종은?

① 팔손이　② 두릅나무
③ 회나무　④ 노간주나무

❖ 강음수에는 서어나무, 너도밤나무, 주목, 굴거리나무, 식나무, 비자나무, 팔손이, 꽝꽝나무 등이 있다.

25. 석재의 분류는 화성암, 퇴적암, 변성암으로 분류할 수 있다. 다음 중 퇴적암에 해당되지 않는 것은?

① 사암　② 혈암
③ 석회암　④ 안산암

❖ 안산암은 화성암이다.

26. 콘크리트의 연행공기량과 관련된 설명으로 틀린 것은?

① 사용 시멘트의 비표면적이 작으면 연행공기량은 증가한다.
② 콘크리트의 온도가 높으면 공기량은 감소한다.
③ 단위잔골재량이 많으면, 연행공기량은 감소한다.
④ 플라이애시를 혼화재로 사용할 경우 미연소탄소 함유량이 많으면 연행공기량이 감소한다.

❖ 단위잔골재량이 많으면, 연행공기량은 증가한다.

27. 금속을 활용한 재품으로서 철 금속 제품에 해당하지 않는 것은?

① 철근, 강판
② 형강, 강관
③ 볼트, 너트
④ 도관, 가도관

정답 ➔ 17. ② 18. ① 19. ③ 20. ① 21. ② 22. ① 23. ④ 24. ① 25. ④ 26. ③ 27. ④

28. 「피라칸다」와 「해당화」의 공통점으로 옳지 않은 것은?

① 과명은 장미과이다.
② 열매는 붉은 색으로 성숙한다.
③ 성상은 상록활엽관목이다.
④ 줄기나 가지에 가시가 있다.

❖ 해당화는 장미과에 속하는 낙엽관목이다.

29. 낙엽활엽소교목으로 양수이며 잎이 나오기 전 3월경 노란색으로 개화하고, 빨간 열매를 맺어 아름다운 수종은?

① 개나리 ② 생강나무
③ 산수유 ④ 풍년화

❖ 산수유 꽃은 3~4월에 잎보다 먼저 피며, 지름 4~5㎝의 노란색이다.

30. 다음 중 목재의 함수율이 크고 작음에 가장 영향이 큰 강도는?

① 인장강도 ② 휨강도
③ 전단강도 ④ 압축강도

31. 다음 중 수목의 형태상 분류가 다른 것은?

① 떡갈나무 ② 박태기나무
③ 회화나무 ④ 느티나무

❖ ①③④ 낙엽교목, ② 낙엽관목

32. 목련과(Magnoliaceae) 중 상록성 수종에 해당하는 것은?

① 태산목 ② 함박꽃나무
③ 자목련 ④ 일본목련

❖ 태산목은 목련과의 상록교목이다.

33. 압력 탱크 속에서 고압으로 방부제를 주입시키는 방법으로 목재의 방부처리 방법 중 가장 효과적인 것은?

① 표면탄화법 ② 침지법
③ 가압주입법 ④ 도포법

❖ 가압주입법은 건조된 목재를 밀폐된 용기 속에 넣고 감압과 가압을 조합하여 목제에 약액을 주입하는 방법으로 방부처리법 중 효과가 가장 크다.

34. 다음 석재의 역학적 성질 설명 중 옳지 않은 것은?

① 공극률이 가장 큰 것은 대리석이다.
② 현무암의 탄성계수는 후크(Hooke)의 법칙을 따른다.
③ 석재의 강도는 압축강도가 특히 크며, 인장 강도는 매우 작다.
④ 석재 중 풍화에 가장 큰 저항성을 가지는 것은 화강암이다.

35. 통기성, 흡수성, 보온성, 부식성이 우수하여 줄기감기용, 수목 굴취시 뿌리감기용, 겨울철 수목보호를 위해 사용되는 마(麻) 소재의 친환경적 조경자재는?

① 녹화마대 ② 볏짚
③ 새끼줄 ④ 우드칩

36. 다음 중 조경석 가로쌓기 작업이 설계도면 및 공사시방서에 명시가 없을 경우 높이가 메쌓기는 몇 m 이하로 하여야 하는가?

① 1.5 ② 1.8
③ 2.0 ④ 2.5

37. 조경공사용 기계의 종류와 용도(굴삭, 배토정지, 상차, 운반, 다짐)의 연결이 옳지 않은 것은?

① 굴삭용 – 무한궤도식 로더
② 운반용 – 덤프트럭
③ 다짐용 – 탬퍼
④ 배토정지용 – 모터 그레이더

❖ 로더는 다짐용 기계이다.

정답 ➔ 28. ③ 29. ③ 30. ④ 31. ② 32. ① 33. ③ 34. ① 35. ① 36. ① 37. ①

38. 물 200L를 가지고 제초제 1000배액을 만들 경우 필요한 약량은 몇 mL인가?

① 10 ② 100
③ 200 ④ 500

❖ 200×1,000/1,000=200(mL)

39. 다음 [보기]의 뿌리돌림 설명 중 ( )에 가장 적합한 숫자는?

[보기]
- 뿌리돌림은 이식하기 (㉠)년 전에 실시하되 최소 (㉡)개월 전 초봄이나 늦가을에 실시한다.
- 노목이나 보호수와 같이 중요한 나무는 (㉢)회 나누어 연차적으로 실시한다.

① ㉠ 1~2 ㉡ 12 ㉢ 2~4
② ㉠ 1~2 ㉡ 6 ㉢ 2~4
③ ㉠ 3~4 ㉡ 12 ㉢ 1~2
④ ㉠ 3~4 ㉡ 24 ㉢ 1~2

40. 건설공사의 감리 구분에 해당하지 않는 것은?

① 설계감리 ② 시공감리
③ 입찰감리 ④ 책임감리

41. 동일한 규격의 수목이 연속적으로 모아 심었거나 줄지어 심었을 때 적합한 지주 설치법은?

① 단각지주 ② 이각지주
③ 삼각지주 ④ 연결형지주

❖ 지주 종류
· 단각지주 : 묘목이나 높이 1.2m 미만의 수목에 적용, 1개의 말뚝을 수목의 중간에 겹쳐서 박고 그 말뚝에 수간 고정
· 이각지주 : 1.2m~2.5m의 수목에 적용, 수목의 중심으로부터 양쪽을 일정 간격으로 벌려 말뚝을 박고, 말뚝과 가로재를 연결시킨 후 그곳에 수간 고정
· 삼각지주 : 도로변, 광장의 가로수 등 포장지역에 식재하는 수고 1.2m~4.5m의 수목에 적용, 통나무 및 파이프 등을 이용하여 수간지지부위를 삼각형태로 만든 지주
· 연계형 지주 : 교목 군식지에 적용, 수목이 연속적 또는 군식되어 있을 때 서로 연결하여 결속시키는 방법

42. 측량시에 사용하는 측정기구와 그 설명이 틀린 것은?

① 야장 : 측량한 결과를 기입하는 수첩
② 측량 핀 : 테이프의 길이마다 그 측점을 땅 위에 표시하기 위하여 사용되는 핀
③ 폴(pole) : 일정한 지점이 멀리서도 잘 보이도록 곧은 장대에 빨간색과 흰색을 교대로 칠하여 만든 기구
④ 보수계(pedometer) : 어느 지점이나 범위를 표시하기 위하여 땅에 꽂아 두는 나무표지

❖ 보수계(pedometer)는 보행에서 보수(步數)를 계측하기 위한 소형계기를 말한다.

43. 관리업무의 수행 중 도급방식의 대상으로 옳은 것은?

① 긴급한 대응이 필요한 업무
② 금액이 적고 간편한 업무
③ 연속해서 행할 수 없는 업무
④ 규모가 크고, 노력, 재료 등을 포함하는 업무

44. 다음 중 유충과 성충이 동시에 나무 잎에 피해를 주는 해충이 아닌 것은?

① 느티나무벼룩바구미
② 버들꼬마잎벌레
③ 주둥무늬차색풍뎅이
④ 큰이십팔점박이무당벌레

❖ 주둥무늬차색풍뎅이의 성충은 5~6월에 나타나 잎을 갉아먹다가 토양 속에 산란하고, 유충은 토양에서 부식물이나 뿌리 등을 가해한다.

45. 다음 [보기]의 식물들이 모두 사용되는 정원식재 작업에서 가장 먼저 식재를 진행해야 할 수종은?

[보기]
소나무, 수수꽃다리, 영산홍, 잔디

① 잔디
② 영산홍
③ 수수꽃다리
④ 소나무

정답 ➜ 38. ③ 39. ② 40. ③ 41. ④ 42. ④ 43. ④ 44. ③ 45. ④

46. 다음 중 생리적 산성비료는?

① 요소 ② 용성인비
③ 석회질소 ④ 황산암모늄

❖ 황산암모늄은 암모니아태(態)질소를 함유하는 비료로 산성비료이다.

47. 40%(비중=1)의 어떤 유제가 있다. 이 유제를 1000배로 희석하여 10a 당 9L를 살포하고자 할 때, 유제의 소요량은 몇 mL 인가?

① 7 ② 8
③ 9 ④ 10

❖ 9 × 1,000/1,000 = 9(mL)

48. 서중 콘크리트는 1일 평균기온이 얼마를 초과하는 것이 예상되는 경우 시공하여야 하는가?

① 25℃ ② 20℃
③ 15℃ ④ 10℃

❖ 서중콘크리트는 하루 평균기온이 25℃ 또는 최고기온이 30℃를 초과하는 때에 타설하는 콘크리트이다.

49. 흡즙성 해충으로 버즘나무, 철쭉류, 배나무 등에서 많은 피해를 주는 해충은?

① 오리나무잎벌레
② 솔노랑잎벌
③ 방패벌레
④ 도토리거위벌레

50. 골프코스에서 홀(hole)의 출발지점을 무엇이라 하는가?

① 그린 ② 티
③ 러프 ④ 페어웨이

❖ 티잉그라운드(teeing ground), 줄여서 티(tee)라고도 하며, 각 홀의 출발지역으로 평탄한 지면을 조성한다.

51. 농약 혼용 시 주의하여야 할 사항으로 틀린 것은?

① 혼용 시 침전물이 생기면 사용하지 않아야 한다.
② 가능한 한 고농도로 살포하여 인건비를 절약한다.
③ 농약의 혼용은 반드시 농약 혼용가부표를 참고한다.
④ 농약을 혼용하여 조제한 약제는 될 수 있으면 즉시 살포하여야 한다.

❖ 농약 혼용시 표준 희석배수를 반드시 준수하여야 한다.

52. 목적에 알맞은 수형으로 만들기 위해 나무의 일부분을 잘라주는 관리방법을 무엇이라 하는가?

① 관수 ② 멀칭
③ 시비 ④ 전정

❖ 전정(pruning)은 수목의 관상, 개화 · 결실, 생육조절 등 조경수의 건전한 발육을 위해 가지나 줄기의 일부를 잘라내는 정리작업을 말한다.

53. 다음 중 지형을 표시하는데 가장 기본이 되는 등고선은?

① 간곡선 ② 주곡선
③ 조곡선 ④ 계곡선

54. 경관에 변화를 주거나 방음, 방풍 등을 위한 목적으로 작은 동산을 만드는 공사의 종류는?

① 부지정지 공사
② 흙깎기 공사
③ 멀칭 공사
④ 마운딩 공사

55. 잣나무 털녹병의 중간 기주에 해당하는 것은?

① 등골나무
② 향나무
③ 오리나무
④ 까치밥나무

❖ 잣나무 털녹병의 중간 기주에는 송이풀 · 까치밥나무가 있다.

정답 ➜ 46. ④ 47. ③ 48. ① 49. ③ 50. ② 51. ② 52. ④ 53. ② 54. ④ 55. ④

56. 수준측량의 용어 설명 중 높이를 알고 있는 기지점에 세운 표척눈금의 읽은 값을 무엇이라 하는가?

① 후시 ② 전시
③ 전환점 ④ 중간점

❖ 수준측량 시 용어
· 후시(back sight) : 기지점(높이를 알고 있는 점)에 세운 표척의 눈금을 읽은 것
· 전시(fore sight) : 표고를 구하려는 점에 세운 표척의 눈금을 읽는 것
· 전환점(turning point) : 전후의 측량을 연결하기 위하여 전시와 후시를 함께 취하는 점
· 중간점(intermediate point) : 전시만 관측하는 점으로 다른 측점에 영향을 주지 않는 점

57. 석재가공 방법 중 화강암 표면의 기계로 켠 자국을 없애주고 자연스러운 느낌을 주므로 가장 널리 쓰이는 마감방법은?

① 버너마감 ② 잔다듬
③ 정다듬 ④ 도드락다듬

❖ 버너마감(화염처리)은 주로 화강암의 기계켜기로 마무리한 표면을 1,800~2,500℃의 불꽃으로 태워 고열에 약한 결정을 없애 자연스러운 느낌을 주는 마감이 되도록 한 것으로 구조용 등에는 사용하지 않는다.

58. 공원의 주민참가 3단계 발전과정이 옳은 것은?

① 비참가 → 시민권력의 단계 → 형식적 참가
② 형식적 참가 → 비참가 → 시민권력의 단계
③ 비참가 → 형식적 참가 → 시민권력의 단계
④ 시민권력의 단계 → 비참가 → 형식적 참가

59. 자연석(경관석) 놓기에 대한 설명으로 틀린 것은?

① 경관석의 크기와 외형을 고려한다.
② 경관석 배치의 기본형은 부등변삼각형이다.
③ 경관석의 구성은 2, 4, 8 등 짝수로 조합한다.
④ 돌 사이의 거리나 크기를 조정하여 배치한다.

❖ 무리지어 설치 시 주석과 부석의 2석조가 기본이며, 특별한 경우 이외에는 3석조, 5석조, 7석조 등과 같은 기수로 조합하는 것이 원칙이다.

60. 농약의 물리적 성질 중 살포하여 부착한 약제가 이슬이나 빗물에 씻겨 내리지 않고 식물체 표면에 묻어있는 성질을 무엇이라 하는가?

① 고착성(tenacity)
② 부착성(adhesiveness)
③ 침투성(penetrating)
④ 현수성(suspensibility)

❖ 액체형 약제의 물리적 성질
· 고착성(tenacity) : 부착된 약제가 비나 이슬에 씻겨 내리지 않고 오래도록 식물체에 붙어 있도록 하는 성질
· 부착성(adhesiveness) : 살포 또는 살분된 약제가 식물체에 잘 부착되는 성질
· 침투성(penetrating) : 살포된 약제가 식물체나 충체에 침투하여 스며드는 성질
· 현수성(suspensibility) : 수화제에 물을 가했을 때 고체 미립자가 침전하거나 떠오르지 않고 오랫동안 균일한 분산 상태를 유지하는 성질

정답 ➔ 56. ① 57. ① 58. ③ 59. ③ 60. ①

❖ 2015년 조경기능사 제 4 회

2015년 7월 19일 시행

1. 벽돌로 만들어진 건축물에 태양광선이 비추어지는 부분과 그늘진 부분에서 나타나는 배색은?

   ① 톤 인 톤(tone in tone) 배색
   ② 톤 온 톤(tone on tone) 배색
   ③ 까마이외(camaieu) 배색
   ④ 트리콜로르(tricolore) 배색

❖ 톤 온 톤(tone on tone) 배색은 동일 색상 내에서 톤의 차이를 두어 배색하는 방법을 말한다.

2. 이집트 하(下)대의 상징 식물로 여겨졌으며, 연못에 식재되었고, 식물의 꽃은 즐거움과 승리를 의미하여 신과 사자에게 바쳐졌었다. 이집트 건축의 주두(柱頭) 장식에도 사용되었던 이 식물은?

   ① 자스민　　② 무화과
   ③ 파피루스　　④ 아네모네

3. 다음 설계 도면의 종류 중 2차원의 평면을 나타내지 않는 것은?

   ① 평면도　　② 단면도
   ③ 상세도　　④ 투시도

❖ 투시도는 3차원적 입체구상을 검토할 때 쓰이며, 전체적인 형태파악과 시각적 판단을 위한 것으로 필요에 따라 1소점, 2소점, 3소점 투시도를 선택하여 표현한다.

4. 골프장에서 티와 그린 사이의 공간으로 잔디를 짧게 깎는 지역은?

   ① 해저드　　② 페어웨이
   ③ 홀 커터　　④ 벙커

❖ 페어웨이(fair way)는 약 50~60m 정도의 폭을 잡초 없이 잔디를 깎아 볼을 치기 쉬운 상태로 유지하도록 한다.

5. 다음 중 쌍탑형 가람배치를 가지고 있는 사찰은?

   ① 경주 분황사　　② 부여 정림사
   ③ 경주 감은사　　④ 익산 미륵사

6. 중국 옹정제가 제위 전 하사받은 별장으로 영국에 중국식 정원을 조성하게 된 계기가 된 곳은?

   ① 원명원　　② 기창원
   ③ 이화원　　④ 외팔묘

7. 다음 중 휴게시설물로 분류할 수 없는 것은?

   ① 퍼걸러(그늘시렁)
   ② 평상
   ③ 도섭지(발물놀이터)
   ④ 야외탁자

❖ 도섭지는 놀이시설로 물을 이용하는 못 · 실개울 등과 연계하여 설치하며, 관리가 철저히 이루어질 수 있는 부위에 설치한다.

8. 다음 중 프랑스 베르사유 궁원의 수경시설과 관련이 없는 것은?

   ① 아폴로 분수　　② 물극장
   ③ 라토나분수　　④ 양어장

9. 다음 중 서원 조경에 대한 설명으로 틀린 것은?

   ① 도산서당의 정우당, 남계서원의 지당에 연꽃이 식재된 것은 주렴계의 애련설의 영향이다.
   ② 서원의 진입공간에는 홍살문이 세워지고, 하마비와 하마석이 놓여진다.
   ③ 서원에 식재되는 수목들은 관상을 목적으로 식재되었다.
   ④ 서원에 식재되는 대표적인 수목은 은행나무로 행단과 관련이 있다.

10. 다음 중 기본계획에 해당되지 않는 것은?

   ① 땅가름　　② 주요시설배치
   ③ 식재계획　　④ 실시설계

❖ 기본계획은 프로젝트의 개략적 골격, 토지이용과 동선체계, 각종 시설 및 녹지의 위치를 정하는 단계를 말한다.

정답 ➔ 1. ② 2. ③ 3. ④ 4. ② 5. ③ 6. ① 7. ③ 8. ④ 9. ③ 10. ④

11. 자유, 우아, 섬세, 간접적, 여성적인 느낌을 갖는 선은?

① 직선 ② 절선
③ 곡선 ④ 점선

❖ 곡선은 우아하고 매력적이며 유연, 고상, 자유로움을 주고 여성적, 간접적 정서성으로 유순함, 순응과 여유, 정신적인 미를 표현한다.

12. 일본의 정원 양식 중 다음 설명에 해당하는 것은?

- 15세기 후반에 바다의 경치를 나타내기 위해 사용하였다.
- 정원소재로 왕모래와 몇 개의 바위만으로 정원을 꾸미고, 식물은 일체 쓰지 않았다.

① 다정양식 ② 축산고산수양식
③ 평정고산수양식 ④ 침전조정원양식

13. 파란색 조명에 빨간색 조명과 초록색 조명을 동시에 켰더니 하얀색으로 보였다. 이처럼 빛에 의한 색채의 혼합 원리는?

① 가법혼색
② 병치혼색
③ 회전혼색
④ 감법혼색

❖ 혼합한 색이 원래의 색보다 명도가 높아지는 색광의 혼합을 가법혼색이라고 한다.

14. 다음 중 색의 삼속성이 아닌 것은?

① 색상 ② 명도
③ 채도 ④ 대비

❖ 색의 3속성은 색상, 명도, 채도이다.

15. 조경분야의 기능별 대상 구분 중 위락관광시설로 가장 적합한 것은?

① 오피스빌딩정원
② 어린이공원
③ 골프장
④ 군립공원

16. 골재의 함수상태에 관한 설명 중 틀린 것은?

① 골재를 110℃정도의 온도에서 24시간 이상 건조시킨 상태를 절대건조 상태 또는 노건조상태(oven dry condition)라 한다.
② 골재를 실내에 방치할 경우, 골재입자의 표면과 내부의 일부가 건조된 상태를 공기 중 건조상태라 한다.
③ 골재입자의 표면에 물은 없으나 내부의 공극에는 물이 꽉 차있는 상태를 표면건조포화상태라 한다.
④ 절대건조 상태에서 표면건조 상태가 될 때까지 흡수되는 수량을 표면수량(surface moisture)이라 한다.

❖ 표면 수량은 골재의 표면에 부착해 있는 물의 양으로 표건(表乾)상태에 대한 중량 백분율로 표시한다.

17. 목질 재료의 단점에 해당되는 것은?

① 함수율에 따라 변형이 잘 된다.
② 무게가 가벼워서 다루기 쉽다.
③ 재질이 부드럽고 촉감이 좋다.
④ 비중이 적은데 비해 압축, 인장강도가 높다.

❖ 함수율이 작아질수록 목재는 수축하며, 목재의 강도는 증가한다.

18. 다음 중 열매가 붉은색으로만 짝지어진 것은?

① 쥐똥나무, 팥배나무
② 주목, 칠엽수
③ 피라칸다, 낙상홍
④ 매실나무, 무화과나무

❖ 열매 색상
· 쥐똥나무 : 검은색
· 칠엽수 : 적갈색
· 매실나무 : 녹색
· 무화과나무 : 검은 자주색 또는 황록색

정답 ➔ 11. ③ 12. ③ 13. ① 14. ④ 15. ③ 16. ④ 17. ① 18. ③

19. 다음 설명의 ( )안에 가장 적합한 것은?

> 조경공사표준시방서의 기준 상 수목은 수관부 가지의 약 (   )이상이 고사하는 경우에 고사목으로 판정하고 지피 · 초본류는 해당 공사의 목적에 부합되는가를 기준으로 감독자의 육안검사 결과에 따라 고사여부를 판정한다.

① 1/2 ② 1/3
③ 2/3 ④ 3/4

20. 다음 중 한지형(寒地形) 잔디에 속하지 않는 것은?

① 벤트그래스 ② 버뮤다그래스
③ 라이그래스 ④ 켄터키블루그래스

❖ 버뮤다그래스는 난지형 잔디로 더위에 강하나 내음성과 내한성에 약하다.

21. 진비중이 1.5, 전건비중이 0.54인 목재의 공극률은?

① 66% ② 64%
③ 62% ④ 60%

❖ 공극률 = (1 − 실적률) × 100(%),

실적률 = $\frac{\text{단위용적중량}}{\text{비중}}$

→ $(1 - \frac{0.54}{1.5}) \times 100 = 60(\%)$

22. 목재가 함유하는 수분을 존재 상태에 따라 구분한 것 중 맞는 것은?

① 모관수 및 흡착수 ② 결합수 및 화학수
③ 결합수 및 응집수 ④ 결합수 및 자유수

23. 다음 중 지피(地被)용으로 사용하기 가장 적합한 식물은?

① 맥문동 ② 등나무
③ 으름덩굴 ④ 멀꿀

❖ 맥문동은 지피식물로 내음성이 강하다.

24. 다음 중 산울타리 수종으로 적합하지 않은 것은?

① 편백 ② 무궁화
③ 단풍나무 ④ 쥐똥나무

❖ 단풍나무는 관상용으로 많이 식재한다.

25. 다음 중 약한 나무를 보호하기 위하여 줄기를 싸주거나 지표면을 덮어주는데 사용되기에 가장 적합한 것은?

① 볏짚 ② 새끼줄
③ 밧줄 ④ 바크(bark)

26. 다음 중 목재 접착시 압착의 방법이 아닌 것은?

① 도포법
② 냉압법
③ 열압법
④ 냉압 후 열압법

❖ 도포법은 표면에 바르는 방법으로 침투가 깊지 않아 지속성이 낮다.

27. 다음 중 모감주나무(Koelreuteria paniculata Laxmann)에 대한 설명으로 맞는 것은?

① 뿌리는 천근성으로 내공해성이 약하다.
② 열매는 삭과로 3개의 황색종자가 들어있다.
③ 잎은 호생하고 기수1회우상복엽이다.
④ 남부지역에서만 식재가능하고 성상은 상록활엽교목이다.

❖ 모감주나무의 분포지역은 한국 황해도와 강원 이남지역으로 심근성이며 열매는 옅은 녹색이었다가 익으면서 짙은 황색으로 변한다. 열매가 완전하게 익어갈 무렵 3개로 갈라져 검은 종자가 3~6개정도 나온다.

28. 다음 중 화성암에 해당하는 것은?

① 화강암 ② 응회암
③ 편마암 ④ 대리석

❖ 화성암은 땅 속 깊은 곳에 마그마가 식어서 만들어진 암석으로 화강암, 현무암, 반려암, 섬록암, 유문암 등이 있다.

정답 ➔ 19. ③ 20. ② 21. ② 22. ④ 23. ① 24. ③ 25. ① 26. ① 27. ③ 28. ①

29. 다음 [보기]의 설명에 해당하는 수종은?

[보기]
- "설송(雪松)"이라 불리기도 한다.
- 천근성 수종으로 바람에 약하며, 수관폭이 넓고 속성수로 크게 자라기 때문에 적지 선정이 중요하다.
- 줄기는 아래로 처지며, 수피는 회갈색으로 얇게 갈라져 벗겨진다.
- 잎은 짧은 가지에 30개가 총생, 3~4㎝로 끝이 뾰족하며, 바늘처럼 찌른다.

① 잣나무 ② 솔송나무
③ 개잎갈나무 ④구상나무

30. 벤치 좌면 재료 가운데 이용자가 4계절 가장 편하게 사용 할 수 있는 재료는?

① 플라스틱 ② 목재
③ 석재 ④ 철재

31. 다음 중 열가소성 수지에 해당되는 것은?

① 페놀수지 ② 멜라민수지
③ 폴리에틸렌수지 ④ 요소수지

❖ 열가소성 수지에는 염화비닐, 아크릴, 초산비닐, 폴리에틸렌, 폴리스틸렌, 폴리아미드 등이 있다.

32. 다음 중 지피식물의 특성에 해당되지 않는 것은?

① 지표면을 치밀하게 피복해야 함
② 키가 높고, 일년생이며 거칠어야 함
③ 환경조건에 대한 적응성이 넓어야 함
④ 번식력이 왕성하고 생장이 비교적 빨라야 함

❖ 지피식물은 군식하며 지표면을 60㎝ 이내로 피복할 수 있는 식물로 수고의 생육이 더디고 지하경 등 지하부의 번식력이 뛰어난 식물을 말한다.

33. 나무의 높이나 나무고유의 모양에 따른 분류가 아닌 것은?

① 교목 ② 활엽수
③ 상록수 ④ 덩굴성 수목(만경목)

❖ 상록수는 높이나 나무고유의 모양이 아닌 잎이 지는 나무인지 아닌지를 말한다.

34. 복수초(Adonis amurensis Regel & Radde)에 대한 설명으로 틀린 것은?

① 여러해살이풀이다.
② 꽃색은 황색이다.
③ 실생개체의 경우 1년 후 개화한다.
④ 우리나라에는 1속 1종이 난다.

35. 다음 중 가로수용으로 가장 적합한 수종은?

① 회화나무 ② 돈나무
③ 호랑가시나무 ④ 풀명자

36. 다음 중 금속재의 부식 환경에 대한 설명이 아닌 것은?

① 온도가 높을수록 녹의 양은 증가한다.
② 습도가 높을수록 부식속도가 빨리 진행된다.
③ 도장이나 수선 시기는 여름보다 겨울이 좋다.
④ 내륙이나 전원지역보다 자외선이 많은 일반 도심지가 부식속도가 느리게 진행된다.

37. 표준품셈에서 수목을 인력시공 식재 후 지주목을 세우지 않을 경우 인력품의 몇 %를 감하는가?

① 5% ② 10%
③ 15% ④ 20%

38. 다음과 같은 피해 특징을 보이는 대기오염 물질은?

[보기]
- 침엽수는 물에 젖은 듯한 모양, 적갈색으로 변색
- 활엽수 잎의 끝부분과 엽맥사이 조직의 괴사, 물에 젖은 듯한 모양(엽육조직 피해)

① 오존 ② 아황산가스
③ PAN ④ 중금속

❖ 아황산가스가 기공을 통하여 흡수 축적되어 유해농도에 도달하게 되면 세포가 손상을 입게 되고, 이런 세포는 수

정답 ➔ 29. ③ 30. ② 31. ③ 32. ② 33. ③ 34. ③ 35. ① 36. ④ 37. ② 38. ②

분 보유능력을 상실하게 되어 점차로 표백되거나 적갈색으로 괴사한다.

39. 가로2m×세로50m의 공간에 H0.4×W0.5 규격의 영산홍으로 생울타리를 만들려고 하면 사용되는 수목의 수량은 약 얼마인가?

① 50주 ② 100주
③ 200주 ④ 400주

❖ $\frac{2 \times 50}{0.5 \times 0.5} = 400$(주)

40. 표준시방서의 기재 사항으로 맞는 것은?

① 공사량 ② 입찰방법
③ 계약절차 ④ 사용재료 종류

❖ 표준시방서는 표준적인 시공기준을 명시한 문서로 일반적으로 사용재료의 재질 · 품질 · 치수 등, 제조 · 시공상의 방법과 정도, 제품 · 공사 등의 성능, 특정한 재료 · 제조 · 공법 등의 지정, 완성 후의 기술적 및 외관상의 요구, 일반 총칙사항이 표시된다.

41. 다음 중 같은 밀도(密度)에서 토양공극의 크기(size)가 가장 큰 것은?

① 식토 ② 사토
③ 점토 ④ 식양토

42. 대추나무에 발생하는 전신병으로 마름무늬매미충에 의해 전염되는 병은?

① 갈반병 ② 잎마름병
③ 혹병 ④ 빗자루병

❖ 마름무늬매미충에 의해 매개되는 병은 대추나무 빗자루병, 뽕나무 오갈병이 있다.

43. 다음 중 시설물의 사용연수로 가장 부적합한 것은?

① 철재 시소 : 10년
② 목재 벤치 : 7년
③ 철재 파고라 : 40년
④ 원로의 모래자갈 포장 : 10년

❖ 철재 파고라의 사용연수는 20년이다.

44. 벽돌(190×90×57)을 이용하여 경계부의 담장을 쌓으려고 한다. 시공면적 10㎡에 1.5B 두께로 시공할 때 약 몇 장의 벽돌이 필요한가? (단, 줄눈은 10㎜이고, 할증률은 무시한다.)

① 약 750장 ② 약 1490장
③ 약 2240장 ④ 약 2980장

❖ 표준형 벽돌 1.5B의 단위수량은 224장/㎡이므로 10 × 224 = 2,240(장)이 된다.

45. 페니트로티온 45% 유제 원액 100cc를 0.05%로 희석 살포액을 만들려고 할 때 필요한 물의 양은 얼마인가? (단, 유제의 비중은 1.0 이다.)

① 69,900cc ② 79,900cc
③ 89,900cc ④ 99,900cc

❖ 희석할 물의 양

$$\text{농약량(cc)} \times \left(\frac{\text{농약의 농도(\%)}}{\text{살포농도(\%)}} - 1\right) \times \text{비중}$$

$$100 \times \left(\frac{45}{0.05} - 1\right) \times \text{비중}$$

46. 미국흰불나방에 대한 설명으로 틀린 것은?

① 성충으로 월동한다.
② 1화기 보다 2화기에 피해가 심하다.
③ 성충의 활동시기에 피해지역 또는 그 주변에 유아등이나 흡입포충기를 설치하여 유인 포살한다.
④ 알 기간에 알덩어리가 붙어 있는 잎을 채취하여 소각하며, 잎을 가해하고 있는 군서유충을 소살한다.

❖ 미국흰불나방은 번데기로 월동한다.

47. 다음 중 철쭉류와 같은 화관목의 전정시기로 가장 적합한 것은?

① 개화 1주 전 ② 개화 2주 전
③ 개화가 끝난 직후 ④ 휴면기

❖ 봄에 꽃이 피는 화목류(진달래, 철쭉류, 목련류, 서향, 동백나무 등)는 꽃이 진 후에 전정한다.

정답 → 39. ④ 40. ④ 41. ② 42. ④ 43. ③ 44. ③ 45. ③ 46. ① 47. ③

48. 식물병에 대한 「코흐의 원칙」의 설명으로 틀린 것은?

① 병든 생물체에 병원체로 의심되는 특정 미생물이 존재해야 한다.
② 그 미생물은 기주생물로부터 분리되고 배지에서 순수배양되어야 한다.
③ 순수배양한 미생물을 동일 기주에 접종하였을 때 동일한 병이 발생되어야 한다.
④ 병든 생물체로부터 접종할 때 사용하였던 미생물과 동일한 특성의 미생물이 재분리되지만 배양은 되지 않아야 한다.

❖ 코흐의 4원칙
· 미생물의 환부 존재 · 미생물의 분리
· 미생물의 배양 · 접종 · 미생물의 재분리

49. 다음 중 제초제 사용의 주의사항으로 틀린 것은?

① 비나 눈이 올 때는 사용하지 않는다.
② 될 수 있는 대로 다른 농약과 섞어서 사용한다.
③ 적용 대상에 표시되지 않은 식물에는 사용하지 않는다.
④ 살포할 때는 보안경과 마스크를 작용하며, 피부가 노출되지 않도록 한다.

50. 평판측량의 3요소가 아닌 것은?

① 수평 맞추기[정준] ② 중심 맞추기[구심]
③ 방향 맞추기[표정] ④ 수직 맞추기[수준]

51. 다음 복합비료 중 주성분 함량이 가장 많은 비료는?

① 21–21–17 ② 11–21–11
③ 18–18–18 ④ 0–40–10

❖ 복합비료의 성분표시(%)는 질소–인산–칼륨의 비율로 표시한다.

52. 다음 중 시멘트와 그 특성이 바르게 연결된 것은?

① 조강포틀랜드시멘트 : 조기강도를 요하는 긴급공사에 적합하다.
② 백색포틀랜드시멘트 : 시멘트 생산량의 90%이상을 점하고 있다.
③ 고로슬래그시멘트 : 건조수축이 크며, 보통시멘트보다 수밀성이 우수하다.
④ 실리카시멘트 : 화학적 저항성이 크고 발열량이 적다.

❖ 시멘트의 종류와 특성
· 백색포틀랜드시멘트 : 시멘트 원료 중 철분을 0.5% 이내로 한 것으로 내구성 · 내마모성이 우수하다.
· 고로슬래그시멘트 : 응결시간이 길며 조기강도가 부족하고 건조수축이 적다.
· 실리카시멘트 : 수화열이 적고 내화학성이 크다.

53. 다음 중 등고선의 성질에 대한 설명으로 맞는 것은?

① 지표의 경사가 급할수록 등고선 간격이 넓어진다.
② 같은 등고선 위의 모든 점은 높이가 서로 다르다.
③ 등고선은 지표의 최대 경사선의 방향과 직교하지 않는다.
④ 높이가 다른 두 등고선은 동굴이나 절벽의 지형이 아닌 곳에서는 교차하지 않는다.

❖ 높이가 다른 등고선은 절벽이나 동굴이 있을 때 교차하거나 합쳐진다.

54. 다음 중 멀칭의 기대 효과가 아닌 것은?

① 표토의 유실을 방지
② 토양의 입단화를 촉진
③ 잡초의 발생을 최소화
④ 유익한 토양미생물의 생장을 억제

❖ 멀칭을 통해 유기물 함량증대 및 미생물 생육으로 양분의 효용성이 증대되는 효과가 있다.

55. 다음 중 경사도에 관한 설명으로 틀린 것은?

① 45° 경사는 1:1 이다.
② 25% 경사는 1:4 이다.
③ 1:2는 수평거리 1, 수직거리 2를 나타낸다.
④ 경사면은 토양의 안식각을 고려하여 안전한 경사면을 조성한다.

❖ 법면의 기울기는 '수직거리:수평거리'로 1:2는 수직거리 1, 수평거리 2를 나타낸다.

정답 ➔ 48. ④ 49. ② 50. ④ 51. ① 52. ① 53. ④ 54. ④ 55. ③

56. 인공지반에 식재된 식물과 생육에 필요한 식재최소토심으로 가장 적합한 것은? (단, 배수구배는 1.5~2.0%, 인공토양 사용시로 한다.)

① 잔디, 초본류 : 15㎝
② 소관목 : 20㎝
③ 대관목 : 45㎝
④ 심근성 교목 : 90㎝

❖ 식재최소토심

성상	토심	인공토양 사용시 토심
초화류 및 지피식물	15㎝ 이상	10㎝ 이상
소관목	30㎝ 이상	20㎝ 이상
대관목	45㎝ 이상	30㎝ 이상
교목	70㎝ 이상	60㎝ 이상

57. 잔디재배 관리방법 중 칼로 토양을 베어주는 작업으로, 잔디의 포복경 및 지하경도 잘라주는 효과가 있으며 레노베이어, 론에어 등의 장비가 사용되는 작업은?

① 스파이킹 ② 롤링
③ 버티컬 모잉 ④ 슬라이싱

❖ 슬라이싱(slicing)은 칼로 토양을 베어주는 작업으로 잔디의 포복경 및 지하경도 잘라주는 효과로 밀도를 높여주며, 통기작업과 유사한 효과가 있으나 정도가 미약하다.

58. 일반적인 토양의 표토에 대한 설명으로 가장 부적합한 것은?

① 우수(雨水)의 배수능력이 없다.
② 토양오염의 정화가 진행된다.
③ 토양미생물이나 식물의 뿌리 등이 활발히 활동하고 있다.
④ 오랜 기간의 자연작용에 따라 만들어진 중요한 자산이다.

59. 습기가 많은 물가나 습원에서 생육하는 식물을 수생식물이라 한다. 다음 중 이에 해당하지 않는 것은?

① 부처손, 구절초 ② 갈대, 물억새
③ 부들, 생이가래 ④ 고랭이, 미나리

❖ 부처손은 건조한 바위면에서 자라는 상록다년생초본이다. 구절초는 다년생 초본식물로 산기슭 풀밭에서 자란다.

60. 해충의 방제방법 중 기계적 방제방법에 해당하지 않는 것은?

① 경운법 ② 유살법
③ 소살법 ④ 방사선이용법

정답 ➔ 56. ② 57. ④ 58. ① 59. ① 60. ④

❖ 2015년 조경기능사 제 5 회

2015년 10월 10일 시행

1. 다음 [보기]에서 설명하는 것은?

> [보기]
> - 유사한 것들이 반복되면서 자연적인 순서와 질서를 갖게 되는 것
> - 특정한 형이 점차 커지거나 반대로 서서히 작아지는 형식이 되는 것

① 점이(漸移) ② 운율(韻律)
③ 추이(推移) ④ 비례(比例)

❖ 점이는 색깔이나 형태의 크기, 방향이 점차적인 변화로 생기는 리듬을 말한다.

2. 다음 중 전라남도 담양지역의 정자원림이 아닌 것은?

① 소쇄원 원림 ② 명옥헌 원림
③ 식영정 원림 ④ 임대정 원림

❖ 임대정 원림은 전라남도 화순군 남면 사평리에 있는 정원림이다.

3. 화단 50m의 길이에 1열로 생울타리(H1.2×W0.4)를 만들려면 해당 규격의 수목이 최소한 얼마가 필요한가?

① 42주 ② 125주
③ 200주 ④ 600주

❖ 수관폭 0.4m이므로 50/0.4=125(주)

4. 다음 제시된 색 중 같은 면적에 적용했을 경우 가장 좁아 보이는 색은?

① 옅은 하늘색 ② 선명한 분홍색
③ 밝은 노란 회색 ④ 진한 파랑

❖ 난색보다 한색이, 밝은색 보다 어두운색이 더 수축되어 보인다.

5. 도면의 작도 방법으로 옳지 않은 것은?

① 도면은 될 수 있는한 간단히 하고, 중복을 피한다.
② 도면은 그 길이 방향을 위아래 방향으로 놓은 위치를 정위치로 한다.
③ 사용 척도는 대상물의 크기, 도형의 복잡성 등을 고려, 그림이 명료성을 갖도록 선정한다.
④ 표제란을 보는 방향은 통상적으로 도면의 방향과 일치하도록 하는 것이 좋다.

❖ 도면은 그 길이 방향을 좌우방향으로 놓은 위치를 정위치로 한다.

6. 중국 조경의 시대별 연결이 옳은 것은?

① 명 – 이화원
② 진 – 화림원(華林園)
③ 송 – 만세산(萬歲山)
④ 명 – 태액지(太液池)

❖ · 이화원 – 청(1616~1911)
· 화림원 – 남북조시대(221~280)
· 태액지 – 한(BC206~AD220)

7. 다음 중 배치도에 표시하지 않아도 되는 사항은?

① 축척
② 건물의 위치
③ 대지 경계선
④ 수목 줄기의 형태

❖ 배치도는 미리 작성된 부지의 조사도를 바탕으로 하여 건축물과 부지 · 도로의 위치 관계, 부지 내의 여러 시설 및 지형 등을 나타내는 그림을 말한다.

8. 다음 중 식별성이 높은 지형이나 시설을 지칭하는 것은?

① 비스타(vista)
② 캐스케이드(cascade)
③ 랜드마크(landmark)
④ 슈퍼그래픽(super graphic)

❖ 랜드마크(landmark)는 시각적으로 쉽게 구별되는 경관속의 요소를 말한다.

정답 ➔ 1. ① 2. ④ 3. ② 4. ④ 5. ② 6. ③ 7. ④ 8. ③

9. 다음 [보기]의 설명은 어느 시대의 정원에 관한 것인가?

[보기]
- 석가산과 원정, 화원 등이 특징이다.
- 대표적 유적으로 동지(東池), 만월대, 수창궁원, 청평사 문수원 정원 등이 있다.
- 휴식 · 조망을 위한 정자를 설치하기 시작하였다.
- 송나라의 영향으로 화려한 관상위주의 이국적 정원을 만들었다.

① 조선 ② 백제
③ 고려 ④ 통일신라

10. 이탈리아 바로크 정원 양식의 특징이라 볼 수 없는 것은?

① 미원(maze) ② 토피아리
③ 다양한 물의 기교 ④ 타일포장

11. 해가 지면서 주위가 어둑해질 무렵 낮에 화사하게 보이던 빨간 꽃이 거무스름해져 보이고, 청록색 물체가 밝게 보인다. 이러한 원리를 무엇이라고 하는가?

① 명순응 ② 면적 효과
③ 색의 항상성 ④ 푸르키니에 현상

12. 다음 중 어린이들의 물놀이를 위해서 만든 얕은 놀이터는?

① 도섭지 ② 포석지
③ 폭포지 ④ 천수지

❖ 도섭지는 아동용 물놀이를 대상으로 한 얕은 연못의 일종이다.

13. 먼셀 표색계의 색채 표기법으로 옳은 것은?

① 2040-Y70R ② 5R 4/14
③ 2:R-4.5-9s ④ 22Ic

❖ 먼셀 표색계 색채 표기법은 HV/C로 H:색상 V:명도 C:채도를 말한다.

14. 조선시대 창덕궁의 후원(비원, 秘苑)을 가리키던 용어로 가장 거리가 먼 것은?

① 북원(北園) ② 후원(後苑)
③ 금원(禁園) ④ 유원(留園)

❖ 유원(留園)은 중국 소주의 4대명원 중 하나이다.

15. 서양의 대표적인 조경양식이 바르게 연결된 것은?

① 이탈리아 - 평면기하학식
② 영국 - 자연풍경식
③ 프랑스 - 노단건축식
④ 독일 - 중정식

16. 방사(防砂) · 방진(防塵)용 수목의 대표적인 특징 설명으로 가장 적합한 것은?

① 잎이 두껍고 함수량이 많으며 넓은 잎을 가진 치밀한 상록수여야 한다.
② 지엽이 밀생한 상록수이며 맹아력이 강하고 관리가 용이한 수목이어야 한다.
③ 사람의 머리가 닿지 않을 정도의 지하고를 유지하고 겨울에는 낙엽되는 수목이여야 한다.
④ 빠른 생장력과 뿌리뻗음이 깊고, 지상부가 무성하면서 지엽이 바람에 상하지 않는 수목이어야 한다.

❖ 방사(防砂) · 방진(防塵)용 수목은 생장이 빠르고 발근력이 왕성하며 뿌리 뻗음이 깊고 넓게 퍼져야 한다. 또 지상부가 무성하여야 하며 가지와 잎이 바람에 상하지 않는 수종이어야 한다.

17. 다음 그림과 같은 형태를 보이는 수목은?

① 일본목련
② 복자기
③ 팔손이
④ 물푸레나무

정답 ➔ 9. ③ 10. ④ 11. ④ 12. ① 13. ② 14. ④ 15. ② 16. ④ 17. ②

18. 목재의 역학적 성질에 대한 설명으로 틀린 것은?

① 옹이로 인하여 인장강도는 감소한다.
② 비중이 증가하면 탄성은 감소한다.
③ 섬유포화점 이하에서는 함수율이 감소하면 강도가 증대된다.
④ 일반적으로 응력의 방향이 섬유방향에 평행한 경우 강도(전단강도 제외)가 최대가 된다.

19. 다음 그림은 어떤 돌쌓기 방법인가?

① 층지어쌓기
② 허튼층쌓기
③ 귀갑무늬쌓기
④ 마름돌 바른층쌓기

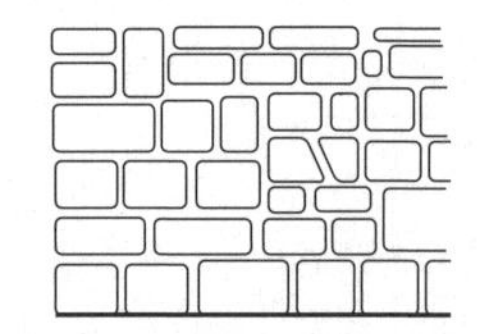

❖ 허튼층쌓기(막쌓기)는 줄눈이 불규칙하게 형성되며, 수평 · 수직으로 막힌 줄눈이나 완자쌓기로 나타난다.

20. 그림은 벽돌을 토막 또는 잘라서 시공에 사용할 때 벽돌의 형상이다. 다음 중 반토막 벽돌에 해당하는 것은?

① 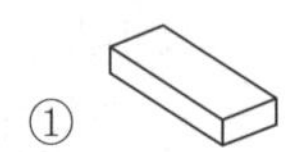

② 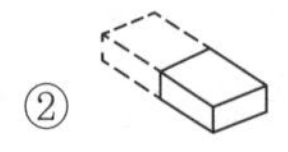

③ 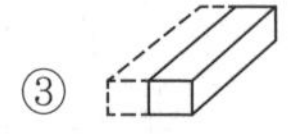

④ 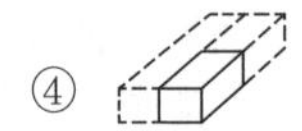

21. 목재의 치수 표시방법으로 맞지 않는 것은?

① 제재 치수　② 제재 정치수
③ 중간 치수　④ 마무리 치수

22. 다음 중 주택 정원에 식재하여 여름에 꽃을 관상할 수 있는 수종은?

① 식나무　② 능소화
③ 진달래　④ 수수꽃다리

❖ 능소화는 8~9월경에 귤색 꽃이 핀다.

23. 다음 중 9월 중순 ~ 10월 중순에 성숙된 열매색이 흑색인 것은?

① 마가목　② 살구나무
③ 남천　④ 생강나무

❖ 열매색상
· 마가목 – 붉은색
· 살구나무 – 황색
· 남천 – 붉은색

24. 시멘트의 저장과 관련된 설명 중 (　)안에 해당하지 않는 것은?

- 시멘트는 (　)적인 구조로 된 사일로 또는 창고에 품종별로 구분하여 저장하여야 한다. - 저장 중에 약간이라도 굳은 시멘트는 공사에 사용하지 않아야 한다. (　)개월 이상 장기간 저장한 시멘트는 사용하기에 앞서 재시험을 실시하여 그 품질을 확인한다. - 포대시멘트를 쌓아서 저장하면 그 질량으로 인해 하부의 시멘트가 고결할 염려가 있으므로 시멘트를 쌓아올리는 높이는 (　)포대 이하로 하는 것이 바람직하다. - 시멘트의 온도는 일반적으로 (　) 정도 이하를 사용하는 것이 좋다.

① 13　② 6
③ 방습　④ 50℃

❖ 3개월 이상 저장한 시멘트 또는 습기를 받았다고 생각되는 시멘트는 사용 전 재시험을 실시하여 품질을 확인한다.

25. 구조용 경량콘크리트에 사용되는 경량골재는 크게 인공, 천연 및 부산경량골재로 구분할 수 있다. 다음 중 인공경량골재에 해당되지 않는 것은?

① 화산재　② 팽창혈암
③ 팽창점토　④ 소성플라이애시

26. 다음 중 시멘트가 풍화작용과 탄산화 작용을 받은 정도를 나타내는 척도로 고온으로 가열하여 시멘트 중량의 감소율을 나타내는 것은?

① 경화　② 위응결

정답 ➔ 18. ② 19. ② 20. ② 21. ③ 22. ② 23. ④ 24. ② 25. ① 26. ③

③ 강열감량　　　　④ 수화반응

❖ 강열감량은 약 900℃로 가열하였을 때의 중량의 감소량으로 풍화에 의한 수분, 무수탄산 등의 흡수물이 일출(逸出)되는 것으로서 풍화의 정도를 알 수 있는 지수이다.

27. 재료가 외력을 받았을 때 작은 변형만 나타내도 파괴되는 현상을 무엇이라 하는가?

① 취성　　　　② 강성
③ 인성　　　　④ 전성

❖ 취성은 재료가 작은 변형에도 파괴가 되는 성질을 말한다.

28. 안료를 가하지 않아 목재의 무늬를 아름답게 낼 수 있는 것은?

① 유성페인트　　　　② 에나멜페인트
③ 클리어래커　　　　④ 수성페인트

❖ 클리어래커는 안료를 섞지 않은 투명 래커로 속건성, 내후성, 내유성, 내산성, 내알칼리성이 우수한 장점이 있다.

29. 다음의 설명에 해당하는 장비는?

- 2개의 눈금자가 있는데 왼쪽 눈금은 수평거리가 20m, 오른쪽 눈금은 15m일 때 사용한다.
- 측정방법은 우선 나뭇가지의 거리를 측정하고 시공을 통하여 수목의 선단부와 측고기의 눈금이 일치하는 값을 읽는다. 이때 왼쪽 눈금은 수평거리에 대한 %값으로 계산하고, 오른쪽 눈금은 각도 값으로 계산하여 수고를 측정한다.
- 수고측정 뿐만 아니라 지형경사도 측정에도 사용된다.

① 윤척　　　　② 측고봉
③ 하고측고기　　　　④ 순또측고기

30. 조경에 활용되는 석질재료의 특성으로 옳은 것은?

① 열전도율이 높다.　　　　② 가격이 싸다.
③ 가공하기 쉽다.　　　　④ 내구성이 크다.

31. 용기에 채운 골재절대용적의 그 용기 용적에 대한 백분율로 단위질량을 밀도로 나눈 값의 백분율이 의미하는 것은?

① 골재의 실적률　　　　② 골재의 입도
③ 골재의 조립률　　　　④ 골재의 유효흡수율

❖ 실적률은 진비중(밀도)에 대한 가비중(단위용적중량)의 비율을 말한다.

32. 다음 [보기]의 조건을 활용한 골재의 공극률 계산식은?

[보기]

D : 진비중　　　　W : 겉보기 단위용적중량
W_1 : 110℃로 건조하여 냉각시킨 중량
W_2 : 수중에서 충분히 흡수된 대로 수중에서 측정한 것
W_3 : 흡수된 시험편의 외부를 잘 닦아내고 측정한 것

① $\frac{W_1}{W_3 - W_2}$

② $\frac{W_3 - W_1}{W_1} \times 100$

③ $(1 - \frac{D}{W_2 - W_1}) \times 100$

④ $(1 - \frac{W}{D}) \times 100$

33. 유동화제에 의한 유동화 콘크리트의 슬럼프 증가량의 표준값으로 적당한 것은?

① 2~5㎝　　　　② 5~8㎝
③ 8~11㎝　　　　④ 11~14㎝

34. 겨울철에도 노지에서 월동할 수 있는 상록 다년생 식물은?

① 옥잠화　　　　② 샐비어
③ 꽃잔디　　　　④ 맥문동

35. 다른 지방에서 자생하는 식물을 도입한 것을 무엇이라고 하는가?

① 재배식물　　　　② 귀화식물
③ 외국식물　　　　④ 외래식물

정답 → 27. ① 28. ③ 29. ④ 30. ④ 31. ① 32. ④ 33. ② 34. ④ 35. ④

36. 수목을 이식할 때 고려사항으로 가장 부적합한 것은?

① 지상부의 지엽을 전정해 준다.
② 뿌리분의 손상이 없도록 주의하여 이식한다.
③ 굵은 뿌리의 자른 부위는 방부처리 하여 부패를 방지한다.
④ 운반이 용이하게 뿌리분은 기준보다 가능한 한 작게 하여 무게를 줄인다.

❖ 뿌리분은 뿌리와 흙이 서로 밀착하여 한 덩어리가 되도록 한 것으로 이식 시 활착률을 높이기 위해 흙을 많이 붙이는 것이 좋으나 너무 커서 운반할 때 뿌리분이 깨지면 오히려 활착률이 떨어지므로 적당한 크기를 고려한다.

37. 콘크리트 시공연도와 직접 관계가 없는 것은?

① 물-시멘트비
② 재료의 분리
③ 골재의 조립도
④ 물의 정도 함유량

38. 다음 중 과일나무가 늙어서 꽃 맺음이 나빠지는 경우에 실시하는 전정은 어느 것인가?

① 생리를 조절하는 전정
② 생장을 돕기 위한 전정
③ 생장을 억제하는 전정
④ 세력을 갱신하는 전정

39. 콘크리트의 배합의 종류로 틀린 것은?

① 시방배합
② 현장배합
③ 시공배합
④ 질량배합

40. 소나무 순지르기에 대한 설명으로 틀린 것은?

① 매년 5~6월경에 실시한다.
② 중심 순만 남기고 모두 자른다.
③ 새순이 5~10㎝의 길이로 자랐을 때 실시한다.
④ 남기는 순도 힘이 지나칠 경우 1/2~1/3 정도로 자른다.

❖ 소나무 순지르기는 봄에 소나무 가지 끝에 올라온 새순을 잘라주는 작업으로 세력을 조절하기 위해서 가장 길게 자란 순은 강하게 약한가지는 이와 비례해 적당한 길이에서 2~3개 남기고 실시하는 것을 말한다.

41. 코흐의 4원칙에 대한 설명 중 잘못된 것은?

① 미생물은 반드시 환부에 존재해야 한다.
② 미생물은 분리되어 배지상에서 순수 배양되어야 한다.
③ 순수 배양한 미생물은 접종하여 동일한 병이 발생되어야 한다.
④ 발병한 피해부에서 접종에 사용한 미생물과 동일한 성질을 가진 미생물이 반드시 재분리 될 필요는 없다.

❖ 코흐(R. Koch's)의 4원칙
· 미생물의 환부 존재 · 미생물의 분리
· 미생물의 배양 · 접종 · 미생물의 재분리

42. 토양에 따른 경도와 식물생육의 관계를 나타낼 때 나지화가 시작되는 값(kgf/㎠)은? (단, 지표면의 경도는 Yamanaka 경도계로 측정한 것으로 한다.)

① 9.4 이상
② 5.8 이상
③ 13.0 이상
④ 3.6 이상

❖ 일반적으로 야마나까 경도는 토양저항의 값을 ㎜로 표시하여 토양경도를 나타내므로 저항값을 외울 필요는 없다.

43. 파이토플라스마에 의한 수목병이 아닌 것은?

① 벚나무 빗자루병
② 붉나무 빗자루병
③ 오동나무 빗자루병
④ 대추나무 빗자루병

❖ 벚나무 빗자루병은 자낭균에 의한 병이다.

44. 대목을 대립종자의 유경이나 유근을 사용하여 접목하는 방법으로 접목한 뒤에는 관계습도를 높게 유지하며, 정식 후 근두암종병의 발병율이 높은 단점

정답 → 36. ④ 37. ② 38. ④ 39. ③ 40. ② 41. ④ 42. ② 43. ① 44. ②

을 갖는 접목법은?

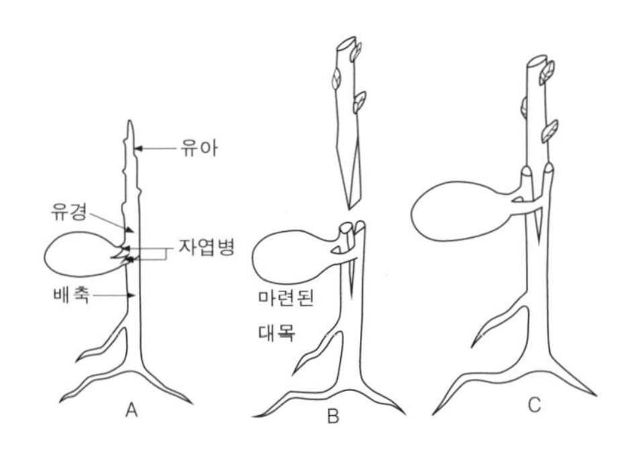

① 아접법　② 유대접
③ 호접법　④ 교접법

45. 공사의 설계 및 시공을 의뢰하는 사람을 뜻하는 용어는?

① 설계자
② 시공자
③ 발주자
④ 감독자

❖ 발주자는 건설공사를 건설업자에게 도급하는 자를 말한다.

46. 어른과 어린이 겸용벤치 설치시 앉음면(좌면, 坐面)의 적당한 높이는?

① 25~30㎝
② 35~40㎝
③ 45~50㎝
④ 55~60㎝

❖ 벤치 앉음판의 높이는 34~46㎝로 앉음판의 폭은 38~45㎝를 기준으로 설계한다.

47. 건설재료의 할증률이 틀린 것은?

① 붉은 벽돌 : 3%
② 이형철근 : 5%
③ 조경용 수목 : 10%
④ 석재판붙임용재(정형돌) : 10%

❖ 이형철근의 할증률은 3%이다.

48. 식재작업의 준비단계에 포함되지 않는 것은?

① 수목 및 양생제 반입 여부를 재확인한다.
② 공정표 및 시공도면, 시방서 등을 검토한다.
③ 빠른 식재를 위한 식재지역의 사전조사는 생략한다.
④ 수목의 배식, 규격, 지하 매설물 등을 고려하여 식재 위치를 결정한다.

49. 콘크리트 포장에 관한 설명 중 옳지 않은 것은?

① 보조 기층을 튼튼히 해서 부동침하를 막아야 한다.
② 두께는 10㎝ 이상으로 하고, 철근이나 용접 철망을 넣어 보강한다.
③ 물·시멘트의 비율은 60% 이내, 슬럼프의 최대값은 5㎝ 이상으로 한다.
④ 온도변화에 따른 수축·팽창에 의한 파손 방지를 위해 신축줄눈과 수축줄눈을 설치한다.

50. 현대적인 공사관리에 관한 설명 중 가장 적합한 것은?

① 품질과 공기는 정비례한다.
② 공기를 서두르면 원가가 싸게 된다.
③ 경제속도에 맞는 품질이 확보 되어야 한다.
④ 원가가 싸게 되도록 하는 것이 공사관리의 목적이다.

51. 다음 중 관리해야 할 수경 시설물에 해당되지 않는 것은?

① 폭포　② 분수
③ 연못　④ 덱(deck)

52. 아황산가스에 민감하지 않은 수종은?

① 소나무　② 겹벗나무
③ 단풍나무　④ 화백

❖ 아황산가스에 민감하지 않은 수종으로 화백, 눈향나무, 은행나무, 백합나무, 양버즘나무, 무궁화, 태산목, 후피향나무, 녹나무, 굴거리나무, 아왜나무, 가시나무 등이 있다.

정답 ➔ 45. ③ 46. ② 47. ② 48. ③ 49. ③ 50. ③ 51. ④ 52. ④

53. 다음 입찰계약 순서 중 옳은 것은?

① 입찰공고→낙찰→계약→개찰→입찰→현장설명
② 입찰공고→현장설명→입찰→계약→낙찰→개찰
③ 입찰공고→현장설명→입찰→개찰→낙찰→계약
④ 입찰공고→계약→낙찰→개찰→입찰→현장설명

54. 조경 목재시설물의 유지관리를 위한 대책 중 적절하지 않는 것은?

① 통풍을 좋게 한다.
② 빗물 등의 고임을 방지한다.
③ 건조되기 쉬운 간단한 구조로 한다.
④ 적당한 20~40℃온도와 80% 이상의 습도를 유지시킨다.

❖ 목재 시설물의 균류에 의한 피해로 균의 분비물이 목질을 융해시키고 균은 이를 양분으로 섭취하여 목재가 부패되는데 목재 부패균은 20~30℃정도의 온수에서 발육이 왕성하고 목재의 함수율이 20% 이상이어야 발육이 가능하다.

55. 토양 및 수목에 양분을 처리하는 방법의 특징 설명이 틀린 것은?

① 액비관주는 양분흡수가 빠르다.
② 수간주입은 나무에 손상이 생긴다.
③ 엽면시비는 뿌리 발육 불량 지역에 효과적이다.
④ 천공시비는 비료 과다투입에 따른 염류장해 발생 가능성이 없다.

56. 비탈면의 녹화와 조경에 사용되는 식물의 요건으로 가장 부적합한 것은?

① 적응력이 큰 식물
② 생장이 빠른 식물
③ 시비 요구도가 큰 식물
④ 파종과 식재시기의 폭이 넓은 식물

57. 다음 중 원가계산에 의한 공사비의 구성에서 「경비」에 해당하지 않는 항목은?

① 안전관리비 ② 운반비
③ 가설비 ④ 노무비

❖ 경비는 공사의 시공을 위하여 소요되는 공사원가 중 재료비, 노무비를 제외한 원가를 말한다.

58. 잔디깎기의 목적으로 옳지 않은 것은?

① 잡초 방제
② 이용 편리 도모
③ 병충해 방지
④ 잔디의 분얼억제

59. 다음 중 측량의 3대 요소가 아닌 것은?

① 각측량 ② 거리측량
③ 세부측량 ④ 고저측량

❖ 세부측량은 각종 목적에 따라 내용이 충실한 도면이나 지형도를 만드는 측량을 말한다.

60. 경사도(句配, slope)가 15%인 도로면상의 경사거리 135m에 대한 수평거리는?

① 130.0m ② 132.0m
③ 133.5m ④ 136.5m

❖ $135 \div (\frac{\sqrt{100^2 + 15^2}}{100}) = 133.5(m)$

 정답 ➔ 53. ③ 54. ④ 55. ④ 56. ③ 57. ④ 58. ④ 59. ③ 60. ③

❖ 2016년 조경기능사 제 1 회

2016년 1월 24일 시행

1. 고대 로마의 대표적인 별장이 아닌 것은?

① 빌라 투스카니 ② 빌라 감베라이아
③ 빌라 라우렌티아나 ④ 빌라 아드리아누스

❖ 빌라 감베라이아는 17C 이탈리아의 별장으로 매너리즘 양식의 대표적인 빌라이다.

2. 중세 유럽의 조경 형태로 볼 수 없는 것은?

① 과수원 ② 약초원
③ 공중정원 ④ 회랑식 정원

❖ 공중정원은 고대 서부아시아의 정원으로 최초의 옥상정원이다.

3. 프랑스 평면기하학식 정원을 확립하는데 가장 큰 기여를 한 사람은?

① 르 노트르 ② 메이너
③ 브리지맨 ④ 비니올라

4. 미국 식민지 개척을 통한 유럽 각국의 다양한 사유지 중심의 정원양식이 공공적인 성격으로 전환되는 계기에 영향을 끼친 것은?

① 스토우 정원 ② 보르비콩트 정원
③ 스투어헤드 정원 ④ 버컨헤드 공원

5. 다음 중 중국정원의 양식에 가장 많은 영향을 끼친 사상은?

① 선사상 ② 신선사상
③ 풍수지리사상 ④ 음양오행사상

6. 다음 후원 양식에 대한 설명 중 틀린 것은?

① 한국의 독특한 정원 양식 중 하나이다.
② 괴석이나 세심석 또는 장식을 겸한 굴뚝을 세워 장식하였다.
③ 건물 뒤 경사지를 계단모양으로 만들어 장대석을 앉혀 평지를 만들었다.
④ 경주 동궁과 월지, 교태전 후원의 아미산원, 남원시 광한루 등에서 찾아 볼 수 있다.

7. 다음 중 서양식 전각과 서양식 정원이 조성되어 있는 우리나라의 궁궐은?

① 경복궁 ② 창덕궁
③ 덕수궁 ④ 경희궁

8. 일본 고산수식 정원의 요소와 상징적인 의미가 바르게 연결된 것은?

① 나무 – 폭포 ② 연못 – 바다
③ 왕모래 – 물 ④ 바위 – 산봉우리

9. 형태와 선이 자유로우며, 자연재료를 사용하여 자연을 모방하거나 축소하여 자연에 가까운 형태로 표현한 정원 양식은?

① 건축식 ② 풍경식
③ 정형식 ④ 규칙식

10. 다음 설명의 ( )안에 들어갈 시설물은?

– 시설지역 내부의 포장지역에도 ( )을/를 이용하여 – 낙엽성 교목을 식재하면 여름에도 그늘을 만들 수 있다.

① 볼라드(bollard) ② 휀스(fence)
③ 벤치(bench) ④ 수목 보호대(grating)

11. 현대 도시환경에서 조경 분야의 역할과 관계가 먼 것은?

① 자연환경의 보호유지
② 자연 훼손지역의 복구
③ 기존 대도시의 광역화 유도
④ 토지의 경제적이고 기능적인 이용계획

정답 ➔ 1. ② 2. ③ 3. ① 4. ④ 5. ② 6. ④ 7. ③ 8. ③ 9. ② 10. ④ 11. ③

12. 주택정원의 시설구분 중 휴게시설에 해당되는 것은?

① 벽천, 폭포　② 미끄럼틀, 조각물
③ 정원등, 잔디등　④ 퍼걸러, 야외탁자

13. 기존의 레크레이션 기회에 참여 또는 소비하고 있는 수요(需要)를 무엇이라 하는가?

① 표출수요　② 잠재수요
③ 유효수요　④ 유도수요

14. 조경계획 · 설계에서 기초적인 자료의 수집과 정리 및 여러 가지 조건의 분석과 통합을 실시하는 단계를 무엇이라고 하는가?

① 목표 설정　② 현황분석 및 종합
③ 기본 계획　④ 실시 설계

15. 좌우로 시선이 제한되어 일정한 지점으로 시선이 모이도록 구성하는 경관 요소는?

① 전망　② 통경선(Vista)
③ 랜드마크　④ 질감

16. 모든 설계에서 가장 기본적인 도면은?

① 입면도　② 단면도
③ 평면도　④ 상세도

❖ 평면도는 기본 계획안을 종합적으로 보여주는 도면이다.

17. 조경 시공 재료의 기호 중 벽돌에 해당하는 것은?

①　②
③　④

18. 다음 「채도대비」에 관한 설명 중 틀린 것은?

① 무채색끼리는 채도 대비가 일어나지 않는다.
② 채도대비는 명도대비와 같은 방식으로 일어난다.
③ 고채도의 색은 무채색과 함께 배색하면 더 선명해 보인다.
④ 중간색을 그 색과 색상은 동일하고 명도가 밝은 색과 함께 사용하면 훨씬 선명해 보인다.

❖ 채도대비는 채도가 다른 두색을 인접시켜 배색하였을 경우 두 색이 서로의 영향으로 인해 채도의 차이가 크게 나 보이는 현상이다.

19. 다음 중 곡선의 느낌으로 가장 부적합한 것은?

① 온건하다.　② 부드럽다.
③ 모호하다.　④ 단호하다.

❖ 곡선은 우아하고 매력적이며 유연, 고상, 자유로움을 주고 여성적, 간접적 정서성으로 유순함, 순응과 여유, 정신적인 미를 표현한다.

20. 조경 실시설계 단계 중 용어의 설명이 틀린 것은?

① 시공에 관하여 도면에 표시하기 어려운 사항을 글로 작성한 것을 시방서라고 한다.
② 공사비를 체계적으로 정확한 근거에 의하여 산출한 서류를 내역서라고 한다.
③ 일반관리비는 단위 작업당 소요인원을 구하여 일당 또는 월급여로 곱하여 얻어진다.
④ 공사에 소요되는 자재의 수량, 품 또는 기계 사용량 등을 산출하여 공사에 소요되는 비용을 계산한 것을 적산이라고 한다.

❖ 일반관리비는 재료비, 노무비, 경비를 더한 값에 일반관리 비율을 곱하여 얻어진다.

21. 알루미나 시멘트의 최대 특징으로 옳은 것은?

① 값이 싸다.
② 조기강도가 크다.
③ 원료가 풍부하다.
④ 타 시멘트와 혼합이 용이하다.

❖ 알루미나 시멘트는 'One day 시멘트'라고도 불리며 조기강도가 크고 수축이 적고 내수성 · 내화성 · 내화학성이 크다.

22. 레미콘 규격이 25－210－12 표시되어 있다면 a－b－c 순서대로 의미가 맞는 것은?

정답 ➔ 12. ④ 13. ① 14. ② 15. ② 16. ③ 17. ② 18. ④ 19. ④ 20. ③ 21. ② 22. ③

	a	b	c
①	슬럼프	골재최대치수	시멘트의 양
②	물·시멘트비	압축강도	골재최대치수
③	골재최대치수	압축강도	슬럼프
④	물·시멘트비	시멘트의 양	골재최대치수

❖ 콘크리트(레미콘)의 규격표시 25-210-21의 콘크리트는 굵은골재 최대치수 25㎜, 압축강도 210kgf/㎠, 슬럼프치 12㎝의 콘크리트를 말한다.

23. 무근콘크리트와 비교한 철근콘크리트의 특성으로 옳은 것은?

① 공사기간이 짧다.
② 유지관리비가 적게 소요된다.
③ 철근 사용의 주목적은 압축강도 보완이다.
④ 가설공사인 거푸집 공사가 필요 없고 시공이 간단하다.

❖ 철근콘크리트는 인장력을 보완하기 위해 철근을 일체로 결합시켜 콘크리트의 압축력, 철근은 인장력에 저항하게 한 것이다. 보강재를 사용하지 않은 것은 무근콘크리트라 한다.

24. 다음 중 목재의 장점에 해당하지 않는 것은?

① 가볍다.
② 무늬가 아름답다.
③ 열전도율이 낮다.
④ 습기를 흡수하면 변형이 잘 된다.

❖ 목재는 충격이나 진동에 강하고 흡수성이 크나 습기에 의한 변형과 가연성으로 인화점이 낮은 것이 단점이다.

25. 다음 금속 재료에 대한 설명이 틀린 것은?

① 저탄소강은 탄소함유량이 0.3% 이하이다.
② 강판, 형강, 봉강 등은 압연식 제조법에 의해 제조된다.
③ 구리에 아연 40%를 첨가하여 제조한 합금을 청동이라고 한다.
④ 강의 제조방법에는 평로법, 전로법, 전기로법, 도가니법 등이 있다.

❖ 청동은 구리(Cu)+주석(Zn)의 합금이다.

26. 견치석에 관한 설명 중 옳지 않은 것은?

① 형상은 재두각추체(栽頭角錐體)에 가깝다.
② 접촉면의 길이는 앞면 4변의 제일 짧은 길이의 3배 이상이어야 한다.
③ 접촉면의 폭은 전면 1변의 길이의 1/10 이상이어야 한다.
④ 견치석은 흙막이용 석축이나 비탈면의 돌붙임에 쓰인다.

❖ 견치석은 접촉면의 길이는 1변의 평균 길이의 1/2 이상인 석재이다.

27. 석재의 성인(成因)에 의한 분류 중 변성암에 해당되는 것은?

① 대리석 ② 섬록암 ③ 현무암 ④ 화강암

❖ · 화성암 : 화강암, 안산암, 현무암, 섬록암
· 퇴적암 : 사암, 점판암, 응회암, 석회암, 혈암
· 변성암 : 편마암, 대리석, 사문암, 결정 편암, 트래버틴

28. 인공 폭포, 수목 보호판을 만드는데 가장 많이 이용되는 제품은?

① 유리블록제품
② 식생호안블록
③ 콘크리트격자블록
④ 유리섬유강화플라스틱

❖ FRP(유리섬유강화플라스틱)는 철보다 가벼우며 녹슬지 않고 가공하기 쉬워 벤치, 인공폭포, 인공암, 쉬워벤치, 인공폭포, 인공암, 수목보호판 등으로 많이 이용된다.

29. 다음 설명에 적합한 열가소성수지는?

- 강도, 전기절연성, 내약품성이 양호하고 가소재에 의하여 유연고무와 같은 품질이 되며 고온, 저온에 약하다.
- 바닥용타일, 시트, 조인트재료, 파이프, 접착제, 도료 등이 주용도이다.

① 페놀수지 ② 염화비닐수지
③ 멜라민수지 ④ 에폭시수지

❖ 염화비닐수지는 폴리염화비닐, PVC라고도 한다.

정답 ➔ 23. ② 24. ④ 25. ③ 26. ② 27. ① 28. ④ 29. ②

30. 다음 조경시설 소재 중 도로 절 · 성토면의 녹화공사, 해안매립 및 호안공사, 하천제방 및 급류 부위의 법면 보호공사 등에 사용되는 코코넛 열매를 원료로 한 천연섬유 재료는?

① 코이어 메시 ② 우드칩
③ 테라소브 ④ 그린블록

31. 서향(Daphne odora Thunb.)에 대한 설명으로 맞지 않는 것은?

① 꽃은 청색계열이다.
② 성상은 상록활엽관목이다.
③ 뿌리는 천근성이고 내염성이 강하다.
④ 잎은 어긋나기하며 타원형이고, 가장자리가 밋밋하다.

※ 서향은 낙화직후 전정하며 내조성이 강하다.

32. 다음 중 조경수의 이식에 대한 적응이 가장 어려운 수종은?

① 편백 ② 미루나무
③ 수양버들 ④ 일본잎갈나무

※ 이식이 어려운 수종으로는 소나무, 전나무, 주목, 독일가문비, 섬잣나무, 가시나무, 굴거리나무, 목련, 튤립나무, 칠엽수, 감나무, 자작나무 등이 있다.

33. 팥배나무(Sorbus alnifolia K.Koch)의 설명으로 틀린 것은?

① 꽃은 노란색이다.
② 생장속도는 비교적 빠르다.
③ 열매는 조류 유인식물로 좋다.
④ 잎의 가장자리에 이중거치가 있다.

※ 팥배나무는 낙엽활엽교목이며, 열매를 관상하는 수목 중 하나로 열매는 적색이고, 꽃은 황색이다.

34. 다음 중 수관의 형태가 "원추형"인 수종은?

① 전나무 ② 실편백
③ 녹나무 ④ 산수유

※ 실편백-우산형, 녹나무-구형, 산수유-배상형

35. 골담초(Caragana sinica Rehder)에 대한 설명으로 틀린 것은?

① 콩과(科) 식물이다.
② 꽃은 5월에 피고 단생한다.
③ 생장이 느리고 덩이뿌리로 위로 자란다.
④ 비옥한 사질양토에서 잘 자라나 토박지에서도 잘 자란다.

※ 골담초는 낙엽활엽관목이다.

36. 방풍림(wind shelter) 조성에 알맞은 수종은?

① 팽나무, 녹나무, 느티나무
② 곰솔, 대나무류, 자작나무
③ 신갈나무, 졸참나무, 향나무
④ 박달나무, 가문비나무, 아까시나무

※ 방풍용 수목은 심근성이고 바람에 잘 꺾이지 않는 지엽이 치밀한 상록수가 적당하다. 방풍식재로 곰솔, 삼나무, 가시나무류, 편백, 후박나무, 녹나무, 동백나무, 전나무, 참나무, 은행나무, 아왜나무, 사철나무 등이 있다.

37. 「Syringa oblata var. dilatata」는 어떤 식물인가?

① 라일락 ② 목서
③ 수수꽃다리 ④ 쥐똥나무

※ · 라일락: Syringa vulgaris
· 목서: Osmanthus fragrans (Thunb.) Lour.
· 쥐똥나무: Ligustrum obtusifolium Siebold & Zucc.

38. 다음 중 인동덩굴(Lonicera japonica Thunb.)에 대한 설명으로 옳지 않은 것은?

① 반상록 활엽 덩굴성
② 원산지는 한국, 중국, 일본
③ 꽃은 1~2개씩 엽액에 달리며 포는 난형으로 길이는 1~2㎝
④ 줄기가 왼쪽으로 감아 올라가며, 소지는 회색으로 가시가 있고 속이 빔

※ 인동덩굴은 줄기가 오른쪽으로 감아 올라가며 소지는 적갈색으로 속이 비어있고 황갈색 털이 밀생한다.

정답 → 30. ① 31. ① 32. ④ 33. ① 34. ① 35. ③ 36. ① 37. ③ 38. ④

39. 조경 수목은 식재기의 위치나 환경조건 등에 따라 적절히 선정하여야 한다. 다음 중 수목의 구비조건으로 가장 거리가 먼 것은?

① 병충해에 대한 저항성이 강해야 한다.
② 다듬기 작업 등 유지관리가 용이해야 한다.
③ 이식이 용이하며, 이식 후에도 잘 자라야 한다.
④ 번식이 힘들고 다량으로 구입이 어려워야 희소성 때문에 가치가 있다.

❖ 수목의 구비 조건으로 관상가치, 실용적가치, 내환경성, 병충해 저항성 클 것, 이식 · 번식, 다량구입, 유지관리 쉬울 것 등이 있다.

40. 미선나무(Abeliophyllum distichum Nakai)의 설명으로 틀린 것은?

① 1속1종
② 낙엽활엽관목
③ 잎은 어긋나기
④ 물푸레나무과(科)

❖ 미선나무는 풀푸레나무과의 낙엽활엽관목으로 1속1종이며, 꽃은 4월에 개화한다. 잎은 마주나기로 꽃이 먼저 피고, 잎이 나중에 나는 특성이 있다.

41. 잔디공사 중 떼심기 작업의 주의사항이 아닌 것은?

① 뗏장의 이음새에는 흙을 충분히 채워준다.
② 관수를 충분히 하여 흙과 밀착되도록 한다.
③ 경사면의 시공은 위쪽에서 아래쪽으로 작업한다.
④ 뗏장을 붙인 다음에 롤러 등의 장비로 전압을 실시한다.

❖ 경사면 시공 시 경사면의 아래쪽에서 위쪽으로 붙여나가며 뗏장 1매당 2개의 떼꽂이로 고정

42. 다음 중 철쭉, 개나리 등 화목류의 전정시기로 가장 알맞은 것은?

① 가을 낙엽 후 실시한다.
② 꽃이 진 후에 실시한다.
③ 이른 봄 해동 후 바로 실시한다.
④ 시기와 상관없이 실시할 수 있다.

43. 천적을 이용해 해충을 방제하는 방법은?

① 생물적 방제　② 화학적 방제
③ 물리적 방제　④ 임업적 방제

❖ 생물적 방제는 천적, 병원미생물 등을 이용한다.

44. 양버즘나무(플라타너스)에 발생된 흰불나방을 구제하고자 할 때 가장 효과가 좋은 약제는?

① 디플루벤주론수화제
② 결정석회황합제
③ 포스파미돈액제
④ 티오파네이트메틸수화제

45. 비탈면의 잔디를 기계로 깎으려면 비탈면의 경사가 어느 정도보다 완만하여야 하는가?

① 1:1 보다 완만해야 한다.
② 1:2 보다 완만해야 한다.
③ 1:3 보다 완만해야 한다.
④ 경사에 상관없다.

46. 수목 식재 후 물집을 만드는데, 물집의 크기로 가장 적당한 것은?

① 근원지름(직경)의 1배
② 근원지름(직경)의 2배
③ 근원지름(직경)의 3~4배
④ 근원지름(직경)의 5~6배

47. 조경수목에 공급하는 속효성 비료에 대한 설명으로 틀린 것은?

① 대부분의 화학비료가 해당된다.
② 늦가을에서 이른 봄 사이에 준다.
③ 시비 후 5~7일 정도면 바로 비효가 나타난다.
④ 강우가 많은 지역과 잦은 시기에는 유실정도가 빠르다.

❖ 속효성비료는 황산암모늄, 염화칼리 등과 같이 물에 넣으면 빨리 녹으며, 흙에 사용했을 때 수목이 빨리 흡수할 수 있는 비료로 대개의 화학비료이다.

정답 ➔ 39. ④ 40. ③ 41. ③ 42. ② 43. ① 44. ① 45. ③ 46. ④ 47. ②

48. 다음 설명에 해당하는 것은?

> – 나무의 가지에 기생하면 그 부위가 국부적으로 이상비대 한다.
> – 기생 당한 부위의 윗부분은 위축되면서 말라 죽는다.
> – 참나무류에 가장 큰 피해를 주며, 팽나무, 물오리나무, 자작나무, 밤나무 등의 활엽수에도 많이 기생한다.

① 새삼 ② 선충
③ 겨우살이 ④ 바이러스

49. 곰팡이가 식물에 침입하는 방법은 직접침입, 자연개구로 침입, 상처침입으로 구분할 수 있다. 다음 중 직접침입이 아닌 것은?

① 피목침입
② 흡기로 침입
③ 세포간 균사로 침입
④ 흡기를 가진 세포간 균사로 침입

50. 농약제제의 분류 중 분제(粉劑, dusts)에 대한 설명으로 틀린 것은?

① 잔효성이 유제에 비해 짧다.
② 작물에 대한 고착성이 우수하다.
③ 유효성분 농도가 1~5% 정도인 것이 많다.
④ 유료성분을 고체중량제와 소량의 보조제를 혼합 분쇄한 미분말을 말한다.

51. 다음 설명에 해당하는 공법은?

> (1) 면상의 매트에 종자를 붙여 비탈면에 포설, 부착하여 일시적인 조기녹화를 도모하도록 시공한다.
> (2) 비탈면을 평평하게 끝손질한 후 떼꽂이 등을 꽂아주어 떠오르거나 바람에 날리지 않도록 밀착한다.
> (3) 비탈면 상부 0.2m 이상을 흙으로 덮고 단부(端部)를 흙속에 묻어 넣어 비탈면 어깨로부터 물의 침투를 방지한다.
> (4) 긴 매트류로 시공할 때에는 비탈면의 위에서 아래로 길게 세로로 깔고 흙쌓기 비탈면을 다지고 붙일 때에는 수평으로 깔며 양단을 0.05m이상 중첩한다.

① 식생대공 ② 식생자루공
③ 식생매트공 ④ 종자분사파종공

52. 다음 중 콘크리트의 공사에 있어서 거푸집에 작용하는 콘크리트 측압의 증가 요인이 아닌 것은?

① 타설 속도가 빠를수록
② 슬럼프가 클수록
③ 다짐이 많을수록
④ 빈배합일 경우

❖ 콘크리트의 타설 높이가 높을수록, 타설 속도가 빠를수록, 슬럼프가 커질수록, 온도가 낮을수록, 습도가 높을수록, 부배합일수록, 진동기 사용 시 측압은 커진다.

53. 건설공사 표준품셈에서 사용되는 기본(표준형) 벽돌의 표준 치수(㎜)로 옳은 것은?

① 180×80×57
② 190×90×57
③ 210×90×60
④ 210×100×60

54. 다음 중 현장 답사 등과 같이 높은 정확도를 요하지 않는 경우에 간단히 거리를 측정하는 약측정 방법에 해당하지 않는 것은?

① 목측 ② 보측
③ 시각법 ④ 줄자 측정

55. 다음 [보기]가 설명하는 특징의 건설장비는?

> [보기]
> – 기동성이 뛰어나고, 대형목의 이식과 자연석의 운반, 놓기, 쌓기 등에 가장 많이 사용된다.
> – 기계가 서있는 지반보다 낮은 곳의 굴착에 좋다.
> – 파는 힘이 강력하고 비교적 경질지반도 적응한다.
> – Drag Shovel 이라고도 한다.

① 로더(Loader)
② 백호우(Back Hoe)
③ 불도저(Bulldozer)
④ 덤프트럭(Dump Truck)

정답 ➔ 48. ③ 49. ① 50. ② 51. ③ 52. ④ 53. ② 54. ④ 55. ②

56. 토공사에서 터파기할 양이 100㎥, 되메우기량이 70㎥일 때 실질적인 잔토처리량(㎥)은? (단, L = 1.1, C = 0.8 이다.)

① 24 ② 30
③ 33 ④ 39

57. 수준측량에서 표고(標高; elevation)라 함은 일반적으로 어느 면(面)으로부터의 연직거리를 말하는가?

① 해면(海面) ② 기준면(基準面)
③ 수평면(水平面) ④ 지평면(地平面)

❖ 기준면은 지반고의 기준이 되는 면을 말하며, 이 면의 모든 높이는 '0'이다. 일반적으로 기준면은 평균해수면을 사용하고 나라마다 독립된 기준면을 가진다.

58. 다음 설명의 ( )안에 적합한 것은?

( )란 지질 지표면을 이루는 흙으로, 유기물과 토양 미생물이 풍부한 유기물층과 용탈층 등을 포함한 표층 토양을 말한다.

① 표토 ② 조류(algae)
③ 풍적토 ④ 충적토

59. 토양환경을 개선하기 위해 유공관을 지면과 수직으로 뿌리 주변에 세워 토양내 공기를 공급하여 뿌리호흡을 유도하는데, 유공관의 깊이는 수종, 규격, 식재지역의 토양 상태에 따라 다르게 할 수 있으나, 평균 깊이는 몇 미터 이내로 하는 것이 바람직한가?

① 1m ② 1.5m
③ 2m ④ 3m

60. 조경시설물 유지관리 연간 작업계획에 포함 되지 않는 작업 내용은?

① 수선, 교체 ② 개량, 신설
③ 복구, 방제 ④ 제초, 전정

❖ 제초, 전정은 식물관리에 해당한다.

정답 ➔ 56. ③ 57. ② 58. ① 59. ① 60. ④

❖ 2016년 조경기능사 제 2 회

2016년 4월 2일 시행

1. 형태는 직선 또는 규칙적인 곡선에 의해 구성되고 축을 형성하며 연못이나 화단 등의 각 부분에도 대칭형이 되는 조경 양식은?

① 자연식 ② 풍경식
③ 정형식 ④ 절충식

❖ 정형식 조경 양식은 인공적이며 질서를 중시한다.

2. 다음 중 정원에 사용되었던 하하(Ha–ha) 기법을 가장 잘 설명한 것은?

① 정원과 외부사이 수로를 파 경계하는 기법
② 정원과 외부사이 언덕으로 경계하는 기법
③ 정원과 외부사이 교목으로 경계하는 기법
④ 정원과 외부사이 산울타리를 설치하여 경계하는 기법

❖ 하하(Ha–ha) 기법은 물리적 경계를 보이지 않게 하여 숲이나 경작지 등을 자연경관으로 끌어들이는 기법이다.

3. 다음 고서에서 조경식물에 대한 기록이 다루어지지 않은 것은?

① 고려사 ② 악학궤범
③ 양화소록 ④ 동국이상국집

❖ 악학궤범은 조선시대의 의궤와 악보를 정리하여 성현 등이 편찬한 악서이다.

4. 스페인 정원에 관한 설명으로 틀린 것은?

① 규모가 웅장하다.
② 기하학적인 터 가르기를 한다.
③ 바닥에는 색채타일을 이용하였다.
④ 안달루시아(Andalusia) 지방에서 발달했다.

5. 다음 중 고산수수법의 설명으로 알맞은 것은?

① 가난함이나 부족함 속에서도 아름다움을 찾아내어 검소하고 한적한 삶을 표현
② 이끼 낀 정원석에서 고담하고 한아를 느낄 수 있도록 표현
③ 정원의 못을 복잡하게 표현하기 위해 호안을 곡절시켜 심(心)자와 같은 형태의 못을 조성
④ 물이 있어야 할 곳에 물을 사용하지 않고 돌과 모래를 사용해 물을 상징적으로 표현

6. 경복궁 내 자경전의 꽃담 벽화문양에 표현되지 않은 식물은?

① 매화 ② 석류
③ 산수유 ④ 국화

❖ 경복궁 내 자경전은 대비의 일상생활과 잠을 자는 침전으로 장수를 기원하는 글자(수복무늬)와 귀갑무늬 · 모란 · 매화 · 국화 · 대나무 · 나비 형태를 흙으로 구워 새겨 넣은 꽃담이 설치되어 있다.

7. 우리나라 부유층의 민가정원에서 유교의 영향으로 부녀자들을 위해 특별히 조성된 부분은?

① 전정 ② 중정
③ 후정 ④ 주정

8. 다음 중 고대 이집트의 대표적인 정원수는?

– 강한 직사광선으로 인하여 녹음수로 많이 사용 – 신성시하여 사자(死者)를 이 나무 그늘 아래 쉬게 하는 풍습이 있었음

① 파피루스 ② 버드나무
③ 장미 ④ 시카모어

9. 다음 중 독일의 풍경식 정원과 가장 관계가 깊은 것은?

① 한정된 공간에서 다양한 변화를 추구
② 동양의 사의주의 자연풍경식을 수용
③ 외국에서 도입한 원예식물의 수용
④ 식물생태학, 식물지리학 등의 과학이론의 적용

 정답 ➔ 1. ③ 2. ① 3. ② 4. ① 5. ④ 6. ③ 7. ③ 8. ④ 9. ④

❖ 독일의 풍경식 정원은 국민성의 영향을 입어 과학적 기반 위에 구성되었으며, 식물 생태학과 식물 지리학에 기초를 두어 향토수종을 식재했다.

10. 다음 중 사적인 정원이 공적인 공원으로 역할전환의 계기가 된 사례는?

① 에스테장 ② 베르사이유궁
③ 켄싱턴 가든 ④ 센트럴 파크

11. 주택정원 거실앞쪽에 위치한 뜰로 옥외생활을 즐길 수 있는 공간은?

① 안뜰 ② 앞뜰
③ 뒤뜰 ④ 작업뜰

❖ 안뜰은 응접실이나 거실 전면에 위치한 휴식과 단란의 공간으로 내부의 주공간과 동선상 직접 연결되는 옥외거실 공간이다.

12. 조경계획 및 설계과정에 있어서 각 공간의 규모, 사용재료, 마감방법을 제시해 주는 단계는?

① 기본구상 ② 기본계획
③ 기본설계 ④ 실시설계

❖ 기본설계는 대상물과 공간의 형태 · 시각적 특징, 기능 · 효율성, 재료 등의 구체화한다.

13. 도시 내부와 외부의 관련이 매우 좋으며 재난 시 시민들의 빠른 대피에 큰 효과를 발휘하는 녹지 형태는?

① 분산식 ② 방사식
③ 환상식 ④ 평행식

14. 다음 [보기]의 행위 시 도시공원 및 녹지 등에 관한 법률상의 벌칙 기준은?

[보기]
- 위반하여 도시공원에 입장하는 사람으로부터 입장료를 징수한 자
- 허가를 받지 아니하거나 허가받은 내용을 위반하여 도시공원 또는 녹지에서 시설 · 건축물 또는 공작물을 설치한 자

① 2년 이하의 징역 또는 3천만원 이하의 벌금
② 1년 이하의 징역 또는 1천만원 이하의 벌금
③ 1년 이하의 징역 또는 500만원 이하의 벌금
④ 1년 이하의 징역 또는 3천만원 이하의 벌금

15. 표제란에 대한 설명으로 옳은 것은?

① 도면명은 표제란에 기입하지 않는다.
② 도면 제작에 필요한 지침을 기록한다.
③ 도면번호, 도명, 작성자명, 작성일자 등에 관한 사항을 기입한다.
④ 용지의 긴 쪽 길이를 가로 방향으로 설정할 때 표제란은 왼쪽 아래 구석에 위치한다.

16. 먼셀 색체계의 기본색인 5가지 주요 색상으로 바르게 짝지어진 것은?

① 빨강, 노랑, 초록, 파랑, 주황
② 빨강, 노랑, 초록, 파랑, 보라
③ 빨강, 노랑, 초록, 파랑, 청록
④ 빨강, 노랑, 초록, 남색, 주황

17. 건설재료의 골재의 단면표시 중 잡석을 나타낸 것은?

① 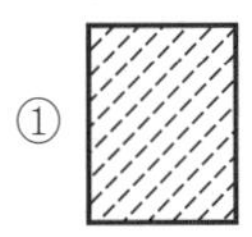
② 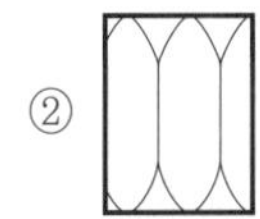
③ 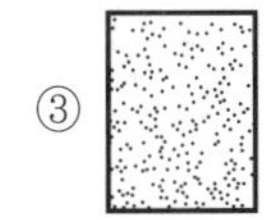
④ 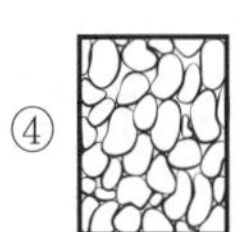

18. 대형건물의 외벽도색을 위한 색채계획을 할 때 사용하는 컬러샘플(color sample)은 실제의 색보다 명도나 채도를 낮추어서 사용하는 것이 좋다. 이는 색채의 어떤 현상 때문인가?

① 착시효과 ② 동화현상
③ 대비효과 ④ 면적효과

❖ 면적대비는 동일한 색이라도 면적이 커지면 명도와 채도가 증가해 밝고 선명해 보이는 현상이다.

정답 ➔ 10. ④ 11. ① 12. ③ 13. ② 14. ② 15. ③ 16. ② 17. ② 18. ④

19. 색채와 자연환경에 대한 설명으로 옳지 않은 것은?

① 풍토색은 기후와 토지의 색, 즉 지역의 태양빛, 흙의 색 등을 의미한다.
② 지역색은 그 지역의 특성을 전달하는 색채와 그 지역의 역사, 풍속, 지형, 기후 등의 지방색과 합쳐 표현된다.
③ 지역색은 환경색채계획 등 새로운 분야에서 사용되기 시작한 용어이다.
④ 풍토색은 지역의 건축물, 도로환경, 옥외광고물 등의 특징을 갖고 있다.

❖ 풍토색은 서로 다른 환경적 특색을 지닌 지역적 특징의 색, 그 지역의 토지, 자연, 인간과 어울려 형성된 특유의 풍토로 생활, 문화, 산업에 영향을 준다.

20. 오른손잡이의 선긋기 연습에서 고려해야 할 사항이 아닌 것은?

① 수평선 긋기 방향은 왼쪽에서 오른쪽으로 긋는다.
② 수직선 긋기 방향은 위쪽에서 아래쪽으로 내려 긋는다.
③ 선은 처음부터 끝나는 부분까지 일정한 힘으로 한 번에 긋는다.
④ 선의 연결과 교차부분이 정확하게 되도록 한다.

❖ 수직선 긋기 방향은 아래쪽에서 위쪽으로 긋는다.

21. 다음 중 방부 또는 방충을 목적으로 하는 방법으로 가장 부적합한 것은?

① 표면탄화법　② 약제도포법
③ 상압주입법　④ 마모저항법

22. 조경공사의 돌쌓기용 암석을 운반하기에 가장 적합한 재료는?

① 철근　② 쇠파이프
③ 철망　④ 와이어로프

❖ 와이어 로프는 조경공사의 암석운반용으로 쓰이며 몇 개의 철사를 꼬아서 만든 줄을 말한다.

23. 다음 [보기]가 설명하는 건설용 재료는?

[보기]
- 갈라진 목재 틈을 메우는 정형 실링재이다.
- 단성복원력이 적거나 거의 없다.
- 일정 압력을 받는 새시의 접합부 쿠션 겸 실링재로 사용되었다.
- 페인트칠 작업시 때움 재료로서 적당하다.

① 프라이머　② 코킹
③ 퍼티　④ 석고

❖ 퍼티는 탄산칼슘분말 · 돌가루 · 산화아연 등을 보일유 · 유성니스 · 래커와 같은 전색제(展色劑)로 개어서 만든, 페이스트상(狀)의 접합제이다. 물이나 가스의 누설을 방지하는 철관의 이음매 고정 등에 사용한다.

24. 쇠망치 및 날메로 요철을 대강 따내고, 거친 면을 그대로 두어 부풀린 느낌으로 마무리 하는 것으로 중량감, 자연미를 주는 석재가공법은?

① 혹두기　② 정다듬
③ 도드락다듬　④ 잔다듬

25. 건설용 재료의 특징 설명으로 틀린 것은?

① 미장재료 – 구조재의 부족한 요소를 감추고 외벽을 아름답게 나타내 주는 것
② 플라스틱 – 합성수지에 가소제, 채움제, 안정제, 착색제 등을 넣어서 성형한 고분자 물질
③ 역청재료 – 최근에 환경 조형물이나 안내판 등에 널리 이용되고, 입체적인 벽면구성이나 특수지역의 바닥 포장재로 사용
④ 도장재료 – 구조재의 내식성, 방부성, 내마멸성, 방수성, 방습성 및 강도 등이 높아지고 광택 등 미관을 높여 주는 효과를 얻음

❖ 역청재료는 역청을 주성분으로 하는 아스팔트, 타르 등의 재료로 도로 포장, 방수, 토질안정재, 도료로 사용된다.

26. 내부 진동기를 사용하여 콘크리트 다지기를 실시할 때 내부 진동기를 찔러 넣는 간격은 얼마 이하를 표준으로 하는 것이 좋은가?

정답 ➔ 19. ④　20. ②　21. ④　22. ④　23. ③　24. ①　25. ③　26. ②

① 30㎝　② 50㎝
③ 80㎝　④ 100㎝

27. 굵은 골재의 절대 건조 상태의 질량이 1000g, 표면건조포화 상태의 질량이 1100g, 수중질량이 650g 일 때 흡수율은 몇 %인가? (단, 시험온도에서의 물의 밀도는 1이다.)

① 10.0%　② 28.6%
③ 31.4%　④ 35.0%

❖ 골재의 흡수율(%)

$$\frac{\text{표건내포상태 질량} - \text{절대건조상태 질량}}{\text{절대건조상태 질량}} \times 100(\%)$$

$$= \frac{1{,}100 - 1{,}000}{1{,}000} \times 100 = 10.0(\%)$$

28. 시멘트의 강열감량(ignition loss)에 대한 설명으로 틀린 것은?

① 시멘트 중에 함유된 와 의 양이다.
② 클링커와 혼합하는 석고의 결정수량과 거의 같은 양이다.
③ 시멘트에 약 1000℃의 강한 열을 가했을 때의 시멘트 감량이다.
④ 시멘트가 풍화되면 강열감량이 적어지므로 풍화의 정도를 파악하는데 사용된다.

29. 아스팔트의 물리적 성질과 관련된 설명으로 옳지 않은 것은?

① 아스팔트의 연성을 나타내는 수치를 신도라 한다.
② 침입도는 아스팔트의 콘시스턴시를 침의 관입 저항으로 평가하는 방법이다.
③ 아스팔트에는 명확한 융점이 있으며, 온도가 상승하는데 따라 연화하여 액상이 된다.
④ 아스팔트는 온도에 따른 콘시스턴시의 변화가 매우 크며, 이 변화의 정도를 감온성이라 한다.

❖ 아스팔트의 표면연화는 아스팔트 양의 과잉이나 골재의 입도불량일 때, 연질의 아스팔트 사용 시 발생한다.

30. 새끼(볏짚제품)의 용도 설명으로 가장 부적합한 것은?

① 더위에 약한 수목을 보호하기 위해서 줄기에 감는다.
② 옮겨 심는 수목의 뿌리분이 상하지 않도록 감아준다.
③ 강한 햇볕에 줄기가 타는 것을 방지하기 위하여 감아준다.
④ 천공성 해충의 침입을 방지하기 위하여 감아준다.

❖ 하절기 일사 및 동절기 동해 등에 의한 수간의 피해 방지를 하거나 증산 억제 및 병충해 침입을 방지한다. 또한 쇠약한 상태의 수목과 잔뿌리가 적은 수목을 보호하기 해 실시한다.

31. 무너짐 쌓기를 한 후 돌과 돌 사이에 식재하는 식물 재료로 가장 적합한 것은?

① 장미　② 회양목
③ 화살나무　④ 짱짱나무

❖ 자연석 무너짐 쌓기는 두 개의 돌 사이에 또 다른 돌을 끼워 최대한 자연의 형태를 그대로 유지하며 쌓은 것으로 키가작은 화관목류를 식재해 주변경관과 시각적으로 잘 조화될 수 있도록 한다.

32. 다음 중 아황산가스에 강한 수종이 아닌 것은?

① 고로쇠 나무　② 가시나무
③ 백합나무　④ 칠엽수

❖ 아황산가스(SO_2)에 강한수종으로는 비자나무, 편백, 화백, 카이즈카향나무, 향나무, 가시나무, 녹나무, 후박나무, 칠엽수, 양버즘나무, 회화나무, 백합나무, 무궁화, 쥐똥나무 등이 있다.

33. 단풍나무과(科)에 해당되지 않는 수종은?

① 고로쇠나무　② 복자기
③ 소사나무　④ 신나무

❖ 소사나무는 자작나무과 수종이다.

34. 다음 중 양수에 해당하는 수종은?

① 일본잎갈나무　　② 조록싸리
③ 식나무　　④ 사철나무

❖ 양수 수종으로는 일본잎갈나무, 메타세쿼이아, 삼나무, 소나무, 버즘나무, 은행나무, 감나무, 살구나무, 가중나무, 태산목, 배롱나무 등이 있다.

35. 다음 중 내염성이 가장 큰 수종은?

① 사철나무　　② 목련
③ 낙엽송　　④ 일본목련

36. 형상수(topiary)를 만들기에 가장 적합한 수종은?

① 주목　　② 단풍나무
③ 개벚나무　　④ 전나무

❖ 형상수로 이용할 수 있는 수종으로는 지엽이 치밀한 주목, 회양목, 향나무, 꽝꽝나무 등 맹아력이 강한 것이 적합하다.

37. 화단에 심겨지는 초화류가 갖추어야 할 조건으로 가장 부적합한 것은?

① 가지수는 적고 큰 꽃이 피어야 한다.
② 바람, 건조 및 병·해충에 강해야 한다.
③ 꽃의 색채가 선명하고, 개화기간이 길어야 한다.
④ 성질이 강건하고 재배와 이식이 비교적 용이해야 한다.

38. 수종과 그 줄기색(樹皮)의 연결이 틀린 것은?

① 벽오동은 녹색 계통이다.
② 곰솔은 흑갈색 계통이다.
③ 소나무는 적갈색 계통이다.
④ 흰말채나무는 흰색 계통이다.

❖ 흰말채나무는 수피가 여름에는 녹색이나 가을, 겨울철에는 붉은색이다.

39. 귀룽나무(Prunus padus L.)에 대한 특성으로 맞지 않는 것은?

① 원산지는 한국, 일본이다.
② 꽃과 열매는 백색계열이다.
③ Rosaceae과(科) 식물로 분류된다.
④ 생장속도가 빠르고 내공해성이 강하다.

❖ 귀룽나무(Prunus padus L.) 꽃은 5월에 피며 흰색이고, 열매는 핵과로 6~7월에 검은색으로 익으며 둥근모양이다.

40. 능소화(Campsis grandifolia K.Schum.)의 설명으로 틀린 것은?

① 낙엽활엽덩굴성이다.
② 잎은 어긋나며 뒷면에 털이 있다.
③ 나팔모양의 꽃은 주홍색으로 화려하다.
④ 동양적인 정원이나 사찰 등의 관상용으로 좋다.

❖ 능소화의 잎은 마주나고 홀수 1회 깃꼴겹잎이다.

41. 봄에 향나무의 잎과 줄기에 갈색의 돌기가 형성되고 비가 오면 한천모양이나 젤리모양으로 부풀어 오르는 병은?

① 향나무 가지마름병
② 향나무 그을음병
③ 향나무 붉은별무늬병
④ 향나무 녹병

42. 잔디의 병해 중 녹병의 방제약으로 옳은 것은?

① 만코제브(수)
② 태부코나졸(유)
③ 에마멕틴벤조에이트(유)
④ 클루포시네이트암모늄(액)

43. 25% A유제 100mL를 0.05%의 살포액으로 만드는데 소요되는 물의 양(L)으로 가장 가까운 것은? (단, 비중은 1.0이다.)

① 5　　② 25
③ 50　　④ 100

정답 ➔ 34. ① 35. ① 36. ① 37. ① 38. ④ 39. ② 40. ② 41. ④ 42. ② 43. ③

❖ 희석할 물의 양

$$\text{농약량(mL)} \times \left(\frac{\text{농약의 농도(\%)}}{\text{살포농도(\%)}} - 1 \right) \times \text{비중}$$

$$100 \times \left(\frac{25}{0.05} - 1 \right) \times 1 = 49{,}900(\text{mL}) \rightarrow 50\text{L}$$

44. 해충의 체(體) 표면에 직접 살포하거나 살포된 물체에 해충이 접촉되어 약제가 체내에 침입하여 독(毒) 작용을 일으키는 약제는?

① 유인제 ② 접촉살충제
③ 소화중독제 ④ 화학불임제

45. 도시공원 녹지 중 수림지 관리에서 그 필요성이 가장 떨어지는 것은?

① 시비(施肥) ② 하예(下刈)
③ 제벌(除伐) ④ 병충해 방제

46. 다음 설명에 해당하는 파종 공법은?

– 종자, 비료, 파이버(fiber), 침식방지제 등 물과 교반하여 펌프로 살포 녹화한다. – 비탈 기울기가 급하고 토양조건이 열악한 급경사지에 기계와 기구를 사용해서 종자를 파종한다. – 한랭도가 적고 토양 조건이 어느 정도 양호한 비탈면에 한하여 적용한다.

① 식생매트공 ② 볏짚거적덮기공
③ 종자분사파종공 ④ 지하경뿜어붙이기공

47. 장기 검은무늬병은 주로 식물체 어느 부위에 발생하는가?

① 꽃 ② 잎
③ 뿌리 ④ 식물전체

48. 진딧물의 방제를 위하여 보호하여야 하는 천적으로 볼 수 없는 것은?

① 무당벌레류 ② 꽃등애류
③ 솔잎벌류 ④ 풀잠자리류

49. 수목의 이식 전 세근을 발달시키기 위해 실시하는 작업을 무엇이라 하는가?

① 가식 ② 뿌리 돌림
③ 뿌리분 포장 ④ 뿌리외과수술

❖ 뿌리돌림은 이식 후의 활착을 돕고자 새로운 잔뿌리 발생을 촉진시키려는 사전조치이며, 건전한 수목의 육성 및 개화결실 촉진, 노목, 쇠약한 수목의 수세회복이 주 목적이다.

50. 수목을 장거리 운반할 때 주의해야 할 사항이 아닌 것은?

① 병충해 방제 ② 수피 손상 방지
③ 분 깨짐 방지 ④ 바람 피해 방지

51. 인간이나 기계가 공사 목적물을 만들기 위하여 단위 물량 당 소요로 하는 노력과 품질을 수량으로 표현한 것을 무엇이라 하는가?

① 할증 ② 품셈
③ 견적 ④ 내역

52. 내구성과 내마멸성이 좋으나, 일단 파손된 곳은 보수가 어려우므로 시공 때 각별한 주의가 필요하다. 다음 그림과 같은 원로포장 방법은?

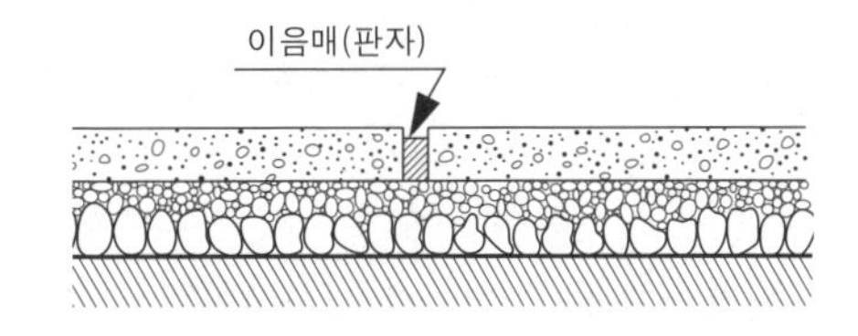

① 마사토 포장 ② 콘크리트 포장
③ 판석 포장 ④ 벽돌 포장

❖ 콘크리트 포장은 압축강도가 크고 내화성, 내수성, 내구성이 높다. 보수 · 제거 균일시공이 어렵고 공사기간이 길고 비용이 고가인 단점이 있다. 신축줄눈을 설치하여 포장 슬래브의 균열과 파괴를 방지한다. 하중을 많이 받는 곳은 철근을 보강하고 덜 받는 곳은 와이어 메쉬를 사용하기도 한다.

정답 ➔ 44. ② 45. ① 46. ③ 47. ② 48. ③ 49. ② 50. ① 51. ② 52. ②

53. 철근의 피복두께를 유지하는 목적으로 틀린 것은?

① 철근량 절감 ② 내구성능 유지
③ 내화성능 유지 ④ 소요의 구조내력확보

54. 다음 중 건설공사의 마지막으로 행하는 작업은?

① 터닦기 ② 식재공사
③ 콘크리트공사 ④ 급·배수 및 호안공

55. 경사진 지형에서 흙이 무너지는 것을 방지하기 위하여 토양의 안식각을 유지하며 크고 작은 돌을 자연스러운 상태가 되도록 쌓아 올리는 방법은?

① 평석쌓기 ② 견치석쌓기
③ 디딤돌쌓기 ④ 자연석 무너짐쌓기

❖ 자연석 무너짐 쌓기는 두 개의 돌 사이에 또 다른 돌을 끼워 최대한 자연의 형태를 그대로 유지하며 쌓은 것으로 주변경관과 시각적으로 잘 조화될 수 있도록 쌓은 형태를 말한다.

56. 작업현장에서 작업물의 운반작업 시 주의사항으로 옳지 않은 것은?

① 어깨높이 보다 높은 위치에서 하물을 들고 운반하여서는 안 된다.
② 운반시의 시선은 진행방향을 향하고 뒷걸음 운반을 하여서는 안 된다.
③ 무거운 물건을 운반할 때 무게 중심이 높은 하물은 인력으로 운반하지 않는다.
④ 단독으로 긴 물건을 어깨에 메고 운반할 때에는 뒤쪽을 위로 올린 상태로 운반한다.

❖ 단독으로 긴 물건을 어깨에 메고 운반할 때에는 하물 앞부분 끝을 근로자 신장보다 약간 높게 하여 모서리, 곡선 등에 충돌하지 않도록 주의하여야 한다.

57. 예불기(예취기) 작업 시 작업자 상호간의 최소 안전거리는 몇 m 이상이 적합한가?

① 4m ② 6m
③ 8m ④ 10m

58. 옹벽자체의 자중으로 토압에 저항하는 옹벽의 종류는?

① L형 옹벽 ② 역T형 옹벽
③ 중력식 옹벽 ④ 반중력식 옹벽

❖ 중력식 옹벽은 옹벽의 자중(自重)으로 토압에 저항하는 것으로 높이는 4m 정도까지로 비교적 낮은 경우에 유리하다.

59. 지형도상에서 2점간 수평거리가 200m 이고, 높이차가 5m라 하면 경사도는 얼마인가?

① 2.5% ② 5.0%
③ 10.0% ④ 50.0%

❖ 경사도 $= \frac{\text{수직거리}}{\text{수평거리}} \times 100(\%) = \frac{5}{200} \times 100 = 2.5(\%)$

60. 옥상녹화 방수 소재에 요구되는 성능 중 가장 거리가 먼 것은?

① 식물의 뿌리에 견디는 내근성
② 시비, 방제 등에 대비한 내약품성
③ 박테리아에 의한 부식에 견디는 성능
④ 색상이 미려하고 미관상 보기 좋은 것

정답 ➜ 53. ① 54. ② 55. ④ 56. ④ 57. ④ 58. ③ 59. ① 60. ④

❖ 2016년 조경기능사 제 4 회

2016년 7월 10일 시행

1. 중정(patio)식 정원의 가장 대표적인 특징은?

① 토피어리 ② 색채타일
③ 동물 조각품 ④ 수렵장

❖ 중정(patio)식 정원의 특징으로는 기하학 도안식의 샘물 설치, 바닥의 다채로운 원색 타일, 열대성의 녹음수나 과수, 꽃나무, 화초 식물 등이 있다.

2. 메소포타미아의 대표적인 정원은?

① 베다사원 ② 베르사이유 궁전
③ 바빌론의 공중정원 ④ 타지마할 사원

3. 영국 튜터왕조에서 유행했던 화단으로 낮게 깎은 회양목 등으로 화단을 여러 가지 기하학적 문양으로 구획 짓는 것은?

① 기식화단 ② 매듭화단
③ 카펫화단 ④ 경재화단

4. 이탈리아의 노단 건축식 정원, 프랑스의 평면기하학식 정원 등은 자연 환경 요인 중 어떤 요인의 영향을 가장 크게 받아 발생한 것인가?

① 기후 ② 지형
③ 식물 ④ 토지

5. 조선시대 궁궐이나 상류주택 정원에서 가장 독특하게 발달한 공간은?

① 전정 ② 후정
③ 주정 ④ 중정

❖ 조선시대 풍수도참설이 크게 성행하여 한국적 특수 정원 양식인 후정(後庭)이 발생하였으며, 궁궐 및 부유층의 저택에도 널리 축조되었다.

6. 16세기 무굴제국의 인도정원과 가장 관련이 깊은 것은?

① 타지마할 ② 퐁텐블로
③ 클로이스터 ④ 알함브라 궁원

7. 중국 청나라 시대 대표적인 정원이 아닌 것은?

① 원명원 이궁 ② 이화원 이궁
③ 졸정원 ④ 승덕피서산장

❖ 졸정원은 중국 소주지방의 4대 명원 가운데 하나이다.

8. 정원요소로 징검돌, 물통, 세수통, 석등 등의 배치를 중시하던 일본의 정원 양식은?

① 다정원 ② 침전조 정원
③ 축산고산수 정원 ④ 평정고산수 정원

9. 다음 중 창경궁(昌慶宮)과 관련이 있는 건물은?

① 만춘전 ② 낙선재
③ 함화당 ④ 사정전

❖ 낙선재(樂善齋)는 창경궁 원유 중 가장 아름답고 다채로운 변화와 기교가 넘치는 조원이다.

10. 국토교통부장관이 규정에 의하여 공원녹지기본계획을 수립 시 종합적으로 고려해야 하는 사항으로 가장 거리가 먼 것은?

① 장래 이용자의 특성 등 여건의 변화에 탄력적으로 대응할 수 있도록 할 것
② 공원녹지의 보전·확충·관리·이용을 위한 장기발전방향을 제시하여 도시민들의 쾌적한 삶의 기반이 형성되도록 할 것
③ 광역도시계획, 도시·군기본계획 등 상위계획의 내용과 부합되어야 하고 도시·군 기본계획의 부문별 계획과 조화되도록 할 것
④ 체계적·독립적으로 자연환경의 유지·관리와 여가활동의 장은 분리 형성하여 인간으로부터 자연의 피해를 최소화 할 수 있도록 최소한의 제한적 연결망을 구축할 수 있도록 할 것

❖ 공원녹지기본계획을 수립 시 체계적·지속적으로 자연환경을 유지·관리하여 여가활동의 장이 형성되고 인간과 자연이 공생할 수 있는 연결망을 구축할 수 있도록 고려해야 한다.

정답 ➜ 1. ② 2. ③ 3. ② 4. ② 5. ② 6. ① 7. ③ 8. ① 9. ② 10. ④

11. 다음 중 좁은 의미의 조경 또는 조원으로 가장 적합한 설명은?

① 복잡 다양한 근대에 이르러 적용되었다.
② 기술자를 조경가라 부르기 시작하였다.
③ 정원을 포함한 광범위한 옥외공간 전반이 주대상이다.
④ 식재를 중심으로 한 전통적인 조경기술로 정원을 만드는 일만을 말한다.

12. 수목 또는 경사면 등의 주위 경관 요소들에 의하여 자연스럽게 둘러싸여 있는 경관을 무엇이라 하는가?

① 파노라마 경관 ② 지형경관
③ 위요경관 ④ 관개경관

13. 경관요소 중 높은 지각 강도(A)와 낮은 지각 강도(B)의 연결이 옳지 않은 것은?

① A: 수평선, B: 사선
② A: 따뜻한 색채, B: 차가운 색채
③ A: 동적인 상태, B: 고정된 상태
④ A: 거친 질감, B: 섬세하고 부드러운 질감

❖ 수평선 보다 사선의 지각강도가 더 높다.

14. 조경양식에 대한 설명으로 틀린 것은?

① 조경양식에는 정형식, 자연식, 절충식 등이 있다.
② 정형식 조경은 영국에서 처음 시작된 양식으로 비스타 축을 이용한 중앙 광로가 있다.
③ 자연식 조경은 동아시아에서 발달한 양식이며 자연 상태 그대로를 정원으로 조성한다.
④ 절충식 조경은 한 장소에 정형식과 자연식을 동시에 지니고 있는 조경양식이다.

❖ 비스타는 프랑스 평면기하학식의 주경관 요소이다.

15. [보기]의 ( )안에 적합한 쥐똥나무 등을 이용한 생울타리용 관목의 식재간격은?

[보기]
조경설계기준 상의 생울타리용 관목의 식재 간격은 (~)m, 2~3줄을 표준으로 하되, 수목 종류와 식재 장소에 따라 식재간격이나 줄 숫자를 적정하게 조정해서 시행해야 한다.

① 0.14 ~ 0.20 ② 0.25 ~ 0.75
③ 0.8 ~ 1.2 ④ 1.2 ~ 1.5

16. 건설재료 단면의 경계표시 기호 중 지반면(흙)을 나타낸 것은?

①
②
③
④

17. 다음 그림과 같은 정투상도(제3각법)의 입체로 맞는 것은?

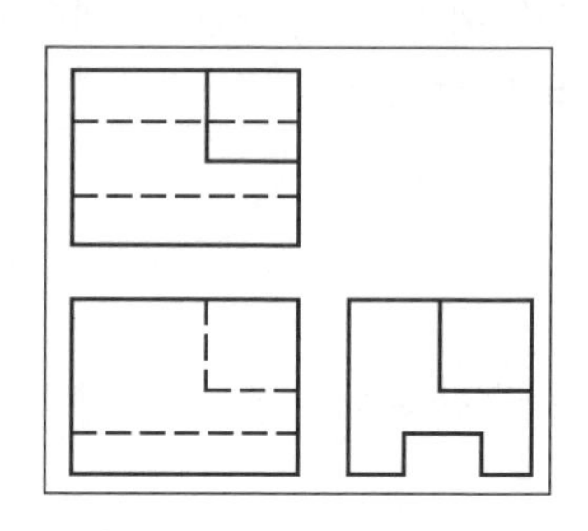

① 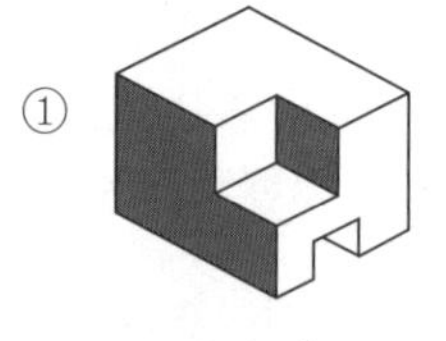
② 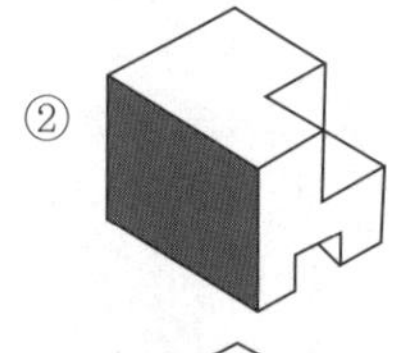
③ 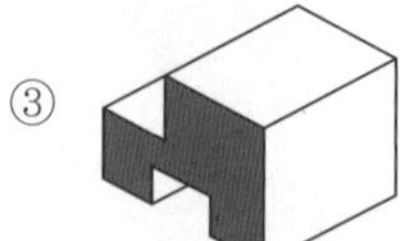
④ 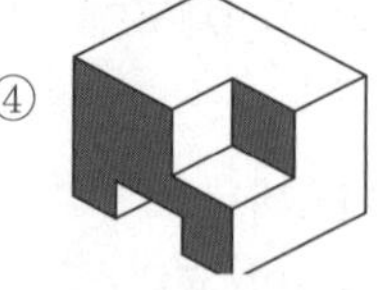

정답 ➔ 11. ④ 12. ③ 13. ① 14. ② 15. ② 16. ④ 17. ②

18. 다음 중 직선의 느낌으로 가장 부적합한 것은?

① 여성적이다.
② 굳건하다.
③ 딱딱하다.
④ 긴장감이 있다.

❖ 직선은 단일 방향을 가진 가장 간결한 선으로서 이성적이고 완고하며 힘찬 느낌을 주고 남성적, 강직함, 비약과 의지, 직접적 합리성과 물질주의의 미를 표현한다.

19. 도시기본구상도의 표시기준 중 노란색은 어느 용지를 나타내는 것인가?

① 주거용지 ② 관리용지
③ 보존용지 ④ 상업용지

❖ 도시기본구상도의 표시기준

토지이용	종 류	표 방 법
시가화용지	주거용지	노랑색
	상업용지	분홍색
	공업용지	보라색
	관리용지	갈색
보전용지		옅은 연두색
개발제한구역		옅은 파랑

20. 가법혼색에 관한 설명으로 틀린 것은?

① 2차색은 1차색에 비하여 명도가 높아진다.
② 빨강 광원에 녹색 광원을 흰 스크린에 비추면 노란색이 된다.
③ 가법혼색의 삼원색을 동시에 비추면 검정이 된다.
④ 파랑에 녹색 광원을 비추면 시안(cyon)이 된다.

❖ 가법혼색의 삼원색을 동시에 비추면 백색광이 된다.

21. 미장 공사 시 미장재료로 활용될 수 없는 것은?

① 견치석 ② 석회
③ 점토 ④ 시멘트

❖ 앞면은 300㎜정도의 네모, 뒤는 뾰쪽한 각뿔형으로 가공한 화강암 등의 단단한 돌로 옹벽용으로서 사용한다.

22. 조경에서 사용되는 건설재료 중 콘크리트의 특징으로 옳은 것은?

① 압축강도가 크다.
② 인장강도와 휨강도가 크다.
③ 자체 무게가 적어 모양변경이 쉽다.
④ 시공과정에서 품질의 양부를 조사하기 쉽다.

23. 타일붙임재료의 설명으로 틀린 것은?

① 접착력과 내구성이 강하고 경제적이며 작업성이 있어야 한다.
② 종류는 무기질 시멘트 모르타르와 유기질 고무계 또는 에폭시계 등이 있다.
③ 경량으로 투수율과 흡수율이 크고, 형상·색조의 자유로움 등이 우수하나 내화성이 약하다.
④ 접착력이 일정기준 이상 확보되어야만 타일의 탈락현상과 동해에 의한 내구성의 저하를 방지할 수 있다.

24. 변성암의 종류에 해당하는 것은?

① 사문암 ② 섬록암
③ 안산암 ④ 화강암

❖ 변성암은 지각내부에서 높은 온도와 압력에 의해 변성작용을 겪으면서 변화된 암석으로 대리암, 편마암, 편암, 사문암 등이 있다.

25. [보기]에 해당하는 도장공사의 재료는?

[보기]
- 초화면(硝化綿)과 같은 용제에 용해시킨 섬유계 유도체를 주성분으로 하고 여기에 합성수지, 가소제와 안료를 첨가한 도료이다.
- 건조가 빠르고 도막이 견고하며 광택이 좋고 연마가 용이하며, 불점착성 · 내마멸성 · 내수성 · 내유성 · 내후성 등이 강한 고급도료이다.
- 결점으로는 도막이 얇고 부착력이 약하다.

① 유성페인트 ② 수성페인트
③ 래커 ④ 니스

정답 ➜ 18. ① 19. ① 20. ③ 21. ① 22. ① 23. ③ 24. ① 25. ③

26. 알루미늄의 일반적인 성질로 틀린 것은?

① 열의 전도율이 높다.
② 비중은 약 2.7 정도이다.
③ 전성과 연성이 풍부하다.
④ 산과 알칼리에 특히 강하다.

❖ 알루미늄은 알칼리에 침식된다.

27. 콘크리트 혼화재의 역할 및 연결이 옳지 않은 것은?

① 단위수량, 단위시멘트량의 감소: AE감수제
② 작업성능이나 동결융해 저항성능의 향상: AE제
③ 강력한 감수효과와 강도의 대폭 증가: 고성능 감수제
④ 염화물에 의한 강재의 부식을 억제: 기포제

❖ 기포제는 콘크리트 단위용적중량의 경감 혹은 단열성의 부여를 목적으로 안정된 기포를 물리적인 수법으로 도입시키는 혼화제이다.

28. 일반적으로 목재의 비중과 가장 관련이 있으며, 목재 성분 중 수분을 공기 중에서 제거한 상태의 비중을 말하는 것은?

① 생목비중　② 기건비중
③ 함수비중　④ 절대 건조비중

29. 일반적인 합성수지(plastics)의 장점으로 틀린 것은?

① 열전도율이 높다.
② 성형가공이 쉽다.
③ 마모가 적고 탄력성이 크다.
④ 우수한 가공성으로 성형이 쉽다.

30. 시멘트의 제조 시 응결시간을 조절하기 위해 첨가하는 것은?

① 광재　② 점토
③ 석고　④ 철분

31. 차량 통행이 많은 지역의 가로수로 가장 부적합한 수목은?

① 은행나무　② 층층나무
③ 양버즘나무　④ 단풍나무

❖ 단풍나무는 자동차 배기가스에 약한 수종이다.

32. 고로쇠나무와 복자기에 대한 설명으로 옳지 않은 것은?

① 복자기의 잎은 복엽이다.
② 두 수종은 모두 열매는 시과이다.
③ 두 수종은 모두 단풍색이 붉은색이다.
④ 두 수종은 모두 과명이 단풍나무과이다.

❖ 고로쇠나무는 가을에 잎이 황색으로 변하는 수종이다.

33. 줄기가 아래로 늘어지는 생김새의 수간을 가진 나무의 모양을 무엇이라 하는가?

① 쌍간　② 다간
③ 직간　④ 현애

34. 수피에 아름다운 얼룩무늬가 관상 요소인 수종이 아닌 것은?

① 노각나무　② 모과나무
③ 배롱나무　④ 자귀나무

35. 열매를 관상목적으로 하는 조경 수목 중 열매색이 적색(홍색) 계열이 아닌 것은? (단, 열매색의 분류: 황색, 적색, 흑색)

① 주목　② 화살나무
③ 산딸나무　④ 굴거리나무

❖ 굴거리나무의 열매는 긴 타원형으로 10~11월에 흑색으로 익는다.

36. 가죽나무가 해당되는 과(科)는?

① 운향과　② 멀구슬나무과
③ 소태나무과　④ 콩과

❖ 우리나라에 분포하는 소태나무과 수종으로는 소태나무, 가죽나무 2종이다.

정답 ➔ 26. ④ 27. ④ 28. ② 29. ① 30. ③ 31. ④ 32. ③ 33. ④ 34. ④ 35. ④ 36. ③

37. 수목식재에 가장 적합한 토양의 구성비는?(단, 구성은 토양 : 수분 : 공기의 순서임)

① 50% : 25% : 25%
② 50% : 10% : 40%
③ 40% : 40% : 20%
④ 30% : 40% : 30%

38. 공원식재 시공 시 식재할 지피식물의 조건으로 가장 거리가 먼 것은?

① 관리가 용이하고 병충해에 잘 견뎌야 한다.
② 번식력이 왕성하고 생장이 비교적 빨라야 한다.
③ 성질이 강하고 환경조건에 대한 적응성이 넓어야 한다.
④ 토양까지의 강수 전단을 위해 지표면을 듬성듬성 피복하여야 한다.

39. 흰말채나무의 특징 설명으로 틀린 것은?

① 노란색의 열매가 특징적이다.
② 층층나무과로 낙엽활엽관목이다.
③ 수피가 여름에는 녹색이나 가울, 겨울철의 붉은 줄기가 아름답다.
④ 잎은 대생하며 타원형 또는 난상타원형이고, 표면에 작은 털이 있으며 뒷면은 흰색의 특징을 갖는다.

❖ 흰말채나무의 열매는 타원 모양의 핵과(核果)로서 흰색이며 8~9월에 익는다.

40. 다음 중 광선(光線)과의 관계 상 음수(陰樹)로 분류하기 가장 적합한 것은?

① 박달나무 ② 눈주목
③ 감나무 ④ 배롱나무

41. 수목의 가식 장소로 적합한 곳은?

① 배수가 잘 되는 곳
② 차량출입이 어려운 한적한 곳
③ 햇빛이 잘 안들고 점질 토양의 곳
④ 거센 바람이 불거나 흙 입자가 날려 잎을 덮어 보온이 가능한 곳

❖ 수목은 반입 당일 식재하는 것이 원칙이나 부득이한 경우 뿌리의 건조, 지엽의 손상 등을 방지하기 위하여 수목반출이 용이한 곳, 방풍이 잘 되는 곳, 가급적 그늘지고 약간 습한 곳에 심거나 가마니 또는 거적으로 덮어준다.

42. 1차 전염원이 아닌 것은?

① 균핵 ② 분생포자
③ 난포자 ④ 균사속

❖ 1차전염원은 병원체의 월동기관인 균핵, 난포자, 자낭포자 등의 발아에 의해서 일어나는 일이 많으며, 식물의 조직 속에서 후면상태로 있는 균사에 의해서 일어나는 경우도 있다.

43. 여름용(남방계) 잔디라고 불리며, 따뜻하고 건조하거나 습윤한 지대에서 주로 재배되는데 하루 평균기온이 10℃ 이상이 되는 4월 초순부터 생육이 시작되어 6~8월의 25~35℃ 사이에서 가장 생육이 왕성한 것은?

① 켄터키블루그라스 ② 버뮤다그라스
③ 라이그라스 ④ 밴트그라스

44. 대추나무 빗자루병에 대한 설명으로 틀린 것은?

① 마름무늬매미충에 의하여 매개 전염된다.
② 각종 상처, 기공 등의 자연개구를 통하여 침입한다.
③ 잔가지와 황록색의 아주 작은 잎이 밀생하고, 꽃봉오리가 잎으로 변화된다.
④ 전염된 나무는 옥시테트라사이클린 항생제를 수간주입 한다.

45. 곤충이 빛에 반응하여 일정한 방향으로 이동하려는 행동습성은?

① 주광성(phototaxis)
② 주촉성(thigmotaxis)
③ 주화성(chemotaxis)
④ 주지성(geotaxis)

정답 ➔ 37. ① 38. ④ 39. ① 40. ② 41. ① 42. ② 43. ② 44. ② 45. ①

46. 멀칭재료는 유기질, 광물질 및 합성재료로 분류할 수 있다. 유기질 멀칭재료에 해당하지 않는 것은?

① 볏짚 ② 마사
③ 우드 칩 ④ 톱밥

❖ 유기질 멀칭재료로는 볏짚이나 왕겨, 낙엽, 깎은 풀, 톱밥, 바크 등이 있다.

47. 조경공사의 유형 중 환경생태복원 녹화공사에 속하지 않는 것은?

① 분수공사
② 비탈면녹화공사
③ 옥상 및 벽체녹화공사
④ 자연하천 및 저수지공사

48. 수목의 잎 조직 중 가스교환을 주로 하는 곳은?

① 책상조직 ② 엽록체
③ 표피 ④ 기공

49. 지주목 설치에 대한 설명으로 틀린 것은?

① 수피와 지주가 닿는 부분은 보호조치를 취한다.
② 지주목을 설치할 때에는 풍향과 지형 등을 고려한다.
③ 대형목이나 경관상 중요한 곳에는 당김줄형을 설치한다.
④ 지주는 뿌리 속에 박아 넣어 견고히 고정 되도록 한다.

50. 살충제에 해당되는 것은?

① 베노밀 수화제
② 페니트로티온 유제
③ 글리포세이트암모늄 액제
④ 아시벤졸라 – 에스 – 메틸·만코제브 수화제

❖ ①③ 살균제, ④ 제초제

51. 축척 1/500 도면의 단위면적이 10㎡인 것을 이용하여, 축척 1/1000 도면의 단위면적으로 환산하면 얼마인가?

① 20㎡ ② 40㎡
③ 80㎡ ④ 120㎡

❖ $A_2 = (\frac{m_2}{m_1})^2 \cdot A_1 = (\frac{1,000}{500})^2 \times 10 = 40$(㎡)

52. 수경시설(연못)의 유지관리에 관한 내용으로 옳지 않은 것은?

① 겨울철에는 물을 2/3 정도만 채워둔다.
② 녹이 잘 스는 부분은 녹막이 칠을 수시로 해준다.
③ 수중식물 및 어류의 상태를 수시로 점검한다.
④ 물이 새는 곳이 있는지의 여부를 수시로 점검하여 조치한다.

53. 토공사(정지) 작업시 일정한 장소에 흙을 쌓아 일정한 높이를 만드는 일을 무엇이라 하는가?

① 객토 ② 절토
③ 성토 ④ 경토

54. 콘크리트용 혼화재료에 관한 설명으로 옳지 않은 것은?

① 포졸란은 시공연도를 좋게 하고 블리딩과 재료분리 현상을 저감시킨다.
② 플라이애쉬와 실리카흄은 고강도 콘크리트 제조용으로 많이 사용한다.
③ 알루미늄 분말과 아연 분말은 방동제로 많이 사용되는 혼화제이다.
④ 염화칼슘과 규산소오다 등은 응결과 경화를 촉진하는 혼화제로 사용된다.

❖ 알루미늄 분말과 아연 분말은 방청도료에 속한다.

55. 옥상녹화용 방수층 및 방근층 시공 시 "바탕체의 거동에 의한 방수층의 파손" 요인에 대한 해결방법으로 부적합한 것은?

정답 ➔ 46. ② 47. ① 48. ④ 49. ④ 50. ② 51. ② 52. ① 53. ③ 54. ③ 55. ②

① 거동 흡수 절연층의 구성
② 방수 위에 플라스틱계 배수판 설치층
③ 합성고분자계, 금속계 또는 복합계 재료 사용
④ 콘크리트 등 바탕체가 온도 및 진동에 의한 거동 시 방수층 파손이 없을 것

❖ 방수층 위에 플라스틱계 배수판 설치는 배수층 설치를 통한 체류수의 원활한 흐름을 위한 해결방법에 해당된다.

56. 콘크리트의 시공단계 순서가 바르게 연결된 것은?

① 운반 → 제조 → 부어넣기 → 다짐 → 표면마무리 → 양생
② 운반 → 제조 → 부어넣기 → 양생 → 표면마무리 → 다짐
③ 제조 → 운반 → 부어넣기 → 다짐 → 양생 → 표면마무리
④ 제조 → 운반 → 부어넣기 → 다짐 → 표면마무리 → 양생

57. 다음 설명에 적합한 조경 공사용 기계는?

- 운동장이나 광장과 같이 넓은 대지나 노면을 판판하게 고르거나 필요한 흙 쌓기 높이를 조절하는데 사용
- 길이 2~3m, 나비 30~50cm의 배토판으로 지면을 긁어 가면서 작업
- 배토판은 상하좌우로 조절할 수 있으며, 각도를 자유롭게 조절할 수 있기 때문에 지면을 고르는 작업 이외에 언덕 깎기, 눈치기, 도랑파기 작업 등도 가능

① 모터 그레이더 ② 차륜식 로더
③ 트럭 크레인 ④ 진동 컴팩터

58. 지표면이 높은 곳의 꼭대기 점을 연결한 선으로, 빗물이 이것을 경계로 좌우로 흐르게 되는 선을 무엇이라 하는가?

① 능선 ② 계곡선
③ 경사 변환점 ④ 방향 변환점

59. 다음 중 경관석 놓기에 관한 설명으로 가장 부적합한 것은?

① 돌과 돌 사이는 움직이지 않도록 시멘트로 굳힌다.
② 돌 주위에는 회양목, 철쭉 등을 돌에 가까이 붙여 식재한다.
③ 시선이 집중하기 쉬운 곳, 시선을 유도해야 할 곳에 앉혀 놓는다.
④ 3, 5, 7 등의 홀수로 만들며, 돌 사이의 거리나 크기 등을 조정배치 한다.

❖ 돌은 경관석 높이의 1/3 이상이 지표선 아래로 묻히도록 하고, 돌을 설치하는 작업이 끝나면 돌틈과 주위에 마른 흙을 채워 수평으로 메우고 충분히 다진다.

60. 수변의 디딤돌(징검돌) 놓기에 대한 설명으로 틀린 것은?

① 보행에 적합하도록 지면과 수평으로 배치한다.
② 징검돌의 상단은 수면보다 15cm 정도 높게 배치한다.
③ 디딤돌 및 징검돌의 장축은 진행방향에 직각이 되도록 배치한다.
④ 물 순환 및 생태적 환경을 조성하기 위하여 투수지역에서는 가벼운 디딤돌을 주로 활용한다.

❖ 물순환 및 생태적 환경을 조성하기 위하여 투수지역에서는 무거운 디딤돌을 피한다.

정답 ➔ 56. ④ 57. ① 58. ① 59. ① 60. ④

❖ 미리보는 CBT 문제 1회

01. 조경의 내용 범위에 포함하기 어려운 것은?

① 공원의 조성　② 자연보호
③ 경관보존　④ 도시지역의 확대

❖ 자원의 보전과 효율적 관리를 도모하여 급속한 경제개발로 인한 국토훼손의 방지를 위한 목적을 갖는다.

02. 다음 중 사군자(四君子)에 해당되지 않는 것은?

① 매화　② 난초
③ 국화　④ 소나무

❖ 사군자(四君子) : 매화나무, 난초, 국화, 대나무

03. 사적지 조경시 민가 뒤뜰에 식재하는 수종으로 잘 어울리지 않는 것은?

① 버즘나무　② 감나무
③ 앵두나무　④ 대추나무

❖ 전통적 향토 수종의 나무를 심는다. 복숭아나무, 살구나무, 매화나무 등도 적합하다.

04. 도시공원 및 녹지 등에 관한 법률 시행규칙상 도시공원 중 설치규모가 가장 큰 곳은?

① 광역권근린공원　② 체육공원
③ 묘지공원　④ 도시지역권근린공원

❖ ① 1,000,000㎡ 이상, ② 10,000㎡ 이상,
③ 100,000㎡ 이상, ④ 100,000㎡ 이상

05. 일반적으로 수종 요구특성은 그 기능에 따라 구분되는데, 녹음식재용 수종에서 요구되는 특징으로 가장 적합한 것은?

① 생장이 빠르고 유지 관리가 용이한 관목류
② 지하고가 높고 병충해가 적은 낙엽 활엽수
③ 아래 가지가 쉽게 말라 죽지 않는 상록수
④ 수형이 단정하고 아름다운 상록 침엽수

❖ 녹음용 식재 수종은 답압·병충해에 강하고 지하고가 높은 교목으로 잎이 커 그늘 형성이 용이한 낙엽활엽수가 적합하다.

06. 르네상스 문화와 더불어 최초로 노단건축식 정원이 발달한 곳은?

① 로마　② 피렌체
③ 아테네　④ 폼페이

❖ 15C 이탈리아 피렌체는 르네상스 운동의 발생지로서, 피렌체 근교 구릉이 살기에 쾌적하여 지형적인 여건을 이용한 노단건축식 정원이 발달하였다.

07. 조경양식 발생요인 가운데 사회 환경 요인이 아닌 것은?

① 민족성　② 사상
③ 종교　④ 기후

❖ ④ 자연환경 요인

08. 자유로운 선이나 재료를 써서 자연 그대로의 경관 또는 그것에 가까운 것이 생기도록 조성하는 정원 양식은?

① 건축식　② 풍경식
③ 정형식　④ 규칙식

❖ 풍경식 조경양식은 자유로운 곡선이나 비대칭 등 자연에 순응하는 자연식 조경이다.

09. 연못의 모양(호안)이 다양하고 못 속에 대(남쪽), 중(북쪽), 소(중앙) 3개 섬이 타원형을 이루고 있는 정원은?

① 부여의 궁남지
② 경주의 안압지
③ 비원의 옥류천
④ 창덕궁의 부용지

❖ 안압지 연못 안 3개의 섬은 삼신선도를 의미한다.

정답 ➔ 01. ④ 02. ④ 03. ① 04. ① 05. ② 06. ② 07. ④ 08. ② 09. ②

10. 정숙한 장소로서 장래 시가화가 예상되지 않는 자연 녹지 지역에 10만제곱미터 규모 이상 설치할 수 있는 기준을 적용하는 도시의 주제공원은? (단, 도시공원 및 녹지 등에 관한 법률 시행규칙을 적용한다.)

① 어린이공원　　② 체육공원
③ 묘지공원　　④ 도보권 근린공원

❖ 묘지공원은 유치거리에 제한이 없으며 공원시설 부지면적은 20% 이하로 한다.

11. 도시공원 및 녹지 등에 관한 법률 시행규칙에 의해 도시공원의 효용을 다하기 위하여 설치하는 공원시설 중 편익시설로 분류되는 것은?

① 야유회장　　② 자연체험장
③ 정글짐　　④ 전망대

❖ ④ 휴양 및 편익시설

12. 스페인 정원의 대표적인 조경 양식은?

① 중정(patio)정원　　② 원로정원
③ 공중정원　　④ 비스타(Vista)정원

❖ 이슬람 양식의 스페인 정원은 내향적 공간을 추구하여 중정개념의 파티오(Patio)가 발달하였다.

13. 치수선 및 치수에 대한 기본적인 설명으로 부적합한 것은?

① 단위는 ㎜로 하고, 단위표시를 반드시 기입한다.
② 치수를 표시할 때에는 치수선과 치수보조선을 사용한다.
③ 치수선은 치수보조선에 직각이 되도록 긋는다.
④ 치수의 기입은 치수선에 따라 도면에 평행하게 기입한다.

❖ 치수의 단위가 ㎜일 경우에는 단위표시를 하지 않으며, 그 외의 경우에는 별도의 표시를 하여야 한다.

14. 다음 중 플래니미터를 바르게 설명한 것은?

① 설계도상 부정형 지역의 면적 측정시 주로 사용되는 기구이다.
② 수목 흉고직경 측정시 사용되는 기구이다.
③ 수목의 높이를 관측하는 기구이다.
④ 설계도상의 곡선 길이를 측정하는 기구이다.

❖ 플래니미터는 폐합된 곡선을 따라 움직이면 눈금이 달린 롤러가 회전하여 면적을 측정하는 기구이다.

15. 영국의 스토우(Stowe)원을 설계했으며, 정원 내에 하하(Ha-ha)의 기교를 생각해 낸 조경가는?

① 브리지맨　　② 윌리엄 켄트
③ 험프리 랩턴　　④ 에디슨

❖ 하하(ha-ha) 수법은 물리적 경계를 보이지 않게 하여 숲이나 경작지 등을 자연경관으로 끌어들이는 수법이다.

16. 다음 접착제로 사용되는 수지 중 접착력이 제일 우수한 것은?

① 요소수지
② 에폭시수지
③ 멜라민수지
④ 페놀수지

❖ 접착력 비교 : 에폭시 〉 요소 〉 멜라민 〉 페놀

17. 다음 중 경관적 가치가 요구되는 곳에 있는 대형 수목의 지주 재료로 널리 쓰이는 것은?

① 박피 통나무 지주대
② 대나무 지주대
③ 철선 지주대
④ 철재 지주대

❖ 지주목으로 인한 경관의 가치훼손을 저감시키기 위하여 철선지주대나 매몰형 지주를 사용한다.

18. 다음 중 양수(陽樹)로만 짝지어진 것은?

① 느티나무, 가죽나무
② 주목, 버즘나무
③ 아왜나무, 소나무
④ 식나무, 팔손이나무

❖ 주목, 아왜나무, 식나무, 팔손이나무는 음수에 해당된다.

정답 ➔ 10. ③ 11. ④ 12. ① 13. ① 14. ① 15. ① 16. ② 17. ③ 18. ①

19. 잔디밭 조성 시 뗏장심기와 비교한 종자파종 방법의 이점이 아닌 것은?

① 비용이 적게 든다.
② 작업이 비교적 쉽다.
③ 균일하고 치밀한 잔디를 얻을 수 있다.
④ 잔디밭 조성에 짧은 시일이 걸린다.

❖ 종자파종은 잔디조성에 60~100일 정도가 소요되며, 파종기가 정해져 한정된 시기만 가능하다. ④는 영양번식의 이점에 해당된다.

20. 흰색 계열의 작은 꽃은 5~6월에 피고 가을에 붉은 계통의 단풍잎 또는 관상가치가 있으며, 음지사면에 식재하면 좋은 수종은?

① 왕벚나무 ② 모과나무
③ 국수나무 ④ 족제비싸리

❖ 국수나무는 중용수로 분류하며 내음성이 강하다.
①②④ 양수

21. 단풍의 색깔이 선명하게 드는 환경을 올바르게 설명한 것은?

① 날씨가 추워서 햇빛을 보지 못할 때
② 비가 자주 올 때
③ 바람이 세게 불고 햇빛을 적게 받을 때
④ 가을의 맑은 날이 계속되고 밤, 낮의 기온 차가 클 때

❖ 단풍이란 환경요소 가운데 온도인자가 변함으로써 생기는 현상이다.

22. 수목과 관련된 설명 중 틀린 것은?

① 나무의 줄기가 2개는 쌍간, 여러 갈래는 다간이라고 한다.
② 나무를 다듬어 짐승의 모양이나 어떤 사물의 모양을 만들어 내는 것을 "토피어리" 라 한다.
③ 염해는 주로 잎의 표면에 붙은 염분이 원형질 분리 현상을 일으킨다.
④ 풍경식 정원에선 주로 정형수를 많이 쓴다.

❖ 정형수(다듬은 수목)는 정형식 정원에 사용한다.

23. 플라스틱 제품 제작시 첨가하는 재료가 아닌 것은?

① 가소제 ② 안정제
③ 충전제 ④ A.E제

❖ ④ 시멘트의 성질 개량을 위한 혼화제이다.

24. 가을에 단풍이 노란색으로 물드는 수종은?

① 붉나무 ② 붉은고로쇠나무
③ 담쟁이덩굴 ④ 화살나무

❖ 붉나무, 담쟁이덩굴, 화살나무는 붉은색 단풍이 든다.

25. 일반적인 목재에 대한 특징 설명으로 부적합한 것은?

① 열전도율이 빠르다.
② 촉감이 좋다.
③ 친근감을 준다.
④ 내화성이 약하다.

❖ 열전도율이 작아 보온 · 방한 · 차음의 효과가 높다.

26. 재료가 외력을 받아서 변형을 일으킨 뒤 외력을 제거하면 다시 원형으로 돌아가는 성질은?

① 소성 ② 연성
③ 탄성 ④ 강성

❖ · 연성 : 탄성한계 이상의 힘을 받아도 파괴되지 않고 늘어나는 성질
· 소성 : 힘을 가한 후 힘을 제거해도 원래의 모양으로 돌아 가지 않는성질
· 강성 : 탄성변형 시 변형에 저항하는 성질

27. 다음 [보기]가 설명하는 합성수지의 종류는?

- 특히 내수성, 내열성이 우수하다.
- 내연성, 전기적 절연성이 있고 유리섬유판, 텍스, 피혁류 등 접착이 가능하다.
- 용도는 방수제, 도료, 접착제 등 이다.
- 500℃ 이상 견디는 수지이다.
- 용도는 방수제, 도료, 접착제로 사용된다.

① 실리콘수지 ② 멜라민수지
③ 푸란수지 ④ 폴리에틸렌수지

정답 → 19. ④ 20. ③ 21. ④ 22. ④ 23. ④ 24. ② 25. ① 26. ③ 27. ①

✤ 실리콘수지는 열경화성수지로 다른 합성수지에 비하여 내열성이 높으며 기계적 성질이 우수하다.

28. 다음 시멘트에 관한 설명 중 틀린 것은?

① 포틀랜드시멘트에는 보통, 조강, 중용열, 백색 등이 있다.
② 시멘트의 제조방법에는 건식법, 습식법, 반습식법이 있다.
③ 실리카 성분이 많아서 수화열이 작고 내구성이 좋아 댐과 같은 매시브한 콘크리트에 사용하는 것이 내황산염 포틀랜드시멘트이다.
④ 철분, 마그네시아가 적은 백색점토와 석회석을 원료로 하고, 소성연료는 중유를 사용하여 만들어지는 시멘트가 백색포틀랜드시멘트이다.

✤ ③ 포졸란 시멘트(실리카 시멘트)
내황산염 포틀랜드시멘트는 바닷물이나 황산염을 포함하는 토양에 접하는 콘크리트에 사용하는 시멘트로 보통 포틀랜드시멘트에 비해 Al_2O_3의 함유량이 적고 Fe_2O_3 함유량이 많다.

29. 다음 중 주로 흙막이용 돌공사에 사용되는 가공석은?

① 각석 ② 판석 ③ 마름돌 ④ 견치돌

✤ 견치돌은 사각뿔형 가공석으로 전면은 거의 평면을 이룬 정사각형으로 뒷길이, 접촉면 등의 규격화 된 돌로서 주로 옹벽 등의 메쌓기·찰쌓기용으로 사용한다.

30. 지피식물로 지표면을 덮을 때 유의할 조건으로 부적합한 것은?

① 지표면을 치밀하게 피복해야 한다.
② 식물체의 키가 높고, 일년생이어야 한다.
③ 번식력이 왕성하고, 생장이 비교적 빨라야 한다.
④ 관리가 용이하고, 병충해에 잘 견뎌야 한다.

✤ 지피식물은 식물체의 키가 낮고(30㎝ 이하) 다년생 목·초본으로 가급적이면 상록이어야 한다.

31. 다음 중 일반적으로 봄에 가장 먼저 황색 계통의 꽃이 피는 수종은?

① 등나무 ② 산수유
③ 박태기나무 ④ 벚나무

✤ ① 4월 적색계, ③ 4월 적색계, ④ 4월 백색·담홍색계

32. 열가소성 수지의 일반적인 설명으로 부적합한 것은?

① 축합반응을 하여 고분자로 된 것이다.
② 열에 의해 연화된다.
③ 수장재로 이용된다.
④ 냉각하면 그 형태가 붕괴되지 않고 고체로 된다.

✤ 열가소성 수지는 중합반응에 의한 것이며, 축합반응에 의한 것은 열경화성 수지이다.

33. 다음 중 석재의 비중을 구하는 식은?

> A : 공시체의 건조무게(g)
> B : 공시체의 침수 후 표면 건조포화 상태의 공시체의 무게(g)
> C : 공시체의 수중무게(g)

① $\frac{A}{B+C}$ ② $\frac{A}{B-C}$
③ $\frac{C}{A-B}$ ④ $\frac{B}{A+C}$

✤ 비중=중량/부피

34. 다음 중 목련과(科)의 나무가 아닌 것은?

① 태산목 ② 튤립나무
③ 후박나무 ④ 함박꽃나무

✤ ③ 녹나무과(科)

35. 조경용으로 벽돌, 도관, 타일, 기와 등을 만드는 재료로 가장 적당한 것은?

① 금속 ② 플라스틱
③ 점토 ④ 시멘트

✤ 벽돌, 도관, 타일, 기와, 도자기, 토관, 테라코타 등은 점토제품에 해당된다.

정답 ➜ 28. ③ 29. ④ 30. ② 31. ② 32. ① 33. ② 34. ③ 35. ③

36. 그 해에 자란 가지에서 꽃눈이 분화하여 그 해에 개화하기 때문에 2~3년 된 가지 등을 깊게 전정해도 좋은 수종은?

① 배롱나무 ② 매화나무
③ 명자나무 ④ 개나리

❖ 그 해 자란 가지에서 꽃눈이 분화하여 당년에 꽃이 피는 수종으로는 배롱나무, 무궁화, 능소화 등이 있다.

37. 해충 중에서 잎에 주사 바늘과 같은 침으로 식물체내에 있는 즙액을 빨아 먹는 종류가 아닌 것은?

① 응애 ② 깍지벌레
③ 측백하늘소 ④ 매미

❖ ③ 천공성해충

38. 다음 중 보행에 큰 어려움을 느낄 수 있는 지형에서 약 얼마의 경사도를 넘을 때 계단을 설치해야 하는가?

① 3% ② 5%
③ 8% ④ 18%

❖ 경사가 18%를 초과하는 경우는 보행에 어려움이 발생되지 않도록 계단을 설치한다.

39. 토공사에서 흐트러진 상태의 토양변환율이 1.1 일 때 터파기량이 10㎥, 되메우기량이 7㎥ 이라면 잔토처리량은?

① 3㎥ ② 3.3㎥
③ 7㎥ ④ 17㎥

❖ 잔토처리량에는 L을 적용한다. (10−7)×1.1=3.3(㎥)

40. 다음 중 조경 수목의 병해와 방제 방법이 맞는 것은?

① 빗자루병 – 배수구 설치
② 검은점무늬병 – 만코제브수화제(다이센엠−45)
③ 잎녹병 – 페니트로티온수화제(메프치온)
④ 흰가루병 – 트리클로르폰수화제(디프록스)

❖ 빗자루병은 발병 초기 옥시테트라사이클린을 수간 주입하거나 병든 부위 제거, 병든 가지 잘라 태우기, 꽃이 진 후 보르도액이나 만코지수화제를 2~3회 살포하여 방제한다. ③④ 살충제

41. 다음 중 치장 줄눈용 모르타르의 배합비는?

① 1 : 1 ② 1 : 2 ③ 1 : 3 ④ 1 : 5

❖ 1 : 2 아치용, 1 : 3 조적용

42. 수목을 목적에 알맞은 수형으로 만들기 위해 나무의 일부분을 잘라주는 것을 무엇이라 하는가?

① 근접 ② 전정
③ 갱신 ④ 순지르기

❖ 전정은 수목의 관상, 개화·결실, 생육조절 등을 위해 가지나 줄기의 일부를 잘라내는 정리작업이다.

43. 다음 설명과 관련이 있는 잔디의 병은?

– 17~22℃ 정도의 기온에서 습윤시 잘 발생
– 질소질 비료 성분이 부족한 지역에서 발생하기 쉬움
– 담자균류에 속하는 곰팡이로서 년 2회 발생
– 디니코나졸수화제를 살포하여 방제

① 흰가루병 ② 그을음병
③ 잎마름병 ④ 녹병

❖ 녹병(붉은 녹병)의 방제법으로는 통풍 확보와 습한 환경을 개선하고 만코지수화제를 살포하여 방제하기도 한다.

44. 벽천을 구성하고 있는 요소의 명칭이라고 할 수 없는 것은?

① 벽체 ② 토수구
③ 수반 ④ 낙수받이

❖ ④ 낙숫물이 한곳으로 모여 흐르도록 추녀 밑에 댄 홈통이나 낙수를 받는 그릇을 말한다.

45. 잔디밭 관리에 대한 설명으로 옳은 것은?

① 1년에 2~3회만 깎아준다.
② 겨울철에 뗏밥을 준다.
③ 여름철 물주기는 한낮에 한다.
④ 질소질 비료의 과용은 붉은 녹병을 유발한다.

❖ 잔디깎기 횟수는 신초생장률·환경조건·예고·사용목적에 따라 결정하며 뗏밥은 한지형은 봄·가을(5~6월, 9~10월), 난지형은 늦봄·초여름(6~8월)의 생육이 왕성한시기에 준다. 물주기는 보통 아침·저녁에 시행한다.

정답 ➔ 36. ① 37. ③ 38. ④ 39. ② 40. ② 41. ① 42. ② 43. ④ 44. ④ 45. ④

46. 설계도서 중 일위대가표를 작성할 때 일위대가표의 금액란의 금액 단위 표준은?

① 0.01원 ② 0.1원
③ 1원 ④ 10원

설계서의 총액-1,000원, 설계서의 소계-1원
설계서의 금액란-1원, 일위대가표의 계금-1원

47. 잔디 1매(30X30㎝)에 1본의 꼬치가 필요하다. 경사 면적이 45㎡인 곳에 잔디를 전면붙이기로 식재하려 한다면 이 경사지에 필요한 꼬치는 약 몇 개인가?(단, 가장 근사값을 정한다.)

① 46본 ② 333본
③ 450본 ④ 495본

잔디의 단위수량 11매/㎡, 45×11=495(본)

48. 일반적으로 수목을 뿌리돌림 할 때, 분의 크기는 근원 지름의 몇 배 정도가 적당한가?

① 2배 ② 4배
③ 8배 ④ 12배

뿌리돌림 시 일반적인 분의 크기는 근원직경의 3~5배로 보통 4배를 적용한다.

49. 다음 중 파이토플라스마(phytoplasma)에 의한 나무병이 아닌 것은?

① 뽕나무 오갈병 ② 대추나무 빗자루병
③ 벚나무 빗자루병 ④ 오동나무 빗자루병

벚나무 빗자루병은 자낭균에 의한 병이다.

50. 줄기감기를 하는 목적이 아닌 것은?

① 수분 증발을 활성화 시키고자
② 병·해충의 침입을 막고자
③ 강한 태양 광선으로부터 피해를 방지하고자
④ 물리적 힘으로부터 수피의 손상을 방지하고자

줄기감기는 수피를 보호 및 수분 증발을 억제하기 위해 실시한다.

51. 디딤돌 놓기의 방법 설명으로 틀린 것은?

① 디딤돌의 간격은 보폭을 고려하여야 한다.
② 디딤돌 놓기는 직선 위주로 놓는다.
③ 디딤돌이 시작하는 곳, 끝나는 곳, 갈라지는 곳에는 다른 것에 비해 큰 디딤돌을 놓는다.
④ 디딤돌의 긴지름은 보행자 진행 방향과 수직을 이루어야 한다.

직선은 자연성이 떨어지므로 자연스러운 곡선 또는 어긋나게 배치한다.

52. 지주목 설치 요령 중 적합하지 않은 것은?

① 지주목을 묶어야 할 나무 줄기 부위는 타이어 튜브나 마대 혹은 새끼 등의 완충재를 감는다.
② 지주목의 아래는 뾰족하게 깎아서 땅속으로 30~50㎝ 정도의 깊이로 박는다.
③ 지상부의 지주는 페인트 칠을 하는 것이 좋다.
④ 통행인이 많은 곳은 삼발이형, 적은 곳은 사각지주와 삼각지주가 많이 설치된다.

삼발이형은 설치면적을 많이 차지하여 통행에 불편을 주기 때문에 통행량이 많은 곳은 적합하지 않다.

53. 설계도면에서 특별히 정한 바가 없는 경우에는 옹벽 찰쌓기를 할 때 배수구는 PVC관(경질염화비닐관)을 3㎡당 몇 개가 적당한가?

① 1개 ② 2개 ③ 3개 ④ 4개

옹벽 찰쌓기를 할 때 뒷면의 배수를 위해 1.5~2㎡ 마다 지름 3~6㎝ 정도의 배수구를 1개씩 설치하므로 3㎡당 1개가 적당하다.

54. 지형도에서 두 지점 사이의 고저차는 20m이고, 동일한 지형도에서 두 지점 사이의 수평거리는 100m일 때 경사도(%)는?

① 10% ② 20%
③ 50% ④ 80%

$\text{경사도} = \frac{\text{수평거리}}{\text{수직거리}} \times 100(\%)$

$\frac{20}{100} \times 100 = 20(\%)$

정답 → 46. ② 47. ④ 48. ② 49. ③ 50. ① 51. ② 52. ④ 53. ① 54. ②

55. 소나무 혹병의 환부가 4~5월경에 터져서 흩어져 나오는 포자는?

① 녹포자 ② 녹병포자
③ 여름포자 ④ 겨울포자

❖ 소나무 혹병은 녹병균의 일종으로 초봄에 소나무의 혹에서 황색가루(녹포자 덩어리)를 분출한다.

56. 일반적으로 수목에 거름을 주는 요령으로 맞는 것은?

① 밑거름은 늦가을부터 이른 봄 사이에 준다.
② 효력이 빠른 거름은 3월경 싹이 틀 때, 꽃이 졌을 때, 그리고 열매 따기 전 여름에 준다.
③ 산울타리는 수관선 바깥쪽으로 방사상으로 땅을 파고 거름을 준다.
④ 유기질비료는 속효성이므로 덧거름으로 준다.

❖ ② 속효성 거름은 4월 하순~6월 하순에 시비하고 7월 이전 완료한다.
③ 산울타리는 선상으로 시비한다.
④ 유기질 비료는 지효성으로 밑거름으로 시비한다.

57. 나무를 옮길 때 잘려 진 뿌리의 절단면으로부터 새로운 뿌리가 돋아나는데 가장 중요한 영향을 미치는 것은?

① C/N율
② 식물호르몬
③ 토양의 보비력
④ 잎으로부터의 증산정도

❖ 수목의 활착(건전한 생육)은 수분의 증산과 흡수에 영향을 많이 받는다.

58. 다음 흙의 성질 중 점토와 사질토의 비교 설명으로 틀린 것은?

① 투수계수는 사질토가 점토보다 크다.
② 압밀속도는 사질토가 점토보다 빠르다.
③ 내부마찰각은 점토가 사질토보다 크다.
④ 동결피해는 점토가 사질토보다 크다.

❖ 내부마찰각은 사질토가 점토보다 크다.

59. 세포분열을 촉진하여 식물체의 각 기관들의 수를 증가, 특히 꽃과 열매를 많이 달리게 하고, 뿌리의 발육, 녹말 생산, 엽록소의 기능을 높이는데 관여하는 영양소는?

① N ② P
③ K ④ Ca

❖ P(인)은 세포핵, 분열조직, 효소를 구성하여 세포분열촉진이나 유전현상을 지배하고, 물질의 합성과 분해반응에 중요한 작용을 한다.

60. 수목의 굴취시 흉고직경에 의한 식재품을 적용하는 것이 가장 적합한 수종은?

① 산수유 ② 은행나무
③ 리기다소나무 ④ 느티나무

❖ ①④ 근원직경에 의한 식재품, ③ 수고에 의한 식재품 적용

정답 ➔ 55. ① 56. ① 57. ④ 58. ③ 59. ② 60. ②

❖ 미리보는 CBT 문제 2회

01. 다음은 정원과 바람과의 관계에 대한 설명이다. 이 중 적당하지 않은 것은?

① 통풍이 잘 이루어지지 않으면 식물은 병해충의 피해를 받기 쉽다.
② 겨울에 북서풍이 불어오는 곳은 바람막이를 위해 상록수를 식재한다.
③ 주택 안의 통풍을 위해서 담장은 낮고 건물 가까이 위치하는 것이 좋다.
④ 생울타리는 바람을 막는 데 효과적이며, 시선을 유도할 수 있다.

❖ 통풍을 위한 낮은 담장은 건물 가까이 위치하지 않아도 된다.

02. 하나의 정원 속에 여러 비율로 꾸며 놓은 국부(局部)를 함께 가지고 있으며, 조화보다 대비를 한층 더 중요시 한 나라는?

① 중국 ② 영국
③ 독일 ④ 한국

03. 조선시대 사대부나 양반 계급에 속했던 사람들이 시골 별서에 꾸민 정원의 유적이 아닌 것은?

① 양산보의 소쇄원
② 윤선도의 부용동원림
③ 정약용의 다산정원
④ 퇴계 이황의 도산서원

❖ 서원이란 유교사상을 바탕으로 학문연구와 선현제향을 위해 사림에 의해 설립된 사설 교육기관이다.

04. 다음 중 인간적 척도(human scale)와 밀접한 관계를 갖기가 가장 어려운 경관은?

① 관개 경관 ② 지형 경관
③ 세부 경관 ④ 위요 경관

❖ 지형경관(feature landscape)은 지형적 특징으로 관찰자가 가까이에서 느끼기 어려운 경관이다.

05. 조경의 설명으로 잘못된 것은?

① 도시에 자연을 도입하는 것이다.
② 급속한 공업화를 도모해서 인간생활이 편리하게 하는 것이다.
③ 도시를 건강하고 아름답게 하는 것이다.
④ 옥외에서의 운동, 산책, 휴양 등의 효과를 목적으로 한다.

❖ 조경은 식물을 이용한 식생공간을 만들거나 조경시설을 설치하여 아름답고 편리하며 생산적인 생활 환경을 조성하는 것이다.

06. 지면보다 1.5m 높은 현관까지 계단을 설계하려 한다. 답면(踏面)을 30㎝로 적용할 때 필요한 계단 수는? (단 2a+b=60㎝으로 지정한다.)

① 10단 정도 ② 20단 정도
③ 30단 정도 ④ 40단 정도

❖ 2a+b=60 (a:단높이, b:단너비)
2a+30=60 a=15(㎝) ∴ 150/15=10(단)

07. 자연식 조경 중 물을 전혀 사용하지 않고 나무, 바위와 왕모래 등으로 상징적인 정원을 만드는 양식은?

① 전원 풍경식 ② 회유 임천식
③ 고산수식 ④ 중정식

❖ 고산수식수법은 왕모래로 냇물이나 바다를 표현하였다.

08. 우리나라에서 최초의 유럽식 정원이 도입된 곳은?

① 덕수궁 석조전 앞 정원
② 파고다 공원
③ 장충단 공원
④ 구 중앙정부청사 주위 정원

❖ 순종 4년(1910) 최초의 서양식 석조전과 정원이 하딩의 설계로 축조되었으며, 정원은 연못·분수가 설치된 프랑스식 정원으로 한국 최초의 정형식 정원이다.

정답 ➔ 01. ③ 02. ① 03. ④ 04. ② 05. ② 06. ① 07. ③ 08. ①

09. 식재, 포장, 계단, 분수 등과 같은 한정된 문제를 해결하기 위해 구성 요소, 재료, 수목들을 선정하여 기능적이고, 미적인 3차원적 공간을 구체적으로 창조하는 데 초점을 두어 발전시키는 것은?

① 조경설계　② 평가
③ 단지계획　④ 조경계획

❖ 조경설계는 시공을 위한 세부적인 설계로 발전시키는 조경 고유의 작업영역을 말한다.

10. 골프장 코스를 구성하는 요소 중 페어웨이와 그린 주변에 모래 웅덩이를 조성해 놓은 곳은?

① 티　② 벙커
③ 해저드　④ 러프

❖ 벙커는 페어웨이와 그린 주변에 설치하는 움푹 파인 모래밭 장애물로써 페어웨이의 벙커는 티잉그라운드에서 210~230m 지점에 설치한다.

11. '조경가'에 관한 설명으로 부적합한 것은?

① 조경가와 건축가의 작업은 많은 유사성이 있다.
② 정원사와 같은 개념이다.
③ 미국의 옴스테드가 처음으로 용어를 사용했다.
④ 경관을 조성하는 전문가이다.

❖ 조경가는 예술성을 지닌 실용적이고 기능적인 생활환경을 만드는 사람으로 정원사와는 구분하여 사용한다.

12. 각종 기구(T자, 삼각자, 스케일 등)를 사용하여 설계자의 의사를 선, 기호, 문장 등으로 용지에 표시하여 전달하는 것은?

① 모델링　② 계획
③ 제도　④ 제작

❖ 제도는 설계도를 그려서 표현하는 작업으로써 제도기구를 사용하여 설계자의 의사를 제도용지에 표시하는 일을 말한다.

13. 아미산 후원 교태전의 굴뚝에 장식된 문양이 아닌 것은?

① 반송　② 매화
③ 호랑이　④ 해태

❖ 아미산 굴뚝의 장식문양으로는 학·박쥐·봉황·용·호랑이·구름·바위·매화·소나무·국화·대나무·불로초·당초·새·사슴·나비·해치·불가사리 등이 있다.

14. 우리나라 전통조경의 설명으로 옳지 않은 것은?

① 신선사상에 근거를 두고 여기에 음양오행설이 가미되었다.
② 연못의 모양은 조롱박형, 목숨수자형, 마음심자형 등 여러 가지가 있다.
③ 연못은 땅 즉 음을 상징하고 있다.
④ 둥근 섬은 하늘 즉 양을 상징하고 있다.

❖ 우리나라 전통 조경에서 가장 흔히 조성된 연못은 방지의 형태로써 둥근 섬을 넣은 방지원도, 네모진 섬을 넣은 방지방도 가 있다.

15. 프레드릭 로 옴스테드가 도시 한복판에 근대공원의 면모를 갖추어 만든 최초의 공원은?

① 런던의 하이드 파크
② 뉴욕의 센트럴 파크
③ 파리의 테일리 원
④ 런던의 세인트 제임스 파크

❖ 뉴욕시에 조성된 센트럴 파크는 민주적 감각이 깃든 참된 도시공원의 효시가 되었다.

16. 다음 중 맹아력이 가장 약한 수종은?

① 가시나무　② 쥐똥나무
③ 벚나무　④ 사철나무

❖ 맹아력이 약한 수종은 소나무, 벚나무, 자작나무 등이 있다.

17. 한여름에 뿌리분을 크게 하고 잎을 모조리 따낸 후 이식하면 쉽게 활착할 수 있는 나무는?

① 소나무　② 목련
③ 단풍나무　④ 섬잣나무

❖ 이식 시 낙엽수는 3월 중·하순~4월 상순까지가 최적기이나 하절기(부적기) 식재 시에는 잎의 2/3 이상을 훑어버리고 가지도 반 정도 전정하여 수분증산을 억제하고 충분한 관수 및 멀칭을 하면 여름철 이식이 가능하다.

정답 ➔ 09. ① 10. ② 11. ② 12. ③ 13. ① 14. ② 15. ② 16. ③ 17. ③

18. 다음 중 덩굴식물(vine)로만 구성되지 않은 것은?

① 등나무, 개노박덩굴, 멀꿀, 으름
② 송악, 등나무, 능소화, 돈나무
③ 담쟁이, 송악, 능소화, 인동덩굴
④ 담쟁이, 칡, 개노박덩굴, 능소화

❖ 돈나무는 관목이다.

19. 다음 각종 재료의 관리에 대한 설명으로 틀린 것은?

① 목재가 갈라진 경우에는 내부를 퍼티로 채우고 샌드페이퍼로 문질러 준 후 페인트로 마무리 칠한다.
② 철재에 녹이 슨 부분은 녹을 제거한 후 2회에 걸쳐 광명단 도료를 칠한다.
③ 콘크리트의 균열이 생긴 곳은 유성페인트를 칠한다.
④ 철재 시설의 회전부분에 마찰음이 나지 않도록 그리스를 주입한다.

❖ 콘크리트의 균열은 실(seal)재를 사용하여 물의 침입을 막거나 균열이 큰 곳은 균열부를 제거한 후 충전한다.

20. 시멘트가 경화하는 힘의 크기를 나타내며, 시멘트의 분말도, 화합물 조성 및 온도 등에 따라 결정되는 것은?

① 전성 ② 소성
③ 인성 ④ 강도

❖ ①②③ 시멘트의 성질에 맞지 않다.

21. 다음 중 상록침엽수에 해당하는 수종은?

① 은행나무 ② 전나무
③ 메타세콰이아 ④ 일본잎갈나무

❖ ①③④ 낙엽침엽수

22. 질감(texture)이 가장 부드럽게 느껴지는 수목은?

① 태산목 ② 칠엽수
③ 회양목 ④ 팔손이나무

❖ 부드러운 질감의 수종으로는 철쭉류, 소나무, 편백, 화백 등이 있다. ①②④ 거친 질감

23. 목재의 강도에 대한 설명으로 옳은 것은? (단, 가력방향은 섬유에 평행하다.)

① 압축강도가 인장강도 보다 크다.
② 인장강도가 압축강도 보다 크다.
③ 인장강도와 압축강도가 동일하다.
④ 휨강도와 전단강도가 동일하다.

❖ 목재강도 비교 : 인장강도〉휨강도〉압축강도〉전단강도

24. 일반적인 금속재료의 장점이라고 볼 수 없는 것은?

① 여러 가지 하중에 대한 강도가 크다.
② 재질이 균일하고 불연재이다
③ 각기 고유의 광택이 있다.
④ 가열에 강하고 질감이 따뜻하다.

❖ 질감이 따뜻한 것은 목재의 장점이다.

25. 다음 중 단풍나무과 수종이 아닌 것은?

① 고로쇠나무 ② 이나무
③ 신나무 ④ 복자기

❖ ② 이나무과(科)

26. 다음 중 일반적으로 대기오염 물질인 아황산가스에 대한 저항성이 강한 수종은?

① 전나무 ② 산벚나무
③ 편백 ④ 소나무

❖ ①②④는 아황산가스(SO_2)에 약한 수종이다.

27. 시멘트의 저장방법 중 주의사항에 해당하지 않는 것은?

① 시멘트 창고 설치시 주위에 배수도랑을 두고 누수를 방지한다.
② 저장 중 굳은 시멘트부터 가급적 빠른 시간내에 공사에 사용한다.
③ 포대 시멘트는 땅바닥에서 30㎝ 이상 띄우고 방습 처리한다.
④ 시멘트의 온도가 너무 높을 때는 그 온도를 낮추어서 사용해야 한다.

❖ 굳은 시멘트는 사용할 수 없다.

정답 ➔ 18. ② 19. ③ 20. ④ 21. ② 22. ③ 23. ② 24. ④ 25. ② 26. ③ 27. ②

28. 다음 중 석가산을 만들고자 할 때 적합한 돌은?

① 잡석 ② 괴석
③ 호박돌 ④ 자갈

❖ 석가산은 산악을 본뜬 조형물로 자연적 형태를 지닌 괴석의 사용이 적합하다.

29. 비파괴검사에 의하여 검사할 수 없는 것은?

① 콘크리트 강도
② 콘크리트 배합비
③ 철근부식 유무
④ 콘크리트 부재의 크기

❖ 비파괴검사는 구조체를 파괴하지 않고 검사 방법으로 압축강도, 내구성진단, 철근의 부식·수량 등을 파악 할 수 있다.

30. 통나무로 계단을 만들 때의 재료로 가장 적합하지 않은 것은?

① 소나무 ② 편백
③ 수양버들 ④ 떡갈나무

❖ 수양버들은 무른 나무로 줄기가 세로로 갈라진다.

31. 건조 전 질량이 113㎏인 목재를 건조시켜서 100㎏이 되었다면 함수율은?

① 0.13% ② 0.30%
③ 3.00% ④ 13.00%

❖ 함수율(%) = $\frac{\text{목재의 무게} \times \text{전건재의 무게}}{\text{전건재의 무게}} \times 100$

$= \frac{113 - 100}{100} \times 100 = 13.0(\%)$

32. 디딤돌로 사용하는 돌 중에서 보행 중 군데군데 잠시 멈추어 설 수 있도록 설치하는 돌의 크기(지름)로 가장 적당한 것은? (단, 성인을 기준으로 한다.)

① 10~15㎝ ② 20~25㎝
③ 30~35㎝ ④ 50~55㎝

❖ 배치간격은 성인의 보폭으로 35~40㎝ 정도, 멈춤돌의 크기는 지름 50~55㎝ 정도가 적당하다.

33. 화성암의 일종으로 돌 색깔은 흰색 또는 담회색으로 단단하고 내구성이 있어, 주로 경관석, 바닥 포장용, 석탑, 석등, 묘석 등에 사용되는 것은?

① 석회암 ② 점판암
③ 응회암 ④ 화강암

❖ 화강암은 경도·강도·내마모성·색채·광택이 우수하며, 큰 재료의 획득이 가능하며 조적재, 기초석재, 건축내외장재, 구조재로 쓰인다.

34. 운반 거리가 먼 레미콘이나 무더운 여름철 콘크리트의 시공에 사용하는 혼화제는?

① 지연제 ② 감수제
③ 방수제 ④ 경화촉진제

❖ 지연제는 시멘트의 응결시간을 지연시키기 위해서 콘크리트의 운반 시간이 길 때나 서중 콘크리트 등에 사용한다.

35. 구근초화로서 봄심기를 하는 초화는?

① 맨드라미 ② 봉선화
③ 달리아 ④ 매리골드

❖ ①②④ 춘파 한해살이 화초

36. 굳지 않은 콘크리트의 성질을 표시하는 용어 중 거푸집 등의 형상에 순응하여 채우기가 쉽고, 분리가 일어나지 않는 성질을 가리키는 것은?

① 워커빌리티(workability)
② 컨시스턴시(consistency)
③ 플라스티서티(plasticity)
④ 펌퍼빌리티(pumpability)

❖ 플라스티서티(성형성)는 거푸집형태로 채워지는 난이정도인 점조성의 정도를 말한다.

37. 설계도면에 표시하기 어려운 사항 및 공사수행에 관련된 제반 규정 및 요구사항 등을 구체적으로 글로 써서, 설계 내용의 전달을 명확히 하고 적정한 공사를 시행하기 위한 것은?

① 적산서 ② 계약서

정답 ➔ 28. ② 29. ② 30. ③ 31. ④ 32. ④ 33. ④ 34. ① 35. ③ 36. ③ 37. ④

③ 현장설명서 ④ 시방서

❖ 시방서는 설계 도면에 표시하기 어려운 부분을 글로써 규정하여 보충한 문서를 말한다.

38. 질소와 칼륨 비료의 효과로 부적합한 것은?

① N : 수목 생장 촉진
② K : 뿌리, 가지 생육 촉진
③ N : 개화 촉진
④ K : 각종 저항성 촉진

❖ 질소는 광합성 작용의 촉진으로 잎이나 줄기 등 수목의 생장에 도움을 주고, 칼륨은 뿌리나 줄기를 튼튼하게 하며, 병해에 대한 저항성 및 내한성 증가, 꽃·열매의 향기·색깔 조절, 일조량 부족에 대한 생리적 보충의 효과가 있다. 인산(P)이 개화에 관여한다.

39. 다음 중 소형 고압블록 포장의 시공방법이 아닌 것은?

① 보도의 가장 자리는 보통 경계석을 설치하여 형태를 규정짓는다.
② 기존 지반을 잘 다진 후 모래를 3~5㎝ 정도 깔고 보도블록을 포장한다.
③ 일반적으로 원로의 종단 기울기가 5% 이상인 구간의 포장은 미끄럼방지를 위하여 거친면으로 마감한다.
④ 보도블록의 최종 높이는 경계석의 높이보다 약간 높게 설치한다.

❖ 포장재가 경계석보다 높게 설치되는 경우는 없다.
성토지반의 경우 균등한 지지력이 얻어지도록 0.5톤 이상의 진동롤러로 전압한다.

40. 조경공사에서 수목 및 잔디의 할증률은 몇 %인가?

① 1% ② 5%
③ 10% ④ 20%

❖ 조경용 수목, 잔디 및 초화류는 10%의 할증률을 적용한다.

41. 일반적으로 대형나무 및 경관적으로 중요한 곳에 설치하며, 나무줄기의 적당한 높이에서 고정한 와이어로프를 세 방향으로 벌려서 지하에 고정하는 지주설치 방법은?

① 삼발이형 ② 당김줄형
③ 매몰형 ④ 연결형

❖ 당김줄형 지주는 와이어를 지면과 60° 정도 경사각으로 세 방향에서 당겨서 고정하는 방법이다.

42. 조경공사에서 작은 언덕을 조성하는 흙쌓기 용어는?

① 사토 ② 절토
③ 마운딩 ④ 정지

❖ 마운딩이란 경관에 변화를 주거나, 방음·방풍 등의 목적으로 조성하며, 사토는 버리는 흙을 말한다.

43. 중앙에 큰 맹암거를 중심으로 하여 작은 맹암거를 좌우에 어긋나게 설치하는 방법으로 평탄한 지역에 가장 적합한 형태로 설치되고 있는 맹암거 배치 형태는?

① 어골형 ② 빗살형
③ 부채살형 ④ 자유형

❖ 어골형은 주선을 중앙에 경사지게 배치하고 지선을 어긋나게 비스듬히 설치하며 지관은 길이 최장 30m이하, 45° 이하의 교각, 4~5m간격으로 설치한다.

44. 조경수목 중 탄수화물의 생성이 풍부할 때 꽃이 잘 필 수 있는 조건에 맞는 탄소와 질소의 관계로 가장 적당한 것은?

① $N > C$ ② $N = C$
③ $N < C$ ④ $N \geq C$

❖ C/N율이 높아지면 꽃눈이 많아지므로 꽃이 잘 필 수 있는 조건이 된다.

45. 일반적으로 돌쌓기 시공상 유의할 점으로 틀린 것은?

① 밑돌은 가장 큰 돌을, 아래 부위에 쌓을수록 비교적 큰 돌을 쌓아 안전도를 높인다.
② 돌끼리 접촉이 좋도록 하고, 굄돌을 사용하여 안정되게 놓는다.
③ 줄눈 두께는 9~12㎜로 통줄눈이 되도록 한다.
④ 모르타르 배합비는 보통 1:2~1:3으로 한다.

❖ 돌쌓기 시 세로 줄눈이 일직선이 되는 통줄눈은 가급적 피한다.

정답 ➔ 38. ③ 39. ④ 40. ③ 41. ② 42. ③ 43. ① 44. ③ 45. ③

46. 시공계획의 4대 목표를 구성하는 요소가 아닌 것은?

① 원가 ② 안전
③ 관리 ④ 공정

❖ 공정(빠르게), 원가(싸게), 품질(좋게), 안전(안전하게)

47. 다음 중 파이토플라스마에 의한 빗자루병에 잘 걸리는 수종은?

① 소나무 ② 대나무
③ 오동나무 ④ 낙엽송

❖ 주요 마이코플라스마병으로는 대추나무빗자루병, 오동나무빗자루병이 있다.

48. 덩굴식물이 시설물을 타고 올라가 정원적인 미를 살릴 수 있는 시설물이 아닌 것은?

① 파골라 ② 테라스
③ 아치 ④ 트렐리스

❖ 테라스는 실내의 생활을 옥외로 연장한 장소이다.

49. 일반적인 가로수(街路樹) 식재 수종의 설명으로 부적합한 것은?

① 도시 중심가의 경우 직간(直幹)의 높이는 2~2.3m 이상의 지하고(地下高)를 가진 것을 택한다.
② 가지가 고르게 자리잡아 어느 방향으로 보아도 정형적인 수형을 가진 것이 좋다.
③ 둥근 형태로 다듬어진 작은 수종이 적합하다.
④ 대기오염에 저항력이 강하고, 생장이 빠른 것이 적합하다.

❖ 가로수는 수형, 잎의 모양, 색채 등이 아름다우며 수고 4m 이상, 흉고직경 15㎝ 이상, 지하고 2~2.5m 이상인 수목을 사용한다.

50. 솔잎혹파리에는 먹좀벌을 방사시키면 방제효과가 있다. 이러한 방제법에 해당하는 것은?

① 기계적 방제법 ② 생물적 방제법
③ 물리적 방제법 ④ 화학적 방제법

❖ 생물적 방제법이란 솔잎혹파리에 먹좀벌을 방사시키는 것처럼 기생성·포식성 천적, 병원미생물을 이용하는 방법이다.

51. KS규격에서 정하는 설계 도면상 표현되는 대상물의 치수를 보여주는 기본단위는 무엇인가?

① 밀리미터(㎜)
② 센티미터(㎝)
③ 미터(m)
④ 인치(inch)

❖ 설계 도면상 치수에 단위가 없어도 밀리미터(㎜)로 본다.

52. 야외용 의자 제작시 2인용을 기준으로 할 때 얼마 정도의 길이가 필요한가? (단, 여유 공간을 포함한다.)

① 60㎝ 정도
② 120㎝ 정도
③ 180㎝ 정도
④ 200㎝ 정도

❖ 야외용 의자는 1인 45~47㎝, 2인 120㎝의 길이가 필요하다.

53. 다음 중 봄에 꽃이 피는 진달래 등의 꽃나무류 전정 시기로 가장 적당한 것은?

① 꽃이 진 직후
② 여름의 도장지가 무성할 때
③ 늦가을
④ 장마 이후

❖ 봄 꽃나무는 꽃이 진 후 곧바로 전정해야 꽃이 충실해진다.

54. 조경공사에서 바닥포장인 판석시공에 관한 설명으로 틀린 것은?

① 판석은 점판암이나 화강석을 잘라서 사용한다.
② Y형의 줄눈은 불규칙하므로 통일성 있게 +자형의 줄눈이 되도록 한다.
③ 기층은 잡석 다짐 후 콘크리트로 조성한다.
④ 가장자리에 놓을 판석은 선에 맞춰 절단하여 사용한다.

❖ 판석은 Y자 줄눈이 되도록 큰 판석은 가운데부터, 작은 조각은 가장자리로 해서 줄눈 1㎝ 정도로 작업한다.

정답 ➜ 46. ③ 47. ③ 48. ② 49. ③ 50. ② 51. ① 52. ② 53. ① 54. ②

55. 농약의 사용시 확인 할 농약 방제 대상별 포장지의 색깔과 구분이 올바른 것은?

① 살균제 – 청색
② 제초제 – 분홍색
③ 살충제 – 초록색
④ 생장조절제 – 노란색

❖ 살균제는 분홍색, 제초제는 황색, 생장조절제는 청색이다

56. 일반적으로 표면 배수시 빗물받이는 몇 m 마다 1개씩 설치하는 것이 효과적인가?

① 1~10m
② 20~30m
③ 40~50m
④ 60~70m

❖ 빗물받이 간격은 도로폭, 경사, 배수면적을 고려하여 설치하며 20~30m 간격이 적당하다.

57. 수목을 전정한 뒤 수분증발 및 병균침입을 막기 위하여 상처 부위에 칠하는 도포제로 사용할 수 있는 것은?

① 유황　② 석회
③ 톱신페이스트　④ 다이센 M

❖ 도포제로 사용할 수 있는 것은 유성 페인트, 발코트, 톱신페스트 등이 있다.

58. 모과나무, 벽오동, 배롱나무 등의 수목에 사용하는 월동방법으로 가장 적당한 것은?

① 흙묻기　② 짚싸기
③ 연기 씌우기　④ 시비 조절하기

❖ 동해의 우려가 있는 수종은 기온이 5℃ 이하면 짚싸주기, 뿌리덮개, 방풍조치 등을 해준다.

59. 다음 중 식물체의 생리기능을 돕는 미량원소가 아닌 것은?

① Mn　② Zn
③ Fe　④ Mg

❖ 미량원소 : Fe, Mn, B, Zn, Cu, Mo, Cl

60. 응애만을 죽이는 농약의 종류에 해당하는 것은?

① 살충제　② 살균제
③ 살비제　④ 살서제

❖ 살비제는 곤충에는 살충력이 거의 없고 응애류에만 효력을 나타내는 약제로 켈센, 테디온, 디코폴 수화제가 있다.

정답 ➔ 55. ③　56. ②　57. ③　58. ②　59. ④　60. ③

❖ 미리보는 CBT 문제 3회

01. 관찰자 시선의 중심선을 기준으로 형태감이나 색채감에서 양쪽의 크기나 무게가 안정감을 줄 때 나타나는 아름다움은?

① 대비미　　② 강조미
③ 균형미　　④ 반복미

❖ 균형미는 시각적 안정감을 주는 상태로서 힘의 균형상태를 말한다.

02. 임해전이 주로 직선으로 된 연못의 서쪽에 남북축선상에 배치되어 있고, 연못내 돌을 쌓아 무산 12봉을 본 딴 석가산을 조성한 통일신라시대에 건립된 조경 유적은?

① 안압지　　② 부용지
③ 포석정　　④ 향원지

❖ 안압지는 당나라 장안성의 금원을 모방하여 연못과 무산 십이봉을 본뜬 석가산을 축조했다.

03. 제도용구로 사용되는 삼각자 한쌍(직각이등변삼각형과 직각삼각형)으로 작도할 수 있는 각도는?

① 65°　　② 95°
③ 105°　　④ 125°

❖ 삼각자를 사용하여 15°~ 90° 등 15° 간격의 사선 작도가 가능하다.

04. 백제 무왕 35년(634년경)에 만들어진 조경 유적은?

① 안압지　　② 포석정
③ 궁남지　　④ 안학궁

❖ 궁남지는 못 가운데에 섬을 축조하였고 지금도 존재한다.

05. 선의 분류 중 모양에 따른 분류가 아닌 것은?

① 실선　　② 파선
③ 1점 쇄선　　④ 치수선

❖ ④ 용도에 따른 구분(치수선·인출선·입면선·단면선 등)

06. S.Gold(1980)의 레크리에이션 계획에 있어 과거의 일반 대중이 여가 시간에 언제, 어디에서, 무엇을 하는가를 상세하게 파악하여 그들의 행동 패턴에 맞추어 계획하는 방법은?

① 자원접근방법(resource approach)
② 활동접근방법(activity approach)
③ 경제접근방법(economic approach)
④ 행태접근방법(behavioral approach)

❖ 행태접근법은 이용자의 선호도와 만족도를 계획과정에 반영하여 잠재적인 수요까지 파악하는 미시적 접근이라는 면을 중요하게 인식한다.

07. 어린이공원에 심을 경우 어린이에게 해를 가할 수 있기 때문에 식재하지 말아야 할 수종은?

① 느티나무
② 음나무
③ 일본목련
④ 모란

❖ 어린이공원계획 시 냄새나 가시가 없는 수종을 선정하여야 하며 피해야 할 수목은 음나무, 가시나무, 장미, 누리장나무 등이 있다.

08. 다음 조경의 대상 중 자연적 환경요소가 가장 빈약한 곳은?

① 도시조경
② 명승지, 천연기념물
③ 도립공원
④ 국립공원

09. 공원설계 시 보행자 2인이 나란히 통행 가능한 최소 원로폭은?

① 4~5m　　② 3~4m
③ 1.5~2m　　④ 0.3~1m

❖ 1인은 0.8~1.0m, 2인은 1.5~2m로 한다.

정답 ➔ 01. ③ 02. ① 03. ③ 04. ③ 05. ④ 06. ④ 07. ② 08. ① 09. ③

10. 형광등 아래서 물건을 고를 때 외부로 나가면 어떤색으로 보일까 망설이게 된다. 이처럼 조명광에 의하여 물체의 색을 결정하는 광원의 성질은?

① 직진성 ② 연색성
③ 발광성 ④ 색순응

❖ 연색성은 태양광을 기준으로 인공광원이 비추어졌을 때 색이 달리 보이는 정도를 말하는 것이다.

11. 도시공원 및 녹지 등에 관한 법규상 도시공원 설치 및 규모의 기준에서 어린이공원의 최소규모는 얼마인가?

① 500㎡
② 1000㎡
③ 1500㎡
④ 2000㎡

❖ 어린이 공원의 유치거리 250m 이하, 규모는 1,500㎡ 이상, 시설면적은 60% 이하로 한다.

12. 인출선에 대한 설명으로 옳지 않은 것은?

① 수목명, 본수, 규격 등을 기입하기 위하여 주로 이용되는 선이다.
② 도면의 내용물 자체에 설명을 기입할 수 없을 때 사용하는 선이다.
③ 인출선의 긋는 방향과 기울기는 서로 다르게 하는 것이 효과적이다.
④ 인출선은 가는 실선을 사용하며, 한 도면 내에서는 그 굵기와 질은 동일하게 유지한다.

❖ 한 도면 내에서 인출선을 긋는 방향과 기울기는 가능하면 통일하도록 한다.

13. 이탈리아 르네상스 시대의 조경 작품이 아닌 것은?

① 빌라 토스카나(Villa Toscana)
② 빌라 란셀로티(Villa Lancelotti)
③ 빌라 메디치(Villa de Medici)
④ 빌라 란테(Villa Lante)

❖ · 15C의 카레지오장, 메디치장,
· 16C의 란테장, 에스테장, 파르네제장,
· 17C의 란셀로티장, 감베라이아장, 이졸라벨라장, 가르조니장

14. 고대 로마의 정원 배치는 3개의 중정으로 구성되어 있었다. 그 중 사적(私的)인 기능을 가진 제 2중정에 속하는 곳은?

① 아트리움(Atrium)
② 지스터스(Xystus)
③ 페리스틸리움(Peristylium)
④ 아고라(Agora)

❖ ① 공적 기능의 제 1중정, ② 후원을 겸한 과수원·채소원 ④ 그리스의 광장

15. 차경(借景)에 대한 설명 중 적당하지 않은 것은?

① 멀리 바라보이는 자연풍경을 경관 구성 재료의 일부분으로 이용하는 수법이다.
② 전망이 좋은 곳에서 쉽게 적용시킬 수 있는 수법이다.
③ 축을 강조하는 정원양식에서 특히 많이 사용된다.
④ 차경을 이용할 때 정원은 깊이가 있게 된다.

❖ 축을 강조하는 정원양식에서는 정원의 웅장함을 나타내는 비스타 양식을 이용한다.

16. 다음 중 수용성 목재 방부제이지만 성분상의 맹독성 때문에 사용을 금지하고 있는 것은?

① CCA계 방부제
② 크레오소트유
③ 콜타르
④ 오일스테인

❖ CCA, PCP 방부제는 방부력이 우수하여 많이 사용되었으나 비소의 독성과 PCP의 내분비계 장애 유발로 제조·사용이 금지되었다.

17. 외벽을 아름답게 나타내는데 사용하는 미장재료는?

① 타르
② 벽토
③ 니스
④ 래커

❖ 벽토는 진흙+모래+짚여물+물 로 구성된 미장용 재료로서 전통성을 강조하는 고유 토담집, 흙벽 울타리 등에 사용한다.

정답 ➔ 10. ② 11. ③ 12. ③ 13. ① 14. ③ 15. ③ 16. ① 17. ②

18. 다음과 같은 특징을 갖는 시멘트는?

- 조기강도가 크다. (재령 1일에 보통포틀랜드시멘트의 재령 28일 강도와 비슷함)
- 산, 염류, 해수 등의 화학적 작용에 대한 저항성이 크다.
- 내화성이 우수하다.
- 한중콘크리트에 적합하다.

① 알루미나시멘트
② 실리카시멘트
③ 포졸란시멘트
④ 플라이애쉬시멘트

❖ 알루미나 시멘트는 'One day 시멘트'라고도 불린다.

19. 반죽질기의 정도에 따라 작업의 쉽고 어려운 정도, 재료의 분리에 저항하는 정도를 나타내는 콘크리트 성질에 관련된 용어는?

① 성형성(plasticity)
② 마감성(finishability)
③ 시공성(workability)
④ 레이턴스(laitance)

❖ 시공연도는 시공의 난이정도인 시공성의 정도를 말한다.

20. 조경 수목을 이용 목적으로 분류할 때 바르게 짝지어진 것은?

① 방풍용 – 회양목
② 방음용 – 아왜나무
③ 산울타리용 – 은행나무
④ 가로수용 – 무궁화

❖ 회양목·무궁화는 산울타리용, 은행나무는 가로수용으로 적합한 수종이다.

21. 봄에 씨뿌림하는 1년초에 해당하지 않는 것은?

① 매리골드 ② 피튜니아
③ 채송화 ④ 샐비어

❖ ·춘파일년초 : 맨드라미, 채송화, 샐비어, 매리골드 등
·추파일년초 : 팬지, 페튜니아, 프리뮬러, 데이지 등

22. 표면이 거칠고 투수율이 크므로 연기나 공기의 환기통으로 사용하는 관은?

① 테라코타 ② 토관
③ 강관 ④ 콘크리트관

❖ 토관은 저급한 점토로 성형한 후 유약을 바르지 않고 그대로 구운 것으로 투수율이 커 연기·공기의 환기통에 사용한다.

23. 봄에 가장 일찍 꽃을 볼 수 있는 초화는?

① 팬지 ② 백일홍
③ 칸나 ④ 메리골드

❖ ② 여름·가을화단, ③ 여름화단, ④ 여름·가을화단

24. 질감이 거칠어 큰 건물이나 서양식 건물에 가장 잘 어울리는 수종은?

① 철쭉류 ② 소나무
③ 버즘나무 ④ 편백

❖ 질감이 거칠어 큰 건물이나 서양식 건물에 가장 잘 어울리는 수종으로는 칠엽수, 벽오동, 양버즘나무, 팔손이, 태산목 등이 있다.

25. 다음 중 음수이며 또한 천근성인 수종에 해당되는 것은?

① 전나무 ② 모과나무
③ 자작나무 ④ 독일가문비나무

❖ ① 음수–심근성, ② 양수–심근성, ③ 양수–천근성
①④는 성목 시 양수의 특성을 보인다.

26. 여러해살이 화초에 해당되는 것은?

① 베고니아 ② 금어초
③ 맨드라미 ④ 금잔화

❖ ②③④ 한해살이 화초

27. 다음 수종 중 음수가 아닌 것은?

① 주목 ② 독일가문비나무
③ 팔손이나무 ④ 석류나무

❖ ④ 양수

정답 ➔ 18. ① 19. ③ 20. ② 21. ② 22. ② 23. ① 24. ③ 25. ④ 26. ① 27. ④

28. 다음 그림과 같은 돌 쌓기에 가장 적합한 재료는?

① 견치석
② 마름돌
③ 잡석
④ 호박돌

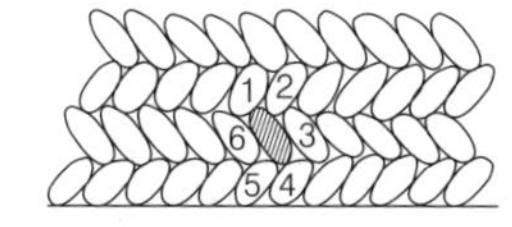

❖ 호박돌쌓기는 지름 18㎝ 정도의 장타원형 자연석으로 쌓는 것을 말한다.

29. 주목(Taxus cuspidata S. et Z)에 관한 설명으로 부적합한 것은?

① 9월경 붉은색의 열매가 열린다.
② 큰 줄기가 적갈색으로 관상가치가 높다.
③ 맹아력이 강하며, 음수이 나 양지에서 생육이 가능하다.
④ 생장속도가 매우 빠르다.

❖ 주목은 생장속도가 느린 수종이다.

30. 콘크리트의 측압은 콘크리트 타설 전에 검토해야 할 매우 중요한 시공요인이다. 다음 중 콘크리트 측압에 영향을 미치는 요인에 대한 설명으로 틀린 것은?

① 콘크리트의 타설 높이가 높으면 측압은 커지게 된다.
② 콘크리트의 타설 속도가 빠르면 측압은 커지게 된다.
③ 콘크리트의 슬럼프가 커질수록 측압은 커지게 된다.
④ 콘크리트의 온도가 높을수록 측압은 커지게 된다.

❖ ①②③ 외에 온도가 낮을수록, 습도가 높을수록 또는 진동기 사용 시에도 측압이 커진다.

31. 식물의 생육에 가장 알맞은 토양의 용적 비율(%)은? (단, 광물질 : 수분 : 공기 : 유기질의 순서로 나타낸다.)

① 50 : 20 : 20 : 10　② 45 : 30 : 20 : 5
③ 40 : 30 : 15 : 15　④ 40 : 30 : 20 : 10

❖ ·흙입자(고체) : 50%(광물질 45%, 유기물 5%)
·물(액체) : 25%　·공기(기체) : 25%

32. 조경의 목적을 달성하기 위해 식재되는 조경 수목은 식재지의 위치나 환경 조건 등에 따라 적절히 선택되어지는데 다음 중 조경수목이 갖추어야 할 조건이 아닌 것은?

① 쉽게 옮겨 심을 수 있을 것
② 착근이 잘 되고 생장이 잘 되는 것
③ 그 땅의 토질에 잘 적응할 수 있는 것
④ 희귀하여 가치가 있는 것

❖ 조경용 수목으로는 관상가치와 실용가치가 높고, 손쉽게 다량으로 구입 가능한 것이 적합하다.

33. 토양 개량제로 활용되지 못하는 것은?

① 홀맥스콘　② 피트모스
③ 부엽토　④ 펄라이트

❖ ① 발근촉진제

34. 다음 중 양수에 해당하는 수종은?

① 일본잎갈나무　② 조록싸리
③ 식나무　④ 사철나무

❖ 양수 수종으로는 일본잎갈나무, 메타세쿼이아, 삼나무, 소나무, 버즘나무, 은행나무, 감나무, 살구나무, 가중나무, 태산목, 배롱나무 등이 있다.

35. 다음 [보기]와 같은 기능을 가진 가장 적합한 수종으로만 구성된 것은?

> 차량의 왕래가 빈번하여 많은 소음이 발생되는 곳에서 소음을 차단하거나 감소시키기 위하여 나무를 심어 녹지 공간을 만든다. 방음용 수목으로는 잎이 치밀한 상록교목이 바람직하며, 지하고가 낮고 자동차의 배기가스에 견디는 힘이 강한 것이 좋다.

① 은행나무, 느티나무　② 녹나무, 아왜나무
③ 산벚나무, 수국　④ 꽃사과나무, 단풍나무

❖ 방음식재로 적합한 수종 : 사철나무, 광나무, 호랑가시나무, 녹나무, 식나무, 아왜나무, 동백나무, 구실잣밤나무, 개잎갈나무 등

정답 ➔ 28. ④　29. ④　30. ④　31. ②　32. ④　33. ①　34. ①　35. ②

36. 다음 중 루비깍지벌레의 구제에 가장 효과적인 농약은?

① 메피콰클로라이드액제(나왕)
② 트리아디메폰수화제(바리톤)
③ 트리클로르폰수화제(디프록스)
④ 메티다티온유제(수프라사이드)

❖ ① 생장조정제, ② 진딧물, ③ 나방류 방제

37. 시공관리 주요 계획목표라고 볼 수 없는 것은?

① 우수한 품질 ② 공사기간의 단축
③ 우수한 시각미 ④ 경제적 시공

❖ 시공관리 계획목표
·공정관리 : 가능한 빨리 ·원가관리 : 가능한 싸게
·품질관리 : 보다 좋게 ·안전관리 : 보다 안전하게

38. 다음 중 오리나무 갈색무늬병균의 전반(傳搬)에 대한 설명으로 옳은 것은?

① 곤충 및 소동물에 의해서 전반된다.
② 물에 의해서 전반된다.
③ 종자의 표면에 부착해서 전반된다.
④ 바람에 의해서 전반된다.

❖ 오리나무갈색무늬병균의 전반은 종자의 표면에 병원체가 부착해서 전반되는 것으로 호두나무갈색부패병균도 종자에 의한 전반이다.

39. 향나무, 주목 등을 일정한 모양으로 유지하기 위하여 전정을 하여 형태를 다듬었다. 이러한 작업은 어떤 목적을 위한 가지 다듬기인가?

① 생장조장을 돕는 가지 다듬기
② 생장을 억제하는 가지 다듬기
③ 세력을 갱신하는 가지 다듬기
④ 생리조정을 위한 가지 다듬기

❖ 생장을 억제하는 가지다듬기로는 산울타리 다듬기, 소나무 새순 자르기, 상록활엽수의 잎사귀 따기, 침엽수와 상록활엽수의 정지·전정 작업 등이 있다.

40. 침엽수류와 상록활엽수류의 가장 일반적인 이식 적기는?

① 이른 봄 ② 초여름
③ 늦은 여름 ④ 겨울철 엄동기

❖ 침엽수류는 이른 봄, 상록활엽수류는 이른 봄과 장마철이 이식 적기이다.

41. 연못의 급배수에 대한 설명으로 부적합한 것은?

① 배수공은 연못 바닥의 가장 깊은 곳에 설치한다.
② 항상 일정한 수위를 유지하기 위한 시설을 토수구라 한다.
③ 순환 펌프 시설이나 정수 시설을 설치시 차폐식재를 하여 가려 준다.
④ 급배수에 필요한 파이프의 굵기는 강우량과 급수량을 고려해야 한다.

❖ 항상 일정한 수위를 유지하기 위하여 오버플로우를 설치한다.

42. 다음 중 인공적인 수형을 만드는 데 적합한 수종이 아닌 것은?

① 꽝꽝나무 ② 아왜나무
③ 주목 ④ 벚나무

❖ 벚나무는 맹아력이 약하고 전정부위가 썩기 쉬워 가능한 전정하지 않는다.

43. 조경 구조물에서 줄기초라고 부르며, 담장의 기초와 같이 길게 띠 모양으로 받치는 기초를 가리키는 것은?

① 독립기초 ② 복합기초
③ 연속기초 ④ 온통기초

❖ ·독립기초 : 하나의 기둥에 한 개의 기초가 받치는 구조
·복합기초 : 2개 이상의 기둥을 한 개의 기초로 받치는 구조
·전면기초 : 구조물의 바닥 전체를 기초로 한 구조

44. 다음 평판 측량 방법과 관계가 없는 것은?

① 방사법 ② 전진법
③ 좌표법 ④ 교회법

❖ 평판측량법에는 방사법, 전진법, 교회법이 있다.

정답 ➔ 36. ④ 37. ③ 38. ③ 39. ② 40. ① 41. ② 42. ④ 43. ③ 44. ③

45. 좁은 정원에 식재된 나무가 필요 이상으로 커지지 않게 하기 위하여 녹음수를 전정하는 것은?

① 생장을 돕기 위한 전정
② 생장을 억제하는 전정
③ 생리 조정을 위한 전정
④ 갱신을 위한 전정

❖ 필요이상으로 생육되지 않게 전정하는 것은 생장을 억제하기 위한 전정이다.

46. 잔디의 생육상태가 쇠약하고, 잎이 누렇게 변할 때에는 어떤 비료를 주는 것이 가장 효과적인가?

① 요소 ② 과인산석회
③ 용성인비 ④ 염화칼륨

❖ 생육상태가 쇠약한 경우에는 생장에 도움이 되는 질소질 비료를 시비한다. ②③는 인산질비료, ④는 칼리질비료

47. 사람, 동물 또는 기계가 어떠한 일을 하는 데 있어서 단위당 필요한 노력과 물질이 얼마가 되는지를 수량으로 작성해 놓은 것을 무엇이라 하는가?

① 투자 ② 적산
③ 품셈 ④ 견적

❖ 품셈이란 사람 또는 기계의 노력과 재화를 일정한 단위당 필요한 양으로 표시하는 것으로서, 사람의 노력치인 품과 재료의 수량으로 나타낸다.

48. 이용지도의 목적에 따른 분류에 해당되지 않는 것은?

① 공원녹지의 보전 ② 안전·쾌적 이용
③ 적절한 예산의 배정 ④ 유효이용

❖ ③ 운영관리

49. 다음 중 제초제가 아닌 것은?

① 페니트로티온수화제
② 시마진수화제
③ 알라클로르유제
④ 패러쾃디클로라이드액제

❖ ① 살충제

50. 다음 중 가뭄에 잔디보다 강하며, 토양 산도는 영향이 적어 잔디밭에 발생되는 잡초는?

① 쑥 ② 매자기
③ 벗풀 ④ 마디꽃

❖ 쑥은 그늘진 곳에서도 잘 자라며 번식력이 강하고 생장이 매우 왕성하다.

51. 8월 중순경에 양버즘나무의 피해 나무줄기에 잠복소를 설치하여 가장 효과적인 방제가 가능한 해충은?

① 진딧물류
② 미국흰불나방
③ 하늘소류
④ 버들재주나방

❖ ②는 버즘나무, 포플러류 등의 잎을 먹는 식엽성 해충이므로 9월 하순 경 나무줄기에 잠복소를 설치하여 한곳에 모아 포살한다.

52. 굵은 골재의 최대치수, 잔골재율, 잔골재의 입도, 반죽질기 등에 따르는 마무리하기 쉬운 정도를 말하는 굳지 않은 콘크리트의 성질은?

① Workability
② Plasticity
③ Consistency
④ Finishability

❖ 마감성(Finishability)는 마감작업의 용이성 정도를 말한다.

53. 다음 중 정구장과 같이 좁고 긴 형태의 전 지역을 균일하게 배수하려는 암거 방법은?

①
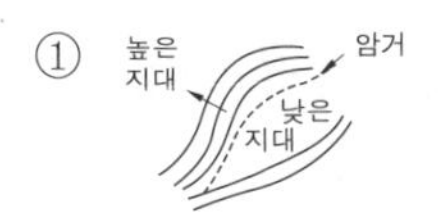

②
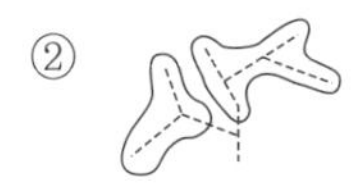

③

④

❖ ① 차단형, ② 자유형, ③ 평행형, ④ 어골형

정답 ➜ 45. ② 46. ① 47. ③ 48. ③ 49. ① 50. ① 51. ② 52. ④ 53. ③

54. 조경공사에서 이식 적기가 아닌 때 식재공사를 하는 방법으로 틀린 것은?

① 가지의 일부를 쳐내서 증산량을 줄인다.
② 뿌리분을 작게 만들어 수분 조절을 해준다.
③ 증산억제제를 나무에 살포한다.
④ 봄철의 이식 적기보다 늦어질 경우 이른 봄에 미리 굴취하여 가식한다.

✤ 부적기 이식 시에는 되도록 뿌리분을 크게 만들어 수목을 보호한다.

55. 생울타리를 전지 · 전정하려고 한다. 태양의 광선을 가장 골고루 받지 못하는 생울타리 단면의 모양은?

① 원추형
② 원뿔형
③ 역삼각형
④ 달걀형

✤ 역삼각형의 경우 상부로부터 광선이 가려지므로 아래로는 광선을 받기 어렵다.

56. 다음 중 공원의 산책로 등 자연의 질감을 그대로 유지하면서도 표토층을 보존할 필요가 있는 지역의 포장으로 알맞은 것은?

① 인터로킹 블록포장
② 판석 포장
③ 타일 포장
④ 마사토 포장

✤ 마사토는 화강암이 풍화된 것으로 옥외운동경기장의 포장 및 공원의 산책로, 고궁의 보도 등에 사용된다.

57. 조경수목 중 낙엽수류의 일반적인 뿌리돌림 시기로 가장 알맞은 것은?

① 3월 중순~4월 상순
② 5월 상순~7월 상순
③ 7월 하순~8월 하순
④ 8월 상순~9월 상순

✤ 뿌리돌림은 해토 직후부터 4월 상순까지가 이상적이다.

58. 흙쌓기 작업 시 시간이 경과하면서 가라앉을 것을 예측하여 더돋기를 하는데 이때 일반적으로 계획된 높이보다 어느 정도 더 높이 쌓아 올리는가?

① 1~5%　② 10~15%
③ 20~25%　④ 30~35%

✤ 일반적으로 더돋기는 계획 성토고의 10% 정도로 한다.

59. 응애(mite)의 피해 및 구제법으로 틀린 것은?

① 살비제를 살포하여 구제한다.
② 같은 농약의 연용을 피하는 것이 좋다.
③ 발생지역에 4월 중순부터 1주일 간격으로 2~3회 정도 살포한다.
④ 침엽수에는 피해를 주지 않으므로 약제를 살포하지 않는다.

✤ 응애류는 소나무, 벚나무, 전나무, 과수류, 꽃아그배나무 등 대부분의 활엽수 · 침엽수에 피해를 준다.

60. 도급공사는 공사실시 방식에 따른 분류와 공사비 지불방식에 따른 분류로 구분할 수 있다. 다음 중 공사실시 방식에 따른 분류에 해당하는 것은?

① 분할도급　② 정액도급
③ 단가도급　④ 실비청산보수가산도급

✤ 공사실시 방식에 따른 분류 : 직영공사, 일식도급, 분할도급, 공동도급, 턴키도급
②③④ 공사비 지불방식에 따른 분류

정답 ➔ 54. ② 55. ③ 56. ④ 57. ① 58. ② 59. ④ 60. ①

❖ 미리보는 CBT 문제 4회

01. 다음 중 무리지어 나는 철새, 설경 또는 수면에 투영된 영상 등에서 느껴지는 경관은?

① 초점경관
② 관개경관
③ 세부경관
④ 일시경관

❖ 일시경관(ephemeral landscape)은 시간적 경과의 상황변화에 따라 경관의 모습이 달라지는 경우(설경이나 수면에 투영된 영상 등)를 말한다.

02. 1/100 축척의 설계 도면에서 1㎝는 실제 공사현장에서 얼마를 의미하는가?

① 1㎝ ② 1㎜
③ 1m ④ 10m

❖ $\frac{1}{m} = \frac{도상거리}{실제거리}$

$\frac{도상거리}{실제거리} = \frac{1}{m}$ $\quad \therefore x = 100(㎝)$

03. 제도에서 사용되는 물체의 중심선, 절단선, 경계선 등을 표시하는 데 가장 적합한 선은?

① 실선 ② 파선
③ 1점쇄선 ④ 2점쇄선

❖ 일점쇄선은 기준선을 나타내기도 한다.

04. 명암순응(明暗順應)에 대한 설명으로 틀린 것은?

① 눈이 빛의 밝기에 순응해서 물체를 본다는 것을 명암순응(明暗順應)이라 한다.
② 맑은 날 색을 본 것과 흐린 날 색을 본 것이 같이 느껴지는 것을 명순응(明順應)이다.
③ 터널에 들어갈 때와 나갈 때의 밝기가 급격히 변하지 않도록 명암 순응 식재를 한다.
④ 명순응에 비해 암순응은 장시간을 필요로 한다.

❖ ② 암순응

05. 인도 정원에 해당하는 것은?

① 알함브라(Alhambra)
② 보르비콩트(Vaux-le-Viconte)
③ 베르사유(Versailles)궁원
④ 타지마할(Taj-mahal)

❖ ① 스페인, ②③ 프랑스

06. 서양에서 정원이 건축의 일부로 종속되던 시대에서 벗어나 건축물을 정원 양식의 일부로 다루려는 경향이 나타난 시대는?

① 중세 ② 르네상스
③ 고대 ④ 현대

❖ 르네상스 시대에 이르러 인본주의와 자연을 존중하는 사조가 발달하면서 정원과 자연경관에 의한 구성이 주를 이루게 된다.

07. 조경을 프로젝트의 수행단계별로 구분할 때, 기능적으로 다른 분류에 해당하는 곳은?

① 전통민가 ② 휴양지
③ 유원지 ④ 골프장

❖ ① 문화재, ②③④ 위락·관광시설

08. 회화에 있어서의 농담법과 같은 수법으로 화단의 풀꽃을 엮은 빛깔에서 점점 짙은 빛깔로 맞추어 나갈 때 생기는 아름다움은?

① 단순미 ② 통일미 ③ 반복미 ④ 점증미

❖ 점증미는 디자인 요소의 점차적인 변화로서 감정의 급격한 변화를 막아 혼란을 감소시킨다.

09. 조경시 기본계획을 수립하는데 가장 기초로 이용되는 도면은?

① 조감도 ② 입면도
③ 현황도 ④ 상세도

정답 ➔ 01. ④ 02. ③ 03. ③ 04. ② 05. ④ 06. ② 07. ① 08. ④ 09. ③

10. 조경을 프로젝트의 대상지별로 구분할 때 문화재 주변 공간에 해당되지 않는 곳은?

① 궁궐 ② 사찰
③ 유원지 ④ 왕릉

❖ ③ 위락·관광시설

11. 골프 코스 중 출발 지점을 무엇이라 하는가?

① 티(Tee) ② 그린(Green)
③ 페어웨이(Fair way) ④ 러프(Rough)

❖ 출발 지점을 티잉그라운드라고 하며 줄여서 티라고도 한다.

12. 일반도시에서 가장 많이 사용되고 있는 이상적인 녹지 계통은?

① 분산식 ② 방사식
③ 환상식 ④ 방사환상식

❖ 방사환상식은 방사식 녹지형태와 환상식 녹지형태를 결합하여 양자의 장점을 이용한 것으로 이상적인 도시녹지대의 형식이다.

13. 다음 중 청(靑)나라 때의 대표적인 정원은?

① 원명원 이궁 ② 온천궁
③ 상림원 ④ 사자림

❖ ② 당나라, ③ 한나라, ④ 원나라

14. 골프장의 각 코스를 설계할 때 어느 방향으로 길게 배치하는 것이 가장 이상적인가?

① 동서방향 ② 남북방향
③ 동남방향 ④ 북서방향

❖ 골프장의 부지 형상은 남북으로 긴 구형(장방형)이 적당하다.

15. 괴석이라고도 불리는 '태호석'이 특징적인 정원요소로 사용된 나라는?

① 한국 ② 일본 ③ 중국 ④ 인도

❖ 태호석은 중국에서 가장 오래된 돌로서 태호에서 생산한 돌이다.

16. 다음 중 교목에 해당하는 수종은?

① 꼬리조팝나무 ② 꽝꽝나무
③ 녹나무 ④ 명자나무

❖ ①②④ 관목

17. 다음 중 산울타리 및 은폐용 수종으로 적당하지 않은 것은?

① 꽝꽝나무 ② 호랑가시나무
③ 사철나무 ④ 눈향나무

❖ 눈향나무는 지면에 바짝 붙어서 포복형으로 자라므로 산울타리 및 은폐용 수종으로 부적당하다.

18. 분쇄목인 우드칩(wood chip)을 멀칭재료로 사용할 때의 효과가 아닌 것은?

① 미관효과 우수 ② 잡초억제 기능
③ 배수억제 효과 ④ 토양개량 효과

❖ 멀칭은 토양의 침식 방지, 수분손실방지 및 수분유지, 비옥도 증진 및 구조개선, 온도 조절, 굳어짐 방지 및 지표면 개선효과, 잡초 및 병충해발생 억제 효과가 있다. 우드칩 외의 멀칭재료는 수피·낙엽·볏집·콩깍지·풀 등이 있다.

19. 지피식물에 해당되지 않는 것은?

① 인동덩굴 ② 송악
③ 금목서 ④ 맥문동

❖ ③ 관목

20. 다음 중 건축과 관련된 재료의 강도에 영향을 주는 요인이 아닌 것은?

① 온도와 습도 ② 하중속도
③ 하중시간 ④ 재료의 색

❖ 재료의 색은 시각적 요소이기 때문에 강도와는 관계가 없다.

21. 수목과 열매의 색채가 맞게 연결된 것은?

① 사철나무 – 적색계통 ② 산딸나무 – 황색계통
③ 붉나무 – 검정색계통 ④ 화살나무 – 청색계통

정답 ➔ 10. ③ 11. ① 12. ④ 13. ① 14. ② 15. ③ 16. ③ 17. ④ 18. ③ 19. ③ 20. ④ 21. ①

❖ 산딸나무(적색계통), 붉나무(적색계통), 화살나무(적색계통)

22. 목재의 건조목적과 가장 관련이 없는 것은?

① 부패 방지
② 사용 후의 수축, 균열 방지
③ 강도 증진
④ 무늬 강조

❖ 그 외 중량 경감으로 취급 및 운반비 절감, 도장 및 약제 처리가 가능하게 된다.

23. 목재의 심재에 대한 설명으로 틀린 것은?

① 변재보다 비중이 크다.
② 변재보다 신축이 크다.
③ 변재보다 내구성이 크다.
④ 변재보다 강도가 크다.

❖ 심재는 변재와 비교하여 재질이 치밀하여 빛깔이 진하고 수축성이 작다.

24. 퇴적암의 종류에 속하지 않는 것은?

① 안산암 ② 응회암
③ 역암 ④ 사암

❖ 안산암은 화성암에 속한다.

25. 다음 중 가로수용으로 사용되기 가장 부적합한 수종은?

① 은행나무 ② 사스레피나무
③ 가중나무 ④ 플라타너스

❖ 가로수용 식재는 수고 4m 이상의 지하고가 높은 수종이 적합하다. 사스레피나무는 상록활엽관목이다.

26. 우리나라에서 사용되고 있는 점토벽돌은 기존형과 표준형으로 분류되는데 그 중 기존형 벽돌의 규격은?

① 20cm × 9cm × 5cm
② 21cm × 10cm × 6cm
③ 22cm × 12cm × 6.5cm
④ 19cm × 9cm × 5.7cm

❖ ④ 표준형(장려형)

27. 다음 중 한지형 잔디에 속하지 않는 것은?

① 버뮤다그래스
② 켄터키블루그래스
③ 퍼레니얼 라이그래스
④ 톨 훼스큐

❖ • 난지형 잔디 : 들잔디, 금잔디, 비단잔디, 갯잔디, 버뮤다 그래스
• 한지형 잔디 : 켄터키블루그래스, 벤트그라스, 톨 페스큐, 페레니얼 라이그래스

28. 콘크리트의 혼화재료 중 혼화재(混和材)에 해당하는 것은?

① AE제(공기연행제)
② 분산제(감수제)
③ 응결촉진제
④ 고로슬래그

❖ ①②③ 혼화제

29. 크레오소트유를 사용하여 내용년수가 장기간 요구되는 철도 침목에 많이 이용되는 방부법은?

① 가압주입법 ② 표면탄화법
③ 약제도포법 ④ 상압주입법

❖ 가압주입법은 방부처리법 중 효과가 가장 크며 목재의 내구성을 화학적으로 증대시켜 목재의 내구연한을 7~8배(40년) 이상 보장한다.

30. 목재의 옹이와 관련된 설명 중 틀린 것은?

① 옹이는 목재강도를 감소시키는 가장 흔한 결점이다.
② 죽은 옹이는 산 옹이보다 일반적으로 기계적 성질에 미치는 영향은 적다.
③ 옹이가 있으면 인장강도는 증가한다.
④ 같은 크기의 옹이가 한 곳에 많이 모인 집중옹이가 고루 분포된 경우보다 강도감소에 끼치는 영향은 더욱 크다.

❖ 옹이, 갈램, 썩음 등은 강도 저하 요인이 된다.

정답 ➜ 22. ④ 23. ② 24. ① 25. ② 26. ② 27. ① 28. ④ 29. ① 30. ③

31. 시멘트 공장에서 포틀랜드시멘트를 제조할 때 석고를 첨가하는 주요 이유는?

① 시멘트의 강도 및 내구성 증진을 위하여
② 시멘트의 장기강도 발현성을 높이기 위하여
③ 시멘트의 급격한 응결을 조정하기 위하여
④ 시멘트의 건조수축을 작게 하기 위하여

❖ 석고는 시멘트의 응결 속도를 느리게 하기 위해서 사용하며 응결지연제역할을 한다.

32. 일반적인 플라스틱 제품의 특성으로 옳은 것은?

① 마모가 적고 탄력성이 크므로 바닥재료 등에 적합하다.
② 내열성이 크고 내후성, 내광성이 좋다.
③ 불에 타지 않으며 부식이 된다.
④ 흡수성이 크고 투수성이 부족하여 방수제로 부적합하다.

❖ 강도가 약하고 내마모성·내화성·내열성·내후성이 낮다.

33. 다음 중 이식에 대한 적응성이 강하여 이식이 가장 쉬운 수종으로만 짝지어진 것은?

① 소나무, 태산목
② 주목, 섬잣나무
③ 사철나무, 쥐똥나무
④ 백합나무, 감나무

❖ 소나무·태산목·주목·백합나무–보통, 섬잣나무–용이, 감나무–곤란

34. 다음 중 일반적으로 살아있는 가지를 자를 경우 수종별 상처부위의 부후 위험성이 가장 적은 수종은?

① 왕벚나무
② 소나무
③ 목련
④ 느릅나무

❖ 소나무는 상처부위의 조직이 잘 유합되어 부후 위험성이 작다.

35. 수성페인트칠의 공정에 관한 순서가 바르게 된 것은?

㉠ 바탕만들기	㉡ 퍼티먹임
㉢ 초벌칠하기	㉣ 재벌칠하기
㉤ 정벌칠하기	㉥ 연마작업

① ㉠→㉢→㉡→㉤→㉥→㉣
② ㉠→㉢→㉡→㉥→㉣→㉤
③ ㉠→㉡→㉢→㉥→㉣→㉤
④ ㉠→㉡→㉢→㉤→㉥→㉣

❖ 바탕 고르기→바탕누름→초벌 바르기→연마지 갈기→마무리

36. 잔디깎기의 설명이 잘못된 것은?

① 잘려진 잎은 한곳에 모아서 버린다.
② 가뭄이 계속될 때 짧게 깎아 준다.
③ 일정한 주기로 깎아 준다.
④ 일반적으로 난지형 잔디는 고온기에 잘 자라므로 여름에 자주 깎아주어야 한다.

❖ 잔디깎기를 하면 잔디는 일시적으로 기력이 쇠한 상태가 되므로 생육이 적당한 시기에 시행하고, 가뭄이 계속될 때에는 엽조직이 많이 남을 수 있도록 짧게 깍지 않도록 한다.

37. 동일 면적에서 가장 많은 주차 대수를 설계할 수 있는 주차 방식은?

① 직각 주차방식
② 30° 주차방식
③ 45° 주차방식
④ 60° 주차방식

❖ 주차의 형식 중 전체의 면적이 같을 경우 직각주차 형식이 가장 많이 배치할 수 있다.

38. 추위에 의하여 나무의 줄기 또는 수피가 수선 방향으로 갈라지는 현상을 무엇이라 하는가?

① 고사 ② 피소
③ 상렬 ④ 괴사

❖ 상렬은 낙엽교목이 상록교목보다, 배수가 불량한 토양이 양호한 건조토양보다, 활동기의 수목이 유목이나 노목보다 잘 발생한다.

정답 → 31. ③ 32. ① 33. ③ 34. ② 35. ② 36. ② 37. ① 38. ③

39. 자연상태의 토량 1000㎥을 굴착하면, 그 흐트러진 상태의 토양은 얼마가 되는가? (단, 토량 변화율을 L=1.25, C=0.9라고 가정한다.)

① 900㎥ ② 1000㎥
③ 1125㎥ ④ 1250㎥

❖ 흐트러진 상태의 토량=자연 상태의 토량×L
1,000×1.25=1,250(㎥)

40. 평판측량의 3요소에 해당하지 않은 것은?

① 정준 ② 구심
③ 수준 ④ 표정

❖ 정준(수평 맞추기), 구심(중심 맞추기), 표정(방향 맞추기)

41. 디딤돌(징검돌) 놓기에 대한 설명으로 옳지 못한 것은?

① 디딤돌로 사용되는 자연석은 윗면이 편평한 것으로 석질이 단단하여 쉽게 마멸되지 않아야 한다.
② 정원에서 디딤돌의 크기가 30~40㎝인 경우에는 디딤돌의 상면이 지표면보다 3㎝ 정도 높게 배치한다.
③ 디딤돌 놓는 방향은 걸어가는 방향으로 디딤돌의 넓은 방향이 되도록 하고 지면보다 낮게 한다.
④ 공원에서 징검돌의 상단은 수면보다 15㎝ 정도 높게 배치하고, 한 면의 길이가 30~60㎝ 정도로 되게 한다.

❖ 디딤돌의 장축이 진행방향에 직각이 되도록 배치하며 지면보다 3~6㎝ 높게 배치한다.

42. 새끼줄로 뿌리분을 감는 방법 중 석줄 두번 걸기를 표현한 것은?

①
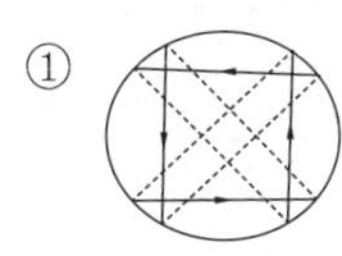
②
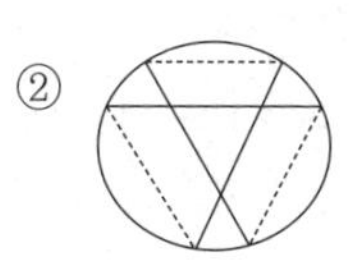
③
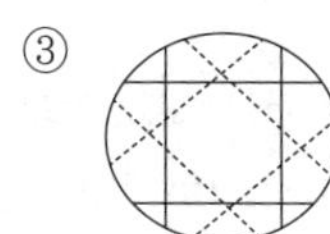
④
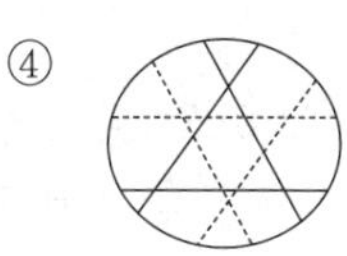

❖ ① 넉줄 한 번 걸기 ② 석줄 한 번 걸기 ③ 넉줄 두 번 걸기

43. 암거배수의 설명으로 가장 적합한 것은?

① 강우시 표면에 떨어진 물을 처리하기 위한 배수시설
② 땅 속으로 돌이나 관을 묻어 배수시키는 시설
③ 지하수를 이용하기 위한 시설
④ 돌이나 관을 땅에 수직으로 뚫어 기둥을 설치하는 시설

❖ 암거배수는 유공관을 넣거나(유공관 암거) 유공관 없이 자갈 등만을 채운 벙어리 암거(맹구)로 설치한다.

44. 이식한 나무가 활착이 잘 되도록 조치하는 방법 중 옳지 않은 것은?

① 현장 조사를 충분히 하여 이식계획을 철저히 세운다.
② 나무의 식재방향과 깊이는 최대한 이식전의 상태로 한다.
③ 유기질, 무기질 거름을 충분히 넣고 식재한다.
④ 주풍향, 지형 등을 고려하여 안정되게 지주목을 설치한다.

❖ 보통 유기질 거름을 넣으며 한 번에 너무 많이 넣으면 비해가 발생할 수 있다.

45. 축척 1/100 도면에 0.6m x 50m의 녹지면적을 H0.5 x W0.3 규격의 수목으로 수관의 중복 없이 식재할 경우 약 몇 주가 필요한가?

① 225주 ② 334주 ③ 520주 ㉱ 750주

❖ 한주의 면적 0.3m×0.3m, $\frac{0.6\times50}{0.3\times0.3}$≒333(주)

46. 낙엽수의 휴면기 겨울 전정(12~3월)의 장점으로 틀린 것은?

① 병충해의 피해를 입은 가지의 발견이 쉽다.
② 가지의 배치나 수형이 잘 드러나므로 전정하기가 쉽다.
③ 굵은 가지를 잘라 내어도 전정의 영향을 거의 받지 않는다.
④ 막눈 발생을 유도하며 새가지가 나오기 전까지 수종 고유의 아름다운 수형을 감상할 수 있다.

정답 ➜ 39. ④ 40. ③ 41. ③ 42. ④ 43. ② 44. ③ 45. ② 46. ④

❖ 낙엽수의 휴면기 겨울 전정(12~3월)은 잎이 떨어진 뒤 수형의 판별이 쉬워 수형의 감상보다는 불필요한 가지의 제거에 용이하다.

47. 식물생육에 필요한 필수 원소 중 다량원소가 아닌 것은?

① Mg ② H
③ Ca ④ Fe

❖ 다량원소 : C, H, O, N, P, K, Ca, Mg, S

48. 그림과 같은 뿌리분 새끼감기의 방법은?

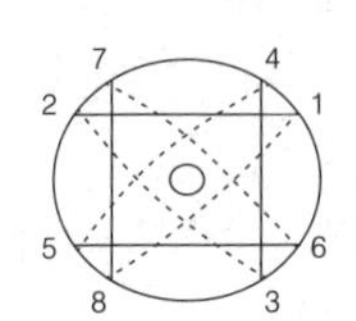

① 4줄 한번 걸기
② 4줄 두번 걸기
③ 4줄 세번 걸기
④ 3줄 두번 걸기

49. 골프장 잔디의 거름주기 요령으로 옳지 않는 것은?

① 한국잔디의 경우에는 보통 5~8월에 집중적인 시비를 실시한다.
② 시비 시기는 잔디에 따라 다르지만 대체적으로 생육량이 늘어가기 시작할 때, 즉 생육이 앞으로 예상 때 비료를 주는 것이 원칙이다.
③ 일반적으로 관리가 잘 된 기존 골프장의 경우 질소, 인산, 칼륨의 비율을 5:2:1 정도로 하여 시비할 것을 권장하고 있다.
④ 비배관리시 다른 모든 요소가 충분히 있어도 한 요소가 부족하면 식물생육은 부족한 원소에 지배를 받는다.

❖ 일반적인 비료의 질소, 인산, 칼륨의 비율은 3:2:1 정도로 하여 시비한다.

50. 병·해충의 화학적 방제 내용으로 틀린 것은?

① 병·해충을 일찍 발견해야 방제효과가 크다.
② 될 수 있으면 발생 후에 약을 뿌려준다.
③ 병·해충이 발생하는 과정이나 습성을 미리 알아두어야 한다.
④ 약해에 주의해야 한다.

❖ 병·해충의 화학적 방제는 환경개선과 계획방제로 예방하고 병해충 발생 시 약제를 살포하여 방제한다.

51. 파고라 설치와 관련한 설명으로 부적합한 것은?

① 보행동선과의 마찰을 피한다.
② 높이에 비해 넓이가 약간 넓게 축조한다.
③ 파고라는 그늘을 만들기 위한 목적이다.
④ 불결하고 외진 곳을 피하여 배치한다.

❖ 파고라는 휴게공간과 건물·보행로·운동장·놀이터 등에 배치하는 것으로, 공단에서 발표한 답은 보행동선과의 관계성을 나타낸 것으로 보인다.

52. 다음 중 토피어리(topiary,整姿樹)를 가장 잘 설명한 것은?

① 어떤 물체(새, 배, 거북 등)의 형태로 다듬어진 나무
② 정지, 전정이 잘 된 나무
③ 정지, 전정으로 모양이 좋아질 나무
④ 노쇠지, 고사지 등을 완전 제거한 나무

❖ 토피어리란 맹아력이 강한 수목을 다듬어 기하학적 모양이나 인체·동물의 생김새를 본떠 만든 수목을 말한다.

53. 다음 그림과 같이 쌓는 벽돌 쌓기의 방법은?

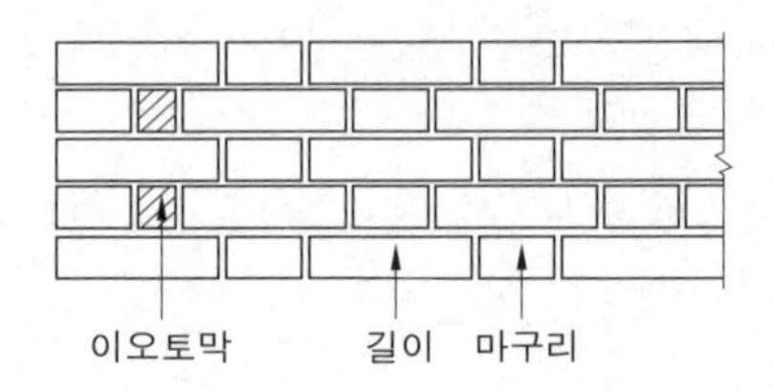

① 영국식쌓기 ② 프랑스식쌓기
③ 영롱쌓기 ④ 미국식쌓기

❖ 프랑스식 쌓기는 매 켜에 길이 쌓기와 마구리 쌓기 병행하는 것으로, 구조적으로 약해 치장용으로 사용한다.

54. 돌가루와 아스팔트를 섞어 가열한 것을 식기 전에 다져 놓은 자갈층 위에 고르게 깔아 롤러로 다져 끝맺음한 포장 방법은?

① 소형고압블럭포장 ② 콘크리트포장

정답 ➔ 47. ④ 48. ① 49. ③ 50. ② 51. ① 52. ① 53. ② 54. ③

③ 아스팔트포장　　④ 마사토포장

❖ 아스팔트포장은 주로 도로, 주차장 등에 쓰인다.

55. 다음 중 소나무재선충의 전반(傳搬)에 중요한 역할을 하는 곤충은?

① 북방수염하늘소　　② 노린재
③ 혹파리류　　④ 진딧물

❖ 소나무재선충병은 소나무재선충을 체내에 지닌 매개충인 북방수염하늘소와 솔수염하늘소가 감염된 고사목에서 우화하여 소나무의 신초를 갉아먹을 때 기주식물로 침투해 감염시키는 병이다.

56. 바람의 피해로부터 보호하기 위해 굵은 가지치기를 실시하지 않아도 되는 수종으로 가장 적합한 것은?

① 독일가문비나무　　② 수양버들
③ 자작나무　　④ 느티나무

❖ ①②③의 수목은 천근성 수종이므로 보호를 하는 것이고 느티나무는 심근성으로 바람에 대한 저항성이 강한 수종이다.

57. 수목의 한해(寒害)에 관한 설명 중 옳지 않은 것은?

① 동면(冬眠)에 들어가는 수종들은 특히 한해(寒害)에 약하다.
② 이른 서리는 특히 연약한 가지에 많은 피해를 준다.
③ 추위에 의해 나무의 줄기나 껍질이 수선 방향으로 갈라지는 현상을 상렬이라 한다.
④ 서리에 의한 피해는 일반적으로 침엽수가 낙엽수보다 강하다.

❖ 동면에 들어간다는 것은 한해를 받지 않기 위한 방법이다.

58. 화단을 조성하는 장소의 환경 조건과 구성하는 재료 등에 따라 구분 할 때 "경재화단"에 대한 설명으로 바른 것은?

① 화단의 어느 방향에서나 관상 가능하도록 중앙부위는 높게, 가장 자리는 낮게 조성한다.
② 양쪽 방향에서 관상할 수 있으며 키가 작고 잎이나 꽃이 화려하고 아름다운 것을 심어 준다.
③ 전면에서만 감상되기 때문에 화단 앞쪽은 키가 작은 것을, 뒤쪽으로 갈수록 큰 초화류를 심는다.
④ 가장 규모가 크고 아름다운 화단으로 광장이나 잔디밭 등에 조성되며 화려하고 복잡한 문양 등으로 펼쳐진다.

❖ ① 기식화단, ④ 화문화단

59. 골프장의 잔디밭에 뗏밥넣기의 두께로 가장 적당한 것은?

① 0.1~0.2㎝　　② 0.3~0.7㎝
③ 1.0~1.5㎝　　④ 1.6~2.5㎝

❖ 배토는 일시에 다량 사용하는 것보다 소량씩 자주 실시한다.

60. 오동나무 탄저병에 대한 설명으로 옳은 것은?

① 주로 뿌리에 발생하여 뿌리를 썩게 한다.
② 주로 열매에 많이 발생한다.
③ 담자균이 균사상태로 줄기에서 월동한다.
④ 주로 묘목의 줄기와 잎에 발생한다.

❖ 오동나무 탄저병은 자낭균에 의한 병으로 병든 가지에서 균사와 자낭각상태로, 병든 낙엽에서는 자낭각을 만들어 월동 후, 분생포자나 자낭포자로 감염된다. 5~6월경 온도와 습도가 높을 때 잎, 어린가지, 과실이 검게 변하고 움푹 들어가는 것이 공통적 병징이다.

정답 ➜ 55. ① 56. ④ 57. ① 58. ③ 59. ② 60. ④

MEMO